Ulrich Hoffmann

DAS GROSSE MOTORRAD LEXIKON

FÜR EINSTEIGER, KENNER UND KÖNNER

Schwarzkopf & Schwarzkopf

VORWORT

Schon als i-Dötzchen, das war 1972, war ich verrückt nach Motorrädern. Scheinbar bekam ich väterlicherseits eine Extra-Portion benzinhaltiger Gene verabreicht, die meinen privaten und beruflichen Werdegang später noch hinreichend prägen sollten. In der Grundschule jedenfalls gehörten Motorrad-Quartetts neben der Motorrad-Zeitung und Mutters Salami-Stulle zum permanenten Inhalt meines Schul-Tonis. Alles was irgendwie zwei Räder und einen Motor dazwischen hatte, zog mich gnadenlos in seinen Bann. Ganz gleich wo ich war, egal ob nun Honda, Kawasaki, BMW, Guzzi, Triumph oder Van Veen draufstand – die Faszination für Motorräder ließ nicht nach. Erst recht nicht, nachdem ich mit meinem Vater im Jahr 1978 erstmals die IFMA, die damals weltgrößte Motorradmesse in Köln-Deutz, besuchte. Meine Augen glühten und die unzähligen Plastiktüten quollen über vor Prospekten, die ich selbstverständlich fleißig sammelte. Und Papa kaufte sich wenig später nach langer, familienbedingter Abstinenz eine 250er Honda bei Hein Gericke. Logisch, dass ich die Tage zählte, bis wir am Wochenende gemeinsam auf Tour gingen. Jetzt glühte das Herz.

Mit zwölf inspirierte mich Kenny Roberts sr. zu praktischen Versuchen des Hanging off auf dem Fahrrad. Knie raus, Oberkörper zur Kurveninnenseite, und ... es dauerte nur wenige Tage, bis ich schmerzhaft erfahren musste, dass dieser Fahrstil einige Übung erfordert. Daraufhin versuchte ich mich mit meinem Bruder an unzähligen Offroad-Sprüngen von mannshohen Sandhügeln. Das kostete Überwindung und ich lernte, wie wichtig es sein kann, seine Angst zu überwinden. Zwar gehörten seitdem verbogene Fahrradgabeln eher zu den Verschleiß- als zu den Sturzteilen, doch dafür lernte ich, dass Extremsport ins Geld geht. Zuhause saß ich oft stundenlang, wälzte Zeitschriften, verglich Berichte und Messwerte miteinander und schrieb mit Mamas Unterstützung im Alter von dreizehn Jahren den ersten Brief an Kawasaki Deutschland, dass da was mit den Angaben der Lichtmaschinenleistung der Z1-R nicht stimmen könne. Natürlich waren die Werksangaben korrekt, doch lernte ich, dass es keine dummen Fragen gibt und Interesse der Weg zur Erkenntnis ist. Später spendierte ich meinem Fahrrad Halogenscheinwerfer, Blinker, einen Hauptständer und die obligatorischen Rückspiegel. Natürlich mussten es zwei sein, sonst hätte es womöglich nicht richtig nach »Motorrad« ausgesehen. Ich verbrachte viel Zeit mit meinem Drahtesel, fuhr tausende Kilometer, putzte, schraubte, flickte, probierte und sammelte Erfahrungen. Mit der Zeit lernte ich, dass der ganze Firlefanz mehr kaputt ist, als dass er funktionierte und dass man gut beraten ist, sich aufs Wesentliche zu beschränken.

Den Motor meines ersten Motorrades zerlegte ich sieben Mal. Nachdem ich Nocken- und Kurbelwelle mit Handschlag begrüßte, die Steuerzeiten sowie Anzugsmomente im Schlaf singen konnte, und allein am Motorlauf hörte, wann es Zeit für eine Inspektion wurde, kannte ich mein Motorrad in- und auswendig. Dabei habe ich natürlich etliche Fehler gemacht, dessen Auswirkungen viel Zeit und Geld kosteten. Das alles hat wahnsinnig viel Engagement gekostet. Zeit, die man sicher anders hätte verbringen können. Trotzdem bin ich heute dankbar für all die praktischen Erfahrungen, die ich sammeln durfte. Dazu gehörte auch so manch kritische Situation im öffentlichen Verkehr und auf der Rennstrecke, die einen Teil des Schreckens jedoch dann verlieren, wenn man sich vorher mental damit auseinander gesetzt hat.

Bevor Sie nun weiterblättern, möchte ich Sie an dieser Stelle auf die nächsten, über 500 Seiten einstimmen. Dazu bedarf es ebenfalls eines Teils Ihrer kostbaren Zeit. Zwar ist Zeit ein vergängliches und damit sehr kostbares Gut, doch kann man Kenntnisse nicht mit Geld aufwiegen. Setzen Sie sich mit Ihrem Motorrad auseinander, fühlen Sie, wie es fährt und überlegen Sie, wie es vielleicht noch besser fahren könnte. Denken Sie nach, wie Sie am liebsten fahren möchten. Erkundigen Sie sich bei Gleichgesinnten, Händlern, Importeuren, Herstellern oder bei der Presse, und schildern Sie offen Ihr Problem. Es muss nicht immer gleich ein neues Motorrad sein, wenn irgend etwas nicht richtig funktioniert. Nur der Versuch macht schließlich »kluch«, andere nennen es »Try and error«, oder »Learning by doing« – gemeint ist letztendlich dasselbe. Manchmal schadet auch ein gesunder Schuss Patriotismus nicht, denn das schweißt zusammen und macht Sie als Kunden resistenter und damit unabhängiger gegen Marketing-Tricks. Blinder Konsum macht dumm.

An diesem Buch habe ich mehrere Jahre geschrieben, um den Globus recherchiert und organisiert, nächtelang im Internet verbracht, gemailt, bis die Sonne aufging, um anschließend das zusammenzufügen, was in meinen Augen zusammengehört. Trotzdem kann und will dieses Buch keinesfalls den Anspruch auf Vollständigkeit erheben. Vielmehr gehört die Klärung aktueller technischer Begriffe wie Aerodynamik, Lastwechsel oder beispielsweise Rotationsdämpfer genauso zum Inhalt wie die Fakten und Impressionen von der Isle of Man, dem kontrollierenden Blick durchs Ölschauglas, oder den ganz praktischen Tipps für den Fall des Falles nach einem ganz ordinären Umfaller. Natürlich existieren diese Begriffe schon etliche Jahrzehnte, doch sind sie aktuell und zeitlos zugleich.

Nicht fehlen dürfen natürlich auch die jeweiligen Historien großer Motorradhersteller, die einen Großteil meiner Zeit in Anspruch nahmen und schon allein ein eigenes Buch rechtfertigen würden. Und auch der Leittext auf den nächsten Seiten war in diesem Umfang keineswegs geplant. Es gibt einfach jede Menge zu erzählen, wenn es um das Motorrad geht. Stimmungen, Emotionales, Technisches, Sportliches, Sachliches, Logisches, Charakteristisches, Historisches, Physikalisches und noch vieles mehr. Ganz gleich wie man darüber auch denken mag, stellen Fahrer und Motorrad sowohl am Anfang als auch am Ende eine Einheit dar. Der Wert dieser Einheit ist individuell und wird durch die Qualität aus der Summe der Einzelkomponenten gebildet. Einen großen Teil dieser Qualität bestimmen Sie als Fahrer durch Routine und Ihren Kopf. Den anderen Teil Ihr Motorrad und das, was Sie daraus machen. Nicht unbedingt das, was andere daraus machen (wollen). Schärfen Sie darum Ihre Sinne, vergegenwärtigen Sie sich bewusst die Möglichkeiten ihres Motorrades und ihrer Person. Allein damit sind Sie dem besseren Motorradfahrer schon einen großen Schritt näher gekommen. Dass Sie dazu bereit sind, beweisen Sie damit, dass Sie dieses Buch noch nicht zur Seite gelegt haben.

Ein Motorrad wird gebaut, um zu fahren, genauso wie dieses Buch nicht als Computer-Datei versauern soll, sondern in die Hände des Lesers gehört. Um Ihnen die Zeit beim Lesen, Studieren und Schmökern so angenehm wie möglich zu gestalten, haben wir großen Wert auf große, authentische Bilder gelegt. Auch, oder gerade wenn es um ein Lexikon geht, spielt der Faktor Zeit noch eine weitere Rolle. Schließlich kommt es nicht nur darauf an, **dass**, sondern auch **wann** etwas geschah. Darum finden Sie hinter den Modellbezeichnungen häufig das betreffende Modelljahr in Klammerwerten, so dass Sie sich besser orientieren können. In einer Zeit, in der schnelle und umfangreiche Informationen als normal vorausgesetzt werden, bleibt die Authentizität zugunsten einer schnellen Veröffentlichung oder schlichtweg aus Platzmangel manchmal auf der Strecke. Großen Wert habe ich auf wichtige Motorrad-Typen und deren Entwicklungen gelegt. Manche haben eine ganze Epoche geprägt und waren für den Aufstieg einer

Marke verantwortlich, manche hingegen für den Untergang. Es gab und gibt derartig viele Facetten, wieso, weshalb und warum ein Motorrad so, und nicht anders gebaut wurde, dass es unmöglich scheint, das alles niederzuschreiben. Nicht anders verhält es sich mit dem Motorradfahrer, der noch bis Ende der siebziger Jahre mehr oder weniger geächtet wurde, weil er nicht so recht in die Gesellschaft passen wollte.

Nun, damals war zwar nicht alles gut, doch ist heute nicht zwangsläufig alles besser. Aber nicht nur darum wird die Zweiradzukunft in jedem Fall interessant werden. Stoff und Möglichkeiten gibt's genug. Bleibt nur zu hoffen, dass sich Hersteller, Händler und Motorradfahrer von Zeit zu Zeit darauf besinnen, was einmal war, um anschließend zu erkennen, auf was es im Wesentlichen ankommt. Denn der Spaß am Motorradfahren hängt nicht von Maximen ab, sondern reduziert sich bei genauer Betrachtung auf das Fahren selbst. Lassen Sie sich darum nicht vom neuesten Trend den Kopf verdrehen. Schließlich hat es (fast) alles schon mal gegeben. Motorradhersteller kochen nur mit Wasser und auch das Rad lässt sich nicht so ohne Weiteres neu erfinden.

In diesem Sinne wünsche ich den Lesern dieses Buches viel Spaß und vielleicht die eine oder andere Erinnerung an die gute, alte Zeit. Noch mehr möchte ich aber einen Anstoß zu einem innigeren Miteinander unter den Motorradfahrern, Händlern und auch der Presse geben, ohne die es in Zukunft keine starke Gemeinschaft geben wird.

Ulrich Hoffmann
April 2004

TECHNIK, DIE VON EMOTIONEN LEBT

In den vergangenen 30 Jahren entwickelte sich der Motorradmarkt von einem relativ kleinen Kreis technik- und naturbegeisterter Verkehrsteilnehmer zu einem attraktiven Hobby für jedermann. Mit über 5 Mio. Motorrädern und Rollern auf unseren Straßen bekennen sich rund sechs Prozent der deutschen Bevölkerung zum motorisierten Zweirad. Diese seit vielen Jahren anhaltende Marktpräsenz hat mehrere Gründe: Zum einen gibt es kaum ein praktischeres Fahrzeug für das immer knapper werdende Platzangebot innerhalb der Städte, zum anderen hat sich der hohe Erlebnisfaktor »Motorrad« mittlerweile in der breiten Bevölkerungsschicht herumgesprochen. Es sind also nach wie vor die gleichen Vorzüge wie zu Beginn des zwanzigsten Jahrhunderts, die das Zweirad heute aktueller denn je machen. Selbst wenn es gelegentlich den Anschein hat, es ginge nur noch um das Höher, Schneller und Weiter, so zeigt die enorme Leistungsdichte nur Grenzbereiche auf, die auf Grund der technischen Entwicklung seitens der Industrie machbar sind.

Der Motorradfahrer von heute weiß spätestens seit dem Erscheinen der Suzuki GSX 1300 R Hayabusa (1999) oder Kawasaki ZX-12 R (2000), dass Höchstgeschwindigkeiten jenseits der 300 km/h-Marke nicht zwangsläufig zum Motorradfahrer-Glück führen. In dem breit gefächerten Angebot der Hersteller rangieren darum nicht umsonst seit Jahren ganz

Moderne Motorräder sind fahraktiv und deutlich einfacher zu handeln als noch vor zehn, zwanzig oder mehr Jahren. Vom einstigen Schmuddel-Image ist nichts mehr zu erkennen. Motorrad fahren ist eine saubere, anspruchsvolle »Angelegenheit« geworden.

»normale«, dafür aber nicht minder interessante Motorräder, wie Yamaha XJR 1300, BMW F 650, Kawasaki ZR-7, Suzuki SV 650, Honda 650 Deauville oder Ducatis Monster-Baureihe, ganz weit oben in der Käufergunst.

Und da gibt's natürlich noch die Blickfänge. Motorräder, die nicht durch ihre pure Leistung im Mittelpunkt stehen, sondern allein durch ihre Ausstrahlung begeistern. Noch nie gab es eine derartige Auswahl faszinierender Technik, für jeden käuflich zu erwerben, mit praktisch narrensicheren Fahreigenschaften und einem Höchstmaß an Zuverlässigkeit.

Wer den Markt in den vergangenen Jahren beobachtet hat, wird festgestellt haben, dass insbesondere die europäischen Marken stark im Aufwind sind. Seitdem im leistungsverwöhnten Deutschland auch Twins wieder gut dabei sind, machen sie nicht nur für den Straßenfahrer konzeptbedingt oft mehr Sinn als aufwändig konstruierte Vierzylinder-Triebwerke. Deren Handling-Handicap durch breiter gebaute Motoren muss in der Regel durch mehr Leistung kompensiert werden. Im Bereich der großvolumigen Roadster und Sporttourer offenbart jedoch der Reihenvierzylinder seine Stärken: Der kultivierte Motorlauf und die meist weiche Gasannahme sind durchaus ein Kaufargument.

Bei den schweren Cruisern und neuzeitlichen Power-Cruisern ist das so eine Sache – da fahren Aug' und Ohr in ganz besonderem Maße mit. Ein klarer Vorteil nochmals für den V2. Demnach ist dieses Konzept zumindest für den durchschnittlichen Straßen- und Sportfahrer Sieger nach Punkten. Das zeigt sich in besonderem Maße auch am Erfolg der V-Rod aus dem Hause Harley-Davidson. Mit 117 PS und 220 km/h Spitze kann man mit diesem Unikat gemütlich durch die Lande gleiten, um anschließend der gewaltigen Kraft des 1100er-V-Twins freien Lauf zu lassen. Dass alles nicht ganz so einfach ist, wie es scheint, werden Sie beim Lesen und Nachschlagen in diesem Buch feststellen.

Technik ist immer nur so gut wie das Produkt aus Ergebnis und Aufwand. Leistung ist sicher ein nicht zu unterschätzendes Sicherheits- und erst recht ein Verkaufsargument, doch kann zuviel des Guten auch leicht zu unnötigen Stress-Situationen führen. Für ideal halte ich eine Motorleistung zwischen 70 und 130 PS. Hubraummäßig ist prinzipiell erlaubt, was gefällt. Zwischen 600 und 1400 Kubikzentimetern tummelt sich vom leichtgewichtigen Supersportler bis zum alltagstauglichen Sporttourer nahezu die gesamte Bandbreite der Angebotspalette. Ober- und unterhalb dieses Bereiches findet man meist exotische Konstruktionen, die, selbst wenn sie in Großserie gefertigt werden, nicht zwangsläufig auch technisch sinnvoll sind. So ist eine zweizylindrige Honda VTX 1800 (2001) sicher ein echter Hingucker, doch ist der Aufwand für Einzelhubräume mit mehr als 600 Kubikzentimetern immens und darf damit zumindest aus technischer Sicht durchaus in Frage gestellt werden.

Auf Grund der exorbitant hohen auftretenden Kräfte braucht es überdimensionale und damit schwere Kurbeltriebe, unterarmdicke Ruckdämpfer im Antriebsstrang und je nach Zylinderwinkel im ungünstigen Fall gleich zwei Ausgleichswellen. Das Ergebnis ist ein im ersten Augenblick sicher beeindruckendes Fahrgefühl, doch grenzen eben gerade die gewaltigen Ausmaße und Gewichte den Einsatzzweck des Fahrzeugs extrem ein. Außer Bummeln geht meist nicht viel. Anders sähe es in diesem Fall mit einem Vierzylinder-Antrieb aus, wobei die Einzelhubräume nicht größer als 350 Kubikzentimeter wären. Die auftretenden Kräfte blieben vergleichsweise gering, der nutzbare Drehzahlbereich wäre durch eine höhere mögliche Nenndrehzahl ebenfalls größer. Ein sehr gutes Bespiel liefert dafür Suzukis GSX 1400 (2001). Praktisch ab Standgas gleitet der Fahrer auf einer üppigen Drehmomentwoge und erfreut sich am fulminanten Durchzug bei gleichzeitig kultiviertem Motorlauf.

Eine ähnliche Charakteristik legt auch die Yamaha XJR 1300 an den Tag.

VIER GRUNDFAKTOREN BESTIMMEN DIE FAHRBARKEIT

Große Cruiser sind keine Gebrauchsmotorräder für jeden Tag. Und nicht immer spielt Logik eine vordergründige Rolle, wenn es um das Konzept geht. Und das ist auch gut so. Motorräder sind schließlich keine Waschmaschinen, die man per Katalog auswählt und bestellt. Wie schon Jochen Soppa, Chefredakteur des »Motorrad Magazin MO«, trefflichst formulierte, riecht und schmeckt man ein Motorrad, lässt man sich tragen von Empfindungen und Stimmungen. Man entscheidet gern aus dem Bauch. Denn wie so oft im Leben, ist der erste Eindruck entscheidend. Damit kommt den Designern der Branche eine gehörige Portion Verantwortung zu. Spätestens bei der Wahl des Antriebskonzeptes offenbarten sich dann das mehr oder weniger glückliche Händchen und die Konsequenz-Bereitschaft der Hersteller. Reine Fahrmaschinen zeichnen sich durch tendenzielle Optimal-Lösungen bei der Fahrbarkeit aus, die vier Grundfaktoren berücksichtigt: Ergonomie, Leistungscharakteristik, Handling und Stabilität. Je nach Fahrzeuggattung unterscheiden sich die Zielsetzungen einzelner Motorräder jedoch erheblich, so dass die unterschiedlichen Schwerpunkte in ihrer jeweiligen Gewichtung voneinander abweichen. Bei einem Cruiser steht nicht die Handlichkeit im Vordergrund, eher schon eine urige Leistungscharakteristik. Für einen Supersportler definiert man den Begriff Komfort völlig anders, als man dies bei einem Tourer jemals wagen würde. Logisch, dass aus der notgedrungenen Kompromissfähigkeit eines Allrounders heraus weder das eine noch das andere so recht zur Geltung kommen kann. Wer jetzt mit dem erhobenen Zeigefinger auf die mangelnde Persönlichkeit verweist, hat vielleicht nicht ganz unrecht, sollte jedoch bedenken, dass gerade diese Gratwanderung weitaus schwieriger umzusetzen ist, als es der erste Blick vermuten lässt. In einer Zeit, in der selbst die Gruppe der so genannten Alleskönner noch weiter in Naked Bikes, Streetfighter, oder Sporttourer unterteilt werden, haben Aufmachung und Ausstrahlung einen hohen Stellenwert. Stimmt die Chemie zwischen Erscheinung und realen Anlagen nicht überein, ist die Enttäuschung durch eine falsche Beurteilung vorprogrammiert. Aus diesem Grund kann es leicht zu Missverständnissen kommen. Nicht nur darum hat das Design einen immensen Einfluss auf Ausstrahlung, Funktion und Markterfolg.

Schnell können konzeptionelle Vorteile durch folgenschwere Sparmaßnahmen oder Interpretationsfehler einer fragwürdigen Vermarktung zunichte gemacht werden. Dabei denke ich an die legendäre BMW K1 (1988), die seinerzeit als Supersportler im Markt platziert werden sollte, jedoch durch ihr hohes Gewicht und die weiche Fahrwerksauslegung von vornherein zum Scheitern verurteilt war, weil sie dem auferlegten Soll-Image eines Supersportlers in keinen Belangen standhalten konnte. Oder die Yamaha GTS 1000 (1993), die sich trotz zukunftsweisender Achsschenkel-Lenkung nicht erfolgreich etablieren konnte, weil das Einlenken in Kurven nicht immer ganz problemlos war. Da halfen auch der bärenstarke und langlebige Vierzylinder-Antrieb, die Benzineinspritzung, ein geregelter Kat und das wahlweise lieferbare Antiblockiersystem nicht aus der Klemme. Oder die defensive Kawasaki GPZ 1100 (1995), die mit modifiziertem ZZ-R 1100-Vierzylinder, Stahlrohr-Rahmen und auf Wunsch lieferbarem ABS zwar günstig und funktionell, aber viel zu langweilig daher kam. Oder Suzuki's TL 1000 S. Ein an sich fantastisches Motorrad, das mit dem überaus potenten 1000er-V2 seinerzeit geradewegs auf den ehemaligen Platzhirsch Ducati 916 zielte. Durch ihre nachlassende Dämpfung am Heck und dem bei den ersten Modellen barschen Lenkerschlagen starb die Suzuki dann allerdings den vorzeitigen Pressetod. Ein hochwertigeres Fahrwerk hätte die Fahrbarkeit und damit den Erfolg erhöht. Das verzögerte Ansprechverhalten der ansonsten beeindruckenden V-Twins wäre ein Fall für die Modellpflege gewesen. Das jedoch entspricht nicht immer der fernöstlichen Philosophie. Dass Ducati mit der aktuellen 999 heute immer noch erfolgreich auf den Pisten um Pokale jagt, während aus dem Suzuki V2-Sportler mit der SV 1000/S (2003) mittlerweile zum Sporttourer mutiert ist, verdankt die Italienerin in erster Linie ihrem extremen und gleichzeitig stimmigen Konzept. Design und Fahrbarkeit sind aller erste Güte. Da ist selbst der Preis beinahe nebensächlich. So werden Träume geschaffen, so bekommt eine Marke das passende Image.

Gottlob leben wir in einer Zeit, in der man sich für neue Designs offen zeigt. Mutige Linienführung und eigenständige Konzepte, die von den Herstellern und Importeuren zielgerichtet vermarktet werden, haben heute größere Chancen auf Akzeptanz als noch vor zehn Jahren. Heute sind sie sogar notwendig, um die Sinne des Kunden überhaupt anzusprechen. Leistung ist längst nicht mehr alles. Dank sehr günstiger Finanzierungsprojekte der Händler und Hersteller spielt der Kaufpreis für den Motorradfahrer von heute häufig nicht mehr die Rolle, die sie noch vor einigen Jahren eingenommen hat. Die Reizschwelle der Kunden hat sich deutlich nach oben verschoben. Kein Wunder, ist doch heute vom 125er-Crosser bis zum über 300 km/h-Tiefflieger alles legal und käuflich zu erwerben. So gesehen ist der Markt übersättigt und bedarf einer Neuorientierung. Individuelles Charisma heißt hierbei das Stichwort und wird manchmal leider mit dem Begriff »Mode« gleichgesetzt. Mode jedoch zielt vor allem in ihrer Erscheinungsform auf die Masse und ist somit genau genommen das krasse Gegenteil dessen, was ein Motorrad unverwechselbar machen soll. Das war mit den damaligen Softchoppern nicht viel anders als mit den Cruisern Ende der neunziger Jahre. Zwei bis drei Jahre verbauten vornehmlich die Japaner ihre größten und schwersten Motoren in lange und nicht immer stabile Fahrwerke. Über schwächliche Bremsen, schlechte Federungs- und Dämpfungseigenschaften der Fahrwerke sah man geflissentlich hinweg. Optisch wollte man dem amerikanischen Original aus Milwaukee so nahe wie möglich kommen. Und wieder blieb die Eigenständigkeit, das Unverwechselbare auf der Strecke. Obwohl japanische Cruiser durchaus einen Reiz auf Fahrer und Betrachter ausüben, war es doch nur eine Frage der Zeit, wann dieser Trend abebben würde. Zu sehr litt die Fahrbarkeit unter der zur Schau gestellten Masse. Allein die physikalischen Gesetze der Massenträgheit schieben dem harmonischen Wechselspiel von Gas geben – bremsen – abwinkeln – aufrichten und wieder beschleunigen, früher oder später einen Riegel vor. Gute Beschleunigungs- bzw. Durchzugswerte werden durch das hohe Gewicht gehemmt, kurze Bremswege durch eine zu geringe, relative Vorderradlast (flach anstehende Gabel, langer Radstand) vereitelt, Spaß und Sicherheitspotenzial durch eine zu knappe Schräglagenfreiheit eingeschränkt und etwaigen Lenkkorrekturen stehen ein indirektes Fahrwerk (Geometrie, Schwerpunkt, Federung, Dämpfung, Reifen) sowie eine inaktive Sitzposition gegenüber.

DAS IMAGE ALS KONZEPTGRUNDLAGE

Ob ein Konzept nun stimmig ist oder nicht, hängt dabei nicht unwesentlich vom jeweiligen Markenimage ab. Denn das legt die Verknüpfung für die Beurteilung im Auge des Betrachters fest. Zu abgefahren, meinen Sie? Gerade in der heutigen Zeit, in der Motorräder immer perfekter werden, spielt die emotionale Bindung auch bei der Beurteilung des Konzeptes eine Rolle. Was man bei einer luftgekühlten Harley noch durchgehen lässt, sollte bei einer japanischen Kopie kein Thema mehr sein. Schließlich erwartet man aus Fernost Perfektion. Ein Ducati-Cruiser könnte sich einer gewissen Fragwürdigkeit nicht entziehen, genauso wie ein radikaler Supersportler aus dem Hause BMW. Innovative Unternehmen wie beispielsweise KTM verfolgen klare Ziele und verschaffen sich durch das Marketingwerkzeug »Motorsport« Glaubwürdigkeit. Folglich hat eine KTM stets auch sportlichen Ansprüchen zu genügen. Im Offroad-Bereich sowieso und mit den LC8-Rallye- und Supermoto-Modellen seit einiger Zeit auch auf der Straße. Der weltweite Erfolg spricht eine klare Sprache. Mit Ducati verhält es sich ähnlich, und Kawasaki hat mit der Teilnahme an der MotoGP-1-Klasse die Chance, zum traditionellen Pfad der Sportlichkeit zurückzufinden. Die Chancen stehen gut.

Honda hat auf Grund der extrem breiten Angebotspalette einen besonders schwierigen Stand, weil schlicht in allen Produktbereichen eine perfekte Qualität erwartet wird und die obendrein ihren Preis hat. Der Gewinner ist letztendlich der Kunde, der ein Motorrad mit hohem Nutzwert erhält. Eine CBR 600 F, CBR Fireblade, CBR 1100 XX Blackbird bis hin zur VFR 750/800 sind Maschinen, die nicht durch Leistungsdaten überzeugen, sondern durch ein ausgesprochen hohes Maß an Ausgewogenheit und Vielseitigkeit. Eine überzeugende Marktpräsenz ist der verdiente Erfolg und ein hervorragendes Marken-Image der Lohn für die hohe Qualität. Suzuki, deutscher Marktleader (Stand. 1. Halbjahr 2003), bezieht ebenfalls eine klare Stellung, spricht jedoch eine andere Zielgruppe an. Ein günstiger Preis und ein eher moderates Design gehören seit vielen Jahren zu den festen Gepflogenheiten des Hauses, so dass Sparfüchse gern mit einer Suzuki liebäugeln.

Innovativen Formen ging man bis vor kurzem gern aus dem Weg. Zu sehr stand der Massenmarkt im Mittelpunkt der Ziele. Damit schlossen sich mutige Designs von vornherein beinahe aus. Doch die Ansprüche der Kunden steigen und befinden sich in einem permanenten Wandel. Günstige Stangenware ist nicht mehr grundsätzlich das Maß der Dinge. Innovative Designvorschläge müssen her, die sich von anderen Produkten abheben. Ein qualitativ gutes Design zeichnet sich jedoch dadurch aus, dass es zeitlos (eigenständig), funktionell und auf den Charakter des Motorrades zugeschnitten ist. Da die Prioritätensetzung einzelner Funktionen von der jeweiligen Fahrzeuggattung abhängt, spielt hier der Einsatzzweck naturgemäß eine entscheidende Rolle. Daraus ergibt sich, dass sich über gutes Design nicht wirklich streiten lässt. Wenn ein Motorrad durch ein bestimmtes Design besser funktioniert als mit einem anderen Design, ist das gleichzeitig der Nachweis dafür, dass Qualität auch im Design existiert. Dabei lässt sich diese philosophische Ansicht durchaus auch auf die reine Formschönheit übertragen – zumindest solange sie keine negativen Auswirkungen auf die Funktion hat. Schließlich wäre es ebenfalls witzlos, ein Bild an die Wand zu hängen, wenn allein die nackte Wand genauso gut aussähe.

Ähnlich und doch völlig anders verhält es sich mit dem Thema Umweltschutz. Technik, die man zwar nicht sieht, die aber die Umgebungsqualität gegenüber unbereinigten Fahrzeugen verbessert und darüber hinaus früher oder später bei der Steuerprämie bares Geld spart, hat Vorbildcharakter. Außerdem entlastet es das eigene Gewissen, womit wiederum die emotionale Ebene angesprochen wird. Vorreiter war diesbezüglich der Hersteller BMW, der bereits im Jahre 1991 in der K 1100 LT den ersten geregelten Katalysator in einem Serienmotorrad präsentierte. Honda zog nach und rüstet die Modelle als erster Anbieter aus Fernost mit wirksamen Katalysatoren aus. Kein Wunder, dass der, der an Motorrad und Umwelt denkt, zuerst eine dieser beiden Marken im Hinterstübchen hat. Der kleinste der japanischen Motorradproduzenten Kawasaki verspielte hier schon früh seinen technischen Vorsprung gegenüber der Konkurrenz. Oder haben Sie gewusst, dass die bereits 1980 vorgestellte und auf 300 Einheiten limitierte Z 1000 FI mittels Saugrohreinspritzung (Bosch L-Jetronic) gespeist wurde? Trotzdem diese Technik von Anfang an wirklich zuverlässig war und die Kosten sogar unterhalb der einer Vergaserversion lagen, kam man nach der sechszylindrigen Z 1300 dfi (1984), der Z 1100 GP (1981) und der Z 750 Turbo (1984) Mitte der achtziger Jahre wieder davon ab.

EINE FRAGE DER DEFINITION

Was dem Motor das Öl, sind dem Fahrwerk die Reifen. Unter routinierten Motorradfahrern eine Erkenntnis und Binsenweisheit, mit der man dauerhaft gut und sicher fahren kann. Was nützt der schnellste Motor, wenn die Leistung nicht auf die Straße gebracht werden kann? Neben der Haftung und Stabilität spielt dabei auch die Definition des Begriffs »Komfort« eine ausschlaggebenden Rolle. So ist es nicht verwunderlich, dass es zigfache Konzepte für die Verbindung zwischen Vorder- und Hinterrad gibt. Das fängt beim Material und den Querschnittsformen an und endet nicht einmal bei den unterschiedlichen Radführungen und deren Verstellbarkeit. Denn auch hier kommt es darauf an, ein im Ganzen gelungenes Konzept auf die Räder zu stellen.

Idealerweise wird der Antrieb bereits beim Entwurf des Fahrwerks berücksichtigt. Was sich so simpel und selbstverständlich anhört, lässt sich nicht immer so einfach umsetzen. Denn bereits daraus ergeben sich stilistische Merkmale, die für das spätere Design prägend sind. Sie merken, langsam wird's kompliziert. Welches Rahmen-Konzept passt nun zu welchem Motor, welcher Antrieb zu welchem Einsatzbereich und wie lassen sich die gestellten Anforderungen mit den persönlichen Vorstellungen der Techniker unter einen Hut bringen? Am einfachsten ist es daher, mit Design-Skizzen zu beginnen und sich anschließend schrittweise zurückzubewegen. So wie bei einer zu durchfahrenden Kurvenkombination, bei der man auch nicht »irgendwie« in die erste Biegung hineinsticht, sondern die richtige Linie am idealen Kurvenausgang der letzten Kurve festmacht. Ansonsten können selbst kleine Änderungen später viel Arbeit in der Konstruktion und Fertigung von Neuteilen nach sich ziehen. Diese Zeilen sind keineswegs als Hilfestellung für Hersteller zu verstehen. Schon eher als Schützenhilfe für den interessierten Motorradfahrer, der sich tiefer mit der Materie »Motorrad« auseinander setzen möchte, als es so manch aktueller Fahrbericht oder Test zulässt. Mit Draufsetzen und Losfahren ist es in der Regel eben nicht getan. Auch wenn es die Werbung verspricht oder zumindest vermuten lässt. Es lohnt sich, dass eigene Motorrad verstehen zu wollen, um die konzeptbedingten Vorteile in der Praxis besser nutzen zu können.

Das heutige Angebot an Motorrädern ist größer und faszinierender als je zuvor. Selbst in einzelnen Sparten kann der Kunde zwischen gemäßigten, mehr und weniger extremen Lösungen wählen. Wirklich schlecht schneidet heutzutage eigentlich kein Fahrzeug mehr in einem Test ab. Vielmehr geht es um Tendenzen, persönliche Vorlieben und individuelle Geschmäcker. Dabei sind die Unterschiede teilweise so gering, dass sich die Hersteller fragen müssen, warum man nicht manchmal gemeinsame Sache macht. Sicher eine Frage der Marken-Philosophie, andererseits kann dies für alle Beteiligten durchaus eine vorteilhafte Situation mit sich bringen. Kawasaki und Suzuki machen es seit Herbst 2001 vor und partizipieren voneinander. Das senkt die hohen Entwicklungs- und Produktionskosten einzelner Bauteile, wie zum Beispiel die Herstellung von Kurbelwellen, Getrieberädern etc. ganz beträchtlich und ermöglicht für beide eine konkurrenzfähige Preisgestaltung. Die Gefahr einer zunehmenden Standardisierung von Motorrädern kommt nicht auf, da die Hersteller ausschließlich in Teilbereichen zusammenarbeiten. Die Gesamtkonzepte bleiben unterschiedlich.

Design, Abstimmung der einzelnen Modelle, insbesondere der Top-Modelle unterliegen wie bisher einer firmeneigenen Philosophie. So kann es durchaus sein, dass auch der Markt von einer solchen Gemeinschaftsproduktion profitiert und sich in der Industrie sogar Nachahmer finden. Wichtig ist in jedem Fall, dass der Kunde keinen Nachteil hat. Denn das könnte die derzeitige Flaute noch weiter unterstützen. Momentan sieht es so aus, dass die Mehrheit der jüngeren Zielgruppe nach dem Roller-Alter (18 Jahre aufwärts) gern auf einen Pkw umsteigt. Erst ab 25 Jahren gewinnt das Zweirad wieder an Popularität. Kurz gesagt, der Zweiradbranche mangelt es seit einiger Zeit an Nachwuchs.

STATISTIKEN SIND RELATIV

Auch wenn 1999 neue Umsatzrekorde den jahrelang anhaltenden Trend fortsetzten und 2000 erstmals die 5-Millionen-Grenze motorisierten Zweiräder in Deutschland überschritten wurde, vollzieht sich am Markt eine Wende. Parallel zu all den Meldungen häufen sich die Klagen der Händler über nur schleppende Verkaufszahlen. Allein über 1,7 Millionen aller Zweirädern sind jedoch Mofas, Mopeds und Mokicks. Den verbleibenden Rest von 3,3 Millionen Fahrzeugen teilen sich Roller und Motorräder.

Was auf den ersten Blick so imposant erscheint, dokumentiert in Wirklichkeit eine Flaute. »Glaube nur der Statistik, die du selbst gefälscht hast«, sagte schon Winston Churchill. Denn Statistiken sind immer nur so gut, wie sie interpretiert werden und haben damit einen relativen Charakter. So sanken beispielsweise im Jahr 2000 die Neuzulassungen um über neun Prozent. Es scheint, als sei der Markt vorerst gesättigt. Bis auf die meisten europäischen Hersteller sowie Harley-Davidson und Buell haben sämtliche Motorradproduzenten Einbußen zu verzeichnen. Während BMW und Harley neue Rekorde verzeichnen können, sind die vier großen japanischen Hersteller die großen Verlierer. Daran ändert auch der Verkaufserfolg der Suzuki Bandit- und SV 650 nichts. Denn seit Jahren tummelt sich die hubraumstarke BMW R 1100/1150 GS in der Gunst der Käufer auf dem vordersten Platz. Und das trotz eines Preises von rund 9.200 EUR (umgerechnet rund 18.000 DM) aufwärts.

Vielleicht liegt es daran, dass sich viele Motorradfahrer satt gesehen haben an immer hochgezüchteteren Motorrädern, immer wilderen Schräglagen und einer immer aktuelleren, spektakuläreren Medienberichterstattung. Irgendwann wird selbst eine perfekt verpackte Inszenierung von der Realität des Normalsterblichen eingeholt. Und die beginnt spätestens beim Kontostand. Unter den Kosten der Fahrzeuge als auch der Fahrerlaubnis hat speziell die Gruppe der Motorradeinsteiger zu leiden. Trotzdem manche Hersteller auf den ersten Blick interessante Finanzierungsprogramme anbieten, ist dieser Weg doch ein riskanter. Für Einsteiger und Industrie gleichermaßen. Junge Menschen haben nicht immer den Weitblick, der bei solchen Vertragsabschlüssen vorausgesetzt wird, so dass sie sich später leicht ins soziale Abseits manövrieren können. Schnell ist heute der Arbeitsplatz wegrationalisiert. Auch können die laufenden Unterhaltskosten (Versicherung, Reifen, Inspektion) und unplanmäßige Zwischenfälle (Unfall, Arbeitslosigkeit) aus heiterem Himmel zum privaten Bankrott führen. Geht's um die fälligen Ratenzahlungen, haben Händler bzw. deren Inkasso-Unternehmen jedenfalls kein Herz mehr für Motorradfahrer. Trotzdem versucht die Industrie die schnelle Mark bzw. den schnellen Euro beim jungen, leicht manipulierbarem und risikofreudigen Nachwuchs lockerzumachen. Schließlich ist man kein Wohltätigkeitsverein, sondern muss Geld verdienen. Ist Motorrad fahren darum heute zur Freizeitbeschäftigung für gut Betuchte geworden?

Ein klares »Jein«. Mittlerweile haben viele junge Biker derart hohe Ansprüche an die Modell-Aktualität, dass man das Eigentliche, nämlich das Motorradfahren, nicht selten aus den Augen zu verlieren scheint. Doch es gibt sie noch, die jungen Biker, die sich gedulden und mit dem nicht mehr ganz taufrischen, dafür aber preisgünstigen Bike, mutig outen, um das Motorradfahren von Grund auf zu leben und zu lernen. Diese Bekennenden sind die

Kundenbasis, die der Branche auch dann die Stange halten wird, wenn rückläufige Absatzzahlen an den Reserven zehren.

Nicht bei allen Motorradfahrern spielt jedoch der Preis die größte Rolle. Das bestätigen die Bestseller wie die bereits erwähnte BMW R 1100/1150 GS, Suzuki GSF 1200 Bandit/GSX-R 750/1000 und Yamaha XJR 1300/YZF-R1. Andererseits gehören oder gehörten wendige Mittelklasse-Maschinen wie die BMW F 650, Kawasaki W 650, Suzuki SV 650, Yamaha XV 535 Virago, FZS 600 Fazer und Honda CB 600 Hornet / CBR 600 F zu den beliebtesten Motorrädern am Markt.

Frauen bevorzugen vor allem Maschinen zwischen 500 und 650 Kubikzentimetern und legen Wert auf eine niedrige Sitzhöhe. Der Altersdurchschnitt des deutschen Motorradfahrers liegt bei 36 Jahren (Stand 2001) und damit im gut situierten, sprich liquiden Bereich. Frauen sind im Schnitt übrigens unter 30 Jahre alt, und damit deutlich jünger als die Herren.

Der prozentuale Anteil der Motorrad fahrenden Frauen nahm in den letzten Jahren stetig zu. Im Vergleich von 1999 bis 2000 stieg deren prozentualer Anteil um beachtliche 27,7 Prozent (Quelle: IVM-Statistik), was umgerechnet rund 470.000 Motorräder ausmachte. Darum verwundert es nicht, dass handliche, leistungsstarke und preisgünstige Fahrzeuge voll im Trend liegen. Nachdem sich das weibliche Geschlecht vorzugsweise zwischen 25 und 30 Jahren für ein gebrauchtes Motorrad entschieden hat, wächst ab 30 Jahren auch bei den Frauen der Wunsch nach einem Neufahrzeug. Eine Tatsache, die Frauen für die Motorradindustrie immer wichtiger werden lässt.

Immer mehr Frauen entdecken die Liebe zum Motorrad. Rationell sowie emotional betrachtet eine kluge Entscheidung. Denn unter normalen Umständen ist ein Motorrad preisgünstiger als ein Auto. Und auch die Parkplatzprobleme existieren plötzlich nicht mehr.

A

ABGAS

Das bei einer Verbrennung entstehende Gas nennt man Abgas oder Emission. Zu den wichtigsten Stoffen gehören der Kohlenwasserstoff (HC), Kohlenmonoxid (CO), Kohlendioxid (CO_2), Stickstoffoxid (NO_X) und das Blei (Pb). Folge einer zu hohen Umweltbelastung sind u.a. das Ozonloch und der so genannte »saure Regen«. Um zu verhindern, dass durch zu hohe Emissionswerte die Umwelt noch stärker belastet wird, verwendet man in der Kfz-Industrie verschiedene Abgas-Reinigungsmethoden: Zu den bekanntesten gehören der Katalysator, die Abgasrückführung und das Sekundärluftsystem. Auf Grund der immer effizienteren Verbrennung (geringerer Verbrauch) des Kraftstoffes und der immer strenger werdenden Richtlinien (EU-Norm) konnten die Emissionswerte in den vergangenen zehn Jahren deutlich gesenkt werden.

Ohne Katalysator (Bild zeigt G-Kat der Honda CBR 600 RR, Mod. 2003) wird in Zukunft kein Motorradmotor mehr auskommen. Beim geregelten Kat ermittelt die Lambda-Sonde den aktuellen IST-Wert und regelt diesen auf den vorgegebenen SOLL-Wert.

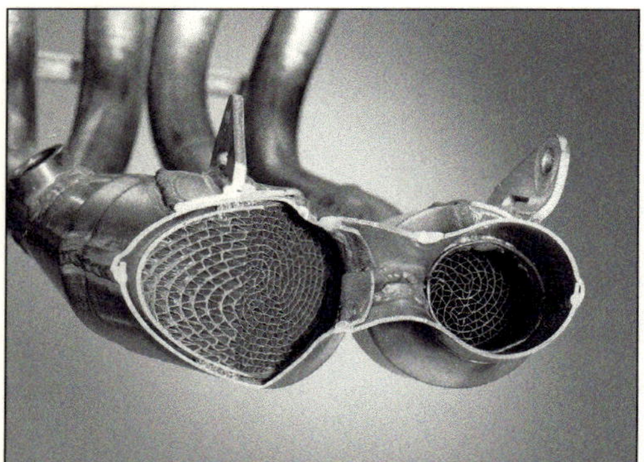

Abgasgrenzwerte für Motorräder

NORM Gültigkeitsdatum GRENZWERTE in g/km

		CO (Kohlenmonoxid)	HC (Kohlenwasserstoff)	HO_X (Stickoxid)
Euro 1	17.06.1999	13	3	0,3
Euro 2	01.04.2003	5,5	1,2	0,3
Euro 3	01.01.2006	2	0,3	0,15

Der im Motorrad fahrenden Volk aufkommende Missmut bezüglich einer zusätzlichen Besteuerung nicht abgasbereinigter Motorräder sorgte 2001 für viel Wirbel in den Medien. Anfangs hieß es aus dem Deutschen Bundestag, dass die Steuerprämie vom üblichen Satz (14.40 DM/7,36 EUR je angefangene 100 ccm Hubraum) innerhalb der nächsten Monate gleich um mehrere hundert Prozent angehoben werden solle. Auf diese Art wollte man die Hersteller unter Druck setzen und für eine rasche Anpassung an die bereits seit 2000 geltende Pkw-Norm Euro 3 sorgen. Demnach sahen sich Motorradfahrer und Industrie gleichermaßen vor vollendete Tatsachen gestellt und setzten sämtliche Hebel in Bewegung, die es zu bewegen gab. Knackpunkt der teilweise kontroversen Debatte war die Sachlage, dass in solch kurzer Zeit weder die Motorrad- noch die Zubehörhersteller alle neuen, geschweige denn älteren Typen mit Katalysatoren ausrüsten könnten. Außerdem galt für Motorräder zu diesem Zeitpunkt lediglich die Euro 1-Norm.

Die verschärften Abgasgrenzwerte der EURO 2-Norm gelten erst für Motorräder, die nach dem 1.4.2003 zugelassen wurden. In zwei Stufen werden nun die Abgasgrenzwerte für Motorräder auf das Niveau eines modernen EURO 3-Pkw gesenkt. Damit wird es von da an auch keine unterschiedlichen Grenzwerte für Zwei- und Viertakt-Motorräder mehr geben, was den Zweitaktern das Überleben beinahe unmöglich machen wird. Bisher ist lediglich Aprilia's DI-TECH-Roller mit Einspritzanlage in der Lage, die Grenzwerte einzuhalten. Ab dem 1.1.2006 greift schließlich die EURO 3-Norm. Während die EURO 2-Norm von Viertaktern auch ohne geregeltem Katalysator zu schaffen ist, dürfte dies bei der EURO 3 zumindest stark angezweifelt werden. Ein zusätzliches Sekundärluftsystem (SLS) wird eine wahrscheinliche Möglichkeit darstellen, speziell während des Kaltstarts die Grenzwerte einzuhalten. Des Weiteren müssen die Hersteller sicherstellen, dass die emissionsrelevanten Einrichtungen auch nach 30.000 km Laufleistung noch einwandfrei funktionieren.

ABS

Anti-Blockiersystem, verhindert das vollständige Blockieren eines Rades bei einem Bremsvorgang. Mit einem ABS kann der Motorradfahrer, zumindest solange es geradeaus geht, ohne jegliche Hemmungen aus Angst vor einem blockierenden Rad, ohne Risiko voll bremsen. Damit können Neulinge wie langjährige FahrerInnen von Anfang an nahezu optimale Verzögerungswerte erzielen. Selbst für ausgebuffte Testfahrer ist es nur unter günstigsten Bedingungen, jahrelanger Erfahrung und nach mehreren Versuchen unter Umständen möglich, diese Werte mit einer konventionellen Bremse zu übertreffen. Insbesondere beim Wechsel des Fahrbahnbelages (Fahr-

Auf rutschigem Untergrund oder wechselnden Fahrbahnoberflächen ist ein Antiblockiersystem kaum auszubremsen. Beim Blockieren des Vorderrades reduzieren sich die stabilisierenden Seitenführungskräfte des Rades auf null. Ein seitliches Ausbrechen ist die Folge.

bahnmarkierungen, Bitumen, Belagwechsel), bei nasser oder verschmutzter Oberfläche (Sand, Rollsplitt, Öl) ist es selbst für routinierte Sportfahrer kaum möglich, den optimalen Bremsweg zu erreichen. Und wer hat in einer Stresssituation neben den andern Verkehrsgeschehnissen schon die Zeit, sich voll und ganz auf das zu blockieren drohende Vorderrad einzustellen?

Trotzdem sind auch ABS-Bremsanlagen nicht absolut narrensicher. So kann es unter gewissen Umständen durchaus vorkommen, dass aufgrund unterschiedlicher Faktoren (Reibwert zwischen Reifen und Fahrbahn, hohe Verzögerungswerte, hoher Schwerpunkt, kurzer Radstand) das Hinterrad soweit abhebt, dass es zum Überschlag kommt.

Technik: Unterschiedliche Verzögerungswerte bei Antiblockiersystemen hängen hauptsächlich von der Haftfähigkeit der Reifen ab. Doch auch die Anzahl der Regelintervalle des ABS können eine gewisse Rolle spielen. Während beim BMW-ABS I je Sekunde sieben Mal der Bremsdruck variieren konnte, beträgt die Reaktionszeit bei der zweiten Version (ABS II) lediglich ¼ Millisekunde. Entsprechend sensibler arbeitet das System, was sich in einem nur noch leicht pulsierenden Bremshebel äußert. Um eine ständige Kontrollmöglichkeit herzustellen, ob sich das Rad noch dreht, ist an jedem ABS-geregelten Rad ein Zahnkranz montiert, der von einem feststehenden Sensor abgetastet wird und ein Signal zum Steuergerät leitet. Dies gilt grundsätzlich für alle ABS-Systeme. Steht das Rad still, öffnet der vom Steuergerät angesteuerte Druckmodulator per Signal ein Ventil und senkt den Bremsdruck, bis sich das Rad wieder dreht. Um für einen möglichst schnellen Druckaufbau zu sorgen, arbeiten ABS-Systeme i.d.R. mit einem Druckspeicher, so dass bei wieder geöffnetem Ventil sofort der volle Bremsdruck ansteht. Auf Grund des hohen Sicherheitsbewusstseins und der aufwändigen elektronisch-hydraulischen Regelung reagieren ABS-Systeme im Allgemeinen sensibel auf Spannungsschwankungen der Batterie. Um Informationen über die tatsächliche Fahrgeschwindigkeit zu erhalten, ermitteln zusätzliche Sensoren am Getriebeausgang oder direkt am Hinterrad die Drehfrequenz. Hebt das Fahrzeug nun bei Bodenwellen kurzzeitig mit diesem Rad ab, kann das ABS durch eine falsche Interpretation einen zu großen Schlupf des ABS-Rades »errechnen« und eine Systemstörung veranlassen. Trotzdem bleibt das konventionelle Bremssystem jederzeit funktionsfähig.

Rückblick: BMW stellte das weltweit erste ABS in den 1983 präsentierten K 100-Modellen als Sonderausstattung zur Verfügung. Das von BMW zusammen mit FAG Kugelfischer entwickelte ABS bedeutete nach Ansicht von Experten den wohl größten technischen Fortschritt zugunsten der aktiven Fahrsicherheit seit Einführung der Scheibenbremsen bei Motorrädern Ende der sechziger Jahre. Das ABS war als Sonderausstattung in allen BMW K 100-Modellen erhältlich. Heute befindet sich dieses System bereits in der dritten Generation und überzeugt durch eine noch einfachere Bedienung und bessere Bremsleistungen. Erst nach zehn und mehr Jahren rüsteten auch die Japaner ihre großen Tourenmaschinen alternativ mit diesem aktiven Sicherheitssystem aus. Zu diesen Motorrädern gehören die Honda ST 1100, die VFR, Kawasaki GPZ 1100 ABS, Suzuki GSF 1200 SA Bandit, Yamaha GTS 1000 A und FJR 1300 A. Selbst heute, also fast 20 Jahre nach der Einführung des ersten ABS, ist es außer bei BMW leider immer noch keine Selbstverständlichkeit, dass die komplette Modell-Palette mit ABS ausgerüstet werden kann. Nur zögerlich statten andere Hersteller ihre Produkte mit einer zusätzlichen Bremskraftregelung aus. Wünschenswert wären jedoch auch ABS-Mittelklasse-Motorräder, die auf Grund ihres geringen Gewichtes, einer leistungsstarken Motorisierung und ihrer enormen Handlichkeit ein besonders hohes Maß an Fahrdynamik versprechen. BMW bietet mit der beliebten F 650 GS schon seit dem Modelljahrgang 2000 die Möglichkeit, auch in der einsteigerfreundlichen Klasse mit ABS zu bremsen.

Erst 2004 erschienen die preisgünstigen CBF 500/600-Modelle von Honda.

Seit 1992 bietet Honda in der ST 1100 ein optionelles ABS in Verbindung mit einer elektronischen Traktionskontrolle (TCS – Traction Control System) an. Seit 1996 wird dieses System zusätzlich mit der CBS-Verbundbremse (Combined Brake-System) kombiniert. Dieses System hilft dem Fahrer bei der richtigen Verteilung der Bremskraft zwischen Vorder- und Hinterrad. Bei der 1983 vorgestellten Urversion bediente der GL 1100 Gold Wing-Fahrer über den Fußbremshebel sowohl die Vorder- als auch die Hinterradbremse. Zehn Jahre später wurde mit dem Dual-CBS-System der CBR 1000 F ein besser differenziertes Verbundbremssystem mit separater Fußbrems- und Handbremshebelbedienung vorgestellt, das in weiter optimierter Form heute bei zahlreichen Honda-Modellen zum Einsatz kommt. Hier führt jede Bremsbetätigung automatisch zu einer »gemeinsamen« Verbundbremsung, wobei der Vorderradbremseffekt bei Betätigung des Handbremshebels (und analog der Hinterradbremseffekt bei Betätigung des Bremspedals) stärker ist. Ein Blockieren jedes einzelnen Rades wird beim Bremsen durch das elektronische ABS verhindert. Deshalb hat Honda ein motorradspezifisches ABS-System entwickelt und mit der Verbundbremstechnologie kombiniert. Dieselben Sensoren, die das ABS mit Daten über die Radgeschwindigkeit versorgen, beliefern auch das TCS-Traktionskontrollsystem. Dabei vergleicht die Elektronik beim Beschleunigen ständig die Geschwindigkeit des Vorder- und Hinterrades und reduziert bei Bedarf die an das Hinterrad abgegebene Antriebskraft über das Motormanagement.

ACHSE

Feststehender Drehpunkt, der Scheiben, Räder oder andere sich drehende Körper aufnimmt. Die Achse kann ein- oder mehrfache Befestigungspunkte haben. Im Falle einer Radachse kommt es besonders auf eine spannungsfreie Montage an. Da das Vorderrad Lenk-, Führungs- und Federungskräfte überträgt, ist es außerordentlich wichtig, dass es mit dem Hinterrad exakt in einer Spur läuft.

Montage: Grundsätzlich unterscheidet man bei der Vorderradmontage drei unterschiedliche Verbindungsvarianten, wie die Radachse an den unteren Enden der Gabelholme (Tauchrohre) montiert wird. Hauptargument ist die einfache und damit kostengünstige Fertigung. Dabei ist eine Seite mit einer offenen Bohrung versehen, durch die man die Achse zuerst durchsteckt. Die andere Seite ist mit einer großen Gewindebohrung versehen. Eine weitere zusätzliche Klemmung entfällt. Die Sicherung kann durch eine spezielle Sicherungsmutter, einen Splint oder Schraubensicherungsmittel erfolgen. Der Nachteil besteht in der Gefahr, beim Festziehen der Steckachse (die genau genommen ein Gewindebolzen ist) die Holme zu verspannen und so das Ansprechverhalten der Federung/Dämpfung zu beeinträchtigen. Außerdem nutzen die Gewindegänge relativ schnell ab.

Kräftige, hohlgebohrte Steckachse im Vorderrad, dazu mit Schnellverschlüssen zur spannungsfreien Aufnahme in der Upside-Downgabel – die MV Agusta Brutale verdankt ihre bestechenden Fahreigenschaften unter anderem den extrem hochwertigen Komponenten der Radführung.

Eine weitere, sehr ähnliche Variante stellt die Möglichkeit dar, nach dem Durchstecken (wie oben) der Achse von der anderen Seite eine Gewindehülse (i.d.R. mit Innensechskant) zu montieren. So kann in beiden unteren Rohren komplett auf Gewinde verzichtet werden. Die Seite, welche die Hülse aufnimmt, ist lediglich mit einem Schlitz versehen, der später durch eine Schraubverbindung einfach geklemmt wird und die Hülse sichert. Das Festziehen der Hülse auf der Steckachse ist jedoch vor dem Klemmen durchzuführen. Eine Verspannung der Gabel ist kaum möglich.

Bei der dritten Lösung wird die Achse mit Gewindehülse vor dem Radeinbau durch die Nabe gesteckt und mit dem entsprechenden Drehmoment festgezogen. Nun wird die komplette Einheit zwischen die beiden unten offenen Rohre positioniert und in den Klemmfäusten fixiert und gesichert. Bei Rennmaschinen findet man häufig auch Schnellverschlüsse, so dass die beiden Klemmfäuste lediglich nach unten weggeklappt zu werden brauchen. Der Einbau ist garantiert spannungsfrei und hält nicht unnötig auf.

ADAC

Allgemeiner Deutscher Automobil Club, 1903 in Stuttgart gegründet, größter europäischer Automobil-Club mit über 14 Millionen Mitgliedern. Trotzdem sich der ADAC schwerpunktmäßig klar dem Autosektor zuordnen lässt, informiert er auch den Motorradfahrer. Der ADAC ist hinter dem »AAA«, America Automobile Association (30 Millionen Mitglieder), der zweitgrößte Automobil-Club der Welt.

ADDITIV

Zusatz in Treib- und Schmierstoffen, die je nach Zusammenstellung bestimmte Eigenschaften, wie zum Beispiel Reibung, Haftfähigkeit und Viskosität, gezielt verbessern. Sie verändern die physikalischen und chemischen Eigenschaften der Schmierstoffe sowie die Oberflächen der Reibpaare. Obwohl Fette und Öle auch ohne Zusätze reibungsmindernd wirken, ist für die heute geforderten Hochleistungsschmierstoffe die Zugabe von Additiven unerlässlich. Erst diese synthetischen Zusatzstoffe verleihen den Fertigprodukten die häufig auf den speziellen Einsatzzweck genau zugeschnittenen erwünschten Eigenschaften. Additive lassen sich entsprechend ihrer Funktionsweise in verschiedene Klassen einteilen: Neben der Kontrolle der physikalischen Eigenschaften eines Schmieröles, wie etwa der Viskosität als hydrodynamische Kenngröße, ist es möglich, Schmierstoff und Oberfläche chemisch zu modifizieren und den Erfordernissen anzupassen. Zu den wichtigsten Anforderungen an ein Schmierstoff-Additiv zählt der Oberflächenschutz der Werkstoffe, der den mechanischen Verschleiß und das Mikroverschweißen zwischen den metallischen Oberflächen verhindert oder zumindest stark reduziert. Diese Eigenschaft wird durch die Verwendung so genannter Anti-Wear- (AW) und Extreme-Pressure- (EP) Wirkstoffe gewährleistet. Hochwertige Öle sind entsprechend der Kürzel gekennzeichnet. Wieder aufbereitete Öle, die zwar durch wesentlich günstigere Preise ins Auge fallen, bieten diese Qualität in der Regel nicht.

ADLER

Anfang 1901 begann die Produktion der ersten motorisierten Fahrräder der Frankfurter Werke. Neun Jahre später entstand das erste »richtige« Motorrad mit 100 ccm und Einzylinder-Zweitakt-Motor. Die letzten Modelle, Favorit und Sprinter, wurden 1958 produziert – das Konkursjahr eines großen Motorradherstellers, der vom aufstrebenden Unternehmen des einstigen Radioherstellers Grundig aufgekauft wurde.

Als erfolgreicher Vorkriegs-Produzent präsentierte Adler bereits 1949 erstmals wieder ein Motorrad nach dem Zweiten Weltkrieg, die M 100. Die Einzylinder-Zweitakt-Maschine wog gerade mal 55 Kilogramm und hatte immerhin 3,6 PS und sah eigentlich aus wie alle Nachkriegsmotorräder. Zwei Jahre später eröffnete die »M 200« mit ihrem 9 PS starken Zweitakt-Twin und den kleinen 16-Zoll-Rädern den Grundstein für das zukünftige und bis heute gültige Image des Herstellers. 1953 wurde der Hubraum auf 250 Kubikzentimeter aufgestockt. (M 250, MB 250). Trotz der sportlichen Erfolge der Rennsport-Zweitakter konnte der Abstieg nicht aufgehalten werden. Motorräder waren während der Wirtschaftswunder-Zeit nicht mehr sonderlich angesagt.

AERMACCHI

Aeronautica macchi; Die in Varese/Italien gebauten Maschinen wurden vor allem durch den Rennsport bekannt. Neben zahlreichen Typen bis 125 ccm waren jedoch besonders die charakteristischen Einzylinder mit 250 ccm (Ala Blu, Ala Verde und die käufliche Rennmaschine Ala d'Oro) und 350 ccm (GT, GTS und TV) ihrem liegenden Viertaktmotor äußerst beliebt. 1960 übernahm Harley-Davidson die Produktionsrechte, vertrieb die Fahrzeuge jedoch zunächst unter dem bisherigen Namen Aermacchi. 1973 verschwand die Marke schließlich auch namentlich von der Bildfläche. Renzo Pasolini erreichte mit der 350er-Aermacchi im Jahre 1966 einen dritten Rang bei den Weltmeisterschaften, 1972 zusätzlich auch Vize-Titel bei den 250ern. Unvergessen sind ebenfalls Fahrer wie Bob Anderson (1963: 250er Platz 14), Gilberto Milani (1963: 250er Platz 14, 350er Platz 9), Kel Carruthers (1968: 350er Platz 3), Angelo Bergamonti (1970: 500er Platz 3). Unter Harley-Davidson finden Sie weitere Informationen zu den Modellen.

AERODYNAMIK

Allgemein: Als Maß für die aerodynamische Qualität gilt der CW-Wert. Dieser Luftwiderstandsbeiwert allein jedoch sagt noch nicht viel über den tatsächlichen Luftwiderstand aus. Erst in Verbindung mit der projizierten Fläche ergibt sich aus deren Produkt der Luftwiderstand. Den Begriff Aerodynamik jedoch allein auf diese Faktoren zu reduzieren, wäre fatal. Denn letztendlich umfasst sie die *Lehre der Bewegung von gasförmigen Stoffen*, bei der man laminare (gleichmäßige) und turbulente (ungleichmäßige) Strömungen unterscheidet.

Beispiel-Werte: Rennmaschinen ca. 0,25, Sportmaschinen 0,33, Tourenmaschinen 0,45

Fahrwerk: Ziel ist es, die laminar anströmende Luftmasse so lange wie möglich gleichmäßig strömen zu lassen und die Strömungsgeschwindigkeiten ganz gezielt zu steuern. Dadurch kann das Fahrzeug regelrecht auf die Fahrbahn gepresst werden (Abtrieb). Im ungünstigen Fall wird das Fahrzeug derart entlastet, dass die Räder nicht mehr genügend Anpressdruck auf die Straße ausüben, um die volle Leistung und Führungskräfte übertragen zu können. Nachlassende Reifenhaftung, eine

Die aerodynamischen Verhältnisse sind kennzeichnend für ein Motorrad. Je nach Einsatzgebiet (Sport, Tour, Funbike) spielen sie eine mehr oder weniger große und damit andere Rolle.

störrische Federung und das gefürchtete Lenkerschlagen (Kick-Back) können die Folge sein.

Antrieb: Bei Straßenfahrzeugen spielt nicht nur die Außenschale (Karosserie, Verkleidungen, Fahrer) eine Rolle, sondern auch der Antrieb. Ein- und Auslasskanal, RamAir-System mit Airbox, Vergaser und Einspritzanlage sowie Auspuffanlage mit teilweise komplexer Krümmerkonstruktionen spielen im modernen Motorradzeitalter eine wichtige Rolle. Auch hier gilt es trotz der wechselhaften Ventilstellung einen möglichst laminaren Luftstrom beizubehalten. Turbulenzen wirken sich leistungshemmend aus, da die Reibung der Gase den Gasdurchsatz reduziert. Am einfachsten lässt sich ein hoher und gleichmäßiger Durchsatz durch einen möglichst langen, geradlinigen Kanal bewerkstelligen. Durch die relativ großen strömenden Luftmassen wäre die Reaktionszeit auf eine veränderte Gasgriffstellung allerdings beeinträchtigt – der Motor würde nicht mehr so sensibel am Gas hängen. Hohe Drehzahlen müssen eine große Bandbreite des Gasdurchsatzes abdecken, so dass sich ein brauchbarer Kompromiss aus Leistung, Drehmoment und Charakteristik zunehmend schwieriger gestaltet. Honda's VFR des Jahrgangs 2002 versucht der Physik mit einer variablen Ventilsteuerung ein Schnippchen zu schlagen. Dabei werden abhängig von der Drehzahl einzelne Ventile ab-, bzw. zugeschaltet (*siehe auch unter »V-TEC«*). Dadurch verändern sich die Strömungsverhältnisse im unteren und mittleren Drehzahlbereich zugunsten einer höheren Strömungsgeschwindigkeit in den Kanälen und sorgen so für einen optimierten Füllungsgrad der Zylinder.

AFRICA TWIN

Honda XRV 650/750 Africa Twin; seit 1988 ist die Honda Africa Twin eine zuverlässige

Die Produktion der Honda XRV 750 Africa Twin wird Mitte 2002 eingestellt.
Das ausgewogene Fahrwerk und der langlebige Motor prägten ihren Ruf als Universal- und Abenteuer-Bike.

Empfehlung für Fernwehgeplagte. Anfangs noch mit kleinerem 650er-Transalp-Antrieb (RD03 bis 1989) ausgestattet, debütierte sie 1990 mit größerem 750er Motor (RD 04/07). Der durchzugsstarke V2, die umfangreiche und hochwertige Ausstattung machten sie schnell zu einem der gefragtesten Allrounder mit hervorragenden Toureneigenschaften. Sie gilt als Synonym für zuverlässiges Endurorei-sen. Mit langem Radstand und stolzer Sitzhöhe weckte sie Ende der achtziger Jahre den ungekrönten König in vielen Motorradfahrern. Selbst sportlichen Solo-Auftritten ist sie keineswegs abgeneigt. Herausragend war von Anfang an die schon sprichwörtliche Zuverlässigkeit des mit jeweils zwei Einlass- und einem Auslassventil bestückten 52°-V-Twins.

Das Adventure-Bike von Honda, die Africa Twin, bezieht seine Inspiration direkt von der härtesten Wüstenrallye der Welt, der Paris–Dakar. Der geschmeidige und gleichzeitig kraftvolle Zweizylindermotor, die sensibel ansprechende Radaufhängung mit langem Federweg und die markante Verkleidung machen dabei den besonderen Charme dieser Maschine aus. Ihre Ausstrahlung beruht nicht etwa nur auf ihrer Abstammung von der legendären NXR, dem Star unzähliger Paris-Dakar-Rennen, sondern vor allem auf ihrer erstaunlichen Vielseitigkeit. Seit ihrer Einführung 1988 wurde die Africa Twin kontinuierlich modellgepflegt und hat so stetig an Qualitäten gewonnen. Selbst die einst von vielen monierte große Sitzhöhe wird von den meisten Besitzern gern in Kauf genommen. Ob sportlicher Tourer, Offroader oder Alltagsfahrzeug – eine Africa Twin hat viele Gesichter.

Der Stahlrohrrahmen nimmt vorn eine 43er-Telegabel auf. Die hintere Radaufhängung besteht aus einer Aluminium-Schwinge, die sich über das bewährte Pro-Link-Federungssystem am Rahmen abstützt. Vorne übernimmt eine 276-mm-Doppelscheibenbremse mit Doppelkolbenbremszange und Sintermetallbremsbelägen die Verzögerungsarbeit. Robuste Kunststoffverstärkungen schützen die Gabelstandrohre vor Beschädigung. Der Doppelscheinwerfer sorgt mit seinem kräftigen Lichtstrahl für gutes Sehen und Gesehenwerden. Zur leichteren Berechnung der Durchschnittsgeschwindigkeit oder Teilnahme an Rallyes bietet das Instrumentencockpit einen Tripmaster mit digitaler Stoppuhr und drei Tageskilometerzählern, von denen einer rückwärts zählt. Unter dem Sitz verbirgt sich ein großes Staufach, das sich ebenso wie der Tankdeckel mit dem Zündschlüssel öffnen lässt. Den Rallye-Erfahrungen verdankt die Africa Twin ihr präzises, stabiles und sehr ausgewogenes Chassis, das ausgezeichnete Handlingeigenschaften bietet. Unter dem Motorgehäuse sitzt ein robuster Motorschutz aus Aluminium. Der Gepäckträger bietet Platz für ein Bügelschloss, und die Haltegriffe für den Sozius verfügen über Befestigungshaken für Spanngurte. Die Vollverkleidung sorgt für einen guten Wind- und Wetterschutz. Ihr 23-Liter-Tank verleiht der Africa Twin zudem eine beachtliche Reichweite.

Durch die bewusste Positionierung seiner Offroad-Zweizylindermaschine als »Königin der Wüste« setzte Honda im Segment »Adventure Sport« frühzeitig starke Akzente. Die Africa Twin richtet sich an Liebhaber exotischer Reisen oder an alle, die zumindest von solchen Abenteuern träumen. Die erste Africa Twin, die XRV 650, wurde vom modifizierten Transalp-Motor angetrieben. Die Transalp wird im Übrigen seit 1997 nicht mehr im italienischen Atessa gebaut, sondern im spanischen Werk von Montesa in Santa Perpetua de Moguda, in der Nähe von Barcelona. Dort rollen auch die 650er Deauville und die große 1000er Varadero vom Band. Neben der Transalp und den beiden NTV-Modellen wird der Motor in abgewandelter Form auch in der 600 Shadow verwendet. Zugunsten eines charakteristischeren Motorlaufs verzichtete man bei ihr allerdings auf die Kurbelwellenkröpfung. Auch der Antrieb der nicht offiziell in Deutschland angebotenen PC 800 Pacific Coast basierte auf dem der Africa Twin. Damit setzt Honda erstmals einen Grundmotor für insgesamt vier Konzepte ein: Als Offroader, Straßen-Motorrad, Tourer und Custom-Bike. Zuvor hatte es das Unternehmen vorgezogen, für jeden Motorradtyp einen eigenen Motor zu konstruieren.

In den achtziger Jahren entbrannte speziell im Offroad-Segment ein starker Hubraumwettbewerb, an dem sich Honda 1989 mit der auf 750 ccm aufgestockten Africa Twin beteiligte. Hierbei handelte es sich nicht einfach um einen aufgebohrten 650-ccm-Motor, sondern genau genommen um ein neues Triebwerk mit 6 Millimeter größerem Hub und 3 Millimeter größerer Bohrung. Ein externer Ölkühler sollte die Schmierstoff-Temperaturen auf gesundem Niveau halten. Die bei Wüstenrennen gesammelten Erfahrungen führten auch zu einer Verstärkung im oberen Rahmen- und Lenksäulenbereich sowie zu einer Änderung der Lenkgeometrie.

Der 750-ccm-Motor war im unteren und mittleren Drehzahlbereich leistungsfähiger, was in einem besseren Durchzug resultierte. Die feinfühlig ansprechenden Bremsen überzeugten durch viel Biss und ausgezeichnetes Feedback, während die besser ansprechende Lenkung das Handling ohne Stabilitätseinbußen erhöhte. 1992 wurde die Africa Twin als letztes Zugeständnis an ihr Paris–Dakar-Image mit einem zur Teilnahme an Rallyes einfach unverzichtbaren Tripmaster mit Digitalanzeige ausgestattet. Die Umsatzzahlen großer Offroad-Motorräder gingen jedoch zurück. Trotzdem brachte Honda 1993 eine überarbeitete Africa Twin auf den Markt, das Modell P.

Die neue Africa Twin bot Perfektion auf einem Gebiet, für das sie ursprünglich gar nicht gedacht war. Der Tank rückte weiter nach hinten, näher an den Schwerpunkt der Maschine, und leistete so einen Beitrag zum verbesserten Handling. Aber auch die um 15 Millimeter niedrigere Sitzhöhe, der steilere Lenkkopfwinkel und der noch elastischere Motor spielten eine nicht unbedeutende Rolle. Um die Straßenqualitäten der Maschine noch weiter zu verbessern, bot die neue Verkleidung etwas mehr Schutz. Vor allem aber reduzierte sie störende Turbulenzen und Außengeräusche deutlich. 1996 erhielt die Africa Twin eine nochmals überarbeitete Verkleidung mit höherem Windschutz sowie einer komfortableren Sitzbank.

Selbst nach Erscheinen der großen, 95 PS starken XRV 1000 Varadero (1999) hat die 750er nichts von ihrem Reiz verloren. Für den normalen Motorradfahrer ist die Motorleistung von 60 PS allemal ausreichend. Sie weist auch einen Gewichtsvorteil von immerhin 25 kg auf. Das ausgewogene Fahrverhalten sind ein weiterer Pluspunkt, der gebrauchte Africa Twin's zu einer Empfehlung macht.

AGOSTINI, GIACOMO

Rennfahrer; am 16.06.1942 in Lovere/Bergamo geboren. Mit seinen 15 Weltmeistertiteln ist er der erfolgreichste Motorradrennfahrer aller Zeiten. Seine glorreichsten Zeiten erlebte der schmächtige Italiener auf den legendären MV Agusta. 1975 wechselte er zu Yamaha. Insgesamt gewann er 122 GP's.

RamAir-Systeme nutzen den Fahrtwind zur Erhöhung der Strömungsgeschwindigkeit des einströmenden Frischgases. Dadurch steigt der Füllungs- und Wirkungsgrad des Motors mit der Fahrzeuggeschwindigkeit.

AIRBOX

Mit Airbox ist bei staudruckaufgeladenen Motoren (RamAir) das komplette Luftfilter-System gemeint. Dies fängt bei den Eintrittskanälen in der Verkleidungsfront an und endet bei den Drosselklappen. Deren Einflüsse spielen beim gesamten Gaswechsel eine Rolle. Vorreiter in der Großserienfertigung von Motorrädern war der japanische Hersteller Kawasaki. Die 1990 präsentierte ZZ-R 1100, zunächst nur mit einem, erst ab 1993 im D-Modell mit zwei Luftführungen versehen, bootete dank dieser Technik in Sachen Leistungsfähigkeit die komplette Konkurrenz aus. Ab 160 km/h war ein spürbarer Extra-Schub des 150 PS starken Sporttourers zu spüren. Das Endprodukt waren beachtlich 275 km/h Endgeschwindigkeit. Erst die sechs Jahre später vorgestellte Honda CBR 1100 XX konnte ihr das Band der Schnellsten abringen. Je höher die Geschwindigkeit, umso effektiver arbeitet dieses System (siehe unter »RamAir«). Bei der Gestaltung einer Airbox selbst kommt es darauf an, dass die Luft möglichst frei von Verwirbelungen (quasi laminar) den günstigsten Druck im Ansaugkanal ermöglicht. Da auf Grund der sich verändernden Motordrehzahl jedoch auch der Staudruck variiert, stellt sich prinzipiell eine ähnliche Problematik wie beim Auslass-System eines Zweitaktmotors. Auftretende Interferenzen können bis zu einer ungewollten Abnahme der Zylinderfüllung führen, was infolge eines schlechteren Wirkungsgrades bis zum Leistungsabfall führen kann. Trotzdem man einen möglichst hohen Druck zwar anstrebt, ist dies allein jedoch kein Garant für eine möglichst effektive Nutzung der Bewegungsenergie (Kinematik) der Luft. Um beim plötzlichen Öffnen der Drosselklappen eine ausreichend große Luftmenge bereitstellen zu können, sollte das Volumen der Airbox möglichst groß ausfallen. Das wiederum steht im konstruktiven Konflikt mit den eingeschränkten Platzverhältnissen eines Motorrades. Besonders das Tankvolumen kann unter den Einflüssen einer voluminösen Airbox in Mitleidenschaft gezogen werden. Da das Motorrad-Design einen immer größeren Einfluss auf die Technik (und damit auch auf die potenzielle Leistungsfähigkeit) hat, spielt die Airbox bereits im Entwicklungsstadium eine wichtige Rolle.

AJS, MATCHLESS

Albert John Stevens, britischer Motorradhersteller; gegründet im Jahre 1909 und 1931 an Matchless (siehe unter Matchless) verkauft. Die neuen Matchless-Rennmaschinen wurden seitdem mit dem AJS-Logo versehen. Aus diesem Grund ist der Name AJS in Verbindung mit Matchless sehr verbreitet. Herausragend waren die 350er und 500er Viertakt-Einzylinder-Typen (M16 und M18), die von Anfang an besonders im Motorradsport einen sehr guten Ruf genossen. Parallel zu den Singles entwickelte man in Wolverhampton auch großvolumige V-Zweizylinder, die insbesondere bei den Gespannfahrern sehr beliebt waren. Nachdem die Weltwirtschaftkrise überwunden war, präsentierten die Briten Mitte der dreißiger Jahre einen luftgekühlten 500er V4-Viertakter mit Kompressor. Der allerdings war ausgewählten Rennfahrern vorbehalten. Weniger aus imageträchtigen Gründen, sondern weil die Probleme mit der Standfestigkeit eine Serienfertigung ausschloss. Zu groß waren die thermischen Schwierigkeiten, die selbst mit einer nachträglichen Wasserkühlung und zahlreichen, äußerst filigranen Kühlrippen (Spitzname »Porcupine«, bedeutet lt. Duden soviel wie »Stachelschwein«) nicht in den Griff zu bekommen waren. Die 1949 vorgestellte Springtwin mit großem 500er-Viertakt-Twin war das letzte offizielle Modell der charismatischen Schmiede aus Großbritannien. Das endgültige Ende der AJS-, beziehungsweise Matchless-Ära kam im Jahre 1969.

ALLRADANTRIEB

Ein angetriebenes Hinter- und Vorderrad macht im Motorradbau in schwierigem Gelände Sinn. Früher verbaute schon der amerikanische Hersteller Rokon diese Technik. Bis vor wenigen Jahren experimentierte auch Suzuki mit dem Allradantrieb für Motorräder. Ende 2003 präsentiert Yamaha mit der WR 450 F 2 schließlich das erste in Serie produzierte Wettbewerbsmotorrad, dass über beide Räder angetrieben wird.

Die WR450F 2-Trac basiert auf der WR450F und ist das Ergebnis jahrelanger Kooperation zwischen Yamaha und der schwedischen Tochterfirma Öhlins Racing AB. Die Geschichte der Entwicklung eines Zweirad-Antriebs für Motorräder geht bis ins Jahr 1985 zurück. Das patentierte 2-Trac-System arbeitet mit einer Hydraulikpumpe, die über dem Getriebeausgang sitzt und die über eine im Ölbad laufende Kette angetrieben wird. Das System pumpt Hydrauliköl durch Hochdruckschläuche zur vorderen Radnabe, in die der Hydraulikmotor integriert ist. Dieser arbeitet mit einer einzigen Übersetzung. Wenn das Öl den Motor durchlaufen hat, gelangt es über einen Filter wieder zurück zur Pumpe. Das 2-Trac-System ist ein intelligentes, selbst regulierendes System. Der Hydraulikdruck auf das Vorderrad erhöht sich, sobald das Hinterrad auf lockerem Untergrund an Traktion verliert. Die Antriebskraft, die auf das Vorderrad übertragen wird, verändert sich permanent im jeweils bestmöglichen Verhältnis.

Das System ist so ausgerichtet, dass die Rotationsgeschwindigkeit des Vorderrades niemals größer ist als die des Hinterrades. Die Kraft, die an das Vorderrad übertragen wird, ist niemals größer als die tatsächlich benötigte Menge an Traktionskraft. Das System stellt sicher, dass im gleichen Augenblick, in dem die Traktion des Hinterrades wieder zunimmt, die

Das neue Yamaha WR450F 2-Trac Rallye Motorrad wird in limitierter Stückzahl ausschließlich für reine Wettbewerbszwecke produziert. Entsprechend der Reaktionen und Anforderungen des Marktes wird Yamaha über die Adaption des Systems auf andere Produkte entscheiden. Zusätzlich zur WR450F 2-Trac Rallye-Version wird Yamaha auf der Messe »Mondial du deux roues 2004« in Paris auch eine WR450F 2-Trac Super Motard Version vorstellen.

Kraftübertragung auf das Vorderrad im entsprechend reduziert wird.

Im normalen Fahrbetrieb wird keine Kraft an das Vorderrad übertragen. Stellt sich jedoch durch abruptes Gasgeben am Hinterrad plötzlich Schlupf ein, wird im selben Augenblick Hydraulikflüssigkeit in das System gepumpt und ein gewisser Anteil der Kraft an das Vorderrad umgeleitet. Immer, wenn bei einem konventionell angetriebenen Motorrad das Hinterrad anfängt durchzudrehen, wird die Kraft wird in diesem Moment nicht optimal in Vortrieb umgesetzt. Das 2-Trac-System gibt in diesem Augenblick bis zu 15 Prozent der Kraft an das Vorderrad weiter und ermöglicht somit bessere und gleichmäßige Traktion. Ein weiterer einschneidender Vorteil des 2-Trac System ist, dass es sich relativ einfach und ohne allzu tiefe Eingriffe in die Funktionalität eines Motorrades integrieren lässt.

ALUMINIUM

Reines Aluminium (Al) ist leicht, sehr gut verformbar und zeichnet sich durch eine gute Korrosionsbeständigkeit aus. Das liegt daran, dass das Leichtmetall auf der Oberfläche eine Oxidschicht bildet, die wie eine Schutzhaut wirkt. Rohstoff zur Aluminiumgewinnung ist das Bauxit, ein Mineral mit hohem Anteil Oxide (Al_2O_3). Die gewünschte Härte erreicht man durch die Verwendung von Legierungen. Alu-Guß-Legierungen werden häufig bei Motorgehäusen, Zylinderköpfen, Motordeckeln, aber auch Rahmenteilen verwendet. Die wichtigsten Legierungselemente sind Kupfer, Silizium, Mangan und Zinn.

ANLASSER, NEU: STARTERGENERATOR

Der elektrische Anlasser dient zum bequemen Starten des Motors per Knopfdruck am Lenker. Meist ist er vor oder hinter dem Zylinder untergebracht. Über das Bordnetz wird der Elektro-Motor in Rotation versetzt und greift über Zahnräder (früher auch Zahn- oder Rollenketten) direkt oder indirekt in den Primärtrieb ein. Die Starterdrehzahl des Kurbeltriebes liegt bei rund 300 min^{-1}. Über einen Freilauf koppelt sich der E-Starter dann aus, sobald die Motordrehzahl höher als die des E-Starters liegt. Dies war bislang mit der Pkw-

Aluminium ist aus dem Motorradbau nicht mehr wegzudenken. Ob im klassischen Sandgussverfahren hergestellte Zylinderköpfe (Bild: Suzuki GSX-R 600) oder im filigranen Spritzguss-Verfahren gefertigte Vergaser, Einspritzanlagen und andere, komplexe Profile – das günstige Gewicht und die durch spezielle Legierungen mit den Jahren gewonnene Dauerfestigkeit macht Aluminium heute aktueller denn je.

Kurze Ansaugtrichter, so wie bei der Yamaha YZF-R6 (bis 2002 noch mit Vergaser, ø 37 mm), sind einer hohen Spitzenleistung zuträglich. Lange, schlanke Trichter und Querschnitte unterstützen hingegen das Drehmoment im mittleren Drehzahlbereich.

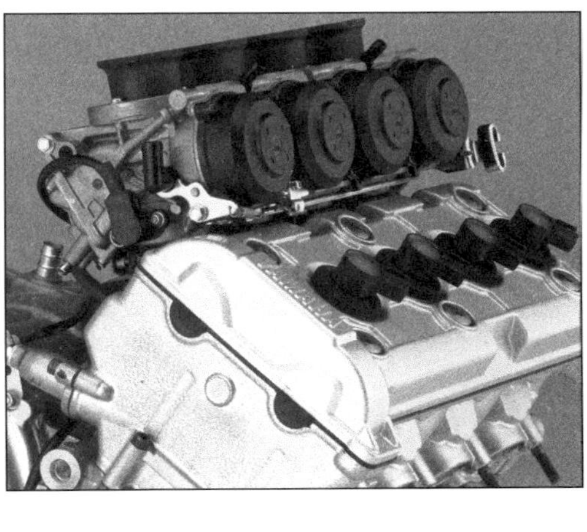

Technik mehr oder weniger identisch. Das könnte sich jedoch ändern.

Im Pkw-Bereich soll sich einiges ändern: So wird ein Tritt aufs Gaspedal oder ein Knopfdruck genügen, um den Motor leise und umweltschonend zu starten. Diese Technik hört auf den Namen »Kurbelwellen-Startergenerator«. Neben dem unauffälligen Motorstart dient er jedoch in erster Linie dazu, eine Reihe von Anforderungen an das Auto von morgen erfüllen zu helfen. Die reichen von niedrigeren Schadstoffwerten über geringeren Verbrauch bis hin zum stärkeren elektrischen Bordnetz, das künftig mit 42 Volt eine immer größere Zahl elektrischer Verbraucher bedienen muss. Im Grunde handelt es sich bei dem neuen Prinzip um eine elektrische Maschine in der Antriebseinheit, die den Verbrennungsmotor startet und unterstützt, aber auch die erforderliche elektrische Leistung für das Bordnetz erzeugt. Dieses Aggregat ersetzt den heutigen Starter und die Lichtmaschine. Ganz nebenbei kann auch die bisher ungenutzte Bremsenergie in Ladestrom umgewandelt werden, um den eigentlichen Verbrennungsmotor bei anschließender Beschleunigung tatkräftig zu unterstützen. Nachteilig wirken sich allerdings das zusätzliche Gewicht und die Abmessungen aus. Allein aus diesem Grund werden Zweiräder (vielleicht mit Ausnahme der Großraum-Roller) eher nicht mit dieser Technik ausgerüstet werden. Trotzdem, interessant ist diese innovative Lösung allemal.

ANSAUGTRICHTER

Ansaugtrichter sind auf der Einlassseite der Einspritz-, bzw. Vergasereinheit montiert. Sie haben die Aufgabe, die anströmende Luft zu beruhigen und so für eine möglichst laminare Strömung zu sorgen. Dabei findet gleichzeitig eine Erhöhung der Luftgeschwindigkeit statt. Eine lange Bauweise optimiert die Elastizität des Motors und damit eine gute Zylinderfüllung im unteren und mittleren Drehzahlbereich. Auf Leistung ausgelegte Motoren verfügen eher über kurze Trichter mit großem Durchmesser. Durch RamAir-System ist eine sensible Abstimmung bezüglich des Volumens der Airbox erforderlich.

ANTIBLOCKIERSYSTEM

Siehe ABS

ANTI-DIVE-SYSTEM

»Gegen Tauchen«, bzw. Bremsnickausgleich; bezieht sich auf eine speziell in den achtziger Jahren häufig eingesetzte Technik an den Vorderradgabeln, die ein übermäßig schnelles Eintauchen beim Bremsvorgang verhindern sollten. Da die meisten Einrichtungen über das hydraulische Bremssystem geregelt wurden, geriet die Dosierbarkeit der Bremsanlage in Mitleidenschaft. Nicht wenige Besitzer jener mit dieser Technik ausgerüsteten Maschinen überbrückten die hydraulische Anti-Dive-Einheit, indem sie die Verbindungsleitung vom Radbremszylinder zu dem am Tauchrohr der Teleskopgabel angeflansch-

Der Bremsdruck betätigt beim AVDS von Kawasaki (Automatic Variable Damping System) einen am Tauchrohr montierten Zylinder, der wiederum die Druckstufendämpfung der Gabel erhöht. Dadurch verzögert sich die Tauchgeschwindigkeit bei Bremsmanövern. Kommen Bodenunebenheiten hinzu, leidet jedoch das Ansprechverhalten spürbar.

ten Anti-Dive-Zylinder abklemmten. Das grundsätzliche Problem liegt darin begründet, dass sich die ohnehin schon großen Störeinflüsse beim Bremsen (veränderte Fahrwerksgeometrie/Balance durch dynamische Radlastverteilung) durch ein solches System nochmals verstärken: Auf Grund des ansteigenden Bremsdruckes verhärtet sich die Dämpfung, die zum einen das Ansprechverhalten der Radführung auf Bodenunebenheiten sowie die Dosierbarkeit (und damit den praktischen Nutzen) der Bremsanlage durch die unterschiedlichen Druckverhältnisse im Bremssystem beeinträchtigt. Ein wohl dosiertes Hineinbremsen in die Kurve auf der sprichwörtlichen letzten Rille kam damit beinahe einem Lotteriespiel gleich. Da parallel zu dieser Technik auch die luftunterstützten Teleskopgabeln in Mode waren, handelte man sich weitere Variable ein – genau das, was man eigentlich vermeiden sollte. Doch gab es jedoch auch mechanische Anti-Dive-Systeme (*siehe auch unter »TRAC«*), die durchdachter waren.

Eine weitere Methode, das Eintauchen der Frontpartie gezielt zu verhindern, besteht darin, die Radführung von der Federung und Dämpfung zu entkoppeln.

API

Die API-Klassifikationen wurden vom American Petroleum Institute geschaffen. Dieses Institut wurde 1919 als Einrichtung der amerikanischen Mineralöl-Industrie gegründet. Die C-Klasse definiert Öle für Dieselmotoren, die S-Klasse Öle für Ottomotoren.

APRILIA

Seit 1968 ist Aprilia offizieller Produzent von Fahrrädern; die Geschichte um die italienische Motorradschmiede Aprilia nahm jedoch bereits 1946 ihren Lauf, die dem amerikanischen Traum vom Tellerwäscher zum Millionär verdächtig nahe kommt. Zu jener Zeit produzierte der Firmengründer Alberto Beggio, gelernter Schmied und Fahrrad-Spezialist, in Rio San Marino di Scorzce ausschließlich Kleinserien hochwertiger Fahrräder. Dabei bekamen die jeweiligen Spitzenmodelle den Namen »Aprilia«, so wie seinerzeit die Limousine der Automarke Lancia. Nach den ersten harten Jahren reichten die Räumlichkeiten nicht mehr aus, so dass Alberto Beggio im Jahre 1963 in Noale, rund 30 Kilometer von Venedig entfernt, einen neuen, über 15.000 Quadratmeter gro-

1

2

1. *Die erste Aprilia Pegaso erschien 1990. Ende 1992 kam die Pegaso 2 mit erstarktem 650er-Einzylinder-Viertaktmotor (Bild zeigt '95er-Modell). 1997 schließlich sorgt die kultivierte Pegaso 3 für Furore.*
2. *Bevor Aprilia 1998 mit der RSV Mille den supersportlichen Big Bike-Markt aufmischte, zeigten sich die Mannen um Ivano Beggio behutsam. Die abgebildete Shiver kam aus dem Prototypen-Stadium nie heraus. Deutlich zu erkennen war jedoch schon 1996 der wassergekühlte 60°-V2 und der Hang zur innovativen Motorradtechnik.*

ßen Firmensitz fand. Zu dieser Zeit beschäftigte er bereits über zehn Mitarbeiter, unter denen sich nach Tradition auch sein Sohn und heutiger Firmenchef Ivano Beggio befand. Der jedoch hatte eine ausgeprägte Vorliebe für Motorräder, so dass es lediglich eine Frage der Zeit war, bis man auf dem Firmengelände auch Motorräder produzierte. Das war im Jahre 1964. Erstes Projekt war eine 50er, die auf den Beinamen »Daniela« hörte. Der Minarelli-Motor der ersten Scarabeo hatte ebenfalls 50 ccm und lief bereits 1967 vom Band. Ein Verkaufserfolg stellte sich jedoch erst mit den Modellen Grillo und weiteren Varianten des Scarabeo-Urmodells ein. Der heimische Leichtkraftrad-Markt war und ist seitdem ein fester Bestandteil von Aprilia. Um auch für die Zukunft konkurrenzfähig bleiben zu können, musste man eigenständige Techniken entwickeln. Das Ergebnis der Bemühungen war ein 125er-Crosser (1975), konstruiert von Maurizio Roman, getestet und gefahren von Ivan Alborghetti. Zwei Namen, denen Aprilia den hervorragenden Ruf im Off Road-Bereich zu verdanken hat und die seitdem zu den Wurzeln der italienischen Marke gehören.

Doch Aprilia genießt auch in der Straßenweltmeisterschaft seit vielen Jahren einen hervorragenden Ruf. Das Jahr 1985 war das Jahr, in dem der Name Aprilia erstmals im Starterfeld der Straßen-WM zu sehen war. 1987, genauer gesagt am 30. August, wurden alle An-

3. *Die 56 PS Aprilia RS 250 erschien erstmals 1995. Mit quer eingebautem 90°-V2-Zweitaktmotor der Suzuki RGV 250 und handlichem und superstabilem Alu-Fahrwerk war sie von Anfang die Reinkarnation des Zweitakttraums zu einem halbwegs akzeptablen Preis von seinerzeit 12.000 Mark. Mit dem Modell 2002 (Bild) wurde die Produktion eingestellt. Parallel wurde auch eine Cup-Version mit 65 PS angeboten. Gegenüber der Straßenversion besitzt sie einen geänderten Düsenstock und die Auspuffanlage der italienischen Ausführung ohne Kat.*
4. *Die mittlerweile legendäre Aprilia RSV Mille startete 1998 ihr Debüt. Ihr 60°-V2 zeichnet sich durch einen kultivierten Motorlauf aus, ist darüber hinaus langlebig und benötigt insgesamt wenig Beachtung. Anfangs 128 PS stark, später 118, dann 125 (Bild, Mod. 2002) und für 2003 bequeme 130 PS stark.*
5. *Nackt, drahtig, sehnig – die Aprilia Blue Marlin blieb ein Prototyp. Mit dem bekannten 1000er-V2 und völlig neuem Rahmen, einem Mix aus Stahlrohr- und Leichtmetall-Konstruktion, sowie hochwertigen Fahrwerkszutaten begeisterte sie auf dem Mailänder Salon 2001. Sie war ihrer Zeit voraus, fiel jedoch internen Sparmaßnahmen zum Opfer.*

strengungen endlich mit einem GP-Sieg vor heimischem Publikum in Misano belohnt. Als eine der wichtigsten Stationen entpuppt sich die Saison 1988: Während die privaten 250er-Rennmaschinen (Aprilia AF1) äußerst konkurrenzstark sind, kann die Werksmaschine mit komplett neu entwickeltem Zweitakt-V2 (Aprilia AF1V) anfangs nicht mit den japanischen Maschinen mithalten. Die Fahrer sind Carlos Lavado, Martin Wimmer, Didier De Radigues, Loris Reggiani und nicht zu vergessen Max Biaggi. 1992 gewinnt Aprilia die erste Straßen-Weltmeisterschaft. Nur wenige Tage nachdem Tommy Avhala mit der Aprilia Climber den Trial-WM-Titel holt, erobert Alex Gramigni den Titel in der Straßen-WM bis 125 ccm. Von da an reißen die WM-Erfolge nicht mehr ab – Aprilia, der kleine Mopedhersteller von einst, ist in aller Munde. Die Zeit ist reif für größere Motorräder.

1994 debütiert eine innovative Zweizylinder-Werksmaschine schließlich in der 500er-Königsklasse, um gegen die vierzylindrige Armada anzutreten. Loris Reggiani weiht die Maschine ein und erobert auf Anhieb 7 WM-Punkte. Im Entwicklungszentrum entstehen zeitgleich die ersten Skizzen für ein großes Serienmotorrad, das schon zwei Jahre später auf der IFMA 1996 in Köln als »Shiver« (frei übersetzt: »eiskalter Schock«) der Öffentlichkeit vorgestellt wird. Anders als es der Name erwarten lässt, wirkt der Prototyp eher sanftmütig. Angetrieben wird das Motorrad von einem wassergekühlten V2-Motor – dem Vorläufer der supersportlichen RSV Mille (ab 1998), deren Rennableger in der Superbike-Saison 2000 erstmals offiziell von Aprilia eingesetzt wird. Der Pilot Troy Corser erreicht am Ende der Superbike-Saison mit insgesamt fünf Siegen einen dritten Platz in der Gesamtwertung.

Innovative Technik war seit jeher eine der großen Stärken des jungen Motorradherstellers. Verantwortlich für den großartigen Erfolg der italienischen Motorradschmiede ist jedoch vor allem die geschickte Geschäftsführung des Unternehmens. Geschäftsführer Ivano Beggio geht bei der Erschließung neuer Marktsegmente äußerst umsichtig vor, so dass auf eine kostenintensive Motorenentwicklung zunächst verzichtet wird. Dies geschieht vor allem durch die Verwendung von Fremdprodukten. So wird beispielsweise die kleine Zweitakt-Rakete RS 250 (ab 1995) vom aufwändigen V2-Motor der Suzuki RGV 250 (1989–1993) angetrieben. Das Fahrwerk hingegen wird in kompletter Eigenregie konzipiert und produziert. Ähnlich geht man auch bei der 650 Pegaso vor, deren wassergekühlter Einzylinder mit Fünfventil-Zylinderkopf vom österreichischen Hersteller Rotax entwickelt wurde. Produziert wird der Motor, der

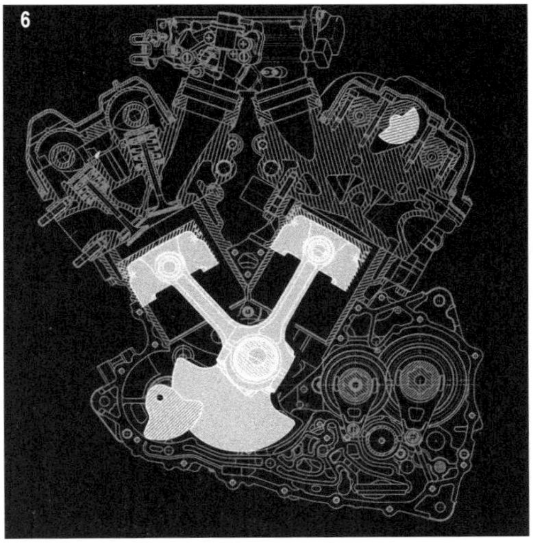

6. Das Herzstück der großen Aprilia-Famile ist der kompakte 60°-V2-Motor. Dabei handelt es sich um eine hauseigene Konstruktion. Dieser Motor wurde bei Rotax serienfertig gemacht und wird dort auch heute (Std. Januar 2004) noch gebaut. In leicht modifizierten Ablegern treibt er seit 1998 die Mille, spätere Falco, Futura, CapoNord und Tuono an. Gut zu erkennen sind die beiden Ausgleichswellen, von denen die kleinere mit doppelter Geschwindigkeit auf der hinteren Nockenwelle rotiert. Die Pleuel sind nicht versetzt zueinander gelagert – es handelt sich also um einen so genannten »echten« V-Motor.

bis auf den Zylinderkopf auch in der BMW F 650 (ab 1993, jedoch mit Vierventil-Konzept) seinen Dienst verrichtet, jedoch in den Werkshallen von Aprilia. Zum Modelljahrgang 2001 bekommt der große Single eine Einspritzanlage vom französischen Spezialisten Sagem und einen umweltfreundlichen Katalysator spendiert.

Nicht zu vergessen sind die vielen richtungweisenden Akzente im Rollerbereich. Denn gerade dort, wo jahrzehntelang klassisch runde Formen üblich waren, provozierte Aprilia mit modernen Linien und brachte freche Farben ins Spiel. Mit der Einführung des Katalysators bei allen 50-ccm-Rollermodellen setzte Aprilia spätestens mit dem »Leonardo 125« (1997) neue Maßstäbe: Er besaß als erster Roller der Welt einen wassergekühlten Vierventil-Viertakt-Motor. Im Modelljahr 2000 brachte Aprilia das fortschrittliche DI-Tech-System für Zweitaktmotoren zur Serienreife (mehr erfahren Sie unter »DI-Tech«) und sorgte für deutlich günstigere Verbrauchswerte bei gleicher Motorleistung. Bei den Motorrädern setzte Aprilia ebenfalls neue Akzente: Kein Geringerer als Stardesigner Philippe Starck entwarf mit der Moto 6.5 (1996) ein zeitlos geformtes Bike, das stets als Blickmagnet gut ist.

Mutig war auch der Auftritt der puristischen Blue Marlin im Herbst 2001 am Mailänder Salon. Das Design, das sich stark an die sechziger Jahre anlehnt, wurde meist gelobt – von manchen Betrachtern jedoch auch hart kritisiert. Doch polarisierenden Motorrädern ge-

7. *Sportlichkeit für alle Tage, nicht so extrem wie die RSV Mille, aber locker genug, um auf der Hausstrecke den bösen Jungen herauszukehren. Die SL 1000 Falco, vorgestellt 2002, gehört mit 255 km/h zu den schnellen V2-Sportlern. Trotz neuem Rahmen ist die Fahrwerksgeometrie beinahe identisch mit jener der RSV Mille. 2001 wird kurzzeitig eine spezielle »Scout Edition« mit touristischer Ausstattung angeboten. Die für 2002 angekündigte, sportliche R-Version mit wertigeren Federelementen und flacherem Lenker erscheint leider nicht.*
8. *Die Aprilia RST Futura ist ein großes Motorrad. Dafür bietet sie großartigen Wind- und Wetterschutz sowie einen hervorragenden Sitzkomfort – für Fahrer und besonders Beifahrer. Einarmschwinge und Upside Down-Gabel verleihen ihr einen sportlichen Touch. Mit den richtigen Reifen ist sie darüber hinaus relativ handlich.*
9. *Der Leichtmetall-Rahmen der touristischen RST Futura basiert auf dem der supersportlichen RSV Mille mit Brückenrahmen. Die hochgezogene, zentrale Auspuffanlage schafft Platz für die Beine des Beifahrers, die standfesten Brembo-Bremsen Reserven.*

hört die Zukunft. Weg von der Eier legenden Wollmilchsau, hin zum faszinierenden Gefährt, das seinem bestimmten Einsatzzweck entsprechend überzeugt und überdies durch feine Details und einen hohen Qualitätsstandard gefallen muss. Ein Anspruch, der in den letzten Jahren von kaum einem Hersteller so effektiv umgesetzt wurde wie von Aprilia.

Nachdem sich Aprilia mit dem Erfolg der RSV Mille von 1998 (der große V2-Motor war der erste in völliger Eigenregie produzierte Viertakter) einen großen Namen gemacht hatte, präsentierte man die »SL 1000 Falco«. Ein Motorrad, das den Begriff der Sportlichkeit im Jahre 2000 neu definierte. Ausgerüstet mit dem nur in Details modifizierten und 118 PS starken Antrieb der RSV Mille, beinahe identischen Fahrwerksdaten (bei komplett neuem Rahmen!), jedoch mit weitaus »leichterem« und wenig aggressiverem Design, nimmt sie die sportlich orientierten Alltagsfahrer ins Visier. Ein Jahr später debütierten die RST Futura und die ETV CapoNord. Mit geänderten Steuerzeiten, Denso-Einspritzanlage und im Falle der ETV auch neuem Fahrgestell zielen beide auf die touristischen Motorradfahrer und überzeugen insbesondere durch ihren ausgesprochen kultivierten Motorlauf. Das Chassis der RST basiert bis auf die Einarmschwinge auf dem der RSV Mille.

Die großen V2-Modelle verfügen über die hauseigenen Patente der pneumatischen Rutschkupplung (PPC) und der doppelten Ausgleichswelle (AVDC).

10

11

12

10. *Die RSV Tuono R kostete im Jahr 2002 immerhin 17.999 Euro und war auf weltweit 200 Exemplare limitiert. Als Basis dienen Motor (126 PS) und Fahrwerk der edlen Mille R. Bei der späteren RSV Tuono von 2003 stand die Standard-Mille Pate. Das Handling ist spielerisch, das sportliche Potenzial immens – ein Supersportler für den radikalen Ritt auf der Ideallinie – und das mit bequemem Rohrlenker.*
11. *Ein Streetfighter für die Straße. Fertig für lange Wheelies, startklar für den schnellen Race-Track, inklusive Kit, Öhlinsfahrwerk, Lenkungsdämpfer und Radial-Bremszangen mit vier Pads je Vierkolbensattel. Mehr braucht 2003 kein Mensch. Kostenpunkt: 18.089 Euro*
12. *Die Italiener gelten als experimentierfreudiges Volk. Die unverkleidete Mana von 2001 mit dem Hauptrahmen der CapoNord und der Einarmschwinge der Futura macht da keine Ausnahme. Die Dreifach-Klemmung an der unteren Gabelbrücke sowie die Radialzangen verheißen puristische Sportlichkeit. Dennoch verschwindet sie wieder in der Schublade.*

13. *Mit der ETV CapoNord hat der norditalienische Motorradhersteller Aprilia seit 2001 auch für Freunde großvolumiger Enduros eine Alternative im Angebot. Das Konzept überzeugt speziell auf langen Strecken – selbst bei widrigen Wetterverhältnissen. Der drehmomentstarke 1000er-V2 gibt sich unten herum ruppig, glänzt dafür im mittleren Drehzahlbereich. Ab 2004 gibt's auch eine ABS-Version.*
14. *Neben der normalen Mille bietet Aprilia seit jeher eine Replika an. Mit ultraleichten OZ-Rädern, zahlreichen Carbon-Teilen und (last but not least) den radial montierten Bremszangen, lässt sich die RSV Mille R von 2003 (Bild) noch leichter bewegen, als die extrem seltene RSV Mille SP von 2000.*
15. *Die Aprilia RSV Mille SP von 2000 (SP für »Sport-Production«) ist ein überaus seltenes Exemplar und bildet die laut Superbike-Reglement zwingende Grundlage für die Homologation von 150 produzierten Serienablegern. Ihr V2-Motor verfügt über eine Kurbelwelle mit 4,1 Millimeter geringerem Hub als die damalige Standard-Mille. Damit erreichte man eine höhere Drehzahlfestigkeit. Dafür messen die Kolben mit 100 Millimeter ganze 3 Millimeter mehr. Zusätzlich stieg das Verdichtungsverhältnis von 11,4:1 auf 11,5:1 in den beiden Cosworth-Zylinderköpfen geringfügig an. Pietro Piccini, ein ehemaliger Ferrari-Techniker, tüftelte ein Jahr an dem neuen, 145 PS starken Motor, der wesentlich agiler zu Werke geht als der drehmomentstarke Mille-Motor. In der Superbike-WM standen Troy Corser seinerzeit gut 160 PS zur Verfügung. Auch fahrwerksseitig bot sie Besonderheiten. So war die Position des Motors im Leichtmetall-Brückenrahmen variierbar. Der Steuerkopfwinkel konnte um 2° zwischen 64,8 und 66,8° variiert werden. Mit Kit war sie für exakt 29.990 Euro zu haben und war dennoch binnen kurzer Zeit ausverkauft.*
16. *Mit der Präsentation der stark überarbeiteten, 139 PS starken RSV Mille R (Bild) im Mitte 2003 fällt die bisherige Standard-Mille ersatzlos aus dem Programm. Das neue Fahrwerk geriet schlanker und handlicher. Gegenüber dem Factory-Modell, der Superbike-Basis, verfügt sie nicht über die Radial-Bremszangen vorn, das Öhlins-Fahrwerk und die leichten OZ-Felgen. Gerade 200 mal wurde das Sondermodell »Nera« produziert. Sie basiert auf der »Factory« und rollt auf noch leichteren Magnesium-Rädern. Trocken 175 Kilogramm leicht und nochmals 2 PS stärker – genug für knapp 290 km/h.*

Nur wenige Wochen nach der Blue Marlin präsentiert Aprilia der Weltöffentlichkeit zwei weitere Kreationen: Die RSV Mille R Tuono (was soviel wie »Donner« bedeutet und eine gestrippte Alternative zur Basis-Maschine für den Normalfahrer darstellt) und die eigenwillige ETV Mana (frei übersetzt »geheimnisvoll«), die eine weitere Baukasten-Variante mit dem bewährten 1000er V2-Motor darstellt. Während die mit feinsten Zutaten ausgerüstete und nur in limitierter Auflage erhältliche Tuono mit vergoldetem Rahmen und anderen edlen Materialien (Aluminium, Titan, Ergal und Cabon) in die hochexklusive Nische drängt, zielt die Mana mit Futura-Motor verstärkt in die touristische Naked Bike-Ecke. Mit dem Leichtmetallrahmen der CapoNord und der Einarmschwinge der RST Futura kombiniert man Funktionalität mit extravagantem Design. Eine Mischung, die man eigentlich eher aus Japan erwartet hätte. Wieder mal ein Indiz für das hohe Maß an Innovation und den ausgesprochenen Spürsinn des Ivano Beggio. Dass es dem geschäftstüchtigen Mann auch um einen neuen italienischen Motorradschwerpunkt geht, belegte Ende 2000 der Kauf des traditionellen Unternehmens Moto Guzzi (Mandello del Lario) als auch der Kauf von Moto Laverda. Damit dürfte in den nächsten Jahren für reichlich Bewegung gesorgt sein.

ATAC

(Honda) Automatically Torque Amplification Chamber Anfangs über Bowdenzüge mecha-

Die eigenwillige Aprilia Moto 6.5 erschien 1996. Das Design stammt vom französischen Designer Phillippe Starck. Der kräftige Eintopf mit Dampfhammer-Charakteristik passt perfekt zur schlichten Erscheinung. Ein Technikschmankerl ist (wie bei der 650er Pegaso) der 5-Ventil-Kopf mit konischen Nocken. 1999 wurde die Produktion eingestellt. Zu diesem Zeitpunkt kostete sie 12.283 Mark, umgerechnet 6.280 Euro. Bis 2001 war sie im offiziellen Programm.

nisch gesteuertes System zur Optimierung der Strömungsverhältnisse im Auslass-System beim Zweitaktmotor. Dadurch sollte ein Anstieg des Drehmoments im unteren und mittleren Drehzahlbereich um 15 bis 20 Prozent erreicht werden. Seit 1984 ersetzt ein elektrisch angesteuerter Servomotor die Bowdenzüge. Verwendet wurde diese Technik erstmals bei der Honda NSR 500-Werksrennmaschine im Jahre 1983. Später wurde auch die supersportliche Serienzweitakter NSR 400 RR damit ausgestattet.

AUFBOCKEN

Das Hebeln des Motorrades auf den Hauptständer. Heute nicht mehr so anstrengend wie damals, gilt trotzdem als Pflichtübung. Das magische Wort lautet hier »Hebelwirkung«. Also, nicht am Lenker reißen wie ein Stier, sondern zuerst das Motorrad genau in die Senkrechte bringen, Hauptständer auf dem Boden aufliegen lassen, rechte Hand in die Nähe des Soziusplatzes (da ist meist irgendwo ein Bügel), linke Hand nur zur Führung an den Lenker und kräftig mit dem rechten Fuß auf dem Hauptständer durchtreten. Auch hier gilt »Übung macht den/die Meister(in)!«

AUFHEBEN

Wem sein Motorrad irgendwann schon mal umgefallen ist, wird sich dem Aufheben der liegenden Masse aus Stahl, Leichtmetall und Kunststoff nur schwer entziehen können. Als ob der Umfaller nicht schon peinlich genug wäre, sollte doch wenigsten das anschließende Aufrichten keine Probleme bereiten. Dabei hat man durchaus eine reelle Chance – Honda Gold Wing- und BMW K 1200 LT-Besitzer einmal ausgenommen. Wer den Schaden hat, braucht für den Spott bekanntlich nicht zu sor-

Honda's Geheimwaffe für den einstigen Superstar Fredddie Spencer war die NSR 500.
Die V4-Maschine von 1984 leistete mit elektrisch gesteuertem ATAC über 140 PS bei 11.500 /min.

gen. Doch wer die wichtigsten Regeln beachtet, wird bei Bikes bis rund 250 Kilogramm (oder auch darüber) am Ende erfolgreich sein. In den meisten Fällen kippt das Motorrad auf die linke Seite – also ehrlich gesagt, hab' ich keine Ahnung warum, doch scheint der imaginäre, allzeit ausgeklappte Seitenständer einer gewisse Schlüsselrolle zu spielen.

Beim Aufrichten der Fuhre holt man sich den allseits präsenten Helfer namens »Newton« zu Hilfe – das Gesetz der Hebelwirkung. Eine knieende Position bringt einen in diesem Fall jedenfalls nicht weiter, lässt allenfalls einen besseren Blick auf bereits kaltverformtes Material zu. Am besten eignet sich eine leicht nach vorn gebeugte Angriffshaltung, was zugleich den Armen reichlich Spielraum für zahlreiche Angriffspunkte am Objekt gibt. Eine Hand am Lenker, die andere in Sitzbanknähe. Bei einer 90°-Schräglage sollten abrupte Ruck- oder Reißaktionen unterbleiben, sie richten meist doch nur größeres Unheil an. Gut Ding will also Weile haben – das klingt zwar gemein, ist aber Tatsache. Die am Fahrzeugheck befindliche Hand, sollte sich vor der Kraftaktion von der einwandfreien Stabilität des Angriffspunktes überzeugen. Plastikteile, Blinker oder ähnliche Fixpunkte sind Tabu-Zonen. In den meisten Fällen befindet sich unterhalb der Sitzbank (Rahmen, Ausleger, o.ä.) eine passende Möglichkeit. Haben sich während des Eklats montierte Gepäckteile, wie Tankrucksack oder Gepäckrollen, etc., noch nicht verselbstständigt, sollten diese vor dem Aufheben abgenommen werden. Dies senkt den Maschinenschwerpunkt und macht die Sache einfacher. Sind die ersten Zentimeter erst einmal geschafft, sollte der Lenker zur Fallseite hin eingeschlagen werden und dann an dessen äußerem Ende mit der einen Hand in festen Beschlag genommen werden. Der nun folgende Rest ist mit Worten kaum auszudrücken, eher mit Emotionen. Und wie schon die Bibel sagt: Der Wille versetzt Berge.

AUSGLEICHSWELLE

Ausgleichswellen dienen zur Reduzierung der Vibrationen durch entgegengesetzt wirkende Massenkräfte zu den bewegten Bauteilen (Kolben, Kolbenbolzen, Kolbenringe, Pleuel, Kurbelwelle, Schwungmasse), um störende (und zerstörerische!) Vibrationen zu vermindern.

AUSPUFFBIRNE

Expansionskammer, die sich im Durchmesser verändert. Bei Zweitaktmotoren eine Art Druck-Ausgleichskammer der Auspuffgase, beeinflusst entscheidend Charakteristik, Spülverluste und Kraftstoffverbrauch; Diffusor. Durch eine geschickte Auslegung und Dimensionierung lässt sich eine nachhaltige Leerung der Zylinder und damit eine leistungsfördernde Zylinderfüllung erreichen. Gegenüber dem Auspufftopf eines Viertakters (das Auslassventil verhindert das Zurückströmen der Altgase) wirken sich die reflektierten Druckwellen innerhalb des Zweitakt-Systems wesentlich stärker auf die Leistung aus.

Vibrationen können für eingeschlafene Extremitäten sorgen, jedoch genauso gut die Seele massieren – den Unterschied bestimmt die Frequenz. Tatsache ist aber auch, dass sie (je nach Motorenkonzept) aus rein technischer Sicht bei großen Einzelhubräumen ungesunde Ausmaße annehmen können. Um dem entgegenzuwirken, werden bei einigen Modellen (Bild zeigt den Kurbeltrieb mit 270°-Kröpfung samt zweier Ausgleichswellen der Yamaha TDM 900) eine oder sogar zwei Ausgleichswellen verwendet.

AUSWUCHTEN
Nachdem ein neuer Reifen montiert wurde, steht das Auswuchten des betreffenden Rades auf dem Plan. Dabei unterscheidet man zwischen dem statischen und dem dynamischen Auswuchten. Bei Letzterem wird das Rad auf einen Zentralbolzen gespannt und mit mehreren kleinen Gewindebolzen gegen Verdrehen gesichert. Die während der Rotation entstehende Unwucht zeigt eine digitale Anzeige an, und zwar jeweils für die linke und rechte Seite in Laufrichtung gesehen. Vor allem bei schnellen Sportmaschinen mit ihren extrem breiten Felgen wirkt sich die Felgenbreite (Schulter) als Hebelarm aus. Eine dynamische Auswuchtung ist hier also eindeutig die bessere Alternative. Im ganz normalen Motorradalltag dagegen reicht die statische Auswuchtung in der Regel aus. Dabei wird eine kalibrierte Achse durch die Radnabe gesteckt und komplett auf den Wuchtbock gehängt. Je Seite sorgen zwei drehbar gelagerte Rollen für eine leichtgängige Rotation, bis sich der schwerste Punkt selbstständig nach unten auspendelt. Ob das Gewicht, das an der gegenüberliegenden Seite angebracht wird, jetzt 5, 10, 20 Gramm oder noch größer sein muss, entscheidet der Monteur. Klar, dass vor dem Auswuchten die alten Auswuchtgewichte entfernt werden müssen. Abschließend wird die Unwuchtprüfung wiederholt und bei Unstimmigkeiten erneut ausgewuchtet. Es kann vorkommen, dass manche Reifen über eine derart große Unwucht verfügen, dass es ratsam ist, diesen gegen einen anderen auszutauschen.

AVENGER
Kawasaki, Beiname des dreizylindrigen Zweitakters mit 250 ccm, übersetzt »Rächer(in)«; Baujahr 1967–1971, Kawasaki A7 Avenger

B

BANDIT

Suzuki Bandit – die erste Bandit hatte 400 ccm, die zweite mit 600 ccm machte den Big Bikes das Leben schwer und die dicke 1200er sorgt im verstärkten 600er-Rahmen für Wirbel im Kurvengeschlängel. Auf den ersten Blick sind die 600er und die 1200er Bandit kaum voneinander zu unterscheiden. Kein Wunder, verfügen doch beide über nahezu identische Abmessungen. Auf den zweiten Blick fällt an der Großen das schwarz lackierte Triebwerk auf. Beeindruckend mit welchem Nachdruck der aus dem Tourer GSX 1100 F implantierte und

Die Suzuki Bandit trifft ab Mitte der neunziger Jahre den Nerv vieler Biker. Die GSF 600er und GSF 1200 (Bild) gehören seit vielen Jahren zum festen Bestandteil des Straßenbildes. Unbekümmerten Normalfahrern bietet sie jede Menge Motorrad für vergleichweise wenig Geld, Individualisten freuen sich über eine gesunde Basis, mit der man mit relativ einfachen Mitteln einen Streetfighter aufbauen kann. Insgesamt also ein überzeugendes Sorglospaket. Selbst wenn das Fahrwerk zu weich, die Vibrationen fein und die Bremsen nicht mehr ganz up to date sind – beeindruckend ist immer wieder die Elastizität des Reihenvierzylinders.

aufgebohrte Motor zur Sache geht. Ursache dafür ist die konsequente Auslegung auf eine Maximalleistung von 98 PS. Die überschüssige Kraft konnte somit in den Drehzahlkeller verlegt werden.

BEIWAGEN

Ob Beiwagen, Seitenwagen, Boot oder wie auch immer – gemeint ist damit immer dasselbe. Die Bandbreite reicht von klassisch und praktisch bis sportlich. Neben Harley-Davidson gehören EML oder Side-Bike zu den bekanntesten Herstellern.

Je nach Verwendungszweck bieten die Boote Platz wie ein Kleinwagen. Da ist für jeden was dabei!

BEKLEIDUNG

Bevor man den Kauf eines Zweirades in Erwägung zieht, sollte eine adäquate Kleidung eingeplant werden. Wer selbst schon mal einen Ausrutscher erlebt hat, weiß die zweite Haut besonders zu schätzen. Heutzutage gehören Rücken- und Knieprotektoren zum guten Ton der Bekleidungshersteller. Doch auch der richtige Sitz des Leders bzw. der Textilien ist von großer Bedeutung. Was nutzen die besten Protektoren, wenn sie im Falle eines Falles verrutschen? Reine Sportfahrer sind zweifellos mit einer Lederkombi besser beraten. Reiselustige mit eher praktischem Vorhaben werden dagegen der Allwetter-Haut aus Textil den Vorzug geben.

1. *Zweiteilige Textil-Anzüge sind nahezu universell einsetzbar. Tragekomfort und Vielseitigkeit sind beachtlich, hinzu kommt bei hochwertigen Produkten der hohe Wind- und Wetterschutz. Jacke und Hose lassen sich zudem unabhängig voneinander tragen.*
2. *Einteilige Sportkombis verfügen zwar über ein eingeschränktes Einsatzgebiet, dafür aber über die höchste Schutzwirkung. Durch das eng anliegende Leder reduziert sich der Luftwiderstand. Bei sportlicher Sitzhaltung die adäquate und gleichzeitig kompromisslose Variante.*

BENELLI

Gegründet 1911 in Pesaro/Italien von den sechs Brüdern Guiseppe, Giovanni, Francesco, Filippo, Domenico und Antonio (Tonino) Benelli. 1921 erschien das erste Motorrad mit Einzylinder-Zweitaktmotor und 75 ccm. Die späteren Modelle hatten 125 und 150 ccm. Der erste Vierakter war die Benelli 175 Gran Sport, mit der man ab 1927 vorerst nur an Rennen teilnahm. Erst vier Jahre später kam sie in den Handel. Die Rennmaschine leistete 11 PS bei 6.500 min^{-1}. Besonderes Merkmal war die obenliegende Nockenwelle (OHC), die auf der rechten Motorseite über Stirnräder angetrieben wurde und so für konstante Steuerzeiten sorgte. Tonino Benelli nahm mit ihr an vielen Rennen teil, bis er 1930 und 1931 schließlich italienischer Meister wurde.

Anschließend entwarf Guiseppe Benelli eine neue 175er, nun mit zwei Zylindern. In nur kurzer Zeit konstruierte sein Bruder Giovanni den Viertakter mit zwei obenliegenden Nockenwellen (DOHC), dessen Antrieb ebenfalls via Stirnräder erfolgte. Der Rennfahrer Tonino gewann damit ein Rennen nach dem anderen, bis es 1932 zu einem schweren Unfall kam. Von da an arbeitete er mit seinen Brüdern im Werk in Pesaro zusammen. Wenig später übernahm er die Leitung des Rennteams. 1935 schickte man erstmals eine 250er-OHC-Viertakt-Maschine auf die Rennstrecke. Sie war auf Anhieb ein sehr konkurrenzfähiges Motorrad gegen die bis dahin übermächtigen Moto Guzzis.

Die großen Jahre für Benelli begannen 1938, als die »Formel Sport« ins Leben gerufen wurden. Laut Reglement war sie für seriennahe Motorräder mit 250 und 500 ccm gedacht. So kam es, dass viele Privatfahrer auf die Marke Benelli zurückgriffen und damit sehr erfolgreich waren. Die nächste Stufe zündete man im Jahre 1940 mit der legendären 500er-Kompressor-Vierzylinder. Nach nur wenigen atemberaubenden Rennen kam sie nach dem Zweiten Weltkrieg jedoch nicht mehr zum Einsatz. Da das Werk im Krieg nahezu vollständig zerstört wurde, hatte man außer einigen 250er-Motoren keinen konkurrenzfähigen Untersatz, um damit Rennen zu gewinnen. Gezwungenermaßen griff man darum auf den alten OHC-250er-Motor zurück. Die Zeiten waren schwierig und der Schuldenberg wuchs. Erst Dario Ambrosini holte den Erfolg für Benelli wieder zurück. 1949 wurde er Vizemeister, mit der 250er gewann er im Jahre 1950 die TT und die WM bis 250 ccm, 1951 reichte es noch für einen dritten Platz. Doch vom Rennengewinnen allein wurde man auch damals nicht satt. Es galt den sportlichen Erfolg in der Vermarktung der Serienmodelle mit einfließen zu lassen. Durch den Sieg bei den härtesten Rennen der Welt stand Benelli überall hoch im Kurs. Zu den meistverkauften Zweirädern gehörten in Italien die Letizia und die Leoncino.

Die Marke Benelli schien auf dem besten Weg, auch finanziell erfolgreich zu werden. Doch es sollte wieder alles ganz anders kommen. Der zweite Schicksalsschlag, der die Marke traf, war der tödliche Trainingsunfall von Dario Ambrosini im Jahre 1952 vor dem Großen Preis von Frankreich. Daraufhin stieg Benelli komplett aus dem Motorradrennsport aus. Erst 1959 meldete man sich wieder in der 250er-Klasse zurück. Die Maschine war immer noch jene 250 ccm-DOHC-Einzylinder mit dem prägnanten T-Gehäuse des stehenden Zylinders, mit dem Ambrosini seinerzeit so erfolgreich war. Fahrwerkstechnisch ersetzte man die Trapezgabel durch eine moderne Teleskopgabel. Optisch war sie sofort an der Delphin-Verkleidung zu erkennen. Doch gegen die starken MV Agusta von Carlo Ubbiali und Tarquinio Provini sowie die MZ von Gary Hocking war beim besten Willen kein Kraut gewachsen. Nein, um einen neuen Motor mit mehr Zylindern kam man nicht herum. Erst 1962 sollte die 500er-Vierzylinder fertig sein, doch blieb der durchschlagende Erfolg leider aus. Erst 1969 konnte Kel Carruthers den 250er-WM-Titel wieder nach Pesaro holen.

Im gleichen Jahr erblickte die 650 Tornado das Licht der Öffentlichkeit und gehört seitdem zu den heiß begehrten Liebhaberstücken. 1971 bahnten sich erneute Liquidationsprobleme bei Benelli an und bereits ein Jahr später wechselte das Unternehmen in den Besitz von De Tomaso. Das erste Modell unter neuer Führung war eine 500er-Reihenvierzylinder Anfang der siebziger Jahre, deren OHC-Triebwerk dem der Honda CB 500 Four ähnelte. 1975 erschien dann der erste Reihensechszylinder, der bis dahin jemals in Serie produziert wurde: Die Benelli 750 Sei. 1978 erschien die größere Benelli 900 Sei, die es ab 1983 auch als Sport-Version mit rahmenfester Halbschale gab.

Erst 1990 verschwand auch dieses Sechszylinder-Motorrad aus dem Angebot. Bis vor kurzem produzierte Benelli lediglich Roller, Mopeds und Kleinmotorräder bis 250 ccm. Doch hat sich in den vergangenen Jahren einiges getan.

Seit dem Jahr 2000 arbeitet Benelli an einer Rückkehr in den Rennsport und in die Fertigung von Serienmotorrädern. Erstes Modell ist die supersportliche 900 Tornado, die mit einem wassergekühlten DOHC-Reihenvierzylinder und Einspritzung bereits 2001 ihr Comeback ankündigte. Bis zum Ende der Saison 2001 wurden ohne technische Defekte erfolgreich WM-Punkte eingefahren. Für Benelli ist dieses Ereignis in der Firmengeschichte von sehr großer Bedeutung, da dies nach dem Gewinn der WM-Titel im Jahre 1950 und 1969 die erste Phase für die Rückkehr zum Renngeschehen sein sollte, das Andrea Merloni bereits 1997 nach dem Erwerb des Unternehmens Benelli angekündigt hat. Ein großer Erfolg, der gleich nach der dynamischen Präsentation des Motorrads anlässlich der TT 2000 (Tourist Trophy) erfolgte, jedoch nur den ersten Schritt eines umfassenden Programms

Mit der Benelli Tornado Novecento Tre knüpft der italienische Motorradhersteller im Jahre 2002 an die Tradition ruhmreicher Tage an. Die Konstruktionsmerkmale sind hingegen alles andere als konventionell: Dreizylinder-Reihenmotor, Verbund-Gitterrohrrahmen aus Stahl und Alu-Teilen, elektronische Saugrohreinspritzung und verstellbare Lenkkopfwinkel.

darstellte, in dem am Ende eine komplette Produktfamilie vorgesehen ist. Die Teilnahme an der Superbike-Weltmeisterschaft im Jahre 2001 bedeutete zudem ein unerwartetes Zusammentreffen, denn genau in diesem Jahr wurde Benelli 90 Jahre alt und bestätigt sich so als ältestes europäisches Unternehmen, das weiterhin Motorräder herstellt.

Mit der 2004 vorgestellten TNT1130 bietet Benelli seit kurzem auch ein radikales Hyper Naked Bike an.

BENZ, CARL FRIEDRICH

Carl Friedrich Benz wurde am 25. November 1844 († 4. April 1929) als Sohn von Georg (Lokomotivführer) und Josefine Benz (geb. Vaillant) in Karlsruhe geboren. Zwischen 1860 und 1864 studierte er Maschinenbau. Im Jahre 1871 beginnt er mit den Arbeiten an einem schienenlosen Fahrzeug. Sechs Jahre später entwickelt er einen Zweitakt-Gasmotor (Leistung 1 PS). Nach vielen Schwierigkeiten mit seinen Geschäftspartnern konstruiert er 1885 einen eigenen Viertaktmotor. Um das Fahrzeug lenkbar zu machen, setzt er nur ein einziges Vorderrad ein. Dadurch kann er auf ein kompliziertes Lenkgetriebe verzichten. Der Antrieb erfolgt über zwei Hinterräder. 1888 wird der so genannte »Selbstbewegliche« vom Preisgericht ausgezeichnet. Käufer bleiben jedoch aus.

Im Jahre 1889 reifen die Pläne für ein neues, nun vierrädriges Fahrzeug. Später folgt die Anmeldung mehrerer Patente, unter anderem für seine »Lenkvorrichtung mit tangential zu den Rädern stehenden Lenkkreisen«. Ab 1896 stellt er mehrzylindrige Motoren her, womit er endlich auch einen finanziellen Erfolg hat. Die Erfahrungen von Benz im Karosseriebau und die Kenntnisse von Daimler im Motorenbau waren die Grundlage für 1926 gegründete Daimler-Benz AG.

BLACKBIRD

Beiname von Honda, der mit 164 PS leistungsstärksten Großserienmaschine von 1996 – Honda CBR 1100 XX Super Blackbird. Übersetzt: »Schwarzer Vogel«.

BLEI

Chem. Zeichen Pb, Schwermetall; Blei wurde dem Kraftstoff zugesetzt, um dessen Oktanzahl zu erhöhen. Blei ist ein Umweltgift, das schon in geringer Konzentration beispielsweise den Wachstumsprozess von Kindern negativ beeinflussen kann. Darüber hinaus ist verbleiter Kraftstoff Gift für jeden Katalysator. Im Jahre 2000 wird daher der Verkauf von verbleitem Benzin innerhalb der EUROpäischen Union verboten. Für Fahrzeuge ohne Katalysator, deren Motoren weiterhin auf die Wirkung verbleiten Benzins angewiesen sind, gibt es weniger giftige Ersatz-Additive.

BLINKER

An der linken Lenkerarmatur befindet sich gewöhnlich der Blinkerschalter. Im Zubehör

Carl Friedrich Benz (25.11.1844 – 4.4.1929)

gibt's dazu auch lärmende Warnsignale, die ein Zurückstellen nicht vergessen lassen – über Sinn oder Unsinn kann man denken, wie man wie will ... Suzuki stattete seine Motorräder Anfang der Achtziger mit Kombi-Schaltern aus, die sich jedoch in der Praxis nicht bewähren konnten. Horizontal wurde geblinkt, vertikal das Licht geschaltet. Mit dicken Handschuhen was das Lichterchaos vorprogrammiert.

BMW

Gegründet wurden die Bayrischen Motoren Werke im Juli 1917. Ein Jahr zuvor gründeten Max Fritz und Karl Rapp in München die Bayrischen Flugzeug Werke. Aus diesem Grund bietet sich der Propeller als Logo geradezu an, natürlich in bajuwarischem Weiß-Blau. Der Wandel vom Flugzeug zum Motorrad hatte sowohl einen politischen als auch persönlichen Grund: Zum einen verhinderte der Versailler Vertrag (wirksam ab 10. Januar 1920) seinerzeit den Bau von Flugzeugen, zum anderen ließen sich der ehemalige Direktor Popp und sein leitender Konstrukteur Fritz vom lukrativen Geschäft mit günstigen Zweirädern von einem Arbeiter, namens Martin Stolle überzeugen. Als Vorbild für den ersten Motor diente im Jahre 1920 eine Douglas 500 mit Zweizylinder-Viertakt-Boxermotor. Kaum zu glauben, aber der erste BMW-Motor, der M2B15, war eine Kopie des britischen Originals. Nachdem man diesen Motor zunächst ins Douglas-Fahrgestell implantierte, suchte man vergeblich einen Hersteller. Drei Jahre später (1923) war es dann soweit: Das erste komplett von BMW produzierte Motorrad, die legendäre R 32, verließ die Münchener Werkshallen. Ihr luft-

Die Honda CBR 1100 XX Super Blackbird debütierte 1997 zur Klassenschnellsten. Mit Anfangs 164 PS und gut 280 km/h definierte sie das Thema Leistung seinerzeit neu.

gekühlter Zweizylinder-Boxer leistet 8,5 PS aus knapp 500 ccm. Angesichts der schweren Konstruktion gehörte sie nicht zu den wendigen Motorrädern. Die Technik konnte jedoch von Anfang an überzeugen. Zu einer Zeit, als es noch zum guten Ton eines jeden Motorradfahrers gehörte, die Zündkerzen selbst zu reinigen (so schnell tauschte man damals nicht aus) und sich selbst um Ventilspiel und Zerstäuber (heute Vergaser) zu kümmern, war man erfreut über die gute Zugänglichkeit zu der Bauteile. Die Verarbeitung konnte ebenfalls überzeugen. Selbstverständlich nahm man auch an Motorradrennen teil. Franz Bieber wurde mit der R 32 im Jahre 1924 Deutscher Meister, Rudolf Reich war 1925 erfolgreich. 1926 gewann Rudolf Schleicher bei den »Six Days« in Großbritannien.

Binnen der ersten fünf Jahre stieg der Motorradbestand in Deutschland um das Fünffache auf rund 165.000 Zweiräder. 1925 standen gleich zwei Neuvorstellungen auf dem Programm: Die einzylindrige R 39 mit 250 ccm Viertaktmotor bot eine günstige Alternative zur teuren R 32. Die R 37 mit dem M2B36-Motor und R 39 (beide von 1925) wiederum stellen eine Weiterentwicklung des ersten BMW-Boxers dar. 1926 erscheint die R 42. Noch immer boomt der Markt, der Bestand wächst weiterhin, damit auch die Produktion im Münchener Motorradwerk, wo mittlerweile knapp 3.000 Mitarbeiter beschäftigt sind. Auch der Export floriert. BMW-Motorräder genießen einen hervorragenden Ruf, besonders nachdem Ernst Henne 1929 mit 216,9 km/h einen neuen Weltrekord aufstellt. Im gleichen Jahr wird auch die R 16 (Boxer)

1

2

3

1. *Die legendäre R 32 von 1923 war das erste in kompletter Eigenregie entwickelte BMW-Motorrad. Sie leistete 8,5 PS aus rund 500 ccm Hubraum.*
2. *Franz Bieber auf der BMW R 32 beim Bergrennen auf der Solitude im Jahre 1923. Kurze Zeit später fiel er (so wie alle »R 32«-Fahrer) mit Motorschaden aus. Im darauf folgenden Jahr wurde er auf BMW verdient Deutscher Meister.*
3. *Im Januar 1927 lief in München die Produktion der R 47 an, die als Nachfolgemodell für den Sportler R 37 auf den Markt kam. Damit hatte BMW ein attraktives Sportmodell im Angebot, das besonders auf den Rennstrecken zahlreiche Siege für BMW einfuhr. Eine Reihe technischer Finessen hatte den Preis allerdings so sehr in die Höhe getrieben, dass nur wenige Exemplare den Weg zum gutbetuchten, motorsportbegeisterten Kunden fanden. Im Gegensatz dazu war die R 47 für die damaligen Verhältnisse mit 1.720 verkauften Exemplaren schon fast ein Massenmodell.*

vorgestellt, von der man bis 1934 insgesamt 1.106 Einheiten verkauft. Mit anfangs 24, später mit 33 PS, gehörte sie zu den beliebtesten Motorrädern jener Zeit. Abgelöst wird sie von der R 17 (1935), die mit 434 verkauften Exemplaren jedoch nicht ganz an den Erfolg ihrer Vorgängerin anknüpfen kann. Einige Jahre zuvor stellte BMW wieder eine Einzylinder-Maschine vor: Die R 2 (1929) war wegen ihrer Robustheit sehr gefragt, genauso wie später die R 4 (1932) und die R 35 (1937). 1938 kam die seitengesteuerte R 71 mit 745 ccm, die bis 1942 produziert wurde. Insgesamt konnte die Boxer-Maschine 3.458-mal verkauft werden. Sie sah der zum gleichen Zeitpunkt vorgestellten R 61 zum Verwechseln ähnlich, unterschied sich jedoch mit 78 mm Hub durch einen um 10 mm größeren Kolbenweg. Produziert wurden die beiden großen Dnepr- und Ural-Vorlagen anfangs im Milbertshofener Werk. Die letzten Modelle wurden 1942 in Eisenach gefertigt, wo seitdem die gesamte Motorradproduktion abgewickelt wurde.

In den dreißiger Jahren war BMW auch sportlich sehr erfolgreich. Untrennbar ist der Münchener Georg »Schorsch« Meier mit der weiß-blauen Marke verbunden. Neben vielen Siegen gehört die gewonnene Europameisterschaft* im Jahre 1938 zu den wohl populärsten Siegen in der BMW-Geschichte. Auf sei-

4. Die einzylindrige R2 war wegen ihrer Robustheit sehr gefragt. Das Bild zeigt den Typ aus der ersten Serie von 1929. Später folgten die R 4 und R 35.

5. 1937 toppt Ernst Henne mit einer vollverkleideten BMW seinen alten Rekord von 216,9 auf 279,5 km/h, der 14 Jahre nicht gebrochen wurde.

6. In den dreißiger Jahren setzte BMW seine Erfolgsserie in der 500er Klasse fort. Krönung war der Sieg von Georg »Schorsch« Meier bei der Senior TT im Jahre 1939. Selbst nach dem Krieg schwor er noch auf die Qualitäten der Kompressor-BMW.

7. Mit der 500 RS siegte Walter Zeller 1955 auf der Solitude und wurde im Jahr darauf hinter John Surtees Vizeweltmeister in der 500er-Klasse. Bis Mitte der siebziger Jahre griffen auch Gespannfahrer noch gern auf diesen Königswellen-Motor zurück.

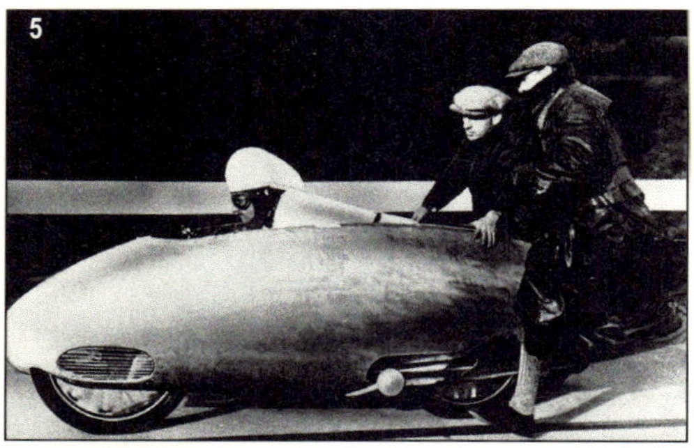

ner 500er-Kompressor (1937) fuhr Meier der Konkurrenz auf und davon. Mit vier Punkten Vorsprung deklassierte er den Briten Hugh Daniell auf seiner Norton deutlich. Ernst Henne stellt mit der 500 K einen neuen Geschwindigkeitsweltrekord auf und erreicht mit 279,5 km/h einen Zenit, der noch in den nächsten 14 Jahren unerreicht sein wird. 1939 musste sich Schorsch Meier dem italienischen Landsmann Serafini auf Gilera geschlagen geben und landete am Ende auf dem zweiten Rang der Europameisterschaft.

Dafür gewinnt er im gleichen Jahr als erster Nichtengländer die Senior-TT auf der Isle of Man.

Während Adolf Hitler 1933 sein wahnsinniges Vorhaben der Weltherrschaft vorbereitet, breitet sich durch die einbrechende Wirtschaft Armut in der Bevölkerung aus. Für einen Pkw hat kaum noch jemand das nötige Geld, so dass günstige Motorräder sehr gefragt sind. Trotzdem selbst die BMW-Einzylinder deutlich teurer sind als die Konkurrenzmodelle von DKW, NSU und Zündapp, entscheiden sich viele für den hohen Qualitätsstandard der BMWs. Ab 1939 orderte die deutsche Wehrmacht zudem große Mengen der Einzylindermodelle und rüstete damit Feldjäger, Ausbilder und Kuriere aus. Unterdessen wurde die Produktion weitestgehend auf die Fertigung

8

8. John Surtees bei einem historischen Treffen im Jahr 2000 auf der Original Kompressor-BMW, mit der er 1939 die Senior-TT auf der Isle of Man gewann.

9. Die R 24 mit neuem 250er-Einzylindermotor war das erste BMW-Nachkriegsmodell. Das Fahrwerk war mit dem der R 20/R 23 (1937/38) identisch.

10. Das Gespann Helmuth Fath (Foto) und Alfred Wohlgemut waren 1960 unschlagbar. Mit ihrem Königswellen-BMW-Motor wurden sie in diesem Jahr Weltmeister. Fath's Schmiermaxe starb später den Rennfahrertod.

9

10

von Flugzeugmotoren umgestellt. Zu diesem Zweck übernimmt BMW das Berliner Werk sowie die Produktion von Flugzeugtriebwerken der Brandenburgischen Motorenwerke (Bramo). Die Motorradproduktion in München wird komplett nach Eisenach verlegt. Dort entsteht auch die große R 75 mit OHV-Ventilsteuerung. Unvergessen ist natürlich das R 75-Wehrmachtsgespann (ab 1941 in Eisenach gefertigt), das auch an der Front zum Einsatz kommt. Insgesamt wurden von diesem unverwüstlichen, 26 PS starken Boxer-Modell über 18.000 Einheiten produziert. Die Besonderheit lag im angetriebenen Seitenwagenrad

11. Mitte der fünfziger Jahre war die R 69 der stärkste Boxer von BMW. Mit 42 PS und Vollschwingenfahrwerk das ultimative Angebot für Tourenfahrer.

12. Ende der fünfziger Jahre war die Polizei bereits mit Funkgerät auf den R 50- und R 60-Typen unterwegs.

13. Die R 60/2 war 1967 das erste BMW-Motorrad aus dem Berliner Werk.

11

12

13

mit Differenzialsperre und Öldruckbremse fürs Hinterrad.

Nach dem Untergang des Deutschen Reiches wurden die Produktionsstätten demontiert. Jedoch fielen die Fertigungsmaschinen zweier Ein- und Zweizylinder-Maschinen den Sowjets in die Hände. Da half es wenig, dass die Fertigungsmaschinen zerlegt und versteckt wurden. Nur kurze Zeit später sah man Nachbauten von Ural und Dnepr. Mehr dazu finden Sie unter Dnepr (Hersteller). Gleich nach Kriegsende beschäftigte sich BMW zeitweise auch mit der Fertigung von Garten- und Küchengeräten. Das erste Nachkriegsmodell ist die R 24 von 1948. Sie wird aus Restbeständen der Vorkriegszeit und einigen Neuerungen gefertigt. Ein Jahr darauf beginnt der Bau von Werkzeugmaschinen und Motorradkomponenten in der BMW Maschinenfabrik Berlin-Spandau. Zu dieser Zeit arbeiten bereits wieder über 8.000 Mitarbeiter für das Unternehmen BMW. 1951 wird die R 67 vorgestellt und auf der Solitude sieht man die legendäre BMW 500 Kompressor (1937), die 1954 von der 500 RS abgelöst wurde. Grund war eine Änderung des Reglements, woraus hervorging, dass aufgeladene Motoren nicht mehr zulässig seien. 1952 debütierte die R 68, 1955 kommt die R 69 – große technische Neuerungen werden aber immer seltener. Während

14. Die 40 PS starke R 60/5 von 1969/70 gehörte zur neuen Generation BMW-Motorräder.

15. Der Zweizylinder-Boxer gehört zum Markenzeichen von BMW. Die Nockenwelle wird von einer Kette angetrieben, die Ventile anschließend über lange Stößelstangen und Kipphebel betätigt.

16. Mit der R 75/5 hatte BMW Ende 1969 ein begehrtes Eisen im Feuer. Die 50 PS starke Maschine mit Kardanantrieb wurde über 38.000 mal verkauft.

17. Die sportliche R 90 S besaß serienmäßig eine kleine Lenkerverkleidung, die einen Scheinwerfer mit H4-Licht aufnahm. Mit 67 PS leistet der Boxer 7 PS mehr als die parallel angebotene R 90/6.

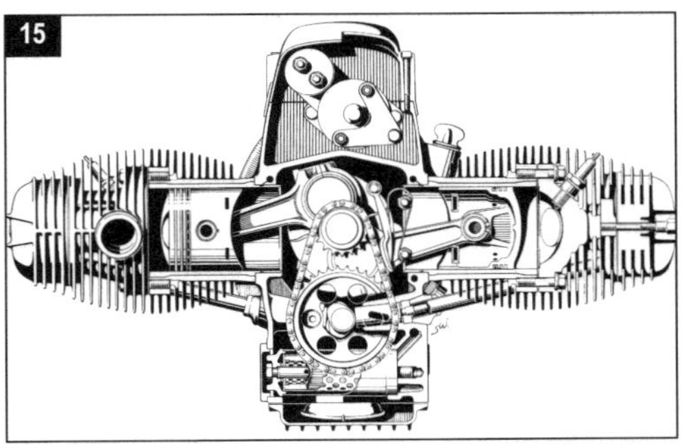

18

19

20

21

22

18. *Die R 100 RS war 1976 das erste Großserienmotorrad, das mit einer Vollverkleidung ausgestattet war. 70 PS reichten dank Feinarbeit im Windkanal für über 200 km/h.*
19. *Das Konzept des Prototypen Module ließ 1978 Insider aufhorchen. Enduros hatten sich am Markt etabliert, so dass auch BMW nicht mehr tatenlos zusehen konnte. Der Clou aber war die parallele Ausrichtung auf Straße und Gelände. In Serie ging sie zwar nie, doch zeigte bereits das neue Motorenkonzept, dass man in München offen über Alternativen zum Boxer-Motor nachdachte.*
20. *Als 1983 die K 100 mit längs eingebautem, wassergekühltem Reihenvierzylinder in Unterflurbauweise erschien, war die Sensation perfekt. Bis heute hat die K-Reihe speziell im Tourenbereich viele Freunde gefunden.*
21. *Im Mittelpunkt der K-Modelle lag die Modulierung der einzelnen Baugruppen. Der 90 PS starke DOHC-Motor betätigt die jeweils zwei Ventile pro Zylinder via Tassenstößel. Die Gemischaufbereitung erfolgte von Anfang an via elektronisch geregelter Kraftstoffeinspritzung und Motormanagement.*
22. *Im Herbst 1985 erschien die handliche dreizylindrige K 75 C. Mit identischer Bohrung und Hub wie die K 100 und einem »abgeschnittenen« Zylinder brachte sie es auf exakt 75 PS.*

dieser Zeit sind die Japaner dabei, sich in erster Linie durch Kopien britischer Motorräder an die Spitze der Motorradindustrie zu arbeiten. Nahezu alle Hersteller haben für die Aktivitäten der Japaner nur ein mildes Lächeln übrig. Niemand glaubt ernsthaft daran, dass sich diese anfangs hubraumschwachen Drehorgeln dauerhaft am Markt etablieren können. Doch alles sollte anders kommen.

Auf den Rennstrecken fährt Walter Zeller auf der Königswellen-BMW noch einen Vize-WM-Titel in der 500er-Klasse heraus, 1958 ist es der Engländer Dick Dale, der zum letzten Mal mit einer BMW auf dem Treppchen landet. Lediglich bei den Seitenwagen behalten die Bajuwaren ihre Sonderstellung. Von 1954 bis 1973 sind alle Seitenwagenteams auf BMW-Fahrzeugen unterwegs. Ausgerechnet das Team Helmuth Fath/Kalauch unterbricht diese unglaubliche Siegesserie und gewinnt die Seitenwagen-Weltmeisterschaft 1968 auf einer URS. Zehn Jahre zuvor gewann er sie noch auf einer BMW. In den anderen Klassen dominierten jedoch vornehmlich britische und italienische Marken die Meisterschaften. Zu jener Zeit des wirtschaftlichen Aufstiegs der Bundesrepublik verlor das Motorrad in der Bevölkerung dramatisch an Stellenwert. Alle Welt wollte plötzlich Pkw fahren, nur wenige hatten Lust, sich bei Wind und Wetter aufs Motorrad zu setzen. Die Nachfrage ging gegen null, so dass auch BMW sein Engagement bei den Serienmotorrädern stark zurücknahm. Anders die Japaner: Sie entwickelten und produzierten zunächst im fernen Osten, was das Zeug hielt. Die Nachfrage war gewaltig und so eignete man sich weit weg von Deutschland einen großen Erfahrungsschatz an. An der Flaute konnten sie hierzulande zwar auch nichts ändern, doch zeigten schon die ersten sportlichen Erfolge zu Beginn der sechziger Jahre, dass mit ihnen, allen voran Honda, in Zukunft zu rechnen sein wird. BMW blieb hingegen bei den bewährten Konzepten und produzierte fleißig Einzylinder-Typen von R 25 (1950), R 26 bis hin zur R 27 (1960).

Mitte der fünfziger Jahre war die R 69 (1955) der stärkste Boxer von BMW. Die 42 PS starke R 69 S (1960) mit ihrem Vollschwingenfahrwerk galt als das Maß der Dinge in Sachen Komfort und Zuverlässigkeit und wurde bis 1969 produziert. Die Qualität und die schon sprichwörtliche Zuverlässigkeit machten sie zum beliebten Tourenmotorrad. In den nächsten Jahren begann der Umzug der Motorradproduktion nach Berlin. Das erste dort gefertigte Motorrad war die R 60/2. Sie rollte im Jahre 1967 vom Montageband. Die Motorradgeschichte begann im ehemaligen Werk für Flugzeugmotoren im Jahr 1949. Ab diesem Zeitpunkt wurden hier die ersten Teile für die damals in München ansässige Motorradfertigung produziert. Im Laufe der Jahre erfolgte dann die stufenweise Verlagerung der Motorradfertigung von München nach Berlin. So wurde zum Beispiel 1958 der Rahmenbau in Betrieb genommen und 1967 die Motorradmontage eingeweiht. Der letzte Schritt der Verlagerung erfolgte 1969: Mit dem Aufbau der Motorenmontage und der Fertigung der komplett neu konstruierten R 75/5 ist das Werk Berlin endgültig zum Motorradwerk geworden – der einzigen BMW Produktionsstätte für Motorräder weltweit. Von der 50 PS starken 750er-Boxer wurden insgesamt 38.370 Maschinen verkauft. Ein Jahr später erschienen die kleineren R 60/5 und R 50/5, die die Modellreihe nach unten hin abrundeten. 1973 erscheint die modellgepflegte 6er-Baureihe. 1974 präsentiert BMW seine bisher hubraumstärksten Modelle: Die von September 1973 bis Juni 1976 gebauten R 90/6 und R 90 S leisteten 67 PS und erreichten erstmals eine Höchstgeschwindigkeit über 200 km/h. Das S-Modell ist zusätzlich mit einer lenkerfesten Cockpit-Verkleidung ausgerüstet. Während die Konkurrenz noch mit Bilux-Birnen durch die Nacht dümpelte, waren die beiden Topmodelle serienmäßig mit fortschrittlichem H4-Licht ausgerüstet. 1975 wird bereits das 100.000ste Motorrad in Berlin gefertigt. Im Frühling 1976 beginnt die Produktion des ersten vollverkleideten Motorrads der Welt. Die 70 PS starke R 100 RS war besonders aus design-technischer Sicht ihrer Zeit weit voraus. Nicht immer zum Wohlgefallen des üblichen Kundenklientels. Die Formen entwickelte man im Windkanal und das Ergebnis konnte durchweg überzeugen. Hohe Autobahn-Schnitte waren problemlos möglich. In Verbindung mit dem recht schmalen Lenker ergab sich eine konzentrierte Sitzposition bei annehmbaren Handlingeigenschaften. Das i-Tüpfelchen war jedoch die Einmannsitzbank mit dem wunderschönen Bürzel, in dem eine Regenkombi Platz finden konnte. Auch die vollständig in die Verkleidung integrierten Frontblinker waren ein absolutes Novum. Noch im gleichen Jahr wurde sie von der Zeitschrift MOTORRAD zum »Motorrad des Jahres« gekürt. In der ersten Version fand sie 33.648 Käufer. Die zweite Auflage der R 100 RS wurde 1987 vorgestellt. Auf dem Weg vom Abstellgleis zurück in die Schaufenster blieben jedoch 10 PS auf der Strecke. Sie mussten zugunsten verschärfter Emissionswerte geopfert werden. Trotzdem entschied sich BMW auf Grund der starken Nachfrage dazu, die anfangs auf 1.000 Exemplare limitierte Auflage zum Modelljahr 1988 wieder aufzuheben und die R 100 RS fest ins Programm aufzunehmen. Von dieser Version, die im Prinzip auf der R 80 von 1984 basierte, wurden nochmals 4.397 Einheiten verkauft. Noch bis 1990 konnte sie ihre Stellung halten und war damit 13 Jahre (außer 1986) im Programm. Parallel zur sportlichen 1000er wurde 1977 auch ein Tourenmodell vorgestellt: die R 100 RT. Mit dem RS-Motor und obliga-

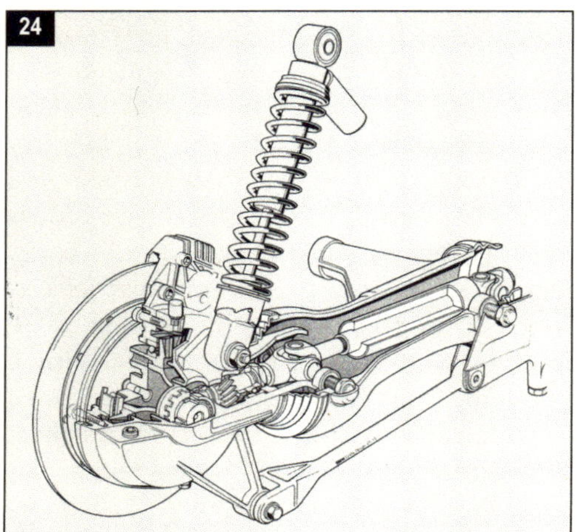

22. *Die R 80 G/S von 1983 mit Monolever und 50 PS war die hubraumstärkste Enduro ihrer Zeit. Sie war die Begründerin der großen, leistungsstarken Reiseenduros. Das »G/S« stand übrigens für »Gelände/Straße«.*

23. *Hans A. Muth entwarf die sportliche Lampenverkleidung der R 65 LS für das Modelljahr 1983. Die unverkleidete Grundversion erschien bereits 1981 und war serienmäßig mit nur einer Bremsscheibe vorn ausgerüstet. Zwischen 1988 und 1990 wurde sie auch als GS angeboten.*

24. *Ab 1987 setzt BMW bei Kardan getriebenen Motorrädern auf das neuartige Paralever-System. Dadurch wird der Fahrstuhl-Effekt beim Beschleunigen kompensiert. Erstes Modell war die R 100 GS von 1987. Andere Modelle folgten.*

torischem Kardanantrieb sorgte eine hohe Verkleidungsscheibe für den rechten Fahrkomfort – zumindest bis Tempo 130 km/h. Später wurde die RT durch Packtaschen, Quarzuhr, Voltmeter und Ölkühler serienmäßig aufgewertet – schon immer eine Stärke der Marke BMW. Im gleichen Jahr erhielt auch sie den Rahmen der R 80 (1985) mit Einarmschwinge. Sie konnte sich bis 1994 im Programm halten (17 Jahre, 1986 nicht) und übertraf damit sogar noch die RS. Die lenkerverkleidete R 100 S (1977) führte hingegen immer ein stiefmütterliches Dasein. Nicht Sportler, nicht Tourer – und doch hatte sie ihre festen Anhänger. Sie war der direkte Nachfolger der R 90 S (1974) und wurde in den Vergleichstest ungerechterweise immer an den »modernen« Flaggschiffen aus Japan gemessen. Bis auf die günstige Wirtschaftlichkeit (Ersatzteilpreise, Servicefreundlichkeit) und das komfortable Fahrwerk war sie insbesondere bei den in Mode gekommenen Rennstreckentests einigermaßen fehl am Platze. Gegen die Sechszylinder-Honda CBX, Kawasaki Z 1000 Z1-R, Suzuki GS 1000 oder eine Yamaha XS 1100 hatte sie keine große Chance. Keine Frage, aus technischer Sicht war die 7er-Reihe (zu erkennen am eckigen Ventildeckel ab Modelljahrgang 1977) im Prinzip schon bei ihrer Vorstellung veraltet.

BMW hatte sich in den Jahren zuvor schwerpunktmäßig auf die Entwicklung von Pkw konzentriert und den Motorradfahrer schlichtweg hängen gelassen. Das rächte sich in Marktanteilen von unter sechs Prozent. Als der neue Motorradboom Ende der siebziger Jahre aufkam, hatten die Bayern außer einem altertümlichen Boxer nicht viel zu bieten. Es

25. 1993 revolutionierte die R 1100 RS die BMW-Welt: Der komplett neue, luft-/ölgekühlte Zweizylinder-Boxer leistet 90 PS und entlässt seine Abgase nach Bereinigung durch einen G-Kat. Als erste BMW verfügt sie vorn über das Telelever. Das Bild zeigt das Modell 2003.

musste etwas geschehen, neue Konzepte mussten her, es herrschte Aufbruchstimmung im Münchener »Vierzylinder« (BMW-Entwicklungs- und Verwaltungsgebäude). Überrascht war man 1980, als die R 80 G/S (bis 1987 mit Schrägstrich; Gelände / Straße) für 4.561 EUR in den Schaufenstern stand. Eine 800er-Enduro, dazu mit großem und schwerem Boxer-Motor (50 PS), natürlich mit Kardanantrieb, erstmals in einer Einarmschwinge (Monolever) laufend, dazu eine knallrote Sitzbank – sie war nicht wirklich schön, hatte aber etwas Markantes. Damit alles Hand und Fuß hatte, startete Hubert Auriol gleich im ersten Jahr mit einer R 80 G/S zur Wüsten-Rallye »Paris–Dakar«, die er prompt gewann. Spätestens seit diesem Zeitpunkt war der Einsatzzweck dieses Motorrads definiert. Sie war die erste echte Reiseenduro – ein Motorrad also, mit dem man bequem lange Touren unternehmen konnte, aber auch vor leichtem und mittelschwerem Gelände nicht zurückschrecken musste. Freilich verhinderten die 191 kg Gewicht allzu weite Sprünge im Gelände, doch lernten die Besitzer die großartigen und unproblematischen Toureneigen-

26. Dank der ausgeklügelten Geometrie und Hebelverhältnisse, können Federung und Dämpfung beim Telelever weitgehend unabhängig voneinander arbeiten. Das typische Abtauchen der Front bei Bremsmanövern entfällt. Ein Lenkungsdämpfer beruhigt die Front der R 1100 R (Bild) zusätzlich.

27. Zwei Jahre nach Einführung der K 100 RT kommt BMW der verstärkten Nachfrage eines noch umfangreicher ausgestatteten Modells nach. Die K 100 LT (Bild) von 1986 ist der erste echte Luxusliner auf zwei Rädern: Serienmäßiges ABS, hochwertige Lackierung mit geräumigen Koffern, Topcase, Radio, etc.

28. Der 2001 erstmals ausgetragene BMW-BoxerCup wird auf identischen, seriennahen R 1100 S ausgetragen. WM-Stars wie Randy Mamola verleihen den Veranstaltungen ein supersportliches Image und weltweite Anerkennung.

schaften der G/S schnell schätzen und lieben. Nach diesem großartigen Erfolg, der sich noch über viele Jahre fortsetzen sollte, kam 1982 eine weitere unerwartete Neuheit: die R 80 ST. Mit gleichem Motor und für den Straßenbetrieb abgestimmten Fahrwerk sorgte dieses schlichte Motorrad für viel Anerkennung in der Presse. So handlich und frech ließ sich noch kein Boxer über die Landstraße bewegen. Die hochgezogene, verchromte 2-1-Auspuffanlage versprühte ein wenig den Scrambler-Charme der 50er und 60er Jahre. Trotzdem tat das dem modernen Erscheinungsbild keineswegs einen Abbruch. Doch die Mehrheit der Motorradfahrer entschied sich lieber für die Reiseenduro, so dass die ST bereits 1985 aus dem Angebot verschwand.

Im Spätsommer 1984 gelingt BMW der nächste große Wurf. Hinter der schlichten Bezeichnung R 80 versteckte sich ein völlig unscheinbares, dafür jedoch überaus zuverlässiges 50 PS-Mittelklasse-Motorrad. Ganz ohne Verkleidung, dafür mit Monolever-Schwinge und neuentwickelten Compound-Rädern, die für eine wirksame Energieaufnahme im Falle

29. *Mit weltweit über 50.000 Exemplaren gehören die BMW-Boxer zu den am weitesten verbreiteten Behördenfahrzeugen. Eine mit Funkanlage ausgestattete R 1150 RT-P (Bild) kostet immerhin rund 21.500 Euro.*

30. *Der im Millenniumsjahrgang vorgestellte C1 ist der wohl außergewöhnlichste Roller, den es bislang gab. Dank Fahrgastzelle, Überrollbügel und Anschnallgurten besteht keine Helmpflicht. Bis 2003 wurde er mit 125 ccm Hubraum in drei Varianten angeboten. Ab 2001 war er auch mit stärkerem 200 ccm-Motor erhältlich. Der Einzylinder-Viertaktmotor verfügt über vier Ventile und ist wassergekühlt. Die Basis stellt eine Weiterentwicklung eines Bombardier-Rotax dar. Geregelter Dreiwege-Kat, digitales Motormanagement (BMS-Compact) machen aus ihm ein beeindruckendes HighTech-Aggregat.*

31. *Für extrem reisefreudige BMW-Fans stellte die R 1150 GS Adventure die Krönung dar. Die Standard-R 1150 GS war wie ihre Vorgängerin, die R 1100 GS, jahrelang der Topseller in Deutschland. 2004 wird sie von der neuen R 1200 GS abgelöst.*

29

30
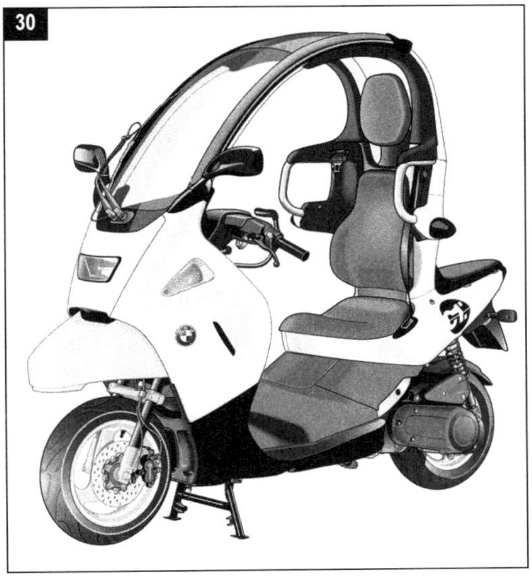

31

eines Frontalaufpralls sorgen sollen, fand dieses 5.310 EUR teure Modell viele Freunde. Tourenfreunde konnten auf den parallel angebotenes RT-Typ mit Vollverkleidung zurückgreifen. Intern liefen bereits 1982 mit dem turbo-aufgeladenen Boxer-Prototypen Futuro viel versprechende Versuche im Windkanal. In Produktion ging sie jedoch nie. Zu gering war die Bewegungsfreiheit des Fahrers, zu gewöhnungsbedürftig das Design. Interessant war jedoch die Tatsache, dass sich auch BMW zu dieser Zeit mit der Aufladung von Viertaktmotoren beschäftigte. Die Motorradwelt war im Turbo-Fieber und jeder Hersteller, der etwas auf sich hielt, witterte hier einen guten Absatzmarkt. BMW trennte sich jedoch in vorausschauender Weitsicht wieder von diesem Prinzip. Repräsentativ war auch das Heck der Futuro. Ihre integrierten Packtaschen, Topcase und Beleuchtungsanlage sollten sich in der späteren K 1 (1989) wiederfinden.

Im Jahre 1983 war es dann soweit: BMW zeigte sein erstes Reihenvierzylinder-Motorrad, die K 100. Ihr wassergekühlter, längs liegender Antrieb mit Getriebe bildete mit dem Kardanantrieb samt Schwinge eine Einheit. Hauptsächlich waren an dessen Entwicklung Josef Fritzenwenger und Stefan Pachernegg beteiligt. BMW nennt diese Technik »Compact Drive System«. Der Vorteil der bei den K-Modellen angewandten Modulierung der Baugruppen liegt im einfachen Trennen von Hauptrahmen und Antriebseinheit. Dadurch ergeben sich aus fertigungstechnischer Sicht einige Vorteile. Zum Beispiel wird die so genannte »Hochzeit« (das Zusammenfügen von Motor und Chassis, ansonsten eher bekannt aus dem Automobilbereich) beim Zusammenbau vereinfacht und dadurch kostengünstiger. Trotzdem muss BMW für die nötigen Fertigungsmaßnahmen 255 Mio. EUR investieren. Der 90 PS starke DOHC-Motor betätigt die jeweils zwei Ventile pro Zylinder via Tassenstößel. Die Gemischzusammensetzung erfolgt über eine elektronisch geregelte Kraftstoffeinspritzung, die in Verbindung mit dem Motormanagement (Motronic) Einspritzzeitpunkt, -menge und Zündzeitpunkt festlegt. Das Getriebe liegt unterhalb der Kurbelwelle. Das typische Pfeifen rührt vom schräg verzahnten Primärtrieb her. Nicht jedermanns Sache ist der rechteckige Auspufftopf, der schon von hinten den Vierzylindermotor symbolisieren soll. Der bei Einführung 6.386 EUR teure, unverkleidete »Toaster« oder »Ziegelstein«, wie er von Liebhabern und Gegner gleichermaßen genannt wird, erweist sich schnell als sehr zuverlässig.

Parallel zur nackten K wird die verkleidete K 100 RS angeboten. Mit identischem Fahrwerk und Antrieb wirkt sie deutlich moderner. Ihre in die Spiegel integrierten Blinker sorgen mit der markanten Linienführung für eine unverwechselbare Erscheinung und einen vorbildlichen Windschutz. Endlich konnte der BMW der Konkurrenz Paroli bieten, denn trotz der nominell geringeren Motorleistung profitiert die RS von ihren aerodynamischen Qualitäten. Ein Jahr später gesellt sich die K 100 RT (1984) in die Reihe der BMW-Vierzylinder. Mit hoher Verkleidung und opulenter Ausstattung (Packtaschen, Topcase) bildet sie mit der K 100 LT (1986) die passende Alternative für die touristische Art der Fortbewegung. Während sich die K-Modelle blendend verkaufen, experimentieren die BMW-Techniker bereits an einem neuen, noch sportlicheren Modell. Bei der Entwicklung der K 1 (1989) bekam die Mannschaft der K 100-Baureihe grünes Licht, ein Motorrad weitgehend nach eigenen Vorstellungen zu »komponieren«. Das ließen sie sich nicht zweimal sagen und entwarfen die K 1. Ein Motorrad, das auf den ersten Blick provoziert. Optisch kommt es der Futuro (1982) am nächsten. Beinahe schon unscheinbar steckt hinter dem futuristischen Design die neue Vierventil-Generation, die bereits ein Jahr später in der K 100 RS 4V in Großserie für volle 100 PS sorgt.

1985 präsentierte BMW die K 75 C – eine handliche 750er mit auf dem K 100-Triebwerk basierenden Dreizylinder. 75 PS produzierte

32. Mit der F 650 CS Scarver kam im November 2001 ein speziell für junge Bikerinnen und Biker interessantes Motorrad auf den Markt. Schlank, leicht, handlich und mit modernem Design, verabschiedet sich BMW nun endgültig vom ehemals altbackenen Bayern-Image. Innovativ sind die Einarmschwinge, der reaktionsarme Zahnriemenantrieb zum Hinterrad sowie das multifunktionelle Design. Gleichzeitig überrascht der Hersteller mit einem zielgerichteten Einsteigerpaket: In Verbindung mit dem Neukauf nutzen viele Anfänger die Möglichkeit der Finanzierung des Führerscheins. Die Standard-Version F 650 wird bereits seit 1993 angeboten. 1998 wird ihr die F 650 ST zur Seite gestellt, ein Jahr später die GS-Version. Sie zeichnet sich nicht nur durch hervorragendes Handling und ein hohes Maß an Komfort, Sozius- und Tourentauglichkeit aus, sondern setzt auch technologisch neue Maßstäbe in ihrer Klasse. So ist sie als erstes Einzylindermotorrad mit einer digitalen Motorelektronik mit Einspritzung sowie serienmäßig mit einem geregelten Dreiwege-Katalysator ausgestattet. ABS gibt's auf Wunsch. Die Zylinderkopftechnologie stammt übrigens aus dem BMW M3-Hochleistungstriebwerk. Das Design der F 650 GS orientiert sich an der R 1150 GS und der erfolgreichen Rallye-Wettbewerbsversion F 650 RR. Das Sondermodell F 650 GS Dakar mit sportlicher Optik und modifiziertem Fahrwerk ist ausschließlich ohne ABS erhältlich.

der Zweiventiler und war für Fahrleistungen von über 200 km/h (je nach Modell) gut. Gegenüber dem 1000er-Vierzylinder wurde einfach ein Zylinder »abgeschnitten«, so dass das Fahrwerk deutlich kürzer ausfallen konnte. Die kleine Cockpitverkleidung passte gut zur kompakten Erscheinung des Drillings. Im Jahr darauf debütierten die unverkleidete K 75 und die K 75 S mit rahmenfester Halbschale. Auffällig war der im Querschnitt dreieckige Auspufftopf. Auf der IFMA 1990 sah man dann die vollverkleidete Tourenversion, die K 75 RT. Die letzte K 75 fand in der K 75 RT Ultima im Jahr 1996 ihre Vorstellung. Im gleichen Jahr rollt auch das endgültig letzte alte Boxer-Modell vom Band – eine R 80 GS Basic.

Die lang erwartete Neuvorstellung der neuen Boxer-Generation erfolgt im Jahre 1993. Nichts ist bei der R 1100 RS in irgendeiner Art mit den alten R-Modellen vergleichbar. Vorn ist sie mit dem neuen Telelever ausgestattet, das die bisherige Telegabel ablöst. Die Abstützung des Bremsmomentes erfolgt über die Standrohre und einen Querlenker, der direkt am Motorgehäuse gelagert ist. Einen Rahmen im herkömmlichen Sinn gibt es nicht mehr. So werden die Bremskräfte geschickt umgelenkt und greifen so im Bereich des Gesamtschwerpunktes an. Auf diese Art wirkt das Telelever als Bremsnickausgleich, was den entscheidenden Vorteil hat, dass Brems-, Federungs- und Dämpfungskräfte voneinander entkoppelt werden. Bei der R 1100 RS (1993) ist das System so abgestimmt, dass sich die Front beim Bremsen sogar geringfügig hebt.

Die Federung und Dämpfung am Heck übernimmt ein verstellbares Solo-Federbein. Die Hinterradführung übernimmt das von der großen GS übernommene Paralever-System. Wie schon vom Monolever (R 80 G/S von 1980) her bekannt, wird das Hinterrad von einer Einarmschwinge geführt. Um dem bekannten Fahrstuhleffekt (Anhebend des Hecks unter Last mit anschließendem Zusammensinken beim Gas wegnehmen) entgegenzuwirken, ist jedoch ein zusätzliches Gelenk im Kardan-Sekundärtrieb erforderlich. Die K 1 war die erste mit diesem System ausgerüstete Straßenmaschine. Auf Grund der enormen Kräfte muss die Hinterradschwinge äußerst kräftig dimensioniert werden. Völlig neu ist auch der luft-/ölgekühlte Zweizylinder-Boxer der R 1100 RS. Mit 99 mm Bohrung und 70,5 mm Hub ist er recht kurzhubig ausgelegt. Die alten luftgekühlten 1000er-Boxer hatten 94 mm Bohrung bei 70,6 mm Hub. Die ehemaligen Vergaser wichen einer elektronischen Einspritzung, womit BMW bis auf die im gleichen Jahr vorgestellte F 650 ausschließlich Kat-taugliche Motorräder im Programm hatte.

Wie der neue Boxer wurde auch die F 650 (1994) schnell vom Markt akzeptiert. Damit hatte BMW erstmals wieder ein Fahrzeug im Programm, das speziell auf die junge Zielgrup-

33. Mit der schrillen R 1150 R Rockster testet BMW auf der Intermot 2002 die Reaktionen der Besucher. Die Resonanz ist überwältigend, so dass sie bereits kurze Zeit später in den Schaufenstern steht. Das abgebildete Sondermodell »Edition 80« erscheint Ende April 2003, ist auf exakt 2003 Exemplare limitiert und zeichnet sich durch eine besondere Lackierung, sowie Integral-ABS und Heizgriffe aus. Der Kunde erhält zu seinem Motorrad eine Übergabemappe mit einem Zertifikat und einer Dokumentation zu den 80 Jahren BMW Motorrad. Preis: 12.000 Euro.

pe zugeschnitten war. Ihr wassergekühlter Einzylinder-Viertaktmotor war eine Koproduktion zwischen Rotax, Aprilia und BMW. Während Rotax den größten Teil der Entwicklungsarbeit leistete, kümmerte sich BMW um den Vierventilkopf. Aprilia baute den 48 PS starken Single in die dritte Version der Pegaso 650 – allerdings mit Fünfventilkopf und radial angeordneten Ventilen. Seit dem Modelljahrgang 2000 wurden beide Typen übrigens auf eine Kraftstoffeinspritzung umgestellt. Wer gern eine sportivere Gangart bevorzugt, freute sich über das ST-Modell von 1998. Das kleinere Vorderrad ist für das verbesserte Handling mitverantwortlich, eine flachere Verkleidungsscheibe sorgt für ein direkteres Fahrgefühl. Der Antrieb hingegen blieb unangetastet.

Im Jahr 2000 beginnt die Fertigung der F 650 GS. Sie ist das erste Einzylindermotorrad mit einer digitalen Motorelektronik, Einspritzung sowie mit serienmäßigem G-Katalysator. Außerdem ist ein ABS optional. Bis zu diesem Zeitpunkt war dies ausschließlich den Zwei- und Vierzylindermodellen vorbehalten. Zahlreiche Technik-Highlights wie die hauseigene digitale Motorelektronik mit Einspritzung (Motronic), die BMW-Motorsteuerung (BMS) und die Zylinderkopftechnologie aus dem BMW M3 Hochleistungstriebwerk sorgen für noch mehr Kraft im unteren und Drehfreudigkeit im oberen Drehzahlbereich. Auch der Rahmen wurde neu gestaltet. Neben einer stabileren Ausführung wanderte auch der Tank schwerpunktgünstig unter die Sitzbank. Das neue Design orientiert sich an der großen R 1150 GS (2000) und der erfolgreichen Rallye-Wettbewerbsversion F 650 RR.

Die 2001 vorgestellte F 650 CS Scarver ist freilich ein Angebot an die junge Handy-Generation, die Mobilität und einfache Handhabung klar in den Vordergrund stellt. Von einer derart jungen Seite zeigte sich BMW noch nie. Technische Innovationen gehörten jedoch auch vorher schon zum Image der Marke BMW. Wer's nicht glauben wollte, musste sich spätestens seit 2000 eines Besseren belehren lassen. Grund war der 125er-Roller C 1. Später wird er auch mit 200 ccm angeboten. Für den Millennium-Jahrgang präsentiert BMW den wohl unkonventionellsten Roller aller Zeiten. Sämtliche Medien waren vom durchdachten Sicherheitskonzept dieses City-Bikes begeistert. Äußerst verlockend war sicher auch die Tatsache, dass man dank der Fahrgastzelle auf das Tragen eines Helmes verzichten konnte. Dafür ist der Gurt Pflicht. Motorisch war der kleine Einzylinder-Viertakter mit seinen vier Ventilchen pro Zylinder ebenfalls auf der Höhe der Zeit. Ein Katalysator gehörte vom ersten Tag dazu, ebenso das Motormanagement samt Einspritzanlage.

Gehegt und gepflegt wurden in all den Jahren die Ableger der legendären K 100. Wäh-

34. Die K 1200 RS schuf sich seit ihrer Einführung im Jahr 1996 viele Freunde unter den Tourenfahrern. Darum bietet BMW seit 2003 parallel die umfangreicher ausgestattete K 1200 GT (Bild) mit höherer Scheibe, Koffern und leistungsstarkem Integral-ABS an. Ein gewisse sportliche Note lässt sich dennoch nicht wegdiskutieren. Insgesamt hat sich der Sporttourer zu einem ungemein ausgewogenen Big Bike entwickelt.

rend die nackte Version 1990 zur letzten Runde antrat, wurde aus der K-RS im Jahre 1994 die K 1100 RS. Rein optisch sollten die Testarossa-Schlitze in der Verkleidung ein wenig das Gewicht kaschieren. Endlich mit formschönerem, verchromtem Rundtopf, verbessertem ABS II-System und Vierventilmotor wirkt sie nicht mehr ganz so barock. 1997 wird die völlig neue, 130 PS starke K 1200 RS vorgestellt. Erstmals bekennt sich BMW damit zu einer Motorleistung von über 100 PS. Die Sitzposition ist für BMW-Verhältnisse recht ungewöhnlich. Die relativ hoch angebrachten Fußrasten, die sportiv gekrümmten Lenkerhälften, alles zusammen mit der gutmütigen Telelever-Vorderradführung und dem kess abstehenden Heck stimmen auf den ersten Blick recht sportlich – das Konzept gefällt auf der ganzen Linie, wird dem Image eines Sportlers jedoch nicht gerecht.

Zu komfortabel ist die Fahrwerksabstimmung und mit fahrfertigen 285 kg ist das Gewicht definitiv zu hoch. Als Sporttourer findet sie jedoch viele Freunde. Technisch zeigt sie sich ebenfalls von einer anspruchsvollen Seite: Motronic-Einspritzung, G-Kat, Alu-Rahmen, 6-Gang-Schaltbox, und seit 1999 gibt's noch das bekannte Ergo-Paket zur individuellen Einstellung der beiden Lenkerhälften. Um in dessen Genuss zu kommen, kann man jedoch auch auf die im gleichen Jahr vorgestellte R 1100 S (1999) zurückgreifen. Das ist sie!, waren sich nicht nur die Fans mit blau-weißer Brille (die natürlich ganz besonders ...) einig, als die »S« erstmals in den Fachmagazinen zu sehen war. Ein großer Boxer, eine markante Optik und ein sauber laufendes Fahrwerk – der Stoff, den sich BMW-Sportfahrer wünschen.

Doch das »Gewusst wie« spielt dabei die entscheidende Rolle. Dafür musste das aus der R 1100 RS weiterentwickelte Sportmodell viel an sich feilen und schleifen lassen. Die erhöhte Verdichtung hilft den Kolben auf die Sprünge und ein neu abgestimmtes Sechsganggetriebe sorgt für passenden Anschluss in den einzelnen Geschwindigkeitsbereichen. Dementsprechend wurde auch das Motormanagement auf höhere Drehzahlen abgestimmt – erst bei 8.400 min^{-1} setzt der Begrenzer ein. Und damit es in den Kurven auch richtig schön kleben kann, wurde die einst 18-zöllige Hinterradfelge durch eine 17-Zoll-Version ersetzt. (Weitere Informationen finden Sie unter »Boxer-Cup«).

Bei den großen Reiseenduro genießt BMW seit der R 80 G/S (1980) und der R 100 GS (1987) einen hervorragenden Ruf. Natürlich war es nur eine Frage der Zeit, bis man den neuen Boxer-Motor in einen Enduro-Rahmen verfrachtete. Als im Jahr 1994 die R 1100 GS erschien, ahnte man noch nicht, dass sich dieses Modell zum Bestseller entwickeln sollte. Sicher, ein Leichtgewicht war der »Entenschnabel« noch nie, doch wenn man mit dem großen Boxer erst einmal das Schritttempo hinter sich gelassen hat, geht der Rest überraschend handlich vonstatten. Wer einen nahezu unzerstörbaren Reisepartner sucht, der sich auch hervorragend zum Kurvenräubern eignet, ist mit der »Dicken« bestens bedient.

Gegenüber der für 1999 hinzugekommenen Schwester R 850 GS, ist die 1100er für lange Etappen klar die bessere Wahl. Vorausgesetzt, man verfügt über den »offenen« Führerschein. Die R 1150 GS (2000) erhielt eine um zwei Millimeter vergrößerte Bohrung, die Leistung stieg von 80 auf satte 95 PS. Vom Fleck weg gehörte sie für lange Zeit zum meist verkauften Motorrad in Deutschland. Wer den Reihenvierzylinder nicht mochte, hatte mit der R 1100 RT ab 1996 eine adäquate Alternative. Ab 1997 wird sie mit geregeltem Katalysator ausgestattet – so wie ab diesem Zeitpunkt jede neue BMW. Ab 2001 löst die R 1150 RT die 1100er ab. Die 1150er hatte einige Neuigkeiten zu bieten. Dazu gehörte an erster Stelle die serienmäßige Evo-Bremse in Vollintegralversion mit dem revolutionären Integral ABS. Hand- und Fußbremshebel wirken jeweils gleichzeitig auf Vorder- und Hinterradbremse. Das Bremsen wurde noch komfortabler, wirkungsvoller und damit sicherer. In aller Regel vergehen Jahre, bis BMW einem Trend mit einem entsprechenden Modells Tribut zollt. So auch mit dem Cruiser R 1200 C (1998). Bis Ende 2002 verkaufen die Bajuwaren weltweit knapp 30.000 Exemplare. Wie ein Ei dem anderen gleicht die R 850 C (1999) ihrer großen Schwester. Dementsprechend ähnlich verhalten sich beide im Fahrbetrieb. Hauptgrund für die gut 500 EUR günstigere 850er ist die 34 PS-Version. Offen leistet die 850er maximal 50 PS und reicht damit nicht an die 11 PS stärkere Schwester heran.

Beinahe schon unauffällig zeigen sich die R 850 R und die R 1100 R. Zwei Roadster-Modelle, die 1995 für viel Resonanz sorgen. Besonders die 1100er mit ihrem 80 PS starken Boxer zählt zu den Publikumslieblingen. Bis zur Vorstellung der stark modellgepflegten R 1150 R werden 53.000 Exemplare der beiden unverkleideten Motorräder verkauft. Während die 850er in ihrer bisherigen Ausführung unverändert im Programm bleibt, bringt BMW für die zahlreichen Liebhaber der 1100er zum Abschied Ende 2000 ein attraktives Sondermodell, das auch als 850er-Version erhältlich ist: Das Sondermodell gibt es entweder in der Farbe Elfenbein mit schwarzer Handlinierung am Tank und an den Seitenblenden oder in Nachtschwarz mit weißer Handlinierung. Es besitzt zudem Kreuzspeichenräder und verchromte Zylinderkopfhauben. Deutlich agiler als ihre Vorgängerin gibt sich die R 1150 R, die im September 2000 auf der INTERMOT in München ihre Weltpre-

35. Als 1998 der erste Cruiser, die R 1200 C, erscheint, ist die Fachwelt überrascht. Soviel Groove hatte man den Bajuwaren nicht zugetraut. 1999 kommt die kleinere R 850 C, die dank optionalem 34 PS-Kit eher die Einsteiger ansprechen sollte. Über 250 Kilogramm Gewicht hemmten die Dynamik jedoch nachhaltig, so dass die 61 PS starke 1200er mehr Freunde fand. Nach der »Avantgarde«, »Classic«, »Independent« und der luxuriösen CL-Ausführung, wird ab 2003 auch die R 1200 C Montauk (Bild) angeboten.

miere erlebt. Mit dem Antrieb der R 1150 GS leistet sie 85 PS und treibt die Maschine bis auf 210 km/h. Das digitale Motormanagement wird nun ebenfalls von der Motronic MA 2.4 gesteuert. So wie die R 1200 C (1998) wird auch die R 1200 CL (2002) hauptsächlich für den nordamerikanischen Markt konzipiert. Trotzdem sich die beiden Modelle auf den ersten Blick stark ähneln, finden sich bis auf den Motor, Telelever und Tank nur wenige Gemeinsamkeiten. Ausgestattet mit allem, was man auf endlosen Highways braucht, bietet der 61 PS starke Tourer üppigen Luxus und Komfort.

Die Erfolgsbilanz von BMW ist beachtlich. Aufwind brachte die R 80 G/S von 1980, die der Marke einen ungewohnt jugendlichen Touch gab. 1983 sorgten die vierzylindrigen K-Modelle mit ihrer fortschrittlichen Technik für ein zweites Standbein neben den alten R-Modellen. Als 1993 die neue Boxer-Generation und kurz darauf auch der Einzylinder in der F 650 eine Wiedergeburt erlebt, hat BMW den Anschluss nicht nur geschafft, sondern ist speziell in Sicherheits- und Umweltfragen zu einem Vorbild geworden. Die allein im Jahr 2001 verkauften 84.713 Motorräder sind selbstredend.

Anmerkung

* Die Europameisterschaft wurde zwischen 1924 bis einschließlich 1939 ausgetragen; Das Punktesystem gibt es erst seit 1938, da es durch mehrere Rennen pro Saison nötig wurde. Bis dahin gab es nur ein Rennen pro Jahr, dessen Gewinner automatisch der Europameister war.

BOHRUNG

Zylinderdurchmesser; Am einfachsten lässt sich der Hubraum durch eine Vergrößerung der Bohrung realisieren. Ausschlaggebend für das Grenzmaß der Maximal-Bohrung ist der Mittenabstand der einzelnen Zylinderabstände. Speziell bei flüssigkeitsgekühlten Reihenmotoren schrumpft dabei die Stärke des kühlenden Wassermantels, so dass in diesem Falle die physikalischen Grenzen recht schnell erreicht werden.

Bis vor zwanzig Jahren, als der Großteil der japanischen Big Bikes noch luftgekühlt war, nahmen sich oftmals Tuner den Innereien an, um dem Triebwerk durch Aufbohren auf relativ simple Art und Weise zusätzliche Pferdestärken zu entlocken.

BOL D'OR

1979 stand die Welt Kopf – erst kurze Zeit nach der Vorstellung des Prestige-Sportlers CBX 1000 (105 PS) präsentierte Honda die CB 900 F Bol d'Or. 95 PS standen bei seinerzeit hochtourigen 9.000 /min zur Verfügung. Für 9.224 Mark ging sie weg wie warme Semmeln. Rund 220 Sachen standen bei Vollgas auf der Uhr, zumindest bei dem, der sich traute. Denn die ersten Bol d'Or-Typen (SC01) waren zwar spurstabiler als die sechszylindrige CBX (1978), doch konnte von einem wirklich sicheren Fahrverhalten keine Rede sein. Wer

Die Zylinderbohrung ist ein wichtiges Konstruktionsmerkmal des Motors. Eine große Bohrung ermöglicht die Unterbringung größere Ventile und ein grundsätzliches Plus an Gestaltungsmöglichkeiten des Verdichtungsraumes.

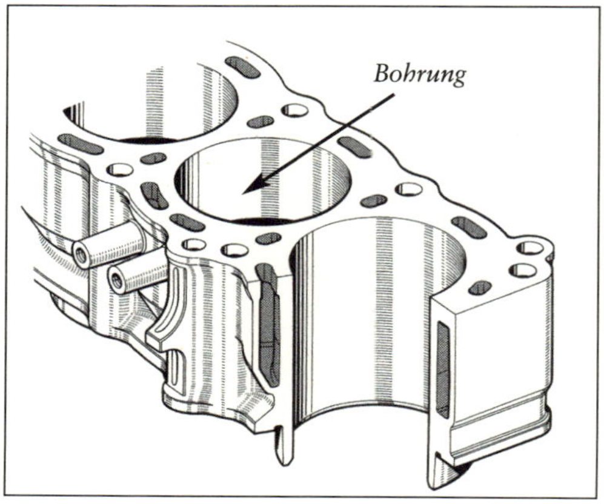

schnell sein wollte, musste sich schon ein Herz fassen, um die richtige Linie zu treffen. Wenn da nur nicht die labile 35er-Gabel der ersten Modelle gewesen wäre. Den guten Willen und nicht weniger Routine vorausgesetzt, war sie ihren damaligen Kontrahenten dennoch überlegen. Aus diesem und anderen Gründen war sie lange Zeit das Big Bike schlechthin – zumindest für diejenigen, die auch nur einen Funken Sportsgeist in sich verspürten. Später kam sie in den Genuss zahlreicher Modellpflegemaßnahmen, die größtenteils den anfänglichen Fahrwerksproblemen zuleibe rückten. Geradezu vorbildlich die schmale Tank-Sitzbank-Linie.

BOLZEN

Nicht drehbar gelagertes Bauteil, dient zur Aufnahme von Kräften und/oder deren Umlenkung, vorwiegend radiale Belastung auf Biegung und/oder Abscherung; Ausführungen mit und ohne Gewinde; Beispiel: Radbolzen (mit Gewinde), Kolbenbolzen (axiale Sicherung durch entsprechende Sicherungsringe).

BOT

BoT – Battle of Twins; Kampf der Zweizylinder. Die Rennklasse für alle Zweizylindermodelle.

BOWDENZUG

Vorwiegend zur Betätigung verschiedener Mechanismen, Beispiel: Kupplungszug, Gaszug, Sitzbankschloss; Vorteil: einfache und damit kostengünstiger Aufbau, geringer Platzbedarf; Nachteil: pflegebedürftig, klemm- und bruchgefährdet; Nach 5.000 bis 10.000 km regelmäßiges Abschmieren erforderlich.

BOXENGASSE

Während des Rennens ist die Boxengasse die Zentrale aller am Geschehen beteiligten Leute. Hier wird getankt, geschraubt, die Zeiten genommen und die letzte Information ausgetauscht. Anschließend geht's wieder zur Jagd nach Sekunden auf die Strecke. Große Teams haben hier eigene Boxen gemietet, die kleinen müssen am Rand improvisieren, denn viel Platz ist dort nicht. So gehört Hektik zum All-

So sah 1979 das sportliche Traum-Bike vieler Motorradfahrer aus. Die Honda CB 900 F Bol d'Or bot mit 95 PS für damalige Verhältnisse atemberaubende Fahrleistungen. Dazu war sie solide und schön verpackt. Ab 1980 wurde sie auch als 750er angeboten, ab 1981 auch als verkleidete F2.

Der Kolbenbolzen überträgt die Kolbenkraft über zwei Flächen auf das Pleuel. Da die axial wirkenden Kräfte vernachlässigbar klein ausfallen, reichen Sicherungsringe zur Arretierung aus.

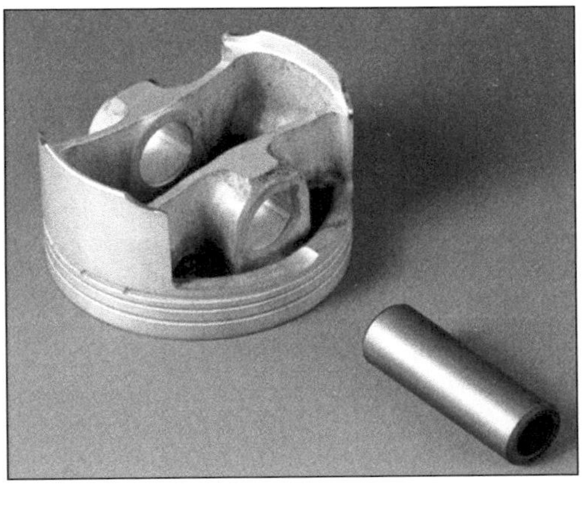

tag der Fahrer, Schrauber und anderen Helfer. Hierbei trotzdem Ruhe zu bewahren, fällt nicht immer leicht, macht jedoch neben dem Geruch verbrannten Zweitaktöls, abgerubbelten Reifengummis und einer Prise Benzindunst einen Teil der Faszination »Rennsport« aus.

BOXER-CUP

(BMW) Packende Renn-Szenen, kerniger Viertakt-Sound und begeisterte Fans. Nach dem gro ßen Erfolg beim ersten »BMW Boxer-Cup« im Jahre 1999 wird der Wettbewerb seit 2001 international ausgeschrieben. Gefahren wird auf nahezu serienmäßigen, 100 PS starken R 1100 S-Zweizylinder-Boxermaschinen, die durch eine spezielle Schalldämpferanlage kernigen Viertakt-Sound verbreiten. Neben großzügigen Preisgeldern winken den vorderen Plätzen auch hohe Sachpreise. Der viermalige Vizeweltmeister in der 500 ccm-Klasse, Randy Mamola, aus den USA fungierte 2000 und 2001 als »Botschafter« und nimmt neben anderen VIP-Gästen, wie etwa der dreimalige Weltmeister Luca Cadalora an dem einen oder anderen Rennen teil.

Mit seriennahen BMW R 1100 S Replika wird im heiß begehrten BMW Boxer-Cup hart gekämpft. Die Basismaschine wird in begrenzter Stückzahl produziert – und ein gesuchtes Sammlerstück. Das Bild zeigt die Maschine von Norbert Rebholz aus der Saison 2002.

BOXERMOTOR

Beim Boxermotor arbeiten ein oder mehrere Kolbenpaare auf einer Ebene, die im Motorradbau quer zur Fahrtrichtung liegt. Die demnach quer laufende Kurbelwelle sorgt für ein Abstützmoment, dass der Fahrer vor allem beim kräftigen Gasgeben spürt, wo sich das Fahrzeug, je nach Kurbelwellendrehrichtung, leicht nach links oder rechts neigt.

Ein Nachteil ist die große Baubreite, die eine hohe Einbaulage des Motors erfordert. Den derzeit größten Boxermotor schickt Honda mit der Sechszylinder-Gold Wing 1800 auf den Markt.

BREMSEN

Welche Bremse die beste ist, hängt in erster Linie von der maximal zu erreichenden Verzögerung ab. Bei 2 m/s^2 (schwache Bremsung) ist die Bremswirkung verteilen sich die Kräfte relativ gleichmäßig auf Vorder- und Hinterrad. Bei einer Vollbremsung (8 m/s^2) übernimmt die Vorderradbremse bereits über 80 Prozent der Bremskraft. Im Extremfall wäre ein Überschlag die Folge.

Der legendäre BMW-Zweiventil-Boxer aus der R 100 R von 1994. Durch den vergleichsweise hohen Schwerpunkt unterstützt der Boxer das Handling bei niedrigeren Geschwindigkeiten.

Um optimal bremsen zu können, braucht es viel Erfahrung, die man am Limit eigentlich nur auf der Rennstrecke relativ gefahrlos sammeln kann. Und selbst dort ist es nicht immer möglich. Im Alltag erschweren jedoch unvorhergesehenen Baustellen, Schienen, Rollsplitt, Kopfsteinpflaster, Sand oder wechselnder Fahrbahnbelag die Situation. Moderne ABS-Systeme können unter diesen Bedingungen selbst von gewieften Testfahren nicht getopt werden. Die Elektronik rechnet und korrigiert eine Rad-Blockade in einer Sekunde bis zu 15 Mal gegen. Kein Mensch wäre dazu in der Lage. Skeptiker können diverse Vorurteile durch eine Vollbremsung auf Sand abbauen, die mit ABS kein Problem darstellt.

Je stärker die Verzögerungen, umso wichtiger wird die Vorderradbremse. Bei normalen Bremsungen in der Stadt z.B. vor dem Abbiegen (beim Herunterschalten) mit langsamer Geschwindigkeit vor Kurven, ist die Hinterradbremse die sicherere Variante. Der Einsatz der Vorderradbremse erfordert mehr Routine und Feinmotorik. Insbesondere bei ganz niedrigen Geschwindigkeiten und stark eingeschlagener Lenkung verursacht die Vorderradbremse ein Kippmoment, das blitzartig zum Sturz führen kann. Ein blockiertes Hinterrad ist hingegen relativ leicht beherrschbar. Mit leicht quer stehendem Hinterrad kann man erstaunlich lange Wege zurücklegen ohne umzufallen. Beim blockierenden Vorderrad wird's eng.

Das volle Ziehen am Vorderradbremshebel führt erst nach etwa 0,2 Sekunden zum maximalen Bremsdruck. Weitere 0,2 Sekunden später erfolgt der Stillstand. Sofern man nicht in einer Gefahrensituation ist, kann es gelingen, den Bremsdruck rechtzeitig zu reduzieren, um einen Sturz zu vermeiden. Warum das so schwierig ist, liegt an mehreren Faktoren. Zum einen werden die Ellenbogen des Fahrers nicht immer gleichmäßig belastet. Dadurch wird zwangsläufig ein Moment um die Lenkachse erzeugt, das bei plötzlichen, scharfen Bremsmanövern schnell zum Sturz führt. Zu beachten ist, dass aufgrund der starken Bremsung Restfederweg und Nachlauf drastisch reduziert werden. Manche Motorräder reagieren sensibel auf solche Veränderungen und werden instabil. Im Fall einer Einscheibenbremsanlage vorn wird durch den seitlichen Abstand der Bremsscheibe zur Fahrzeuglängsachse dieser Faktor unterstützt. Dadurch kann sich die Gabel um bis zu drei Grad verdrehen.

Schon lange ist bekannt, dass die Bremskraftverteilung beim Motorrad den Fahrer in Schrecksituationen überfordert. Bei Gefahr wird fast immer das Hinterrad zum Blockieren gebracht. Durch den Schreck wird instinktiv die Bremse gelöst – meist leider auch die vordere – was den Bremsweg dramatisch verlängert. Technisch ist dies mit einer Kombibremse, zusammen mit ABS, zu lösen. Honda bietet dieses System seit 1996 (ST 1100), BMW seit 2001 an. Weitere aktuelle Modelle sind Ducati ST 3/4S/ABS, Honda VFR 800 CBS-ABS, STX Pan European CBS-ABS, CBF 600, CB 500, Varadero (ab Modelljahr 2004) sowie die Yamaha FJR 1300 A (ab 2003).

Der Durchschnittsfahrer bremst maximal nur mit einer Verzögerung von etwa 6 m/s2. Unter günstigen Umständen sind heute sogar bis zu 10 m/s2 und darüber möglich. Wie aber erkennt man, wieviel noch geht? Die meisten Motorradfahrer wissen, wenn's vorn blockiert, liegt man schneller auf der Nase, als einem lieb ist. Dementsprechend versucht man, sich übervorsichtig an diesen Bereich heranzutasten. In einer Notsituation bleibt jedoch keine Zeit für langwierige Versuchsreihen. Darum sollte man diese idealerweise bei Sicherheitstrainings simulieren, um sie später souverän praktizieren zu können.

Um das Gehirn mit den richtigen emotionalen Eindrücken zu eichen, ist es sinnvoll, bestimmte Verzögerungswerte mit bestimmten Eindrücken zu verknüpfen. Das freilich ist von Motorrad zu Motorrad mehr oder weniger unterschiedlich. Je tiefer die Lenkerposition, umso schneller erhöht sich der Druck auf die Arme, umso eher will sich der menschliche Korpus kopfüber verabschieden – umso höher ist die körperliche Belastung. Eine aufrechte Sitzposition verteilt die Kräfte zwar gleichmäßiger (und damit angenehmer) auf einzelne Gliedmaßen, erschwert jedoch die Rückmeldung vom Fahrwerk. Da sich durch die dynamische Radlastverteilung bis zu 100 Prozent auf das Vorderrad verschiebt, bedeutet »Fahrwerk« im Extremfall nur noch »Vorderrad«.

Neben der Aerodynamik ist dies übrigens ein entscheidender Faktor, weshalb bei sportlichen Motorrädern tendenziell tiefer liegende Lenker verwendet werden. Denn so lässt sich das Limit direkter und damit leichter ermitteln. Im Grenzbereich beginnt auf trockener Straße der Reifen förmlich über den Asphalt zu rubbeln (chattering). Das ist der Grenzbereich im Trockenen. Je rauer der Straßenbelag, umso gröber die Vibrationen. Mit einem Cruiser würde man diese kaum bemerken, da sie in einer völlig anderen Art auftreten. Durch eine flach angestellte Gabel und Reifen mit geringerer Haftung verschiebt sich der Schwerpunkt nicht in dem Maße, wie es bei agilen, sportlichen Motorrädern mit kürzerem Radstand der Fall ist.

Je besser ein Motorrad ausbalanciert ist, umso leichter lässt es sich handeln – auch bei starken Bremsmanövern. Dabei bedeutet Balance nicht nur die Gewichtsverteilung des vollgetankten Motorrades, sondern beinhaltet logischerweise die Besatzung, die wiederum die Schwerpunktlage beeinflusst. Entsprechenden Einfluss hat die Sitzposition auf das Fahrverhalten. Leicht angewinkelte Arme können leichter auf Aktionen reagieren und wirken

Selbst in Schräglage lassen sich mit modernen Reifen noch beachtliche Bremskräfte übertragen. Man achte auf die beiden Bremsfinger von Troy Bayliss auf der Ducati Desmosedici. Wer's richtig macht, weiß den erhöhten Anpressdruck der Reifen in Verzögerung umzusetzen. Im Idealzustand wird so stark gebremst, dass das Hinterrad gerade noch am Boden bleibt. In Schräglage bedarf es Gefühl und Erfahrung, um den Grenzbereich auszuloten.

wie flexible Fühler. Beim starken Bremsen besteht die Schwierigkeit darin, in den Armen trotz hoher Belastung locker zu bleiben, um die Signale vom Vorderrad über die Gabel aufnehmen zu können. Sind Federbasis (Rate, Negativfederweg) und Dämpfung (an dieser Stelle vornehmlich Druckstufe) ungünstig aufeinander abgestimmt, kann auch der beste Reifen nur unvollständige Informationen an den Fahrer weitergeben.

Viele Motorräder verfügen mittlerweile über einstellbare Handbremshebel, mit denen sich die Griffweite entsprechend der Handgröße einstellen lässt. Mit dicken Winterhandschuhen empfiehlt sich eine knappere Einstellung der Griffweite. Die Dosierbarkeit einer Bremsanlage spielt in der Praxis meist eine größere Rolle als die maximale Bremsleistung auf der letzten Rille.

Nicht umsonst rüsten viele Fahrer ihr Motorrad mit Stahlflex-Leitungen aus. Richtig Bremsen hat viel mit Gefühl und Erfahrung zutun. Das ist nicht jedermanns Sache. Mich hat es jedenfalls nicht großartig gestört, wenn mal wieder das ABS ausfiel und war heilfroh, dass ich auf die gesammelten Erfahrungen zurückgreifen konnte.

Bremsen mit radial befestigten Zangen verdanken ihre Bezeichnung der Anordnung der Zangen-Befestigungsschrauben, deren Positionierung dem Scheibenradius folgt. Der Vorteil dieser seit 2003 erstmals in Großserie produzierten Technik (Aprilia, Ducati und Suzuki) besteht darin, dass die Zange von den beiden Enden des Gabelfußes umschlossen wird. Dies bewirkt eine steifere Befestigung der Zange, die somit beim Bremsvorgang besser geführt wird und weniger Verformungen ausgesetzt ist. In der Gegenüberstellung mit traditionellen Systemen kann man diesen Vorteil leicht nachvollziehen, da das vom Gabelfuß am weitesten entfernten Ende einer herkömmlichen Zange in der Regel frei liegt.

Die korrekte Positionierung des Bremsbelags wird demnach nur durch die Steifigkeit der Zange gewährleistet. Bei radialen Systemen wird ferner die Realisierung des Gabelfußes dank der geschlossen zelligen Struktur mit höchster Verwindungssteifigkeit wesentlich erleichtert. Da die Wirkung der Bremskraft mit einer bestimmten Fluchtabweichung zur Befestigung erfolgt, ist beim Bremsen eine gewisse Verwindung zu verzeichnen, durch welche theoretisch die Drehung der Bremszange auf einer Radialachse forciert wird. Dank der höheren Steifigkeit des gesamten Bremssystems sind radial montierte Bremszangen effizienter als die herkömmlicher Systeme. Dies zeigt auch der hohe Verbreitungsgrad im Rennsport.

Doch auch für den normalen Motorradfahrer können sich daraus durchaus Vorteile ergeben, von denen er bei richtiger Konstruktion und Zusammenstellung der Einzelkomponenten (Material Zange, Bremskolben, Dichtungen, Aufnahme an der Gabel, Reibpaarungen der Bremsbeläge/-scheibe, Bremsleitungen) profitieren kann. Bremswirkung und Ansprechpräzision werden optimiert, da der wirkungslose Hebelwegbereich infolge der Elastizität der Bremszange nahezu komplett ausgemerzt wird.

Zudem reduziert sich der Verschleiß an den Bremsbelägen. Dank der radialen Befestigung wirken die Beläge mit präziserer Ausrichtung auf die Bremsscheibe, da die Zange ohne jegliche Abweichung auf einer Linie mit der theoretischen Arbeitsposition gehalten wird. Dies trägt entscheidend zu einer längeren Lebensdauer der Beläge bei, da durch die bessere Ausrichtung die Abnutzung der Oberflächen weniger voneinander abweichen. Auch die Unterschiede zwischen Kalt- und Heißbremsverhalten fällt niedriger aus.

BREMSBACKEN

Nehmen die Bremsbeläge bei Trommelbremsanlagen auf, Hinweis: auf korrekte Einbaurichtung achten – an- und ablaufende Seite. Am Hinterrad finden sich auch heute noch Trommelbremsen. Damit man nicht für jede Belagkontrolle das Hinterrad ausbauen muss, ist von außen eine Verschleißkontrolle angebracht.

BREMSFLÜSSIGKEIT

Flüssiges Medium zum Übertragen der Bremsdrücke; Bremsflüssigkeit ist hygroskopisch (wasseranziehend); die Folge ist, dass mit steigendem Alter der Wasseranteil der Bremsflüssigkeit steigt. Der Siedepunkt sinkt beträchtlich; unterwegs mit vollem Gepäck, womöglich noch auf steilen Passfahrten und Sozius unterwegs, erreicht das Medium schnell über 150° Celsius. Bei einem fünfprozentigen Wasseranteil hat ihre Flüssigkeit bereits den Siedepunkt überschritten. In der Praxis bilden sich zu diesem Zeitpunkt Luftblasen im Bremssystem, die bis zum Totalausfall der Bremsanlage führen können.

BREMSSATTEL

Gehört zum Bestandteil einer Scheibenbremsanlage; Auslegung als Schwimm- oder Festsattel(-zange); zylindrische Bohrungen nehmen Druckkolben auf, die über den Handbremsoder/und Fußbremshebel, bzw. einen zwischengeschalteten Druckraum (Hauptbremszylinder) betätigt werden; i.d.R. Stahlgussteile; Ausführung meist zweiteilig, Ausnahme Yamaha: sie bestehen aus einteiligen Gussbauteilen. Seit 2003 werden auchRadialbremssättel verwendet. Vorteil: einfachere Montage, bessere Dosierbarkeit.

BREMSSCHEIBEN

Bremsscheiben besitzen im direkten Vergleich zur Trommelbremse (Standard bis 1968) eine verbesserte Dosierbarkeit und einfacheren Aufbau. Varianten: gelocht, gekapselt, innenbelüftet, (halb-)schwimmend, Material: Guss, Stahl, Kohlefaser; Aufnahme: fest verschraubt, halbschwimmend, schwimmend. Schwimmend gelagerte Bremsscheiben sind spannungsfrei und mit leichtem Axialspiel an

1. *Yamaha YZF-R1 von 1999 – einteilig gegossener Vierkolbenfestsattel beißt in halbschwimmend gelagerte Bremsscheibe. Gut dosierbar und äußerst leistungsstark.*
2. *Suzuki GSX-R 1000 von 2003 – radial montierte Vierkolbenfestsättel verbessern nochmals die Dosierbarkeit speziell bei hohen Belastungen.*
3. *Kawasaki Z 900 von 1974 – Zweikolben-Schwimmsättel waren Mitte der siebziger Jahre technisches Highlight und galten als gut gemeinte Empfehlung.*

der Felge fixiert. Dadurch können durch die Wärmeentwicklung entstehende Spannungen kompensiert werden, ohne dass sich die Bremsscheibe verzieht. Erstmals kam die Scheibenbremse bei der Honda CB 750 (1969) serienmäßig zum Einsatz. Zuvor gab es ausschließlich Trommelbremsen (seit den 20er Jahren). Zuvor wurde mit Außenbandbremsen, bzw. Klotzbremsen verzögert.

BREMSVERSTELLMECHANISMUS (Allgemein)

Wer richtig bremsen will, muss über eine möglichst ergonomische Anordnung der Bedienungselemente verfügen. Da aber die Handgrößen und Fingerlängen von Mensch zu Mensch unterschiedlich sind, ist eine individuelle Einstellung des Handbremshebels überaus sinnvoll. Erreicht wird dies über einen Zwischenhebel, der eine Rasterscheibe aufnimmt und sich durch Drehen auf meist drei oder vier Maße einstellen lässt. Wer zudem im Winter mit entsprechend dicken Handschuhen unterwegs ist, wird feststellen, dass es sich besser bremsen lässt, wenn der Bremshebel näher am Lenker liegt.

BROOKLANDSBAHN

1907, die Rennstrecke »Brooklandsbahn« in Weybridge/Surrey wurde eröffnet, SW von London, 4,4 km Länge, überhöhte Kurven, Austragungsort zahlreicher Rennen und Rekordfahrten bis ins Jahr 1939.

BSA

Birmingham Small Arms; Britische Motorradmarke mit großem historischen Stellenwert; Gründungsjahr 1861; Motorradproduktion erst seit 1910, bekannte Modelle: BSA Goldstar, Lightning, Rocket, Thunderbolt, Spitfire, Firebird, Royal Star, etc.

BUELL

Gegründet wurde das amerikanische Unternehmen 1984 und hatte seinen Ursprung im Rennsportbereich hatte. Erik Buell baute mit der Rennmaschine die RW 750 mit drehschiebergesteuertem 750 ccm Square Four-Zweitaktmotor, die speziell für die AMA-Formel 1 konzipiert wurde, sein erstes eigenes Motorrad. Ein Prototyp der RW 750 wurde dabei erstmals im Sommer 1983 auf dem Pocono Speedway in Long Pond eingesetzt. Bei Testfahrten in Talladega erreichte die Maschine eine Höchstgeschwindigkeit von 178 mph. Fertig war das Motorrad 1984, verkauft wurde nur ein einziges Exemplar – an das American Machinists Racing Team.

Noch im gleichen Jahr beschloss man, dass ab 1986 die seriennahen Superbikes die bisherige Klasse ersetzen würde. Das war das Aus für Buell's RW 750 – und der Anfang für ein neues Seriensportmotorrad, die RR 1000. Angetrieben wurde die beinahe völlig verkleide-

1. *Eric Buell – Technik-Freak, Motorrad-Besessener und Gründer der Marke Buell.*

te Maschine vom Harley-Davidson XR 1000-Motor. Das Besondere war ein neuartiger, 13 kg schwerer Brücken-Rohrrahmen aus Chrommolybdän-Stahl, der eine stabilisierende Aufhängung des V2-Motors ermöglichte. Bis zum Erscheinen der XB 9R (2002) sollte dies das Erkennungszeichen eines jeden Buell-Sportmotorrades sein. Zwischen 1987 und 1988 wurden von der RR 1000 insgesamt 50 Exemplare produziert. Danach stellte HD die Fertigung des 1000er Sportster-Triebwerks ein. Die Ablösung fand durch den Einbau des standhafteren und kultivierteren 1200er-Evolution-Motors statt. Die einsitzige RR 1200 wurde 1988 vorgestellt und bis 1989 insgesamt 65-mal gebaut.

1989 erschien die RS 1200, die mit ihrer Zweimann-Sitzbank eher die touristische Fraktion ansprach. Für 1991 erhielt sie das überarbeitete Fünfgang-Triebwerk (vorher Viergang) der neuen HD Sportster und als erstes Serienmotorrad der Welt eine Upside Down-Gabel, stahlummantelte Bremsschläuche und Sechskolben-Bremszange am Vorderrad. Die voluminöse Airbox auf der rechten Motorseite sieht einem Brotkasten (... manche wollen auch Parallelen zu einem Auffangkorb eines handelsüblichen Rasenmähers erkannt haben) hingegen nicht ganz unähnlich, ist bis zum Erscheinen der XB 9R (2002) cha-

2

3

4

2. *Edel wirkt die Buell S3 Thunderbolt von 1998. Mit bequemer Zweimann-Sitzbank taugt sie auch für die große Tour. Doch eine Buell fährt man nicht einfach, man reitet sie. In langen und tiefen Atemzügen wummert der 1200er-Harley-Twin dem Horizont entgegen, dass es eine Pracht ist. Für 1999 wurde eine elektronische Kraftstoffeinspritzung installiert. Fahrwerksseitig tat sich ebenfalls einiges. Eine gegossene Alu-Schwinge hält das über ein Showa-Federbein gedämpfte Hinterrad im Zaum. Auch die Upside-down-Gabel wurde mit Teilen des japanischen Gabelspezialsten bestückt.*
3. *Die S1 White Lightning (1998) ist eine Rarität. Als Bonbon verlassen sieben Extra-Pferdchen ihre optimierten Brennräumlein. Faszinierend ist die perlmutt-weiße Lackierung. Praktisch und schön zugleich der größere 19 Liter-Tank. Der leise und wartungsarme Zahnriemenantrieb zum Hinterrad kommt allen Buell's zu Gute. Er hält Lastwechsel und Verschleiß in Grenzen.*
4. *Bei der gestripten, 88 PS starken X1 Lightning (Bild zeigt Modell 2000) erkennt man gut das einfache Konzept: Gitterrahmen aus Stahlrohr, stabile Upside-Down-Gabel, Sechskolben-Festsattelbremsen und der mächtige 1200er Harley-V2.*

rakteristisch für eine Buell. Im Ansaugtrakt verbirgt sich durchdachte Technik aus der Strömungslehre. Die Rede ist von der so genannten Helmholtz-Resonanzkammer. Dieses System besteht aus mehreren Kammern und Kanälen, die einerseits den Füllungsgrad (und damit Drehmoment und Leistung) optimieren und andererseits die Ansauggeräusche reduzieren.

1999 fertigte man erstmals in einer eigenen Produktionshalle mit angeschlossener Lackiererei. Davon profitierten Qualität und Flexibilität gleichermaßen. Ende 1991 wurde die Palette um eine zweisitzige Version erweitert, die RSS 1200. Bis zum Jahr 1993 wurden von RS und RSS zusammen 325 Motorräder produziert. Das erste Modell, das Buell gemeinsam mit HD produzierte, war die S2 Thunderbolt von 1994. Das Motorrad erfuhr in der Motorradpresse viel Anerkennung. Eine Sporttouring-Version, die S2 T Thunderbolt, vervollständigte ein Jahr später das Angebot. Zusammen wurden beide Modelle rund 1.000-mal verkauft. 1996 wurde die S1 Lightning eingeführt. Als Streetfighter begründete sie eine neue Klasse, die man in solcher Konsequenz bisher noch nicht kannte. Angetrieben wird sie noch immer vom 1200er-Sportster-Motor. Dabei unterscheidet sich das 1199 ccm große Buell-Kraftwerk jedoch in vielfacher Hinsicht von ihrem ursprünglichen Organspender. Unter anderem werden spezielle

5 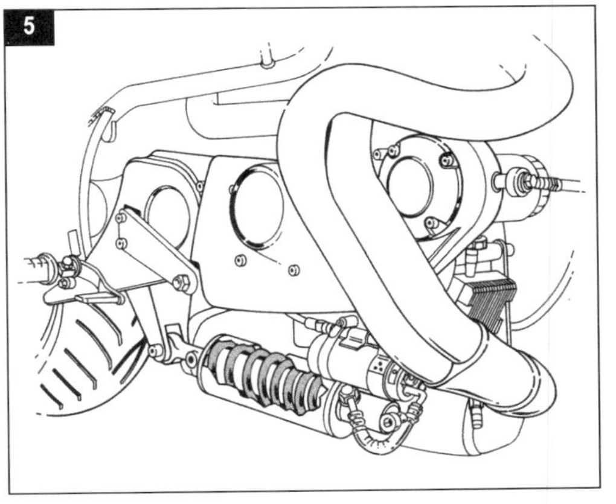

6 

7 

5. *Das unter dem Motor liegende Zentralfederbein wird beim Einfedern auf Zug beansprucht und funktioniert nach dem umgekehrten Cantilever-Prinzip. So waren sämtliche Typen bis zum Erscheinen der XB-Modelle ausgerüstet.*
6. *Neben der sportlicheren XB-9 R Firebold spricht die XB-9 S Lightning (Bild) Freunde der Streetfighter an. Ihr extrem kurzer Radstand von nur 1.321 mm und die mit 69 Grad extrem steil stehende Gabel machen sie besonders kurvenfreudig.*
7. *Die XB-Modelle (Bild zeigt eine entblätterte XB-9 R von 2003) verfügen erstmals bei Buell über einen Alu-Rahmen. Dabei ist der Kraftstofftank im mächtigen Rahmen integriert. Der Öltank ist in der Schwinge untergebracht. Die Lenkgeometrie fällt extrem aus, so wie man sie eigentlich eher von GP-Racern kennt.*

Kurbelwellen, Kolben, Nockenwellen, Zylinderköpfe, Ventile sowie Zünd-, Luftfilter- und Schalldämpferanlagen verwendet. Mit winziger Lenkerverkleidung, sportlicher Einmann-Sitzbank stellt sie ein fantastisches Show-Bike für den einsamen Überland-Ritt dar. Um die Massen weiter zu zentralisieren, wanderte der Auspufftopf links neben das Zentralfederbein unter den Motorblock und bildet neben der Gewichtsreduzierung das Haupt-Entwicklungsziel einer Buell.

Die S3 Thunderbolt und die umfangreicher ausgestattete S3 T Thunderbolt setzten 1996 die Designentwicklung in der Sparte der S2-Sporttourer fort. Allein in diesem Jahr werden mehr als 2.000 Buell-Motorräder unters Volk gebracht. 1997 wurde das Modell-Programm um die M2 Cyclone erweitert. Zu dieser Zeit stellt sie die günstigste Möglichkeit dar, dem erlauchten Kreis der Buell-Treiber beizutreten. Neben einer Zweimannsitzbank macht der im Vergleich zur S1 Lightning umgerechnet rund 1.000 EUR günstigere Preis ein zusätzliches Maß der Attraktivität aus. Seine Premiere feiert der neue Thunderstorm-Motor in der S1 White Lightning (1998) eingeführt. Gegenüber der S1 Lightning verfügt sie über 7 zusätzliche PS, die durch einen optimierten Zylinderkopf mobilisiert wurden. Ähnlich gestylt wie die S1 Lightning, zeichnete sie sich durch einen Kohlefaser-Kotflügel am Hinterrad und durch eine schneeweiße Lackierung aus. In diesem Jahr stiegen die Produktionszahlen auf über 5.000 Einheiten.

Für 1999 stand eine umfangreiche Pflege der Lightning- und Cyclone-Modelle auf dem Programm. Die neue X1 Lightning gibt es kurzzeitig auch als Sonderedition »Race Stripes« in einer weltweit limitierten Auflage von 500 Exemplaren. Die Lightning- und Thunderbolt-Modelle wurden serienmäßig mit der modernen vollelektronischen DDFI-Motorsteuerung (Dynamic Digital Fuel Injection) ausgestattet. Der modifizierte Rahmen und das neue Design der X1 Lightning sowie der M2 Cyclone sorgten für viel Aufsehen. Diese Maßnahmen führten 1999 zu einem weiteren Anstieg der weltweiten Verkaufszahlen auf rund 8.000 Exemplare. Gegenüber dem Modell ’98 verfügt die ’99er-Cyclone über zwei Extra-Pferdestärken. Die Ein- und Auslassventile wuchsen in ihren Durchmessern um jeweils zwei Millimeter. Eine Leichtmetallschwinge lässt sie in neuem Glanz erstrahlen. Ab 1999 ziert zudem ein Drehzahlmesser die obere Gabelbrücke der Telegabel. In der internen Buell-Statistik zählt die M2 zu den Bestsellern. Im gleichen Jahr wird das neue Buell-Forschungs- und Entwicklungszentrum am Firmensitz in East Troy/Wisconsin eingeweiht. Im Jahre 2000 produziert Buell bereits 10.189 Einheiten der charakterstarken V2-Motorräder.

Ein typisches Erkennungsmerkmal der Buell-Motorräder ist der Zahnriemenantrieb zum Hinterrad, der ab dem Modelljahrgang 2001 durch zusätzliche Kevlareinlagen verstärkt wurde und eine enorme Zugfestigkeit besitzt. Dank der konzeptbedingten Restelastizität dieses Antriebes fällt die Lastwechselreaktion in Anbetracht der großen Einzelhub-

8. Ein besonderes Schmankerl der XB-Typen ist die vordere Bremsanlage. Die riesige 375 mm-ZTL-Bremsscheibe (Zero-Torsion-Load) ist am äußeren Felgenrand montiert. Der Sechskolben-Festsattel greift von innen zu.

räume erfreulich niedrig aus. Neben einer verbesserter Umweltfreundlichkeit und Wartungsarmut (lt. Hersteller über 30.000 km) reduziert der Riemenantrieb außerdem die ungefederten Massen. Dank der intelligenten Rahmenkonstruktion ist er bei Bedarf leicht zu wechseln. Der Spannmechanismus für den Antriebsriemen wurde bei der M2 Cyclone und bei der X1 Lightning in die Schwinge integriert.

Eine Stärke der Buell-Motorräder ist die bemerkenswerte Handlichkeit bei gleichzeitig guter Stabilität. Den Vogel schießt die von Grund auf neu entwickelte, 92 PS starke XB 9R Firebold (2002) ab. Mit ultrasteilen Lenkkopfwinkel von 69°, einem Nachlauf von lediglich 84 mm und einem Radstand von knappen 1321 mm ist ihr superbes Handling scheinbar auf den Leib geschnitten. Dass dem wider Erwarten nicht so ist, hat mehrere Gründe. Die mit Fahrer vergleichsweise hohe Vorderradlast sorgt einerseits für Stabilität bei hoher Geschwindigkeit, erhöht andererseits die Lenkkräfte, was insbesondere bei niedrigen Geschwindigkeiten auffällt. Ein steilerer Lenkkopfwinkel erfordert präzisere Signale für eine Richtungsänderung, was nicht automatisch mit Unhandlichkeit zu verwechseln ist. Da sich die Aufstandsfläche des Reifens beim Lenken nicht in dem Maße verschiebt wie bei Motorrädern mit flacher anstehender Gabel (*siehe auch unter »Lenkgeometrie«*), be-

9. Die XB-9 R Firebold unterscheidet sich durch eine rahmenfeste Halbschale und tiefliegende Lenkerstummel vom bequemeren S-Modell. Bereits ein Jahr später erschienen die erstarkten XB-12 mit rund 10 Prozent mehr Leistung und Drehmoment. Fahrwerksseitig blieb alles beim alten.

9

nötigt die XB 9R kurze und klare Impulse, um anschließend willig und stabil abzuwinkeln. Daraus resultiert ein direktes, aber nicht nervöses Fahrverhalten. Aufgrund der extremen Fahrwerksgeometrie reagiert die 1000er Buell hingegen sensibel auf unterschiedliche Reifenpaarungen. Je nach Bauweise, Kontur und Gummimischung der Reifen gibt sie sich handlich bis stur, mit mehr oder weniger großem Aufstellmoment beim Bremsen.

Der eigenwillige Brückenrahmen aus gegossenem Aluminium und angeschraubtem Heck, dessen Flanken gleichzeitig als Kraftstoffbehälter fungieren, verdeutlicht die konsequente Anwendung der hauseigenen Philosophie zur Konzentration der Massen. Im Übrigen ist es der erste Leichtmetallrahmen der Marke. Dem Streben nach weiterer Optimierung musste sich auch der bis dahin wenig ansehnliche Luftfilterkasten der bisheriger Modelle beugen. Zugunsten eines niedrigeren Luftwiderstandes, aber auch um das Design weiter zu harmonisieren, war es erforderlich, den Tank von seiner ursprünglichen Position zu verlegen. Durch die Fallstrombauweise erhöhte sich die Bauhöhe des Saugrohreinspritzers, was bei konventioneller Bauweise des Tanks eine höhere Schwerpunktlage mit sich gebracht hätte. Dies umging Erik Buell mit der Verlegung des Kraftstoffbehälters in den Rahmen. Um die Bauhöhe des V2 auch unterhalb der Kurbelwelle einzuschränken, verlegte er zusätzlich den Ölvorratsbehälter in den vorderen Bereich der mächtigen Schwinge. Damit schuf man mehr Platz für das riesige Auspuff-Ofenrohr sowie das liegende Zentralfederbein.

Ein besonderes Schmankerl ist die riesige 375-mm-Bremsscheibe im Vorderrad, die nicht wie üblich an der Radnabe, sondern

9. Mit neuem Kurbeltrieb und größerem Hub geht die XB 12 S spürbar kräftiger zu Werke als die XB-9 S. Der extrem kompakten Bauweise liegt der Wunsch nach einer kompromisslosen Massenkonzentration zugrunde. Eine Philosophie des Hauses.

schwimmend am Felgenrand befestigt ist. Dadurch entfällt die große Verwindungsbelastung der Speichen zwischen Radnabe und Felgenrand, was wiederum die Verwendung zierlicherer und damit leichterer Felgen ermöglicht. Die ungefederten Massen reduzieren sich und verbessern das Ansprechverhalten der Federelemente. Nicht von der Hand zu weisen ist ein leichteres Handling bei höheren Geschwindigkeiten, was der Fahrbarkeit zugute kommt. Buell ist der erste Hersteller, der dieses Prinzip in Großserie einsetzt und tauft das System auf den Namen ZTL (Zero-Torsion-Load). Vorteilhaft wirkt sich der große, nutzbare Hebelarm aus, mit dem die Beläge des innen umfassender Sechskolben-Festsattels die Scheibe in die Zange nehmen.

Doch auch motorisch geht die sportlichste aller bisherigen Buells zunehmend eigene Wege. Im Mittelpunkt der Entwicklung stand ein hohes Motordrehmoment über einen möglichst breit Drehzahlband. Indiz für die gelungene Abstimmung ist die Tatsache, dass für den gesamten Weltmarkt eine einzige Motor-Getriebe-Konfiguration ausreicht. Um dies zu erreichen, waren einige Modifikationen am Stößelstangentriebwerk nötig. Neue Zylinderköpfe erhöhen den Gasdurchsatz beträchtlich. Nockenformen mit geringer Ventilüberschneidung sorgen für viel Kraft im unteren und mittleren Drehzahlbereich – genau dort, wo sie in der Praxis am effektivsten genutzt wird. Ein erleichterter Ventiltrieb erhöht darüber hinaus die Drehzahlfestigkeit des V-Twins. Ein überarbeitetes Schmiersystem, das dem des HD Twin Cam 88-Motors ähnelt, erhöht die thermische Standfestigkeit und senkt die Betriebstemperatur auch bei hoher Belastung.

Dem Trend zum Streetfighter folgt Buell's jüngste Kreation mehr denn je. Am 16. Juli 2002 war's soweit, als die XB 9S Lightning erstmals der Weltöffentlichkeit präsentiert wurde. Chassis und Motor entsprechen weitestgehend dem der sportlichen XB 9R Thunderbolt.

Eine winzige Lenkerverkleidung sowie der breitere Lenker sorgen für noch puristischeren Fahrgenuss und niedrigere Lenkkräfte. Damit setzt Buell abermals neue und erfrischende Akzente, die sie auch in Zukunft zu einem ganz besonderen Motorrad machen.

BÜRZEL

Im Rennsport hat das Bürzel hinter der Sitzbank durchaus aerodynamische Hintergründe. Bei Serienmotorrädern dagegen dient es meist optischen Belangen, teils aber auch als nützliches Gepäckfach.

BUSSGELDKATALOG

Aus dem aktuellen Bußgeldkatalog (Stand 2004)
i= innerh. geschl. Ortsch., a= außerh. geschl. Ortsch.

(*Quelle: Kraftfahrtbundesamt*, www.kba.de)

Geschw.überschreitung	Punkte i/a	Regelsatz i/a (EUR)	Fahrverbot i/a
20 km/h	0/0	30/35	N/N
21–25 km/h	1/1	50/40	N/N
26–30 km/h	3/3	60/50	N/N
31–40 km/h	3/3	100/75	J/N
41–50 km/h	4/3	125/100	J/J
51–60 km/h	4/4	175/150	J/J
61–70 km/h	4/4	300/275	J/J
über 70 km/h	4/4	425/375	J/J

Aus dem aktuellen Bußgeldkatalog (Stand 2004)

	Punkte i/a	Regelsatz i/a (EUR)	Fahrverbot i/a
Außerhalb geschlossener Ortschaften rechts überholt	3	50	kein
Überholen im Überholverbot	1	40	kein
Falsches Beladen	3	50	kein

Als Fahrzeugführer nicht dafür gesorgt, dass das Fahrzeug, ..., die Ladung oder die Besetzung vorschriftsmäßig war, wenn dadurch die Verkehrssicherheit wesentlich beeinträchtigt war oder die Verkehrssicherheit des Fahrzeugs durch die Ladung oder die Besetzung wesentlich litt.

	Punkte i/a	Regelsatz i/a (EUR)	Fahrverbot i/a
Falsches Abbiegen	1–2	40–50	kein
Auf Autobahnen oder Kraftfahrstraßen parken	2	40	kein
Überholen auf dem Seitenstreifen zum Zweck des schnelleren Vorwärtskommens	2	50	kein
Trotz durchgehender Fahrbahn gewendet, rückwärts oder entgegen der Fahrtrichtung gefahren	4	150	Fahrverbot
Vorfahrt missachtet	3	50	kein
Überfahren einer roten Ampel	4	125	Fahrverbot
Überfahren einer roten Ampel mit Gefährdung und Sachbeschädigung	3	125	Fahrverbot
Fahrzeug in Betrieb genommen, obwohl das vorgeschriebene amtliche oder rote Kennzeichen oder das Kurzzeitkennzeichen fehlte	1	40	kein
Kfz ohne die erforderliche Zulassung/Betriebserlaubnis oder außerhalb des auf dem Saisonkennzeichen angegebenen Betriebszeitraums auf öffentlichen Straßen in Betrieb gesetzt	3	50	kein
Mit abgefahrenen Reifen fahren	3	50	kein

C

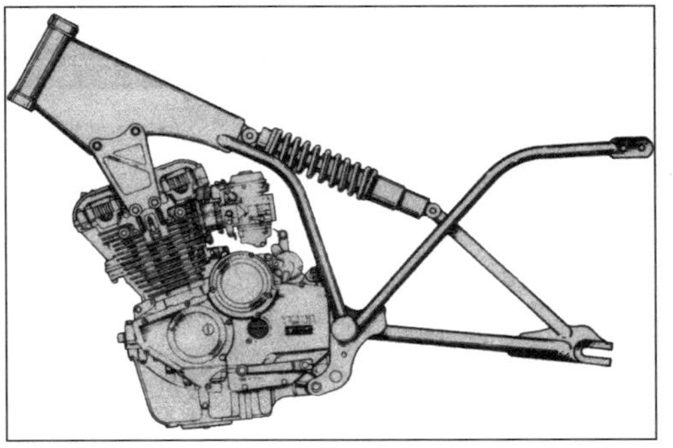

Der Begriff Cantilever weist technisch auf einen Ausleger hin. Gut zu erkennen am Beispiel der hinteren Zentralfederung der Yamaha XS 400 DOHC von 1982.

CAGIVA

Siehe unter »MV Agusta«

CAM GEAR DRIVE

Honda, zahnradgetriebene Nockenwellen; bei Honda erstmals im ehemaligen Nobelsportler VF 1000 R von 1984 eingesetzt. So richtig bekannt wurde die Technik aber erst in der VFR 750 R (RC30) und in der späteren VFR 750 F, bzw. VFR (seit 1998) und im supersportlichen V-Twin, der VTR 1000 SP. Bis heute zählt diese Technik zu den ausgereiftesten und genauesten Nockenwellenantrieben. Der richtige Clou wird beim genaueren Betrachten der einzelnen Antriebsritzel sichtbar. So besteht jedes Zahnrad aus zwei durch Federn gegeneinander verspannten Ritzeln. Dadurch wird ein spielfreier Antrieb des nächsten Zahnradpaares ermöglicht. Neben den bekannt exakten Steuerzeiten glänzen die Honda V-Fours nicht umsonst mit niedriger Geräuschkulisse und hoher Laufkultur. Seit dem Modelljahrgang 2002 verzichtet Honda bei der VFR auf den spielfreien Nockenwellenantrieb.

Zahnradgetriebene Nockenwellen gehören mit Flankenspielausgleich wie bei der Honda VFR 750 durch gegenseitig verschränkte Zahnradpaare zu den kultiviertesten Nockenwellenantrieben und bieten gleichzeitig extreme Drehzahlfestigkeit. Sie erfordern ein Höchstmaß an Fertigungsgenauigkeit.

CANTILEVER

Yamaha's Federungssystem für das Hinterrad stützt sich über ein Zentralfederbein zum Rahmen hin ab. Bei den ersten Serienmodellen, der wassergekühlten RD 250/350 WC, lag das Federbein noch unter dem Tank. Entwickelt wurde das System bei den TZ-Racern. Später, Mitte der achtziger Jahre, positionierte man es tief unterhalb des Rahmendreiecks, **im Bild die Yamaha FJ 1100**. Diese Lage löste weitgehend das aus den Anfängen bekannte Problem der nachlassenden Dämpfung, da das Dämpferöl nun nicht mehr so stark von der Motorwärme aufgeheizt wurde. Zudem lag der

Schwerpunkt handling-fördernd weit unten im Rahmengeflecht.

CBR

Die Honda CBR-Reihe wurde Ende 1986 auf der IFMA mit den Modellen CBR 600 F und CBR 1000 F begründet. Zu ihrer Zeit sorgte das vollkommen verschalte Äußere für viel Wirbel. Nachfolger der CBR 1000 F (1998 noch im offiziellen Angebot) ist die anfangs 164 PS starke CBR 1100 XX Super Blackbird (später mit umweltfreundlichen 150 PS und Einspritzung). Die 600er zeichnete sich von Anfang an durch gute sportliche Noten und ein extrem hohes Maß an Standfestigkeit aus. Sie wird mittlerweile im italienischen Werk gefertigt (Jahresproduktion im Jahre 2002 rund 12.000 Einheiten) und zählt noch immer zu den beliebten Modellen. Bestandteil des CBR-Konzeptes ist ein quer eingebauter Reihenvierzylinder. Die aktuelle CBR 600 RR sowie die CBR Fireblade (seit kurzem mit 1.000 ccm Hubraum) sind reinrassige Supersportler und bieten hochkarätige Großserientechnik vom Feinsten.

1984 gabe es auch die seltenen CBR 400 F (58 PS) sowie eine supersportliche RR-Version (die es auch als HRC-Sondermodell gab). Sie waren jedoch nicht in Deutschland erhältlich. Deren Doppelschleifen-Vierkantrahmen

Die Honda CBR 600 F bei ihrem Erscheinen im Jahre 1986 ein Meilenstein. Besonders beliebt war jedoch das Modell F2, das zwischen 1991 (Bild) und 1994 produziert wurde. Dank Direktlufteinlass-System erreichte sie erstmals volle 100 PS. Zudem fiel ihr wassergekühlter Reihenvierzylinder sehr kompakt aus, Zylinderblock und das obere Kurbelgehäuse waren aus einem Guss. Und wieder dominierte sie souverän die 600er-Klasse. Bis Ende 1996 wurden insgesamt über 200.000 CBR 600 produziert.

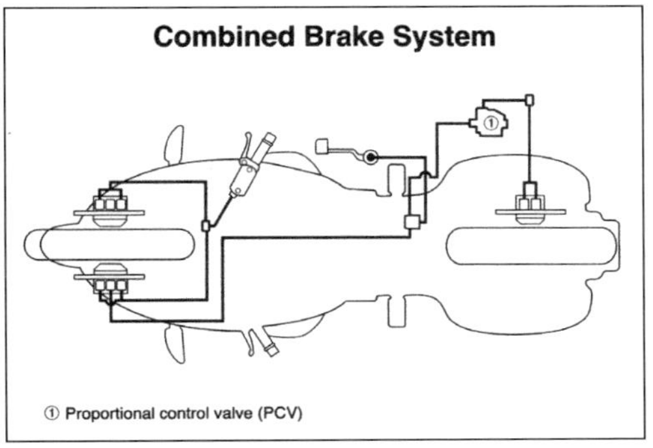

Das Besondere an Honda's CBS ist die Radlast abhängige Verteilung der Bremskräfte auf die Vorder-, und Hinterradbremse. In der Praxis bedeutet dies, dass man die kürzesten Bremswege dann erzielt, wenn man mit beiden Bremsen gleichzeitig bremst.

bestand aus Stahl. Ein Novum war zu dieser Zeit das hauseigene V-Tec-System, das erst oberhalb von 8.400 /min das zweite Einlassventil per öldruckabhängiger Hydraulik aktivierte.

CBS

Control Brake System; Honda's Integralbrems-System, bei Betätigung der Vorderradbremse wird gleichzeitig die Hinterradbremse betätigt. Zwischengeschaltete Druckmodulatoren sorgen für eine radlastabhängige Bremskraftverteilung. Über den Fußbremshebel wird die zweite Bremsscheibe betätigt. In Verbindung mit dem ABS und TCS ergibt sich ein Höchstmaß an Fahrsicherheit.

CBX

Die legendäre CBX-Baureihe von Honda begann mit der sechszylindrigen Tausender (Typ SC01, 105 PS, 24 Ventile). Anfang der 80er kamen auch vierzylindrige Typen mit 550, 650 und 750 ccm, konnten jedoch nie an den Ruhm der 1000er anknüpfen. Als Honda im Jahre 1978 die CBX-Sechszylinder präsentierte, beherrschten Skepsis und Begeisterung die Stimmung. Dieser imposante Motor stieß mit 105 PS an die Grenze des damals technisch Machbaren. Zweifelsohne eine brillante Leistung des verantwortlichen Ingenieurs Soichiro Irimajiri, der später zum Geschäftsführer bei Honda Motor Co. aufstieg. Bereits 1965 hatte er sich einen Namen gemacht, als er den weltweit ersten Sechszylindermotor für die Honda RC 165-Rennmaschine konstruierte. Die luftgekühlte Honda CBX glänzte durch eine ungemein kultivierte und nachdrückliche Kraftentfaltung. 1981 wurde sie von der auf 100 PS ausgelegten CBX 1000 Pro-Link abgelöst. 1982 erschienen die wendigen CBX 550 F/F2 mit Reihenvierzylinder. Ein Jahr darauf wurde die CBX 650 E präsentiert. Mit Kardanantrieb und Hydrostößeln war sie eher als unkomplizierter Tourer für alle Tage gedacht. Die kettengetriebene, sportliche CBX 750 F von 1984 sollte eigentlich gar nicht auf dem deutschen Markt erscheinen. Doch dem zu dieser Zeit stark lädierten Image der Marke durch die junge VF 750 F musste Honda etwas entgegensetzen. Das letzte CBX 750 F-Modell lief mit größerer Ölwanne 1986 vom Band.

CDI-ZÜNDANLAGE

Gegen Ende der siebziger Jahre löste die elektronische Zündanlage die bis dahin weit verbreitete Zündanlage mit Unterbrecherkontakten ab. Einer der ersten Anbieter in Großserienmotorrädern war Honda, der die damals völlig neu entwickelte CX 500 (1978) mit der so genannten CDI-Zündanlage (Capacitor Discharge Ignition) ausrüstete. Beim Drehen des Lichtmaschinenrotors wird in der Zündergerspule (auch Primärspule oder Zündanker genannt) durch Induktion Strom erzeugt. Dieser Strom fließt zu einer Diode, wo er gleichgerichtet wird und dann weiter zum Kondensator, um in diesem kurzfristig gespeichert zu werden. Während dieser Phase verbleibt das Tor eines Thyristors geschlossen. Wenn der Abtaster an der am Lichtmaschinenrotor fest montierten Impulsgeberspule vorbeistreicht, wird durch die daraus entstehende Flussänderung im Magnetfeld der Spule ein Impuls erzeugt. Dieser Impulsstrom wird in einer weiteren Diode gleichgerichtet und anschließend am Steuertor Thyristors zugeleitet. Dadurch wird das Steuertor geöffnet und die zuvor im Kondensator gespeicherte Energie entlädt sich in kurzer Zeit über die Primärwindungen der Zündspule.

Durch Induktion entsteht in der Sekundärwicklung der Zündspule eine hohe Spannung, welche über das Hochspannungskabel der Zündkerze zugeleitet wird. Steigt die Motordrehzahl über einen gegebenen Wert an, wird das Steuersignal vom Festimpulsgeber durch jenes ersetzt, welches vom Frühzündimpulsgeber stammt und der ganze Vorgang läuft wiederholt in der gleichen Reihenfolge ab. Die Zeit, die nötig ist, um die Spannung im Frühzündimpulsgeber auf dasjenige Niveau anzuheben, das ausreicht, um das Tor des Thyristors zu öffnen, ist direkt proportional zur Motordrehzahl. Daraus folgt, dass bei erhöhter Motordrehzahl das Tor in Bezug auf die Kolbenstellung früher öffnet und so der Zündzeitpunkt automatisch immer der Motordrehzahl angeglichen werden kann. Der maximale Frühzündzeitpunkt ist erreicht, wenn der negative (-) Impuls des Festimpulsgebers durch den positiven (+) Impuls vom Frühzündimpulsgeber ausgeglichen ist. Der gleiche Vorgang läuft in gleicher Reihenfolge im Zündkreis weiterer Zylinder mit entsprechendem Zündversatz ab. Das Gehäuse der CDI-Box besteht aus gegossenem Epoxyd-Kunstharz.

Siehe auch unter »Zündanlagen«

Die legendäre Honda CBX demonstrierte 1978 auf eindrucksvoll die Möglichkeiten des weltgrößten Motorradherstellers. Das Bild zeigt das US-Modell von 1979 mit höherem Lenker.

CENTAURO

Moto Guzzi V10 Centauro (1998 – 2000) – An sich stammt der Name »Centauro« aus der griechischen Mythologie. Darunter versteht man ein Fabelwesen, dessen Unterkörper die Gestalt eines Pferdes hatte, das Oberteil war hingegen eine menschliche Figur. Diese Zwittergestalt lässt sich auch auf die Moto Guzzi V10 Centauro übertragen. Sie ist eine bequeme und dennoch sportliche Maschine mit Langstreckenqualitäten. Das Besondere ist neben der außergewöhnlichen Erscheinung der V2-Motor der Daytona von 1998. Deren höher gelegte Nockenwellen werden per Zahnriemen angetrieben. Das macht den Ventiltrieb drehzahlfester. Die Inspektionsintervalle fallen allerdings mit 5.000 km recht kurz aus. Moto Guzzi-typisch ist der luftgekühlte V-Zweizylinder mit 90 Grad Zylinderwinkel und längsliegender Kurbelwelle. Die Besonderheiten dieses Motors sind zum einen die Vierventil-Zylinderköpfe und zum anderen die elektronisch gesteuerte Benzineinspritzung, die zum Modernsten gehört, was seinerzeit im Motorradbau zu finden war. Ein weiteres exklusives Detail der V10 Centauro war der Hinterradantrieb. Moto Guzzi verwendet als einzige Motorradmarke eine Kardan-Hinterradschwinge mit Parallelogrammhebeln. Damit erhält der Antrieb die Qualitäten eines kettengetriebenen Hinterrades, jedoch bei praktisch unbegrenzter Lebensdauer.

COCKPITVERKLEIDUNG

Cockpitverkleidungen sind in der Regel lenkerfest montiert, d.h. sie machen jede Lenkbewegung mit. Nachteilig kann sich der verstärkte Auftrieb und ungewollte Lenkeinflüsse des Fahrers auf das Fahrverhalten auswirken.

COMPACT DRIVE

BMW-Konzept der K-Baureihe, erstes Modell BMW K 100 von 1983; Motor, Getriebe und der gesamte Antrieb können als eine Einheit vom restlichen Motorrad abgekoppelt werden.

COMPOUND

BMW-Techniker konstruierten die Felgen so, dass sie quasi eine Art Knautschzone bildeten. Bei einem Frontalunfall verformen sie sich um einiges schneller als die zeitgleich üblichen, sehr schweren Guß-Felgen der japanischen Hersteller.

Siehe auch unter »BMW«

COUPE INTERNATIONALE

1904, erstes Motorradrennen auf einer abgesperrten Rennstrecke, Paris/Frankreich, Gewinner Franz Demester, ¢ 72 km/h; 1905, erstes »richtiges« Motorradrennen, Sieger Österreicher Vondrich, Fahrstrecke 270 km, Gesamtfahrzeit 3:05'15 Sekunden, Höchstgeschwindigkeit 87,7 km/h

D

DAI

Direct Air Induction, Staudruckaufladung nach Honda-Art.

Siehe auch unter »RamAir«

DAIMLER, GOTTLIEB (Ottomotor)

1885, erstes Motorrad, erfunden vom Schwaben Gottlieb Daimler (* 17.3.1834 in Schorndorf, † 6.3.1900 in Cannstatt, Sohn des Bäckermeisters Johannes Daimler und Frederika Schorndorf), Spitzname des ersten Motorrades war »Knochenrüttler«, Material: Holz. Gottlieb Daimler war Ingenieur, einer der Erfinder des Autos und Industrieller. Nach dem Besuch der Realschule begann er eine Lehre als Büchsenmacher und studierte im Anschluss ab 1857 an der Polytechnischen Schule in Stuttgart.

Nach Studienbesuchen in Frankreich und England arbeitete Daimler von 1862 bis 1865 als Konstrukteur in einer Metallwarenfabrik in Geislingen/Württemberg. Danach übernimmt er die Leitung der Fabrik »Brudershaus«, wo er erstmals Wilhelm Maybach begegnet, der ebenfalls dort tätig ist. Nach der Hochzeit im Jahre 1867 mit der Apotheker-Tochter Emma Kurz gründet er eine Familie, aus der fünf Kinder hervorgehen. Darunter auch Paul Daimler, der zwischen 1907 und 1922 als Chef-Konstrukteur im Vorstand der Daimler-Motoren GmbH tätig war). 1869 übernimmt Gottlieb Daimler den Vorstand aller Werkstätten der Karlsruher Maschinenbaugesellschaft. Kurz darauf folgt ihm sein Freund Wilhelm Maybach, der dort als Technischer Zeichner arbeitet. Im Jahre 1872 findet das historische Zusammentreffen statt, ohne das unsere heutige Umwelt wahrscheinlich völlig anders aussähe: Daimler nimmt ein Angebot der Gasmotorenfabrik in Köln-Deutz an. Ihm wird vom Firmeninhaber Nikolaus Otto (1832–1891) die Leitung der Werkstätten übertragen. Unter der Leitung von Gottlieb Daimler bringt Wilhelm Maybach den von Otto konstruierten Ottomotor, der seinerzeit noch mit Gas lief, schließlich zur Serienreife. Nach heftigen Auseinandersetzungen mit Nikolaus Otto verlässt Daimler das Unternehmen – gefolgt von Wilhelm Maybach. Als Auslösesumme erhält Daimler ein Aktienpaket im Wert von 112.000 Reichsmark. Bereits ein Jahr später hat sich der Ertrag aus diesem Geschäft beinahe verdoppelt. Daraufhin gründet

Gottlieb Daimler, 17.3.1834 bis 06.03.1900

Daimler zu Hause in Cannstatt eine eigene Versuchswerkstatt, um die Entwicklung kleinerer und stärkerer Viertakter voranzutreiben. Ziel ist unter anderem die Verwendung von handelsüblichem Benzin, anstelle des im Ottomotor bis zu diesem Zeitpunkt gebräuchlichen Gases. Gemeinsam mit Wilhelm Maybach entwickeln sie einen Einzylinder-Viertaktmotor mit Glührohrzündung, der durch ein neues Verdunstungsverfahren die Verwendung von Benzin ermöglicht. 1883 meldet Gottlieb Daimler diese Technik zum Patent an. Zwei Jahre später, im historischen Jahr 1885, entsteht das erste Motorrad der Welt, der Reitwagen. Konstruiert hat es Wilhelm Maybach unter der Federführung von Gottlieb Daimler, der auch das Patent für diese gewagte Konstruktion des 0,5 PS starken Gefährts erhielt. Ein weiteres wichtiges Jahr war 1892, als Daimler und Maybach den ersten Zweizylinder-Reihenmotor entwickelten. Nur wenige Monate vor seinem Tod wird der erste Rennwagen fertig, der nach Daimlers Tochter Jellinek im Jahre 1899 auf den Namen Mercedes getauft wird.

DAMPFSTRAHLEN

Das Reinigen eines Fahrzeuges mittels eines Wasserstrahl-Hochdruckgerätes; Entfernung zum zu reinigenden Bauteil nicht unter 50 Zentimetern, sonst Beschädigungsgefahr von Lacken, Dichtungen oder Lagern.

DÄMPFUNG

Kaum ein Thema ist so komplex und vielschichtig wie die Fahrwerksabstimmung eines Motorrades. Neben der Lenkung, der Geometrie, der Masse und der Federung gehört die Dämpfung zu den wichtigsten Faktoren der Fahrwerksabstimmung.

Da eine wirkende Dämpfung stets einen Impuls voraussetzt, kann man den Einfluss der Federung nicht unbeachtet lassen. Schwingungen müssen gedämpft werden, da das Fahrzeug ansonsten unkontrolliert nachschwingen würde. Damit das Fahrzeug möglichst frei von äußeren Störeinflüssen bleibt und gleichzeitig immer für einen optimalen Bodenkontakt gesorgt ist, gestaltet sich eine passende Abstimmung als sehr kompliziert. Eine Faustregel behält dennoch ihre Gültigkeit: Je höher das Gewicht und die Geschwindigkeit, umso straffer die erforderliche Dämpferabstimmung.

Die Motorradindustrie drängt jedes Jahr aufs Neue mit besseren Fahrwerken auf den Markt. Doch kommt es in der Praxis darauf an, dass die ganze Einheit, bestehend aus Fahrzeug und Fahrer, überzeugen kann. So ist es kein Geheimnis, dass ein Fahrzeug unter einem 85 kg schweren Fahrer eine völlig andere Abstimmung erfordern kann als mit einem 60 kg-Fliegengewicht. Das fängt bei der Gewichtsverteilung, der Körpergröße, der Ergonomie, der Geometrie und dem Negativfederweg, der Federhärte an und findet in der Dämpferabstimmung (Ein- und Ausfedergeschwindigkeit) seinen vorläufigen Höhe-

1. Moderne Führungssysteme, wie die hier abgebildete Upside-Down-Gabel, verfügen in der Regel über hochwertige Federelemente mit weitem Einstellbereich für Federbasis, Zug- und Druckstufendämpfung. Bei der Benelli Tornado RS (2004) besteht sogar die Möglichkeit, den High- und Low-Speed-Bereich der Dämpfung unabhängig voneinander einzustellen.

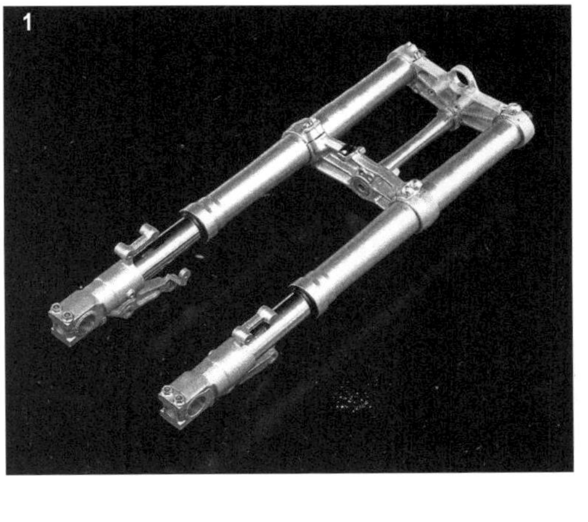

punkt. Selbst die Reifenwahl kann einen großen Einfluss auf das Fahrverhalten haben.

Sinn und Zweck ist es, die während der Fahrt aufkommenden Bewegungen, hauptsächlich hervorgerufen durch Bodenunebenheiten (und eine dadurch eingeleitete Schwingung), geänderten Radlastverteilung bei Brems- und Beschleunigungsphasen sowie in Schräglage wirkende Kompression durch Fliehkräfte, so zu absorbieren, dass die Bewegungen des Fahrzeugs so gering wie möglich gehalten werden.

Überfährt das Motorrad eine Bodenwelle, bleiben die gefederten Massen (Gesamtmasse *minus* der bewegten Teile am Vorder- und Hinterrad) im Idealfall unbeeinflusst. Dieser theoretische Zustand hätte zur Folge, dass die Räder die Höhendifferenz (Amplitude) ausgleichen. Die Feder setzt der Bewegungsenergie die nötige Kraft (abhängig von der Federrate und der Grundhärte der Feder) entgegen, damit nicht gleich der gesamte Federweg aufgebraucht wird und folglich keine Reserven für eventuelle Bremsmanöver (dynamische Radlastverteilung) übrig blieben.

Großen Einfluss hat dabei die Druckstufendämpfung, die das Dämpferöl durch mehr oder weniger große Kanäle presst und damit die Einfedergeschwindigkeit beeinflusst. Dass dieser Vergleich jedoch nur eine von vielen möglichen Situationen beschreibt, erkennt man spätestens dann, wenn das »Hindernis« keine Erhöhung, sondern eine Vertiefung (Fahrbahnabsatz, Gefälle, etc.) ist. Dann nämlich kommt der Negativfederweg (25 bis 30 Prozent des Gesamtfederweges) zum Tragen, der den Höhenunterschied nach Möglichkeit kompensiert.

Beim Ausfedern der Federelemente (Zugstufe) muss das Öl wiederum durch Kanäle fließen und steuert damit die Ausfedergeschwindigkeit. Es sei hier nur der Vollständigkeit halber erwähnt, dass auch Luft die Aufgabe der Federung übernehmen kann. Bei Motorrädern verwendete man dieses Medium in den achtziger Jahren häufig als Unterstützung der konventionellen Öldämpfung, um die Gabel individuell einstellen zu können. Auf Grund des bei einer starken Kompression ansteigenden Systemdrucks sucht sich die Luft an den Dichtstellen (Simmerringe) jedoch gern den Weg ins Freie. Neben dem Druckverlust können Undichtigkeiten die Folge sein.

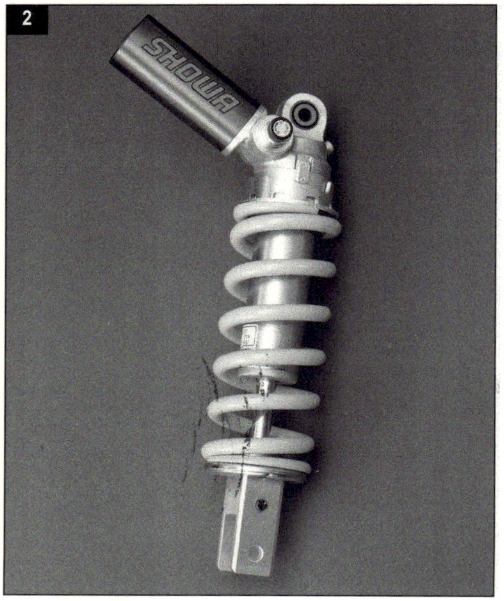

2. Auch für die Abstimmung der hinteren Dämpfung gilt: Nur so hart wie nötig. Eine zu straffe Dämpfung reduziert zwar die Auf- und Abbewegung des Fahrzeugs, bzw. der ungefederten Massen, doch besteht die Gefahr, der abreißenden Reifenhaftung. Das abgebildete Zentralfederbein ist komplett verstellbar. Der Gasdruckbehälter soll das Aufschäumen des Öls bei hohen Belastungen verhindern und somit für eine über den Zeitraum konstante Dämpfung sorgen.

Die kinetische Energie steigt mit dem Quadrat der Geschwindigkeit. Bei 200 km/h wirken also vierfach höhere dynamische Kräfte auf die Feder als bei 100 km/h. Zusätzlich muss immer noch genügend Restfederweg zum Ausgleich der dynamischen Radlastverteilung beim Bremsen an der Vorderradgabel vorhanden sein, um ein Durchschlagen zu verhindern. Das Vorspannen der Feder bewirkt eine Verhärtung über den gesamten Bereich. Man spricht hier von einer Anhebung der Federbasis, nicht aber der Federrate. Die Federrate verändert sich nur bei progressiv bzw. degressiv gewickelten Federn. Parallel dazu kann bei sportlichen Motorrädern häufig die Federbasis, Zugstufe und Druckstufe der Dämpfung verstellt werden (stufenlos oder Klicks).

Die Gabel kann durch die Anhebung der Federbasis an verschiedene Belastungszustände angepasst werden. Der Haken ist, dass durch eine härtere Federbasis das Losbrechmoment der Gabel ansteigt und ihr Ansprechverhalten verschlechtert wird. Hinzu kommen hohe Biegemomente, die die Reibung zwischen Gleitrohr und Lager erhöhen. Dies zeigt sich durch ein hartes, unkomfortables Fahrverhalten, das sich im Extremfall durch Lenkerschlagen bemerkbar machen kann. Moderne Sportmaschinen neigen manchmal beim Überfahren von starken Bodenwellen zum Kickback, wie diese Erscheinung auch genannt wird. Da die erhöhte Federvorspannung zum anderen auch ein geringeres Eintauchen der Gabel im Stand zur Folge hat (geringerer Negativfederweg) und nun eine höhere Kraft erforderlich ist, um die Gabel ansprechen zu lassen, reagiert diese auch schlechter auf kleinere Fahrbahnunebenheiten. Um diesem Phänomen entgegenzuwirken, verwendet man teure Oberflächenbehandlungen der Gleitflächen, die den Reibwert so niedrig wie möglich halten und sich zudem unempfindlicher gegen äußere Umwelteinflüsse verhalten (Insekten, Steinschlag, etc.). Dem Kick-Back kann auch durch die Wahl entsprechender Reifen mit weicherer Karkasse zu Leibe gerückt werden, die über mehr Eigendämpfung verfügen. Eine weniger elegante, aber effektive Lösung ist die Montage eines Lenkungsdämpfers, der zwar die Amplitude des Lenkausschlages reduziert, also das Symptom bekämpft, nicht aber dessen Ursache.

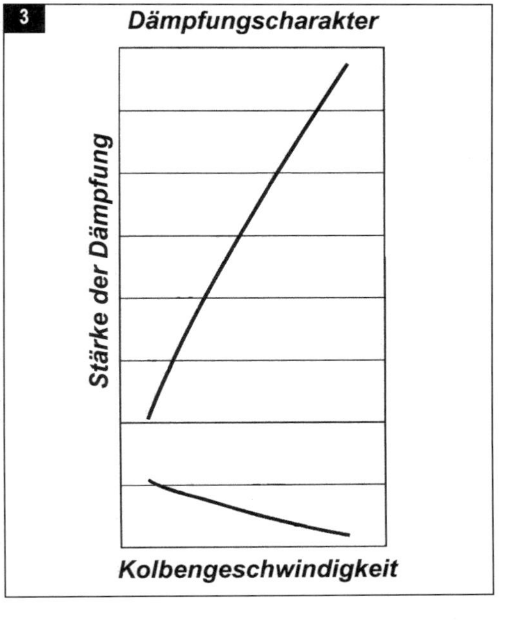

3. Die Dämpfungscharakteristik ergibt sich aus Dämpfungsstärke in Abhängigkeit der Einfedergeschwindigkeit. Je größer der eingeleitete Stoß (Tendenz High-Speed), umso höher die erforderliche Dämpfung. Eine straffere Dämpfung reduziert die Einfedergeschwindigkeit, verhärtet also das Ansprechverhalten des Systems. Mit steigender Geschwindigkeit nimmt auch die Energie des Impulses zu, so dass eine progressiv wirkende Dämpfung (Übergang von Low- in den High-Speed-Bereich) wünschenswert ist. In der Regel fällt die Dämpfung am Hinterrad rund 2,5 mal höher aus als am Vorderrad. Voraussetzung für einen einwandfreien Betrieb der Feder-/Dämpfungselemente ist ein spannungsfreier Einbau und ein möglichst niedriges Losbrechmoment.

Der Einfluss der Dämpfung auf das Fahrverhalten ist enorm. Schließlich müssen die durch den Stoß in Schwingung versetzten Massen am Nachschwingen gehindert werden, da jede unkontrollierte Bewegung des Fahrzeugs zwangsläufig Unruhe ins Fahrwerk bringt. Diesen Part übernehmen die Dämpferelemente.

Die träge, gefederte Masse des Motorrades, bestehend aus dem fahrbereiten Gesamtgewicht abzüglich der Räder mit Anbauteilen (wie Bremsscheiben, Distanzhülsen, Tachoantrieb, Dämpferelemente) und Tauchrohren, belastet beim Einfedern die Reifen und erhöht so die Traktion. Federt das Fahrzeug auf Grund der eingeleiteten Schwingung wieder aus, so werden die Räder entlastet, die Traktion nimmt ab. Um nun eine möglichst gleichmäßige und konstante Belastung der Reifen zu erreichen, muss die Schwingung so weit wie möglich unterbunden werden. Je größer die Masse, umso mehr muss gedämpft werden. Somit wird klar, dass die Dämpfung in gleichem Maße wie die Federung von den Faktoren Gewicht, Geschwindigkeit und Streckenverhältnissen abhängt. Das verdeutlicht auch, dass man ein möglichst geringeres Gewicht der ungefederten Massen anstrebt. Leichte Reifen und Räder, dünne Bremsscheiben sind ein Schlüssel für ein gesteigertes Maß an Fahrbarkeit und erhöhen die Fahrdynamik insbesondere bei höheren Geschwindigkeiten beträchtlich.

So unproblematisch ein Fahrwerk im normalen Straßenbetrieb auch sein mag, kann es auf der Rennstrecke an seine Grenzen stoßen. Hauptsächlich durch eine für diese Verhältnisse zu lasch ausgelegte Federung und Dämpfung. Denn vor allem dort fällt eine weitere Besonderheit des Federungssystems ins Gewicht: die Abhängigkeit der Einfedergeschwindigkeit zur Fahrgeschwindigkeit, beziehungsweise die durch die erhöhte Geschwindigkeit angestiegene Intensität des Impulses. Da man zusätzlich noch den Low- und Highspeed-Bereich unterscheidet, bedarf es viel Erfahrung um die auftretenden Phänomen richtig zu deuten. Der Unterschied liegt, wie

Der aktuelle DeltaBox-V-Rahmen der Yamaha YZF-R1, Mod. 2004, besteht nachwievor aus Leichtmetall. Auffällig ist der schlankere Kniebereich.

vorhin erwähnt, in der Einfedergeschwindigkeit, wobei der Lowspeed-Bereich (leichte Stöße) weniger Dämpfung als der Highspeed-Bereich (starke Stöße) erfordert. Dies wird bei von außen verstellbaren Gabeln und Federbeinen durch die Verwendung unterschiedlich kalibrierter Durchgangsbohrungen, beziehungsweise durch weichere oder härtere Membranplättchen bewerkstelligt. Wohin der Weg der technischen Entwicklung gehen könnte, zeigte vor einiger Zeit die italienische Nobelschmiede Bimota, die einen Mikrochip entwickelte, der die Dämpfung automatisch den äußeren Umständen anpasst.

Eine gelungene Fahrwerksabstimmung für den Normalfahrer ergibt sich jedoch nicht zwangsläufig durch einen hohen Aufwand bei den Federelementen. Vielmehr hängt es von der Basis (Konzept, Balance, Geometrie und Gewichtsverteilung) und den daraus resultierenden Möglichkeiten (Bandbreite der Verstellmöglichkeiten) ab, wie weit ein Fahrzeug auf den jeweiligen Einsatzzweck abgestimmt werden kann. Da der Zubehörmarkt hochwertige Nach- und Umrüstungsmöglichkeiten anbietet, hat der Kunde die Wahl, sein Fahrzeug ganz individuell abzustimmen. In der Praxis sind jedoch viele Fahrer mit den Möglichkeiten überfordert, so dass im Bedarfsfalle der Gang zum Spezialisten sicher ein gut gemeinter Tipp ist.

DELTABOX

Brückenrahmen; Vorstellung 1987 mit der Yamaha FZR 1000 Genesis; Besonderheit: Große Materialanhäufung im stark belasteten Steuerkopfbereich, Seitenprofile verjüngen sich in Richtung Schwingenaufnahme; bis auf YZF 600 R Thundercat sind mittlerweile alle aktuellen Deltabox-Rahmen aus Leichtmetall gefertigt; die frühere FZR 600 sowie die TDM 850 waren jedoch mit Stahlprofilen versehen. In der YZF-R1 von 1998 debütiert das überarbeitete und wesentlich leichtere Deltabox II-Chassis. Das Deltabox III-Fahrwerk feierte in der R1 (2002) Premiere.

DEMESTER

Gewinner des ersten Motorradrennens auf einer abgesperrten Rennstrecke. Es fand im Jahre 1904 bei Paris/Frankreich als »Coupe Internationale« statt. Die Durchschnittgeschwindigkeit betrug 72 km/h.

DESMODROMIK

Zwangssteuerung der Ventile; bei dieser Konstruktion wird zum Öffnen und zum Schließen der Ventile jeweils ein separater Nocken verwendet, so dass keine Ventilfeder erforderlich ist. Vorteil: allzeit exakte Steuerzeiten, Mehrleistung durch weniger Reibung; Nachteil: hoher technischer Aufwand, hoher Pflegeaufwand; wer diese Technik im Motorradbereich nicht missen möchte, kommt kaum an Ducati vorbei.

DFI

Digital Fuel Injection, digitale Kraftstoff-Einspritzung, erstmals bei der Kawasaki Z 1000 dfi (Mod. H, von 1980, MK II-Basis), ab 1981 dann in der Z 1100 GP, später auch an der Z 1300.

DI-TECH

Innovative Zweitakt-Technologie für Kraftstoff-Einspritzung von Aprilia. Der italienische Motorradhersteller setzt bei den weitver-

1. Exakte Steuerzeiten und eine hohe Drehzahlfestigkeit sind die Vorteile der Desmodromik. Das Bild zeigt die Ventilsteuerung der legendären Ducati 750 SS von 1973 mit einer obenliegenden Nockenwelle. Nicht zu sehen ist die Königswelle.

1

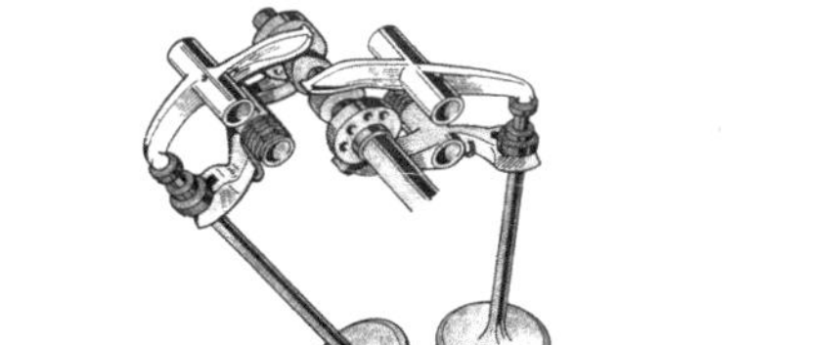

2. Bei der MotoGP-Ducati mit Desmosedici-V4-Motor von 2003 kommt die Desmodromik in ihrer bis jetzt höchsten Evolutionsstufe zum Einsatz. Die über Zahnräder angetriebenen Nockenwellen verfügen über konventionelle Nocken, die über Schlepphebel die Ventile öffnen. Die großen Schließernocken betätigen Kipphebel, die die Ventile wieder schließen. Die Schwierigkeit liegt bei der Konstruktion in der exakten Abstimmung der Öffnungs- und Schließkurve der Ventile. Aus diesem Grund ist ein penibel eingestelltes Ventilspiel bei der Desmodromik von besonders großer Bedeutung.
Nicht zu sehen ist das zweite Zylinderpaar. Anhand der parallelen Ventilstellung ist jedoch die Big-Bang-Variante zu erkennen, von der man schon nach kurzer Zeit wieder abging: Die Belastungen für die Reifen waren zu hoch.

3. Aprilia's DI-Tech-System basiert auf der Reduzierung der ansonsten bei Zweitaktmotoren üblichen Spülverluste.

breiteten Zweitaktmotoren für Scooter und Leichtkrafträder seit Sommer 2000 auf das DI-TECH-Konzept (Direct Injection Technology). Erstes Modell war die SR 50 LC DI-TECH mit voll elektronischem Motormanagement. Die mit dieser Technik ausgerüsteten Zweitakter verbrauchen dank moderner Direkteinspritzung bei identischer Leistung bis zu 40 Prozent weniger Kraftstoff und produzieren gleichzeitig bis zu 80 Prozent weniger Schadstoffe.

Der DI-TECH-Zweitakter arbeitet nach einem Prinzip, bei dem das zündfähige Benzin-Luftgemisch erst kurz vor der Zündung im Brennraum entsteht. Ein über die Kurbelwelle angetriebener Kompressor sorgt dafür, dass die Magnetventil-Einspritzdüse das Benzin optimal dosiert und fein zerstäubt direkt in den Brennraum einspritzen kann. Die zur Verbrennung notwendige Luft strömt über die Einlasskanäle ein. Auf Grund dieses Systems werden die zweitakt-üblichen und emissionsfördernden Spülverluste (gleichzeitige Ausströmung von Ab/-Frischgas) reduziert. Das für die Kurbelwellen- und Kolbenschmierung notwendige Öl wird der Verbrennungsluft in minimaler Dosierung beigefügt. Durch die Trennung von Luft/Öl und Benzin werden im Kurbelgehäuse unerwünschte Spüleffekte des Benzins vermieden, wodurch die benötigte Ölmenge zur Schmierung deutlich reduziert werden konnte. Dies trägt zur weiteren Emissionsreduzierung und der Vermeidung der zweitakt-typischen Ölfahne bei. So werden Kohlenwasserstoffe und Stickoxide um bis zu 80 Prozent und Kohlenmonoxid um bis zu 90 Prozent reduziert.

DIESEL

Ein Dieselmotor funktioniert bis auf die Zündung wie ein ganz normaler Viertaktmotor; im Gegensatz zum Ottomotor entzündet sich das Kraftstoff-/Luftgemisch von selbst (Selbstzünder) und wird nicht durch einen Zündfunken eingeleitet. Dafür ist eine dementsprechend hohe Temperatur im Brennraum erforderlich, die durch eine extrem hohe Verdichtung erreicht wird. Durch die hohen Drücke werden die Bauteile wesentlich stärker belastet als bei einem vergleichbaren Ottomotor, was eine entsprechend starke Dimensionierung der Bauteile nötig macht. Damit wird der Dieselmotor für den Zweiradbereich wiederum zu schwer und damit uninteressant.

Lediglich Enfield (Österreich), bzw. Egli (Schweiz) bieten Diesel-Motorräder an. Übrigens: Der erste Pkw wurde 1936 mit einem Dieselmotor ausgerüstet – im Mercedes-Benz 260 D.

DIFFUSOR

Expansionskammer, bei Zweitaktmotoren eine Art Ausgleichskammer der Auspuffgase, beeinflusst entscheidend den Motorrad-Charakter, Spülverluste und Verbrauch; Auspuffbirne.

Im Motorradbau gehört der Dieselmotor zu den Exoten. Auch wenn die gewichtige Bauweise die gewohnte Zweirad-Dynamik reduziert, macht ihn der günstige Kraftstoffverbrauch dennoch interessant.

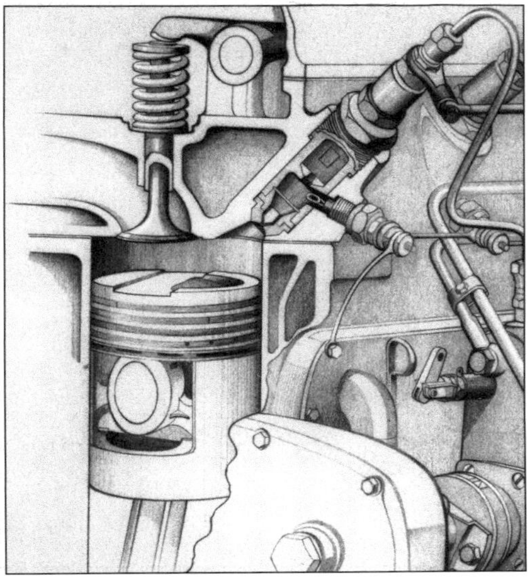

Das Esslinger Diesel-Motorrad, kurz EDIMO, ist eine Studie, die auf Basis eines 30 kW starken Turbo-Diesel-Motors des Smart von Studenten der Fachhochschule Esslingen entwickelt wird. Die Entwicklung begann im Jahre 2000, zu einer Zeit, als die Benzinpreise drastisch in die Höhe kletterten.

DIRT TRACK

Die Piste, die amerikanische Straßenprofis macht; schon Kenny Roberts, jr. sowie sr., Kevin Schwantz, Wayne Rainey, und noch viele mehr hatten auf dem Ovalkurs (nur Linkskurven) ihre wichtigsten Schlüsselerlebnisse in Sachen Powerslide und Querstellen der Maschine schon vor der Kurve. Der Untergrund besteht aus ölgetränkter, gewalzter Asche. Wer auf die Dirt Track-Optik steht, ist gut bei Harley-Davidson aufgehoben. Kein anderer Hersteller ist in dieser Richtung so engagiert wie die Mannen aus Milwaukee. Seit 2002 ist die 883 Sportster R im Programm. Das »R« steht für Racing, denn Milwaukee hat ihr eine optische Anlehnung an die Dirt Track-Renner verpasst. So ist der Tank in »Racing Orange« lackiert, ein schwarzer Dirt Track-Lenker montiert und der Motor schwarz pulverbeschichtet, so wie man es von der größeren 1200er kennt.

Als einsitzige Sporty ausgeliefert, besitzt sie eine zweite Scheibenbremse vorn und eine 2-1-Auspuffanlage. Motor, Getriebe und Fahrwerk sind mit den anderen Sportster 883-Modellen identisch.

Beim Dirt Track geht's immer nur links herum. Gebremst wird durch Querstellen der Maschine. Über eine Bremsanlage verfügen die Motorräder nicht.

DKW

Bereits im Jahre 1907 gründet der dänische Ingenieur Jörgen Skafte Rasmussen (30. Juli 1878–12. August 1964) eine Fahrrad-Fabrik in Zschopau im Erzgebirge. Die Räumlichkeiten übernahm er aus einer alten Fabrikanlage, die später die Basis für die bekannten Zschopauer Motorenwerke J. S. Rasmussen AG bildete. Während des Ersten Weltkrieges entwickelte Rasmussen Dampfkesselarmaturen und Dampfkraftwagen – daher auch der Firmenname DKW, der für »Dampf-Kraft-Wagen« steht. Im Jahre 1918 stellte er die Produktion auf Zweitaktmotoren um und begann anschließend mit der Fertigung von Motorrädern. In einer unglaublichen Entwicklung gelang es ihm, die Zschopauer Motorenwerke bis 1928 zur weltweit größten Motorradfabrik zu machen. Im gleichen Jahr begann Rasmussen auch mit der Produktion von Automobilen.

1. 1935: Arbeiter stecken am Fließband die DKW RT 100 zusammen.

1

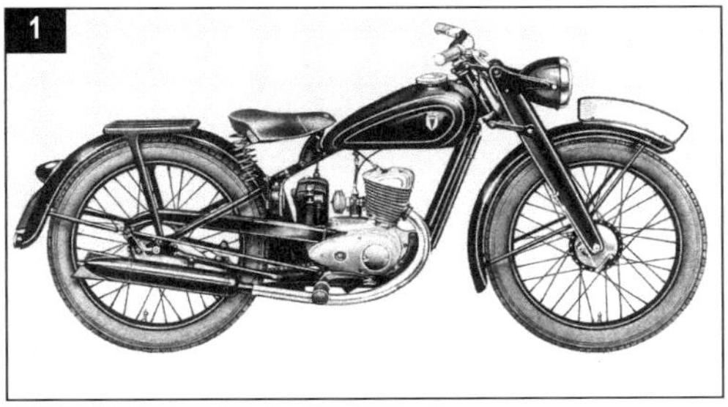

2

3,4

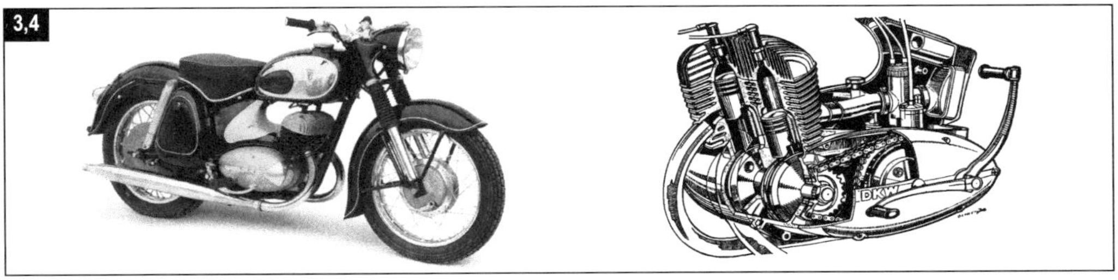

5

6

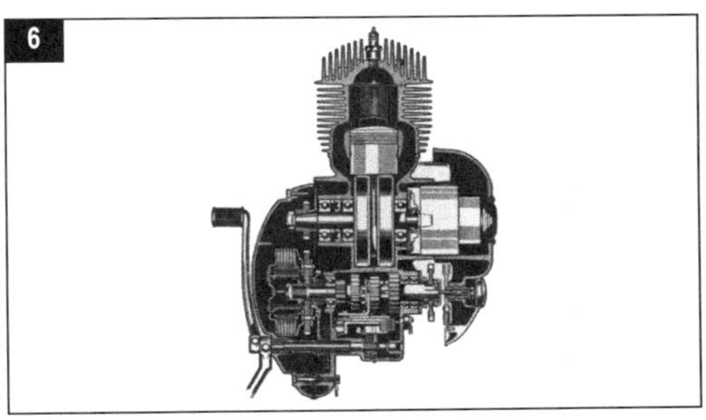

1. *Kurz vor dem Zweiten Weltkrieg wurde die knapp 5 PS (ab 1954 im S-Modell 6,5 PS) starke »RT 125« (1939 – 1941) vorgestellt. Inklusive ihrer späteren Nachfolgerin »RT 125-1« (1943 – 1944) wurde sie über 33.000 Mal gebaut.*
2. *Zwischen 1936 und 1940 fand die einzylindrige »KS 200« knapp 60.000 Besitzer. Ihr Zweitaktmotor produzierte 7 PS aus 198 ccm.*

3,4. *Stolze 18,5 PS sorgten 1955 für Furore der zweizylindrigen »RT 350«.*

5. *Die DKW 250 SS Rennmaschine mit Ladepumpe von Ernie Thomas aus England ist eine Einzelanfertigung von 1939, die er gelegentlich bei historischen Veranstaltungen (Bild zeigt ihn im Mai 2001 auf dem Kurs im Donington Park) einsetzt. Sie leistet 21 PS bei 5.000 min^{-1} und beschleunigt auf bemerkenswerte 150 km/h.*
6. *Das Besondere an der Umkehrspülung war der Flachkolben. Mit den bislang verwendeten Nasenkolben war keine weitere Leistungssteigerung mehr möglich, da der Brennraum groß und die Verdichtung entsprechend niedrig ausfiel. Dank dieses technischen Vorsprungs gehörten die DKW-Modelle ab 1933 zu den erfolgreichsten Motorrädern.*

Sein erster Zweitakt-Antrieb, ein winziges 18-ccm-Zweitakt-Motörchen, das kaum eine Pferdestärke leistete, aber bereits mit einer Plattendrehschieber-Steuerung für den Gaswechsel ausgerüstet war, war schon zu diesem Zeitpunkt ein Indiz für die technisch durchdachten Konstruktionen. 1920 verließ auch ein größerer Einzylinder-Zweitakter die Produktionsanlagen, der aus 118 ccm rund 1,2 PS herausholten. Dieser Motor war ebenfalls als Fahrradhilfsmotor gedacht. Dann, im Jahre 1922, rollten die ersten Motorräder unter dem Namen DKW vom Band. Das Motorradgeschäft florierte, so dass man schon im ersten Jahr über 2.000 Motorräder fertigte. Dennoch dominierte die Fahrradproduktion mit rund 20.000 Exemplaren das Tagesgeschäft. Ausschlaggebend für den Erfolg der nächsten Jahre im Motorradbereich war unter anderem der Gewinn der legendären ADAC-Reichsfahrt, bei der DKW das Rennen als Sieger beendete. Der ehemalige Konstrukteur Hermann Weber entwickelte binnen kurzer Zeit eine umfangreiche Produktpalette. Carl Hahn hatte durch die Einführung moderner Vertriebs- und Marketingstrategien ebenso einen entscheidenden Anteil am grandiosen Erfolg der Zschopauer Motorenwerke. Auch fertigungstechnisch ging man neue Wege. Als erster Motorradproduzent produzierte DKW seine Fahrzeuge ab 1926 am Fließband. Im Jahr darauf wird eine eigene Rennabteilung eröffnet.

Auf der Berliner Automobil- und Motorradausstellung im Herbst 1926 wurde erstmals ein Zweizylinder-Motorrad vorgestellt: die Z 500 mit 12 PS. Nachdem das Modell im Frühjahr 1927 in den Handel kam, sorgte die unzureichende Kühlung für große Probleme. Daraufhin bot man ab 1928 parallel die 15 PS starke ZSW 500 mit Wasserkühlung an. Dieser Motor wurde übrigens auch im ersten DKW-Automobil P15, seinerzeit noch mit Holzkarosserie, verwendet.

Nachdem der Bau der »DKW-Siedlung« mit hauseigener Gießerei in vollem Gange war, erreichte die Motorradproduktion 1929 ihren Höhepunkt. 60.000 Motorräder verließen in diesem Jahr die Hallen – umgerechnet rollte

7. Die 350er-Werksrennmaschine von 1953/1954 brachte es auf 45 PS bei beachtlichen 12.000 min^{-1}. *Mit einer Endgeschwindigkeit von rund 200 km/h gehörte die »Singende Säge« zu den leistungsstärksten Motorrädern ihrer Klasse und gewann 1953 die Deutsche Meisterschaft.*

8. Der luftgekühlte Einzylinder-Zweitaktmotor der »NZ 250« (1938 – 1941) war schon mit der Umkehrspülung ausgestattet, dessen Erfindung sich Professor Dr. Adolf Schnürle 1925 patentieren ließ. 1932 verkaufte er die Allein-Lizenz an DKW. Mit quadratischem Bohrung/Hub-Verhältnis (je 68 mm) leistete der NZ 250-Motor 9 PS.

alle 80 Sekunden eine DKW vom Band. Über 6.000 Mitarbeiter kümmern sich währenddessen um einen problemlosen Fertigungs- und Verwaltungsablauf. In den nächsten Jahren sinkt die Nachfrage durch die Weltwirtschaftskrise jedoch gewaltig. Darum weitet man die Aktivitäten aus und produziert vom Stationärmotor über Kühlschränke und natürlich Autos alles, was irgendwie gefragt ist. Noch im gleichen Jahr kam es zu Verhandlungen mit der Sächsischen Staatsbank über eine Fusion der sächsischen Kraftfahrzeughersteller mit Audi, DKW, Horch und Wanderer zur Auto Union. Bei dessen Gründung am 29. Juni 1932 spielte Rasmussen neben Richard Bruhn (»Vater der Union«) zweifelsohne eine Schlüsselrolle. Synonym für den Zusammenschluss ist seitdem das Signet mit den vier Ringen – jeder Ring für einen Hersteller. Unvereinbare Differenzen in den Führungsaufgaben führten jedoch 1935 zum Austritt von Rasmussen. Nach dem Zweiten Weltkrieg kehrte er wieder nach Dänemark zurück. Ab 1933 erhielten die DKW-Modelle die bekannte Umkehrspülung (mit Flachkolben) des Konstrukteurs Dr. Adolf Schnürle. Dank dieser Technik konnten die Spülverluste deutlich reduziert werden, so dass die Leistung und der Kraftstoffverbrauch davon profitierten. Ein weiterer Vorteil war der rundere Leerlauf. Die Mitbewerber waren daher zur weiteren Verwendung von Doppel- oder Nasenkolben gezwungen. Zwar versuchte beispielsweise NSU durch eigene Patentanmeldung den Missbrauch (in den letzten Baujahren der 125 und 201 TZB-Modelle) zu verschleiern, musste jedoch durch mehrere Millionen Reichsmark am Ende teuer dafür bezahlen.

1938 gewinnt Ewald Kluge als erster Deutscher die TT auf der Isle of Man und wird damit Europameister in der 250er-Klasse.

Während die Zwickauer Fabrik seit 1949 MZ-Motorräder produziert, wird die DKW-Produktion ins Werk Ingolstadt verlegt. Das erste Modell war die RT 125 W. Im Grunde war sie bereits neun Jahre alt, denn sie wurde schon 1940 von der Auto Union AG in Zschopau gefertigt. Das »W« in der Typenbezeich-

8

nung kennzeichnete das westdeutsche Modell. Am 24. April 1958 übernahm auf Betreiben von Friedrich Karl Flick, seinerzeit Aktionär der Auto Union GmbH und Großindustrieller, Daimler-Benz die Mehrheit von über 87 Prozent der Anteile.

Im Jahr darauf gingen auch die restlichen Anteile in den Besitz des Stuttgarter Unternehmens über. Im Dezember 1964 verkaufte Daimler-Benz wiederum seine Anteile an Volkswagen.

1951 kamen die RT 175 und die größere RT 200 auf den Markt. Beide verfügten über einen Einzylinder-Zweitaktmotor und anfangs drei, später vier Gänge. Die äußerst erfolgreichen Typen dienten als Vorlage zahlreicher Kopien in der ganzen Welt. Nachdem 1952 die RT 250 präsentiert wurde, erschien 1954 die RT 350. Sie verfügte über einen luftgekühlten Zweizylinder-Zweitakt-Reihenmotor und war das letzte Modell das in Ingolstadt gefertigt wurde.

1952 erhielt eine DKW-Rennmaschine ihr Debüt, die zur Sensation des Jahres wurde. Erich Wolf, der Konstrukteur, hatte einen 350-ccm-Dreizylinder-Zweitaktmotor entwickelt, bei dem der mittlere Zylinder liegend angeordnet war. Auf Grund des charakteristischen Klanges bezeichnete man sie auch gern als »Singende Säge«. Kurz darauf vergrößerte man den Hubraum auf einen halben Liter, so dass sie auch in der 500er-Klasse eingesetzt werden konnte. In der letzten Evolutionsstufe leistete der Triple rund 40 PS und war für Geschwindigkeiten von bis zu 230 km/h gut. Unter den Fahrern Ewald Kluge und Siegfried Wünsche konnte DKW unvergessene Erfolge verbuchen.

9. Die »Hummel« gehörte zu den bekanntesten DKW. Das abgebildete Fahrzeug aus dem Jahr 1958 zeigt das Modell »Standard« mit Vorder- und Hinterradfederung, handgeschaltetem 3-Gang- Getriebe und 50 ccm Hubraum. Mit 1,4 PS starkem Einzylinder-Zweitaktmotor immerhin 40 km/h schnell.

Zu den letzten Modellen gehörte der bekannte »Hummel«-Roller. 1953 wurde er anfangs mit 75 ccm vorgestellt, 1956 gesellte sich eine 50-ccm-Version hinzu. Doch die ganz große Krise der deutschen Motorradindustrie konnte auch DKW nicht aufhalten. Die ehemals so erfolgreichen DKW-Motorräder wollte in Zeiten des Wirtschaftswunder kaum noch jemand haben. Bequeme Autos waren angesagt – mit einem Dach über dem Kopf, ohne im Regen nass zu werden, oder sich im Winter die Knochen abzufrieren. An die Freiheit auf zwei Rädern wollte während dieser Zeit kaum mehr jemand glauben. Freiheit hatte einen anderen Namen: Demokratie und Wohlstand. Anfang Oktober 1952 wurde die komplette DKW-Zweiradproduktion an die Zweirad Union (Victoria und Express) veräußert, produziert wurde jedoch weiterhin unter DKW. 1956 wurde auch die Ingolstädter Rennabteilung geschlossen. 1958 gilt als das offizielle Ende des einstigen Motorradgiganten DKW. Im gleichen Jahr übernimmt die Nürnberger Zweirad-Union die Unternehmen, gibt das Zepter jedoch schon bald an Fichtel & Sachs weiter. Dessen Tochterunternehmen Hercules rüstet die letzten 50er-Modelle mit entsprechenden Hercules-Motoren aus. Solange, bis auch diese im Jahre 1982 aus dem Angebot verschwinden.

DNEPR, URAL

Russischer Motorradhersteller; produziert seit 1952 Motorräder. Bekannt wurde die Marke in erster Linie durch den Nachbau der legendären BMW-Boxermaschine, einem sehr robusten Fahrzeug mit fahrtwindgekühltem Zweizylinder-Boxermotor, Kardanantrieb, und Beiboot. Doch wurden bereits vor dem Zweiten Weltkrieg Motorräder unter dem Label Ural produziert, darunter die M 16, M 72 (ab 1945) sowie zwei Einzylindermodelle. Die Typenbezeichnung »M« basiert übrigens auf dem Beinamen »Molotow« – eine zweifelhafte Ironie, wie sie in dieser Form eigentlich nur aus Russland kommen kann. Ohne den Genossen Serdjukow, seines Zeichens russischer Flugzeugingenieur mit jahrelanger Erfahrung bei BMW in München, hätte es die Russen-Kopien sicherlich nicht gegeben – zumindest nicht vor Kriegsende. Dank dem guten Draht zu den Münchnern ließ er gleich mehrere BMW R 61 und R 71-Motorräder gen Osten transportieren. Eine wirkliche Konkurrenz war das in Eigenregie der Russen kopierte Vehikel für BMW jedoch nicht – in Deutschland stand bereits die fortschrittliche R 75 in den Startlöchern. Im Osten war man über die Funde hingegen überglücklich, denn die Technik des Originals war einfach und langlebig ausgelegt – eine gute Basis zum Nachbauen. Nach Kriegsende gehörten Dnepr und Ural zu den am weitesten verbreiteten Motorräder in den sozialistischen Staaten Sowjetunion, China und der DDR (ab 1949). Als schließlich auch die Fertigungsmaschinen der Original-BMW-Motorrädern in die Hände der Sowjets fielen, kamen sie dem bajuwarischen Original noch ein Stückchen näher. Damit war auch die Grundlage für eine eigene Produktion der BMW-Einzylinder gegeben. Die Fertigung der hubraumstarken Zweizylinder-Boxer wurde ab 1952 im neu gebauten Werk bei Kiew Dnepr durchgeführt – daher auch der Markenname. Mittlerweile zogen viele Jahre ins Land, in denen dieser Fundus nutzlos vor sich hin bröckelte. Um die Modellpflege war's nicht gut bestellt – es tat sich quasi nichts. Bis 1992/93 BMW grünes Licht für die Verwendung moderner R 80-Boxermotoren gab.

Nicht unerwähnt dürfen der deutsche Importeur Theo Däschlein und Russen-Boxer- und Gespann-Spezialist Jochen Brett bleiben. Trotzdem die Nachfrage naturbedingt eher klein ausfällt, braucht es schon einschlägiger Tipps und Kontakte, um solch ein »fahrendes Denkmal« (im Prinzip sind die Kräder auf dem technischen Stand der Vorkriegsjahre ...) Lust bringend zu bewegen und zu unterhalten. Dnepr- und Ural-Fahren ist Einstellungssache. Mit gesundem Menschenverstand und rationeller Denke wird sich heute niemand ein derart antiquiertes Vehikel kaufen. Doch es gibt sie, die unverbesserlichen Liebhaber, denen romantisches Tuckern mit 80 km/h zehn Mal lieber ist als eine atemberaubende Beschleunigung mit 150 PS.

DOHC

Ventilsteuerung; Double overhead camshaft, doppelte obenliegende Nockenwelle; Antrieb: Rollenkette, Zahnkette, Zahnrad, Zahnriemen, Königswelle. Im Vergleich zu einer obenliegenden Nockenwelle (OHC) ist die direktere Betätigung der Ventile. Dadurch fallen die bewegten Massen niedriger aus, was wiederum die mögliche Drehzahl erhöht und somit für eine bessere Leistungsausbeute (spezifische Literleistung) vorteilhaft ist. Grundsätzlich gibt es noch weitere Unterschiede, um die Ventile über zwei obenliegende Nockenwellen zu steuern. In den letzten zehn Jahren wichen die Hersteller von der Betätigung über Schlepphebel (Einzel- und Gabelschlepphebel) ab. Sie erleichtern zwar das Einstellen der Ventile, erhöhen jedoch die Massen und machen so einen Teil der Vorteile von DOHC-Steuerungen wieder zunichte. Zum anderen gestaltet sich das Einstellen von Gabelschlepphebeln als diffizil, da das Ventilspiel bei der Verwendung von zwei Ein- oder Auslassventilen je Zylinder nur schwer auf das exakt gleiche Maß justiert werden kann. Dadurch entstehen Belastungsspitzen, die über das zulässige Maß hinausgehen und Materialausbrüche (Pitting) zur Folge haben können. Eine weitere Möglichkeit stellt die desmodromische Ventilsteuerung (Ducati Desmoquattro) dar. In diesem Fall sind je ein Hebel für das Öffnen und das Schließen des Ventils zuständig. Da im Falle des Desmo-Ventiltriebs lediglich das Einzelgewicht eines jeden Hebels die Drehzahlfestigkeit beeinflusst und zudem auf eine kräftezehrende Ventilfeder verzichtet werden kann, drehen die Motoren sehr leicht und frei. Fertigungs- und Wartungsaufwand sind jedoch deutlich höher.

DOT

Um einen einheitlichen Standard bei den Bremsflüssigkeiten festlegen zu können, entwickelt die amerikanische Verkehrsbehörde

Der Honda CBR 600 F-Vierzylinder verfügt über eine klassische DOHC-Steuerung. Die beiden obenliegenden Nockenwellen werden via Zahnkette angetrieben. Das Übersetzungsverhältnis zwischen Kurbelwelle und Nockenwelle liegt aufgrund des Viertaktprinzips stets bei 2:1, das heißt die Nockenwelle dreht mit halber Kurbelwellendrehzahl. Die insgesamt 16 Ventile des CBR-Motors werden direkt über Tassenstößel betätigt. Mit kleinen Shims lässt sich das Ventilspiel regulieren.

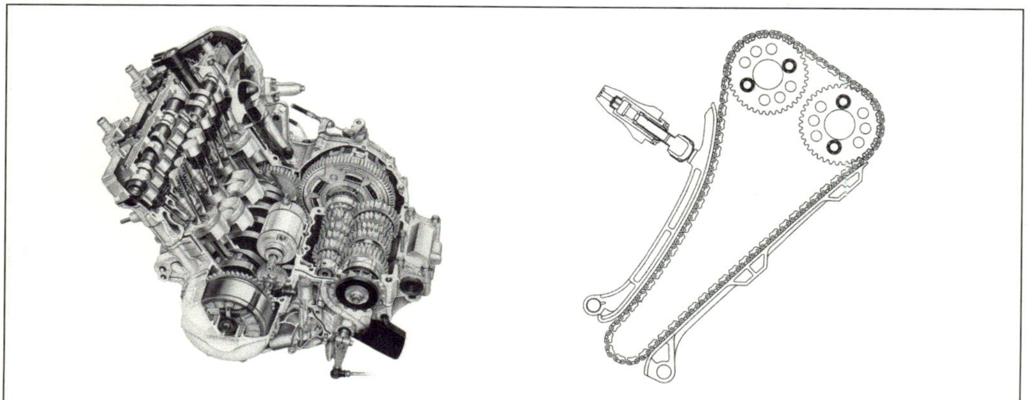

DOT (Department of Transportation) einen Anforderungskatalog. Dazu gehört bei DOT3-Flüssigkeiten, dass der Siedepunkt bei mindestens 205° Celsius liegt. Bremsflüssigkeit der Klasse DOT4 siedet bei 230° Celsius. Da sie nicht untereinander gemischt werden dürfen, ist die erforderliche Qualität zusätzlich in der Betriebsanleitung des Fahrzeugs vermerkt. Der Hersteller spielt hingegen keine Rolle. DOT3 und DOT4 werden auf Glykolbasis hergestellt, wobei DOT 3-Bremsflüssigkeit mittlerweile nur noch selten verwendet wird. Im Zweifelsfall kann diese bedenkenlos gegen DOT4 getauscht werden. Anders sieht's hingegen bei DOT5 aus. Diese auf Silikonbasis hergestellte Bremsflüssigkeit wurde speziell für moderne Bremsanlagen entwickelt, die einen höheren Systemdruck aufbauen können. Sie lässt sich etwa 2,5-mal stärker komprimieren als die DOT4-Bremsflüssigkeit und darf deshalb nicht in allen Bremsanlagen verwendet werden.

Info: Bremsflüssigkeit ist hygroskopisch. Bereits bei einem Wasseranteil von nur zwei Prozent sinkt der Siedepunkt um 50 Prozent.

DRAG STAR

Mit der XVS 650 Drag Star landete Yamaha auf Anhieb einen Bestseller im Cruiser-Segment. Trotz der auf den ersten Blick recht geringen Leistung von nominell 40 Pferdchen trifft die stilechte Maschine voll in die Mittelklasse der gesitteten Heavy Metall-Szene. Wer es gern kräftiger mag, ist mit der XVS 1100 Drag Star gut bedient. Die V2-Motoren basieren auf den Antrieben der XV 535 Virago, bzw. der XV 1100 Virago.

DREHKOLBENMOTOR

Siehe »Wankelmotor«

Gegenüber der XV 535 Virago ergibt sich der größere Hubraum der XVS 650 Drag Star durch mehr Bohrung und Hub. Dabei stand die Steigerung des Drehmomentes im unteren sowie mittleren Drehzahlbereich im Vordergrund. Ein- und Auslassventile sind um je zwei Millimeter kürzer und damit leichter. Doppelte Ventilfedern erhöhen die Drehzahlfestigkeit. Die satten 240 Millimeter Abstand zwischen den Standrohren unterstreichen den Cruiser-Carakter.

DREHMOMENT

M = F x s, Drehmoment = Kraft x Hebelarm (Newton); M = P / n, Drehmoment = Leistung/Drehzahl; zum max. Drehmoment wird eine dazugehörige Drehzahl angegeben; je größer die Differenz zwischen Nenndrehzahl (bezogen auf die Maximal-Leistung) und Drehmoment-Drehzahl, umso größer ist die Elastizität eines Motors. Als guter Wert kann das Drehmoment in Nm rund 90 Prozent der Maximal-Leistung (PS) betragen. Beispiel: BMW K 1200 RS, Maximal-Leistung 130 PS bei 8.750 min^{-1}, max. Drehmoment 117 Nm bei 6.750 min^{-1}, 117 Nm / 130 PS = 0,9 Nm/PS. Je größer jedoch der Hubraum, umso mehr relativiert sich diese noch bis vor wenigen Jahren gültige Faustformel. Da die Leistung Jahr für Jahr zunimmt, ist man ab einem gewissen Hubraum stets gut bedient. Zusätzlich unterstützt die Leichtbauweise die Elastizitätswerte eines Fahrzeugs. Grundsätzlich bleibt jedoch festzuhalten, dass die Leistung über das Drehmoment und die Drehzahl erhöht werden kann (Reibung soll an dieser Stelle unberücksichtigt bleiben). Das Drehmoment, bzw. deren Verlaufskurve, ist unter anderem abhängig von konstruktiven Faktoren wie Bohrung, Hub, Pleuellänge und Effizienz des Gaswechsels (Ventilgröße, Ventilwinkel, Überschneidung, Zündung, Gemischzusammensetzung etc.), so dass die Leistungssteigerung allein über die Drehzahl keinen wirklichen Fortschritt im ökonomischen Sinn bedeutet. Es ist beispielsweise möglich, allein durch die Verwendung einer leistungsfähigeren Zündanlage ein auf die Drehzahl bezogenes, höheres Drehmoment zu erreichen. Gleiches gilt auch für die optimierte Abstimmung des Kraftstoff-/Luftgemisches. Somit ist es möglich, den Drehmomentverlauf durch konstruktive Maßnahmen, wie z.B. veränderte Steuerzeiten oder variable Ventilsteuerungen (siehe unter »Honda« und »V-Tec«), gezielt seinen Einsatzbedingungen (Supersportler, Cruiser, Tourer) anzupassen. Das freilich nicht ohne Einschränkung, schließlich bringt jedes Motorenkonzept konstruktive Vor- und Nachteile mit.

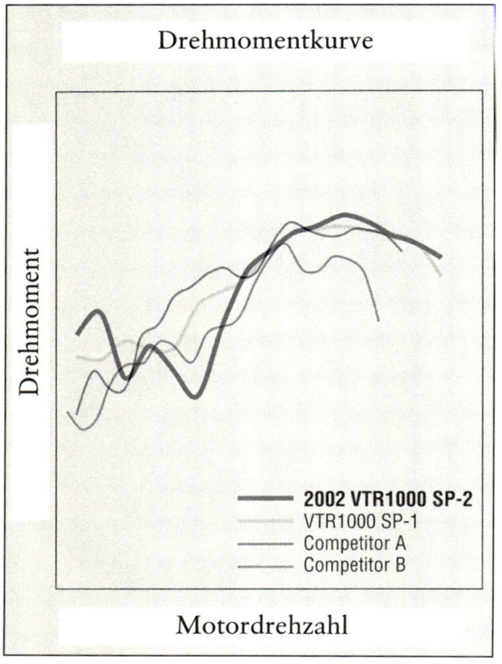

Am Beispiel der Drehmomentkurven der Honda VTR 1000 SP-1/-2 sowie der beiden Kit-Versionen lässt sich gut erkennen, welchen Einfluss die Abstimmung auf die Kraftentfaltung hat. Geänderte Steuerzeiten und modifizierte Zünd-/Einspritzkennfelder ergeben völlig unterschiedliche Motorcharakteristika.

DREHMOMENTSCHLÜSSEL

Werkzeug; damit lassen sich Schraubverbindungen je nach Durchmesser, Material, Gewindesteigung und Belastung mit einem definierten Drehmoment anziehen.

DREHSCHIEBERSTEUERUNG

Gassteuerung bei Zweitaktmotoren; seitlich auf der Kurbelwelle montierte Scheibe (Plattendrehschieber) gibt im Augenblick des Ansaugens einen vorgegeben Querschnitt zum

Vergaser frei, so dass frisches Gemisch angesaugt werden kann.

DREHZAHLMESSER

Gibt die Anzahl der Kurbelwellenumdrehungen je Minute wieder. Aufgrund besserer Übersichtlichkeit konnte sich die Digital-Anzeige im Gegensatz zum Tachometer bis jetzt nicht durchsetzen., engl. rpm = rotation per minutes, deutsch = min^{-1}, UpM; der Antrieb erfolgt mittlerweile nur noch selten über eine separate Drehzahlmesserwelle, sondern vorwiegend elektronisch. Die Anzeige kann trotzdem durchaus analog erfolgen.

DRIFTEN

Das Driften (auch sliden genannt) ist ein eigener Fahrstil und beschreibt das kontrollierte Steuern eines ausbrechenden Hinterrades. Der Vorteil liegt darin, dass schon sehr früh wieder beschleunigt werden kann. Manche GP-Profis praktizieren das Driften durch einen voll geöffneten Gasgriff bereits im Kurvenscheitelpunkt und regulierenden den Schlupf mit der Hinterradbremse. Dadurch kann der Geschwindigkeitsüberschuss am Rad bis zu 50 km/h betragen. Durch den schmalen Grenzbereich gehört dies für den Normalfahrer allerdings ins Reich der Fabeln. Wer's dennoch nicht lassen kann, findet in speziellen Fahrerlehrgängen die Möglichkeit, sich diese Technik anzueignen.

Beim Supermoto und Offroad gehört das Driften zu obersten Pflicht. Auch hier nutzt man den Vorteil des frühen Beschleunigens. Durch das bewusste Querstellen bei durchdrehendem Hinterrad wird der Grenzbereich vergrößert, nimmt allerdings viel Platz in Anspruch. Das Motorrad wird dabei regelrecht mit dem Hinterrad gesteuert. Je nach Sportart und Streckenführung wird das Gas nur kurz weggenommen und unter Zuhilfenahme der Hinterradbremse das Ausbrechen des Hinterrades unterstützt.

Siehe auch »Fahrstile«

DRÜCKEN

Das Drücken verhält sich komplementär zum so genannten Hanging-off. Dabei richtet sich der Fahrer entgegen der Fahrzeugneigung auf, um das Motorrad über den Lenker in Schräglage zu zwingen. Dieser Fahrstil macht nur bei schnellen Ausweichmanövern und niedrigem Tempo (bis etwa max. 50 km/h) Sinn. Bei langsamen Motorsportarten wie dem Trial, Moto Cross oder Supermoto wo Bewegungen auf kleinstem Raum angesagt sind, wird dieser Fahrstil angewandt.

Siehe auch »Fahrstile«

Auch im Straßensport hat sich der Drift bzw. Slide mittlerweile durchgesetzt. Troy Bayliss zeigt auf der Ducati Desmosedici, wie man spektakulär quer auch aus schnellen Ecken beschleunigt.

DRUCKSTUFE

Bestimmt die Einfedergeschwindigkeit am jeweiligen Federelement; je nach Modell einstellbar, bei der Telegabel i.d.R. am unteren Ende des Dämpfers.

Siehe auch »Dämpfung«

DUCATI

Ursprüngliches Gründungsjahr der Ducati Societa Scientifica Radiobrevetti war das Jahr 1926. Wie dem Namen bereits entnommen werden kann, befasste sich das Unternehmen nicht mit Zweirädern, sondern mit Radio- und Elektrotechnik. Kaum zu glauben, aber Ducati war der erste Hersteller, der ein komplettes Radio anbieten konnte. Während der nächsten Jahre expandierte das Unternehmen gewaltig. Wie die meisten Produktionsbetriebe fertigte man im Zweiten Weltkrieg für die Kriegsindustrie. Nachdem das Werk nahezu völlig zerstört wurde, widmete man sich zunächst wieder der Radiotechnik.

Aus rein unternehmerischen Gründen übernahmen die Brüder Marcello und Adriano Ducati im Jahre 1946 den Auftrag der Firma Siata, einen sparsamen 50-ccm-Motor zu fertigen. Entwickelt wurde der Antrieb vom Techniker Aldo Farinelli bereits im Jahre 1943 in Turin. Das erste motorisierte Ducati-Zweirad, ein Fahrrad mit 50-ccm-Viertaktmotor (1 PS bei 4.800 min^{-1}), hatte den liebevollen Beinamen »Cucciolo« (frei übersetzt »Hündchen«) und verließ im Jahre 1946 die Hallen von Bologna.

Nachdem man in den ersten Jahren unter anderem noch mit dem Aufbau des Werkes beschäftigt war und der regen Nachfrage der Cucciolo nachkommen musste, stellte man 1948 die Girioni vor. Es war ein äußerst praktisches Dreirad, dessen Besonderheit in der großen Ladefläche zwischen den beiden Vorderrädern lag. Im Laufe der folgenden Jahre werden noch eine Vielzahl verschiedener Cucciolo-Versionen gebaut. Die stärkste hatte 125 ccm Hubraum. Der Erfolg war überwältigend, so dass Ducati schon bald zu den bekanntesten Zweiradherstellern gehörte.

Vor allem die großen sportlichen Erfolge prägten bereits in jungen Jahren das Image der Marke. Auch Zweitaktmotoren liefen auf verschiedenen Rennstrecken, wobei sich die Leistungswerte durchaus sehen lassen konnten. Doch spielte der amerikanische und britische Markt für Ducati eine überaus große Rolle. Dort aber hatte das Zweitaktprinzip keinen hohen Stellenwert, so dass man sich weiterhin

Das Drücken erfordert festes Zupacken, um das Fahrzeug um ein Hindernis herumzulenken. Dazu wird der Lenker entschlossen entgegen der gewünschten Fahrtrichtung gelenkt. Daraufhin kippt das Motorrad innerhalb des instabilen Bereiches (bis ca. 50 km/h) ab. Der Fahrer selbst bleibt mehr oder weniger in der Senkrechten und konzentriert sich auf das Umfahren des Hindernisses. Bei höheren Geschwindigkeiten funktioniert diese Technik nicht mehr, da die stabilisierenden Rotationskräfte des Vorderrades stark zunehmen und ein Wechsel vom quasi-statischen in den dynamischen Bereich stattfindet.

auf die Entwicklung von Viertaktmotoren konzentrierte. 1952 präsentiert man auf dem Mailänder Salon einen Motorroller mit 175 ccm, Viertaktmotor und komfortablem Fahrwerk. Das auf den Namen »Cruiser« getaufte Zweirad hatte mit der heute üblichen Vorstellung eines Cruiser natürlich noch nichts zu tun. Das Modell kam bei der Bevölkerung nicht sonderlich an, so dass es schon nach zwei Jahren aus dem Programm genommen wurde. Trotzdem floriert das Geschäft und Guiseppe Montano übernimmt die Leitung der ins Leben gerufenen Motorrad-Abteilung Ducati Meccanica S.p.A. Damit sollten die Weichen für eine noch erfolgreichere Zukunft gestellt werden, denn im Jahre 1954 wechselt der ehemalige Mondial-Konstrukteur Fabio Taglioni zu Ducati und beginnt mit der Konstruktion der legendären 100 Grand Sport (1955) mit 98 ccm. Die später auf den Namen »Marianna« getaufte Maschine leistete knapp 10 PS bei beachtlichen 9.000 min-1. Mit einem beinahe quadratischen Bohrung/Hub-Verhältnis (49,4 x 52 mm) und Königswellenantrieb für die obenliegende Nockenwelle (OHC) war er auf Drehzahlfestigkeit ausgelegt. Eine spätere 125er-Version leistete sogar 12 PS. Dieses Antriebskonzept bildete den ersten Meilenstein in der Ducati-Geschichte und sorgte zu dieser Zeit für viel Furore.

Doch Fabio Taglioni war die Haarnadelfeder, die für das Öffnen und Schließen des jeweiligen Ventils verantwortlich war, ein Dorn im Auge. Sie war das einzige Bauteil, das einer

1. *Die Ducati 125 Gran Sport Marianna war Mitte der fünfziger Jahre mit 12 PS, desmodromischer Ventilsteuerung und Königswelle der erste Meilenstein in der Firmengeschichte. Gegenüber den Rennmaschinen verfügte die Marianna über nur eine obenliegende Nockenwelle.*

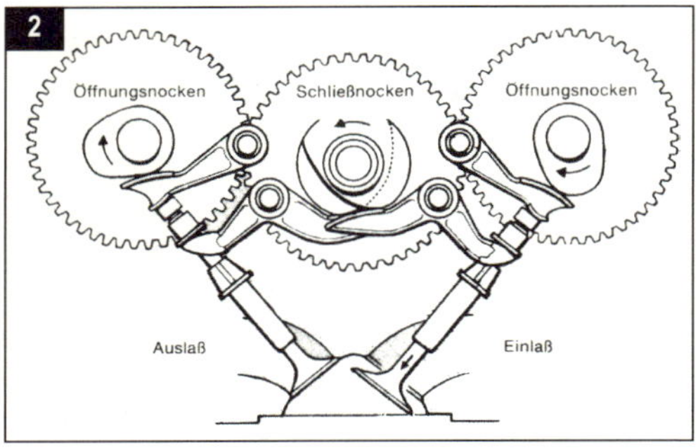

2+3. Als Fabio Taglioni 1954 von Mondial zu Ducati wechselt, übernimmt er die Position des Chefkonstrukteurs und technischen Leiters. In den darauf folgenden drei Jahrzehnten bestimmt er dort maßgeblich die Motorradentwicklung. Zu seinen ersten umgesetzten und im Nachhinein prägenden Technologien gehört die Desmodromik. Der Begriff kommt aus dem Griechischen »Desmos Dromos« und bedeutet übersetzt »Kontrollierte Bewegung«. Die gezeigte Abbildung mit drei obenliegenden Wellen (je ein Einlass- und Auslass-Öffner sowie die mittige Schließernockenwelle) kommt seinerseits ausschließlich bei den Rennmaschinen zum Einsatz. Beeindruckend ist der gänzlich über Zahnräder bewerkstelligte Nockenwellenantrieb. Mit diesem Typ feiert man 1957 einen Fünffach-Triumph beim 24-Stunden-Rennen von Barcelona. Es siegen Gandossi und Spaggiari. Giuliano Maoggi gewinnt erneut beim Giro d'Italia.

4. Mike Hailwood startet 1960 unter anderem auf der 250er-Ducati mit Paralleltwin. Das Gewicht und mangelnde Zuverlässigkeit verhindern jedoch einen Erfolg.

5. 1964 schockte Ducati mit der Apollo die Motorradwelt. Der luftgekühlte 90°-V4 wurde ursprünglich für die US-Polizei konzipiert und verfügte mit 1.257 ccm über entsprechend Hubraum. Trotzdem wurde sie nie in Serie produziert. Mit 80 PS überforderte sie schlicht jeden Reifen.

6. Einzylinder haben bei Ducati eine lange Tradition. So wie die hier gezeigte 250 Mach I von 1965. Nach der »Monza«, »Diana« und »Scrambler« sorgten die kurzhubigen 250er für unerhörte Fahrleistungen. Man achte auf die via Bowdenzug betätigten Scheibenbremsen. Erst 1969 erschienen die stärkene 450er-Singles.

weiteren Drehzahlsteigerung und einer verbesserten Zuverlässigkeit im Wege stand. Noch im gleichen Jahr beginnt Taglioni darum mit der Entwicklung der desmodromischen Ventilsteuerung. Dies sollte innerhalb von nur zwei Jahren der zweite Meilenstein der Marke werden, der Ducati berühmt machte. Die erste Rennmaschine (125er) mit dieser von Mercedes bekannten Ventilsteuerung wurde 1956 eingesetzt und drehte bis zu einer astronomischen Drehzahl von 15.000 min^{-1}. Fortan gehörte Ducati zu den ständigen Siegern auf der Rennstrecke. Noch im gleichen Jahr erschien die erste käuflich zu erwerbende Desmo-Maschine, die 175 Sport. Später wurde auch ein 200er-Einzylinder-Desmo gebaut, die Elite mit 204 ccm von 1957. Beflügelt von dem Erfolg der Einzylinder, war es nur eine Frage der Zeit, bis man diese Technik auch bei Zweizylindermotoren einsetzen würde. Doch die Rennmaschinen mit Paralleltwin (anfangs mit 175, später mit 125, 250 und 350 ccm) konnten nicht an die vorherigen Erfolge anknüpfen. Das Gewicht und die Zuverlässigkeit machten den Teams zu schaffen.

Anfang 1961 steht die legendäre 250 Monza mit Einzylindermotor und Königswelle auf dem Mailänder Salon. Sie wird in drei Varianten vorgestellt: als Monza, sportliche Diana und Scrambler. Besonders begehrt sind die späteren »250 Mark«-Modelle. Sie basierten auf der Diana und leisten rund 24 PS. Die schlanken Maschinen gehörten seinerzeit zu den schnellsten Motorrädern ihrer Klasse. Der dumpfe Sound (96 Dezibel können sich herrlich anhören...), gegen den selbst die damalige Konkurrenz wie zivilisierte Flüstertüten klang, ist bis heute einzigartig. Den bildschönen Ultra-Kurzhuber (250er: Bohrung x Hub = 74 x 57,8 mm) mit seinen feinen Kühlrippen und dem markanten OHC-Zylinderkopf gab es ab 1965 auch mit 350 ccm. Er wurde bis Anfang der siebziger Jahre produziert. Die Leistung betrug stolze 30 PS bei 8.500 min^{-1}. Ab 1969 erschienen dann die ersten 450er-Singles. Am bekanntesten war die graziele 450 Scrambler (die man auch mit Megaphon-Auspuffanlage ausstatten konnte), eher selten war das Tourenmodell 450 TS.

Alles andere als zierlich war hingegen die 1964 vorgestellte Apollo, die speziell für den amerikanischen Markt konzipiert war. Die Leistung von 80 PS aus einem 1257 ccm großen V4-Motor überforderte die damaligen Reifen jedoch bei weitem. Insbesondere weil die amerikanische Polizei ein Angebot ablehnte, diese starke und ebenso schwere Maschine als Polizeimaschine einzusetzen, verschwand dieses Projekt wieder in den Tiefen der Konstruktionsbüros. Fabio Taglioni entwickelt parallel an leistungsstarken Mehrzylindern weiter. Nachdem die Reihen-Twins mit Desmodromik und bis zu drei (!) oben liegenden Nockenwellen im Rennsport nicht den erwarteten Erfolg brachten, produziert man in Bologna Mitte der siebziger Jahre trotzdem große Stückzahlen für den Verkauf. Diese 350er- (GTL) und späteren 500er-Desmo-Motoren waren jedoch OHC-Motoren, deren einzige Nockenwelle von einer mittig laufenden Kette angetrieben wurde. Sie erlangten jedoch nie den Ruhm der ehemaligen Einzylinder – oder den des späteren, epochalen Desmo-V2. Nicht ohne Grund distanziert sich Fabio Taglioni ausdrücklich von weiteren Konstruktionen der Reihenzweizylinder. Interessant deshalb, weil auch Yamaha mit diesem Konzept so seine Probleme hatte (siehe XS 1, XS 650, TX 750). Scheinbar war es (mit Ausnahme der Laverda-Twins) eine Stärke der britischen Motorradindustrie, den Reihen-Twin halbwegs ordentlich ans Laufen zu bekommen.

Doch bald sollte vieles anders werden. Es war im Jahre 1970, als die erste Ducati mit 90° V2-Motor und Königswellen auf dem Mailänder Salon der Öffentlichkeit vorgestellt wurde. Die 750 GT leistete gut 50 PS und bot mit ihrer Desmodromik und dem schlanken V-Motor eine hervorragende Grundlage für den Motorsport. So verwunderte es nicht, dass im Jahre 1972, es war der 23. April, eine 750er Rennmaschine in der Startaufstellung des 200-

Meilen-Rennens von Imola gelistet war. Mit dieser legendären 750er besiegte Paul Smart vor dem zweiten Sieger Bruno Spaggiari (beide auf Ducati 750) die gesamte hochrangige Konkurrenz. Selbst Größen wie Giacomo Agostini, der auf seiner MV Agusta in diesem Jahr noch überlegener 350er- und 500er-Weltmeister werden sollte, oder Alberto Pagani (ebenfalls MV Agusta), Bruno Kneubühler (Yamaha), oder der Finne Jarno Saarinen und Renzo Pasolini (Aermacchi), Phil Read (Norton), Walter Villa (Triumph) oder der Brite Jack Findlay (Moto Guzzi) – sie alle hatten gegen die überwältigende Ducati 750 keine Chance. Und das, obwohl dieser Maschine niemand einen solchen Erfolg zutraute. Solch ein Triumph musste gefeiert werden, so dass im darauf folgenden Jahr eine limitierte und handgefertigte Anzahl der 750 SS Replika (mit Rundmotor) gefertigt wurde. Die Nachfrage war so groß, dass sie ab 1974 in Serienproduktion ging. Parallel dazu wurde die tourentaugliche 860 GT vorgestellt, die bald als 860 GTE und 860 GTS in den Handel kamen. Doch waren dies nur die Vorboten für den leistungsstärkeren L-Motor (Ducati verwendet auf Grund des 90°-Winkels den Begriff »L-Motor«) der 900 SS (1976), die gegen die aufkommende Vierzylinder-Armada keinen leichten Stand hatte.

Während sich die 860er-Modelle keiner großen Beliebtheit erfreuten, gingen die 750er- und 900er-Supersport-Modelle weg wie warme Semmeln. Kein Geringerer als der Weltklassefahrer Mike Hailwood (Mike the Bike) gewinnt 1978 mit einer umgebauten 900 SS auf der TT. 1981 wird ihm zu Ehren die 900 Hailwood Replica (Preis 6.430 EUR) in limitierter Auflage produziert. Dabei ist der Anlass keineswegs erfreulich: Am 23. März 1981 erliegt Mike Hailwood im Alter von 41 Jahren den Verletzungen eines unverschuldeten Autounfalls. Drei Jahre später wird es eine Mille MHR geben, allerdings nur in einigen wenigen Exemplaren geben soll (Preis 8.176 EUR). Trotzdem sie in kurzer Zeit ausverkauft war, verschwindet sie erst 1987 aus den Katalogen.

Doch gehen wir zurück ins Jahr 1979, das Jahr nach dem grandiosen TT-Erfolg. Denn in diesem Jahr sollten die ersten 500 Pantah (46 PS bei 8.500 min^{-1}, Farbe: Orange-Silber) nach Deutschland kommen. Wichtigster Unterschied zu den bisherigen L-Twins war die Umstellung des Nockenwellenantriebs auf Zahnriemen. Dadurch war der Motor ebenso drehzahlfest wie der Königswellenantrieb, zusätzlich sogar noch drehfreudiger (weniger Masse) und durch den niedrigeren Geräuschpegel auch umweltfreundlicher. Die Pantah war mehr als eine einfache Neuerscheinung. Es war das neue Konzept (wohldurchdacht von Fabio Taglioni), das man in modernerer Form auch in den aktuellen 800 und 1000 SS (Nuda / Carenata) wiederfindet. Schon 1981 erschien die 600 Pantah – die erste Ducati mit hydraulisch betätigter Kupplung. Eine sechs Millimeter größere Bohrung ließ den Hubraum auf 583 ccm und die Leistung auf knapp 59 PS ansteigen, so dass selbst japanische Vierzylinder in Bedrängnis geraten konnten. Die kurz zuvor präsentierten Reihen-Twins (350 und 500 ccm) hatten dadurch einen noch schwereren Stand, denn die Linienführung von Leo Tartarini entsprach nicht ganz dem damaligen Geschmack der Motorradfahrer, was sich bei den 900er Darmah-Modellen erneut zeigen sollte. Die seltene 900 SS Darmah (1979) hingegen bot einen ansprechenden Kompromiss zwischen Sport und einem Hauch Turisme. Die spätere 900 S2 (1982) geriet optisch recht japanisch und war trotz ihres überarbeiteten Getriebes, der Trockenkupplung sowie der gleitgelagerten Pleuel und der neuen Halbschale wenig gefragt.

Die 650 Alazurra (1984) mit 82-mm-Bohrung war die erste unter Cagiva-Regie produzierte Ducati, deren Übernahme bis 1985 in mehreren Schritten erfolgte (*siehe auch unter »MV Agusta/Cagiva«*). Doch auch deren Erfolg hielt sich hierzulande in engen Grenzen, so dass der deutsche Motorradgrossist Hein Ge-

7. Die eher touristische Ducati 750 GT mit 90°-V2-Königswellen-Motor und desmodromischer Ventilsteuerung bildete 1970 die Basis für die später so erfolgreichen SS-Modelle.

8. Von der rechten Seite ist der 750 GT-Rundmotor (Bild) besonders schön anzuschauen. Lediglich die streng limitierte Ducati 750 SS Replika von 1973 kam auch in diesen unter Sammlern hochgeschätzten Genuss.

ricke aus Düsseldorf die Modelle später zu konkurrenzlos günstigen Kampfpreisen anbot. Aus sportlicher Sicht war Ducati hingegen in Hochform: Der Rennfahrer Tony Rutter fuhr zwischen 1981 und 1984 mit der legendären »F1« regelmäßig auf der Isle of Man aufs Siegerpodest. Der Serienableger ließ jedoch lange Zeit auf sich warten und kam erst im Jahre 1986 in die Schaufenster. Sie sorgte für das lang ersehnte »Viva Ducati« in der begeisterten Menge. Zwar war sie mit umgerechnet 10.200 EUR wahrlich kein Sonderangebot, doch bot sie genau die Eigenschaften, die man bei der etwas in die Jahre gekommenen 750 SS (1973) vermisste. Parallel gab es verschiedene verfeinerte Sonderausführungen (Santa Monica, Montjuich und Laguna Seca), die heute zu den ganz hoch gehandelten Sammlerraritäten zählen. Noch im gleichen Jahr übernahm Cagiva die gesamte Unternehmensführung und präsentierte bereits 1987 die ungewöhnliche 750 Paso.

Mit gänzlich neuem Konzept (das Design stammte vom ehemaligen Bimota-Gründungsmitglied Massimo Tamburini) wollte man mit den völlig verkleideten Modellen in erster Linie große Stückzahlen absetzen. Klar, dass man damit den eingefleischten Ducatisti provozierte. Doch die Qualitäten konnten sich durchaus sehen lassen. Erst recht im überarbeiteten Modell 906 Paso (1989), das vom neuen, luft-/ölgekühlten V2 angetrieben wurde. Die spätere 907 i.E. (1991) kam dem »perfekten« Motorrad noch einen Schritt näher. Mit Einspritzanlage und 17«-Fahrwerk war sie bestens für die neue Motorradgeneration gerüstet. Die sportliche 750 F1 wurde 1989 von der etwas zivileren 750 Sport abgelöst. Auf Grund greifender Emissionsgrenzwerte wurde sie am Ende zum Dumpingpreis von umgerechnet sensationellen 5.000 EUR angeboten (Neupreis 7.150 EUR).

Im Jahr 1989 schien sich der Erfolg von Paul Smart und der Königswellen-V2 zu wiederholen: Ducati wurde bereits im dritten Jahr der noch jungen Superbike-Geschichte mit der 851 Desmoquattro Weltmeister. Der Franzose Raymond Roche siegte 1990 überlegen vor dem Italiener Fabrizio Pirovano (Yamaha OW01) und Stephane Mertens (Honda RC30). Das Konzept aus leistungsstarkem V2 und dem superstabilen Fahrwerk war der Konkurrenz um Jahre voraus. Ein Erfolg, den Doug Polen (1991, 1992), Carl Fogarty (1994,

9. *Als eines der geschichtsträchtigsten Motorräder gilt die Ducati 750 SS. 1973 wurde sie ausschließlich als reinrassige Rennreplika angeboten und nur an handverlesene Käufer übergeben. Erst 1974 wurde sie ins offizielle Programm genommen. Der Desmo-V2 leistet 73 PS bei 8.000 /min^{-1}, das maximale Drehmoment von 75 Nm steht bereits bei 5.500 /min^{-1} an. Das '73er-Modell war eine Replika der Rennmaschine, mit der Paul Smart und Bruna Spaggiari 1972 den legendären Doppelsieg bei den 200 Meilen von Imola einfuhren. Der fahrtwindgekühlte OHC-Motor besitzt zwei Ventile pro Zylinder, die über eine Bohrung von 80 und einen Hub von 74,4 mm verfügen. Die riesige Ölwanne fasst 4,5 Liter Schmieröl, die beiden 40er Rundschiebervergaser mit Beschleunigerpumpe stammen von DellOrto. Der Rohrrahmen besteht aus Stahl, wobei der Motor als mittragendes Element integriert ist. Die beiden 275 mm-Bremsscheiben vorn, die an Borrani-Hochschulterfelgen montiert waren, gehörten seinerzeit zu den Highlights. Gewicht 202 kg fahrfertig, Höchstgeschwindigkeit 215 km/h – Eckdaten, die selbst nach über 30 Jahren einem Motorrad noch gut zu Gesicht stehen.*
10. *Mike Hailwood gewinnt auf einer umgebauten Ducati 900 SS nach elf-jähriger Abstinenz im Jahre 1978 die TT auf der Isle of Man. Die Sensation ist perfekt! Daraufhin legt man in Bologna eine Sonderserie auf. Die 900 SS Mike Hailwood Replica ist das erste vollverkleidete Serienmotorrad der Welt.*
11. *Als Ducati 1971 mit einem offiziellen Werksteam wieder am Motorrad-GP-Sport teilnimmt, starten Ermanno Giuliano (Bild) und Phil Read auf der Ducati 500 Desmo mit V2-Motor. Bruno Spaggiari war auf einer Vierventil-Variante mit Seeley-Fahrwerk unterwegs.*

1995, 1998, 1999), Troy Corser (1996) und Troy Bayliss (2001) auf den modellgepflegten 888-, 916-, 996- und 998-Modellen eindrucksvoll wiederholen. Eine Historie, die ihresgleichen sucht und der Konkurrenz die Falten auf die Stirn treibt. So sehr, dass selbst Honda (bekannt für die potenten V4-Motoren) auf das V2-Prinzip umstieg (Colin Edwards unterbrach die Ducati-Siegesserie mit der VTR 1000 SP-I/II in der SBK-WM 2000/2002). Der Erfolg kam nicht von ungefähr, denn die Geschichte des Desmoquattro begann schon Mitte der achtziger Jahre, anfangs noch mit 750 ccm.

Nachdem Fabio Taglioni im Jahre 1984 in den verdienten Ruhestand ging, übernahm Massimo Bordi die technische Leitung von Ducati. Unter dessen Führung wurde die 851/888 entwickelt. Die Premiere war der Einsatz beim Bol d'Or von 1986, damals noch mit dem Motorgehäuse der 750 F1 des gleichen Baujahres. Von Anfang an setzte Bordi auf eine elektronische Kraftstoffeinspritzung – seinerzeit noch ein Novum. Einige Konstrukteure hatten diese Technik nach anfänglichen Problemen schnell wieder verworfen und setzten weiterhin auf Vergaser. Schwierigkeiten machte immer wieder das zu schwach dimensionierte Motorgehäuse. So auch bei Marco Lucchinelli, als ihm ein Gehäuseriss in der Saison 1987 einen Strich durch die Rechnung zu machen drohte. Er beendete das Zweizylinder-Rennen in Daytona trotzdem als Sieger.

Franco Farne entwickelte daraufhin für die Saison 1988 ein widerstandsfähigeres Modell, das von nun an auch Platz für ein Sechsgang-Getriebe bot. Fortan war die 851 (nach den Typen SP1, SP2, SP3 und SP4) und spätere 888, die es als 888 SP V (1993) und als SPS (1994) für umgerechnet über 20.000 EUR zu kaufen gab, praktisch unschlagbar. Die legendären Königswellen-Motoren des »Dr. T.« (Kosename von Fabio Taglioni) verschwanden bereits 1986 aus dem Programm. Damit war

12. Die 500 Pantah SL war 1979 die erste OHC-Ducati, bei der die Königswelle durch einen Zahnriemen ersetzt wurde. Dieses Konzept lebt bis heute in den aktuellen 800 SS und 1000 SS weiter.

jedoch die Zeit der überschaubaren Technik endgültig vorbei. Man musste schon etwas von der Sache verstehen, um einigermaßen mitreden zu können. Das sollte bei der Geschichte vom 851- zum 998-Motor nicht anders sein.

Im Jahre 1993 wird die Monster-Reihe eingeführt. Erstes Modell ist die von Miguel Angel Galuzzi gestaltete M 900 Monster. Als Antrieb dient der luft-/ölgekühlte-V2 der 900 SS von 1991. Das Fahrwerk lehnt sich hingegen eng an die 888 an (die 851 hatte unter anderem eine geänderte Umlenkmimik am Zentralfederbein). Ein Motorrad, das Emotionen weckt. So wie die Cagiva Raptor, insbesondere die V-Raptor – ebenfalls aus dem Federstrich von Maestro Galuzzi, der im Auftrag der Castiglioni-Gruppe ein puristisches Motorrad entwerfen sollte. Nach den ersten Tests mit der Ducati Monster ist die Fachpresse begeistert – kaum ein Foto, auf dem die Monster nicht auf dem Hinterrad durchs Bild fährt. Mittlerweile zählt die M-Reihe zu den meistverkauften Ducatis überhaupt.

1994 kommt der nächste Meilenstein – die Ducati 916 – entwickelt im Jahre 1992 von Massimo Tamburini. Mit einem Design, wie es dynamischer kaum sein kann, der funktionellen und doch liebevoll gestalteten Einarmschwinge, der hochgelegten Auspuffanlage und dem harten V2-Donner, verdiente sie sich endlose Preise. Etliche Superbike-WMs, Motorrad des Jahres, Designerpreise – sie hat alles gewonnen, was es zu gewinnen gibt und ist bist heute für viele ein Traum. Das ändert sich auch im Jahre 2000 nicht, als sich der Hubraum auf 996 ccm vergrößert. 2002 kommt

13. Mit der 916 präsentierte Ducati 1994 ein supersportliches Motorrad, das Preise und Meisterschaften gewann, Auszeichnungen und Würdigungen erhielt, wie kein anderes Motorrad. Über 15 Jahre prägte ihr Konzept die Entwicklung im sportlichen Bereich. Geistiger Vater und Konstrukteur war Ex-Bimota-Mann Massimo Tamburini. Die Geschichte des Vierventil-V2-Desmo begann bereits Mitte der achtziger Jahre, als man mit einem 748-Prototyp bei der Langstrecken-Weltmeisterschaft Erfahrungen sammelte.

13

die nächste Version des Desmoquattro für die Serienfertigung zum Einsatz, der Testa Stretta (Enger Kopf) genannte Motor verfügt über einen engeren Ventilwinkel und begünstigt so die Füllung der Zylinder (Serie 135 PS). Neben den vielen Sondermodellen, (Senna, S, SP, SPS und R) gesellte sich 1995 auch die 748. Sie wurde speziell für die Supersport 600-Klasse konzipiert und entspricht im Design der 916. Auch sie wird neben der Monoposto (Solohöcker) und Biposto (Zweimannsitzbank) in mehreren Varianten (S, SP, SPS und R – je nach Modelljahrgang) angeboten. Währenddessen stirbt Fabio Taglioni am 18. Juli 2001 (geb. am 10. September 1920).

Im Jahre 2002 wird der Meilenstein 916/996/998 abgelöst. Die in Misano präsentierte 999 ist zweifellos ein revolutionäres Motorrad, das mit Hilfe neuer Entwicklungsmethoden konstruiert wurde. Um den Testa Stret-

14. *Von der 851 über die 888 bis hin zur 916 (Grafik) wurden Fahrwerk und Einspritz-Motor über Jahre immer weiter verfeinert. Die Ducati 916 war somit die logische Konsequenz grundsolider Entwicklungsarbeit. Dabei spielte das Design eine wichtige Rolle. Die extrem gute Integrität des Fahrers resultiert aus der gelungenen Ergonomie, der günstige CW-Wert aus der kompakten Bauweise.*

15. *In der WM-Saison 2000 setzte man bei der 996 R Factory erstmals den Testa Stretta-Zylinderkopf ein, was übersetzt soviel bedeutet wie »Enger Kopf« und sich auf den Ventilwinkel bezieht. Gegenüber dem Vorgängermodell stehen sich Ein- und Auslassventile nun im 25 Grad-Winkel (vorher 40 Grad) gegenüber. Das schafft Platz für größere Ventile und einen besseren Füllungsgrad, ergo einer höheren Leistung. Konstruiert wurde der Zylinderkopf übrigens von Filipo Preziose.*

16. *Die MH 900e war 2001 das erste, ausschließlich über das Internet verkaufte Motorrad und eine Hommage an Mike Hailwood, alias »Mike the Bike«. Präsentiert wurde die einst lediglich als Studie angedachte Ducati »evoluzione« bereits auf der INTERMOT 1998 in München. Aufgrund der großartigen Resonanz beim Publikum entschloss man sich, zunächst für eine limitierte Sonderauflage von 2.000 Exemplaren. Der 79 PS starke und 904 ccm große Einspritz-V2, der seinerzeit auch die SS- und Monster-Modelle antrieb, sorgt für dynamischen Vortrieb. Für das Design zeichnet Pierre Terblanche verantwortlich. Er verbindet optische und technische Reize auf eine moderne Art, die man in abgewandelter Form später auch an den 749/999 wiederfindet. Obligatorisch der Gitterrohrrahmen aus Chrommolybdänstahl.*

14
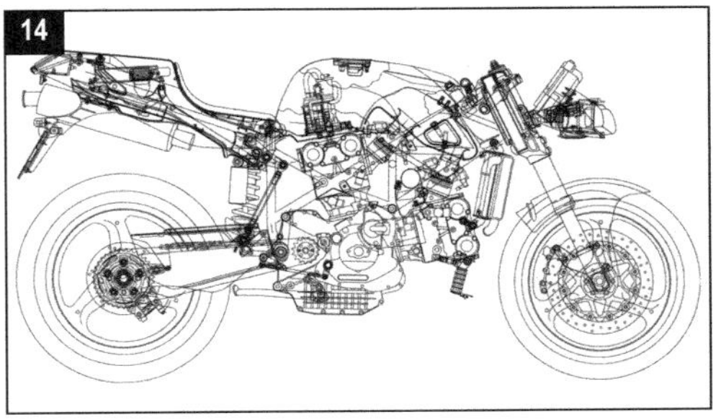

15
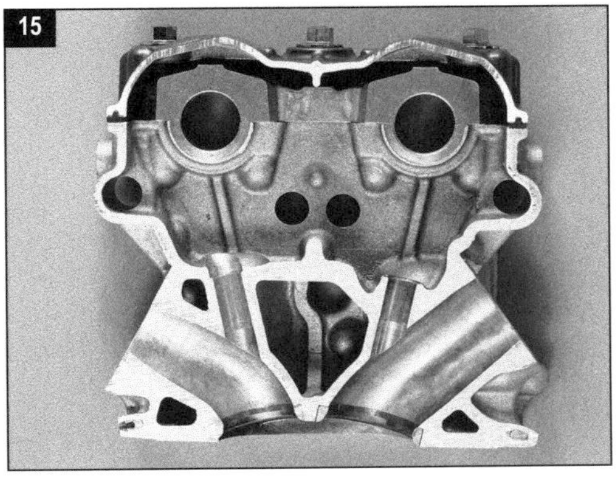

16

17. *Mit der M 900 Monster wurde Ducati 1992 salonfähig. Kein anderes Serien-Naked Bike konnte zu dieser Zeit derart begeistern und vefügte fahrwerkstechnisch über solch großes Potenzial. Der Rahmen basierte auf dem der supersportlichen 888. Den seinerzeit 77 PS starken OHC-Desmo-V2 borgte man sich von der 900 SS. Das S-Modell des Jahrgangs 2000 (Bild) war die erste Monster mit elektronischer Kraftstoffeinspritzung. Das Kürzel steht dabei für »Special« – nicht für »Sport«. Zwischen 1996 und 2002 wurde auch eine 750er Monster in mehreren Varianten angeboten. Die kleinste Monster hatte einen 583 ccm großen V2 und war zwischen 1994 und 2001 im Programm. 2002 erschien die starke M 620 ie mit neuem Fahrwerk.*

18. *Die S4 mit 916-Vierventil-Motor ist die Monster, die man in Italien ursprünglich schon 1992 bauen wollte, aus Kostengründen jedoch auf den günstigeren Zweiventil-Motor der 900 SS zurückgriff. Kurz nach der Vorstellung der S4 im Jahr 2001 legte Ducati im April die auf weltweit 300 Exemplare limitierte Edition S4 Fogarty (Bild) auf. Mit 110 PS ist sie um 9 PS stärker als die Standard-S4 – allerdings auch um rund 6.000 Euro teurer. In Italien erkennt man das Potenzial und initiiert sogar eigens einen S4-Cup. 2003 wird die 113 PS starke S4 R mit 996-Motor und wunderschöner Einarmschwinge nachgeschoben. Parallel widmete man sich auch den zweiventiligen Monstern, die eine Runderneuerung erfuhren. So wurde aus der ehemaligen M 750 Monster eine 800er, aus der 900er eine noch kräftigere 1000er. Beide erhielten eine Doppelzündung.*

ta-V2 herum entstand auf diese Weise ein niedriger und gestreckt wirkender Supersportler. Durch die beiden nun übereinander liegenden Scheinwerfer und die zerklüftet wirkende Verkleidung gestaltete Pierre Terblanche, der auch für das Design der MH 900e verantwortlich ist, ein Design, das nicht mit dem der 998 vergleichbar ist. Dabei standen Funktionalität und aerodynamische Effizienz an oberster Stelle. Darüber hinaus lässt sich die Sitzposition durch einen verschiebbaren Höcker der Monoposto an die individuellen Bedürfnisse des Fahrers anpassen. Die Fußrasten sind zudem in 5 unterschiedlichen Positionen verstellbar. Die 999 setzt sich aus etwa 30 Prozent weniger Einzelteilen zusammen als eine 998 und erfordert erheblich geringere Inspektionszeiten. Eine revolutionäre Technik kommt auch bei der asymmetrisch konstruierten Auspuffanlage zum Einsatz. Die unterschiedliche Länge der Auspuffkrümmer wird bei dieser Konfiguration durch unterschiedliche Durchmesser kompensiert, um ein System mit Krümmern identischer Länge für beide Zylinder zu simulieren. Die Krümmer münden in einen futuristischen Einzelschalldämpfer, der unter dem Heck platziert ist. Auf der INTERMOT 2002 stand schließlich auch der 749-Ableger, der die 748 ablöst.

Trotz der großartigen Supersport-Modelle greifen viele Freunde klassischen Designs gern zu den beliebten Zweiventil-Desmos mit 600,

19. Die Ducati 999 (Bild) löst im Oktober 2002 die 998 als supersportliches Top-Modell ab. Als Nachfolger einer Legende hat sie einen mehr als schweren Stand. Während man über das Design von Pierre Terblanche streiten kann, überzeugen die Qualitäten selbst den ärgsten Kritiker. Handling und die aerodynamischen Qualitäten haben deutlich gewonnen. Stabilität war nie ein Thema. Kurze Zeit später wird die neue Baureihe durch das S- und R-Modell erweitert. In der Superbike-WM 2003 deklassiert Neil Hodgson mit seiner 188 PS starken 999 R F03 die Konkurrenz und gewinnt den Titel souverän.

19

800 und 1000 ccm. Im Ausland gab es auch eine 400 ccm-V2, die später durch die 600 SS abgelöst wurde. Wahlweise gibt es die SS-Modelle als Carenata (Vollverkleidung) oder Nuda (rahmenfeste Halbschale). Sie sind hinter den Monster-Modellen die erfolgreichsten Ducati-Motorräder. Besonders möchte ich an dieser Stelle die 900 SS Final Edition (nur 1998) sowie die 900 SS Superlight (1992–1997) erwähnen. Neben der bewährten OHC/Desmo-Technik sind sie mit gewichts- und fahrwerksoptimierten Komponenten ausgestattet, die den Fahrspaß spürbar steigern. Für 2003 stockt man die Hubräume von 750 auf 800 ccm, bzw. von 900 auf 1.000 ccm auf (*siehe dazu auch »INTERMOT 2002«*).

Etwas touristischer kommen da die 1997 eingeführten ST-Modelle daher. Erstes Modell ist die ST 2 mit dem flüssigkeitsgekühlten Motor der Paso 907 i.e. Fahrwerkstechnisch lehnt sie sich an die 916 an. 1999 kommt die ST 4, die vom potenten 916er-V2 befeuert wird. Obwohl das Design und auch die umfangreiche Ausstattung viel Komfort versprechen, schlägt unter der Vollverkleidung ein spürbar sportliches Herz – Expresstourer für Sportfahrer sozusagen. Die ST 4s (2001) legt noch einen drauf und lässt die Muskeln des mittlerweile auf 996 ccm angewachsenen Hubraums des

20. *Im Herbst 2003 stellt Ducati den Sportourer ST3 (Bild) vor und schließt damit die Lücke zwischen der luft-/ölgekühlten ST2 und der ST4/s mit Desmoquattro-Motor. Der wassergekühlte OHC-Motor der ST3 verfügt über Doppelzündung. Für den Gaswechsel sind zwei Ein- und ein Auslassventil pro Zylinder zuständig. Das Trellis Stahl-Gitterrohr-Chassis basiert auf dem der ST4.*

Desmoquattro-Motors spielen. Bei Ducati bedeutet Fahrspaß eben immer ein gewisses Maß an Sportlichkeit. Je mehr, desto besser. Eine Tatsache, die die Firmenphilosophie widerspiegelt und an der sich auch in den nächsten Jahren nichts ändern wird.

Interessant und ausschlaggebend für den großen Erfolg des Unternehmens sind die im September 1996 von der amerikanischen Investmentgruppe TGP gekauften 41 Prozent der Firmenanteile. Weitere zehn Prozent wurden von der Deutschen Bank Morgan Grenfell übernommen. Damit verblieb die Minorität von exakt 49 Prozent vorerst in den Händen der Castiglioni-Brüder (siehe unter »MV Agusta/Cagiva«). Die TGP-Gruppe wollte auch die restlichen Ducati-Anteile in ihrem Besitz wissen, waren dadurch jedoch gezwungen, für diesen Zweck einen recht umfangreichen Kredit aufzunehmen. Die nötige Sicherheit sollte durch den Börsengang sichergestellt werden, der noch im gleichen Jahr stattfand.

Unabhängig vom derzeitigen Markterfolg schwimmt Ducati schon seit vielen Jahren auch auf der sportlichen Erfolgswelle. Nachdem die 999 ab 2003 erfolgreich die Nachfolge der legendären 916/996/998 in der Superbike-Weltmeisterschaft antritt, steigt Ducati mit der V4-Desmosedici in der Moto GP-Klasse ein. Ein ums andere Mal fahren Laris Capi-

21. Diese GT 1000 zeigt einen Prototypen von 2003, der an die legendäre GT 750 von 1970 erinnern soll. Ob sie je in Serie gehen wird, stand bei Drucklegung des Buches noch nicht fest. Parallel stehen jedenfalls noch zwei weitere Entwürfe zur Diskussion: Eine unverkleidete Sportmaschine für Solisten sowie eine Paul Smart-Replica – allesamt vom 1.000er-Motor angetrieben.

22. Mit der Ducati Desmosedici meldete sich der italienische Hersteller 2003 zurück in die GP-Weltmeisterschaft. In der ein Jahr zuvor erstmals ausgetragenen Königsklasse ist der Hubraum auf 990 ccm Hubraum begrenzt. Ducati setzt auf das V4-Konzept mit quer eingebauter Kurbelwelle. Neben einem furiosen Debut und einem GP-Sieg stellt Loris Capirossi während der Saison 2003 in Mugello einen Top-Speed-Rekord von 332,4 km/h auf. Bei den Tests der WM 2004 liefern sich die Hondas und Ducatis ein Kopf-an-Kopf-Rennen.

rossi und Troy Bayliss ganz vorn mit und fahren mit 332 km/h beim Italien-GP an die Spitze der schnellsten Motorräder der Welt.

Siehe dazu auch unter »INTERMOT« und »Cagiva«

DUNLOP
1888, erster Luftreifen, entwickelt von John Boyd Dunlop

Siehe auch unter »Reifen«

DUPLEX-KETTE
Doppelrollenkette, zuletzt von Benelli an der sechszylindrigen 900 Sei eingesetzt.

EASY RIDER
Amerikanischer Kult-Film der 70er-Jahre; erschien 1969 in den Kinos, Hauptdarsteller waren Peter Fonda und Dennis Hopper; für Chopper-, insbesondere für Harley-Fahrer ein absolutes Muss, Titelsong »Born to be wild« von Steppenwolf.

Siehe auch unter »Harley-Davidson«

E

EGLI

Begonnen hatte alles mit einer Vincent Black Shadow, die einem älteren Arbeitskollegen von Fritz Walter Egli gehörte. Aus gesundheitlichen Gründen musste er das Motorradfahren aufgeben, und weil er im jungen »Fritze« einen Menschen gefunden hatte, der die Vincent ebenso liebte wie er selbst, schenkte er sie ihm kurzerhand. Egli liebte die in der Schweiz typischen Bergrennen, und so machte er sich daran, der Motorleistung auf die Sprünge zu helfen, um vorne mitfahren zu können. Trotzdem kam er über einen dritten Rang nicht hinaus. Ein neues Fahrwerk musste her, und zwar ein selbstgebautes. Es folgte eine intensive Auseinandersetzung mit der Kunst des Fahrwerksbaus. Diese Zeit, Mitte der sechziger Jahre, kann als die Geburtsstunde des legendären Egli-Zentralrohrahmens bezeichnet werden. Nachdem Egli die Vincent damit ausrüstete, war er einfach unschlagbar. 1968 wurde Egli Schweizer Meister – andere Titel folgten später. In den darauf folgenden Jahren sorgten die Egli-Motorräder für spannende Duelle. Die Strecken- und Rundenrekorde purzelten, selbst namhafte Fahrer wie Phil Re-

1. *Die Egli-MRD 1 stellt Ende der Siebziger selbst die stärkste Konkurrenz in den Schatten. Als Basis dient das Motorgehäuse des luftgekühlten Reihenvierzylinders der Kawasaki Z 900/1000. Je nach Ladedruck bringt es der mittels Turbo aufgeblasene 1.200 ccm-Motor auf 180 PS und beschleunigt das Fahrzeug in nur 7,2 Sekunden auf 200 km/h. Die Höchstgeschwindigkeit liegt bei 300 km/h.*

1

ad oder Giacomo Agostini auf ihren exklusiven Werksmaschinen mussten zittern, wenn eine feuerrote Egli hinter ihnen auftauchte. Mit einem völlig serienmäßigen Egli-Chassis stellte Jacques Cornu im Jahre 1981 unter anderem einen neuen Rundenrekord auf der Nürburgring-Nordschleife auf. So ließ auch der geschäftliche Erfolg nicht lange auf sich warten. Der inzwischen im aargauischen Bettwil/Schweiz ansässige Betrieb florierte in den 70er Jahren ungemein. Bis zu 200 Einheiten pro Jahr verließen den Betrieb. Vom Einzylinder-Yamaha XT/SR-Motor bis hin zur Sechszylinder-Honda-CBX – die Auswahl der Motorisierung kannte kaum Grenzen.

Ein weiterer Punkt der Egli-Aktivitäten war die unbändige Lust am Brechen von Rekorden. Der 7. Dezember 1986 war der Tag, an dem sich Fritz W. Egli vorgenommen hatte, mit seinem Team den Höchstgeschwindigkeitsrekord über zehn Kilometer mit stehendem Start zu brechen. Das sollte mit einer auf der Basis einer MRD 1 aufgebauten Maschine geschehen, mit 320 PS an der Kupplung, von denen rund 280 PS am Hinterrad übrig blieben. In Verbindung mit der von Stardesigner Colani entwickelten Vollverkleidung sollte die Maschine für Geschwindigkeiten jenseits der 300-km/h-Marke gut sein. Rekordfahrer Urs Wenger, heute Chef der Burgdorfer Motorenschmiede Swissauto, schaffte auf der Egli MRD 1 eine Höchstgeschwindigkeit von über 330 km/h und eine Durchschnittsgeschwindigkeit von 272,414 km/h – Weltrekord gebrochen! Besonders bewundernswert ist der Weltrekord vor allem, weil er ohne die von Colani entworfene Verkleidung gefahren wurde. Stürmischer Wind ließ das Risiko, mit ei-

2. Der Zentralrohrrahmen gilt seit den sechziger Jahren als das Markenzeichen der Egli-Motorräder. Erstmals kam er bei der legendären Egli-Vincent zum Einsatz. Dabei ist der Motor stets als mittragendes Element integriert. Das mächtige Rückgratrohr misst in der Regel 100 Millimeter im Durchmesser. Die Einzylinder- und BMW K-Modelle fallen mit 80 Millimetern schlanker aus.

2

ner vollverschalten Maschine einfach von der Bahn geblasen zu werden, derart ansteigen, dass Fritz W. Egli entschied, eine klassische Halbschale zu montieren.

Heute befasst sich die F. W. Egli Motorradtechnik AG mit dem Import und der Weiterentwicklung von Nischenprodukten im Motorradbereich. So wie beispielsweise die indischen Enfiled-Klassiker, oder die robusten Chang-Jiang-Gespanne aus China (eine Replika des Wehrmachts- und Behördengespanns BMW R 71 aus der Zeit des Zweiten Weltkrieges) sowie das berühmte Powerbike aus den USA, die echte Egli V-Max, mit homologierten 145 PS Motorleistung.

E-TECH

(Honda) steht für »Ecology Conscious Technology«: Reduzierte Abgase, optimierte Treibstoffausnutzung, Entwicklung von Fahrzeugen, die Ersatzenergien nutzen, Verwendung von wiederverwertbaren Teilen und umweltschonenden Produktionsanlagen. Der Roller Honda @ 125 (2000) war dafür erstes Beispiel im Zweiradbereich. Dieser aus dem Konzept NES (Neo European Scooter) hervorgegangene Roller erfüllte schon die Euro-2-Norm (ab 2003).

EIGENDÄMPFUNG

Die Eigendämpfung spielt unter anderem in der Fahrwerkstechnik eine große Rolle. Darunter versteht man die mögliche Energieaufnahme, um kleine Stöße oder Unebenheiten durch den Reifen selbst absorbieren zu lassen. Reifen mit höherer Reifenflanke verfügen über eine höhere Eigendämpfung, sind allerdings nicht so formstabil. Durch die heutigen, sehr stabilen Karkassen nahm die Eigendämpfung in den vergangenen Jahren ab. Linderung schafft eine zusätzliche 0°-Lage unter der Lauffläche.

Siehe auch unter »Reifen«, Fahrstile« und »Kick Back«

EINARMSCHWINGE

Neben einer optisch durchaus gewollten Asymmetrie sprechen bei richtiger Gestaltung auch eine steifere Radführung und ein schnellerer Ketten- und Radwechsel für diese Konstruktion. Durch die aufwändigen Guß-Formen liegen Gewicht- und Herstellungskosten einer Einarmschwinge in der Regel über denen einer Zweiarmschwinge.

EINFAHREN

Nie war die Technik so ausgereift, nie leistungsfähiger und gleichzeitig langlebiger als heute. Eine alte Bauernregel für Motorradfahrer besagt, man solle sein Motorrad die ersten 1.000 Kilometer besonders schonend behandeln. Was das genau bedeutet, darüber streiten sich auch heute noch viele Stammtisch-Experten. Die Meinungen gehen weit auseinander und liegen zwischen einer betont untertourigen Fahrweise und einer wechselhaften Belastung der mechanischen Innereien.

Um die Zusammenhänge im modernen Motorradmotor zu verstehen, setze ich Kenntnisse über deren Aufbau und Funktion voraus.

Bereits 1980 verwendete BMW bei der kardangetriebenen R 80 G/S eine Einarmschwinge (Monolever). Später folgten Ducati mit der legendären 916, Honda mit der VFR/NTV Hawk, Triumph mit der Speed Triple/Daytona und MV Agusta mit der F4. Das Bild zeigt die Kombination mit Zahnriemenantrieb bei der BMW F 650 CS Scarver von 2001.

Grundsätzliche Ursache der Problematik ist die auftretende Reibung zwischen zwei Reibflächen – von Brüchen, Material- oder Härtungsfehlern (Pitting, Lunkerbildung) einmal abgesehen –, die bei unsachgemäßer Belastung oder mangelnder Schmierung nur noch für eine mehr oder weniger eingeschränkte Funktion des Aggregates sorgen kann. Besonders stark sind Lager und Wellen, die mit geringen Laufspielen, hohen Drehzahlen und/oder Belastungen rotieren (Nockenwelle-Zylinderkopf, Kurbelwelle-Motorgehäuse, Pleuelauge-Kurbelwelle) gefährdet. Ebenso gehören translatierende (hin- und hergehende) Bauteile wie Kolben und Kolbenringe zu den empfindlichen Teilen, deren Paarung ganz besonders auf Grund immer verschleißresistenterer Werkstoffpaarungen eine gewisse Zeit brauchen, um sich einander anzupassen. Damit sich dieser Vorgang nicht zu sehr in die Länge zieht, verwenden die meisten Hersteller ein spezielles Einfahröl, das nicht über die niedrigen Reibwerte eines modernen Hochleistungs-Synthetiköls verfügt. »Die ersten 1.600 Kilometer sind ausschlaggebend für die Leistung und Lebensdauer des neuen Motors«, erklärt Karsten Neumann vom deutschen Yamaha Importeur die Notwendigkeit der Einfahrvorschrift. Anke Elbert, Suzuki Motor Deutschland GmbH, weist ausdrücklich auch auf mögliche Spätschäden hin. Eine ausgeschlagene Ringnut am Kolben ist ein schleichender Prozess, der sich erst langsam durch stetigen Leistungsverlust bemerkbar macht. Ein schlagartig brechender Kolbenring hingegen kann jederzeit zum unerwarteten Aus führen.

»Dass das Einfahren auch bei modernen Motoren ein wichtiger Aspekt ist, zeigt übrigens auch die vorgeschriebene Inspektion nach der Einfahrzeit, um unter anderem einen möglichen anfänglichen Verschleiß durch Einstellarbeiten entsprechend auszugleichen«, so Kerstin Dreier von Honda Europe North. »Bei einem eindeutigen Garantiefall werden die anfallenden Kosten vom Importeur zu 100 Prozent übernommen.« Eine Nichteinhaltung der Einfahrvorschriften, die entgegen vieler Vermutungen manch stolzer Besitzer eine Vorschrift und keine Empfehlung ist, kann naturgemäß nur schwer nachgewiesen werden. Auffällig hoher Verschleiß an den belasteten Bauteilen lässt allerdings schon ein gewisses Verdachtsmoment aufkommen. Kai Liedmann von Ducati Deutschland bringt die Sache auf den Punkt: »Man kann niemanden zu seinem Glück zwingen.«

Ein Motor verfügt über zahlreiche Lagerstellen und mechanische Berührungspunkte. Die Materialpaarungen und Oberflächen benötigen eine gewisse Zeit, um sich einander anzupassen. Spezielle Einfahröle reduzieren die Einfahrzeit und werden bei der ersten Inspektion gewechselt. Der abgebildete OHC-Einzylinder-Motor der Honda XR 650 gehört zu den am weitesten verbreiteten Offroad-Triebwerken weltweit. Er glänzt trotz Luftkühlung durch ein hohes Maß an Zuverlässigkeit.

UMFRAGE *

1. Wie wichtig ist bei modernen Motorrädern das Einfahren?
2. Sehen Sie Ihre derzeitigen Einfahrbestimmungen noch als zeitgemäß an?
3. Gelten diese Bestimmungen als Empfehlung oder Auflage?
4. Welches sind die häufigsten Schäden, die bei nicht vorschriftsmäßigem Einfahren auftreten?

**** Die Umfrage wurde 2001 durchgeführt. Die jeweiligen Antworten beziehen sich somit auf die zu dieser Zeit gültigen Garantievorschriften.***

BMW

- **zu 1. und 2.:** Motoren müssen unter Beachtung bestimmter Einfahrvorschriften hinsichtlich Motorbelastung und Drehzahl eingefahren werden, um den Einlaufvorgang aller gleitenden Teile gewährleisten zu können. Zur Verkürzung der Einfahrzeit werden die Motoren werksseitig meist mit speziellen Erstbetriebsölen befüllt, die bei BMW-Motorrädern nach 1.000 km gegen das normale Betriebsöl gewechselt werden müssen.

  Während der ersten 500–1.000 km Laufzeit fällt ein gewisser mechanischer Abrieb an. Es ist empfehlenswert, auch bei Verwendung von herkömmlichen Betriebsölen, das Motorenöl und den -filter zu wechseln. Der Einlaufvorgang der Kolbenringe auf der Zylinderlaufbahn ist wichtig und vielfach ausschlaggebend für die Höhe des späteren Ölverbrauchs.

  Auch die Zahnräder von Getriebe und Hinterachsgetriebe müssen zur Erzielung eines gewissen Glättungseffektes der bearbeiteten Zahnflanken einlaufen.

  Die Leistung und die Lebensdauer des neuen Motorrades werden durch vorschriftsmäßiges Einfahren wesentlich mit beeinflusst.
- **zu 3.** Die Einfahrvorschriften gelten als deutliche Empfehlung. Kann bei Motorschäden eine Nichtbeachtung nachgewiesen werden, führt dies zum Verlust des Gewährleistungsanspruches.
- **zu 4.** Folgeerscheinung der Nichtbeachtung der Einfahrvorschriften kann ein erhöhter Verschleiß verschiedener Teile des Kurbeltriebs und in Folge ein erhöhter Ölverbrauch sein.

DUCATI

- **zu 1.** Das Einfahren von modernen Motorrädern ist trotz hochwertiger Materialien sehr wichtig, da nur so das perfekte Zusammenspiel der einzelnen Komponenten gewährleistet werden kann.
- **zu 2.** Natürlich betrachten wir die Einfahrbestimmungen als zeitgemäß, da moderne Motorradmotoren eine sehr hohe Literleistung aufweisen, ihnen aber zeitgleich eine lange Lebensdauer abverlangt wird.
- **zu 3.** Empfehlung (man kann niemanden zu seinem Glück zwingen)
- **zu 4.** Vorzeitiger Verschleiß der bewegten Teile, insbesondere Gleitlager, Kolben u. Zylinder, Getriebe.

HARLEY-DAVIDSON

- **zu 1. und 2.** Um die maximale Leistung und die dauerhaft zuverlässige Funktion aller Bauteile des Motorrads sicherzustellen, empfiehlt Harley-Davidson auch bei modernen Maschinen die Einhaltung der unten angeführten Einfahrvorschriften.

- **zu 3.** Harley-Davidson spricht Empfehlungen aus, an die sich der Kunde halten sollte. Diese lauten: Während der ersten 80 Kilometer sollte die Höchstgeschwindigkeit von 80 km/h nicht überschritten werden. Danach sollte bis zum Kilometerstand 800 die Höchstgeschwindigkeit von 88 km/h nicht überschritten werden. Auf den ersten 800 Kilometern sollte zudem Folgendes beachtet werden: Die Drehzahl von 2.500 U/min sollte in keinem Gang dauerhaft überschritten werden, dabei darf aber nicht untertourig gefahren werden. Die Motordrehzahl sollte variiert werden, konstante Drehzahlen über längere Strecken sind zu vermeiden. Eine Motordrehzahl von maximal 3.000 min^{-1} ist in jedem Gang kurzfristig gestattet. Schnelle Beschleunigungsvorgänge aus dem Stand sind zu vermeiden. Der Motor ist behutsam zu fahren, bis er auf Betriebstemperatur ist. Insbesondere in höheren Gängen ist untertourige Fahrweise zu vermeiden.
- **zu 4.** In der Regel treten bei modernen Triebwerken selbst dann keine Schäden auf, wenn die Einfahrvorschriften nicht akribisch beachtet werden. Dabei setzen wir natürlich voraus, dass keine groben Missachtungen der Vorschriften auftreten. Es sollte sich beispielsweise von selbst verstehen, dass ein neuer Motor nicht extrem untertourig bewegt oder im kalten Zustand mit Höchstdrehzahlen belastet werden darf. Wer sich dagegen an die Einfahrvorschriften hält, wird ein Optimum an dauerhafter Performance erzielen.

Wer sich und seinem Motorrad etwas Gutes tun will, fährt es behutsam ein. Da sind sich alle Hersteller einig.

HONDA

- **zu 1.** Das Einfahren ist immer noch wichtig, da auch moderne Motoren einem anfänglichen Verschleiß unterliegen.
- **zu 2.** Ja, unbedingt. Um die Lebensdauer des Motors zu optimieren, kann dem Kunden eine Einfahrdistanz von 500–1.000 Kilometern (s. jeweils Fahrerhandbuch) mit anschließender Inspektion zugemutet werden. Uns sind von Kundenseite keine Beschwerden bezüglich der Einfahrvorschriften bekannt.
- **zu 3.** Wir verstehen die Einfahrvorschrift eindeutig als Auflage, um die Garantie aufrechtzuerhalten.
- **zu 4.** Die häufigsten Schäden dokumentieren sich in einem vorzeitigen Verschleiß.

KAWASAKI

- **zu 1.** Wir halten das konsequente Einfahren von Motorrädern, speziell deren Motoren, nach wie vor für sehr wichtig. Es ist immer noch notwendig, dass sich die Teile, die miteinander eine Hub- oder eine Drehbewegung ausführen, aufeinander einarbeiten müssen.

  Dadurch wird dafür gesorgt, dass sich bei dem weiteren Betrieb des Motorrades ein Minimum an Verschleiß einstellt, so dass die Langlebigkeit und Zuverlässigkeit erhöht wird.
- **zu 2.** Das Einfahren der Motoren ist immer noch zeitgemäß, denn auch die jetzigen Materialien und die ausgeführten Einbauspiele bedürfen einer Zeit der Anpassung, um optimale Laufeigenschaften bei geringstem Verschleiß zu sichern.
- **zu 3.** Diese Bestimmungen sind eine Auflage.
- **zu 4.** Die häufigsten Schäden sind extreme Verschleißspuren an Teilen, die miteinander eine Hub- oder Drehbewegung ausführen, ein überhöhter Ölverbrauch, Leistungsmangel, Kompressionsverlust.

SUZUKI

- **zu 1.** Wir verweisen auf unsere Anmerkungen in den jeweiligen Fahrerhandbüchern, wo wir ausdrücklich auf ein zurückhaltendes Einfahren während der ersten 1.600 km hinweisen. Wird dies nicht beachtet, muss mit Einschränkungen in Sachen Lebensdauer und Leistungsfähigkeit gerechnet werden.
- **zu 2.** Absolut. Suzuki-Teile sind präzisionsgefertigt und aus hochwertigen Werkstoffen hergestellt. Dies ist notwendig, um unseren hohen Qualitätsstandard halten und dem Kunden über eine lange Zeit viel Freude gewährleisten zu können.
- **zu 3.** Die Einfahrbestimmungen sind eine klare Auflage, bei deren Nichtbeachtung die Garantieansprüche erlöschen können.
- **zu 4.** Beim Zweitakter (Scooter): Leistungsverlust, Kolbenfresser, Spätfolge: gebrochene Kolbenringe

  Beim Viertakter: Lagerschäden, Ventiltrieb, Kolben, Kolbenringe, Zylinder, Leistungsverlust, Spätfolge: defekte Kolbenringe, Ringnut am Kolben ausgeschlagen.

TRIUMPH

- **zu 1.** Das Einfahren ist auch heute bei modernen Motoren noch immer ein wichtiger Punkt, der die späteren Eigenschaften eines Fahrzeugs maßgeblich beeinflussen kann. Dies betrifft insbesondere den Bereich Zylinderlaufbuchsen und Kolbenringe. Das Einlauföl ist allerdings nicht dafür konzipiert, Dauerhöchstdrehzahlen und damit hohe mechanische und thermische Belastungen aufzunehmen.

  Aus diesem Grund schreiben wir Höchstdrehzahlen bei verschiedenen Kilometerständen vor, bis beim ersten Ölwechsel das Einlauföl gegen ein hochbelastbares teil- oder vollsynthetisches Schmiermittel gewechselt wird. Sollte bereits während der Einlaufphase ein solches hochadditiviertes Motoröl eingesetzt werden, zieht sich der

Einlaufprozess unnötig in die Länge und es kann u.U. zu erhöhtem Ölverbrauch kommen.

- **zu 2.** Aus o.g. Gründen sehen wir unsere Einfahrvorschriften als sehr zeitgemäß an.
- **zu 3.** Wir sprechen in diesem Zusammenhang von Einfahrvorschriften, nicht von Einfahrempfehlungen.
- **zu 4.** Einen konkreten Schaden auf nicht vorschriftsmäßiges Einfahren direkt zurückzuführen, ist natürlich außerordentlich schwierig. Unserer Erfahrung nach kann es zu erhöhtem Ölverbrauch oder stärkerem Verschleiß der Zylinderlaufbuchsen und/ oder Kolbenringe kommen.

<u>YAMAHA</u>

- **zu 1. und 2.:** Der Einfahrvorgang ist nach wie vor eine wichtige Phase auch für moderne Motorräder. Die ersten 1.600 km sind ausschlaggebend für die Leistung und Lebensdauer des neuen Motors, da verschiedene Bauteile während dieser Einfahrzeit auf das korrekte Betriebsspiel einlaufen. An bestimmten Bauteilen (Zahnflanken, Nockenwellen) bilden sich durch die Verschleißschutzeigenschaften des Motorenöls (Hochdruckadditive) aufgrund chemischer Reaktionen auf den Metalloberflächen dünne gleitfähige Schichten. Während der Einfahrzeit herrschen ideale Bedingungen für diesen Vorgang.
- **zu 3.** Wie der Begriff »Einfahrvorschrift« schon ausdrückt, handelt es sich um eine herstellerseitige Vorschrift, die es einzuhalten gilt.
- **zu 4.** Die Erfahrung zeigt, dass sich Neufahrzeug-Besitzer in der Regel an die Einfahrvorschriften halten.

Unter diesem Aspekt sind wir bislang nicht mit Schäden, die auf unzulängliches Einfahren hätten zurückgeführt werden können, konfrontiert worden – zumindest nicht bewusst.

EINZYLINDERMOTOR

Single; Einkolben-Motor; die meisten Einzylinder bestechen durch einen simplen Aufbau. Bestes Beispiel sind wohl die legendären Yamaha SR / XT 500-Modelle. Mit der servicefreundlichen Konzeption des Fahrzeugs haben sie sich im Laufe der vergangenen fünfundzwanzig Jahre einen festen Platz in der Hitparade der Klassiker erobert.

Erst seit Anfang der neunziger Jahre entwickelten einige Hersteller immer aufwändigere Eintöpfe mit DOHC-Steuerung mit 3, 4 oder sogar 5 Ventilen. Die Luftkühlung wurde mehr und mehr von flüssigkeitsgekühlten Antrieben verdrängt. Auch ein einzelner Vergaser reicht nur noch selten bei großvolumigen Singles, was bei über 600 oder sogar 800 Kubikzentimetern auch nicht verwundert. Die Alternative sind in Stufen geschaltete Zweivergasersysteme, einer für den unteren und mittleren Drehzahlbereich, der zweite für oben herum. Leistungsmäßig sollten die Ansprüche allerdings die 50-PS-Grenze nicht großartig übersteigen, zumindest was den Straßenbetrieb angeht. Die geringe Baubreite, das günstige Gewicht und die vergleichsweise günstigen Herstellungskosten machen ihn im reinen Offroad-Bereich jedoch noch immer zur ersten Wahl.

EISSPEEDWAY

Ähnlich dem Dirt Track, jedoch auf vereister Fahrbahn, Oval-Kurs (links herum), keine Bremsanlage.

ELECTRA GLIDE

Der klassische Harley-Tourer, meist mit Frontscheibe ausgestattet, eignet sich zum gemütlichen Bummeln und Touren; das hohe Gewicht von weit über 300 Kilogramm bremst den Vortrieb enorm – doch wen kratzt das schon bei so viel Klasse und Masse?

Siehe auch unter »Harley-Davidson«

ELEFANTENTREFFEN

Ursprünglicher Ort des jährlichen Treffens war die Solitude-Rennstrecke in Stuttgart, Treffen der Zündapp KS 601 (Der grüne Elefant)-Fahrer, erstmals im Januar 1951.

Siehe auch unter »Nürburgring«

ENDURO

Übersetzt: ausdauernd, Motorräder für Ausritte auf unbefestigten Wegen; viel Federweg, viel Drehmoment, große Wendigkeit; wer mehr Wert auf sportiven Geländeeinsatz legt, sollte sich bei den Hard-Enduros umschauen; Reise-Enduros werden von großvolumigen Ein-, Zwei- oder sogar Dreizylindermotoren angetrieben; Rallye-Optik, riesiger Tank, relativ hohes Gewicht und Sitzhöhe, dafür ideal für Großgewachsene.

ENGLÄNDER

Der multifunktionale Schraubenschlüssel mit variabler Maulweite sollte auf großer Tour nicht fehlen.

ERGO-PAKET

Seit der Vorstellung der BMW R 1100 RS (1993) gibt's bei BMW auch für andere Modelle ein Ergonomie-Paket. Damit lassen sich die beiden Lenker jeweils in zwei Ebenen in unterschiedlichen Positionen einstellen.

Siehe auch unter »BMW«

ERNST SACHS

geb. am 22.11.1867; 1895 gründete er zusammen mit Karl Fichtel die Schweinfurter Präzisions-Kugellagerwerke Fichtel & Sachs. Der erste Motor wurde 1930 hergestellt. Seine Erfindung war auch die legendäre 3-Gang-Torpedo-Nabenschaltung für Fahrräder.

EXUP

Yamaha's EXUP-System (1989) bewirkt vor allem im mittleren Drehzahlbereich eine Drehmomentsteigerung bei Yamaha-Viertaktern. Es öffnet bzw. schließt eine Walze im Auspuffsystem und variiert drehzahlabhängig (und mittlerweile auch lastabhängig) den Durchlassquerschnitt des Auslasskanals.

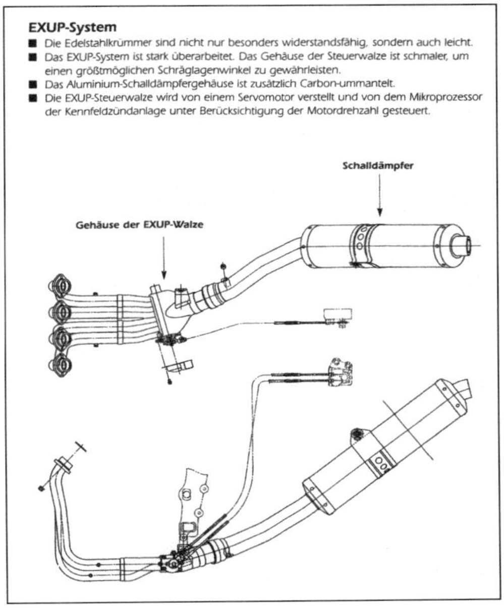

Die Exup-Steuerung der Yamaha YZF-R1 wird permanent weiterentwickelt. Das Bild zeigt das Modell von 1998.

F

FAHRSTILE

Motorrad fahren ist eine Frage des Stils. Welcher der beste ist, entscheiden in erster Linie das persönliche Können, das Motorrad, die Strecke und Erwartungen. Die physikalischen Gesetzmäßigkeiten sind für alle gleich und lassen sich nicht außer Kraft setzen. Aus diesem Grund hat jeder Fahrstil seine Berechtigung. Es kommt lediglich darauf an, wann und wo er eingesetzt wird. Plötzliches Ausweichen mit Hanging-off ist nur schwer möglich. Absolute Bestzeiten lassen sich hingegen nicht mit aufrechter Sitzposition im konventionellen Fahrstil umsetzen. Bei der Frage nach dem Warum spielen Sitzposition und Schwerpunktlage eine entscheidende Rolle. Das eine beeinflusst das andere und umgekehrt. Darum ist das Wie in der Praxis nicht weniger wichtig. Das wiederum fängt mit dem Motorradkonzept an und endet mit der Ergonomie.

Die Kurvenfahrt ist genau genommen eine überaus komplizierte Angelegenheit (*siehe*

1. Troy Bayliss demonstriert auf seiner Ducati 998 R Factory eindrucksvolles Hanging Off. Sein aggressiver Fahrstil lässt kaum Platz für halbe Sachen. In der Regel lässt er sich seine Motorräder weniger auf Handling als auf Stabilität abstimmen. Das fordert hartes Zupacken beim Umlegen, wird jedoch insgesamt mit größerer Stabilität belohnt.

1

auch unter »Lenkgeometrie«). Ganz gleich welcher Fahrstil nun praktiziert wird, ist der Schwerpunkt zentraler Angriffspunkt der wirkenden Kräfte. Beeinflusst wird er mehr oder weniger vom Motorrad und der Körperhaltung. Der Spielraum dieses »Mehr oder Weniger« wird zum großen Teil vom Fahrzeug vorgegeben, so dass nicht alle Fahrstile mit jedem Motorrad gleichermaßen sinnvoll erscheinen. Beim so genannten englischen Fahrstil bilden Fahrer und Maschine eine Linie. Das heißt, dass sich die gedachte Mittellinie (in der Vorder- und Rückansicht) von Fahrer und Fahrzeug decken. Ein großer Vorteil dieses neutralen Fahrstils ist, dass die eingeleiteten Unruhen durch den Fahrer auf ein Minimum beschränkt werden. Außerdem vermittelt dieser Fahrstil schon nach kurzer Zeit ein gutes Gespür für die reale Schräglage, wobei noch immer ausreichend Konzentrationsreserven für plötzlich auftauchende Hindernisse übrig bleiben.

Das spektakuläre Hanging-off ist beinharte Arbeit. Hintern und Knie werden dazu zur Kurveninnenseite verschoben, um den Gesamtschwerpunkt möglichst weit in die Kurve zu verlagern. Dabei benutzt man das Knie als Schräglagenmesser. Diesbezüglich unterscheidet man die so genannten »Tupfer«, die mit dem Kneepad die Straße eher selten und vorsichtig touchieren, und die »Schleifer«, die kräftig und lang über den Asphalt schmirgeln. Sollte sich ein wegrutschendes Hinterrad bemerkbar machen, kann man es mit dem Knie

2. Regis Laconi bewegt die Aprilia RSV Mille R bei der Superbike-WM in einem relativ gemäßigten Hanging off. Das spart Kraft und Energie für eine konzentrierte Fahrweise und fördert einen runden Fahrstil.

in manchen Situationen sogar noch abfangen. Stimmt die Fahrtechnik des Hanging-off, vermittelt dieser Stil durch den nahen und direkten Fahrbahnkontakt ein hohes Maß an Sicherheit. Dafür fordert er sehr viel Konzentration, eine perfekte Streckenkenntnis und viel Routine, so dass er sich nicht für den öffentlichen Straßenverkehr empfiehlt. Die nötige Übersicht bleibt dabei im wahrsten Sinne des Wortes auf der Strecke. Sinn macht er hingegen auf der Rennstrecke, also dort, wo es um maximale Kurvengeschwindigkeiten geht und erfahrene Piloten den genauen Streckenverlauf kennen und nicht von plötzlich auftauchenden Hindernissen überrascht werden.

Ideal sind für diesen Fahrstil supersportliche Motorräder mit tiefliegenden Lenker-Stummeln. Um den Schwerpunkt noch weiter nach unten und vorn zu bringen, wandert der Oberschenkel im Extremfall bis auf die Sitzbank. Manche Fahrer rutschen dabei quasi um den Tank herum (Michael Doohan), andere (z.B. Christian Sarron) bekommen sogar mit dem Ellenbogen Straßenkontakt. Bei dieser Fahrweise können sich die gewöhnlichen Fahreigenschaften eines Fahrzeugs gewaltig verändern. Je nachdem, welcher Reifen mit welchem Druck auf welcher Felge montiert ist, wie die Federelemente abgestimmt sind, ob das Heck ggf. angehoben oder die Gabel weiter durchgesteckt ist, verändert sich das Fahrverhalten teilweise dramatisch. Durch die versetzten Einzelschwerpunkte von Fahrzeug und Fahrer spürt man die Kräfte direkter als beim konventionellen Fahrstil. Unvorhergesehene Verzögerungen lassen das Motorrad, bedingt durch das Aufstellmoment, schnell zum Kurvenaußenrand treiben. Das kann so schnell gehen, dass der Fahrer Mühe hat, aus seiner hängenden Position heraus zu reagieren.

Neben der maximalen Kurvengeschwindigkeit kommt es dabei auf Stabilität, Handling und Beherrschbarkeit an. Faktoren, auf die der Fahrer einen relativ großen Einfluss nimmt. Natürlich stellt das Fahrzeug und dessen Abstimmung die Basis dar, doch ist der Fahrer in der Lage, diese Anlagen sowohl positiv als auch negativ umzusetzen. Darum ist wichtig, sich vorher eingehend mit dem Fahrverhalten des Motorrades auseinander zu setzen und sich mental darauf vorzubereiten. Trockenübungen mögen für den Außenstehenden vielleicht etwas ungewöhnlich aussehen, machen den Fahrer allerdings mit den Bewegungsabläufen vertraut. Dabei wird schnell klar, dass ein ehemals Handling fördernder Rohrlenker plötzlich die Ausmaße eines Hirschgeweihs annimmt.

Man erkennt auch, dass dieser Fahrstil nicht für Pseudo-Supersportler gedacht ist. Bei Straßenmotorrädern mit höher liegendem, breitem Lenker gewinnt zwar das Handling, doch übertragen sich so eher Störeinflüsse (Winddruck, Unebenheiten, Fahrerbewegungen), die anschließend die saubere Linie vereiteln. Da die Front im direkten Vergleich zum echten Supersportler weniger belastet ist, kann das Umsetzen dort für deutliche Fahrwerksun-

3

3. Der saubere Strich verrät den wahren Kurvenkünstler. So wird das Motorradfahren zum Festakt. Sporttourer lassen sich in der Regel leichter bewegen als supersportliche Motorräder, da sie mit ihrer Fahrwerksgeometrie und Sitzposition dem Fahrer mehr entgegenkommen. Von hinten lässt sich gut die bequeme, dennoch dynamische Sitzposition erkennen. Dank moderater Reifenbreiten halten sich die erforderlichen Lenkkräfte in Grenzen.

ruhen sorgen. Kritisch bleibt in diesem Fall auch das herabgesetzte Haftungsvermögen am Vorderreifen. Moderne Sportfahrwerke sind hinten meist mit breiten Reifen zwischen 170 und 190 Millimetern ausgerüstet. Daraus resultiert eine nicht unwesentliche Verschiebung der Aufstandsfläche bei Schräglage. Genau über diesen Punkt muss das Motorrad in die Schräglage gehebelt werden. Fett besohlte Sportmaschinen benötigen bei identischem Gewicht und Speed darum mehr Schräglage als Motorräder mit schmaleren Reifen. Das erklärt auch, warum das körperbetonte Hanging-off den Umgang mit Sport-Motorrädern erleichtert.

Das alles kann man sich schenken, wenn man auf öffentlichen Straßen unterwegs ist. Oberste Priorität hat dort die Sicherheit, wobei Übersicht über die Verkehrssituation die halbe Miete ist.

Dass das keineswegs etwas mit Langsamkeit oder gar Statik zu tun hat, wissen souveräne Routiniers und unterscheiden sich dadurch vom Greenhorn. Worauf es ankommt, ist eine runde Fahrweise. Sie ist, unabhängig davon, ob man auf einem Cruiser, Allrounder oder Supersportler sitzt, der wahre Schlüssel zum gleichmäßigen, sicheren, genussvollen sowie schnellen Fahren.

Gemeint ist die Linie, die möglichst wenig Lenkwinkelkorrekturen erfordert, die so genannte Ideallinie. Die allerdings kann man nur auf bekannten Streckenverläufen kennen. Auf unbekannten Strecken kommt es darauf an, sich nicht durch den schönen Eindruck des Kurveneingangs blenden zu lassen. Wer weiß schon, was am Ende auf einen wartet? Darum sollte man nicht zu früh in die Kurve einlenken. Erst dann, wenn der Straßenverlauf einwandfrei zu überblicken ist, kann die Schräglage vergleichsweise gefahrlos ausgenutzt werden. Bleiben Sie locker und entspannt und vermeiden Sie in kritischen Situationen zu abrupte Fahrmanöver. Denn der wahre Zweiradspaß stellt sich am schnellsten beim gleichmäßigen Fahren ein.

Ein anderer Fahrstil, der bis in die siebziger Jahre verbreitet war, ist das Drücken der Maschine in die Kurven. Während der Fahrer relativ senkrecht bleibt, bringt er das Motorrad über den Lenker in Schräglage. Der Vorteil liegt in der schnellen Reaktionszeit, so dass sich der Fahrstil für Ausweichmanöver im innerstädtischen Bereich gut eignet. Da die Lenkkräfte mit steigendem Tempo drastisch zunehmen, lassen sich Richtungsänderungen mit einem Motorrad ab einer gewissen Geschwindigkeit nicht mehr so leicht einleiten. Darum wendet man diesen Stil vorzugsweise bei Geschicklichkeitsfahrten (Trial) oder Moto Cross (Anlieger) an, die durch die aufrechte Sitzposition und den breiten Lenker gute Voraussetzungen mitbringen. Beim aggressiven Supermoto verbindet man die verschiedensten Fahrstile miteinander, wobei man das Drücken häufig in Verbindung mit einem kontrollierten Drift anwendet.

4. *Wenn es darauf ankommt, möglichst schnell die Richtung zu ändern, ist das Drücken nachwievor die einfachste Möglichkeit. Allerdings ist dieser Fahrstil ab einer gewissen Geschwindigkeit nicht mehr praktikabel. Werden die stabilisierenden Kräfte des Vorderrades zu groß, lässt sich der Lenker nicht mehr schnell genug schwenken. Darum kommt es beim Supermoto neben leichten Rädern auf einen breiten Lenker und einen steilen Lenkkopfwinkel mit kurzem Nachlauf an.*

FAHRTWINDKÜHLUNG

Luftkühlung; die entstehende Wärmeenergie wird durch Kühlrippen an die Umgebung abgegeben. Nachteil: durch große Temperaturschwankungen wird viel Spiel an den beweglen Bauteilen des Motors erforderlich, dadurch höhere Geräuschkulisse und Verschleiß; Vorteil: Einfacher, wartungsfreundlicher Aufbau, geringeres Gewicht, kostengünstigere Fertigung.

Siehe auch unter »Kühlrippen«

FAHRWERK

Das Fahrwerk ist die komplexeste aller Baugruppen am Motorrad. Es besteht aus Haupt- und Hilfsrahmen, Verkleidung, Radführungen, Rädern (inkl. Reifen), Federelementen sowie deren Mimik, und dient mit den vielen Aufnahmepunkte gleichzeitig als Gerüst. Ist ein Motor als tragendes Bauteil ins Fahrwerk integriert, hat sein Gehäuse entscheidenden Einfluss auf die Stabilität (hauptsächlich Biegung und Torsion). Die Konstruktionsvielfalt ist enorm. Von Press-Stahlrahmen über Gitterrohr-Fachwerke, Brücken-, Zentral-, Ein- und Doppelrohrrahmen, Verbundrahmen, oder rahmenlosen (Wegfall eines Hauptrahmens, nur Hilfsrahmen) Varianten hängt die Entscheidung vom Konzept, Design, Budget und Zweck ab. Zeigten sich die ersten, in Großserie produzierten Aluminium-Rahmen Mitte der achtziger Jahre nicht immer von der stabilsten und langlebigsten (Materialermüdung) Seite, erreichen heutige Konstruktionen einen sehr hohen Qualitätsstandard.

Übliche Materialien sind Stahl- und Aluminium-Legierungen. Hochfester Chrommolybdänstahl sowie ultra-teure Titan-, oder Magnesium-Legierungen gehören zu den besonders hochwertigen Werkstoffen.

Siehe auch unter »Vierzylinder« und »Vorderradführung«

Kühlrippen üben eine eigenartige Art der Anziehungskraft auf Motorradfahrer aus. Aus technischer Sicht sind sie notwendig – zumindest solange der Motor ausschließlich vom Luftstrom gekühlt wird. Die abgebildete Kawasaki Zephyr 550 kommt ohne Anti-Schwirr-Gummis zwischen den Rippen aus. Hubraumschwächere Motorräder laufen meist mit einer höheren Frequenz und sind in der Regel mit dünnwandigeren Kühlrippen ausgerüstet.

Formprofil-Rahmen

Ein Formprofil-Rahmen ist ein in seiner Bauform gestalteter Rahmen, meist aus Leichtmetall; nach dem Prinzip des Brückenrahmens bestehen die seitlichen Träger nicht aus geraden Profilen (Kasten-Rahmen), sondern sind aus einzelnen, oft tiefgezogenen Elementen zusammengeschweißt; Schwingenlagerung und Steuerkopf sind meist Gussteile (Sandguss); Vorteile: gute Integration ins Gesamtkonzept, ergonomische Gestaltungsmöglichkeit, hohe Stabilität, Nachteil: hohe Herstellungskosten, relativ breite Bauweise.

Kasten-Rahmen

Bimota revolutionierte den Fahrwerksbau durch eine möglichst geradlinige Verbindung zwischen Lenkkopf und Schwingenlagerung. Dieses Konzept war der Vorläufer der Brückenrahmen. Dabei hängt der Motor zwischen zwei massiven, seitlich angebrachten Trägerteilen. Vorteilhaft ist das großzügige Platzangebot für die Airbox. Bei Vierzylinder-Reihen-Triebwerken fällt das Motorrad allerdings recht breit aus.

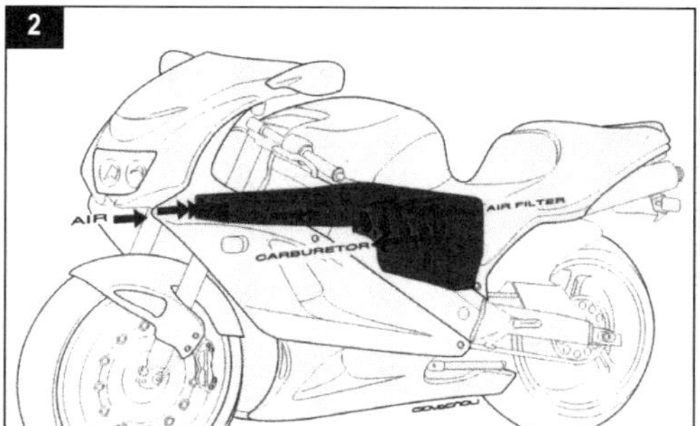

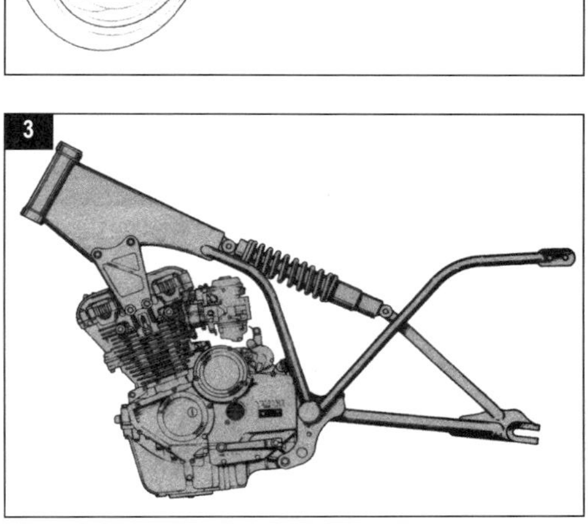

1. *Ein Fahwerk besteht prinzipiell aus Rahmen und Federelementen. Häufig wird der Motor auch als tragendes Element ins Fahrgestell integriert. Das Brückenkonzept der supersportlichen Honda CBR 1000 RR Fireblade offenbart, wie kompakt eine moderne Konstruktion ausfallen kann. Ihr Alu-Rahmen besteht aus miteinander verschweißten Profilen. Darum wird er auch Formprofilrahmen genannt. Andere Hersteller gehen zugunsten einer besseren Gestaltungsmöglichkeit dazu über, vermehrt gegossene Teile zu verwenden, die weniger Schweißnähte erfordern und so die Toleranzen weiter reduzieren.*
2. *Wie bereits die Bimota SB 6, weist auch die noch SB 6R (Grafik) einen mächtigen Kastenrahmen auf, der Steuerkopf und Schwingenaufnahme auf direktem Weg miteinander verbindet.*
3. *Wenn es auf eine kostengünstige Herstellung bei großen Produktionszahlen ankommt, stellt der Press-Stahlrahmen einen der günstigsten Kompromisse dar. Solange es nicht auf höchste Verwindungssteifigkeit ankommt, kommt er auch bei hubraumschwächeren Motorrädern zum Einsatz (Bild zeigt Yamaha XS 400 DOHC von 1982).*

Press-Stahlrahmen

Press-Stahlrahmen finden häufig im Rollerbereich Verwendung. Durch die kostengünstige Fertigung bietet er Vorteile gegenüber aufwändigen (dafür aber auch stabileren) Rohrrahmen. Die ersten Honda-Modelle wie beispielsweise die C 72 von 1960 war mit einem unten offenen Press-Stahlrahmen ausgestattet.

Twin-Spar-Brückenrahmen (Leichtmetall)

Gewichtsarme und belastbare Kastenprofilrahmen aus Leichtmetall sind das Ergebnis eines langen Entwicklungsprozesses. Die Honda Racing Company, kurz HRC, bedient sich dieser aufwändigen Herstellung seit 1986. Erstes Modell war die NSR 250-Werksrennmaschine. Der Bau eines solchen Chassis erfordert eine umfangreiche computergestützte Entwicklung und ausgiebige Praxistests. Denn je leichter ein Material ist, desto wichtiger und gleichzeitig schwieriger wird es, eine biegefeste und hochbelastbare Konstruktion zu realisieren. Eine besonders wichtige Rolle spielt die strukturelle Steifigkeit im Bereich zwischen Lenkkopf und der Schwingenaufnahme aus Duralumin (eine hochfeste Aluminiumlegierung). Dafür sorgt eine Kombination aus extrudierten Kastenprofilen und Blechen. Varianten zu diesem Thema stellen unter anderem die erste CBR 900 RR Fireblade und die VTR 1000 F dar. Während die erste Fireblade noch über eine ausschließlich im Rahmen gelagerte Hinterradschwinge verfügt, war die VTR 1000 F Honda's erste Serienmaschine, bei der die Schwinge im Motorgehäuse fixiert wurde.

4

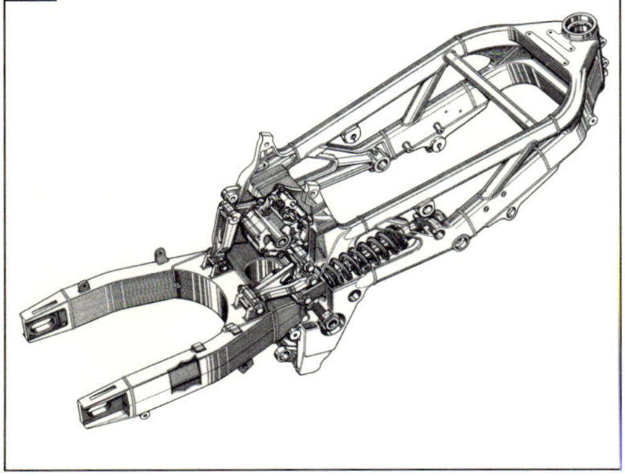

4. *Suzuki verwendete bei der TL 1000 S von 1997 einen so genannten Twin Spar-Rahmen aus Leichtmetall. Mit seinen beiden übereinander liegenden Streben gehört er zur Gruppe der Gitterrohr-Rahmen. Die Hinterhand wird über einen Rotationsdämpfer beruhigt. Vorteil ist neben der kompakten Bauweise eine progressive Anhebung der Dämpfung. Als nachteilig stellte sich jedoch die Aufheizung heraus, so dass die Dämpfung bei starker Beanspruchung nachließ.*

FAHRWERKSGEOMETRIE

Die Fahrwerksgeometrie ist in großem Maße für Handling und Stabilität eines Fahrzeugs verantwortlich. Dazu gehören unter anderem die Schwerpunktlage (Balance), Lenkkopfwinkel, Nachlauf und Radstand.

Siehe unter »Lenkgeometrie«

FAIS

Fresh **A**ir **I**ntake **S**ystem; Yamaha's Vorstufe zu den heutigen Staudruckaufladungs-Systemen. Das FAIS sorgte erstmals in der FZR 1000 Genesis von 1987 für soliden Punch. Hintergrund war nicht etwa wie heute eine geschwindigkeitsabhängige Vorverdichtung des Kraftstoff-/Luftgemisches, sondern eine niedrige Temperatur des Gemisches. Durch die verbesserte Zylinderfüllung steigen Leistung und somit Wirkungsgrad des Triebwerkes.

FALTENBALG

Faltenbälge sind eine äußerst nützliche Hilfe um die Standrohre der Telegabel zu schützen. Schutzlos in den Wind gestellte Gleitrohre leiden häufiger unter Undichtigkeiten, die von einer mit der Zeit beschädigten Chromschicht herrühren können. Optisch waren sie nie der letzte Schrei und praktisch war der Montageaufwand relativ hoch (die Gabel musste komplett nach unten herausgezogen werden). Seit einigen Jahren verwendet man darum die eher zierlichen, aber wirkungsvollen Schützer aus Kunststoff, die die Gleitrohre im besonders empfindlichen Bereich knapp über den Simmerringen vor Steinschlag und Insekten schützen.

FAT BOY

Die Harley-Davidson Fat Boy sollte jeder kennen. Letztendlich ist sie das Urviech aller fettbesohlten Big Banger. Bar jeden Verkleidungszierrates zeigt sie, was Klasse hat. Die wahrscheinlich stilvollste Art, eine Big-Harley zu fahren. Gut, es gibt die pompös ausgestatteten Electra und Tour Glides, doch sind die für einen echten Cruiser eigentlich viel zu verbaut. Einfacher ist schöner, ist fetter, ist Fat Boy.

Siehe auch unter »Harley-Davidson«

FCKW

FCKW steht für **F**luor**c**hlor**k**ohlen**w**asserstoffe, die zur Gruppe der Kohlenwasserstoffverbindungen gehören; ein altbewährtes Treibgas (Treibhauseffekt), welches seit 1930 unter anderem in Kühlschränken, Klimaanlagen und in vielen Spraydosen verwendet wurde. Durch die zerstörerische Wirkung in Zusammenhang mit der Ozonschicht, wurde die Produktion verboten.

FEDERBASIS

Die Federbasis bestimmt über die Vorspannung den Negativfederweg des Motorrades. Je nach Feder und Beladungszustand sollte die Federbasis angepasst werden. Bei Verstellmöglichkeit erfolgt die Einstellung in der Regel über Spezialmuttern (Hakenschlüssel, hinten) oder Außensechskant (Gabel). Wichtig: Nur so hart wie nötig, und so weich wie möglich;

Wer von Cruisern spricht, dem sollte die Harley-Davidson Fat Boy nicht unbekannt bleiben. Sie ist das Urviech der mächtigen Cruiser. Die FLSTF war 1990 Begründerin der betont ruhigen Gangart. Das abgebildete Modell entspricht dem 2004er-Jahrgang.

Negativfederweg rund 25–30 % des Gesamtfederweges.

Siehe auch unter »Dämpfung« und »Federhärte«

FEDERBEINAUGE

Beim Federbein sind die auftretenden Kräfte an den Befestigungspunkten (dem oberen, beziehungsweise unteren Federbeinauge) groß. Besonders bei den zentralen Federungssystemen sind die Kräfte enorm. Darum wuchsen die Ansprüche an deren Festigkeit proportional an. Zwecks Höhenverstellung für mehr Bodenfreiheit oder individueller Fahrwerkseinstellung findet man am rahmenseitigen Ende des Federbeins gelegentlich auch ein üppig bemessenes Feingewinde. Ist das bereits ausgereizt, lohnt der Blick in den Zubehörkatalog, wo eventuell geänderte Umlenkhebel angeboten werden.

FEDERBEINE

Die klassische Ausführung der Hinterradfederung und -dämpfung erfolgt über zwei separate Federbeine, auch Duo-Federbeine genannt.

Hochwertige Komponenten lassen sich in Basis, Zug- und Druckstufe unabhängig voneinander verstellen. Gasdruckfederbeine verhindern das bei hohen Belastungen auftretende Aufschäumen des Dämpferöls.

FEDERHÄRTE

Die Federhärte gibt Auskunft über einen Teil des Federcharakters, abhängig von der Federkennung (progressiv oder linear). Die Federhärte kann nicht verstellt werden (allenfalls durch den Austausch der Feder, nur die Federbasis (Federvorspannung). Da viele Motorräder über eine zu weiche Feder verfügen, lohnt je nach Gewicht und Einsatzzweck (sportliche Fahrweise, mit Sozius/ Gepäck) die Umrüstung auf eine härte Feder. Sie wird in KN/cm angegeben. Häufig wird ein zu weiches Fahrwerk mit einem hohen Maß an Komfort verwechselt. Ein zu weiches Fahrwerk ist mit der Zeit jedoch recht nervig, da die Zielgenauigkeit und die Reifenhaftung darunter leiden. In der Regel ist es jedoch so, dass mit einer härteren Feder auch die erforderliche Dämpfung zunimmt. Darum zeichnen sich gute Alltagslösungen neben einer korrekten Federhärte durch einen breiten Verstellbereich der Federbasis und Dämpfung aus.

FEDERKENNLINIE

Zeigt die Kennlinie (Charakter) einer Feder. Übliche Varianten: Progressiv (zunehmende Härte), linear (konstante Härte).

Gut zu erkennen ist die stufenlos verstellbare Federbasis per Federvorspannung am Feingewinde. Dennoch passt sie nicht zu jedem Fahrer oder Einsatzzweck. Da sich der Wicklungsabstand mit zunehmender Vorspannung verringert, würden sich die Windungen bei zu großer Vorspannung irgendwann berühren. Der Restfederweg wäre gleich null. Aus diesem Grund sollte die Federhärte (Federrate) dem Fahrergewicht unter Berücksichtigung des Negativfederweges angepasst werden. Aus diesem Grund bieten Spezialisten für vorne und hinten häufig Nachrüst-Schraubenfedern an. Üblich ist die Angabe der Federrate in KN/cm. Wichtig ist, dass die erforderliche Dämpfung mit steigender Federkraft zunimmt. Mit einer weiter vorgespannten oder härteren Feder allein ist es also nicht zwangsläufig getan.

FEDERRATE

Die Federrate gibt an, wie viel Kraft erforderlich ist, um die Feder um ein definiertes Längenmaß zu komprimieren. In der Praxis wird meist »Kilonewton je Zentimeter« verwendet.

FEDERUNG

Unter Federung versteht man die Bauteile, die für die Aufnahme der eingeleiteten Stoßenergie verantwortlich sind. Beispiele: Telegabel, Tragfeder, Dämpfer, Zentralfederbein.

Siehe auch unter »Vorderradfederung/-führung«

FEDERWEG

Der Federweg gibt Auskunft über die von den Federelementen zur Verfügung gestellten Arbeitswege. Insbesondere bei Systemen mit Zentralfederbein kann sich dieser Wert auf den Hub am Federbein selbst oder das Maß ausgehend von der Radachse beziehen. Interessant wird der Federweg auch beim individuellen Abstimmen des Fahrwerks. Demnach soll das Fahrzeug vorn und hinten mit Fahrer jeweils zwischen 25 und 30 Prozent des Gesamtfederweges einfedern. Bei diesem Maß spricht man vom Negativfederweg.

FELGEN

Dienen zur Aufnahme und Fixierung der Reifen. Die Fixierung erfolgt durch die Flächenpressung auf den Humps. Aus Sicherheitsgründen sollte die Reifenmontage mit anschließender Wuchtung einer Fachwerkstatt überlassen werden. In den neunziger Jahren entwickelte BMW die erste Speichenfelge, die keinen separaten Schlauch benötigt und die die Montage von Schlauchlosreifen erlaubt. Dies wurde durch außen liegende Speichen möglich. Der technische Vorteil von Speichenfelgen liegt in der höheren Elastizität. Im Vergleich zu neuesten Gußfelgen sind sie je nach Konstruktion schwerer und bedürfen einer zusätzlichen Wartung (Kontrolle der Speichenspannung). Für Geschwindigkeiten über 200 km/h sind sie auf Grund der Toleranzen und bereits erwähnten Elastizität nicht wirklich geeignet.

Verschraubte Reifen findet man bei Dragstern und Sandbahn-Rennmaschinen. Die ersten Gußfelgen kamen bei Großserienmaschinen 1976 bei der BMW R 100 RS zum Einsatz, ab 1978 waren sie auch bei japanischen Modellen (Kawasaki Z 1000 Z1-R) anzutreffen. Die jedoch waren weit schwerer als die filigranen Speichenräder. Erst die Verwendung hohlgegossener Felgen brachte einen deutlichen Gewichtsvorteil. Zu den ersten Motorrädern zählte die Yamaha FZR 1000 Genesis (1987) mit ihren Dreispeichen-Gußfelgen. Heutige Rennmaschinen rollen auf Alu-Magnesium-Felgen. Deren Vorteil liegt im spürbar verbesserten Handling bei höheren Geschwindigkeiten. Diese Entwicklung zu immer leichteren Teilen setzt sich auch bei Großserien-Motorrädern immer mehr durch.

Siehe auch unter »Reifen«

FESTSATTEL

Dient zur Aufnahme der Bremsbeläge bei Scheibenbremsanlagen. Gegenüber Schwimmsattelbremsen sind Festsättel starr am Holm montiert. Dadurch weisen Festsättel mindesten zwei Kolben auf. Die Durchmesser der

Radial montierte Bremszangen wie sie Valentino Rossi bis 2003 an seiner Honda RC 211V nutzte gehören mittlerweile auch bei supersportlichen Serienbikes zum guten Ton. Auf die Kohlefaser-Scheiben muss der Otto-Normal-Fahrer jedoch verzichten.

Kolben können unterschiedlich ausfallen und bieten den Vorteil eines gleichmäßigeren Verschleißbildes. Bedingt durch die Hitzentwicklung beim Bremsvorgang benötigt die Festsattelbremse eine »elastische« Bremsscheibenaufhängung, die so genannte schwimmend, oder halbschwimmend gelagerte Bremsscheibe (Fixierung mittels Floater). Meist bestehen Festsättel aus zwei verschraubten Hälften. Eine Ausnahme bilden die einteiligen Ausführungen einiger Yamaha-Modelle, die sich durch konstant gute Bremsleistungen fadingfrei dosieren lassen. Neueste Festsättel in Radial-Bauweise haben ihren Ursprung im Rennsport. Erstmals sind im Jahr 2003 Serienmotorräder damit ausgerüstet (Suzuki GSX-R 1000, Aprilia RSV Mille R, *siehe auch »INTERMOT«*).

FIM

Fédération Internationale Motocycliste, gegr. 1904 in Genf/Schweiz. Sie ist eine Dachorganisation aller nationalen Rennsport-Behörden.

FIREBLADE

Beiname der leichtgewichtigen Honda CBR 900 RR Fireblade (Vorstellung 1992). Wörtlich übersetzt bedeutet es soviel wie »Feuerklinge«; leitender Konstrukteur: Tadao Baba

Siehe auch unter »Honda«

FIRESTORM

Beiname der Honda VTR 1000 F Firestorm (ab 1997). Vorgestellt auf der IFMA 1996 in Köln. Übersetzt bedeutet es soviel wie »Feuersturm«. Entgegen der tieferen Bedeutung handelt es sich bei dem V2-Antrieb um einen durchzugs- und leistungsstarken Gesellen, der sich jedoch exzellent zivil bewegen lässt. Supersportlicher Ableger ist die VTR 1000 SP I (ab 2000), bzw. SP II (ab 2002).

Siehe auch unter »Honda«

FLAT-HEAD

Siehe unter »Harley-Davidson«

FLAGGENSIGNALE

So schön der Motorsport auch ist, sollte nicht vergessen oder verdrängt werden, dass die Sturz- und damit Verletzungsgefahr dabei allgegenwärtig ist. Wenn Rennfahrer ihr Bestes geben, stehen sie unter enormem Stress. Die scheinbar routinierte Folge von Gasgeben, Bremsen, Abwinkeln, Beschleunigen und Überholen sieht für Außenstehende (und manchmal auch für den Fahrer selbst) häufig völlig normal und selbstverständlich aus – und ist es aber dennnoch nicht. Da verliert der eine nach einem geplatzten Motor plötzlich Öl, der andere stürzt gleich hinter einer unübersichtlichen Kuppe und der Nächste blockiert seinen Hintermann schon seit mehreren Runden.

Es sind immer die unerwarteten Dinge, die besonders gefährliche Situationen herbeiführen. Um das Risiko so gering wie möglich zu halten, gibt es feste Regeln, an die sich die Teilnehmer halten müssen. Dazu gehören unter anderem die international gültigen Flaggensignale, die die Teilnehmer über die Gefahrenstellen, beziehungsweise die derzeitige Situation auf der Strecke informieren. Hier finden Sie die wichtigsten:

Gelbe Flagge

Überholverbot – Gefahr durch Sturz oder Teile auf der Strecke. Wird sie geschwenkt, ist die Gefahr unmittelbar voraus. Wird sie beidhändig geschwenkt, ist die Strecke blockiert. Ist die gelbe Flagge zudem mit senkrechten roten Streifen versehen, ist die (durch ausgelaufene Flüssigkeiten) Strecke rutschig.

Blaue Flagge

Rivale folgt – wird sie geschwenkt, ist der Konkurrent deutlich schneller, so dass der Vordermann Platz machen muss. Macht der langsamere Vordermann trotz aller Warnungen keinen Platz, folgt die Blaue Flagge mit weißem Kreuz und ist die letzte Aufforderung zum Platzmachen. Ansonsten folgt die Disqualifikation.

1

2

1. *Tadao Baba's Meisterwerk war die legendäre Honda Fireblade. Erster Typ war die SC28, wog ganze 203 kg und leistete 124 PS. Für damalige Verhältnisse phänomenale Eckdaten. Charakteristisch war über lange Jahre das nur 16" kleine Vorderrad mit breitem 130er-Pneu.*
2. *Für den Jahrgang 1998 (Bild, SC44) wurde die Fireblade umfangreich überarbeitet. Seit 1996 verfügt sie bereits über den auf 919 ccm aufgebohrten Motor.*

Grüne Flagge
Freie Fahrt – Eingeschränkter Fahr-/Rennbetrieb ist wieder aufgehoben.

Rote Flagge
Renn-/Trainingsabbruch – in angepasstem Tempo in die Box fahren.

Schwarze Flagge
Disqualifikation – bekommt ein bestimmter Fahrer die schwarze Flagge gezeigt, muss er auf direktem Weg in die Box. Für ihn ist das Rennen zu Ende. Wird eine schwarz-weiß diagonal geteilte Flagge geschwenkt, erhält der betreffende Fahrer eine Verwarnung wegen unsportlichen Verhaltens.

Weiße Flagge
Langsameres Fahrzeug – Pace- oder Safety-Car auf der Strecke.

Schwarz-Weiß karierte Flagge
Rennende – Mit dem Schwenken der Zielflagge ist das Rennen offiziell zu Ende.

FLATTERN, SHIMMY
Als Flattern bezeichnet man das schnelle Hin- und Herschlagen der Lenkung (Rad, Gabel, Lenker, etc.) im Geschwindigkeitsbereich zwischen 30 und 80 km/h. Mögliche Ursachen: Zu locker eingestelltes Lenkkopflager, Reifenunwucht, ungünstige Reifenwahl, starke Profilauswaschungen. Konstruktionsbedingt: geringer Radrückstellkräfte durch zu steil anstehende Gabel.

Siehe auch unter »Lenkgeometrie« und »Kick Back«

FLOATER
Aufnahmeteile zur schwimmenden Befestigung von Bremsscheiben.

Siehe auch unter »Festsattel«

FRONTSCHEIBE
Steilstehende Frontscheiben sind wie geschaffen für dicke Reise-Cruiser. Durch ihre Transparenz versaubeuteln sie noch nicht einmal die massive Optik der Dickschiffe. Bis etwa 110 km/h machen sie für Feinde des Windes einen praktischen Sinn, darüber nehmen die Turbulenzen allerdings ungesunde Ausmaße an und können unter anderem zum Pendeln anregen.

FROSTSCHUTZMITTEL
Glysantin, der Mischungsanteil an der Kühlflüssigkeit beträgt je nach Herstellerangaben etwa 50 % der gesamten Kühlflüssigkeit.

Große Frontscheiben bieten einen großen Windschutz, können die Fahrstabilität jedoch negativ beeinflussen. Aus diesem Grund fällt die Zubehör-Verkleidung für die Triumph Rocket III verhältnismäßig klein aus.

FÜHRERSCHEIN (Stand Juni 2002)

Klasse M ***(Kleinkrafträder max. 50 ccm und max. 45 km/h (Mokick, Moped), früher Klasse 4***

Erf. Mindestalter: 16 Jahre
Theoriepflicht: 12 x 90 Min.+ 2 x 90 Min. (klassenspezifischer Stoff)
Fahrstunden: je nach Fähigkeit ca. 2–6 x 90 Min.
Sonderfahrten: nicht vorgeschrieben
Prakt. Prüfung: 30 Min.

Bemerkung: *Kleinkrafträder mit einer Höchstgeschwindigkeit von mehr als 45 aber max. 50 km/h dürfen mit dieser Klasse nur dann gefahren werden, wenn sie bis zum 31.12.2001 erstmals in den Verkehr gekommen sind.*

Klasse A1 ***(Leichtkrafträder mehr als 50 ccm aber max. 125 ccm und 11 kW), früher Klasse 1b***

Erf. Mindestalter: 16 Jahre
Theoriepflicht: 12 x 90 Min.+ 4 x 90 Min. (klassenspezifischer Stoff)
Fahrstunden: je nach Fähigkeit ca. 10 x 45 Min.
Sonderfahrten: 12 x 45 Min.
Prakt. Prüfung: 45 Min.

Bemerkung: *Fahrer unter 18 Jahren dürfen nur Leichtkrafträder mit einer Höchstgeschwindigkeit von nicht mehr als 80 km/h fahren. Wer im Besitz des Führerscheins der ehemaligen Klassen 2, 3 oder 4 ist und diese Fahrerlaubnis vor dem 1.4.1980 erstmals erteilt bekam, ist berechtigt, Fahrzeuge, die mit dem Führerschein der Klasse A1 bewegt werden dürfen, zu fahren.*

Klasse A ***(Krafträder mit oder ohne Beiwagen, und einem Hubraum von mehr als 50 ccm sowie einer Höchstgeschwindigkeit von mehr als 45 km/h), früher Klasse 1 (offen), bzw. 1a: (Stufenführerschein)***

Erf. Mindestalter: 18 Jahre (34 PS)/ 25 Jahre (Direkteinstieg)
Theoriepflicht (ohne Vorbesitz A1) : 12 x 90 Min.+4 x 90 Min. (klassenspezifischer Stoff)
Theoriepflicht (mit Vorbesitz A1): 6 x 90 Min. + 4 x 90 Min. (klassenspezifischer Stoff)
Fahrstunden: je nach Fähigkeit ca. 10 x 45 Min.
Sonderfahrten (ohne Vorbesitz A1): 12 x 45 Min.
Sonderfahrten (mit Vorbesitz A1): 6 x 45 Min.
Prakt. Prüfung: 60 Min.

Bemerkung: *Die Klasse A wird zunächst nur für Krafträder bis 25 kW (34 PS) erteilt, wenn die Motorleistung nicht mehr als 0,16 kW pro kg Leergewicht beträgt. Nach zweijährigem Führerscheinbesitz dürfen alle Krafträder gefahren werden. Personen, die bereits 25 Jahre alt sind, können die Klasse A ohne Leistungsbeschränkung direkt erwerben. Ausbildung und Prüfung müssen dann auf einem Motorrad mit mindestens 44 kW Motorleistung erfolgen.*

Mit 18 Jahren ist der Weg frei, um mit dem eigenen Motorrad praktische Erfahrungen zu sammeln und das Biker-Leben hautnah zu erleben. Für viele Jugendliche ein Traum. Zum Glück gibt's auch wieder mehr einsteigerfreundliche Motorräder. Doch der Weg dahin ist lang – und teuer. Einige Hersteller bieten darum Finanzierungsprojekte an – inklusive der Führerscheinkosten.

FULL FLOATER

Parallel zu anderen Herstellern entwickelte Suzuki zu Beginn der 80er Jahre ein eigenes Federungssystem. Besonderheit ist, dass das Federbein von beiden Seiten komprimiert wird.

Siehe auch unter »Suzuki«

FUNBIKE

Wie der Name schon sagt, soll ein Funbike für reichlich Fahrspaß sorgen. Da das Salz in der Motorradsuppe die Kurven sind, sind erstklassiges Handling und ein stabiles Fahrwerk Voraussetzung. Dabei nimmt man gern eine etwas höhere Sitzposition in Kauf. Der Motor muss kräftig und willig zur Sache kommen. Ob es sich dabei um einen Ein-, Zwei-, Drei- oder Vierzylinder handelt, ist weniger interessant, solange das Fahrzeuggewicht nicht zu hoch ausfällt. Haftungsfähige Reifen und kräftige Bremsen runden das Bild ab. Trendsetter der Funbikes war die KTM Duke.

FUSSRASTEN

Die Fußrasten sollen den Füßen sicheren Halt bieten. Ihre Position hat großen Einfluss auf die Ergonomie (klassisches Dreieck, bestehend aus den Eckpunkten Sitzbank, Lenker und Fußrasten). In der Regel verwendet man klappbare Rasten, die beim Aufsetzen in Schräglage nachgeben.

Herstellung: Heute meist Aluminium-Guss (früher Stahl-Guss), selten sind edle Frästeile (Zubehör)

Da die Rastenanlage fest mit dem Fahrzeug verbunden ist, muss bei den Zubehör-Produkten eine ABE vorliegen. Cruiser-Modelle sind häufig mit Trittbrettern versehen.

Mit der KTM Duke (Bild zeigt Typ II von 2004) lassen sich spielerisch Wheelie's produzieren und im engen Geläuf selbst dreimal so starke Big Bikes versägen. Der schlanke, wassergekühlte Einzylindermotor stammt in seiner Basis von der LC4.

G

GABELÖL

Alle zehn- bis fünfzehntausend Kilometer steht der Wechsel des Gabelöls auf dem Plan. Ständiges Durchpumpen durch kleine Bohrungen zehrt an der Viskosität des Saftes. Bereits nach wenigen tausend Kilometern Fahrstrecke verringert sich dieser Wert um etwa 20 Prozent. Im Klartext heißt das, wer zum Anfang der Saison frisches 20er Öl einfüllt, fährt einen Monat später nur noch mit SAE 15W. Kein Wunder, denn jeder Hub an den beiden Gabelholmen bedeutet, dass eine rund 40 mm hohe Ölsäule durch eine Vielzahl von Ventilen und Membranen vorbeigequetscht werden muss.

Vor dem Wechsel sollten erst mal alle wichtigen Daten organisiert werden, zur Not wird einfach ein Vertragshändler in der näheren Umgebung gefragt. Doch Vorsicht: Bereits bei der Fragestellung sollte man sich über verschiedene Begriffe klar werden.

Die Viskosität (SAE)

Gibt Auskunft über die Zähflüssigkeit des Mediums. Je höher der Kennwert, umso dicker ist der Stoff, verhärtet also die Dämpfung (Zug- und Druckstufe gleichermaßen).

Die Gabelölmenge (ccm)

Kennzeichnet die einzufüllende Menge in Kubikzentimetern oder Litern; dabei können für den linken und rechten Holm unterschiedliche Werte vorkommen. Zudem unterscheiden sich die Angaben für einen normalen Wechsel (nur über die Ölablassschraube) oder für eine Neubefüllung (nach einer Zerlegung mit anschließender Reinigung).

Der Ölstand (mm)

Gibt die Höhe des Ölniveaus an, gemessen von der Oberkante des Standrohres. Dabei ist es ausschlaggebend, in welcher Position sich der Gabelholm befindet (komplett zusammengeschoben oder ausgefahren); egal welcher Wert im Einzelfall relevant ist, links und rechts ist auf jeden Fall ein identisches Luftpolster von wichtiger Bedeutung.

Die Praxis

Als Erstes werden die beiden Gabelstopfen an den oberen Enden der beiden Standrohre gelöst (nicht entfernen), bei einigen älteren Modellen befindet sich dort ein Sicherungsring mit darunter liegendem Halbzollvierkant – dieser wird erst entfernt, wenn das Vorderrad nicht mehr belastet ist, also frei schwebt oder bereits ausgebaut ist. Bei unverkleideten Maschinen tut's immer noch die gute alte Bierkiste, mit zwei, drei Holzkeilen zum Abstützen an den Seiten. Besitzer vollverkleideter Motorräder schrauben entweder das Verkleidungsunterteil ab (... und ärgern sich über die meist äußerst unpraktisch verlegte 4-1-Auspuffanlage) oder verfügen über einen professionellen Frontheber mit Abstützmöglichkeit unterhalb des Lenkkopfes. Nun werden die eingangs beschriebenen Standrohrstopfen an den oberen Enden entfernt (Vorsicht: Sie stehen unter Vorspannung!). Nun können die Federn und ggf. die Vorspannhülsen entfernt werden. Als Nächstes wird ein passender Auffangbehälter unter eines der Tauchrohre gestellt. Jetzt wird auf selbiger Seite die Ölablassschraube komplett entfernt, so dass das Altöl sauber in die darunter stehende Schüssel abfließen kann.

Neues Gabelöl einfüllen

Jetzt ist es Zeit, das vorgeschriebene (oder individuell gewählte) Gabelöl einzufüllen. Dazu kippt man zunächst lediglich rund zwei Drittel der Gesamtmenge in beide Holme. Dann wird die Gabel wieder durch Auf- und Abbewegen (etwa 10- bis 20-mal) entlüftet, um die in den kleinen Zwischenräumen sitzende Luft hinauszudrücken. Abschließend kann auf das gewählte Maß (entweder volumen- oder luftpolsterspezifisch) aufgefüllt werden. Zu guter Letzt vergleicht man auf beiden Seiten das Luftpolster zur Oberkante des Standrohres und korrigiert ggf. das eine zum anderen. Stimmen beide Werte überein, kann auch das vorher entfernte Innenleben wieder eingebaut werden. Zum Schluss werden noch die Verschlusskappen montiert, doch Vorsicht: Die Feingewinde sind empfindlich gegen Beschädigung und schiefes Einschrauben. Nach der Schraubenkontrolle kann das Motorrad wieder abgebockt werden und steht zur nächsten Ausfahrt bereit.

GABELSTABILISATOR
Wurde in den siebziger und achtziger Jahren oft zur Stabilisierung der Vorderradgabel verwendet. Hintergedanke war eine erhöhte Torsionssteifigkeit, die eine bessere Parallelität der Gabelholme gewährleisten sollte. Dieses Mittel zur Stabilitätsförderung des Fahrwerks hatte jedoch auch seine Tücken: Bei der Montage muss auf absolute Spannungsfreiheit geachtet werden, da die Holme ansonsten verkanten. Ein unsensibles Ansprechverhalten der Gabel sowie undichte Simmeringe konnten ansonsten die Folge sein.

GENESIS
Yamaha's Genesis-Konzept erlebte seine Geburt mit der Präsentation der Ur-FZR 1000, der Genesis (1986). Seinerzeit noch ohne drehmomentsteigerndes Exup-System im Auslasstrakt, verfügte es aber von Anfang an über den Delta-Box-Rahmen. Soviel Leistung bei so guten Fahreigenschaften waren im Serienbau bis dato unbekannt.

Siehe auch unter »Yamaha«

GEPÄCKHAKEN
Diese kleinen nützlichen Häkchen befinden sich unterhalb der Sitzbank und bieten Befestigungspunkte für ein Spinnennetz oder sonstiges Verzurrungswerkzeug. Kawasaki gehörte Anfang der achtziger Jahre zu den ersten Herstellern, die ihre Modelle damit ausrüsteten.

GEPÄCKTRÄGER
Gepäckträger gibt's in den unterschiedlichsten Formen und Bauarten. Seit geraumer Zeit bie-

Mit ihrem Genesis-Konzept schrieb die erste Yamaha FZR 1000 (Bild, Typ 2LA) im Jahre 1987 Motorradgeschichte. Ihr stark nach vorn geneigter, 135 PS starke Reihenvierzylinder sitzt in einem Leichtmetall-Brückenrahmen. Der Hit waren damals die imposanten 320er Bremsscheiben – so etwas gab es sonst nur vom Spezialisten. Insgesamt überzeugten Motorrad und Konzept durch eine erstaunliche Ausgewogenheit. Parallel erhielt im Erscheinungsjahr auch die zwanzigventilige FZ 750 (Typ 2KK) den Beinamen Genesis. Mit breiterem Hinterreifen und heruntergezogener Verkleidung sprach sie eher den Sporttourer als den reinen Sportfahrer an. Eine Idee, die grundsätzlich mit dem Konzept harmonierte und über viele Jahre zu einem festen Begriff in der Motorradszene wurde.

ten auch die Hersteller selbst passende Ausstattungsoptionen an. Von der einfachen Gepäckbrücke bis hin zum fertigen Gepäckträger samt Koffer-System ist am Markt alles zu haben.

GESPANNE

Egal ob sportlich, komfortabel oder rustikal: Gespann-Fahren findet zunehmend mehr Freunde. Kein Wunder, gibt es doch eine passende Auswahl an Fahrzeugen, Booten und Komplett-Gespannen. Trotzdem, der konstruktive Aufwand für die Dreiräder ist meist beträchtlich. Aber da gibt es auch noch die netten MZ-Modelle die seinerzeit für einen konkurrenzlos günstigen Preis die alten Zschopauer Hallen verließen – sie haben nichts von ihrem Reiz verloren. Oder die Russen-Gespanne namens Dnepr oder Ural. Der Trend jedoch geht andere Wege. Hin zum individuellen Breitreifen-Gefährt mit viel Drehmoment, weg vom gebrauchsorientierten Nutzgespann. Kompliziert wird's, wenn es um eine Probefahrt geht: Da nur sehr wenige Händler mehrere Gespanne gleichzeitig verfügbar haben, ist es ratsam und sinnvoll, seine ersten Gespannerfahrungen mit einem günstigen Beiboot zu sammeln.

GETRENNTSCHMIERUNG

Schmiersystem für Zweitaktmotoren. Das in einem separaten Öltank befindliche Zweitaköl wird mittels Pumpe über Leitungen und Düsen direkt zu den Zylindern gepumpt. Eine von der Gasgriffstellung abhängige Walze steuert die Ölmenge, die analog zur Motordrehzahl angepasst werden muss.

GETRIEBE

Das Getriebe ermöglicht dem Fahrer, je nach Last und Drehzahl eine geeignete Fahrstufe mit entsprechender Über- oder genau genommen Untersetzung zu wählen. Üblich sind heute sechs Gänge, bei drehmomentstarken Motorrädern genügen aber auch derer fünf. Ein Getriebe besteht aus mindestens zwei Wellen: der Getriebeeingangs-(Vorgelege) und -ausgangswelle. Die Verbindung zum Motor wird beim Schaltgetriebe über den Primärtrieb (Zahnrad oder Kette), bzw. die Kupplung (nur sehr vereinzelt über einen automatischen Drehmomentwandler) hergestellt, die auf der

Der Zubehörmarkt ist groß und bietet hochwertige Produkte für jeden Geschmack. Die gezeigte Gepäckbrücke von Moto Guzzi kombiniert Gepäckträger, Sissybar und Haltgriffe für den Sozius. Für sportliche Motorräder sind auch kleine Mini-Gepäckträger erhältlich, die das Design nicht zerstören.

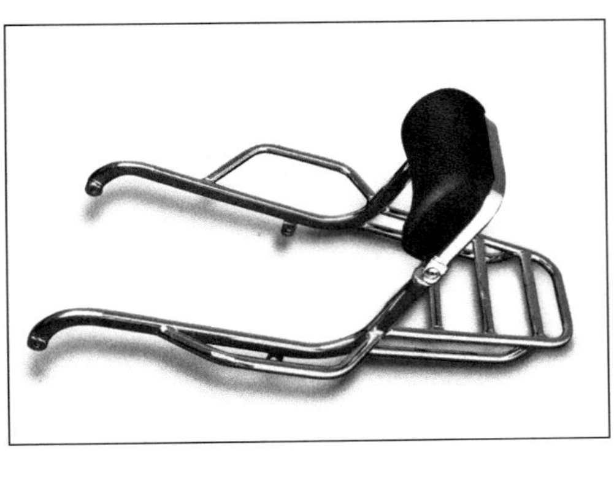

Autolube ist ein von Yamaha patentiertes System zur Getrenntschmierung von Zweitaktmotoren. Das Bild zeigt den Zweizylindermotor der TZR 250 von 1987.

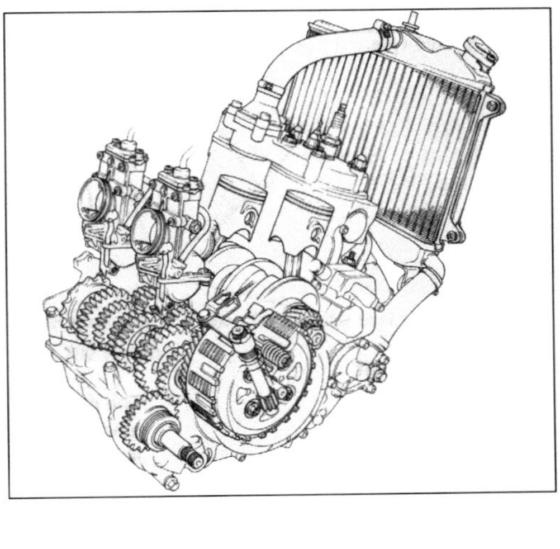

Getriebeeingangswelle sitzt. Durch die Position der Schaltklauen wird der jeweilige Gang bestimmt. Eine Synchronisation der Drehzahl, wie sie aus dem Automobilbau bekannt ist, findet nicht statt. Im Leerlauf dagegen drehen sämtliche Zahnräder leer. Am Getriebeausgang befindet sich je nach Sekundärantrieb (Kette, Riemen oder Gelenkwelle) ein passender Aufsatz, bzw. Winkelgetriebe (Hypoidgetriebe).

GILERA

Motorradhersteller, gegründet von Giuseppe Gilera im italienischen Arcore/Milano im Jahre 1909. Erstes Modell war ein kleines Einzylinder-Viertaktmotorrad, die legendäre VT 317. Bereits zu dieser Zeit wurden die Ventile über zwei obenliegenden Nockenwellen betätigt. Als Sekundärantrieb diente seinerzeit ein Ledergurt, der den Motor direkt mit dem Hinterrad verband. Mitte der zwanziger Jahre entwickelte Gilera die 350 Super Sport mit 45 mm großen Seitenventilen, deren Leistung nahe an die der damaligen 500er heranreichte. Im Jahr 1933 wurde die 500 VT, auch bekannt als 500er Dreiventiler, erstmals vorgestellt. Sie leistete 20 PS bei 4.500 min^{-1} und war für eine Geschwindigkeit von mehr als 125 km/h gut. Das Motorrad, das Gilera 1936 zum Rennpionier machte, war das Projekt »Rondine« von Piero Remor. Ihr Vierzylinder-Viertakt-Kompressormotor leistete in der letzten Evolutionsstufe bis zu 70 PS bei 8.500 min^{-1}. Zu den wichtigsten Modifikationen gehörte das Fahrwerk, das seiner Zeit um Jahre voraus war. Äußerlich stach die windschlüpfrige Verkleidung des Vorder- und Hinterrades ins Auge. Mittelrahmenträger, Gabel und Tank waren ebenfalls aerodynamisch ausgebildet und bestachen durch fließende Übergänge. Mit ihr stellte Gilera den Weltrekord über die Distanz von 50 Kilometern sowie den Stunden-Geschwindigkeitsrekord mit beinahe 275 km/h auf. Von diesem Zeitpunkt an begleiteten Geschwindigkeitsrekorde und überwältigende Siege (zum Beispiel Monza und Mai-

Vorn ist die Getriebeeingangswelle zu erkennen. Auf dem langen Stumpf (im Bild rechts) wird die Kupplung montiert, die über ein großes Zahnrad auf dem Kupplungskorb direkt von der Kurbelwelle angetrieben wird (Primärtrieb). Der Kraftfluss wird über die jeweiligen Gangradpaare auf die Getriebeausgangwelle (im Bild hinten) geleitet. Am fertigen Motorrad befindet sich das Antriebsritzel des Sekundärtriebes auf dem von hier aus linken Wellenende der hinteren Welle. Von dort aus geht es via Kette zum Hinterrad.

land–Taranto – beide 1937) die rennsportliche Entwicklung der Marke. Nach einer überwiegend experimentellen Phase in den Jahren 1933 und 1934 wurde der Motor mit Zylinderkopfventilen, der auch als »VT« bekannt wurde, im Jahr 1935 zur Serienproduktion freigegeben. Das erste Modell mit diesem Motor wurde der Einfachheit halber als »Quattro Bulloni« (4 Bolzen) und, später als »500 Otto Bulloni« (500ccm 8-Bolzen) bezeichnet, um Bezug auf die Anzahl der Bolzen zu nehmen, die den Zylinderkopf am Kurbelgehäuse fixierten. Dieses Einzylinder-Fahrzeug war ein sehr großer Erfolg für Gilera, bevor man die einzylindrige Saturno auf den Markt brachte. Die 500 Saturno Sport wurde zu einem der bekanntesten Motorräder der Welt. Aus einem Projekt von Giuseppe Salmaggin (1940) wurde die 500er bis 1958 in vielen verschiedenen Varianten produziert. Insgesamt verließen rund 6.000 Einheiten dieses Typs die Produktionshallen von Gilera. Unangetastet blieb jedoch das Motorenkonzept mit 84 mm Bohrung und 90 mm Hub. 1946 präsentierte Gilera ein »Geschwader« von Renn-Saturnos beim Opsedaletti-Sanremo Rennen und gewann dieses von da an jedes Jahr bis 1951. Das Motorrad wurde umgehend in »Saturno Sanremo« umbenannt und setzte die Siegesserie unter den Privatfahrern bis in die sechziger Jahre fort.

1952 präsentierte Gilera die Saturno Cross für Wettbewerbe abseits der Straße. Zu dieser Zeit steckte der Moto Cross-Sport noch in den Kinderschuhen. Mit Aluminium-Zylindern, 35-mm-Vergaser leistete der Motor 38 PS bei 6.000 min^{-1}. Die 175-ccm-Version gewann viermal in Folge die italienische Meisterschaft und drei Titel in Frankreich. Doch waren es die ruhmreichen Siege auf den Rennstrecken der Motomondiale, die Gilera zur Legende machten. Die vierzylindrige Gilera Quattro, die ursprünglich von Piero Remor im Jahre 1947 entwickelt wurde, lief noch bis 1966

1. Die Gilera 500 Piuma Sport (Bild Mod. 1954) gehörte in den fünfziger Jahren zu den beliebten Sportmotorrädern in Süd-Europa.

vom Band. Damit gehört sie zu den erfolgreichsten Rennmaschinen aller Zeiten. Von 1948 bis 1957 gewann Gilera sechs Weltmeisterschaftstitel: 1950 und 1952 mit Umberto Masetti, 1953 bis 1955 mit Geoffrey Duke und 1957 mit Libero Liberati als Fahrer, sechs italienische Meistertitel in Folge, sieben GP-Siege und viele andere gewonnene GPs. Der Rückzug von Gilera aus dem Motorrad-Rennsport im Jahre 1957 unterbrach den Siegeszug der Vierzylinder-Gilera. Erst 1963 fuhren Fahrer wie John Hartle, Phil Read und Derek Minter in der 350er- und 500er-Weltmeisterschaft wieder unter die ersten sieben. Doch die Überlegenheit von Honda (Jim Redman und Luigi Taveri), MV Agusta (Mike Hailwood), Jawa (Frantisek Stastny) und Aermacchi (Renzo Pasolini) war nicht mehr zu übersehen.

1956 kam eine Off-Road Version mit 175 ccm auf den Markt, der klassischen Motorengröße der Vorkriegszeit, die sich in der Sportwelt zunehmender Beliebtheit erfreute. Neben den klassischen Varianten Normal, Sport und Super Sport wurde die 175 auch als Off-Road-Version produziert. Nach Tests mit offiziellen Fahrern im Jahr 1956 wurde im Folgejahr eine limitierte Auflage speziell fürs Gelände produzierte. Doch die wirtschaftliche Lage wurde in der Motorradindustrie zunehmend schwieriger. Noch immer war Gilera ein Familienbetrieb. Während die Konkurrenz tausendfach Zweiräder produziert verpasste Gilera den Sprung zur Massenproduktion. Eine Tatsache, die nur durch finanzielle Hilfsmaßnahmen des Staates zu kompensieren war. Ansonsten wäre spätestens Ende der sechziger Jahre das Aus der Motorradschmiede unausweichlich gewesen. Der Zweiradriese Piaggio, schon damals ein finanzstarkes Unternehmen, kümmerte sich fortan um die Produktion von Gilera-Motorrädern. Die Leitung übernahm der Produktions- und Fertigungsingenieur Enrico Vianson.

Damit begann für Gilera ein neues Zeitalter, so dass die vorhandene Palette beinahe unverändert bis in die späten siebziger Jahre produziert werden konnte. Seitdem fertigte man vorwiegend 50er- und 125er-Maschinen mit Zweitaktmotor, war jedoch nach wie vor im Moto Cross-Sport aktiv. Recht bekannt waren die Leichtkrafträder 80 TG2 und 80 TG3 von 1982/83. Auch zeigte man sich mit den Straßenmotorrädern RV 125 und RV 200 wieder optimistisch. Sie hatten den gleichen Einzylinder-Zweitaktmotor wie die parallel angebotenen Offroad-Motorräder RX 200 Arizona und RX 200 Enduro. Sie leisteten 19 PS bei 7.750 min^{-1}. Weniger bekannt war der Sportler »NGR 250« (1988). Zur gleichen Zeit sorgten wieder zwei Viertakt-Enduros für Aufsehen: Die 350 Dakota und 500 Dakota kosteten rund 4.600 EUR, fanden jedoch nur wenige Liebhaber. 1989 sorgte Gilera mit der neuen 500 Saturno für viel Wirbel in den Medien. Die Presse überschlug sich mit Lobeshymnen über den charismatischen Einzylinder und das handliche, stabile Fahrwerk. Doch auch das rettet die Marke nicht vor dem endgültigen Aus, so dass das Werk in Arcore geschlossen werden musste. Gilera war am Ende. In den darauf folgenden Jahren produzierte Piaggio jedoch weiterhin unter der Flagge »Gilera«

2. Das Leichtkraftrad 80 TG2 mit Einzylinder-Zweitaktmotor stieß Anfang der achtziger Jahre besonders in Italien auf großes Interesse. In Deutschland gehörte sie zu den Exoten.

verschiedene Roller und Mopeds. Im Januar 2001 verdichteten sich die Gerüchte um einen supersportlichen Vierzylinder-Viertakter für die populäre 600er-Klasse. Im Hintergrund wurde die spanische Marke Derbi gekauft, so dass der Name Gilera fortan wieder auf den Gewinnerlisten des Grand Prix-Sports vertreten war. Das Interesse der Öffentlichkeit war groß, die MOTORRAD-Zeitung erhaschte die ersten Bilder einer supersportlichen 600er-Straßenmaschine, der Gilera 600 Supersport. Während der Brückenrahmen aus einer Leichtmetall-Legierung, einer italienischen Konstruktion, ist, kauft man den Motor in Japan ein. Der Reihenvierzylinder stammt von der Suzuki GSX-R 600 mit Einspritzanlage. Im ersten Versuch Anfang 2002 misslingt die Fusion zwischen den Castiglioni-Brüdern und Piaggio. Am Ende einigt man sich darauf, dass man die bisherige Cagiva-Modellpalette unter Gilera-Flagge in Varese produziert – jenem Werk, in dem auch die edlen MV Agusta F4 gefertigt werden. Damit dürfte es nur eine Frage der Zeit sein, wann ein neuer italienischer Zweizylinder im 600er-Supersportfahrwerk und Gilera-Logo präsentiert wird.

GLEITLAGER

Gleitlager zeichnen sich durch einen besonders reibungsarmen und damit auch verschleißarmen Lauf aus. Der Trick besteht darin, dass sich die beiden Körper (innen- und außenliegender Körper) während des Laufes nicht berühren. Dies geschieht durch ein Aufschwimmen des Drehteils, etwa vergleichbar mit dem Aquaplaning bei starkem Regen. Voraussetzung dafür ist jedoch immer ein ausreichend starker Ölfilm, der nur einige tausendstel Millimeter dick ist. Wird dieser während des Laufes unterbrochen, dreht Metall auf Metall – das Lager frisst. Neben dem Ölmangel können auch Verunreinigungen im Schmiersystem für Beschädigungen sorgen. Also immer schön an die vorgeschriebenen Ölwech-

3. So sollte die Gilera 600 im Jahr 2002 ursprünglich erscheinen. Die ersten Tests und Präsentationen der vom 115 PS starken Suzuki GSX-R 600-Reihenvierzylinder angetriebenen Maschine liefen bereits auf Hochtouren. Bis sie durch einen finanziellen Engpass des Herstellers wieder im hauseigenen Museum verschwand.

selintervalle halten und auch den Ölfilter mitwechseln. Dann nämlich gibt's für höchste Drehzahlen kaum ein günstigeres Lager. Beispiel: Nockenwellenlagerung, Kurbelwellenlagerung (nur bei Viertaktern), Pleuel- und Kolbenbolzenlagerung; Vorteil: im Betrieb praktisch kein Laufspiel, kostengünstige Fertigung; Nachteil: hohe Fertigungsgenauigkeit erforderlich, empfindlich gegen Schmiermangel und Verunreinigungen. Bei korrekter Behandlung sind sie sehr haltbar.

GOLD WING

(Honda) Seit 1974 Synonym für komfortable Big Bike-Tourenmotorräder; anfangs noch ohne jegliche Verkleidung war die Ur-Gold Wing GL1 ausgestattet. Der Vierzylinder-Boxermotor war eines der ersten Großserienmotorräder mit Wasserkühlung. Von Anfang an sorgte der Kardanantrieb für wartungsarmen Vortrieb, wenngleich er alles andere als reaktionsarm war. Auch das Fahrwerk war nicht über alle Zweifel erhaben. Einige Gerichte mussten sich mit schweren Unfällen auseinander setzen. Grund dafür war das sehr sensible Fahrverhalten in Verbindung mit lenkerfesten Verkleidungen. Starker Auftrieb sorgte über 150 km/h für mehr oder weniger stark ausgeprägtes Pendeln. Doch diese Zeiten waren spätestens seit Erscheinen der 1100er Gold Wing vorbei. Mit komplett überarbeitetem Rahmen mit dickeren Rohren, neuer Gabel und Gasdruckfederbeinen fährt sie so, wie man es von einem Vorzeige-Tourer erwartet. Von da an

Die GL 1000 (Bild Typ GL1) ist die Ur-Gold Wing und wurde auf der IFMA 1974 in Köln erstmals der Weltöffentlichkeit vorgestellt. Die 82 PS hatten mit den fahrfertig 295 Kilogramm einiges zu tun. 1988 erhielt sie in der GL 1500 erstmals den heute bekannten Sechszylinder-Boxermotor, der auch den Cruiser F6 C antreibt. Auch heute begeistert die ungemeine Laufruhe des Antriebs.

wurde sie zum Favoriten für Tourenfreunde und zum Inbegriff für Luxus und Komfort auf zwei Rädern. *(Siehe auch unter »Honda«)*

GORE-TEX

Leder mag über die beste Schutzwirkung verfügen, nicht immer ist es jedoch auch die angenehmste Art der Bekleidung. Im Sommer steht man nicht selten im eigenen Saft und im Winter dringt die Kälte früher oder später doch durch die klamm gewordene Tierhaut. Anders verhält es sich mit künstlich hergestellten Materialien, die über atmungsaktive Fasern verfügen (Membranwirkung) und sich zudem besser verarbeiten lassen. Eine Gore-Tex-Membrane besteht unter anderem aus einer ölabweisenden Substanz. Sie hat sowohl eine enorme chemische als auch mechanische Stabilität. Ihre rund 1,4 Milliarden Poren pro Quadratzentimeter sind etwa 20.000-mal kleiner als ein Wassertropfen, aber etwa 700-mal größer als ein Wasserdampfmolekül. Deshalb kann Wasser in flüssiger Form die Membrane nicht durchdringen, Feuchtigkeit beim Schwitzen allerdings entweichen.

Am besten funktioniert die Membrane im System mit Microfaser-Unterwäsche und Kunstfaser-Oberbekleidung. Die Microfaser-Unterwäsche transportiert die Feuchtigkeit von der Haut weg. Baumwolle dagegen speichert die Feuchtigkeit und verhindert damit das Entweichen des Wasserdampfes.

Bekleidung aus Gore-Tex kann bei Verwendung eines Feinwaschmittels ohne Weichspüler bei 40 Grad im Schonwaschgang gewaschen werden. Bei geringer Trommelfüllung und niedriger Temperatur ist sogar der Einsatz eines Trockners möglich.

MOTO GP

Seit der Saison 2002 hat die Welt eine neue Königsklasse, in der es noch schneller vorangeht als jemals zuvor. Waren es bislang die leistungsstarken 500er-Zweitakter mit Leistungen von bis zu 200 PS (das entspricht einer Literleistung von rund 400 PS !), fahren seit 2002 großvolumige Viertakter mit nochmals gesteigerter Leistung mit den verhältnismäßig kleinen 500ern um die Wette. Dabei unterscheidet das FIM-Reglement die maximal 990 Kubikzentimeter großen Boliden in mehrere Klassen: Ein- und Zweizylinder (min. 101 kg), bis zu drei Zylindern (min. 135 kg), die Vier- und Fünfzylinder (min. 145 kg) und die optionalen Sechszylinder (min. 155 kg).

Die technische Vielfalt ist gewaltig. Möglich scheint beinahe alles und sie öffnet Herstellern den Weg für neue Konzepte. Ganz ohne Hintergrund wurde die Moto GP-Klasse natürlich nicht ins Leben gerufen. An der Motorleistung der kreischenden Zweitakter von Biaggi, Doohan, Rossi und Co., oder an deren atemberaubenden Fahrmanövern hat es jedenfalls nicht gelegen, dass der werbewirksame Jo-Jo-Effekt ausblieb. Der Grund, große Viertakter im Reglement zu berücksichtigen, lag in den günstigeren Marketing- und Absatzmöglichkeit hubraumstarker Motorräder. Denn der gigantische Aufwand von mehreren Millionen Dollar für ein einziges Team, zzgl. der horrenden Entwicklungskosten für eine solche Maschine, ließen sich bislang in den Verkaufsräumen nicht wieder wettmachen. Ganze drei Motorrad-Typen waren es (Std. August 2002), die als verkäufliche Rennreplikas für den Normalsterblichen angeboten wurden. Das waren die Suzuki RG 500 (1985), die Yamaha RD 500 YPVS (1985) und die nur in Kleinstserie produzierte, sündhaft teure Bimota 500 Vdue (1998). Im Falle der Bimota waren die Entwicklungskosten sogar so hoch, dass sie für den Genickbruch der italienischen Edelschmiede ausschlaggebend waren.

Bei supersportlichen Maschinen wie beispielsweise der Suzuki GSX-R 750 (1985) ging man hingegen einen anderen Weg. Sie wurde zwar im Hinblick für den Einsatz in der Superbike-Klasse konzipiert, doch stand von Anfang an die Massenproduktion im Vordergrund. Wie gut das funktionieren kann, zeigen die jahrelangen Erfolge sowohl auf der Strecke als auch in den Zulassungsstatistiken sehr eindrucksvoll. Einen Bezug der 500er GP-Renner zu den großen und supersportlichen Big Bikes gab es hingegen schon lange nicht mehr. Selbst die späteren 750er-Superbikes, die im Kampf mit den 1000er-V2 von Aprilia und Ducati stets für Spannung sorgten, konnten den Verkauf der japanischen Multizylinder ab Mitte der neunziger Jahre nicht mehr sonderlich ankurbeln. Bei Ducati verhält sich die Sache ein wenig anders. Schon vor der Geburt der 916 im Jahre 1993 brannte die italienische Motorradschmiede mit der 851 und 888 ihr Zeichen in viele Herzen anspruchsvoller Sportfans.

Selbst heute, zehn Jahre nach ihrer Vorstellung, sind diese Modelle (und deren Nachfolger) schlichtweg Gesetz, wenn es um Sportlichkeit in Reinkultur geht. Was Roche, Polen, Foggarty und Bayliss während dieser Zeit leisteten, stärkte mittel- und langfristig das Image der Marke.

Es war einfach glaubwürdig, weil sich die Aussage der Fahrzeuge aus Bologna mit dem deckte, was sie wirklich zu leisten im Stande sind und durch begnadeten Fahrer schließlich hinreichend bewiesen wurde.

Natürlich ist es einfacher, sich auf das Segment der Sportmotorräder zu beschränken, als die komplette Bandbreite bis hin zum Cruiser anzubieten. Allein aus diesem Grund haben die japanischen Großproduzenten durch Identifikationsprobleme einen schwereren Stand. Denn trotz der großartigen Erfolge von Capirossi, Cadalora, Kocinski, Rainey, Doohan, und Co. hatten sie dem nachlassenden Absatz nach Rennreplikas nicht viel entgegenzusetzen. In den neunziger Jahren schien das Thema einigermaßen ausgereizt. Und genau das sollte sich mit der Einführung der Moto GP-Klasse nach möglichst kurzer Zeit ändern. So setzt Honda anlässlich seines Debüts in der ersten Saison 2002 der neuen Königsklasse wieder mal auf ein ungewöhnliches Konzept mit V5-Motor. Nachdem die legendären RC 30 / 45-Typen (1987–1999) mit aufwändigem V4-Triebwerk durch den kraftvollen V2 in der VTR 1000 SP abgelöst wurde, sieht man sich in der Moto GP-Klasse anderen Voraussetzun-

1

2

1. *Unter der Führung von Valentino Rossi (#46) dominiert die Honda RC 211 V die MotoGP in den ersten beiden Jahren wie kein anderes Motorrad. Mit quer eingebautem V5-Motor geht der weltgrößte Motorradhersteller eigene Wege. Lediglich die Proton-KR setzt ebenfalls auf einen V5-Motor. »Dottore Rossi« verlässt Ende 2003 das Repsol-Honda-Team und Nick Hayden wird neuer Front-Mann. Ein heißer Favorit ist auch Sete Gibernau, der für das Telefonica Movistar-Team antritt.*
2. *Mit der ZX-RR steigt Kawasaki 2003 wieder in die Motorradweltmeisterschaft ein, muss jedoch erkennen, dass das Konzept mit Vierzylinder-Reihenmotor nicht ohne Probleme ist. Darum erhält die MotoGP-Maschine des 2004er-Jahrgangs ein komplett neues Chassis. Shinya Nakano und Alex Hofmann starten für das Kawasaki Racing Team.*

gen gegenübergestellt. Im Vergleich zu einem 500er-GP-Zweitakter fühlt sich ein herkömmliches Superbike deutlich »normaler« an – sofern man diesen Ausdruck zu relativieren weiß.

Ein hochgezüchtetes Superbike lässt sich selbst angesichts der imposanten Leistungswerte vergleichsweise unspektakulär bewegen. Ein Zweitakter begeistert hingegen auf Grund seines Gewichtes durch ein superbes Handling und den berühmten Adrenalinschub im oberen Drehzahlbereich. Das freilich ist nicht immer jedermanns Sache, doch schwor selbst der 500er-Weltmeister von 2001, Valentino Rossi, auf genau diese Eigenschaft. Er vergleicht die Erlebnisse mit der 20-ventiligen und 990 Kubikzentimeter großen Honda RC 211 V der ersten Moto GP-Saison mit einer Fahrt auf der Honda Fireblade. Es sei relativ einfach, mit dem V5-Racer sehr schnell unterwegs zu sein, betonte er während der Testfahrten auf dem spanischen Kurz in Jerez gegenüber der MOTORRAD-Zeitung (Heft 26/2001). Scheinbar fehlte ihm mit seiner 190 PS starken Zweitakt-Honda des Jahrgangs 2001 ein wenig die Herausforderung. Von Anfang an dominierte Rossi die WM 2002 und wurde vorzeitig erster Weltmeister.

Technische Innovation war seit jeher ein Steckenpferd von Honda. Das war mit der damaligen RC 30 nicht anders als mit dem fahrenden Versuchslabor namens NR 750 und ihren legendären Ovalkolben, oder Tadao Baba's

3. Ducati feiert 2003 mit der Desmosedici ein erfolgreiches Debüt in der MotoGP. Mit dem rund 240 PS starken, quer eingebauten V4-Motor stellt Loris Capirossi in Misano mit über 332,4 km/h einen neuen Höchstgeschwindigkeitsrekord auf. Am Ende wird es ein vierter Platz in der Gesamtwertung, Team-Kollege Troy Bayliss schafft einen sechsten Rang. Für 2004 kommt Vittoriano Guareschi ins Marlboro Ducati-Team.

3

Geniestreich CBR 900 RR Fireblade (1992), die lange Zeit auf 16«-Rädern rollte, obwohl die komplette Konkurrenz längst auf 17« gerüstet hatte. So fällt der ungewöhnliche Zylinderwinkel der RC 211 V auf Grund der asymmetrisch Zylinderverteilung mit 75,5° im direkten Vergleich zum nominell 210 PS starken Suzuki-Pendant recht groß aus. Mit 60° baut der V4 aus Hamamatsu jedoch kürzer. Das von Suzuki »XRE 0« genannte Projekt hängt in einem den Abmessungen gleichen Fahrgestell des RGV 500-Zweitakters. Parallelen also auch hier. Erstaunlich war die enorm kurze Entwicklungszeit des Moto GP-Viertakters. Wohl deshalb, weil man sich unter Zugzwang sah, den WM-Titel, den Kenny Roberts für Suzuki im Jahre 2000 erkämpfte, schnellstmöglich wieder nach Hause zu fahren. Ursprünglich wollte das Team erst im Jahre 2003 (so wie Ducati) an der Moto GP-Weltmeisterschaft teilnehmen. Zu nachhaltig waren jedoch die Nachwehen der Niederlage in der Saison 2001.

Mit der leistungsmäßig klar unterlegenen RGV 500 konnte selbst Kenny Roberts keinen Blumentopf mehr gewinnen. In weniger als neun Monaten entwickelte das Team um Projektleiter Kunio Arase einen komplett neuen V4-Motor. Zahnradgetriebene Nockenwellen sollen die Gaswechsel auch weit über der

4. *Wie Kawasaki vertraut auch Yamaha in der MotoGP-Klasse auf das Reihenvierzylinder-Konzept und verwendet 2002 als Basis das Fahrgestell der 500 ccm-Zweitakter von 2001. Man sammelte fleißig Erfahrungen und stellte für die Saison 2003 eine praktisch komplett neue YZR-M1 auf die Räder. 2004 kommt Valentino Rossi ins Gauloises Yamaha-Team und tritt gemeinsam mit Carlos Checa gegen die starken Hondas und Ducatis an.*

Nenndrehzahl von 14.000 min^{-1} sicherstellen. Schwerpunktmäßig legten die Techniker großen Wert auf viel Kraft im mittleren Drehzahlbereich, so dass die gewaltige Kraft möglichst stressfrei auf die Straße zu transportieren ist. In der ersten Saison gingen Kenny Roberts und Sete Gibernau auf der Viertakt-Suzuki jedoch wenig erfolgreich an den Start und kämpften mit technischen Problemen. Trotzdem grassierten bereits seit Anfang 2002 Gerüchte über einen Straßenableger durch die Presse. Die Rede war von der Suzuki GSV-R 1000, die selbst die potente GSX-R 1000 (2001) leistungsmäßig locker an die Wand spielen sollte.

Anders, jedoch keineswegs artig, geht's bei Yamaha zu. Deren Kreation für die erste Moto GP-Saison hört auf den Namen YZR-M1. Ausgerüstet mit einem auf den ersten Blick eher konventionell anmutenden Equipment, beeindruckte sie durch feinste Machart und gewaltige Leistung von rund 220 PS. Ihr Fahrwerk ist nahezu identisch mit dem letzten 500er-GP-Zeitakter anno 2001. Bereits am 18. September 2001 präsentierte das japanische Team den Viertakt-Boliden der Öffentlichkeit. Durch die nach vorn geneigte Zylinderbank und das extrem kompakte Getriebe mit seinen übereinander angeordneten Wellen rückt der konzentriertere Gesamtschwerpunkt im Vergleich zum zweitaktenden V4-Pendant weiter nach vorn. Das ist besonders wichtig, um das im Vergleich zu einer 500er-GP-Maschine höhere Gewicht bestmöglich zu kompensieren. Eine lange Hinterradschwinge in Bananen-Bauweise sorgt insbesondere bei Lastwechseln für geringe Fahrwerksreaktionen. Max Biaggi und sein Team mussten jedoch erkennen, dass es reichlich Entwicklungs- und Abstimmungs-

5. Die rund 220 PS Suzuki GSV-R wird von einem V4-Motor angetrieben und verfügt damit über eine ähnliche Voraussetzung wie die Ducati Desmosedici. Leistungsmäßigsmäßig war sie jedoch wenig konkurrenzfähig. Darum präsentiert man für 2004 eine radikal überarbeitete MotoGP-Maschine. Die Fahrer sind 2003 John Hopkins und Kenny Roberts, jr. Eine vollelektronische Drosselklappenssteuerung ersetzt konventionelle Gaszüge.

arbeit erfordert, um erfolgreich ganz vorn mitzufahren. Im Laufe der ersten Saison wurde quasi ein neues Motorrad entwickelt, das sich durch einen noch weiter vorn positionierten Motor und eine geänderte Aerodynamik auszeichnet.

Ducati nahm an der ersten Moto-GP 1-Saison im Jahr 2002 nicht teil. Doch auf den verdienten Lorbeeren der Superbike-Weltmeisterschaft mit der 998 ruht man sich keineswegs aus. Vielmehr geht es um das Konzept, das es zu ergründen und später auch zu vermarkten gilt. Es musste ein V-Motor sein – das war mehr als naheliegend. Ein Herunterbüchsen des bekannten 998-Desmoquattro kam jedenfalls nicht in Frage. Leistungsmäßig würde er nicht an einen Vierzylinder heranreichen können. Trotzdem startete Ducati im Internet eine Umfrage, um herauszufinden, was den Fans letztendlich besser gefallen würde: V2 oder V4. Das GP1-Urteil fiel zugunsten eines 90°-V4-Motors aus.

Ducati experimentierte auch mit einem Ovalkolben-V2, der jedoch entsprechend der Reglementierung in die Vier-, bzw. Fünfzylinderklasse mit zusätzlichem Gewichtshandicap hätte leben müssen. Wollte man einem V-Motor kompromisslose Höchstleistung entlocken, kam man um das V4-Konzept nicht herum. Also entschied man sich dafür, in der neuen Königsklasse Nägel mit 16-ventiligen Zylinderköpfen zu machen. Neun Monate dauerte die Entwicklung des revolutionären Desmosedici-Motors, der über insgesamt acht Einlass- und acht Auslassventile verfügt. Den 989 ccm großen Motor gab es als »Double Twin« mit Big Bang-Effekt (paarweises Zünden der Zylinder) sowie mit konventioneller

6. Aprilia geht mit einem Dreizylinder-Reihenmotor an den MotoGP-Start. Das Besondere ist die pneumatische Ventilsteuerung. Wie in der Formel-1 seit langem üblich, wird das Schließen der Ventile durch Druckluft beschleunigt, was die Drehzahlfestigkeit erhöht. Für das Öffnen sind nachwievor Nocken erforderlich, die die Ventile gegen den Federdruck aus den Ventilsitzen drücken. Der italienische Hersteller ist seit der ersten Saison 2002 mit dabei.

Zündfolge. Erfreulich war die Tatsache, dass man sich dank der desmodromischen Ventilsteuerung keine Sorgen um die extrem hohen Drehzahlen von bis zu 18.000 min^{-1} machen musste. Filippo Preziosi, derzeitiger technischer Direktor der Ducati-Rennsportabteilung, verwies bei der Vorstellung der Desmosedici-V4 sinnbildlich auf das Werk der verstorbenen Konstrukteurs-Legende Fabio Taglioni. Und tatsächlich: Bereits in Barcelona peitschte Loris Capirossi die Ducati als Erster über die Ziellinie.

Andere Hersteller, wie beispielsweise Aprilia, setzen auf eine pneumatische Ventilsteuerung, wie man sie von der Formel 1 her kennt. Bei dieser Variante wird das jeweilige Ventil konventionell über einen Nocken geöffnet. Geschlossen wird es hingegen unter Mithilfe der unter den betreffenden Tassenstößel gepressten Druckluft. Der für Aprilia vom Formel 1-Motorlieferanten Cosworth entwickelte Dreizylinder-Reihenmotor der GP I-Rennmaschine hängt im Aprilia-Fahrwerk und leistet weit über 200 PS bei über 15.000 min^{-1}. Ferner ist auch die Drehzahlsteuerung per Gaszug passé: Die Aprilia RS^3 besitzt ein Ride-by-wire-System, bei dem die Gasgriffstellung die Motorleistung auf elektronischem Wege abruft. Nach langen Überlegungen entschieden sich die Aprilia-Techniker um Renndirektor Jan Witteveen für eine Viertakt-Maschine der Gewichtseinstufung bis 135 kg (also maximal mit Zwei- oder Dreizylinder-Antrieb) um damit für eine zehn kg leichtere Variante als die Konkurrenz von Honda, Yamaha und Suzuki.

Nach Versuchen mit einem auf dem Superbike-Motor basierenden V2-Twin fiel die Entscheidung bei Aprilia am Ende zugunsten des aufwändigeren Drillings, der leistungsmäßig bessere Perspektiven für die Zukunft bietet. Firmenchef Ivano Beggio präsentierte mit der RS^3 das bis zu diesem Zeitpunkt teuerste Motorrad der Marke auf der Bologna Motorshow 2001 erstmals der Weltöffentlichkeit. Die ersten Kilometer nahm der hauseigene Testfahrer Marcello Lucchi auf dem Kurs von Jerez/Spanien unter die Räder. Auf der Rennstrecke übernahm Régis Laconi schließlich die tatkräftigen Führungsaufgaben des italienischen Triples.

Kawasaki bestreitet nach einigen Probeläufen Ende 2002 die komplette Moto GP-Saison 2003. Die giftgrüne ZX-RR wird von einem Reihenvierzylinder-Viertaktmotor angetrieben. Sicherlich wird die Klasse in den kommenden Jahren für neuen Wind sorgen. Sie wird neue Akzente setzen und die Messlatte für die supersportlichen Topmodelle ein gutes Stück höher legen. Die öffentlichen Bemühun-

FIM-REGLEMENT DER GP1-KLASSE

(Stand 2004)

Hubraum:	Viertakter bis 990 ccm Zweitakter bis 500 ccm
Mindestgewicht:	135 kg für Motoren mit bis zu drei Zylindern 145 kg für Vier- oder Fünfzylinder-Motoren 155 kg für Motoren mit mindestens sechs Zylindern (üblich sind 101 kg für Ein- oder Zweizylinder-Motoren) 116 kg für Dreizylinder und 131 kg für Vierzylinder-Motoren)
Tankinhaltbegrenzung:	24 Liter oder weniger (2002 und 2003) 22 Liter (2004)

gen, dem Gedanken an Umweltschutz, Fahrbarkeit und Rentabilität Rechnung zu tragen, ließen dem Wunsch der Hersteller nach einer imageträchtigen Rennsportklasse keine große Wahl. Nutznießer sind Zuschauer, die einen noch faszinierenderen Motorsport zu sehen und hören bekommen und natürlich die zahlungskräftigen Kunden. Denn die bekommen damit die Möglichkeit, früher oder später einen Straßenableger der Racer kaufen zu können.

GPZ

1981 stellte Kawasaki die erste GPZ, damals noch offiziell Z 1100 GP (Modell B1 mit 120 PS) bezeichnet, vor. Die typisch fließende GPZ-Linie erhielt erst 1983 Einzug in alle Hubraumklassen. So auch das 1982 erstmals in der Z 550 GP eingesetzte Uni-Trak-Federungssystem.

Siehe auch unter »Kawasaski«

GRAN TURISMO, ZZ-R

(Kawasaki) Bei Vorstellung der Kawasaki ZZ-R 600 und ZZ-R 1100 im Jahre 1990 trugen beide Modelle noch den Beinamen »Gran Turismo«. Damit sollten die tourensportlichen Charaktere unterstrichen werden. Die 600er war ein rechter Solo-Sprinter für Leute, die nur wenig mehr als eine kleine Gepäckrolle und Scheckheft mitzunehmen pflegen. Die 1100er machte sich hingegen binnen kurzer Zeit einen guten Namen als schnelle Reisebegleiterin, die sich dank der fulminanten Leistung von über 150 gemessenen PS als Reise-Express empfahl.

Erst 13 Jahre später tritt die ZZ-R 1200 mit modifiziertem ZRX 1200-Motor das Erbe der ZZ-R 1100 an. Jenem Beinahe-Oldie, der selbst im dritten Jahrtausend gar nicht so alt aussieht, wie es das Alter vermuten lässt. Einwandfreie Verarbeitung und immer noch überzeugende Aerodynamikwerte lassen keinen

1. *Das Konzept der Kawasaki ZZ-R 1100 (Bild zeigt das erste Modell von 1990) kann auch nach rund 15 Jahren überzeugen. Das stabile Fahrwerk, der niedrige Schwerpunkt und kräftige Motor machten sie damals zum Sporttourer schlechthin.*

2. Die ZZ-R 1200 von 2002 ist eine Neukonstruktion. Trotzdem blieb der gutmütige Charakter erhalten. Mit 152 abgasbereinigten Pferdestärken ist sie wieder up to date.

Zweifel an der Effizienz des Kraftmeiers aufkommen. Mit strammen 270 km/h Endgeschwindigkeit sind, wie schon bei der Honda Doppel-X, Fahrleistungen kein Thema mehr. Der aus tiefgezogenen Alu-Profilen geformte Brückenrahmen ermöglicht einen angenehm tiefen Schwerpunkt, was dem Handling zugute kommt. Das Info-Cockpit ist umfangreich und perfekt sortiert. Trotz ihres Alters umgibt sie eine jugendliche Frische – in gewisser Weise zeitlos. Eine gute Wahl für Big Biker, die gern sportlich touren, auch wenn's mal im ICE-Tempo sein muss.

Es dauerte immerhin sechs Jahre, bis sie das Blaue Band der Schnellsten im Jahre 1996 an Honda's Black Bird CBR 1100 XX abgeben musste. 1999 schlug die Stunde der berühmt-berüchtigten Suzuki Hayabusa, die mit 175 PS als erste die 300 km/h-Schallmauer durchbrach. Die 1998 präsentierte Yamaha YZF-R1 machte ihr in Sachen Höchstgeschwindigkeit das Leben nicht wirklich schwer. Ihre Stärken liegen noch immer ganz woanders. Tja, und für den Jahrtausendwechsel schob der kleinste der vier großen Motorradhersteller aus Fernost den großen Nachbrenner hinterher, »The Big One«, sozusagen. Konkurrenz im eigenen Hause macht sich Kawasaki dagegen in keinster Weise. Ist die ZX-12 R doch ein Kaliber, an dem sich High-End-Big-Bikes die Zähne ausbeißen müssen, und dazu zählt die schnelle ZZ-R schon lange nicht mehr. Mit 270 möglichen Sachen muss selbst heute niemand wirklich Angst vor einer Untermotorisierung haben. Auch das Fahrwerk spielt dabei gutmütig mit. Die ZZ-R 1200 (2002) kann als modellgepflegte 1100er gesehen werden, die nach zwölf Jahren eine grundlegende Überarbeitung erfuhr. Die Fahrbarkeit profitierte auf der ganzen Linie.

Siehe auch unter »RamAir« und Kawasaki«

GROSSRAUMROLLER

Seit Ende der neunziger Jahre tauchen die ersten Großraumroller mit 125, später 250 ccm auf. Seit Mitte der neunziger Jahre wachsen die Leistung, Hubraum proportional und damit die Mobilität und Vielseitigkeit. Im Vordergrund stehen dabei eine opulente Ausstattung und souveräne Motorisierung. Mit den hubraumschwächeren Kollegen der Schnapsglasklasse haben heutige Luxus-Roller nicht mehr viel gemeinsam. Viertaktmotoren, Flüssigkeitskühlung, Kraftstoffeinspritzung, 14-

Zoll-Räder und eine fernsehtaugliche Komfortsitzbank verwandeln die einstigen Stadtflitzer zu Nobel-Kutschen. Bestes Beispiel ist Suzuki Burgman mit ihrem 400-Kubikzentimeter starken Viertakter. Aprilia 500 Atlantic, Honda Silver Wing 600 und Yamaha Tmax 500. Bis zu 50 PS Spitzenleistung erlauben Geschwindigkeiten von über 160 km/h.

GTR

Kawasaki 1000 GTR; seit 1986 fuhr sie sich in die Herzen zahlreicher Langstreckentourer. Mit ihrem massigen 28-Liter-Tank und dem kraftvollen Raubein der GPZ 1000 RX bot sie den gewissen Durchzugsbonus, den eben nur Hubraum-Boliden bieten können. Obgleich die GTR ganz schön mit ihrem Gewicht zu kämpfen hatte. Beschleunigungsorgien überließ sie lieber kampflos den anderen Vertretern. Als Vorgabe hatten die Kawasaki-Ingenieure ein klares Ziel: Sie sollte der damals angebotenen BMW K 100 LT das Wasser abgraben, was ihr aber in Wirklichkeit nie gelang. Zu unterschiedlich waren die Voraussetzungen, mit denen die Japaner versuchten, ihre Hochseeyacht samt Passagieren durch den Fahrtwind zu schieben. Mit 9 bis 11 Litern je 100 km verbraucht die GTR einfach zu viel Kraftstoff, zu rau der Motorlauf, zu langweilig der flüssigkeitsgekühlte Reihenvierzylinder – trotzdem: Für andere war sie der Inbegriff eines Kilometer-Fresser. Da spielte die Herkunft keine Rolle, eher schon der im Vergleich zur Konkurrenz um mehrere Tausender günstigere Preis.

Siehe auch unter »Kawasaki«

Vorgestellt wurde die Aprilia 500 Atlantik auf der Intermot 2000 in München. Ihr wassergekühlter Zweizylinder Viertakt-Reihenmotor leistet 40 PS und ermöglicht Geschwindigkeiten bis zu 160 km/h und stößt damit in Motorrad-Bereiche vor. Mit einem möglichen Stauraum von 117 Litern macht sie Smart & Co. Konkurrenz. Der Durchstieg und die kleinen Räder kennzeichnen sie als Roller. Das resultierende Konzept nennt sich Großraumroller.

H

HAILWOOD, MIKE

Mike the Bike, Rennfahrer und Gentleman, Staatsangehörigkeit Britisch, 2.4.1940–23.3.1981, insgesamt gewann er 76 GP.

Siehe auch »Ducati« und »MV Agusta«

HANDBREMSHEBEL

Der Handbremshebel ist in der Regel nur für die Bremsanlage im Vorderrad zuständig. Honda setzt seit der ST 1100 Pan European bei einigen Modellen auf ein Art Integral-System, wie es prinzipiell auch früher bei Moto Guzzi zum Einsatz kam. Dabei wird über den vorderen Bremshebel auch die Hinterradbremse betätigt.

Einstellbare Bremshebel ermöglichen die Anpassung an die Handgröße, so dass kleine und große Menschen eine optimale Hebelstellung vorfinden (in der Regel zwischen 3 und 5 Möglichkeiten). Bei Supersport-Maschinen befindet sich am äußeren Ende häufig eine Sollbruchstelle, damit nach hartem Rennstreckenfight zumindest noch ein kleiner Resthebel zur Verfügung steht und der Griff zur Bremse nicht ins Leere geht.

HANGING-OFF

Supersportlicher Fahrstil, bei dem der Fahrer zum Kurveninneren rutscht und das betreffende Knie in Richtung Fahrbahn spreizt, um durch den so verlagerten Gesamtschwerpunkt eine höhere Kurvengeschwindigkeit zu erzielen.

Siehe auch unter »Fahrstile«

Mike Hailwood – Legende und Mythos. Groß wurde er mit Ducati, berühmt mit Honda und MV Agusta, sein Comeback feierte er wieder mit Ducati.

Hanging off sieht fantastisch aus und macht riesigen Spaß – gehört allerdings auf die Rennstrecke.

HARLEY-DAVIDSON

Über keine andere Marke findet sich so viel Literatur wie über Harley-Davidson. Da es sich um einen der ältesten Motorradhersteller der Welt handelt, der bis heute ohne Unterbrechung Motorräder produziert, ist das an sich nicht verwunderlich. Doch gibt es weitere Gründe, weshalb HD im Motorradmarkt eine Ausnahmerolle einnimmt. Zum einen ist da der amerikanische Mythos von Freiheit und Abenteuer – ganz besonders in der heutigen Zeit wichtiger Bestandteil des einzigartigen Images. Zum anderen liegt der großartige Erfolg dieser Marke auch am steigenden Individualitätsbedarf heutiger Motorradfahrer. Der Wert einer Harley wird nicht durch das technisch Machbare bestimmt, das Jahr für Jahr nach einem neuen Highlight verlangt, sondern durch eine persönliche Bindung zu »seiner« Harley selbst. Es ist die besondere Art der Weltanschauung, die diese Motorräder aus Milwaukee verkörpern und gerade in der heutigen Zeit an Bedeutung gewinnen lässt. Damals wie heute gleicht kaum eine Harley einer anderen. Während man sich heute gern von der Masse, vom »Normalen« abheben möchte, um dem Alltag zu entfliehen, galt in einer Zeit, die von vielen Höhen und Tiefen geprägt wurde, in erster Linie die Funktion und damit letztendlich die Qualität. Zwei Weltkriege, eine Weltwirtschafts- und eine Ölkrise gingen an HD nicht ohne Spuren vorbei. Trotzdem, oder vielleicht gerade deshalb, schraubte man an seinem guten Stück, hegte und pflegte es, baute es um, brach mit ihm aus gesellschaftlichen Zwängen aus, oder benutzte es ganz einfach für den täglichen Weg zur Arbeit. Darum zählt das Zubehör bereits seit Jahrzehnten zum festen Bestandteil von HD.

Noch bis in die achtziger Jahre hinein bezog ein Großteil der Harley-Fahrer ihr Zubehör häufig aus Spezialläden oder direkt aus den Vereinigten Staaten von Amerika. Während der vergangenen zwanzig Jahre hat sich jedoch viel verändert. HD weiß neben BMW als einer der ersten Motorradproduzenten um die große Bedeutung eines eigenen, zielgerichteten Zubehörangebotes. Vom Aschenbecher über ein umfangreiches Bekleidungssortiment, stilechte Ledertaschen mit Fransen, Fahnen, Helmen, bis hin zum Zippo-Feuerzeug mit Harley-Emblem – den Kundenwünschen sind heute kaum Grenzen gesetzt. Das schafft Beziehungen und bringt Markentreue durch Kunden, die sich mit ihrem Motorrad identifizieren und damit nicht nur Harley fahren, sondern Harley »leben«. Bis fernöstliche Hersteller diesen Trend erkennen, vergehen noch viele Jahre.

Doch gehen wir vorerst zurück ins Jahr 1903, zum 22. September. Es war das offizielle Gründungsdatum von HD. Vom Pioniergeist getrieben und dem Wunsch ein zuverlässiges Motorrad zu bauen, entwickeln der Ingenieur William S. Harley sowie Walter (Rennfahrer und 1. Präsident) und Arthur (Verkaufsmanager) die erste HD – die Silent Grey Fellow mit 400 ccm Einzylinder-Viertaktmotor. Produziert wird das Modell in einer gut zwölf Quadratmeter großen Holzhütte in Milwaukee/Wisconsin. Um Harley's Konstruktion zu honorieren, setzt man seinen Namen an die vorderste Stelle.

Auf der Suche nach mehr Leistung vergrößert man den Motor später auf 500 ccm. Bis 1907 entwickelt sich die provisorische Fertigung, die vorwiegend in der Freizeit der Gründer stattfindet, zu einem zunehmend professionell arbeitenden Unternehmen, so dass die Produktion bis dahin auf 150 Maschinen jährlich ansteigt. Im gleichen Jahr schließt sich William Davidson den drei Urhebern an und kümmert sich fortan um die Produktion innerhalb des Unternehmens. In dieser Besetzung gründen sie die Harley-Davidson Motor Company Inc.

Keine zwei Jahre später, im Jahre 1909, entsteht der erste, heute zum festen Bestandteil von HD gehörende, luftgekühlte V2-Motor mit quer zur Fahrtrichtung eingebauter Kurbelwelle. Die im Winkel von 45° zueinander stehenden Zylinder stellen prinzipiell eine

1. *Eine Harley-Davidson ist Ausdruck von Ruhe und Souveränität. Eine lebensbejahende Freundlichkeit, so wie sie das Paar auf der Hydra Glide mit Panhead-Motor aus den vierziger Jahren ausstrahlt, kann der Sache nur zuträglich sein. 1958 wird sie durch die Duo Glide abgelöst und begleitet die Marke durch einige turbulente Jahre. Die Electra Glide erscheint 1965 und ist noch heute Sinnbild einer komfortablen, schweren Harley.*
2. *Die Gründermannschaft: Arthur Davidson, Walter Davidson, William S. Harley und William A. Davidson (v.l.n.r.) treffen sich zum Pressetermin im Jahr 1907 vor der Firma.*
3. *Die »Grey Fellow« war die erste Harley und wurde bis 1918 gebaut. Ihr 400 ccm großer Einzylinder-Viertaktmotor leistete rund drei PS.*

Koppelung der bisher produzierten Einzylinder-Motoren dar. Der erste V2-Prototyp leistete 7,2 PS und hatte einen Hubraum von 48 cui (Kubikinches), was umgerechnet 785 ccm entspricht. Das Geschäft floriert und die Absätze steigen. In diesem Jahr verdienen bereits 35 Mitarbeiter ihren Lebensunterhalt bei HD und fertigen insgesamt 1.149 Motorräder. Der Aufstieg zum größten Motorradhersteller der Welt geht wie im Bilderbuch vonstatten. 1911 stellt HD den ersten wechselgesteuerten Motor, den so genannten I.O.E.-Motor, vor. Im darauf folgenden Jahr wird die Produktion in ein neues Fabrikgebäude verlegt. Zeitgleich wird der V-Twin auf einen Hubraum von 1.000 ccm (J-Modell) vergrößert. Parallel kommt auch eine Freilauf-Kupplung in der Hinterradnabe zum Einsatz und stellt eine Vorstufe des späteren Schaltgetriebes dar.

1914 beginnen von offizieller Seite die ersten sportlichen Aktivitäten. Ab 1915 kommt erstmals ein Dreigang-Schaltgetriebe zum Einsatz. Der anhaltende Verkaufserfolg lässt die Jahresproduktion auf über 13.000 Motorräder ansteigen. Harleys sind in aller Munde und haben ein sportliches Image, gepaart mit einem hohen Maß an Ausdauer und Zuverlässigkeit. Das noch heute vom Konzern herausgegebene Firmenmagazin »Enthusiast« wird erstmals im Jahre 1916 aufgelegt. Ein Jahr darauf produziert HD wegen des Ersten Weltkrieges größtenteils für die US Army. Tausende der oliv-grün lackierten Maschinen kommen in Europa zum Einsatz. Während dieses Krieges produzierte HD über 25.000 Fahrzeuge für das Militär. Erst ab 1918 werden wieder Ein- und Zweizylinder-Motorräder für den zivilen Straßenverkehr angeboten. 1920 verlassen bereits 28.980 Motorräder die Produktionsstätte, die einst in einer Bretterbude ihren Ursprung fand. 1921 wird erstmals ein 1.200 ccm großer V2 als Antriebsquelle eingesetzt. Vier Jahre später ist HD der weltweit größte Motorradhersteller. Im Rennsport waren zu dieser Zeit die legendären Achtventil-Harley's, mit zwei untenliegenden Nockenwellen (die so genannten Two Cammer), und über 50 PS Leistung, sehr erfolgreich. An diesem Konzept hielt man im Rennsportbereich noch bis weit in die dreißiger Jahre fest. Eine Zeit, in der der Motorradmarkt regelrecht zusammenbrach. 1933 ging der Absatz um un-

4. *Das was heute ein Weltkonzern ist, hatte 1903 in einer 12 Quadratmeter großen Bretterbude in der 38. Straße von Milwaukee/Wisconsin begonnen. Im ersten Jahr betrug die »Jahresproduktion« drei Maschinen. Die Hütte stand im Garten des Vaters, der als gelernter Zimmermann die Geburtsstätte eigenhändig erbaute.*
5. *Der 1200er-IOE-TwoCam-V2 wurde 1921 eingeführt. Das Bild zeigt den über 50 PS starken 45°-Twin aus dem Jahr 1928.*

4

5

glaubliche 80 Prozent auf ganze 3.700 Exemplare zurück. Ein Jahr später wird die Produktion der Einzylinder-Modelle offiziell eingestellt. 1936 erscheinen die V2-Modelle mit Knucklehead-Motor, anfangs mit 1.000 (61 cui), später auch mit 1.200 ccm (74 cui). Bei dieser Konstruktion ähnelt das Gehäuse der Kipphebel den Knöcheln einer Faust. Unter eingefleischten Harley-Fahrern sind die kopfgesteuerten Knuckleheads (1936–1947), die den Flathead (1929–1935) ablösten, besonders gefragt. Wie gehabt sind Motor und Getriebe noch in zwei voneinander getrennten Gehäusen untergebracht.

Am 24. Januar 1937 findet zum ersten Mal die Daytona Bike Week im Bundesstaat Florida statt, dem heute größten Motorradtreffen der Welt. Einmal im Jahr treffen sich dort Motorradfahrer aus der ganzen Welt für eine Woche zum Feiern, Benzin quatschen und obligatorischen Showdown auf der Mainstreet. Neben rund 300 anderen amerikanischen Motorradproduzenten muss auch Excelsior im Jahre 1931 die Produktion einstellen. Die Marke Indian liefert sich mit HD über lange Jahre einen erbitterten Preiskampf und geht im Jahr 1953 in Konkurs. Damit ist HD letzter amerikanischer Motorradhersteller. Amerikanische Cops vertrauten ab Mitte der dreißiger Jahre auf die ebenso legendäre wie schwergewichtigen Hydra Glide (1936), Duo Glide (1958) und ab 1965 auf die Electra Glide.

1937 stirbt William Davidson. 1939 erhält HD den Zuschlag für den Produktionsauftrag der WLA 45-Militärmaschine. Die 750er wird in großen Stückzahlen gebaut und gehört zu den beliebtesten Sammlerstücken jener Epoche. 1942 stirbt der Präsident Walter Davidson. Nachfolger wird sein Neffe William Davidson, jr. Zu dieser Zeit beträgt die Jahresproduktion wieder beachtliche 29.603 Motorräder. Nachfolger des 1943 verstorbenen Mitgründers und Entwicklungsleiters Bill Harley wird dessen Sohn William Harley jr. 1948 werden die Panhead-Modelle (bis 1965) vorgestellt. Wichtigster Unterschied ist der neue Zylinderkopf aus einer Aluminium-Legierung, der optisch an eine umgedrehte Pfanne erinnert. Im Inneren sorgen pro Zylinder je zwei, via Hydrostößel angesteuerte Ventile, für einen wartungsfreien Gaswechsel. Parallel zu den großvolumigen Big Bangern bedient

6. Mit Pferd und Kutsche zum Hafen aufs Schiff übern großen Teich in die Türkei. Harley-Davidson lieferte schon damals weltweit. Das Bild stammt aus dem Jahr 1919.

man sich in den Nachkriegsjahren des kleinen 125er DKW-Zweitakters, dessen Produktionsmaschinen man aus dem brach liegenden Deutschland teilweise mitbrachte. Zu Beginn der fünfziger Jahre gab es Versionen mit 165, später auch mit 175 ccm.

Neben den bekannten erfolgreichen Viertakt-Singles und V2-Maschinen experimentierte man in Milwaukee mit einem Vierzylinder-Reihenmotor, sowie mit dem Zweizylinder-Boxerprinzip, der dem seitengesteuerten BMW-Boxer-Motor auffallend ähnlich war. 1950 stirbt das letzte Gründungsmitglied Arthur Davidson. Sein Neffe Walter Davidson sorgt von da an für die Vertriebsgeschicke von HD. In den Fünfzigern, in die Zeit großmütiger Teens, die voller Tatendrang die Welt verändern wollten. Verzückte Elvis mit rhythmischem Hüftschwung die holde Weiblichkeit und zeigt den Männern, wie man gegen alte Zöpfe rebelliert. Nichts passte dazu besser als eine Harley-Davidson. Mangels der finanziellen Grundlage fiel die Umsetzung solch mutiger Lebensideologien für den kleinen Mann erfahrungsgemäß eher schwierig aus. Eine Harley galt jedoch für viele als unabdingbares Muss, ein ungeschriebenes Gesetz sozusagen. Zumindest wenn man wirklich glaubwürdig wirken wollte. Für viele Biker hat sich daran bis heute nichts geändert. Die ersten Chopper hatten mit langen Gabeln und hochgezogenen Easy Rider-Lenkern jedoch noch nichts im Sinn. Choppen bedeutet ursprünglich Basteln, bzw. Schrauben – kurz: Individualisieren durch Improvisieren und umgekehrt. Als Basis dienten nicht selten ausgemusterte, teils recht klapprige W45-Militärmaschinen, die auf Grund der großen Stückzahlen für relativ kleines Geld nach dem Zweiten Weltkrieg auch in Europa zu haben waren. Choppen gehörte da zum guten Ton und war zu dieser Zeit notwendig.

Denn nicht alle hatten das nötige Kleingeld für einen der neuen Sportster-Typen (1957), die es wahlweise mit 1.000 und 1.200 ccm-Panhead-Motor gab. Nicht Zuverlässigkeit durch technischen Aufwand, sondern durch praxisgerechte Lösungen, die auch umfangreiche Reparaturen überschaubar und damit einfacher machten. Auch wenn es für viele heute

7. Die Knucklehead setzt 1936 technische und stilistische Maßstäbe. 40 PS und 145 km/h sind ein Wort. Bei ihrem 1.000 ccm-Motor handelt es sich um das erste kopfgesteuerte Triebwerk von Harley-Davidson. Bei dieser Konstruktion ähnelt das Kipphebel-Gehäuse den Knöcheln einer geballten Faust. Später wurde der Hubraum auf 1.200 ccm (74 cui) vergrößert.

8. Die beiden Polizisten des Minneapolis Police Departments anno 1942 sitzen auf Maschinen des Typs UL mit seitengesteuerten Flathead-Twins.

vielleicht nicht ganz nachvollziehbar ist, zeichneten sich HDs durch ein hohes Maß an Standfestigkeit aus. Kam es doch einmal zu Motorschäden, kannte beinahe jeder Mechaniker den Big Block in- und auswendig. Selbst bei kapitalen Schäden am Kurbeltrieb konnte man auf Einzelteile zurückgreifen, was die Angelegenheit deutlich billiger machte. Damit hatten die in den sechziger Jahren Fuß fassenden Japaner nichts im Sinn. Hochdrehende Bauteile legen im Schadensfalle einen Austausch einer kompletten Baugruppe nahe. Etwas häufiger musste man dafür schon mal den einsamen Tillotson-Vergaser, der bis 1969 verwendet wurde, überreden, das rechte Kraftstoff-Luft-Gemisch zu liefern. Später wurde er durch einen Bendix-Vergaser ersetzt.

In den sechziger Jahren entwickelte sich der heutige Mythos vom Rocker, der auf endlos langen Highways mit seiner Harley der Abendsonne entgegengleitet. 1969 brachten die Hauptdarsteller Peter Fonda, Dennis Hopper und natürlich Harley-Davidson in dem Kultfilm »Easy Rider« genau dieses Lebensgefühl auf die Leinwand. Ob mit schmusigem Elvis oder fetzigem Hardrock von Steppenwolf – keine andere Marke interpretiert Freiheit und Unabhängigkeit in einer solchen Bandbreite. Doch die Konkurrenz schläft nicht. Insbesondere nicht jene aus dem Fernen Osten. Um dem weltweit aufkommenden Boom japanischer Motorräder mit verhältnismäßig kleinen Hubräumen Paroli bieten zu können, schloss sich HD bereits 1960 mit dem italienischen Hersteller Aermacchi zusammen. Die im norditalienischen Schiranna/Varese produzierten Einzylinder-Viertaktmaschinen mit 250 bis 350 ccm wurden kurzerhand mit einem neuen Logo versehen und nach Amerika exportiert. Neun Jahre danach übernahm die American Machine & Foundry, kurz AMF, die Unternehmensführung von HD und verdeutlichte die finanziellen Schwierigkeiten des einst größten Motorradherstellers der Welt. Während dieser Zeit investierte man auch in die Herstellung von Fiberglas. Fortan gehörte dieser Kunststoff zu den häufig verwendeten Materialien, beispielsweise für Koffer und Verkleidungen.

Eine große Rolle spielen in der Firmengeschichte seit jeher die Sandbahn-Rennmaschinen. Zu den bekanntesten Dirt Track-Maschinen gehört die XR 750, deren OHV-Motor komplett aus Leichtmetall gefertigt war und einen Sieg nach dem anderen einfuhr. Sie ist bis heute das erfolgreichste Wettbewerbsmotorrad der Welt. Die XR 750 fuhr erstmals 1972 in den Vereinigten Staaten nationale Rennen. Ursprünglich basierte sie auf der 883er Sportster, und löste die ebenfalls erfolgreiche KR750 ab. Das Motorrad erzielte bei den US Dirt Track Rennen auf den ovalen Sandkursen einen phänomenalen Erfolg, einschließlich drei aufeinanderfolgenden nationalen Siegen zwischen 1976 und 1978 für Jay Springsteen und fünf Siegen in Folge für Scott

9. Im Zweiten Weltkrieg werden zahlreiche Militärmaschinen vom Typ WLA45 eingesetzt. Die 750er wird in großen Stückzahlen produziert und gehört seit vielen Jahren zu den beliebtesten Sammlerstücken jener Epoche.

Parker zwischen 1994 und 1998. Die XR 750 kam durch Evel Knievel zu noch größerem Bekanntheitsgrad. Knievel fuhr das Motorrad nicht nur bei Rennen, sondern benutzte es auch für die meisten seiner spektakulären Sprünge. Selbst heute, nach über 20 Jahren Bauzeit, ist die XR noch immer stark im Rennen. Trotzdem seit 2001 bei der AMA-Meisterschaft durch eine Änderung des Reglements die Möglichkeit besteht, Motoren mit bis zu 1.000 ccm Hubraum einzusetzen, schwören noch viele auf die Anspruchslosigkeit der XR 750. 1973 wird Dick O'Brien der erste Präsident, der nicht aus der Linie von Harley oder Davidson stammt. Willie G. Davidson ist damit letztes Mitglied der ursprünglichen Gründerfamilie.

Während die Verkaufszahlen in den Siebzigern kaum Anlass zur Freude gaben, standen die Zeichen auf dem Sportsektor ganz auf Erfolgskurs. Gleich vier Weltmeistertitel erlangte Walter Villa zwischen 1974 und 1976 (250 ccm: 1974, 1975, 1976; 350 ccm: 1976) auf den AMF-HD Rennzweitaktern, die aus der Feder der italienischen Aermacchi-Entwicklungsabteilung stammten. 2002 erlag der große Motorradrennfahrer im Alter von nur 58 Jahren den Folgen eines Herzanfalls.

Um sich gegen die mächtige Konkurrenz wirkungsvoll durchsetzen zu können, arbeiteten die Produktionsanlagen im Aermacchi-Werk schon in den sechziger Jahren zu unwirtschaftlich. Auch die Modelle waren nicht mehr auf dem letzten Stand der Technik. Erst 1978, als der spätere Aermacchi-Eigentümer und Cagiva-Chef Giovanni Castiglioni mit etlichen Milliarden Lire die komplette Modernisierung des Werkes ermöglichte, war eine kostengünstige und technisch anspruchsvolle Fertigung machbar. Bis heute liefen in jenen Hallen unter anderem Motorräder wie die Cagiva Raptor- und Navigator-Typen, sowie die edle MV Agusta F4 vom Band. Aber das ist eine andere Geschichte.

HD jedenfalls musste bereits in den sechziger Jahren erkennen, dass man mit den Aermacchis nicht viel gegen die moderne Konkurrenz ausrichten konnte. Während Honda mit der wendigen C 70 (1957) und den ersten CB-Modellen mit 250- und 305 ccm-Viertaktern genauso den neuen Zeitgeist traf wie die kreischenden Zweitakt-Yamaha's, lief in Milwaukee 1965 die erste Electra Glide vom Band. Auch wenn es nicht das war, was insbesondere der wichtige europäische Markt verlangte, war der Erfolg in den USA beträchtlich. Man

10

10. Die Shovelhead-Motoren lösten die Panhead's 1966 ab und wurden bis 1983 gebaut. Zu den wesentlichen Modifikationen zählen neue Zylinderköpfe mit modifizierten Kanälen und Brennräumen sowie neuen Nockenwellen. Die bis 1969 produzierten Shovelhead's nennt man Early-Shovel. Die danach unter AMF-Regie gefertigten Big Twin's nennt man Late-Shovel. Mit ein wenig Phantasie lässt sich die schaufelförmige Form des Zylinderkopf-Deckels erkennen.

machte einfach genau das, was man am besten konnte, nämlich große und schwere Motorräder zu bauen. 1966 erscheint schließlich der Shovelhead-Motor (1966–1983), der bis 1969 als so genannter Early-Shovel noch unter der Federführung von HD produziert wird. Zu dieser Zeit beträgt die Jahresproduktion exakt 36.310 Fahrzeuge. Später, als AMF die Geschäftsführung übernimmt, spricht man vom Late-Shovel. Wie von Harley bis dahin gewohnt, bezieht sich die »Schaufel« auf die Form des Zylinderkopfes, bzw. dessen Deckels. Größtes Problem während der AMF-Ära war die mangelnde Qualität, die dem Ruf der an sich zuverlässigen Harleys einigen Schaden zufügte. Das sorgte bei den Freaks natürlich für großen Missmut. Wenn ein Konzern mit möglichst wenig Aufwand den maximalen Gewinn herausholen will, ist dies zwar eine legitime Formel, doch nagen Sparmaßnahmen am falschen Ende schnell am guten Ruf eines Produktes.

1971 wird die Super Glide (Typ FX) vorgestellt. Sie ist das erste Modell einer neuen Custom-Baureihe, dessen Konzept Willie G. Davidson höchstpersönlich entwarf. Noch über Jahrzehnte hinaus prägte sie die aufkommende Chopperwelle und galt neben verschiedenen Ablegern als das Original, an dessen Kopie sich die Japaner später noch die Zähne ausbeißen sollten. Um dem Bedarf an kleineren Motorrädern nachzukommen, ließ man Anfang der sechziger Jahre im Aermacchi-Werk neue Einzylinder-Zweitakter mit 175 ccm entwickeln und fertigen.

Die unter der Bezeichnung »Bobcat«, »Pacer« und »Ranger« im Programm geführten Modelle waren bis 1966 mehr oder weniger erfolglos im Programm. Die bis 1977 produzierten SS 125, SXT 125, SX 175 und SST 250

11. 1961 kooperiert Harley erstmals mit dem italienischen Hersteller Aermacchi. Die 250er und 350er-Einzylinder-Typen sollen die Nachfrage nach hubraumschwächeren Modellen abdecken.

waren die letzten italienischen Harleys, die das Vareser Werk verließen.

Dem typisch amerikanischen Patriotismus war es zu verdanken, dass man sich von der aufkommenden Krise nicht in die Knie zwingen ließ. HD stand kurz vor dem Konkurs und es musste ganz schnell etwas geschehen, das möglichst wenig kostet. So besinnt man sich zunehmend auf traditionelle Werte, womit die Electra Glide (1965) trefflich harmoniert. Eine Strategie, die an sich sehr gewagt ist, doch gerade durch diese Ungewöhnlichkeit im Nachhinein genial war. Ausschlaggebend für den Erfolg war die Ausrichtung auf eine hauseigene Zubehörpalette, die es dem Kunden erlaubte, seine Wunsch-Harley direkt beim Händler vor Ort individuell ausstatten zu lassen.

Einzig BMW erkannte kurze Zeit später ebenfalls diesen Trend zu mehr Service, von dem die Japaner und Italiener noch meilenweit entfernt waren.

Nachdem klar war, dass man mit dem Verkauf der Aermacchi-Harleys aus Italien keinen Erfolg haben wird, stellt HD im Jahr 1978 die Produktion in Italien ein und verkauft die Firmenanteile an die Castiglioni-Brüder. Ein Jahr zuvor erblickt die erste Low Rider (Typ FXS) das Licht der Welt und gilt als das Symbol amerikanischen Motorradbaus. Die 1000 Sportster (XLCR) war ein waschechter Café-Racer mit kleiner Lampenverkleidung, Einmannsitzbank und keilförmigem Heck. Während die Japaner zu dieser Zeit mächtig an der Leistungsschraube drehten, präsentierte man in Ami-Land voller Stolz die erste Electra Glide Classic. Umgerechnet 13.950 Mark kostete das damalige, 58 PS starke Flaggschiff mit 1200-ccm-Motor und Viergang-Getriebe.

Mit gleicher Technik, aber modernerem Design stößt die Tour Glide (FLT) im Jahre 1980 nicht überall auf Zustimmung. Ihre rahmenfeste Verkleidung sowie das moderne Instrumenten-Design waren nicht jedermanns Sa-

12. 1987 erschien die Softail und begründete damit die FXST-Baureihe. Erkennungsmerkmal ist seitdem der geschwungene hintere Kotflügel und die verdeckten Federelemente am Heck. Insgesamt stecken sieben Jahre Entwicklungsarbeit im Evolution-Motor, der bereits 1984 eingeführt wurde. Unter anderem verfügt der 45°-V über neue Zylinder, Köpfe und Kolben.

che. Ein Jahr später erfüllte sich, wovon viele Harley-Fans seit langem träumten. Das HD-Management erwirbt für 80 Millionen US-Dollar die Company vom AMF-Konzern zurück. 1984 hielt der klar gezeichnete Evolution-Motor Einzug in die Modellpalette. Mit 88,8 mm Bohrung und 108 mm Hub erreichte man einen Hubraum von stolzen 1.338 ccm, bzw. 81 cui. Mit der Evo-Generation wollte man sich bewusst vom einstigen Schmuddelimage distanzieren. Und wirklich, der Ölverbrauch sinkt spürbar und auch der Rundlauf gewinnt an Qualität. 1987 ging HD an die Börse.

1989 erscheint die legendäre Fat Boy, der erste Cruiser der Neuzeit. Vergessen sind die mageren Jahre und die Jahresproduktion steigt auf 95.811 Motorräder. Bis dahin verließen insgesamt 2.000.000 HDs die Produktionshallen. Bis 1997 steigt das Produktionsvolumen um 38 Prozent bis auf 132.285 Maschinen. In diesem Jahr investiert HD rund 250 Millionen US-Dollar in Forschungs- und Produktionsanlagen. Das Jahr 1998 wird für HD ein bedeutendes Jahr. In Kansas City/Missouri eröffnet man eine neue Fabrik und im Spätsommer wird der Big Twin Cam-Motor mit 88 cui (1.449 ccm) Hubraum und zwei Nockenwellen vorgestellt, der im ersten Produktionsjahr den Dyna-Modellen vorbehalten bleibt. Der Twin Cam besitzt rund 100 ccm mehr als der Evolution-Motor mit 1.338 ccm und zeichnet sich durch eine größere Laufruhe sowie eine verbesserte Abdichtung der Zylinderköpfe aus.

Im gleichen Jahr wird die Sportster-Produktion von York nach Kansas City verlegt. Ein Jahr zuvor gab HD 85 Millionen US-Dollar für die neue Produktionsstätte aus. Damit ermöglichte man größere Kapazitäten für die Fertigung der Big Twins (Softail, Dyna Glide und Touring-Modelle), die fortan ausschließlich in York produziert werden. Im gleichen Jahr, genauer am 19. Februar 1998, über-

13. *Die Fat Boy (Bild zeigt das Modell 2000) mit dem Twin Cam 88-Twin. Scheibenräder, die mächtige Telegabel und die weit herunter gezogene Hinterradabdeckung unterstreichen den klassischen Charakter.*

13

nimmt HD auch die Buell Motorcycle Company und hat damit ein neues Tochter-Unternehmen. Der ehemalige Firmengründer Erik Buell und ursprünglicher HD-Entwicklungsingenieur verkauft seine Anteile bis auf einen kleinen Rest an die HD Inc., die bereits seit 1993 eine Minderheitsbeteiligung an Buell innehatte. Seitdem leitet Jerry Wilke als Präsident die Buell-Geschäfte. Erik Buell erhielt im Gegenzug einen langjährigen Vertrag als Chairman und Cheftechniker der Firma. Während eine Harley, mit Ausnahme der V-Rod, in erster Linie traditionelle Akzente setzt, widmet sich Buell anderen konstruktiven Grundsetzen. Elementare Prioritäten setzt Erik Buell von Anfang an in der Zentralisierung der Massen, der Fahrwerks-Stabilisierung, sowie der Minimierung der ungefederten Massen. Parallelen zwischen HD und Buell erkennt man durch eine bewusste Distanzierung von Höchstleistung und Endgeschwindigkeit. Sie spielen eine untergeordnete Rolle. Im Fall einer Buell, ohne dass der sportlichen Charakter in den Hintergrund tritt. Die gesamte Firmengeschichte finden Sie unter »Buell«.

Im Millenniumsjahr 2000 erhält der Twin Cam-V2 zwei gegenläufig rotierende Ausgleichswellen, was dem Hubraumriesen zu einer nochmals verbesserten Laufkultur verhilft. Der intern »Twin Cam 88B« genannte Motor kommt in der neuen Softail-Generation zum Einsatz. Mit exakt 204.592 gefertigten Fahrzeugen schreibt HD auch in diesem Jahr einen neuen Rekord in der Firmengeschichte. 2001 wird die Dyna Super Glide T-Sport vorgestellt und schlägt die Brücke zum dezent sportlichen Tourer. Harleys verkaufen sich wie geschnittenes Brot. Vielerorts sind Motorräder aus

14. Willie G. Davidson bewies beim Design der VRSCA V-ROD ein glückliches Händchen und schuf quasi nebenbei die Kategorie der Power-Cruiser. Ein modernes Leichtgewicht ist sie dennoch nicht. Mit einem Gewicht von 270 kg, einer gereckten, im 52° Winkel anstehenden Telegabel und gewaltigen 1.713 mm Radstand, hat auch sie eine Vorliebe für lange Geraden, ohne jedoch stramme Schräglagen kategorisch abzulehnen. Ein Motorrad, das man gefahren haben sollte. Der wassergekühlte Revolution-Motor der V-ROD hat nur noch das V2-Konzept mit den bisherigen Harley-Motoren gemeinsam. Entwickelt wurde der moderne DOHC-Einspritzer in Zusammenarbeit mit dem Porsche Entwicklungszentrum in Stuttgart. Ihr wassergekühlter 60°-V2 produziert beachtliche 117 PS und ermöglicht Geschwindigkeiten von bis zu 220 km/h.

14

dem Land der unbegrenzten Möglichkeiten ausverkauft, so dass die eh schon stolzen Gebrauchtpreise nochmals deutlich anziehen, manchmal sogar die Neupreise übersteigen.

Nach 98 Firmenjahren präsentiert Harley-Davidson Ende 2001 die markante XL 883 R und die komplett neue V-ROD. Die Massen sind begeistert. Mit dem 117 PS starken V2-Motor, vier Ventilen pro Zylinder, sequentieller elektronischer Kraftstoffeinspritzung (ES-PFI) in Fallstrombauweise und Katalysator, ist das Konzept fit fürs neue Jahrtausend. Laut HD sollen die luftgekühlten, klassischen 45°-V2 jedoch noch über viele Jahre neben der neuen Harley-Generation produziert werden. Mit 100 mm Bohrung und 72 mm Hub hat der 1.130 ccm große 60°-V2 nichts mehr mit dem bekannten Big Twin zu tun. Erstmals in der Markengeschichte setzt HD auf eine Wasserkühlung. Auch die hydraulisch betätigte Kupplung mit automatischer Dekompressionseinrichtung (ACR) stellt ein Novum der Marke dar. Im Inneren rotiert eine geschmiedete, gleitgelagerte Kurbelwelle mit nebeneinander angeordneten Pleueln. Die Vibrationen werden durch eine Ausgleichswelle im Zaum gehalten. Der so genannte Revolution-Motor ist ein direkter Abkömmling des VR-1000 Superbike-Renntriebwerks und wurde vom HD Powertrain Engineering Team in Zusammenarbeit mit dem Porsche Entwicklungszentrum in Stuttgart entwickelt. Produziert wird die V-ROD im Werk in Missouri.

Ungewöhnliche Wege beschritt HD auch bei der Fertigung des Doppelschleifen-Stahlrohrrahmens. Um das Metall im passenden Design gestalten zu können, wendet man das Hydroforming-Verfahren an. Durch die Innenhoch-

15. Die wunderschön gemachte Harley-Davidson XL 883 R von 2002 ist eine Hommage an die legendäre Dirt Track-Maschine XR 750. Dank der sparsamen, dafür aber todschicken Ausstattung, gehört sie trotz der auf 3.000 Exemplare limitierten Stückzahl zu den günstigsten Harley's überhaupt. Schon jetzt ein Kultbike.

15

druckumformung lassen sich komplexere Formen umsetzen. Wieder mal zeigte Willie G. Davidson ein glückliches Händchen bei dem stimmigen Design. Das Konzept zielt auf eine neue, jüngere Käuferschicht, der Technik, Design und nicht zuletzt die Fahrleistungen der luftgekühlten Harleys nicht mehr zeitgemäß erscheint. Ein modernes Leichtgewicht ist die V-ROD dennoch nicht. Mit 270 kg, einer gereckten, im 52°-Winkel anstehenden 49er Telegabel und gewaltigen 1.713 mm Radstand hat auch sie eine Vorliebe für lange Geraden, ohne jedoch Schräglagen kategorisch abzulehnen. Dank des niedrigen Schwerpunktes (Kraftstofftank unter dem Sitz, Sitzhöhe mit 82 kg schwerem Fahrer beträgt nur 660 mm) fallen die möglichen Kurvengeschwindigkeiten für Harley-Verhältnisse hoch aus. Das wahre Metier der VRSCA V-ROD (V-Twin Racing Street Custom Alpha), so die offizielle Bezeichnung, sind kurze Sprint-Einlagen am Kurvenausgang, oder am Ende eines langen Tages, um sich noch einmal von den maximal 105 Nm Motordrehmoment die Arme lang ziehen zu lassen. Bei Bedarf beschleunigt die flache Maschine bis auf über 220 km/h. Es ist dieses Widersprüchliche, das Muscle-Feeling, was diese HD so aufregend macht. Zu dieser Zeit gab es keinen anderen Cruiser, mit dem das so ohne Weiteres möglich war. Der Power-Cruiser war geboren. Mit umgerechnet 39.249 DM, bzw. 20.068 EUR ist sie nicht billig und erreicht dadurch schnell den Status eines Traumbikes.

Nach der Europa-Premiere auf der European Bike Week im österreichischen Faak beginnt im Dezember 2001 die Auslieferung an die Händler – zusammen mit einem anfangs 75-teiligen Zubehör-Set für die V-ROD und kompletter Bekleidungskollektion. Wie im Sturm erobert sie die Herzen der Journalisten und Fans, gewinnt Designer-Preise und Vergleichstests. Mit dem Triebwerk eines Superbikes und der Leistung eines Straßen-Dragsters legte sie die Messlatte der Custom-Maschinen eine Etage höher.

Bis Ende 2002 verließen mehr als 4 Millionen Fahrzeuge die Produktionshallen von HD. Für die Zukunft darf man gespannt sein, mit welch innovativen und charakterstarken Motorrädern Harley-Davidson die Motorradwelt weiterhin in ihren Bann ziehen wird. Nach hundert Jahren stehen die Chancen günstiger als je zuvor.

Für Hochgeschwindigkeits-Fans ist der Name »Hayabusa« seit 1999 ein Begriff. Sie erreichte als erstes Großserienmotorrad die 300 km/h-Schallmauer.

HAUPTSTÄNDER

Der Hauptständer dient dem sicheren Abstellen des Motorrades, besonders auf längeren Touren mit viel Gepäck. Leider verzichten die meisten Hersteller auf solch nützliche Ausstattungsmerkmale. Trotzdem gehört das Aufbocken immer noch zur ungeschriebenen Pflichtübung eines echten Bikers.

HAYABUSA

Suzuki GSX-R 1300 Hayabusa – der Knaller der '99er-Saison. Mit 175 echten PS schaffte sie als erste Großserienmaschine vom Start weg den Spurt über die 300-km/h-Schallmauer und deklassiert damit die Vorjahresschnellsten wie Kawasaki ZZ-R 1100, Honda CBR

1100 XX oder Yamaha YZF-R1 beinahe zu Statisten.

Siehe auch unter »Suzuki«

HECKBÜRZEL

Im Rennsport hat das Bürzel hinter der Sitzbank aerodynamische Hintergründe. Bei Serienmotorrädern dagegen dient es meist optischen Belangen, teils aber auch als nützliches Gepäckfach.

HECS

(Honda) Honda Evolutional Catalyzing System. Bei der Reduzierung von Schadstoffemissionen konzentriert man sich bei Honda weniger auf nachgeschaltete Systeme, die lediglich der Symptombekämpfung dienen, sondern sucht stattdessen nach ganzheitlichen Problemlösungen, die bereits an der Abgasquelle, also der Gemischverbrennung ansetzen. Das HECS umfasst das von Honda entwickelte Air-Injection-System und das für seine präzise Kraftstoffdosierung bekannte PGM-FI-Einspritzsystem (Programmed Fuel Injection) sowie Lambda-Sonden und zwei 3-Wege-Katalysatoren. Dies erlaubt drastische Reduzierung besonders beim Kohlenmonoxid- als auch beim Kohlenwasserstoff-Ausstoß. Das ganz auf langfristige Zuverlässigkeit ausgelegte System stellt eine optimale Verbrennungseffizienz sicher und drückt die Emissionen so auch unter die in Europa zukünftig zu erwartenden Grenzwerte. Das HECS 3-System arbeitet dazu mit mehreren Sonden, darunter zwei Lambda-Sonden, die kontinuierlich den Schadstoffgehalt der Abgase messen.

Auf Basis dieser Daten wird die Verbrennungseffizienz berechnet, so dass die Gemischzusammensetzung innerhalb eines engen Toleranzbereiches geregelt werden kann. Weitere Sensoren messen die Außenlufttemperatur, die Einlasslufttemperatur und den Drosselklappenwinkel und liefern so die Daten an die PGM-FI-Einheit, die über Magnetventile die Zufuhr von Luft in das Auslasssystem regelt. Das HECS 3-System wurde in Deutschland erstmals 1998 eingesetzt.

Siehe auch unter »Honda«

HEINKEL

Roller-Hersteller, gegr. von Ernst Heinkel, geb. 22.1.1888, seit Mitte der fünfziger Jahre Produktion von Viertakt-Rollern.

HELMUT FATH

Konstrukteur (URS-Motor) und erfolgreicher Gespannrennfahrer, Weltmeister 1960 (BMW) und 1968 (URS).

Siehe auch unter »BMW«

HERCULES

Seit 1886 Fahrrad-Hersteller, ab 1904 Motorrad-Produktion; nach Übernahme durch die Firma Sachs im Jahre 1966 wurde auch unter dem Namen DKW produziert.

HILDEBRAND

Die Firma Hildebrand und Wolfmüller baute im Jahre 1894 das erste offizielle Motorrad, Standort München, Hubraum 1.500 ccm. Der Zweizylinder-Viertaktmotor leistete rund 2 PS.

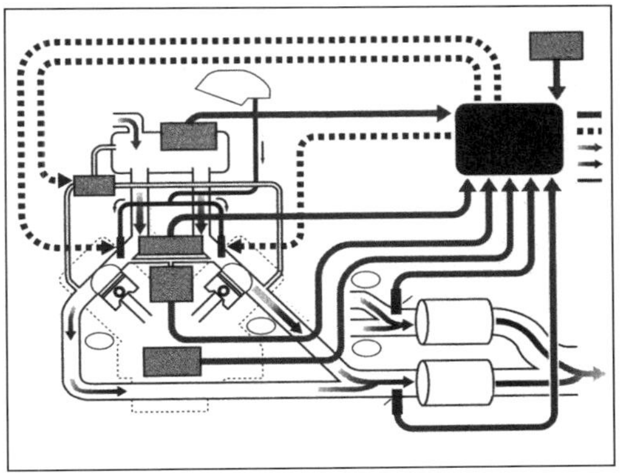

Die VFR war die erste Honda, die mit dem HECS ausgerüstet war.

HILFSRAHMEN

Wenn es darum geht, komplexe Anbauteile stabil an einem Motorrad zu befestigen, benötigt man in der Regel einen Hilfsrahmen. Material, Dimensionierung und Form richten sich dabei nach der jeweiligen Belastung. Üblich sind Hilfsrahmen beispielsweise bei rahmenfest montierten Verkleidungen, die auch Instrumente und einen Teil der Beleuchtungsanlage aufnehmen können. Auf Grund der hohen aerodynamischen Kräfte und der unmittelbaren Einflüsse auf das Fahrverhalten steht die Stabilität an erster Stelle. In gleichem Maße trifft dies auch für Hilfsrahmen am Heck des Fahrzeugs zu. Die Aufnahme ist entweder verschraubt oder verschweißt. Vorteilhaft sind verschraubte Verbindungen, da sie ggf. (z.B. nach einem Sturz) einzeln ausgetauscht werden können und nicht gleich der komplette Rahmen erneuert werden muss.

Siehe auch unter »Fahrwerke«

HILLCLIMBING

Vom drehmomentstarken Single bis hin zum schweren Multizylinder findet man beim Hillclimbing eine große Artenvielfalt. In unterschiedlichen Klassen sind nach jeweiligem Reglement nur serienmäßige Enduro-, Straßen oder Motocross-Maschinen zugelassen. In der Klasse der Spezialfahrzeuge sind die Fahrzeuge meist mit einer extrem langen Schwinge ausgerüstet, die einen vorzeitigen Überschlag nach hinten verhindern soll. Grundsätzliches Ziel beim Hillclimbing ist die Strecke mit einer bis zu 115-prozentigen Steigung ohne anzuhalten zu bewältigen. Ursprünglich kommt dieser Extremsport aus Österreich.

HINTERRADFEDERUNG

Anfang der achtziger Jahre entwickelten die Hersteller zunehmend neue und eigenständige Federungssysteme. Die gestiegenen Fahrleistungen machten stabilere Fahrwerke nötig, lasche Zwei-Dämpfersysteme konnten da nicht mehr mithalten. Außerdem wurde durch die meist tiefe Lage der Gesamtschwerpunkt mehr zur Fahrzeugmitte hin konzentriert, was wiederum dem Handling zugute kam. Der Clou war allerdings, dass das via Umlenkhebel angelenkte Federelement in seinem Ansprechverhalten progressiv beeinflusst wurde. Das heißt, dass mit zunehmendem Federweg auch die Federhärte steigt und so für ein besseres Ansprechverhalten bei größeren Federungsreserven gesorgt wird. Nachteil dieser zentralen Federungssysteme ist das relativ hohe Gewicht. Auf Grund der großen Belastung von Umlenkhebeln und Federbein müssen die Bauteile kräftig dimensioniert werden und gehen damit zulasten des Fahrzeuggewichtes.

HINTERRADSCHWINGE

Die Hinterradschwinge hat die Aufgabe, das Hinterrad möglichst verwindungsfrei zu führen und den auftretenden Biege- und Torsionsbelastungen beim Einfedervorgang standzuhalten. Wie so häufig führen viele Wege nach Rom. Zum einen gibt es die bekannte Zweiarmschwinge, die das Rad zwischen ihren beiden Armen aufnimmt. Dazu kann das Federungssystem (Mono- oder Duo-Shock) ge-

Moderne Hinterrad-Federungssysteme fallen optisch ziemlich massiv aus. Die wirkenden Kräfte sind enorm. Bei MotoGP-Racer Honda RC 211V nimmt sie zudem das Zentralfederbein auf. Eine Technologie, die der Hersteller auch bei supersportlichen Serienmotorrädern anwendet.

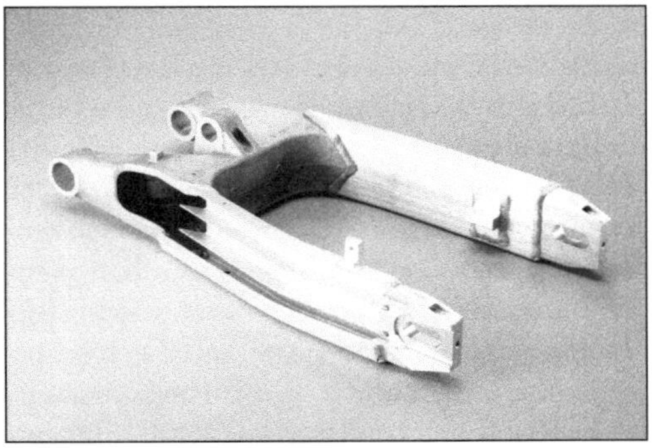

Selbst eine augenscheinlich konventionelle U-Schwinge hat es im wahrsten Sinne des Wortes in sich. Der Profilquerschnitt zeigt, wie man versucht, den hohen Biege- und Torsionskräften entgegenzuwirken. In der Nähe der Lagerstelle ist die Aufnahme der Umlenkhebel für die Zentralfederung zu erkennen.

wählt werden. Eine andere Möglichkeit stellt die Einarmschwinge dar. Die zweiseitige Lagerung im Hauptrahmen verläuft vor dem Hinterrad zu einem einseitigen Arm, der wiederum einen Zapfen samt Kettenspannmechanismus (Ketten- oder Riemenantrieb) aufnimmt und ein Zentralfederbein erfordert.

Moderne Schwingen verfügen über große Querschnitte und einen möglichst kleinen Abstand zwischen Lagerung (Hauptrahmen) und Motorgehäuse. Lange Schwingen reduzieren die Lastwechselreaktionen und fördert so die Stabilität in schnell gefahrenen Kurven. Um den hohen Biegemomenten standhalten zu können, sind viele Supersport-Schwingen mit Streben versehen. Über den Schwingendrehpunkt kann Einfluss auf den mechanischen Grip genommen werden. War es bislang üblich, Schwingen kettenbetriebener Motorräder aus mehreren Einzel-Blechen zusammenzuschweißen, geht man heutzutage dazu über, die immer komplexer gestalteten Bauteile mittels Druckgussverfahren herzustellen. Dadurch minimieren sich die Schweißnähte und Toleranzen. Für Kardan getriebene Motorräder ist das nichts grundsätzlich Neues, übernimmt doch bei vielen Konstruktionen das gegossene Winkelgetriebe am Hinterrad samt angeflanschtem Kardantunnel einen Großteil der Belastungen. Aus diesem Grund bieten sich Einarmschwingen bei Kardanmaschinen an.

HOCHLENKER

Ausführung i.d.R. als Rohrlenker, vor allem bei klassischen Bikes sehr beliebt; Vorteil: bis etwa 120 km/h bequeme Sitzposition, verbessertes Handling; Nachteil: Starker Winddruck bei höheren Geschwindigkeiten, ggf. Fahrwerksunruhen durch Störeinflüsse, auf ausreichende Länge der Bremsleitungen, Gaszüge, etc. achten.

HÖCHSTDREHZAHL

Ist die maximal zulässige Drehzahl vor Einsetzen des Drehzahlbegrenzers . Sie ist nicht mit der Nenndrehzahl zu verwechseln, bei der die maimale Leistung abgegeben wird.

HÖCKER

Im Rennsport hat der Höcker (häufig auch als Bürzel bezeichnet) neben seinem aerodynamischen Zweck auch die Aufgabe, dem Piloten mehr Halt zu geben. Bei richtiger Ergonomie durch eine gelungene Formgebung und Polsterung ermöglichte er eine verbesserte Rückmeldung zum Motorrad und kann für mehr

Bei sportlichen Serienmotorrädern besteht häufig die Möglichkeit, den Soziusplatz mittels Abdeckung zu einem Höcker umzufunktionieren.

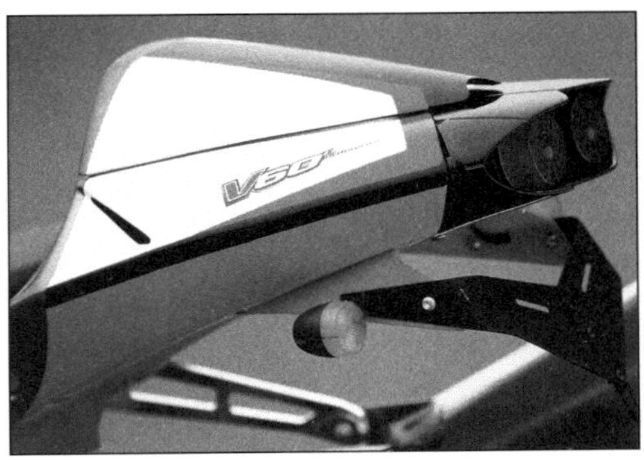

Ruhe in der Einheit »Mensch und Motorrad« sorgen. Bei gemäßigten Serienmotorrädern dagegen dient der Höcker meist optischen Belangen, teils aber auch als nützliches Gepäckfach.

HONDA

Gegründet von Soichiro Honda (17.11.1906–5.08.1991); der Welt größter Zweiradhersteller begann seinen ruhmreichen Weg 1947 mit einem 50-ccm-Fahrradmotor. Das erste Leichtmotorrad lief 1949 vom Band (Honda Dream). Wie so häufig ist der Weg zu Ruhm und Erfolg ein sehr steiniger. Es gehört mehr als Optimismus und technisches Know-how dazu, einer Marke zu weltweiter Anerkennung zu verhelfen – Soichiro Honda war ein Technik-Besessener. Darum spielt die Technik wie bei kaum einem anderen Hersteller eine derart große Rolle. Im Jahre 1922 begann Honda die Ausbildung zum Kfz-Mechaniker, bereits sieben Jahre darauf gründete er sein eigenes Unternehmen – in einer kleinen, vier mal sechs Meter großen Hütte. Zu dieser Zeit schraubte er an so ziemlich allem, was sich zerlegen und wieder zusammenbauen ließ. Sein Geschäft florierte. Zudem hatte er eine Schwäche für den Motorsport, so dass er sich schon in jungen Jahren in den Boxengassen herumtrieb. Erst ein schwerer Auto-Rennunfall im Jahre 1937 ließ ihn umdenken. Daraufhin drückte er noch zwei Jahre die Schulbank, um sich fortan der Entwicklung und Konstruktion von Motorenbauteilen zu widmen.

Während des Zweiten Weltkrieges arbeitete er für die Flugzeugindustrie, bis ein Erdbeben den größten Teil seines Unternehmens zerstörte. Doch Honda wäre nicht Honda, wenn

1. Soichiro Honda (li.) und späterer Partner Takeo Fujisawa lernten sich in den dreißiger Jahren kennen. Anders als Honda, der permanent tüftelte und seinem Forscherdrang nachging, kümmerte sich Fujisawa um Finanzen, Verwaltung und den Vertrieb der Fahrzeuge.

1

2. Der Typ A-Motor von 1946 ließ sich einfach an ein Fahrrad adaptieren. Der Erfolg war überwältigend.

er sich nicht wieder aufgerafft hätte. Geschäftstüchtig wie er war, stellte er fest, dass man nach dem Krieg einfache und billige Fahrzeuge brauchte. Was lag da näher, als einen kleinen, kompatiblen Motor zu konstruieren und ihn an ein Fahrrad zu adaptieren? Damit besaß Honda in Japan quasi eine Monopolstellung. Historisch ist der Typ A-Motor, ein Einzylinder-Zweitakter mit 50-ccm und 1 PS Leistung.

Es dauerte nicht lange, bis das erste komplett eigene Zweirad auf den Rädern stand, angetrieben vom bekannten 50 ccm-Motor: Die Honda Dream gab es bis weit in die 60er Jahre, von anfangs 50 bis zur großen 450er mit Zweizylindermotor. Vier Jahre später war die erste Viertaktmaschine, die Dream E, fertig. Ihr Einzylinder-OHV-Motor mit 147 ccm Hubraum leistete knapp 6 PS. Das Besondere war jedoch die Vierventiltechnik. Optisch waren die Ähnlichkeiten zu den NSU und DKW jedoch nicht wegzudiskutieren. Es folgten viele erfolgreiche Jahre im Motorradrennsport, bei der die Tourist Trophy auf der Isle of Man eine Schlüsselrolle spielte. Sie war die Rennstrecke, die es zu bezwingen galt – und zwar in Führung liegend. Es war im Jahr 1959, als die erste Honda-Rennmaschine am Start der buckligen Piste stand: die RC 142. Diese leichte 125er-Zweizylinder, mit Königswelle und Vierventiltechnik, leistete beachtliche 18 PS bei sagenhaften 13.000 min^{-1}. Der 250er-RC 160-Reihentwin produzierte sogar 35 PS – bei 14.000 min^{-1}! Im Jahr darauf wurde der Königswellenantrieb der beiden obenliegenden Nockenwellen durch Stirnräder ersetzt. Unvergessen der Engländer Mike Hailwood und der Schweizer Luigi Taveri, die insgesamt acht Weltmeistertitel, je vier zweite und dritte Plätze, sowie einen fünften Rang für Honda holten. Lediglich in der 500er-Klasse sollten sie nicht erfolgreich werden. Eine Tatsache, die Soichiro Honda stets ein Dorn im Auge war.

1960 begann der Import nach Deutschland. Die erste Honda war hierzulande die C 72 – ein anspruchsloser 250er-Viertakt-Zweizylinder, der seine 20 PS via Vierganggetriebe und konventioneller Rollenkette ans Hinterrad schickte. Sie basierte auf der bereits 1957 entwickelten C 70, Honda's erstem Viertakt-Twin, und konnte ihre Qualitäten als zuverlässiges Alltagsmotorrad bereits in Japan bewei-

3. *Die CB 77 mit 305 ccm-Zweizylinder-Viertaktmotor war 1966 ein großer Wurf. Im Gegensatz zur C 77 besaß die Superhawk (Bild) vorn eine Telegabel.*
4. *Die Honda ST 50 Dax erreichte in den siebziger Jahren Kultstatus. Ihr Einzylinder-Viertaktmotor stammte aus der SS 50 von 1967.*
5. *1966 gewann Honda bis auf die 500er-Königsklasse sämtliche Weltmeisterschaften. Doch bereits während des Deutschland Grand Prix zeichnete sich die Schlagkraft der 85 PS starken RC 181 ab. Mit ihr schaffte es Jim Redman selbst Giacomo Agostini auf seiner MV Agusta zu schlagen. Hauptakteur war jedoch Mike Hailwood, der 1967 den Sieg in der 500er-Klasse um Haaresbreite verfehlte. Unvergessen sind die Duelle: Honda – MV Agusta, Hailwood – Agostini.*

sen. Ein Kassenschlager, der seinesgleichen suchte, war die kleine 50er Super Cub (1958). Millionenfach verkauft, war sie bis Anfang der achtziger Jahre im Programm. Mit diesem Moped schrieb Honda Zweiradgeschichte und bildete die Basis für den Erfolg des heute größten Motorradherstellers der Welt. Während es in Asien und seit 1958 auch in den USA eine Vielzahl neuer Modelle hagelte, hielt man sich in Deutschland verhältnismäßig zurück. 1963 kam die C 92 auf den Markt. Klammheimlich entwickelte man jedoch weitere neue, große Viertakter.

Soichiro Honda war ein technischer Perfektionist und hatte ein Vorliebe für sportliche Viertakter, so dass man eigentlich mit einer starken 500er hätte rechnen müssen. Die Motorradwelt jedoch fiel aus allen Wolken, als 1967 die CB 450 präsentiert wurde.

Jeder Hersteller, der etwas auf sich hielt, hatte zwar bereits einen Zweizylinder, meist mit 500 ccm oder mehr, im Programm, doch war das Handling und die Laufkultur deutlich besser. Der 43 PS starke Zweizylinder-Reihenmotor sorgte obendrein für beachtliche Fahrleistungen. Erst nach fünf Jahren wurde sie durch die CB 500 K abgelöst. Parallel zu den Twins präsentierte Honda im Jahre 1969 die legendäre CB 750 Four. Ein Motorrad, das gleich in mehrfacher Hinsicht Geschichte machte: Zunächst war da der imposante Reihenvierzylinder mit seinen charakteristischen vier Endtöpfen – so etwas hatte man im Großserienbau bislang noch nicht gesehen. Mit 67 PS und beinahe 200 km/h war sie mit Abstand das schnellste und stärkste Serienmotorrad. Ein Novum war auch die hydraulisch betätigte Scheibenbremse im Vorderrad. Wer nach der

6. *Die Honda CB 750 Four war auf der Tokyo Motor Show 1968 die Sensation: Vier Zylinder, die die Welt veränderten. Ihr OHC-Zweiventil-Four produzierte 63 PS bei 8.000 /min. Die 4-4-Auspuffanlage lies selbst bösen Buben warm ums Herz werden. Die große CB war zudem das erste Motorrad mit hydraulischer Scheibenbremse im Vorderrad. Aus heutiger Sicht wirkt sie recht archaisch – damals jedoch setzte sie einen neuen Standard.*

6

Einfahrzeit die Zylinderköpfe nachziehen ließ, ersparte sich undichte Kopfdichtungen. Der Grund lag in den verwinkelt gelegenen Zylinderkopfschrauben, die für diese Aktion den Ausbau des Motors erforderten.

Mit diesem Vierzylinderkonzept schlug Honda ein neues Kapitel in der Motorradgeschichte auf, das sich über mehrere K-Modelle über die seltene F1 (1976) bis zur CB 750 F2 Super Sport (1978) halten sollte, die bis 1979 im offiziellen Programm war. Doch die 750er war nicht die einzige Maschine, mit der sich Honda in die Herzen sportlicher Motorradfahrer fuhr. Die CB 500 Four (1973) bot mit ihren 48 PS ebenfalls außerordentliche Fahrleistungen. Ihr OHC-gesteuerter Reihenvierzylinder war ein Ausbund an Drehfreudigkeit, das Fahrwerk dazu äußerst wendig.

Noch kleiner und spritziger war nur die CB 350 Four. Sie wurde bereits Ende 1971 in den USA vorgestellt, kam jedoch erst 1973 auf den deutschen Markt. Man wollte sich damit keine Konkurrenz im eigenen Haus schaffen, denn zum Präsentationszeitpunkt wäre sie der

7. Mitte der siebziger Jahre stampfte Honda ein Highlight nach dem anderen aus Konstruktionsbüros. Die Honda Gold Wing erschien für den Modelljahrgang 1975 und leistet seinerzeit 82 PS bei 7.500 /min. Ihr wassergekühlter, längs eingebauter Vierzylinder-Boxer-Motor lief dank nahezu perfektem Massenausgleich und niedrigem Geräuschpegel ungemein kultiviert. Fahrwerksprobleme nagten jedoch am Image des schweren Kardan-Tourers bis sich schließlich der japanische Fahrwerksspezialist Shuji Tanaka 1979 der Probleme konstruktiv annahm. Bis dahin war die Ur-GL1 bereits 250.000-mal verkauft worden. Mit der vergrößerten GL 1100 Gold Wing (SC02) waren die Fans wieder beruhigt. Der Geradeauslauf war dank strafferer Federelemente und aerodymisch günstigerer Verhältnisse kaum wiederzuerkennen. Zu jener Zeit wechselte die Gold Wing-Produktion von Japan in die USA, nach Marysville/Ohio, wo man bereits seit 1983 andere Modelle fertigte.

7

CB 450 vermutlich in die Quere gekommen. Es waren dermaßen viele Ideen und Möglichkeiten vorhanden, dass sich die Konkurrenz regelrecht überrannt vorgekommen sein musste.

1975 löst die CB 400 Four (1975) die kleine 350er-Four ab. Die drei Mehr-PS waren allerdings bei weitem nicht das, was die 400er ausmachte: Auf den ersten Blick stach die einmalig geschwungene, vollverchromte 4-1-Auspuffanlage ins Auge – so etwas hatte man bei einem Serienmotorrad noch nicht gesehen. Das Sechsganggetriebe war ebenfalls eine Neuheit.

1972 kam die legendäre ST 50 Dax auf den Markt. Ein wendiges, kleines Fahrzeug, das in seinem Bekanntheitsgrad CB 750 Four heranreichte. Mit ihrem winzigen 50-ccm-Einzylinder-Viertaktmotor, der bereits in der SS 50 (1967) seinen Dienst verrichtete, war die Dax für Kurzstrecken wie geschaffen. Drei Jahre später wurde sie auch mit 70 ccm angeboten. In der Enduro XL 50 (1977), besonders in der Straßenmaschine CB 50 J (1981), später auch

8. Honda's Waffe in der Langstrecken-WM 1976 war die RCB 1000 mit Vierzylinder-Reihenmotor. Anfangs noch mit OHC-Ventilsteuerung à la CB 750, wurde sie später von der 120 PS starken RS 1000 mit DOHC-Vierventilmotor abgelöst, aus der die legendäre CB 900 F Bol d'Or hervorging. Als 1978 erstmals das 24 Stunden Rennen von Le Mans stattfand, konnte Honda auf Anhieb gewinnen. Mit den weiteren Siegen in den folgenden zwei Jahren wurde sie zu einer nahezu unbesiegbaren Maschine in der europäischen Langstreckenmeisterschaft. Vor allem das Fahrerduo Jean-Claude Chemarin und Christian Leon waren für diese Erfolge verantwortlich und konnten auf der von Honda France eingesetzten Maschine vier Titel in Folge gewinnen. Die große Popularität des Langstreckensports führte 1980 zu einer eigenen Weltmeisterschaft, in die auch das japanische 8-Stunden Rennen von Suzuka aufgenommen wurde. Honda konnte mit den beiden Franzosen Marc Fontan und Herve Moineau auf Anhieb diesen Titel gewinnen. Sogar bei der TT Formel 1 auf der Isle of Man war Honda erfolgreich.

8

9. CB 900 F Bol d'Or – eine Bezeichnung, der Emotionen weckt. »Sportler für alle Tage« titelte 1979 die MO-Zeitung das bahnbrechende Superbike. Mit 95 PS kam sie leistungsmäßig der sechszylindrigen und 105 PS starken CBX verdächtig nahe. Was das Fahrverhalten anging, war weder die eine noch die andere perfekt.

10. Honda CBX – 1978 der Prestige- und Technologieträger der Marke. Entwickelt wurde sie vom damaligen Projektleiter Hiroshi Kameyama. Sechs Zylinder in Reihe, seidiger Motorlauf, 274 Kilogramm Lebendgewicht, knapp 230 km/h schnell, dabei komfortabel und bei zivilem Tempo sogar relativ handlich.

11. Die Honda CB 400 Four kann reinen Gewissens als Begründerin der beliebten 400er-Klasse bezeichnet werden. Der nach dem bewährten Strickmuster der luftgekühlten Reihenmotoren konzipierte Motor leistet beachtliche 37 PS – für die damalige Zeit ein beachtlicher Wert, insbesondere weil das Gewicht mit 183 Kilogramm nicht übermäßig hoch ausfiel. Die sportliche Note unterstrich das Sechsgang-Getriebe und eine 4-1-Auspuffanlage, die in der CB 400 Four ihre Premiere feierte.

mit 80 ccm, wurde sie zum Jugendschwarm für alle, die dem Zweitakt-Geknattere nicht viel abgewinnen konnten. Im Vergleich zu den Klein- und Leichtkrafträdern besaß sie jedoch weitaus weniger Temperament, sah dafür aber schon recht erwachsen aus. Nebenbei sparte man sowieso schon für ein »richtiges« Motorrad – eine gebrauchte CB 250 konnte man sich bald leisten. Wie viele Besitzer machten wohl ihre ersten Motorrad-Erfahrungen auf dieser Zweizylinder-Maschine, die es von Anfang bis Ende der siebziger Jahre in etlichen Varianten gab? Ein anspruchsloser, für seine Zeit sogar recht sportlicher OHC-Twin, den man zum Brötchenholen genauso nutzen konnte wie für eine Spritztour am Wochenende.

Angefangen mit der CB 250 G (1971) über die CB 250 K, und nicht zu vergessen die wenig beliebte, dafür aber preisgünstige CJ 250 T (1976). Die kleine CB 200 disc (1976) verdeutlichte den Einzug der Scheibenbremse auch bei kleinen Motorrädern. Es war die Zeit der Reihenmotoren – zumindest ab 500 ccm aufwärts überwogen leistungsstarke Vierzylinder. Kawasaki ließ sich nach dem Erscheinen der CB 750 Four nicht lange bitten und präsentierte nach verlängerter Entwicklungszeit Ende 1972 die Kawasaki Z1 900 Super Four. Für die Konkurrenz ein Schlag ins Gesicht, dem es galt, Paroli zu bieten. Das Ergebnis konnte man 1974 in Köln bestaunen, doch war es keineswegs ein sportliches, agiles Big Bike – es war ein Klotz: Die GL 1000 Gold Wing, angetrieben von einem flüssigkeitsgekühlten Vierzylinder-Boxer-Motor mit je einer obenliegenden Nockenwelle, wartungsarmem Kardanantrieb und unter der Sitzbank liegendem Kraftstoffbehälter bot Honda-typisch viele Novitäten, die es so im Zweiradbau bisher noch nicht gegeben hatte – für 4.739 EUR. 82 PS bei 7.500 min^{-1} sorgten für eine Geschwindigkeit von rund 195 km/h. Mehr war auf Grund des hohen Gewichtes von 295 kg nicht drin. Somit war die Gold Wing für die schnelle 900er-Kawasaki keine ernsthafte Konkurrenz. Vielmehr war die Honda das erste Motorrad, das den großen BMW drohte das Wasser abzugraben. Ja, sogar mehr, denn der überaus kultivierte Motorlauf war bis dahin unerreicht. Zusammen mit der komfortablen Fahrwerksabstimmung und der bequemen Sitzposition ließen sich lange Etappen ohne Schwielen am Gesäß durchstehen. Nur der Winddruck konnte auf Dauer doch recht anstrengend sein, so dass viele Besitzer ihre Maschine mit Verkleidungen von Windjammer oder Habermann ausstatteten. Unverbesserliche Sportfahrer holten sich Rat bei Reinhold Kraft, der auch einen Komplett-Umbau mit rahmenfester Halbschale anbot. Diejenigen, die auf lenkerfeste Cockpitverkleidungen umrüsteten, mussten mit außergewöhnlich starkem Pendeln bei hohen Geschwindigkeiten rechnen. Das konnte sogar bis zum Sturz führen und löste nach einem tödlichen Unfall ein spektakuläres Gerichtsverfahren mit umfangreichen Konsequenzen für das Produkthaftungsgesetz aus.

Daraufhin wurde das Fahrwerk der Gold Wing überarbeitet. Letztes Modell der 1000er Ur-Gold Wing war die K4 De Luxe (1979) mit Zusatzinstrumenten auf der Tankattrappe und silbernen ComStar-Felgen. Sie leistete noch 78 PS bei 7.000 min^{-1}. Die GL 1100 Gold Wing (1980, Typ SC02) war ein glasklares Angebot an die Tourerfraktion. Sie war der erste waschechte »Supertourer«, den es in Großserie zu kaufen gab. Dagegen war die vollverschalte Yamaha XS 1100 Martini, die es zudem in limitierter Auflage gab, geradezu sportlich. Die 1100er Gold Wing hatte zwar keine Verkleidung, dafür aber einen breiten Lenker, eine äußerst bequeme Zweimannsitzbank und den bekannt seidigen Boxer-Vierzylinder, der nun 83 PS leistete – wie geschaffen für die ganz bequeme Art zu Reisen. 1984 kam die GL 1200 Gold Wing mit 94 PS. Die Grau-Importeure verdienten sich damit eine goldene Nase, denn die feudal ausgestattete Aspencade (ab 1980) gab es nur im Ausland. Dieses Mega-Bike war die bis dahin am reichhaltigsten ausgestattete Gold Wing und besaß sogar einen als Overdrive ausgelegten fünften Gang und eine Zwei-Farben-Lackierung (Sterling Silver Metallic/Tempest Gray Metallic oder Sorrel Brown Metallic/Harvest Gold Metallic). Auch gehörten Innentaschen im Reisetaschenformat für beide Koffer und das Top Case, dazu ein netter Schminkspiegel im Deckel, zur umfangreichen Ausstattung. Zum Befüllen der Gabel und der hinteren Dämpfer mit Luft musste der Fahrer nun nicht mehr an die Tankstelle – ein eigener Bord-Kompressor sorgte für den nötigen Druckaufbau. Auch das Audiosystem war etwas ganz Besonderes, denn man konnte es direkt vom Lenker aus bedienen. Damit wurde die Gold Wing zum Synonym für »Bequemes und anspruchsvolles Motorradfahren«. Trotzdem man dachte, eine Steigerung sei kaum noch möglich, sollte uns Honda im Jahre 1988 ein weiteres Mal eines Besseren belehren.

Mit der sechszylindrigen GL 1500 Gold Wing war sie das »Über-Motorrad« schlechthin. Genau genommen war sie eine komplette Neukonstruktion, denn kein Stein blieb auf dem anderen. Mehr denn je dokumentierte sie die etwas andere Art Motorrad zu fahren. Für umgerechnet 11.402 EUR bekam man solide 100 PS bei gerade mal 5.000 min^{-1} und ein gewaltiges Drehmoment von 147 Nm. Das jedoch ist bei dem Kampfgewicht von fahrfertigen 393 kg auch notwendig. Im Jahre 2001 kam es noch eine Nummer dicker. Mit Einspritzanlage, 1.835 ccm Hubraum, neuem Fahrgestell aus Leichtmetall und modernem Design hat sich die Gold Wing der Zeit angepasst.

12. *Die CX 500 wurde Ende 1977 vorgestellt. Ursprünglich war der wassergekühlte 80°(!)-V2-Motor für einen Kleinwagen gedacht. Durch seine Einbaulage eignet er sich jedoch hervorragend für die Verwendung eines Wellenantriebes im Motorrad. In den beiden, um 22° gedrehten Zylinderköpfen sind jeweils vier Ventile für den Gaswechsel des Stoßstangen gesteuerten Motors zuständig. Mit 10:1 ist der wahlweise 27 oder 50 PS starke Motor sehr hoch verdichtet. Die Zündung übernimmt ein kontaktloses CDI-System. Neu waren auch die Comstar-Verbundräder aus Leichtmetall, deren Speichen ab 1980 (Bild) umgedreht wurden. 1983 erhielt sie die Doppelkolben-Bremsanlage der CX Euro-Modelle (ab 1982).*

12

Zurück ins Jahr 1973. In diesem Jahr wurde die beliebte Enduro XL 250 eingeführt. Mit dem Einzylinder-Viertaktmotor der SL 250 Scrambler (1972) konnte sie an deren Erfolg anknüpfen. Mit höher gelegtem Auspufftopf war sie noch besser für kleinere Geländeausflüge geeignet. Abgelöst wurde sie erst 1978 durch die XL 250 S. Sie war die kleinere Ausgabe der XL 500 S (1979). Beide Eintöpfe verfügten über das gleiche Konzept und traten gegen die etablierten Yamaha XT 250/500 an. Optisch waren die beiden XL kaum voneinander zu unterscheiden. Während der 250er eher wenig Beachtung geschenkt wurde, gehörte die 34 PS starke 500er zu den meistgekauften Motorrädern dieser Zeit. Der Enduro-Boom lockte selbst Straßenfahrer ins Gelände. Jeder wollte es zumindest einmal ausprobiert haben. Eingeschworene Big Bike-Fahrer legten sich für die kalten Wintermonate nicht selten eine problemlose und handliche Enduro zu. Für den härteren Einsatz war die XL 500 R (1982) jedoch deutlich besser gerüstet. Das neue Pro-Link-Federungssystem verfügte über weitaus größere Reserven. Die 500er-Modelle zeichnen sich durch überzeugende Handlingeigenschaften und einen sehr spritzigen Motor aus. Auch wenn der Zylinderkopf ein wenig empfindlich ist, so dass manche Stehbolzen abreißen können und die Elektrik auch nicht immer sehr zuverlässig war – der Fun-Faktor war ungemein groß. Mit der parallel erschienenen XL 500 R Paris–Dakar hatte Honda ein echtes Multitalent im Programm. Wer die Sitzhöhe von satten 91 cm einmal erklommen hatte, wollte so schnell nicht mehr runter. Das Konzept aus agilem, vielseitigem Fahrwerk, kräftigem Motor und großem Tank ging auf.

Eine wirkliche Alternative war bestenfalls die schwere BMW R 80 GS, die mit ihren immerhin 191 kg wesentlich schwerer und obendrein rund 1.100 EUR teurer war. Bei der 44 PS starken XL 600 R (1983) waren die vier Ventile radial angeordnet (RFVC). Die zwei Jahre später vorgestellte XL 600 LM erkannte man auf den ersten Blick an ihrem Doppelscheinwerfer und am riesigen 28-Liter-Tank. Leistungs- und hubraummäßig befand sich der luftgekühlte Einzylinder damit in seiner letzten Evolutionsstufe. Zwar setzte Suzuki wenig später auf einen 750er-, bzw. 800er-Eintopf, doch machen solche Konstruktionen besonders in einem Serienmotorrad wenig Sinn: Abmessungen und Massenkräfte wachsen, die möglichen Drehzahlen sinken, der thermische Haushalt leidet und die Leistung muss zugunsten der Zuverlässigkeit geopfert werden. Selbst wassergekühlte Motoren können daran nichts Wesentliches ändern. Darum setzte Honda bereits ab 1983 parallel zu den Einzylindern auf ein neues Konzept, das mehr Performance versprach und außerdem eine echte Herausforderung darstellte. Das Ergebnis war die Kardan getriebene XLV 750 R, Vorläufer aller 52°-V-Motoren von Honda. Mit drei Ventilen im Kopf (OHC), sehr kultivierten 61 PS Motorleistung, Trockensumpfschmierung (der Rahmen diente teilweise als Ölreservoir) und Pro-Link-Federung war sie eigentlich für alle Situationen gewappnet. Doch das Publikum mochte sie nicht. Das mag sowohl an ihrer kantigen Optik als auch am hohen Gewicht von 220 kg gelegen haben, die Technik an sich hingegen war sehr hochwertig.

Es dauerte bis 1988, als Honda mit der XRV 650 Africa Twin ein ähnliches Konzept vorstellte. Deutlich kurzhubiger ausgelegt als die ursprüngliche XLV, beherbergte Hondas neuer Gelände-Zweizylinder den ungedrosselten V2 der überaus beliebten XL 600 V Transalp (1987) im Stahlrohrrahmen. Zu jener Zeit versuchte Honda mit äußerstem Nachdruck die Qualität der Fahrzeuge noch weiter zu steigern. Mit Erfolg, denn seit Mitte der achtziger Jahre gehörten Rückrufaktionen oder Misserfolge zur Ausnahme. Weg vom augenscheinlichen Massenprodukt, weg vom unübersichtlichen Modellprogramm, hin zum hochwertigen Motorrad mit Niveau. Parallelen mit dem hoch geschätzten Qualitäts- und Image-Nimbus von BMW sind seitdem keineswegs zu weit hergeholt.

Das war 1978 alles noch ein wenig anders. Der Markt war auf der Suche nach neuen Konzepten – ähnlich wie heute, doch lag der Unterschied darin, dass man sich seinerzeit hauptsächlich auf die Antriebstechnik konzentrierte. Nicht umsonst waren die Motoren meist schneller als die Fahrwerke. Mutige Designs wurden zwar öffentlich beklatscht, erfolgreich waren sie jedoch nur selten. Heute, in einer Zeit, in der das Motorrad mehr oder weniger zu einem Freizeitartikel geworden ist, möchte der Kunde Klasse zeigen – Individualität ist angesagt, Qualität wird als selbstverständlich vorausgesetzt. Yamaha, Suzuki und Kawasaki setzten Ende der siebziger, Anfang der achtziger Jahre ihre Schwerpunkte klar auf den leistungsstarken Vierzylinder-Reihenmotor. Diese Phase hatte Honda mit den überaus erfolgreichen OHC-Fours schon weitestgehend abgeschlossen. Nachdem dem goldenen Wurf mit der CB 900 F Bol d'Or (1979) bekannte man sich klar zum V-Konzept. Erst 1984 war man überrascht, mit der CBX 750 F wieder einen Reihenvierzylinder unter den Neuvorstellungen zu finden.

Der erste Versuch war die millionenfach verkaufte CX 500 (1978). Ihr wassergekühlter, längs eingebauter 80° (!)-V2 war zwar ursprünglich für einen Kleinwagen gedacht, doch passte das Konzept gut zu einem Mittelklasse-Tourer, den man bislang auf dem Markt vergeblich suchte. Ausgestattet mit einem ex-

13. Neue Ideen und Technologien machte die CX 500 Turbo (Bild) zum Technologieträger schlechthin. Auf Basis der eher braven CX 500 unternahm Honda Ende 1981 einen Ausflug in die Turboladertechnologie. 82 PS standen am Ende auf dem Prüfstand, wobei die Kraftentfaltung turbo-typisch gewöhnungsbedüftig ausfällt. Die CX 650 Turbo von 1983 war die letzte Evolutionsstufe und leistet schließlich volle 100 PS.

13

trem langlebigen OHV-Motor (den man trotz Stößelstangen bis 10.000 min^{-1} drehen konnte), Kardanwelle, viel Komfort und umweltfreundlicher Geräuschkulisse, deckte sie das ungemein breite Spektrum des Sporttourers nahezu perfekt ab. 50 PS bei 9.000 min^{-1} reichten für gut 180 km/h. Für 2.806 EUR war sie anfangs noch recht günstig. Das letzte Modell von 1983 besaß eine Doppelkolbenbremsanlage, gold-lackierte ComStar-Felgen und eine kleine getönte Haube über dem Lampenscheinwerfer und kostete stolze 3.448 EUR. 1982 erschien das Softchoppermodell CX 500 C auf dem Markt und wurde auf Grund ihres braven Charakters gern als Fahrschulmaschine eingesetzt. Highlights waren zweifelsohne die CX 500 Turbo (1982), bzw. die spätere CX 650 Turbo (1983). Mit 82 und 100 PS stellten sie den Zenit der CX-Baureihe dar. Die beiden Euro-Modelle wurden selten verkauft, trotzdem besonders die CX 650 Euro (1982) mit ihrem 65 PS starken V2 das ausgereifteste Produkt der Baureihe darstellte.

Zu dieser Zeit entsprachen die legendären Bol d'Or-Modelle längst nicht mehr dem Stand der Technik. Schließlich wurde die CB 900 F Bol d'Or mit ihrem 95 PS starken Reihenvierzylinder bereits 1979 präsentiert. Seinerzeit war sie das Big Bike schlechthin und übertraf sogar noch den Erfolg der sechszylindrigen CBX 1000 (1978). Deren 105 PS starker Reihensechser sorgte für eine beeindruckende Erscheinung und ebenso imposante Fahrleistungen.

Gegen sie sah die ebenfalls sechszylindrige Benelli 900 Sei aus wie ein zierlicher Landstraßenräuber. Keine Frage, die große CBX, die es ab 1981 auch als tourentaugliche CBX 1000 Pro Link mit 100 PS gab, war ein Vorzeigeobjekt – für Besitzer und Hersteller gleichermaßen.

Nur ein Jahr nach Einführung der beliebten 900er-Vierzylinder entschloss man sich, ihr Euro-Design in die legendäre 750er-Klasse zu übertragen. 1979 war die CB 750 KZ bereits mit dem 77 PS starken 16-Ventil-Reihenvierer ausgerüstet. Das Design war etwas barocker und erinnerte an die solide CB 650.

Während die Reihenvierzylinder zu dieser Zeit noch den Markt beherrschten, tüftelte Honda fleißig an einer komplett neuen Generation Motorräder mit quer eingebauten V4-Motoren. Als dann 1982 die VF 750 S nach Deutschland kam, war man überrascht, dass es sich bei ihr nicht um ein sportliches Fahrzeug handelte. Durch die Presse geisterten seinerzeit die kühnsten Leistungswerte von bis zu 100 PS. Dabei verfügte die 82 PS starke, unverkleidete Maschine über Kardanantrieb und eine bequeme Sitzposition mit guten Anlagen als Tourer. Besonders auffällig war die Instrumentenkonsole, die kaum Informationswünsche offen ließ. Mit Erscheinen der VF-Modelle machte Honda auch hinsichtlich der Ausstattung einen großen Sprung nach vorn. Qualität und Ergonomie bekamen einen neuen Stellenwert, die meisten Honda-Modelle wurden fortan mit dem neuen Hebelsystem »Pro Link« und Zentralfederbein an der Hinterradschwinge ausgerüstet. Im gleichen Jahr gesellte sich auch ein neuer Softchopper neben die bekannte, aber wenig verbreitete CB 750 C (1981): die VF 750 C mit dem Antrieb der VF 750 S.

Ein Jahr darauf legte die VF 750 F (1983) die Messlatte für sportliche 750er eine gute Etage höher. Mit 90 PS, 16«-Vorderrad und italienischem Design wurde sie sogleich zum »Motorrad des Jahres« gekürt. Das DOHC-Kraftpaket besaß 16 Ventile und war damit ein ausgesprochener Kurzhuber (Bohrung x Hub: 70 x 48,6 mm). Doch das Beste war der Klang des 90°-V-Four, bei dem beide Hubzapfen miteinander fluchteten: Dieses sonore Fauchen gilt seitdem als markentypisch. Jedoch waren die ersten Modelle nicht ganz frei von Problemen mechanischer Art: Die Kombination der Materialpaarung von Nockenwelle und Gabelschlepphebel zeigte Schwachstellen, so dass es häufig zu Ausbrüchen (Pitting) kam. Eine aufwändige Reparatur, die Honda meist auf dem Garantieweg abwickelte. Doch das Anse-

14. Die NSR 500 von Freddie Spencer war 1983 die Siegermaschine in der 500er-WM. In diesem Jahr kam erstmals die neuartige ATAC-Auslasssteuerung (mechanisch gesteuert!) bei dem V3-Zweitaktmotor zum Einsatz. Auch die Hinterradführung war komplett neu. In der darauf folgenden Saison präsentiert Honda erstmals den 500er-V4 (Bild) mit elektronisch gesteuertem ATAC. Er leistet über 140 PS bei 11.500 /min. Nach wie vor mit Membransteuerung und einer Kurbelwelle ausgestattet, wies dieser Motor weniger Lagerreibung als Konkurrenzmodelle mit zwei Kurbelwellen auf. Ein Doppelschleifen-Chassis aus Aluminium wurde als Rahmen verwendet. Spencer fuhr damit 1985 einen weiteren Titel ein. Weitere Verbesserungen der NSR führten 1987 zu einem neuerlichen Triumph durch Wayne Gardner. Die Reduzierung des Gewichtes war 1990 einer der Entwicklungsschwerpunkte, jedoch wurde 1991 ein Mindestgewicht von 130 Kilogramm (vorher 115 kg) eingeführt. Intensive Experimente führten 1992 schließlich zur Entwicklung des epochalen »Big Bang«-Motors, welcher geänderte Zündintervalle aufwies, um das Drehmoment zu erhöhen und die Traktion zu verbessern. Die Honda Racing Company, kurz HRC, verwendete ihn 1993, um die PGM-FI Kraftstoffeinspritzung weiter zu optimieren. 1996 griff Mick Doohan auf den Motor mit der »alten« Zündfolge zurück, welcher höhere Ansprüche an den Fahrer stellte. Doohan trug sich mit dem Gewinn von vier aufeinander folgenden Weltmeisterschaften in die Geschichtsbücher ein und durchbrach mit 12 aufeinander folgenden Siegen den 25 Jahre währenden Rekord von Giacomo Agostini.

hen der neuen VF-Generation litt gewaltig. Nach hervorragendem Debüt vertraute die Kundschaft dann nicht selten auf fremde Reihenvierzylinder – oder wartete bis 1984 auf die sportliche CBX 750 F mit 91 PS. Zwar arbeitete der Hersteller mit Hochdruck an überarbeiteten V4-Versionen, doch war der Ruf beinahe ruiniert. Selbst die 1984 vorgestellte VF 500 F/F2 sowie die bärige VF 1000 F und die exklusive VF 1000 R (mit zwischen den Zylinderpaaren sitzenden Zahnradkaskaden für den spielfreien Antrieb der insgesamt vier Nockenwellen) waren von dem Pitting-Malheur befallen. Es war zum Heulen, denn ansonsten gab es nicht viel an ihnen auszusetzen.

Ab 1985 war das Problem schließlich aus der Welt geschafft. Die VF 1000 F bekam eine voll verkleidete Schwester, die F2. Beide rollten seitdem vorn auf einem 18-Zoll großen Vorderrad, zudem wurde auch das Kühlsystem komplett überarbeitet. Beeinruckend war jedoch nicht nur die Leistungsfähigkeit (116 PS). Noch mehr begeisterten die Durchzugswerte. Größter V4 blieb die VF 1100 C, ein markanter Softchopper, der so soft gar nicht war. Mit neuer Image-Kampagne ging Honda ab dem Modelljahrgang 1986 den Weg zum Hersteller qualitativ noch hochwertigerer Motorräder, die weniger durch modespezifisches Blendwerk auf sich aufmerksam machen, sondern durch eine möglichst perfekte Technik mit dezentem Design. Erstes Modell unter diesem neuen Konzept war die VFR 750 F (1986). Keine schrillen Racing-Farben, keine dynamische 4-1-Auspuffanlage – in noblem Weiß. oder wahlweise Silber stand sie auf ihrem Hauptständer. Ihr sachliches Auftreten räumte ihr seit ihrem Erscheinen eine besondere Stellung unter den starken 750ern ein.

Von Anfang an bestach sie mit enormem Leistungspotential, ohne dass jedoch die Alltagsqualitäten auf der Strecke blieben. Ganz im Gegenteil, allenfalls die ein Jahr zuvor präsentierte Yamaha FZ 750 konnte ihr in punkto Durchzugskraft das Wasser reichen. Mit der seinerzeit leider etwas in Verruf geratenen VF 750 F hatte sie allenfalls noch die Zylinderzahl gemeinsam. Im Inneren wurden die insgesamt vier obenliegenden Nockenwellen von zwei Zahnradkaskaden angetrieben, die für einen ruhigen Motorlauf und zugleich konstante Steuerzeiten sorgten – bis vor kurzem ein Novum der VFR's. Der zukunftsweisende Brückenrahmen bestand aus Alu-Kastenprofilen und nahm das Triebwerk als tragendes Bauteil auf. Einzig das 16-zöllige Vorderrad der ersten beiden Jahrgänge wollte nicht so recht in das moderne Erscheinungsbild passen. Offen leistete der Evergreen in den ersten Jahren stolze 105 PS. An der Telegabel erbte sie das TRAC-System zum verzögerten Eintauchen beim Bremsen. 1988 erfuhr die VFR 750 F umfangreiche Modellpflege. Dabei wurde die komplette Vorderradführung neu konstruiert. Der Standrohrdurchmesser wuchs um 4 auf 41 mm. Das kleine 16"-Rad wich einem 17"-Kollegen. Im Hinterrad dreht sich seitdem bis 1989 ein 140er-Schluppen. Das Anti-Dive-System zum Ausgleich der Bremsnickbewegung wurde ersatzlos gestrichen. Die Verkleidung besteht seitdem aus drei Teilen und auch der von den Vorgängermodellen bekannten Rostanfälligkeit der Auspuffanlage wussten die Techniker mit einem langlebigeren Stück entgegenzuwirken. Den Alltagsfahrer erfreuen nun kleine Gepäckhaken unterhalb der Sitzbank.

Im gleichen Jahr sorgte die VFR 750 R, oder kurz RC30, (1988) für Furore. Diese 14.199 EUR teure Sportausführung hatte mit der »normalen« VFR 750 F nicht mehr viel gemeinsam. Doch die Investition lohnte sich auch für Privatfahrer. Auf der Rennstrecke räumte sie zahllose Titel bei Superbike-, TT- und Langstreckenrennen ab. Unvergessen ist Helmut Dähnes Rekordfahrt auf der Nürburgring-Nordschleife, die bis jetzt (Std. 2004) trotz stärkerer Maschinen noch niemand unterbieten konnte. Zu den optischen Erkennungszeichen der konsequent funktional gestylten Maschine gehörte die Einarmschwinge, die schon an den Hinterrädern der RVF-

Werks-Hondas für Aufsehen sorgte und aus dem French-Elf-Honda-Team übernommen wurde. Der von Hand zusammengebaute Motor bot ein beeindruckendes Potenzial mit einer ebenso beeindruckenden Leistungsentfaltung.

Im fünften Modelljahr (1993) erhält die VFR ein neues Gewand. Wieder mal blieb vom alten Modell nicht mehr viel übrig – bis auf das Konzept, und das war gut so. Neben dem dynamisch wirkenden Doppelscheinwerfer fällt die aus der RC30 bekannte Einarmschwinge ins Auge. Allerdings nicht mit der aufwändigen Bremsmomentabstützung des Replika-Modells. Ganz nach dem Motto »größer, schneller, weiter« stieg auch das Gewicht von ehemals 222 auf beachtliche 244 Kg. Der Rahmen wurde gänzlich neu gestaltet und deutlich kompakter. An der Vorderhand änderte sich nur die Reifengröße. Am Hinterrad sorgt nun breiter 170er-Reifen für souveränen Grip. Äußerst praktisch ist der Schwenkmechanismus der 4-1-Auspuffanlage. Die größeren Ventile werden seit 1990 via Tassenstößel (vorher Schlepphebel) betätigt und machen den Ventiltrieb noch drehzahlfester. Alle paar Jahre erfährt der Evergreen eine umfassende Modellpflege, aus der in der Regel ein beinahe neues Motorrad herauskommt. So erinnert die VFR-Optik im Jahre 1994 ein wenig an die sündhaft teure NR 750 (1992, für schlappe 51.129 EUR). Im Vergleich zum Vorjahresmodell wirkt die neue ein wenig pummeliger. Kaum zu glauben, dass sie in Wirklichkeit 10 kg weniger auf die Waage bringt. So wurden allein am neuen Rahmen 4 kg eingespart, der Vorschalldämpfer entfiel völlig. Auch eine Tachowelle sucht der Voyeur seitdem vergebens.

Das letzte Stündlein für die VFR 750 F schlug 1997. Mit exakt 781 ccm geht sie seit 1998 offiziell als 800er durch und nennt sich seitdem nur noch schlicht »VFR«. Eine Einspritzanlage verdrängt die Vergaserbatterie und der keineswegs altbackene Alu-Brückenrahmen vom Vorjahrsmodell wird durch einen neuen nach VTR 1000 F-Strickmuster (1997) ersetzt. Als weiteres Highlight feiert 1998 auch der geregelte Katalysator sein Marken-Debüt bei den Motorrädern. Geblieben ist die Einarmschwinge, die sich jedoch nun im Getriebeblock abstützt. Geblieben ist das charakteristische Singen der Zahnradkaskaden zum Nockenwellenantrieb. Das sollte sich erst mit dem von Grund auf neu entwickelten Modell 2002 ändern. Wie schon bei ihrem Debüt im Jahre 1986 festigte sie wieder ihre Position als Technologieträger. Die Techniker krempelten die Ärmel kräftig hoch. Das Design (Mysterous Cool) erinnert entfernt an den Moto GP-Renner, RC 211V (2002) und geriet sportlicher – das passt trefflich zum straffer abgestimmten Fahrwerk. Insgesamt leuchten nun vier geteilte Scheinwerfer die Fahrbahn aus. Das eigentlich Besondere ist das aus dem Automobil-Sektor bekannte V-TEC-System. Dieser technische Klimmzug der zuschaltbaren zwei Ventile pro Zylinder ist manchen Lesern bereits aus der CBR 400 F (1985) bekannt, die es hierzulande jedoch offiziell nicht zu kaufen gab. So wird aus dem durchzugstarken Zweiventiler bei Bedarf ein bissiger Vierventiler.

Doch Honda wäre nicht Honda, wenn sich der Fortschritt lediglich auf den Antrieb beschränken würde. Denn wesentlich auffälliger als all die verborgene Technik sind die eigenwillig geformten, direkt unter dem Rücklicht angebrachten Auspufftöpfe. Dieses Centre-up genannte System schafft Platz für eine günstige Position für die Beine des Mitfahrers. Auch der Alu-Brückenrahmen blieb nicht unangetastet. Da wären zum einen der verstärkte Steuerkopfbereich, der die Neue stabiler machen soll. Das auf Wunsch lieferbare ABS ist ein Gedicht. Die Regelintervalle sind so kurz und sanft, dass sie in der Praxis kaum spürbar sind. Ein rundum gelungener Wurf. Dasselbe kann ohne Übertreibung auch von der ST 1100 Pan European (1990) behauptet werden. Sie verfügte ebenfalls über einen V4, der jedoch längs zur Fahrtrichtung eingebaut war. Berühmt wurde sie auch wegen ihrer zahlreichen Ausstattungvarianten. Wer das komplette technische Programm orderte, musste mit einer ellenlangen Typenbezeichnung leben, zum Beispiel Honda ST 1100 Pan European CBS-ABS-TCS. Dabei steht das CBS für Combined Brake System. Es verteilt die Bremskraft auf das Vorder- und Hinterrad. Das bestens funktionierende ABS bedarf an dieser Stelle keiner weiteren Erwähnung. Mit dem TCS (Traktionskontrolle) verhindert die Elektronik ein Durchdrehen des Hinterrades auf schlüpfrigem Untergrund – quasi ein umgedrehtes ABS. Ab 2002 löst die STX 1300 die in die Jahre gekommene 1100er ab. Mit VFR-ähnlichem Fahrverhalten und Gold Wing-Niveau erweist sich die 1300er nicht nur als Tourer, sondern zeigt auf Wunsch auch sportliche Akzente. Pendelerscheinungen ab 160 km/h ließen die Auslieferung nach Deutschland 2003 jedoch ins Stocken geraten.

Für Fans potenter Reihenvierzylinder war die CBR 900 RR Fireblade (1992) eine Offenbarung. Über Jahre hinweg dokumentierte sie mit fahrbereit 203 kg konsequenten Leichtbau im Großserienbau. Ein Motorrad, das man gefahren haben sollte. So spielerisch ließen sich Supersportler sonst nur in Ausnahmefällen um die Ecken zirkeln. Schlüssel zu diesem Ergebnis waren nicht die 125 PS, sondern das kon-

15. Ein Jahr nach der VF 750 F erscheint 1984 die VF 1000 F. Mit gleichem Konzept, bestehend aus drehmomentstarkem V4 und kleinem 16"-Vorderrad, verfügt der offen 116 PS starke Sporttourer über ähnliche Fahreigenschaften und übernimmt das etwas nervöse Einlenkverhalten. Ein Jahr später erscheint neben der vollverkleideten FII auch eine überarbeitete VF 1000 F – beide vorn mit einem 18"-Rad ausgerüstet.

15

16. Mit der CBR 600 F (Bild) und CBR 1000 F ruft Honda 1987 nach der CB-Reihe eine neue, sportliche Vierzylinder-Baureihe ins Leben. Das geschlossene Design findet anfangs nicht überall Freunde. Letztendlich überzeugen jedoch die Qualitäten auch den letzten Nörgler. Allein diese Modellreihe zu beschreiben, würde ein ganzes Buch füllen.

17. Die Geschichte der Honda NR mit Ovalkolben beginnt 1979. Um die Begrenzung der Zylinder auf vier im Reglement der 500er-Klasse weiter auszuschöpfen, macht man aus einem Rundkolben einfach Oval-Kolben und spendiert jedem Zylinder insgesamt acht Ventile. Das Ganze wird anschließend im ungewöhnlichen 100°-Winkel zum V4-Paket geschnürt. Der Hub fällt extrem kurz aus und macht das Aggregat ultra-drehzahlfest. Das Ergebnis war unter anderem ein grüner Bereich, der erst bei unglaublichen 19500 /min endete. Die Früchte dieser Arbeit konnten allerdings nicht auf Anhieb geerntet werden, denn die erste NR 500 hatte zuerst doch mit einigen Problemen zu kämpfen. Nichtsdestotrotz hatte Honda hier Flagge gezeigt und bewiesen, dass auch Viertakter im zweitaktbestimmten GP-Geschäft ein Wort mitreden können. 1992 erscheint der Serienableger, die NR 750 (Bild). Mit 130 PS leistet sie sogar noch 15 PS mehr als der erste 500er-Racer – bei beachtlichen 14.000 /min. Das maximale Drehmoment fällt aufgrund des vergleichsweise hohen Drehzahlniveaus mit 53 Nm eher niedrig aus. Den Zylinderwinkel reduzierte man auf konventionelle 90°. Die größte Teil der umgerechnet 100.000 Mark teueren Sammler-Auflage wandert in Museen oder private Wohnzimmer gutbetuchter Enthusiasten.

struktiv durchdachte Layout. Chefkonstrukteur Tadao Baba setzte willkürlich auf ein 16« großes Vorderrad. Auf Grund eines relativ hochschultrigen 130/70-16 Reifens entsprach der Abrollumfang jedoch eher einem 16,5« großen Rad. Jenem Maß, das man auch bei GP-Rennern antrifft. Erst für den Jahrgang 2000 rüstet Honda auf 17«-Räder um. Das lag jedoch weniger am Konzept, als an der Tatsache, dass es für die 16-Zöller einfach nicht genügend gute Reifen gab. Motorisch war die »Feuerklinge« ein recht unspektakulärer Geselle, das änderte sich auch nicht durch die um einen Millimeter vergrößerte Bohrung des komplett neuen Motors im Jahre 2000. Im Mittelpunkt der Entwicklung stand seit jeher ein möglichst hohes Maß an Fahrbarkeit. So sind ihr plötzliche Leistungsschübe fremd – satt und bestens dosierbar drückt der 16-Ventiler seine Leistung auf den Hinterradpneu. Honda's Fireblade bleibt angesichts ihrer schon sprichwörtlichen Souveränität und wegen des leichten Handlings trotz leistungsstärkerer Konkurrenz das Maß der Dinge für den Sportfahrer auf öffentlichen Straßen mit Reihenvierzylinder. Beim Kampf um Punkte im Reigen anderer Supersportler war man mit einer gesonderten Abstimmung jedoch gut beraten. Auch die Sitzposition erfordert einen engagierten Fahrer, der sich beim Beschleunigen, bzw. Anbremsen den physikalischen Verhältnissen anpasst. Das hängt in erster Linie mit dem kurzen Radstand zusammen und ist bei supersportlicher Fahrweise nicht unbedingt ungewöhnlich.

Natürlich darf die CBR 1100 XX (1996) mit Reihenvierzylinder und einem auf der Fireblade basierendem Brückenrahmen nicht fehlen. Als Nachfolgerin der CBR 1000 F (1987) war auch sie ein Angebot an die sportlichen Tourenfahrer. Anfangs mit über 280 km/h als schnellstes Serienmotorrad der Welt gefeiert, läutete sie eine neue Big Bike-Generation ein. Drei Jahre später war die Höchstgeschwindigkeit jedoch auch bei anderen Herstellern kein Thema mehr. Trotzdem gehörte die Doppel-X auch später noch zu den gefragtesten Bikes der Oberliga. Eine Honda kauft man sich nicht als Leistungsfetischist, sondern aus Überzeugung und qualtitativen Ansprüchen. Kein anderer japanischer Hersteller bot zu diesem Zeitpunkt ein derart sicheres Fahrverhalten, verbunden mit einem solch hohen Maß an Sicherheits- und Umweltbewusstsein. So machte sie die spätere Leistungsreduzierung auf 150 PS eigentlich noch wertvoller: Neben dem CBS-Integral-Bremssystem und dem unproblematischen Fahrwerk erhielt sie 1999 eine Einspritzanlage, einen geregelten Katalysator und ein RamAir-System.

Den kräftigen Vierzylindermotor jedoch ausschließlich in der CBR 1100 XX zu verwenden, wäre eigentlich schade. Insbesondere dann, wenn man seit 1995 kein Big Bike im klassischen Sinne mehr im Programm hat. Bis dahin war die CB 1000 Big (1993) mit CBR 1000-Motor im Angebot. Der recht hohe Preis von anfangs 9.111 Euro (umgerechnet 17.820 DM) vereitelt jedoch einen größeren Verkaufserfolg. In der charakteristischen, rot-weißen Zweifarbenlackierung erinnert der formschöne Tank bewusst an die CB 1100 R (1981). Der mächtige Antritt des Motors begeistert vom ersten Meter an, vor allem in der offenen 130 PS starken Version, der das rund 260 kg schwere Bike auf knapp 240 Sachen beschleunigt. Zahlreiche engagierte Sport-Teams nahmen sich diesem Bikes an und demontierten alles, was nicht niet- und nagelfest war. Und das war angesichts des hohen Gewichts einiges. Aus marketing-technischer Sicht war die Wahl der 18-zölligen Räder eine ungünstige Entscheidung. Denn um den sportiven Zügen der »Big« entgegenzukommen, wäre ein 17-Zoll-Rad die bessere Lösung gewesen. Selbst die fulminante CB 1300 (1998), die in anderen Ländern die Konkurrenz in Grund und Boden fuhr, schien die Verantwortlichen hierzulande nicht zum Import bewegen zu können. Alternativ bot man im Ausland auch die X-4 (1998) an.

Die ungedrosselt 145 PS starke X-Eleven (2000) wird hingegen offiziell importiert. Optisch wirkt sie insbesondere durch den riesigen 22-Liter-Tank und die markante Kühlerabdeckung noch maskuliner als ihre Vorgänger. Vielleicht nicht ganz so schön wie die CB 1000 Big, dafür aber mit einem Touren-Charakter gesegnet, der das Lied von Kraft und Herrlichkeit nur allzu gern spielt. Ihre Rahmenbasis stammt aus der supersportlichen Fireblade und bestiticht durch absolute Stabilität. Erst für den Modelljahrgang 2003 präsentiert Honda ein neues, hubraumstarkes Naked Bike, dass bewußt die klassische Linie betont. Rein optisch orientiert sich die CB 1300 an der CB 1000 Big. Ihr Vierzylinder-Reihenmotor basiert jedoch auf dem X-4-Antrieb.

Deutlich sportlicher verhält sich da der Dauerbrenner CBR 600 F. In der sportlichen Mittelklasse gehört der Alleskönner seit 1987 Jahr für Jahr zum Besten, was der reine Straßenfahrer bekommen kann. Zusammen mit der CBR 1000 F (1987) präsentierte Honda zu dieser Zeit zwei Motorräder, die nahezu vollständig verkleidet waren. Anfangs noch von vielen Seiten belächelt, überzeugten die Motorräder schon nach den ersten Fahrberichten durch ihre hervorragenden Qualitäten: Leistung, Fahrwerk und Fahrbarkeit waren der Konkurrenz um Längen voraus. So gewann die 600er einen Vergleichstest nach dem anderen.

Während sich die 1000er als Sporttourer gab (sie war auch optisch eher pummelig), zeigte die 600er von vornherein tendenziell eher sportliche Ambitionen. Bei ihrer Ersteinführung bot die CBR 600 F (1987) zehn Pferdestärken mehr als ihre direkten Wettbewerber. Mit 85 PS bei nur 182 kg waren ihre Fahrleistungen (Spitzengeschwindigkeit 220 km/h) mit den in Deutschland und Frankreich auf 100 PS begrenzten 750-Kubik-Maschinen vergleichbar. Nicht überraschend also, dass sie sämtliche Vergleichstests gewann und sich als echter Verkaufsschlager erwies. Für den Modelljahrgang 1991 (F2) wurde sie kräftig überarbeitet. Nach der Leistungssteigerung auf 93 PS (1989) erreichte sie nun die vollen 100 PS. Dank einem direkten Lufteinlass-System und höherem Verdichtungsverhältnis erreichte sie Spitzengeschwindigkeiten von über 235 km/h. Der ganze Motor wurde wesentlich kompakter – Zylinderblock und oberes Kurbelgehäuse waren wie bei den VF-Modellen (ab 1982) in einem Bauteil zusammengefasst. Dadurch reduzierten sich die Fertigungskosten, während die Steifigkeit zunahm und das Motorgehäuse eine tragende Rolle übernehmen konnte.

Geradlinigere Ansaugkanäle, größere Ventile und Flachschiebervergaser mit größerem Durchmesser taten ein Übriges. Die Gesamtkonstruktion ermöglichte zudem eine deutliche Reduzierung der inneren Reibung und des Gewichts der beweglichen Teile. Mit 100 PS dominierte die CBR 600 F wiederum ihre Kategorie. Neben dem Motor wurden auch Rahmen, Schwinge, Radaufhängung, Bremsen und Räder überarbeitet. Ihre klare Überlegenheit in praktisch jeder Hinsicht machte sie zum Evergreen der 600er Klasse. Bis 1996 wurden über 200.000 Exemplare produziert. Das lag unter anderem auch daran, dass die erneute Modellpflege für 1995 (F3) einen weiteren Leistungssprung ermöglichte. Während das Kurbelgehäuse unberührt blieb, erhöhte man die Verdichtung und vergrößerte die Vergaser. Das Getriebe wurde überarbeitet, der Kühler vergrößert und alle beweglichen Teile zur weiteren Reduzierung des Gewichts und der Reibung modifiziert. 1999 präsentierte Honda ein beinahe komplett neues Motorrad.

Ende der neunziger Jahre wuchs der Druck auf die CBR 600 F. Das vollkommen neue 1999er F4-Modell stellte den klaren Wettbewerbsvorsprung der CBR 600 F wieder her. Ihr komplett überarbeiteter Motor lieferte nun 106 PS bei 12.500 min^{-1}. Revolutionär auch das Chassis: Sowohl der Rahmen als auch die für zusätzliche Steifigkeit direkt am Kurbelgehäuse befestigte Schwinge sind erstmals aus Aluminium. Die neue CBR 600 F eroberte jedoch nicht nur ihre führende Stellung in der 600er Klasse zurück, sondern setzt mit ihrem Sekundärluftsystem zur deutlichen Reduzierung der Abgaswerte auch in Sachen Umweltschutz frühzeitig neue Akzente. 2001 steigt die Leistung nochmals auf 109 PS. Dank

18. Wer einen zuverlässigen Reisebegleiter suchte, kam zwischen 1990 und 2001 an der ST 1100 Pan European nur schwer vorbei. Ausgestattet mit allem was gut funktioniert und (ganz wichtig!) auch sinnvoll ist, hat sie sich innerhalb kurzer Zeit einen hervorragenden Namen gemacht. Verblüffend, wie einfach sich die Pan European in jeder Situation beherrschen lässt. Der flüssigkeitsgekühlte V4 gilt als unzerstörbar und verschlingt hohe Distanzen mit Leichtigkeit. Abgelöst wird sie 2002 von der handlichen, aber auch sensibleren STX 1300.

19. Die VTR 1000 SP-1 ist Honda's Antwort auf Ducati 996 und Co. Nachdem im Millenniumsjahr die RVF 750 R, alias RC45, mit V4 aus dem Programm genommen wird, erscheint die SP-1 mit 90°-V2. Das vorhandene Potential ist gewaltig – besonders in der modellgepflegten SP-2. Trotz supersportlicher Auslegung fährt sich die VTR-SP-1 überraschend komfortabel. Vor allem der Durchzug ist überzeugend. Für Leistungsfetischisten steht zusätzlich ein spezielles Kit parat, das die Leistung nochmals um gut 30 PS steigert.

PGM-FI-Einspritzanlage, größerer Airbox und Drei-Wege-Katalysator ist sie ihrer Zeit wieder ein gutes Stück voraus. Die noch nicht greifenden Bestimmungen der EURO2-Abgasnorm erfüllt sie schon zu diesem Zeitpunkt. Das gilt im Übrigen nicht nur für die CBR 600 F. Für den Modelljahrgang 2003 erscheint sie noch kompakter und rundum überarbeitet. Optisch lehnt sie sich an den GP1-Renner von Valentino Rossi an (*Lesen Sie dazu »INTERMOT«*).

Wer dennoch lieber dem sportlichen V2-Konzept frönen wollte, wurde bei Honda seit 1997 fündig. Die VTR 1000 Firestorm sollte seinerzeit der Ducati 916/996 und der Suzuki TL 1000 S/R Paroli bieten. Doch ganz so einfach war es nicht. Denn die Stärken der großen VTR lagen im sportlichen Alltagsbereich. Unauffällig, jedoch allzeit zum Sprint bereit, ist sie ein Wolf im Schafspelz. Denn anbrennen lässt die dezent gehaltene »Firestorm« nichts. Im direkten Vergleich zur Konkurrenz schaut sie längst nicht so aggressiv drein. Überzeugender waren jedoch die inneren Werte. Das 17"-Alu-Fahrwerk vereitelt auch beschaulicheres Fahren nicht. 2000 wurden lediglich noch Restbestände angeboten. Die im gleichen Jahr erschienene VTR 1000 SP-1 ist hingegen von sportlicherem Kaliber und war Honda's erfolgreiche Waffe in der Weltmeisterschaft: Noch im gleichen Jahr konnte der Amerikaner Colin Edwards die Superbike-WM auf einer VTR SP-1 für sich und Honda entscheiden. Die Zeit der RC45 mit V4 war abgelaufen. Trotzdem Honda mit der RC30/RC45 weit über zehn Jahre stets ein heißes Eisen im Feuer der Superbike-WM hatte, entschloss man sich in der 2000er-Superbike-WM dem V4 den Rücken zu kehren und sich ganz dem großvolumigen V-Twin zu widmen.

Trotz supersportlicher Auslegung fährt sich die serienmäßige VTR-SP-1 überraschend komfortabel. Zu komfortabel für die Rennstrecke. Angesichts des Preises von anfangs 13.360 EUR war sie für Big-Twin-Fans ein durchaus faires Angebot. Für Leistungsfetischisten steht zusätzlich ein spezielles Kit parat, das die Leistung nochmals um rund 30 PS steigert. So wartet die überarbeitete VTR SP-2 (2002) mit leichten Designretuschen, höherer Verkleidungsscheibe und kleineren Blinkern auf. Der wassergekühlte DOHC-Motor erhielt größere Drosselklappen und neue Einspritzdüsen (12-strahlig). Das neue Fahrwerk mit modifiziertem Hauptrahmen, Gabel, neuer Schwinge und leichteren Rädern sorgt für eine Gewichtsreduzierung von 6 Kg.

Honda war schon immer für ungewöhnliche Konzepte gut. Dank des hohen Qualitätsanspruchs sind die Motorräder durchdacht. Das war bei der RC 166/177 (1967) nicht anders als bei der CB 750 Four (1969), GL 1000 Gold Wing (1975), CBX 1000 (1978), CX 500 (1978), NR 500/750 (1979/1992), NS 400 R (1985), CBR (ab 1987), VFR (ab 1986) und der RC 211V (2002). Ganz im Sinne des einstigen Gründers Soichiro Honda. Heute ist das

20. Mit der aktuellen CBR 1000 RR Fireblade schlägt Honda 2004 die supersportliche Brücke zum MotoGP-Racer RC 211V. Gegenüber der 2003er-Fireblade mit 954 ccm Hubraum hat die Neue mit 171 PS Leistung beträchtliche 21 Mehr-PS aufzuweisen. In erster Linie ging es den Technikern jedoch um die Verbesserung der Fahrbarkeit. Praktische Tests geben den Honda-Mannen mal wieder recht.

Unternehmen mit über 11,5 Millionen produzierten Triebwerken der größte Motorenhersteller, viertgrößte Automobilmarke und mit weit über 5 Millionen gefertigten Motorrädern, 118 Produktionsstätten in 31 Ländern und insgesamt 114.300 Mitarbeitern auch größter Motorradhersteller der Welt.

HONEYCOMB
Honigwaben-Bauweise bei Motorradrahmen; die hohe Stabilität wird dabei durch einen verklebten Verbund aus Aluminium-Waben-Carbonplatten erreicht. Suzuki setzte diese Technik als einer der ersten Hersteller bei Grand Prix-Racern in den achtziger Jahren ein. Die Waben-Bauweise findet man jedoch auch in der Katalysatorentechnik, bei der es unter anderem darauf ankommt, dem vorbeiströmendem Abgas eine möglichst große Fläche entgegenzustellen.

HOREX
Horex-Gründer war Friedrich Kleemann, seinerzeit Vorstandsmitglied der väterlichen REX-Konservenglasgesellschaft in Bad Hom-

burg und Hauptaktionär der Columbus-Motorenwerke. Im Jahre 1923 meldete er mit seinem Sohn Fritz unter dem Namen Horex-Fahrzeugbau AG ein Unternehmen an, in dem er anfangs Direktor, Verkäufer und Testfahrer zugleich war. Der Name »Horex« setzt sich aus den ersten beiden Lettern »Ho« von Homberg sowie dem Warenzeichen »rex« zusammen. Bereits im ersten Jahr entstand eine kopfgesteuerte 250er-Viertaktmaschine, mit der »Fritze« Kleemann zahlreiche Siege für seinen werbewirksamen Auftritt nutzen konnte. Diese enge Verknüpfung zum Rennsport sollte auch in Zukunft festen Bestand für Horex haben. Sein großartiges Engagement fasste Friedrich Kleemann darum in dem Slogan »Gebaut von Motorradfahrern für Motorradfahrer« zusammen. Doch um die Wirtschaftlichkeit der innovativen Firma war es nicht immer gut bestellt. Aus diesem Grund fusionierten die beiden Betriebe Columbus und Horex im Jahre 1925 miteinander. Von da an ging es mit Horex bergauf, so dass man bald über eine umfangreiche Modellpalette zwischen 250 und 800 ccm verfügte. Seit 1927 ist Hermann Reeb für die Konstruktion der Motorräder verantwortlich. Unter seiner technischen Führung werden neue Ein- und Zweizylinder-Viertaktmotoren entwickelt.

1938 entstand der legendäre 350-ccm-Einzylinder-Langhubmotor, der die SB 350 antrieb. Die Fertigung des Viertaktmotors, der auch an Victoria für die KR 35 geliefert wurde, hielt bis Kriegsbeginn an. Während des Krieges musste jedoch die Motorradproduktion eingestellt werden, weil Horex in die Rüstungsindustrie eingegliedert wurde. Nach Kriegsende produzierte man größtenteils für die Eisenbahn. Die Firmeneinrichtungen blieben von Kriegseinwirkungen verschont, so dass bereits ab 1948 wieder Motorräder mit mehr als 125 ccm produziert werden konnten. Als erster deutscher Motorradhersteller erhielt Horex von den Alliierten die Genehmigung zur Produktion. Die Weiterentwicklung der SB 350 war die bekannte Horex Regina. Sie erscheint 1950 auf dem Markt und ist 1953 die meistverkaufte 350er der Welt und gleichzeitig das erfolgreichste Motorrad, das Horex jemals gebaut hat. Insgesamt verließen in diesem erfolgreichen Horex-Jahr über 18.600 Zweiräder das Werk. Später wurden auch Regina-Typen mit 250 und 400 ccm (1953) gebaut.

Mit der legendären Renn-Imperator, einer modifizierten Serien-Imperator, stieg Horex im Jahre 1951 ins Renngeschäft ein. Mit neuem Fahrwerk und neuem Doppelnocken-Ventiltrieb sorgte das Modell für viel Aufsehen. Friedel Schön gewann mit der 50 PS starken 500er den Großen Preis von Hockenheim. Der DOHC-Motor drehte dabei beachtliche 8.500 min^{-1}. Erst drei Jahre später erschien das 26 PS starke Serienmodell der Imperator mit 400 ccm (1955) auf deutschen Straßen. 1955 wurde die Regina von der Resident mit 250- und 350-ccm-Motor abgelöst. Doch die Motorradindustrie war am Boden, und die Produktionszahlen fielen auf magere 2.800 Exemplare im Jahre 1956, so dass die Produktion kurzerhand eingestellt werden musste und man nun für Daimler-Benz diverse Autoteile fertigte. Im Jahre 1960 erfolgte die komplette Übernahme durch den Auto-Giganten mit dem Stern. 1976 präsentierte Friedel Münch eine Mammut unter dem Horex-Logo. Für kurze Zeit ließ Fritz Röth, seinerzeit Moto Guzzi- und Suzuki-Importeur im Odenwald, Ende der siebziger Jahre Horex-Motorräder in Italien bauen.

HORNET

Honda; vorn ganz Naked Bike, in der Mitte ein Sportlerherz, hinten ein superbreiter 180er-Schluppen mit hochgelegten Edelstahl-Töpfen – das weckt Emotionen. Der Motor der CB 600 F Hornet ist ein alter Bekannter aus der CBR 600 F und Garant für füllige Leistung. Nachdem die Hornet der Konkurrenz gleich im ersten Jahr 1998 den Stachel zeigte, wissen wir wieder, wie schön es sein kann, unverkleidete Motorräder sportlich zu bewegen.

Wer trotzdem Wert auf Windschutz legt, kann seit 2000 zum parallel angebotenen S-Modell greifen. Für das Modelljahr 2000 erhielt die Hornet erstmalig auch einige Modellpflegemaßnahmen. Wichtigste Änderung war die Umrüstung auf ein 17-Zoll-Vorderrad (vorher 16-Zoll) mit einem etwas schmaleren Front-Pneu. Für einen etwas ruhigeren Geradeauslauf sorgen neue Gabelbrücken mit geringerem Versatz für einen längeren Nachlauf. Für noch bessere Steher-Qualitäten sorgen unnachgiebige Stahlflex-Bremsleitungen und neue Bremsbeläge. Dem teils ruppigen Verhalten beim Gaswechsel begegnet man mit widerstandsfähigeren Ruckdämpfern im Hinterrad. Übrigens: Eine nachträgliche Umrüstung zum verkleideten S-Modell ist nicht möglich. Nicht vergessen werden darf die CB 900 F Hornet (2002). Mit ihrem typischen Hornet-Design und den beiden hochgezogenen Schalldämpfern ist sie rein optisch erst auf den zweiten Blick von der 600er zu unterscheiden. Ihr 919 ccm großer Reihenvierzylinder stammt aus der CBR 900 RR Fireblade anno 1998 und leistet im Naked Bike-Trimm stramme 110 PS.

HUB

Ist der Kolbenweg zwischen unterem Totpunkt (UT) und oberem Totpunkt (OT); der Kurbelradius entspricht dem halben Kolbenweg

Hornissen können ganz schön gemein stechen. Mit dieser Metapher will Honda auf den Charakter der mit 600er- oder 900er- Reihenvierzylinder hinweisen. Augenfällig sind bei beiden Modellen die hochgezogenen Auspufftöpfe. Während die 600er drehzahlorientiert zur Sache geht geht, ist der CB 900 F spürbar elastischer. Ausgerüstet wird die Große vom 110 PS starken Fireblade-Four, Modell 1998. Die CBR 600 F-Motor (Typ F3) leistet 94 PS, ist dafür allerdings als S-Modell auch mit Verkleidung zu haben. Im Mittelpunkt beider Typen stehen Handling und Stabilität.

HUBRAUM

Der Hubraum ist das Maß der Dinge: Wird i.d.R. in Kubikzentimetern [ccm] angegeben

Formel: Bohrung 2 x 3,14 / 4 x Hub x Zylinderzahl

HUBZAPFENVERSATZ

Bezeichnet den Versatz der einzelnen Hubzapfen zueinander auf der Kurbelwelle in Winkelgraden (Kurbelwellenkröpfung). Notwendig wird er durch die zerstörerisch wirkenden Massenkräfte erster Ordnung, denen man neben einer gegenläufigen Ausgleichswelle (erstmals bei Yamaha TX 750, Omni-Phase Balancer) durch einen Versatz der Hubzapfen begegnet.

Bei Zweizylinder-Reihenmotoren beträgt der Winkel i.d.R. 180°, bei Parallel-Twins hingegen 360° (also direkt hintereinander auf einer Ebene, demnach also ohne Versatz). Bei Dreizylinder-Reihenmotoren empfehlen sich 120°.

Das erkannte man auch bei Laverda und ersetzte die 180°-Kurbelwelle in der 1000 Jota (1980) durch eine um 120° gekröpfte Welle.

Vierzylinder-Reihenmotoren laufen durchweg mit einer 180°-Kröpfung am ruhigsten. Bei Boxer-Motoren kommt selbst der 180°-Zweizylinder dem Ideal schon sehr nahe, verbessert sich aber nochmals mit der Anzahl der Zylinderpaare. Die Honda Gold Wing mit ihrem Vier-, bzw. Sechszylinder-Boxer ist nicht ohne Grund einer der am kultiviertesten laufenden Motorradmotoren. Bei der Gruppe der V-Motoren hängt es vom Zylinderwinkel ab, wobei der 90°-Grad-Winkel (Ducati's längslaufende L-Motoren, Honda VTR,) der Laufkultur eines Boxer-Motors schon relativ nahe kommt und in dieser Hinsicht das Optimum eines V-Motors darstellt. Ein größerer Zylinderwinkel wäre nicht besser als ein kleinerer, ein 90°-V4-Motor somit die Konsequenz (VF, VFR, ST 1100). Genau das also, was Honda seit über zwanzig Jahren erfolgreich baut und auch Ducati mit dem Desmosedici-V4 praktiziert.

Engere Zylinderwinkel haben andere Vorteile, die besonders beim V2 zur Geltung kommen. Beispielsweise beim Platzbedarf und dem daraus resultierenden Vorteil einer günstige-

Je nach Verhältnis von Kolbenweg (Hub) und Zylinderdurchmesser (Bohrung) ergibt sich ein charakteristisches Verhältnis, das in Abhängigkeit der Pleuellänge für die Drehzahlfestigkeit ausschlaggebend ist. Darüber hinaus hat der Kolbenweg auch Einfluss auf die Kraftentfaltung.

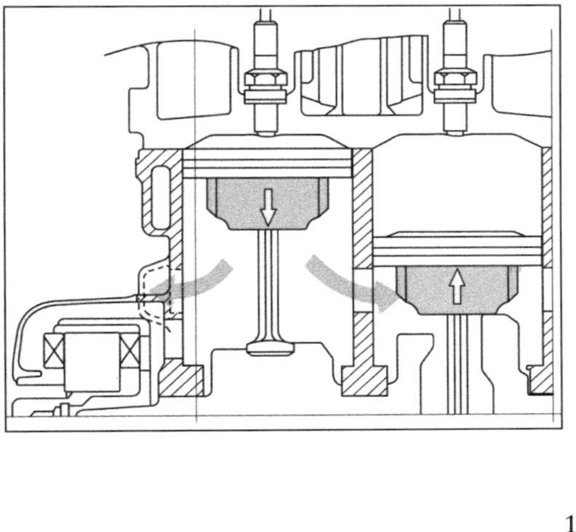

Der Hubraum errechnet sich aus Zylinderdurchmesser (Bohrung), Kolbenweg (Hub) und Anzahl der Zylinder.

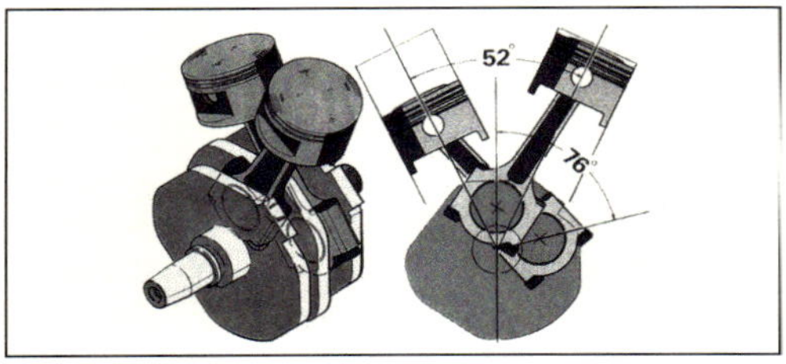

Honda's erster längslaufender V2-Motor, die VT 500 C löste 1984 die CX 500-Baureihe (ab 1977) ab. Die VT verfügt über einen Zylinderwinkel von 52°, der Hubzapfenversatz beträgt 76° und sorgt aufgrund des Zylinderwinkels für einen kultivierteren Motorlauf.

ren Massenkonzentration im Fahrwerk. Um trotzdem einen möglichst gleichmäßigen Rundlauf zu bekommen, arbeiten einige Hersteller mit Hubzapfenversatz.

HYDRAULISCHE KUPPLUNG

Bei der hydraulischen Kupplungsbetätigung entfällt der übliche Kupplungszug der seilzugbetätigten Kupplung. Die Dosierbarkeit wird deutlich verbessert, die Betätigungskräfte sinken und der Komfort steigt. Auf der Minusseite stehen die höheren Kosten und ein etwas höheres Gewicht.

I

IFMA

Internationale Fahrrad- und Motorradausstellung/Köln; fand im Herbst eines jeden zweiten Jahres statt und war vor Paris, Bologna und Tokio die weltgrößte Motorradausstellung. Die IFMA fand erstmals 1951 statt; seit 1960 alle zwei Jahre, letzte IFMA war im Jahre 1996; im Jahre 1998 wurde sie durch die INTERMOT in München abgelöst.

IFZ

Das Institut für Zweiradsicherheit mit Sitz in Essen/NRW lebt von den Ideen und dem Engagement Motorrad begeisterter Studenten, Wissenschaftlern und wird von der Industrie sowie dessen organisierten Verband IVM e.V. und Politik anerkannt. Gegründet wurde das Institut im Jahre 1981 von Dr. Hubert Koch, seines Zeichens Verkehrspädagoge der Universität Essen. Nach den Vorbildern aus Kanada und den USA befasst sich das Institut mit der aktiven und passiven Sicherheit im Zweiradbereich. Ziel des IfZ ist die Verbesserung der Situation ungeschützter Verkehrsteilnehmer; es sieht sich als Sprachrohr des Motorradfahrers, wenn es um das Verständnis im Straßenverkehr geht. Neben Aus- und Weiterbildung ist die Forschung der Bereich, dem im Laufe der Jahre eine immer größere Bedeutung zugekommen ist. Neben den unfallanalytischen Studien und Statistiken, die das IfZ für die Öffentlichkeit bereitstellt, bildeten die Bibliothek und das Dokumentationszentrum die Basis für die Forschung. 1995 überahm das IfZ das Koordinationsbüro der Bundesarbeitsgemeinschaft Motorrad (BAGMO).

Siehe auch unter »IVM«

INTEGRALBREMSE

Die Integralbremse ist ein Bremssystem, das den vorderen und den hinteren Bremskreis miteinander kombiniert. Somit kann die Hinterradbremse zur Stabilisierung des Fahrzeugs ohne zusätzlichen Aufwand mitbenutzt werden. Speziell bei Touren- und Sporttouren-Motorrädern kommt dieses System zur Geltung, da die Hinterradbremse dort eine wichtigere Rolle spielt als bei reinen Sportmaschinen, die hauptsächlich über die Vorderradbremse verzögert werden.

Moto Guzzi spielte in den achtziger Jahren eine Vorreiterrolle und rüstete die Motorräder schon früh mit einem Intergral-Bremssystem aus. Auch Honda erkannte die Vorteile dieses Systems, nannte es »Combined Brake System« und rüstete die CBR 1000 F (SC24, 1993) als erstes Modell damit aus. Beim Betätigen des Handbremshebels werden die beiden äußeren Kolben der beiden vorderen Bremszangen betätigt. Durch die bewegliche Anordnung der Schwimmsättel wird ein Sekundärzylinder betätigt, der über ein Steuerventil (PCV) den mittleren Kolben der hintere Bremszange mit Druck beaufschlagt. Beim Betätigen des Fußbremshebels werden die beiden äußeren Kolben der hinteren Bremszange betätigt und der jeweils mittlere Kolben der beiden vorderen Bremssättel. Durch die bewegliche Anordnung der vorderen Bremszange wird über den Sekundärkreis der mittlere Kolben des hinteren Bremssattels aktiviert. Durch diese Technik muss sich der Fahrer nicht so sehr auf die einzelnen Bremssysteme konzentrieren, sondern orientiert sich an der resultierenden Bremsleistung. In der Praxis kann diesem System ein völlig unproblematischer Umgang attestiert werden. Dabei sorgt ein separater Druckmodulator für eine effiziente Belastung des jeweiligen Rades.

BMW unterscheidet hingegen zwischen Teil- und Voll-Integralbremssystem und kombiniert das Ganze für den Modelljahrgang 2001 noch mit einem Antiblockiersystem der dritten Generation. In der Vollintegralversion wirken Handbremshebel und Fußbremshebel jeweils gleichzeitig auf Vorder- und Hinterradbremse. In der Teilintegralversion, die für sportlichere Modelle gedacht ist, wirkt der Handbremshebel gleichzeitig auf Vorder- und Hinterradbremse, der Fußbremshebel auf die Hinterradbremse.

1. Da hatte sich Bimota etwas Feines einfallen lassen. Kaum ein Antrieb passt so gut zum Fahrgestell des Edeltbetriebes wie ein mächtiger Vau Zwo. Warum sich also nicht bei Suzuki des potenten TL 1000 R-Triebwerkes bedienen? Durch die enormen Kräfte im Bereich der Schwingenaufnahme ist normalerweise eine große Materialanhäufung erforderlich. Um Gewicht zu sparen, wählte man für diesen Zweck ein neuartiges Verbundsystem aus Karbon und Aluminium. Mit 40.000 Mark war sie naturgemäß nichts für den täglichen Gebrauch. Sie wird immer ein Exot bleiben.

INTERMOT

Als die INTERMOT im Jahre 1998 erstmals ihre Pforten öffnete, waren Fachpresse, Institutionen und Hersteller dementsprechend motiviert, so dass die Verantwortlichen gespannt waren, ob die Ausstellung an die ruhmreichen Tage der Kölner IFMA heranreichen würde. Schließlich lag die Messlatte sehr hoch. Ausschlaggebend war die Idee, in München eine große Weltausstellung ausschließlich für Motorräder zu veranstalten. Hauptsächlicher Grund war die zentrale Lage innerhalb Europas und die ungünstigen Voraussetzungen auf dem Kölner Messegelände. Sie ist damit wichtiger Präsentations- und Kommunikationstreffpunkt für die gesamte Motorradindustrie. Bei der ersten Veranstaltung waren bereits acht Hallen gemietet. Rund 900 Aussteller zeigten die komplette Bandbreite der Industrie – vom Anhänger über Motorradhersteller, bis hin zum Zündkerzenstecker findet man dort alles, was irgendwie mit dem Thema Motorrad in Verbindung steht. Der Fachbesucheranteil liegt etwa bei etwa 40 Prozent. Ein Indiz für die Bedeutung der Impulse, die von dieser Messe ausgehen. Ganz besonders intensiv befasst man sich mit der Sicherheit und den Tendenzen für die kommenden Jahre. In der Gesamtbewertung der Besucher mit den Bestnoten »gut bis ausgezeichnet« machte die INTERMOT im Vergleich zur Vorgängerveranstaltung bisher einen Sprung um 5 Prozent auf insgesamt 93 Prozent. Mit Bestnoten bewertet wurden vor allem die Vollständigkeit und Breite des Angebotes (94 Prozent), die Internationalität der Aussteller und die Präsenz der Marktführer (jeweils 93 Prozent) wie auch der Leitmessecharakter der Veranstaltung (92 Prozent). Doch ist auch das Rahmenprogramm für den ganz normalen Motorradfahrer ansprechend und umfangreich. Es reicht unter anderem von Auftritten bekannter Pop-Stars über praktische Vorführungen mit dem Motorrad auf einem Freigelände, eine Erlebnishalle bis zu Autogrammstunden mit den Größten aus dem Motorrad-Rennsport-Bereich und natürlich den brandaktuellen Modellen der bevorstehenden Saison. Die INTERMOT ist Drehscheibe der Zweirad-Industrie und findet regelmäßig im September, alle zwei Jahre, in der bayrischen Landeshauptstadt München statt.

Trotzdem die Absatzzahlen im Jahr 2002 genauso wenig Mut machen wie 2001, kamen rund 150.000 Besucher zur dritten INTERMOT nach München. 1.070 Aussteller aus 38 Nationen zeigten auf der weltgrößten Motorrad- und Rollermesse, was sie zu bieten haben. Erfreuliche Tatsache ist, dass in München mehr als in den vergangenen Jahren das Thema Design im Vordergrund stand. Dabei ging es in der Regel weniger um Augenwischerei,

Messehighlights der INTERMOT

1998: Suzuki GSX-R 1300 Hayabusa, Suzuki GSX 1200, Suzuki SV 650, Suzuki AN 400 Burgman, Triumph Sprint, Ducati MH 900e, Ducati 996, Ducati ST 4, BMW K 1200 LT, BMW R 1100 S, Bimota SB 8R mit Suzuki TL 1000 R-Motor, Yamaha YZF-R6, Yamaha XJR 1300, Buell X1 Lightning, Harley-Davidson stellt den neuen Twin Cam 88-Motor in verschiedenen Modellen vor, Honda XL 1000 V Varadero, Kawasaki Drifter-Modelle, Kawasaki ZR-7, Kawasaki W 650, Moto Guzzi V11

2000: Die Ausstellungsfläche (1998: 85.000 qm) wird um 40 Prozent vergrößert.
Honda GL 1800 Gold Wing, Cagiva 650 Raptor, Suzuki GSX-R 600 mit Benzineinspritzung, Suzuki B-King (Studie), Aprilia RST 1000 Futura, Sachs Beast, MZ 1000 S (Prototyp I.), Piaggio ET 2, Triumph Bonneville, KTM 950 Rally (Studie), Honda 125 Varadero, Benelli Tornado Superbike, Mondial Piega, MV Agusta Brutale, Honda VTX 1800, Yamaha FJR 1300, Kawasaki ZR-7 S

2002: 120.000 qm Ausstellungsfläche, zusätzlich 80.000 qm auf Messe-Freigelände.
Suzuki SV 650/1000 /S, Honda CBR 600 RR, Kawasaki ZX-6 RR, Kawasaki Z 1000, Kawasaki VN 1600 Classic, Yamaha YZF-R6, Yamaha XV 1600 Wild Star Warrior, Aprilia Tuono, Aprilia Scarabeo 500, Benelli 900 Tornado, KTM 950 Adventure S, KTM 950 Duke (Prototyp), BMW K 100 GT, BMW R 1150 Roadster-Studie, Moto Guzzi Griso, Moto Guzzi MGS-01, Moto Guzzi 750 Breva, Harley-Davidson 100th Anniversary-Modelle, MV Agusta F4 Ago, Buell XB 9S, Triumph Speedmaster, Ducati Monster 1000 S, Ducati 800 SS, Ducati 1000 SS, Ducati 749 S, Ducati ST4s mit ABS, Ducati Multistrada, MZ 1000 S (Prototyp II.)

als tendenziell um den Einfluss der Ergonomie auf das Fahrverhalten, beziehungsweise Feedback. Eine insgesamt genauso schöne wie vernünftige Entwicklung. Neue Supersportler, Naked-Bikes und Power-Cruiser waren die Hauptthemen der Messe und sollten Indikatoren für den Trend in den kommenden Jahren aufzeigen.

Noch sportlicher zeigt sich der Klassenprimus des Hauses Suzuki unter den supersportlichen Big Bikes. Jetzt 164 PS stark und neben dem bekannten Sekundär-Luft-System macht die GSX-R 1000 mit zusätzlichem U-Kat ganz auf Saubermann. Anders wären die verschärften Abgasgrenzwerte der EURO 2-Norm nicht zu schaffen gewesen. Interessant ist die leichtere Vierkolben-Radial-Bremszange von Tokico, die man bisher nur an den Werksrennern zu sehen bekam. Optisch hebt sich das 2003er-Modell durch Design-Anleihen der Hayabusa-Front vom 2002er-Modell ab und ist in Verbindung mit der Mehrleistung für echte 290 km/h gut. Der schwarz lackierte Rahmen soll an den GP1-Racer erinnern. Der Anfang 2002 angedachte V4-Straßenableger GSV-R bleibt fürs Erste noch in der Schublade der Techniker in Hamamatsu. Realität werden hingegen die neuen SV-Modelle mit 650 und 1000 ccm Hubraum, deren Rahmen neuerdings im Spritzgussverfahren hergestellt werden. Das Design der verkleideten S-Modelle erinnert ein wenig an Yamaha's jüngste Fazer-Ausgabe. Wahlweise gibt es die Modelle auch völlig unverkleidet. Die große SV 1000/S wird vom überarbeiteten, legendären TL 1000 S-Motor anno 1997 befeuert, der auch in der Reiseen-

2. Eine der großen Sensationen war 2002 Suzuki's martialische Studie B-King. Frei übersetzt bedeutet es: Sei König. Der Motor stammt aus der GSX 1300 R Hayabusa. Ein zusätzlicher Kompressor pushte die Leistung auf 250 PS. Das massive Drehmoment sollte über einen 240er-Hinterreifen in den Asphalt gebrannt werden.

2

duro DL 1000 V-Strom seinen Dienst verrichtet.

Honda setzt ganz auf Sportlichkeit. Auf den Spuren von Valentino Rossi kommt die völlig neue CBR 600 RR daher. Extrem kompakt, funktionell und wunderschön gemacht, hat die CBR schon im Stand gewonnen. Eine Augenweide ist auch der zentrale Auspufftopf, der direkt unterm Rücklicht ins Freie mündet. Bis 15.000 min^{-1} dreht der wassergekühlte Reihenvierer mit Einspritzung drehen. Auf Wunsch ist auch ein HRC-Racing-Kit erhältlich. Gemächlicherer Natur ist da die überarbeitete 1000er Varadero. Dem bislang recht hohen Verbrauch soll die Einspritzanlage der SP II mit G-Kat und zusätzlichem SLS Einhalt gebieten. Beim neuen Modell verzichtete man zugunsten einer erhöhten Stabilität auf die Gummi-Lagerung des V2-Motors.

Bei Kawasaki hoffte man auf einen durchschlagenden Erfolg der modifizierten ZX-6 mit 636 ccm Hubraum und der neuen ZX-6 RR mit 599 ccm Hubvolumen. Während die 636 den sportlichen Straßenfahrer anspricht, hat die Doppel-R nur den Sieg auf der Rennstrecke im Sinn. Für großes Aufsehen sorgte die Z 1000, deren legendäre Typenbezeichnung die Gemüter bewegte wie bei kaum einem anderen Motorrad. Auf Basis der ZX-9 R stellt Kawasaki damit ein sehr ansprechendes und auf den ersten Blick ebenso überzeugendes Motorrad auf die Räder. 127 PS gibt das Werk für die Leistung an. Bremsen und Schwinge entstammen ebenfalls der ZX-9 R. Modellgepflegt ist die VN 1600 Classic, die im Prinzip einer überarbeiteten Version der bisherigen 1500er entspricht. Was man vermisste, war eine supersportliche 750er-Vierzylinder oder 1000er-V2. Vom ersten GP1-Racer mit 990 ccm großem Reihenvierzylinder könnte schon im Herbst 2004 ein Prototyp in München stehen.

Sportlich bis in die Haarspitzen setzte sich die 2003er-Ausgabe der Yamaha YZF-R6 in Szene. Das mit viel Tamtam präsentierte, jetzt 123 PS starke Aushängeschild der umkämpften Supersport 600-Klasse ist auch die Basis im Yamaha R6-Cup. Trocken gerade mal 162 kg leicht, hat sie mit dem 2002er-Modell nicht mehr viele Gemeinsamkeiten. Der Vierzylinder-Reihenmotor ist derart modellgepflegt, dass man getrost von einer Neukonstruktion sprechen kann. So kommt der Sechzehnventiler nun mit moderner Benzineinspritzung daher. Wie schon von der R1 bekannt, unterstützen auch bei der R6 vier vorgeschaltete Flachschieber das wohldosierte Ansprechverhalten. Neben dem neuen Design mit nun vier Scheinwerfern gehört der neue Formprofilrahmen in Druckguß-Bauweise zu den ganz besonderen Neuigkeiten. Weniger Schweißnähte bedeuten im Ergebnis geringere Toleranzen. Außerdem sind durch dieses Fertigungsprinzip, das man auch bei den aktuellen Suzuki V2-Twins anwendet, modellspezifische Designs möglich. Im Übrigen ist der R6-Rahmen um 50 Prozent steifer.

Etwas ruhiger ging's da im Sporttourer-Segment zu. Endlich spendiert man der FJR 1300 ein immerhin 7 kg schweres ABS. Neben einer neuen Telegabel, einer überarbeiteten Verkleidung samt höhenverstellbarem Windschild erscheint das 2003er Modell quasi runderneuert. Noch fulminanter wirkt die gewaltige Wild Star Warrior. Auf Basis des bekannten Cruiser's zielt Yamaha in die Ecke der beliebten Power Cruiser. Mit rund 85 PS bei moderaten 4.400 min^{-1} und einem auf 1.670 ccm vergrößertem Hubraum setzt das auf 300 Exemplare limitierte Bike neue Akzente. Besonders imposant ist der einseitig geführte Auspufftopf mit gigantischem Ausmaß, der die per SLS-bereinigten Abgase entlässt. Die Gemisch-Fütterung erfolgt im neuen Zylinderkopf via Einspritzanlage. Fahrwerksseitig zeigt sich das Mega-Bike von der sportlichen Seite und nimmt vorn eine modifizierte R1-Ups-Gabel auf.

Verhaltener zeigte man sich da auf dem Aprilia-Stand. Gezeichnet von starken Rückgängen bei den Verkaufszahlen, besann man sich für den Jahrgang 2003 in Noale auf eine modellgepflegte Produktpalette. Allen voran die Replika aller Mille, die RSV Mille R. Wie Kawasaki und Suzuki setzt auch die norditalienische Motorradschmiede auf radial montierte Bremszangen der GP-Racer. Wie die Standard-Mille verfügt sie über ein enger gestuftes Sechsganggetriebe. Rein optisch fällt der schwarz lackierte Rahmen auf. Interessant geriet die insgesamt zierlichere Heckpartie. Ein Blickfang war auch die Tuono (anfangs noch Tuono Fighter präsentiert), ein auf der Mille basierender Streetfighter, den man glücklicherweise nicht in seiner Charakteristik zum braven Tourenbike manipulierte. Nachdem eine auf weltweit 200 Exemplare limitierte und mit etlichen Edelteilen ausgestattete Edel-Tuono bereits 2002 schnell vergriffen war, war eine normale Tuono die logische Konsequenz. Mit rahmenfester Lampenverkleidung und bequemem Rohrlenker bringt sie alle Voraussetzungen für einen waschechten Kurvenräuber mit. 11.830 EUR kostet der Spaß auf der 126 PS-Kanone. Später, im August 2003 tauchten die ersten Blder einer auf 75 Exemplare begrenzten, neuen Tuono Racing auf. Neu war 2003 auch der Großraumroller Scarabeo 500.

Innovation und Standing Ovations auf dem Moto Guzzi-Stand. Nach etlichen Tiefs greift bei Moto Guzzi unter Führung des Aprilia-Eigners Ivano Beggio endlich die lang erwartete Neustrukturierung der Modellpalette. Neben der California mit hydraulischem Ventiltrieb Idraulico Valvole sorgten die supersportliche Studie MGS-01 und die rustikale Griso für viel Aufsehen und neuen Optimismus im Guzzi-Lager. Zu Recht, denn die muskulöse, 102 PS starke Griso soll noch 2003 erhältlich sein. Angetrieben wird die fahrfertig rund 230 kg schwere Maschine von einem potenten Vierventil-V2 mit Luftkühlung. Mit der fetten Einarmschwinge betritt Moto Guzzi ebenfalls Neuland. Auch die Federbeinabstützung über ein progressiv arbeitendes Umlenksystem ist neu. Ein Publikumsmagnet der Messe war die radikale MGS-01. Ob und wann dieses faszinierende Motorrad, mit dem wohl schönsten Heck der Motorradneuzeit, erscheint, steht zurzeit noch in den Sternen. Fortschrittliche Wege dokumentiert auch die völlig neu gestaltete Zweiarmschwinge und zeugt vom beinharten Willen, im Motorradbau etwas zu bewegen. Konzern-Chef Ivano Biaggio und Moto Guzzi-Leiter Roberto Brovazzo (Nachfolger von Roberto Martini) scheinen der Marke ein jüngeres, aktiveres Image geben zu wollen. Eine kleine Überraschung war auch die 750 Breva.

Klare Linien und ein augenscheinlich ergonomischer Knieschluss lassen auf Dynamik schließen. Der Mittelklasse-Roadster mit V2-Stößelstangenmotor und Einspritzung leistet 48 PS und ist zudem mit geregeltem Kat ausgerüstet. Davon profitieren auch die bekannten V11-Modelle.

Ebenfalls aus Italien, aber dem Reihenmotor verschrieben, spricht MV Agusta ein anderes Klientel an. Nachdem der Zusammenschluss mit Piaggio ins Wasser fiel, wurde sogar die Produktion in Mitleidenschaft gezogen. Messebesucher konnten sich dennoch erfreuen. So faszinierte die auf 500 Exemplare limitierte F4 Ago mit ihrem rot lackierten Rahmen in München die Massen. Auf dem KTM-Stand bewunderte man die Adventure S mit 950 ccm großem und 98 PS starkem 75°-V2-Motor, mit der sich der österreichische Hersteller aus Mattighofen erstmals zum großvolumigen Funbike bekennt. Preis: 12.500 EUR.

Bei Benelli konnte endlich jeder die sagenumwobene 900 Tornado bewundern, die es nun auch als preisgünstigere, 134 PS starke Biposto-Version gibt. Nun sind 17.000 EUR immer noch kein Pappenstiel, aber angesichts der über doppelt so teuren Limited Edition geradezu ein Sonderangebot.

Bei Buell prägten indes die flammneue XB 9S und die XB 9R das Bild des Messestandes. Während das S-Modell die Streetfighter anspricht, ist die R für Sportfahrer gedacht. Angetrieben werden beide von einem in den Grundzügen auf der Harley 1000er-Sportster basierenden V2-Motor, der jedoch umfangreiche Eingriffe über sich ergehen lassen musste. Harley-Davidson blies zum 100-jährigen Geburtstag und offerierte kurzerhand die gesamte Palette zum 100th Anniversary-Jahrgang. Technisch blieb bis auf die leicht überarbeitete Fat Boy weitgehend alles beim Alten.

Ganz auf Oldie ist auch die Triumph Speedmaster getrimmt. Im Inneren werkelt der bekannte Bonneville-Twin im Viertakt vor sich hin und erinnert an die glorreichen sechziger Jahre. In gekonnter Manier bezirzen der schwarz lackierte Motor, der Gunfighter-Sitz, das hintere Scheibenrad und die vordere Leichtmetallfelge die Sinne. Deutlich sportiver wirkte da die vierzylindrige TT 600; Gerüchte bezüglich eines Reihendreizylinders werden sich zumindest vorerst nicht bewahrheiten werden.

Ducati zeigte sich innovativ, gewohnt sportlich und ersetzte beinahe die gesamte Modellpalette. Die basieren zwar alle mehr oder weniger auf bekannten Typen, doch sind sie derart modellgepflegt, dass man getrost von neuen Modellen sprechen kann. Während die famose 999 Biposto bereits zuvor in Misano der Fachpresse vorgestellt wurde, war es eine Frage der Zeit, wann die 748 durch die 749 abgelöst wird. Um die Modellvielfalt nochmals zu steigern, wurde neben der neuen, edel ausgestatteten 999 S die 749 S präsentiert. Im gleichen Gewand wie die 999 folgt auch die 749 dem erfolgsbedingten Trend nach höheren

3. Die Moto Guzzi MGS/01 Corsa war auf der Intermot 2002 ein Publikumsmagnet. Sie erntete reichlich Zuspruch – von Händlern und Kunden gleichermaßen. Und gefahren wurde sie auch längst – kommen soll sie jedoch erst 2005. 122 PS aus 1.256 ccm, 117 Nm Drehmoment bei 6.400 /min, Cosworth-Kolben, Öhlins-Fahrwerk, Radialbremszangen, OZ-Räder und reichlich Kohlefaser bringt es auf trocken 192 Kilogramm. Voraussichtlicher Preis: ca. 22.000 Euro.

3

Produktionszahlen und einem etwas kompromissbetonterem Fahrwerk. Ein besseres Handling wird sicher auch hier der Mühe Lohn sein. Motorisch hat sie ebenfalls beste Anlagen, die extremere 748 zu übertrumpfen. Ihr äußerst kurzhubig ausgelegter, neuer Testa Stretta-Motor (!) ist ideal für hohe Drehzahle. Die vom Hersteller versprochenen 103 PS hören sich darum vergleichsweise verhalten an. Kurze Zeit später erscheint bereits 110 PS starkes Modell. Die 900er-Modelle von Monster über Sport und Supersport erhalten den 1.000 ccm großen und 86 PS starken Desmotwin der Multistrada, die ebenfalls auf der INTERMOT 2002 debütierte. Die ehemaligen 750er-Modelle wurden mittels 4,5 mm größerem Hub auf 803 ccm gepuscht und leisten nun rund 75 PS. Um dem Wunsch des idealen Sporttourers näher zu kommen, verfügt die überarbeitete ST 4S des Jahrgangs 2003 über ein zuschaltbares ABS.

Fast schon ein alter Bekannter war hingegen die MZ 1000 S, die bereits zwei Jahre zuvor für mächtigen Medienwirbel sorgte. Nachdem Ex-GP-Star Ralf Waldmann kräftig die Werbetrommel rührte, kam man in Zschopau mit der Produktion nicht so recht zu Potte. Mit neu konstruierten Zweizylinder-Reihentwin soll die 115 PS Maschine nun endlich serienreif sein. Dennoch dauert es bis Ende 2003, bis die ersten Serienmodelle getestet werden können. Das Stahlrohr-Chassis aus Chrommolybdän ist ein Mix zwischen Aprilia Falco und Ducati Monster. Das unveränderte Design wirkt

4. *Triumph zeigt 2002 die Speedmaster mit luftgekühltem Zweizylinder-Viertakt-Motor – und lieferte schon kurze Zeit später die ersten Modelle an die Kundschaft. Eine Hommage an das legendäre T120R-Modell aus den siebziger Jahren.*

selbst heute noch futuristisch. Mit angepeilten 12.500 EUR liegt der Preis im üblichen Bereich leistungsstarker Sportler. Bei BMW hielt man sich bedeckt. Neben dem bereits kurz vor der Messe präsentierten Komfort-Cruiser R 1200 CL (2002) war eine neue R 1150 Roadster-Studie zu entdecken, die schon aufgrund der großartigen Resonanz wenige Wochen später in Serie ging. Auf Basis der K 1200 RS schuf man die K 1200 GT, die dem Anspruch an gesteigertem Komfort noch mehr entgegenkommt.

INTRUDER

Die VS Intruder-Modelle mit anfangs 750 (1986) und 1400 ccm (1987) waren die Vorreiter der japanischen Big Twin-Chopper-Welle. Besonders der 1400er-45°-V2-Motor begeistert mit Trecker-mäßigem Drehmoment, so dass schon ab Leerlaufdrehzahl genügend Kraft zur Verfügung steht. Im Gegensatz zur kleineren 750/800er-Intruder ist die dicke »Trude« nicht wasser-, sondern luft-/ölgekühlt. Keine andere Suzuki repräsentiert das »V« im stählernen Rohrrahmen so dominant wie sie. Das animiert geradezu zum beschaulichen Dahinrollen, zumal alles andere schnell zum schweißtreibenden Kraftakt wird. Fahrfertig bringt die schlanke Vau beachtliche 260 kg auf die Waage. Technisch bot der seinerzeit größte Twin ebenfalls einige Besonderheiten. Der anfangs 69 PS starke, satte 90 kg schwere Motor besaß einen hydraulischen Ventilspielausgleich. Die Ein- und Auslassventile öffneten

Wie alle Intruder-Modelle ist besonders die VS 1400 eine Augenweide. Ihr schlankbauender Vau-Motor fügt sich perfekt in das Gesamtbild ein, wobei das schmale 21"-Vorderrad die Frontpartie dominiert. Mit konstant anhaltender Kraft drückt die Kardanwelle das Drehmoment auf den 170er-Reifen.

sich beachtliche 8 bzw. 9 mm. Die Auslassseiten beider Zylinder liegen in Fahrtrichtung. Aus Platzgründen ist der hintere 36er-Mikuni-Vergaser nach oben gedreht und saugt sein Gemisch von oben an. Der hintere Zylinder ist zusätzlich ölgekühlt. Eine Anti-Hopping-Kupplung reduziert das starke Rückdrehmoment um bis zu 40 Prozent. Die parallel angebotene Sonderausführung »Highway Edition« verfügt über eine umfangreichere Ausstattung, die speziell den Tourenfreund anspricht: Frontscheibe, Werkzeugrolle sowie Satteltaschen und eine Tankabdeckung sorgen bei 100 DM (umgerechnet 50 EUR) Aufpreis für noch mehr Bequemlichkeit.

Erscheinungsjahre

1986: VS 750 Intruder
1987: VS 1400 Intruder
1992: VS 800 Intruder
1995: VS 600 Intruder
2000: VL 125/250 Intruder

IOM, ISLE OF MAN

Britisches Inselrennen rund um die Isle of Man (IoM); geografische Lage zwischen Großbritannien und Irland; jährlich zwischen Mai und Juni finden die legendären zwei Rennwochen auf dem »Mountain Circuit« statt.

Die Insel Man zwischen England und Irland ist ein Mekka für Motorrad-Kenner. Jedes Jahr treffen sich dort die mit allen Wassern gewaschenen Motorradrennfahrer, um den Kurs während der TT-Woche und des Manx-GP's zu bezwingen. Bevor man sich jedoch aufmacht, diese zauberhafte Insel zu besuchen, ist es ratsam, sich ein wenig mit der Geschichte zu befassen.

Das nur 27 mal 54 Kilometer große Eiland mit exakt 161 Kilometern Küste, in der Irischen See genießt eine große Unabhängigkeit. Politisch gesehen gehört die Isle of Man eher zu Irland als zu England, im Übrigen spricht man dort sogar eine eigene Sprache. Den traditionellen Manx-Mix aus Skandinavisch und Englisch beherrschen jedoch bestenfalls die alteingesessenen Einwohner (die »Manx«), alle Welt spricht dort Englisch. Doch nicht nur sprachlich hebt sich die Insel von den umliegenden Ländern ab – eine eigene Währung, ein eigenes Wappen, eigener Steuer- und Zollhoheit – selbst die Regierung ist autark.

Das alles kommt nicht von Ungefähr, denn der ausgeprägte keltische Einfluss ist ein Relikt aus jener Zeit, als die Wikinger den irischen Ureinwohnern vor etwa 1.500 Jahren die Insel erfolgreich streitig machten. Im Jahre 979 n. Chr. gründeten die Normannen das Inselparlament »Tynwald«. Bis heute wird darum am 7. Juli der »Tynwald Fair Day« als nationaler Feiertag begangen. 1266 n. Chr. wird der Besitz schließlich an Schottland verkauft, fast aufs Jahr genau 500 Jahre später erwirbt die britische Krone diese für Großbritannien strategisch wichtige Insel. Trotzdem wahrt die Isle of Man ihre Unabhängigkeit. Vor rund 150 Jahren, genauer im Jahr 1867 n. Chr., wird Douglas zur Hauptstadt der Insel. Tja, und dann ist da noch das bekannte Wahrzeichen, das Triskel, mit den drei Beinen. Ein Symbol des Optimismus, wonach ein Manx immer wieder auf die Beine kommt, ganz gleich was geschieht.

Die Anfahrt erfolgt für echte Biker mit dem Motorrad und danach mit der Fähre. Beliebt ist das Übersetzen vom französischen Calais, über den Ärmelkanal zum britischen Dover. Wem das zu lange dauert, kann sich auch mit der Hoovercraft, dem weltbekannten Luftkissenboot, in knapp einer halben Stunde über die manchmal recht stürmische See beamen lassen – in jedem Fall ein Erlebnis der Extraklasse. Die Fahrzeuge werden zudem bestens betreut, so dass selbst hohe Wellen nicht zu ungewollten Schäden am Motorrad führen. Von da aus geht's über London (hier lohnt sich eine erste Übernachtung) weiter über Leicester in Richtung Manchester und Liverpool. Gebucht werden muss die Fährverbindung nicht unbedingt. Motorräder brauchen wenig Platz und das Personal ist freundlich. Vorteilhaft ist es jedoch zu wissen, wann die Fähre in Heysham nach Douglas (Isle of Man) ausläuft. In Douglas angelegt, kann man bei günstigem Lichteinfall bereits den herrlichen Anblick der Promenade genießen. Während der Rennwoche stehen dort Hunderte von Motorrädern in Reih und Glied, schräg rückwärts eingeparkt, vor den Unterkünften direkt am Boulevard.

Wer die TT mit ein wenig Ruhe erleben will, kann jedoch auch schon eine Woche früher zum Training anreisen. So bleibt genügend Zeit, sich mit der Mentalität, den zahlreichen Rennklassen und natürlich der Umgebung auseinander zu setzen. Wer immer genau wissen will, was läuft, kommt um eine der an jeder Ecke angebotenen Terminkalender nicht umhin. Den Rest sollten man ganz einfach erleben. Außerdem sind häufig Bobbies anzutreffen und zeigen sich als geduldige Helfer in der Not. Genauso wie die Motorradfahrer, die man dort trifft. Sie sind ein besonderes Völkchen, dass man spätestens dann zu vermissen beginnt, wenn man wieder heimischen Boden unter den Rädern hat. Ach ja, und noch eins: Natürlich gibt es den »Mad Sunday«, den Tag, an dem (wie der Name schon sagt) gewisse Besucher vergeblich versuchen das nachzumachen, was einem eigentlich der gesunde Menschenverstand verbieten sollte – das Freie Fahren auf der für den öffentlichen Verkehr gesperrten Strecke. Doch die ortsansässige Polizei ist gut vorbereitet, und gibt entgegen vielen Behauptungen längst nicht die ganze Strecke für die Freizeit-Racer frei. Auch führt dieser Teil durch kein Wohngebiet und ist an allen gefährlichen Punkten verengt, so dass die Fahrer gezwungen sind, die Geschwindigkeit zu verringern.

Volles Programm auf der Isle of Man

In Richtung Norden fährt eine historische Eisenbahn: »The Electric Manx Railway«. Die

1. An der Fähre in Douglas herrscht Motorrad-Atmosphäre. Die Stimmung ist locker, der Zusammenhalt auf der »Motorradinsel« einzigartig. An den Linksverkehr hat man sich längst gewöhnt.

nostalgischen Holzwaggons führen entlang der rauen Felsenküste von Ramsey über Laxey nach Douglas. Im hügeligen Süden ist es oft sonnig und warm, wenn im Norden Wolken und Wind mit Schauern über die Insel fegen. Das milde Klima lässt eine üppige Artenvielfalt gedeihen. Selbst in den Wintermonaten sinkt die Temperatur nur selten unter 5° Celsius. Zu gelegentlichen Pausen lädt die romantische Inselwelt geradezu ein. Solch ein sattes Grün bekommen Sie sonst auf der ganzen Welt nicht zu sehen. Kleine, funkelnde Bäche schlängeln sich durch ebenso kleine Wälder. Die Isle of Man verfügt über insgesamt acht Golfplätze, Tauch-, Jetski-, Segel- und Surf-Möglichkeiten. Für reichlich Abwechslung ist also gesorgt, so dass man es bequem 14 Tage oder länger auf der Insel aushalten kann.

Historischer Rückblick

Der Grund für den »Bau« des TT-Kurses lag darin, dass die Briten auf Grund ihrer geografischen Lage für jedes Rennen die Insel verlassen mussten. Man wollte endlich über einen eigenen Kurs verfügen, der den Aufwand der Anreise beträchtlich herabsetzen sollte. Da auf heimischen Straßen allerdings eine auf alle Fahrzeuge bezogene Höchstgeschwindigkeit von 20 Meilen pro Stunde »verhängt« wurde, suchte man einen Platz unweit des Heimatlandes, wo man ohne Geschwindigkeits-Limitierung fahren durfte. Die pfiffigen Motorradenthusiasten verhandelten mit den Iren, ob es denn möglich sei, die zwischen den beiden Ländern Irland und England gelegene Isle of Man für diesen Zweck nutzen zu können. Hintergedanke war dabei unter anderem, dass diese kleine, nur knapp 590 Quadratkilometer große Insel, nicht unter die britische Gesetzgebung fiel – damit umging man die sonst geltende Geschwindigkeitsbegrenzung.

Das erste Mal starteten die Motorräder am Samstag, den 28.05.1907 um den Kurs. Dabei umfasste das Starterfeld 18 Einzylinder- und 7 Zweizylinder-Maschinen. Der Name »Tourist Trophy«, kurz »TT«, rührt daher, dass er an sich für Tourenmaschinen ausgelegt war. Erster Sieger war der Engländer Charlie Collier. Er umrundete den Kurs über eine Zehn-Runden-Distanz auf einer Matchless mit einer Durchschnittsgeschwindigkeit von 61,5 km/h. Zweiter wurde sein Landsmann Rem Fowler auf seiner Zweizylinder-Norton. So einfach wie das ganze Konzept war auch das Reglement: Das Einzige was es zu beachten galt, betraf den Verbrauch der Motorräder. Wohl weniger aus umweltfreundlichen Gesichtspunkten als aus Ansporn, musste eine Gallone (rund 4,5 Liter) Kraftstoff für mindesten 144 km reichen, für Zweizylinder galten 120 km als Minimum.

2. *Die traditionsreiche Tourist Trophy, die jährlich auf der Isle of Man stattfindet, ist auch in den nächsten 20 Jahren gesichert. Die TT findet 2004 vom 29. Mai bis 11. Juni statt. Die Senior-TT als auch die Formel 1 werden fortan von sechs auf vier Runden reduziert. 2005 startet man am 28. Mai.*

Anfangs hatte der legendäre Kurs eine Gesamtlänge von gerade mal 15,9 Meilen (25,6 Kilometern). Mit dem heutige 33,7 Meilen (54,2 Kilometer) langen Bergkurs und den großen Höhenunterschieden ist er kaum mehr zu vergleichen. Nichtsdestotrotz liegt die höchste Stelle des Kurses bei nach wie vor 465 Meter über NN. Seinerzeit verfügten die Motorräder noch nicht über mehrstufige Schaltgetriebe, so dass der gelegentliche Einsatz der Pedale zum vollkommen normalen Rennfahreralltag gehörte. So kam es, dass selbst die Inselbewohner, die schon auf Grund der häufig wechselnden Witterungsverhältnisse und der dadurch gesammelten Erfahrung, den schwierigen Kurs als echte Herausforderung sahen. Da hatten es die Teilnehmer vom Festland alles andere als leicht. Die unübersichtliche Streckenführung, seit jeher außerhalb der Renntage für jedermann befahrbar, war seinerzeit noch gespickt mit Schotterpassagen. Auch mit freilaufendem Vieh war zu rechnen. Absprachen über besondere Vorkommnisse auf der Strecke wurden kurzerhand im Laufschritt abgehalten.

Erst im Jahr 1911 änderte sich einiges. Für jene Saison wurde der meist kieselsteinartige »Belag« komplett asphaltiert. In diesem Zusammenhang wurde die Strecke gleich auf die heutigen 33,7 Meilen verlängert. So modernisiert, ergab sich ein neues Reglement, was seitdem die Einteilung in Hubraumklassen vorsah. Die Junior-Klasse beinhaltete alle Einzylinder bis 300 ccm und Zweizylinder bis 340 ccm. Die Senior-Klasse reglementierte die Singles auf 500 ccm, respektive die Zweizylinder auf 585 ccm. Die ehemalige Verbrauchsbegrenzung wurde ersatzlos gestrichen. Die im Laufe der Zeit immer sportlicher und professioneller gewordenen Maschinen gewannen

3. Neben der Strecke finden während der TT-Woche auch kleinere Veranstaltungen, wie zum Beispiel Beschleunigungsrennen, statt.

zunehmend an Bedeutung. So besann man sich im Jahre 1970 wieder auf alte Tugenden und rief eine eigene Serienmaschinen-Klasse ins Leben.

Den größten Erfolg aus deutscher Sicht erlangte die Motorradlegende »Schorsch« Georg Meier (Mister TT aus Bayern). Er gewann 1939 die Senior-TT mit der ebenso legendären 500er-Kompressor-BMW (Startnummer 49, gesamte Fahrzeit 2:57,19 Stunden, Durchschnittsgeschwindigkeit 144,72 km/h). Doch warf dieser Erfolg einen nicht minder langen Schatten. Grund dafür war der schwere Trainingsunfall seines Teamkollegen Karl Gall, der eine Woche später seinen Verletzungen erlag. Der Sieg des Deutschen sollte vorerst der letzte sein. Der Zweite Weltkrieg ließ keinen Platz für solcherlei Zeitvertreib. Erst 1947 wurde der Kampf um Sekunden auf dem kleinen Eiland fortgesetzt. Aus Aberglaube wurde jedoch zu keiner Zeit die Startnummer »13« vergeben. Ein Zitat von Walter Kalauch, ehemaliger Schmiermaxe: »Das Ziel zu erreichen ist fast mehr, als würdest Du Weltmeister werden.«

Umso höher scheint der Stellenwert ehemaliger Größen, wie Giacomo Agostini mit seinen 10 TT-Siegen, oder Mike Hailwood, 14-facher TT-Sieger. Unvergessen das sensationelle Comeback von »Mike the bike« während seiner Siegesfahrt im Jahre 1978 auf Ducati. Joey Dunlop war mit insgesamt 26 gewonnenen TTs der bisher erfolgreichste Fahrer der Isle of Man und wird auch nach seinem tragischen Unfall im Juni 2000 nicht ohne Grund der »King of the Road« bleiben. Und auch Carl Fogarty ist mit 3 TT-Siegen eine Ikone der Isle of Man. Genauso wie Steve Hislop »Hizzy«, Bob Heath und Phillip McCallen, die jeweils 11 Mal erfolgreich waren. Doch fordert der TT-Kurs immer wieder Opfer. So wie der tödliche Trainingsunfall von Rekordhalter (127mp/h, 9-facher TT-Sieger) David Jefferies, der 2003 bei 240 km/h von der Strecke abkam. Es ist ein Mythos, der diese Insel umgibt, den derjenige, der ihn nicht erlebt hat, nur schwer nachvollziehen kann. Selbst der reine Tourenfahrer wird von der Insel begeistert sein – auch, oder gerade, wenn es regnet. Und das ist keineswegs selten. Beeindruckender ist jedoch, dass man mit ein wenig Glück gleich drei Jahreszeiten während einer Runde erleben kann. Und dafür braucht man in zügigem Otto-Normal-Tempo kaum unter 50 Minuten. Joey Dunlop war keine 19 Minuten dafür unterwegs. Der Frühling wartet an der »Bedstead Corner« kurz vor Start und Ziel, an der »Ballough Bridge« geht's mit einem Sprung in den Sommer und an der »Windy Corner«, an der höchsten Stelle des Kurses, kann's durch

4

4. David Jefferies im Wheelie bei »Ago's Leap« während der Senior TT 2002. 2003 verunglückte er im Training tödlich.

aufkommende Böen und einsetzenden Regen schon mal richtig unangenehm werden. Und das mit Top Speed. Kaum auszudenken, dass diese unübersichtlichen Passagen in aberwitzigem Tempo gefahren werden. Sturzraum, nein – Strohballen, vielleicht – gleich vor den Häusern, Bäumen und allem was sonst irgendwie in der Gegend herumsteht, mindestens einen Meter von der Strecke entfernt – da kann's einem schon etwas flau in der Magengegend werden. Der Respekt gegenüber den Teilnehmern an der TT steigt und bleibt nachhaltig im Kleinhirn erhalten. Was ist da im Vergleich schon ein ganz normaler Motorrad-GP? Okay, okay, wir wollen mal nicht übertreiben ...

IVM

Industrieverband **M**otorrad e.V., gegründet 1991; Zusammenschluss deutscher Motorrad- und Zubehörhersteller und Importeure. Zur Zeit besteht der Branchenverband aus 16 Fahrzeugmarken und 22 Zubehörunternehmen. Zweck des Verbandes ist die Umsetzung gemeinsamer Ziele, sowie die Funktion als kompetenter Ansprechpartner in marktspezifischen und politischen Fragen. Dazu verfügt der IVM über umfangreiche Archive und anerkannte Statistiken.

Mit dem Aufwärtstrend des Motorrad- und Rollermarktes Ende der achtziger Jahre wurde deutlich, dass eine effektive Interessenvertretung gemeinsam mit den Fahrradherstellern immer schwieriger würde, zumal die sich abzeichnenden, tiefen legislativen Einschnitte eine starke Motorradlobby erforderten. Die Firmen a&g (Aprilia, Moto Guzzi), BMW, Harley-Davidson, Honda, Kawasaki, Suzuki, Triumph und Yamaha entschließen sich im Dezember 1990 zur Gründung eines eigenständigen Industrieverbandes. Im April 1991 heben die Gründungsmitglieder den Industrie-Verband Motorrad Deutschland e.V. (IVM) offiziell aus der Taufe. Im November werden die Büroräume im Essener Servicepark an der Gladbecker Straße bezogen. Dr. Hubert Koch, vormals Leiter des Instituts für Zweiradsicherheit (IfZ), wird Hauptgeschäftsführer des IVM. Auf Initiative des IVM gründet sich die Bundesarbeitsgemeinschaft Motorrad (BAGMO), in der alle relevanten Organisationen, Verbände und Medien zusammenarbeiten. Erste Kooperationsgespräche mit anderen Verbänden und Institutionen sind Erfolg viel versprechend, direkte Kontakte zu Bundesregierung und EU-Kommission werden aufgenommen. Daraufhin wird der IVM ordentliches Mitglied der International Motorcycle Manufacturers Association (IMMA).

Mit einer Pressekonferenz startet der IVM gleich zu Anfang des Jahres 2002 eine offensive Öffentlichkeitsarbeit. Zum engen Meinungsaustausch mit den Chefredakteuren der Fachpresse ruft das IVM-Präsidium die »Kamingespräche« ins Leben. Der IVM vereinbart Kooperationspartnerschaften mit zahlreichen Verbänden und Organisationen. Beim Deutschen Bundestag ist der IVM in die offizielle Liste der Interessenvertretungen eingetragen, die Arbeitskontakte zu den verschiedensten Bundesministerien werden ausgebaut. Nach dem Dialog mit dem Bundesverkehrsminister folgen Gespräche mit weiteren Spitzenpolitikern. Der IVM kann seine Position zur EU-Führerscheinrichtlinie erfolgreich in Bonn und Brüssel einbringen: Direkteinstieg mit 21 Jahren, keine Aufstiegsprüfung beim Stufenführerschein, Leichtkrafträder mit 125 ccm. An der IFMA 1992 in Köln beteiligen sich der IVM und seine Mitglieder als offizielle Partner mit Sitz im Beirat.

Die Öffnung des IVM für Unternehmen der Zubehörindustrie führt zu den Mitgliedschaften von DiFi, Hein Gericke, GoTo Helmstudio, IXS, JF Motorsport, Polo, Schuberth, Schuh und Uvex.

IVM
Industrie-Verband Motorrad Deutschland e.V.

Im Jahr 1993 setzt der IVM seine Lobbyarbeit für die 125er-Klasse in Deutschland fort. Zielsetzung ist in diesem Jahr der Verzicht auf eine generelle Geschwindigkeitsbegrenzung auf 80 km/h. Für seine Mitglieder entwickelt der IVM einen umfangreichen monatlichen Statistik-Service. Sechs Fachausschüsse arbeiten inzwischen unter dem Dach des Verbandes. Mit der Kampagne »Laut ist out« gelingt dem IVM und seinen Partnern eine Aktion, die für eine Verminderung unzulässigen Lärms und für eine Imageverbesserung der Motorradfahrer sorgt. Weitere Kampagnen des Verbandes: Nachwuchsarbeit für Zweiradmechaniker und für den Motorradhandel. Währenddessen wirkt der IVM an den Vorbereitungen zur Gründung von ACEM (Association des Constructeurs Européens de Motocycles) mit und engagiert sich im Interesse der Hersteller und Motorradfahrer gegen eine Normierung von Fahrerbekleidung.

Bei Gründung und Aufbau des europäischen Dachverbandes ACEM übernimmt der IVM 1994 tragende bzw. leitende Funktionen in Gremien und Arbeitsgruppen. Auf nationaler Ebene wird mit der Gewinnung weiterer Kooperationspartner die Lobbyarbeit gegen eine Höchstgeschwindigkeit von Leichtkrafträdern von 80 km/h fortgesetzt. Noch im gleichen Jahr werden Kooperationsverträge mit den relevanten Frühjahrsmessen geschlossen. Unter Federführung des IVM wird das Entsorgungshandbuch für Motorradhändler sowie das Konzept einer Händlerakademie entwickelt. Der Verband veröffentlicht die Studie »Neues motorisiertes Zweirad«. Im Sommer 1995 schreibt das Bundesimmissionsschutzgesetz ein generelles Fahrverbot für alle motori-

1. Der IVM versucht die Interessen der Industrie und der Motorradfahrer gemeinsam umzusetzen und ist Ansprechpartner in marktspezifischen sowie politischen Angelegenheiten.

sierten Zweiräder bei Ozonalarm vor. Ausnahmeregelungen werden von den Bundesländern sehr unterschiedlich gehandhabt. Der IVM fordert aussagekräftige und einheitliche Regelungen. In Brüssel drängt der IVM weiterhin auf die Harmonisierung des Zulassungsrechtes mit europaweiten Geräusch- und Abgasgrenzwerten sowie einheitlichen Anti-Manipulationsregelungen. Eine vom IVM geführte Koalition aller namhaften Verbände kann die EU-Kommission davon überzeugen, dass Motorradfahrerbekleidung nicht unter die Bestimmungen der Arbeitsschutzausrüstung fallen kann. Konstruktiv wirkt der Verband an der Definition einer CE-Norm für Protektoren mit. Die IVM-Händlerakademie stellt dem Fachhandel ein markenübergreifendes Qualifizierungsangebot zur Verfügung.

Der Bestand an motorisierten Zweirädern in Deutschland überschreitet im Jahre 1996 die 4-Millionen-Grenze. Erstmals werden in diesem Jahr über eine Viertelmillion neue Motorräder und Roller zugelassen. Erheblichen Anteil an diesem Erfolg hat die neue 125er-Klasse, die im Februar die alten 80-ccm-Maschinen ablöst. Dank der IVM-Initiativen ist auf ein generelles Tempolimit verzichtet worden. Als einziges EU-Land drosselt Deutschland jedoch die Leichtkrafträder für 16- und 17-Jährige auf 80 km/h. Der IVM kann die meisten Bundesländer davon überzeugen, schadstoffarme Motorräder bei Ozonalarm vom Fahrverbot zu befreien. Die IFMA in Köln, bisher die traditionelle Messe der Zweiradindustrie, kann der wachsenden Bedeutung motorisierter Zweiräder nur ungenügend Rechnung tragen. Die verbandsinterne Kritik an den unzureichenden Ausstellungsbedingungen für die Motorradbranche wird immer lauter, so dass ein Jahr darauf die Abkehr von der IFMA und eine eigene, reine Motorrad- und Rollermesse ins Auge gefasst wird.

Die Vorbereitungen für die INTERMOT auf dem neuen Messegelände in München laufen an. Mit 127.891 Neuzulassungen übertrifft die Leichtkraftklasse selbst optimistische Erwartungen. Mehr als 300.000 Neuzulassungen von Motorrädern und Rollern aller Klassen bescheren der Branche einen neuerlichen Rekord. Der Bundestag beschließt schließlich, dass die Halter von Leichtkrafträdern Steuern zahlen sollen. Der IVM interveniert mit Erfolg: Im folgenden Jahr wird die Besteuerung der 125er wieder zurückgenommen. Im Juni 1997 werden die Vorschriften zur EU-Betriebserlaubnis veröffentlicht, im Herbst beginnen auf Initiative des IVM in Deutschland die Arbeiten zur Umsetzung der europäischen Vorgaben in nationales Recht mit dem Ergeb-

2. Seit 2003 ist Bert Poensgen Präsident des Industrie-Verbandes Motorrad Deutschland e. V. Seit 1979 ist der gelernte Kfz-Mechaniker, Einzelhandels- und Industriekaufmann für Suzuki tätig, zunächst als Gebietsverkaufsleiter für Motorräder in Bayern, später als Vertriebsleiter bei Suzuki Deutschland. Seit 1984 ist Poensgen auch für den Bereich Marketing verantwortlich.

nis, dass Deutschland die EU-Betriebserlaubnis als erster Mitgliedsstaat umsetzt. Der IVM veröffentlicht die ACEM-Mobilitätsstudie »Smart Wheels for City Streets« in Deutschland und stellt die Vorschläge zur Lösung der urbanen Verkehrsprobleme in den Mittelpunkt seiner Lobbyarbeit. Mit der Aufnahme von Sachs repräsentiert der Verband zu dieser Zeit bereits 14 Motorrad- und Rollermarken.

1998 beschließt der Bundesrat den Direkteinstieg für Bewerber ab 25 Jahren. In langjähriger Lobbyarbeit und mit Hilfe von empirischen Studien hat der IVM den Gesetzgeber davon überzeugt, dass die Unfallrisiken primär vom Alter des Fahrers und nicht von der Leistung des Motorrades bestimmt werden. Die Studien überzeugen auch die EU-Kommission: Ein Leistungslimit wird nicht zum Bestandteil der EU-Betriebserlaubnis. Daraufhin heben die IVM-Mitglieder ihr seit über 20 Jahren in Deutschland bestehendes Gentlemen's Agreement zur Leistungsbegrenzung auf 100 PS, bzw. 74 kW auf. Noch im September des Jahres feiert die INTERMOT mit über 900 Ausstellern und mehr als 150.000 Besuchern eine glanzvolle Premiere in München. Nach dem Vorbild der IVM-Werberichtlinien verabschiedet ACEM seine »Guidelines on motorcycle advertising«, mit denen sich die Hersteller verpflichten, auf aggressive Werbeaussagen in Wort und Bild zu verzichten. Durch die INTERMOT, die Vielzahl der politischen Erfolge und die umfassenden Dienstleistungen des Verbandes schnellt die Mitgliederzahl in die Höhe: Mit Ducati, Gilera, Malaguti, MBK, Peugeot, Piaggio und Vespa sind nun 21 Motorrad- und Rollermarken im Verband vertreten, die Zahl der Fördermitglieder ist auf 33 angewachsen. Seit 1999 ist auch der IVM im Internet vertreten. Der IVM startet zusammen mit der Deutschen Verkehrswacht und dem TÜV die »A1-Trophy« – einen bundesweiten Sicherheitswettbewerb für Jugendliche.

Nachdem der IVM zusammen mit einer Vielzahl anderer Organisationen wegen erheblicher inhaltlicher Kritik die vom Bundesumweltministerium initiierte Arbeitsgruppe »Motorrad und Umwelt« verlassen hat, fassen die Ausgetretenen unter Federführung des IVM ihre Positionen zusammen, die zum eigenständigen Bestandteil des Schlussberichtes werden. Nach dem außergewöhnlichen Erfolg der Leichtkrafträder bei Pkw-Fahrern verstärkt der Verband seine Kampagne zum generellen Einschluss der 125er in den Autoführerschein nach dem Vorbild anderer europäischer Staaten. Mittlerweile steht die zweite Auflage der INTERMOT auf dem Plan. Dort präsentieren sich mehr als 1.000 Aussteller auf 110.000 Quadratmetern. Der Bestand an motorisierten Zweirädern überschreitet erstmals die 5-Millionen-Marke.

J

JETHELM

Gegenüber dem Integralhelm fehlt beim Jethelm der in die Außenschale integrierte Kinnschutz. Dafür bietet er eine bessere Rundumsicht und ist speziell im Kurzstreckenbereich praktischer. Je nach Ausführung und Modell kann das Visier klappbar ausgeführt sein. Die Schutzwirkung kommt Bauart-bedingt jedoch nicht an die eines Intergralhelmes heran.

K

KALTSTART

Was der Mensch als warm oder kalt definiert, ist relativ. Das ist bei einem Motor ein wenig anders. Wenn der Mensch längst schwitzt, ist ein Motor bei weitem noch nicht auf Betriebstemperatur und hat nur wenig mit der Außentemperatur zu tun. Genau genommen befindet sich ein Motor bis zum Erreichen der Betriebstemperatur in der Kaltstartphase. Im Folgenden die grundsätzlichen Zusammenhänge bei einem Vergasermotor, da sich dies am einfachsten veranschaulichen lässt. Moderne Einspritz-Motoren mit Motormanagement verfügen über eine automatische Anfettung des Gemisches. In diesem Fall fungiert der Kaltstarthebel (i.d.R. links, Ausnahme: MV Agusta F4) als manuelle Drehzahlanhebung und hat keinen Einfluss auf das Gemisch an sich. Manche Einspritzsysteme kommen sogar ganz ohne Hebeleien aus, so wie die Sagem-Einspritzung bei der Aprilia RST Futura (2001) oder die Motronic vieler BMW-Modelle. Bei anderen Herstellern variieren die Systeme.

Grundsätzlich unterscheidet man zwei Situationen: Zum einen, wenn der Motor morgens für den täglichen Weg zur Arbeit eiskalt gestartet wird und zum anderen, wenn der Motor nach ausgiebiger Kaffeepause am Sonntag-nachmittag bei sommerlichen Außentemperaturen angelassen wird. Um einen durch und durch kalten Motor zu starten, ist ein fetteres Gemisch (Lambda >1) erforderlich, da sich in den ersten Sekunden nach dem Start bis zu 35 Prozent des Kraftstoffes an der Zylinderwand, dem Einlasskanal und den Ventilen niederschlagen. Die zusätzliche Gemischanreicherung (Choke) sollte möglichst früh zurückgestellt werden, um eine zu starke Verdünnung des Kraftstoffes mit dem Motoröl zu vermeiden. Ein lauwarmer Motor benötigt in

1

1. Moderne Motoren wie der Einzylinder der BMW F 650 CS Scarver sind dank elektronischer Kraftstoffeinspritzung intelligente Aggregate. Über zahlreiche Sensoren werden viele Parameter erfasst, so dass Gemisch, Drehzahl und Zündzeitpunkt optimal gewählt werden können. Manche Motorräder verfügen je nach Steuerung dennoch über eine manuelle Leerlaufanhebung für den Kaltstart. Die Bezeichnung »Choke« bezieht sich genau genommen auf die Luftklappe bei Vergasermotoren, um die Strömungsgeschwindigkeit im Venturi-Rohr zu erhöhen und das Gemisch so anzufetten.

2. Die extreme Linienführung der Suzuki GSX 750/1100 S Katana von 1981 provozierte. Die GS 550/650 Katana kamen mit einem gemäßigteren Design daher.

der Regel keine zusätzliche Gemischanreicherung, sollte aber dennoch nicht gleich voll herangenommen werden. Das hängt weniger mit der Gemischzusammensetzung, als mit der Wasser- und Öltemperatur zusammen. Da sich das Motoröl langsamer erwärmt als das Kühlwasser, ist die Kühlwassertemperaturanzeige kein wirklich guter Indikator. Um das fette Start-Gemisch bei einem herkömmlichen Vergaser-Motor herzustellen, verfügen moderne Vergaser über ein separates Kaltstartsystem, das ähnlich dem Leerlaufsystem über ein oder mehrere Ventile gesteuert wird. Bei älteren Vergasern findet man oft auch eine Starterklappe zwischen Drosselklappe und Luftfilterkasten, die beim Schließen die Luftzufuhr verringert und das Gemisch so anfettet.

Siehe auch unter »Einfahren«

KANTENSCHUTZ

Schützt vor Verletzungen an scharfkantigen Bauteilen; Kunststoff- oder Kautschuk-Basis, bis Mitte der achtziger Jahre wurde auf die scharfkantigen Verkleidungen und Verkleidungsscheiben ein Kantenschutz aufgeklebt. Bei modernen Verkleidungsscheiben sind die Kanten in einem bestimmten Radius abgerundet, so dass ein zusätzlicher Kantenschutz entfällt.

KARDAN

Beim Kardanantrieb wird die Motorkraft mittels Gelenkwelle zum Hinterrad übertragen. Die Zahnradpaare laufen dabei permanent im Öl und machen je nach Einbaulage der Kurbelwelle mindestens eine zusätzliche Kraftumlenkung erforderlich. Vorteil: Nahezu wartungsfreie und unverwüstliche Technik; Nachteil: hohes Gewicht, mehr oder weniger stark ausgeprägte Lastwechselreaktionen, höhere Fertigungskosten.

Siehe auch unter »Lastwechselreaktion«

KATANA

Das Schwert der Samurai; Bezug zu den legendären Katana-Modellen der frühen achtziger Jahre (Ur-Modelle: Suzuki GSX 750/1100 S Katana); Hans A. Muth aus Landsberg war seinerzeit für den prägnanten Stil verantwort-

Erstaunlich, was sich aus Kautschuk, Schwefel und Ruß alles herstellen lässt. Wird das Ganze auf die richtige Temperatur gebracht und ordentlich am Gasgriff gedreht, lassen sich solch wunderschönen Gummiwürste auf der Reifenoberfläche fabrizieren.

lich. Auch die BMW R 65 LS reckt kess die unverkennbare »Muth'sche« Nase in den Wind.

KAUTSCHUK

Organische Substanz; der Aufbau basiert auf zigtausend Isoprenresten, die für andere Atome verschiedener Stoffe quasi zur freien Verfügung stehen. Auf diese Art entsteht das allseits bekannte Gummi. Dabei wird durch eine zusätzliche Schwefelanbindung eine Vulkanisation erreicht, der für grundlegende Eigenschaften sorgt. Gibt man noch ein wenig schwarzen Ruß dazu, so ist bereits der Grundcocktail für die begehrten Haftgummis gemixt.

Siehe auch unter »Reifen«

KAWASAKI

Kleinster der vier japanischen Großserienhersteller, gegr. im Jahre 1878 in Tokio/Japan von Shozo Kawasaki. Anfangs produzierte man Schiffe, Lokomotiven, Busse, baute Brücken und ist später schließlich auch in der Luft- und Raumfahrt, in der Stahlerzeugung sowie in der Pkw-Industrie aktiv. Motorräder stellt der Industriekonzern erst seit 1949 her, 1960 erfolgte die Übernahme der Marke Meguro, inklusive der K- und W-Modelle, anfangs (seit 1968) übernahm der einst größte Motorradhändler in Deutschland, Detlef Louis, den Import der Kawasaki-Motorräder nach Deutschland. Erst seit 1975 verfügt der Hersteller hierzulande über eine eigene deutsche Niederlassung. Neben Japan produziert Kawasaki auch

1. Die Kawasaki Z 1000 von 1977 löste die legendäre Z 900, alias »Frankensteins Tochter«, ab. Die klassische Linienführung begeistert die Fans seit Jahrzehnten. Bremsen und Fahrwerk hingegen wurden schon früher von der Zeit überholt. Liebhaber zahlen stolze Summen für Exemplare, die so aussehen wie das abgebildete Modell, Typ A2.

1

in den USA, Thailand, Indonesien, auf den Philippinen sowie in Malaysia. Seit 2002 fertigen Kawasaki und Suzuki teilweise in gemeinschaftlicher Produktion.

Die Geschichte um die Kawasaki-Motorräder klingt wie eine nüchtern geplante Erschließung eines bestimmten Industriebereiches. Die ersten Motoren produzierte man im Jahre 1949. Erst waren es Einzylinder-Viertaktmotoren mit 150 ccm, später auch mit 250 ccm. 1954 kamen die ersten Zweitakter hinzu und waren nach japanischem Strickmuster für den Einsatz in Fahrrädern vorgesehen. Als man sich 1960 entschied, Motorräder in Massenfertigung zu produzieren, kaufte man kurzerhand einen der ältesten japanischen Hersteller auf, um von dessen Know-how zu profitieren. Die Rede ist von Meguro, die bereits seit mehreren Jahrzehnten Erfahrungen mit dem Bau von Ein- und Zweizylinder-Viertaktmotoren hatten. Zu den ersten unter dem Kawasaki-Logo vertriebenen Maschinen gehörte darum das Modell K1 – eine 500er-Zweizylindermaschine, die wiederum eine Kopie der BSA A7 war. Ab 1965 wurde sie dann von der wenig erfolgreichen K2 abgelöst. Auf ihr basierte letztendlich die legendäre W1, die 1965 vorgestellt wurde. Ihr 624 ccm großer Paralleltwin besaß zwar immer noch die veraltete OHV-Ventilsteuerung (50 PS bei 6.500 min^{-1}), doch änderte das nichts am großartigen Verkaufserfolg in Japan. In den USA hingegen wurde sie zum Flop. Bis die Produktion des Twins 1974 komplett eingestellt wurde, erhielt die W2 einen zweiten Vergaser, die W3 wurde sogar mit Scheibenbremse im Vorderrad ausgeliefert.

Nach den mit diesen Viertaktern gesammelten Erfahrungen erkannte Kawasaki schon nach den ersten Modellen, dass man mit einfachen Kopien zukünftig keinen Blumentopf gewinnen kann. Es mussten eigene Konzepte entwickelt werden. Das erste Ergebnis war die A1 Samurai (1966). Diese wendige Zweizylinder-Zweitakt-Rakete brachte es auf 31 PS und beschleunigte die 250er auf beachtliche 165 km/h. Zwei seitlich auf der Kurbelwelle angebrachte Plattendrehschieber sorgten für exakte Steuerzeiten und ließen die mit konventionellen Schlitzsteuerungen ausgestatteten Yamaha und Suzuki ziemlich alt aussehen. Noch eine Spur schärfer war die 350er A7 Avenger (1967). Mit identischem Hub von 56 mm und einer neun Millimeter größeren Bohrung (62 statt 53 mm) brauchte das Motorgehäuse nur ein wenig modifiziert zu werden, um stramme 42 PS aus dem Twin zu kitzeln. Das war für damals schwindelerregende 175 km/h gut. Wer auf der Suche nach einem sportlichen Motorrad war, konnte um eine Kawasaki keinen allzu weiten Bogen machen.

Ende 1969 wurde eine weitere Stufe gezündet, mit der Kawasaki seinen Ruf als leistungsstärkster Motorradhersteller unterstreichen wollte: Die 500 H1 Mach III mit ihrem Dreizylinder-Zweitaktmotor leistete 58 PS und

2. Diese A7 Avenger wurde Ende der sechziger Jahre gebaut. Charakteristisch sind die beiden Auspuffbirnen des Zweizylinder-Zweitaktmotors. Der 338 ccm große Motor leistet beachtliche 42 PS mit extrem spitzer Leistungskurve. Typisch für die kreischenden Zweitakt-Kawasaki's jener Zeit. Das Bild zeigt einen Rennmaschinen-Umbau.

trieb das Motorrad auf eine Höchstgeschwindigkeit von 185 km/h. Der Klang der singenden Kühlrippen war einmalig. Getoppt nur noch von der 750 H2 (1971) die es auf 71 PS bei vergleichsweise moderaten 6.800 min^{-1} brachte. Sagenhafte 205 km/h war dieses Motorrad schnell. Ein gutes Nervenkostüm war Voraussetzung um diese Zweitakt-Rakete auszufahren, denn die Rahmen- und Gabelrohre waren verglichen mit heutigen Modellen labil und äußerst spärlich dimensioniert.

Während Honda 1969 das erste Superbike der Neuzeit präsentiert, fallen bei Kawasaki die Würfel zugunsten eines Motorrades, das selbst eine CB 750 Four in den Schatten stellen sollte. Die ehemals anvisierten 750 ccm wurden ad acta gelegt und auf 900 ccm aufgestockt. Über vier Jahre entwickelte man an dem DOHC-Triebwerk, das bei der Vorstellung im Jahre 1973 in der Z1 900 Super Four (Typ Z1FA) 79 PS leistete. Was Kawasaki da zwischen die zwei Räder packte, hatte man sich bis dahin nicht vorstellen können. Über 210 km/h Spitze, 4,5 Sekunden für den Spurt von Null auf 100 km/h und eine Optik, die bereits im Stand brachiale Kraft ausstrahlte. Um die Haltbarkeit der gestressten Antriebskette zu verlängern, besaß das erste Modell eine separate Ölpumpe zur automatischen Schmierung. Und das alles für umgerechnet vergleichsweise günstige 3.681 EUR. Im Mittelpunkt des quadratisch ausgelegten Reihenvierzylinders (Bohrung/Hub: 66 x 66 mm) stand das überaus stabile Motorgehäuse, die rollengelagerte Kurbelwelle und der aufwändige Zylinderkopf, dessen acht Ventile direkt vom Nocken über Tassenstößel betätigt werden. Die zur Einstellung erforderlichen Shims lagen zwischen Tassenstößel und Nocken und waren zu Einstellungszwecken relativ leicht auszutauschen.

Fahrwerkstechnisch befand sich die 900er für damalige Verhältnisse auf hohem Niveau. Eine hydraulisch betätigte Scheibenbremse sorgte für passable Verzögerungswerte und die einstellbaren Federelemente an der Schwinge reichten im Normalfall durchaus. Wurde die Gangart jedoch allzu sportlich, war's mit der Ruhe schnell vorbei, so dass die Z1 dem Markt der Edeltuner und Fahrwerks-Gurus Tür und

3. Toni Mang ist mit fünf gewonnen WM-Titel erfolgreichster deutscher GP-Fahrer. Vier davon erreichte er auf Motorrädern von Kawasaki. Die zweizylindrigen KR 250/350 mit je zwei Kurbelwellen in Tandem-Bauweise wurden über Drehschieber gesteuert. Ende der achtziger Jahre produzierte man für den japanischen Markt eine 45 PS starke 250er-Replika für die Straße.

Tor öffnete. Untrennbar mit den legendären Kawasaki-Vierzylindern ist der Name Fritz W. Egli verbunden, der aus den Motoren das Maximale herausholte und als tragendes Teil seinen eigenen Stahl-Rohrrahmen mit zehn Zentimeter messendem Zentralrohr verwendete. Für die Serienmodelle musste jedoch ein konventioneller Doppelschleifenrohrrahmen reichen. 1973 erschien auch die Z2 750 Super Four – Kawasaki's erste 750er-Vierzylinder, die bis auf den kleineren Hubraum baugleich mit der 900er Z1 war. Die japanische Hubraumreglementierung auf 750 ccm erforderte eine hubraumschwächere Version. Neben Japan wurde sie auch in Süd-Afrika erfolgreich verkauft, nicht aber in Europa.

1974 erschien die Z 900 Z1 und wurde durch eine Doppelscheibenbremse im Vorderrad nochmals aufgewertet. Die Z 900 von 1976 besaß bereits die 4-2-Auspuffanlage der Z 1000 (1977). Kaum ein Motorrad verfügte über einen derart guten Ruf hinsichtlich der Sportlichkeit und Zuverlässigkeit. Während der Rahmen in allen Bereichen verstärkt wurde, stockte man den Hubraum durch eine um vier Millimeter größere Bohrung auf 1016 ccm auf. Im Januar 1978 präsentierte man erstmals die 90 PS starke Z1-R der begeisterten Öffentlichkeit, mit der Folge, dass sie in der »MOTORRAD-Zeitung« prompt zum »Motorrad des Jahres« gekürt wurde. Doch dieses mit italienischen Akzenten gezeichnete, zierlich wirkende Big Bike war nicht ganz ohne Fehler, so dass der Verkaufserfolg ausblieb. Anfangs noch mit winzigem 13-Liter-Tank (ab 1979 mit 22 Liter-Reservoir) ausgerüstet, verlieh die stilistisch gelungene Lenkerverkleidung der 1000er die Silhouette einer 750er. Erstmals kam eine serienmäßige 4-1-Auspuffanlage zum Einsatz und unterstrich die sportlichen Ansprüche des 90 PS starken Boliden. Der von nun an schwarz lackierte Motor war ein leicht überarbeiteter Geselle der Z 1000. Die Leistungssteigerung wurde über größere Vergaserquerschnitte und geänderte Steuerzeiten erreicht. Dadurch drehte der Reihenvierer in höheren Regionen etwas agiler, verlor allerdings auch einen Teil seiner Durchzugsstärke. Das Besondere aber war das für die damaligen Verhältnisse ultrahandliche Fahrwerk. Das kleine 18-Zoll-Vorderrad sorgte für ein unruhiges Fahrverhalten. Viel Gewicht (oder ein voller Tankrucksack) auf dem Vorderrad brachte Besserung. Neu waren auch die gelochten Bremsscheiben, die obendrein mit Sintermetallbelägen ausgestattet waren. Den vorderen Hauptbremszylinder verlegte man aus optischen Gründen direkt neben das rechte Gabelstandrohr, so dass ein zusätzlicher Bowdenzug nötig wurde. Damit war der Vorteil der an sich brauchbaren Bremsanlage jedoch wieder zunichte gemacht. 1980 erschien die seltene Z 1000 S, die im Prinzip eine Z1-R mit großem 19-Zoll-Vorderrad und 22-Liter-Tank war.

Während man dem Serien-Zweitakter kein großes Interesse mehr schenkte, überarbeitete man die 1000er-Kawasaki fast jedes Jahr. 1979 erschienen die Z 1000 CH (Chain = Kette), später MK II genannt, und das Kardanmodell Z 1000 ST (Shaft Transmission = Wellenantrieb). Die 1980 präsentierte Z 1000 FI war das erste Großserienmotorrad mit elektronischer Benzineinspritzung und ihrer Zeit damit um mindestens zehn Jahre voraus. 1979 erschien die gigantische Z 1300 mit wassergekühltem DOHC-Sechszylinder-Reihenmotor und 120 PS. Dieses Leistungspotenzial provozierte den Gesetzgeber und löste die freiwillige Leistungsbeschränkung auf 100 PS aus. 1984 erhielt sie die modifizierte Einspritzanlage der GPZ 1100 und war noch bis 1990, zuletzt als Legendary Six-Sondermodell, in den offiziellen Angebotslisten zu finden. Doch Kawasaki war nicht nur in der Oberliga gut vertreten. Nachdem die W-Modelle 1974 aus dem Programm genommen wurden, präsentierte man auf der IFMA 1976 in Köln die Z 650. Die Parallelen zur großen Z 900/1000 waren nicht zu verleugnen: luftgekühlter Reihenvierzylinder, DOHC-Zylinderkopf, tropfenförmiger Tank und das legendäre Enten-

4

5

6

7

4. *Anfangs noch mit einem sehr kleinen 13 Liter-Tank (ab 1979 mit 22 Liter-Reservoir) ausgerüstet, dazu die stilistisch gelungene Lenkerverkleidung, ließ das 90 PS starke Big Bike eher als 750er durchgehen. Der Motor war ein leicht überarbeiteter Geselle der Z 1000. Die Leistungssteigerung wurde über größere Vergaserquerschnitte und geänderte Steuerzeiten erreicht. Dadurch drehte der Reihenvierer in höheren Regionen agiler, verlor allerdings auch etwas von seiner Durchzugsstärke. Das Besondere war aber das für die damaligen Verhältnisse ultrahandliche Fahrwerk. Ihr kleines 18"-Vorderrad sorgt für eine Instabilität bei hohen Geschwindigkeiten. Viel Gewicht auf dem Vorderrad bringt Besserung. Neu waren auch die gelochten Bremsscheiben, die obendrein mit Sintermetallbelägen ausgestattet waren. Den vorderen Hauptbremszylinder verlegte man aus optischen Gründen direkt neben das rechte Gabelstandrohr, so dass ein zusätzlicher Bowdenzug nötig wurde.*
5. *Die vielen unterschiedlichen Z 1000-Varianten, die zwischen 1977 und 1984 angeboten wurden, belaufen sich insgesamt auf acht Modelle. So gesehen ist die limitierte Z 1000 FI von 1980 (Bild, Typ H) eine Besonderheit: Sie war das erste Großserienmotorrad mit Kraftstoffeinspritzung.*
6. *Mit der anfangs 66 PS starken Z 650 hatte Kawasaki wieder ein sportliches Mittelklasse-Motorrad im Programm. Wie die große Z 1000 verfügte sie über einen DOHC-Zylinderkopf. 1978 erscheinen parallel die edlere C-Modell und supersportliche LTD für den Z 650-Cup. Die abgebildete Z 650 F wurde zwischen 1981 und 1983 gebaut und zeichnete sich bereits durch verschiedene Merkmale der Z 750 aus.*
7. *Ende 1978 stellt die Z 1300 mit 120 PS selbst die Honda CBX in den Schatten. Der Gesetzgeber sieht sich gezwungen, auf den Leistungswettlauf zu reagieren und forderte eine Begrenzung auf 100 PS. Demzufolge leistet der wassergekühlte Sechszylinderreihenmotor im ersten Modelljahr 1979 noch 100 PS. Und die hatten mit den 322 fahrfertigen Kilos kein leichtes Spiel. Damit war der Hauptanreiz als Kaufargument zunichte gemacht. Der Verkauf der Z 1300 verlief eher schleppend. Die grundsätzlich guten Toureneigenschaften stand die geringe Zuladung im Weg. Dennoch entschloss sich der Hersteller 1984 zu einer Sonderauflage, der Z 1300 Legendary Six unter anderem mit überarbeiteter Einspritzanlage der GPZ 1100 und vollen 130 PS. 1989 wurde die Produktion eingestellt.*

bürzel wiesen sie als moderne und waschechte Kawasaki aus. 65 PS leistete der drehfreudige Alleskönner, dessen Kurbelwelle im Gegensatz zur Z 1000 gleitgelagert war. Ein weiteres Merkmal dieser Baureihe war die Verwendung einer Primärkette zum Getriebe. Parallel zur beliebten Z 650 (Typ B2) von 1978 erschien die Z 650 C. Ein bildschönes Motorrad, das durch eine silberne Lackierung und eine Bremsscheibe im Hinterrad auffiel. Im gleichen Jahr erschien auch die verkleidete Z 650 LTD, die die Basis für den Markencup bildete. 1979 sorgte die leicht gechoppte Z 650 SR für verwunderte Gesichter. Augenfälligstes Merkmal des dezenten Softchoppers war die eigenwillige Führung der vier Auspuffkrümmer.

Als 1981 die Z 650 F mit Gleichdruckvergasern und kontaktloser Zündung vorgestellt wurde, stand die Ablösung bereits seit einem Jahr in den Schaufenstern. Die Z 750 (1980) war eine um vier Millimeter aufgebohrte Z 650 und leistete 77 PS bei 9.500 min^{-1}. Damit drehte der Motor immerhin 1.000 min^{-1} höher als das 650er-Pendant. Das Fahrwerk war nach gleichem Strickmuster gestrickt, doch wies es in sämtlichen Bereichen Verstärkungen auf. Die nur ein Jahr gebaute KZ750E mit Tropfentank ist heute ein beliebtes Sammlerstück. Da ist die L1 bis L4 von 1981 bis 1986 schon häufiger anzutreffen. Ab 1983 wurde sie mit der Zusatzbezeichnung »Sport« vertrieben.

Die ZR-7 (1999) gibt sich hingegen moderner denn je. Mit optimiertem Zylinderkopf und Drosselklappensensor (TPS) ausgestattet, gewinnt der luftgekühlte Reihenvierzylinder spürbar an Laufkultur. Der Doppelrohr-Rah-

8. Die 1979 vorgestellte Z 500 galt seinerzeit als Big Bike-Jäger. Zu recht, denn mit dem offen 52 PS starken Reihenvierzylinder und dem handlichen Fahrwerk waren auch sportliche Turns kein Problem. Der weichen Fahrwerksabstimmung begegneten viele Fahrer mit strafferen Koni-Federelementen. Bereits 1981 erschien die Z 550 und die Z 550 GP.

8

9

10

11

9. *Das Bild zeigt den Prototypen Ende 1982 der GPZ 750 Turbo. Als sie 1984 erschien, war der Turbo-Boom eigentlich schon wieder vorbei, so dass die Produktion bereits 1985 eingestellt wurde.*
10. *Die Zephyr 750 begründete 1991 die Retro-Welle. Mit Entenbürzel und verripptem Vierzylinder zeigte sie das, was viele Motorradfahrer zu jener Zeit sehen und auch haben wollten. Ab 1996 (Bild) stieg die Leistung um 4 auf 76 PS, erhielt eine Zweifarbenlackierung und filigrane Drahtspeichenräder.*
11. *1984 sind die ersten Bilder der GPZ 900 R auf den Titelblättern zu sehen. Die Superbike-Liga tobt und ist außer Rand und Band. Mit guten 240 Stundenkilometern wies sie nahezu die komplette Big Bike-Palette in die Schranken. Zwar war das Fahrhalten in Schräglage nicht immer einwandfrei (bis 1989 mit 16"-Vorderrad), doch gab's grundsätzlich kaum Grund zur Klage. Die schnelle GPZ-R war der erste wassergekühlte Vierzylinder aus dem Kawasaki-Stall.*

Legenden sterben nie.
So könnte man wohl auch die Geschichte der vierzylindrigen Kawasaki mit den traditionellen 750 Kubikzentimeter Hubraum umschreiben. Bereits seit 1980 werkelt dort das markante DOHC-Triebwerk im Doppelschleifen-Rohrgeflecht. Geboren als gutbürgerliche Z 750 E, verfeinert in der Z 750 Sport und sehnig in den GP-Modellen schuf sie sich einen guten Ruf als Bike für nahezu alles und jeden. Als aufgeblasene »Turbo« mutierte sie schließlich zum Big Bike-Schreck. Später besann man sich wieder auf alte Qualitäten, die fernab vom Leistungswettlauf zunehmend mehr Anhänger fand. Mit der Zephyr 750 war 1991 die Retro-Welle der Naked Bikes geboren. Ihr schnörkelloses Outfit, die prächtigen Kühlrippen und die wohlgeformten Rundungen vom Tank bis zum Entenbürzel, motivierte zahlreiche Anfänger und Wiedereinsteiger zu freiwilligen Überstunden im Büro, damit das Ding bloß im nächsten Frühling in der Garage stehen möge. Und die Chancen dafür standen gut, denn mit umgerechnet 5.100 EUR war sie ein echter Preishit. Es kam also, wie es kommen musste und die Zephyr ging weg wie warme Semmeln. Dementsprechend stabil liegen auch heute noch die Gebrauchtpreise. Die Käufer schätzen die einfache Handhabung, die problemlose Wartung, bei der man auch gern mal selbst Hand anlegen darf. Ihr Charme hatte es vielen angetan. Daran hat sich bis heute nichts geändert. Zu keiner Zeit verlor sie ihren ursprünglichen, burschikosen Charakter.

12. *Mit der ZR-7 präsentiert Kawasaki 1999 eine neue 750er, die die beliebte Zephyr ablöst. Optisch macht sie einen modernen Eindruck, technisch hat sich außer der Zentralfederung nichts Weltbewegendes verändert. Die Fans stört's kaum, denn mit dem Konzept blieben auch die gutmütigen Charaktereigenschaften erhalten. Die 2003 vorgestellte Z 750 mit Wasserkühlung ist hingegen eine komplette Neukonstruktion und basiert auf der beliebten Z 1000 des gleichen Jahres.*

12

men aus Stahl wurde komplett neu gestrickt und federt das Heck nun via Zentralfederbein.

Der Ursprung der GPZ-Modelle war die Z 550 GP (1981). Der offen 58 PS starke Reihenvierzylinder war ein Ausbund an Handlichkeit. In Verbindung mit dem äußerst spritzigen Motor konnte man so manchem Big Bike regelrecht um die Ohren fahren. Das für die GPZ-Modelle typische »Uni Trak«-Federungssystem kam beim D-Modell von 1981 jedoch noch nicht zum Einsatz. Sie war vielmehr eine aufgewertete Z 500/550 (1979/1981) und zeichnete sich unter anderem durch eine lenkerfeste Cockpit-Verkleidung aus. Noch völlig unverkleidet zeigte sich die Z 1100 GP (1981), die im Vergleich zur Z 1000 FI mit eine um 2,5 mm größere Bohrung aufwies. Die intern B1 genannte Maschine verfügte erstmals über eine digital gesteuerte Einspritzanlage. Deutsche 100 PS bei 8.000 min^{-1} trieben den dicken Brocken auf rund 230 km/h. Ungedrosselt sorgten 120 PS für noch höhere Fahrleistungen. Unsachgemäßes Warmfahren bestrafte die B1 jedoch mit mindestens einer durchgeblasenen Zylinderkopfdichtung pro Saison. Die hässliche Instrumentenkonsole, die aussah wie ein Brotkasten, ersetzte man ab 1982 in der B2 durch eine schicke Cockpitverkleidung. Angesichts der Hubraumlimitierung in der amerikanischen Superbike-Meisterschaft wurde die Z 1000 J (1981) konzipiert. Mit Bohrung x Hub von 69,4 x 70 mm kommt sie auf exakt 998 ccm. Die 98 PS bei 8.500 min^{-1} reichen für über 220 km/h. 1983 gab's ein echtes Schmankerl: In Kawasaki-Racing Green (als Import-Modell auch in weiß) präsentierte sich die auf 500 Exemplare limitierte Eddie Lawson-Replica »Z 1000 R«. Die veredelte Ausführung der Z 1000 J erhielt zwei Gasdruckstoßdämpfer fürs Heck, schärfere

13. Als die GPZ 600 R im Jahre 1985 erscheint, löst sie einen großen Sturm auf supersportliche Mittelklasse-Motorräder aus. 75 PS stark, über 215 km/h schnell, dabei handlich und stabil, lehrt sie manch 750er das Fürchten. Ihr wassergekühlter Reihenvierzylinder dreht bis 10.500 /min und ist kein Durchzugswunder.

13

14. Wer Mitte der achtziger Jahre eine Tourenmaschine suchte, hatte bei den japanischen Big Bikes keine große Auswahl. Vornehmlich BMW kümmerte sich um das eingeschworene Klientel und bot den Tourerfreunden mit der K 100, nebst den beiden Varianten RS und RT, prächtige Arbeitstiere an. Allenfalls Yamaha zielte bereits mit der XS 1100 Ende der Siebziger in diese Richtung. 1986 schließlich erscheint die 1000 GTR (Bild). Antriebsseitig sorgte der flüssigkeitsgekühlte Reihenvierzylinder der GPZ 1000 RX für ordentlichen Vorschub. Mit bequemer Sitzbank, großem Tank, langlebigem Motor und pflegeleichtem Kardanantrieb, bildete sich schnell eine Fangemeinde um das bis 1993 weltweit auf 100 PS ausgelegte Motorrad. 1994 wurde sie umfassend modifiziert. Ende 2003 wird sie aus dem offiziellen Angebot gestrichen.

Nockenwellen, eine geänderte Vergaserabstimmung sowie die schicke Lenkerverkleidung der '82er Z 1100 GP. Die gesteppte Sitzbank senkte die Sitzhöhe auf bequeme 780 mm.

Der 1981 präsentierte Softchopper Z 1000 LTD mit 95 PS bei 8.500 min^{-1} zeigte, was mit dem drehmomentstarken Triebwerk alles anzustellen ist. Ein Verkaufserfolg wird sie jedoch nicht. Die 97 PS starke Z 1100 ST (1981) löst die Z 1000 ST (1979) ab. Mit herkömmlichen Vergasern und Kardanantrieb findet sie neben der Z 1300 viel Zustimmung bei Freunden schwerer Tourenmotorräder. Die beiden luftunterstützten Gasdruck-Dämpfer absorbieren in komfortabler Manier die Fahrbahnunebenheiten.

Die ab 1982 erhältliche GPZ 550 (Typ H1) war die erste eigenständige GPZ und zugleich das erste Straßenmotorrad aus dem Hause Kawasaki mit Zentralfederbein. Die Z 750 GP (1982) war die logische Konsequenz für die Dreiviertelliter-Klasse. Mit 80 PS bei 9.500 min^{-1} war sie an die 210 km/h schnell. Den Fahrwerksunruhen des E-Modells begegneten die Techniker mit einem um 35 mm längeren Radstand. Die kleine Cockpit-Verkleidung machte sich besonders bei Touren bezahlt. Auf der IFMA 1982 präsentierte Kawasaki mit der GPZ 750/1100 dann hochoffiziell die neue, geschwungene GPZ-Linie. Dank günstiger Aerodynamikwerte rennt die 1100er bereits in der 100 PS-Version 240 km/h. 1984 folgte die GPZ 550 mit 65 PS, die mit ihren Vorgängern bis auf den Reihenvierzylinder nichts mehr gemeinsam hatte. Im gleichen Jahr erschien auch die 112 PS starke Z 750 Turbo. Der letzte und wohl ausgewogenste Bläser des damaligen Turbo-Zeitalters begeistert noch immer mit ansprechenden Fahrleistungen. Doch gehörte der gedopte Zweiventiler mit über neun Litern Kraftstoffverbrauch auf 100 km nicht gerade zu den Kostverächtern. Am wohlsten fühlt sich der Vierzylinder auf gut ausgebauten Landstraßen, da dort der Turbo-Effekt so richtig genossen werden kann. In ihrem letzten Jahr 1988 stand sie für günstige 5.108 Euro in den Schaufenstern. Der Rahmen basierte auf der '83er GPZ 750. Der Steuerkopfbereich wurde verstärkt und der Lenkkopf etwas flacher angestellt. Die Schwinge fiel ebenfalls massiver aus.

Die GPZ 400 (1985) wurde zum Ladenhüter, nutzten doch die meisten Motorradfahrer die 27-PS-Ausführung zum Sparen bei der Versicherungsprämie. Die fahrfertigen 202 kg setzten der Fahrdynamik natürliche Grenzen. Offen leistete die 400er immerhin 50 PS bei 10.500 min^{-1}, doch griffen viele in der 50-PS-Klasse lieber zur GPZ 550. Sparfüchsen kamen hingegen die beiden kleinsten GPZ-Modelle mit 250 und 305 ccm (beide ab 1984) entgegen. Ab 1985 wurde die GPZ 305 mit wartungsarmem Zahnriemen angeboten und auf Grund ihrer einfachen Handhabung zum Liebling für Fahrlehrer und -schülerInnen. Beide Modelle basierten auf dem luftgekühlten OHC-Zweizylinder der Z 250 A (1980) mit einer Bohrung von 55 mm (GPZ 305: 61 mm) und einem Hub von 52,4 mm. Anfang der achtziger Jahre konnten die Hersteller eigentlich alles verkaufen, was zwei Räder hatte – durch den aufkommenden Motorrad-Boom drückten sich unzählige 18-Jährige sowie Familienväter an den Schaufenstern die Nase platt und schwärmten von der neuen Freiheit auf zwei Rädern. Zu den preisgünstigen Brot- und Buttermaschinen zählten die einzylindrigen Z 200 (1979) und Z 250 C (1980), die es für unschlagbare 1.480 und 1.850 EUR beim Händler gab.

Eine Hubraumklasse höher waren Kawasaki's Paralleltwins angesiedelt. Sie gehörten zu den beliebtesten Vertretern ihrer Klasse. Als Paradebeispiel sei hier die Z 440 LTD (1980) genannt, die über einen langen Zeitraum zum meistverkauften Motorrad in Deutschland gehörte. Ab 1983 gab es auch sie mit Zahnriemenantrieb zum Hinterrad. Ihr Vorläufer war die 34 PS starke Z 400 (1974). 1976 debütierte Kawasaki's größter Zweizylinder-Reihenmotor, die Z 750 Twin. Auffällig waren die beiden oben liegenden Nockenwellen – seinerzeit schon fast ein Markenzeichen moderner Kawasakis.

Ab 1981 fand sich der Twin im Softchopper, der Z 750 LTD Twin wieder. Als alltagstauglich erwiesen sich die GT-Modelle mit 550 (1983) und 750 ccm (1982). Mit ihren bewährten Reihenvierzylindern, dem Kardanantrieb und der gut gepolsterten Sitzbank boten sie eine gute Basis für ausgedehnte Touren. 1984 war's mit der Gemütlichkeit jedoch schlagartig vorbei: Die völlig neue GPZ 900 R schlug ein neues Kapitel im Motorradbau auf. Wie schon die legendäre Z1 war auch die neue 900er eine komplette Neukonstruktion.

15. 900 ccm Hubraum haben bei Kawasaki seit der Z 900 Z1 Super Four von 1973 Tradition. Nach der GPZ 900 R erscheint 1994 die 139 PS starke ZX-9 R. Wieder begeistert sie die Massen, ist stabil und stellt selbst höchste Ansprüche an Fahrleistungen zufrieden.

16. Mit der ZZ-R 1100 erhielt Kawasaki über viele Jahre das Blaue Band des schnellsten Serienmotorrades. Mit strammen 145 PS beschleunigt sie auf über 270 km/h – RamAir und eine gute Aerodynamik sei Dank. In der ersten Version, dem C-Modell, verfügt sie über den einseitigen Luftschnorchel unterhalb des Scheinwerfers, ab 1993 (Bild, D-Modell) werden es gleich zwei. Der aus tiefgezogenen Alu-Profilen geformte Brückenrahmen ermöglicht einen tiefen Schwerpunkt, was dem Handling zugute kommt. Das Info-Cockpit ist äußerst umfangreich und perfekt sortiert. Trotz ihres Alters umgibt sie eine jugendliche Frische. Das Fahrwerk spielt gutmütig mit. Umso mehr kann sie als Gebrauchte eine gute Empfehlung sein.

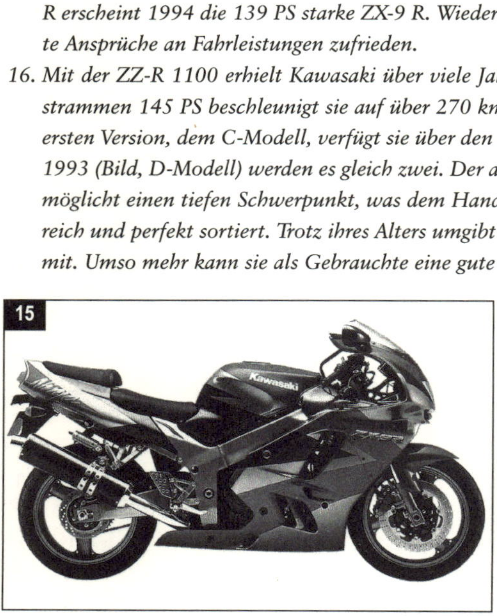

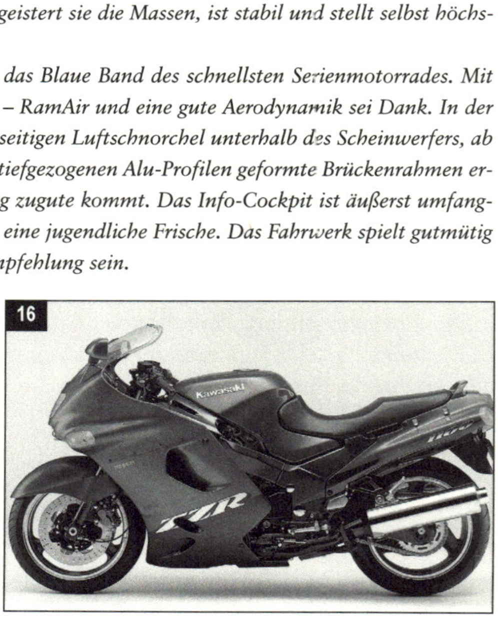

Offen leistete der wassergekühlte Reihenvierzylinder 116 PS und beschleunigte das Motorrad dank guter Aerodynamik auf rund 250 km/h. Der 16-Ventil-Motor ist mittragendes Element im Diamond-Brücken-Rohrrahmen und hält den Sportler auch bei Top-Speed sicher auf Kurs. Das kleine 16-Zoll-Vorderrad sorgt für ein relativ leichtes Handling. Um der Konkurrenz Paroli bieten zu können, wurde der Hubraum der GPZ 900 R mittels geänderter Bohrung und Hub auf 748 ccm zurückgenommen – fertig war die GPZ 750 R. Die Fahrwerkskomponenten waren absolut baugleich und schleppten folglich auch ein gewichtsmäßiges Handicap mit sich herum. Die Fahrleistungen konnten angesichts der gebotenen 92 PS bei 10.000 min^{-1} nicht mit der Konkurrenz Schritt halten, denn die brachte zu diesem Zeitpunkt bereits Motorräder vom Schlage einer Suzuki GSX-R 750 oder Yamaha FZ 750 mit vollen 100 PS auf den Markt.

Anders der Auftritt der GPZ 600 R (1985). Mit Technik verweist das zierliche Motorrad selbst leistungsstärkere 750er in die Schranken. Der flüssigkeitsgekühlte 16-Ventiler leistete 75 PS bei 10.500 min^{-1} und beschleunigte den Supersportler auf knapp 220 km/h. Sie war die eigentliche Gründerin der sportlichen und heute so populären 600er-Klasse. 1988 wurde ihr die GPX 600 R zur Seite gestellt, die sie ab 1990 schließlich ganz ablöste. 85 PS bei 11.000 min^{-1} waren das Resultat der Modellpflege. Neun Kilogramm weniger Gewicht und ein kürzerer Radstand machten sie zudem noch einen Tick handlicher. Ab 1986 hatte man auch wieder eine moderne 1000er im Angebot. Die GPZ 1000 RX hatte jedoch keinen einfachen Stand, sollte sie doch alles noch ein wenig besser können als die ohnehin schon hochwertige 900er. Geänderte Bohrungs-/Hubwerte erhöhten den Hubraum von 908 auf 998 ccm. Der mächtige Brücken-Rahmen aus Stahl sowie die üppige Vollverkleidung ließen das Gewicht auf 267 kg ansteigen. Die niedrige Sitzposition und die flache Verkleidung lassen in Verbindung mit sehr guten Aerodynamikwerten hohe Dauergeschwindigkeiten zu.

Die GPZ 500 S (1986) wurde zum echten Publikumsliebling. Mit ihrem »halbierten« GPZ 1000 RX-Motor polterte sie sich schnell in die Herzen der Motorradfahrer. Solch einen sportlichen Zweizylinder-Paralleltwin hatte man bis zu diesem Zeitpunkt noch nicht erlebt. Das handliche 16-Zoll-Fahrwerk (17-Zoll erst ab 1994) harmonierte hervorragend mit dem agilen DOHC-Motor. Nachdem man bereits zwischen 1985 und 1989 den »halben« GPZ 900-Vierzylinder in der LTD 450 verwendete, offenbarte sich schon nach kurzer Zeit die enorme Vielseitigkeit dieses Motors. Darum implantierte man das wassergekühlte Triebwerk später auch in den Softchopper EN 500 (1990), das Funbike KLE 500 (1991) und den Straßenfeger ER-5 (1997, der Beiname »Twister« kam erst 1998 hinzu und wurde ab 2001 wieder abgelegt). Mitte der achtziger Jahre erschien die einzylindrige KMX 125 (1986) – mit 6,5, beziehungsweise offen 15 PS, 125 ccm, Wasserkühlung, Scheibenbremse vorn und hinten, 230 mm Federweg, ungedrosselt rund 110 km/h, ein spitzenmäßiges Fahrwerk und eine crossige Optik gratis dazu. Das alles mit 16 Lenzen. Keine Frage, die KMX bot prächtige Anlagen für den zünftigen Ausritt abseits asphaltierter Wege. Der fehlende E-Starter störte da keineswegs. Ab 1988 wurde sie auch mit 200 ccm angeboten.

1984 erschien die KLR 600 – ein wassergekühlter Dampfhammer, der den Yamaha XT-Modellen Paroli bieten sollte. 1995 wurde der Hubraum auf 650 ccm aufgestockt. Für sein Alter hängt der Eintopf trefflich am Gas. Gegenüber dem Urmodell, anfangs ausschließlich mit Kickstarter angeboten, wurde die Enduro beständig gehegt und gepflegt. Mittlerweile läuft der DOHC-Vierventiler dank zahlreicher einschneidender Pflegemaßnahmen deutlich kultivierter als zu seiner Anfangszeit. Das Fahrwerk wurde mit den Jahren grundlegend überarbeitet, hat mit dem Urahn jedoch nur noch wenig Gemeinsamkeiten. Geblieben sind hingegen die Vorzüge, wie beispielsweise der spurtstarke Antritt, die enorme Wendigkeit. Noch handlicher, dafür jedoch längst nicht so kraftvoll, rundet die KLR 250 (1984) das Viertakt-Offroad-Angebot nach unten hin ab. Dabei hat die 250er-Enduro eine weitaus längere Geschichte als die großen KLRs: So erschien bereits 1978 die erste KL 250. Seinerzeit noch mit luftgekühltem Einzylinder-OHC-Triebwerk und hierzulande 17 PS (offen 20 PS). Parallel wurde die erste KLR 250 mit dem Motor der alten KL 250, hochbeinigem Fahrwerk, zwei Federbeinen, und Straßenzulassung angeboten. Dieses Modell gab es ausschließlich im typischen Kawasaki-Grün.

Im vornehmen Stil kam die völlig neue GPX 750 R (1987) daher. Ungedrosselt leistete der potente Motor 106 PS bei 10.500 min^{-1} und sorgte dank der schmalen Silhouette für exzellente Fahrleistungen. Der Doppel-Rohrrahmen bot auch bei Topspeed von über 240 km/h eine souveräne Straßenlage. Das fantastische Handling und die schon fast zu bissig ansprechende Bremsen überforderten so manchen Reifen und Fahrer, so dass nicht wenige GPXen im Straßengraben landeten.

Wer von Kawasaki spricht, denkt unweigerlich an Anton Mang – den bisher erfolgreichsten deutschen Motorradrennfahrer, der seine internationale Karriere mit Kawasaki begann und allein für diesen Hersteller vier seiner insgesamt fünf Weltmeistertitel einfuhr: 1980 die 250er-WM, 1981 die 250er- sowie 350er-WM und 1982 den letzten 350er-WM-Titel dieser Klasse. An Spannung nicht zu überbieten war das Finale 1980, als der Südafrikaner John Ekerold (Yamaha) und Anton Mang (Kawasaki) in der 350er-Klasse um die entscheidenden

17. 1997 erscheint die Kawasaki ER-5. Mit wahlweise 34 und 50 PS ist sie ein willkommenes Angebot für Einsteiger. Zwischen 1998 und 2002 erhält sie die Zusatzbezeichnung Twister, was soviel wie Gauner bedeutet. Und das trifft den Charakter des Zweizylinder-Viertakters ziemlich genau. Der wassergekühlte DOHC-Parallel-Twin holperte sich mit einer symphatischen Ungestümtheit in die Herzen vieler Motorradfahrer. Der Motor an sich ist der sportlicheren GPZ 500 S entliehen, die 2002 eingestellt wurde. Die guten, neutralen Handlingeigenschaften haben das Motorrad auch bei Fahrschulen sehr beliebt gemacht.

17

Punkte kämpften, mit dem Ergebnis, dass Ekerold mit zarten 3 Pünktchen Vorsprung die WM für sich entscheiden konnte. 1981 dreht Toni Mang den Spieß um und entschied die 350er-WM mit 51 Punkten Vorsprung souverän für sich. Unvergessen bleiben natürlich auch der Brite Dave Simmonds, der 1969 die 125er-Straßen-WM gewann, und der vierfache Weltmeister Kork Ballington, der 1978 und 1979 die 250er und 350er-Klasse dominierte. Wie stark die Kawasakis in dieser Zeit waren, dokumentierte auch der Australier Greg Hansford auf eindrucksvolle Weise, der 1978 und 1979 hinter Kork Ballington den Vize-Titel erreichte. Ein Jahr darauf war die Erfolgsbilanz der Kawasaki-Motorräder noch besser: Jean-François Baldé machte hinter Toni Mang und Kork Ballington das Kawasaki-Erfolgstrio perfekt und die Marke nahezu unschlagbar.

Doch zurück zu den Straßenmaschinen. Dort wurde 1986 die 1000 GTR vorgestellt. Der überaus kräftige 1000er-Vierzylinder der GPZ 1000 RX eignet sich auch hervorragend zum Bummeln. Während der große Durchbruch in Deutschland ausbleibt, findet die Concours, wie die 1000 GTR in den USA heißt, dort Anklang. Für den kurzen Sprint zwischendurch bietet sich hingegen die ZL 1000 (1987) an. Beide Maschinen verfügen über einen Kardanantrieb zum Hinterrad. Die ZL 900 Eliminator gelangt lediglich über freie Importeure in die Bundesrepublik und gilt mittlerweile als Rarität. Genauso wie die kleinere ZL 600 (1986), die mit dem Motor der GPZ 600 R kräftig genug motorisiert war.

1988 kommt in der ZX-10 bei Kawasaki erstmals ein Aluminium-Rahmen zum Einsatz. Der Leichtmetall-Brücken-Rahmen, auch E-Box-Frame genannt, wiegt 15,5 kg und umschlingt den stark optimierten und 139 PS starken Motor der GPZ 1000 RX. Ein engerer Ventilwinkel ermöglicht die Verwendung leistungsfördernder Fallstromvergaser. Die ausgefeilte Aerodynamik sorgt zudem für eine hohe Endgeschwindigkeit von über 265 km/h. 1990 setzt Kawasaki noch eins drauf und präsentiert die ZZ-R 1100. Ein kraftvoller Sporttourer, wie es ihn bis dahin noch nicht gegeben hat. 150 PS und das leistungsfördernde RamAir treiben den 260-Kilo-Brocken auf 275 km/h. Über viele Jahre gilt sie als das schnellste Serienmotorrad der Welt. Vor allem bei hohem Tempo macht sich das RamAir-System bemerkbar und verfehlt mit einem Extra-Punch ab 180 km/h seine Wirkung nicht. Das ab 1993 erhältliche D-Modell ist mit einem neu geformten Alu-Rahmen versehen, der die Sitzhöhe senkt und zugleich die Fahrstabilität erhöht. Zwei Nummern kleiner, dafür aber nicht minder interessant, erscheint im gleichen Jahr die ZZ-R 600. 1990 als Gran Turismo vorgestellt und zwischenzeitlich als Supersportler vergewaltigt, erfreut sie sich nach einigen Jahren eines braven Allrounder-Images. Mit ihrem drehfreudigen Reihenvierzylinder und einstellbaren Federelementen ist sie für sportliche Touren bestens gerüstet. Friedlich säuselt der Doppelnocker bei Leerlaufdrehzahl vor sich hin, um ab 4.000 min^{-1} gut verwertbare Leistung abzugeben und oberhalb der 8.000er-Marke so richtig zur Sache zu kommen. Ausstattung und Verarbeitung sind erste Sahne. RamAir gab's erst ab 1993.

Ende der achtziger Jahre haben sich die radikalen Supersportler endgültig durchgesetzt. Kein Motorrad ist stark und leicht genug, die Reifengrößen beginnen zu wachsen und die Materialien werden immer edler. 1989 präsentiert Kawasaki die erste ZXR 750 (Typ H1). Die imposanten Schläuche auf dem Tank dienen der Kühlung der Ansaugluft. Der Antrieb an sich basiert auf dem der GPX 750 R, lediglich der Zylinderkopf wurde hinsichtlich neuentwickelter Schrägstromvergaser optimiert. Der Alu-Brückenrahmen glänzt mit einwandfreier Stabilität und ist zudem am Zentralfederbein in der Höhe stufenlos verstellbar. Für den Jahrgang 1990 (Typ H2) weicht die Kastenschwinge einer stabileren Formprofilschwinge. Die thermische Standfestigkeit erhöht sich durch einen nun gebogenen Wärmetauscher. 1991 erscheint der kleine Ableger – die ZXR 400. Freunde filigraner Motorrad-Technik haben ihre helle Freude an diesem kleinen Supersportler. Ultra eng schmiegt sich der aus tiefgezogenem Aluminium gefertigte Leichtmetall-Rahmen um den Sechzehnventil-Motor. Bei der Wartung der Mechanik in der eigenen kleinen Rennwerkstatt sind Hebammenfinger klar im Vorteil: Hinter der Verkleidung geht es derart eng zu, dass Pinzette und Spiegel willkommene Werkzeuge beim Einstellen der Ventile sind. Solch akurate Pflege belohnt die Drehzwiebel jedoch mit unglaublicher Zuverlässigkeit. Wer gern seine Runden beim Renntraining dreht, oder bereit ist, sich frühmorgens aus dem Bett zu schälen, um gemeinsam mit ihr den Fahrtwind knapp über dem Asphalt einzuatmen, wird mit einer tollen Fahrdynamik belohnt.

Im gleichen Jahr erscheinen die komplett neue ZXR 750 (Typ J) und die Superbike-Basis ZXR 750 RR (Typ K). Neben geänderten B/H-Werten von 71 x 47,3 mm und rechtsseitig geführter Steuerkette kommt auch ein neuer Formprofilrahmen zum Einsatz, der sich über knüppelharte Federelemente (vorn mit Upside down-Gabel) abstützt. Die »RR« unterscheidet sich unter anderem durch leistungsfördernde Flachschiebervergaser, leichte Motordeckel aus Magnesium, andere Federelemente und ein eng gestuftes Renngetriebe von der Straßenversion. Mit dem Jahrgang 1993 hält das RamAir-System Einzug in die ZXR-Baureihe. Das Fahrwerk wurde endlich etwas komfortabler und siegte im gleichen Jahr mit dem amerikanischen Fahrer Scott Russell in der Superbike-Weltmeisterschaft.

1996 erscheint die 122 PS starke ZX-7 R. Der Superbike-Tradition folgend war sie zu dieser Zeit die sportlichste Kawasaki im Programm. Die stark nach vorn abfallende Front bringt viel Gewicht aufs Vorderrad und erhöht in Verbindung mit dem verstärkten Rahmen nochmals die Stabilität. Auch motorisch wurde der Supersportler verfeinert. Die Ventile werden seitdem direkt über Shims betätigt und die Airbox verfügt über einen zweiten RamAir-Lufteinlass zur Staudruckaufladung. Technische Finesse der Doppel-R bleibt auch die Evolventen-Keilverzahnung auf der Steuerseite des Motors. Im Vergleich zur einfachen »R« verfügt sie unter anderem über einen optimierten Zylinderkopf, der die Nockenwellen in Wälzlagern führt.

Bereits 1994 wurde die ZX-9 R vorgestellt. Nach der legendären Z1 (1973) und der GPZ

18

18. Die Kawasaki ZX-12 R ist im Jahr 2000 die 178 PS starke Antwort auf die Suzuki Hayabusa. Das 300 km/h-Thema ist Stoff fürs Sommerloch und ab 2001 praktisch erledigt. Seitdem setzt ein Speed-Cutter ab 299 km/h dem Treiben ein Ende. Technisch gesehen bietet die Kawa mit einem Monocoque-Rahmen innovative Technik. Interessant ist das Bohrung/Hub-Verhältnis, welches mit dem der ZX-9 R identisch ist. Damit erbt sie auch deren grundlegende Charakterzüge. Eingepresste Zylinderbuchsen lassen die Bohrungsabstände der einzelnen Zylinder schrumpfen und verringern so die Baubreite des Motors.

900 R (1984) ist sie die chronologische Weiterentwicklung der traditionellen 900er-Ahnengalerie. Keine andere Marke ist so eng mit dieser Klasse verbunden wie Kawasaki. In der ZX-9 R werkelte anfangs das überarbeitete ZXR 750-Herz im stabilen Leichtmetall-Rahmen. Dank 139 PS sind Beschleunigungsorgien bis über 270 km/h möglich. Die Fachpresse war begeistert und äußerte sich in Lobeshymnen über den leistungsstarken Vierzylinder und das unbeirrbare Chassis. Für 1996 erhielt die 9er-Ninja zwei Sechskolben-Festsättel am Vorderrad. Für die Saison 1998 wurde nahezu alles modifiziert, was für niedriges Gewicht und eine hohe Leistungseffizienz gut ist. Heraus kam dabei quasi ein komplett neues Motorrad. Ähnlich dem Konzept der Honda Fireblade setzten die Techniker die Kunst des Weglassens ganz gezielt in die Praxis um. Dies gilt umso mehr für das 2002er-Modell: Mit mittlerweile 152 PS, nochmals verstärktem Rahmen und steiferer Schwinge, strafferen Federelementen und leichteren Vierkolben-Festsätteln gehört die ZX-9 R zu den bestgehüteten Schätzen der Marke. So wie die ZX-6 R (1995), die nach langer 600er-Supersport-Abstinenz die Nachfolge der sportlichen GPZ/GPX/ZZ-R 600 antritt. Doch entwickelte sich die 600er-Klasse schnell zum Spielfeld für konsequente Hochleistungstechnik, so dass Honda, Suzuki und Yamaha eifrig nachlegten und sich nicht ohne Grund zu den Lieblingsspielzeugen der Knieschleifer mauserten. Da wirkt die ZX-6 R trotz umfangreicher Mo-

19. Die ZX-12 R ist ein Motorrad, das bereits im Stand Respekt einflößt. Der Windschutz ist sehr ordentlich, so dass sich schnelle Sprint-Touren anbieten. Der Soziusplatz ist nicht wirklich empfehlenswert, aber dafür begeistert die souveräne Kraftentfaltung jeden Tag aufs Neue.

dellpflege beinahe schon solide. Doch der Schein trügt. Denn die Kawasaki rennt gleichauf mit der Honda um das Blaue Band der Klassenschnellsten. Und auch in Sachen Durchzug macht die ZX-6 R eine überaus gute Figur. Im Vergleich zur Konkurrenz lässt sie sich relativ bequem und nervenschonend über die Landstraße dirigieren, ohne dass einen das Gefühl beschleicht, das Messer zwischen den Zähnen zu Hause vergessen zu haben. Ein echter Alleskönner, der für den 2002er-Jahrgang auf 636 ccm aufgestockt wurde. Die Bremsen bieten gewaltige Verzögerungswerte und gehören zur Referenzklasse. Gelegentlichen Bremsenflattern begegnet der deutsche Importeur mit etwas weniger bissigen Bremsbelägen.

Für den Jahrgang 2003 erschienen die neuen ZX-6R und eine speziell für die Supersport600-Klasse präparierte ZX-6RR. Während die R vom überarbeiteten 636 ccm großen Reihenvierer des Vorgängermodells angetrieben wird, erhält die Doppel-R einen neuen, 599 ccm großen Motor. Der Versuch, mit der 1000 GTR (1986, wurde für 1994 umfangreich überarbeitet) die Tourer-Fraktion mit einem neuen Modell anzusprechen, scheiterte im Jahre 1995 mit der Einführung der GPZ 1100. Bereits die Namensgebung konnte für Missverständnisse sorgen, standen doch bisher die drei Lettern »GPZ« für kompromisslose Sportlichkeit. Dabei verstand sich die 1100er als Low-Budget-Version der leistungsstarken ZZ-R 1100. Eigentlich gab es keinen triftigen Grund, der gegen diesen kraftvollen Sporttourer sprach – aber auch kein handfestes Motiv dafür. Der in der Herstellung günstigere Doppel-Rohrrahmen erforderte die Verwendung herkömmlicher Flachstromvergaser, die in erster Linie für das Leistungsdefizit in den offenen Versionen verantwortlich sind. Auch das leistungsfördernde Ram-Air wurde ersatzlos gestrichen. Heraus kam bei der Reduktion, vor allem bei dem ab 1996 mit zusätzlichem Gepäcksystem ausgestatteten Horizont-Modell, ein preisgünstiges Big Bike für alle Tage. Parallel gab's auch gleich eine ABS-Variante – Kawasaki's erstes Motorrad mit serienmäßigem Blockierschutz der Räder. Einem weiteren Versuch, reiselustige Tourenfahrer anzusprechen, kommt die ZZ-R 1200 (2002) nach und löst damit die ZZ-R 1100 nach 12 Dienstjahren ab. Mit ihrem noch kräftigeren Reihenvierzylinder und dem gesteigerten Komfort zielt sie konsequent in die Tourer-Nische.

Sport und Tradition sind seit vielen Jahren feste Werte der Marke Kawasaki. So basierte die Wiedergeburt der klassischen, unverkleideten Motorräder (der heutigen Retro- oder Naked Bikes) auf den Zephyr-Modellen, die im Jahre 1991 ihr Debüt feierten. Als erster Vertreter erinnert besonders die Zephyr 750 an die legendäre Z1 900. Einstellbare Gasdruckstoßdämpfer an der Alu-Kastenschwinge und eine leistungsstarke Bremsanlage run-

20. Muscle-Bikes sind nach der Jahrtausendwende angesagter als je zuvor. Die Kawasaki Z 1000 trifft den Nerv vieler Motorrad- und vor allem Kawasaki-Fans. Ihr kräftiger, 127 PS starker Motor sowie das stabile Fahrwerk machen sie zu einer der gefragtesten Motorräder 2003. Im darauffolgenden Jahr 2004 erscheint die Z 750. Mit nahezu identischem Design ist sie deutlich preiswerter.

den das positive Bild des sympathischen Motorrades ab. Der kleine Zephyr 550-Motor basiert auf Z 550 der achtziger Jahre. Locker werden die 50 PS bei 10.000 min^{-1} aufs Hinterrad gedrückt. Besonders schön ist der sauber verarbeitete Rohrrahmen anzuschauen. Beim Modell B2 von 1992 fiel die hintere Doppelkolbenzange dem Rotstift zum Opfer. Mächtig wirkt die Zephyr 1100, deren luftgekühlter Reihenvierzylinder mit einer Doppelzündung ausgestattet ist und die ihre Leistung von 93 PS bei moderaten 8.000 min^{-1} aus dem Ärmel schüttelt. Dies kommt einer eher beschaulichen Fahrweise sehr entgegen. Bei höheren Geschwindigkeiten kann die 1100er nicht ganz den Anforderungen an ein modernes Motorrad standhalten: Rührbewegungen um die Längsachse lassen schnelle Autobahnetappen nicht immer zum Genuss werden.

Da vermittelt jener durchzugsstarke Vierzylinder in der fast unverkleideten ZRX 1100 (1997) doch über deutlich mehr Überzeugungskraft. Gepaart mit dem bärigen Antrieb aus der GPZ 1100 (1995) und den Bremsen der ZX-7 R, ergibt sich eine auf Wunsch allzeit bereite sportliche Note, die so manchem Pseudo-Sportler zu aller Ehre gereichen würde. Deutlich touristischer gibt sich die 122 PS starke ZRX 1200 S (2001) mit rahmenfester Halbschale.

Während die Konkurrenz mit neuen Modellen nur so klotzt, übt sich Kawasaki zu dieser Zeit in Modellpflege. Heraus kam dabei die ZRX 1200, die es auch als R-Model mit Cock-

21. *Mit der VN 2000 (Bild) macht Kawasaki 2004 das Zwei-Liter-Maß voll. Nach der VN-15 (1988), verschiedenen Classic- und Drifter-Modellen, ist sie der größte V-Twin der Welt. Der exakt 2.053 ccm große, flüssigkeitsgekühlte OHV-Motor spreizt seine Zylinder im Winkel von 52°. 103 PS und 177 Nm maximales Drehmoment sind eindrucksvolle Eckdaten.*

21

pit-Verkleidung sowie als rahmenverkleidetes S-Model gab.

Dem traditionellen Trend folgend präsentiert Kawasaki im Jahre 1999 die W 650, die bereits auf den ersten Blick an die legendäre W1 erinnert. Motorisch bietet der Paralleltwin dank überwiegend konventioneller Technik mit der Königswelle einen optischen Leckerbissen. Auf Grund der moderaten Kurbelwellendrehzahlen (50 PS bei 7.500 min^{-1}) besteht rein technisch keine Notwendigkeit für diesen aufwändigen Antrieb der Nockenwelle. Sei's drum, die zahlreichen KäuferInnen honorieren das stimmige Konzept des Retro-Bikes.

Alles andere als brav ist die ZX-12 R (2000). Mit der über 300 km/h schnellen Suzuki Hayabusa im Visier, wollte sich Kawasaki nicht lumpen lassen und schob die anfangs 178 PS starke 1200er-Vierzylinder hinterher. Zwei Jahre später sorgen insgesamt 140 Modifikationen für zusätzliche 12 PS und ein handlicheres Fahrwerk.

Das eigentliche Highlight war der Monocoque-Rahmen aus Aluminium. Der Vorteil gegenüber einem herkömmlichen Brückenrahmen ist die Verringerung der Baubreite. Somit entfallen die seitlichen Rahmenprofile zugunsten eines über den Motor verlaufenden Kastenprofils. Die RamAir-Kanäle führen auf direktem Wege durch den Rahmen, wobei der Rahmen selbst als Airbox ausgelegt ist. Das separate Alu-Heck ist praxisfreundlich verschraubt. Die aus stranggepresstem Leichtmetall gefertigte Schwinge ist innen mit speziellen Rippen versehen, die für zusätzliche Stabilität sorgen.

Einen neuen Weg geht Kawasaki mit der Z 1000 (2003). Vorgestellt im Herbst 2002 begeistert sie durch Design und Leistungsfähigkeit. Details finden Sie unter »INTERMOT/ 2002«.

KCAS

Kawasaki kombiniert hohe Leistung und Umweltbewusstsein. Dieses Abgasreinigungssystem (Kawasaki Clean Air = KCA) ist ein gutes Beispiel für ein Sekundärluftsystem der zweiten Generation. Es vermindert Emissionen durch die zusätzliche Zuführung von Frischluft über ein Membranventil in die Auslasskanäle.

Kohlenmonoxid und unverbrannte Kohlenwasserstoffe werden hierdurch wirkungsvoll reduziert. Durch den zusätzlichen Sauerstoff der zugeführten Frischluft werden diese beiden Schadstoffe im Abgas zu Kohlendioxid und Wasser umgewandelt. Ein Membranventil wird durch den Luftdruck geöffnet, der erzeugt wird, wenn Abgase von der Verbrennungskammer ausgestoßen werden. Durch das Schließen der Drosselklappen wird das

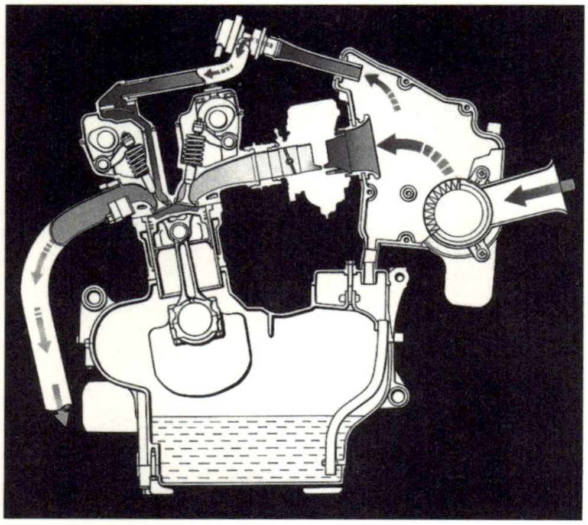

Neben einem Katalysator kommt ein Sekundärluftsystem wie das KCAS besonders während der Kaltstartphase zur Geltung. Durch eine zusätzliche Anreicherung der unverbrannten Gase mit Sauerstoff, werden die noch in den Altgasen enthaltenen Frischgase nachverbrannt und reduzieren so die gemessenen Emissionswerte im Abgas.

Membranventil geschlossen, um Fehlzündungen durch Sauerstoffüberschuss zu vermeiden. Das KCA-System drückt sich in hoher Leistung und guten Kaltstarteigenschaften aus.

Siehe auch unter »Kaltstart«

KEGELROLLENLAGER

Gehören zur Gruppe der Wälzlager. Der Vorteil liegt gegenüber reinen Kugellagern in einer höheren Standzeit, bzw. Lebensdauer. Durch die relativ große Bauhöhe sind allerdings auch geringe Passtoleranzen nötig. Des Weiteren ist ein geringfügig erhöhtes Losbrechmoment die Folge. Kegelrollenlager können Axial- und Radialkräfte aufnehmen.

Siehe auch unter »Schmierung, Schmierstoffe, Reibung, Lager«

KETTE

1894, Vorstellung der ersten Rollenkette, entwickelt von Hans Renolds; stellt eine der simpelsten und kostengünstigsten Methoden der Kraftübertragung dar; in der Praxis wirkt sich eine ungleichmäßige Kettenlängung nachteilig aus. Beim Kettenspannen unbedingt das Hinterrad so positionieren, dass die strammste Kettenstellung noch über das erforderliche Spiel im Kettentrum verfügt. Ansonsten kann das Lager der Getriebeausgangswelle (Ritzel) aufgeweitet werden und Undichtigkeiten herbeiführen.

KETTENRAD

Im Verbund zweier mittels Kette verbundener Kettenblätter ist das Größere stets das Kettenrad, das Kleinere das Ritzel.

KICK BACK

... oder warum der Zweck den Lenkungsdämpfer heiligt. Mit Kick Back ist das gefürchtete Lenkerschlagen gemeint. Dabei werden über die Reifenaufstandsfläche große Kräfte in die Lenkung übertragen, die den Lenker im Extremfall von Anschlag zu Anschlag pendeln lassen. Dieses Symptom hängt von mehreren Faktoren ab und ist häufig bei leichten und starken Sportmotorrädern zu finden.

Beim harten Beschleunigen wird das Vorderrad durch die dynamische Radlastverschiebung stark entlastet. Durch den niedrigeren Anpressdruck muss die Lenkung (Reifen, Federelemente) selbst feine Stöße dämpfen, was durch niedrige Losbrechmomente hohe Ansprüche an eine Gabel stellt. Dabei nimmt auch der Reifen einen Teil der Energie auf. Harte Pneus (Karkasse, Mischung) können dieser Aufgabe nicht mehr hundertprozentig nachkommen und geben die Energie an die Federelemente weiter. Arbeiten diese ebenfalls im harten Bereich (Vorspannung/Federbasis, Negativfederweg, Druck-/Zugstufendämpfung), werden die Stöße mehr oder weniger ungefiltert an die Lenkung weitergegeben.

Die Aufgabe eines Lenkungsdämpfers ist es, die Amplitude des Ausschlages bei einem über den Reifen eingeleiteten Energiestoß zu dämpfen. Dadurch erhöhen sich jedoch auch die Lenkkräfte, die sich negativ auf das Handling auswirken. Schlüsselstelle ist ein geringes Losbrechmoment am Lenkungsdämpfer sowie eine fein justierbare Dämpfung. Grundsätzlich gilt auch hier: So wenig wie möglich und nur so viel wie nötig.

Eine ähnliche Situation kann auch bei hohen Geschwindigkeiten auftreten, wenn die Front durch ungünstige aerodynamische Umstände zu viel Auftrieb produziert und aus den Federn hebt. Banale Fahrbahnabsätze können so zum Kick Back-Auslöser werden. Während des Lenkerschlagens setzt der Vorderreifen nicht gerade, sondern mit leicht eingeschlagenem Lenker auf, so dass die Reifenaufstandsfläche aus der Mitte versetzt wieder aufsetzt und über den Hebelarm (Rückstellmoment, siehe unter »Lenkgeometrie«) kräftig zu schlagen beginnt. Der Augenblick zwischen beginnendem Kick Back und Maximal-Ausschlag ist so kurz, dass Novizen von diesem Phänomen völlig überrascht werden. Außer Festhalten, Gas zu machen und Optimismus ist dagegen kaum ein Kraut gewachsen – außer die Montage eines Lenkungsdämpfers (siehe unter »Lenkungsdämpfer«). Schlagartiges Bremsen könnte fatale Folgen haben, da der Zeitpunkt des gerade stehenden Vorderrades nicht abgeschätzt werden kann und eine abrupte Verzögerung die Situation unter Umständen noch verschlimmern würde.

In diesem Zusammenhang muss die Lenkung als unabhängiges System mit eigenem Schwingungsverhalten erwähnt werden. Das aus Gewicht, Schwerpunkt und Schwenkradius resultierende Trägheitsmoment hat proportionalen Einfluss auf die Intensität des Ausschlages. Andersherum verhält es sich mit den Rädern. Die beim Rotieren entstehenden Kreiselkräfte wirken sich mit zunehmender Größe ab etwa 30 km/h positiv auf die Stabilität aus. Die Tendenz geht mit anhaltendem Leichtbau und zugunsten eines besseren Handlings jedoch genau in die entgegengesetzte Richtung. Auch das unterstützt die Neigung zum Kickback.

Vorbeugend wirkt sich eine günstige Gewichtsverteilung mit möglichst viel Gewicht auf dem Vorderrad aus. Dabei ist die Sitzposition von großer Bedeutung. Mit dem Hintern möglichst nah am Tank und geduckter Sitzhaltung lassen sich zwischen 5 und 10 kg mehr aufs Vorderrad verlagern. Das bringt Negativfederweg und dadurch Federungsreserven. 1993, als nach der IFMA 1992 die ersten ultraleichten Honda Fireblade, anfangs noch mit 130er-16«-Vorderreifen, durch vereinzelte Zuckungen auf sich aufmerksam machten, montierten manche einen anderen Höcker, der den Fahrer nicht so weit nach hinten rutschen ließ, mit der Folge, dass die Kick Back-Neigung deutlich reduziert wurde. Suzuki's TL 1000 S überraschte 1997 bei schneller Fahrt mit ausgeprägtem Lenkerschlagen. Abhilfe schaffte ein einfacher Lenkungsdämpfer. Honda's Fireblade fährt der supersportlichen Oberliga seit 2002 in Sachen Handling auf und davon.

Heftiges Kick Back sorgte bei extremer Fahrweise indes für lange Gesichter. Auch hier wirkt ein Lenkungsdämpfer wie ein wundersames Heilmittel. Selbst Yamaha's Extremsportler R1 zeigt sich bei scharfer Fahrweise nicht Kick Back-frei. Darum wird das Modell 2004 mit einem Dämpfer ausgestattet.

Im Laufe der Jahre wurden Fahrleistungen und Fahrwerke immer extremer. Mit enormem Leistungspotenzial, kompakten Fahrwerken, ultrakurzen Radständen und leichten Felgen legen heutige Serienmotorräder eine derart atemberaubende Dynamik an den Tag, wie sie noch bis vor wenigen Jahren den Werksrennern vorbehalten war. Doch hat all dieser Fortschritt auch seine Konsequenzen, zu denen das Kick Back gehört. Ich sage bewusst nicht schlechte Seiten, denn unterm Strich sind heutige Motorradfahrwerke x-mal so gut wie noch vor 15 Jahren und x^2-mal so gut wie die meisten Fahrer.

Niedriges Gewicht macht zwar handlich, gleichzeitig aber auch empfänglicher für Störeinflüsse. Steile Lenkkopfwinkel sorgen für ein transparenteres Fahrverhalten, bergen jedoch das Risiko der Nervosität. Kurze Radstände machen wendig, lassen das Fahrzeug aber sensibler auf Längsbeschleunigung (positiv als auch negativ) reagieren. Beim Bremsen kommt das Heck schnell hoch und beim Beschleunigen wird die Front schnell leicht (siehe auch unter »Wheelie«).

Um die beschriebenen Ursachen zu bekämpfen, ist es erforderlich, dass sich der Fahrer mit dieser Thematik und dem Fahrzeug auseinander setzt. Die bis jetzt sicherste, weil praktikabelste Lösung gegen Kick Back ist der Lenkungsdämpfer.

Siehe unter »Lenkungsdämpfer«

KICKSTARTER

Die einfachste Art einen Motor in Gang zu bringen (vom Anschieben einmal abgesehen), stellt der kräftige Tritt auf den Kickstarter dar. In den meisten Fällen ist er rechtsseitig angebracht, so dass der Umgang vereinfacht wird. Bei älteren Maschinen aus Großbritannien oder Italien sitzt er vorwiegend links. Doch auch der österreichische Motorradhersteller KTM trotzt hier dem deutsch-japanischen Standard. Die Funktion ist dagegen einerlei. Ein wenig Kopfarbeit und Übung erleichtern den Umgang mit dem Althergebrachten dagegen ungemein. Das Übersetzungsverhältnis des Kickstarter-Zahnrades zum Getriebe ist neben den Einzelhubräumen von ausschlaggebender Bedeutung. Im Allgemeinen gilt der Trick den Kickstarter bis kurz vor die höchste Kompression (oberer Totpunkt) zu bringen. Dann wird der Mechanismus gelöst und mit energischem Tritt nach unten der Motor förmlich »angeworfen«. Festes Schuhzeug bewahrt vor Schmerzen. Doch keine Angst, auch hier macht Übung den Meister. Dafür ist man an keinem Ort der Welt auf einen intakten Anlasser angewiesen.

KILL-SCHALTER

Not Aus-Schalter; i.d.R. an der rechten Schalterarmatur angebracht; durch Drücken wird der Zündstrom unterbrochen, so dass der Motor in jedem Fall abgestellt wird. Ist heute vom Gesetzgeber nicht mehr vorgeschrieben.

KINNRIEMEN

Der Kinnriemen hat die Aufgabe, den Helm am Kopf zu halten. Neben verschiedenen Verschlusssystemen haben sich zwei Varianten durchsetzen können. Zum einen der altbewährte Rollenverschluss, auch Doppel-D-Verschluss genannt, sowie das separate Kinnschloss, ähnlich dem System eines Sicherheitsgurtes vom PKW. Beide Systeme sind gleichwertig.

KIPPHEBEL

Zweiseitiger Hebel; auch Kipphebel genannt, Beispiel: Kipphebel bei OHC-Steuerungen.

KLEEN

Das KLEEN-System (Kawasaki Low Exhaust Emission Catalic Converter) ist ein Katalysa-

Der Hauptlichtschalter ist seit 2003 nicht mehr erforderlich – der Not-Schalter schon.

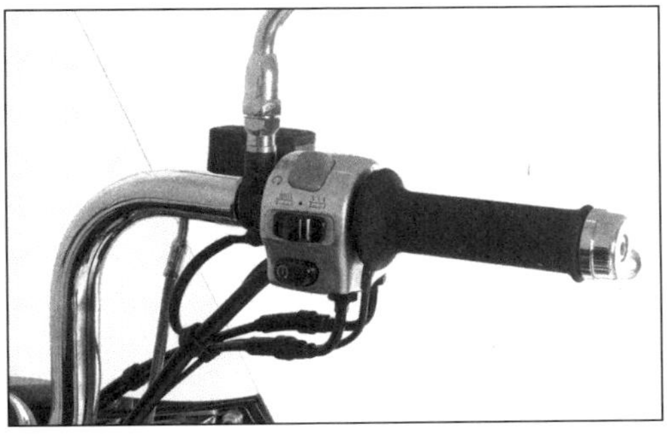

Bei der Honda CX 500-OHV-Steuerung sind die gegabelten Kipphebel zu erkennen.

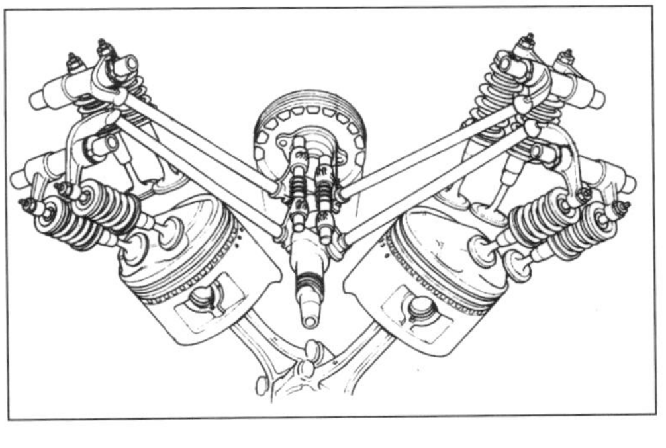

tor-System. Das mit Platin und Rhodium bedampfte Bauteil wandelt Kohlenmonoxid (CO) und Kohlenwasserstoffe (HC) um und reduziert so die Schadstoffemissionswerte.

KNEELER
Bezeichnung für Gespanne, in denen der Fahrer eine knieende Position einimmt. Vorteile: niedriger Schwerpunkt und kleinere Stirnfläche.

KNIESCHLUSS
Ein guter Knieschluss ist das A und O beim Motorradfahren. Ist der Kontakt im Kniebereich sehr homogen, spricht man von einem guten Knieschluss. Im Zeitalter breiter und massiver Brücken- und Kastenrahmen leidet der harmonische Kontakt zur Maschine. Letztendlich ist er mitausschlaggebend für das allgemeine Wohlbefinden und für eine konzentrierte Sitzposition.

KNUCKLE-HEAD
Harley-Davidson-Bauart des Knuckle-Head-Zylinderkopfes; (Finger-)Knöchel-Zylinderkopf

Siehe unter »Harley-Davidson«

KOHLENDIOXID
Chem. Formel CO_2; Kohlendioxid ist ein Endprodukt aller Verbrennungsprozesse und gleichzeitig Mitverursacher des Treibhaus-Effektes. Katalysatoren können am CO_2-Ausstoß nur in Verbindung mit vollständigeren Verbrennungen, zusätzlichen Sekundärluft- und Abgasrückführungssystemen und niedrigeren Verbräuchen etwas ändern.

Gegenüber straßenzugelassenen Gespannen ist im Rennsport der so genannte Kneeler üblich.

KOHLENMONOXID
Chem. Formel CO; Kohlenmonoxid ist ein giftiges Gas, das bei einer unvollständigen Verbrennung entsteht. Beim Einatmen von CO besteht hohe Vergiftungsgefahr, da es dem Blut den Sauerstoff entzieht. In hohen Konzentrationen ist es tödlich und kann bereits in geringerer Dosis Herzkrankheiten verschlimmern. Da Sekundärluft- und Abgasrückführungssysteme die Verbrennungsqualität nachhaltig optimieren, reduziert sich dadurch der Kohlenmonoxidanteil.

KOLBEN
Der Kolben überträgt die während des Arbeitstaktes entstandenen Drücke über das Pleuel und versetzt die Kurbelwelle so in eine rotierende Bewegung. Dabei wird die geradlinige (translatierende) Bewegung des Kolbens in eine kreisförmige (rotierende) Bewegung umgewandelt. In der Regel dient der Kolben zugleich als Begrenzungsfläche des Brennraums, manchmal auch als Brennraum selbst (Heron-Prinzip: Morini, Moto Guzzi, etc.). Daraus ergibt sich u.a. ein weicher Motorlauf. Zweitakt-Kolben sind mit ein oder mehreren Fenstern unterhalb der Ringzone versehen. Sie beeinflussen die Steuerzeiten (nicht bei Drehschiebersteuerung!). *Siehe auch »Schnürle-Prinzip« (DKW).*

Material Leichtmetall-Legierung, teils mit Bi-Metall-Streifen zur kontrollierteren Wärmeausdehnung.

KOMFORT

Beim Komfort sollte zwischen aktivem und passivem Komfort unterschieden werden. Aktiver Komfort: Sauber ansprechende Federelemente, genügend Feder- und Dämpfungsreserven (ggf. auch mit zwei Personen), ergonomische Sitzhaltung, übersichtliche Instrumente, leicht zu bedienende Bremsen, geringe Vibrationen, evtl. Wind- und Wetterschutz; Passiver Komfort: Radio, Rundumbeleuchtung, Zigarettenanzünder, Dosenhalter, Sofakissen, etc.

KOMPRESSOR

Der Kompressor ist ein System zur Erhöhung des Ladedrucks, beziehungsweise der Fließgeschwindigkeit der Frischgase. Angetrieben wird er durch den Motor selbst (Zahnrad, Kette, Riemen). Im Gegensatz zur Turboaufladung lässt sich ein Kompressor einfacher dosieren, da die Zylinderaufladung drehzahlabhängig zunimmt. Neben der durch den Antrieb bedingten Leistungseinbuße von 5 bis 10 % gesellt sich in den meisten Fällen ein Platzproblem. Bei Dragstern spielt dies jedoch eine eher untergeordnete Rolle.

KÖNIGSWELLE

Die Königswelle dient zum schlupffreien Antrieb der Nockenwellen. Während Steuerketten durch ihren Trum ein Kettenspannen er-

Unten: Eine schlanke Taille unterstützt die Tuchfühlung und fördert das Vertrauen zum Motorrad.
Rechts: Die Einbuchtungen auf dem Kolbenboden nennt man Ventiltaschen. Das Kolbenhemd ist mit einer speziellen Legierung versehen, um den Verschleiß aufgrund des Kippmomentes weitestmöglich zu reduzieren. Die ersten beiden Kolbenringnuten nehmen später je einen Kompressionsring auf. Die breite, unterste Nut hält den Ölabstreifring. Durch die winzigen Bohrungen kann Öl aus dem Brennraum zurück in die Ölwanne fließen.

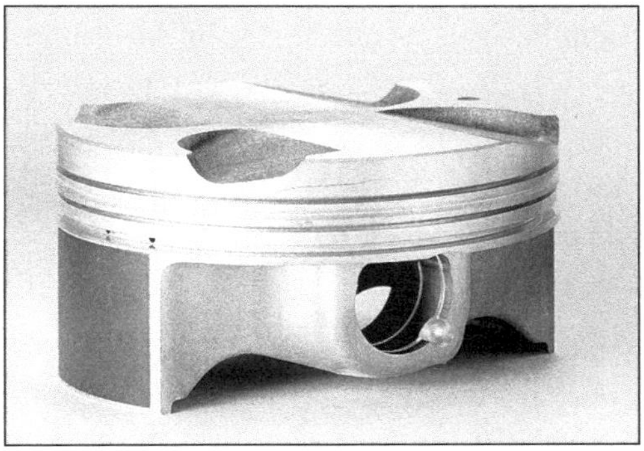

fordern, kommt die Königswelle ohne zusätzliche Spannmechanismen aus. Ducati verwendete die Königswelle bis zur Einführung der Pantah-Modelle im Jahre 1979. Auf der ersten INTERMOT im Herbst 1998 präsentierte Kawasaki die klassische W 650 mit Königswellenantrieb dem Publikum. Dort wo es nicht so sehr auf hohe Motordrehzahlen ankommt, ist die Königswelle eine unproblematische (wenn auch nicht ganz billige) Lösung. Nachteilig wirken sich das erhöhte Gewicht und der durch die Kraftumlenkungen hervorgerufene Leistungsverlust auf spontane Gasannahme, Wirkungsgrad und Fertigungskosten aus.

KONTROLLLEUCHTEN

Kontrollleuchten dienen der Information des Fahrers. Zum Standard-Repertoire gehören Blinker (grün oder gelb), Leerlauf (grün), Fernlicht-High Beam (blau) und Öl-Kontrolle (rot). Bei manchen Modellen findet man auch die Bezeichnung »Tail«. Dieses Lämpchen glimmt bei einem Defekt des Rücklichtes auf. ABS-Motorräder verfügen über zusätzliche Leuchten (rot). Seit kurzem findet der so genannte Schaltblitz bei Sportmotorrädern Verbreitung. Durch das grelle Aufflackern der Lampe braucht der Fahrer nicht mehr so genau auf den Drehzahlmesser zu schauen und kann sich besser auf die Straße konzentrieren.

Richtig angebracht, lassen sich Kontrollleuchten gut ablesen. Je einfacher, umso besser.

Die Art der Ventilsteuerung spielt in mehrerer Hinsicht eine wichtige Rolle. Bei der abgebildeten OHC-Steuerung mit gegabelten Kipphebeln werden die Kipphebel über Rollen betätigt, um die Reibung zu reduzieren. Das Spiel eines Ventilpaares wird über nur eine Einstellschraube eingestellt. Das reduziert den Wartungsaufwand.

KONVEKTION

Ist die zum Außenmedium (Luft) abgestrahlte Wärmemenge. Besonders wichtig bei luftgekühlten Motoren. Zur Verbesserung der Wärmeableitung Luft- oder Luft-/Ölgekühlter Motoren verwendet man in der Regel Kühlrippen und/oder Wärmetauscher (Kühler) mit einer großen effektiven Oberfläche.

Siehe auch unter »Kühlrippen«

KOPFSTEUERUNG

Bezieht sich auf Viertaktmotoren. Gemeint ist damit die Steuerung der Ventile innerhalb des Zylinderkopfes, wie z.B. OHC, bzw. SOHC (eine obenliegende Nockenwelle), DOHC (zwei obenliegende Nockenwellen) und Desmodromik.

KRAFTSTOFF

Treibstoff und Energieträger für Verbrennungsmotoren auf Erdölbasis. Bei der Herstellung von Benzinkraftstoff spielt der Rohstoff

Erdöl (neben der Stein- und Braunkohle) die wichtigste Rolle. Vor vielen Millionen Jahren wurden luftdicht eingeschlossene Meereslebewesen unter dem Druck des Wassers und der Erdmassen zusammengepresst. Eine chemische und bakterielle Reaktion fand statt. Dabei entstanden Kohlenwasserstoffmoleküle und bildeten das Rohöl. Um nun aus dem schwarzen Gold für uns nutzbaren Kraftstoff herzustellen, müssen die schwersiedenden Kohlenwasserstoffanteile in Raffinerien durch unterschiedliche Destillationsverfahren herausgefiltert werden. Dabei werden die langen Molekülketten aufgebrochen und verkürzt, wodurch ein niedrigerer Siedepunkt erreicht wird. Diesen Vorgang nennt man »Cracken«.

Die übrig gebliebenen, verkürzten Molekülketten zeichnen sich nach der Destillation jedoch zum Teil durch einen zu niedrigen Siedepunkt aus. Deshalb ist es notwendig, diesen durch die so genannte Reformation (Einwirken von Druck und Temperatur) auf etwa 200° Celsius zu steigern. Ansonsten würde die durch die Zündkerze eingeleitete Verbrennung im Motor wegen des zu niedrigen Siedepunktes schon weit vor Erreichen des Zündzeitpunktes durch ungewollte Selbstzündung (Klopfen) ablaufen und den Motor über kurz oder lang zerstören. Um die Klopfneigung herabzusetzen, kann man den Kraftstoff mit stabileren Verbindungen versehen. Hierbei ist die Verbindung des Kohlenstoffes (C) und des Wasserstoffes (H) von ausschlaggebender Bedeutung. Das dritte Grundelement des Kraftstoffes ist der Sauerstoff (O), der sich um das Wasserstoffatom anlagert. Instabile Kraftstoffe zeichnen sich durch einen langen, kettenförmigen Aufbau (n – Heptan $C_7 H_{16}$: geeichter Kraftstoff mit der Oktanzahl 0) aus, wogegen das ISO – Oktanmolekül $C_8 H_{18}$ durch seine Verzweigung innerhalb des Moleküls eine wesentlich strapazierfähigere Struktur bietet (geeichter Kraftstoff mit der Oktanzahl 100).

Die ROZ (Research Oktanzahl) gibt darüber Auskunft, wie klopfsicher ein Kraftstoff bei betriebswarmem Motor ist. Da dieses Verhalten von vielen Parametern, wie beispielsweise Gemischtemperatur, Zündzeitpunkt, etc. abhängig ist, spielt die MOZ (Motor Oktanzahl) eine ebenso wichtige Rolle. Sie ist für das Klopfverhalten des Kraftstoffes bei wärmerer Gemischtemperatur entscheidend. Speziell im Rennsport kommt dieser Faktor bezüglich des Verdichtungsverhältnisses zum Tragen. Steigt das Verdichtungsverhältnis im Motor, so steigt der mittlere Arbeitsdruck und auch die Leistung. Damit jedoch auch die Temperatur, was wiederum eine höhere MOZ und somit einen qualitativ besseren Kraftstoff erfordert. Die MOZ ist durch den zusätzlichen Wärmeeinfluss stets niedriger als die ROZ.

Vor allem durch steigende Umweltbelastungen wird es immer schwieriger, den Anforde-

Teurer Spaß: Moderne Motorradmotoren brauchen qualitativ hochwertige Kraftstoffe.

rungen an die Kraftstoffqualität gerecht zu werden. Durch den Wegfall des Antiklopfmittels Blei (Pb), zum einen aus umweltpolitischen und zum anderen aus technischen Gründen (Katalysator), werden die Kraftstoffkonzerne genötigt, durch ein genaueres Auswahlverfahren von hochwertigeren Kohlenwasserstoffen einen annähernd klopffesten Kraftstoff zu produzieren. Eine andere Alternative stellt die Zurücknahme der Verdichtung dar, was jedoch einen unmittelbaren Leistungsverlust, oder andersherum einen höheren spezifischen Kraftstoffverbrauch zur Folge hätte.

KRAFTSTOFFANZEIGE

Neben den Standard-Instrumenten ist eine Kraftstoffanzeige (zumindest für alle Nicht-Supersportler) ein sehr sinnvoller Luxus. Mittlerweile sind die Anzeigen sogar verlässlich.

Kraftstoffanzeige der Yamaha XV 1600 Wild Star

Kawasaki schlug 1990 mit den beiden ZZ-R Modellen (600 und 1100) den Weg in Verbindung mit zwei Tageskilometerzählern ein. Anfangs noch belächelt, wird ein solches Ausstattungsmerkmal heutzutage gelobt. Auch Redakteure sind lernfähig.

Mit der Harley V-Rod erhielt die Restkilometeranzeige Einzug in die Motorradinstrumente.

KRAFTSTOFFBEHÄLTER

Kraftstoffbehälter sind meist aus Stahlblech oder Kunststoff gefertigt. Andere edle Werkstoffe wie Aluminium, Magnesium oder gar Titan sind zwar möglich, gehören aber zu den exotischen Materialien. Meist integrieren sie den Einfüllstutzen völlig (aus der Luftfahrt), so dass der Montage eines Tankrucksacks oder einer Kartentasche nicht Erhebendes im Weg steht. An der Unterseite befindet sich der Kraftstoffhahn (manchmal auch zwei!). Bei Modellen mit Kraftstoffanzeige befindet sich eine Aussparung für den Potentiometer samt Schwimmer. Auf der Oberseite des Tanks (meist im Bereich des Tankdeckels) befindet sich eine oder mehrere Entlüfterbohrungen, die ein Nachströmen der Luft ermöglichen. Ohnedem würde sich beim Abfließen des

Ein Tank ist weit mehr als nur ein geformter Blechbehälter. Aufgrund der Kraftstoffversorgung (Lage, Einspritzung) des Motors ist häufig auch eine Pumpe erforderlich.

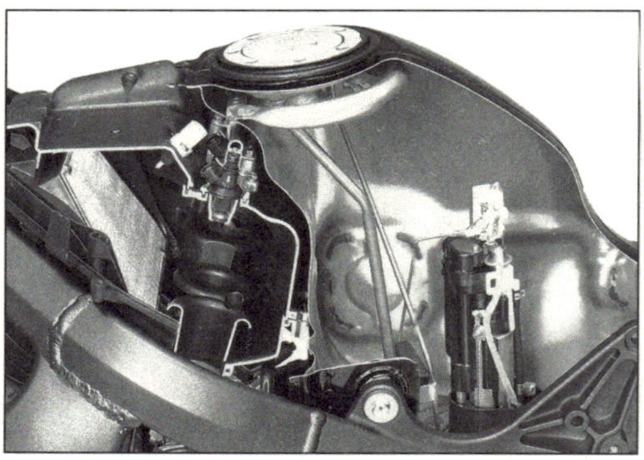

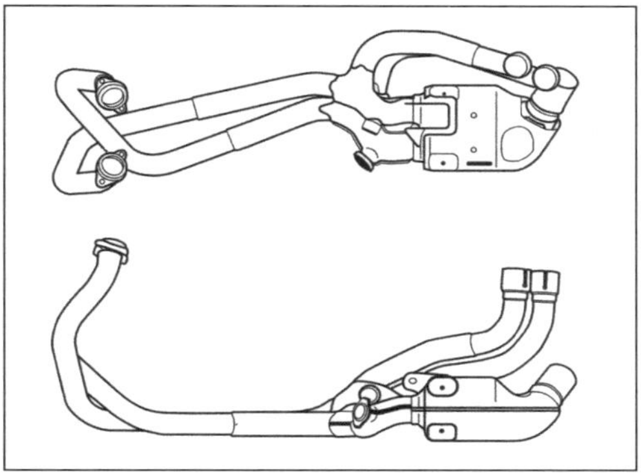

Um im Auspuffsystem ein weitgehend synchrones Abgas-Schwingungsverhalten der einzelnen Zylinder zu gewährleisten, sollen die Krümmerrohrer über ein identisches Volumen verfügen. Die kann über den Durchmesser oder die Länge erreicht werden.

Kraftstoffes ein Vakuum bilden. Reicht das untere Kraftstoffniveau bis unter die Schwimmerkammer (Vergaser), wird eine Kraftstoffpumpe nötig. Gleiches gilt für Einspritz-Motoren, die einen Überdruck erfordert.

KREISKOLBENMOTOR

Siehe unter »Wankelmotor«

KRÜMMER

Vorderer Teil des Auspuffsystems; leitet die Altgase vom Auslasskanal weiter in den geräuschdämmenden Dämpfer oder Diffusor. Um leistungshemmende Interferenzschwingungen zu vermeiden, sollten die Krümmer bei Mehrzylinder-Motoren gleich lang sein. Speziell bei V-Motoren bedeutet dieser Umstand zusätzliches Gewicht und einen Einschnitt ins Design. Ducati löst dieses Problem bei der 999 (2002) mit unterschiedlichen Krümmerdurchmessern, wodurch die Längen unterschiedlich ausfallen können.

KTM

Die KTM-Geschichte begann 1934 mit einer kleinen Schlosserwerkstatt in Mattighofen. Heute produziert der österreichische Hersteller lupenreine Hardcore-Motorräder für Individualisten. SuperMoto, Gelände und für den regulären Straßenbetrieb. Seit 1955 nennt sich das Unternehmen »Kronreif, Trunkenpolz, Mattighofen«.

Im KTM-Gründerjahr 1934 besaß Hans Trunkenpolz eine Schlosserwerkstatt im österreichischen Mattighofen. Während er zu dieser Zeit vornehmlich Autos und Motorräder instand setzt, übernimmt er 1937 als Händler den Vertrieb von Motorrädern. Seine erste »Hausmarke« war DKW, die er in den Jahren bis 1950 stetig ausbaute. Solange bis KTM zu einer der größten Werkstatt in Oberösterreich wurde. Zwischen 1951 und 1952 entwickelte Trunkenpolz sein erstes Motorrad, die R 100.

1. Hans Trunkenpolz (li.) und Ernst Kronreif (re.) – Ihnen haben wir die feinen Motorräder aus Mattighofen zu verdanken.

Im Frühjahr 1953 werden drei KTM-Prototypen auf der Wiener Frühjahrsmesse erstmals der Weltöffentlichkeit gezeigt. Ihr 98 ccm großer Zweitaktmotor ist in den nächsten Jahren die Basis weiterer Motorräder. Entwickelt wurde der Einzylinder von Rotax, gefertigt von Sachs. Zu dieser Zeit sind dort bereits 20 Mitarbeiter mit der Produktion von etwa drei Motorrädern pro Tag beschäftigt. Während KTM 1954 auf Siegesfahrt der österreichischen Staatsmeisterschaft in der 125er-Klasse ist, rollt das 1.000ste Motorrad vom Band. Wenig später erscheint die 125 Tourist, mit der man den Einstieg in den Straßenrennsport schafft. 1955 stößt der Salzburger Kaufmann Ernst Kronreif als Gesellschafter zu KTM. Der Firmenname lautet nun »Kronreif, Trunkenpolz, Mattighofen«. Währenddessen steigt die Produktion auf täglich 20 Maschinen.

1956 startet KTM erstmals bei den legendären Six Days und belegt mit dem Fahrer Egon Dornauer prompt den ersten Platz. 1957 gewinnt KTM die österreichische 125er Moto Cross-Staatsmeisterschaft. Noch im gleichen Jahr erscheint das Sportmotorrad 125 Trophy und mit der berühmten Mirabell der erste KTM-Roller. 150 ccm Hubraum, Gebläsekühlung und der E-Starter machten das Fahrzeug auch für größere Touren empfehlenswert. Im gleichen Jahr erscheint der Mecky (1957) mit Dreigang-Getriebe – wiederum ein Roller, dessen kleiner 50 ccm Einzylinder-Zweitakter in einer Kooperation mit Rotax/Sachs in Österreich produziert wird. 1958 wird die 125 Mustang vorgestellt.

In den nächsten beiden Jahren fährt Erwin Lechner mit einem neuen Viertakt-Rotax-Motor in den Offroad-Klassen von einem Sieg zum anderen. Entwickelt wurde der Einzylin-

2. Heinz Kinigadner wurde mit 250er KTM in den Jahren 1984 und 1985 Weltmeister.

der von Motoren-Guru und Ingenieur Ludwig Apfelbeck.

Doch das Wirtschaftswachstum hatte für die Motorrad-Industrie starke Einbußen zur Folge, so dass die Motorradproduktion zwischen 1959 und 1960 eingestellt werden musste. Noch zur gleichen Zeit präsentiert man die Ponny-Modelle und das erste KTM-Mofa. Eine goldrichtige Entscheidung, wie sich später herausstellen sollte.

Mit 180 Mitarbeitern erreicht das Unternehmen zu dieser Zeit einen Jahresumsatz von rund 3,5 Millionen EUR. 1963 wird die Comet, anfangs nur mit 125-ccm-Motor vorgestellt. Bis dahin hatte KTM beachtliche 50.000 Roller und 10.000 Mofas produziert. KTM beginnt in einer neuen, 800 Quadratmeter großen Halle mit der Fahrradproduktion. Parallel erfolgt der Wiedereinstieg in den Geländesport und das erste Werksteam wird gegründet. 1965 erscheint die Comet auch mit 50-ccm-Sachs-Motor und gehört zu den gefragtesten Leichtkrafträdern auf dem Markt. Alle Comet-Versionen zusammen gerechnet, liefen bis zu diesem Zeitpunkt bereits über 10.000 mal vom Band.

3. *Die KTM 125 Comet RS (Bild zeigt Modell 1975) zählte zu den beliebtesten Leicht-Motorrädern. Die kleinere 50er-Schwester wurde bis Anfang der siebziger Jahre über 50.000-mal verkauft und hatte den Ruf eines ganz, ganz bösen Kleinkraftrades.*
4. *Zwischen 1960 und 1970 trieb der Einzylinder-Zweitaktmotor die GS- und MC-Modelle als auch die Penton-Typen in den USA an.*

1966 und 1967 gewinnt KTM die internationalen Six Days in Schweden. Zu dieser Zeit wird eine neue, 3.000 Quadratmeter große Produktionshalle in Betrieb genommen. Dort produziert man ab 1968 das Geländemodell Penton Six Days für den Export in die USA. Seit 1970 produziert KTM Motoren in eigener Fertigung. Anfangs einen 175er, später mit 125er Motor. Mit dem neu entwickelten 250-ccm-Zweitakter gewinnt Manfred Klerr in diesem Jahr die österreichische Staatsmeisterschaft. Mit einem 400-ccm-Motor startet KTM in der 500er-Klasse. Bis Anfang der siebziger Jahre sind im Werk rund 400 Mitarbeiter beschäftigt. Bis 1972 steigt der Umsatz auf über 23,6 Millionen EUR. Mehr als 10.000 Wettbewerbsmaschinen, 50.000 Comet-Kleinkrafträder und über 100.000 Mofas verließen bisher die Produktionshallen. 1973 entsteht das neue Entwicklungszentrum, in dem unter anderem die neuen 250er Cross- und Enduro-Modelle konstruiert werden und die später die ersten GP-Siege für KTM erringen. Die Fahrer sind Pavel Roulev und der Russe Gennadij Moissejw. 1974 umfasst das Programm unglaubliche 42 Modelle. Vom Mofa, Kleinkraftrad, über den Roller und kleine Sportmaschinen bis zur Wettbewerbs-Maschine ist alles in allen Varianten vertreten. Im gleichen Jahr läuft die Produktion des Mofas Hobby III an. Gennadij Moissejw gewinnt für KTM die erste 250er Moto Cross-Weltmeisterschaft. 1975 wird die Comet Grand Prix 125 RS vorgestellt. Neben Puch verfügt die KTM erstmals über Leichtmetall-Gußräder. Im gleichen Jahr gewinnt Sigi Lerner die österreichische Cross-Meisterschaft und Alessandro Gritti wird Europameister in der Enduro-Klasse.

5. Während der Sechstagefahrt 1955 in Tschechien posierten Edi Beranek, Edi Kranawetvogl und Erwin Lechner auf ihren Offroad-KTM.

KTM expandiert weiter und steigert den Umsatz in den nächsten Jahren um nochmals 50 Prozent. 1977 baut man auf einem nahe gelegenen 30.000 Quadratmeter großen Grundstück ein Zweigwerk. Währenddessen laufen auch die Vorbereitungen für die Gründung einer amerikanische Tochterfirma in Lorrain/Ohio auf Hochtouren, die 1978 ihre Arbeit aufnimmt. Für KTM ist dies ein wichtiger Schritt zur Erschließung des amerikanischen Marktes, liegt doch der Exportanteil zu dieser Zeit bereits bei 72 Prozent. Zu dieser Zeit werden die 50er-Modelle ordentlich renoviert und um die wassergekühlte RSW 50 (1977) erweitert. Ihr luftgekühltes Pendant trägt fortan die Bezeichnung RSL 50. Gennadi Moissejw wird 1978 vorerst letzter Moto Cross-Weltmeister auf KTM.

1980 ändert sich die Firmierung in KTM Motor-Fahrzeugbau KG. Ein Jahr darauf wird die erste wassergekühlte 125er MX-Maschine vorgestellt und aus den Kleinkrafträdern werden 80 ccm große Leichtkrafträder. 1982 werden die Moto Cross-Modelle mit Zentralfederbein und progressiver Umlenkung hinten, dem so genannten Pro Lever, ausgerüstet. Zu dieser Zeit beginnen auch die Entwicklungsarbeiten am LC4-Motor, dem ersten wassergekühlten Viertakt-Einzylinder am Markt. 1984 erhält KTM einen Auftrag für das österreichische Bundesheer. Auch sportlich trumpft KTM zum wiederholten Male auf: Heinz Kinigadner wird 1984 und 1985 zweimal hintereinander 250er MX-Weltmeister. Der flüssigkeitsgekühlte 500-ccm-Zweitakter läuft währenddessen bereits zum 100.000 Mal vom Band.

1986 präsentiert man als erster Hersteller von Offroad-Motorrädern auch im Hinterrad eine Scheibenbremse. Bei den legendären Six Days ist KTM in allen Klassen überlegener Sieger. Im folgenden Jahr beginnt die Serienproduktion des 560 ccm großen Einzylinder-OHC-Viertaktmotors, der so genannte LC4-Motor. Doch auch in den anderen Bereichen gehört KTM zu den innovativen Herstellern. Allein 1987 werden in Mattighofen 98.000 Kühler, 93.700 Fahrräder, 12.600 Mopeds und 10.600 Motorräder hergestellt.

Nach rund 30 Jahren Firmengeschichte erlebte das Mattighofener Unternehmen Mitte der achtziger Jahre sein erstes großes Tief. Während in ganz Europa der Motorradmarkt boomt, stellt KTM 1988 die Mofa- und Rol-

Kaum eine KTM erreichte soviel Ruhm wie die LC 4-Baureihe. Die 1988 vorgestellte 600er LC 4 wurde wahlweise mit 27 PS bei 6.000 min^{-1}, oder offenen 49 PS bei 7.000 min^{-1} angeboten. Prinzipiell stammt das Fahrwerk von den bekannten Zweitaktern, wurde auf das höhere Gewicht des neuen Viertakters abgestimmt. Seit ihrer Vorstellung begeistern die Modelle immer wieder durch ihre agile Leistungscharakteristik, die enormen Fahrleistungen und hochwertigen Federelemente von White Power. Leider benötigten die ersten Serien noch verbleites Superbenzin. Zur IFMA ’92 wurde ein Sondermodell der 600er LC 4 vorgestellt, zu unterscheiden an der rot-weiß-schwarzen Lackierung. Ohne Ausgleichswelle (kam erst in der ’95 präsentierten 620er), mit deftigen Vibrationen, viel Leistung im oberen Drehzahl Bereich und kleinem 9-Liter-Tank ist sie eine auf den Straßenverkehr zurechtgestutzte, schon fast profimäßig einsetzbare Sport-Enduro.

Ab 1990 wird die Wasserpumpe direkt von der Nockenwelle und nicht mehr von einem separaten Elektro-Motor angetrieben. Die Competition-Version (Sport-Modell) zeichnete sich durch ein verschraubtes Rahmenheck aus edlem Aluminium aus. Ab 1991 wird das Motoröl durch einen externen Feinst-Ölfilter im Alu-Gehäuse gedrückt. Trotz aller Vorsorge ist nicht zu vergessen, dass es sich bei dem Motor um einen Sport-Motor handelt, so dass die Ölwechselintervalle nach 2.500 km unbedingt einzuhalten sind. Auch behutsames

Warmfahren ist für die Lebensdauer von ausschlaggebender Bedeutung. Bis auf den ungewohnten, linksseitig angebrachten Kick-Starter gab's mit dem Starten keine sonderlichen Probleme. Bei kalten Außentemperaturen konnte es schon mal zu ungewollten verbalen Äußerungen kommen, wenn der Motor nicht ganz so wie der Fahrer wollte. Eine korrekte Einstellung, sowie die richtige Bedüsung waren Voraussetzungen für eine erfolgreichen Startprozedur.

Der Verbrauch lag bei rund 6 Litern Super verbleit (!). Anfangs traten gelegentliche Schäden an der mit der Zeit immer schwieriger zu dosierenden Mehrscheibenkupplung im Ölbad auf – die Folge von Kerben im Innenkorb der Kupplung. Vor allem in höheren Drehzahlregionen, wo sich speziell die 600er pudelwohl fühlt, teilt der ausgleichswellenlose Eintopf massig Vibrationen aus.

Edel-Enduro für Hartgesottene – die 620 LC 4 Enduro

1994 präsentierte sich die 620er LC 4 als verschärfte Version ihrer 600er Vorgängerin. Die umfangreichen Modellpflegemaßnahmen lassen sie zu einem eigenständigen Motorrad werden, die mit der '93er 600 LC 4 allenfalls noch das Konzept gemeinsam hat. Der Hubraum wurde nicht etwa durch simples Aufbohren eine Etage höher gehievt, sondern bekam eine komplett neue Kurbelwelle, die den Kolben nunmehr zwei Millimeter weniger auf-, bzw. abgehen lässt. In Verbindung mit einer um sechs Millimeter größeren Bohrung ergeben sich satte 609 ccm. Sinn und Zweck der aufwändigen Maßnahmen war die Leistungssteigerung über die Drehzahl.

Um dem gesteigerten Gemischbedarf nachzukommen, wurde der Rundschieber-Vergaser von ehemals 38 (den erhält 1994 die neue 400 LC 4 Enduro) auf 40 Millimeter im Querschnitt vergrößert. Durch die seit 1995 verbaute, 700 Gramm schwere, zahnradgetriebene Ausgleichswelle läuft der Eintopf spürbar kultivierter. Ein optimierter Ölpumpenantrieb aus Kunststoff sorgt seitdem für eine standfestere und geräuschärmere Versorgung aller Schmierstellen. Aus gleichen Gründen werden nun auch progressiv wirkende Ventilfedern verwendet, die bei gleicher Drehzahlfestigkeit eine geringere Belastung auf den Ventiltrieb ausüben. Das vierte und fünfte Gangradpaar des 620er-Getriebes wird verstärkt und erhält zudem über den erweiterten Druckumlauf-Schmierkreislauf eine zusätzliche Versorgung über Spritzdüsen.

Für 1996 wird nochmals Hand ans Getriebe gelegt: Der erste und letzte Gang werden etwas kürzer übersetzt und machen sich im Alltag durch noch besseren Antritt und ein verbessertes Durchzugsvermögen bemerkbar. Um den bauartbedingten Lastwechseln an Kupplung und Getriebe die Belastungsspitzen zu nehmen, verbauen die Alpentechniker ma-

6

6. Mit dem LC4-Motor ist ein kräftiger Geselle, den KTM den unterschiedlichen Bedingungen entsprechend abstimmt und seit 1988 permanent weiterentwickelt hat. Heute leistet der 640 ccm große, wassergekühlte Einzylinder Viertaktmotor in der Duke 58 PS.

terialschonende Ruckdämpfer im Kupplungskorb. Ein Kühlventilator vervollständigt im zweiten Modelljahr 1995 das Kühlsystem und sorgt auch im Stadtgewühl für einen gleichbleibend kühlen (Zylinder-)Kopf. Damit es dem Fahrer beim Ankicken (links!) nicht noch wärmer wird, wird das Modell später mit einem automatischen Dekompressions-System ausgestattet. Zuvor war am linken Lenkerende ein kleiner Deko-Hebel untergebracht. Dem bei Vollgasfahrten ansteigenden Ölverbrauch (siehe Kurbelgehäuseentlüftung!) begegnet man mit einer um 0,3 Liter verringerten Ölmenge (von 2,4 Liter auf 2,1 Liter). Wird das Ölniveau in der Wanne (man achte auf die Druckumlaufschmierung bei KTM!) herabgesetzt, so panschen die Kurbelwangen nicht mehr so stark im Schmierstoff. Folglich wird durch die stark pulsierenden Drücke im Motorgehäuse auch weniger in die Kurbelgehäuseentlüftung gedrückt. Außerdem verringern sich die Verluste im Motor.

Die Reserven der serienmäßigen WP-Elemente sind beeindruckend. Ohne Probleme lässt's sich mit der hochhackigen KTM im Gelände herumtoben, bis dem Fahrer die Puste ausgeht. Im Vergleich zur 600 LC 4 von 1993 ist die 620er mit einem neuem Innenleben der

7. *KTM 620 Rally – mit solch einem Motorrad nahm Andrea Meyer an der Granada-Dakar Rally 1996 teil.*
8. *Die LC4 620 Competion kommt 1999 ohne Ausgleichswelle aus. Umso spontaner ist die Gasannahme.*

Gabel und des Mono-Federbeins unterwegs. Für das Modelljahr '95 wurden die ohnehin schon guten Federelemente des '94er Modells nochmals leicht überarbeitet. Neben geänderten Federwegen (vorn 320 mm, hinten 300 mm) sprechen sie noch sensibler an, ohne bei extremer Belastung in die Knie zu gehen. Für 1996 erfuhr die schon beinahe perfekte LC 4 eine Überarbeitung der Bremsanlage. Die Bremszangen wurden verstärkt und der Bremsscheibendurchmesser wuchs vorne von 260 auf 300 Millimeter.

9. Die 620 LC4 Adventure von 1998 ist eine Reise-Enduro mit gewohnt guten Nehmerqualitäten im Offroad-Bereich. Der 28 Liter-Tank und die fast ein Meter hohe Sitzposition laden zum endlosen Alpentouren genauso ein wie zu flotten Drifts auf losem Untergrund.

Reine Enduro mit Straßenzulassung – die 620 LC 4 Competition

Unterschiede zur Standard-620 LC 4:

1. Angeschraubter Alu-Heckrahmen (Enduro 620 LC 4 geschweißter Stahlrahmen)
2. Offene Motorleistung mit 59 PS
3. Auspuff-Endtöpfe aus Leichtmetall
4. Geänderte Vergaserbedüsung
5. Serienmäßige Off-Road-Bereifung
6. Nur für eine Person zugelassen

Für Wüstenfüchse – die 620 LC 4 Dakar

Die seit 1995 (1994 nur auf Anfrage) zu habende Rallye-Version unterscheidet sich lediglich durch einen größeren 20 Liter-Acerbis-Tank und gewichtreduzierende Maßnahmen vom Competition-Modell. Neben zusätzlichem Kraftstoffreservoir, Motorschutz, Trinkwasservorrat und teurem GPS sind die Unterschiede eher marginal.

9

lerproduktion ein und präsentiert die 600 LC4.

Trotz großartiger Sporterfolge wurden die wirtschaftlichen Probleme so groß, dass 1989 die Aktienmehrheit schließlich an den GIT-Trust Holding verkauft wurde, wobei die Unternehmensführung von Dr. Josef Taus übernommen wurde. Im gleichen Jahr verstirbt der Firmenchef Eric Trunkenpolz. Trotz dieser Tiefschläge reißen die sportlichen Erfolge nicht ab. So wird KTM im gleichen Jahr mit dem amerikanischen Fahrer Trampas Parker 125 ccm Moto Cross-Weltmeister. In der Seitenwagen-Kategorie gewinnen die beiden Schweizer Zwillinge Andreas und Christoph Hüsser die Goldene Schüssel.

So überzeugend sich die sportlichen Erfolge lesen und so enthusiastisch die eingeschworenen Fans auch zu der Marke stehen – KTM-Motorräder waren weiß Gott nicht ohne Macken. Durch die nicht gerade sprichwörtliche Zuverlässigkeit galten die Maschinen zwar als gut gemeinter Insider-Tipp für hartgesottene Kracks, Amateur- und Profi-Offroader, nicht aber für die breite Masse. Überzeugend ist und sind hingegen die einmalige Kraftentfaltung sowie das für nahezu alle Lebenssituationen gerüstete Fahrwerk. Auf Komfort verzichtet man hingegen gern, frönt lieber der ausgelassenen Bolzerei auf unbefestigtem Untergrund und beschränkt sich dabei aufs Nötigste.

1990 gewinnt Paul Edmonson die Enduro-WM in der 125er-Klasse, Peter Hansson wiederholt den Erfolg ein Jahr darauf den 500er-Klasse. Doch sind rennsportliche Trophäen nicht alles – zumindest nicht dann, wenn es um die Existenz eines Unternehmens geht. Mit 1,3 Milliarden Schilling Schulden ist KTM im Jahre 1991 am Ende. Unter Führung von Stefan Pierer wird das Unternehmen KTM Sportmotorcycle GmbH im Jahr 1992 völlig neu strukturiert. Die erste Entscheidung hieß, sich von allen Produkten zu trennen, die nicht unmittelbar in das Offroad-Segment passen. Keine Motorroller mehr, keine Mopeds und Mofas, nur noch Zweiräder, die man erst lenken sollte, wenn man schon Motorrad fahren kann. Damit war das Hard Enduro-Konzept geboren. Selbst Laien sollten an der schlanken Linienführung und den orangefarbenen Lackierungen auf den ersten Blick eine KTM erkennen können.

10. Mit 58 kg ist der exakt 942 ccm große 75°-V2 der LC8 (Adventure, Rally, Duke) rund 20 Prozent leichter als Konkurrenz-Twins. Gewichtsoptimierung und Haltbarkeit standen bei der Entwicklung im Vordergrund. Zwischen den Zylindern rotiert eine so genannte Multifunktionswelle. Sie fungiert mit zwei Ausgleichsgewichten als Ausgleichswelle, treibt die Wasserpumpe und die Zentrifuge der Motorgehäuseentlüftung an und dient als Zwischenrad für den elektrischen Anlasser sowie als Antrieb der beiden Steuerketten. Die beiden DOHC-Vierventilköpfe sind um 180° Grad gedreht. Zwei Gleichdruckvergaser übernehmen die Kraftstoffversorgung.

Mit der Unternehmens-Aufteilung in insgesamt vier Segmente (Kühler, Werkzeugbau, Fahrräder und Motorräder) setzt der neue Geschäftsführer auf traditionelle Werte mit klaren Linien. »Wer die Nase vorn haben will, muss die höchste Innovationsrate aufweisen. Er muss stets an möglichst vielen Stellen dem Wettbewerb voraus sein und über den Erfolg im Rennen und im Markt seine Erfindungen zum Standard machen«, so die damalige Position von Stefan Pierer.

Fortan gehören sportliche Erfolge zum wertsteigernden Marketinginstrument in der Motorrad-Sparte. Die zweite Entscheidung betraf die internationale Vertriebsorganisation. KTM orientierte sich um und richtete sich an japanischen Gepflogenheiten aus. Statt weitgehend unabhängiger Klein- und Kleinstherstel-ler nahm man mehr als 80 Prozent des weltweiten Vertriebs und Marketings in die eigene Hand. Der britische Hersteller Triumph handelte zur Zeit des Comebacks im Jahr 1991 ähnlich und verzichtete in den nächsten Jahren mehr und mehr auf Zuliefererfirmen. Schon bald verfügte KTM über hundertprozentige ausländische Tochtergesellschaften wie White Power Suspension (niederländischer Fahrwerksspezialist) und Husaberg (schwedischer Offroad Hersteller) und somit auch über deren Know-how.

11. Mit der 125 Sting bemüht sich KTM sehr zeitig um Nachwuchskonsumenten der Droge Funbike. Dass sie ihr Versprechen vom Spaß mit dem Gas auch wirklich halten kann, dafür sorgen die typisch hochwertigen Komponenten, wie die einstellbare Upside Down-Gabel, verchromte Speichenräder der Marke Akront und feinste Brembo-Bremszangen, die zum Stoppie einladen wie die Kuh zum Melken.

11

Auf der IFMA 1992 überraschte KTM mit der Duke. Angetrieben vom 620er-LC4-Single, seinerzeit noch mit Enduro-Instrumenten und -Kotflügeln, war sie eines der Highlights der Messe. Liefern konnte KTM jedoch erst im April 1994, schließlich musste man sich auch noch um den Offroad-Sektor kümmern. Doch die Akzente ließen Branchenkenner aufhorchen, denn mit der Duke war der Sprung vom Gelände auf die Straße vollzogen. KTM befand sich im Aufwind. So verwundert es nicht, dass auch in den Jahren 1992 gleich zwei Weltmeister auf einer KTM unterwegs sind: Jeff Nilsson siegt in der 125er-, Mario Rinaldi in der 350er-Enduro-Klasse. Seit 1993 engagiert sich KTM stärker als bisher im Bereich Rallye und nimmt Ende 1993 erstmals an der legendären Paris–Dakar teil. Die gewaltigen Investitionen von anfangs 2,2 Millionen EUR, später sogar 3 Millionen EUR, für das Paris-Dakar-Team, werden sich eines Tages auszahlen – so die Auffassung von Stefan Pierer. Und er sollte Recht behalten. So heißt 1993 der Sieger der Atlas-Rallye in fünf Klassen KTM. Ende 1993 startet KTM erstmals bei der Paris–Dakar. Doch noch sind die BMWs (R 100 GS / R 1100 GS) und Yamahas (XT 660 Z / XTZ 750) für die Österreicher uneinholbar.

Nachdem man 1994 die GmbH in eine AG wandelte, war der Weg zur Wiener Börse geebnet. Dass dieser Schritt nicht ganz ohne Risiko ist, bewies der Rückzug aus dem Aktiengeschäft im Jahre 1999. Trotzdem erreichte man damit speziell auf dem wichtigen US-Markt ein hohes Maß an Akzeptanz. Produkte wie beispielsweise die seit 1994 produzierte Duke faszinierten die weltweite Fachpresse

12. *Jeremy McGrath, der US-Supercross Pilot des letzten Jahrzehnts und 7-facher Champion bestreitet bis 2006 auf der für 2003 neu konstruierten KTM 250 SX die Supercross-Meisterschaft. Fahrfertig ist die Maschine mit 97,1 Kilogramm Gewicht 3 kg leichter als ihre Vorgängerin. Nach neuem FIM Reglement fahren ab 2003 die 250er Zweitakter mit den 450er Viertaktern in einer Klasse.*

12

und Fans gleichermaßen. Ein Motorrad, das es so noch nicht gegeben hat und das den Trend zum puristischen Funbike auslöst. Weltweit auf 500 Stück (für Deutschland davon 300 Einheiten.) limitiert, war sie binnen kürzester Zeit ausverkauft, so dass man die stark modellgepflegte Second Edition für 1995 nun 800 Mal produzierte. 1995 kauft KTM den schwedischen Hersteller Husaberg und übernimmt den Hersteller von Federelementen White Power Suspension. Zu dieser Zeit beträgt die Jahresproduktion rund 12.000 Motorräder. Siege bei der Master Rallye und Tunesien-Rallye vervollständigen den Erfolg der Marke. 1996 gewinnt Shayne King unter anderem die 500er Moto Cross-WM. Seitdem wird der potente LC4-Motor mit E-Starter gebaut. Die SC-Modelle (Super Competion) werden jedoch weiterhin nur mit Kickstarter ausgestattet. 1997 feiert die LC4 Adventure ihr Debüt und begibt sich somit in das Fahrwasser der Reiseenduros.

1997 beginnt die erfolgreiche Ära bei der Rallye Paris–Dakar. Bei der 20. Rallye im Jahr 1998 belegt KTM durchgehend die Ränge zwei bis zwölf. 1999 krönen insgesamt sechs Weltmeistertitel den sportlichen Erfolg. Daheim in Mattighofen entsteht indes ein neues Werk, das im September 1999 produktionsbereit ist. In dem neuen Entwicklungszentrum wird auch der LC8-V2-Motor entwickelt (18 Monate), der erste Zweizylinder von KTM überhaupt. In den Abmaßen deutlich kompakter und im Ergebnis leichter und stärker als vergleichbare Konkurrenzmotoren, soll der leistungsstarke 75°-V den Mitbewerbern das Fürchten lehren. Zu sehen ist die V2 Rallye erstmals auf der INTERMOT im Herbst 2000 in München. Dass es sich nur um einen »gebastelten« Prototypen handelt, interessiert die Besucher nicht sonderlich. Die LC8 begeistert vom ersten Moment an. Erstmals wird die fertige Wettbewerbsmaschine 950 Rally auf der internationalen Motorradmesse EICMA im September 2001 in Mailand vorgestellt und geht im direkten Anschluss mit den Fahrern Gio Sala und Fabrizio Meoni bei der Ägypten-Rallye an den Start.

13. Werksfahrer Fabrizio Meoni gewann mit diesem Prototypen der völlig neu konzipierten KTM 950 Rally die »Dakar« 2002. Auf den zehn weiteren Plätzen folgten ausschließlich KTM-Piloten. Weitere Siege bei der Ägypten-Rallye (Fabrizio Meoni) und der Tunesien-Rallye (Joan Roma) unterstreichen die Qualitäten und Zuverlässigkeit des neuen Zweizylinder-Motorrads.

14. Supermoto-Star Thierry van den Bosch wird 2002 vorzeitiger Supermoto-Europameister auf KTM.

13

14

15

16

15. *Mit der 98 PS starken 950 Adventure hat KTM eine sportliche Reise-Enduro im Programm. Der LC8-Motor schiebt kräftig voran. Parallel wird auch eine S-Version (Bild, Mod. 2004) angeboten. Sie unterscheidet sich durch längere Federelemente mit mehr Federweg. Vom Gitterrohrrahmen ist kaum etwas zu sehen.*
16. *Nach der ersten Duke, Supermoto und der Adventure will KTM im Jahr 2005 mit der großen Duke endgültig in den Straßenmotorradmarkt einsteigen. Ihre minimalistische Ausstrahlung verleiht eine gehörige Portion Mad Max-Atmosphäre. Der modifizierten 75°-V2 soll in Serie 115 PS bei 9.500 min*$^{-1}$ *und ein Drehmoment von 96 Nm bei 7.000 min*$^{-1}$ *produzieren. Im Gegensatz zur Adventure S verfügt die große Duke über eine elektronische Saugrohreinspritzung, ein Sechsgang-Getriebe und modifizierte Zylinderköpfe mit höherer Verdichtung. Der Hubraum war mit 950 ccm angekündigt, später nach oben auf 990 ccm angehoben.*

2001 schafft KTM endlich den lang ersehnten Sieg bei der härtesten Rallye der Welt, der knapp 10.000 Kilometer langen Paris–Dakar. Fabrizio Meoni gewinnt vor Jordi Arcarons, Carlo de Gavardo (Chile), Isidre Esteve Pujol (Spanien) und Alfie Cox (Südafrika) – allesamt auf KTM unterwegs. Ein unvergleichlicher Triumph für Hans Trunkenpolz. Es ist der größte Erfolg in der Paris-Dakar-Geschichte. Niemals zuvor hatte ein Hersteller die ersten fünf Plätze auf dieser Rallye belegt. Wie hart die Rallye wirklich ist, verdeutlicht die hohe Ausfallquote von über 41 Prozent (55 von insgesamt 133 Fahrern). Wie hoch die finanziellen Entwicklungskosten neuer Modelle sind, zeigen die Investitionen von jährlich über 7 Millionen EUR. Rund 80 der insgesamt 930 Mitarbeiter sind ausschließlich für diesen Bereich zuständig. Heute (Std. 2004) fertigt das Werk über 250 Motorräder täglich. Das Besondere ist, dass der größte Teil nicht einmal für den regulären Straßenverkehr, sondern für den Rennsport- und Geländeeinsatz gebaut wird. In dieser Vielfalt und Professionalität ein bisher unerreichter Erfolg. In den nächsten Jahren soll der Absatz bis auf 300 Exemplare pro Tag erhöht werden.

Mit der 950 Adventure kreiert KTM die neue Gruppe der »All Terrain Enduros«. Ein Motorrad, mit dem man sozusagen alles machen kann und sich eng an die Wettbewerbsmaschine anlehnt. Dabei kann man im Serienmodell getrost auf die beiden Hecktanks verzichten. Zwei Schalldämpfer ersetzen die Solo-Racing-Anlage aus Titan. Da die 950 Adventure auch auf befestigten Straßen mit über 200 km/h bewegt wird, fallen die Federwege rund 35 Millimeter knapper aus. Dafür rundet eine 300er-Doppelscheibenbremse im Vorderrad (die »Rallye« verfügt nur über eine Solo-Scheibe) die Alltagstauglichkeit ab.

Dass KTM auf dem besten Weg zu den ganz großen Motorradherstellern ist, belegen auch die Verkaufszahlen aus den vergangenen Jahren. Während speziell die japanischen Hersteller über starke Einbußen klagen, verbuchte

17. KTM's jüngstes Projekt ist die supersportliche RC8. Angetrieben wird sie von einem 75°-V2 mit rund 1.000 ccm Hubraum. Die Serienproduktion soll 2007 anlaufen.

KTM im Jahr 2000 ein Absatzplus von 33 Prozent, 2001 und 2002 sogar von jeweils 40 Prozent. Mit weltweit 61.850 verkauften Motorrädern (davon etwa 13.300 Kleinräder, die so genannten »Sportminicycles«) wurde 2002 ein Gesamt-Umsatz von 320 Millionen EUR erzielt. Die größten Einzelmärkte sind nach wie vor die USA (17.500 Motorräder) vor Deutschland (8.500 Motorräder), Frankreich (4.600 Motorräder) und Australien (3.500 Motorräder). Das strategische Ziel ist der Weg in die Oberklasse. Auf die 950 Adventure, die für den Sporteinsatz konzipiert ist, wird über kurz oder lang ein Straßenmotorrad folgen. Und in einigen Jahren will KTM auch in der Superbike- oder Moto GP-Klasse den Ton angeben. Wie ernst es die Mattighofener meinen, zeigt die jüngste Studie eines kompromisslosen Naked Bikes, der großen Duke. Sie soll 2005 in den Handel kommen.

KUGELLAGER

Kugellager haben gegenüber Gleitlagern einen entscheidenden Vorteil : Sie benötigen zur einwandfreien Funktion keinen durchgängigen Schmierfilm. Es reicht ein Ölnebel, um Kugeln und Laufflächen ausreichend zu schmieren. Doch sind gute Lager nicht ganz billig. Gegenüber einfachen Gleitlagern übersteigen sie deren Kosten um ein Vielfaches. Richtig dimensioniert und eingesetzt sind sie jedoch belastbarer als Gleitlager.

Siehe auch unter »Schmierung, Schmierstoffe, Reibung, Lager«

KÜHLER

Ein Kühler ist ein Wärmetauscher. Bei Motoren unterscheidet man zwei Gattungen: Wasserkühler und Ölkühler. Dabei ist der Kühler meist so in das Kühlsystem integriert, dass erst bei einer bestimmten Temperatur des Mediums ein Thermostat geöffnet wird und somit den Weg durch den großen Kühlkreislauf freigibt. Wasserkühler können zur besseren Ausnutzung der Kühlfläche konkav gebogen sein.

Siehe auch unter »Wasserkühlung«

KÜHLRIPPEN

Luftgekühlte Motoren verfügen über Kühlrippen. Grund ist die vergrößerte Oberfläche, die das Triebwerk vorm Hitzekollaps bewahren soll. Im Fachjargon nennt man die Wärmeabfuhr an die Umgebungsluft Konvektion. Bedingt durch den höheren Wärmeverzug benötigen luftgekühlte Motoren über größere Laufspiele als flüssigkeitsgekühlte Antriebe. Auch der Ventiltrieb muss dem höheren Ausdehnungsfaktor durch größeres Ventilspiel kompensieren. Durch die voluminöse Gestaltung der Kühlrippen kommt es zu mehr oder weni-

Supersportliche Motorräder sind zugunsten einer besseren Aerodynamik möglichst schlank und flach gebaut. Um die erforderliche Oberfläche der Lamellen zu vergrößern, verwendet man häufig gebogene Kühler.

ger starken Ausdehnungsvorgängen, die durch Verzug zu Abdichtungsproblemen führen können. Bekannt ist auch das so genannte Schwirren, dem man seit den siebziger Jahren mit kleinen Gummi-Einlagen begegnete.

KÜHLUNG

Ohne Kühlung würde jeder Motor überhitzen. Im Motorradbau unterscheidet man zwischen drei Kategorien: Luftkühlung, Luft-/Ölkühlung und Wasserkühlung. Die reine Luftkühlung basiert komplett auf der Konvektion, also der Wärmeabstrahlung über das gesamte Motorgehäuse an die Umgebungsluft. Aus diesen Gründen ist der kühlende Fahrtwind hier von entscheidender Bedeutung. Luft-/ölgekühlte Motoren sind ebenfalls mit Kühlrippen ausgestattet, verfügen im Inneren jedoch über einen vergrößerten Ölkreislauf.

Mit Hilfe des Schmiermittels wird die Wärmeenergie anschließend zu einem großen Ölkühler transportiert und dort an die Umgebung abgeführt. Luft-/ölgekühlte Maschinen besitzen in der Regel zwei Kühlkreisläufe, wobei der große Ölstrom zum sekundären Kreislauf zählt und häufig mit einer separaten Pumpe ausgestattet ist.

Der Vorteil gegenüber der reinen Wasserkühlung liegt in der kompakteren Bauweise des Aggregates. Dessen Kühlleistung bringt die Luft-/Ölkühlung allerdings nicht. Auch hält sich der Gewichtsvorteil in Grenzen, da lediglich das Thermostat samt Gehäuse, Ausgleichs-

Bei luft-, oder luft-/ölgekühlten Motoren verwendet man Kühlrippen zur Abführung der Motorwärme. Darüber hinaus prägen sie auch das Erscheinungsbild. Das wissen Designer genauso gut wie Kaufleute und greifen darum bei preisgünstigen Motorrädern gern auf einfache Motoren zurück. Bei wassergekühlten Motoren haben angedeutete Kühlrippen in der Regel nur optische Gründe.

1. *Bei wassergekühlten Motoren werden die Zylinder vom kühlenden Wassermantel umspült. Das senkt die Betriebstemperatur und ermöglicht kleinere Einbauspiele.*
2. *Um das Kühlwasser zu transportieren ist eine Pumpe erforderlich. Ein Thermostat öffnet ab einer bestimmten Temperatur einen größeren Kreislauf. So kommt der Motor schneller auf Betriebstemperatur. Ein temperaturabhängiger Ventilator schaltet sich bei hohen Temperaturen ein, um die Abfuhr der erwärmten Umgebungsluft zu unterstützen.*

1

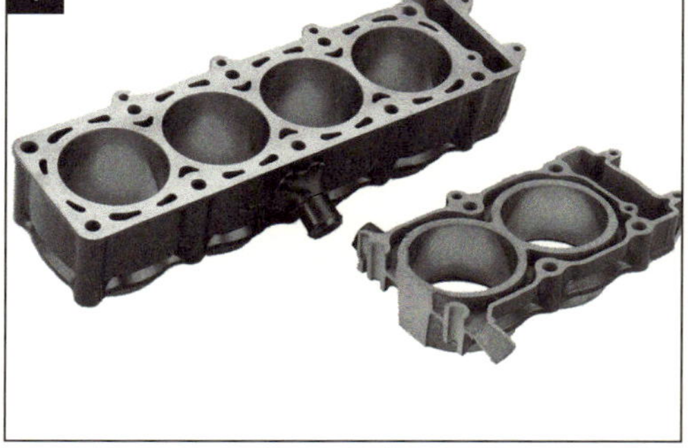

2

behälter und diverse Schläuche eingespart werden können.

Die Wasserkühlung ist die aufwändigste Kühlung, da hier nicht nur einzelne Bereiche (z.B. Zylinderkopf, Kolben) zusätzlich gekühlt werden, sondern auch die Zylinderlaufbuchsen vom Wasser umspült werden. Das Thermostat verkürzt die Warmlaufphase, was einer höheren Lebensdauer zuträglich ist und die mechanischen Geräusche reduziert. Die optimale Kühlmitteltemperatur liegt zwischen 60 und 65° C.

KUPPLUNG

Die Kupplung stellt die Verbindung zwischen Motor und Getriebe dar; durch Ziehen der Kupplung (mechanisch per Seilzug oder hydraulisch) werden die Reibscheiben gegen den Federdruck des Korbes auseinander gedrückt. Dadurch wird der mit der Eingangswelle verbundene Kupplungskorb am Mitnehmen gehindert, so dass das Getriebe keine Antriebskräfte mehr überträgt. Bauarten: Einscheiben-Trockenkupplung (BMW, Moto Guzzi, etc.), Mehrscheiben-Kupplung im Ölbad (sehr verbreitet, in der Regel zwischen 7 und 10 Reibscheiben, Standard japanischer Motorräder), Mehrscheiben-Trockenkupplung (Rennmaschinen, Ducati 996, etc.). Kaum ein anderes Bauteil wird im Motor derart beansprucht. Dabei sind die eigentlich Leidtragenden die Reibscheiben. Durch den Wegfall des reibungsmindernden Schmiermittels (benötigt durch die geringere Reibung eine höhere Anpresskraft) fallen die nötigen Federkräfte bei Trockenkupplungen häufig niedriger aus als bei Kupplungen, die im Ölbad laufen.

Bei wirkender Motorbremse (Gaswegnahme, Herunterschalten) überträgt die Kupplung zudem das Bremsmoment, so dass sich die Belastungsrichtung umkehrt. Bei der weit verbreiteten Mehrscheibenkupplung werden diese Kräfte (unabhängig von der Richtung) über den Kupplungskorb übertragen, die bei übermäßiger Beanspruchung Kerben hinterlassen können und die Dosierbarkeit beeinträchtigen. Um zu gewährleisten, dass die Kupplung im Fahrzustand sicher »greift«, sollte das Spiel am Hebel rund 2–3 mm betragen (Herstellerangaben beachten). Ist das Spiel zu groß, trennt die Kupplung nicht mehr korrekt. Die Bedienungskräfte des Getriebes sowie der Verschleiß an den Reiblamellen und dem Korb erhöhen sich.

KUPPLUNGSDECKEL

Hinter dem Kupplungsdeckel im Ölbad laufender Kupplungsscheiben verbirgt sich die Mimik, in manchen Fällen ist auch ein Teil des Primärtriebes sichtbar. Da die meisten Kupp-

Gut zu erkennen ist das angetriebene Zahnrad vom untersetzten Primärtrieb. Die Reiblamellen sind so geordnet, dass sich eine innere stets mit einer äußeren abwechselt. Über Federn wird der erforderliche Kraftschluss hergestellt, der die inneren und äußeren Lamellen aneinander presst. Jetzt kann die Leistung vom Kupplungskorb auf die Getriebeeingangswelle übertragen werden.

Diese kleine Fotomontage hebt den großen Kupplungsdeckel vom Rest ab.

Der Kurbeltrieb der Yamaha TDM 900 zeichnet sich trotz Zweizylinderreihen-Bauweise durch einen Hubzapfenversatz von 90° aus. Die Welle selbst ist einteilig und besteht aus gehärtetem Stahl. Sie nimmt die beiden Pleuel im unteren Pleuelauge auf. Vorn liegen die beiden von der Kurbelwelle angetriebenen Ausgleichswellen.

lungen aus mehren, im Ölbad laufenden Reiblamellen bestehen, muss der Kupplungsdeckel durch eine Dichtung den Ölaustritt verhindern. Vor der Demontage also zuerst das Öl ablassen. Motorräder mit Trockenkupplung sind hier eindeutig im Vorteil, da Reparaturen wesentlich schneller durchgeführt werden können und sie darum häufig bei Rennmaschinen verwendet wird. Bei Serienmaschinen hat der Kupplungsdeckel auch die Aufgabe der Geräuschdämmung.

KURBELWELLE

Die Kurbelwelle ist das Bauteil im Motor, welches von der translatierenden Bewegung der Kolben über das Pleuel in eine Drehbewegung versetzt wird. Je nach Motorbauart (V-, Reihen-, Boxermotor) sind verschiedene Kröpfungen (siehe auch unter »Hubzapfenversatz«) erforderlich. In der Regel werden vergütete Guss-Bauteile verwendet, die als großes Einzelbauteil oder aus mehreren Einzelteilen (gepresst) bestehen. Um Vibrationen und Belastung zu reduzieren, wird die Kurbelwelle ausgewuchtet (zu sehen an den kleinen Bohrungen in den Kurbelwangen). Am effektivsten ist eine Feinwuchtung, bei der Pleuel, Kolben samt Bolzen, sowie Kolbenringe montiert sind. Meistens ist bei modernen Motoren eine Kurbelwange (auch Hubscheibe genannt) gleichzeitig als Teil des Primärtriebes ausgelegt. Dies spart Gewicht und Baubreite. Zudem muss bei Viertaktern der Antrieb der Nockenwelle(n) sichergestellt werden (Königswelle, Zahnradkaskade, Zahn- oder Rollenkette oder Riemen).

L

LACKIERUNG

Die Lackschicht dient in erster Linie dem Schutz von Metallteilen gegen Korrosion. Damit der Lack gut auf der Oberfläche haftet, ist eine ebene, saubere und fettfreie Fläche Voraussetzung. Der Grundschicht folgt die erste Lackschicht in Fahrzeugfarbe. Durch die Kombination einzelner Farben lassen sich verschiedene Effekte erzielen und durch mehrere Lackschichten die Qualität steigern. Eine abschließende Schutzschicht aus Klarlack soll die aufwändige Arbeit für eine möglichst lange Zeit konservieren. Das war speziell Ende der achtziger bis Mitte der neunziger Jahre nicht immer der Fall. Zwecks Kostenreduzierung wurde als Erstes dort gespart, was für das Auge nicht gleich sichtbar ist. Absplitternde Teilchen, matte Oberflächen und rostende Tanks waren die Folge solcher Sparmaßnahmen. Der Hoffnung auf einen kulanten Austausch innerhalb der Garantiezeit entsprechen die Händler oder Importeure nicht immer, womit der Schwarze Peter erst einmal beim Kunden wäre. Der steht naturgemäß gleich vor mehreren Problemen. Zum einen verliert das Motorrad einiges von seinem Reiz, zum anderen sinkt der Wiederverkaufswert beträchtlich. Was bleibt, ist entweder eine mehr oder weniger

Nach der Lackierung werden die Embleme aufgeklebt und sollten mit einer zusätzlichen Klarlackschicht geschützt werden.

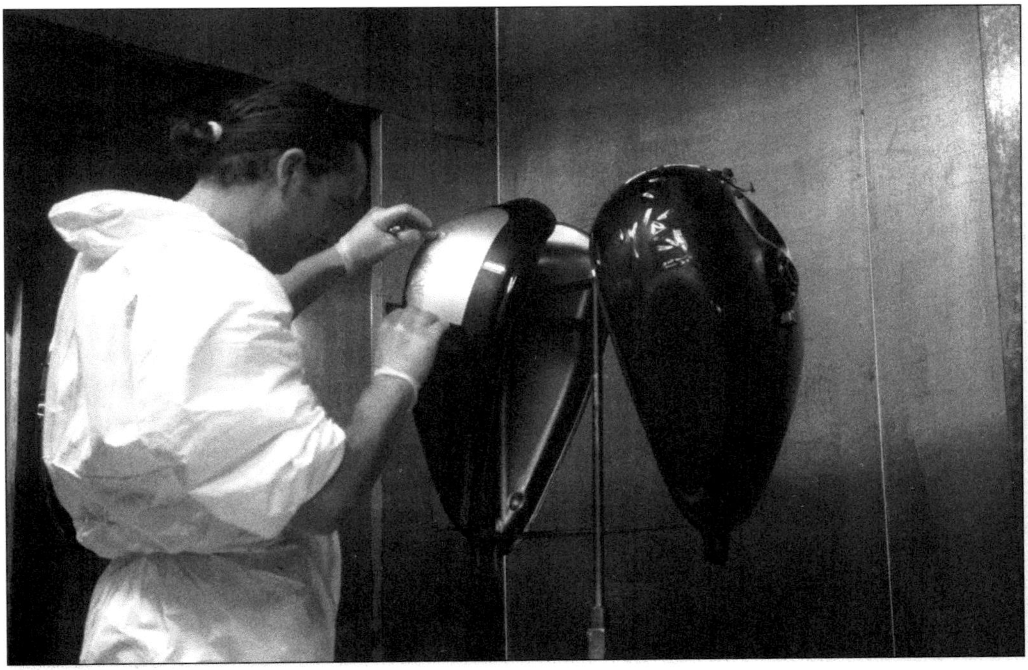

notdürftige Ausbesserung mittels Lackstift (ab 10 EUR aufwärts), in einigen Fällen gar ein neuer Tank oder gleich eine neue Lackierung.

Sonderlackierungen hatten schon immer ihre Anhänger – allerdings auch ihre Ächter. Tatsache jedoch ist, dass ein nicht originaler Lack den Wiederverkaufswert mindert. Speziell bei vollverkleideten Motorrädern kommt eine neue, hochwertige Lackierung meist günstiger als Neukauf der Teile. Zudem kann sie im Fachbetrieb oder mit geübtem Händchen in Eigenregie repariert werden. Mag die neue Lackierung im Auge des Betrachters auch noch so schön sein – spätestens beim Verkauf gibt's dafür gehörigen Punktabzug.

LAMBDA

Lambda ist das Mischungsverhältnis von Kraftstoff zu Sauerstoff. Im Idealfall (Lambda = 1) beträgt dieses Verhältnis 1 : 14,7. Um dem Motor die korrekte Menge Kraftstoff zuzuführen, bedarf es einer Möglichkeit, das vorhandene Mischungsverhältnis am Ende des Arbeitsprozesses im Auslass-System zu messen, so dass die Kraftstoffmenge auf den optimalen Wert korrigiert werden kann (Lambda-Sonde, Motormanagement). In diesem Fall spricht man vom geregelten Drei-Wege-Katalysator, der je nach Last- und Betriebszustand die Gemischzusammensetzung reguliert. Eine elektronische Kraftstoffeinspritzung bietet sich für diese Zwecke an, ist allerdings nicht zwingend erforderlich. Vorgeheizte Sonden haben den Vorteil, dass sie schneller auf Temperatur kommen und damit zu einem früheren Zeitpunkt genauere Werte liefern. Die erste Lambda-Sonde wurde 1976 im Automobilbau verwendet.

LAMPENVERKLEIDUNG

Wie der Name bereits verrät, verkleidet eine Lampen- oder Cockpit-Verkleidung lediglich den Scheinwerfer, beziehungsweise die Instrumente. Eine spürbare Entlastung des Fahrers kann in der Regel nur bis zum Schulterbereich erwartet werden. Meist haben diese Verkleidungen eher Design-technische Gründe. Mittlerweile gibt es jedoch auch Motorräder, die auf Grund ihrer aerodynamisch geformten Instrumentenkonsole ähnliche Wirkungen erzielen. Schnelle Motorräder können durch aufkommende Turbulenzen und erhöhten Auftrieb (Entlastung des Vorderrades), die durch die lenkerfeste Montage direkt oder indirekt (über den Fahrer) eingeleitet werden, zum Pendeln angeregt werden. Darum spielt die Aerodynamik trotz der kleinen Abmessungen eine große Rolle.

LÄNGSLÄUFER

Als Längsläufer bezeichnet man Motorräder mit längs zur Fahrzeugrichtung laufender Kurbelwelle (Aprilia RSV – Benelli Tornado – Ducati – Honda CB, CBR, CBX – Kawasaki Z, ZRX, ZZ-R, ZX – Suzuki GSX, GSX-R – Triumph – Yamaha FZ, FZR, XJ, XJR, YZF –

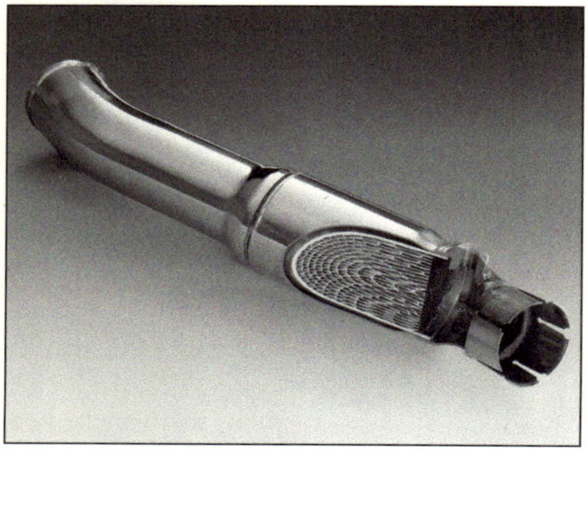

Dort wo das Gewinde ist, sitzt bei einem geregelten Katalysator normalerweise die Lambda-Sonde. Bevor das Abgas den Kat passiert, misst sie die Emissionswerte und gibt die Signale an das Motormanagement weiter. Die so genannte Blackbox regelt bei betriebswarmem Motor anhand der internen Datenbank der Blackbox den Kraftstoffgehalt rauf oder runter – solange, bis der Wert bei Lamda 1 liegt.

u.v.a.). Die Motoren an sich sind quer eingebaut.

LASTWECHSELREAKTIONEN

Hauptverursacher ausgeprägter Lastwechselreaktionen sind Schwankungen des Motordrehmoments – ausgelöst etwa durch plötzliches Gasgeben, -wegnehmen oder ruckartiges Kuppeln. Großes Spiel im Antriebsstrang fördert das Ruckeln in Fahrzeugslängsachse. Auch feine Motoraussetzer infolge einer zu mageren Abstimmung (Magerruckeln) können als Verursacher in Betracht kommen. Konstantfahrtruckeln tritt meist nur in einem bestimmten Geschwindigkeitsbereich auf und kann auch eine Reaktion einer zu sensiblen Gasannahme des Motors sein.

Der Wunsch nach einem spiel- und ruckelfreien Antrieb ist beinahe so alt wie das Motorrad selbst. Kein Wunder, bringt doch jede Änderung des Lastzustandes mehr oder weniger Unruhe in das des Fahrzeugs und versaubeutelt nicht selten die saubere Linie. Genau das also, was man eigentlich vermeiden möchte. Schuld sind häufig ausgeprägte Lastwechselreaktionen. Sie sind die Konsequenz auf die Richtungsänderung der treibenden Kraft in Längsrichtung. Beim Beschleunigen wird das Motorrad nach vorn geschoben, beim Gaswegnehmen abgebremst. Beide Impulse werden über die Antriebseinheit und damit auch übers Hinterrad eingeleitet. Der gravierende Unterschied besteht jedoch darin, dass beim Gasgeben die Kurbelwelle des Motors die treibende Kraft liefert. Beim Schließen der Drosselklappe, der so genannten Motorbremse, ist das Hinterrad selbst die treibende Kraftquelle. Die Kurbelwelle wird also quasi angeschoben. Das dabei auftretende Ruckeln sind genau genommen Schwingungen, die dem Massenträgheitsgesetz zugrunde liegen. Bei der Änderung der Lastrichtung muss stets das Spiel im gesamten Antriebsstrang zurückgelegt werden. Es kommt unter anderem darauf an, diesen Leerweg so klein wie möglich zu halten, so dass die Stöße in Längsrichtung möglichst klein ausfallen.

Erste Station im Kraftfluss ist der Primärtrieb zwischen Kurbelwelle und Getriebeeingang. Während man früher häufig eine breit bauende Primärkette verwendete, ist heutzutage ein Zahnradpaar die Regel. Schrägverzahnungen verursachen ein hochfrequentes Singen. Während sich die Kette mit der Zeit längt und nach einer gewissen Zeit ausgetauscht werden muss, bleiben die Zahnräder über die gesamte Lebensdauer wartungsfrei. Eine weitere Schlüsselstelle stellt bei mechanischen Schaltgetrieben die Kupplung dar. Mit ihren stufenlos arbeitenden Reibscheiben, die sich

1. Bei Lastwechselreaktionen kommt es zu Schwingungen in der Antriebseinheit, die sich im mehr oder weniger ausgeprägten Ruckeln bemerkbar machen. Mit zwei Fingern am Kupplungshebel lassen sich diese zumindest teilweise kompensieren.

bei getrennter Kupplung lose im Korb bewegen lassen sollten, ist sie ein konstruktiv sehr wichtiges Bauteil, weil dort sämtliche Lastwechselkräfte zusammenlaufen. Da die mechanische Kupplung als einzigstes Bauteil des Antriebsstranges Getriebe und Motor trennen kann, bietet es sich an, bei hohen Rückdrehmomenten genau hier ein gewisses Maß an Schlupf zuzulassen. Dies kann beim plötzlichen Gaszumachen oder Herunterschalten äußerst vorteilhaft sein, da durch die ruckartige Richtungsänderung der Last überschüssiges Drehmoment kompensiert werden kann. Honda rüstete in den achtziger Jahren die hubraumstarken VF-Modelle mit der Anti-Hopping-Kupplung aus. Diese Schiebe-Ruck-Dämpfung ermöglicht einen dosierten Schlupf von bis zu 50 Prozent. Später folgten andere Hersteller diesem Prinzip mit eigenen Konstruktionen.

Im Getriebe selbst greifen mehrere Mitnehmer-Klauen ineinander. Mit den spürbaren Lastwechselreaktionen stehen sie nicht in Zusammenhang. Was bleibt, ist das Zahnflankenspiel, ohne das sich kein Zahnradpaar frei drehen ließe. Letzte Station in der Antriebsquelle ist der Sekundärtrieb – jenes Antriebselement, das das Drehmoment vom Getriebeausgang ans Hinterrad leitet. Grundsätzlich unterscheidet man hier drei Antriebsvarianten. Den Ketten-, Riemen- und Wellenantrieb. Gegenüber dem wartungsarmen Kardan vereint ersterer die Vorteile des niedrigeren Gewichtes bei günstigen Fertigungskosten. Je nach Motorbauart müssen bei Kardan-Maschinen eine (quer laufende Kurbelwelle, z.B. BMW, Moto Guzzi, Honda Gold Wing) oder sogar zwei (längs lauf. Kurbelwelle, z.B. Kawasaki Mean Streak, Suzuki Intruder, Yamaha Bulldog,) 90°-Winkelgetriebe installiert werden, die erstens teuer und zweitens schwer sind. Da jede beschleunigte, bzw. abgebremste Masse schwingt, wirkt sich die Massenträgheit der Welle zusätzlich negativ auf das Lastwechselverhalten aus.

Nicht zu vernachlässigen sind die konstruktiven Vorteile der Kette, wie z.B. der einfache Längenausgleich beim Ein- und Ausfedern mittels Kettentrum sowie der Wegfall des Fahrstuhleffektes und eine weitgehend unbe-

FAHRTIPPS:

1. Zu einem runden Fahrstil gehört weiches Gasgeben und -wegnehmen.
2. Beim Gaswegnehmen die Kupplung leicht ziehen, so dass sie noch nicht auskuppelt.
3. Nicht mit zu hoher Drehzahl durch die Kurve – das hört sich nur schnell an.
4. Nicht in, sondern vor der Kurve herunterschalten – das bringt Zeit für die Konzentration.
5. Zwischengas nicht vergessen – bei Querläufern, wenn überhaupt, sensibler.
6. Rechtzeitig und mit Kupplungsgefühl das Gas anlegen – das macht souverän.

WARTUNGSTIPPS:

1. Leichtgängiger Gaszug mit korrektem Spiel – nur so kann man das Gas fein dosieren.
2. Auf die richtige Kettenspannung achten – zu lose Kette fördert Lastwechselreaktionen.
3. Kette gut gefettet/Ritzel + Kettenblatt ohne Haifisch-Zähne – so läuft's schön geschmeidig.
4. Leichtgängige Kupplung/Spiel korrekt einstellen (hydr. Systeme in einwandfreiem Zustand).
5. Getriebe/Umlenkung muss leichtgängig sein – sonst hilft auch das weiche Kuppeln nichts.
6. Ruckdämpfer in der Hinterradnabe kontrollieren – spätestens beim nächsten Wechsel des Hinterreifens.
7. Penible Einstellung von Vergaser/Einspritzung – bringt spürbare Besserung.

2. Bei einem sauber eingestellten Motor reduzieren sich die Lastwechselreaktionen auf ein konstruktionsbedingtes Minimum. Dazu gehört auch ein korrekt eingestelltes Ventilspiel. Eine richtig synchronisierte Gemischaufbereitung und einwandfreie Zündkerzen gehören genauso dazu wie ein gleichmäßig laufender Sekundärtrieb.

einflusst arbeitende Federung beim Beschleunigen. Die Vorteile beider Konstruktionen bei gleichzeitig erhöhter Elastizität vereint der Zahnriemenantrieb (Buell, Harley-Davidson, Boss Hoss, ältere Kawasakis). Richtig dimensioniert gehört er durch seine Flexibilität zu den wirksamsten Lastwechsel-Killern, so dass eine Umrüstung mancher Ketten-Motorräder durchaus eine Überlegung wert sein kann. Problematisch kann es in manchen Fällen durch die relativ großen Durchmesser der Zahnscheiben und die erforderliche Riemenbreite werden.

Doch hängen Lastwechsel nicht nur von konstruktiven Faktoren ab. Die Einstellung einzelner Komponenten spielt dabei eine ebenso wichtige Rolle. Insbesondere die Justage der Gemischaufbereitung am Vergaser und Einspritzanlage können Mechaniker, Techniker und Elektroniker vor eine echte Herausforderung stellen. So gehört beispielsweise das Konstantfahrtruckeln gleichfalls zu einer Form von Lastwechselreaktion, hervorgerufen durch eine übersensible Änderung der Kraftstoffzufuhr. Da sich selbst kleinste Drehzahländerungen bereits auf das Drehmomentverhalten auswirken, sind leistungsstarke Motorräder davon eher betroffen als schwächere. Eine Linderung ist durch die Optimierung der Software und beispielsweise die Vorschaltung separater Drosselklappen oder Schieber (Suzuki GSX-R 1000, Yamaha YZF-R1 ab Mod. 2002, Yamaha YZF-R6 ab Mod. 2003) möglich, damit der Motor nicht ganz so empfindlich auf kleinste Gasgriffbewegungen reagiert.

Nun aber genug der grauen Theorie. Denn was tun, wenn das Motorrad nun mal so ist, wie es ist und man eigentlich gar nichts umbauen möchte. Was Sie beherzigen sollten, um auch bei ungünstigen Voraussetzungen möglichst ruckelfrei zu fahren, zeigen folgende Tipps.

LATERAL FRAME

(Yamaha) Das Lateral Frame Konzept von Yamaha kam erstmals 1984 bei der großvolumigen FJ 1100 zum Tragen. Dabei umspannt ein aus Vierkant-Stahlprofilen gefertigter Hauptrahmen den luftgekühlten Vierzylinder. Das Besondere bei dieser Rahmenkonstruktion ist die völlige Integration des Steuerkopfes (nach Bimota-Vorbild) in ein stabiles Rohrgeflecht.

Siehe auch unter »Yamaha«

LAVERDA

Gegründet wurde das Unternehmen mit Sitz im nord-italienischen Breganze bereits 1873 von Pietro Laverda. Zu dieser Zeit produziert man jedoch keine Zweiräder, sondern Fahrzeuge und andere Gerätschaften für die Landwirtschaft, wie beispielsweise Mähdrescher, Traktoren und Pflüge. Erst 1949, dem Gründungsjahr der »Moto Laverda«, gründet Francesco Laverda, Urenkel des einstigen Firmengründers, eine Tochterfirma, die sich ausschließlich mit der Fertigung von Motorrädern beschäftigt.

Erstes Modell ist ein Leichtmotorrad mit 75 ccm großem Einzylinder-Viertaktmotor und die logische Konsequenz auf den starken Bedarf an einfachen und preisgünstigen Zweirädern. Fünf Jahre später folgt ein beinahe identisches Modell mit 100 ccm Hubraum. Kurz darauf erscheinen auch Typen mit 50 ccm und Einzylinder-Zweitaktmotor. Auch im Offroad-Bereich ist Laverda vertreten. Das erste Zweizylinder-Motorrad der Marke, die Laverda 200, wird 1962 vorgestellt und arbeitet nach dem Viertaktprinzip. Mitte der sechziger Jahre treten Massimo und Pietro, die Söhne von Francesco Laverda, die Nachfolge an. Sie entscheiden sich für den weltweiten Vertrieb der Motorräder und damit auch für den riesigen US-Markt. Amerikaner lieben jedoch eher die touristische Art Motorrad zu fahren. Möglichst viel Kraft aus möglichst noch mehr Hubraum. Um im Land der unbegrenzten Möglichkeiten reelle Aussichten auf Erfolg zu haben, ist ein völlig neues, größeres Motorrad unabdingbar.

1965 beginnt man mit der Konstruktion des Zweizylinder-Motors. Mit der legendären 650 GT stellt sich Laverda ab 1968 der bereits etablierten Konkurrenz von BMW, Triumph sowie der noch jungen Moto Guzzi V7, die es speziell für den amerikanischen Markt in einer speziellen Ambassador-Variante gab. Zu dieser Zeit starten die Japaner ihren Großangriff um weltweite Marktanteile. Honda klotzt 1969 mit der 750er-Vierzylinder und Kawasaki macht sich mit leistungsstarken Zweitaktern einen Namen. Yamaha stellt die neue X1 vor und ist damit ein direkter Konkurrent der Laverda GT 650.

Kein Wunder, dass Laverda einen schweren Stand hat, zumal der europäische Markt zu dieser Zeit äußerst schwierig war. Wer in der Motorradindustrie nicht untergehen wollte, musste etwas Besonderes bieten. So wie Honda die 67 PS starke CB 750 Four oder Moto Guzzi mit den bulligen V2-Maschinen. Da fielen die 654 ccm Hubraum der in London präsentierten 650 GT vergleichsweise mager aus, so dass nach lediglich 52 produzierten Exemplaren die Fertigung wieder eingestellt wird und noch im gleichen Jahr die 750 GT erscheint.

Mit dem von 45 auf 50 PS erstarktem OHC-Zweizylinder erreicht die Maschine beachtliche Fahrleistungen. Optisch gleicht sie dem 650er-Vorgänger wie ein Ei dem anderen. Zwei Jahre darauf erscheint die 750 S (1970) mit 60 PS und Sportfahrwerk, die insbesondere bei Langstreckenrennen sehr erfolgreich ist. Die »Sportivo« ist die Basis für die berühmten 750 SF und 750 SFC (beide 1971). Allein in diesem Jahr werden 7.000 Exemplare mit 750 ccm gebaut. Während sich das 65 PS starke SF-Modell (Sportivo Freni = Sport Bremse; werksseitig mit riesiger 230er-Doppel-Duplex-Vorderradbremse aus eigener Fertigung ausgestattet) an sportliche Straßenfahrer richtet, stellt die nur zwanzig mal produzierte SFC mit 70 PS das Wettbewerbsmodell dar.

Zu jener Zeit kostet dieses Modell umgerechnet rund 10.500 DM. Angesichts des heutigen Sammlerwertes geradezu ein Schnäppchen. Drei dieser Rennmaschinen werden von Laverda als Werksmaschinen eingesetzt, zwei gehen in die Schweiz, jeweils drei in die Niederlande und Frankreich und wenigstens eine

1. Mit der Laverda SFC 750 (Bild) nahm Augusto Brettoni 1971 an der Langstrecken-WM teil. Ihr 75 PS starker Zweizylinder-Viertakter leistet 70 PS. Gebaut wurde die Rarität weltweit ganze 20-mal und ist heute praktisch unbezahlbar.

nach Großbritannien. Die restlichen Maschinen werden an engagierte Händler zu günstigen Konditionen verteilt. Alle späteren SFC-Modelle waren übrigens käufliche Replikas wie zum Beispiel die Electronica (1975), keineswegs Rennmaschinen, sondern Supersportmaschinen für die Teilnahme an Serienmaschinen-Rennen. Die sind denn auch bereits mit Scheibenbremsen ausgerüstet, die zwar nicht mehr ganz so schön, dafür jedoch leichter und wirkungsvoller zu Werke gehen. Da sich Laverda nicht zu einer eigenen Produktion entschließen kann, bekommt der heutige bekannte Bremsenspezialist Brembo 1972 den Zuschlag – übrigens die erste Motorradbremse des Herstellers. Gleichzeitig belieferte man auch Ducati-Typen mit diesen Bremsanlagen.

Eine SF- oder gar SFC über die Hürden des TÜVs zu bringen, war schon damals kein leichtes Unterfangen. Per Einzelabnahme mussten seinerzeit rund 550 lautstarke Twins dieses Hindernis überwinden. Angesichts einer Lautstärke von teilweise weit über 90 Dezibel (Standgeräusch) zitterten die stolzen Besitzer mit der Drehzahlmessernadel um die Wette. Überhaupt gehört der Zweizylinder zu den ganz derben Vertretern, die ihren Fahrer gehörig durchschütteln. Selbst eine rustikale Triumph Bonneville wirkt im direkten Vergleich beinahe wie ein Elektro-Roller. Doch genau darin liegt der ganz besondere Reiz einer Laverda. Ohne den aktuellen Bemühungen in Sachen Umweltschutz zu nahe treten zu wollen, ist diese Maschine halt nichts für Softies, sondern für gestandene Männer, die gern kräftig

2. Die »1000-V6« stellt nicht nur aus technischer Sicht ein Höhepunkt der Marke Laverda dar. Durch die Limitierung der Zylinderzahl auf vier, verfallen sämtliche Möglichkeiten, die gewaltigen Investitionen der italienischen Motorradschmiede durch einen Serienableger wieder hereinzuholen. Das Bild zeigt Augusto Brettoni auf dem Prototyp der Bol d`Or-V6-Rennmaschine von 1977, als er im Mai 2000 beim »Cup Moto Legende« in Montlhéry/Frankreich teilnimmt.

zupacken, dafür jedoch auch mit einem grundehrlichen Charakter und einem hohen Maß an Traditionsbewusstsein belohnt werden. Neben dem extrem hohen Kultstatus genießen Laverda-Besitzer untereinander auch (oder gerade) heute eine außergewöhnliche Verbundenheit. Erfrischende Abwechslung kommt hinzu, da kaum ein Motorrad dem anderen gleicht und viele Teile nach dem Baukastenprinzip getauscht werden können.

Im Spätsommer 1972 kommt die 1000-3C in den Handel. Der rau laufende Dreizylinder-Reihenmotor mit zwei obenliegenden Nockenwellen (DOHC) und einer für einen Dreizylinder ungewöhnlichen Kurbelwellenkröpfung von 180° leistet 80 PS. Noch vor Aufnahme der Serienfertigung im August werden einzelne Vorserienexemplare bei Langstreckenrennen eingesetzt. Gefertigt werden die Laverda-Motorräder von da an übrigens in einem kleineren Werk am Randgebiet von Breganze. Bereits beim ersten Einsatz im April 1972 siegt Augusto Brettoni mit der neuen 1000er beim Langstreckenrennen im österreichischen Zeltweg. Im Oktober des gleichen Jahres gewinnt Slater den legendären Bol d'Or in Frankreich. Da ab 1972 bis zu 1.000 ccm in der Langstreckenmeisterschaft erlaubt sind, konzentriert man sich seitdem voll und ganz auf den 1000er-Triple. Bis zum Erscheinen der Kawasaki Z1 900 (1973) gilt die große Laverda für kurze Zeit sogar als das schnellste Serienmotorrad der Welt.

1973 erscheint die moderatere 750 GTL mit klassischen Viertakt-Twin, die motorisch auf der SF von 1971 basiert und 65 PS leistet. 1974 folgt die 750 SF2, die SF 750 SF3 kommt erst 1976 und ist optisch am Heckbürzel zu erkennen. Diese Modelle gelten als die ausgereiftesten 750er der Marke, von denen rund 2.500 Exemplare gebaut wurden. Doch bei Laverda ruht man sich nicht auf den Lorbeeren der 750er und der noch jungen 1000er-Generation aus. Trotzdem die 1000er viel Anklang findet und allein im Jahr 1974 etwa 1.800 Maschinen verkauft werden, entwickelte man parallel einen neuen 500er-Vierventilmotor. Er kommt Ende 1975 in der 500 Alpino zum Einsatz und leistet 44 PS bei 6.500 min^{-1}. Damit war sie noch vor der Yamaha XS 500 (1976) das erste neuzeitliche Vierventil-Motorrad am Markt. Optisch findet man einige Übereinstimmungen mit der 750 SF3 des gleichen Jahrgangs.

Weitere Merkmale sind die für damalige Verhältnisse leichte Bauweise, die Verwendung von Fünfspeichen-Gußrädern und einem an die Zentralrohr-Konstruktionen angelehnten Einschleifen-Rohrrahmen. Wie alle Laverda-Modelle des Jahrgangs 1976 wird auch die 500 Alpino mit insgesamt drei Scheibenbremsen und elektronischer Transistor-Zündung ausgerüstet. Hauptkonkurrent war seinerzeit die leichte MV Agusta 500, die trocken gerademal 150 kg auf die Waage brachte und beachtliche 54 PS leistet. Später kommt eine SFC-Version für den sportlichen Einsatz auf der Rennstrecke. Die legendäre 500 Montjuich erscheint 1979 und erreicht beim Barce-

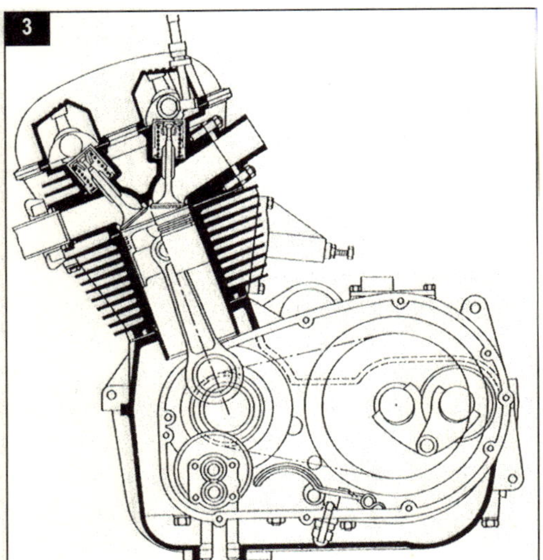

3. Der Dreizylinder-Reihenmotor der Laverda 1000-3C mit 180°-Hubzapfenversatz im Schnitt.

Ducati 1000 Sport-Prototyp/2003

Triumph Bonneville/2001

Georg »Schorsch« Meier auf BMW vor der Nürburg

Suzuki GSX-R 750 / 1985

Aprilia RSV Mille Tuono Racing / 2003

BMW R 1200 C Montauk / 2004

Buell X1 Lightning / 1999

Egli-Kawasaki MRD-1 / 1979

Ghezzi-Brian Furia / 2002

Harley-Davidson Eupean Bike Week / 1999

Harley-Davidson XL 883 R / 2002

Honda RC 124 von Luigi Taveri / 1965

Honda CBR 900 RR Fireblade / 1993

MotoGP-Rennmaschine: Yamaha YZR-M1, Mod. 2004

Honda CB 1300 / 2003

Kompakter und leichter Hochleistungsmotor

- Flüssigkeitsgekühlter Einzylinder-Viertaktmotor mit 399 cm^3
- DOHC-5-Ventilkopf mit manuellem Dekompressionsmechanismus
- Keramisch beschichteter Aluminium-Zylinder mit leichtem, geschmiedetem Alu-Kolben
- Ausgleichswelle reduziert Vibrationen
- Zuverlässige Trockensumpfschmierung
- 92 mm Bohrung und 60,1 mm Hub
- Verdichtungsverhältnis 12,5 : 1

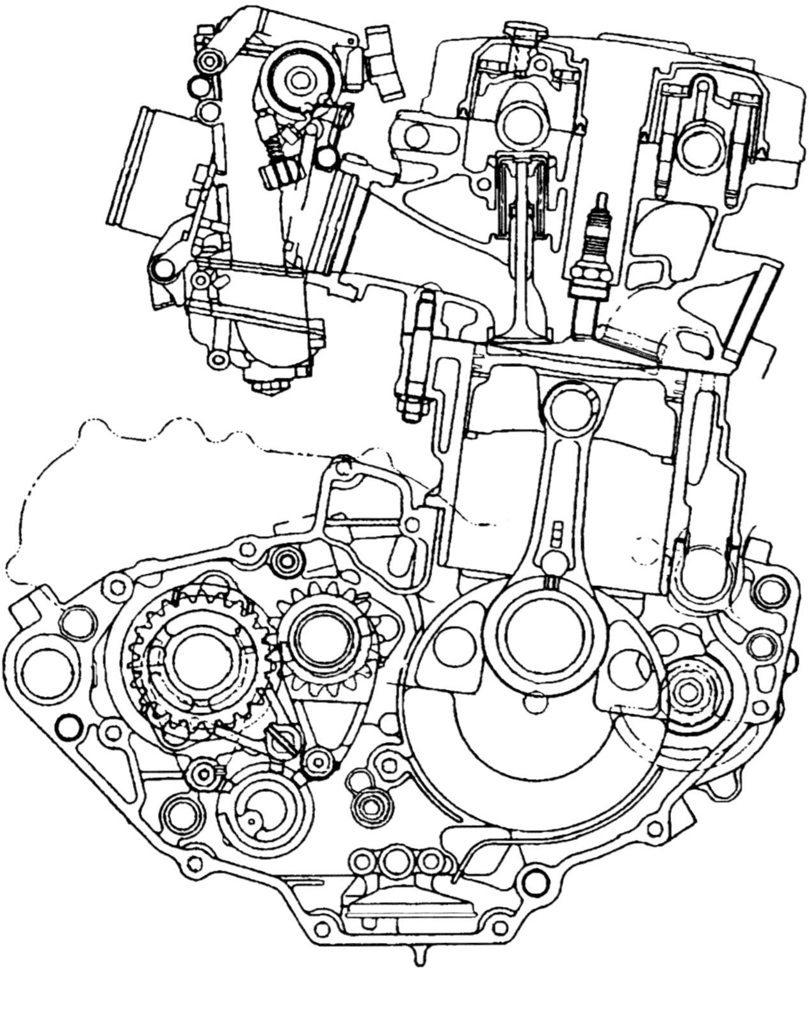

Schnittbild durch den Motor der Yamaha YZ 400 F / 1998

Yamaha YZF-R1 / 2004

MV Agusta F4 Brutale S / 2003

xDucati 749 R / 2004

xSuzuki GSX-R 1000 / 2003

Troy Bayliss auf Ducati Desmosedici / 2003

450

KTM Tunesien-Rallye / 2002

Helmut Dähne mit Honda RC30 '88 auf der Isle of Man / 1994

Kawasaki ZX-10 R / 2004

Triumph Rocket III / 2004

KTM 950 Adventure S / 2003

Sachs Beast-Studie / 2002

Valentino Rossi nach seinem ersten Sieg mit der MotoGP-Yamaha YZR-M1 nach dem historischen Auftaktrennen in Welkom/Südafrika.

Neil Hodgson / SBK 2003 Foto: R.Werse

Kawasaki ZRX 1200 / 2002

lona-Rennen in Montjuich, einer verwinkelten Parkrennbahn, einen fünften und zehnten Platz. Weiter produziert man 50 Rennmaschinen dieses Typs für den Einsatz beim Formula Laverda-Cup. Ein sechster Platz des britischen Fahrers Pete Davies bei der TT im Jahre 1978 dokumentiert nachhaltig die Konkurrenzfähigkeit dieses Konzeptes.

1976 beginnt die Entwicklung einer Sechszylinder-Rennmaschine, der legendären 1000 V6. Der finanzielle Aufwand ist erheblich. Technischer Leiter ist kein Geringerer als Maserati-Chefkonstrukteur Giulio Alfieri, der modernste Renntechnik einfließen lässt. Beispielsweise ist der gewaltige Motorblock eine herunterkopierte Version des legendären Maserati V6-Gehäuses. Mit einer Zylinderbohrung von 65 mm und einem Kolbenhub von nur 50 mm ist der DOHC-Motor äußerst drehzahlfest. Auffällig ist auch der relativ steil stehende und somit leistungsfördernde Einlasskanal in einem Winkel von 33°. Zum Vergleich: Während die 750er-Modelle noch mit 0° auskamen, saugen die Dreizylinder der ersten Generation ihr Frischgas bereits über 10° stehende Einlasskanäle an. Im Laufe der Jahre wird der Winkel immer steiler. Der Trend zum Schrägstrom-, beziehungsweise Fallstromvergaser war also bereits zu dieser Zeit offensichtlich und wurde später von vielen Herstellern übernommen.

Fahrwerksseitig sorgt die am Big Block angelenkte Schwinge mit liegendem Federbein für Aufsehen und Probleme gleichermaßen. Nicht selten schert die Gelenkwelle bei Versuchen einfach ab, weil die Kraftübertragung dem enormen Drehmoment des Sechszylinder nicht gewachsen ist. Eine noch massivere Dimensionierung der Bauteile treibt das Gewicht und die entstehenden Kräfte weiter in die Höhe. Das Fahrgestell selbst besteht aus hochfestem Chrommolydän-Stahl. Ein vorzeitiges Ende findet die Entwicklung des Prototyps schließlich mit der Änderung des Reglements durch die FIM (Fédération Internationale Motocycliste). Demnach dürfen Langstrecken-Rennmaschinen ab 1978 nur noch maximal vier Zylinder vorweisen. Das ist das Aus für den Prototyp und beinahe auch für Laverda. Nahezu das gesamte Entwicklungs-Budget investierte man in dieses Motorrad, um es anschließend in einem Serienmodell zu vermarkten. Aus diesem Grund bleibt der luftgekühlte 1000er-Dreizylinder noch bis 1987 Kernstück der großvolumigen Laverda-Palette.

1977 erscheint die »1000 Jota« mit offen 91 PS. Hierzulande fallen den Geräuschvorschriften jedoch 10 PS zum Opfer. Noch im gleichen Jahr schließt Laverda einen Kooperationsvertrag mit Zündapp. Inhalt des Abkommens ist die Produktion kleiner Zweitaktmotoren im Werk des deutschen Herstellers. Das bekannteste Produkt dieser Liaison ist die spätere GS 125 Lesmo (1986). Optisch erinnert die sportliche 125er ein wenig an die Honda NS 400 R (1985). Des Weiteren entsteht auch eine leichtgewichtige Trialmaschine.

1979 wird anlässlich des 30-jährigen Firmenjubiläums die 1200 in edlem in Schwarz und Gold lackierten Rahmen, ein Jahr später auch als teilverkleidete 1200 TS vorgestellt. Beide basieren auf dem unverkleideten Jota-Modell und werden vom aufgebohrten 1000er-Triebwerk angetrieben. Für den Modelljahrgang 1981 erhalten die Dreizylinder

4. Drei Legenden vor dem Roll out bei Bob Vaeth aus Connecticut/USA: 1000-3 C, SF 750, SFC 750

eine um 120° (vorher 180°) gekröpfte Kurbelwelle. Dadurch läuft der Triple spürbar kultivierter. 1982 erscheint die verkleidete 1000 Jota RGS mit flüssigerer Linienführung, versenktem Tankdeckel und einer Motorleistung von 82 PS. Eingeschworenen Fans ist dieses Layout jedoch viel zu modern. Unter der Kunststoffhaut bleibt jedoch alles beim Alten. Dem Drang nach einem neuen Gitterrohrrahmen wollte man im Werk nicht nachgeben. Zu teuer und gewagt sei der Versuch, die insbesondere zwischen 1975 und 1976 gesammelten Erfahrungen in die RGS-Typen (1983) einfließen zu lassen. Dabei konnte das Gitterrohr-Konzept durchaus überzeugen. So wie bei der Kleinserie der niederländischen Nico Bakker-Laverdas, die sich durch ein deutlich verbessertes Handling auszeichnen und bei weitem nicht so hecklastig sind wie die konventionellen Typen. Durch den weiter vorn platzierten Motor hätte man die ausgeprägte Hecklastigkeit der Serienmaschine kompensieren können und für direktere Fahreigenschaften gesorgt.

Laverda lenkt aber nicht ein und produziert weiterhin verschiedene Varianten, die technisch jedoch überholt sind. Von da an erscheinen noch einzelne Varianten mit 1000er-Motor, die sich alle am Design der RGS orientieren: die 1000 Jota RGA (1983), die 1000 RGS

5. Alle Strike-Modelle verfügen über den gleichen Brückenrahmen aus edlem Aluminium. Auch die Fahrwerkszutaten haben die Köche gleich gemixt, das Baukastenprinzip also voll ausgenutzt. Zusätzlich erhalten die ab 1998 angebotenen Strike-Typen eine lenkerfeste Verkleidung. Der wassergekühlte Paralleltwin (668-Modelle luftgekühlt) mit insgesamt acht Ventilen leistet beachtliche 85 PS bei 9.200 /min. Das sportliche S- und Formular-Modell ist nochmals 7 PS stärker.

5

Corsa und die Executiva (1984). Letztes Modell dieser Baureihe ist die 1000 SFC (1986). 1987 entschließt man sich dennoch, ein neues Projekt vorzustellen. Die OR 600 Atlas (1987) ist eine sportliche Offroad-Maschine mit akzeptablen Reiseeigenschaften. Der Zweizylinder-Viertaktmotor basiert auf dem legendären Vierventil-Twin der 500 Alpino (1976) und zeigt sich entsprechend drehfreudig. Der stählerne Rohrrahmen ist ein stabiler Verbund aus handverschweißten Rund- und Vierkantrohren.

Wie bereits erwähnt, versucht man zu dieser Zeit auch im Bereich hubraumschwacher Motorräder Fuß zu fassen. Die Verkaufserfolge sind jedoch nicht weltbewegend, so dass Laverda im März 1987 schließlich Konkurs anmelden muss. Die nächsten Jahre wird es still in Breganze. Insgesamt verließen bis dahin über 90.000 Motorräder die Werkshallen. Es folgen zahlreiche Besitzüberschreibungen und Transaktionen, in deren recht chaotischer Abfolge dennoch einige interessante Motorräder entstehen.

Die erste konkrete Rückmeldung der Marke kommt 1992, als man der Öffentlichkeit die 650 Sport vorstellt. Die Hoffnungen sind groß, und die Voraussetzungen stehen an sich nicht schlecht. Doch behindern sowohl technische als auch finanzielle Probleme mit der sportlichen Mittelklasse-Maschine den Reifeprozess. Erste Prototypen rollen bereits auf den Teststrecken, wo das handliche und stabile Leichtmetall-Chassis begeistert. Schwierig gestalten sich hingegen die Abstimmung und Thermik des Einspritzmotors, der konzeptionell auf dem ehemaligen 500er-Twin anno 1975 basiert. So dauert es noch bis 1995, bis Laverda erstmals wieder ein neues Modell der Öffentlichkeit präsentiert.

Unter der Geschäftsführung von Francesco Thognon, der ab 1994 die Laverda-Fäden in den Händen hält, steht die 650 Sport mit zwei Jahren Verspätung doch noch in den Verkaufsräumen. Die Eckdaten mit 70 PS, Sechsganggetriebe, Einspritzung und Leichtmetall-Fahrwerk stimmen zuversichtlich. Es folgen unverkleidete Ghost Strike-Modelle, die alle über den gleichen Gitterrohrrahmen verfügen. Die Strike-Typen erhalten zusätzlich eine kleine Lenkerverkleidung. Der Antrieb ist bis auf kleine Unterschiede mit dem der späteren 668 Ghost (1998) identisch, der Rahmen im Gegensatz zu den wassergekühlten 750er Naked Bikes schwarz lackiert.

1998 erscheint nach 22 Jahren Abstinenz wieder ein 750er-Twin mit einer um 4,5 mm größeren Bohrung als die 668-Typen. Sie wird von vornherein in fünf Modellvarianten angeboten: der nackten 750 Ghost, der 750 Ghost Strike mit Lenkerverkleidung, der 750 S mit Halbschale, der 750 S Carenata mit Vollverkleidung und der 92 PS starken 750 S Formula mit optimierten Motor und edlen Accessoires. Im Gegensatz zu den Ghost-Modellen sind die S-Modelle mit einem Alu-Brückenrahmen ausgerüstet. Über freie Importeure sind sogar noch weitere Modelle zu beziehen, die

6

6. Nachdem nach Moto Guzzi auch Laverda von Aprilia übernommen wurde, plant man seit längerem eine Neuauflage der legendären SFC. Der 1000er-V2 entspricht zwar nicht dem Dreizylinder-Reihen-Konzept des ursprünglichen Originals, doch zeichnet sich die SFC 1000 ebenfalls durch feinste Zutaten aus. Inklusive komplettem Öhlinsfahrwerk und 141 PS starkem Motor der Aprilia RSV 1000 R Nera soll sie Ende 2004 voraussichtlich rund 25.000 Euro kosten.

sich jedoch nur in Details von hiesigen unterscheiden.

Im Jahre 2001 ging Laverda in den Besitz von Ivano Beggio, dem Aprilia-Eigner, über. Nachdem der italienische Geschäftsmann und Rennsport Begeisterte zuvor auch die traditionelle Marke Moto Guzzi gekauft hat, verfügt Aprilia über ein schlagkräftiges Arrangement gegen die fernöstliche Konkurrenz. Letzten Meldungen zufolge soll es bald eine neue 1000er mit Aprilia-V2 geben. Für reichlich Spannung ist also auch in Zukunft gesorgt.

LEISTUNG

Leistung ist das Produkt aus Drehmoment und Drehzahl. Die bei der Höchstleistung anstehende Drehzahl nennt man Nenndrehzahl (nicht zu verwechseln mit der Höchstdrehzahl). Wer zur Zeit das Maß der Dinge in punkto Leistung sucht, findet die Antwort in der Kawasaki ZX-12 R: 190 PS bei 10.500 min^{-1} (Stand 2002).

LEISTUNGSGEWICHT

Das Leistungsgewicht ist ein Indikator für das Verhältnis zwischen Motorleistung und Fahrzeugmasse (Kilogramm pro PS). Je kleiner das Leistungsgewicht ausfällt, umso dynamischer sind die Anlagen. Von aufgeladenen Motoren einmal abgesehen, stieg die Literleistung in den vergangenen zwanzig Jahren um über 70 Prozent. Kompaktere Brennräume, günstige Strömungsverhältnisse auf der Ein- und Auslassseite, effektive Zündanlagen, leichtere und widerstandsfähigere Materialien, geringe Einbautoleranzen sowie computergesteuerte Ge-

Die aktuelle Yamaha YZF-R1 (Bild) strotzt mit 172 PS Leistung bei einem Trockengewicht von lediglich 172 Kilogramm mit einem Leistungsgewicht 1 kg/PS. Honda befindet sich mit der neuen Fireblade wie auch die Kawasaki mit der ZX-10 R praktisch auf gleichem Niveau. Die Fahrdynamik ist extrem hoch und reinen Gewissens nur auf der Rennstrecke auszukosten.

misch- und Zündanlagen erhöhen die Leistungsbeute, die meist über eine Drehzahlanhebung erreicht wird. Das Drehmoment hängt hauptsächlich vom Füllungsgrad der Zylinder ab und lässt sich bei einem Verbrennungsmotor nicht auf einem konstant hohen Niveau halten, so dass die Drehzahl ein probates Mittel zur Leistungssteigerung ist.

Bei aktuellen 600- und 750-ccm-Sportmotorrädern sind Werte zwischen 1,8 Kg/PS und 2,7 Kg/PS üblich. Bei ungedrosselten Big Bikes ab 900 ccm liegen die Werte heute üblicherweise zwischen 1,3 Kg/PS und 2,5 Kg/PS. Interessant ist die Entwicklung in den vergangenen Jahren. Vergleicht man den Quotienten mit denen gängiger Modelle aus den achtziger Jahren, wird die Evolution im Motorradbau offensichtlich. 1985 schoss die Kawasaki GPZ 600 R, die Gründerin der sportlichen 600er-Mittelklasse, mit einem sensationell niedrigen Leistungsgewicht von 2,89 kg/PS den Vogel ab. Zwei Jahre später erschien mit der ersten CBR 600 F (2,35 kg/PS) Honda's ganz großer Wurf. Selbst das zweitaktende Feuerzeug RD 350 LC (1980) musste sich diesbezüglich mit 3,5 kg/PS geschlagen geben.

Die unten aufgelisteten Angaben verdeutlichen die Auswirkung einer freiwilligen Drosselung auf das Leistungsgewicht. Drosselt man die Leistung auf 100 PS, verschlechtert sich das Leistungsgewicht im Falle einer Kawasaki ZX-12 R (2002) um bis zu 90 Prozent.

LENKER

In den achtziger Jahren kam der Rohrlenker zunehmend aus der Mode. Geteilte Lenkerhälften wurden auf den Gabelholm aufgesteckt und festgeklemmt. Doch sind diese

Modell	(Leistung bei fahrfertigem Gewicht)	Kg/PS (* 100 PS-Vers.)
SPORTLER		
Aprilia SL 1000 Falco, Mod. 2000	(118 bei 222 kg)	1,88 / * 2,22
BMW R 1100 S, Mod. 1999	(98 PS bei 229 kg)	2,34 / * -
Ducati 900 SS FI Carenata, Mod. 2002	(80 PS bei 202 kg)	2,53 / * -
Honda CBX 550 F, Mod. 1982	(60 PS bei 209 kg)	3,48 / * -
Honda CBX, Mod. 1978, Typ SC01	(105 PS bei 274 kg)	2,61 / * 2,74
Honda CBR 600 F, Mod. 1987, PC19	(86 PS bei 202 kg)	2,35 / * -
Honda CBR 600 F, Mod. 2002, PC35	(109 PS bei 198 kg)	1,82 / * 1,98
Honda VFR 750 F, Mod. 1986, RC24	(100 PS bei 230 kg)	2,3 / * -
Honda VFR, Mod. 2002	(109 PS bei 244 kg)	2,24 / * 2,44
Kawasaki Z 1000, Mod. 1978, Typ A1	(85 PS bei 264 kg)	3,1 / * -
Kawasaki ZX-12 R, Mod. 2002, Typ B1	(190 PS bei 249 kg)	1,31 / * 2,49
Kawasaki GPZ 600 R, Mod. 1985	(75 PS bei 217 kg)	2,89 / * -
Kawasaki ZX-636, Mod. 2002	(113 PS bei 201 kg)	1,78 / * 2,01
Suzuki SV 650 S, Mod. 2002	(70 PS bei 189 kg)	2,7 / * -
Suzuki GSX-R 1300 Hayabusa, Mod. 2000	(175 PS bei 245 kg)	1,4 / * 2,45
Triumph 1200 Daytona, Mod. 1993, T300D	(147 PS bei 253 kg)	1,72 / *2,53
Triumph Sprint RS, Mod. 2002, Typ T955	(120 PS bei 220 kg)	1,83 / 2,2
Yamaha FZ 750, Mod. 1985, 1FN	(100 PS bei 241 kg)	2,41 / * -
Yamaha RD 350 LC, Mod. 1980, Typ 4L0	(46 PS bei 161 kg)	3,5 / * -

Modell	(Leistung bei fahrfertigem Gewicht)	Kg/PS (* 100 PS-Vers.)
SUPERSPORTLER		
Aprilia RSV Mille, Mod. 2002	(125 PS bei 218 kg)	1,74 / * 2,18
Ducati 996 S, Mod. 2001	(128 PS bei 208 kg)	1,63 / * 2,08
Honda CBR 900 RR, Mod. 1993, SC28	(125 PS bei 203 kg)	1,62 / * 2,03
Honda CBR Fireblade, Mod. 2002, SC50	(150 PS bei 199 kg)	1,33 / * 1,99
Kawasaki ZRX 400, Mod. 1991, Typ L1	(65 PS bei 186 kg)	2,86 / * -
Kawasaki ZX-7 R, Mod. 2002, Typ ZX750P	(122 PS bei 235 kg)	1,93 / * 2,35
Suzuki GSX-R 750, Mod. 1985,	(100 PS bei 201 kg)	2,01 / * 2,01
Suzuki GSX-R 750, Mod. 2002,	(141 PS bei 191 kg)	1,35 / * 1,91
Suzuki GSX-R 1000, Mod. 2001, Typ JS1B	(160 PS bei 200 kg)	1,25 / * 2,00
Yamaha FZR 1000 Genesis, Mod. 1987, Typ 2LA	(135 PS bei 235 kg)	1,74 / * 2,35
Yamaha YZF-R1, Mod. 2002,	(152 PS bei 200 kg)	1,32 / * 2,00
TOURER		
BMW K 100, Mod. 1983	(90 PS bei 250 kg)	2,78 / -
BMW K1200 RS, Mod. 1996	(130 PS bei 290 kg)	2,23 / 2,90
BMW R 1150 RT, Mod. 2001	(95 PS bei 279 kg)	2,94 / -
Harley-Davidson Electra Glide Classic EFI, Mod. 2000	(67 PS bei 385 kg)	5,75 / -
Honda GL 1000 Gold Wing, Mod. 1975,	(82 PS bei 295 kg)	3,50 / 2,95
Honda GL 1200 Gold Wing De Luxe, Mod. 1984,	(94 PS bei 333 kg)	3,54 / -
Honda GL 1800 Gold Wing, Mod. 2001,	(118 PS bei 385 kg)	3,26 / 3,85
Kawasaki GTR 1000, Mod. 1994, Typ ZG1000A9,	(92 PS bei 307 kg)	3,34 / -
Suzuki GSX 1100 F, Mod. 1987, Typ GV72C,	(98 PS bei 273 kg)	2,79 / -
Triumph 1200 Trophy, Mod. 1997,	(98 PS bei 285 kg)	2,91 / -
Yamaha FJ 1200, Mod. 1988, Typ 3CW	(130 PS bei 259 kg)	1,99 / -
Yamaha FJR 1300, Mod. 2001	(143 PS bei 256 kg)	1,79 / 2,56
Yamaha XJ 900 F, Mod. 1984, Typ 58L	(98 PS bei 242 kg)	2,47 / -
ALLROUNDER		
Ducati M 620 Monster ie, Mod. 2002	(60 PS bei 191 kg)	3,18 / -
Ducati M 900 Monster, Mod. 1995, Typ ZDM906M1	(80 PS bei 203 kg)	2,54 / -
Honda CB 900 F Bol d'Or, Mod. 1979, Typ SC01	(95 PS bei 260 kg)	2,74 / -

Modell	(Leistung bei fahrfertigem Gewicht)	Kg/PS (* 100 PS-Vers.)
Honda CBX 750 F, Mod. 1984, Typ RC17	(91 PS bei 241 kg)	2,65 / -
Kawasaki Zephyr 750, Mod. 1996, Typ ZR750D	(76 PS bei 227 kg)	2,99 / -
Kawasaki ZRX 1100, Mod. 1997, Typ ZR1100C	(98 PS bei 245 kg)	2,50 / -
Suzuki GS 500 E, Mod. 1994, Typ GM51B	(46 PS bei 188 kg)	4,09 / -
Suzuki GSF 600 Bandit, Mod. 1998, Typ GN77B	(78 PS bei 216 kg)	2,77 / -
Suzuki GSF 1200 Bandit, Mod. 1998, Typ GV75A	(98 PS bei 235 kg)	2,40 / -
Triumph Speed Triple, Mod. 1994, Typ T300B	(98 PS bei 250 kg)	2,55 / -
Triumph Speed Triple, Mod. 2002, Typ T955	(120 PS bei 210 kg)	1,75 / 2,10
Yamaha FZ 750, Mod. 1985, Typ 1FN	(100 PS bei 241 kg)	2,41 / 2,41
Yamaha FZS 600 Fazer, Mod. 1998	(95 PS bei 203 kg)	2,14 / -
Yamaha FZS 1000 Fazer, Mod. 2001	(143 PS bei 235 kg)	1,64 / 2,35
CHOPPER / CRUISER		
BMW R 1200 C, Mod. 1998	(61 PS bei 275 kg)	4,51 / -
Harley-Davidson Fat Boy, Mod. 1998,Typ FLSTF	(56 PS bei 315 kg)	5,63 / -
Harley-Davidson Dyna Super Glide, Mod. 2002, Typ FXD	(69 PS bei 295 kg)	4,28 / -
Harley-Davidson V-Rod, Mod. 2001,	(115 PS bei 270 kg)	2,35 / 2,70
Honda CX 500 C, Mod. 1980, Typ PC01	(50 PS bei 216 kg)	4,32 / -
Honda VT 750, Mod. 1988, Typ RC29	(62 PS bei 242 kg)	3,90 / -
Honda VTX 1800, Mod. 2001, Typ SC46,	(105 PS bei 320 kg)	3,05 / 3,20
Kawasaki EN 500, Mod. 1996, Typ EN500C	(46 PS bei 215 kg)	4,67 / -
Kawasaki VN 800 Classic, Mod. 1996, Typ VN800B	(55 PS bei 248 kg)	4,51 / -
Kawasaki VN 1500 Classic, Mod. 1996, Typ VN1500D	(64 PS bei 315 kg)	4,92 / -
Moto Guzzi 750 Nevada, Mod. 1997	(49 PS bei 197 kg)	4,02 / -
Moto Guzzi California 1100 EV, Mod. 1998	(78 PS bei 270 kg)	3,46 / -
Suzuki LS 650 Savage, Mod. 1986, Typ NP41B	(34 PS bei 171 kg)	5,03 / -
Suzuki VS 800 Intruder, Mod. 1992, Typ VS52B	(50 PS bei 216 kg)	4,32 / -
Suzuki VL 1500 Legendary Classic, Mod. 1998	(68 PS bei 314 kg)	4,62 / -
Yamaha XV 535 Virago, Mod. 1989, Typ 3BR	(46 PS bei 195 kg)	4,24 / -
Yamaha XVS 1100 Drag Star, Mod. 1999	(62 bei 277 kg)	4,47 / -
Yamaha XVZ 1300 Royal Star, Mod. 1996	(74 PS bei 330 kg)	4,46 / -
Yamaha XV 1600 Wild Star, Mod. 1999	(63 PS bei 325 kg)	5,16 / -

Gussteile nicht gerade preisgünstig. Wer schon mal Ersatz benötigte, weiß davon ein Lied zu singen. Seit Anfang der neunziger Jahre feiert das klassisch gestylte Bike eine Reinkarnation. Neben der recht kostengünstigen Fertigung profitiert das Handling vom größeren Hebelarm.

Lenker wechseln

Einen Rohrlenker zu wechseln, sieht auf den ersten Blick eher unproblematisch aus. Kein Wunder, gilt es doch lediglich die beiden Klemmböcke zu entfernen und die restlichen Armaturen zu demontieren. So weit ist auch alles klar, trotzdem steckt der Teufel bekanntlich im Detail: Tauscht man einen schmaleren Lenker gegen einen breiteren Typen (Cruiser, Roadster), gibt es zusätzliche Punkte zu beachten. Vor Arbeitsbeginn sollte der Tank mit dicken Lappen oder einer alten Decke abgedeckt werden. Dann wird zunächst die rechte Schalterarmatur entfernt und die Gaszüge ausgehangen. Dabei beachte man bitte genauestens die Verlegung der Bowdenzüge (z.B. vor oder hinter den Gabelholmen). Nachdem auch die linke Schaltereinheit gelöste wurde, liegt der Rohrlenker frei, so dass nun die beiden Klemmböcke gelöst werden. Dabei ist bereits zu diesem Zeitpunkt auf die Einbaurichtung dieser Teile zu achten. In der Regel werden sie so montiert, dass der in Fahrtrichtung vordere Teil auf dem Klemmbockunterteil aufliegt und die hintere Befestigung lediglich beigezogen wird (alles natürlich mit dem vorgeschriebenen Drehmoment). Bei der Montage des neuen Lenkers sollten zuerst die Bowdenzüge auf ausreichendes Längenmaß kontrolliert werden. Also Lenker auflegen, Klemmböcke befestigen und Schaltereinheiten samt Gasgriff lose vormontieren. Bei manchen Zubehör-Rohren sind noch keine Arretierungsbohrungen für die Armaturen vorgesehen, so dass beim unvorsichtigen Festziehen der Schalter der jeweilige Pin nach außen gedrückt wird, im schlimmsten Fall auch abbrechen kann. Sind diverse Bowdenzüge (Gas auf, Gas zu, Choke, Kupplungszug, etc.) zu kurz, ist passender Ersatz erforderlich. Auch die Steckverbindungen der Schalter müssen ggf. abgeändert werden. In manchen Fällen kommen da schnell 100 EUR nur für zusätzliche Anbauteile zusammen. Also besser erst beim ansässigen Vertragspartner informieren und dann bestellen.

LENKERGEWICHTE

Sind an den Lenkerenden montiert. Durch ihr Gewicht verschiebt sich die Frequenz in den unteren Bereich und wirkt darum nicht so störend für den Fahrer. Lenkergewichte verwendet man seit Anfang der achtziger Jahre. Eingeschlafene, taube Fahrerhände gehören seitdem eher zur Seltenheit.

LENKERSCHLAGEN

Siehe unter »Kick Back«

LENKERSTUMMEL

Lenkerstummel gehören seit Mitte der achtziger Jahre zur Grundausstattung sportlicher Motorräder. Bei Supersportlern sind die Stummel meist unterhalb der oberen Gabelbrücke befestigt. Dies erhöht die Vorderradlast und schafft eine günstigere Voraussetzung für ein besseres Feedback zum Vorderrad. Eine bequemere Sitzposition erreicht man jedoch mit höheren Lenkstummeln, die oberhalb der oberen Gabelbrücke montiert sind. Interessante Lösungen höher gelegter Stummellenker bietet speziell der Zubehörmarkt.

Siehe auch »Kick Back«

LENKERVERKLEIDUNG

Siehe »Lampenverkleidung«

LENKGEOMETRIE

Sie beschreibt die konstruktiven Zusammenhänge und Verhältnisse der am Lenkverhalten beteiligten Bauteile.

Vom Handlingstar bis zum störrischen Geradeausläufer ist es, vom Fahrzeuggewicht und der Ergonomie einmal abgesehen, rein konstruktiv kein allzu großer Schritt. Von ausschlaggebender Bedeutung ist die Lenkgeometrie, die hauptsächlich aus den Faktoren Lenkkopfwinkel, Nachlauf und Reifen bestimmt wird. Da das Vorderrad in einem bestimmten Radius um den Lenkkopf geschwenkt wird, kommt es hauptsächlich auf den Führungswinkel und den Schwenkradius an. Üblicherweise werden heute vorwiegend Tele- und Upside Down-Gabeln verwendet. Sie sollten über kräftig dimensionierte Tauch-, bzw. Gleitrohre sowie eine möglichst steife Klemmung an den Gabelbrücken verfügen. Das erhöht die Zielgenauigkeit und Stabilität.

Während der Gabel-Drehpunkt im Zentrum des Lenkkopfes liegt, spielt der Versatz (längs zur Fahrzeugachse) neben dem Lenkkopfwinkel eine wichtige Rolle. Er ist mitverantwortlich für die Bestimmung des Nachlaufes. Gereckte Gabeln, die über einen unterschiedlichen Versatz an der oberen und unteren Brücke verfügen, findet man bei manchen Chopper-Umbauten und nur selten bei Großserienmaschinen (Beispiel: Harley-Davidson V-ROD). Sie beeinflussen entgegen dem ersten Eindruck nicht den Lenkkopfwinkel, sondern ausschließlich den Nachlauf. Da jedoch nahezu alle serienmäßigen Motorräder über parallele Gabelbrücken verfügen, bleiben wir in unserem Beispiel bei dieser Norm.

Während der Lenkkopfwinkel dem Neigungswinkel des Lenkkopfes entspricht, beeinflusst der Gabelbrückenversatz in Abhängigkeit der Radgröße und Reifenwahl den Nachlauf. Beide Maße beeinflussen den Lenkvorgang durch ein mehr oder weniger ausgeprägtes Auslenkverhalten, bzw. Kippen des Vorderrades um die Lenkachse. Ursache dafür sind die variierenden Rückstellkräfte, die je nach Lenkwinkel mit einem anderen Hebelarm am Kontaktpunkt zwischen Reifen und Fahrbahn angreifen. Zum besseren Verständnis stelle man sich eine senkrecht geführte Gabel mit einem Lenkkopfwinkel von 90° vor. In diesem Fall stünde das Vorderrad selbst beim Einlenken noch senkrecht und auch die Reifenaufstandfläche würde nur aufgrund des Gabelbrückenversatzes zum Kurveninneren wandern. Ein Gegenmoment in Form von Rück-

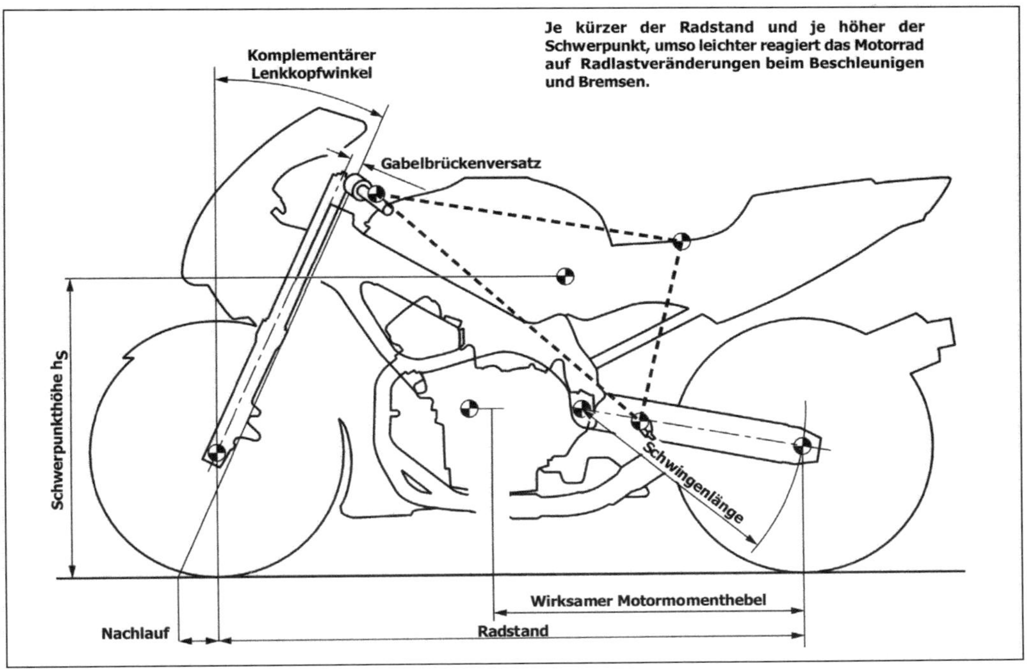

stellkräften durch eine wandernde Aufstandsfläche gäbe es nicht. Das Maß des Nachlaufes wäre gleich dem des Gabelbrückenversatzes, allerdings mit einem *Minus* im Vorzeichen. Das liegt daran, dass der gedachte Schnittpunkt aus dem Lot der Radachse auf die Fahrbahn dem Schnittpunkt der verlängerten Lenkachse und Fahrbahn nicht mehr »nach«, sondern vorläuft. Erst nachdem das Fahrzeug in Schräglage gebracht worden ist, macht sich ein so genanntes Aufstellmoment bemerkbar, das durch die Reifenbreite, bzw. dessen Kontur, und die wirkende Zentripedalkraft zwangsläufig ist. Aus diesem Grund ließe sich selbst solch ein Motorrad faktisch fahren, jedoch nicht wirklich vertrauenerweckend steuern. Bei einer schräg angestellten Gabel schwenkt diese hingegen nicht nur um die vertikale Ebene des Lenkkopfes, sondern bewegt sich gleichzeitig auch in der horizontalen Ebene aus der Fahrzeugmitte und sorgt darum bei jeder Lenkbewegung für ein Wandern der Reifenaufstandsfläche aus der Fahrzeugmittellinie heraus. Dadurch geschieht wiederum das, was ein Motorrad in Schräglage abkippen lässt.

Da das Hinterrad unbeweglich in seiner Spur läuft, muss der Kontaktpunkt des Vorderreifens zur Straße zunächst entgegen der gewünschten Fahrtrichtung zum Kurvenäußeren verschoben werden. Sollten Sie an diesem Punkt Verständnisprobleme haben, so setzen Sie sich doch einfach auf Ihr Fahrrad und bewegen Sie den Lenker spontan nach rechts. Sie werden feststellen, dass Sie eine Linkskurve fahren. Eine Rechtskurve fahren Sie, indem Sie zunächst einen Impuls nach links einleiten, so dass das Motorrad zur rechten Seite »fällt«. Die Stärke der Intensität dieses Lenkimpulses spiegelt sich in dem Maß der Handlichkeit - wider.

Das Handling ist jedoch auch abhängig von den wirkenden Kreiselkräften des Vorderrades, die zum einen stabilisierend wirken, andererseits einer spontanen Richtungsänderung im Wege stehen. Ist eine Schrägfahrt (Kurve) bereits eingeleitet, steigt die resultierende Zentrifugalkraft, die sich aus der Seitenführungskraft (horizontal) und Normalkraft (vertikal) zusammensetzt, an. Und zwar solange, bis die über die nach innen wandernde Reifenaufstandfläche angreifenden Kräfte mit ihnen im Gleichgewicht stehen und das Fahrzeug auf diese Art stabilisieren. Je flacher der Lenkkopfwinkel, je höher die Vorderradlast und je breiter der Reifen (in Abhängigkeit der Kontur), umso höher fallen die erforderlichen Lenkkräfte aus.

Ein steiler Anstellwinkel der Gabel verbessert die Handlingeigenschaften und die Fähigkeit, schneller auf Lenkbefehle zu reagieren.

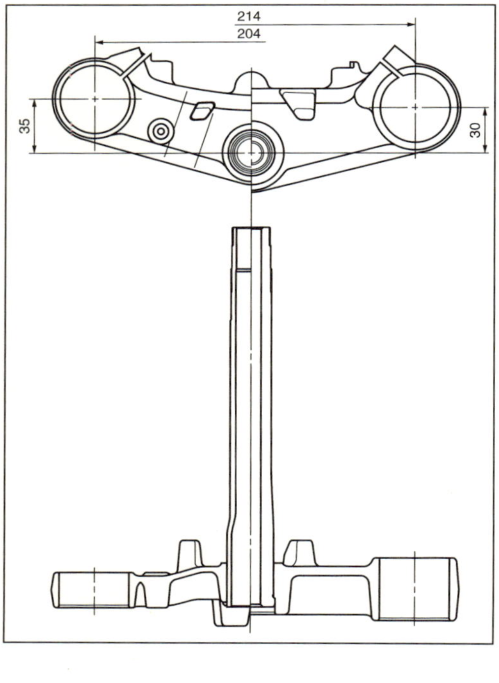

Über die Gabelbrücke lässt sich durch das Stichmaß in Längsrichtung (Y-Wert) der Nachlauf beeinflussen. Mit 35 Millimetern Versatz verfügt das Motorrad über einen kleineren Nachlauf als mit 30 Millimetern (rechts). Das X-Maß wird in der Regel von der Baubreite des Vorderreifens, Achse und Bremsanlage bestimmt.

Da sich die Lenkkräfte reduzieren, wirkt die Übertragung direkter und gibt mehr Feedback über das Geschehen unter den Rädern. Das alles gilt im übertragenen Sinne auch für die Kurvenfahrt. Denn im Prinzip ist eine Geradeausfahrt mit einem Motorrad nichts anderes als endlos aneinandergereihte, sich abwechselnde Kurven. Steht der Lenkkopf hingegen zu steil, droht Instabilität durch feinste Übertragung von Lenkerbewegungen und Störeinflüssen (flatternde Kleidung, Wind-Turbulenzen, Fahrbahnunebenheiten). Die Ansprüche an Stabilität, Reifen (Eigendämpfung, Toleranzen) und Federelemente steigen rapide an. Außerdem reagiert das Motorrad sensibler auf die Gewichtsverteilung (Sitzposition, Auftrieb durch eine ungünstige Aerodynamik, Soziusbetrieb), was speziell in Verbindung mit einem kurzen Radstand bis zum unbeliebten Kickback (Lenkerschlagen) führen kann.

Zudem wirken auf eine steil anstehende Gabel größere Kräfte bei Bremsmanövern. Extrem handliche Motorräder fordern darum u.a. steifere Fahrwerke. Wird der Lenkkopfwinkel steiler, reduziert sich (bei gleichem Gabelbrückenversatz und Reifendurchmesser) automatisch der Nachlauf. Der jedoch sorgt neben dem Lenkkopfwinkel für die nötigen Rückstellkräfte. Je geringer nun der Gabelbrückenversatz ausfällt, umso größer wird (bei gleichem Lenkkopfwinkel und Reifendurchmesser) der Nachlauf (in der Regel zwischen 90 und 100 mm). Bei modernen Straßenrennmaschinen bewegt sich der Lenkkopfwinkel meist im Bereich zwischen 66 und 68°. Bei Serienmaschinen in den siebziger und achtziger Jahren galten Werte zwischen 62 und 64,5° als üblich. Was aber geschieht, wenn man den Lenkkopfwinkel auf 0° reduziert? Dazu stelle man sich eine waagerecht liegende Gabel vor. Der Nachlauf wäre in diesem Fall unendlich. Von der Unfähigkeit auf Fahrbahnunebenheiten anzusprechen einmal abgesehen, würde man bereits beim Manövrieren im Stand Probleme bekommen. Schon allein wegen der hohen Vorderradlast, die den Lenker bis zum Anschlag nach links oder rechts kippen lassen würde. Der Fahrer müsste also (außer bei exakter Geradeausstellung) permanent über den Lenker als Hebelarm dagegenhalten. Niemand könnte so vernünftig geradeaus fahren, geschweige denn zielsicher lenken.

LENKKOPFLAGER

Über das Lenkkopflager wird die Vorderradgabel geführt (Upside down und Telegabel). Dabei muss das Kegelrollen- oder Rillenkugellager leichtgängig und spielfrei laufen. Ist das Spiel zu groß (Rütteln an der »freien« Gabel), lässt sich dies über den langen Hebel der Gabel gut erfühlen. Bereits verschlissene Kugellager machen durch Knackgeräusche beim Bremsen auf sich aufmerksam. Im unteren Geschwindigkeitsbereich zwischen 40 und 90 km/h kann die Gabel auch flattern (Shimmy-Effekt).

Bei zu geringem Spiel wirkt die Maschine zäh und unhandlich. Typische Fahrwerksprobleme treten bei höheren Geschwindigkeiten auf, da sich das Fahrzeug nicht mehr von allein auspendeln kann. Mal zieht es nach links, mal nach rechts. Der Verschleiß des Lagers erhöht sich durch eine zu stramme Einstellung drastisch. Zum Einstellen einer konventionellen Telegabel werden zuerst die oberen Klemmverbindungen und die Zentralschraube an der oberen Gabelbrücke gelöst (Vorderrad muss freistehen). Danach ist nur noch die Kontermutter unterhalb der oberen Gabelbrücke zu lösen. Durch Verdrehen der darunter liegenden Mutter wird das Lenklager eingestellt. Nachdem die Einstellung vorgenommen wurde, die Kontermutter wieder festziehen und nochmals die Einstellung kontrollieren. Ist alles okay, wird zuerst die Zentralmutter der oberen Gabelbrücke mit dem vorgeschriebenen Drehmoment angezogen. Abschließend sind die Klemmschrauben festzuziehen.

Diese Einstellung sollte nur der versierte Schrauber vornehmen. Die genaue Anleitung entnehmen Sie bitte der jeweiligen Betriebsanleitung.

LENKKOPFWINKEL

Der Lenkkopf-, bzw. Steuerkopfwinkel ist die Neigung des Lenkrohrs zur senkrechten (seltene Angabe) oder waagerechten Bezugskante (häufige Angabe). Bei steil anstehender Gabel verbessert sich das Handling, da die Rückstellkräfte nur noch über einen kleineren Hebelarm angreifen. Obendrein wird die Vorderradlast (Gewichtsverteilung) erhöht, was das Fahren/Lenken direkter macht. Damit reagiert das Fahrzeug allerdings auch sensibler auf Störeinflüsse.

Siehe auch unter »Lenkgeometrie«

LENKUNGSDÄMPFER

Wer schon einmal wild schlagende Lenkerstummel bei den Hörnern packen musste und nie so genau wusste, ob man gerade Rodeo reitet oder sich auf Valentino Rossi's Spuren befindet, weiß diesen länglich-zylindrischen Körper zwischen Gabelbrücke und Hauptrahmen zu schätzen. Außer beherztem Zupacken und Gaswegnehmen geht nicht mehr viel. Ursache für dieses auch als Kick Back bezeichnete Syndrom, sind die an der Reifenaufstandsfläche angreifenden Kräfte, die nicht weggefiltert werden konnten. Häufig ist eine zu leichte Frontpartei (Gewichtsverteilung, Radstand, Auftrieb) der Grund für das Lenkerschlagen. Durch den geringen Anpressdruck bei hohen Geschwindigkeiten, Kuppen oder Bodenwellen, ein schlechtes Ansprechverhalten (Losbrechmoment, Härte) der Gabel und/oder eine mangelnde Eigendämpfung der Reifen werden die Stöße nahezu ungefiltert in die Lenkung geleitet.

Bis in die frühen siebziger Jahre verwendete man anstelle des heutigen Lenkungsdämpfers den so genannten Reibungsdämpfer, der stufenlos per Handschraube oberhalb der Gabelbrücke verstellt werden konnte. Ein zu stramm eingestellter Lenkungsdämpfer vermindert grundsätzlich das direkte Gefühl zum Vorderrad. Darum gilt: Immer nur soviel

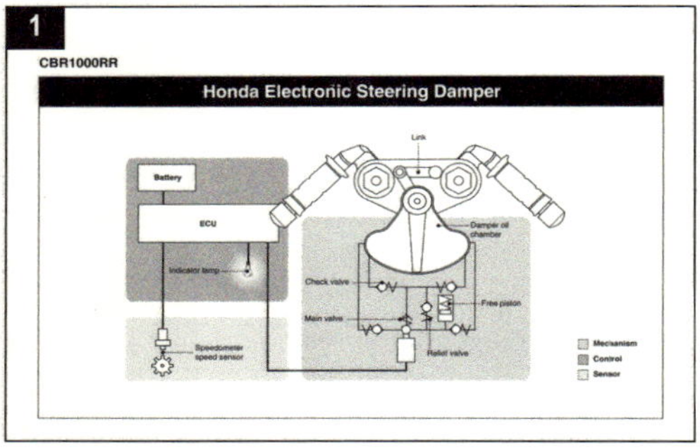

1,2. *Neue Wege geht Honda bei der 1000er Fireblade. Der hydraulische Lenkungsdämpfer arbeitet in Abhängigkeit der Geschwindigkeit und Beschleunigung. Über die von einem Sensor erfassten Daten wird die Dämpfung geregelt.*

3. *Der Reibdämpfer der Moto Guzzi V7 Sport wurde bis in die 70er Jahre verwendet. Das Prinzip ist denkbar einfach: Durch strammeres Anziehen der Flügelschraube erhöht sich die Reibung in der Lenkung und macht sie so steifer.*

4. Konventionelle Lenkungsdämpfer lassen sich fast an jedem Motorrad anbringen. Bei Ducati gehört er seit vielen Jahren zur Grundausstattung. Über eine kleine Rändelschraube lassen sich verstellbare Ausführungen den individuellen Erfordernissen anpassen.

Dämpfung wie nötig. Besonders nachteilig kann sich ein zu straff eingestellter Lenkungsdämpfer bei Regenfahrten auswirken, da in diesem Fall besonders viel Gefühl erforderlich ist. Nützlich kann ein Lenkungsdämpfer auch bei auftretendem Lenkerflattern (zwischen 40 und 80 km/h) sein. Dabei muss jedoch festgehalten werden, dass ein Lenkungsdämpfer nur das Symptom bekämpft, nicht aber die Ursache selbst.

LICHTMASCHINE

Stromerzeuger, Wechselstromgenerator, auch »Lima« genannt; deckt den Strombedarf für das jeweilige Fahrzeug; Stromerzeugung durch magnetische Impulse, Induktionsspannungen; Spannung wird über den Gleichrichter (Durchflussrichtung der Dioden) auf pulsierenden Gleichstrom transformiert und gleichgerichtet, so dass die Fahrzeugbatterie geladen werden kann. Der Antrieb erfolgt i.d.R. direkt von der Kurbelwelle (KW-Stumpf, Keilriemen).

LUFTFILTER

Der Luftfilter befindet sich im Luftfilterkasten (auch Airbox genannt) und schützt den Motor vor äußeren Fremdkörpern. In Abhängigkeit von Form, Fläche und Material ist er mitentscheidend für die Durchflussmenge, die dem Motor beim Ansaugen zur Verfügung steht und hat damit auch Einfluss auf die Gemischzusammensetzung. Mit der Zeit setzen sich die Poren mit Partikeln zu und verringern so den Durchfluss, was zu einer ungewollten Anfettung des Kraftstoff-/Luftgemisches führt. Eine komplette Demontage hätte eine Abmagerung zur Folge und könnte zu einer Überhitzung führen.

Die Airbox übernimmt neben der Aufnahme des Luftfilters die Aufgabe einer Resonanzkammer. Das Volumen hat großen Einfluss auf das Leistungsverhalten eines Motors, insbesondere bei Motorrädern mit Staudruckaufladung. In diesem Fall muss das gesamte System auf die aerodynamischen Verhältnisse im Fahrbetrieb abgestimmt werden.

Je nach Herstellerangaben ist nach etwa 5.000 km ein Reinigen oder Wechseln des Luftfilters ratsam. Bei auswaschbarem Schaumstoffluftfilter genügt eine reinigende Wäsche im Waschbenzin (Werkstatt). Trockenluftfilter können entweder mit Druckluft

Während einer Stunde Fahrtzeit mit einer 600 ccm-Viertakt-Maschine im Bummeltempo bei durchschnittlich 6.000 /min, muss der Luftfilter 108 Kubikmeter Luft reinigen. Das ist ungefähr das gleiche Volumen, mit dem ein normaler Mensch rund 10 Tage hinkommt. Der durchschnittliche Staubgehalt beträgt rund 0,05 g/m3. Bei einer einstündigen Fahrt unter oben beschriebenen Umständen käme man demnach auf 5,4 Gramm Staub-Rückstände.

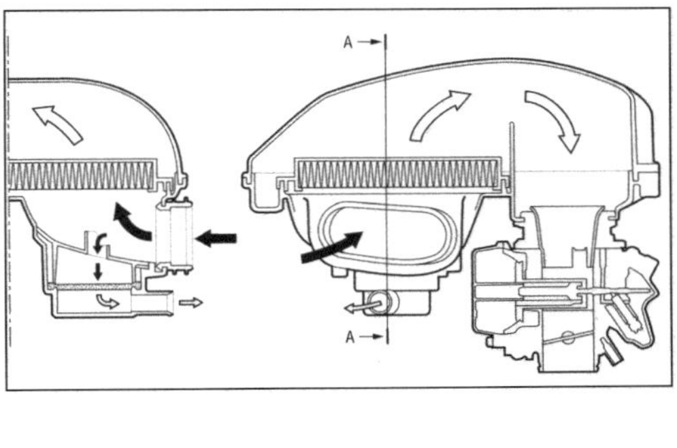

ausgeblasen werden oder müssen von Zeit zu Zeit ausgetauscht werden.

Siehe auch unter »RamAir«

LUFTKÜHLUNG

Luftgekühlte Motoren strahlen ihre Wärmeenergie über Kühlrippen an die Umgebung ab. Dadurch vergrößert sich die Kühlfläche um rund 50 Prozent. Überlebenswichtige Unterstützung leistet der Fahrtwind (Fahrtwindkühlung), ohne den jeder luftgekühlte Motor kollabieren würde.

Siehe auch unter »Konvektion«, »Kühlrippen« und »Kühlung«

M

MAICO
Fahrrad- und Motorradhersteller; Maisch & Co; Gründungsjahr 1926 in Poltringen.

MALAGUTI
Gründer Antonio Malaguti, seit 1930 Zweiradfertigung, früher in Bologna, heute San Lazarro di Savena.

MANG, TONI
Geboren am 29. September 1949 in Inning am Ammersee, Beruf Werkzeugmacher, 5-facher Motorradweltmeister in den Klassen bis 250 ccm (1980, 1981 und 1987), bis 350 ccm (1981 und 1982), Ausstieg aus dem GP-Zirkus nach der Saison 1988, insgesamt 42 GP-Siege und bisher erfolgreichster deutscher Motorrad-Straßenrennfahrer. Aktive Zeit von 1975 bis 1988.

MANTRA
Bimota Mantra, angetrieben vom luft-/ölgekühlten V2-Motor der Ducati 900 SS. Das extravagante Design der Mantra wurde von dem französischen Designer Sascha Lakik entworfen.

Der Gitterrohrrahmen besteht wie bei der Bimota Supermono aus ovalen Alu-Rohren.

Siehe auch unter »Bimota«

86 PS stark und 1995 12.000 Euro wert gehörte die Bimota Mantra 1995 zu den exklusiven Motorrädern.

MASSE

Phys. Formel m [kg] = F [N]/g [m/s2], die Masse eines Körpers ist an jedem Ort gleich, ist also unabhängig von der Anziehungskraft. Wächst die Masse, steigt auch das damit verbundene Trägheitsmoment.

Masse (elektr.)

In der Fahrzeugelektrik steht sie für die Karosserie, bzw. den Minuspol der Batterie; aktive Masse = bei den positiven Platten bestehen sie aus Bleidioxid, bei den negativen Platten aus porösem Blei. Zwischen ihnen liegen die Separatoren.

Masse (gefedert)

Die träge, gefederte Masse des Motorrades, bestehend aus dem fahrbereiten Gesamtgewicht abzüglich der Räder mit Anbauteilen (wie Bremsscheiben, Distanzhülsen, Tachoantrieb, Dämpferelemente) und Tauchrohren, belastet beim Einfedern die Reifen und erhöht so die Traktion.

Federt das Fahrzeug aufgrund der eingeleiteten Schwingung wieder aus, so werden die Räder entlastet, die Traktion nimmt ab. Die gefederte Masse setzt sich prinzipiell aus den Bauteilen zusammen, die nicht fest mit den Radachsen verbunden sind; Beispiele: Motor, Elektrik, Verkleidung, Tank, Hauptrahmen, etc.

Die ungefederten Massen (hell) spielen beim Motorrad eine wichtige Rolle.

Ungefederte Masse

Sie ist mitverantwortlich für ein sensibles Ansprechverhalten des Federungssystes und umfasst die Bauteile, die beim Ein- und Ausfedern in Bewegung sind. Beispiele: Rad, Bremsanlage, Schwinge, Umlenkmimik, Reifen, Tauch-, bzw. Gleitrohre, ggf. Kotflügel, etc.

MAX

(NSU) Deutschlands meistverkauftes Motorrad der fünfziger Jahre, 247 ccm; anfangs 11, dann 12,5 und später 18 PS; Besonderheit war das Mono-Federbein der Hinterradfederung im Rahmen.

Siehe auch unter »NSU«

MBA

Motori Benelli Armi, Rennmaschinen-Abteilung der Benelli Armi (Waffenfabrik), Motoren-Konstrukteur war Jörg Möller (Ing.) aus Essen/BRD.

MEGOLA

Meixner, Gockerell, Landgraf; Motorrad mit 5-Zylinder-Stern-Motor, wurde von 1921 bis 1925 gebaut.

MEMBRANSTEUERUNG

Um die Spülverluste bei Zweitaktmotoren zu minimieren, verwendet man dünne Metallzungen möglichst nah am Zylinder. So ist eine schnelle Reaktion auf die Änderung der Druckverhältnisse im Arbeitsraum gewährleistet. Beim Ansaugen öffnen sich die Metallstreifen, so dass das Gemisch weitgehend ungehemmt in den Druckraum (Kurbelgehäuse) strömen kann. Bei der Abwärtsbewegung des Kolbens entsteht ein Gegendruck, der die Membrane möglichst schnell schließen und so die zuvor beschleunigten Frischgase am Austritt durch den Einlasskanal hindern soll.

Siehe auch unter »Zweitaktmotor«

MIKE HAILWOOD

Siehe unter »Hailwood, Mike«

MONARK

Hersteller aus Schweden, Motorradproduktion von 1920 bis 1978, vorwiegend Geländemaschinen mit Zweitakt-Motor.

MONDIAL, LA MONDIALE

Italien/ Manerbio. Die erfolgreichsten Jahre des italienischen Motorradherstellers waren zwischen 1949 bis 1951. Das lag nicht zuletzt daran, dass während dieser Zeit (1950–1954) kein Geringerer als Fabio Taglioni (*siehe auch unter »Ducati«*) in der Konstruktionsabteilung von Mondial tätig war. Zuvor lehrte »El Dottore T.« als Dozent am Alberghetti College in Imola unter anderem Technikwissenschaften.

Viel Interesse erweckte Taglioni mit seinem während der Hochschulzeit entwickelten Vierzylinder-Reihen-Rennmotor mit Königswellenantrieb. Das schöpferische Potenzial war nicht zu übersehen, so dass er als 34-jähriger Leiter der Konstruktionsabteilung bei Mondial arbeitete. Das Ende der Zusammenarbeit kam nach einigen Differenzen im Jahre 1954, worauf Taglioni zu Ducati wechselte. Während dieser Jahre gab ihm der sportliche Erfolg der Marke Mondial auf den Rennstrecken jedoch Recht. In der Weltmeisterschaft bis 125 ccm demonstrierten Nello Pagani, Bruno Ruffo und Carlo Ubbiali eindrucksvoll ihre Stärke mit dem Titelgewinn. Gianni Leoni wurde 1950 im darauf folgenden Jahr WM-Vize bei den 125ern, 1951 erreichte McCandless den dritten Platz. Anschließend erfolgte eine lange Erfolgspause, die bis 1957 anhielt. In jenem Jahr fuhren Provini und Miller auf den zweiten, bzw. dritten WM-Rang bei den 250ern. 1963 debütierte übrigens der Brite Jack Findlay auf einer 250er-Mondial (13. Platz). Parallel startete er in diesem Jahr in der 500er-Klasse auf einer Matchless, wo er den achten Platz belegte.

Doch seit dem Jahr 2000 ist Mondial wieder in aller Munde. Besonders in Europa erkannte man, dass sich der klangvolle und einst erfolgreiche Markenname Gewinn bringend vermarkten ließ. Im März 2000 wurde deshalb

Die Membrane sollten möglichst leicht sein. Gut zu erkennen ist der Anschlag aus Metall.

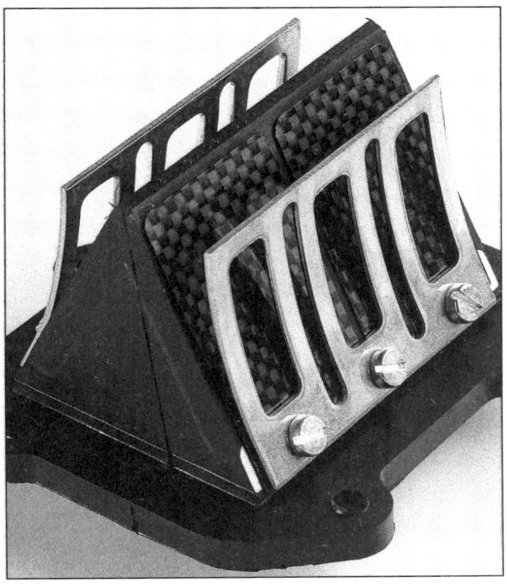

1. Die EVO leistet 2004 mit 143 PS nochmal 7 Pferdestärken mehr als die eh nicht schwächliche Standard-Piega. Wobei Stand der Begriff Standard zu relativieren ist. Der kräftig-kultivierte V2 wurde der Honda VTR 1000 SP entliehen. Die EVO rollt auf einem kompletten Öhlins-Fahrwerk. Die Verarbeitung verdient das Prädikat wertvoll. Feinste italienische Motorrad-Baukunst zum sportlichen Motorrad fahren. Auch mit dem Preis bewegt man sich in der ersten Klasse: ab 24.000 Euro geht's los, die EVO liegt gar bei 28.000 Euro.

von Roberto Ziletti die Mondial Moto Spa gegründet. Die Piega 1000 ist das erste Produkt der neuen Firma und wurde auf der INTERMOT 2000 in München der Weltöffentlichkeit vorgestellt. Geplant war eine Auflage von nur 250 Stück zu einem Einzelpreis von über 26.000 EUR. In den Läden war das Prachtstück mit dem V2-Motor der Honda VTR 1000 SP-I jedoch nicht zu sehen. Der Verkauf sollte ausschließlich übers Internet erfolgen. So wie es Ducati kurze Zeit zuvor mit der MH 900e äußerst erfolgreich vorgemacht hatte. Dass Signore Ziletti es ernst meinte, bewies die Teilnahme der Piega (übersetzt »Schräglage«) an vereinzelten Superbike-WM-Läufen im Jahre 2001.

In der Straßenversion bringt die 1000er-V2 trocken gerade mal 168 kg auf die Waage, der Preis liegt bei rund 15.000 EUR. Die Einspritzanlage verfügt über vier separat arbeitende Einspritzpumpen, wobei zwei im niedertourigen Bereich, zwei weitere ab 8.000 min^{-1} arbeiten. Ähnlichkeiten zum Design der MV Agusta F4 sind nicht von der Hand zu weisen.

MONOCROSS

Yamaha's Federungssystem fand seine Anfänge wie so oft im Motorsport. Anfangs lag das Federbein noch unter dem Tank. Die Nachteile offenbarten sich sehr schnell. Die 1980 vorgestellten RD 250/350 LC litten unter nachlassender Dämpfung. Durch den heißen Motor wurde das Dämpferöl zu warm und verlor an Viskosität. Aus diesem Grund verlegte man den Standort des Zentralfederbeins in die Nähe des Schwingendrehpunktes. Das Zentralfederbein als solches bietet den Vorteil der aus technischer Sicht günstigeren Schwerpunktlage und der progressiven Anlenkung durch Umlenkhebel, die der meist linearen Federkennung der Serienfedern eine progressive Kurve (ansteigende Federhärte bei zunehmendem Federweg) verleihen. Durch die großen auftretenden Kräfte müssen alle Bauteile sehr sta-

2. Mit der RZ Starfighter will Mondial den Streetfighter-Bereich abdecken. Als Basis dient die Piega, das Design hingegen stammt von Boxer – einem renomierten Team aus Frankreich.

2

Bestandteil des Monocross-Systems war an den wassergekühlten Yamaha RD 250/350 die Cantilever-Schwinge. Über diesen Ausleger wurde das Zentralfederbein ohne Umlenkung direkt betätigt.

bil dimensioniert werden, was natürlich auf die Waage drückt und zudem die ungefederten Massen negativ beeinflusst.

MONOLEVER

(BMW) Einarmschwinge; der einseitige Schwingarm ist Kardantunnel zugleich; erstmals bei der BMW R 80 G/S und dem Straßenmodell R 80 ST eingesetzt.

Siehe auch unter »Schwinge«

MONSTER

Ducati's Monster-Baureihe erblickte 1992 mit der M 900 das Licht der Welt. Mit ihrem Erscheinen prägte sie das Bild eines ursprünglichen Naked Bikes. Das auf der 888 basierende, handlich-stabile Chrommolydän-Fahrgestell, Miguel Angel Galuzzi's grandioses Design, und der modifizierte, luft-/ölgekühlte V2 der 900 SS (1992) ließ sie über Jahre zum Original des charakterstarken Naked Bikes schlechthin werden. Mit ihr wurde auch der Wheelie für Straßenfahrer populär. Die Leistungsangaben zwischen 71 und 80 PS machen die Monster nicht zum Favoriten der Speed-Fraktion, schon eher für Ästheten, Technik-Gourmets und Kurvenakrobaten.

Im Jahr 1998 wird die Monster-Palette um die Monster S erweitert. Mit Mini-Cockpitverkleidung ist sie im ersten Jahr ausschließlich in Schwarz lieferbar. Größere Ventile steigern die Leistung auf 83 PS. Schwimmend gelagerte Guß-Bremsscheiben, Stahlflex-Leitungen, Radialreifen und einige Carbon-Teile werten das S-Modell deutlich auf. Im gleichen Jahr erscheint auch das Modell »Cromo«, findet jedoch kaum Kunden. Mit verchromtem Tank, schwarzen Gußfelgen und Stahl-Bremsscheiben wurde sie nur bis 1999 angeboten. Anders das Modell Dark (ab 1999), das in mattem Schwarz die preisgünstigste Monster-Variante darstellte. Ab 2000 wird der V2 (offiziell L-Motor genannt) von einer elektronischen Marelli-Einspritzanlage gespeist. Dies begründet auch den um exakt 1.000 Mark angehobenen Preis. Im gleichen Jahr erscheint die Monster Metallic. So wie alle 900er-Modelle dieses Jahrgangs kommt auch sie mit elektronischer Einspritzung daher, verfügt jedoch über eine auffällige Metallic-Lackierung.

Die Monster S (Special) wird für den Milleniumsjahrgang kräftig überarbeitet. Neben der Einspritzung bewirkt der schlankere Tank einen besseren Knieschluss. Dazu passt auch

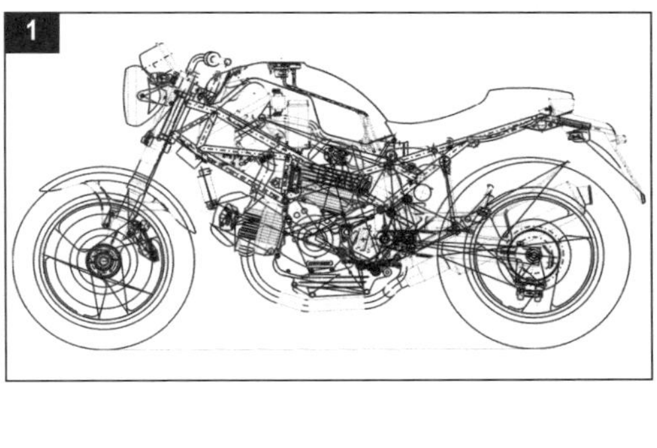

1. *Die M 900 war 1992 die erste aller Monster. Die aufs Wesentliche beschränkte Ausstattung, der lebendige Desmo-V2 und das stabile Gitterrohr-Fachwerk machens aus. Bis heute wird die Monster-Baureihe stetig modellgepfegt, so dass ihre Qualitäten von Jahr zu Jahr gewonnen haben.*

das neu gezeichnete Heck mit integrierter Kennzeichenhalterung, Rücklicht und Blinkern. Das schmalere Vorderradschutzblech liegt nun dichter am Rad. Typisches Merkmal der »S« bleibt die dezent modifizierte Mini-Cockpitverkleidung. Erstmals findet ein serienmäßiger Drehzahlmesser seinen Platz im Cockpit, die Bedienungskräfte der Kupplung fallen um 17 Prozent niedriger aus (12er-Handpumpe, weichere Kupplungsfedern der 600er-Monster).

Seit 1994 werden auch weitere Versionen mit 600, 750 (1996), 800 und 1000 (2003) angeboten. Im Laufe der Jahre hat sich diese Baureihe zur meistverkauften Modellreihe der Ducati-Geschichte entwickelt. Die Monster S4 mit dem legendären Desmoquattro-V2 der 916 leistet 101 PS. Fahrwerksseitig entspricht die S4 dem Sporttourer ST 4 (geänderter Lenkkopfwinkel und stabileres Rahmenheck). Erstmals verwendete Ducati bei der Entwicklung eines Motorrades die hoch entwickelte Uni-

2. *Die 99er M 900 (Bild) ist die letzte Ur-Monster mit Vergasern. Ab 2000 wird der Motor von einer elektronischen Einspritzanlage gespeist. Dies begründet auch den ab 2000 um exakt 1.000 Mark angehobenen Preis.*
3. *Die Krönung der Monster-Manie stellt im Jahr 2003 die S4 R dar. Mit 996-Desmoquattro und aufgewertetem Fahrwerk ist sie nicht nur ein optisches Gedicht. Die ausgewogenen Fahreigenschaften und ihr spontaner, kräftiger Antritt im mittleren Drehzahlbereich machen sie zu einer besonders fahraktiven Maschine.*

graphics Software. Mit ihrer Hilfe konnten alle Funktionen von Motor und Fahrwerk am Computer simuliert werden, lange bevor der erste Prototyp auf Rädern stand. Dadurch konnte die Entwicklungszeit erheblich verkürzt werden. Die Stärken liegen vor allem in guten Beschleunigungs- und Elastizitätswerten sowie in dem hohen Maß der Fahrbarkeit. Eine Wegfahrsperre, Marchesini-Fünfspeichen-Felgen und zahlreiche Kohlefaserteile runden die Ausstattung ab. 2003 erscheint die S4R. Sie wird vom 996-Motor angetrieben.

Die S4 Fogarty-Replika (2001) ist auf 300 Exemplare weltweit limitiert. Das Lackierungsdesign stammt von Aldo Drudi (renommierter Helm-Designer). Weitere Unterschiede: Titan-beschichtete Gleitrohre, weichere Dämpfung der Showa-Upside-UPS-Gabel, Ausgleichsbehälter des Zentralfederbeins aus Carbon, Carbon-Termignoni-Auspuffanlage, optimierte CPU, neue Airbox, geänderte Sekundärübersetzung.

MONTAGESTÄNDER

Für viele Reparaturen ist es nötig, das Vorderrad zu demontieren. Bei Wartungsarbeiten an der Gabel müssen die Holme frei liegen, so dass diese ggf. problemlos ausgebaut werden können. Für solche Zwecke empfiehl sich ein Montageständer, bzw. Frontheber. Dabei unterscheidet man zwei Versionen: Die günstigeren Modelle werden meist an den Bremssattelhalterungen befestigt, so dass zwar das Vorderrad ausgebaut werden kann, die Holme jedoch nicht frei liegen. Dafür gibt es die etwas teureren Varianten, bei denen von der Unterseite der Gabelbrücke ein Dorn eingeführt wird. Über spezielle Rohre stützt sich die Frontpartie am Boden ab, so dass nun auch die Gabelrohre (nicht jedoch die Gabelbrücken) frei liegen.

Für Arbeiten am Fahrzeug, dem Antrieb und alle sonstigen Reparatur- und Pflegearbeiten empfiehlt sich ein Montageständer, der das Heck des Fahrzeugs anhebt. Vor allem für Sportfahrzeuge, die selten mit einem Hauptständer ausgestattet sind, stellt er eine hilfreiche Erweiterung der persönlichen Werkstatt dar. So lässt sich auch eine Kette problemlos spannen oder komplett austauschen (nicht für einteilige Ketten, dann nämlich muss auch die Schwinge demontiert werden).

MORBIDELLI

Morbidelli steht für eine Holzmaschinenfabrik in Pesaro/Italien; durch Kooperation mit der Waffenschmiede MBA wurde 1979 auch der Name übernommen.

MOTO CROSS

Das erste Moto Cross-Rennen (damalige Bezeichnung: »Scramble«) wurde um 1925 in England gestartet, erste WM-Saison 1957; MC-Motorräder sind mit extrem langen Federwegen ausgestattet, um die hohen Kräfte bei Landungen auffangen zu können. Zudem

Im tiefem Sand wühlen, über Hügel springen, viel Körperarbeit leisten und gleichzeitig sensibel auf Fahrwerk und Motor achten – das ist die Kunst beim Moto Cross.

müssen die Fahrwerke handlich ausgelegt sein, um auch enge Anliegerkurven flink durchpflügen zu können.

MOTOGIRO

Von 1914 bis 1957 war der Motogiro d'Italia für Motorräder das, was die Mille Meglia für den Automobilsport bedeutete: Er war einer der bekanntesten und beliebtesten Straßenrennen in Europa. Zumindest bis 1957. Ab diesem Jahr verbot die italienische Regierung diese Art von Rennen. Seit dem Jahr 2001, also 44 Jahre später, erlebt der Motogiro eine Renaissance. Die italienische Marke Ducati und der Mineralölkonzern Shell veranstalten nun wieder regelmäßige Rennen. Teilnehmen dürfen alle Motorräder bis Baujahr 1957. Jüngere Motorräder fahren in einer Touren-Klasse (bislang) ohne Wertung. Während dieser Rennwoche im Juni fahren über 120 Oldtimer durch die Provinzen Emilia, Romagna, Venetien, die Toskana, Umbrien und Marken. Start und Ziel ist Bologna, die Heimatstadt von Ducati.

MOTO GUZZI

1921 von Carlo Guzzi und Giorgio Parodi gegründet. Firmensitz ist Italien/Mandello del Lario. Im Gegensatz zu den traditionellen 90°-V2-Triebwerken war der erste Motor ein liegender Einzylinder-Viertakter mit 500 ccm. Zu den bekanntesten Modellen gehören die V7 Sport, die Le Mans-Baureihe und die California. Im Jahre 2000 wird das Unternehmen von Aprilia aufgekauft. Wenn man die Geschichte um Moto Guzzi beschreibt, ist man wie bei kaum einem anderen aktuellen Motorradhersteller dazu geneigt, die Zeit zurückzudrehen. Das mag unter anderem daran liegen, dass Moto Guzzi nach Harley-Davidson der älteste Motorradhersteller der Welt ist und über eine dementsprechend umfangreiche Historie verfügt.

Angefangen hatte alles zu Beginn des Ersten Weltkrieges (1914), indem der damals 26-jährige Luftwaffensoldat Carlo Guzzi seinen späteren Partner Giorgio Parodi kennenlernt. Wie es der Zufall will, teilen beide die Liebe zu Motorrädern. Während der Luftwaffen-Pilot Giorgio Parodi schon in jüngeren Jahren Rennerfahrungen sammeln konnte und so die Arbeit eines Test- und Rennfahrers übernehmen konnte, befasst sich der ehemalige Flugzeugmechaniker Carlo Guzzi mit dem Entwurf und Bau eines »perfekten« Motorrades. Finanziell werden die zwei von Parodi's Vater unterstützt. 2.000 Lire betrug die erste Investition in das Vorhaben seines Sohnes.

Im Jahre 1920 gründen die beiden das Unternehmen und bis zum ersten Prototyp vergehen noch knapp zwei Jahre. Dabei handelt es sich um einen 12 PS starken Einzylinder mit 500 ccm, die »GP« – für Guzzi Parodi. Die vier Ventile, die via Königswelle und eine obenliegende Nockenwelle angetrieben werden, sorgen für exakte Steuerzeiten. Eine Doppelzündung hält die Flammwege des auf 3,5:1 verdichtenden Einzylinders kurz. Für eine Serienproduktion ist die Technik jedoch viel zu aufwändig und damit zu teuer. So verzichtet man auf die aufwändige Ventilsteuerung und die Doppelzündung. Was bleibt, ist der liegende Zylinder mit 88 mm Bohrung und 82 mm Hub, der noch bis weit in die sechziger Jahre das typische Erscheinungsbild vieler Moto Guzzis prägt.

Die erste »richtige« Moto Guzzi ist die Tipo Normale und erscheint 1921. Sie erhält als Markenlogo erstmals den für Moto Guzzi typischen Adler. Aus Erinnerung an den gemeinsamen Freund, Pilot, Motorradrennfahrer und Beinahe-Mitgründers Giovanni Ravelli widmet man ihm dieses Motorrad. Er starb bei einem Flugzeugabsturz im Jahre 1918. Ihm zu Ehren platziert man das Symbol der italienischen Luftwaffe, den »Aeronautica Militare«, auf dem Tank, der fortan jede Moto Guzzi schmückt.

Technisch gerät die Moto Guzzi Tipo Normale nicht so extrem wie der GP-Prototyp. Der Gaswechsel wird nur von zwei Ventilen gesteuert. Auch die Königswelle fällt dem Rotstift zum Opfer und wird durch damals übliche Stoßstangen ersetzt. Bohrung und Hub bleiben jedoch unverändert. Wie der Prototyp federt die Tipo Normale vorn über eine Trapezgabel.

1922 übernimmt Guiseppe Guzzi, Bruder von Carlo Guzzi, die technische Abteilung. Unter seiner Leitung entsteht 1923 die 500er-Rennmaschine Corsa 2V. Guido Mentasti (1) und Erminio Visioli (2) belegen im Jahr 1924 auf der Corsa 4V die ersten beiden Plätze beim Europameisterschaftslauf auf dem damals zehn Kilometer langen Kurs von Monza. Noch im gleichen Jahr erscheint die Tipo Sport auf dem Markt. Technisch basiert sie jedoch auf dem Zweiventil-Motor. Anders die 4V SS und 4V TT (beide von 1928), die auf dem Vierventil-Single der Corsa 4V aufbauen. Zur gleichen Zeit beginnt man auch mit der Produktion von Militärmaschinen. Im ersten Jahr sind es bereits rund 250 Exemplare. 1929 erscheint die Sport 14 und löst die Corsa 2V (1923) ab. Bereits ein Jahr darauf erscheint mit der Sport 15 (1930) eine weitere Variante der C2V. 1934 kommt die 500 GTV auf den Markt. Sie sieht der späteren Falcone auf den ersten Blick recht ähnlich.

1932 erscheint eine Dreizylinder-Rennmaschine, die Tre Cilindri. Der Halbliter-Racer leistet rund 25 PS. Im gleichen Jahr präsentiert Moto Guzzi erstmals zwei hubraumschwächere Motorräder, die P 175 und P 250. Des Weiteren erscheint die GT 17 mit Dreigang-Getriebe und noch dem alten, wechselgesteuerten Einzylinder-Motor. In den dreißiger Jahren wird der Motor umfangreich modifiziert. Dazu gehört hauptsächlich der stark überarbeitete Zylinderkopf (62° Ventilwinkel und neue Brennraumform). Rein optisch ist er auch am zunehmend runden Gehäuse zu erkennen. Ein bedeutendes Modell war die GT 20 (1938). Bei diesem Typ war es möglich die Räder untereinander zu tauschen, was den Einsatzbereich noch weiter ausbaute. Im Jahr darauf kommt Umberto Todero ins Unternehmen. Er war neben Carlo Guzzi über mehrere Jahrzehnte in großem Maße für die technische Entwicklung in Mandello verantwortlich. Noch im gleichen Jahr kommt die 500 Alce (1939), die bereits mit Fußschaltung zu haben ist. Erst nach dem Krieg erscheint die Superalce (1954). 1943 landet Moto Guzzi mit der kleinen Guzzino 65 einen Volltreffer und wird beinahe eine viertel Million Mal verkauft. Sie ist ein Werk von Cheftechniker Antonio Micucci, der kurz zuvor nach Moto Guzzi kam. Drei Jahre später erweitert die Motoleggera 65 das Angebot in der Mopedklasse. Wie die Zigolo (1953) verfügen diese Zweiräder über einen Einzylinder-Zweitaktmotor.

1950 erscheint die Motorrad-Roller-Mischung Galletto 160, der im Laufe der darauf folgenden Jahre auch mit 175 und 190 ccm angeboten wird. Sämtliche Varianten werden von einem Einzylinder-Viertaktmotor angetrieben. Die meistverkaufte Moto Guzzi der Nachkriegszeit war hingegen die 250 Airone (1954). Die ersten Typen leisteten 9,5 PS bei zaghaften 4.800 min^{-1}. Kurze Zeit später wird die Lodola (1955) vorgestellt. Im Gegensatz zu den GT- und Falcone-Typen ist der Motor

1. Moto Guzzi. Das Firmengelände im Jahr 1921.

nicht liegend, sondern nach vorn geneigt eingebaut.

Der Rennsport hatte für die Marke mit dem Adler von Anfang an eine große Bedeutung, besonders wenn es um die Tourist Trophy auf der Isle of Man geht. Bis heute gewann Moto Guzzi insgesamt 13 TT-Siege. Erstmals wird eine Moto Guzzi im Jahre 1926 in der Startaufstellung der TT geführt. Pietro Ghersi startet in der Lightweight- und Senior-Klasse, wird am Ende jedoch nicht gewertet. Schon ein Jahr später fährt Luigi Archangeli mit einer 250er Moto Guzzi auf einen zweiten Platz, bei der Senior-TT belegt er schlussendlich den vierzehnten Platz. 1931, also erst vier Jahre später, startet mit Paddy Johnsten wieder eine Moto Guzzi auf der TT und erreicht prompt einen achten Platz in der Klasse bis 250 ccm.

2. Maurice Cann während der TT im Jahr 1948 auf Moto Guzzi 248 an der Dixie Corner.

3. Mitte der fünfziger Jahre verfügt Moto Guzzi als erster Motorradhersteller über einen eigenen Windkanal.

1933 erreicht Pietro Ghersi in der gleichen Klasse einen sechsten Rang. Nachdem Stanley Woods mit nur knapp einer halben Sekunde hinter Graham Walker (Rudge) die Ziellinie überfährt, wird er als Vierter abgewunken. 1935 gewinnt Stanley Woods schließlich den Leightweight- sowie den Senior-Lauf auf der Weitwinkel-V2 (Zylinderwinkel 120°) und macht damit den lang ersehnten Erfolg für Moto Guzzi gleich doppelt perfekt: Er ist der erste Nicht-Brite, der einen TT-Lauf gewinnt. Neben den vielen anderen erfolgreichen Jahren kommt der Saison 1937 dennoch eine besondere Bedeutung zu: Omobono Tenni und Nello Pagani erringen erstmals einen Doppelsieg in der 250er-Weltmeisterschaft. Tenni startet auch in der 500er-Klasse und wird noch WM-Dritter. Nachdem der erfahrene TT-Fahrer Stanley Woods bei der Tourist Trophy ausfällt, gewinnt Omobono Tenni den Leightweight-Lauf.

Doch auch bei den GP-Rennen wird Moto Guzzi immer erfolgreicher. So deklassiert die 250er im Jahre 1937 selbst die erfolgreichen DKW's und erreicht in Monza unglaubliche Rundenzeiten, die sogar unter denen der 350er-Klasse liegen. Als 1949 erstmals die Weltmeisterschaft ausgetragen wird, heißt der Gewinner in der 250er-Klasse Bruno Ruffo – auf Moto Guzzi. Sein damaliger Konkurrent ist kein Geringerer als Dario Ambrosini, der auf einer Benelli den Vize-Titel einfährt.

Im gleichen Jahr ist Moto Guzzi bei der TT erfolgreich. Der Ire Manliefe Barrington siegt dort in der 250er-Klasse. Tommy Wood belegt auf der Isle of Man einen eindrucksvollen zweiten Platz, gleichfalls auf Moto Guzzi unterwegs. Nicht ganz so erfolgreich verläuft die Saison 1950: Mehr als ein zweiter Platz bei der 250er-WM sowie bei der Tourist Trophy ist für den Briten Maurice Cann einfach nicht drin. Dafür steht Bruno Ruffo mit Moto Guzzi im Jahr darauf wieder als 250er-Weltmeister auf dem Treppchen. Mit nur vier Punkten Rückstand ist ihm sein Markenkollege Tommy Wood dicht auf den Fersen. 1952 ist es möglich, den Doppelsieg mit Enrico Lorenzetti und Fergus Anderson zu wiederholen. 1953 steht mit der neuen, einzylindrigen 350er Bialbero, benannt nach der traditionsreichen Bergrennstrecke oberhalb von Brescia in Norditalien, die aus heutiger Sicht erfolgreichste Renn-Guzzi am Start. Mit ihr gewinnen Fergus Anderson (1953–1954), Bill Lomas (1955–1956) und Keith Campbell (1957) fünf Jahre in Folge die 350er-Straßen-WM. Zu dieser Zeit ist Moto Guzzi weltweit einziger Motorradhersteller, der über einen eigenen Windkanal verfügt und in Sachen Aerodynamik den Ton angibt. Nach dem Ausstieg aus dem Rennsport Ende 1957 nutzt man die Einrichtung zunehmend auch für Serienmaschinen.

Doch kommen wir nun zu dem Teil der Geschichte, der heute den bekanntesten Teil von Moto Guzzi ausmacht, zur Geschichte der legendären V2-Motorräder. Verantwortlich für die Planung des V2-Projektes war das italienische Militär, genauer gesagt General Garbari. Ihm war die Überquerung der Alpen mit den vierbeinigen Mulis ein Dorn im Auge. So kam es, dass er bei Moto Guzzi ein Fahrzeug in Auftrag gab, das diesen ersetzen sollte. Nun kam der Zuschlag nicht von Ungefähr. Zum einen lieferte man bereits in dieser Zeit große Stückzahlen Einzylinder-Fahrzeuge ans Militär und

GUZZISTI FAHREN IMMER, WANN SIE WOLLEN.

Werbeslogan aus den 50ern

die Carabinieri. Zum anderen hatte man mit der dreirädrigen Ercole (1946) mit liegendem 500er-Einzylindermotor und 17 PS beste Referenzen in Sachen Nutzfahrzeug. So kam es, dass man in Mandello del Lario auch den Auftrag für den »Stählernen Maulesel« bekam. Selbstverständlich wurde das Fahrzeug auch von den Leuten entworfen, die sich mit »so was« auskennen – den Spezialisten für Arbeitsfahrzeuge. Aus heutiger Sicht mag sich das Projekt »3 x 3« recht abenteuerlich anhören, aber das schlussendlich auf »mulo meccanico« (1960) getaufte Vehikel funktionierte trotz aufwändiger Technik zuverlässig. Selbst größte Steigungen waren dank Allradantrieb, Sperrdifferenzial, zuverlässigem Kardanantrieb und hohem Antriebsdrehmoment problemlos möglich. Dazu bedurfte es eines kräftigen Antriebes mit vergleichsweise viel Hubraum – das bis heute Guzzi-typische V2-Konzept mit einem Zylinderwinkel von 90° war geboren. So war es nicht verwunderlich, dass man sich auch Gedanken um den Einsatz des zu diesem Zeitpunkt 750 ccm großen und 20 PS starken Motors in einem Motorrad machte. Obendrein war die einzylindrige Falcone mit 500 ccm, mit der man die Policia und die Armee belieferte, technisch nicht mehr ganz auf der Höhe der Zeit. Etwas Neues musste her. Und teuer durfte es auch nicht sein, denn in den sechziger Jahren litt das Unternehmen besonders stark unter dem Auto-Boom des Weltwirtschaftswunders.

Entgegen dem Trend der japanischen Hersteller nach immer stärkeren Motorrädern zielt die V7 mit voller Kraft ins Tourersegment. Mit 40 PS bei gemächlichen 5.800 min^{-1} begegnet sie sportlichen Fahrern mit einer selbstbewussten Gelassenheit, die beeindruckt und durch die sich ein Guzzi-Fahrer auch heute noch auszeichnet. Genau von diesem Schlag ist auch der Hammelbacher Urgestein Fritz Röth – der Mann, der die erste Moto Guzzi via Gepäckstück auf dem Autodach nach Deutschland bugsierte und sich fortan um den Import der Maschinen kümmert. Seinerzeit musste er die dicken Guzzis noch per Einzelabnahme abnehmen lassen.

Es war im Jahr 1964, als die ersten Entwürfe der mächtigen V7 aus dem Konstruktionsbüro des Projektleiters Giulio Cesare Carcano kamen. Gut ein Jahr später war der erste Prototyp fertig und konnte bereits im Dezember 1965 auf dem Mailänder Salon von der Weltöffentlichkeit in Augenschein genommen werden. Bis zur Auslieferung der ersten Modelle dauerte es jedoch noch bis Anfang 1967. Nachdem Giulio Carcano im gleichen Jahr in den Ruhestand ging, übernahm sein Nachfolger Lino Tonti das Projekt V7. Die V7 Special (1969) hatte bereits 45 PS und verfügte über eine drei Millimeter größere Bohrung. 1972

4. *Manche Dinge ändern sich nie. Das trifft für die charakterstarken Motorräder aus Mandello del Lario genauso zu wie für den Motorrad begeisterten Fritz Röth. Er brachte Moto Guzzi Ende der sechziger Jahre nach Deutschland. Seit 2001 kann man in Hammelbach / Odenwald auch ein zeitgeschichtliches Motorrad-Museum besuchen, in dem es nicht nur Moto Guzzi's zu bestaunen gibt.*

wurden gleich mehrere neue Modelle vorgestellt: die V7 Sport, die V7 850 GT (US-Ausführung Eldorado) und die erste California, die V7 850 California. Damit war der ehemals 703 ccm große OHV-Motor der Ur-V7 Geschichte. Während bei den 703 und 748 ccm großen OHV-Twins der Hub mit 70 mm unverändert blieb, erforderte die 850er GT mit 844 ccm eine andere Kurbelwelle mit 78 mm Hub. Dafür reduzierte sich die Bohrung um 0,5 auf 82,5 mm.

Wer es schafft, aus einem vollwertigen Kardan-Tourer wie der GT ein sportliches Motorrad zu machen, dem kann bedenkenlos Respekt gezollt werden. Im Falle der V7 Sport rationalisierten die Techniker um Lino Tinto rund einen Zentner Masse weg. Für den nun dynamischeren Eindruck ist auch das neue Fünfganggetriebe mitverantwortlich, so dass die Gänge dichter beieinander liegen als beim bis dahin verwendeten Vierganggetriebe. Die Presse ist begeistert und auch auf den Rennstrecken fährt das unverkleidete Sportmodell zahlreiche Siege ein. Immer wieder beeindruckt auch die Beständigkeit, mit der die großen Guzzis selbst Langstreckenrennen überstehen. Dennoch sinken die Verkaufszahlen soweit, dass Moto Guzzi im Jahre 1972 an den Industriellen Alejandro De Tomaso verkaufen muss. Der ehemalige Autorennfahrer aus Argentinien siedelt Anfang der siebziger Jahre in eine Vorstadt des italienischen Modena und kommt 1971 in den Besitz der traditionsreichen Marke Benelli. Anschließend versucht er beide Marken synergetisch miteinander zu verbinden. Bereits auf den ersten Blick ist dies an den Ähnlichkeiten der Moto Guzzi-Modelle 254 (1977), 350 GTS und 400 GTS (beide von 1974) zu den Benelli-Motorrädern 254 Quattro und 654 Sport überdeutlich zu erkennen. Erstmals werden unter dem Guzzi-Logo Vierzylinder-Viertakt-Modelle vertrieben, gefertigt werden sie in Pesaro – der Heimatstadt Benellis. Nicht nur qualitativ geht der Schuss

5. Moto Guzzi baute über viele Jahre den Einzylinder mit 88 mm Bohrung und 82 mm Hub. Erst Ende der sechziger Jahre wurde die letzte Falcone produziert. Charakteristisch waren die außenliegenden Ventilfedern. Die Nuova und Sahara (1969 – 1977) unterschieden sich gänzlich von der ursprünglichen Falcone. Sie besaßen (auf Wunsch) einen E-Starter und konnten sogar mit einer 12 V-Anlage bestellt werden. Auch Rahmen und Bremsen waren neu.

6. So sah 1976 die Werbung für die 850 Le Mans I aus, nachdem sie zuvor auf dem Mailänder Salon vorgestellt wurde.

ordentlich nach hinten los. Niemand vermutet beim Anblick jener Typen allen Ernstes eine Moto Guzzi. Das, was man heute »Branding« nennt, nämlich das Nutzbarmachen der Einzigartigkeit einer Marke, wurde völlig außer Acht gelassen. Zum geplanten Synergieeffekt hätte zudem eine weitere Produktion in Mandello del Lario am Comer See gehört. Wie sonst sollte man ein solch traditionelles Unternehmen wie Moto Guzzi wirklich glaubhaft vermarkten? All das führte zu einer deutlichen Verwässerung des typischen Image-Charakters, worsn die Marke noch viele Jahre zu leiden hatte. Das Resultat ist nach langen und harten Jahren am Überlebenslimit, so dass Moto Guzzi zu Beginn der achtziger Jahre verstaatlicht wird. In den neunziger Jahren investieren schließlich eine Handvoll Amerikaner in das immer noch marode Unternehmen und versuchen mit dem »Produkt« Moto Guzzi an der Börse Fuß zu fassen – jedoch vergeblich.

Doch befassen wir uns vorerst mit der Ära unter der Führung von De Tomaso. Genau genommen grenzt es beinahe an ein Wunder, dass der Adler seinerzeit nicht abgestürzt ist. Glücklicherweise bleibt die italienische Polizei fester Kunde der Marke und rüstet die Exekutive mit V7-Modellen aus. Modellpflegemaßnahmen beschränken sich auf das Nötigste, so dass man in erster Linie auf ein Baukastensystem und damit auf die Austauschbarkeit verschiedener Teile angewiesen ist. Von alledem bleibt die Entwicklung der 750er Sport-Guzzi weitgehend unberührt. Das gelungene Konzept der V7 Sport, deren Nachfolger 750 S (1974) sowie der 750 S3 (1975) sichern diesem Modell die Vorzeigerolle der Produktpalette und finden in der 850 Le Mans I (1976) einen neuen Höhepunkt. Die feuerrote Lackierung sorgt in Verbindung mit dem matten Schwarz der kantig geformten Sitzbank und Lafranconi-Auspuffanlage für einen Kontrast der besonderen Note. Rein technisch stellt sie im Prinzip eine aufgewertete 750 S3 mit größerer Bohrung und 36-mm-Vergasern dar. Die Verwendung des 850 T3-Motors bot sich geradezu an. Ausgestattet mit neuen Kolben für ein Verdichtungsverhältnis von hitverdächtigen 10:1 mobilisiert die Guzzi 70 PS bei 7.300 min^{-1}. Damit degradiert sie selbst die 750er-Vierzylinder Hondas. Lediglich die 73 PS starke Ducati 900 SS mit Königswelle (1976) und die Kawasaki Z1 900 (1974) hatten mit 79 PS nominell mehr zu bieten. Fahrwerksmäßig hielt sich die 900er Kawasaki jedoch zwei Klassen tiefer auf.

Optisch verrät die schmale Guzzi-Silhouette mit der geradlinigen Linienführung verheißungsvolle Dynamik auf eine Art, wie sie nur aus Mandello kommen kann. Nicht weniger wichtig ist auch ihre historische Rolle, die einmal mehr den betriebenen Aufwand fernöstlicher Multizylinder in Frage stellt. Während die Japaner ihre Marktherrschaft Anfang der siebziger Jahre festigen, trotzt Moto Guzzi mit einer vergleichsweise simplen, dafür aber umso stabileren Konstruktion, dem aufkommenden Trend der komfortablen Big Bikes. Im direkten Vergleich wirkt eine »Le Mans« ungehobelt und puristisch, wobei man auch schon beim Erfolgskonzept der Baureihe wäre. Selbst wenn die modellgepflegten Nachfahren (850 Le Mans II von 1979, 850 Le Mans III von 1981) auf den ersten Blick angepasster und umgänglicher erscheinen, bleibt der urwüchsig-temperamentvolle Eindruck erhalten. Und wer die Firmenphilosophie kennt, wundert sich nicht wirklich darüber, dass Moto Guzzi die Le Mans im Jahre 1985 mit dem 949 ccm großen Motor der California 1000 II ausstattet. Noch immer mit lenkerfester Verkleidung versehen, treibt der auf 81 PS erstarkte 90°-V-Motor die 246 kg schwere 1000 Le Mans IV auf knapp 220 km/h. Mit neuer Gabel, überarbeitetem Getriebe und zentralem Veglia-Drehzahlmesser erfährt auch der Rest neben vielen anderen Modifikationen umfangreiche Pflegemaßnahmen. Darunter fällt leider auch die Verwendung eines 16-Zoll-Vorderrades, das dem einst so stabilen Motorrad ein gewöhnungsbedürftiges Fahrverhalten beschert. Ab 1988 besinnt man sich auf alte Tugenden, so dass sich seitdem wieder ein 18-Zoll großes Vorderrad dreht. Bevor die letzte Le Mans aus dem Moto Guzzi-Programm verschwindet, dauert es noch fünf Jahre. Weder Le Mans noch V7, dafür aber so richtig Guzzi, darf die optisch stark an die 750 S3 (1975) erinnernde 1000 S (1990) nicht unerwähnt bleiben. Angetrieben wird die Maschine vom OHV-Triebling der 1000 Le Mans V (1988).

Doch Moto Guzzi steht nicht grundsätzlich nur für großvolumige Motorräder. So erscheinen im Jahre 1979 parallel zur 850 Le Mans II die V35 und die V50. Als Antrieb der beiden Neukonstruktionen dient ein V-Motor nach üblichem OHV-Konzept, so dass die jeweils zwei Ventile pro Zylinder von einer untenliegenden Nockenwelle via Stößelstangen und Kipphebel betätigt werden. Interessant ist hingegen die Lagerung der Leichtmetallschwinge direkt im Getriebegehäuse. In der Ausstattung unterscheiden sich die Motorräder durch eine Einfachscheibenbremse bei der 350er und eine Doppelscheibe bei der 500er. Leistungsmäßig befinden sie sich mit 27, beziehungsweise 39 PS auf klassenüblichem Niveau. Nachdem 1978 die standfestere V35 II erscheint, wird kurz darauf das erste Imola-Modell, die V35 Imola I (1980) mit Verkleidung präsentiert. Mit dem Jahrgang 1984 feierte bei den V35/V50 und V65-Modellen der Vierventil-Zylinderkopf Einzug in die Motorentechnik. Eine Art Design-Studie ist die V35 Falco (1987) – ein Prototyp auf Basis des Imola-Modells mit 16-Zoll-Vorderrad. Sie ähnelt

7. *Die toristische SP-Baureihe hat eine lange Tradtion. Als 1979 die SP I erschien, wirkte sie mit ihrer dreiteiligen Verkleidung optisch recht modern. Daran hat sich bis zur SP III von 1990 (Bild) nichts geändert. Unter dem Kleid ging die Entwicklung hingegen eher schleppend voran. In ihrem letzten Jahr 1993 kostete sie 17.750 Mark und leistet immerhin 71 PS.*

dem Design der Ducati Paso-Baureihe (1987), entworfen von Massimo Tamburini unter dem Cagiva-Zepter, geht jedoch nie in Serie. Die V50 vollzieht eine sehr ähnliche Entwicklung, nennt sich jedoch später V50 Monza (1981) und leistet wie schon die V50 III (1981) 49 PS. Weitere Varianten stellen die Softchopper-Typen V50 C (1982) und die Enduro V35 TT (1984).

Bereits 1982 erscheinen die ersten 650er-Modelle mit Zweiventil-Motor. Neben der nackten V65 erscheint auch der verkleidete Tourer V65 SP. 1984 debütiert die sportlichere V65 Lario (1984), die wie die große 1000 Le Mans IV über ein 16-Zoll-Vorderrad verfügt. Dementsprechend wird das Fahrverhalten der 58 PS starken Maschine bei schneller Kurvenfahrt kippelig. Auch motorseitig hat Moto Guzzi mit dem lauten und anfälligen Vierventiltrieb (nur Lario) einige Probleme. Der Softchopper V65 Florida (1986) hingegen ist recht anspruchslos und gehört zu den meistverkauften Guzzis dieser Gattung, die Enduro V65 TT (1986) bleibt ein seltenes Modell. Wesentlich moderner und mit komplett schwarz lackiertem V2 wirkt die Reiseenduro NTX 650 (1989). Traditionelle Formen findet man hingegen bei der V 650 GT Sassantacinque (1988). Mit ihrem schlichten Design erinnert sie ein wenig an die Mille GT des gleichen Jahrgangs. Doch zu diesem Zeitpunkt ist bereits die brave V75 (1985) mit 10 Millimeter größerem Hub bei identischer Bohrung auf dem Markt. Der Erfolg dieses Modells hält sich jedoch in Grenzen. 1989 erinnert die erfrischend wirkende »750 Targa« mit ihrer kleinen, runden Lenkerverkleidung an die 850 Le Mans I (1976). Die 750 Nevada (1997) knüpft

8. Mit der 1000 Quota reagiert Moto Guzzi 1989 auf den anhaltenden Trend großvolumiger Reiseenduros. 1992 erhältlt sie eine elektronische Einspritzanlage um 1998 vom größeren 1100er-Motor angetrieben zu werden.

konzeptionell an die V65 Florida (1987) an und hat eher die Softchopper-, beziehungsweise Cruiser-Fraktion im Visier. Wenngleich sie nichts von beidem wirklich ist, eignet sie sich durch ihr ausgewogenes Fahrverhalten und die weiche Leistungsabgabe für Einsteiger. Zwei Jahre später erweitert die 750 Nevada Club (1999) mit umfangreicherer Touren-Ausstattung das Programm.

Zum festen Standbein gehörte seit den siebziger Jahren auch die California-Baureihe, deren erster Typ das ausschließlich für den US-Markt konzipierte Modell V7 850 California war. 1974 erscheint in Deutschland die 850 T California mit klassischem Rundmotor. Die Resonanz stimmt zuversichtlich, so dass man dieser Baureihe stetige Modellpflege angedeihen lässt. Nur ein Jahr darauf erscheint die V1000 I Convert (1975) mit 88 mm Bohrung und 78 mm Hub. Große Beliebtheit finden auch die 1000 SP-Modelle (1978–1993). Etwas Besonderes ist bei der SP I Vollverkleidung, die oberhalb aus einem lenkerfesten Teil besteht. Das Unterteil ist als Beinverkleidung ausgelegt, sorgt auf Grund der knappen Platzverhältnisse jedoch häufig für blaue Flecke. Unvergessen bleibt die Convert 1000 (1976) mit automatischem Drehmoment-Wandler und ihr späteres Pendant mit Fünfgang-Schaltgetriebe, die Convert 1000 G5«(1979). Als Ende 1983 die 850 California T5 mit 16-Zoll-Rädern, lenkerfester Cockpit-Verkleidung, 38er Telegabel, eckigen Zylinderköpfen, einem Design à la Mille GT erscheint, läuft bereits die zweite Generation der Cali mit 949 ccm an, die so genannte California 1000 II mit 67 PS Leistung.

Wenig Verbreitung finden hierzulande die T5-Versionen ab 1984 – sie erhalten ein 18 Zoll großes Hinterrad. 1987 erscheint die California 1000 III. Sie lehnt sich optisch durch ihr tropfenförmiges Design noch stärker an den amerikanischen Markt an und zielt unverblümter denn je ins Harley-Lager. Da macht es auch nichts aus, wenn das Gewicht nochmals um 12 kg auf beachtliche 290 kg steigt. Wichtiger ist hingegen, dass das maximale Drehmoment von 79 Nm bei niedrigen 3.200 min^{-1} (California II: 76 Nm bei 5.200 min^{-1}) zur Verfügung steht. Parallel wird auch die sehr seltene California 1000 III C angeboten, die sich durch eine Vollverkleidung, Topcase und Packtaschen von der Standard-California abhebt. Ganz anders die 1000 SP III, die aerodynamisch sehr ausgefeilt wirkt. Interessenten findet der Langstreckentourer in erster Linie bei der italienischen Polizei.

Doch so ganz überzeugt sind die Guzzisti immer noch nicht. Was bis zu diesem Zeitpunkt fehlt, ist eine ausdrucksstarke, großvolumige Straßen-V2, ohne Anleihen aus dem Segment modischer Softchopper. Mit der klassisch gestylten Mille GT (1988) atmet die Guzzi-Welt auf. Es ist die klare und schlichte Linienführung, die der 1000er auf Anhieb sehr große Sympathien zuteil werden lässt. Technisch präsentiert sich die Italienerin mit traditionellem 949 ccm großen, luftgekühlten Leichtmetall-Motor aus der California II gewohnt konventionell. Auch das Getriebe fällt noch immer durch die typisch langen Schaltwege und das satte »Klockedock« beim Einlegen des ersten Ganges auf. Die Fahreigenschaften sind jedoch beeindruckend und können selbst ambitionierte Sportfahrer zufrieden stellen – selbstverständlich nicht vergleichbar mit einer Le Mans, dafür jedoch eine wohltuende Abwechslung zu den meist viel zu weichen Fahrwerken aus Japan.

Großvolumige Enduros gewinnen zu Beginn der neunziger Jahre immer mehr Freunde. Ausgelöst durch Honda's Africa Twin (ab 1988) und den dreimaligen Sieg der BMW R 80 GS bei der Rallye Paris–Dakar (1985–1987), präsentiert Moto Guzzi im Jahre 1990 die 1000 Quota. In den Handel kommt sie jedoch erst 1991. Als Antrieb des 256 kg schweren Boliden dient der California-Motor. Der Brückenrahmen wird hingegen völlig neu konstruiert. 1992 ist das letzte Jahr der 1000er California. In diesem Modell ersetzt eine Weber-Marelli-Einspritzanlage die

9. *Die Moto Guzzi 1000 Daytona RSI war schon bei ihrer Vorstellung 1998 ein Sportmotorrad der alte Garde. Tank, Sitzbank, Bürzel – alles, wie mit dem Lineal gezogen. Doch eine Daytona ist mehr, ist anders als die üblichen Sportmotorräder aus Fernost. Ihr Achtventil-V2 schiebt mächtig, geradezu urwüchsig voran, gibt sich dabei aber dennoch kultiviert. Gegenüber ihrer OHV-Schwester, der 1100i Sport, will sie drehzahlorientierter gefahren werden.*
10. *Die V10 Centauro wird vom drehzahlfesten Vierventil-V2 der 1000er-Daytona angetrieben. Die Inspektionsintervalle fallen mit 5.000 Kilometer jedoch recht kurz aus. Typisch ist der luftgekühlte V-Zweizylinder mit 90 Grad Zylinderwinkel und längsliegender Kurbelwelle. Die Einspritzung gehörte 1997 zum Modernsten am Markt.*
11. *Die V11 Sport begeisterte die Fans – solch ein anmutiges und gleichzeitig sportliches Design hatte man seit der legendären V7 Sport nicht mehr gesehenen. Wem die im Daytona-Outfit gehaltene 1100i Sport zu sportiv war, konnte seit 1998 zur betont klassisch gezeichneten V11 Sport greifen. In Sachen Technik steht sie der besagten Schwester in nichts nach. Ihr Getriebe ist als erste Maschine aus Mandello del Lario mit sechs Gängen ausgestattet.*

ehemaligen Dellorto-Vergaser. Damit gehört Moto Guzzi nach Kawasaki (1980) und Ducati (1990) zu den ersten Herstellern, die ein Motorrad serienmäßig mit einer elektronisch geregelten Gemischaufbereitung ausrüsten. 1994 erscheint die California 1100, die auch als California 1100 Injectione mit Einspritzanlage angeboten wird. Der auf 80 mm vergrößerte Hub erfordert gegenüber dem 1000er Modell eine neue Kurbelwelle, um in Verbindung mit den nun 92 mm messenden Kolben den Hubraum auf 1064 ccm anzuheben. Überzeugende 75 PS und satte 90 Nm sorgen für die richtige Grundlage beim Surfen auf der Drehmomentwoge.

1998 erscheint die California 1100 EV und stellt eine optisch sowie technisch modellgepflegte Version des Vorgängers dar. Anlässlich des 75-jährigen Firmenjubiläums gibt's auch ein auf 750 Exemplare limitiertes Sondermodell mit der Zusatzbezeichnung »75«. Die parallel angebotene California 1100 EV Special ist eine umfangreicher ausgestattete Standard-EV. Im gleichen Jahr kommt eine überarbeitete Quota, die hochbeinige 1100 Quota ES (1998) mit Einspritzanlage und dem 1100er-V2 (B x H = 92 x 80 mm) der 1100 Sport ie (1996). Deren Basis ist der aufgebohrte 1000er-Vergasermotor der 1000 Daytona (1990) mit zwei Ventilen pro Zylinder.

Wer von Moto Guzzi spricht, darf den amerikanischen Moto Guzzi-Guru Dr. John Wittner nicht unerwähnt lassen. Nachdem der Privatmann bereits Mitte der achtziger Jahre mit einem Amateurteam und einer 1000 Le Mans IV (1985) bei Langstreckenrennen in den USA (Gewinn der Meisterschaft 1984 und 1985) sehr erfolgreich war, würdigt man ihn später mit den Daytona- und V11-Modellen. Seit 1988 baut der Zahnarzt eigene Rennmaschinen. Nicht weniger Platz sollte der Name Arturo Magni beanspruchen. Der Tuning- und Fahrwerks-Spezialist und die lebende Motorradlegende sammelte bei vielen großen Motorradherstellern der Welt Erfahrungen und präsentiert 1985 in Mailand die Magni-Le Mans mit exakt 948 ccm und Parallelogramm-Hinterradschwinge.

Im Herbst 1997 wird die V10 Centauro mit 95 PS vorgestellt. Das mächtige Motorrad ist lang gestreckt und baut sehr niedrig. Kaum vorzustellen, dass sie prinzipiell eine zum Street-Bike mutierte Daytona RS (1998) ist. Groß Gewachsene loben den ellenlangen Abstand zwischen Sitzbank und Lenker, Kleinere verfluchen ihn. Prägnant schaut sie in jedem Fall aus, und will so überhaupt nicht in irgendeine Schublade passen – herrlich unvernünftig also? Keineswegs, denn zu den Qualitäten des aufwändigen Daytona-Vierventilers mit höher gelegten Nockenwellen gehörten die spontane Gasannahme und eine verbesserte Drehzahlfestigkeit. Alles also durchaus sachliche Fakten, die für ein nachhaltiges Erlebnis mitverantwortlich sind. Moto Guzzi-typisch ist der luftgekühlte V-Zweizylinder (Bohrung x Hub: 90 x 78 mm) mit 90-Grad-Zylinderwinkel und längsliegender Kurbelwelle. Zu den weiteren Besonderheiten zählt unter anderem die elektronisch gesteuerte Benzineinspritzung, die zum Modernsten gehört, was der Motorradbau zu jener Zeit zu bieten hat. Ein exklusives Detail ist die Hinterradaufhängung. Moto Guzzi verwendet als einzige Motorradmarke eine Kardan-Hinterradschwinge mit Parallelogrammhebeln. Damit erhält der Antrieb die Qualitäten eines kettengetriebenen Hinterrades, jedoch bei praktisch unbegrenzter Lebensdauer. Die tragende Basis des Fahrgestells stellt der Zentralrohrrahmen aus Vierkant-Chrommolybdän-Stahlprofilen dar. Vorn federt und dämpft eine sportlich-straff abgestimmte Upside Down-Gabel. Für 1998 gibt's zwei weitere Versionen: Eine Tourenfreundliche mit Windschild und die »Sport« mit lenkerfester Cockpitverkleidung und Bugspoiler unterm Motor.

Interessante Gesichtspunkte eröffnet auch die charismatische V7 Ippogrifo (1998) mit 58 PS, die wie viele andere Modelle leider nie in Serie ging. Dezente Dragster-Akzente ziehen sich vom Tank bis zum Bürzel des nach dem

12

13

12. *Kaum eine andere Motorradmarke verfügt über eine derart eingeschworene Fan-Gemeinschaft wie Moto Guzzi. Seitdem Aprilia mit neuen Impulsen wieder Mut macht, geht es weiter vorwärts. Die V11 Sport/Le Mans gehört seit 1998 zum festen Standbein des Herstellers. Ein Ende ist längst noch nicht in Sicht.*
13. *Für 1999 plante man ein neues SP-Modell mit üppiger Ausstattung. Ein finanzieller Engpass ließ das Projekt jedoch wieder in der Schublade verschwinden.*
14. *Eine der schönsten Moto Guzzi-Typen ist die weltweit auf 300 Exemplare limitierte V11 Rosso Mandello. Sie ist noch mit dem 2000er V11 Sport-Fahrwerk mit kürzeren Radstand von 1.470 Millimeter ausgerüstet.*

14

mystisch schimmernden Fabelwesen benannten Modells und verfehlen ihre mondäne Wirkung nicht. Die Front erinnert sicher nicht umsonst ein wenig an die alte R 100 R Mystic (1994) von BMW. Kein Blendzeug versperrt den Blick auf das White-Power-Zentralfederbein, alles ist sehr schlicht gehalten. In Verbindung mit dem luftgekühlten V2 reduziert sie die Weltanschauung zwangsläufig auf zeitlose Werte. Ein ähnliches Konzept verfolgt auch die V11 California Jackal (1999). Wie aufregend es sein kann, einer Cali ihrer pfundigen Anbauteile zu entledigen, zeigt die nur ein Jahr gebaute Maschine sehr eindrucksvoll. Mit dem Zweiventil-Motor der Evoluzione bringt sie dennoch rund 270 kg auf die Waage. Der Faszination ist das allerdings nicht abträglich, da sie wie kaum ein anderes Motorrad die ruhige Atmosphäre eines Tourers mit der unverdünnten Klarheit eines Naked Bikes verbindet. In den Grundzügen identisch, durch teilweise tiefgreifende Modifikationen jedoch aufgewertet, zeigt sich ihr gemeinsam mit der V11 Le Mans erstmals unter Aprilia-

15. 1999 kam die Jackal, zwei Jahre später die Stone, die auf 400 Exemplare limitierte Stone Metall und anschließend die California Aluminium Special Sport (Bild) – langer Name, kurzer Sinn: Diese Modelle basieren alle auf der California und unterscheiden sich letztendlich nur durch die Ausstattung. Federelemente, Lackierung, Lenker, Rasten. Allen gemeinsam ist der drehmomentstarke 90-V2 mit 76 PS.

16. Im Jahr 2002 kommt die California in den Genuss einer hydraulischen Ventilspielkontrolle.

17. Die V11 Scura erscheint 2002. Mit Öhlins-Fahrwerk, handlichem Fahwerk und reichlich Carbon stellt sie die aus sportlicher Sicht bislang edelste Variante dar, eine V11 zu bewegen. Auch in Vergleichstests schlägt sie sich erstaunlich gut.

18. Vorgestellt wird die 750er Breva auf der Intermot 2002. Sie stellt die Nachfolgerin der 750 Nevada dar und soll für frischen Wind sorgen.

Regie präsentierter Nachfolger V11 California Stone. Der neue Lenker mit ebenso neuen Griffen und Schaltern, das überarbeitete Fünfgang-Getriebe, ein geändertes Rahmenheck, die modifizierte Schwinge samt neu abgestimmter Federbeine, sowie die optischen Retuschen, unterstreichen den guten Willen der neuen Obrigkeit in Noale. Die Produktion der legendären Sport 1100 i und Daytona RS werden im November 1999 eingestellt. Mit den Typen Aluminium und Special Sport folgen im Jahr 2001 noch zwei weitere Ausstattungsvarianten der California.

Doch wie bereits erwähnt, trägt die Führung unter Aprilia-Boss Ivano Beggio (2001) schon nach kurzer Zeit reife Früchte. An guten Anlagen mangelte es in Mandello del Lario freilich zu keiner Zeit. Eher schon am konsequenten Umsetzen von Erfahrungen, das auf Grund des engen finanziellen Spielraums dem technischen Fortschritt ein Beinchen stellt. So wie beispielsweise die Pendelneigung der bildschönen V11 Sport (1998) und die auf 300 Exemplare limitierte V11 Sport Rosso Mandello (2000). Aprilia reagiert schnell, denn das stilistisch äußerst ansprechende Motorrad findet weltweit großen Zuspruch. In Noale verordnet man dem potenten Roadster fürs Erste eine zusätzliche Rahmenstrebe aus Stahl im Bereich der Schwingenaufnahme, einen längeren Radstand und eine breitere Hinterradfelge. Mit der beigefügten Zusatzbezeichnung »Le Mans« schlägt die mit rahmenfester Halbschale ausgestattete V11 Le Mans (2001) zurecht die gedankliche Brücke zur legendären Rennstrecke. Die leichten Allüren der ersten V11 Sport-Modelle sind wie verflogen, so dass die Modell-Abstinenz nach sieben Jahren in ihr eine würdige Reinkarnation der Le Mans-Baureihe erfährt. Neben dem kräftigen 91 PS starken Zweiventiler ist als technischer Leckerbissen das Sechsgang-Getriebe zu erwähnen, das

19. Mit der Moto Guzzi MGS/01 zeigt Moto Guzzi, dass mit den Motorrädern aus Mandello zu rechnen ist. 2004 ist der 102 PS starke Sportler mit Vierventiltechnik serienreif.

dank patentierter Vierwellentechnik beachtliche sieben Zentimeter Baulänge spart und die Schaltwege spürbar verkürzt. Fahrwerksseitig fällt die erstaunliche Handlichkeit auf, die man einem Motorrad dieser Hubraum- und Gewichtsklasse kaum zutraut. Parallel wird auch eine unverkleidete Version, die V11 Sport Naked (2001), angeboten. Sie löst die V11 Sport (1998) ab.

Um die Eigenarten und das Lebensgefühl einer Moto Guzzi zu erklären, haben sich schon etliche Autoren und Redakteure auf tausenden von Seiten die Finger wund geschrieben und versucht, genau das zu erklären. Man liebt sie, oder eben nicht. Das war zumindest bis jetzt so.

MOTORMANAGEMENT

Das Motormanagement erfasst alle wichtigen Motordaten, die für Zündung und Kraftstoff-/Luftgemisch erforderlich sind. Über mehrere Sensoren an verschiedenen Messstellen bezieht die Elektronik ihre Messwerte und korrigiert diese ggf. auf den Sollwert. Dazu gehören Drehzahl, Zündzeitpunkt, Lastzustand, Klopfsensor, Arbeits- und Umgebungsdruck. All diese Informationen können für einen drehzahl-/lastabhängigen Zündzeitpunkt herangezogen werden. Bei Einspritzanlagen ermöglicht das Motormanagement die elektronische Dosierung des günstigsten Kraftstoff-/Luftgemisches (Lambda) und bringt somit die besten Voraussetzung für einen geregelten Dreiwege-Katalysator mit.

MUTH, HANS A.

Renomierter Designer aus Landsberg, Beispiel: Suzuki Katana- und BMW R 65 LS-Design.

MV AGUSTA / CAGIVA

Ursprünglich wurde MV Agusta (Meccania Verghera Agusta) von Graf Domenico Agusta im Jahre 1945 gegründet. Nach dem Konkurs in den siebziger Jahren kauften die Castiglioni-Brüder (Cagiva – **Ca**stiglioni **Gi**ovanni **Va**rese) das ruhmreiche Unternehmen mit Sitz im norditalienischen Varese/Schiranna. Durch die Übernahme der maroden Aermacchi-Produktionsanlagen am 17. Oktober 1978, die in den sechziger und siebziger Jahren auch von Harley-Davidson genutzt wurden, war zunächst eine millionenschwere Modernisierung erforderlich. Das bekannteste Motorrad ist die edle MV Agusta F4.

Betrachtet man die ruhmreiche Historie von MV Agusta, so fallen die Namen der Rennfahrergrößen wie anderswo die Dominosteine: Alberto Pagani, Arturo Magni, Bill Lomas, Carlo Ubbiali, Cecil Sandford, Gary Hocking, Giacomo Agostini, Gianfranco Bonera, John Hartle, John Surtees, Leslie Graham, Luigi Taveri, Mike Hailwood, Phil Read, Remo Ven-

1. Der Meister-Techniker und sein Werk – wie meistens – bei der Arbeit. Massimo Tamburini.

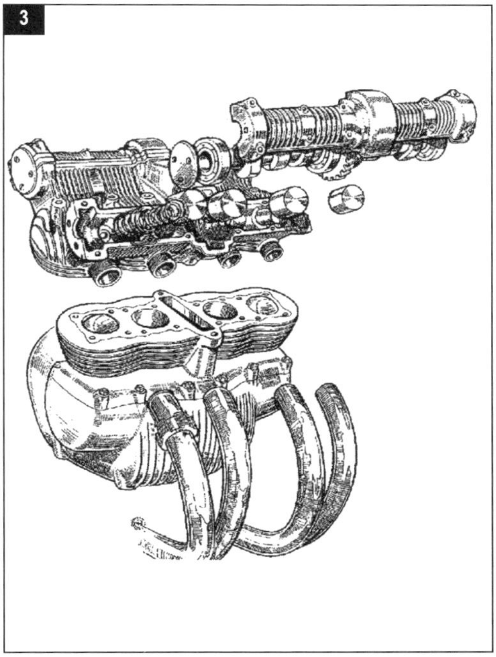

2. Leslie Graham im Jahr 1951 auf der 500er-Vierzylinder MV Agusta an der Ballough-Bridge/TT.

3. Die legendären MV Agusta Vierzylinder-Reihenmotoren waren bereits in den 50er-Jahren mit zwei obenliegenden, zahnradgetriebenen Nockenwellen ausgerüstet, die die Ventile über Tassenstößel betätigten. Der Zylinderblock war am Fuß mit dem Kurbelgehäuse verschraubt.

turi, Tarquinio Provini und Umberto Masetti – um nur ein paar der ganz Großen im Motorrad-Straßenrennsport zu nennen. Insgesamt erlangten acht Fahrer in den Klassen 125, 250, 350 und 500 ccm 38 Weltmeistertitel – in einem Zeitraum von 23 Jahren (1952 bis 1974). 1976 verabschiedete sich MV Agusta komplett von der Rennerei. Die Dichte der MV Agusta-Erfolge ist bis heute jedoch unerreicht.

Begonnen hatte alles im Jahre 1907, als Giovanni Agusta (1879–1927), ein engagierter Luftfahrt-Pionier und Konstrukteur, die Construzioni Aeronautike Giovanni Agusta gründete. Nach seinem Tod übernahm sein Sohn Domenico das Unternehmen. Der wiederum sah sich nach dem Zweiten Weltkrieg gezwungen, in eine andere Branche umzusteigen. Was lag da näher, als in den gefragten Zweiradmarkt zu investieren? Nachdem die Firma MV Agusta (Meccania Verghera Agusta) im Jahre 1945 gegründet worden war, stand im darauf folgenden Jahr das erste Zweirad, ein 98 ccm großer Einzylinder-Zweitakter, auf den Rädern. Schon kurze Zeit später fertigte man 125er- und 250er-Rennmaschinen, die darüber hinaus auch erfolgreich waren. Den ersten WM-Titel fuhr Cecil Sandford im Jahre 1952 ein, Carlo Ubbiali wiederholte diesen Erfolg drei Jahre später. 1956 holte John Surtees den ersten von vielen 500er-Titeln – von diesem Tag an war gegen die MVs kein Kraut mehr gewachsen.

1960 wurde auch eine neue 600er-Serienmaschine mit luftgekühltem DOHC-Reihenvierzylinder vorgestellt, die technisch weitgehend den Rennmaschinen entsprach. Dieser von Konstrukteur Bocchi entworfene Motor, mit seinem markanten Zylinderkopf und den zahnradgetriebenen Nockenwellen, war die Basis für die luftgekühlten MV Agusta-Reihenvierzylinder. Der ganz normale Motorradfahrer träumte in den siebziger Jahren von einer vierzylindrigen 750 S, oder der 800er Super America-Ausführung (1976) und gipfelte in der 1100 Corona, bzw. 1100 Grand Prix (beide von 1979). Sie wurden mehr oder weniger in Eigeninitiative des damaligen deutschen Im-

4. Die MV Agusta 500-4C wurde zwischen 1950 und 1957 gebaut. Bekannte Größen wie Leslie Graham, Umberto Masetti und John Surtees waren mit der Vierzylinder sehr erfolgreich.

5. John Surtees mit MV Agusta bei seiner Siegesfahrt zum WM-Titel in der 500er-Klasse im Jahr 1956.

6. Giacomo Agostini im Jahr 1972. Die Startnummer 34 stand für bis dahin 34 gewonnene WM-Titel für MV Agusta. Ein bis heute einzigartiger Erfolg.

7. Die MV Agusta 750 Arthuro Magni war eine veredelte Version 750 S von 1973. Der sandgestrahlte Motor mit seiner matt-schimmernden Oberfläche gehört bis heute zum Markenzeichen. Die Schaltung war auf der linken Motorseite. Von der 750 S wurden zwischen 1969 und 1975 nur rund 650 Exemplare gebaut.

8. In Italien war die Cagiva 750 Elefant ab 1988 ein beliebtes Modell. Im Vergleich zur teureren 900 Elefant i.e von 1990 wurde die 750er von zwei Vergasern gespeist, besaß einen kleineren Tank und eine Solo-Bremsscheibe vorn. 1993 erscheint auch eine rund 2.500 Mark günstigere Vergaser-Version der 900er, die so genannte A.C. Darüber hinaus wurde das Vorderrad über eine Upside Down-Gabel geführt.

porteurs unter Mithilfe von Arturo Magni gebaut. Verglichen mit den brettharten Fahrwerken mutierten japanische Motorräder zu Softies. Das 1100er Grand Prix-Spitzenmodell kostete damals umgerechnet 15.134 EUR. Ende der siebziger Jahre konnte man mit so viel Geld bequem ein kleines Unternehmen gründen. Nicht unerwähnt dürfen jedoch auch die einzylindrige 125 Sport oder der 500 Super Sport-Twin bleiben (beide von 1976). Trotzdem war zu jener Zeit das Schicksal bereits besiegelt: Der britische Importeur in London wurde 1977 aufgelöst. Für kurze Zeit werden MV Agusta-Motorräder über die Agusta Concessionaires nach England eingeführt. Das Werk selbst geht in den staatlichen Besitz der Regierung über, wo es vorerst mit Ducati zusammengeführt wird.

1978 betritt ein reicher Geschäftsmann das Parkett der Motorradproduzenten. Sein Name ist Claudio Castiglioni, damals 32 Jahre jung. Kein günstiger Zeitpunkt, um in dieser Branche Fuß zu fassen. Kaum jemand setzte zu dieser Zeit auch nur einen Pfifferling auf die europäische Motorradindustrie. Die Japaner beherrschten scheinbar unbesiegbar den Markt. Aus Deutschland hielten die alten Boxer-Modelle die Fahne hoch und in Italien trotzte man mit kleinen Offroadern und veralteten Motorrädern dem Boom nach immer höherer Motorleistung. Bis Claudio Castiglioni mit Hilfe seine Bruders Giovanni den Ducati-Konzern ganz übernehmen konnte, gehörten nicht unwesentliche Anteile dem mächtigen Finmeccania-Konzern in Italien, der die Motorradproduktion realistisch nachvollziehbar für völlig unrentabel hielt. Rund 95 Prozent der Ressourcen lastete man darum mit der Fertigung von Alfa Romeo-Dieselmotoren aus.

1985 übernahmen die Castiglioni-Brüder schließlich die Leitung des maroden Ducati-Konzerns. In einem Interview (von Frank Miller) fasste Claudio Castiglioni im November 2001 mit knappen Worten die Äußerungen des Verantwortlichen zusammen: Herr Brighinia, der seinerzeit mit dem Verkauf von Ducati vertraut war, sagte: »Sie wollen Ducati? Hier, nehmen und gehen Sie!«

Es dauerte nicht sehr lange, bis die erste Cagiva, die 650 Alazurra (1984), vom Band lief (lesen Sie dazu »Ducati«). Trotzdem sich der Erfolg in Grenzen hielt, arbeitete die Mannschaft hart am Gelingen des Vorhabens, Ducati (und damit auch Cagiva) wieder ganz nach oben zu bringen. Voraussetzung dafür sind die richtigen Leute, die sich mit der richtigen Einstellung und viel Know-how in die Motorräder hineindenken. Dazu gehören Massimo Tamburini und Miguel Angel Galluzzi, jene genialen Techniker, die in den folgenden Jahren die schönsten, berühmtesten und anspruchsvollsten Motorräder der Neuzeit entwickeln. Für die Husqvarna-Palette ist Ampelio Macchi verantwortlich.

Im Frühjahr 1992 erwerben die Castiglioni-Brüder die Marke MV Agusta. Dabei war das Ziel von Anfang an klar definiert. Es sollte ein faszinierendes Motorrad mit leistungsstarkem Reihenvierzylinder gebaut werden. Massimo Tamburini, bekannt als Vater der Ducati 916, wurde als Leiter des Cagiva Research Center in Varese damit beauftragt, das Projekt F4 zu verwirklichen. Am 15. September 1997 wurde auf der Mailänder Motorradschau die neue F4 mit dem atemberaubenden Tamburini-Design und dem in Zusammenarbeit mit Ferrari konstruierten 750 ccm-Triebwerk der Öffentlichkeit vorgestellt. Und wieder stellt diese Konstruktion in Sachen Qualität, Design und Fahrbarkeit eine absolute Ausnahmeerscheinung dar. Mit der sagenumwobenen F4 Oro rollt erstmals wieder ein Motorrad, natürlich mit 750 ccm, unter MV-Flagge auf unsere Straßen. Die Enthusiasten mussten sich gedulden, denn trotzdem das Modell bereits in allen '98er Katalogen aufgeführt war, verzögerte sich die Lieferzeit des rot-silbernen Edelsportlers bis Februar 1999. Die Standardversion Strada kostete 35.400 Mark. Die mit etlichen Carbon- und Magnesium-Teilen ausgestattete und auf 200 Exemplare limitierte Oro wurde

9. *Die Cagiva 125 Mito kommt 1995 mit Siebengang-Getriebe und ist für Teenes eine kleine Offenbarung.*

10. *Von der Brutale Oro werden 2001 lediglich 300 Exemplare gefertigt. Mit 29.000 Euro ist sie kein Sonderangebot. Das gelungene Konzept zeigt sich mit Magnesium-Rahmen und Carbon-Teilen auch optisch vollendet.*

11. Die F4 750 ist ein rares und genauso radikales Sportgerät, das von hohen Drehzahlen zwischen 10.000 und 12.000 /min lebt. Mit ihr rollt 1999, nach dem Aus in den Siebzigern, erstmals wieder eine MV Agusta auf unsere Straßen. Massimo Tamburini bekam bei der Entwicklung völlig freie Hand und inszenierte mit einem Stamm von 170 Mitarbeitern einen Mix aus atemberaubendem Design, grandioser Performance und purer Verführung. Die F4 ist mit allem gesegnet, was gut, teuer und leistungsfördernd ist: Radial angeordnete Ventile fördern die Leistung, das wechselbare Kassetten-Getriebe und die kräftige, gleichzeitig filigrane Einarmschwinge samt Federbeinanlenkung bestehen bei der »Oro« aus einer ultraleichten Magnesium-Legierung. Die Produktion der edlen Renner erfolgt bis 1999 in akribischer Handarbeit. Erst seit 2000 werden die preisgünstigeren »Strada« sowie die zweisitzige »S1+1« in Großserie gefertigt.

12. Im Gegensatz zur sündhaft teuren »Oro« ist die Einarmschwinge der »F4 S« aus Aluminium gefertigt. Seit 2001 kommt der leistungsstärkere Motor, die zweite Evolutionsstufe, sämtlichen F4-Versionen zu Gute. Während der Reihenvierzylinder in der S, bzw. 1+1-Version (Biposto) 134 PS leistet, schafft er in der SPS und der Senna-Version eindrucksvolle 140 PS. Die Aufwertung ist sehr umfangreich: Optimierte Einlasskanäle, geänderte Steuerzeiten, modifizierte Brennräume, neue Kolben (mit zusätzlicher Spritzölkühlung von unten), leichtere Kurbelwelle, verstärkte Kupplung, geänderte Primärtriebübersetzung sowie eine erhöhte Drehzahlsicherheit bis 13.900 min^{-1} unterstreichen den Anspruch an Qualität.

anfangs noch mit 50.000 Mark veranschlagt, brachte es aber später auf sündige 71.900 Mark. Trotzdem war sie schon vor Produktionsanlauf restlos ausverkauft.

Die gewaltigen Investitionen strapazierten den Finanzrahmen der Castiglioni-Brüder, so dass die Produktion nicht immer durchlaufen werden konnte, obwohl die Nachfrage vorhanden war. Parallel zur F4 und der Brutale entwickelte man auch einen eigenen V2-Motor für die Raptor-Modelle von Cagiva. Man suchte neue Investoren und klopfte bei Piaggio an. Eine Zusammenarbeit mit dem italienischen Zweirad-Giganten wäre eine Möglichkeit gewesen, Cagiva die nötige finanzielle Rückendeckung bei der Entwicklung und Produktion edler Motorräder zu geben. Schließlich partizipieren selbst Größen wie Kawasaki und Suzuki (Pressemitteilung vom 29. August 2001) durch gemeinschaftliche Entwicklungen voneinander. Solch innovative Motorräder, wie sie Cagiva auf die Räder stellt, sind mit Zeit- und Finanzdruck kaum zu entwickeln. Und angesichts der vergleichsweise geringen Produktionszahlen von gut 40.000 Motorrädern pro Jahr (Std. 2002) macht eine solche Partnerschaft realistischen Sinn.

Doch alles sollte ganz anders kommen. Beinahe zwei Jahre dauerten die Verhandlungen, bis sich Piaggio von dem bereits unterzeichneten Vorvertrag notgedrungen distanzieren musste. Schuld waren Spekulationsfehler im Management der Morgan Greenfell-Bank, dem Hauptteilhaber des Piaggio-Konzerns. Daraufhin wurden die Piaggio-Verantwortlichen angehalten, von der Investition in die Ca-

13. Die F4 750 Senna kostete 2001 gut 50.000 Mark.

14. Die 2003er F4 750 Ago ist eine Hommage an den 15-fachen Weltmeister Giacomo Agostini. Durch die gescheiterte Kooperation mit dem Piaggio-Konzern gerät die Firma erneut in einen finanziellen Engpass.

giva-Gruppe zurückzutreten – die Kehrseite des so genannten Neuen Marktes, bei dem die Leittragenden häufig nicht mit dem Verursacher in direkter Verbindung stehen. Ursache und Wirkung haben dann nicht mehr viel miteinander zu tun. Umso schlimmer, wenn man bedenkt, dass die Piaggio-Tochter Gilera zu diesem Zeitpunkt bereits einen fertigen V2-Motor zur Ablösung der Suzuki TL 1000-Motoren in den Cagiva Raptor-Modellen auf dem Prüfstand hatte. Sogar der Messestand auf der INTERMOT 2002 war entsprechend organisiert.

Die italienische Motorradindustrie ist ungeheuer vielfältig und ein Teil der Seele des italienischen Motorradfahrens. Ein wichtiger Bestandteil von ihr ist Claudio Castiglioni. Er und seine Techniker sind Menschen, die mit dem Motorrad mehr verbinden als nur ein Fortbewegungsmittel.

Lesen Sie dazu bitte auch Piaggio, Ducati und Harley-Davidson

MZ, MUZ

Mit der Einführung der Umkehrspülung nach Prof Schnürle wird bei DKW der Zweitaktmo-

15. *Die 900 Gran Canyon (Bild) löst im Millenniumsjahr die 900 Canyon I.E. ab, die 1998 erschien. Das Fahrwerk gibt sich handlich, so dass sie sich schnell als Funbike einem Namen macht. Der Ducati 900-V2 passt gut zum quirligen Charakter. Dank ausreichend großem Tank und passabler Fahrwerksabstimmung ist sie auch für längere Touren geeignet.*
16. *Die Cagiva 1000 Navigator erscheint 2000 und trägt den potenten Suzuki TL 1000 S-Motor im Herzen. 2002 wird auch eine Classic-Version mit Speichenrädern angeboten.*
17. *Mit der F4 1000 will MV Agusta 2004 das schnellste Serienmotorrad der Welt sein. Die sündige Tamburini-Ausführung leistet 173 PS. Das Fahrwerk ist identisch mit jenem der F4 740. Der Motor allerdings erfuhr umfangreiche Änderungen. So musste das Motorgehäuse aufgrund des von 43,8 auf 55 Millimeter vergrößerten Hubs völlig neu gestaltet werden. Mit einem Preis von knapp 40.000 Euro ist sie nur etwas für Gutbetuchte.*

tor in Bezug auf Leistungsentfaltung, Kraftstoffverbrauch und thermischer Belastbarkeit perfektioniert. Außerdem verschafft man sich gegenüber der Konkurrenz einen beträchtlichen Vorsprung. Als Mittel der Leistungssteigerung bei Rennmotoren setzt DKW Ladepumpen zur Aufladung ein und dominiert fortan auf der Rennstrecke. 1932 werden als Auswirkung der Weltwirtschaftskrise die sächsischen Firmen DKW, AUDI, Wanderer und Horch zur AUTO-UNION zusammengeschlossen. Als Weltneuheit bietet DKW 1935 eine 200er und eine 500er – mit E-Starter – an. Im gleichen Jahr wird das 300.000 DKW-Motorrad in Zschopau gefertigt. Mit dem Ausbruch des 2. Weltkrieges ist auch das DKW-Werk in die Rüstungsproduktion eingebunden. Trotzdem erfolgt 1939 die Präsentation der legendären RT 125 – das Werk vom damaligen Chefkonstrukteur Hermann Weber.

1. *Nach jahrelangem Hin und Her ist die MZ 1000 S im Jahr 2004 auch käuflich zu erwerben. Bei dem neukonstruierten Zweizylinder-Viertakt-Reihenmotor handelt es sich um einen Gegenläufer mit 180°-Kurbelwelle. Ursprünglich war der 115 PS starke Einspritzmotor als Paralleltwin geplant. Probleme mit dem Massenausgleich bewogen die Techniker jedoch zu einer Umstellung.*

1

Von 1922 und 1944 werden bei DKW Motorräder zwischen 100 und 600 ccm Hubraum und einer Motorleistung zwischen 2 und 22 PS gefertigt. Insgesamt belief sich die Produktion auf über 650.000 Exemplare. Besonders an die KS, SB, NZ und RT-Modelle erinnert man sich gern. Nach dem Krieg erfolgt auf Beschluss der Alliierten die totale Demontage des DKW-Werks. 1947 beginnt man mit der so genannten Friedensproduktion.

Die Wiederaufnahme der Motorradfertigung erfolgt 1950 mit einer wesentlich verbesserten RT. Noch im gleichen Jahr wird auch mit dem IFA-Lehrkombinat Zschopau eine völlig selbstständige Lehreinrichtung zur Heranbildung des eigenen Nachwuchses von Facharbeitern erstellt.

Das neue Motorrad mit der Bezeichnung IFA DKW RT 125 wurde von einem 125er-Zweitaktmotor angetrieben und leistete exakt 4,75 PS. Als Besonderheit besaß sie erstmals eine Teleskopgabel und Hinterradfederung. Für die Anpassung an verschiedene Last- und Geschwindigkeitszustände verfügte sie über ein Dreigang-Getriebe. Sie brachte 78 kg auf die Waage und beschleunigte bis 80 km/h. Dieser Typ erhält insgesamt drei Weiterentwicklungsstufen und wird insgesamt 260.000 mal gebaut. Die RT 125 gilt als das meistkopierte Motorrad der Welt (siehe Yamaha YA 1, Harley-Davidson Hunter, etc.). 1952 wird mit der Produktion der IFA BK 350 das einzige Zweitakt-Boxer-Motorrad auf zwei Räder gestellt, das je in Serie ging.

Ab 1953 beschäftigt man sich mit der Drehschieber-Einlasssteuerung für Rennmotoren. Unter der Regie von Walter Kaaden wird dieses System weiterentwickelt. Später übernimmt MZ diese Technologie. Neben der Umkehrspülung und Aufladung ein wichtiger Impuls für den Zweitakt-Motor. 1954 wird bei MZ zum Schutz der Sekundärkette der patentierte Vollschutz-Kettenschutz eingeführt. Er verlängert die Lebensdauer deutlich. 1956 wird der Markenname MZ offiziell. Produziert werden ausschließlich Zweitaktmotoren

2. *Die alten Zweitakter, die so genannten Emmen, waren Brot- und Buttermotorräder. Dennoch gibt es nicht weniger Anhänger der ETS und späteren ETZ-Modelle. Etwas heikel war das Thema Elektrik und die Verarbeitung insgesamt. Dafür ließ sich auch mit einfachen Mitteln eine liegengebliebene Emme wieder flott machen. Speziell die großen ETZ-Modelle galten durchweg als durchzugsstark.*

3. *Die Sport Cup ist Basis für den MuZ-Marken-Cup und baut grundsätzlich auf der Skorpion-Sport von 1998 auf. Vor anstürmendem Fahrtwind schützt eine kleine Halbschale. Die nicht zu tief liegenden Lenkerstummel passen zum sportlichen Charakter. Beim Serienmodell leuchtet ein Yamaha FZR 600-Scheinwerfer des Jahrgangs 1991 die Fahrbahn aus.*

2

3

4

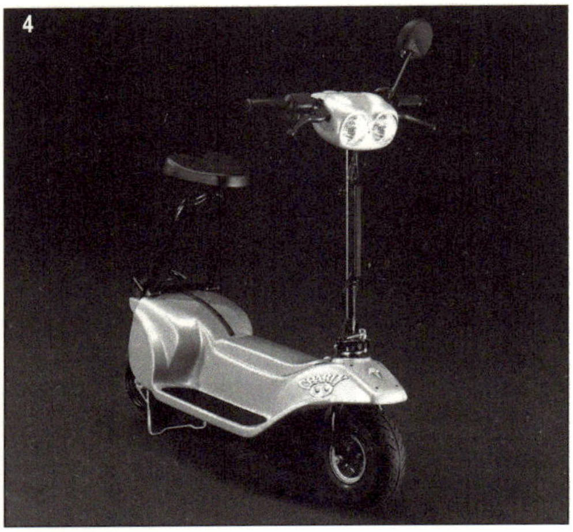

4. Einkaufen, mal eben zur Bank oder mit dem Hund in den Park? Mit dem 750 Watt starken Elektro-Flitzer Charly kein Problem. Das faltbare Vehicle ist seit 1993 im Programm, wird wie ein Mofa versichert und darf ohne Helm gefahren werden.

5. Die Traveller erscheint 1998. Technisch entspricht sie, mit Ausnahme der Verkleidung und den Koffern, der Tour. Der flüssigkeitsgekühlte Yamaha XTZ 660-Einzylinder ist seinerzeit Standard bei MuZ und weiß mit weich einsetzender Motorleistung zu überzeugen. Bei einem Verbrauchsmittel von gut fünf Litern reicht der Vorrat locker für über 300 Kilometer.

5

zwischen 125 und 350 ccm Hubraum – mit und ohne Seitenwagen.

Im gleichen Jahr gehen die beiden Vollschwingenmodelle ES 175 und ES 250 in die Produktion. Allein 1959 werden insgesamt 63.800 Motorräder gefertigt. In den sechziger Jahren wird die kleine Typenreihe ES 125 und ES 150 ins Modellprogramm aufgenommen. Der 250er lässt man Modellpflege angedeihen. Die ETS 125, ETS 150 und der ETS 250, die alle unter der Bezeichnung »Trophy Sport« laufen, sind alle mit Telegabel ausgerüstet. Später folgen die Typenreihen TS 125, TS 150 und TS 250 sowie die ETZ 250. Kennzeichnend für die Weiterentwicklung sind endlich eine 12 V-Elektrik, elastische Motoraufhängungen, Scheibenbremse, Gemischschmierung von 1:100 und die kontaktlose Zündanlage. Polizei-, Armee-, und Eskortenmaschinen spielten bei MZ von Anfang an eine wichtige Rolle. Darum sind Beiwagen-Motorräder mit MZ-Schriftzug nichts Besonderes. 1970 verlässt das einmillionste Motorrad (eine ETS 250) die Montagehallen. 1983 sind es bereits zwei Millionen produzierte Motorräder. Jährlich produzieren im Zschopauer Werk rund 3.000 Mitarbeiter über 100.000 motorisierte Zweiräder. Der Exportanteil liegt bei durchschnittlich 65 Prozent, verteilt auf etwa 100 Länder.

MZ-Motorradsportler errangen zahlreiche Europa- und Weltmeistertitel sowie zahlreiche Siege bei nationalen Meisterschaften im Enduro-Sport. 1961 wurde MZ auf Schloss Augustusburg ein Motorradmuseum eingerichtet. Dort kann man die gesamte Entwicklung seit 1922 hautnah erleben. Am 30. Juni 1992 war die Ostblock-Marke nicht mehr zahlungsfähig und ging offiziell in die Liquidation. Ab 1. Juli des gleichen Jahres übernahmen die »Motorrad- und Zweiradwerke GmbH« (MuZ) mit 80 Mitarbeitern die Fortsetzung der Zschopauer Traditionsmarke. Mit Motorräder wie der Silver Star Classic und Country sowie einigen Zweitaktvarianten und einem Elektroroller, wagte man einen neuen Anfang. 1994 ging im Neubaustandort Hohndorf die bildhübsche Skorpion-Baureihe in die Produktion. Als erste kam die »Sport« und »Tour«, kurz darauf die »Traveller« und »Replika«. Angetrieben wurden sie vom 660 ccm großen, luftgekühlten Yamaha-Einzylinder-Motor.

Nach einer Gesamtvollstreckung im Juli 1996 übernimmt der malayische Konzern »Hong Leong Industry« die Firma MuZ. Weitere Investitionen ermöglichen die Modelle »Baghira« (Enduro) und »Mastiff« (Fun-Bike). Weiter entsteht ein neuer 125er-Viertaktmotor mit zwei obenliegenden Nockenwellen, der die damals neue, 15 PS starke RT 125 antreibt. Ergänzend werden die 125 SX (Offroad) und die 125 SM (SuperMoto) produziert. Ende 1999 änderte man »MuZ« wieder in »MZ«.

Mit der zweizylindrigen 1000 S erhielt man auf der INTERMOT 2000 viel Anerkennung. Doch die Fertigung verschob sich ein ums andere Mal. Der Reihenmotor verfügte nicht über die notwendige Standfestigkeit, so dass man später einen komplett neuen Motor zeichnen musste. Mittlerweile ist die MZ 1000 S zu einem »richtigen« Serienmotorrad gereft. Besonders ansprechens ist die gelungene Fahrwerksasstimmung.

N

NACHLAUF

Verlängert man die gedachte Linie durch das Zentrum des Steuerkopfes bis auf die Fahrbahn und fällt gleichzeitig das Lot der Vorderradachse, so ist der Abstand beider Punkte auf der Fahrbahn das Maß für den Nachlauf. Ausschlaggebend für das Maß ist der Lenkkopfwinkel, der Gabelbrückenversatz und die Größe des Vorderrades. Je kürzer der Nachlauf, umso niedriger fallen die Rückstellkräfte aus. Das Motorrad wird handlicher, allerdings auch sensibler.

Siehe auch unter »Lenkgeometrie«

NEHMERZYLINDER

Gibt es einen Nehmerzylinder, so wird er von einem Geberzylinder betätigt. Das ist zumindest das Prinzip der hydraulisch betätigten Kupplung im Motorradbau. Auf der gegenüber liegenden Seite der Kupplung befindet sich der Kupplungsnehmerzylinder. Über den vom Kupplungshebel angesteuerten Geberzylinder wird der Druck auf den Nehmerzylinder weitergegeben. In dessen Inneren befindet sich ein Druckkolben (ähnlich der Bremszange einer Scheibenbremsanlage), der die Kupplungsdruckstange durch die Getriebeeingangswelle axial gegen die Kupplungsfedern verschiebt und so die Verbindung zwischen Motor und Getriebe lösen kann.

NENNDREHZAHL

Ist die Drehzahl, bei der der Motor seine maximale Leistung abgibt.

NOCKENWELLEN

Die auf den Nockenwellen befindlichen Nocken steuern die charakteristischen Werte für Ventilhub, Öffnungs- und Schließgeschwindigkeit, bzw. -dauer und Ventilüberschneidung (Steuerzeiten) beim Viertaktmotor. Auf Grund des Viertakt-Prinzips rotiert die Nockenwelle mit halber Kurbelwellendrehzahl. Abhängig von der Ventilsteuerung gibt es verschiedene Möglichkeiten, die Nockenwelle(n) im Motor unterzubringen und anzutreiben. Bei »unten gesteuerten« Motoren ist die Nockenwelle unterhalb des Zylinderkopfes gelagert. Der Vorteil dieser OHV Steuerung ist der einfache und kompakte Antrieb (Zahnrad, Zahnriemen, Rollenkette). Um die im Kopf hängenden Ventile zu betätigen, sind aller-

Vorn ist der Flansch zur Aufnahme des Kettenrades zu erkennen. Die fünffachgelagerte Nockenwelle gehört zu einem Reihenvierzylindermotor. Wenn man weiß, wie die Nockenwelle eingebaut wird und in welcher Drehrichtung der Motor dreht, kann bereits an den Nockenstellungen ausgemacht werden, mit welcher Zündfolge der Motor arbeitet. In diesem Fall ist es 1-3-4-2 – für einen Reihenvierzylinder klassisch (1 gleich hinter dem Flansch). Da ein Nockenpaar jeweils aus zwei identisch stehenden Nocken besteht, kann es sich nicht um einen OHC-Motor handeln. Die recht großen Abstände zwischen den einzelnen Nocken eines Zylinders deuten auf einen großvolumigen Motor mit großen Ventilen. Der große Abstand zwischen den Paaren auf eine große Zylinderbohrung. Auflösung: Das Bild zeigt eine Nockenwelle des Honda CBR Fireblade-Motors, Mod. 2000.

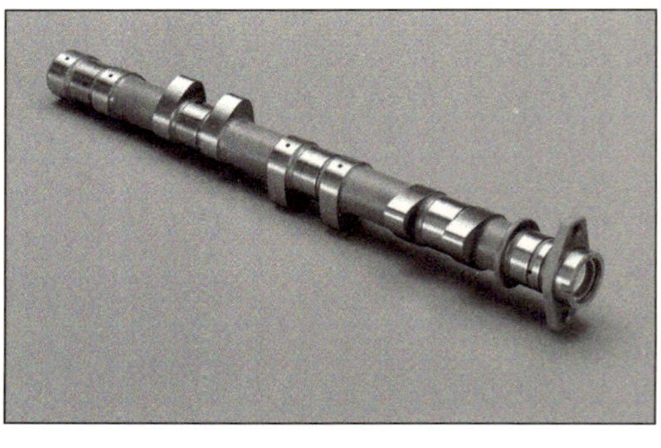

dings Stößelstangen und Kipphebel erforderlich, die durch ihre Abmessungen und ihr Gewicht höheren Drehzahlen eher abträglich sind. Außerdem ergibt sich durch die vielen Bauteile ein relativ großes Ventilspiel, welches sich jedoch ohne großen Aufwand einstellen lässt.

Bei kopfgesteuerten Motoren (OHC, DOHC) befindet sich die Nockenwelle im Zylinderkopf. Bei OHC-Motoren (auch SOHC genannt, siehe unter »Ventilsteuerung«) entfallen die Stößelstangen und werden durch Kipphebel ersetzt. Bei DOHC-Steuerungen drücken die Nocken direkt auf Tassenstößel. Von den zwischengeschalteten Schwinghebel-Konstruktionen (in Einzel- und Gabelbauweise), welche die Wartungsarbeit erleichtern, ist man in den letzten Jahren wieder abgekommen, da sie die Drehzahlfestigkeit herabsetzen und speziell die Gabelschlepphebel penibelst eingestellt werden müssen, um eine einseitige Belastung zu verhindern.

Im Allgemeinen bestehen Nockenwellen aus Vergütungsstahl. Häufig sind sie hohlgebohrt. Die Laufbahnen sind speziell Oberflächenbehandelt. Durch zu hohe Belastung (Schmierölmangel, zu weiche Oberfläche, falsch eingestellte Ventile, ungenau geschliffene Tassenstößel) kann es zu Materialausbrüchen, dem so genannten Pitting, kommen.

NORTON

1889, Produktionsbeginn der ersten Rollenkette von James L. Norton, dem Vater aller Norton-Motorräder, deren Bau um 1925 begann.

NSU

Angefangen hatte alles im Jahre 1873, als die beiden Mechaniker Christian Schmidt und Heinrich Stoll in Riedlingen an der Donau eine Werkstatt zur Herstellung von Strickmaschinen gründeten. Im Jahr 1880 verlegten sie ihre Firma nach Neckarsulm und nannten dieses Unternehmen ab 1884 Neckarsulmer Strickmaschinenfabrik AG. Nachdem man zwei Jahre später mit der Produktion von Fahrrädern begann, taufte man den Betrieb in Neckarsulmer Fahrradwerke AG um, wobei man sich bei der Bezeichnung der Motorräder auf »Neckarsulm« beschränkte.

1901 begann man mit dem Bau von Motorrädern, die durch ihre Pedale Fahrrädern ähnelten. Der Einzylinder-Motor, ein Schweizer Fabrikat der Firma Zedel, war im unteren Rahmendreieck schräg nach vorn geneigt und produzierte stolze 1,5 PS. Ab 1903 fertigte man in Neckarsulm auch die Motoren selbst. Das erste, komplett in Eigenregie produzierte Motorrad war eine 2,5 PS starke 329-ccm-Maschine (B x H = 75 x 75 mm), die noch bis 1910 gefertigt wurde. Großen Erfolg hatte man mit der 4 PS starken Zweizylinder, die es auf beachtliche 554 ccm brachte. Neben der Motorleistung verzichtete man auf eine weitere Typenbezeichnung. 1906 erschien eine preisgünstige 211-ccm-Maschine, die Neckarsulm 1,25 PS. Ab 1911 erhielten die Fahrzeuge den offiziellen Namen NSU. Am 10. Februar 1913 wurde die Namensänderung des Unternehmens in Neckarsulmer Fahrzeugwerke AG vollzogen. Zu dieser Zeit verfügte der Fahrrad-, Motorrad- und Auto-Hersteller (ab 1905) über ein gewaltiges Gesamtkapital von rund 3,6 Millionen Mark. 1913 und 1914 fertigten insgesamt 1.200 Mitarbeiter jährlich über 12.000 Fahrräder, 2.500 Motorräder

1. Dieses Archiv-Bild stammt von 1906 und zeigt eines der ersten NSU-Motorräder.

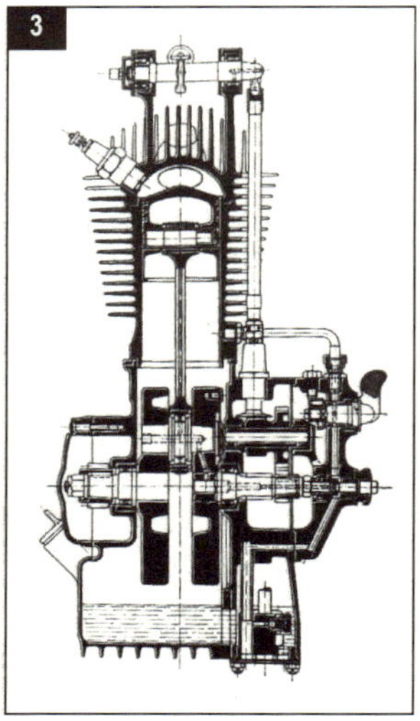

2. NSU 201 T von 1928.
3. Motorschnittzeichnung der NSU 251 S von 1928.

und 400 Autos. Dann kam der Erste Weltkrieg. Nachdem die Produktion bis 1920 mehr oder weniger aussetzte, lebte man bis dahin von Restbeständen aus der Vorkriegszeit. Erstes Nachkriegsmodell war die 4 PS starke 500er-Zweizylinder. Zu dieser Zeit setzte sich auch die Parallelogrammfederung mit Stoßdämpfer durch, ab 1924 gehört die Sekundärkette zum Standard-Antrieb des Hinterrades. Drei Jahre später fasst man die bis dahin getrennten Motor- und Getriebegehäuse zu einem zusammen.

Als 1928 Motorräder bis 200 ccm Hubraum von der Steuerpflicht befreit wurden, präsentierte man die 201 R. Damit stiegen die Produktionszahlen beträchtlich. Um die Motoren einzufahren, baute man hinter den Produktionshallen im gleichen Jahr eine 1.670 Meter lange und fünf Meter breite Einfahrbahn. 1929 wechselte der englische Konstrukteur William Moore von Norton zu NSU und übernahm dort die Position als Chefkonstrukteur. Bei Norton war er unter anderem für den legendären Königswellen-Motor verantwortlich und hatte sich einen Namen als technische Koryphäe gemacht. Bei NSU gehören die sportlichen SS mit 500er und 600er Einzylinder-Viertaktern (1930–1939, ebenfalls mit Königswelle) sowie die zivileren OSL-Modelle mit 200, 250, 350 und 500 ccm (1933–1940) zu seinen Werken. Mit der SS 500 gewann der britische Rennfahrer und die spätere Ikone Tom Ballus im Jahr 1930 den Großen Preis von Deutschland auf dem Nürburgring. Von diesem Tag an war NSU im Rennsport beinahe unschlagbar.

1930 erschien die 175 Z mit dem ersten 175er-Zweitakter der Marke. 1931 wurde die kleine Motosulm vorgestellt. Mit ihrem 1,25 PS starkem 50-ccm-Zweitaktmotor, der direkt über dem Vorderrad montiert war, zeichnete sich das Motorfahrrad durch einen sehr hohen Gebrauchswert aus. 1936 debütiert die Quick. Präsentiert wurde sie erstmals auf der Internationalen Automobil und Motorradausstellung in Berlin. Bis Produktionsende stellte NSU über 250.000 Exemplare her.

1939 stand der Zweite Weltkrieg vor der Tür. Ein Grund für William Moore im August das Land zu verlassen. Während er nach England zurückging, wurde er von Albert Roder abgelöst. Roder konstruierte einen neuen

Kompressor-Renntwin mit 350 ccm, DOHC-Ventilsteuerung und 44 PS Leistung. Doch der Krieg verhinderte eine weitere Entwicklung dieses vielversprechenden Viertaktmotors. Dafür konnte man mit der 251 OSL ein Heeresmodell anbieten. Die kleineren 125 ZDB und Quick wurden nur gegen Bezugsscheine abgegeben. Besonders gefragt war hingegen das Kettenfahrzeug HK 101 – eine vielseitige Maschine, die sich dank Antriebsketten quasi durch jedes Gelände pflügen konnte. Als Antrieb diente der 1,5 Liter große und 36 PS starke Opel Olympia-Motor.

Nachdem 1945 Deutschland in Schutt und Asche lag, war es wichtig mobil zu sein. Dabei spielte die Leistung eine eher untergeordnete Rolle. Zuverlässigkeit, geringer Kaufpreis und Unterhaltskosten – das waren die Prämissen im Nachkriegsdeutschland. Nachdem Walter Niegtsch im Juni 1946 zunächst die kommissarische Leitung übernahm, wurden schon kurze Zeit später wieder neue Modelle konzipiert. Das erste Nachkriegsmodell war die legendäre Fox (1949) mit 100-ccm-Einzylinder-Viertaktmotor und exakt 5,2 PS. Ein Jahr später stellt NSU seinen ersten Motorroller aus italienischer Produktion, die 125er Lambretta (1950), in Frankfurt vor. Das 4,5 PS starke Fahrzeug, das seine Kraft via Kardanwelle zum Hinterrad transportiert, gehörte zu den ersten Rollern auf deutschen Straßen. 1951 erscheint eine neue Fox, diesmal mit 123 ccm großem Zweitaktmotor. Von da an geht es Schlag auf Schlag. Die Produktionszahlen erreichen während des Booms schwindelerregende Höhen. 1951 erscheint die Lux mit 200-ccm-Zweitakter und 8,6 PS Leistung. 1952 kommt die Max – ein Motorrad, das wie kaum ein anderes Geschichte geschrieben hat. Albert Roder verzichtete bei der Konstruktion des 17 PS star-

4. NSU Kompressor-Gespann aus dem Jahr 1949.

5

NSU Max
die Maschine
für rechte Männer
NSU
Die NSU-Max
Deutschlands meistgekaufte und erfolgreichste 250 ccm-Maschine.

ken 250-ccm-Einzylinder-Viertakters auf eine Königswelle und entwickelte stattdessen eine Schubstangen-Steuerung, die so genannte Ultramax-Steuerung, die die obenliegende Nockenwelle über einen Excenter antreibt. Das sorgt für einen spielfreien Ventiltrieb und somit unter anderem für einen geräuscharmen Motorlauf. Die Max war seinerzeit die stärkste 250-ccm-Serienmaschine der Welt. Als Fahrwerk wird ein Zentralpressrahmen verwendet, wie man ihn prinzipiell bereits von der Fox und Lux kannte. Als besondere Neuheit erhielt die Max zusätzlich ein spezielles Ansaugluftsystem. Wenn man so will, vielleicht die prähistorische Vorstufe der heutigen RamAir-Systeme. Ziel war es jedenfalls damals, durch einen besonders langen Ansaugtrakt die Gasgeschwindigkeit das einströmenden Gemisches zu erhöhen (*siehe auch unter RamAir*«). Neben der Standard-Max gab es eine Renn-Max, eine Spezial-Max und eine Super-Max. Der Erfolg der Max-Baureihe war gewaltig. So gewaltig, dass NSU folgenden kessen Werbeslogan formulierte: »Mit Motorrad meint man Max«.

Am 12. April 1951 gelang es dem Rennfahrer Wilhelm Herz auf einem Teilstück der Autobahn München–Ingolstadt mit der 500-

6. Eine typische Rennmax im Delphin-Outfit – bewegt von Heinz Herz, dem Sohn von Wilhelm Herz. Herz gewann mit diesem Motorrad 1953 die Deutsche Meisterschaft, die Weltmeisterschaft und wurde zweiter Sieger bei der legendären Tourist Trophy. Der Motor ist ein Zweizylinder Viertakt mit zwei Königswellenantrieb, Bohrung und Hub fielen mit je 54 Millimeter quadratisch aus. Die Leistung beträgt zwischen 32 und 34 PS bei beachtlichen 10.500 /min – aus 247 ccm. Im letzten der insgesamt vier Gänge erreicht sie eine Höchstgeschwindigkeit von etwa 190 km/h. Das Gewicht beträgt 135 Kilogramm.

7. Ein Bericht über die NSU Quickly Mitte aus den fünfziger Jahren.

Es gibt nur wenige Fahrzeuge, die vom ersten Tag ihres Erscheinens an einen solchen Erfolg hatten wie die NSU-Quickly. Mit ihr nahmen die NSU-Werke den Kampf um den letzten Fußgänger auf. Hören Sie das Ergebnis: in einem einzigen Jahr wurden mehr als 120 000 Quicklys gebaut und verkauft, und noch immer herrscht eine geradezu stürmische Nachfrage nach diesem prächtigen Fahrzeug. NSU hat sich deshalb darauf vorbereitet, im Jahre 1955 noch mehr Quicklys zu fabrizieren, an die 1000 Stück an einem einzigen Tag.

Mit diesen Eigenschaften wurde die NSU-Quickly in kurzer Zeit Deutschlands erfolgreichstes Moped:

● Die NSU-Quickly ist aus **einem** Guß — Motor und Fahrgestell stammen aus **einem** Werk, aus dem großen Werk von NSU.

● Der Quickly-Fahrer braucht nicht wie ein Radfahrer loszustrampeln, um den Motor anzuwerfen; der Quickly-Motor — das ist eine technische Besonderheit — läßt sich wie ein richtiger Motorradmotor im Stand antreten.

● Natürlich hat die Quickly den modernen, verwindungsfreien und formschönen Zentralpreßrahmen. Nur ein großes Werk kann sich die kostspielige Einrichtung leisten, die notwendig ist, um den Zentralpreßrahmen zu fabrizieren.

● Die Berge hinauf klettert die quicklebendige Quickly wie die Feuerwehr. 18% schafft der Quickly-Motor, ohne daß der Fahrer mittreten muß. (Der schwere St.-Gotthard-Paß hat nur 10% Steigung.) Selbstverständlich besitzt die Quickly ein Zweiganggetriebe, das unerläßlich ist, um schnell in der Ebene und stark am Berg zu sein.

● Für die Sicherheit des Fahrers sorgen zwei starke Motorrad-Innenbackenbremsen. NSU verwendet keine provisorischen Bremsen und auch keine Freilaufbremsnaben, sondern ausgewachsene Motorradbremsen.

● Die Kraftübertragung erfolgt bei der Quickly durch Zahnräder (vom Motor zum Getriebe) und durch eine Kette (vom Getriebe zum Hinterrad). Mit voller Absicht verwendet NSU eine Kette, denn eine Kette rutscht nicht. Und, was für Ihre Sicherheit ist, selbst bei einem Kettenbruch bleibt die hintere Bremse voll betriebsfähig. Darauf müssen Sie achten!

● Zu einem modernen Motorrad gehört die Beruhigte Luftfilterung, mit der nicht nur die berühmten NSU-Motorräder ausgestattet sind, sondern sogar die kleine Quickly.

● Es läßt sich noch viel zur Quickly sagen: auch sie hat die moderne Vorderrad-Schwingachse; — sie ist mit Steckachsen ausgerüstet, deren Wert man kennenlernt, wenn man das Rad ausbauen muß —, sie ist führerscheinfrei, zulassungsfrei und steuerfrei.

● Allein in Deutschland gibt es 7000 NSU-Vertragshändler, die jederzeit bereit sind, den Quickly-Fahrer zu betreuen. Als NSU-Fahrer ist man niemals verlassen. Das sind eben die Vorteile, wenn man eine Maschine aus einem großen Werk fährt.

Das ist sehr interessant:

Motor: NSU-Zweitaktmotor, Hubraum 49 ccm, elektrische Lichtanlage: Schwungradlichtmagnetzünder.

Getriebe: Kraftübertragung: Motor, Kupplung, Zahnräder, Zweiganggetriebe (Drehgriffschaltung), Kette, Hinterrad. Gesamtübersetzung im 1. Gang 1 : 30,06; im 2. Gang 1 : 15,99.

Fahrgestell: Zentralpreßrahmen, verwindungsfrei und stabil, moderne Linie; Vorderradfederung: Schwingachse, Motorrad-Schwingsattel; Steckachsen vorn und hinten.

Abmessungen und Gewicht: Radstand 1183 mm, Länge 1895 mm, Breite (Lenker) 642 mm, Höhe 960 mm (verstellbar), Sattelhöhe 780 mm (Sattel verstellbar), Bodenfreiheit 125 mm, Tankinhalt 3,05 Liter, Reserve 0,4 Liter, Bereifung 26 x 2,00", Gewicht 33 kg.

Leistung und Verbrauch: Leistung des Motors 1,4 PS, Normverbrauch 1,3 Liter/100 km, Bergsteigevermögen 18%.

Die Quickly ist im Preis sehr günstig: Gepäckträger, Sicherheitsschloß und Luftpumpe sind einbegriffen. Farbe: Lichtgrau/Taubengrau. Bequeme Zahlungsbedingungen, keine Wechsel.

8. NSU Max aus dem Jahr 1955. Das Fahrzeug wurde 1970 erstmals restauriert und vom Besitzer umlackiert. Damals verwendete der Verantwortliche jedoch nicht den Originallack, sondern modisches gold-gelb. So oder so – eine gefragte Rarität.

9. NSU Konsul von 1951. Der 350 ccm große Einzylinder Viertakter leistete 18 PS bei 5.500 /min. Sie wurde ca. 8.200-mal gebaut. Die größere Konsul mit 500 ccm OHV-Einzylinder brachte es auf 21 PS und gehörte mit 123 km/h zu den Schnellsten auf der Straße. Von ihr wurden nur knapp 6.000 Exemplare verkauft – die Konkurrenz von BMW verhinderte einen größeren Erfolg. Im Grunde basieren beide auf den OSL 351, bzw. 501 aus den Vorkriegsjahren. Größter Unterschied ist die Telegabel vorn und die Geradefederung hinten. Häufig wurde die Konsul als Seitenwagenmaschine genutzt.

ccm-Kompressor-NSU den bis dahin von Ernst Henne auf BMW gehaltenen Weltrekord von 279,5 km/h zu überbieten. Mit 290 km/h für den fliegenden Kilometer und 286 km/h für die fliegende Meile sicherte er den Weltrekord für das schwäbische Unternehmen NSU. Stolz konnte die NSU Werke AG für das Jahr 1955 eine Gesamtproduktion von exakt 342.583 Zweirädern (darunter 45.747 Fahrräder) vermelden. Allein 350 Roller und 1.000 Quicklys rollten Tag für Tag vom Band.

Damit löste NSU den Hersteller DKW als weltgrößten Zweiradhersteller ab. Mit diesem Rekordjahr war jedoch der Höhepunkt der Zweirad-Epoche überschritten. Der zunehmende Wohlstand ließ die Ansprüche an ein Fahrzeug steigen, so dass Motorräder eher den kleinen Arbeiter interpretierten – in der Wirtschaftwunderzeit fuhr der Mann von Welt Auto. Dem zollten die Verantwortlichen in Neckarsulm Rechnung und investierten ab 1956 wieder in den Automobilbau, der bei NSU seit 1929 ruhte.

1966 verließ das letzte NSU-Zweirad die Produktionshallen – eine Quick mit 50-ccm-Zweitaktmotor. Während der gesamten Firmengeschichte liefen bis zu diesem Zeitpunkt 2,3 Mio. motorisierte Zweiräder vom Band. 1969 fusionierten auch die NSU Motorenwerke AG mit der Auto Union zur Audi NSU Auto Union AG. Im Oktober 1984 wurde schließlich die NSU GmbH gegründet. Als hundertprozentige Tochtergesellschaft der ehemaligen NSU Motorenwerke AG sowie der Audi NSU Auto Union AG, befasst sie sich in erster Linie mit der Traditionspflege ehemaliger Fahrzeuge.

NÜRBURGRING

Angefangen hatte alles am 18. Juli des Jahres 1927, als das erste Motorradrennen auf dem Nürburg-Ring (damals noch mit Bindestrich

10. Die NSU Lux wurde fast 80.000-mal verkauft. Mit ihrem anspruchslosen Einzylinder Zweitaktmotor galt sie als das Motorrad der »kleinen Leute«. Die 8,6 PS starke Standard-Version wurde zwischen 1951 und 1954 gebaut und von der stärkeren Superlux abgelöst. Beide verfügten über einen Zentral-Pressrahmen. Ein technisches Schmankerl war die Luftberuhigung im Ansaugsystem.

10

geschrieben) veranstaltet wurde. Nach zweijähriger Bauzeit und Kosten von insgesamt 14,1 Millionen Reichsmark, galt der ursprünglich exakt 28,265 Kilometer lange Eifelkurs schon nach kurzer Zeit als anspruchsvollste Rennstrecke der Welt. Mit ihren vielen kniffligen Abschnitten, Senken, Kuppen und dem Caracciola-Karussell ist die Nordschleife seit jeher Prüfstein für Fahrer und Maschinen. Knapp 65 Jahre nach der Eröffnung war es der berühmte Autorennfahrer Jackie Stewart, der dem anspruchsvollen Kurs durch die natürliche Eifel-Landschaft den ehrfürchtigen Beinamen »Grüne Hölle« gab.

Der Mythos Nürburgring entstand bereits während der ersten Jahre, in denen sich die meisten Rennfahrer begeistert über die Lage und Streckenführung des Kurses äußerten. Als Vater der Nordschleife gilt Hans Weidenbrück, ein ehemaliger Kaufmann, der von Anfang an großen Wert darauf legte, dass es sich bei der Rennstrecke um die Nürburg auch um eine touristische Attraktion handeln soll. Nach der Grundsteinlegung vom 27. September 1925 durch den Oberbürgermeister Dr. Fuchs beginnt die von Höhen und nicht weniger Tiefen geplagte Bauphase des Nürburgrings.

Ermöglicht wurde der aus finanzieller Perspektive nicht ganz risikofreie Bau der Strecke letztendlich erst durch die Baugenehmigung des damals verantwortlichen Landrats Dr. Creutz und des Regierungspräsidenten Dr. Brandt. Um bereits während der Planungsphase für den gesicherten Unterhalt der Rennstrecke zu sorgen, verpflichtete sich der ADAC jährlich rund drei bis vier Veranstaltungen auf dem Nürburgring zu organisieren. Um den unterschiedlichen Anforderungen bei Rundstreckenrennen, Dauer- und Wirtschaftlichkeitsprüfungen gerecht zu werden, unterteilte man den Nürburgring in drei weitere Teilstücke.

Die Nordschleife umfasste dabei mit 22,835 Kilometern den mit Abstand längsten Teil, gefolgt von der 7,747 km langen Süd- und 2,238 km langen Start- und Ziel-Schleife. Die gewaltigen Ausmaße erforderten einen bis dahin nicht dagewesenen bautechnischen Aufwand, so dass zeitweise bis zu 3.000 Arbeiter mit dem Bau der Strecke beschäftigt waren. Um das ganze Baumaterial schneller zu den einzelnen Standorten zu befördern, legte man kurzerhand Gleise um den Kurs, auf der eine Lorenbahn die Güter zu ihrem Einsatzort transportierte.

1. Einsam fährt der unbekannte Rennfahrer auf seiner BMW R 47 auf dem damals neuen Nürburg-Ring. Das Bild stammt aus dem Eröffnungsjahr 1927.

Mit finanziellen Schwierigkeiten war auch der Bau der aufwändigen Rennstrecken-Peripherie verbunden. Schließlich mussten Rennleitung sowie Zuschauer über die Geschehnisse auf der Strecke informiert werden. 16 Haupt- und 72 Nebenposten berichteten dabei regelmäßig über besondere Vorkommnisse und Eindrücke direkt von der Strecke. Die Information des Rettungsdienstes, die exakte Zeitnahme sowie die Nachrichtenübertragung, das Fahrerlager und nicht zuletzt die sanitären Einrichtung stellten seinerzeit eine große Herausforderung an Technik und Organisation dar. Schnittstelle war das zweistöckige Gebäude bei Start und Ziel, wo eine Zeit- und Rundentafel für die nötige Transparenz sorgte. Am Haupteingang benötigte man gleich zwei Verwaltungsgebäude, um auch auf längere Sicht den organisatorischen Aufwand bewältigen zu können.

Die riesige Haupttribüne bei Start und Ziel bot Platz für etwa 2.500 Zuschauer und verfügte zudem über ein Sporthotel (das legendäre »Tribüne«) inklusive Restaurant. So verband man schon damals hautnahes Rennsport-Erlebnis mit ausgeprägten touristischen Akzenten. Um die weitgehend ungesichert an der Rennstrecke stehenden Zuschauer besser zu schützen, baute man 1932 erstmals zusätzliche Schutzzäune. Nach und nach besserte man auch die Strecke aus, baute neue Tribünen und sorgte für verbesserte Sichtverhältnisse.1934 wurde der Belag und Verlauf an vielen Stellen verbessert, auch einzelne Kurvenüberhöhun-

3. In den sechziger Jahren nannte der ehemalige Formel 1-Weltmeister Jackie Stewart den Nürburgring »Die Grüne Hölle«. Zwischen Tradition, Tragik und traumhaft schöner Landschaft ist der Eifel-Kurs die unbestrittene Perle der Region.

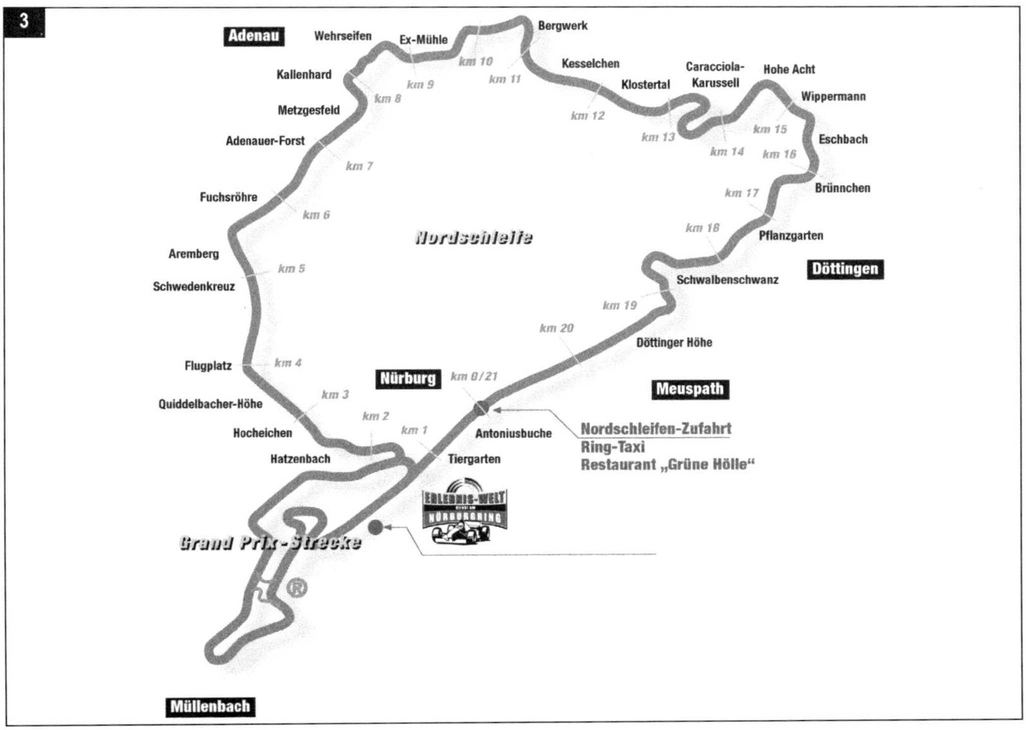

gen wurden angelegt. 1938 verbreiterte man den Start-/Zielbereich und der berühmte Tunnel zwischen Hauptkasse und Terrassenplatz erleichtert zudem den Zugang für Besucher. Gebaut und verändert wurde am Nürburgring eigentlich schon immer, so dass man bequem ein ganzes Buch mit den Maßnahmen füllen könnte.

Bis zum Beginn des Zweiten Weltkrieges fördert das Deutsche Reich durch den finanziellen Notstand der Teams und Hersteller nachhaltig die Aktivitäten im Motorsport, bis 1939 schließlich das vorerst letzte Rennen stattfindet. Die bis dahin veranstalteten GPs lockten bis zu 200.000 Besucher in die Eifel. Mit Kriegsausbruch kommen jedoch alle motorsportlichen Aktivitäten zum Erliegen. Das Sporthotel Tribüne dient der Unterbringung evakuierter Bombenopfer und als Lazarett. Nachdem der Panzeraufmarsch der Alliierten von 1945 besonders den südlichen Teil der Rennstrecke stark beschädigt hatten, waren umfangreiche Reparatur- und Modernisierungsarbeiten nötig. Trotz des nötigen finanziellen Aufwandes wird schon am 18. August 1947 wieder die Startflagge geschwenkt. Ausgerüstet mit dem klassischen Nordschleifen-Gedeck aus Brot, Wein und Wurst, war das erste Motorradrennen auf dem Ring ein gigantisches Fest für die begeisterte Bevölkerung. Zur ersten Veranstaltung bildeten sich kilometerlange Staus und sorgten bei den Veranstaltern und Besuchern für erstaunte Gesichter – eine Nebenerscheinung, die man bis dahin noch gar nicht kannte. Hunderttausende kamen in die Eifel, um ihre Stars hautnah erleben zu können. Autos, Motorräder, Fahrräder – es war einfach alles auf der Straße, was sich irgendwie fortbewegen konnte. Nicht wenige Menschen reisten sogar mit Sonderzügen der noch jungen Bundesbahn an. Endlich waren die harten Nachkriegsjahre vorbei. Die Menschen hatten ein großes Nachholbedürfnis in Sachen Geselligkeit und Motorsport.

Erinnerungen an ehemaligen Rennen wurden wach, die einzigartige Ring-Atmosphäre, die sich seit jeher von der damaligen, hölzernen Haupttribüne über die Streckenabschnitte Flugplatz, Brünnchen, Wehrseifen bis hin zur lang ansteigende Döttinger Höhe und die ganze Umgebung legte. Damals campierten die Zuschauer, teilweise nur wenige Meter von der Strecke entfernt, und erfreuten sich gemeinsam am Klang der Motoren sowie am Geschehen rund um den Kurs. Der aufkommende Tourismus wirkte auf die sonst wirtschaftlich eher schwache Region wie ein warmer Regen, der die regionale Wirtschaft kräftig ankurbelte. Erst seit 1955 wurden Motorrad-GPs auf dem Nürburgring ausgetragen, die bis 1968 auf der Südschleife stattfanden. Heute sind die geschichtsträchtigen Abschnitte wie Brankekopf, Aschenschlag, Seifgen bis kurz vor Bocksberg noch über die B 258 anzufahren. Teilweise wurde die Straße modernisiert und ist seit langem als öffentliche Straße be-

4. 1972: Giacomo Agostini mit seiner MV Agusta 500 in Führung liegend auf derNürburgring Nordschleife.

fahrbar. Manche Abschnitte sind jedoch so stark verwildert, dass Stollenreifen mehr als ein gut gemeinter Tipp sind.

Zwischen 1953 und 1954 investiert die Nürburgring GmbH knapp 400.000 DM und ermöglicht den Bau der Bosch-Tribüne. Der Reifenriese Dunlop verewigt sich mit dem gleichnamigen Turm und seiner großflächigen Anzeigetafel in der Nähe der Nordkurve. Zwei Jahre später werden die Arembergkurve und der Schwalbenschwanz zugunsten einer erhöhten Sicherheit der Fahrer umgebaut. Zwischen 1957 und 1959 erhält die Nordschleife einen neuen Fahrbahnbelag. Zu den Umbaumaßnahmen gehört auch der Umbau am Schwalbenschwanz und Wippermann, was zusätzliche Kosten in Höhe von 350.000 DM verursacht. Während Idole wie Meier, Hailwood, Agostini, Redman, und viele andere Rennfahrer ruhmreiche Motorradgeschichte schreiben, gerät die Nordschleife zunehmend häufiger ins Zwielicht. 1963 verringert man darum die Überhöhung des bekannten Karussells und auch die Kurve am Bergwerk wird deutlich entschärft. 1967 wird die Bremskurve Hohenrain am Ende der Döttinger Höhe installiert.

Zu jener Zeit trifft man sich am Nürburgring auch zum Elefantentreffen. Der Ursprung beruht auf einem Treffen im Jahre 1953, als sich Zündapp KS 601-Fahrer mit ihrem »Grünen Elefanten« erstmals an der Solitude-Rennstrecke trafen. 1961 fand das Treffen, dessen geistiger Vater Ernst Leverkus war, erstmals am Nürburgring statt. Innerhalb weniger Jahre erreicht die Veranstaltung höchsten Kultstatus. Die Strecke selbst wird weiter modernisiert, doch verschlingt die Unterhaltung des Nürburgrings schon allein auf Grund der gewaltigen Ausmaße riesige Summen. Seit der Eröffnung des Nürburgrings findet 1966 auch wieder eine Rad-Weltmeisterschaft statt.

Trotzdem 1969 weitere 850.000 DM für Ausbau- und Instandsetzungsarbeiten ausgegeben wurden, boykottieren schon ein Jahr später die Formel 1-Piloten auf Grund fehlender Sicherheitsmaßnahmen den GP. Ausschlaggebend waren eine Reihe schwerer Unfälle bei der Formel 1, worauf der Fahrersprecher Jochen Rindt umfangreiche Umbauten forderte. Daraufhin investiert man in den nächsten Jahren beeindruckende 20 Millionen DM in ein Bauprogramm, um den erhöhten Sicherheitsauflagen gerecht zu werden. Dazu gehörten unter anderem umfangreiche Änderungen des Abschnitts Brünnchen, des Karussells und die Anbringung zahlreicher Fangzäune. Am Ende präsentiert sich die »neue« Nordschleife bei ihrer Eröffnung am 2. Mai 1971 mit nur noch 33 Links- und 40 Rechtskurven. Zahlreiche Begradigungen erhöhen einerseits zwar die Durchschnittsgeschwindigkeit, machten den Kurs durch die weniger tückischen Kurven jedoch zugleich ungefährlicher. An der Gesamtlänge änderte sich hingegen nichts.

Vor dem Motorrad-GP 1974 ruft trotzdem der überwiegende Teil der Solo-Fahrer zum Boykott auf. Lediglich die Gespannfahrer nehmen von den zusätzlich geforderten Strohballen der einspurigen Kollegen Abstand und starten wie geplant. Trotzdem stehen Formel 1-Veranstaltungen auf der Nordschleife Ende 1976 aus Sicherheitsgründen vor dem endgültigen Aus. Der Motorrad-GP wurde noch bis 1980 auf der Nordschleife veranstaltet. Die ersten Überlegungen einer völlig neuen GP-Rennstrecke nahmen immer konkretere Formen an. Nachdem 1981 die Bundesrepublik Deutschland als 50-prozentiger Teilhaber ausscheidet, sich aber dennoch an den Kosten beteiligt, ist der Weg frei für den Bau des völlig neuen Nürburgring GP-Kurses. Von da an ist das Land Rheinland-Pfalz 99,9-prozentiger Hauptgesellschafter des Nürburgrings. Die verbleibenden 0,1 Prozent gehören dem Landkreis Ahrweiler.

Die neue 4,542 Kilometer lange Strecke stellt zu dieser Zeit alle anderen Rennstrecken aus sicherheitstechnischer Perspektive in den Schatten. Weitläufige Sturzräume, große Tribünen und eine großräumige Boxengasse mit

5. Das alte Fahrerlager ist heute historischer Sportkult. Dort wurde geschraubt, wurden Freundschaften geschlossen oder verbogenes Metall wieder geradegebogen. Noch kann man die Atmosphäre kostenlos bei einem Besuch genießen.

6. Auf der Nürburgring-Nordschleife finden seit vielen Jahren regelmäßig Veranstaltungen und Trainings statt.

Fahrerlager lassen kaum Wünsche offen. Für insgesamt 82 Millionen DM kann die Rennstrecke zu Veranstaltungszwecken oder für den Touristenverkehr optional an die legendäre Nordschleife freigegeben werden. 1984, also noch im Eröffnungsjahr, wird auch das 4,6 Millionen DM teure Rennsportmuseum fertiggestellt. Hier kann man sich über die langjährige Geschichte des Nürburgrings vor Ort kundig machen. Heute ist er ein beliebter und empfehlenswerter Treffpunkt begeisterter Motorradfahrer.

Offroad-Fahrer finden seit 1989 mit dem Bau einer Cross-Strecke in der Müllenbach-Schleife entsprechende Beachtung. Viel Zustimmung erfährt der Nürburgring auch durch das 1994 eröffnete Fahrsicherheitszentrum, so dass vor Ort jeder Motorradfahrer gezielt geschult werden kann. Direkt neben dem Rennsportmuseum entsteht im gleichen Jahr eine neue Tourist-Info-Zentrale der benachbarten Landkreise Ahrweiler, Daun, Cochem-Zell und Mayen-Koblenz. Die erste bauliche Veränderung am GP-Kurs betrifft die Veedol-Schikane vor der Coca-Cola-Kurve, die zugunsten eines flüssigeren Fahrflusses entschärft wurde. 1995 beginnt auch die Planung für die 50 Millionen Mark teure Erlebniswelt – ein multimedialer Freizeitpark, der erst drei Jahre später die Pforten öffnet. 1998 entsteht die neue Boxenanlage mit VIP-Bereich. Mit Investitionen von insgesamt 100 Millionen Euro für neue Tribünen, ein neues Boxengebäude, das neue Start-Zielhaus sowie die Mercedes-Arena unterstreicht der Nürburgring im Jahr 2002 den Willen zum modernen Motorsport.

7. 2002 wird die Mercedes-Arena gebaut. Nach der Start-Ziel-Geraden folgt eine ultra-enge Rechts die in den neuen Bereich führt. Für Fahrer und Zuschauer gleichermaßen abwechslungsreich. Die Umbauarbeiten, die bis Mitte März 2002 andauerten, kosten 350.000 Euro. Seitdem ist die Nürburgring-GP-Strecke exakt 5.148 Meter lang.

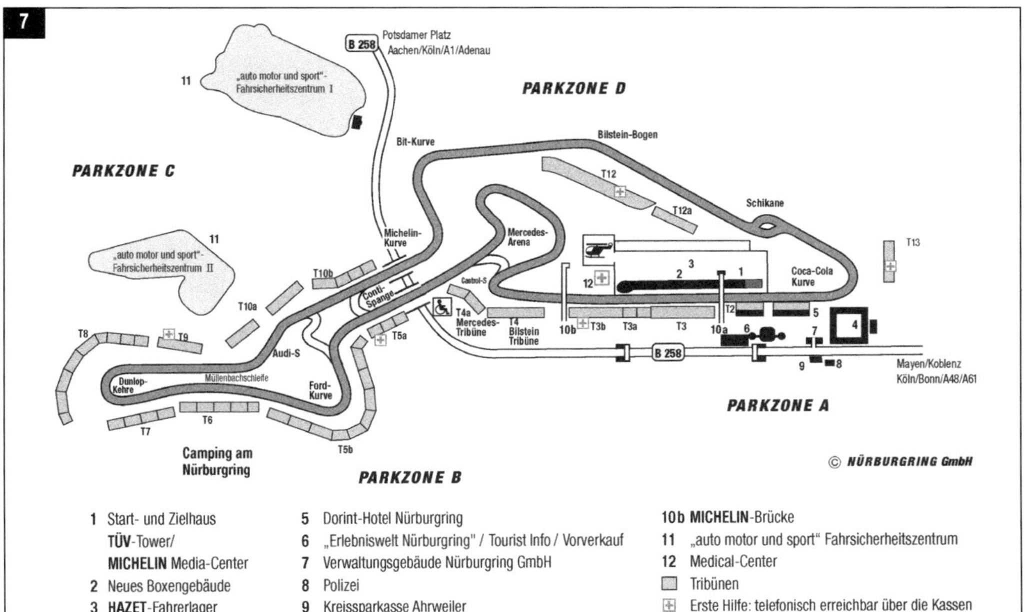

O

ÖLWARNSCHALTER

Nahezu jedes Motorrad ist mit einer Öldruck-Warnleuchte im Cockpit ausgestattet. Sie soll den Fahrer rechtzeitig vor Schäden durch mangelnde Schmierung warnen. Am verbreitetsten ist die Druckwarnanzeige über einen Öldruck-Schalter im Hauptstrom des Schmiersystems. Dabei wird der Öldruckschalter von außen ins Motorgehäuse eingeschraubt. Das untere Ende des Schalters ragt für uns unsichtbar in das Hauptleitungssystem. Da im ausgeschalteten Motor kein Öldruck aufgebaut wird, leuchtet trotz eingeschalteter Zündung die Warnleuchte und erlischt erst nach dem Starten des Motors. Bei manchen Motorrädern (z.B. Yamaha FZR/YZF-Modelle) wird als Warnsystem eine Druck-unabhängige Niveauanzeige verwendet. Sinkt das Level in der Ölwanne unter ein bestimmtes Maß, leuchtet im Cockpit die rote Warnlampe. Die Niveaukontrolle wird auch bei Zweitaktern verwendet, da bei diesem Arbeitsprinzip an den Schmierstellen kaum Öldruck aufgebaut wird und aufgrund dessen im Ausgleichsbehälter sitzt. Der niedrige Pumpendruck dient lediglich dem Transport des Schmiermittels zum vorgesehenen Kanal ins Kurbelgehäuse, wo es während des Ladungswechsels dem Ansauggemisch hinzugefügt wird.

ÖLKÜHLUNG

Thermik und Leistungsfähigkeit heutiger Motorräder beanspruchen einen Motor ganz erheblich. Früher, das heißt bis Mitte der siebziger Jahre, zollte zumindest der Otto-Normal-Fahrer dem gold-gelben Saft keine besondere Aufmerksamkeit. Das hat sich in den letzten fünfzehn Jahren deutlich geändert. Angesichts der hohen Öltemperaturen von bis zu 150° Celsius (in der Ölwanne gemessen) wird oft ein separater Ölkühler nötig. Je nach Volumen, Bauart und Positionierung senkt er die Öltemperatur um etwa 20 ° Celsius oder mehr. Genau genommen ist natürlich jeder Motor ölgekühlt. Schließlich unterstützt der Schmierstoff den Wärmehaushalt eines jeden Motors – ob mit oder ohne zusätzlichen Ölkühler. Bei einigen Motoren ist es jedoch notwendig, einen weiteren Ölkühler im Kreislauf zu installieren. 80° C bis 100° C gelten als optimale Betriebstemperatur des gold-gelben Saftes. Höhere Temperaturen verkraften moderne Öle zwar anstandslos, gehen aber zulasten der Haltbarkeit.

Suzuki stellte 1985 die legendäre GSX-R 750 vor. Um gegenüber einer Wasserkühlung Gewicht zu sparen, setzten die Techniker auf einen separaten Ölkreislauf, der zusammen mit der herkömmlichen Fahrtwindkühlung den kompletten Wärmehaushalt regelte. So wurde speziell der heiße Zylinderkopf von kühlem Frischöl durchflutet. Das, was vor den Zylindern wie ein flach gebauter Wasserkühler aussah, war in Wirklichkeit ein Wärmetauscher für das Motoröl. Dass dieses Prinzip grundsätzlich nicht verkehrt ist, zeigt sich auch an der Tatsache, dass selbst die 16 Jahre später vorgestellte Suzuki GSX 1400 auf diese Art gekühlt wird. Für den beinharten Renneinsatz bietet diese kombinierte Öl-/Luft-Kühlung jedoch nicht die nötigen Reserven.

Siehe auch »Kühlung«

ÖLSTANDSKONTROLLE

Wer den Motorölstand an seinem Motorrad kontrollieren will, wirft bei den meisten Konstruktionen einen Blick durchs Ölschauglas. Zur Kontrolle muss das Motorrad abgebockt sein und sich im Lot befinden. Als Grenzwer-

Wer gut schmiert, der gut fährt. Dass diese Metapher auch einen technischen Hintergrund hat, weiß jeder Motorradfahrer. Ein zu hoher Ölstand lässt den Motor zum Schaumschläger werden, mit einem zu niedrigen läuft der Motor bald trocken.

te werden ein Minimum- und ein Maximum-Wert angegeben, die tunlichst einzuhalten sind, um das gute Stück nicht demnächst in einer Werkstatt dauerparken zu müssen. Wichtig ist, dem teuren Saft nach dem Abstellen des Motors noch eine Gedenkminute zu geben, bis alles Öl in die Ölwanne abgesackt ist. Erst dann wird das Niveau kontrolliert. Fahrzeuge mit Hauptständer sind hier klar im Vorteil. Trotzdem muss auch bei ihnen darauf geachtet werden, dass sie im Lot stehen (Untergrund). Bei Motorrädern, die lediglich über einen Seitenständer verfügen, ist eine helfende Hand willkommen, die das Motorrad in der Senkrechten hält. Ist das nicht der Fall, lohnt vielleicht die Investition in einen Montageständer. Zur Not tut's übrigens auch eine Mauer (bei abgestelltem Motor Gang einlegen nicht vergessen). Fehlt etwas, wird der Stopfen am Einfüllstutzen aufgeschraubt und Schmierstoff nachgefüllt. Soll der Schmierstoffstand mittels Peilstab geprüft werden, vorher beim sachkundigen Händler nachfragen (oder in der Bedienungsanleitung nachschauen), ob der Messstab dazu reingeschraubt wird oder nicht. Mineralöle sollten nicht mit synthetischen oder teilsynthetischen Produkten gemischt werden.

OMEGA-RAHMEN

Yamaha's Omega-Rahmen stellt ein besonderes Stück Fahrwerkstechnik im Serienbau von Motorrädern dar. So revolutionär hatte sich wohl niemand einen Big Bike-Sporttourer vom zweitgrößten Motorradhersteller vorgestellt. Präsentiert wurde die bis auf den Antrieb komplett neu entwickelte GTS 1000 auf der IFMA 1992 in Köln. Die beiden Seitenträger bestehen aus Alu-Gussteilen, die Aufnahmepunkte für Schwingen und Längslenker dagegen aus solidem Stahl-Guss. Restliche Anbauteile wie Sitzbank, Elektrik, Verkleidung, Instrumentenkonsole werden ausschließlich von stählernen Hilfsrahmen gehalten. Im achsschenkelgelenkten Vorderrad verrichtet eine riesige, innenbelüftete Sechskolben-Bremsanlage ihren Dienst. Abgerundet wird die Bremsanlage mit einem ABS. Im Gegensatz zur FZR 1000 übernimmt die Gemischaufbereitung eine vollständig ins Motormanagement integrierte Einspritzanlage. Abgasseitig wird die GTS mittels geregeltem Dreiwege-Kat bereinigt. Ein wenig Zurückhaltung zeigten die Techniker bei der Entwicklung des Antriebs. Ein Kardan hätte zwar sehr gut ins Konzept gepasst, wäre aber unterm Strich zu teuer geworden. Die stabile Deltabox-Zweiarm-Schwinge aus der FZR erledigt ihre Aufgabe, ohne dass es Grund zur Klage gibt. Die GTS läuft dermaßen unbekümmert geradeaus, dass es eine wahre Freude ist, schnelle Autobahnetappen unter die Radial-Reifen zu nehmen. Beim Bremsen offenbaren sich die Vorzüge der Achsschenkellenkung. Das nur leichte Abtauchen der Frontpartie ist zwar spürbar und sogar gewollt, jedoch nicht störend und bei weitem nicht in dem Maße wie bei einer Teleskop- oder UPS-Gabel vorhanden. Grund dafür ist die ausgeklügelte Anlenkung der Bremskräfte an den Hauptrahmen. Damit arbeiten Federung und Dämpfung weitgehend unabhängig von den Bremskräften. Neben der

Aus technischer Sicht war die Yamaha GTS 1000 im Jahr 1993 ihrer Zeit weit voraus. Zu weit, um zu einem Verkaufserfolg zu führen. G-Kat, später auch ABS, Bremsnick-Ausgleich, stabiles Fahrwerk und einen kräftigen, standfesten Motor – ein Konzept, dass touristischen Ansprüchen entgegen kam. Nicht umsonst werden Gebrauchte relativ hoch gehandelt.

gesteigerten Fahrsicherheit stellt sich ein zusätzliches Plus an Fahrkomfort ein. Vorn und hinten arbeitet jeweils ein vollständig gekapseltes und komplett einstellbares Federbein zur Zufriedenheit der Passagiere. Der ursprünglich serienmäßig montierte 130er-Vorderradreifen entwickelte beim abrupten Bremsen in Schräglage ein großes Aufstellmoment. Das bewegte den Hersteller einige Zeit später zu einer Auslieferung mit schmalerem 120er-Pneu.

OPEL
Zwischen 1901 und 1930 stellte der heutige Auto-Riese auch Motorräder her.

OT
Oberer Totpunkt eines Kolbens; meist Ausgangspunkt zur Justierung von Steuerzeiten, etc.

OTTO-MOTOR
Nikolaus Otto ließ sich im Jahre 1876 das Viertaktprinzip patentieren.

Siehe auch unter »Daimler, Gottlieb«

P

PAIR

Sekundärluftsystem (SLS) von Suzuki, Pulsed Secondary **Air** Injection. Dabei wird zusätzlicher Sauerstoff in den Auslasskanal befördert und die Emissionswerte Kohlenwasserstoff und Kohlenmonoxid werden durch eine Nachverbrennung wirksam reduziert. Der Anteil hochgiftiger Stickoxide kann durch dieses Sekundärluftsystem jedoch nicht reduziert werden – dafür gibt's Katalysatoren und Abgasrückführungsanlagen.

PAN EUROPEAN

Honda Pan European. Der speziell unter europäischen Gesichtspunkten konstruierte Tourer Honda ST 1100 Pan European zeichnet sich als echte Express-Reisemaschine aus. Mit einer funktionellen Ausstattung hat sich die »Pan« schnell am Markt etabliert. Verblüffend war von Anfang an das Handling – zumindest sobald die 315 fahrfertigen Kilos einmal in Bewegung sind. Der flüssigkeitsgekühlte V4-Motor legt eine äußerst gleichmäßige Leistungscharakteristik an den Tag. Mechanisch zählt sie zu den Unzerstörbaren und verschlingt hohe Distanzen, als wären sie nichts. Die in Tourer-Vergleichstests immer wieder die Spitze markierende ST 1100 Pan European bietet für viele Fahrer eine interessante Alternative zur Gold Wing. Wie Letztere bietet sie optimale Voraussetzungen für lange Soziustouren mit Reisegepäck.

Ebenfalls gemeinsam haben die beiden Maschinen die Motorisierung mit quer zur Fahrtrichtung laufender Kurbel- und Kardanwelle. An Konzeption und Konstruktion der Maschine waren die europäischen Entwickler von HRE (Honda Research Europe) sowie die europäischen Niederlassungen maßgeblich beteiligt. So entstand eine aerodynamische Fahrmaschine mit bester Autobahneignung und großer Reichweite von bequem über 300 Kilometern. Integrierte Koffer und hinter Kunststoff versteckte Sturzbügel machten sie noch anwenderfreundlicher. Bis einschließlich 1991 wurde die ST 1100 in einer Standardausführung ausgeliefert. Ab 1992 konnte sie wahlweise mit ABS und CBS (Verbundbremssystem) bestellt werden. Ein besonderes Schmankerl war die Kombination aus ABS (in der zweiten Generation), CBS und zusätzlichem TCS (Traktionskontrolle) ab Modell 1996. All diese Systeme unterstützen den Fahrer beim Verzögern, bzw. Beschleunigen.

Das CBS verteilt die Bremskraft stets auf beide Räder (siehe unter »CBS«). Dank TCS verhindert die Elektronik ein Durchdrehen des Hinterrades auf schlüpfrigem Untergrund. Im

Steigt der Unterdruck infolge der Motorlast an, reichert das Sekundärluftsystem PAIR über die Unterdruckdose das Abgas mit sauerstoffhaltiger Frischluft an. Daraufhin folgt eine Nachverbrennung der Altgase im Auspuffsystem und reduziert so die Emissionswerte.

Prinzip ein umgedrehtes ABS. 12 Jahre dauerte es, bis man sich nach umfassender Marktanalyse für eine neue, stärkere und handlichere Pan European entschied. Das Konzept der STX 1300 Pan European (2002) hieß »Vantage and Prestige«, was soviel wie »Souveränität und Prestige« bedeutet.

Neben einem modernen Aluminiumrahmen und einer neuen Aluminiumschwinge mussten daher leichtere Komponenten wie beispielsweise die jüngste Generation des Dual-Combined-Brake-Systems mit ABS zum Einsatz kommen. Das Ergebnis ist eine Gewichtsreduzierung um 15 kg, ein 50 mm kürzerer Radstand und eine günstigere Schwerpunktlage für sportlicheres Handling. Mehr Leistung, eine größere Reichweite und bessere Umweltverträglichkeit waren ebenfalls gefragt. Erfüllt wurden diese Forderungen durch eine komplette Überarbeitung des V4-Motors und den Einbau der neuesten Kraftstoffeinspritzung sowie einem umweltfreundlichen HECS3-Abgasreinigungssystems. Ungemein flink lässt sich die STX selbst durch enge Kurvenkombinationen dirigieren. In Verbindung mit dem großzügig bemessenen Komfort ist das Spektrum noch größer geworden, so dass ihr eine gewisse Sportlichkeit nicht abgesprochen werden kann. Auf der Negativseite steht ein sensibleres Fahrverhalten ab 160 km/h.

Siehe auch unter »Honda«

PARALEVER

BMWs Paralever-System ist eine spezielle Form der Einarmschwinge (Monolever); das Besondere an der Paralever-Schwinge ist der Wegfall des Aufstellmomentes beim Gasgeben und umgekehrt des Zusammensackens beim

Ab 1996 ist die ST 1100 Pan European auch mit Integralbremse, dem so genannten CBS, erhältlich und bekommt neue Dreikolben-Schwimmsättel im Vorderrad.

Gaswegnehmen (Gummikuh-Effekt). Erreicht wurde dies durch ein nahe der Radachse positioniertes Gelenk, das die Aufstellmomente eliminiert.

PARALLEL-TWIN

Zweizylinder-Motoren, bei denen sich beide Kolben gleichzeitig auf- und ab bewegen, nennt man Parallel-Twin. Beispiele: Honda CB 400 N, Kawasaki Z 750 Twin (1976), Kawasaki W 650 (1999), MZ 1000 S (Prototyp INTERMOT 2000), Yamaha TRX/TDM 850 (bis 1995, ab 1996 mit 270°-Kröpfung), Yamaha XS 1 (1969), XS 650 (1975). Vorteil ist eine gleichmäßige Kraftentfaltung über den gesamten Drehzahlbereich. Natürlich ist die Charakteristik unter anderem von der jeweiligen Auslegung und Abstimmung (Bohrung/Hubverhältnis, Steuerzeiten, etc.) abhängig, doch unterstützt der 360°-Zündversatz eine proportionale Leistungssteigerung. Aufgrund der recht großen Massenkräfte verwendet man Ausgleichswellen, die nach Möglichkeit über Zahnräder (gegenläufig) angetrieben werden.

Siehe auch unter »Hubzapfenversatz«

PEILSTAB

Der Peilstab ist ein schraubbarer, skalierter (Minimum, Maximum) Mess-Stab, der von oben ins Motorgehäuse geführt wird, um den Stand des Motoröls zu messen. Die Messung selbst kann herstellerspezifisch unterschiedlich ausfallen. So ist bei einigen Modellen der Motorölstand mit eingeschraubtem Stab, bei anderen dagegen mit lediglich aufgelegtem Stab ausschlaggebend.

Siehe auch unter »Ölstand«

PERLE

Heinkel Perle, legendäres Zweitakt-Moped mit 50 ccm und rund 1,5 PS Motorleistung, (Vorstellung 1953, Produktion 1954–1958), Aluminium-Monocoque-Fahrgestell, im geschlossenen Kettenkasten (Schwinge) und Ölbad laufende Antriebskette mit automatischem Kettenspanner. Praktisch war, dass Vorder- und Hinterrad austauschbar waren. Dieses Konzept war an sich zwar nicht mehr neu, doch wendete es kaum ein Hersteller an. Damals lag der Kaufpreis der rund 30.000-mal verkauften Perle bei 620 DM.

PIAGGIO

Siehe »Vespa«

PLATTFUSS

Reifenpanne; passiert meist an den abgelegensten Orten zu den unmöglichsten Zeiten. Tipp: Ärgern und ab in die Fachwerkstatt, um Ersatz montieren zu lassen.

PLEUEL

Wandelt die geradlinige (translatierende) Bewegung des Kolbens in eine kreisförmige (rotierende) Bewegung der Kurbelwelle um. Durch das ständige Beschleunigen und Ab-

Das Paralever-System der R 1200 GS hat BMW quasi auf den Kopf gestellt. Die Momentenabstützung zum Fahrwerk erfolgt nun oberhalb der Radachse, die Auslenkung über ein unterhalb der Längsebene positioniertes Gelenk. Neue Materialien reduzieren die ungefederten Massen deutlich.

bremsen unterliegt das Pleuel hohen Zug-/Druck- und Biegebelastungen. Da das Gewicht direkten Einfluss auf die wirkenden Massenkräfte und damit auf Lagerbelastung, die mögliche Drehzahl und die Spontanität hat, sollte ein Pleuel möglichst leicht und dennoch stabil sein. Häufig verwendet man vergüteten Stahl, der später im Gesenk geschmiedet wird. Seltener sind hochfeste Aluminium- oder Titan-Legierungen oder Kohlefaser.

Am oberen Ende befindet sich das kleine Pleuelauge, das Kolbenbolzen und Kolben aufnimmt. Das große, untere Pleuelauge stellt über den Hubzapfen die Verbindung zur Kurbelwelle her. Beide Lager sind in der Regel als Gleitlager (Viertakter) ausgeführt, wobei das untere Lager meist geteilt ausgeführt ist, um es zu montieren. Bei kleinen, preisgünstigen Konstruktionen verwendet man gelegentlich einteilige Pleuel. Durch die Verwendung einer mehrteiligen, gepressten Kurbelwelle ist es möglich, die einzelnen Pleuel vor dem Pressen aufzuschieben. Ist ein Bauteil (z.B. Lagerschaden) jedoch beschädigt, muss die komplette Einheit ausgetauscht werden. Erforderlich wird diese Bauweise jedoch bei Zweitakt-Motoren, die aufgrund der Mischschmierung (Schmiermittel wird über den Kraftstoff zu den Schmierstellen transportiert) Wälzlager erfordern. Bei Viertaktmotoren erfolgt die Schmierung durch Ölbohrungen in der Kurbelwelle, die vom Hauptstrom zu den Hauptlagern und den einzelnen Hubzapfen geleitet wird. Das obere Pleuelauge wird meist durch Spritzöl geschmiert.

POWER VALVE

(Yamaha), variabler Auslassquerschnitt zur Optimierung des Drehmomentverlaufes im mittleren Drehzahlbereich; YPVS steht für Yamaha Power Valve System und variiert den Auslassquerschnitt bei Zweitaktern (ähnlich der EXUP-Steuerung bei Viertaktern). Die ersten Modelle waren die RD 350 YPVS (1983, mit kleiner Cockpit-Verkleidung) und später die 88 PS starke RD 500 YPVS (1985). Bei gedrosselten Zweitaktern werden die systembedingten Vorteile komplett zunichte gemacht, da sich durch den im Auspuffkrümmer aufbauenden Gegendruck (Blenden) sämtliche Strömungsverhältnisse verändern. Im Übrigen setzte Yamaha das YPVS auch bei den Jetskies

Ein Pleuel wird hauptsächlich auf Druck und Biegung beansprucht. Eine gute Schmierung des oberen und unteren Pleuelauges ist zwingend erforderlich. Aus diesem Grund wird das Lager häufig über separate Spritzdüsen mit Schmieröl versorgt. Ist die Belastung zu hoch, bricht das Pleuel.

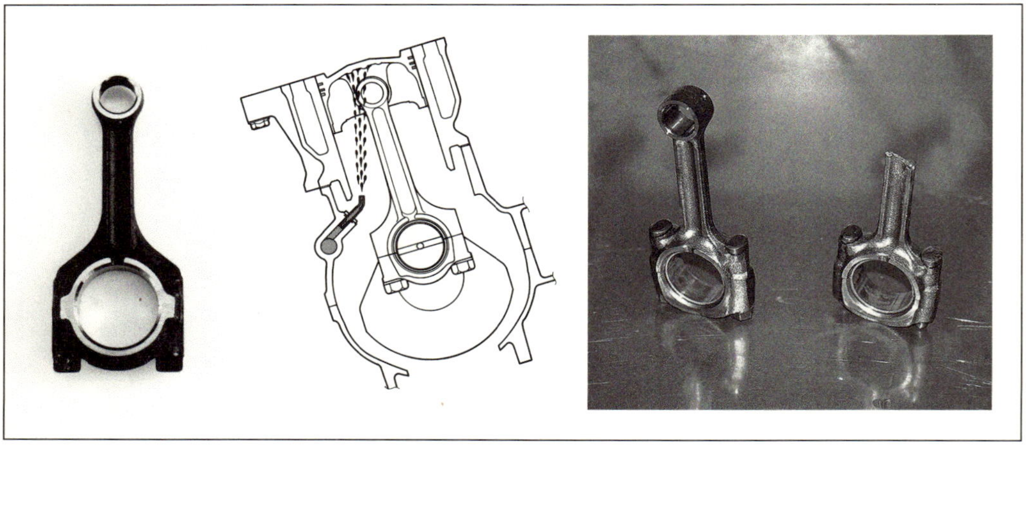

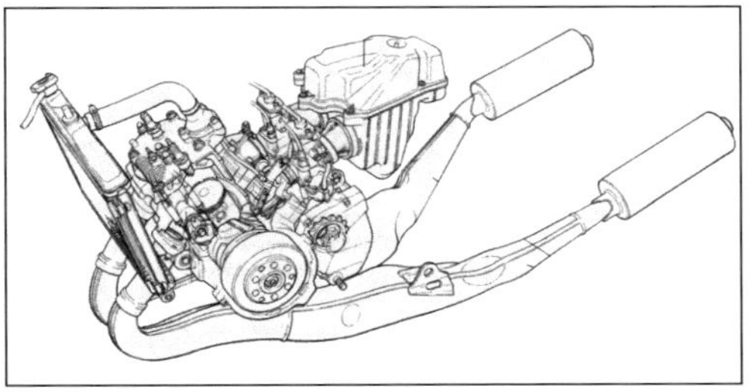

Die Yamaha RD 350 YPVS verfügte bereits 1985 über einen variablen Auslassquerschnitt. Auch die RD 500 wurde mit der drehmomentfördernden Technik ausgerüstet. Das Bild zeigt den Antrieb der TZR 250 von 1987.

im Wassersportbereich ein. Dort leistet ein großer Dreizylinder-Zweitaktmotor mit knapp 1.200 ccm des WaveRunner XLT beachtliche 155 PS.

PPC

(Aprilia) Pneumatic-Power-Clutch nennt Aprilia die hauseigene pneumatisch gesteuerte Rutschkupplung. Erstes Modell mit dieser Technik war die RSV Mille (1998). Für dieses System spricht das auftretende Rückdrehmoment, wovon besonders großvolumige Zweizylinder beim Gaswegnehmen reichlich produzieren. Unterstützt wird dies durch leichte Kurbeltriebe, die im Schiebebetrieb schneller abbremsen als Motoren mit schweren Kurbeltrieben. Die Ursache liegt im Massenträgheitsmoment der bewegten Bauteile. Je größer deren Masse, umso mehr Zeit wird benötigt, um die Drehzahl zu ändern. Leichte Kurbeltriebe benötigt man jedoch für hohe Drehzahlen und ein spontanes Ansprechen auf Befehle (Massenträgheit, geringere Lagerbelastungen). Um diese Schwierigkeiten zu umgehen, ist ein zusätzliches System wie das PPC mit direktem Einfluss auf das Symptom Rückdrehmoment (Motorbremse), speziell bei sportlichen Fahrzeugen, von Vorteil.

In der Funktion ähnelt das Aprilia-Patent dem der bekannten Anti Hopping-Kupplung von Honda. Um übermäßigen Lastwechselreaktionen vorzubeugen, wird ein Teil der überschüssigen Energie durch ein kontrolliertes Durchrutschen der Kupplungsscheiben kompensiert, etwa vergleichbar mit der beim Anfahren schleifenden Kupplung – nur eben umgekehrt.

Siehe auch unter Lastwechselreaktionen und »Anti-Hopping-Kupplung«

PRALLBLECH

Prallbleche trennen die einzelnen Kammern im Auspufftopf und nutzen so bestimmte Strömungs-Interferenzen für eine effektivere, sprich leistungs- oder drehmomentsteigernde Entleerung der Zylinder oder/und bauen die lautstarken Druckwellen möglichst schnell ab. Die Aufgabenstellung ist schwierig, dementsprechend komplex ist die Umsetzung. Zusätzlich erschweren teilweise starke und hochfrequente Vibrationen den Endtöpfen das Leben. Bis in die achtziger Jahre gehörten losvibrierte Prallbleche zu den häufigsten Mankos gebrauchter Motorräder. Eine Reparatur lohnt nur in einigen Fällen, zum Beispiel dann, wenn die Auspuffanlage einteilig ist (Beispiel Suzuki GSX-R 750/1100 '85/'87).

PRIMÄRTRIEB

Der Primärtrieb stellt die Verbindung zwischen Motor (Kurbelwelle) und Getriebe dar. Varianten: Riemenantrieb, Rollenkette (Oldtimer), breite Zahnkette (Youngtimer), Zahnradpaar (heutiger Standard). Grundsätzlich unterscheidet man geradeverzahnte und schrägverzahnte sowie Stirnrad-Getrieberäder. Geradeverzahnte Paarungen sind preisgünstiger in der Fertigung, aufgrund des größeren Zahnflankenspiels jedoch auch verschleißfreudiger. Schrägverzahnte Ausführungen zeichnen sich durch einen laufruhigen Betrieb aus, machen jedoch durch ein mehr oder weniger ausgeprägtes Pfeifen oder Singen auf sich aufmerksam. Primärtriebe mit Stirnrädern sind im Motorradbau eher selten, da sie die höchsten Ansprüche an die Fertigungsgenauigkeit stellen. Nur wenn es auf extrem geringes Spiel ankommt, lohnen sich die hohen Kosten (z.B. Primärtrieb der Van Veen OCR 1000 mit Zweischeiben-Wankelmotor von 1976, Nockenwellenantrieb der Honda RC 143 von 1960, RC 160 von 1959).

Bei modernen Motorrädern besteht der Primärtrieb aus einem Zahnradpaar, wobei sich das treibende Rad häufig direkt auf einer Kurbelwange befindet, das andere auf der Getriebeeingangswelle oder direkt auf dem Kupplungskorb. Um ein möglichst gleichmäßiges Verschleißbild zu erreichen, werden bestimmte Übersetzungsverhältnisse gewählt, die ein wiederholtes Eingreifen der einzelnen Zahnräder möglichst selten stattfinden lassen. Dies gilt im Übrigen auch für andere Zahnradpaare. Das Übersetzungsverhältnis resultiert aus dem Verhältnis der Zähnezahlen, bzw. dem Durchmesser und den Drehmomenten der getriebenen zu den treibenden Rädern. Dadurch wird klar, dass das Drehmoment durch das Übersetzungsverhältnis ab- oder zunimmt. Umgekehrt proportional verhält es sich mit den jeweiligen Drehzahlen. Abgesehen von den jeweiligen Reibungskoeffizienten ändert das jedoch nichts am letztendlichen Produkt, der Leistung. Das Gesamtübersetzungsverhältnis eines Getriebes errechnet sich durch das Multiplizieren der jeweiligen Einzelübersetzungen.

Bei quer eingebauten Reihenmotoren ist es üblich, dass der Kraftfluss von der Kurbelwelle direkt auf den Kupplungskorb geleitet wird.

Übliche Werte liegen zwischen 1:1,72 (MV Agusta F4) und 2,01 (Ducati 748)

PRO LEVER

Hinterradfederungssystem mit progressiver Federkennlinie am Zentralfederbein. Erstmals wurden im Jahr 1982 die KTM Cross-Modelle mit der neuen Pro Lever-Hinterradfederung ausgestattet. Das Prinzip ähnelt dem Pro Link-System (Honda).

PRO LINK

Honda's Hinterradfederungssystem gehörte seinerzeit zu den wohl ausgeklügeltesten Varianten. Position und Lage des Zentralfederbeins waren nahezu optimal. Das System feierte Anfang 1981 in der CBX 1000 Pro Link seine Premiere und zeigt auch in den aktuellen Modellen seine Vorzüge.

PROGRESSION

Zeigt die Kennlinie (Charakter) eines Federungssystems. Varianten: progressiv (zunehmende Härte), degressiv (abnehmende Härte), linear (konstante Härte).

PUNKTESYSTEM

Bis einschließlich 1939 war der Gewinn der Europameisterschaft das Höchste, was es im Motorradsport zu erreichen gab. Da bis 1937 lediglich ein Grand Prix pro Rennsaison veranstaltet wurde, bedeutete der Gewinn dieses Rennens automatisch auch den Titelgewinn des Europameisters. Durch die Einführung mehrerer Läufe wurde 1938 ein Punktesystem notwendig. Weltmeisterschaftsläufe werden erst seit 1949 veranstaltet. Dabei bekamen anfangs nur die ersten 5 Ränge Punkte (Platz 1: 10 Punkte, Platz 2: 8 Punkte, Platz 3: 7 Punkte, Platz 4: 6 Punkte, Platz 5: 5 Punkte). Einen Extrapunkt bekam der Fahrer der schnellsten Rennrunde, sofern er anschließend, auf welcher Platzierung auch immer, ins Ziel kam. Ab

DAS AKTUELLE WM-PUNKTESSYSTEM: (STAND 2004)

1. Platz 25 Punkte	6. Platz 10 Punkte	11. Platz 5 Punkte
2. Platz 20 Punkte	7. Platz 9 Punkte	12. Platz 4 Punkte
3. Platz 16 Punkte	8. Platz 8 Punkte	13. Platz 3 Punkte
4. Platz 13 Punkte	9. Platz 7 Punkte	14. Platz 2 Punkte
5. Platz 11 Punkte	10. Platz 6 Punkte	15. Platz 1 Punkt

1950 entfällt dieser Bonuspunkt. Ab 1969 wird die Punktewertung bis auf die ersten 10 Plätze ausgeweitet. Im Jahre 1977 wird das Bruttoprinzip eingeführt, bei dem die gesammelten Punkte aus sämtlichen Meisterschaftsläufen addiert werden.

Für den Normalfahrer gibt es ein anderes, vielleicht sogar interessanteres Punktesystem. *Siehe unter »Bußgeldkatalog«*

PIAGGIO, VESPA

Wer an Piaggio denkt, denkt auch an Vespa und Motorroller. Im April 1946 verließen die ersten 15 »Vespen« das Werk im italienischen Pontedera. Die erste Vespa hatte einen 98-ccm-Zweitaktmotor, der 3,5 PS bei 4.500 min^{-1} lieferte. Sie erreichte eine Geschwindigkeit von 60 km/h und war mit drei Gängen ausgestattet.

An der Spitze des Unternehmens stand seinerzeit Enrico Piaggio, der die Firma von seinem Vater Rinaldo Piaggio übernommen hatte und bereits im Jahre 1884 die so genannte Piaggio-Gruppe ins Leben rief. Enrico beschloss, den Bereich der Luftfahrt zu verlassen und seine Aufmerksamkeit auf die Probleme der persönlichen Mobilität zu richten. Italiens malade Wirtschaft und der katastrophale Zustand der Straßen ließen keine schnellen Entwicklungen im Automobilsektor erwarten. Aber der Wunsch nach Bewegungsfreiheit verlangte nach baldigen Antworten. Aus einer Eingebung Enrico Piaggio's heraus wurde die Vespa im Frühling 1946 geboren. Corradino D'Ascanio hatte die Aufgabe, ein einfaches Fahrzeug, das robust, wirtschaftlich, aber auch komfortabel und elegant sein sollte, zu konstruieren. Das Fahrzeug sollte so einfach zu bedienen sein, dass es von jedermann (und auch jeder Frau) gefahren werden konnte. Er war ein visionärer Luftfahrtingenieur und gehörte seit 1934 dem Unternehmen an. Er, der Motorräder nicht leiden konnte, träumte von einem revolutionären Fahrzeug. Auf sein Wissen aus der Luftfahrt zurückgreifend, stellte er sich ein Fahrzeug vor, das mit einem Stahlrahmen und Handschaltung ausgerüstet sein sollte. Die Frontgabel sollte – wie das Fahrwerk eines Flugzeugs – einen schnellen und unkomplizierten Radwechsel ermöglichen.

Das Ergebnis war ein Gebrauchsfahrzeug auf zwei Rädern. Es strahlte schon auf den ersten Blick Klasse und Eleganz aus. Der Erfolg der Vespa war ein sich bisher nicht wiederholendes Phänomen. Bis Ende 1949 wurden 35.000 Fahrzeuge produziert. Italien war dabei, die Wunden des Zweiten Weltkrieges zu überwinden – da kam die wendige Vespa gerade recht. Innerhalb von zehn Jahren überstieg die Zahl der produzierten Fahrzeuge die Millionengrenze.

Mitte der fünfziger Jahre wurde die Vespa in Deutschland, Großbritannien, Frankreich, Belgien, Spanien und natürlich auch in Italien gebaut. Nur wenige Jahre später kamen Produktionsstätten in Indien und Indonesien hinzu. Die 125er-Version aus dem Jahr 1948, die legendäre 150 GS aus dem Jahr 1955, die 50-ccm-Version aus dem Jahr 1963 sowie die 1968er Primavera und die heute immer noch als 125er-, 150er- und 200er-Version produzierten Vespa PX-Modelle, die 1978 herauskamen, sind nur einige der Meilensteine, welche die technische und stilistische Entwicklung des weltbekanntesten motorisierten Zweirads auszeichneten.

Doch die Vespa ist nicht nur ein wirtschaftlicher Erfolg. Sie ist ein Ereignis, das die Geschichte des gesellschaftlichen Miteinanders beeinflusste. Während der Jahre des »Dolce Vita« bedeutete Vespa »Motorroller fahren« und ausländische Zeitungen bezeichneten Italien nicht selten als »Vespa-Land«. Auch wird die Rolle, welche die Vespa in der italienischen Gesellschaft spielte, durch ihre Auftritte in Dutzenden von Filmen unterstrichen. Man ist fasziniert von der Fähigkeit der Vespa, verschiedenste Generationen von Jugendlichen mit kleinen Änderungen am Image jedes Mal erneut zu begeistern. Dann wurde sie zum Zweirad der Zeit des wirtschaftlichen Booms. Und während der sechziger und siebziger Jahre war es das Fahrzeug der Verbreitung revolutionärer Ideen, welche die Jugendlichen in dieser Zeit durchzusetzen versuchten – mit einer Vespa demonstrierte man Intellektualität. Bis heute ist sie das Original, wenn es um Roller geht. Seit über 50 Jahren hat die Vespa Millionen Leute fasziniert und der Welt den italienischen Lifestyle gelehrt.

1967 kommt das Modell Ciao auf den Markt. Das Motorfahrrad zeichnet eine technische und stilistische Wende im Sektor der ultraleichten Motorisierung. Sie war der Vorbote der neuen Mofa-Generation, die durch die Bravo, Boxer und Sì vollendet wurden. Sie waren für unzählige, spätere Motorradfahrer der Einstieg ins Zweiradleben. Neben einigen Komponenten für die Autoindustrie fertigte Piaggio auch Fahrräder und Nutzfahrzeuge mit vier Rädern. Großen Ruhm, der sich besonders im Nachhinein als wegweisend herausgestellte, ernteten die Roller-Modelle Zip, Quartz und Sfera zu Beginn der neunziger Jahre. Die Piaggio Hexagon war der erste und lange Zeit auch der einzigste Großraumroller am Markt. Doch Piaggio ist weit mehr als Vespa und Roller – genauer gesagt ist Piaggio seit Januar 2002 der viertgrößte Motorradhersteller der Welt. Dazu muss man wissen, dass seit dem 1. Juni 1983 die von den Castiglioni-Brüdern ins Leben gerufene Marke Cagiva (gegründet 1978), die Führung der Marke Ducati übernahm. Trotzdem Cagiva weiter unter dem Ducati-Logo produzieren ließ, waren die Einflüsse bereits rein optisch an der für Ducati ungewohnt modernen Linienführung der Ducati 750 Paso zu erkennen. Denn noch bevor Ducati 1998 quasi an die Börse gehen musste (warum, ist unter »Ducati« nachzulesen), kauften Claudio und Gianfranco Castiglioni im Jahre 1992 die Rechte der legendären Marke MV Agusta (**M**eccania **V**erghera **Agusta**). Technischer Leiter wurde Massimo Tamburini, der schon zuvor bei der Edelschmiede Bimota (»Ta« wie Tamburini) sein Können unter Beweis stellen konnte. Im Übrigen war er auch für die Ducati 916 (1994) verantwortlich. Ab 1992 beschäftigte er sich mit einem weiteren, begeisternden Motorrad – der MV Agusta F4. Die ursprünglich auf nur 300 Einheiten ausgelegte Produktion der mit zahlreichen Magnesium-Teilen ausgerüsteten Oro-Version war so schnell vergriffen, dass man darüber sinnierte, ein günstigeres Modell nachzulegen. Das wahlweise als Mono- oder Biposto-(F4 S1+1 ab 2001) Modell ausgestattete S-Modell war ähnlich fesselnd, denn die Unterschiede waren erst auf den zweiten Blick auszumachen.

Ende 2001 hieß es, dass mit der geplanten Fusion von MV Agusta und Piaggio eine Vereinigung bevorstünde. Piaggio hätte in diesem Fall die Castiglioni-Marke Husqvarna (Übernahme der schwedischen Marke durch Cagiva im Jahre 1985/86) sowie das Cagiva-Modellprogramm (2001/2002) übernehmen sollen. Rechtlich wäre Cagiva hingegen bei Claudio Castiglioni verblieben. Im Januar 2002 kam jedoch das Dementi. Man beschränke sich auf eine Zusammenarbeit, hieß es in einem Presseschreiben. Grund war eine Fehlkalkulation seitens Piaggio in einem anderen Produktionsbereich, so dass man notgedrungen den geplanten Deal mit Castiglioni platzen lassen musste. Eine vertane Chance für eine der größten Zweiradmetropolen in Europa? Nicht unbedingt, denn aufgeschoben ist nicht aufgehoben. Zwischen Oktober 2002 und August 2003 knüpfte man neue Kontakte. Voraussichtlich wird Roberto Colannino, Ex-Chef der italienischen Telecom, die Marke Piaggio kaufen und mit 100 Mio. EUR weiter investieren. Mit derzeit 570 Mio. EUR Saldo sieht es finanziell trotzdem nicht rosig aus (Std. Aug. 2003)

Weitgehend unabhängig vom wirtschaftlich-politischen Geschehen werden die hochmodernen Fertigungsanlagen von MV Agusta auch für Husqvarna und Cagiva genutzt. So komplex die Zusammenhänge und Fusionen im Piaggio-Werdegang auf den ersten Blick auch sein mögen, so klar ist die Gewinnverteilung. Nach Presseberichten zu urteilen, standen der Morgan Grenfell Private Equity rund 82 Prozent, dem MV Agusta/Cagiva-Chef Claudio Castiglioni 18 Prozent zu. Zu dieser Zeit gehörten dem Konzern noch 10 Prozent der Marke Ducati (Auslöse erst im Jahr 1996), sowie die österreichische Marke Puch, die der Industriebetrieb bereits im Jahre 1987 aufkaufte. Nicht vergessen werden dürfen die Marken Morini und Gilera (siehe unter »Gilera«), die zwar unter den bekannten Markennamen weitergeführt werden, in Wirklichkeit aber zum mächtigen Piaggio-Konzern gehören.

All dies lässt erahnen, welch hochprozentiges Potenzial in der Piaggio-Gruppe steckt. Angesichts des anhaltenden Europa-Booms stehen die Bedingungen, den japanischen Herstellern Paroli zu bieten, so günstig wie schon lange nicht mehr. Denn wenn es um neue Konzepte und Know-how ging, konnte die italienische Motorradindustrie stets überzeugen. Der elementare Unterschied zur fernöstlichen Geschäftsphilosophie ist seit jeher die völlig unterschiedliche Vorgehensweise schon in der Entwicklungsstufe.

Während es in Japan so gut wie unmöglich wäre, das Design eines Motorrades in die Hände nur eines Verantwortlichen zu legen, gehört dies in Italien zum guten Ton. Dort werden die Fahrzeuge in erster Linie so konzipiert, wie man sie sich im eigenen Hause wünscht. Die Recherche vermeintlicher Kundenwünsche durch langwierige Marktforschungen spart man sich nicht selten. Zwar nicht immer zum finanziellen Vorteil der Hersteller, dafür kann sich der spätere Besitzer eines solchen Motorrades relativ sicher sein, ein ziemlich seltenes, sprich individuelles Produkt zu bekommen. Meist wird erst zu späterem Zeitpunkt geschaut, ob und wie sich dieses Konzept in der Praxis finanziell überhaupt realisieren lässt. Das funktioniert in Japan genau anders herum. Da wird retuschiert und optimiert was das Zeug hält, solange bis es gut genug für den Massenmarkt ist. Was nicht selten auf der Strecke bleibt, ist, bei allem Respekt vor dem hohen Qualitätsstandard, die Unverwechselbarkeit.

In Italien baut man Motorräder aus Leidenschaft, mit Leib und Seele, mit viel Gefühl und jeder Menge Enthusiasmus. Auf der Negativseite stehen dafür nicht selten Existenzängste.

Q

QUERLÄUFER
Querläufer sind Motoren, deren Kurbelwelle quer, also rechtwinklig zur Fahrtrichtung läuft (BMW R- und K-Reihe, Moto Guzzi, etc.). Je nach Zylinderanordnung kann es bei diesem Konzept zu einem spürbaren Rückdrehmoment beim Gasgeben kommen. Dieser Effekt, der besonders im Stand zu spüren ist, minimiert sich beim Fahren. Er wirkt immer in die der Kurbelwellendrehrichtung entgegengesetzten Laufrichtung.

R

RÄDER

Ein Rad setzt sich im Allgemeinen aus Felgenkranz, Speichen, Nabe und dem Reifen zusammen. In der Regel werden heutzutage 17« große Felgen eingesetzt. Dies stellt einen guten Kompromiss zwischen stabilisierenden Kreiselkräften und gutem Handling dar. Demzufolge werden auch die meisten Reifengrößen in dieser Dimension angeboten. Meist sind die Felgen als hohlgegossene Dreispeichen-Räder aus Aluminium konstruiert. Ende der Siebziger begannen die Hersteller in erster Linie die schweren Big Bikes mit ebenso schweren Guss-Felgen auszustatten. Der Vorteil liegt in der einfacheren Fertigungsmöglichkeit und hoher übertragbarer Kräfte. Erstmals kam ein Gussrad übrigens bei der Münch Mammut zum Einsatz. Honda setzte ab 1978 auf das ComStar-Konzept, wobei die Speichen aus relativ dünnen Alu-Profilen bestanden, die dann mittels Nieten die Nabe und den Felgenkranz verbanden.

Leichte Felgen fördern die Handlichkeit.

RADSTAND

Der Radstand verbindet auf horizontaler Ebene beide Radachsen miteinander. Grundsätzlich gilt, je länger der Radstand umso spurstabiler, aber auch unhandlicher geht's zu. Demnach besitzen große Tourer, kompromisslose Chopper sowie schwere Cruiser die größten Radstände.

RAHMEN

Dient zur Aufnahme der Antriebseinheit, Radführungs- und Federungselemente, sowie der Peripherie (Verkleidung, Elektrik, ggf. Hilfsrahmen). Dabei kann das Triebwerk eine mittragende Funktion übernehmen, erkennbar an den fehlenden Rahmenunterzügen. Mitte der achtziger Jahre entwickelte sich der Leichtmetall-Rahmen mehr und mehr zum Standard sportlicher Motorräder. Neben dem klassischen Einrohr- und Doppelrohrrahmen kristallisierte sich der Brückenrahmen als Basis zur Aufnahme der Federung und Lenkung heraus. Der Vorteil liegt in einer direkten Verbindung des Steuerkopfes (Lenksäule) mit der Schwingenlagerung. Individuelle Formgebung ermöglicht vor allem der Formprofilrahmen, der eine besondere Form des Brückenrahmens darstellt. Die meist mit Tiefzieh- (Yamaha YZF-R1) oder Gussteilen verschweißten Einzelelemente können so zugunsten eines guten Knieschlusses gestaltet werden.

RAHMENDREIECK

Das Rahmendreieck befindet sich unterhalb der Sitzbank. Bei konventionellen Ein- oder Doppelrohrrahmen befinden sich dort in der Regel die Elektrik, der Luftfilterkasten oder ein zusätzliches Staufach.

RAMAIR-SYSTEM

Luftstoß-System Staudruckaufladung, durch eine oder mehrere im Luftstrom positionierte Lufteintrittsdüsen gelangt zusätzliche Frischluft zum Einlasskanal. Dadurch erhöht sich der Zylinderfüllungsgrad und somit die mögliche Leistungsausbeute in Abhängigkeit der Geschwindigkeit. Da durch die vermehrten Luftanteile eine Gemischabmagerung erfolgt, ist eine angepasste Anfettung des Kraftstoff-/Luftgemisches erforderlich. Bei Einspritzanlagen übernimmt dies das Motormanagement, bei Vergaseranlagen wird dies durch eine leichte Anhebung des Kraftstoffstandes in der Schwimmerkammer erreicht. Damit die Leistungssteigerung auch wirklich funktioniert, sind genaue Kenntnisse über die aerodynamischen Zusammenhänge am jeweiligen Fahrzeug erforderlich. Bei falscher Positionierung der Düsen kann ein entstehender Unterdruck ansonsten den entgegengesetzten Effekt verursachen, und der heißt Leistungsverlust.

Der Gedanke, dem Motor mehr Leistung in Form einer zusätzlichen Aufladung einzuhau-

Kawasaki hat das RamAir-System vor über zehn Jahren salonfähig gemacht. Bei der nominell 178 PS starken ZX-12 R (kleines Bild) sorgt die Staudruckaufladung für eine Mehrleistung von bis zu 12 PS. Anhand des Schnittbildes der neuen ZX-10 R (großes Bild) lässt sich der technische Aufwand erahnen.

chen, ist an sich nicht neu. Im Gegensatz zu Kompressoren (mechanisch angetrieben) und Turboladern (pneumatischer Antrieb eines Verdichterrades durch ausströmende Altgase) unterscheidet sich ein RamAir-System durch den Wegfall separater Antriebsteile. Kein Riemenantrieb verbreitert den Motor, und keine aufwändig gebogene Auspuffanlage führt zum teueren und zudem empfindlichen Turbolader, der darüber hinaus bei kleinen Einzelhubräumen unter 250 Kubikzentimeter für seinen kritischen Leistungseinsatz bekannt ist. Beim RamAir-System wird die Leistung aus purer Luft in Verbindung mit der Fahrgeschwindigkeit produziert.

Die durch die an der Fahrzeugfront angebrachte Öffnung strömende kühle Luft wird mittels luftdichtem Leitsystem in die Airbox geführt. Der dadurch entstehende Überdruck erhöht den Füllungsgrad des Zylinders und damit die Leistung in Abhängigkeit der Fahrtgeschwindigkeit. Je höher also der Geschwindigkeitsbereich, umso effektiver kann ein RamAir-System arbeiten.

Die Umsetzung funktioniert bei den Herstellern meist unterschiedlich. Dennoch basieren alle auf dem gleichen Prinzip der Staudruck-Aufladung durch den Fahrtwind. Eine historische Vorreiterrolle spielte Kawasaki mit der ZZ-R 1100 im Jahre 1990, die als erstes Großserienmotorrad, anfangs noch mit Ein-Leitungs-System, 1993 im D-Modell schließlich auch Zwei-Kanal-Ausführung, mit dieser Technik ausgerüstet wurde.

Aerodynamisches Know-how ist hier ebenso wichtig wie die Integration dieses Systems in das gesamte Fahrzeug-Konzept. Auf Grund der recht aufwändigen Kanalführung, einer vorzugsweise großen Airbox und des begrenzten Platzangebotes besteht die größte Schwierigkeit darin, dieses System unterzubringen. Aus diesem Grund eignen sich manche Rahmenbauarten auch mehr oder weniger gut für die Verwendung dieser Technik. Ideal wäre demnach ein Reihenmotor, bei dem die Einlassseite in Fahrtrichtung liegt.

Hondas Staudruckaufladung der CBR 600 F zählt zu den aufwändigsten japanischen Systemen. Um auch in niedrigen Geschwindigkeitsbereichen verwertbare Mehrleistung zu erreichen, besteht jeder Kanal aus zwei Bereichen: Kleine Röhrchen leiten die Luft ohne Umwege über die Airbox direkt zu den Vergasern, wo durch den engen Querschnitt bereits frühzeitig ein relativ hoher Druck aufgebaut werden kann und für eine passable Strömungsgeschwindigkeit im Venturi-Bereich sorgt. Das Hauptsystem, das erst bei höheren Geschwindigkeit richtig zum Tragen kommt, gelangt hingegen unter dem Steuerkopf des Rahmens primär zum großen Luftfilterkasten (Airbox), wo es anschließend zu den Brennräumen strömt.

Wie effizient ein RamAir-System arbeiten kann, zeigt sich am Beispiel der Kawasaki ZX-12 R des Jahrgangs 2002. So bringt es der 1200er-Reihenvierzylinder bei Abschaltung des Systems auf 174 PS. Nutzt man jedoch den kühlen Fahrtwind zum Vorverdichten des Kraftstoff-/Luft-Gemisches, steigt die Leistung auf beeindruckende 190 PS an, was einer Steigerung von über 9 Prozent entspricht.

REIBSCHEIBEN

Siehe unter »Kupplung«

REIFEN

Reifen stellen den wichtigsten Kontakt des Fahrzeugs zur Straße her. Stellt der Fahrer Schäden gleich welcher Art fest, ist es nicht nur ratsam einen Fachmann aufzusuchen, sondern sogar die Pflicht. Behandeln Sie ihre Reifen darum mit Sorgfalt und Respekt, schließlich sind die Gummis Ihre mobile Lebensversicherung.

Heute gibt es viele Gattungen von Motorrädern. Ob (Super-)Sportler, Tourer, Allrounder, Cruiser oder Enduros – für alle Varianten gibt es spezielle Paarungen, die auf unterschiedlichen Motorrädern zu einem unterschiedlichen Fahrverhalten führen können. In Abhängigkeit der Felgenbreite verändert sich

1

2

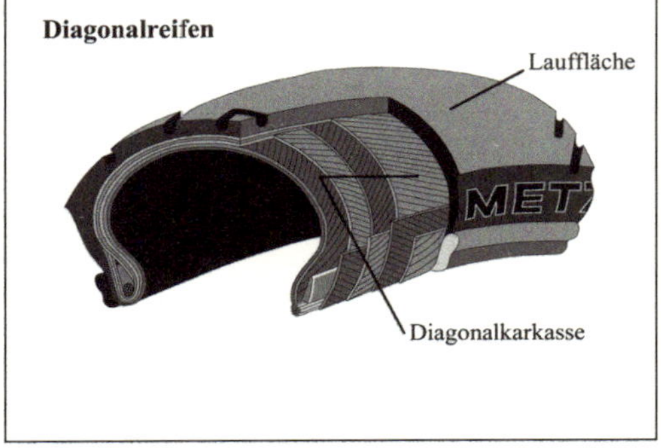

3

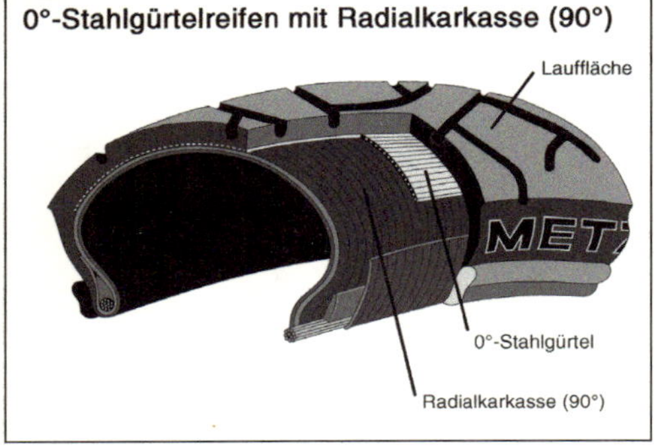

4

5

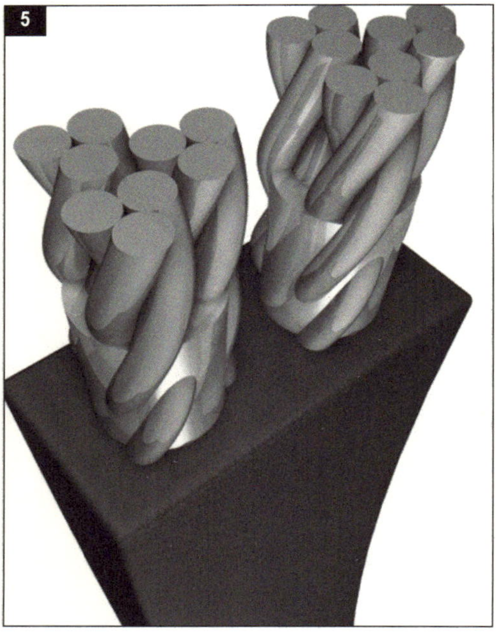

1. *Der Reifen ist die Lebensversicherung des Motorradfahrers. Dabei können die grundsätzlichen Eigenschaften entsprechend ihrem Einsatzgebiet stark voneinander abweichen. Reine Straßenreifen zeichnen sich durch einen geringen Negativprofilanteil aus.*
2. *Diagonalreifen*
3. *Stahlgürtelreifen*
4. *Geländereifen verfügen über mehr oder weniger große Stollen. Dadurch findet der Reifen auf losem Untergrund mehr Halt. Im Trial-Sport, wo die Geschwindigkeiten eher niedrig ausfallen, senkt man den Reifendruck zugunsten noch mehr Grip weiter ab.*
5. *Mehrere Stahlcord-Stränge werden zu so genannten Bandinas zusammengefasst und mit einer speziellen Gummimischung umspritzt. Diese Verarbeitung ist die Voraussetzung für einen festen und präzisen Wickelvorgang des Stahlgürtels. Die Grafik zeigt eine Zweier-Bandina, aus jeweils 3 x 3 x 0,20 Millimeter Stahlcord von Metzeler.*

die effektive Kontur eines Reifens, so dass sich Handling-, Brems- und Stabilitätsverhalten ändern können. Schmale Reifen haben den Vorteil, dass sie durch ihre kleinere Aufstandsfläche handlicher sind und in Schräglage den Rückstellkräften weniger Hebelarm bieten. Dadurch reduziert sich das Aufstellmoment. Andererseits bieten sie nicht so viel Grip wie Breitreifen. Außerdem nimmt der Gummi-Verschleiß (bei gleichen Voraussetzungen) mit zunehmender Reifenbreite ab.

Als Anfang der achtziger Jahre die Fahr- und Motorleistungen der Motorräder in die Höhe schnellten, war es nötig, die Reifenkarkasse (Reifenunterbau) zu stabilisieren. Bis dahin waren die meisten Motorräder mit Ballonreifen ausgerüstet, deren Bauhöhe größer als die Reifenbreite ist. Dabei handelte es sich um Reifen in Diagonal-Bauweise, bei der die Karkasslagen in einem Winkel zwischen 25 und 35° diagonal übereinander lagen. Dem hohen Maß an Eigendämpfung (Abrollkomfort) stand eine ungünstige Verformung bei hohen Geschwindigkeiten gegenüber, die den Reifen an der Aufstandsfläche stark walken ließen. Dadurch steigen Temperatur und Verschleiß, insbesondere in der Reifenmitte, stark an. Darum entwickelte man Anfang der achtziger Jahre die ersten Niederquerschnittreifen. Dank ihrer niedrigeren Bauhöhe (Flankenhöhe) sind sie stabiler als die früheren Ballon-Reifen.

Beispiel 180/60 = 180 mm Breite zu 60 Prozent Höhe (108 mm).

Der Aufbau der Karkasse war prinzipiell jedoch ähnlich, so dass auch eine weitere Versteifung in den folgenden Jahren zu den Hauptzielen der Reifenindustrie gehörte. Besonders die bei Kurvenfahrten auftretenden

6. Um hohen Grip und leichtes Handling bei einem Straßenreifen zu kombinieren, wird die Kontur beim Vorderradreifen in der Regel mit zwei unterschiedlichen Radien konstruiert.

7. Um möglichst große Beschleunigungs- und Seitenführungskräfte am Hinterrad übertragen zu können, erfordert eine breite Lauffläche noch weitere unterschiedliche Krümmungen.

8. Anhand eines Netzdiagrammes lassen sich die Eigenschaften eines Reifen zusammenfassen. Die Grafik zeigt den enormen Fortschrift in der Entwicklung innerhalb von nur rund fünf Jahren und zeigt in welchem Bereich der jeweilige Reifen seine Stärken und Schwächen hat.

6

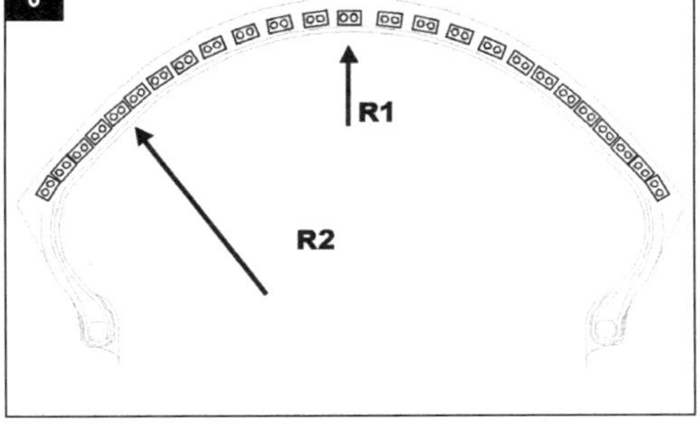

7

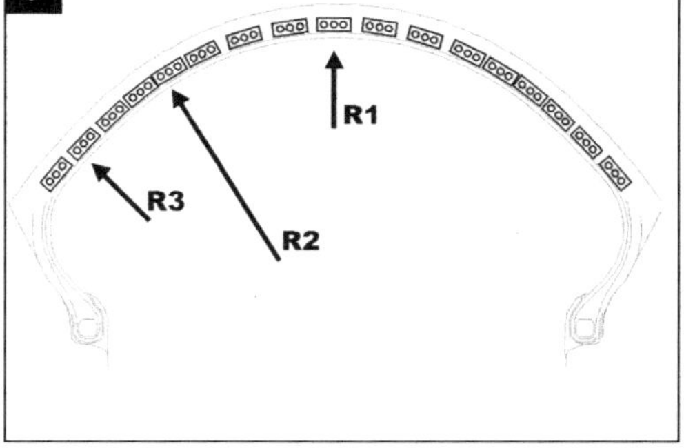

8

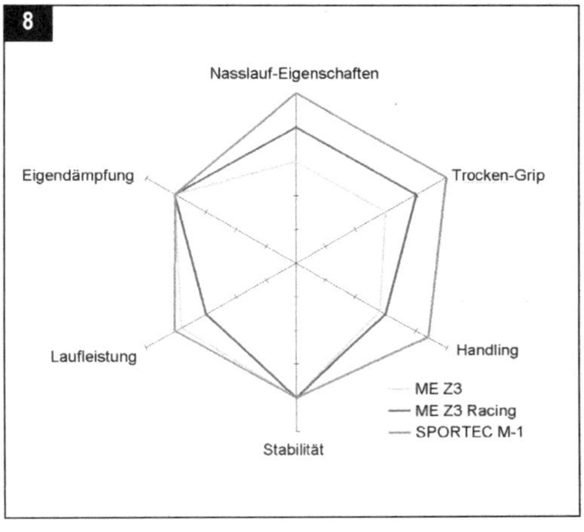

Seitenführungskräfte erfordern ein möglichst kompaktes »Gerüst«, das durch die Verwendung eines Niederquerschnitt-Formates allein nicht erreicht werden kann. Darum verhelfen zusätzliche angebrachte Gürtel zwischen Karkasse und Lauffläche dem Reifen zu mehr Stabilität. Eine weitere Variante ist die Radial-Bauweise, bei der die Faser der Karkasse nicht diagonal, sondern im 90°-Winkel (quer zur Fahrtrichtung) verläuft. Dadurch wird ein starkes Wachsen des Reifens bei hohen Geschwindigkeiten vermieden. Insgesamt benötigt ein Radialreifen weniger Karkasslagen als ein Diagonalreifen, ist aber dennoch stabiler, leichter (Handling) und verschleißärmer (Temperatur, Haftung, Kilometerleistung).

Eine spezielle Form des Radialreifens stellt ein zusätzlicher 0°-Stahlgürtel dar. Dabei windet sich eine weitere Karkasslage längs zur Fahrtrichtung im 0°-Winkel über die 90°-Stahleinlage. Gegenüber den ausschließlich mit einer 90°-Einlage versehenen Konstruktionen liegt der Vorteil in einer erhöhten Eigendämpfung (bessere Druck-Elastizität) des Reifens. Dadurch nimmt die Kick Back-Neigung deutlich ab. Jüngst entwickelte Metzeler die MAW-Technik (Metzeler Advanced Winding), bei der der 0°-Stahlgürtel in unterschiedlichen Windungsabständen aufgespult wird und dadurch entsprechend seinem Einsatzzweck angepasst werden kann. Enge und weite Wicklungen können somit dort eingesetzt werden, wo sie gebraucht werden. Durch die gezielte Verteilung der Materialien sind diese Reifen relativ leicht und bringen (je nach Format) zwischen 3,5 bis 4 kg (vorn) und 5 bis 6 kg (hinten) auf die Waage.

REIFENDRUCK

Der Reifendruck ist ein bedeutender Punkt im Bereich Fahrsicherheit und Fahrwerksabstimmung. Gerade bei heutigen Sportfahrwerken nimmt diese Komponente einen sehr hohen Stellenwert ein. Steife Fahrgestelle mit sensibel ansprechenden Federelementen erfordern formstabile Reifenkarkassen, um den hohen Flieh- und Seitenführungskräften bei Höchstgeschwindigkeit und Schräglage standhalten zu können. Trotzdem sollten sie noch über genügend Eigendämpfung verfügen, um feine Bodenunebenheiten kompensieren zu können. Bei zu hohem Reifendruck tritt eine Reifenverhärtung auf, reduziert so die Reifenaufstandsfläche und vermindert die Eigendämpfung. Das Fahrzeug wirkt zwar handlicher, dafür sinken jedoch auch die übertragbaren Seitenführungs- und Beschleunigungskräfte (positiv und negativ). Zu wenig Druck in den Pneus sorgt für eine übermäßig große Reifenaufstandsfläche, die auf Grund der erhöhten Reibung zwischen Fahrbahn und Gummi die Lenkkräfte drastisch erhöht und durch die übermäßige Walkarbeit, Spurtreue und Haftung herabsetzt. Dabei erhöhen sich Temperatur und Verschleiß drastisch. Zudem wirkt das Fahrzeug unhandlich, benimmt sich störrisch und schwerfällig.

Für die Fahrt auf der Rennstrecke empfiehlt sich ein leicht abgesenkter Reifendruck – ausgehend vom empfohlenen Reifendruck des Herstellers je nach Reifen, Motorrad, Fahrweise, Strecke und Witterung zwischen 0,2 und 0,5 bar. Auf langen Autobahnetappen, womöglich mit Sozius und Gepäck, empfiehlt die Faustregel einen Aufschlag um den gleichen Betrag. Da sich der Reifen während des Betriebes selbstständig erwärmt, steigt mit der Temperatur auch der Innendruck. Um ein zuverlässiges Bezugsmaß zu bekommen, wird der Reifendruck stets in kaltem Zustand (vor der Fahrt) geprüft. Die regelmäßige Kontrolle des Reifendrucks gehört auch im Zeitalter hochwertiger Felgen aus edlen Materialien und stabilen Karkassen zum kleinen Einmaleins des Motorradfahrers. Insbesondere nach längerem Stand oder ausgedehnten Autobahnetappen ist eine Überprüfung per Messgerät anzuraten. Bei der Gelegenheit sollte auch gleich eine schraubbare Verschlusskappe aus Metall gegen Druckverlust und zum Schutz vor Staub montiert werden. Und: Reifen sind nicht ewig haltbar. Bereits nach zwei Jahren können sich feine Risse bilden, die den Reifen porös werden lassen und einen schleichenden Plattfuß verursachen, selbst wenn die Profiltiefe noch ausreichend ist.

REIFENINDEX

Reifen werden für viele Motorräder und Zwecke gebaut. Sie werden in verschiedenen Geschwindigkeitsbereichen und für unterschiedliche Belastungszuständen eingesetzt. Aus diesem Grund finden Sie an dieser Stelle die Indexliste mit den jeweiligen Grenzzahlen.

Beispielbezeichnung: 180/55 ZR 17 (73W) TL

Bedeutung:
Reifenbreite = 180 mm
Reifenhöhe = 55% von 180 mm = 99 mm
zul. Geschwindigkeit über 240 km/h = ZR
passender Felgen-ø = 17 Zoll
zul. Tragfähigkeit = Indexzahl 73, entspricht 365 kg
Schlauchlos = TL (tubeless)

Das Fahrzeuggewicht spielt bei der Entwicklung eines Reifens eine ausschlaggebende Rolle. Aus diesem Grund kann man ihn über die Tragfähigkeits-Kennzahl, den so genannten LI (Load Index), einer bestimmten Gewichtsklasse zuordnen.

Symbol	Vmax in km/h
J	100
K	110
L	120
M	130
N	140
P	150
Q	160
R	170
S	180
H	210
V, bzw. VR	210 bis 240
ZR	über 240

TRAGFÄHIGKEITS-KENNZAHL UND REIFENTRAGFÄHIGKEIT

LI (Load Index)	Tragfähigkeit in kg
0	45
1	46,2
2	47,5
3	48,7
4	50
5	51,5
6	53
7	54,5
8	56
9	58
10	60
11	61,5
12	63
13	65
14	67
15	69
16	71
17	73
18	75
19	77,5
20	80
21	82,5
22	85
23	87,5
24	90
25	92,5
26	95
27	97,5
28	100
29	103
30	106
31	109
32	112
33	115
34	118
35	121
36	125
37	128

TRAGFÄHIGKEITS-KENNZAHL UND REIFENTRAGFÄHIGKEIT

LI (Load Index)	Tragfähigkeit in kg
38	132
39	136
40	140
41	145
42	150
43	155
44	160
45	165
46	170
47	175
48	180
49	185
50	190
51	195
52	200
53	206
54	212
55	218
56	224
57	230
58	236
59	243
60	250
61	257
62	265
63	272
64	280
65	290
66	300
67	307
68	315
69	325
70	335
71	345
72	355
73	365
74	375
75	387
76	400

TRAGFÄHIGKEITS-KENNZAHL UND REIFENTRAGFÄHIGKEIT

LI (Load Index)	Tragfähigkeit in kg
77	412
78	425
79	437
80	450
81	462
82	475
83	487
84	500
85	515
86	530
87	545
88	560
89	580

REIFENPROFIL

Allgemein: Mit zunehmender Laufleistung schwindet das Reifenprofil. Im Neuzustand liegt die Profiltiefe eines Straßenreifens etwa zwischen 4 und 8 Millimeter. Dank moderner Reifentechnik fallen die Wechselintervalle unter gleich bleibenden Voraussetzungen tendenziell länger aus. Da Reifen bei der Produktion gebacken werden, bedarf es einer dünnen Silikonschicht auf der Außenfläche, die nachher das Entnehmen des Pneus ohne Beschädigungen ermöglicht. Diese Silikonschicht macht ein Ein-, bzw. Anfahren (i.d.R. zwischen 50 und 100 km) des Reifens erforderlich. Während der Reifenverschleiß anfangs etwas höher ist, nimmt er aufgrund der größer werdenden Aufstandsfläche später ab. Bei einer Mindestprofiltiefe von 1,6 Millimeter ist laut Gesetzgeber Schluss. Gemessen wird an der abgefahrensten Stelle des Pneus. Und das nicht ohne Grund: Neben der steigenden Gefahr des Aquaplaning (Aufschwimmen) nimmt auch die Haftfähigkeit durch den Alterungsprozess des Gummis ab. Außerdem entspricht die

Gummi-Mischung nahe der Karkasse nicht mehr jener der obersten Schicht.

Auch Motorradreifen unterliegen der Gefahr des Aquaplaning. Zwar liegt der kritische Geschwindigkeitsbereich höher als bei einem Pkw, doch ist man auf dem Motorrad nicht grundsätzlich davor gefeit. Je nach Straßenzustand, Niederschlag und Reifen ist mit Aquaplaning bereits ab 100 km/h zu rechnen. Da unter diesen Umständen der Grenzbereich beim Motorrad extrem schmal ausfällt, ist demnach Vorsicht geboten.

Formen: Die Profilgestaltung spielt neben den chemisch-mechanischen Eigenschaften der Mischung speziell bei der Nässe eine tragende Rolle. Weiter hat das Profildesign auf die Lebensdauer eines Reifens großen Einfluss. Profilformen werden nach unterschiedlichen Kriterien gestaltet. Viel Positivanteil bringt viel Grip, ein hoher Negativanteil (Profilrillen) bedeutet eine gute Wasseraufnahme und Drainage. Dabei sollte in erster Linie der Einsatzzweck des Fahrzeugs berücksichtigt werden. Reine Straßenrennmaschinen werden je nach Reglement mit profillosen Slicks für maximale Trockenhaftung ausgerüstet. Bei feuchter, wechselhafter Witterung verwendet man dort Intermediat-Reifen *(Zitat des fünffachen Weltmeisters Toni Mang: »Intermediats sind eigentlich mehr für den Kopf.«)*. Regenrennreifen verfügen über einen hohen Negativ-Profilanteil. Bei Rennreifen kann zwischen unterschiedlichen Gummimischungen (hart bis weich) gewählt werden. Im öffentlichen Straßenverkehr müssen Reifen jedoch vielseitiger sein, so dass selbst der beste Straßenreifen immer nur einen guten Kompromiss darstellen kann. Diese multifunktionellen Allrounder können jedoch schon eine ganze Menge. Auch wenn sie die physikalischen Gesetze nicht außer Kraft setzen können, handelt es sich um echte HighTec-Produkte.

Das zeigen unter anderem auch die aufwändigen Konturen der Lauffläche, dessen Form sich heutzutage in der Regel aus mehreren Radien zusammensetzt. In der Laufflächenmitte des Hinterrades, wo es besonders auf Laufleistung und Haftungsvermögen ankommt, ist ein hoher Positivanteil gefragt. Aquaplaning ist bei Geradeausfahrt eher unkritisch und macht sich meist nur durch ein durchdrehendes Hinterrad bemerkbar. Zudem läuft das Hinterrad in der freigeräumten Spur des Vorderrades. Bei mittlerer Schräglage, ein Bereich der bei Nässe besonders wichtig ist, sollte die Wasseraufnahmefähigkeit des Hinterrad-Reifens am größten sein. Bei noch größerer Schräglage nimmt der Positivanteil wieder zu, da es nun auf die reine Haftung ankommt.

Grundsätzlich konnte man in den letzten 20 Jahren die zunehmende Abkehr von Längsrillen feststellen (Ausnahme Regenreifen). Gute Fahrwerke erfordern haftfähigere Reifen mit stabilen Karkassen. Einzelne Profilblöcke (das so genannte Block-Profil), so wie man sie aus den siebziger und frühen achtziger Jahren kennt, werden heutzutage fast nur noch im Geländeeinsatz verwendet. Sie geben zu sehr nach und können bei übermäßiger Belastung regelrecht einknicken und machen das Fahrzeug instabil. Durch die enormen Beschleunigungs- und Bremskräfte sowie die hohen Kurvengeschwindigkeiten muss sich auch die Profilform dem Anspruch an mehr Stabilität fü-

1. Die Grafik zeigt das Negativprofil eines Sportreifens.

gen. In Verbindung mit der flachen Niederquerschnitts-Bauweise ergibt sich so eine sehr steife und somit direkte Art der Übertragung von Lenkimpulsen und Übertragungskräften, die letztendlich einer verbesserten Fahrbarkeit zugute kommen. Je nach Hersteller und Typ kann dabei jedoch die Eigendämpfung der Reifen abnehmen (siehe unter Kick Back). Im Zeitalter stark motorisierter Zweiräder ein wichtiges Thema.

Geländemaschinen werden ihrem Einsatz entsprechend mit Stollenreifen ausgerüstet, so dass sie sich in weichem Untergrund regelrecht verzahnen können und über eine ausgezeichnete Selbstreinigungs-Fähigkeit verfügen. Trial-Maschinen fahren lediglich mit ein paar zehntel bar Luftdruck, um sich im Untergrund möglichst gut verzahnen zu können. Große und schwere Reiseenduros hingegen werden auf Grund ihrer Leistung, der hohen Geschwindigkeit und zugunsten eines besseren Fahrkomforts auch mit Straßenreifen ausgerüstet. Wer sich lieber abseits befestigter Wege fortbewegen möchte, für den bieten die Reifenhersteller passende Alternativen an. Seit Anfang 2001 müssen Reifen nicht mehr in die Fahrzeugpapiere eingetragen werden. Das Mitführen der Hersteller-Bescheinung reicht seitdem aus.

2. Metallkappen wirken zuverlässig dem Druckverlust durch große Fliehkräfte bei hohen Geschwindigkeiten entgegen.

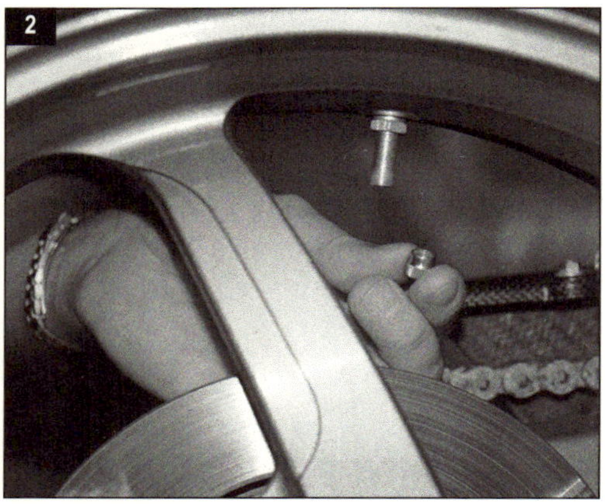

REIFENVENTIL

Um abfallenden Reifendruck vor allem bei hohen Tempi auszuschließen, sollten die kleinen Schutzkappen nicht vergessen werden. Die Ursache für den abfallenden Druck ist simpel: Bedingt durch die hohe Umfangsgeschwindigkeit des Ventils, sind die Fliehkräfte entsprechend groß, so dass das Ventil gegen den Federdruck aus dem Sitz gedrückt und die Reifenluft entweichen kann. In der Praxis zeigen sich Ventilkäppchen aus Metall ihren Kunststoff-Pendants überlegen. Am besten jedoch ist eine gewinkelte Anbringung des Ventils, da die Fliehkräfte in diesem Fall nicht gegen die Ventilfeder drücken können.

Viele Youngtimer (Motorräder zwischen 1950 und 1980) fahren noch mit Schlauchreifen. Nach alter Väter Sitte sollte hier mit jedem Reifen gleich der Schlauch samt Ventil erneuert werden. Aber auch für neue Konstruktionen gilt: Kein Reifen ist so perfekt, dass er nicht irgendwie Luft verlieren könnte. Darum: Eine regelmäßige Kontrolle des Luftdrucks gehört zu den Pflichten des verantwortungsvollen Motorradfahrers.

REIHENMOTOR

Der Reihenmotor ist der wohl verbreitetste unter den mehrzylindrigen Triebwerken. Dafür spricht die relativ kostengünstige Fertigung bei guter Leistungsausbeute. Zudem bewegen sich auch die Massenkräfte auf passablem Niveau. Beim Reihenmotor rotiert eine Kurbelwelle mit oder ohne Hubzapfenversatz. Das meist schräg nach vorn geneigte Zylinderbankett bietet in Verbindung mit einem Brückenrahmen Platz satt für ein großvolumiges Luftfiltergehäuse und ideale Voraussetzungen für eine Staudruckaufladung (RamAir). In seinen Grundzügen handelt es sich beim Reihenmotor meist um einen drehzahlorientierten Charakter, lediglich der Parallel-Twin bildet durch seine single-ähnliche Laufkultur ungewohnten Background. Sechszylinder-Reihenmotoren bilden auch heute noch eine Ausnahme – zu aufwändig, zu breit, zu schwer – doch der Motorlauf begeistert bereits ab Leerlaufdrehzahl durch seine seidenweiche und geschmeidige Art.

Siehe auch »Vierzylindermotor«

REITRAD, REITWAGEN

1885 schuf Gottlieb Daimler das erste Motorrad. Der Rahmen und die Räder (mit Stützrädern und ohne Bereifung!) bestanden aus Holz. Knapp 1 PS holte der Ingenieur aus dem 264 ccm-Einzylinder.

Siehe unter »Daimler, Gottlieb«

RETRO-KLASSIKER

1990 war die Zeit reif! Parallel zu den immer sportlicheren Bikes öffnete sich die Marktnische für Naked Bikes. Erstes Modell dieser neuen Generation war Kawasaki's Zephyr 750. Da Motorräder von diesem Schlag eigentlich nichts anderes als klassische Straßenmotorräder sind, galten sie seit ihrer Wiedergeburt als Retro-Klassiker. Im Laufe der vergangenen Jahre weitete sich das Spektrum dieser Gilde. Zwei Federbeine am Heck zählten nicht mehr ausschließlich zum Pflichtprogramm, auch moderne Federungssysteme fanden ihre Berechtigung. Als Paradebeispiel neuzeitlicher Klassiker gilt die Kawasaki ZRX 1200. Sie bietet moderne Motoren- und Fahrwerkstechnik mit klassischen Stilelementen.

REVERE

(Honda) Als Nachfolger der legendären CX 500 (Güllepumpe) hatte es die NTV 650 Revere nicht unbedingt leicht. Nach gleichem Strickmuster wie die Vorgängerin, jedoch mit wesentlich modernerer Technik, gefällt die NTV auf Anhieb durch ihr äußerst neutrales Auftreten. Dazu der 650er-V2, der bereits seit der Transalp als unkaputtbar gilt.

RFVC

(Honda) Radiale Anordnung der Ventile, Radial Four Valve Combustion

RIEMENANTRIEB

Arten: Zahnriemen (alternativ zur Kette), Keilriemen (mit Schlupf); Zahnriemen werden dort eingesetzt, wo es auf exakte Drehzahlverhältnisse ankommt, wie beispielsweise bei den Steuerzeiten; Beispiele Zahnriemen:

Wassergekühlter Reihenvierzylinder der Suzuki GSX-R 750

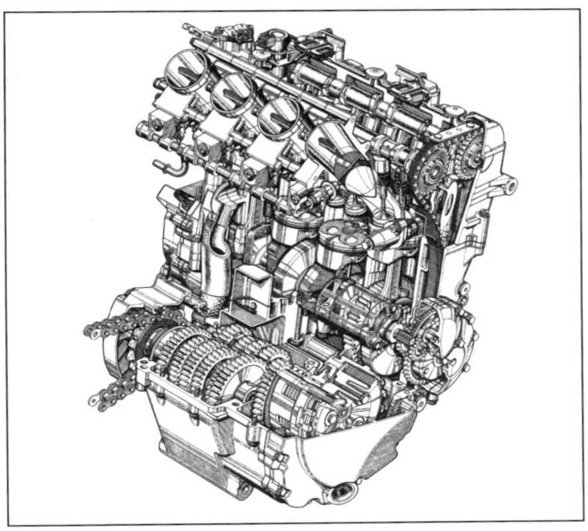

1988 kam die NTV 650 (RC33) von Honda (Bild) auf den Markt. Zum Modelljahr 1991 erhält sie eine geänderte Auspuffanlage und ein modifiziertes Ansaugsystem. 1998 wird sie von der verkleideten NT 650 V Deauville abgelöst.

Nockenwellen (Honda Gold Wing, Ducati Pantah, Münch), Kompressoren, Primärtrieb (außenliegend); Beispiel Keilriemen: Lichtmaschine, Ziehkeilkupplung

Sekundärantrieb über Zahnriemen: Kawasaki GPZ 305 Belt Drive, Kawasaki Z 440 LTD, BMW SC 650 Scarver, verschiedene Harley-Davidson, alle Buell.

Siehe auch unter »Lastwechselreaktionen«

RITZEL

Beim Kettenantrieb das kleinere (also vordere) der beiden Kettenblätter.

ROAD KING

(Harley-Davidson) Die Road King schließt die Lücke zwischen der Fat Boy und der luxuriösen Electra Glide. Mit eigenartigem Charme blickt sie den Fahrer an und zelebriert in der gold-gelben Abendsonne ein Spiel der Farben. Gerade so, als wolle sie sagen: »Komm steig auf, was brauchst du Land und Leute? Du hast mich, meinen mächtigen Vee Two und ein prall gefülltes Portemonaie ...«

ROADSTER

An sich keineswegs ein neuzeitlicher Begriff. Vielmehr bedarf es einer längst fälligen Erklärung. Zum einen stellen sie die bis vor kurzem fast in Vergessenheit geratene Klasse der ganz normalen Motorräder dar. Doch was heißt eigentlich »normal«? Zumindest spielt die Relativität eine sehr große Rolle. Kein Wunder also, dass vom klassischen Naked Bike bis hin zum Streetfighter prinzipiell alles vertreten ist. So ist auch ein kompletter Verzicht auf jegliche Verkleidung keineswegs zwangsverbunden. Die einen dienen der Show, andere wieder dem Zweck. Was also vereint die Vertreter dieser Rubrik? Die Hände sollten einen nicht zu schmalen Rohrlenker greifen, der sicheren Umgang mit den nicht unbedingt leichtgewichtigen Bikes garantiert. Beste Bremsen gehören ebenso zum guten Ton, schließlich will's der meist routinierte Fahrer auch mal ordentlich krachen lassen. Dazu gehört Bodenfreiheit satt, denn Schräglagen sind, wie wir alle wissen, das Salz in der Suppe. Motorradfahren pur eben – nichts können sie perfekt, aber das meiste machen sie richtig gut.

ROHRRAHMEN (DOPPEL)

Der Doppelrohr-Rahmen ist die wohl günstigste Möglichkeit, eine stabile Basis für ausreichende Fahrstabilität zu bieten. Zwei teilweise demontierbare Unterzüge bilden je eine Schleife für die Motorunterzüge (Doppelschleifen-Rahmen). So sind viele Naked Bikes der aktuellen Generation mit solchen Rohrkonstruktionen versehen. An der Erscheinung hat sich in den letzten 20 Jahren kaum etwas geändert, dafür umso mehr an der Sicherheit. Ausgestattet mit modernen Federungselementen lassen sich die Retro-Bikes erstaunlich flott bewegen.

ROHRRAHMEN (EINFACH)

Der Einrohr-Rahmen ist das einfachere Pendant zum Doppelrohr-Rahmen. Teilweise ist der Antrieb als mittragendes Element ausgelegt. I.d.R. gabelt sich der Unterzug unterhalb des Motors. Vor allem bei Hard-Enduros oder waschechten Moto Cross-Maschinen bilden die beiden verschweißten Unterzüge einen guten Schutz vor unfreiwilligem Bodenkontakt.

ROHRRAHMEN (GITTER)

Besonders für schmalbauende Motoren stellt der Gitterrohr-Rahmen eine gelungene Alternative zur Kastenbauweise (Brückenrahmen) dar. Er zeichnet sich durch relativ geringes Gewicht aus (*siehe auch »MV Agusta 750 F4«*), vor allem bei Verwendung von Leichtmetallen. Je nach Verlegung der Streben ist aus technischer Sicht der Übergang zum Brückenrahmen fließend (Suzuki TL 1000 S). Prinzipiell gleicht ein Gitterrohr-Rahmen einem klassischen Fachwerk mit Ober- und Untergurten. Um möglichst geringe Rohrquerschnitte verwenden zu können, setzt Ducati auf hochfesten Chrommolybdän-Stahl, Suzuki's TL 1000 S hält dagegen ein Rohrgeflecht aus üppiger dimensioniertem Aluminium zusammen.

ROHRRAHMEN (ZENTRAL)

Ein mächtiges Rohr, teilweise über 10 cm im Durchmesser, bildet das Rückgrat des Zentralrohr-Rahmens. Dabei ist der Motor als tragendes Element in die Konstruktion integriert, so dass die schweren Unterzüge komplett entfallen. Als legendäres Beispiel darf hier die Konstruktion des Schweizer Edeltuners Fritz Walter Egli genannt werden. Auch Triumph übernahm das übersichtliche Rahmenkonzept, das sich noch bis vor kurzem durch die gesamte Modellpalette zog. Erst seit 1997 werden in einigen Modellen Fahrgestelle aus ovalen Aluminium-Rohren angeboten. Nachteilig kann sich der pompöse Tank auswirken, da für das Zentralrohr ein entsprechend großer Tunnel vorhanden sein muss.

ROLLENKETTE

Überträgt ausschließlich Zugkräfte; heutiger Einsatz oft als Sekundärtrieb (Gegenstück: Kardanantrieb); Vorteil: Lastwechselarm, günstige Herstellung, einfacher Aufbau; Nachteil: Pflegeintensiv, ungleiche Längendehnung; Maßangabe in Zoll, z.B. 3/8« x 5/8«, Kettenbreite x Bolzenabstand; Bauart als Simplex- oder Duplex-Rollenkette; moderne Rollenketten nennt man X-Ring-Ketten: dort wird das Schmiermittel durch Dichtringe zwischen den Laschen gehalten; richtige Pflege: stets von innen schmieren (Zahnradseite).

Der einfache Rohrrahmen mit gegabelten Unterzügen. Zu erkennen sind die Umlenkhebel an der Schwinge für das Zentralfederbein.

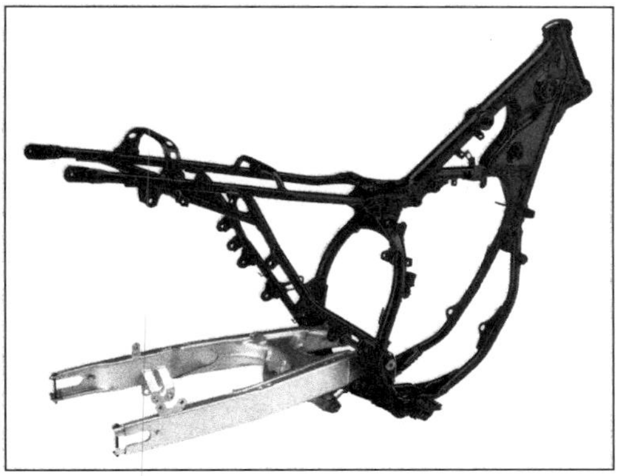

ROLLER

Als Roller bezeichnet man Zweiräder mit freiem Durchstieg, der also nicht durch den Motor, Rahmen und Tank behindert wird; ursprünglich waren die Roller mit kleinen, meist 10 Zoll großen Rädern ausgestattet. Heute tendieren sie zunehmend zu größeren Rädern, ein Zugeständnis an die gestiegenen Fahrleistungen; vorwiegendes Einsatzgebiet sollten die Stadt oder kurze Überlandfahrten sein, andernfalls gerät diese Bauart schnell an seine konstruktionsbedingten Grenzen.

ROSIER, JAKE DE

1911, der erste Wettkampf zwischen Jake de Rosier und Europa (England)/Charlie Collier auf Matchless auf zwei Rädern; die Eigenbau-Matchless hatte einen 985-ccm-JAP-Motor, Keilriemenantrieb von der Kurbelwelle zum 26-Zoll-Hinterrad. Die Indian des Amerikaner Jake de Rosier hatte einen Kettenantrieb vom Schaltgetriebe zum Hinterrad.

ROTATIONSDÄMPFER

Suzuki debütierte 1997 mit der TL 1000 S zum großangelegten Schlag in der heißumkämpften Big-V-Klasse. Eines der vielen Highlights dieser wunderbaren Maschine ist die Art der Hinterraddämpfung. Anders als bisher üblich, federt und dämpft die Hinterhand unabhängig voneinander. Beim Rotationsdämpfer versetzt ein Umlenkmechanismus die Schwingbewegung der Dämpferwelle in eine Rotationsbewegung, welche das Öl geschwindigkeitsabhängig durch verschiedene Querschnitte presste. Der Vorteil dieser Konstruktion liegt in der progressiven Dämpfungskurve, die allerdings nur so lange mit der Federkennung harmoniert, solange sich das Dämpferöl nicht zu stark aufheizt. Dann sorgt das dünnflüssigere Öl für eine nachlassende Dämpfung.

ROTATIONSKOLBENMOTOR

Motorprinzip von Felix Wankel (1972); Ähnlichkeit zum Viertaktverfahrten, jedoch ohne Ventile; durch Drehen des Rotationskolbens wird die exzentrisch zum Läufer laufenden Exzenterwelle in eine Drehbewegung versetzt und rotiert mit einem Drehzahlverhältnis von 1:3 zum Läufer. Auf dem deutschen Markt gab es nur sehr wenige Wankel-Motorräder: Hercules W 2000, Van Veen OCR 1000 von ’76, Suzuki RE 5.

RUCKDÄMPFER

Ruckdämpfer werden vornehmlich bei drehmomentstarken Motoren nötig, insbesondere bei großen Einzelhubräumen. Ziel ist es, die mehr oder weniger stark ausgeprägten Lastwechselreaktionen bei Umstellung von Zug auf Schub (Gas auf – Gas zu), bzw. umgekehrt, zu reduzieren. So können diese speziell bei Kardan-Motorrädern auf der Getriebeausgangswelle in Form einer starken Schraubenfeder ausgeführt sein. Auch in der Hinterradnabe befindet sich ein elastisches Bauteil. Der Gummi-Dämpfer wird zwischen Kettenblattaufnahme und Hinterradnabe eingesetzt und wirkt so als radialer Dämpfer.

RÖTH, FRITZ

17. August 1938, Fritz Röth ist untrennbar mit dem Namen Moto Guzzi verbunden. Er war es, der im Jahre 1964 die Marke mit dem Adler von Italien nach Deutschland holte. Huckepack auf dem Dach seines eigenen Pkw geschnallt und über den Brenner Pass ins heimische Hammelbach / Odental. 1971, fünf Jahre später, gründete er die Suzuki-Zentrale in Heppenheim.

ROUTE 66

Legendäre »Mainstreet of America«, auch Straße der Sehnsucht genannt; Verbindungsstraße zwischen dem Westen und Osten Amerikas; Gesamtlänge über 4.000 Kilometer,

Kompakte Konstruktion eines Dämpfers für das hintere Zentralfederbein der Suzuki TL 1000 S.

Dioden-Rückleuchten sehen nicht nur schick aus, sie strahlen auch heller.

führt von Chicago nach Los Angeles; wurde 1926 gebaut, erst Mitte der 30er Jahre mit einer Asphaltdecke versehen. Seitdem 1984 die »Insterstate 40« offiziell für den Verkehr freigegeben wurde, sind einige Abschnitte der »Route 66« nicht mehr in allen Karten verzeichnet.

RÜCKLICHT

Konventionelle Rückleuchten werden i.d.R. von einer oder zwei Glühbirnen bestrahlt, die im Inneren mit jeweils zwei Glühfäden aus Wolfram ausgestattet sind (Standard-Beleuchtung 5 Watt, Bremslicht 21 Watt). Seit 2000 verwenden die Hersteller, allen voran Yamaha's YZF-R6, zunehmend kleinere und leichte Dioden-Rückleuchten (LED), die man auf Grund der kompakten Abmessungen bereits seit einigen Jahren vom Fahrrad-Sektor kennt. Vorteile: geringerer Strombedarf, zuverlässig, kompakt, günstig in der Herstellung, vorteilhafter für Designer.

RVF (MODELLE)

Honda RVF 750, RC30 von **1987–1993**, (1991 erreichte Freddie Spencer mit der RC30-RVF einen 4. Platz beim imageträchtigen Rennen im japanischen Suzuka)/RC45-Werksmaschine in der Superbike-Weltmeisterschaft in den Jahren **1994–1999**; Höchstgeschwindigkeit der RC45-RVF ca. 320 km/h.

Erfolgreicher Einsatz bei den 24 Stunden von Le Mans und dem prestigeträchtigen 8-Stunden-Rennen von Suzuka/Japan. Die kleinere Honda RVF 400 R **(NC35)** war der Straßenableger der legendären SBK-Rennmaschinen. Besonders gern wurde sie bei ZUVI-Veranstaltungen eingesetzt, bei denen das Reglement Zweitakter bis 250 ccm und Viertakter bis 400 ccm zuließ.

Die Honda RVF 750 R, Typ RC45, war die Nachfolgerin der VFR 750 R (RC30) und trug zwischen 1994 und 1999 erstmals das RVF in der Modellbezeichnung eines käuflichen Serienmotorrades. John Kocinskis Sieg bei der 1997 World Superbike Series unterstrich die Qualitäten. Das V4-Triebwerk mit elektronischer Kraftstoffeinspritzung gehörte zu den aufwändigsten überhaupt. Mit rund 44.000 Mark allerdings auch zu den teuersten. Dennoch wurde sie 2000 von der zweizylindrigen VTR 1000 SP-1 abgelöst.

S

SACHSENRING

Im Osten Deutschlands war und ist vieles anders. Die einst kommunistische Regierung sollte mit der Gründung der DDR für soziale Gleichheit im einstigen Arbeiter-und-Bauern-Staat sorgen. Zur Zeit des Deutschen Reiches herrschte hingegen noch Einigkeit – mit dem Anspruch auf Recht und Freiheit war es spätestens seit 1939 hingegen alles andere als gut bestellt. Beginnen wir also besser ganz vorn, im Juli 1925. Zu diesem Zeitpunkt gründete Paul Berger den Motorsportklub Hohenstein-Ernstthal. Viele Motorradfahrer waren seinerzeit besessen vom Rennfahren, so dass das Kräftemessen auf einer Rennstrecke nur eine Frage der Zeit war.

Es kam, wie es kommen musste, so dass bereits am 26. Mai 1927 das berühmte 1. Badberg-Viereck-Rennen gestartet wurde. Im Gegensatz zum Nürburgring handelte es sich bei diesem Kurs jedoch nicht um eine speziell angelegte Rennstrecke, sondern lediglich um einen abgesperrten, unbefestigten Stadt-Land-Kurs. Auf diese Art mutierte die 8,7 Kilometer lange Verbindungsstraße vor den Toren der Karl May-Geburtsstadt Hohenstein-Ernstthal kurzweilig zur Rennstrecke. Das war für die damaligen Verhältnisse keineswegs ungewöhnlich, denn kaum eine Stadt konnte sich eine eigene Rennstrecke leisten. Durch die

1. Der Turm an der Start- und Zielgeraden galt als Wahrzeichen des Sachsenrings.

geographische Lage ergab sich ein viereckiger Verlauf des Kurses, der für die Namensgebung ausschlaggebend war.

1928 kamen bereits über 80.000 Besucher zu den Rennveranstaltungen. Durch insgesamt 41 Unfälle in diesem Jahr sollte es jedoch das vorerst letzte Rennen auf dem hügeligen Kurs bleiben. Internationalen Status bekam die Strecke schließlich im Jahr 1934, den Namen »Sachsenring« erst 1937. Zu den beliebtesten, aber auch zu den gefährlichsten Streckenabschnitten gehören die »Badberg-« und »Nötzold-Kurve«, die tückische Bergab-Passage am »Heiteren Blick« sowie der »Queckenberg«, der seit jeher zu den Magneten der Strecke zählt.

Trotz der Teilung Deutschlands behält der Sachsenring nicht nur seine Popularität, sondern übertrifft diese sogar noch. Das erste Nachkriegsrennen wurde 1949 ausgetragen. Die ständige Anwesenheit internationaler Spitzenfahrer führte schließlich dazu, dass der Sachsenring ab 1961 den WM-Status erhält. Bis 1972 gehörte der Sachsenring zu den beliebtesten Rennstrecken der Welt, die bis zu einer halben Million Fans an die Strecke lockten. Dann hatten die Funktionäre die Nase voll von Gewinnern aus demokratisch regierten Staaten und dem damit verbundenen Zeremoniell samt Hymne. Unvergessen ist die Siegerehrung von Dieter Braun, bei der die Musikanlage bis auf den Zielbereich an der gesamten Strecke vor über 250.000 Zuschauern urplötzlich ausfiel. Die kalte Kriegsführung mancher Rennleiter war auch bei solchen Veranstaltungen nicht immer von der Hand zu weisen.

Erst 1990, im Jahre eins nach dem Mauerfall, findet wieder ein internationales Rennen auf dem legendären Sachsenring statt. Doch der alte Kurs auf abgesperrten öffentlichen Straßen war schon längst nicht mehr zeitgemäß. Mehrere tödliche Unfälle sägten am guten Ruf des einst so beliebten Kurses. Keine

2. *Ago Nationale in den sechziger Jahren vor hunderttausenden Zuschauern eingangs der Zielgeraden des alten Sachsenrings.*
3. *Olivier Jaque startet 2002 am Sachsenring in der Königsklasse mit seiner Zweitakt-Yamaha YZR 500 gegen die hubraumstarken 1000er-Viertakter.*

4. Der Sachsenring ist eine anspruchsvolle Strecke mit vielen Kurven und guten Sichtverhältnissen für die Zuschauer.

5. Max Biaggi in der ersten MotoGP-Saison 2002 auf der viertaktenden Yamaha YZR-M1.

Frage, eine moderne Rennstrecke musste her. Dabei blieben vom alten Sachsenring nur noch die Start- und Ziel-Gerade übrig. Alles andere wurde im Innenbereich völlig neu gestaltet und fordert von den Fahrern Mut, Geschick und einen sauberen Strich. Besondere charakteristische Merkmale des hügeligen und gleichzeitig kurvigen Kurses sind das Castrol-Omega und die Queckenberg-Kurve.

Am 22. August 1995 wurde das neue Verkehrssicherheitszentrum, das rund zwei Drittel der Rennstrecke ausmacht, eröffnet. Fahrsicherheitskurse sind seitdem auch unter Alltags- und Tourenfahrern äußerst beliebt. Nach umfangreichen Umbaumaßnahmen und Anbindung eines Teils der alten Strecke konnte sich die Rennstrecke wieder für den internationalen Motorsport etablieren. Bis im Jahre 1998 der erste Motorrad-GP auf dem neuen

Kurs stattfinden konnte, wurde der Sachsen-Grand Prix vorübergehend nach Brünn und Most verlegt. Auf Grund der enormen Zuschauerresonanz und der einmaligen Atmosphäre entschloss sich der ADAC, den Sachsenring ab 1998 als Austragungsort der deutschen Motorrad-Grand-Prix-Läufe zu wählen. Damit kehrten nach 26-jähriger Abstinenz die weltbesten Fahrer wieder an den Traditionskurs zurück.

Bereits 1999 begannen schließlich die Bauplanungen zur Anpassung an internationale Rennstrecken-Standards. Um auch in den kommenden Jahren den Zuschlag für die WM-Läufe zu erhalten, musste der Kurs in erster Linie schneller und flüssiger werden. Das wurde unter anderem durch den Umbau des nördlichen Abschnitts am Queckenberg erreicht. Neue mobile Zuschauertribünen bieten jeweils bis zu 80.000 Besuchern Platz. Seit 2001 steht ein nochmals veränderter Rennkurs mit verlängerter Streckenführung und weiteren Tribünenplätzen zur Verfügung.

SACHSKURVE

Die wohl bekannteste Kurve im Hockenheimer Motodrom ist die Sachskurve. Je nach Kamerastandort ist bei TV-Übertragungen die recht starke Überhöhung der Kurve zu erkennen. Möglichst spät, dafür umso heftiger anbremsen und klappmesserartiges Abwinkeln – so wird Zeit wettgemacht. Doch wehe, die gewählte Linie stimmt nicht. Dann nämlich findet man sich schnell im Kiesbett wieder. Eine besonders heikle Stelle ist der Kurvenausgang. Da in der Sachskurve extremste Schräglagen gefahren werden können, ist das Herausbeschleunigen besonders wichtig und ebenso riskant.

SACS

Suzuki Advanced Cooling System; Das SACS ist eine kombinierte Luft-/Ölkühlung, wobei der erweiterte Kühlkreislauf zur zusätzlichen Motorkühlung mit Schmieröl des ansonsten luftgekühlten Motors dient. Ein großer Ölkühler sorgt dabei für einen geregelten Wärmehaushalt und fördert durch eine separate Ölpumpe zusätzliches Motoröl zum Zylinderkopf. Die Vorteile gegenüber der Wasserkühlung sind die deutlich niedrigeren Herstellungskosten sowie das geringere Gewicht. Nachteilig ist die nicht so hohe Kühlleistung. Erste Modelle waren die 1985 präsentierte Suzuki GSX-R 750 sowie die GSX-R 1100 (1986). Später kamen die DR 750 Big (1988) und die Bandit-Baureihe (ab 1995).

SCHALTGETRIEBE

Mechanisch wählbare Gangstufen, i.d.R. mittels Schaltgabeln und -klauen; besteht aus mindestens zwei Wellen; dabei stehen sich stets

Das laufruhige Sechsganggetriebe der BMW R 1200 GS von 2004 ist schrägverzahnt.

aufeinander abgestimmte Zahnräder gegenüber, die je nach Gangstufe gewechselt werden. Es befindet sich dabei immer nur ein Zahnradpaar im kraftschlüssigen Einsatz; Vorteil: relativ einfacher Aufbau, je nach Auslegung sind Übersetzungsänderungen möglich (u.a. Kassettengetriebe), schneller und direkter Gangwechsel; Nachteil: separate Kupplung erforderlich.

SCHAUGLAS

Ende der siebziger Jahre hielt neben vielen anderen technischen Änderungen auch das Schauglas zur Ölstandskontrolle Einzug bei den Motorrädern. Was auf den ersten Blick praktisch und anwenderfreundlich aussieht, hat allerdings auch seine Tücken. Besonders bei Fahrzeugen ohne Hauptständer lässt sich das Niveau manchmal nur schwer ablesen. Wie gut, wenn da manchmal der Nachbar von nebenan aushilft. Grundsätzlich erfordert die sichere Ölstandskontrolle eine ebene Standfläche. Beim Peilstab besteht die Gefahr eines Messfehlers, durch ein Hineinschrauben oder nur Auflegen des Maßes. Vorher also unbedingt die Herstellerangaben studieren. Im Übrigen kann es trotz aufgebockter Maschine zu Abweichungen kommen, da das Heck in den meisten Fällen höher als im Fahrzustand liegt. Auf Grund unterschiedlicher Schmiersysteme (Nass- und Trockensumpfschmierung) empfiehlt es sich, den Motor zuvor auf Betriebstemperatur zu bringen und einige Minuten abtropfen zu lassen (siehe Herstellerangaben). Zweitaktfahrer müssen lediglich den Ausgleichsbehälter (in der Regel unter der Sitzbank oder hinter der Seitenverkleidung) kontrollieren.

1

2

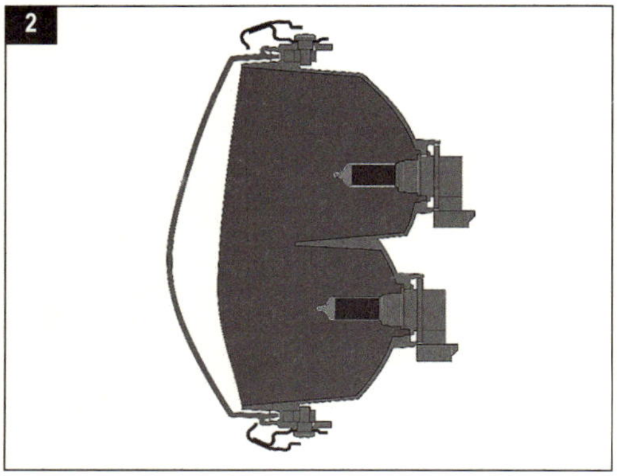

SCHEIBENRAD

Ein Scheibenrad ist im Gegensatz zum Verbundrad aus dem Vollen gefräst. Durch seine scheibenförmigen »Speichen« (diese Bezeichnung ist hier eigentlich gar nicht mehr zutreffend) kommt das Leichtmetall-Bauteil zu seinem Namen.

SCHEINWERFER

Neben der Zündanlage gehört die Versorgung der Beleuchtungsanlage zur wichtigsten Aufgabe des elektrischen Bordnetzes am Motorrad. Hauptverbraucher ist dabei der Scheinwerfer. Seine Hauptaufgabe besteht darin, bei Dunkelheit die Fahrbahn möglichst hell und gleichmäßig auszuleuchten, ohne den Gegenverkehr zu blenden. Da Motorräder auch tagsüber mit eingeschaltetem Licht fahren, sollte

1. *Moderne Scheinwerfersysteme sind optische Hochleistungsgeräte und manchmal auch design-technische Meisterleistungen.*
2. *Hinter der Klarsicht-Streuscheibe der Honda 600 Hornet, Mod. 2003, verbergen sich zwei E11-Glühlampen mit geteiltem Reflektor. Laut Hersteller soll das Abblendlicht einen 70 Prozent, beim Fernlicht um 60 Prozent größeren Bereich ausleuchten.*

die benötigte Strommenge zudem niedrig ausfallen. Durch den Fortschritt wurde es in den achtziger und neunziger Jahren möglich, die spiegelnden Flächen der Scheinwerfer anders auszulegen. So entstanden frei im Raum geformte Reflexionsflächen, entstanden Scheinwerfer in Freiflächen- (kurz FF genannt) und Ellipsoid- (DE) Bauweise. Die Entwicklung eines solchen Scheinwerfers ist ausschließlich am Computer möglich und sehr aufwändig. Darum versucht man ein und denselben Scheinwerfer in mehreren Typen zu verwenden.

Bis Anfang der neunziger Jahre war der Paraboloid-Scheinwerfer die verbreitetste Bauart. Zu erkennen ist er an seiner charakteristischen Streuscheibe. Seinen Namen bezieht er aus der gleichmäßig gekrümmten Oberfläche des innenliegenden Reflexionsspiegels. Einer der größten Nachteile ist die Streuscheibe, die den Lichtstrahl durch Brechung auf bestimmte Fahrbahnbereiche verteilen soll. Dabei bleibt allerdings ein beträchtlicher Teil der Lichtausbeute auf der Strecke. Schaut man von vorn in den Reflektor, wird für Abblendlicht der obere Teil des Reflektors genutzt **(Parabo-**

3. Der Paraboloid-Scheinwerfer leuchtet die Fahrbahn relativ schmal und ungleichmäßig aus. Im Gegensatz zu den anderen Systemen fällt die Hell-Dunkel-Grenze dafür weicher aus. Bei korrekter Einstellung ist die Blendgefahr noch vertretbar. Diese Bauart prägte über mehrere Jahrzehnte das Erscheinungsbild von Motorrädern. Die Streuscheibe reduziert die Lichtausbeute jedoch drastisch und sorgt für einen schlechten Wirkungsgrad.

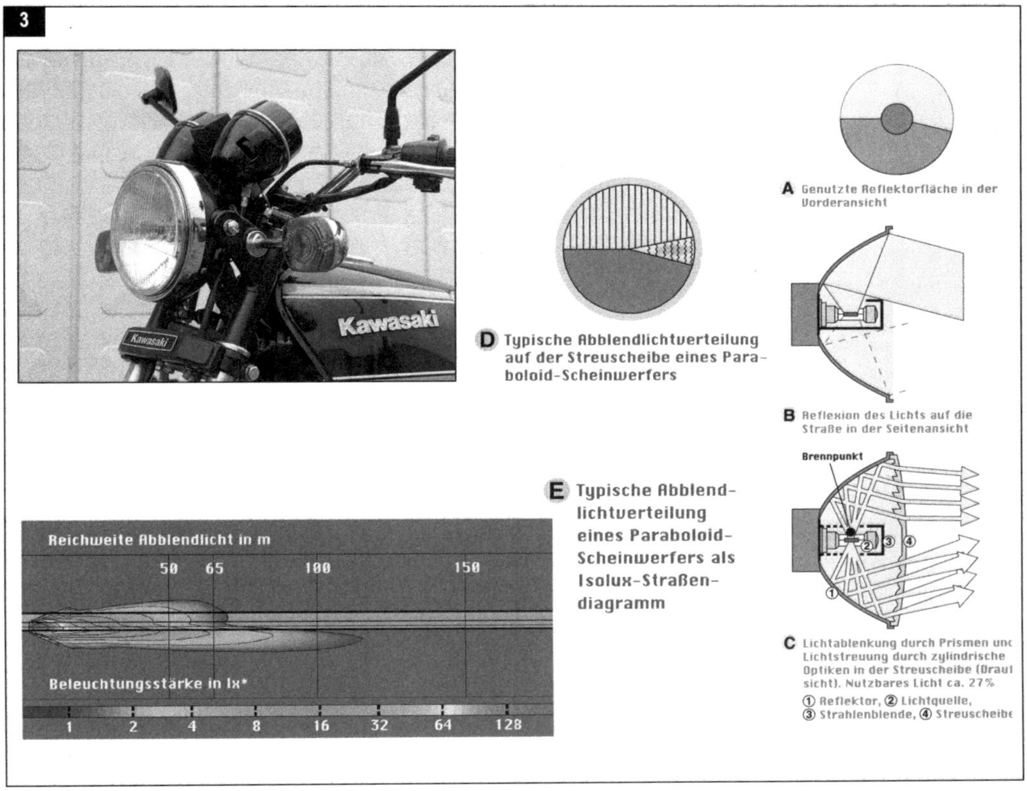

loid, Bild A). Die Lichtquelle ist so platziert, dass das nach oben abgestrahlte Licht vom Reflektor nach unten über die optische Achse auf die Straße reflektiert wird **(Paraboloid, Bild B).** Das Licht ist dabei annähernd parallel und hängt von der Wendelgröße und Position der Glühlampe ab. Ende der siebziger Jahre löste die H4-Lampe die leistungsschwache Bilux-Birne ab.

Zu Beginn der Neunziger zeigte sich nach langer Stagnation eine positive Weiterentwicklung der Scheinwerfer-Systeme. Neben den DE-Scheinwerfern (Yamaha FZR 600 R/FZR 1000 Exup von 1991) kommen auch Zwei-Ebenen-Versionen in Freiflächenbauweise zum Einsatz (Honda CBR 1100 XX). Bei dieser Scheinwerferbauweise, die ohne eine speziell Streuscheibe auskommt, kann die Außenform der Lichtquelle besser ins Fahrzeugkonzept integriert werden. Davon kann bei verkleideten Motorrädern auch die Aerodynamik profitieren. Ein innenliegender Reflektor mit mehreren exakt berechneten Kanten, Winkeln und Flächen übernimmt die Aufgabe der konventionellen Streuscheibe.

Bei der Auslegung der Reflektorflächen werden unterschiedliche Berechnungsstrategien eingesetzt. Meist ist der Reflektor in mehrere Segmente aufgeteilt, die unterschiedliche Bereiche des Straßenraumes beleuchten. Durch diese Auslegung kann nahezu die gesamte Reflektorfläche für das Abblendlicht genutzt werden **(FF, Bild A).** Dabei sind die Flächen so ausgerichtet, dass das Licht von allen Reflektorsegmenten nach unten auf die Straße reflektiert wird **(FF, Bild B).** Die Ablenkung der Lichtstrahlen und die Streuung des Lichts wird direkt durch die Reflektorfläche erzeugt **(FF,**

4. Freiflächenscheinwerfer zeichnen sich bereits auf den ersten Metern durch eine recht breite Streuung aus. Am Beispiel der Suzuki SV 1000 S lässt sich gut der komplex gestaltete Multi-Reflektor erkennen. Links und rechts außen befinden sich die beiden Standleuchten.

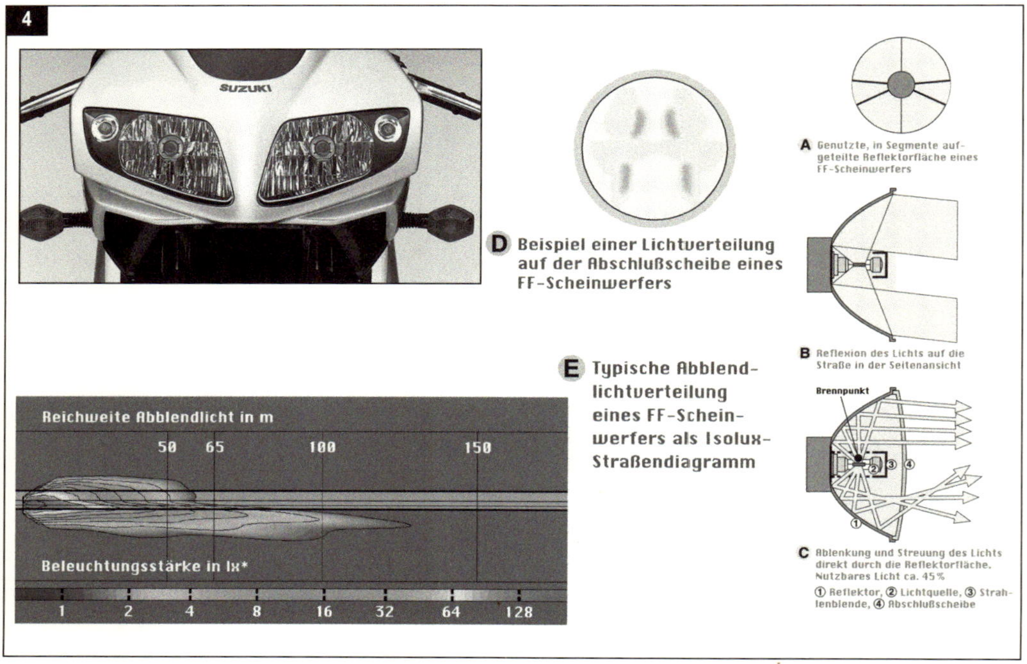

Bild C). Die Hell-Dunkel-Grenze und die Beleuchtung des rechten Straßenrandes wird durch die horizontal angeordneten Reflektorsegmente erzeugt. Ob auch die Streuscheibe eine Optik für die Lichtverteilung erhält, hängt stark von der Reflektorauslegung ab. Die Lichtverteilung in der Straßenebene kann speziellen Wünschen und Erfordernissen angepasst werden **(FF, Bild E).** Aufgrund dieser Vorteile werden heute die meisten Motorräder mit dem Freiflächen-Reflexionsscheinwerfer ausgestattet.

Bei der Suzuki GSX 1300 R Hayabusa kombinierte man einen Freiflächenscheinwerfer (Abblendlicht) mit einem darunter positionierten Ellipsoid-Scheinwerfer (DE) fürs Fernlicht. Durch die kleine Austrittsfläche wirkt der DE-Scheinwerfer in diesem Fall wie eine Nase, die sich eine Schneise durch den Fahrtwind schlägt. Das Kürzel DE bedeutet dreiachsiger Ellipsoid und bezeichnet die Form der Reflektorfläche, der eine besonders kleine Baugröße ermöglicht. Das Prinzip basiert auf der Projektion des Lichtstrahles durch eine relativ kleine Linse, ähnlich der Funktion eines Dia-Projektors. Das Projektionssystem erzeugt eine scharfe Hell-Dunkel-Grenze und eignet sich durch den stark gebündelten Lichtstrahl besonders für das Fernlicht. Beim Abblendlicht ist eine weiche, für die Augen weniger anstrengende Unschärfe erwünscht, so dass auch Verkehrszeichen neben der Fahrbahn wahrgenommen werden können.

Scheinwerfer mit Xenon-Lampen leuchten die Fahrbahn breiter und extrem hell aus. Zudem ist der Energieverbrauch niedrig und die Lebensdauer der Lampe höher. Nachteil ist die große Blendwirkung bei falscher Einstellung.

5. DE-Scheinwerfer bieten eine hohe Leuchtstärke und -weite. Übereinander montierte, hier bei der Ghezzi-Brian Furia, ermöglichen eine schmale Front des Motorrads und sehen auch noch unverschämt gut aus.

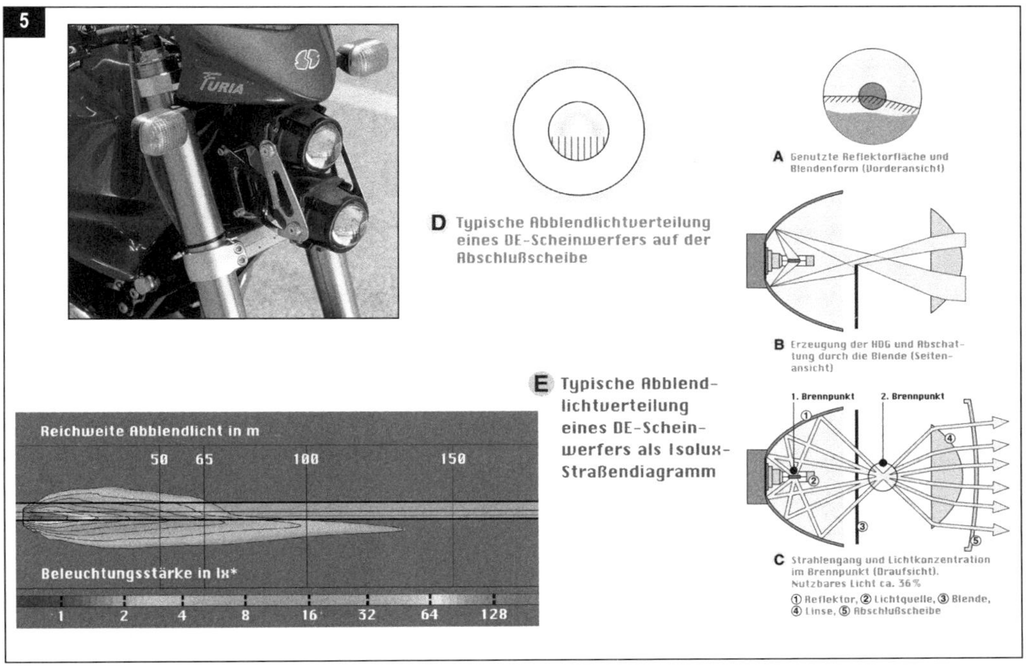

Da sich ein Motorrad beim Beschleunigen vorn aus den Federn hebt und sich beim Abbremsen stark senkt, wären Xenon-Systeme für den Gegenverkehr zu gefährlich. Zu tief strahlende Scheinwerfer leuchten den unmittelbaren Bereich vor dem Fahrzeug aus und blenden darum bei Nässe besonders stark. Eine automatische Leuchtweitenregulierung, wie man sie in manchen Pkw einsetzt, gibt es für Motorräder derzeit noch nicht.

SCHLEPPHEBEL

Einseitiger Hebel; Beispiel: Ventilbetätigung mit Einstellschrauben bei DOHC-Steuerungen (Honda VF 1000 F/F2/R).

SCHLEPPSCHWINGE

Oft auch als Zweiarmschwinge bezeichnet; zwischen ihren beiden Armen nimmt sie das Hinterrad samt Kettenspannmechanismus, ggf. auch Bremsmomentabstützung auf. Material: Stahl, Aluminium; Vorteil: kostengünstige Herstellung, sichere Führung, niedriges Gewicht; Nachteil: hohe Toleranzen, aufwändiger Hinterradausbau.

SCHMIERUNG

Ohne die richtige Schmierung läuft beim Motorrad kaum etwas. Will man den Begriff näher erläutern, kommt man um die Thematik der Schmierstoffe genauso wenig herum wie um die Reibung und den damit verbundenen Verschleiß.

Die großen Material- und Energieverluste, die durch Verschleiß verursacht werden, versucht man durch eine sorgfältige Werkstoffauswahl, Oberflächenbeschichtung, Oberflächenhärtung, kleine Laufspiele und Schmierung zu verringern. Die wichtigste Anforderung an einen Schmierstoff besteht demnach darin, einen effektiven Oberflächenschutz der Werkstoffe zu gewährleisten. Das gilt für

Der Schlepphebel stützt sich an seinem äußeren Ende an einem Lager ab. Bei einem hydraulischen Ventilspielausgleich ist diese Lagerstelle federbelastet. Das eigentliche Ventilspiel wird über den Öldruck reguliert.

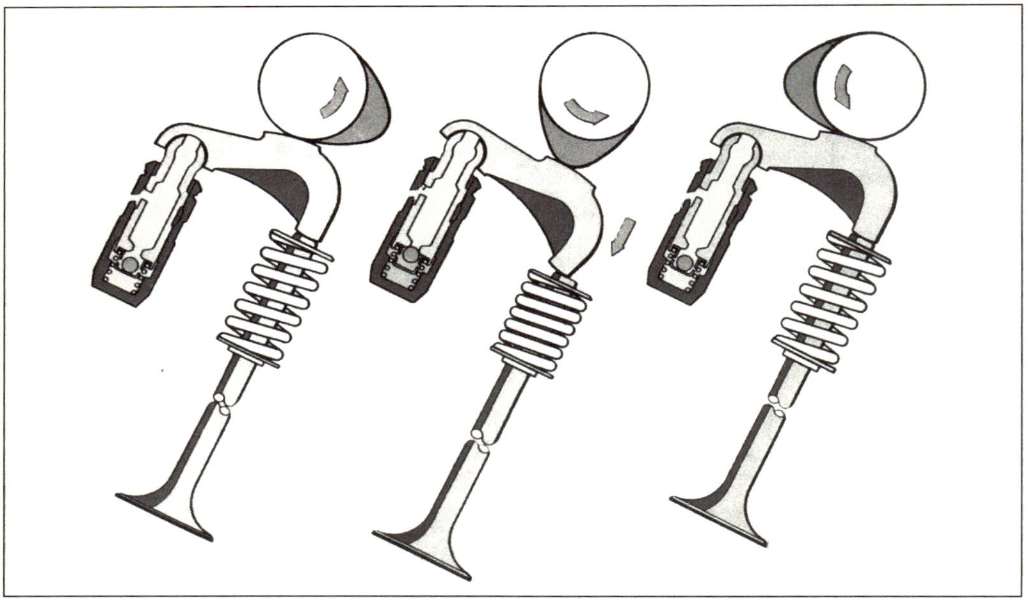

Wälz- und Gleitlager gleichermaßen. Zur Gruppe der Wälzlager gehören unter anderem Kugel-, Rollen-, Kegelrollen- und Nadellager, die je nach Bauart radial sowie axial belastet werden können. Allen gemeinsam sind die Laufringe (innen und außen) und meist auch ein Käfig. Während es sich bei Kugellagern um eine punktförmige Belastung handelt, berühren sich Rollenlager auf einer Linie. Zwar können sie dadurch höhere Kräfte aufnehmen, bauen jedoch um einiges breiter als Kugellager und finden darum im Zweiradbereich weniger Verbreitung.

Kugellager findet man insbesondere bei Zweitaktmotoren (Motor und Getriebe), die auf Grund der Mischschmierung keine öldruckabhängigen Gleitlager vertragen. Bei Viertaktern (Längsläufer) sind Kegelrollenlager im Getriebe von Kardanmaschinen gefragt, da durch die Umlenkung zwangsläufig Seitenkräfte entstehen.

Gleiches gilt bei schrägverzahnten Primärtrieben und einzelnen Gangradpaaren. Nur seltener findet man Kugellager an den Nockenwellen (z.B. Kawasaki ZX-7 RR), da sie in der Herstellung um einiges teurer sind. Grundsätzlich basieren Wälzlagertypen auf dem Gesetz der Rollreibung, während Gleitlager bekanntlich auf einem Medium, in diesem Fall Öl, gleiten.

Sollen sich die zu trennenden Werkstoffe nicht berühren, muss ein Auftrieb erzeugt werden, der die Welle schweben, bzw. schwimmen lässt. Dies geschieht zwischen dem hauchdünnen Abstand, der die beiden Teile voneinander trennt. Im Ruhezustand, also beim Stillstand des Motors, baut sich kein Öldruck auf, zum anderen kann durch den Stillstand der Welle kein Auftrieb erzeugt werden. Beide Bauteile haben also Kontakt zueinander, der im Betriebsfalle zur Zerstörung durch Fraß führen würde.

Eine Druckumlaufschmierung versorgt die Lagerstellen mit Öl und transportiert Hitze und Partikel über den Ölfilter zur Ölwanne. Eine oder mehrere Ölpumpen sorgen für den Druckaufbau.

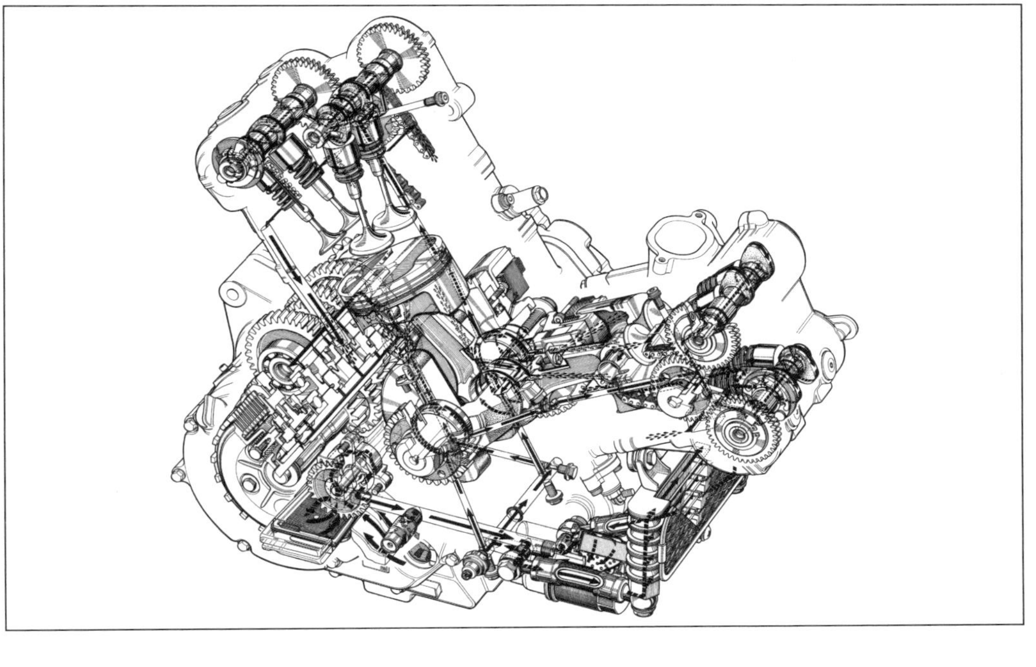

An ungeschmierten Metalloberflächen, die sich unter Belastung gegeneinander bewegen, treten verschiedene Reibungserscheinungen auf, die in vielen Fällen über einen abrasiven Verschleiß bis hin zum Mikroverschweißen der Werkstücke gehen. An stark belasteten mechanischen Kontakten kann es zu einem Aufbrechen der Oxid-Schutzschicht kommen. Bei sehr glatten Oberflächen führt dies zu einer flächenhaften Kaltverschweißung, bei rauen Oberflächen bilden sich Punktkontakte aus. Als Folgeerscheinung tritt ein massiver Verschleiß auf, der unter Umständen zu einer totalen Blockierung (Kolbenfresser) führen kann. Der Einsatz von Schmierstoffen dient also dazu, den Materialverschleiß deutlich zu reduzieren. Im Idealfall resultieren die noch verbleibenden Reibungsverluste lediglich aus der inneren Reibung der Flüssigkeit und werden nur noch von der Viskosität des Motoröles bestimmt. Beide Bauteile schwimmen aufeinander und berühren sich an keinem Punkt. Je nach Belastung kann sich jedoch die Dicke des Schmierfilms verringern, so dass es bei niedrigen Gleitgeschwindigkeiten oder starker Beanspruchung zu ungewollten Festkörperkontakten kommen kann. Darum sind extrem niedrige Drehzahlen zwischen 300 und 500 min^{-1}, so wie sie nur beim Starten des Motors auftreten, nach Möglichkeit zu vermeiden. Dies trifft nicht nur beim Kurbeltrieb, sondern auch für den Ventiltrieb zu, der enormen Belastungen ausgesetzt ist. Je langsamer die Drehzahl, umso länger muss dem Federdruck des Ventils standgehalten werden. Desmodromische Ventilsteuerungen (z.B. Ducati) sind hier im Vorteil: Die erforderliche Kraft ist äußerst gering, so dass die Belastung zwischen Nockenscheibe und Ventil niedrig ist. Die Beschleunigungskräfte beim Öffnen, bzw. Schließen des Ventils können an dieser Stelle vernachlässigt werden.

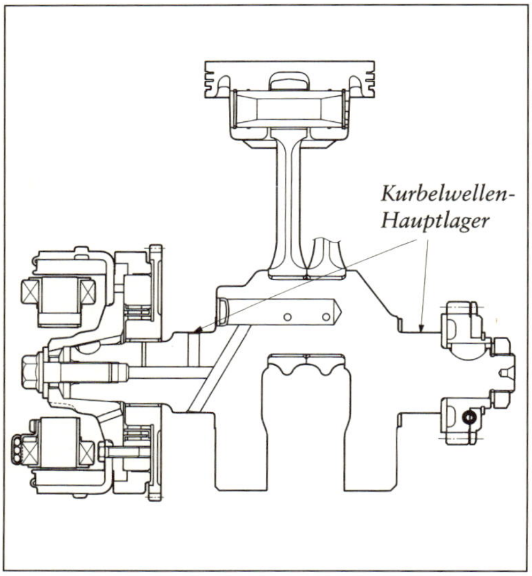

Herzstück der weit verbreiteten Druckumlaufschmierung ist die Ölpumpe (i.d.R. Eaton-Pumpe, *siehe auch unter »Ölpumpe«*), die das Schmiermittel über den Kanäle zu sämtlichen Schmierstellen befördert. Häufig verfügen Antriebe über zwei Ölpumpen, insbesondere Trockensumpfschmiersysteme, die häufig bei Enduros zu finden sind. Selbst wenn diese in gleichen Gehäuse untergebracht sind, wirken sie doch separat voneinander. Während die eine den Hauptstrom versorgt, befördert die andere den kleinen im Sumpf zurückgetropften Rest zurück in den Vorratsbehälter (Rahmen oder Ausgleichsbehälter). Der Vorteil der Trockensumpfschmierung liegt darin, dass die Schmierölversorgung selbst nach einem Sturz oder bei extrem starkem Gefälle, bzw. Steigung noch gewährleistet ist. Reine Straßenviertakter sind hingegen meist mit einer Nasssumpfschmierung ausgerüstet, bei der die gesamte Ölmenge in der unter dem Motor angebrachten Ölwanne Platz findet. Bei einer 90°-Nulllage, respektive Sturz, ist die Versorgung der Schmierstellen nicht mehr gewährleistet. Dies umgeht man häufig mit einer automatischen Zündunterbrechung ab einer bestimmten Schräglage, so dass der Motor selbstständig abgeschaltet wird.

Während alte Zweitaktmotoren noch mit speziellem Gemisch gefahren werden mussten, hat sich Anfang der achtziger Jahre die Getrenntschmierung durchgesetzt. Dort sorgt eine verstellbare Ölpumpe für die richtige Menge Öl im Kraftstoff-/Luft-Gemisch.

SCHRAUBE
Gewindebolzen mit Schraubenkopf; meist metrische Gewinde mit gestaffelter (durchmesserabhängig) Gewindesteigung; der Schraubenkopf kann als Zylinder, Inbus, Außensechskant, Schlitz, Kreuzschlitz, Senkkopf, etc. ausgelegt sein; lösbare Verbindung.

SCHRAUBENFEDER
Zylindrisch geformte Feder; Federkennung gibt Auskunft über den Federcharakter; Möglichkeiten: Progressiv, linear, Werkstoff: Stahl.

SCHWIMMERKAMMER
Die Schwimmerkammer beherbergt das Kraftstoffreservoir eines Vergaser-Motors. Die Position des Schwimmers regelt das Kraftstoffniveau und dadurch das Mischungsverhältnis zwischen fett und mager. Ausschlaggebend für die Höhe des effektiven Schwimmerstandes ist die Einstellung des Schwimmers selbst sowie das zuverlässige Schließen des Schwimmernadelventils, das den Kraftstofffluss freigibt oder verschließt. Zwischen den beiden Schwimmerhälften sitzt in der Regel der Düsenstock, über den der Motor den Kraftstoff erhält. Er besteht im Allgemeinen aus Hauptdüse und Mischrohr. Ein weiterer Kanal führt zur Leerlaufdüse. Zusätzlich können auch Düsen für den Übergangsbereich angebracht sein. Bei der Kontrolle des Schwimmers wird manchmal die Schwimmerkammerentlüftung vergessen. Ist sie verstopft, kann der Kraftstoff nicht richtig nachfließen. Häufig dient diese Entlüftung auch als Überlauf, für den Fall, dass das Schwimmernadelventil nicht korrekt schließt und verhindert, dass der überschüssige Kraftstoff in den Zylinder fließt.

SCHWIMMSATTEL
Einseitig betätigter Bremssattel; im Gegensatz zum Festsattel besitzt der Schwimmsattel im Minimalfall nur einen beweglichen Bremskolben, der über den Bremshebel betätigt wird; dabei drückt der Kolben den Bremsbelag gegen die Bremsscheibe und stützt sich auf dieser ab. Über eine axiale Verschiebung (meist unter Gummitüllen vor Dreck und Wasser geschützt) wird der gegenüberliegende Bremsbelag mit identischer Kraft gegen die Bremsscheibe gepresst.

Gegenüber Festsätteln fallen die Herstellungskosten niedriger aus. Andererseits leidet die Dosierbarkeit.

SCHWINGE
Die Hinterradschwinge hat die Aufgabe, das Hinterrad möglichst verwindungsfrei zu führen und den auftretenden Biegebelastungen beim Einfedervorgang entgegenzuwirken. Am bekanntesten ist die Zweiarmschwinge, die das Rad zwischen ihren beiden Armen aufnimmt. Dazu kann das Federungssystem frei gewählt werden. Eine andere Möglichkeit stellt die Einarmschwinge dar. Die zweiseitige Lagerung im Rahmen verläuft vor dem Hinterrad zu einem einseitigen Arm, der wiederum einen Zapfen samt Kettenspannmechanismus aufnimmt. Material: Stahl, Aluminium, Magnesium, Karbon (Rennsport).

Die Schwimmerkammer dient als Kraftstoffreservoir. Der Pegel hat Einfluss auf das Gemisch eines Vergasermotors.

Siehe auch unter »Schleppschwinge«

SCHWINGHEBEL

Zweiseitiger Hebel; auch Kipphebel genannt, Beispiel: Kipphebel bei OHC-Steuerungen.

Siehe auch unter »Schleppshebel«

SCHWINGUNGEN

Vibrationen, jedes rotierende Bauteil produziert bei einer Drehung eine Schwingung, je höher die Drehzahl, umso hochfrequenter die Schwingung, verursacht durch Massenkräfte (vorwiegend 2. Ordnung), Linderung durch Ausgleichswellen, Feinwuchtung oder Silent-Blöcke (Gummi-Lagerung des Triebwerkes).

SCHWUNGMASSE

Vor allem bei Viertaktern spielt die Schwungmasse eine (ge)wichtige Rolle. Dort muss sie den gesamten Kurbeltrieb samt Kolben, Pleuel und Ventiltrieb über drei Leertakte ankurbeln, denn nur jeder vierte Takt ist ein Arbeitstakt, bei dem all diese Bauteile wieder beschleunigt werden. Aus diesem Grund dient die Masse der Kurbelwangen (Aufnahmescheiben des/der Hubzapfen) gleichzeitig als Schwungscheibe und muss dementsprechend genau ausgewuchtet werden, damit der laufende Motor später nicht zu stark vibriert. Große Schwungmassen sind einer gewollten Agilität eher abträglich, so dass auch hier möglichst wenig Masse in letzter Konsequenz mehr Leistung bedeutet. Bei modernen Cruisern hingegen kommt es weniger auf eine hohe Literleistung an, als auf niedrige Drehzahlen, bei denen der Motor mächtig Drehmoment produziert. Viel Schwungmasse zieht im Regelfall auch eine niedrigere Leerlaufdrehzahl mit sich. Suzuki verbaute seinerzeit in dem Softchopper GR 650 eine variable Schwungmasse, die sich bei 2.500 min^{-1} mittels einer Fliehkraftsteuerung automatisch vom Kurbeltrieb abkoppelte.

SCRAMBLER

»klettern, raufen, balgen«; Scrambler waren die Vorfahren der Enduros gegen Ende der 70er Jahre. Mit ihnen konnte man leichtes Gelände durchpflügen und sie eine Stunde später als Kurvenflitzer durch enge Sträßchen prügeln. Am Beispiel der Honda SLR 650 und der Voxan Scrambler zeigt sich, dass solche Motorräder gerade wegen dem hohem Gebrauchswert wieder zunehmend an Attraktivität gewinnen. Fun-Bikes oder der SuperMoto-Sport bilden das heutige Ergebnis der Weiterentwicklung.

Lange bevor in der Motorradbranche das Kunstwort »Enduro« entstand, bauten europäische Hersteller, vorwiegend aus Großbritannien und zahlreiche Privatiers, Geländemotorräder, Kletterer eben, auf Basis bestehender Straßenmotorräder. Dazu wurden den »Racern« jeglicher nicht unbedingt notwendige Zierrat entfernt, stark profilierte Reifen montiert und schon ging's los ins Gelände. Aus der Erfahrung zahlreicher heftiger Bodenberührungen, mit dementsprechenden Folgen für die Auspuffkrümmer, entstand das markanteste Bauteil dieser Motorradgattung, die hohe, seitlich am Motor vorbeigeführte Auspuffanlage. Nach und nach entstanden reinrassige Geländemotorräder, die Crosser, deren Ableger mit Straßenzulassung Enduro genannt wurden. Die markante Optik verschwand und die zumeist verkleideten Enduros wurden sich immer ähnlicher. Voxan hat sich mit der 1000 Scrambler (2002) dieser fast in Vergessenheit geratenen Motorradgattung angenommen.

SECHSZYLINDERMOTOR

Je nach Auslegung sind zwei Varianten mit 120° und 180°-Kurbelwellenkröpfung üblich. Ein 120°-Sechszylinder-Reihenmotor (Kawasaki Z 1300, Benelli 750 / 900 Sei, Honda CBX 1000 / Pro Link) zeichnet sich durch einen seidenweichen Motorlauf aus, der im Motorradbau allenfalls noch durch einen 180°-Sechszylinder-Boxermotor (Honda GL 1500/1800 Gold Wing, Honda F6 C) zu übertreffen ist.

SEITENSTÄNDER

Abstellhilfe, der Hersteller muss dafür Sorge tragen, dass ein Anfahren mit noch ausgeklappter Seitenstütze nicht möglich ist. Automat. Einklappmechanismus bei Aufrichten des Motorrades oder Ziehen der Kupplung, Abschalten der Zündung bei eingelegtem Gang in Verbindung mit einem ausgeklappten Seitenständer. In der Regel sind Seitenständer aus geschmiedetem Stahl gefertigt.

SEKUNDÄRTRIEB

Antrieb des Hinterrades; Kettenantrieb, Riemenantrieb, Kardanantrieb, Direktantrieb (Triebsatzschwinge, Variomatik).

Siehe auch unter Lastwechselreaktionen

SFC

(Laverda) Das »C« weist auf eine Competitione-Ausführung (Wettbewerb) hin. SF-Typen sind grundsätzlich mit dem luftgekühlten 2-Zylinder-Viertakt-Motor ausgerüstet.

Siehe auch unter »Laverda«

Mit 100 PS Leistung ist die Voxan Scrambler die Stärkste ihrer Art. In Verbindung mit der bequemen Sitzposition und dem straffen Fahrwerk taugt sie für Feld und Straße.

SICHERUNGSMITTEL

Dient als lösbare Sicherung von Schraubverbindungen und ersetzt in vielen Fällen die mechanische Schrauben-/Muttersicherung durch Splinte, o.ä.; vorwiegender Einsatz bei wichtigen Verbindungen.

SIDEPIPES

Auspuffanlagen, deren Öffnung seitlich zur Fahrtrichtung ins Freie mündet, vorwiegend bei Choppern oder Cruisern anzutreffen.

SITZPOSITION

Für den Alltag ist eine entspannte Sitzhaltung von Vorteil. Kennzeichnend dafür ist der klassische Kniewinkel von knapp 90°. Bei sportlichen oder supersportlichen Bikes kommt es weniger auf Bequemlichkeit an. Die vorderradbetonte Gewichtsverteilung erhöht das Feedback zum Fahrwerk, so dass der Fahrer besser auf Einflüsse reagieren kann. Außerdem verringert sich der Luftwiderstand beträchtlich und ist somit für höhere Fahrleistungen unerlässlich.

Siehe auch unter »Fahrstile«

Ein knappes Hemd am Leichtmetallkolben spart Gewicht und ermöglicht die Verwendung kurzer Pleuel. Kurbelwelle und Lager werden weniger belastet.

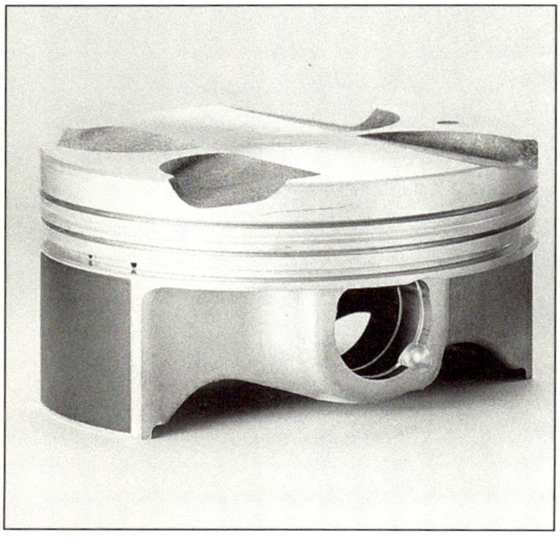

SLIPPERKOLBEN

Im Zuge immer hochdrehender Motoren lag es im Bestreben der Konstrukteure die translatierenden und oszillierenden Massen so gering wie möglich zu halten. Neben leichten und hochfesten Legierungen galt es bereits in der Gestaltungsfase, schlanke Bauteile zu entwerfen. So reduzierte man beim hochbelasteten Kolben seinen Schaft auf ein Mindestmaß, um das Kippmoment beim Richtungswechsel möglichst gering zu halten. Heraus kam dabei der so genannte Slipper-Kolben. Er verzichtet an den Kolbenbolzen-Bohrungen nahezu komplett auf eine Führung. Neben seinem geringen Gewicht (für eine spontane Gasannahme und große Drehzahlfestigkeit) zeichnet er sich auch durch einen geringen Wärmeverzug aus. Das Einbauspiel sinkt, mechanische Geräusche und Verschleiß reduzieren sich.

SLS

Sekundär-Luft-System; sorgt durch eine Nachverbrennung im Auslasstrakt für reduzierte Emissionswerte

SOFTCHOPPER

Man nehme den konventionellen Reihenvierzylindermotor einer bekannten Alltagsmaschine, verbaue ihr eine längere Gabel mit weicheren Federn, tausche den Originallenker gegen ein mutig geschwungenes Stahlrohr, montiere auf einer kleineren Hinterradfelge einen fetten Pneu und bringe das Ganze anschließend durch einen winzigen Tropfentank und Stufensitzbank zum Abschluss – so, oder ähnlich wurden Anfang der achtziger Jahre Softchopper »gemacht« – vornehmlich aus Japan. Als Vorbild diente seinerzeit das Original aus Milwaukee, ausgerüstet mit großvolumigen V2-Motoren, stilechten Fahrgestellen und unzähligen Accessoires. Der Motorrad-Boom war nicht mehr aufzuhalten, was also lag näher, als die modische Marktnische zwischen gewöhnlichem Allrounder und coolem Outlaw zu nutzen? Fahrschulen wetteiferten mit der beliebten Kawasaki Z 440 LTD und der Honda CX

500 C (beide von 1980) bei der Gunst der Führerschein-Aspiranten um die Wette. Wer den »Lappen« schon hatte, liebäugelte zu jener Zeit mit dem Modell, das er, respektive sie, bereits in der Fahrschule ausgiebig »testen« konnte und – natürlich für gut befand. Denn auf den ersten Blick eines Neulings konnte ein solcher Softchopper durchaus überzeugen. Ein breiter Lenker, die aufrechte Sitzposition, eine niedrige Sitzhöhe vermitteln anfangs viel Sicherheit. Besonders Anfängerinnen griffen gern auf ihre Erfahrungen zurück und blieben bei dem, was sie kannten. Den männlichen Vertretern hingegen war die Leistungsausbeute doch eher etwas zu schmalbrüstig.

Da musste es schon etwas dicker kommen. Sie konnten bei der leistungsstarken Suzuki GSX 1100 L (1981) ins Schwärmen geraten. Yamaha bot unter anderem die eher zurückhaltende XS 750 U.S. Custom (1980), beziehungsweise ein Jahr später die XS 750 Special an. Die italienische Motorradindustrie konnte nicht so schnell handeln, wie sie eigentlich wollte und lief dem Trend mit etwas Verspätung hinterher. Umso schlimmer, als sich herausstellte, dass dieser Trend, so schnell wie er kam, auch wieder verschwand. So stellte Cagiva erst Mitte der achtziger Jahre die 650 Indiana mit sportlichem 650er Pantah-Motor vor, kurz darauf sogar mit 750 ccm. Eine Zeit, in der Harley-Davidson selbstbewusst die Sportster 1000 (1982) und die Sportster 883 (1986) vorstellte und so die Zielgruppe auf jüngere Damen und Herren ausbaute, anstatt wahllos mit Kanonen auf Spatzen zu schießen.

Von den hubraumschwächeren Softchoppern einmal abgesehen, ging es bei den Großkalibern eher um die Frage des Prestigewertes. Der Haken war (zumindest beim Beginn der Softchopperwelle), dass die Fahrbarkeit erheblich unter den »Umbaumaßnahmen« litt. Das war bei Harley nicht viel anders, doch schon damals hatte niemand ernsthaft den Anspruch an eine »Softail«, sie mit 160 Sachen (bei knapp 150 km/h war sowieso Schluss) über die Autobahn zu treiben. Auch schnelle Überlandfahrten standen damals wie heute nicht zur Diskussion – als Harley-Fahrer bekennt man sich gern zum Bummel-Tempo, schließlich fährt man einen echten Chopper, und der ist in einer gewissen Hinsicht kompromisslos. Das Problem der Softchopper war, dass das Konzept mit dem legeren Design, den möglichen Fahrleistungen der Big Bikes und den Wabbelfahrwerken nicht harmonieren wollte. Das mag heute anders sein, doch liegt die Messlatte speziell beim Fahrwerk mittlerweile wesentlich höher. Überhaupt sind die Ansprüche gestiegen – nicht nur bei den Chopperfahrern (die es übrigens kaum noch gibt), sondern im gesamten Motorradbereich. Es dürfte in Zukunft zunehmend schwieriger werden, in Sachen Kompromissfähigkeit noch eins draufzusetzen. So lassen sich auffallend viele Parallelen zum relativ neuzeitlichen Cruiser-Segment ausmachen. Zwar leiden sie weniger unter dem Einfluss hochtouriger (und einer damit unpassender Motorcharakteristik) Antriebe, doch bringen sie mit selten weniger als 280 kg Gewicht so viel Masse mit, dass trotz drehmomentstarkem Herz Vortrieb und Handling eingeschränkt sind.

Die logische Konsequenz war abzusehen, so dass der Trend schon nach zwei Jahren spürbar nachließ. Es überrascht wenig, dass die Motorräder häufig schon nach kurzer Zeit den Besitzer wechselten. Kunden fernöstlicher Motorradprodukte wählten ihr Fahrzeug nach wesentlich logischeren (und damit nachvollziehbareren) Gesichtspunkten aus als Käufer anderer Marken. Zu diesen Gründen zählen Preis, Leistung, Design (denn darüber lässt sich nicht wirklich streiten), Einsatzzweck und Prestigewert. Einer dieser Punkte wird letztendlich den Ausschlag zum Kauf geben. Mag sein, dass man eine »vernünftige« BMW ebenfalls derart »nüchtern« auswählt – unter diesen Umständen kommt es jedoch darauf an, eine qualitativ durchdachte Produktpalette mit klarem Konzept anzubieten, um mindestens in einem der genannten Motivationspunkte überzeugen zu können. Dazu gehört eine klare Struktur, die ihre Aufgabe entsprechend der Nische kompromisslos erfüllt – eine Voraussetzung, die die Bajuwaren bereits zu dieser Zeit umzusetzen begannen. Da war die Tourer-Fraktion, die bei der Wahl selbstverständlich zu den RT-Modellen (ab 1977) griff, oder die reiselustigen Allwetter-Typen, die schnell die Vorzüge einer R 80 G/S zu schätzen wussten, oder jene puristisch angehauchten Landstraßenräuber, denen die 50 PS einer R 80 ST (1983) vollauf genügten.

Die ab 1983 erhältlichen K-Modelle erschlossen endlich den lang vernachlässigten Bereich der leistungsverwöhnten Motorradfahrer. Als der Softchopper-Boom Mitte der achtziger Jahre endgültig gelaufen war, strafften insbesondere Yamaha, Suzuki und in geringerem Maße auch Honda ihr Modellprogramm.

Die völlig unübersichtliche Modellpalette mit teilweise über 60 unterschiedlichen Angeboten je Marke war weder für Kunden, Händler noch Hersteller praktikabel. Neben einer miserablen Ersatzteilversorgung und horrenden Lagerhaltungskosten sorgte die Marktüberschwemmung mitunter für Ratlosigkeit beim Kunden. Wer die Wahl hat die Qual, so dass nicht wenige die Marke wechselten. Kawasaki und BMW waren die eigentlichen Gewinner jener Tage: Während die anderen Hersteller mehr oder weniger starke Einbußen zu verzeichnen hatten, profitierten die beiden kleinsten der fünf Großen (BMW, Honda, Kawasaki, Suzuki, Yamaha) und kämpften Monat für Monat um den vierten Rang in der Zulassungsstatistik. Dabei hatte BMW gar keinen Softchopper im Programm, obwohl man sich natürlich Gedanken zu diesem Thema machte. Kawasaki hingegen verdiente sich an der einsteigerfreundlichen Z 440 LTD eine goldene Nase.

Von den 550er, 750er und 1000er-LTD-Vierzylindermodellen wurden jedoch nur sehr wenige Exemplare verkauft. Die Z 750 LTD Twin fand trotz passabler Charaktereigenschaften nur wenige Käufer.

1981 erschien parallel zu den angebotenen Reihen-Zwei- (XS 650 SE), Drei- (XS 750/850 SE) und Vierzylindern (die XS 1100 Custom war nicht in Deutschland erhältlich) der erste konsequente Softchopper von Yamaha – die XV 750 Special (später XV 750 SE) mit luftgekühltem V2 (50 PS) und Cantilever-Hinterradfederung. Praktischerweise verfügte sie sogar über einen Hauptständer, der die Maschine neben dem Kardanantrieb und der kompletten Ausstattung noch alltagstauglicher machte. Im Jahr darauf wurde sie als 1000er, ab 1989 als XV 1100 Virago angeboten. 1983 stellte Yamaha die brave XV 500 SE als Mittelklasse-Softchopper vor. Der Erfolg blieb jedoch aus. Das Design war zu brav, um sich als kleine Ausgabe der XV 750 einen Namen zu machen. Erst die XV 535 Virago verhalf dem Hersteller ab 1988 zum großen Erfolg.

Für das zweite Modelljahr erfuhr der sympathische Softchopper einige sinnvolle Modifikationen. Als wichtigste Änderung ist der größere Tank zu nennen, der seit 1989 nicht mehr unter der Sitzbank platziert ist, sondern wie gewohnt den Platz zwischen Fahrer und Lenker ausfüllt. Trotz der vielen Chopper-spezifischen Attribute ist die Virago kein typischer Vertreter dieser Gattung. Der luftgekühlte V2 besitzt durchaus sportliche Ambitionen. Nicht umsonst gehört die 535 zu den meistverkauften Motorrädern der neunziger Jahre. 1992 gesellt sich die XV 750 Virago ins offizielle Programm des Herstellers. Sie war bis auf den Motor nahezu baugleich mit der 1100er Virago von 1989. Ab 1994 rollen beide Modelle auf stilechten Speichenrädern. Keine Frage, der 75°-V2 war ein großer Wurf, der seinen Ursprung im Straßenmodell TR 1 von 1981 fand und nach über 20 Jahren in dem Roadster BT 1100 Bulldog eine Reinkarnation erlebt.

Während sich Yamaha im Segment der Softchopper auf jenen luftgekühlten OHC-V2 mit zwei Ventilen pro Zylinder konzentrierte, widmete man sich bei Honda schon frühzeitig dem aufwändigeren V4-Konzept mit DOHC-Ventilsteuerung, vier Ventilen je Zylinder und Wasserkühlung. Als Sekundärantrieb griff man hingegen genauso gern auf einen Wellenantrieb zurück. Zu Beginn der achtziger Jahr keineswegs selbstverständlich, besaßen doch die ersten Softchopper durchweg eine Kette als Antrieb zum Hinterrad. Für die Umstellung auf einen wartungsarmen Kardanantrieb hätte nicht nur der Antrieb modifiziert werden müssen, sondern auch der Rahmen.

1982 präsentierte Honda schließlich die VF 750 C mit komplett neuer V4-Motoren-Generation im Softchopper-Fahrwerk. Das Umdenken der fernöstlichen Zweiradkultur war offensichtlich – weg vom multikulturellen Reihenvierzylinder, hin zum innovativen, leistungsstarken Fahrzeug. 1983 erschien die gewaltige VF 1100 C – ein Beschleunigungsmonster, das nur noch von einem straßentauglichen Dragster, der Yamaha Vmax (1986), getoppt wurde – beide mit kraftstrotzenden Vierzylinder-V-Motoren mit weit über 100 PS und für Geschwindigkeiten von über 220 km/h gut. Parallel dazu entwickelte Suzuki die GV 700 und GV 1200 Madura, gleichfalls mit V4-Konzept – beide wurden allerdings nur über Grau-Importeure in Deutschland angeboten. Mit den ehemaligen Softchoppern hatten sie nicht mehr viel gemeinsam. Honda backte nach den technischen Problemen mit den aufwändigen

Der Buchstabe »C« in der Modellbezeichnung der BMW R 1200 C Montauk steht nicht für »Classic«. Dafür verwendet man in Bayern das Kürzel »CL«. »Custom« könnte es gut heißen, wäre jedoch rechtlich fragwürdig. Denn der Rüsselsheimer Motorradhändler Stephan Hohenstein ließ sich bereits im Herbst 1977 den Begriff »Custom« als Warenzeichen schützen. Davon erfuhren die ausländische Hersteller seinerzeit jedoch erst nachdem die ersten Modelle bereits im Hamburger Hafen standen. Was folgte, war eine riesige Umrüstaktion noch in den Lagerhallen, so dass man auf eine Zusatzbezeichnung »C«, »LTD«, »SE« oder »L« ausweichen musste.

DOHC-Triebwerken indes wieder kleinere Brötchen und präsentierte 1984 die VT 500 C mit 52°-V2-Motor. Dieser problemlose und handliche Softchopper stellte wieder die praktischen Vorteile der einfachen Beherrschbarkeit, insbesondere für Neulinge, in den Vordergrund – sie wirkte deutlich graziler als die in die Jahre gekommen CX 500 C/CX 650 C. Selbst wenn letztendlich die Fahrbarkeit als Konsequenz der Geometrie, Ergonomie und der bauartbedingten, unausgewogenen Balance, darunter litt, so war sie für die gemächliche Gangart in legerer Sitzhaltung dennoch gut geeignet.

1985 erschien die Kawasaki VN 750 Vulcan – ein moderner, komfortabler 55°-V2-Softchopper mit Wasserkühlung, Vierventilköpfen, OHC-Steuerung, Kardanantrieb, Doppelzündung und sehr kultiviertem Motorlauf. Ein Hingucker war sie dennoch nicht, so dass ihr die ein Jahr später vorgestellte Suzuki VS 750 Intruder gänzlich die Show stahl. 1991 und 1992 wurde die Kawasaki schließlich aus dem Programm genommen und erschien erst 1993 als VN 750 Twin wieder in der offiziellen Modellpalette. Trotzdem blieb der Verkaufserfolg aus – bis 1994 die VN 800 präsentiert wurde. Mit einer um 3,1 mm größeren Bohrung, flacher angestellten Telegabel und typischem Chopper-Outfit war sie eine Alternative zu wassergekühlten Suzuki's »VS 750 Intruder« (1986). Sie war der erste konsequente Chopper aus Fernost und somit die zu diesem Zeitpunkt einzig glaubwürdige Alternative zum amerikanischen Original aus Milwaukee. Als im Jahr darauf dann die VS 1400 Intruder präsentiert wird, steht die Motorradwelt Kopf: Ellenlange Zylinder, armdicke Krümmer und dieser mächtige Motorblock, der allein schon 90 kg auf die Waage bringt, lassen all die vergangenen Softchopper-Jahre vergessen.

Der luft-/ölgekühlte V2-Motor (nur der hintere Zylinder ist zusätzlich ölgekühlt) ist aus mehrfacher Sicht eine besondere Konstruktion: Mit seinem Zylinderwinkel von nur 45° und einem Hubzapfenversatz von ebenfalls 45° simuliert der Langhuber einen 90°-V-Motor, so dass die Laufruhe trotz der großen Einzelhubräume als kultiviert gelten darf. Verständlicherweise lässt sich eine 12 kg schwere Kurbelwelle nicht ganz verzögerungsfrei beschleunigen, doch angesichts der 68 PS des ersten Modells, die das Triebwerk bei moderaten 4.800 min^{-1} produziert, sind auch keine großen Drehzahlsprünge erforderlich. Im Alltag zählt der Antrieb denn auch zu den anspruchslosen Gesellen. So werden die Ventile (zwei Einlass- und ein Auslassventil) hydraulisch betätigt und erübrigen ein nachträgliches Justieren. Achtern sorgt eine Kardanwelle für niedrigen Pflegeaufwand. Interessant ist auch die Unterbringung des hinteren Mikuni-Vergasers, der aus Platzgründen die Luft von oben ansaugt. Beide Auslassseiten befinden sich in Fahrtrichtung vorn, so dass die beiden imposanten Krümmer voll zur Geltung kommen. Um dem gewaltigen Bremsmoment entgegenzuwirken, ist die hydraulische Kupplung so konstruiert, dass sie in Schubstellung die Federdrücke um 40 Prozent reduziert. Der technische Aufwand war im Vergleich zu einer Harley-Davidson also deutlich höher.

SOICHIRO HONDA

Siehe unter »Honda«

SOLLBRUCHSTELLE

Um bei einer Überbeanspruchung eines Bauteils zwecks Schadensbegrenzung eine gezielte Stelle zu bestimmen, versieht man es mit einer so genannten Sollbruchstelle. Dies wird in der Regel durch einen kleineren Materialquerschnitt erreicht. Gerade am Handbremshebel eine Sollbruchstelle anzubringen, scheint für den Laien auf den ersten Blick unverständlich. Wer auf der Rennstrecke schon mal einen harten Fight auskämpfen muss, kommt jedoch hin und wieder mit seinem Kontrahenten in Berührung. Aber auch bei banalen Umfallern kann es passieren, dass die Hebeleien abbrechen. Auf Grund der relativ weit außen liegenden Sollbruchstelle bricht nicht gleich der ganze Hebel, sondern nur der äußere Teil ab. Somit verbleibt ein noch ausreichender Resthebel, um das Fahrzeug sicher zum Stehen zu bekommen. Ganz brenzlig wird's, wenn der Fahrer den kompletten Hebelverlust gar nicht bemerkt und beim Griff ins Leere vor der nächsten Kurve einen bitterbösen Adrenalinschub bekommt.

SOZIUS

Fälschlicherweise häufig auch als Beifahrer (gilt nur für Gespanne) bezeichnet. Bei supersportlichen Bikes mit Sozius-Abschussplateau ist eine auffällige Ähnlichkeit zum Klammeräffchen nicht zu verleugnen. Auch kleinere Maschinen können bei richtiger Auslegung viel Spaß zu zweit vermitteln. Eine möglichst breite, nicht zu weich gepolsterte Sitzbank sorgt für lang anhaltendes Wohlbefinden. Dabei sollte der Kniewinkel nicht zu klein ausfallen. Auf Grund der größeren Fahrwerksbelastung ist es vorteilhaft, Federbasis und Dämpfung straffer abzustimmen, um ein Durchschlagen und Nachwippen zu unterbinden.

Positive Beispiele: Kawasaki GPZ 1100 ABS und ZRX 1200, Yamaha GTS 1000, Honda CBR 1000 F und CBR 1100 XX, BMW K- und R-Modelle, Suzuki GSF 1200 S Bandit, Triumph Trident, Sprint und Trophy.

Negative Beispiele: Kawasaki ZX-12 R (bei den möglichen Fahrleistungen einer Kawasaki ZX-12 R fällt eine freiwillige Selbstbeschränkung auf 180 km/h zuliebe des Mitfahrers besonders schwer), andere Supersportler.

SPEEDWAY

Motorsport auf losem Untergrund, ohne Bremse, das Oval wird ausschließlich links herum gefahren.

SPEEDWEEK

Traditionelle Biker-Woche in Daytona/USA, größtes Motorradtreffen der Welt.

SPITZ, ARNOLD

1899, das erste Motorradrennen, am 21. Mai 1899 in Wien (am Exelberg). Sieger und damit erster offizieller Champion war Arnold Spitz mit einer Geschwindigkeit von 28,8 km/h, sein Fahrzeug in der Motorrad-Klasse (früher »Klasse der Motocycletten«) war ein Dreirad.

SPLINT

Splinte dienen zur Sicherung lösbarer Verbindungen. In der Praxis wird deren Aufgabe und Wirkung oftmals unterschätzt. Die Bauteile von Motorrädern unterliegen in der Regel Vibrationen, die schon viele scheinbar sichere Schraubverbindungen (speziell Radachsen, Ölablassschraube) gelöst haben.

SPORTLER

Seit jeher galten Motorräder als »sportlich«. Doch wie bereits Einstein schon erkennen musste, ist auch diese Tatsache relativ. Was gestern noch das Prädikat »sportlich« erhielt, verdient heute oftmals nur noch den Charakter eines Sporttourers. Wo also liegen die festen Größen, die eine Sportmaschine ausmachen? Vorweg muss man sich die Entwicklung vergegenwärtigen, die die Motorrad-Industrie in den vergangenen zwanzig Jahren vollzogen hat. Vom behäbigen, dafür aber enorm prestigeträchtigen Wackel-Bike entwickelten sich die Kraftprotze zu perfekt durchgestylten Freizeitobjekten, die kaum mehr Wünsche offen lassen.

Damals, als die schweren Big Bikes vom Schlage einer Suzuki GS 1000 nicht nur das Vorderrad, sondern auch das Sportlerherz eines Helmut Dähne gen Himmel steigen ließen, zu jener Zeit belohnte man beispielsweise den Knieschluss der faszinierenden Sechszylinder-Honda CBX 1000 mit voller Punktzahl – und dies zu Recht!

Heute würde nicht ein Testbericht seine letzte Zeile finden, bevor nicht die störende Kante am Sitzbankübergang moniert worden wäre. Es geht nicht um Haarspalterei, sondern um den enormen Sprung der Entwicklung, den sie speziell im Bereich der Ergonomie gemacht hat.

So unterschiedlich die Epochen mit ihren jeweiligen Vertretern auch sind, verfügen sie doch über ganz bestimmte Faktoren, die sie als Sportler auszeichnen: Ganz oben steht auf der Sportler-Anforderungsliste die Sitzposition. Konzentriert, sportlich eben, sollte sie sein, muss zum Rest der Maschine passen, ohne jedoch extrem zu sein. Stummel, kann ja, muss aber nicht. Es kommt auf das charakteristische Dreieck, bestehend aus Sitzhöhe, Lenkerposition und Fußrastenpunkt an (Ergonomie). Als weiteren Faktor betrachtet man die technische Voraussetzung, den oder die geistigen Gedanken auf die Straße zu übertragen. Dies setzt eine spontane Gasannahme, ansprechendes Handling, fein ansprechende Federelemente und eine wirkungsvolle Bremsanlage voraus. Darüber hinaus sollte ein sportives Bike in gewisser Hinsicht auch schrauberfreundlich sein und nicht den Sinn fürs Wesentliche aus den Augen verlieren (Technik-Service).

Die oftmals geschilderte Faszination der Gesamterscheinung soll an dieser Stelle bewusst weggelassen werden. Sie kann trügerisch sein und wird manchmal gekonnt in Szene gesetzt. Schließlich sind alle Motorräder auf ihre Art und Weise faszinierend – angefangen bei der banalen Leistungsangabe, beziehungsweise derer Zurschaustellung, über superbe Fahrleistungen oder schlicht wegen der rassigen Optik. Darum müssen diese Faktoren nicht viel mit dem Charakter zu tun haben. Technischen Gimmicks kann man als Otto-Normal-Sportler mit einer gesunden Portion Skepsis gegenüberstehen. Das hat weniger mit technischem Desinteresse als mit Kosten-Nutzen-Denken zu tun. Im Rennsport können solche Änderungen jedoch einen entscheidenden Vorteil für Fahrer und Team bringen.

Wie Sie sicher bemerkt haben, finden Sie bis hierher noch keinen Verweis auf Leistungs-

1. Wo liegt die Grenze zwischen Sportler und Supersportler? Die Aprilia SL 1000 Falco ist ein Grenzgänger und befindet sich im Jahr 2000 exakt dazwischen.

oder Geschwindigkeitsangaben. Das liegt ganz einfach daran, dass ein sportlicher Charakter nicht zwangsläufig etwas mit diesen Wertangaben zu tun haben muss. Vielmehr liegt es an der jeweiligen Charakteristik, wie ein Motor seine Leistung abgibt. Sportmotorräder zeichnen sich durch eine spontane Gasannahme und ein nicht zu hohes Gewicht aus. Ein stabiles Fahrwerk gehört ebenso zu einem der wichtigsten Gebote. Gutes Handling ist zwar wünschenswert, darf aber zu keiner Zeit auf Kosten der Stabilität gehen. Beim Sportler geht es um Dynamik, die man auch im Alltag nutzen kann. Der manchmal nur kleine Sprung zum Supersportler kommt häufig einer Gratwanderung gleich, die bei genauer Betrachtungsweise nur durch die geringfügig abgeänderte Ausführung verschiedener Komponenten erreicht wird.

Ein treffliches Beispiel dafür ist die Aprilia SL 1000 Falco. Sie verfügt praktisch über den gleichen Motor wie die RSV Mille. Und auch die Fahrwerksdaten des neu gezeichneten Leichtmetallrahmens sind nur Nuancen vom Supersportler-Vorbild entfernt. Ist ein Sportler deshalb ein verkappter Supersportler? Ja und nein. Im Falle der Aprilia Falco ja. Ein etwas höher montierter Lenker, die Verkleidung im oberen Bereich ein bisschen voluminöser, die Federelemente vielleicht einen Tick softer abgestimmt, eine etwas umfangreichere Ausstattung und im mittleren Drehzahlbereich ein paar Briketts mehr – fertig ist ein äußerst gelungener Sportler. Das alles hört sich einfacher an, als es in Wirklichkeit ist. Zumal es gerade dieser Kompromiss zwischen Sportlichkeit und Alltagstauglichkeit ist, der so manchem Techniker die Falten auf die Stirn treiben kann. Letztendlich bleibt zu sagen, dass es grundsätzlich leichter ist, einen extremen Supersportler für die Rennstrecke zu bauen als einen umgänglichen Sportler für jedermann.

Denn wenn die Federwege länger werden, die Dämpfung softer, die Ausstattung umfangreicher und die Sitzposition bequemer, können die einst famosen Fahreigenschaften in Mitleidenschaft geraten. Die Fahrbarkeit würde leiden. Auch die bei sportlicher Fahrweise so wichtige Massenverteilung auf dem Vorder- und Hinterrad können die Fahreigenschaften nachhaltig beeinflussen.

Ein gutes Beispiel für die Auswirkungen sind die zahlreichen Superbike-Umbauten ehemaliger Supersportler. Mit breitem Lenker wird das Fahrzeug zwar angenehm handlich, lässt bei hohen Geschwindigkeiten durch zu wenig Gewicht auf dem Vorderrad jedoch an Zielgenauigkeit vermissen. Außerdem steigt nicht selten der Auftrieb an der Front und unterstützt die Wirkung nochmals. Ein guter Sportler ist nun mal kein Fernsehsessel. So ganz ohne Knicke und Falten geht's kaum. Interessant sind im Übrigen auch die Leistungsgewichte von Sportmotorrädern (siehe unter »Leistungsgewicht«).

2. Auch mit Packtaschen und einem Sporttourer wie der Triumph Sprint kann man durchaus sportlich unterwegs sein.

Dem Ideal kam Honda mit der ersten CBR 600 F (1987) verdächtig nahe. Selbst wenn anfangs niemand dem beinahe völlig verschalten Motorrad so recht trauen wollte, überzeugte die damals 86 PS starke Allrounderin in unzähligen Vergleichstests und nahezu jedem Kriterium. Heute, 18 Jahre nach ihrer Markteinführung, gilt sie noch immer als die eierlegende Wollmilchsau von einst, was in diesem Fall durchaus als Kompliment zu verstehen ist. Natürlich wurde sie mit den Jahren sportlicher, aber niemals wirklich extrem. Obwohl man viele abgespeckte Versionen auch auf Rennveranstaltungen sehen konnte, war sie kein reinrassiger Supersportler.

In der heutigen Zeit, in der jede noch so kleine Nische genutzt wird, um den Käuferwünschen nachzukommen, müssen die Hersteller flexibel und sensibel zugleich sein. 1991 kamen die »Naked Bikes«, die von Kawasaki's ersten Zephyr-Typen ins Leben gerufen wurden. Anfangs noch als Retro-Bikes von der Sportler-Fraktion mehr oder minder belächelt, überzeugt Suzuki's sportliche GSF 400 Bandit durch ihre Handlichkeit und den gierigen Motor. Selbst die Big Bike-Fraktion kommt um den nötigen Respekt für den kleinen Drehwurm nicht umhin. Sportlichkeit einmal erfrischend anders. Nachdem Suzuki mit der ultraleichten GSX-R 750 zuvor die Superbike-Klasse revolutionierte, stach Honda 1986 mit der VFR 750 F mitten ins Herz der Sporttourer. Eine Klasse, die es bis dahin so noch nicht gab. Unauffälliges Design, gepaart mit vielen durchdachten Lösungen, weit weg von den damals so aktuellen Kriegsbemalungen. Als Highlight der neuen Schöpfung zählt der aufwändige V4-Motor zu den ganz besonderen Konstruktionen. Guter Durchzug, Leistung satt, eine ausgezeichnete Laufkultur und ein relativ handliches, problemloses Fahrwerk machen die VFR schnell zum Vorzeige-Modell

3. *Sportlichkeit ist nicht nur eine Frage der Einstellung, sondern auch eine des Konzeptes. Eine Ducati 748 wird auch in vielen Jahren nicht zum Sporttourer werden.*

des Herstellers. Daran hat sich bis heute nicht viel geändert. Eine weitere Variante des Themas »Sportlichkeit« und Zeichen dafür, wie unterschiedlich man ein Wort interpretieren kann.

SPORTTOURER
Sporttourer vereinen viele Stilelemente, die schnelles und bequemes Motorradfahren ermöglichen. So gehört eine Verkleidung zum Standard, ebenso wie ein starker und ausdauernder Motor. Zweitrangig dagegen ist das Gewicht. Leistungsmäßig geht's kaum unter 80 PS, sattes Drehmoment, oftmals auch ein wartungsarmer Sekundärtrieb zeugen vom hohen Gebrauchswert hochentwickelter Motorradtechnik. Nicht selten werden Motorräder, wie beispielsweise die BMW K 1200 RS, im sportlichen Marktsegment präsentiert, weil dem Hersteller just in dieser Nische ein alternatives Angebot fehlt. Monate später stellt sich dann nach etlichen Fahrberichten und Tests heraus, dass es sich eigentlich um einen Sporttourer handelt.

SRAD
Staudruckaufladung aus dem Hause Suzuki; Premiere im supersportlichen Modell GSX-R 750 (1996), das noch mit vier Vergasern ausgestattet war.

Siehe auch unter »RamAir«

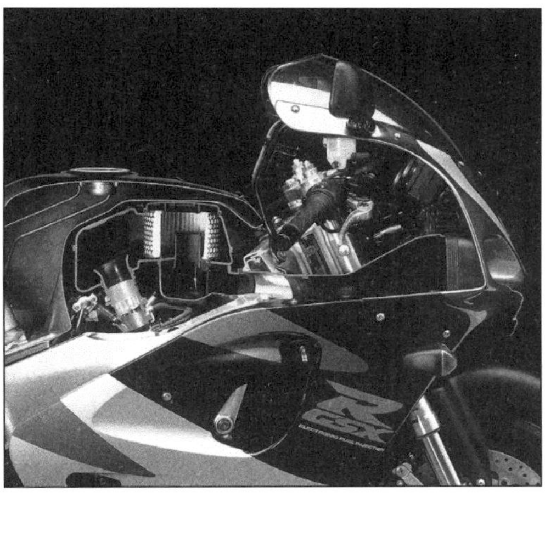

STAHLFLEX-BREMSLEITUNGEN
Stahlummantelte Bremsleitungen, verringern die Ausdehnung der Bremsleitung, damit konstanter Druckpunkt und verbesserte Dosierbarkeit.

STANDROHR
Element der Teleskop- und Upside down-Gabel, mitverantwortlich für das Ansprechverhalten, Oberfläche hartverchromt, zunehmend mit Spezialbeschichtung zur Reduzierung der Reibung.

STAUDRUCKAUFLADUNG
Siehe auch unter »RamAir«

STECKACHSE
Ist ein feststehender Drehpunkt, der Scheiben, Räder oder andere sich drehende Körper aufnimmt. Die Achse kann ein oder mehrere Befestigungspunke haben. An einem Ende befindet sich oft ein Gewinde, welches die Steckachse fixiert und/oder klemmt. Beispiel: Radachsen mit Gewindebolzen.

STERNMOTOR
Radial angeordnete Zylinder über den gesamten Umfang der Kurbelwelle verteilt.

STEUERKOPFWINKEL
Lenkkopfwinkel, Steuerkopfwinkel; ist die Neigung in Winkelgrade des Lenkrohrs.

Siehe auch unter »Lenkgeometrie«

STEUERZEITEN
Steuerzeiten sollen die konstruktiv festgelegten Zeitpunkte (Bezug KW, OT) des Gaswechsels so genau wie möglich einhalten, um Leistungsfähigkeit und die nötige Standfestigkeit über den gesamten Drehzahlbereich garantieren zu können. Beim Viertakter gelten sowohl die desmodromische Ventilsteuerung mit ihren Öffner- und Schließnocken als auch der Nockenwellenantrieb über Zahnradkaskaden (Honda VFR bis 2001) zu den sichersten Konstruktionen.

STICKSTOFFOXIDE

Chemische Formel NO_x; Stickstoffoxide entstehen bei der Verbrennung von Kraftstoff in Ottomotoren. Sie reagieren unter Sonnenlicht mit Kohlenwasserstoffen (HC), bilden Ozon und führen zum Smog. Stickoxide sind giftig und können Krankheiten der Atemwege verschlimmern und gelten als Mitverursacher des sauren Regens. Ozon führt beim Menschen zu Atembeschwerden und schädigt die Pflanzenwelt. Ein Katalysator reduziert den Anteil der Stickoxide in Abhängigkeit seiner wirksamen Fläche.

Craig Vetter mit seiner Buell XB-9 S. Aus knapp 200 km/h stellt er im Jahr 2003 mit einem 225 Meter-Stoppie einen neuen Wektrekord auf.

STOPPIE

Kontrolliertes Fahren auf dem Vorderrad durch gefühlvolle Regulierung der Vorderradbremse.

SUPERMAX

Nachfolger der legendären NSU Max. Baujahr 1957, wieder mit zwei Federbeinen.

Siehe auch unter »NSU«

SUZUKI

Gegründet 1909 von Michio Suzuki (geb. am 10. Februar 1887), anfangs Produzent von Webstühlen. Erst 1952 begann die Produktion von Zweirädern im japanischen Hamamatsu. Das erste Fahrzeug war das Modell Power Free, ein Fahrrad mit Hilfsmotor und 36 ccm. Ab 1955 wurden auch Pkw hergestellt. Ende der siebziger bis Mitte der achtziger Jahre hatte der deutsche Importeur weit über 40 Modelle im Angebot. Seit Erscheinen der GSX-R 750 im Jahre 1985 wurde das Modell-Programm gestrafft und die Struktur zunehmend überschaubarer. Seit 2001 arbeitet Suzuki eng mit dem ehemaligen Konkurrenten Kawasaki zusammen, um den Entwicklungs- und Produktionsaufwand weiter zu reduzieren. Die Produktpalette der beiden Hersteller ist davon jedoch nicht betroffen.

Beginnen wir mit dem Anfang der Produktion im Jahre 1952, als Suzuki ausschließlich Einbaumotoren mit 36 ccm (Bohrung x Hub: 36 x 36 mm) für Fahrradrahmen fertigte. Dieses Motörchen, das unter der Typenbezeichnung Power Free produziert wurde, leistet 1 PS, dreht dabei bis 4.000 min^{-1} und wird gleich im ersten Jahr über 10.000 Mal verkauft. Ein Jahr später bohrt man den Motor auf 60 ccm (Typ MF1) auf, die Leistung steigt auf 2 PS ansteigt. Dieses Modell war das erste komplette Fahrzeug, das die Werkshallen verließ. Die Verkaufszahlen klettern nochmals drastisch um weitere 25.000 Exemplare. Anschließend erscheint die Colleda mit Einzylinder-Viertaktmotor und anfangs 90 ccm (Typ CO, 1954). Sie war das meistverkaufte Suzuki-

Zweirad, auf dem der zukünftige Erfolg des Unternehmens gründete. Später folgen noch Einzylinder-Ableger mit 125 ccm (1955), die von einem Zwei- (Typ ST) als auch von einem Viertaktmotor (Typ COX) angetrieben werden. Um sich noch mehr diesem im Vergleich zum Textilbereich erträglicheren Geschäft widmen zu können, gründet man bereits 1954 die Suzuki Motor Co. Ltd. und stellt die Herstellung von Webstühlen komplett ein.

1956 präsentiert Suzuki mit der zweizylindrigen Colleda 250 TT (Bohrung x Hub: 54 x 54 mm) sein bislang hubraumstärkstes Motorrad. Sie gilt auch heute noch als die erste »richtige« Suzuki und wurde in all ihren Varianten weit über 100.000-mal gebaut. Abgelöst wurde die Baureihe erst von der 18 PS starken 250er T 10, mit der Suzuki erstmals den Export in die USA wagte. Im Gegensatz zur überarbeiteten, 25 PS starken »T 20« (1965, ebenfalls 250 ccm) mit Doppelschleifen-Rohrrahmen besaß die frühere T 10 lediglich einen Pressstahl-Rahmen. Die Suzumoped, kurz »SM« genannt, erschien 1958 und wurde bereits im darauf folgenden Jahr rund eine halbe Million Mal verkauft und konnte damit den Erfolg der MF1 nochmals deutlich toppen.

1962 war Suzuki auch in sportlicher Hinsicht erfolgreich und siegte auf der legendären Tourist Trophy in der 50-ccm-Schnapsglas-

1. Mit der über 300 km/h schnellen GSX 1300 R Hayabusa stellte Suzuki 1999 das schnellste Serienmotorrad der Welt. Aber das ist nur einer von vielen Rekorden, der den japanische Motorradhersteller auszeichnet.

1

klasse. Nachdem man die ersten beiden Jahre 1960 und 1961 als Lehrjahre verbuchen musste, konnte man schließlich Ernst Degner verpflichten. Mit 10 PS bei 11.000 min^{-1} erreichte die Suzuki eine beachtliche Höchstgeschwindigkeit von 145 km/h und stach damit die Konkurrenz nach Belieben aus. Im darauf folgenden Jahr sicherte sich der Neuseeländer Hugh Anderson den WM-Titel auf der Drehschieber-gesteuerten Suzuki 125. Mit 16 und 19 Punkten Vorsprung deklassierte er selbst namhafte Konkurrenten wie Luigi Taveri und Jim Redman (beide Honda RC 146) deutlich. 1964 versuchte man sich in der 250er-Klasse, war mit dem neuen wassergekühlten Vierzylinder jedoch wenig erfolgreich. Während Hugh Anderson in diesem Jahr wieder den WM-Titel für Suzuki in der 50-ccm-Klasse einfuhr, musste er sich in der 125er-Klasse hinter Taveri und Redman auf ihren neuen Honda 2RC 146 mit einem dritten WM-Rang geschlagen geben. Nicht unerwähnt darf in der Suzuki-Rennsport-Historie der Brite Frank Perris bleiben. Nachdem er von Norton zu Suzuki wechselte, erreichte er in der 125er-Klasse im Jahre 1963 einen vierten und 1965 vor Derek Woodman (MZ) einen zweiten Platz.

Nachdem der unvergessene Hans-Georg Anscheidt von Kreidler zu Suzuki wechselte, siegte er von 1966 bis 1968 drei Mal in Folge in der Schnapsglasklasse. Die zierliche Zweizylindermaschine wurde von einem filigranen Zweizylinder-Zweitakt-Motor angetrieben, der über 20.000 min^{-1} drehte und dank 14-Gang-Getrieb knapp 190 km/h schnell war. Seine Erfolge gewinnen noch einmal an Bedeutung, wenn man bedenkt, dass sich Suzuki im Jahre 1967 offiziell vom Rennsport verabschiedete und Hans-Georg Anscheidt somit als Privatfahrer unterwegs war. 1969 startete Dieter Braun seine erfolgreiche Rennfahrer-Karriere. Hinter dem Kawasaki-Piloten Dave Simmonds erreichte er vor dem Niederländer Cees van Dongen (ebenfalls Suzuki) einen

2. Mit 63 PS starkem Einscheiben-Wankelmotor gehört die Suzuki RE 5 im Jahr 1974 zu den besonders exklusiven Motorrädern.

zweiten WM-Rang. 1970 bezwang er sogar die Rennfahrer-Legende Angel Nieto (Derbi) und wurde schließlich 125er-Weltmeister. Interessant ist auch, dass sein Mechaniker kein Geringerer als Toni Mang war – der Mann, der später der erfolgreichste deutsche Motorrad-Straßenrennfahrer werden sollte. 1972 wechselte Dieter Braun zu Yamaha und verunglückte 1976 auf dem Salzburgring/Österreich so schwer, dass er sich als Fahrer aus dem Rennsport zurückzog.

1970 geht ein neue Stern am GP-Himmel auf: Barry Sheene, der kettenrauchende Sonnyboy aus Großbritannien, der später die ewige Startnummer 7 erhalten wird, muss sich bei seinem ersten Rennen in der 125er-Klasse lediglich Angel Nieto geschlagen geben. Bereits 1972 wird der Donald Duck-Fan mit einer Suzuki Zweiter in der 125er-Straßenweltmeisterschaft. 1976 führt er das Suzuki-Erfolgstrio der 500er-Weltmeisterschaft (Barry Sheene, Teuvo Länsivuori, Pat Hennen) an und verhilft der Marke zu großartigem sportlichen Ruhm. Angetrieben wurde die RG 500 (so die offizielle Bezeichnung des Racers) vom neu entwickelten Square-Four-Zweitakter (quadratische Anordnung der Zylinder), der 105 PS bei 10.500 min^{-1} leistet.

1977 kann er diesen Erfolg nochmals wiederholen und dokumentiert so die Souveränität der Marke in der Königsklasse. Erst 1978 muss er sich Kenny Roberts sr. geschlagen geben und wird mit 10 Punkten Rückstand noch Vize-Weltmeister. Während sich Kenny Roberts sr. (Yamaha) in der 500er-Klasse seinen zweiten WM-Titel sichert, landet der Italiener Virginio Ferrari vor Barry Sheene (beide Suzuki) auf dem zweiten Rang.

Anfang der siebziger Jahre beginnt die einzigartige Siegesserie in der Moto Cross-Weltmeisterschaft. Von 1970 bis 1972 siegte Joel Robert in der 250-ccm-Klasse. Nicht weniger erfolgreich ist Suzuki in der 500er-Klasse. Dort fuhr Roger de Coster in den Jahren 1971, 1972, 1973, 1975 und 1976 der Konkurrenz auf und davon und ging jeweils als WM-Sieger hervor. Unter folgenden Fahrern gehört Suzuki in der 125er-Moto Cross-WM seit 1975 zu den etablierten Weltmeistern: Gaston Rahier (1975 bis 1977) macht den Anfang, gefolgt von Akira Watanabe (1978), Harry Everts (1979 bis 1981), Eric Geboers (1982, 1983) und Michele Rinaldi (1984). Atemberaubende Fahrmanöver zeigte der Neuseeländer Graeme Crosby mit seiner Suzuki während der Siegesfahrten 1980 und 1981 in der Formel 1 bei der TT auf der Isle of Man. In der Straßenwelt-WM bis 500 ccm zählen die Titelgewinner Marco Lucchinelli (1981), Franco Uncini (1982) sowie Draufgänger und Publikumsliebling Kevin Schwantz (1993) zu den unvergessenen Größen in der Suzuki-Rennsport-Geschichte.

Beim Verkauf von Serienmotorrädern spielen Suzuki-Motorräder eine immer wichtige-

3. Der luftgekühlten Zweizylinder-Reihenmotor der GS 400 gehörte 1976 zu den ersten Viertaktern der Marke. Das Konzept lebt noch heute in der GS 500 weiter.

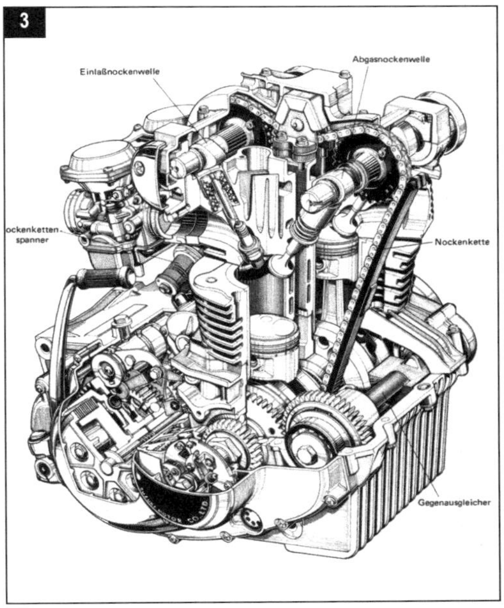

re Rolle. Nachdem 1965 die T 20 den Weltmarkt eroberte, präsentiert man Ende der sechziger Jahre mit der schlitzgesteuerten T 500 (1969) erstmals eine hubraumstarke Halblitermaschine. Die Motorräder dieser neuen Generation verfügen bereits über die neue, hauseigene Getrenntschmierung »CCI« für Zweitakter. 1971 übernimmt Fritz Röth den Import von Suzuki-Motorrädern nach Deutschland. In diesem Jahr wird auch der legendäre »Wasserbüffel« vorgestellt. Die offizielle Bezeichnung des wassergekühlten Zweitakters lautet GT 750. Die 52 PS starke Dreizylinder erreicht immerhin eine Endgeschwindigkeit von 190 km/h. Einige zukünftige Zweitakter, die nach ähnlichem Strickmuster gebaut werden, besitzen eine besondere Fahrtwindkühlung, bei der der anströmende Luftstrom durch ein spezielles Leitsystem (RamAir) den strapazierten Zylinderkopf zusätzlich kühlen soll. So zum Beispiel auch die umgerechnet 2.347 EUR teure GT 380 mit Dreizylinder-Zweitaktmotor und 33 PS sowie die 31 PS starke GT 550 (beide von 1973). 1974 erscheint die RE 5 Wankel mit wassergekühltem Einscheibenwankelmotor und 498 ccm Kammervolumen. Sie wird ausschließlich für den Export gebaut und leistet 63 PS bei 6.500 min^{-1}. Der ölgekühlte Läufer und die Dichtleisten des über 250 kg schweren Motorrades stammen vom Pkw Audi/NSU Ro80. 1976 ist das Erscheinungsjahr der sympathischen RV-Modelle mit 50, 90 und 125 ccm. Während die kleineren Typen auf 10-Zoll-Rädern stehen, ist die rund 110 km/h schnelle 125er mit größeren 14-Zoll-Reifen besohlt. Dafür ist beispielsweise die 90er mit leistungssteigernder Membran ausgestattet.

Nach langen Überlegungen entscheidet man sich nach dem finanziellen Misserfolg des Wankelkonzeptes für die Entwicklung großer Viertaktmotoren. 1976 erscheint die 63 PS starke GS 750. Von Anfang an überzeugt der seidige Motorlauf des DOHC-Motors. Parallel zur dieser Vierzylinder-Maschine wird die GS 400 vorgestellt, die von einem luftgekühlten Viertakt-Paralleltwin angetrieben wird. Noch über 25 Jahre später dient dieser Motor als Basis für den Antrieb der einsteigerfreundlichen GS 500. In den nächsten Jahren folgten zahlreiche Zwei- und Vierventilmodelle, die in vielen Variationen jede noch so kleine Marktnische besetzen. 1977 wird vorerst die GS 550 vorgestellt – eine kleinere Ausgabe der 750er-Viertakter, die der großen Schwester sehr ähnlich sieht. Markanter und deutlich sportlicher gibt sich die 90 PS starke GS 1000, die seit ihrem Erscheinen die Messlatte in ihrer Klasse ein gutes Stück höher legt. Dieter Braun, ehemaliger Motorrad-Weltmeister, beschreibt die große Suzuki in dem Magazin des Jahres 1978 MOTORSPORT AKTUELL als gutmütigen Sprinter. Dabei steht der kraftvolle Reihenvierzylinder im Mittelpunkt des Konzeptes. Beeindruckend ist das souveräne Fahrverhalten, das neben aller Sportlichkeit auch ausreichend komfortabel war. Zwei Jahre später gab's auch eine in den Suzuki-Racing-Far-

4

4. Die GSX 750 S und 1100 S Katana spalten 1981 die Gemüter. Hans A. Muth vom Target-Team nahm sich dem Design an. Weltweit wurden rund 10.000 der japanischen Schwerter verkauft.

ben blau-weiß lackierte GS 1000 S. Sie sollte an die amerikanischen Superbike-Maschinen dieser Epoche erinnern und verfügte über eine lenkerfeste Verkleidung, einen kürzeren Vorderradkotflügel sowie eine Uhr und ein Ölthermometer.

Wer's bequemer wollte, hatte mit der Kardan-getriebenen GS 850 (1978) eine passende Alternative. Die komfortable Abstimmung macht sie zum ersten vollwertigen Tourenmotorrad der Marke. Die erste Baureihe (Typ GN) wurde bis 1981 gebaut, die zweite (Typ GT) nach dreijährigen Produktionspause, wurde zwischen 1985 bis 1988 gefertigt. Sie leistet 80 PS und sieht der späteren GS 1100 G (1986) mit 94 PS zum Verwechseln ähnlich. Der längere Radstand und Nachlauf, die kontaktlose Zündung sowie die neuen Gleichdruckvergaser verhelfen ihr zu nochmals verbesserten Langstreckeneigenschaften. Während die Zweitakter, mit Ausnahme des Offroad-Sektors, immer mehr an Bedeutung verlieren, sprengen die großen Serienviertakter bereits 1979 die magische 100 PS-Grenze: Honda's sechszylindrige CBX 1000 dokumentiert bereits 1978 mit 105 PS den damaligen Leistungsstandard und Kawasaki kontert kurze Zeit später mit der 120 PS starken Z 1300. Daraufhin präsentiert Suzuki 1980 die GSX 1100 E mit vergleichsweise zivilen 100 PS. Mit der zeitgleich vorgestellten, 80 PS starken GSX 750 E verfügen beide Suzukis erstmals über einen hauseigenen Reihenvierzylinder mit Vierventiltechnik (TSCC – Twin Swirl Combustion Chamber). Beiden Modellen ist auch das elektronische Check-Panel-Cockpit zu eigen, dass das Fahrzeug vor jedem Start einer automatischen Selbstkontrolle unterzieht. Das Motorrad-Design im Ganzen geriet zwar recht klobig, dafür kann die GSX durch innere Werte überzeugen und findet speziell unter Tourenfahrern viele Freunde. Der Grund liegt im komfortabel abgestimmten Fahrwerk und dem drehmomentstarken Motor, der fortan zum Vorzeigeobjekt der Suzuki-Vierzylinder wird.

Doch auch die kleineren Hubraumklassen profitieren von der modernen Vierventiltechnik der großen Big Bikes. Mit ihren Zweizylinder-Viertaktmotoren, den beiden obenliegenden Nockenwellen und den via Schlepphebel betätigten Ventilen sind die GSX 250 und GSX 400-Modelle auf der Höhe der Zeit und bieten sich als geeignete Basis für weitere Modellvarianten an. Neben dem E-Modell erscheint 1981 die limitierte GSX 250 E Black Hawk, ein Jahr darauf die GSX 250 ES mit Lenkerverkleidung. Die optisch nahezu identischen GSX 400-Modelle zeichnen sich durch eine gelungene Drosselung der ehemaligen 43 PS auf versicherungskonforme 27 PS aus. Der Aufwand jedoch ist beträchtlich (u.a. Vergaser und Nockenwellen), so dass nur wenige Besitzer ihr Motorrad umrüsten. Neben dem Softchopper GSX 400 L (1981) findet die verkleidete GSX 400 S (1981) großen Anklang bei Einsteigern.

Technisch anspruchsloser sind die GN-Modelle mit 250- und 400-ccm-Einzylinder-Viertakt-OHC-Motor. Wie die meisten Suzuki-Modelle dieser Zeit sind auch sie mit den für diese Zeit typischen Bedienungselementen (Kombi-Schalter für Blinker und Licht) ausgestattet. Anfangs werden sie mit dem Typenzusatz »TD« (Traditional), später mit chopper-typischem »L« in der Programmliste geführt. Die eigentlichen Highlights der Saison 1981 sind jedoch die großen Katana-Modelle mit 750 und 1100 ccm. Das spartanische Design von Hans A. Muth gehört bis heute zu den größten stilistischen Wagnissen der Motorradindustrie und würde heutzutage sicher auf deutlich mehr Zustimmung stoßen als seinerzeit. Doch gerade die Form machte aus ihr ein echtes Sammlerstück. Angetrieben werden die beiden extravaganten Modelle von einem konzeptionell identischen Reihenvierzylinder der eher konventionellen GSX 750/1100 E (1980). Die beiden Mittelklasse-Katanas mit 550 und 650 ccm zeichnen sich durch ein weniger aggressives Design, letztendlich aber ähnlichem Konzept aus. Während die GS 550

5

6

7

8

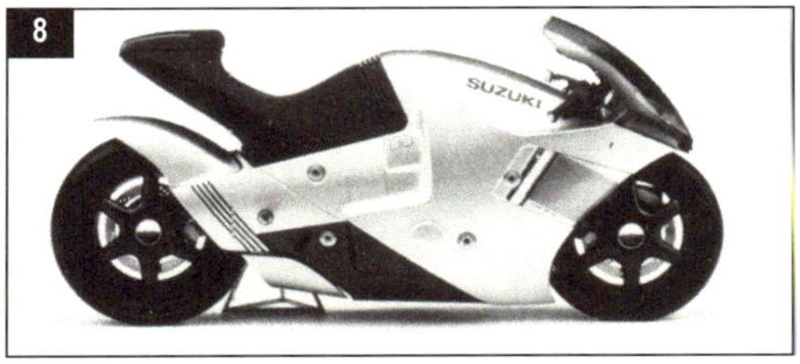

9

5. *Die GN 250 ist ab 1982 ein äußerst preisgünstiges Einsteigermodell und basiert auf der GN 400 TD von 1980.*
6. *Mit dezenten Katana-Merkmalen kann die GSX 1100 E 1984 nicht an den Erfolg der Vorgängerin anknüpfen.*
7. *Die Suzuki GSX-R 750 definierte 1985 den Begriff Sportlichkeit neu. Es ging nicht mehr nur um Leistung, sondern auch um konsequenten Leichtbau. 100 PS bei gerade mal 202 Kilogramm fahrfertigem Gewicht.*
8. *Die Studie »Nuda« war ein Prototyp, der wirklich gefahren sein soll. Vorgestellt wurde sie auf der Tokio Motor Show 1986. Für den Antrieb war der GSX-R 750-Motor geplant. Er sollte das Fahrzeug auf bis zu 280 km/h beschleunigen. Gegenüber dem ein Jahr zuvor präsentierten Modell »Falcorustyco«, wies die »Nuda« einen kombinierten Vorder- und Hinterradantrieb auf.*
9. *Mit der GSX 600 F präsentiert Suzuki 1988 ein 86 PS starkes Mittelklassemotorrad. Für 1998 (Bild) hat sie sich mächtig in Schale geschmissen. Das pummelige Design vermittelt zwar einen ausgeglichenen Charakter, sollte aber nicht über das wahre Gesicht hinwegtäuschen. Im richtigen Leben ist der luft-/ölgekühlte Reihenvierzylinder ein nervöses Hemd. Das Fahrwerk hingegen gibt sich recht komfortabel.*

EM Katana auf herkömmliche Weise via Sekundärkette angetrieben wird, verfügt die »GS 650 G Katana« (beide von 1981) über einen Kardanantrieb. Im Vergleich zu den großen Katanas verlief der Verkauf der 550/650er noch schleppender als bei den Big Bikes. Daraufhin senkte man den offiziellen Verkaufspreis bereits für die Saison 1982 von 8.215 DM auf 4.999 DM (umgerechnet 4.200 EUR auf 2.556 EUR), beziehungsweise von 8.915 DM auf 5.999 DM (umgerechnet 4.558 Euro auf 3.067 EUR).

Mit 90 PS und Turbolader spricht die XN 85 (1982) eine andere Sprache. Mit dem relativ kleinen Hubraum von 650 ccm produziert die Vierzylindermaschine zwar erst ab dem mittleren Drehzahlbereich ordentlich Leistung, langt dann aber turbotypisch kräftig hin. Was einerseits für das ganz besondere Fahrgefühl verantwortlich war, sorgte durch den zeitverzögerten Leistungseinsatz andererseits für Kritik. Schon nach wenigen Monaten war der Turbo-Spuk vorbei – zumindest bei Suzuki. Offiziell kam sie nie nach Deutschland.

Anfang der achtziger Jahre artet der explodierende Motorradmarkt in eine euphorische Modellvielfalt aus. Softchopper sind der letzte Schrei, günstige Mittelklassemaschinen gehen weg wie warme Semmeln und leistungsstarke Big Bikes haben Hochkonjunktur. Schon bald umfasst das Suzuki-Angebot weit über 40 unterschiedliche Modelle, so dass der deutsche Importeur Probleme in der Ersatzteilbeschaffung meldet. Während die großen Katana-Modelle noch bis 1984 im Programm bleiben, erscheint schon 1982 die überarbeitete Version der »normalen« 1100er, die GSX 1100 ES. Mit rahmenfester Halbschalenverkleidung netter Zweifarbenlackierung, schwarz lackiertem Motor und vollversenkbarem Tankdeckel gewinnt die GSX an Attraktivität. Ein Jahr darauf ist sie auch als völlig nacktes E-Modell zu haben, um sie 1984 schließlich als touristisch angehauchte »EF« mit markanter Vollverkleidung anzubieten. Des Weiteren bekommt sie auch einen neuen Rahmen aus Vierkantrohr mit Zentralfederbein und modischem 16-Zoll-Vorderrad (E- und ES-Modell mit 18-Zoll-Rad) spendiert. Von den stilistischen Anleihen des Katana-Designs ist bei ihr nichts mehr wiederzufinden – im Gegensatz zur sportlichen »GSX 400 F« (1981), deren quirliger, 42 PS starker Reihenvierzylinder ungeheuer drehzahlgierig ist. Wesentlich behutsamer kommt die »GR 650« (1983) daher. Ihr luftgekühlter Zweizylinder-Reihenmotor ist mit einer variablen Schwungmasse ausgerüstet, die dem 50 PS starken Twin bei niedrigen Drehzahlen einen ruhigen Motorlauf bescheren soll. Oben herum koppelt sich das Zusatzgewicht auf der Kurbelwelle mechanisch aus und erhöht so die Drehfreude. Die Kundschaft honoriert dieses an sich stimmige Konzept des Softchoppers jedoch nicht.

Neben den Softchoppern steigt auch die Nachfrage nach leichten Enduros. Nachdem die DR 400 S (1980), die die SP 370 (1978) ablöste, erscheint 1981 die DR 500 S. Allesamt verfügen sie über einen luftgekühlten OHC-Einzylindermotor und zeichnen sich durch ihren anspruchslosen Charakter aus. Während sich die Vorgänger noch über zwei Federbeine an der Schwinge abstützen, verfügt die DR 250 S bereits über ein Zentralfederbein und das progressiv wirkende »Full Floater«-Umlenksystem. Zum gleichen Zeitpunkt erscheint auch ein 125er-Modell.

1983 erscheint die handliche GSX 550 ES. Ihr luftgekühlter DOHC-Reihenvierzylinder leistet ungedrosselt 64 PS (ab 1985 als EU-Modell auch mit 50 PS zu haben). Ein Jahr darauf gesellt sich die vollverkleidete »EF« an ihre Seite. Obwohl das Motorrad optisch recht zivil daherkommt, will der Motor ordentlich gedreht werden. Da zeigt sich die hubraumstärkere GSX 750 ES (1984) schon souveräner, wenngleich auch ihr Reihenvierer kein Durchzugswunder ist. Analog zur GSX 1100 EF des gleichen Jahrgangs erhält auch die 750er ein Zentralfederbein. Ein wirklicher Erfolg wird die 750er dennoch nicht. Sie ist weder Fisch noch Fleisch und kann auch als vollverschalte GSX 750 EF (1985) einer damals modernen Honda CBX 750, VF 750 F oder Yamaha FZ 750 nicht das Wasser reichen. Überzeugend wirkt sie hingegen auf Sparfüchse. Ausgehend vom Modelljahr 1985 schlägt die EF der 750er-Konkurrenz immer wieder ein Schnippchen: Mit umgerechnet 4.959 EUR ist sie stets zwischen 400 (Honda CBX 750 F) und 1.500 EUR (Yamaha FZ 750) günstiger. Ein Argument, das bis heute einen bedeutenden Teil der Suzuki-Firmenphilosophie ausmacht.

Für jede Zielgruppe, und sei sie auch noch so klein, ein preisgünstiges Fahrzeug anbieten zu können, mag ein durchaus lobenswertes Vorhaben sein. Doch spätestens wenn die Lagerkosten im Beinahe-Fiasko enden, der Ersatzteilservice zur Farce wird und auch die Qualität zu wünschen übrig lässt, ist es Zeit Strukturen zu ändern. Diese Tatsache betraf im Übrigen nicht nur Suzuki. Yamaha hatte zu dieser Zeit ähnliche Probleme. Nachdem als logische Konsequenz bei Suzuki die Verkaufszahlen sinken, zieht man 1983/1984 die Notbremse und strafft das Modellangebot um rund 50 Prozent. Während dieser Zeit vollzieht sich auch beim »gemeinen Kunden« ein Umbruch. Der Markt verlangt zunehmend nach mehr Qualität: Rostende Auspuffanlagen will niemand mehr sehen und von abblätterndem Lack langweilig geformter Tanks hat man ebenfalls die Nase voll. Weg vom schweren Stahl, hin zum feinen und leichten Aluminium – seinerzeit zu Recht als das Material der Zukunft angepriesen. So feiert Suzuki 1984 mit der Vorstellung der RG 250 Gamma als erster Motorradhersteller den Einzug des Aluminium-Rahmens in die Großserienproduktion. Ihr spritziger Zweizylinder-Zweitakt-Reihenmotor mit der speziellen Auslasssteuerung SAEC (Suzuki Automatic Exhaust Control) leistet beachtliche 45 PS und bringt fahrfertig gerade mal 153 kg auf die Waage. So wie die 1985 erscheinende RG 500 Gamma gehören

VON DER GSX-R 750 ZUR GSX-R 1300 R HAYABUSA

Was im Herbst 1984 auf der Kölner IFMA zu sehen war, verschlug jedem, der auch nur einen Tropfen Benzin im Blut hatte, die Sprache. Mit der GSX-R 750 kam die Rennstreckenatmosphäre so ungefiltert wie nie zuvor auf die Straße: Fahrfertig nur 201 kg leicht, Alu-Fahrwerk, Zentralfederbein, Doppelscheinwerfer, 100 PS nach feinster Vierzylinder-Machart mit noch feineren Kühlrippen, die sich hinter einer schlanken Vollverkleidung verbargen und diese sehnig-sportliche 4-1-Auspuffanlage – keine Frage: Damit stieß Suzuki die Konkurrenz vor den Kopf und löste den bis heute anhaltenden Boom auf supersportliche Replikas aus.

Suzuki GSX-R 750, Mod. 1985

Wie kompromisslos dieses 230 km/h schnelle Motorrad ausgelegt war, zeigt sich auch an den leistungsorientierten Flachschiebervergasern, die erst oberhalb von 7.000 min^{-1} so richtig gehen wollen. Dass der rund 10 kg leichte Alu-Rahmen nicht immer Herr der Lage war, stellte sich schon bald heraus, tat dem guten Ruf jedoch keinen Abbruch. Für 1986 verlän-

diese bissigen Zweitakter zu den ersten Modellen einer neuen Generation sportlicher Motorräder, die bis heute unvergessen sind. Bewegt sich der technische Aufwand bei der 250er noch im Rahmen, begeistert die 500er an allen Ecken und Enden durch anspruchsvolle Lösungen und beeindruckende Eckdaten: wassergekühlter Vierzylinder-Zweitakter in Square-Four-Bauweise, aufwändige Drehschieber-Steuerung für exakte Steuerzeiten, kompromisslose Leichtbauweise (fahrfertig nur 181 Kg), 95 PS und eine Höchstgeschwindigkeit von 230 km/h. So ausgerüstet findet die große Gamma schnell ihre Liebhaber unter den Zweitakt-Fans. Ähnliches kann auch der RGV 250 (1989) beschieden werden. Im Vergleich zur RG wird die RGV von einem 58 PS starken V2-Zweitaktmotor angetrieben, der mit den fahrfertigen 156 kg leichtes Spiel hat und für famose Fahrleistungen sorgt. Der Leichtmetall-Rahmen ist in Kastenbauweise ausgelegt und bietet auf Grund günstigerer Querschnitte mehr Stabilität als die Vierkant-Rohrbauweise bei den RG-Modellen. Für das Jahr 1991 (Typ M) erhält die 250er eine formschöne Bananenschwinge und eine Upside Down-Gabel. Gleichzeitig erhöht sich das Gewicht auf 169 kg.

Doch auch bei den Viertaktern rüstet man auf. Verhielt sich die damalige Konkurrenz designtechnisch noch relativ bedeckt, setzt Suzuki mit aggressiver Linienführung ganz auf Sportlichkeit. Es ist die Zeit eines grundlegend neuen Motorradkonzeptes, das es in dieser begeisternden Konzentration bis dahin noch nicht gegeben hatte. Die Zeit ist reif für die Suzuki GSX-R 750 (1985).

Mit ihrem puristischen Design und der hochkarätigen Renntechnik steht sie im Mittelpunkt der IFMA 1984. Auf so etwas hat die Motorradwelt gewartet und wirklich niemand hatte mit einer derart radikalen 750er gerechnet. Der Mut zur (Markt-)Lücke war einer der Gründe für den Erfolg der GSX-R 750. Wäh-

gert man daraufhin die Schwinge und sorgt zusammen mit einer höheren Fertigungsgenauigkeit für zusätzliche Stabilität. Natürlich war die GSX-R 750 nur der Straßenableger der Basis-Rennmaschine, der GSX-R 750 Racing, die 1985 nur von wenigen Teams eingesetzt werden durfte. Das luft-/ölgekühlte Triebwerk (SACS) leistet bis zu 130 PS und war 1985 sowie 1986 Untersatz für Ernst Gschwender, der mit der Suzuki GSX-R Deutscher Superbike-Vizemeister wurde. Als erste käufliche Renn-Replica kam die GSX-R 750 Special Edition erst 1986 auf den Markt. Die auf 1.000 Exemplare limitierte Auflage war auf Grund der auferlegten Homologationsbestimmungen bei Serienrennen zwingend erforderlich. Der Einsatz von noch leichterem Material reduziert das Gewicht um weitere sechs Kilogramm.

1986 war auch das Jahr, in dem die große Schwester GSX-R 1100 das Licht der Öffentlichkeit erblickte. Seitdem gehört es lange Zeit

Suzuki GSX-R 750, Mod. 1988

Suzuki GSX-R 750, Mod. 1992

zur Tradition des Werkes, viele Verbesserungen der 750er mit einem Jahr Verzögerung auch der 1100er zugute kommen zu lassen. Mit 225 kg war sie, gemessen an ihrer Konkurrenz, ein ebenso bemerkenswertes Leichtgewicht wie die 750er. Keine Frage, die GSX-R 1100 war der erste wirklich konsequente Big Bike-Supersportler aus Fernost. Anders als das 750er-Aggregat war der 1100er-Motor seit jeher ein Vorzeigeobjekt in Sachen Durchzug, so dass fünf Gänge bequem ausreichten. Ihr in allen Bereichen verstärkter Alu-Rahmen gibt sich auch bei Top Speed um einiges stabiler. Ein echter Wermutstropfen für Leistungshungrige ist jedoch die teure Entdrosselung von 100 auf 130 PS, die den Austausch der einteiligen 4-1-Auspuffanlage erfordert. Damit haben auch manche freie Importeure ihr Problem, die sich auf Grund dessen gern von einer Umrüstung distanzieren.

1988 erscheint die komplett überarbeitete GSX-R 750, die sich optisch wie technisch so stark vom Vorgängermodell unterscheidet, dass man eigentlich von einem neuen Motorrad sprechen kann. Am Konzept ändert sich erfreulicherweise nichts. Obwohl die GSX-R in diesem Entwicklungsstadium beachtliche 228 kg auf die Waage bringt, bleibt ihr supersportliches Image erhalten. Angefangen beim verstärkten Rahmen, kleineren 17-Zoll-Rädern (die nun moderne Sportreifen aufnehmen können), einer kräftigeren und voll einstellbaren Telegabel, 4-2-Auspuffanlage, den neuen Vergasern und den auf mehr Durchzug getrimmten, 112 PS starken 16-Ventiler, erhält sie zwei zusätzliche Luftkanäle unterhalb der beiden Scheinwerfer. Sie dienen der zusätzlichen Kühlung des Kraftstoff-/Luftgemisches. Die Verwendung des größeren 1100er-Zylinderkopfes erfordert eine auf 73 mm angehobene Bohrung und eine neue Kurbelwelle mit nun 44,7 mm Hub (vorher 48,7 mm). 1991 werden unter anderem die Gabelschlepphebel zur Betätigung der Ventile durch Einzelschlepphebel ersetzt. Als Basis für Wettbewerbsveranstaltungen wird die GSX-R 750 SP

Suzuki GSX-R 750, Mod. 1996

(1988) für umgerechnet 12.266 EUR angeboten.

Im Gegensatz zur weit verbreiteten 750er ist die GSX-R 400 (1990) nur sehr selten auf unseren Straßen zu sehen. Kein Wunder, kam sie doch nie über den offiziellen Importeur, sondern ausschließlich über freie Importeure nach Deutschland. Auffällig ist der Alu-Brückenrahmen mit der kräftig dimensionierten Schwinge.

Der luft-/ölgekühlte Motor gibt messerscharfe 59 PS bei 13.500 min^{-1} an die Kupplung weiter und ermöglicht eine Höchstgeschwindigkeit von über 195 km/h. Leichte und leistungsstarke Motorräder gewinnen besonders in den USA und Japan zu dieser Zeit mehr und mehr an Bedeutung. Darum präsentiert man dort bereits die erste Generation der GSX-R 600, die mit dem in Deutschland bekannten Modell jedoch kaum Gemeinsamkeiten hat.

Das W-Modell von 1992 zeigt sich grundlegend überarbeitet und präsentiert sich seitdem mit Wasserkühlung. Geblieben ist der Doppelrohrrahmen. Das nochmals um vier Kilo höhere Gewicht wird durch die kompaktere Bauweise wettgemacht. Lediglich auf der Rennstrecke lässt sich das Übergewicht nicht mehr wegdiskutieren. Sinnvoll sind auch das abschraubbare Rahmenheck und die kräftigere Schwinge. Noch deutlicher sind die 255 kg der GSX-R 1100 W von 1993 zu spüren. Trotz imposanter 155 PS und den Sechskolben-Festsattelbremsen der GSX-R 750 W II (1993) empfiehlt sich die 1100er durchaus auch für Solo-Touren.

Bis dahin schrieb die GSX-R 750 über zehn Jahre Modellgeschichte. Zeit also, um das Erfolgskonzept neu zu überdenken. Denn auch die Konkurrenz schlief nicht. Der bildschöne Doppelrohrrahmen mochte optisch zwar sehr reizvoll sein, stand technisch einer Weiterentwicklung jedoch im Wege. Durch die kräftigen Oberzüge war es unmöglich, den Motor mit leistungsfördernden Fallstromvergasern auszurüsten. Auch ein wirkungsvolles RamAir-System (SRAD) lässt sich so nicht effektiv genug umsetzen. Das ändert sich jedoch grundlegend mit dem Modelljahrgang 1996. Das völlig neu konzipierte Modell verfügt seitdem über einen Brückenrahmen, 128 PS, vollwertige Staudruckaufladung, 265 km/h Spitze und ein fahrfertiges Gewicht von nur 204 Kg. Wieder einmal ist die Fachwelt begeistert und die GSX-R schafft den erwarteten, chronologischen Quantensprung von einem mit den Jahren veralteten Imageträger zurück zum modernen Supersportler. Zwei Jahre später wird die Vergaserbatterie mit je 39 mm durch eine Einspritzanlage ersetzt. Die Leistung steigt nochmals auf 135 PS. Im Modelljahr 2000 sinkt das Gewicht auf hitverdächtige 191 Kg, die Leistung steigt um weitere 6 PS.

Während sich die GSX-R 750 andauernder Beliebtheit erfreut, wird die Produktion der schweren 1100er 1997 eingestellt. Die letzten Modelle werden 1998 an den Mann gebracht. Von da an wartet alle Welt auf ein neues, su-

Suzuki GSX-R 750, Mod. 2000

Suzuki GSX-R 1100 W, Mod. 1993

Suzuki GSX 1300 R Hayabusa, ab 1999

persportliches Big Bike von Suzuki. Erst 2001 erscheint die 160 PS starke GSX-R 1000, die der 750er sehr ähnlich sieht. Dank des niedrigen Gewichtes von nur 200 kg fahrfertig und dem stabilen Brückenrahmen gilt sie zu dieser Zeit als Maßstab japanischer Motorradbaukunst. Mit 3.114 verkauften Exemplaren gehört sie bereits in ihrem ersten Jahr zu den meistverkauften Motorrädern.

Kein Supersportler, aber dennoch mit einem GSX (Viertakt-Vierventiler) und sportlichem »R« in der Typenbezeichnung, wird Ende 1998 die GSX 1300 R (so die offizielle Typenbezeichnung) präsentiert. Besser bekannt ist die 1300er jedoch unter dem Beinamen »Hayabusa«. Sie schafft es als erstes Serienmotorrad, die 300-km/h-Schallmauer zu durchbrechen und bietet Fachwelt und Medien Gesprächsstoff erster Güte. 175 PS und ein maximales Drehmoment von 138 Nm sind Werte, die man erfahren muss, um sich ein Bild davon machen zu können.

Im richtigen Motorradleben ist sie entgegen den ersten Erwartungen ein eher gutmütiger Geselle, der ihre Stärken im Surfen auf der riesigen Drehmomentwoge auslebt. Voraussetzung für das Erreichen solcher Geschwindigkeiten ist eine ausgefeilte Aerodynamik. Fahrwerkstechnisch entspricht das Grundkonzept jenem der GSX-R 750 des Jahres 1998, wurde jedoch in allen Bereichen deutlich verstärkt.

rend Yamaha die neue und leistungsfähige, jedoch auch biedere FZ 750 präsentiert, Kawasaki mit der GPZ 900 R die Big Bike-Liga bedient und Honda noch mit den Problemen der ersten V4-Generation beschäftigt ist, ergreift Suzuki die Flucht nach vorn und präsentiert das ultimative Superbike schlechthin.

Ein Jahr darauf folgt der hubraumstärkere Ableger, die GSX-R 1100 (1986). Mit 30 PS mehr und zusätzlichen 25 kg Ballast ist sie die Handlichste ihrer Klasse. Immer wieder beeindruckt der durchzugskräftige Motor. Der Doppelrohrrahmen aus Leichtmetall fällt gegenüber der 750er deutlich kräftiger aus, Fahrwerksunruhen sind ihr weitgehend fremd. 1989 kommt sie in pummeligem Gewand daher und bringt nun gut 15 kg mehr auf die Waage. Neu ist die 4-2-Auspuffanlage aus Edelstahl. Der Motor wird seitdem aus dem vollverkleideten Tourenmodell GSX 1100 F (1987) implantiert. Kennzeichnend durch den Buchstaben »W« in der Typenbezeichnung, erhält sie 1993 eine Wasserkühlung. Erst 1998 werden die letzten Modelle verkauft.

Doch Suzuki will nicht nur auf glattgebügelten Straßen erfolgreich sein. Um sich Mitte der achtziger Jahre neben den GSX-R-Modellen ein zusätzliches Standbein zu verschaffen, präsentiert man neben dem Supersportler auf der IFMA 1984 auch eine neue Enduro, die DR 600 S (1985). Der offen 45 PS starke OHC-Einzylinder-Viertakter mit Vierventiltechnik dokumentiert auch hier den Fortschritt. Zeichneten sich Enduros bisher vor allem durch eine magere Ausstattung, kleinen Tank und mehr oder weniger spärlichen Komfort aus, zeigt der Eintopf, dass es auch anders geht. Mit 20-Liter-Tank und vergleichsweise üppiger Ausstattung stellt sie sogar eine interessante Alternative für Reiselustige dar. Zwar lassen sich die 166 kg nicht einfach durchs Gelände dirigieren, dafür geht's auf der Straße umso besser.

Der erste wirklich konsequente Chopper aus Japan, die VS 750 Intruder (1986), ließ all die kläglichen Softchopper-Jahre vergessen. Mit ihrem bildschönen, wassergekühlten 45°-V2 und dem in Fahrzeugfarbe lackierten Doppelrohr-Rahmen wirkt die Intruder, die man heute auch gern als »Trudchen« bezeichnet, wie aus einem Guss.

Während im Jahr darauf die große VS 1400 Intruder, die so genannte »Trude«, auf den ersten Blick wie eine proportionsgetreue Vergrößerung der 750er daherkommt, stellt sich beim Betrachten der technischen Angaben heraus, dass es sich hier um eine völlig neue Konstruktion handelt. Allenfalls das 45°-V2-Prinzip bleibt erhalten. So handelt es sich bei der kleinen Intruder beispielsweise um einen wassergekühlten Vierventiler. Der Wärmehaushalt des 90 kg schweren 1400er-Big Blocks hingegen wird durch eine zusätzliche Ölkühlung des hinteren Zylinders unterstützt – ansonsten wird der Wärmehaushalt allein durch den vorbeiströmenden Fahrtwind geregelt. Den Gaswechsel übernehmen lediglich drei Ventile (zwei Einlass, ein Auslass). Gemeinsam ist beiden hingegen der Kardanantrieb und die ausgesprochen weiche Fahrwerksabstimmung.

1990 erscheint die unverkleidete Tourenmaschine VX 800, deren um drei Millimeter aufgebohrtes VS 750 Intruder-Triebwerk sich ganz hervorragend zum Touren eignet. Mit einem Drehmoment von 63 Nm bei moderaten 4.000 min^{-1} bietet der 50 PS starke Motor verhältnismäßig viel Kraft im mittleren Drehzahlbereich. Zwei Jahre später implantiert man das VX-Triebwerk in die Intruder – die VS 800 Intruder (1992) ist geboren. Mit schmalem 21-Zoll-Vorderrad wirkt die Front so zierlich, wie man es von einem echten Chopper erwartet. Details wie die nette Sissybar und der sich zum Motor hin verjüngende Tank sind eine Augenweide. Parallel wird auch eine »Highway Edition« angeboten. Analog zum 1400er-Sondermodell ist sie mit tourenfreundlichem Zubehör wie Satteltaschen, Werkzeugrolle, Windschild und Tankabdeckung zu haben. Damit wird auch dem individuellen Charakter Genüge getan.

Während die GSX-R-Modelle trotz ihrer supersportlichen Bestimmung zunehmend Speckröllchen ansetzen, wagt man im Enduro-Sektor den Spagat zwischen Off Roader und Tourer. Bereits 1987 schlägt die DR 600 R Dakar anlässlich der weltbekannten Wüstenrallye »Paris–Dakar« mit großem Tank und einer Extra-Portion Komfort den Weg zum rustikalen Langstrecken-Tourer. 1988 erscheint die DR 750 S Big mit dem größten Serien-Eintopf jener Zeit. Getoppt wird sie schon ein Jahr darauf von der DR 800 S Big (1989). Ihr eigenwillig abstehender Vorderradkotflügel bringt ihr schnell den Spitznamen »Schnabeltier« ein. Doch was wäre Suzuki ohne die kleinen Enduros. Kaum jemand hatte anfangs damit gerechnet, dass Suzuki mit der sympathischen DR 350 S (1990) einen derart großen Erfolg haben könnte. Zwar taugt das Straßenmodell weniger für den harten Geländebetrieb, findet bei

Einsteigern dafür umso mehr Anerkennung. Das ab 1994 angebotene SHC-Modell wird besonders von den weiblichen Spezies geschätzt. Bei dieser Version lässt sich die Sitzhöhe per Drehknopf am Lenker verstellen. Für den handfesten Geländebetrieb ohne Straßenzulassung gibt's die ungedrosselte, 30 PS starke DR 350.

Mit der vierzylindrigen GSX 600 F (1988) landet Suzuki zwar keinen Medien-Star, ist dafür aber eine besonders für Sparfüchse interessante Maschine. Insbesondere der günstige Preis von 5.108 Euro (umgerechnet 9.990 DM) machen sie in Verbindung mit dem 86 PS starken Reihenvierzylinder zu einem fairen Angebot. Der luft-/ölgekühlte Motor stammt in den Grundzügen aus der ersten GSX-R 750-Generation von 1985, bekommt jedoch eine neue Kurbelwelle mit geringfügig kleinerem Hub, so dass man grundsätzlich von einem neuen Motor sprechen kann. Das Motorradkonzept im Allgemeinen tendiert am ehesten in Richtung Sporttourer, so wie bei der größeren Schwester von 1989, der GSX 750 F. Zwar verfügt die 750er über entsprechend mehr Hubraum und volle 100 PS, doch ändert dies nichts an der Tatsache, dass er in seinem tiefsten Innersten ein Sportler ist. Die rundlich-noble Optik verrät dem Fachmann »Da is' Weichspüler drin« – Recht hat er. Mit den beiden GSX-F kann man so ziemlich alles machen, nichts dagegen wirklich richtig. Wer jedoch preisgünstige Begleiter für den kurzen Sprint nach Feierabend sucht und auf ein gepflegtes Äußeres Wert legt, findet hier einen empfehlenswerten Partner.

Einsteigerfreundliche Motorräder, wie die umgerechnet 3.344 EUR teure GS 500 von 1989, müssen preisgünstig sein. Diese These kommt der Firmenphilosophie sehr entgegen. Auf top-aktuelle Technik-Gimmicks muss also verzichtet werden. Das reduziert den Sympathiefaktor jedoch keineswegs, ganz im Gegenteil. Ein Grund mehr also, um Ende 1989 den betagten Zweizylinder-Viertakt-Motor der GS 400 (1976) aus der Versenkung zu heben und ihn in einem modern konzipierten Fahrgestell zu verschrauben. Der schön anzuschauende Doppelrohrrahmen aus Stahl gaukelt auf den ersten Blick einen Brücken-Rahmen vor. Der luftgekühlte DOHC-Paralleltwin leistet 46 PS und wird über Jahre zu einem Dauerbrenner. Was den Erfolg der GS 500 ausmacht, ist die Mischung aus optisch aufgemöbelter Hausmannskost zum günstigen Preis. Vor allem für Führerscheinneulinge oder Wiedereinsteiger bietet sie eine gute Möglichkeit, praktische Motorrad-Erfahrungen zu sammeln.

1990 erfährt die GSX 1100 F (1987) eine längst überfällige Überarbeitung des Fahrwerks, das zuvor in schnellen, langgezogenen Kurven durch eine ausgeprägte Pendelneigung auf sich aufmerksam machte. Der Hersteller reagiert innerhalb kurzer Zeit und liefert als »Entschädigung« das Koffersystem »K2« der Marke Krauser mit. Von Anfang an ist die 1100er hingegen mit einer elektrisch verstellbaren Verkleidungsscheibe ausgestattet. 1988 und 1989 wird dieses Modell wahlweise auch ohne Verkleidungsunterteil angeboten. Während man mit diesem Motorrad bequem auch hohe Dauergeschwindigkeiten durchhalten kann, spricht die GSX 1100 G (1991) eher den ruhigen Tourenfahrer an. Bar jeglicher Verkleidung, dafür aber mit Kardanantrieb ausgestattet, wirkt das 279 kg schwere Motorrad wie eine Hommage an die Big Bikes der achtziger Jahre, da diese in der Regel auch eine ausgeprägt monumentale Ausstrahlung (Radstand 1585 mm) hatten. Dass die Lenkgeometrie der GSX-G durch die flach angestellte Gabel und 158 mm Nachlauf für einen Tourer derart extrem ausfällt, liegt daran, dass das Motorrad in erster Linie für den US-Markt konzipiert wurde. Den Antrieb liefert die kräftige GSX 1100 F (1987), dessen Motor für den Wellenantrieb zum Hinterrad jedoch modifiziert wird.

Das krasse Gegenteil stellt die wieselflinke GSF 400 Bandit (1991) des gleichen Modelljahres dar. Die Ur-Bandit mit dem offen 59 PS starken Reihenvierzylinder dreht willig bis

10

12

10. Mit der RGV 250 begeistert Suzuki die Fraktion kleiner, supersportlicher Zweitakt-Fans. Der aufwändige V2 ist wassergekühlt, Rahmen und Schwinge bestehen aus Aluminium. 1991 erscheint der Typ M mit U-Kat und Bananenschwinge.

11. Kaum ein anderes Motorrad war Anfang der neunziger Jahre so häufig auf den Straßen zu sehen wie die GS 500. Fahrschulen und Einsteiger liebten das einfache und funktionelle Konzept.

12. Die VX 800 von 1990 läuft mit dem aufgebohrten V2-Motor der VS 750 Intruder sehr kultiviert.

13. 1994 erscheint kurz nach der RF 600 R die große RF 900 R (Bild). In Vergleichstests schenkt sie der Konkurrenz ordentlich ein.

13

11

weit in fünfstellige Drehzahlregionen – zu dieser Zeit war das für die noch junge Klasse Retro-Bikes keineswegs üblich. In Verbindung mit dem überaus handlichen Stahlrohr-Fahrgestell und den leistungsstarken Bremsen eine prickelnde Mischung. Anfangs hielt sich der offizielle Importeur noch zurück, so dass die ersten Maschinen ausschließlich über so genannte Grau-Importeure den Weg nach Deutschland fanden. Das überzeugende Konzept des sportlichen Allrounders bewog Suzuki im Jahre 1995 jedoch, eine 600 ccm-Version auf den Markt zu bringen, den Quotenrenner GSF 600 Bandit mit anfangs 77 PS. Während die Naked Bikes der Konkurrenz im Großen und Ganzen mit einem eher braven Charakter zum beschaulicheren Motorradfahren einluden, zeigte die 600er Bandit bei aggressiver Fahrweise selbst stärkeren Motorrädern das Rücklicht. Die Kombination aus Leistung und handlichem Fahrwerk (Gewicht 216 Kg) sorgt für viel Spaß. Ein zusätzliches Kaufargument ist der für Suzuki typische günstige Einführungspreis von umgerechnet 5.251 EUR. Drei Jahre später gesellt sich das mit rahmenfester Halbschale ausgestattete S-Modell hinzu, die das Motorrad optisch noch erwachsener erscheinen lässt und für weitere Spitzenplätze in der Zulassungsstatistik sorgt.

Die GSF 1200 Bandit (1996) setzt der Bandit-Baureihe letztendlich die Krone auf. Auf den ersten Blick sind die 600er und die 1200er Bandit kaum voneinander zu unterscheiden. Kein Wunder, verfügen doch beide über nahezu identische Fahrwerksabmessungen. Auf den zweiten Blick fällt an der Großen das schwarz lackierte Triebwerk auf. Den unsichtbaren Rest dagegen sollte man erfahren haben. Beeindruckend ist der Nachdruck, mit dem der aus dem Tourer GSX 1100 F (1987) implantierte und aufgebohrte Vierzylinder zur Sache geht. Ursache dafür ist die konsequente Auslegung auf versicherungsgünstige 98 PS. Analog zur 600er wird auch hier ein S-Modell angeboten. Ab 1998 ist mit dem SA-Modell auch eine ABS-Version erhältlich.

Um die Tourensportler der RF-Reihe zu erläutern, springen wir kurz zurück ins Jahr 1993. Wie so oft zielte die Marketingabteilung, unterstützt von der Fachpresse, in die Supersport-Ecke. Dort hatte die 100 PS starke RF 600 R eigentlich gar nichts verloren. Doch war man überzeugt, dass sich alles ausschließlich über die Sportschiene verkaufen ließ. Oh-

14. *Die Suzuki GSF 1200 wird zum Verkaufsschlager. Ausgelegt auf 98 PS legt sie ihren Schwerpunkt auf den mittleren Drehzahlbereich. Neben dem nackten N-Modell wird auch eine verkleidete S-Version angeboten, zwischen 1998 und 2000 gibt's sogar ein ABS-Modell.*

15. *Mit der Vorstellung der TL 1000 S auf der IFMA 1996 war die Sensation perfekt. Blitzsauber verarbeitet und in knalligem Rot zog die TL 1000 S die Besucher scharenweise an. Der drehmomentstarke V2 leistet 125 PS und produziert mit bis zu 104 Newtonmeter mächtig Kraft. Ein Jahr später erschien die vollverkleidete TL 1000 R. Der Erfolg blieb jedoch aus.*

14

15

ne Frage besitzt die 600er sportliche Anlagen, doch machen dynamische Testarossa-Schlitze in der Seitenverkleidung allein noch keinen Supersportler. Die ein Jahr darauf vorgestellte RF 900 R (1994) ist ihrer kleineren Schwester wie aus dem Gesicht geschnitten. Im Gegensatz zu ihr bewegt sie sich leistungsmäßig auf sehr hohem Niveau und kann nahezu die gesamte Konkurrenz in die Schranken verweisen. Nur ein Jahr wird die RF 900 RS2 (1995) produziert. Neben einer auffälligen Zweifarbenlackierung unterscheidet sie sich in erster Linie durch eine verbesserte Telegabel, die ab 1996 auch dem Standard-Modell zugute kommt.

Mitte der neunziger Jahre liegen leichte Chopper voll im Trend. Vornehmlich findet die weibliche Zunft Gefallen an der schmucken VS 600 Intruder (1995) mit V2-Motor. Sie löst den in die Jahre gekommenen Dampfhammer LS 650 Savage (1986) mit stehendem Einzylinder-Viertaktmotor ab, die zwar noch bis 1998 im offiziellen Suzuki-Programm zu finden ist, aber keine wichtige Rolle mehr spielt.

Nachdem die GSX-R 750 1996 neu aufgelegt wurde, rundet man 1997 die Supersport-Palette hierzulande mit der Vergaser bestückten GSX-R 600 nach unten hin ab. Optisch ist sie kaum von der 750er zu unterscheiden. Bereits ein Jahr später steigt die Leistung auf 110 PS, die Telegabel ist von da an komplett einstellbar. Für 2001 erhält sie schließlich eine Einspritzanlage und leistet fortan 115 PS. Wesentlich gemütlicher geht's auf der AN 250 Burgman (1998) zu. Mit kultiviertem, 23 PS starkem Einzylinder-Viertaktmotor und viel Komfort eignet sich der Großraumroller für Stadt- und Überlandfahrten. Für die Fahrstabilität sorgt zum ersten Mal bei einem Roller dieser Hubraumklasse eine Einarm-Triebsatzschwinge in Verbindung mit einem horizontal liegenden Mono-Federbein. Ein Jahr später kommt die AN 400 X Burgman mit 32 PS.

1998 erscheint die XF 650 Freewind. Ihr luftgekühlter Eintopf stammt aus der DR 650 SE (1996) und geht ungeheuer spontan zur Sache. Die offene 48-PS-Version dreht locker bis weit über den roten Bereich hinaus. Neben der harmonischen Erscheinung fällt das Motorrad durch das digitale Cockpit auf. Der Einrohrrahmen mit gegabelten Unterzügen ist auch für kleinere Feldwege gewappnet. Ein Motorschutz hält das Gröbste fern. Ein echter Allrounder, dem auch ein gewisser Schuss Funbike nicht abgesprochen werden kann. Gedrungen, jedoch keineswegs fettleibig erscheint im gleichen Jahr die VZ 800 Marauder (1998). Sie vereint Kraft und Grazie zu einer Motorradgattung zwischen Tourer und Cruiser mit einem gesunden Schuss Drag-Feeling. Sie lässt sich trotz flacher stehender Gabel leicht dirigieren, trotzdem der Lenker nicht die Ausmaße von Schubkarren-Haltegriffen hat. Dazu passt der dezent und sonor bullernde V2 mit Wasserkühlung der VS/VX-Reihe. So verwundert es nicht, dass parallel zum Standard-Modell eine tourenfreundlichere »Highway Edition« angeboten wird. Um auch den 16-Jährigen das auf 80 km/h begrenzte Marauder-Konzept anbieten zu können, erscheint 1999 die einzylindrige GZ 125 Marauder, die vom be-

16. Mit der XF 650 Freewind nähert sich Suzuki 1998 dem aufkommenden Funbike-Trend. Der luftgekühlte Eintopf aus der DR 650 SE geht spontan zur Sache. Die Instrumente sind erstmals digital. Selbst für kleinere Feldwege ist die Freewind gewappnet.

währten OHC-Single der GN 125 aus den achtziger Jahren angetrieben wird.

Wer das achtzehnte Lebensjahr bereits vollendet hat, darf auch zur zeitgleich erscheinenden GZ 250 Marauder mit 20 PS greifen. In diesen Jahren hat jedoch der 125er-Markt Vorrang. Jugendliche Zweiradneulinge greifen gern zur Leicht-Enduro DR 125. Die vollwertige Optik findet auch bei näherer Betrachtung Zuspruch. Der Einrohr-Rahmen ist neu gezeichnet und nimmt der Verwendung entsprechend geeignetes Federungs- und Dämpfungsmaterial auf. 1998 erscheint die kleine TR 50 S Magic und stellt die moderne Variante der lange Zeit gebauten RV 50 (bis 1981) dar. Der auffällige Doppelrohr-Rahmen, der genauso gut auch als Brückenrahmen durchgehen könnte, nimmt im eigentlichen Rahmendreieck den luftgekühlten Zweitaktmotor auf. Die riesige Auspuffbirne befindet sich in gut bemessenem Sicherheitsabstand direkt unter dem Tank. Das innovative Stadtbike führt sein Vorderrad in einer zierlichen Upside Down-Gabel.

Doch auch in der Big Bike-Szene rührt sich einiges. Spätestens Mitte der neunziger Jahre müssen die Japaner erkennen, dass sich nicht nur mit großen Reihenvierzylindern Geld verdienen lässt. Als die TL 1000 S auf dem Suzuki-Stand der IFMA 1996 präsentiert wird, ist die Fachwelt überrascht. Blitzsauber verarbeitet und in knalligem Rot zieht sie scharenweise die Betrachter in ihren Bann. Bei anschließenden Tests begeistert der Twin mit sehr leichtem Handling. Ungeübte Fahrer können jedoch von mehr oder weniger ausgeprägtem Lenkerschlagen überrascht werden. Seitdem bekannt werden dieser Eigenart werden sämtliche Modelle vom Importeur mit einem Lenkungsdämpfer ausgerüstet. Leider auf Kosten

17. Kenny Roberts, jr. auf der Suzuki RGV 500 Gamma beim 500er-GP in der Saison 2000.

der Handlichkeit – und ihres Rufes. Der nämlich wurde durch harte Urteile der Presse arg in Mitleidenschaft gezogen. Darunter hatte auch die supersportliche und 135 PS starke TL 1000 R (1998) zu leiden. Mit dem Ur-Modell, der TL 1000 S, hat sie nicht mehr viel gemein. Deren Alu-Rahmen wurde ganz nach dem GSX-R 750-Strickmuster durch einen bewährten Brückenrahmen ersetzt. Die Schwinge bekommt stabilisierende Unterzüge. Das Gewicht steigt jedoch um satte 9 Kilogramm.

An ein anderes Klientel wendet sich die VL 1500 Legendary Six mit moderaten 68 PS. Der schwere Cruiser basiert technisch auf der VS 1400 Intruder von 1987. Getreu dem Motto »Größer ist schöner, ist besser« legt Suzuki bei der größten aller Intruder-Modelle noch einige Briketts nach. Mit 314 Kilogramm Betriebsgewicht und gewaltigen 1.462 ccm Hubraum ist sie das Marken-Highlight ihrer Zeit in Sachen Hubraum. Dass es sich dabei nicht allzu selten um Plastik handelt, bemerkt man hingegen erst auf den zweiten Blick. Da wirkt eine GSX 750 (1998) beinahe schon spartanisch. Hinter dieser schlichten Bezeichnung steckt ein ebenso schlichtes Motorrad. Der Antrieb stammt aus einer der ehemaligen, noch luft-/ölgekühlten GSX-R 750, und bietet mit 86 PS für ein Naked Bike noch genügend Leistung. Trotz der ungünstigen aerodynamischen Voraussetzungen schwingt sie sich zu beachtlichen 210 km/h auf. Das Fahrgestell an sich ist nach guter Väter Sitte mit zwei Federbeinen und Telegabel gefedert und wird von einem ebenso konventionellen Doppelschleifen-Rohrrahmen aus Stahl zusammengehalten.

Mit der GSX-R 1300 Hayabusa bricht im Jahre 1999 ein neues Zeitalter im Motorradbau an. 175 PS und knapp über 300 km/h brin-

18. Die sportliche Suzuki SV 1000 S wird 2003 vorgestellt. Mit dem modifizierten V2 der 1000 V-Strom legt auch sie großen Wert auf den mittleren Drehzahlbereich.

gen die Gemüter auf Touren. Das stabile Fahrwerk auf Basis der GSX-R sorgt entgegen den ersten Mutmaßungen für einen einwandfreien Geradeauslauf. Deutlich gemütlicher geht's auf der GSX 1200 (1999) zu. Im Ausland wird sie mit dem Beinamen »Inazuma« geführt. Optisch ähnelt sie stark der ein Jahr zuvor vorgestellten GSX 750 und ist nach gleichem Konzept gestrickt. Die Mittelklasse wird seit diesem Jahr um die nackte SV 650 und die halbverkleidete SV 650 S bereichert. Die Verwandtschaft zur großen TL 1000 S (1997) ist nicht zu verleugnen.

Suzuki übernimmt mit dem V2-Motor das Motor- und mit dem Gitterrohr-Rahmen das Fahrwerkskonzept der 1000er. Überzeugend sind die bravourösen Handlingeigenschaften, die in Verbindung mit dem 70 PS starken V-Motor für eine hervorragende Fahrbarkeit sorgen. So bleiben die sportlichen Anlagen nicht lange verborgen und schon kurz nach der Vorstellung ruft Suzuki den SV 650-Cup ins Leben. Kein Wunder also, dass die Motorräder weg gehen wie warme Semmeln: In den Jahren 1999 (4.544), 2000 (5.043) und 2001 (4.378) belegt sie den zweiten, dritten und fünften Platz in der Zulassungsstatistik. Im Millenniumsjahr 2000 hält man sich im Hause Suzuki mit Neuvorstellungen zurück. Neben der kleinen VL 125 Intruder und der Überarbeitung der 600er Bandit beschränkt man sich auf die Präsentation des vierzylindrigen Hubraumriesen GSX 1400 und einer neuen Enduro, der DR-Z 400. Das Straßenmodell mit E-Starter heißt DR-Z 400 S. Ausgestattet mit einem komplett neuen, wassergekühlten Einzylinder-Viertaktmotor schließt sie die Lücke, die die DR 350 hinterließ. Mit dessen Alltagscharakter hat die Neue jedoch nichts mehr gemeinsam. Die DR-Z 400 ist wesentlich agiler, wenngleich auch ihr Eintopf als durchzugsstark gilt. Das Fahrwerk ist überaus handlich und kommt seit 2002 mit härterer Abstimmung daher.

Für 2002 erweitert man mit der 650 Burgman die Palette der Großraumroller. Etwas irritiert ist die Fachpresse von der DL 1000 V-Strom. In einer Zeit, in der Marktnischen immer kleiner werden, versucht sie die Lücke zwischen Sporttourer und Reiseenduro zu schließen. Angetrieben wird sie vom modifizierten 1000er-V2 der TL 1000 S (1997) mit 98 PS. Um dem müßigen Trend nach einer immer höheren Endgeschwindigkeit den Wind aus den Segeln zu nehmen, beweist Suzuki ebenfalls Mut zur Lücke und lässt Geschwindigkeiten über 200 km/h elektronisch abriegeln. Andererseits verhindert es aber auch aufkommende Diskussionen bezüglich der Fahrwerksabstimmung, die erst oberhalb der selbst auferlegten Geschwindigkeitsbegrenzung ans Tageslicht kommen würden.

T

TANK

Tanks bestehen meist aus Stahlblech oder Kunststoff. Andere edle Werkstoffe wie Aluminium, Magnesium oder Titan sind zwar möglich, gehören aber zu den Exoten. Meist integrieren sie den Einfüllstutzen völlig (aus der Luftfahrt), so dass der Montage eines Tankrucksacks oder einer Kartentasche nicht Erhebendes im Weg steht. An der Unterseite befindet sich der Kraftstoffhahn, manchmal auch zwei. Bei Modellen mit Kraftstoffanzeige befindet sich eine Aussparung für den nötigen Potentiometer samt Schwimmer. Zu guter Letzt sind da noch die Entlüftungsbohrungen, die für ein Nachströmen der Luft und somit für den notwendigen Druckausgleich sorgen. Liegt der Tank tief im Motorrad, also beispielsweise unter der Sitzbank, wird eine Pumpe erforderlich, die den Kraftstoff auf das entsprechende Niveau hebt.

TAUCHROHR

Tele- und Upside down-Gabel, nimmt Standrohrführungen auf; bei UPS-Gabel ausschlaggebend für Stabilität; Bei Telegabeln nimmt das unten liegende Tauchrohr (Gussteil) Bremszangen und die Radachse auf.

TCS

Honda, Traction Control System; automatische Traktionskontrolle; das TCS funktioniert prinzipiell umgekehrt wie ein Antiblockiersystem. Dreht das Hinterrad auf losem Untergrund durch, wird die Zündung unterbrochen, so dass die Zugkraft abnimmt. Dies geschieht durch einen Soll-Istwert-Vergleich der Vorderraddrehzahl zur Hinterradfrequenz. Da das Vorderrad beim Beschleunigen nahezu mit null Schlupf lediglich mitläuft, gibt es den Sollwert vor und vergleicht diesen mit dem Hinterrad. Liegt dessen Drehzahl über einem bestimmten Bereich höher, wird der Zündstrom unterbrochen.

TELEGABEL

Das einfache Funktionsprinzip der Teleskopgabel spricht seit jeher für diese Art der Vorderradführung mit zwei Gabelbeinen. Dabei werden die beiden dünneren Standrohre von den Gabelbrücken gehalten. Am unteren Teil der Telegabel befinden sich die Tauchrohre (Alu-Guss), welche das Ölreservoir bilden und mit dem Dämpferinnenteil fest verbunden sind. Vorteil: Günstige Herstellung, übersichtliche Konstruktion; Nachteil: Federung und Dämpfung können nicht voneinander getrennt werden (nur mäßiger Komfort durch Bremsnicken). Auch eine Upside down-Gabel arbeitet prinzipiell wie eine Telegabel, nur eben umgekehrt montiert. Da sich jedoch aufgrund der Einbaulage ein gänzlich anderer Aufbau ergibt, wird die UPS-Gabel auch als solche aufgeführt.

TELELEVER

BMW, Vorderradführung; ein Längslenker stützt das Vorderrad direkt an der Rahmen/Antriebs-Einheit ab, dadurch können Federung und Dämpfung nahezu unabhängig voneinander arbeiten; viel Stabilität bringt die große Überlappung zwischen Stand und Gleitrohr, sowie der große Hebelarm zwischen Längslenker und Steuerkopf.

Das Absenken der Frontpartie beim Bremsen wird beinahe eliminiert, 90-prozentiger Nickausgleich im Fall der K 1200 RS.

TENSIDE

Chemische Verbindungen; wasserlöslich; Verwendung: Wasch- und Reinigungsmittel. Basiert auf der Zerstörung der Oberflächenspannung.

THERMOSTAT

Regelt den Kühlkreislauf eines wassergekühlten Motors; oberhalb einer vorgegebenen Temperatur, i.d.R. zwischen 65° und 85° C, öffnet das Thermostat-Ventil einen größeren Kühlkreislauf. Mit diese Technik wird erreicht, dass das Triebwerk schneller auf Betriebstemperatur kommt.

TPS

Throttle Position Sensor, Drosselklappen-Positions-Sensor, Messwert gibt Auskunft über die Stellung der Drosselklappe und damit über den Lastzustand des Motors.

TRAC

(Honda 1983), Torque **R**eactive **A**ntidive **C**ontrol; Anti Dive-Einrichtung an der Vorderradgabel; erstmals kam das System an der GL 1100 Gold Wing (1981) zum Einsatz. Es soll ein zu schnelles Eintauchen der Gabel beim Bremsen verhindern. Technisch gesehen wird die Eintauchgeschwindigkeit durch die Anhebung der Dämpferdruckstufe reduziert. Dazu drücken die Bremssättel beim Bremsvorgang aus ihrer Ruhestellung auf einen Bolzen, der durch die Bewegung im Inneren der Gabel eine gelochte Regelblende mit vierfach einstellbarem Querschnitt verschiebt und so den Fluss des Ölstroms beeinflusst. Die ersten beiden Einstellungsstufen waren in der Praxis kaum spürbar, Stufe drei und vier brachten nachvollziehbare Veränderungen. Von den bekannten Anti Dive-Systemen war das TRAC-System das funktionellste. Da es von der Bremshydraulik entkoppelt war, hatte es keinen Einfluss auf das Bremssystem. Im Laufe der Jahre wurden viele Honda-Modelle mit diesem System ausgestattet. Da seinerzeit eigentlich alle Motorräder mit zu lasch gedämpften Telegabeln ausgerüstet waren, konnte dieses System prinzipiell überzeugen.

TRANSPONDER

Um bei einer Rennmaschine die Daten für die Zeitnahme an die Rennleitung zu übertragen, ist das Fahrzeug mit einem kleinen Sender ausgestattet. Über eine Induktionsschleife in der Fahrbahn ermöglicht das elektronische Bauteil eine exakte Zeitnahme bei Rennveranstaltungen. Die Genauigkeit liegt in der Regel bei 0,001 Sekunden. Der Sender ist meist am Fahrzeugheck untergebracht.

Telelever der BMW R 1200 GS

Kawasaki verwendet den K-Tric-Sensor bei verschiedenen Vergaser-Typen, wie z.B. der ZRX 1200 ab Mod. 2001.

TRIUMPH

Triumph gehört zu den ältesten Motorradherstellern der Welt. Motorräder baut man im britischen Coventry bereits seit 1903. Nach der Zerstörung im Zweiten Weltkrieg baute man in Meriden ein neues Werk. In den goldenen fünfziger und sechziger Jahren erreichte man mit den Modellen Thunderbird, Tiger und Bonneville großen Ruhm. Nach dem Konkurs im Jahre 1983 wagte John Bloor 1991 einen Neuanfang. Seitdem gehören Triumph-Motorräder wieder zu den modernsten der Welt und genießen einen exzellenten Ruf.

1884 emigriert der deutsche Kaufmann Siegfried Bettmann nach England. Zu dieser Zeit erlebt der von Muskelkraft betriebene Drahtesel eine Hochkonjunktur. Als cleverer Geschäftsmann macht sich Bettmann selbstständig und vertreibt ab 1886 Fahrräder unter dem Namen Triumph. 1887 trifft der Firmengründer den ebenfalls von Deutschland nach England ausgewanderten Ingenieur Moritz Schulte. Kurz darauf tritt er dem Unternehmen mit Sitz im britischen Coventry bei und ist Initiator des ersten Triumph-Motorrades. Als man kurz vor der Jahrhundertwende ein großes Grundstück kauft, sind die Weichen für eine professionelle Massenproduktion gestellt. Mit fortschreitender Technik geht die Firma im Jahr 1902 zur Produktion von Motor-betriebenen Fahrrädern über. Das erste Triumph-Motorrad ist das Werk von Moritz Schulte. Angetrieben wird es von einem knapp 2 PS starken Einzylinder-Motor. Aufgrund ihrer Robustheit erhält die Triumph Cycle & Co. später von der Armee wichtige Aufträge.

1903 findet der erste, 293 ccm große JAP-Motor den Weg ins Triumph-Fahrgestell. Schnell klettern die Produktionszahlen auf über 250 Exemplare pro Jahr. Parallel kooperiert man mit dem belgischen Motorproduzenten Minervar sowie Fafnir aus Deutschland. 1905 stellt Triumph schließlich sein erstes in vollständiger Eigenregie hergestelltes Motorrad vor. Der seitengesteuerte Einzylinder-Viertaker mit 363 ccm (22 cui) Hubraum leistet 3 PS. Die britische Motorradindustrie boomt, so dass im Jahre 1907 allein in England bereits über 60.000 Triumph-Motorräder gemeldet sind. Herstellung und Montage finden quasi unter einem Dach statt. Man versucht sich in den unterschiedlichsten Konstruktionen, testet Zwei- und Viertakter mit einen und mehreren Zylindern. Heraus kommt dabei unter anderem die beliebte Junior mit 225 ccm großem Einzylinder-Zweitaktmotor. 1914 erscheint das Model H. Die 500 ccm große Einzylindermaschine mit Dreiganggetriebe wird in riesigen Stückzahlen für das britische Militär produziert. Bekannt ist auch das einzylindrige Model R mit vier Ventilen, das der britische Konstrukteur Harry Ricardo entwarf. In den folgenden Jahren hatte Triumph ein stetiges Wachstum zu verzeichnen und produziert seit 1923 auch Automobile. Im gleichen Jahr erscheint auch die wenig erfolgreiche LS 350 mit Einzylinder-Viertakter. Das Besondere ist das Motorgehäuse in Blockbauweise. Viel Verbreitung findet das Model P (1924) mit 500-ccm-Viertakt-Einzylinder, das aufgrund seines günstigen Preises für florierende Absätze sorgt. Zu dieser Zeit war der Einzylinder-Viertakter bei Triumph das Maß der Dinge. Ein Jahr später hatte die Motorradfabrik in Coventry bereits eine Größe von 50.000 Quadratmetern, beschäftigte rund 3.000 Mitarbeiter und konnte Produktionszahlen von bis zu 30.000 Einheiten pro Jahr vorweisen. Schon zu dieser Zeit stand Triumph für ein Höchstmaß an Zuverlässigkeit, was der Marke schließlich den Slogan »Trusty Triumph« einbrachte.

Anfang der dreißiger Jahre leidet auch Triumph unter der Weltwirtschaftkrise und entschließt sich, die Auto- und Motorradproduktion voneinander zu trennen. Wenn es um die Kostenreduzierung geht, konnte der Zweitakter gegenüber dem Viertakter klare Vorteile vorweisen. Darum bringt man zu dieser Zeit das Model X mit einem 175er Einzylinder-Zweitaktmotor auf den Markt. Unterdessen stellt Triumph 1932 die Fahrradherstellung ein. Im gleichen Jahr konstruiert Val Page, ehemaliger Konstrukteur bei Ariel und verantwortlich für die obengesteuerten 500ccm-Motoren der berühmten Red Hunter-Modelle, eine Einzylinder-Generation für Triumph. Die luftgekühlten Motoren haben einen Hubraum mit 250, 350 und 500 ccm und bilden ein festes Standbein der Marke. Nachdem Val Page zu BSA wechselte, übernimmt 1934 der britische Konstrukteur Edward Turner dessen Arbeit bei Triumph. Unter Leitung des ehemaligen Ariel-Besitzers Jack Sangster (ehemaliger Ariel-Besitzer) entwirft Turner den legendären SpeedTwin-Paralleltwin, der erstmals in der 500 ccm großen T5 (1937) zum Einsatz kommt. Bis zum Untergang der Marke hält man an diesem Konzept der »Iron Ladies« fest und prägt damit mehrere Jahrzehnte der Motorradgeschichte. Die T5 ist auch das Motorrad, dass das Ende der leistungs- und hubraumstarken Einzylinder-Viertakt-Motoren einläutet und Triumph an die Spitze des Weltmarktes katapultiert. Ihre Nachfolger Thunderbird, Trophy, Tiger, Daytona und Bonneville sind in den nächsten Jahren in aller Munde. Im Zweiten Weltkrieg beschlagnahmt die Regierung praktisch alle gebauten Maschinen, um sie im Krieg als unproblematische und wendige Militärkräder einzusetzen. Dadurch war selbst während des Krieges die Produktion gesichert. Umso niederschmetternder war am 14. November des Jahres 1940 die völlige Zerstörung des Werkes in Coventry durch deutsche Bomben.

Um die Produktion dennoch fortsetzen zu können, verlegt man die Fertigung vorübergehend nach Warwick, später nach Meriden, unweit von Birmingham. Bis Kriegsende verlassen dort knapp 50.000 Triumph-Motorräder die Hallen. 1946, also gleich nach dem Zweiten Weltkrieg, produziert man wieder für den zivilen Bereich. In dieser Zeit erlangen die 350er- und 500er-SpeedTwin-Motoren weltweite Anerkennung. In kurzer Zeit reanimiert man das Händlernetz in den USA. 1949 wird der »Triumph Owners' Motor Cycle Club« in England gegründet. Im September des Jahres wird das neue Top-Modell, die 650 Thunderbird, vorgestellt. Grund war in erster Linie der große Verkaufserfolg auf dem so wichtigen amerikanischen Markt. 1951 geht Triumph in den Besitz des BSA-Konzerns über, bleibt aber weiterhin als eigenständige Marke bestehen.

In den fünfziger Jahren beginnt für Triumph das goldene Zeitalter. Während dieser Ära stehen Charakterschauspieler wie Steve McQueen (»Die große Flucht«), Marlon Brando (»The Wild One«) und Clint Eastwood (»Coogan's Bluff«) neben den nicht minder ausdrucksstarken Triumph Bonneville, Thunderbird und Tiger. Viele Jahre später ist es Richard Gere, der als »Offizier und Gentleman«

1. Klassische Werte ernstzunehmen und sie mithilfe moderner Technologie bei guter Verarbeitung umzusetzen, gehört zu den primären Zielen von Triumph. Eine Triumph Bonneville ist dafür ein Paradebeispiel.

auf einer Bonneville T140 über die Leinwände flimmert. Namen und Szenen, die das einzigartige Image unterstreichen, das man (wenn überhaupt) am ehesten mit dem von Harley-Davidson vergleichen kann. Die Ende 1958 vorgestellte Bonneville T120 gehört zu den größten Erfolgen der Marke und wird in weiterentwickelten Typen insgesamt über einen Zeitraum von 25 Jahren in Meriden gebaut und noch bis über den Konkurs der Marke im Jahre 1983 hinaus vertrieben. Die Bonneville T120 basierte auf der Tiger T110. In ihrem Namen verweist die »Bonnie« auf die Rekordfahrt von Johnny Allen, der auf den amerikanischen Salzseen von Bonneville/Utah mit gemessenen 344 km/h (214,7 mph) im September 1956 den alten NSU-Rekord brach. In den fünfziger und sechziger Jahren gehörten umgebaute Triumph-Twins in den USA auch im Gelände zu den beliebtesten Motorrädern, den so genannten »desert-sleds«. Mit den Jahren wurde die Bonneville stetig modellgepflegt. Wichtige Station war das Modelljahr 1963, als die »Bonnie« das neue Motorengehäuse bekam. Durch die »unit construction«-Bauweise wurden Motor und Getriebe fortan in einem Gehäuse zusammengefasst. Neu war auch der gegabelte Einschleifen-Rohrrahmen aus Stahl.

Um dem aufkommenden Bedarf an hubraumschwächeren Motorrädern nachzukommen, stellt man kleine Einzylinder-Viertakt-Maschinen mit 125, 200 und 250 ccm vor. Bis 1965 klettert die Jahresproduktion in Meriden auf 40.000 Exemplare, von denen allein mehr als 30.000 Motorräder nach Amerika exportiert werden. 1966 gewinnt Triumph erstmals das 200 Meilen-Spektakel im amerikanischen Daytona und beendet damit die lang anhaltende Siegesserie von Harley-Davidson. Viele Jahre wurde die Bonneville auch erfolgreich im internationalen Rennsport eingesetzt. Die erste TT für Serienmotorräder wurde 1967 von John Hartle auf einer Bonneville gewonnen. Zwei Jahre später fuhr Malcolm Uphill auf seiner Siegesfahrt die erste 100-mph-Runde in der Geschichte der traditionsreichen Isle of Man. 1968 erscheint die dreizylindrige Trident mit 750 ccm, deren Erfolg im darauf folgenden Jahr die Produktion nochmals auf 46.800 hergestellte Fahrzeuge erhöht. Währenddessen begeistert Publikumsliebling Evel Knievel die Massen bei seinen Stuntvorführungen und ist dabei nicht selten auf einer Bonneville unterwegs. Seine wohl spektakulärste Vorstellung lieferte er auf einer TT Special, mit der er 1968 in Las Vegas über eine Fontäne sprang, sich bei der Landung jedoch beträchtliche Verletzungen zuzog.

Anfang der siebziger Jahre bekam Triumph durch Verarbeitungsmängel und eine problematische Teileversorgung Schwierigkeiten. Außerdem rächte sich die fehlende Investition in die Entwicklung neuer Motorräder, so dass sich viele Motorradfahrer für ein Produkt aus Japan oder Italien entschieden. Da die britische Regierung seit jeher ein Interesse an der gesunden Produktivität des Unternehmens hatte, sprach man sich 1972 für einen Zusammenschluss von BSA/Triumph und Norton-Villiers aus. 1973 wurde der Bonneville-Motor auf 725 ccm, 1975 auf 744 ccm vergrößert – die Bonneville T140 war geboren. Während man auch eine Bonneville T140V mit Fünfganggetriebe im Programm hatte, plante das unter dem Namen »Norton-Villiers-Triumph« (NVT) geführte Unternehmen jedoch die Schließung des Werkes in Meriden. Das wiederum führte zum Streik der Arbeiter, die sich zur »Meriden Workers' Cooperative« zusammenschlossen. Ein Jahr lang verließ kein fertiges Motorrad mehr die Hallen. Eine finanzkräftige Unterstützung der Regierung beendete schließlich die lang anhaltenden Verhandlungen, so dass die Produktion der Bonneville und Tiger wieder aufgenommen werden konnte. Die Auftragslage stabilisierte sich zwar nur langsam, doch stieg die Produktion bald wieder auf 350 Motorräder pro Woche. Es gab verschiedene Ausführungen, wie die verkleidete Bonneville Executive und eine achtventilige Bonneville TTS (1980). Die Bonneville war jedenfalls das letzte Modell, das von Triumph in Meriden zur Zeit der Werksschließung 1983 gebaut wurde. Obwohl die Marke schon kurz darauf den Besitzer wechselte, produzierte LF Harris in Newton Abbot/Devon zwischen bis 1988 noch rund 1.300 Exemplare in Lizenz.

John Bloor, ein erfolgreicher Unternehmer aus Großbritannien, nutzte die Gunst der Stunde und erwarb kurz nach der Liquidation die Rechte der havarierten Motorradmarke. In den folgenden Jahren plant er Schritt für Schritt die Wiedergeburt der Traditionsmarke und scheut selbst die horrenden Investitionen in ein völlig neues Werk nicht. Bereits Mitte der achtziger Jahre lagen die ersten Entwürfe neuer Motorräder vor. Während der alte Sitz in Meriden längst abgerissen war, entsteht in Hinckley auf einer Fläche von 40.000 Quadratmetern die modernste Motorradfertigungsstätte der Welt.

Zwecks Kostensenkung greift man bei der Konzeption auf das Baukastensystem zurück. So lassen sich zahlreiche Einzelteile in mehreren Typen verwenden. Durch diese Mehrfachnutzung gelingt John Bloor der kaufmänni-

3. Sie kam und fuhr sich schnell in die Herzen vieler Motorradfahrer. Die erste Speed Triple von 1994 lebte hauptsächlich vom 900er Dreizylinder-Reihenmotor, dessen Klang nicht durch irgendwelche Verkleidungsteile geschluckt wurde. 1996 kommt die völlig neue T509-Speed Triple (Bild). Gekonnt schwingt sich das Leichtmetall-Rohrgeflecht um den Daytona-Motor. Passend dazu die voluminiöse Einarmschwinge, die den 190er-Hinterradpneu in der Spur hält. Entgegen dem ersten Eindruck taugt der Street Fighter hervorragend für die alltägliche Fahrt ins Büro, genauso wie für den schnellen Sprint über die Quartermile. Technisch bietet die T509 von 2002 einen, bis auf den Einbruch im mittleren Drehzahlbereich, potenten Motor mit G-Kat. Dazu ein handliches, straff abgestimmtes Sportfahrwerk, mit Vorderrad orientierter Sitzposition, das sich im kurvenreichen Labyrinth am wohlsten fühlt. Der erste Streetfighter von der Stange. Mit Vollgas aufrecht sitzend über die Autobahn zu fegen wird dagegen nicht jedem Freude machen. Aber manche stehen sogar drauf (... Autor nickt).

2

sche Kunstgriff der Kostenreduzierung bei gleichzeitig höherem Qualitätsstandard. Das Resultat konnte sich mehr als sehen lassen. So standen auf der IFMA 1990 insgesamt sechs unterschiedliche Vorserien-Modelle (1200 Trophy, 1000 Daytona, 900 Trophy, 900 Trident, 750 Daytona, 750 Trident) mit drei Konzepten (Daytona, Trident und Trophy) und zwei Motoren in vier Varianten (750/900 Dreizylinder, 1000/1200 Vierzylinder, alle wassergekühlt). Die Fachwelt war verblüfft über die qualitativ hochwertigen Motorräder, die zu dieser Zeit alle auf einem einzigen Fließband hergestellt wurden. Anfangs belief sich die Produktion auf acht bis zehn Motorräder pro Tag.

Bei der ersten Generation sind sämtliche Modelle mit dem 12,6 kg schweren Zentralrohrrahmen aus hochfestem Chrommolybdän-Stahl ausgerüstet, der das DOHC-Triebwerk von oben aufnimmt. Bei der so genannten T300-Baureihe übernimmt der Motor eine mittragende Funktion, so dass auf zusätzliche Rahmenunterzüge verzichtet werden kann. Trotzdem sind die ersten Triumph der Hinckley-Ära keine Fliegengewichte. Im Vordergrund stand die Entwicklung hochwertiger und ausgereifter Fahrzeuge, die sich insbesondere durch ein hohes Maß an Zuverlässigkeit auszeichnen sollten – ganz so, wie es früher bereits Tradition war. Technisches Neuland wollte man nicht betreten. Vielmehr ging es darum, die vorhandenen Möglichkeiten optimal zu nutzen, um eine höhere Qualität zu erzielen. So wurden beispielsweise die Gussteile des Motorgehäuses mit einer Imprägnierung versehen, die einem späteren Öl- oder Druckverlust von vornherein entgegenwirken. Eine Besonderheit, die sich sicher so manch alter Bonnie-Treiber herbeigesehnt hätte. Um Kurbelwellenbrüchen vorzubeugen, dimensionierte man diese deutlich kräftiger als üblich. Getreu dem Motto »Vertrauen ist gut, Kontrolle noch besser« lässt man den Rahmen auf einer simulierten Kopfsteinpflasterstraße auf Materialermüdung testen. Auch hier zahlt sich eine stabilere Auslegung über kurz oder lang aus.

Nach dem Neubeginn war die 750 Trident die kleinste, günstigste und trotz ihrer immerhin fünf Zentner Gewicht noch die leichteste Triumph. Das damalige Top-Modell, die 1200 Trophy, bringt stattliche 285 kg auf die Waage und kostet im ersten Jahr 18.390 Mark. Der Tourer wird in Deutschland als 100 PS-Version ausgeliefert. Sportfahrer waren mit der 97, bzw. 105 PS starken 750/1000 Daytona besser beraten. Bei allen Modellen wird das kettengetriebene Hinterrad von einer Alu-Schwinge geführt und mittels Excentern gespannt. Gefedert und gedämpft wird über ein Zentralfederbein, das sich mittels hauseigenem Tri-Link-System am Rahmen abstützt. Zum Markenzeichen gehörte anfangs auch der riesige 25-Liter-Tank, über den sich besonders kleinere Fahrer ordentlich strecken müssen. Große Fahrer fühlen sich hingegen auf Anhieb wohl. Die Trophy-Modelle zeichnen sich durch viel Komfort und eine umfangreiche Ausstattung aus. Bei identischem Konzept ist die dreizylindrige 900er jedoch deutlich handlicher als die vierzylindrige 1200er. Überzeugend waren schon damals die aerodynamischen Qualitäten der Verkleidung. Der agile Charakter des raubeinigen Triples passt jedoch besser zum puristischen Charakter der unverkleideten Trident-Modelle.

Dem Trend nach mehr Hubraum und höherer Leistung folgte Triumph im Modelljahr 1993. In diesem Jahr erhält die Ur-Daytona den ungedrosselt 1200er-Motor mit 147 PS. Seitdem sind sämtliche Daytona-Typen mit einem eigenartigen Mythos behaftet, der von Leistung und Ausdauer geprägt ist. Die kleinere 750 Daytona erhielt im Gegenzug den potenten 900er-Dreizylindermotor. Groß, stark und schnell ist auch die 86 PS starke Tiger (1993). Als Reiseenduro konzipiert, fährt sie der Konkurrenz in allen Belangen auf und davon. 200 km/h ging das intern als T400 bezeichnete Motorrad immer und überall, zeigte sich im Alltag ohne Zicken und bestach selbst in schnell gefahrenen Kurven durch Reserven. Soviel Souveränität kostete damals stolze 16.965 Mark. Zu dieser Zeit war Triumph bereits mehr als ein Geheimtipp. Triumph stand für Qualität und Exklusivität gleichermaßen.

Um auch den Bereich der bisher wenig beachteten Sporttourer besser bedienen zu können, präsentiert man 1993 die 900 Sprint. Wie die meisten Triumph-Modelle wird auch sie vom wassergekühlten 855-ccm-Dreizylinder angetrieben. Ihr Einsatzgebiet ist quasi irreversibel, wenn man mal von unbefestigtem Untergrund absieht. Die Verkleidung bietet genügend Windschutz, um auch hohe Durchschnittstempi schmerzfrei zu überstehen. 1994 erscheint die sportlichste aller bisherigen Triumph-Maschinen, die 900 Daytona Super III. Gegenüber der Standard-Version verfügt sie über zwei Sechskolben-Bremszangen im Vorderrad und verschiedene Carbon-Teile. Das eigentlich Besondere ist allerdings das leichtere Motorgehäuse mit dünneren Wandungen. Parallel wird die erste »Speed Triple« eingeführt. Auf solch ein unverfälschtes, geradliniges Motorrad hatte man seit langem gewartet. Während Kawasaki mit den Zephyr-Modellen bereits hinreichend das Naked Bike-Klientel bediente, Honda's CB 1000 Big vielen Interessenten zu teuer erschien, traf Triumph mit dem schon legendären 900-Dreizylinder mitten ins Schwarze. In keiner anderen Triumph kam der kraftvolle Triple bisher so eindrucksvoll zur Geltung. Das Handling war bei einem Lenkkopfwinkel von nur 63° nicht weltbewegend, aber dafür stabil. Wer mit ihr schnell sein wollte, musste sich schon bemühen und die alte Schule des Motorradfahrens

3. Die Trophy 1200 ist ein schwerer Tourer. Erstmals wurde sie 1991 mit 100 PS vorgestellt. Mit dem seit 1998 voll justierbaren Zentralfederbein lassen sich auch individuelle Wünsche einstellen. Zudem bietet es bei voller Beladung mehr Reserven. Der Kulttourer ist 2003 der letzte der große Vierzylinder-Baureihe aus England.

beherrschen. Damit hatte das völlig unverkleidete Motorrad schnell den Ruf als Männer-Maschine weg.

Etwas beschaulicher, aber mindestens genauso stolz zeigt sich die britische Polizei seit 1994 auf den dreizylindrigen Trident- und Trophy-Modellen. John Bloor hatte sie bereits seit langem auf der Warteliste stehen, doch gehörte es zu seiner oberen Priorität, die Marke vorerst am Markt zu etablieren und den weltweiten Kundenwünschen nachzukommen. Denn die Nachfrage stieg Jahr für Jahr weiter, so dass neue Fertigungsanlagen her mussten. Bis zu diesem Zeitpunkt hatte Triumph in Hinckley bereits über 20.000 Motorräder produziert. Allein 1995 verließen 12.000 Fahrzeuge das Werk. Im gleichen Jahr wird auch die schnörkellose Thunderbird (1995) vorgestellt. Der Dreizylinder erweist sich hier zum wiederholten Male als echtes Multitalent, das Durchzugskraft und Drehfreude in sich vereint. Ungleich mächtiger präsentieren sich die für 1996 stark modellgepflegten Trophy-Modelle. Weiche Formen prägen das Erscheinungsbild, die Verkleidung wurde noch voluminöser, das Fahrwerk handlicher und komfortabler zugleich. Ohne Aufpreis gibt's außerdem ein hochwertiges Gepäcksystem, wofür man anderswo viel Geld auf den Tresen legen muss.

Optisch erinnern die beiden schräg gestellten Scheinwerfer an Schiffsbullaugen. Im gleichen Jahr erhält die Thunderbird Verstärkung im eigenen Haus. Die einsitzige Adventurer (1996) ist mit ihrem hochgezogenen Lenker prädestiniert zum genüsslichen Flanieren. Als Antrieb dient auch hier der multitalentierte 900er-Triple.

4. *Mit der Daytona 955i bietet Triumph den sportlichen Fahrern einen potenten Dreizylinder-Reihenmotor mit derzeit 147 PS.*

Es war an der Zeit Modelle anzubieten, die sich nicht mehr so stark am Baukastenprinzip orientierten. Die Zeit war reif für mehr Eigenständigkeit. Individualität statt Konfektionsware lautete die Devise. Das Ergebnis präsentierte John Bloor auf der IFMA 1996 in Köln. Die ersten Modelle einer neuen Generation waren die Daytona T595 und die Speed Triple T509. Hinter diesen auf den ersten Blick verwirrenden Bezeichnungen steckt eine ähnliche Technik, jedoch zwei unterschiedliche Konzepte. Entsprechend dem Zeitgeist war es nötig, die beliebte Daytona und Speed Triple auf den aktuellen Stand der Technik zu bringen. Beide wurden sportlicher und sichtlich aggressiver gestaltet. Während sich die Daytona vom Sportler zum Beinahe-Supersportler mauserte, reifte die Speed Triple vom Naked Bike zum Streetfighter. Damit war die T509 das erste in Großserie produzierte Motorrad jener Klasse. Wichtigstes Merkmal beider Modelle ist der neue, aus Ovalrohr bestehende Leichtmetall-Brückenrohrrahmen, der vorn eine massive, steil anstehende 45er Telegabel und hinten eine Einarmschwinge aus Aluminium aufnimmt. Er bildet die gleiche Basis der beiden Neuerscheinungen. 108 PS holt die Speed Triple aus exakt 885 ccm Hubraum. Die Daytona schafft 126 PS aus 955 ccm. Die Abgase der beiden neu konstruierten Dreizylinder werden über Katalysatoren bereinigt. Die Hubraumdifferenz resultiert aus der um drei Millimeter grö-

5. Mit der Tiger gelang Triumph 1993 der Eintritt ins Großwildgehege der Reiseenduros. Anfangs noch mit dem 855 ccm großen Dreizylinder der Trident, erhält sie 2001 den modifizierten Einspritzmotor und G-Kat der Daytona. Im Modelljahr 2004 lockt der Hersteller mit zusätzlichem Zubehör wie lackierten Koffern, Griffheizung und Hauptständer.

5

ßeren Bohrung des Daytona-Motors, dessen Ein- und Auslasskanäle von Lotus entwickelt wurden. Beide verfügen, wie auch die vorherigen Modelle aus Hinckley, über je vier Ventile pro Zylinder im DOHC-Kopf. Erstmals gelangt der Kraftstoff bei einer Triumph über Einspritzdüsen in die Brennräume.

Die Thunderbird Sport von 1998 kommt hingegen mit drei konventionellen Flachschiebervergasern aus, die nach dem Gleichdruckprinzip arbeiten. Auslassseitig bereinigt ein ungeregelter Kat die Abgase des 87 PS starken Fahrzeugs und entlässt sie über eine 3-2-Auspuffanlage wieder ins Freie. Im Vergleich zur Thunderbird und Adventurer verzögert sie vorn über eine Doppelscheibenbremse. Sportlichkeit strahlt der schwarz lackierte Motor aus. Ein Jahr darauf bekommt die Speed Triple den 955 ccm-Motor der '98er Daytona implantiert, wird jedoch im mittleren Drehzahlbereich auf mehr Durchzug getrimmt und erreicht darum nicht das Leistungsniveau der Daytona. Auch wenn's mit der Elastizität trotz der Bemühungen ein wenig hapert – in dieser Version erreicht die Speed Triple einen noch größeren Bekanntheitsgrad als in den Jahren zuvor. 1999 erscheint auch die Legend TT, die auf der Thunderbird (1995) basiert. Bei ihr ist das Heck des Zentralrohrrahmens ein wenig abgesenkt. Bei der Legend TT kommt die Kunst des Weglassens besonders gut zur Geltung. Mit Einsteiger-freundlichen 740 mm

6. Die 600 Daytona hatte bei ihrer Vorstellung einen schweren Stand gegen die etablierte Konkurrenz aus Fernost. Der wassergekühlte Reihenvierzylinder kommt erst im oberen Drehzahlbereich richtig zur Geltung. Das Fahrwerk besticht durch seine in sportlicher Hinsicht sehr gelungenen Abstimmung (Bild zeigt Modell 2004).

6

7. *Wer Lust auf Jäger hat, die Speed Triple zu groß oder aber zu teuer ist, hat seit der Präsentation vom 17. Januar 2002 in Brüssel die Gelegenheit, sich für eine unverkleidete 600er Triumph zu entscheiden. Basis ist die TT 600, bei der man einfach die Vollverkleidung durch einen Bikini-Schutz ersetzt hat. Motorisch und fahrwerkstechnisch bleibt alles wie gehabt.*
8. *Die Adventure wurde 1996 präsentiert. Als Antrieb dient auch hier der multitalentierte 900er-Triple und singt sein friedliches Lied von Kraft und Seligkeit. Ein Bike für Individualisten, die neben dem Genussfaktor Motorrad nicht auf die praktischen Vorzüge verzichten wollen.*

Sitzhöhe fühlen sich Damen wie Herren gleichermaßen wohl. Bis auf rund 190 km/h treibt der ungedrosselt 68 PS starke Drilling die barock anmutende Maschine. Auch eine 34-Version wird angeboten. Wie die Optik bereits vermuten lässt, ist sie wie geschaffen für Überlandfahrten, oder die tägliche Fahrt zur Arbeit. Natürlich vorzugsweise bei schönem Wetter und polierten Drahtspeichenrädern.

Lange Zeit war die Tiger die schnellste Reiseenduro. Doch die Konkurrenz rüstet auf, und Honda's XRV 1000 Varadero (1999) zielt klar in die Tiger-Ecke, genauso wie die spätere Aprilia ETV 1000 CapoNord (2001). Da konnten sich die Briten nicht länger bitten lassen. Und wie man weiß, macht man die Sache in Hinckley entweder richtig oder gar nicht. So wanderte die nicht mehr ganz zeitgemäße Vergaseranlage auf direktem Weg ins interne Museum. Von nun an versorgt eine Einspritzanlage die drei Zylinder des 85 PS starken Triples. Auch der Stahlrahmen windet sich ein wenig enger um den 12-Ventiler. Die Folgen sind unter anderem ein kürzerer Radstand und eine insgesamt kompaktere Bauweise. Der Schwerpunkt liegt nun etwas tiefer und ist mitverantwortlich für die verbesserte Handlichkeit. Um die Modellpflege im wahrsten Sinne des Wortes rund zu machen, kam die 205 km/h schnelle Raubkatze auch an einem Face-Lifting nicht vorbei. Die Bremsscheiben wuchsen im Durchmesser von 276 auf 285 mm.

Seit 1999 heißt die Daytona T595 nun 955i Daytona. Grund war die bereits angesprochene Verwirrung der Kundschaft, die sich wohl lieber eine klassische Modellbezeichnung mit Hubraumangabe und Beinamen wünschte. Das »i« steht natürlich für »Injection«, bzw. Einspritzung. Technisch wurden lediglich kleinere Pflegemaßnahmen nötig. 2001 verhält es sich hingegen umgekehrt. Unter gleichem Namen wird eine praktisch komplett neue Daytona präsentiert, die zahlreiche japanische Erkennungsmerkmale aufweist. Wie zum Beispiel die Verkleidungsfront, die ein wenig an die Suzuki GSX-R W-Modelle (ab 1992) erinnert. Genauso wie die solide Zweiarmschwinge, die aus technischer Sicht zwar Stabilitäts- und Gewichtsvorteile (3,3 Kg) bringt, von ihrer Erscheinung jedoch unauffälliger wirkt. Dafür sank das Trockengewicht um 10 kg auf 188 Kg. Der kürzere Radstand mit steilerem Lenkkopfwinkel (früher 66°, jetzt 67,2°) kommt der Handlichkeit zugute. Auch motorisch tat sich einiges: Durch einen engeren Ventilwinkel wurde eine höhere Verdichtung möglich, mit dem Resultat, dass am Ende der Maßnahmen eine Motorleistung von stattlichen 149 PS ansteht. Neu ist auch das Motorgehäuse, das nun im Hochdruck-Aluminiumguss-Verfahren (High pressure die-cast = HPDC) hergestellt wird und deutlich präziser gefertigt werden kann. Kurzum: Triumph möchte auch bei den Supersportlern ordentlich mitmischen. Kein leichtes Unterfangen, kämpft die Konkurrenz doch mit extrem harten Bandagen. Günstige Preise, hohe Fahrleistungen und handlich-stabile Fahrwerke legen die Messlatte unbequem hoch.

Einfacher schaut's da im Bereich der Sporttourer aus – zumindest auf den ersten Blick. Doch bei genauerer Betrachtung ist der perfekte Spagat zwischen Sport und Tour in der Praxis noch weitaus schwieriger umzusetzen. Mit der 955i Sprint ST (1999) wagt sich Triumph auf das Terrain der Honda VFR, jenes preisgekrönten Allrounders, der sich in keiner Disziplin eine Blöße gibt. Triumph fasst sich ein Herz und konstruiert einen neuen Leichtmetallrahmen im Brücken-Format. Auf diese Art lässt sich am einfachsten eine direkte und damit stabile Verbindung zwischen Steuerkopf und Schwingenaufnahme herstellen. Gleichzeitig ist dieses Prinzip in der Produktion nicht so teuer wie der Oval-Rohrrahmen der Daytona oder Speed Triple. Geerbt hat sie hingegen die praktische Einarmschwinge, die dank Hauptständer den Hinterradwechsel zum Kinderspiel werden lässt. Das 21-Liter großes Spritfass gibt seinen Inhalt via Kraftstoffpumpe an eine Einspritzanlage weiter, die dem Dreizylinder-Reihenmotor offen zu 105 gepflegten Pferdestärken und ordentlicher Fahrleistung verhelfen.

Wie engagiert die Briten sind, dokumentiert die Tatsache, sich im Jahr 2000 in der stark umworbenen 600er-Klasse etablieren zu wollen. Die TT 600 leistet ungedrosselt beachtliche 109 PS bei 12.800 min^{-1}, gibt sich charakterlich allerdings nicht so harmonisch wie die Mitstreiter aus Fernost. Angetrieben von einem wassergekühlten Vierzylinder-Viertakter (B x H: 68 x 41,3 mm, Verdichtung: 12,5:1) mit insgesamt 16 Ventilen im DOHC-Zylinderkopf und Kraftstoffeinspritzung, sind die Fahrleistungen zwar konkurrenzfähig, werden allerdings vom schmalen Drehzahlband geprägt. 68 Nm bei 11.000 min^{-1} verdeutlichen den für einen Serienviertakter kleinen, nutzbaren Bereich von gerade mal 1.800 min^{-1}. Schnell reagiert der Hersteller mit geänderten Kennfeldern für das Motormanagement, doch vergehen rund zwei Jahre, bis auch die Fachpresse restlos von den Qualitäten der TT 600 überzeugt ist. Das Fahrwerk gab hingegen nie Grund zur Klage. Auf den Millimeter genau,

9. *Der Brand im Oktober 2002 zerstörte einen Teil des Werkes und warf Triumph um ein halbes Jahr zurück.*

10. *Sauberkeit und Ordnung wird in Hinckley groß geschrieben. Da stehen Kästchen neben Kästen, Schräubchen neben Schrauben und nebenbei läuft das Band. Für den Außenstehenden ein organisiertes Chaos. Der Insider zollt Respekt.*

super handlich und absolut souverän lässt sie sich in Schräglage bringen.

Auf der INTERMOT 2000 stellt Triumph die neue Bonneville vor. Ein Name, der den Flair der fünfziger Jahre authentisch versprüht und auch technisch überzeugen kann. Die von Grund auf neu konstruierte Bonneville wird standesgemäß von einem luftgekühlten Zweizylinder-Viertakt-Twin angetrieben. Der 790 ccm (48 cui) große Paralleltwin leistet 60 PS und ist ein klassischer Geselle, der mit modernen Mitteln wie Doppelvergaser und Katalysator zeitgemäß ausgerüstet wurde. Anlässlich des 100-jährigen Firmenjubiläums wird 2001 die 61 PS starke Sonderausgabe Bonneville T100 Centennial vorgestellt und unterstreicht mit dem gebürstetem Motorgehäuse ihre Position als traditionelles Wahrzeichen der Marke. Im Jahr 2002 erfährt die Speed Triple eine umfangreiche Modellpflege. So erhält sie den 2001er Daytona-Motor, der jedoch zugunsten eines besseren Drehmomentverlaufes auf 120 PS »gedrosselt« wird. Ein G-Kat löst den bis 2001 verwendeten U-Kat ab, ein zu-

12

11. *Die 900 Thruxton betont ab 2004 wieder die klassische Linie.*
12. *Die Triumph Rocket III strotzt vor Kraft: 142 PS und ein aberwitziges Drehmoment von 200 Nm bei gerademal 2.500 /min sprechen eine klare Sprache. Doch damit nicht genug. Der Dreizylinder toppt mit 2,4 Litern Hubraum alles bisher in Serie produzierte.*

11

sätzliches SLS macht den Triple zudem umweltfreundlicher. Im Vergleich zum Vorjahresmodell reduziert sich das Gewicht nochmals um 7 Kilogramm. Fahrwerksseitig wurde sie weiter in Richtung Agilität getrimmt. Dank kürzerem Radstand, noch steilerem Lenkkopfwinkel (66,5 statt 66 Grad), leichtem Vorderrad der TT 600, den Daytona-Bremsen, angehobenem Heck, strafferem Fahrwerk sowie vielen anderen Details gibt sich die derzeitige Ausgabe der Speed Triple sportlicher denn je.

Angriffslustig wirkt auch die Speed Four (2002), bei der die TT 600 Pate stand. Bar jeder Verkleidung steht sie im Januar 2002 auf der Motorshow in Brüssel im Mittelpunkt des Geschehens. Ganz nach Speed Triple-Strickmuster zeigt die zierliche 600er freizügig, was sie zu bieten hat. Die Presse jubelt, etliche Fans sind ganz aus dem Häuschen, die Produktion läuft an, und dann ... dann geschieht in der Nacht vom 15. auf den 16. März das, was Triumph nach vielen erfolgreichen Jahren des Neuaufbaus wieder einen Tiefschlag versetzt: In einer der vier Montagehallen brach Feuer aus und richtete beträchtlichen Schaden an. Dank eines dezentralen und weltweit organisierten Netzwerks von Zwischenlagern in England, Kontinentaleuropa, USA, Australien und anderen Ländern bleibt der Schaden glücklicherweise überschaubar. Die weitere Produktion der »Super Four« verzögerte sich dadurch um etwa ein halbes Jahr. Vor dem Brand produzierte Triumph um die 100 Exemplare pro Tag, womit die Kapazitäten des alten Werks erreicht waren. Das neue Werk war bereits seit Anfang 2002 in vollem Produktionseinsatz, wodurch man die Stückzahl beinahe verdoppeln konnte. Das entspricht einer jährlichen Fertigungszahl von umgerechnet rund 50.000 Motorrädern pro Jahr. Seit September 2002 ist Triumph wieder voll einsatzfähig.

ImAugust 2003 werden die ersten offiziellen Bilder des Mega-Cruisers Rocket III veröffentlicht: 2,4 Liter Hubraum, 200 Nm Drehmoment bei 2.500 min^{-1} längseingebauter Dreizylinder-Reihenmotor. Triumph setzt erneut Maßstäbe.

TROCHOIDE

Besondere Form einer zyklischen Kurve, die durch das gerade Abrollen eines bestimmten Punktes auf einer Kreisbahn entsteht. Im Fahrzeugbau wird der rotierende Läufer beim Wankelmotor als Trochoide bezeichnet.
Siehe unter »Wankelmotor«

TT

Siehe unter »Isle of Man«

TURBOLADER

Der Turbolader ermöglicht die zusätzliche Aufladung der Zylinder mit energiereichem Kraftstoff und erhöht somit beträchtlich den Füllungsgrad. Ein spezielles Verdichterrad pumpt die Luft oder das Gemisch in die Brennräume, um dort für mächtig Wirbel zu sorgen. Gravierendster Unterschied zum Kompressor ist der Antrieb des Vorverdichters: Beim Turbolader dienen die eigenen Abgase zum Antrieb des Schaufelrades. Ein Kompressor wird mechanisch über Riemen oder Zahnräder angetrieben.

Aufgeladene Motorräder genießen einen zwiespältigen Ruf und erzeugen selbst in der heutigen Zeit, in der man 190 PS von der Stange kaufen kann, noch für feuchte Hände. Insbesondere wenn man zu Beginn der achtziger Jahre die Angebote japanischer Hersteller betrachtete. Doch beginnen wir 1979, als Fritz W. Egli sein Lieblingsstück jener Tage, den Motor der Kawasaki Z 900/Z 1000, für die »MRD 1« präparierte. Alles was er brauchte, war ein stabiles Gehäuse – eine Basis sozusagen, um die gewaltige Leistung auch zuverlässig ans Hinterrad zu transportieren. Im ersten Jahr erreichte er durch die Verwendung eines Turboladers bereits 180 PS, einige Jahre später gar 300 PS. Die Fachwelt jedenfalls staunte nicht schlecht über die erreichten 330 km/h. Das Wort »Turbo« war in aller Munde. Denn es war auch die Zeit, in der man erkannte, dass hubraumstarke Big Bikes einfach zu viel Gewicht mit sich herumschleppten. 260, 270 kg und noch mehr waren für eine 1000er völlig normal. Warum also nicht einen kleineren Motor nehmen und ihn von einem Turbolader ordentlich aufblasen lassen? Das jedoch war leichter gesagt als getan, denn der hohe Druck, die Kraftstoffzufuhr und die extrem hohen Drehzahlen bereiteten den Technikern einiges Kopfzerbrechen. Doch fleißig wie Japaner nun mal sind, war es nur eine Frage der Zeit, bis man auch diese Probleme in den Griff bekommen sollte.

Trotz gleicher Aufgabenstellung sahen die Ergebnisse von Honda, Yamaha, Suzuki und Kawasaki völlig unterschiedlich aus. Die Art und Weise, wie die Honda CX 500 T (82 PS) anno 1981, später die CX 650 T (100 PS), Yamaha's XJ 650 T (90 PS), Suzuki XN 85 (85 PS) oder ganz zu schweigen von einer Kawasaki GP Z 750 Turbo (112 PS), ihr Leistungspotential an den Tag legen, war hingegen gleichermaßen beeindruckend. Betrachtet man die im ersten Augenblick einfache Wirkungsweise eines solchen Vorverdichters, so wundert man sich, warum diese Technik nicht schon viel früher an den relativ leichtgewichtigen Mittelklassemotorrädern der Serie verbaute. Doch das hatte seine Gründe. Nicht umsonst wurde die Aufladung vorwiegend bei Rekordfahrzeugen angewandt. Schon früh nach der Geburtsstunde des Ottomotors erkannten Gottlieb Daimler und Rudolf Diesel, dass durch eine Vorkompression des Zylinderinhaltes der Verbrauch zu verringern und die Leistung zu erhöhen ist. Ursache dafür ist der bessere Füllungsgrad der Zylinder.

Hier sollte der Name des Schweizers Alfred Büchi nicht unerwähnt bleiben, da er derjenige war, der die Entwicklung der Abgasturboaufladung konsequent weiterentwickelte und im Jahre 1925 bereits eine Leistungssteigerung von enormen 40 Prozent zustande brachte. In den zwanziger Jahren, als man bei Motorradrennen die Leistung noch dort suchen durfte, wo man wollte (nur der Hubraum war begrenzt!), verbauten viele Techniker ihrem viertaktenden Rennerle eine Zwangsaufladung – den Kompressor *(Siehe auch unter »BMW«, BMW 500 Kompressor)*. Er unterscheidet sich prinzipiell durch den Antrieb des Verdichterrades vom Abgasturbolader. Kompressoren sind mit dem Motor mechanisch (i.d.R. durch Zahnriemen) gekoppelt, wogegen, wie der Name schon sagt, der Abgasturbolader die kinetische (Bewegungsenergie) als auch die Wärmeenergie des sonst nutzlos ins Freie verpuffenden Abgases nutzt. Der konstruktionsbedingte Nachteil des Kompressors liegt auf der Hand. Durch ebendiesen mechanischen An-

1. *Der Umgang mit der Turbotechnik erfordert HighTech vom Feinsten. Hochbelastete Lager und andere Bauteile lassen die Herstellungskosten bei kleinen Stückzahlen in ungeahnte Höhen schnellen. Mit aberwitzigen Drehzahlen rotiert die Läufereinheit im aufwändig hergestellten Gussgehäuse. Am Schaufelumfang entstehen Geschwindigkeiten von knapp 500 Km/h. Um die bei solch hohen Drehzahlen von bis zu 210.000 /min entstehende Wärme in ausreichendem Maße abführen und die Aufrechterhaltung des Schmierfilms gewährleisten zu können, besitzt der Turbolader in der Regel einen separaten Ölkreislauf. Eine Ölpumpe sorgt für eine adäquate Schmierung der Gleitlager. Auch hier ist jede Menge Know-how der Hersteller gefragt, denn die durch Drehzahlen und Temperaturen hochbelasteten Bauteile erfordern kleinste Fertigungstoleranzen und lassen keinen Platz für Ungenauigkeiten.*

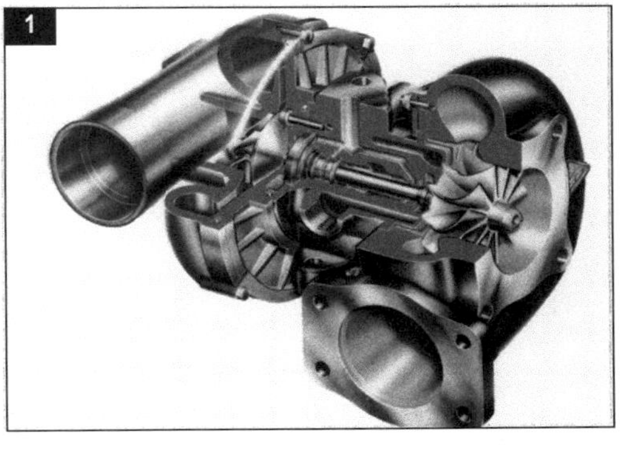

trieb werden einige Pferdchen vergeudet (je nach Ausführung zwischen 10 und 25 PS). Treibt man es allerdings zu Lasten der Zuverlässigkeit auf die Spitze, spielen die Antriebsverluste eine eher untergeordnete Rolle. Deswegen der vorwiegende Einsatz bei Rekordfahrzeugen und Showobjekten. Der Vorteil der Kompressoraufladung liegt im einfacheren Funktionsprinzip, sowie im eindeutig besseren Ansprechverhalten gegenüber dem Abgasturbolader.

Die durch ausströmende Abgase angetriebene Gasturbine liefert dem Motor eine vorverdichtete Frischladung der Ansaugluft zur Verbesserung der Zylinderfüllung, das im Fachjargon auch als »volumetrischer Wirkungsgrad« bezeichnet wird. Prinzipiell funktioniert der Turbolader nach dem Prinzip einer Spiralturbine. Dort wird das anströmende Medium, in diesem Fall das Abgas, radial auf das im Gehäuse befindliche und auf einer Welle sitzende Turbinenrad geleitet, das dieses in Rotation versetzt, um anschließend das Gehäuse zentrisch durch einen angeflanschten Krümmer axial zu verlassen. Die in diesem Bereich extrem hohen Temperaturen erfordern spezielle Legierungen mit austenitischem Grundgefüge. Das Turbinenrad wird vorwiegend aus GMR 235 (zul. Abgastemperatur bis ca. 850 °C) oder Inconel 713 (zul. Abgastemperatur ca. 1050 °C) gefertigt, wobei der Hauptbestandteil beider Legierungen Nickel und Chrom sind.

Auch die Materialien zur Herstellung der Turbinengehäuse sind nach Temperaturen gestaffelt. Früher wurde noch vorwiegend Grau-

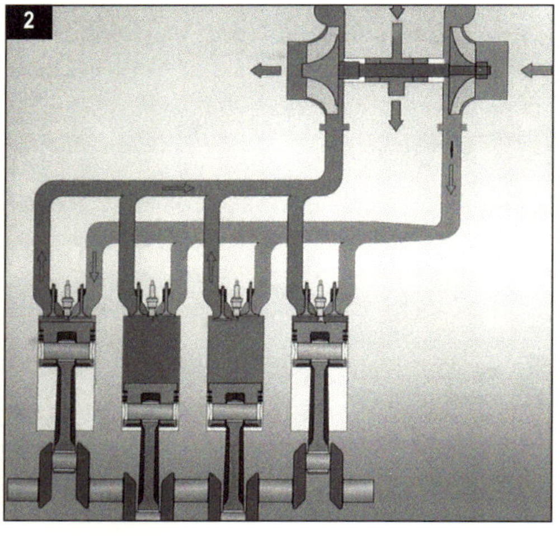

2. Funktionsprinzip eines Turbos

3. Ein typischer Mangel am Kawasaki Z 750 Turbolader war der starke Verschleiß an den beiden Lagerstellen der Läufereinheit. Die Folge waren verstärkte Ölundichtigkeiten, die nur durch den Austausch des kompletten Laders behoben werden konnten. Überhaupt ist die regelmäßige Kontrolle der Schmierung und der Luftfilteranlage sehr wichtig, treten doch Schäden am Turbolader vorwiegend durch Schmutzpartikel im Öl, mangelnde Schmierung der Lagerstellen, sowie durch eingedrungene Fremdkörper im Verdichter -, bzw. Turbinengehäuse auf.

guss mit Kugelgraphit GGG 40 eingesetzt. Doch durch ständig steigende Materialanforderungen in Sachen Hitzebeständigkeit und Gestaltfestigkeit kommen nur noch aufwändige Gusslegierungen wie z.B. GGG NiCr 20 2 (D2) und GGG NiCr 35 5 2 (D5) zum Einsatz, auch Kunststoffe befinden sich in der Erprobung. Wichtiger aber ist eine Gewichtoptimierung (Größe und Material) bei den Schaufelrädern. Aufgrund des geringeren Gewichtes würde sich diese wesentlich schneller beschleunigen lassen. Die Problematik liegt hier allerdings in der teuren Fertigung. Letztendlich ist aber genau das der richtige Weg, um das bekannte Leistungsloch zu umgehen. Dies zeigt sich auf dem Papier und in der Praxis durch einen mehr oder weniger großen Drehmomenteinbruch bei niedrigen Drehzahlen.

Yamaha leistete hier Pionierarbeit auf dem Motorradsektor mit dem seinerzeit (1982) kleinsten Radialverdichter der Welt, der gerade mal 38 mm Schaufelraddurchmesser (zum Vergleich: Honda CX 500 Turbo = 50 mm) hatte. Die japanische Koproduktion zwischen Yamaha und Mitsubishi ließ allein durch die kleinen Abmaße eine schnelle Reaktion des Laufzeugs erwarten. Mit einer Verzögerung der Gasannahme von nur einer Sekunde war die Yamaha dem Honda-Pendant deutlich überlegen. Ein Vorteil war auch, den XJ 650-Vierzylinder-Reihenmotor bis zum Aufbau des nötigen Ladedruckes als reinen Saugmotor arbeiten zu lassen. Erreicht wurde dies durch die Unterteilung des Luftfilterkastens in zwei Kammern, beide nur durch eine einseitig durchlässige Membrane getrennt. Dies verhinderte einen zu raschen Abfall des Unterdrucks und somit ein Verschlucken des Motors. Den gleichen Weg ging auch Suzuki bei der XN 85, jedoch mit Einspritzanlage. Das Turbofieber schien dem Hersteller aber letztendlich doch zu riskant, so dass auf einen offiziellen Import nach Deutschland verzichtet wurde.

Da das für die Vorverdichtung verantwortliche, aus einer Aluminiumlegierung gefertigte Verdichterrad auf der gegenüberliegenden Seite des Turbinenrades fest auf der Welle befestigt ist, haben Turbinen- und Verdichterrad die gleiche Drehzahl. Die Baugruppe der rotierenden drei Bauteile stellt den »Rotor« eines Turboladers dar. Die Turbine an sich setzt sich aus dem Turbinenrad und dem Turbinengehäuse zusammen, wogegen der Verdichter aus dem Verdichterrad, Diffusor und Spiralgehäuse besteht.

Betrachtet man die axial angesaugte Luft zum Verdichterrad, so wird diese durch die Leitschaufeln des Verdichterrades nach außen gedrückt. Auf der Innenseite dichtet die Verdichterrückwand, auf der Außenseite das Spiralgehäuse ab – der so genannte Diffusor (ähnlich den Auspuffbirnen beim Zweitakter).

Das Gehäuse hat einen großen Einfluss auf das Betriebsverhalten des Motors. Von entscheidender Bedeutung ist der freie Strömungsquerschnitt am Eintrittskanal zum Turbinenrad (Antriebsseite des Turbos) im Verhältnis zur Turbinenaustrittsfläche. Hier wird die Druck- und Temperaturdifferenz in kinetische Energie umgewandelt und über die Welle auf das Verdichterrad übertragen. Bei zu großem Druckgefälle zwischen Turbineneinund -austritt muss auf Grund des zu hohen Gegendruckes viel Energie aufgebracht werden, um die Abgase wieder ins Freie zu befördern, so dass der Wirkungsgrad abnimmt. Dieses Zusammenspiel der einzelnen Komponenten verdeutlichen das Turbinen- und Verdichterkennfeld – die Charakterdiagramme eines Turboladers.

Das Verdichterkennfeld gibt den Ladedruck über dem Volumenstrom an. Inmitten des Diagramms geben Kurven Auskunft über die maximal zulässigen Drehzahlen und den zu erzielenden Wirkungsgrad. Das Turbinenkennfeld zeigt den Volumenstrom und den Wirkungsgrad bei unterschiedlichen Drehzahlen in Abhängigkeit der Druckverhältnisse. Ziel ist es, beide Pumpen im Bereich des größtmöglichen Wirkungsgrades aufeinander abzustimmen.

Somit kann durch die Vorgabe eines bestimmten Zustandes im Lader (z.B. Volumenstrom, Massenstrom, Drehzahl, Ladedruck) auf einen Turbinenraddurchmesser zurückgerechnet werden. Einlassseitig wird nun durch die entstehende Druckdifferenz (negativer Überdruck) zwischen Verdichterraum und der äußeren Umgebung eine Sogwirkung erzeugt, die es dem Turbolader ermöglicht, Frischluft anzusaugen. Der Energieträger Luft oder Kraftstoff-Luft-Gemisch wird dabei genau anders herum als auf der Turbinenseite »transportiert«, das heißt, er wird axial angesaugt und verlässt das Gehäuse radial. Der Ladedruck liegt dabei je nach Abstimmung zwischen 0,5 und 3,5 bar Überdruck. Auch hier findet man das Prinzip der Kreiselpumpe wieder, welches bei Wasserpumpen für ausreichenden Kühlwasserdurchsatz sorgt. Auf Grund der sich durch Verdichtung und Wärmeabstrahlung stark aufheizenden und somit ausdehnenden Frischgase ist es sinnvoll und teilweise sogar nötig, diese mittels Ladeluftkühlung auf erträgliche Temperaturen im Bereich um 50 ° C herunterzukühlen, da sonst die Dichte und damit auch der Gasdurchsatz

4. Die Honda CX 500 Turbo war die Aufwändigste unter den serienmäßigen Turbo-Motorrädern. Trotz des Misserfolges könnte der Turbolader unter ökonomischen Gesichtspunkten wieder Zukunftschancen haben. Zur damaligen Zeit war die katastrophale Umweltsituation noch nicht so präsent wie heute.

4

abnehmen würde. Allein die Vorverdichtung treibt die Ladeluft ohne Kühlung schon auf rund 200 °C. Um den Motor vor zu hohen Ladedrücken bei hohen Drehzahlen schützen zu können, ist im Einlasstrakt des Turbos ein Überdruckventil installiert. Die Drehzahlen bewegen sich zwischen 150.000 und 200.000 min^{-1}

Dazu ist eine hohe Abgasgeschwindigkeit erforderlich, die andererseits erst in höheren Drehzahlregionen des Motors erreicht wird. Wie aus der Praxis bekannt, setzt dann aber ein vehementer, gummibandähnlicher Schub ein.

Die hauptsächliche Problematik der Turbomotorräder liegt im verzögerten Ansprechverhalten der Gasannahme unter Last. Die Ursache liegt im Trägheitsmoment des Läufers und der Abgase.

Der Umgang mit der Turbotechnik erfordert High Tech vom Feinsten. Hochbelastete Lager und andere Bauteile lassen die Herstellungskosten bei kleinen Stückzahlen in unangeahnte Höhen schnellen. Mit aberwitzigen Drehzahlen rotiert die Läufereinheit im Gussgehäuse. Am Schaufelumfang entstehen Geschwindigkeiten von knapp 500 km/h. Um die bei solch hohe Drehzahlen von bis zu 210.000 min^{-1} entstehende Wärme in ausreichendem Maße abführen und die Aufrechterhaltung des Schmierfilms gewährleisten zu können, besitzt der Turbolader in der Regel einen separaten Ölkreislauf. Eine Ölpumpe sorgt für eine adäquate Schmierung der Gleitlager. Auch hier ist jede Menge Know-how der Hersteller gefragt, denn die durch hohen Drehzahlen und Temperaturen hoch belasteten Bauteile erfordern kleinste Fertigungstoleranzen und lassen keinen Platz für Ungenauigkeiten. Ein typischer Mangel am Kawasaki Z 750-Turbolader war zum Beispiel der starke Verschleiß an den beiden Lagerstellen des Rotors.

Die Folge sind verstärkte Ölundichtigkeiten, die nur durch den Austausch des kompletten Laders behoben werden können. Überhaupt ist die regelmäßige Kontrolle der Schmierung und der Luftfilteranlage sehr wichtig, treten doch Schäden am Turbolader vorwiegend durch Schmutzpartikel im Öl, mangelnde Schmierung der Lagerstellen, sowie durch eingedrungene Fremdkörper im Verdichter-, bzw. Turbinengehäuse auf. Interessant ist auch, dass der Turbolader kurz nach dem Stillstand seine Maximaltemperatur erreicht, bei der das Schmieröl verkokeln kann. Das muss zwar nicht gleich mit dem Ausfall des Turbos enden, kann jedoch den wichtigen Rücklauf des Öls durch eine Verstopfung der Kanäle gefährden,

Yamaha XJ 650 Turbo von 1982

5

6. Suzuki XN 85 von 1982

und so spätere Undichtigkeiten durch Herausdrücken des Schmiermittels an anderen Stellen nach sich ziehen.

Doch könnte der Turbolader unter ökonomischen Gesichtspunkten auch im Motorradbau wieder Zukunftschancen haben. Zu damaliger Zeit war uns die katastrophale Umweltsituation noch nicht so bewusst wie heute – die Ökonomie eines Fahrzeugs kümmerte uns herzlich wenig. Heute sieht's anders aus. Verschiedene Pkw-Hersteller »fahren« turboaufgeladene Ottomotoren mittlerweile mit großem Luftüberschuss, das heißt mit sehr mager abgestimmten Triebwerken bei einem Lambda-Wert von etwa 1,6. Das entspräche einer effektiven Kraftstoffeinsparung von gut 8 Prozent gegenüber modernen Motorradmotoren. Außerdem wirkt ein Turbolader wie eine Art Vorschalldämpfer, so dass auch die Geräuschentwicklung niedriger ausfällt. Bedeutendstes Manko bei Motorrädern ist das geringe Grunddrehmoment hubrauschwächerer Konstruktionen.

Ausschlaggebend für die vor allem im Pkw-Dieselbereich verbreiteten Turbomotoren sind die zu Beginn der neunziger Jahre verschärften Schadstoffemissionsgrenzwerte, die die Hersteller zum Handeln zwangen. Mit kleineren Turboladern und einer Verknüpfung mit dem Diesel-Motormanagement wurden Dieselmotoren bedeutend umweltverträglicher. Tendenziell kann man auch festhalten, dass eine Abgasturboaufladung umso günstiger wird, je größer der Einzelhubraum ausfällt. Demnach wäre vor allem der Einsatz bei großvolumigen Motorrädern sinnvoll. Doch die bieten als reine Saugmotoren schon heute Motorleistungen jenseits von Gut und Böse, so dass theoretisch eine drehfreudige 750er-V2 oder -Reihendreizylinder durchaus interessant erscheint. Mit leichten Keramikschaufeln, zeitig einsetzendem Ladedruck, selbstverständlich Kraftstoffeinspritzung und G-Kat, einem Kraftstoffverbrauch zwischen 4 und 5 Litern je 100 km sollten 130 PS bei einem maximalen Drehmoment von 110 Nm zu schaffen sein. Erste kürzlich präsentierte Metisse eine aufgeladene BMW-Vieventil-Boxer: 155 PS, 280 km/h. Das lässt hoffen.

TÜV

Technischer Überwachungsverein e.V., zuständig für die Kontrolle des Fahrzeugs unter sicherheits- und umweltspezifischen Gesichtspunkten.

TWIN

Zweizylinder-Motoren, unabhängig von Zylinderanordnung (Reihe, V, Boxer) oder Arbeitsweise (Zwei- oder Viertakt).

TYPENSCHILD

Um gezielte Auskünfte über Hersteller, Typ, Fertigungsort, Ausführung des Fahrzeugs zu bekommen, besitzt jedes Fahrzeug ein eigenes Typenschild am Chassis. Die darauf angegebenen Ziffern und Codes müssen mit denen in den Fahrzeugpapieren übereinstimmen.

U

ÜBERSTEUERN

Wenn ein Fahrzeug bei der Kurvenfahrt die Tendenz hat, mit dem Hinterrad zum Kurvenäußeren zu schieben, spricht man vom so genannten Übersteuern. Der Einfluss von Lenkkorrekturen im eigentlichen Sinne nimmt dabei ab. Im Rennsport kann das Übersteuern durch abruptes Gaswegnehmen und wieder Gasgeben provoziert werden, so dass ein kontrollierter Power-Slide das Motorrad leicht querstellt. Auf diese Art kann der Fahrer am Kurvenausdang früher beschleunigen. Reguliert wird der Beinahe-Sturz häufig auch durch das Betätigen der Hinterradbremse.

UMKEHRSPÜLUNG

Von Dr. Adolf Schnürle (DKW) entwickeltes Spülverfahren für Zweitakt-Motoren. Patentrecht von 1922 bis 1925. Zweitakter sind Strömungsmaschinen und damit besonders von den Druck- und Fließverhältnissen im gesamten Verbrennungsablauf abhängig. Gegenüber der Querstromspülung, bei der sich Auslass- und Überströmkanal gegenüberliegen, findet bei der Umkehrspülung eine Teilung der einzelnen Frischgasströme statt. Die günstigeren Strömungsverluste ermöglichen eine bessere Leerung, bzw. Füllung der Zylinder. Dadurch steigen Wirkungsgrad, Drehmoment und Leistung. Der Kraftstoffverbrauch sowie die Schadstoffemissionen nehmen ab. Zweitakter mit Querstromspülung sind mit einem schwereren Nasenkolben ausgerüstet, der die Gase im Brennraum lenken sollte. Bei der Umkehrspülung strömen die Gase über einen breiteren Querschnitt, ermöglichen und erfordern dadurch die Verwendung leichterer Flachkolben (weniger Vibrationen, spontaneres Ansprechverhalten). Außerdem kann der Brennraum im Zylinderkopf kompakter ausgelegt werden.

UNFALLSCHADEN

Beim Betrachten einer Unfallmaschine besteht die Schwierigkeit, den vorhandenen Schaden genau abzuschätzen. Ist gerade kein Gutachter zur Hand oder der vielleicht zu teuer, lässt sich mit Papier und Bleistift dagegen schnell addieren, vorausgesetzt man hat die fälligen Preise und Werkstattkosten zur Hand. Dass viele Unfall-Maschinen echte Preisschnäppchen sein können, ist nicht neu. Wer hier sein neues Motorrad sucht, sollte sich jedoch mit den modellspezifischen Eigenheiten des betreffenden Fahrzeuges vertraut gemacht ha-

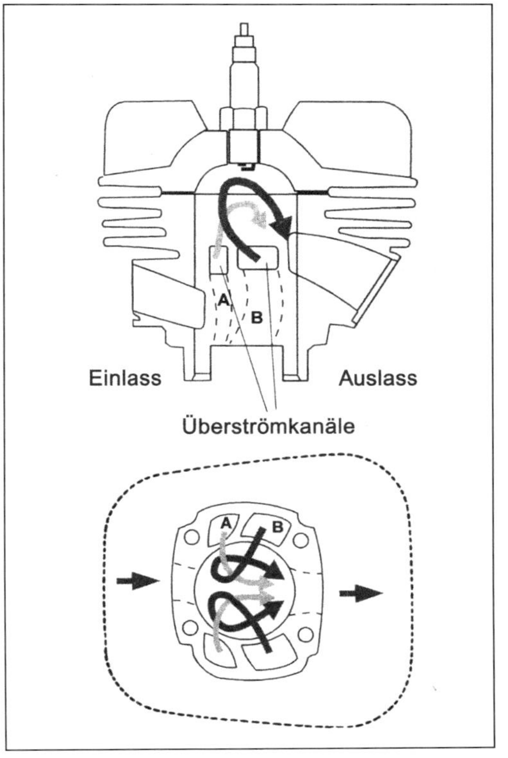

ben. Ansonsten besteht genauso leicht die Gefahr, in ein Fass ohne Boden zu finanzieren.

Kleine Ausrutscher, Lackschäden oder falsch eingeschätzte Mängel können kostenintensive Ausgaben nach sich ziehen. Letztendlich zählt die Investition, die erforderlich ist, das Fahrzeug wieder in den Original-Zustand zu versetzen. Nur allzu gern wird diese Tatsache, die sich spätestens beim Wiederverkauf bemerkbar macht, verdrängt oder übersehen. Bei der Kalkulation der anfallenden Werkstattkosten für den Arbeitslohn liegt man mit einem Stundenlohn zwischen 35 und 50 EUR im tolerierbaren Bereich. Selbst bei einem Unfallschaden lassen sich jedoch Rückschlüsse auf die Pflege und den Zustand/Wert der Basis ziehen.

UNI TRAK

Kawasaki's Beitrag zum Thema zentraler Federungssysteme der Hinterradaufhängung. Bei den ersten Moto Cross-Modellen und der Z 550 GP (Typ H1) wurde mittels Schubstange und Umlenkmimik das Zentralfederbein von der Oberseite komprimiert. Bei späteren Typen wurde das Federbein nur noch von den untenliegenden Hebel komprimiert, wodurch die Kräfte progressiv zum Federhub wirken.

Siehe auch unter »Zentralfederungssystem«

UNTERDRUCK

Der Unterdruck (negativer Überdruck) gibt die Druckdifferenz unterhalb des Umgebungsdrucks an. In der Technik spielt der Unterduck eine große Rolle. Ob als schwingende Gassäule im Ein- und Auslass-System des Motors (insbesondere beim Zweitakter) oder als spürbarer Sog hinter der Verkleidung – die Erscheinungen sind äußerst vielseitig.

UNTERFLURMOTOR

Von unten eingebauter Antrieb mit liegenden Zylindern, Beispiel BMW K-Baureihe (Compact Drive-System); Vorteil: mit richtigem Werkzeug schneller Motorausbau, niedriger Schwerpunkt; Nachteil: aufwändig schwer und schwierig in moderne Konzepte zu integrieren.

UNTERSTEUERN

Die Tendenz des Fahrzeugs, über das Vorderrad zum Kurvenäußeren zu schieben.

UPSIDE DOWN

Vorderradführung; im Prinzip ist eine Upside down-Gabel eine umgedrehte Teleskopgabel. Vorteil ist die größere Überlappung von Stand- und Gleitrohr, die für mehr Stabilität sorgt. Wie bei der konventionellen Telegabel ist die Oberflächengüte der Gleitflächen und eine spielfreie Funktion Voraussetzung für ein sauberes Ansprechverhalten.
Vorteil: stabilere Führung
Nachteil: teurer, schwerer und komplizierter als eine herkömmliche Teleskopgabel.

URS

Helmuth Fath (Rennfahrer und Konstrukteur) konstruierte ein eigenes Triebwerk, mit dem er 1968 Gespann-Weltmeister, im Jahr darauf Vizemeister wurde. Der Name URS stammt von seinem Geburtsort Ursenbach.

UT

Der unterere Totpunkt eines Kolbens ist die dem oberen Totpunkt (OT) entgegengesetzte Kolbenstellung, das auf eine Senkrechte bezogene Maß zwischen OT und UT entspricht dem Kolbenhub. Die Kurbelwellenstellung ist im UT 180° KW vor, bzw. nach OT.

V

VAKUUM

Luftleerer Raum; in der Fahrzeugtechnik wird ein Vakuum durch anhaltenden Unterdruck erzeugt und setzt einen nach außen hin abgedichteten Behälter voraus.

VDUE

Bimota 500 Vdue, Never ending story – so könnte man das Treiben um Bimota's Zweitaktrakete treffend umschreiben. Ursprünglich sollte der 110 PS starke Zweitakt-V2 mit zwei gegenläufigen Kurbelwellen und nahezu vibrationsfreiem Motorlauf bereits im Frühjahr 1997 in den Handel kommen. Doch daraus wurde nach mehrmaligen Verzögerungen leider nichts. Der Grund lag in der problematischen Marelli-Einspritzanlage der nur 160 Kilogramm leichten Replika. Dass Bimota feine Motorräder bauen konnte, war bekannt, doch versetzten bereits die technischen Fakten die Zweitaktfraktion in bloßes Entzücken: So wog der Motor lediglich 38 Kg, konnte sechs Spülkanäle je Zylinder aufweisen, und die Kurbelwellen waren über Zahnräder gekoppelt, elektronisch gesteuerte Auslass-Schieber, je zwei Saugrohre und zwei Drosselklappen pro Zylinder. Da verwunderte der Preis von umgerechnet 16.872 EUR kaum. 2001 stand Bimota vor dem Aus.

1. *Ob sie abgesehen von den Emissions- und Geräuschvorschriften heute eine Chance hätte? Das Projekt Vdue scheiterte an den hohen Entwicklungskosten.*
2. *Italienischer HighTech-Zweitakter im 90°-V2-Konzept: Zwei gegenläufige Kurbelwellen und zwei Drosselklappen je Zylinder.*

VENTILDECKEL

Oberteil des Zylinderkopfes, teilweise mit Motorgehäuseentlüftung, Gleitschiene für Steuerkette, häufig innenliegende Zentrierhülsen, Vorsicht beim Demontieren; Material: Alu-Legierung, neuerdings auch Magnesium, i.d.R. mit M6 x 1.25-Schrauben befestigt, bei der Montage sind Drehmomentschlüssel trotz korrekter Einstellung mit Vorsicht zu genießen – speziell bei älteren Modellen mit sehr weichen oder porösen Alu-Legierungen des Zylinderkopfes, gefühlvolles Anziehen hilft, je

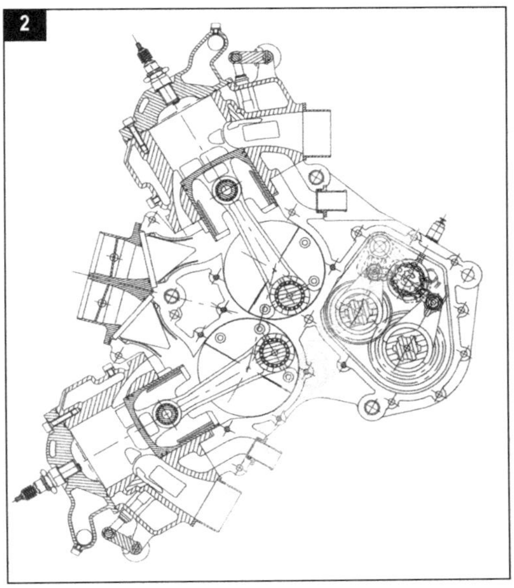

nach Modell 18 bis 28 Nm, nach Probelauf unbedingt auf Dichtigkeit prüfen. Ventildeckeldichtung besteht meist aus Kork, Pappe (beide Einweg) oder Gummi (Mehrweg).

VENTURI

Querschnittverengung; sorgt am geringsten Querschnitt für eine Steigerung der Strömungsgeschwindigkeit des jeweiligen Mediums; beim Vergaser, bzw. Einspritzung soll die Durchflussgeschwindigkeit an der Obergrenze der laminaren (gleichmäßigen), auf jeden Fall unterhalb der turbulenten (unkontrollierten) Strömungsgeschwindigkeit gehalten werden.

VERBRENNUNGSMOTOR

Beim Verbrennungsmotor wird grundsätzlich Kraftstoff verbrannt. Zahlreiche Motorenkonzepte erlauben mehrere Arbeitsweisen: Zweitakter, Viertakter, Wankelmotor, etc.

VERDICHTUNGSVERHÄLTNIS

Ist das Verhältnis des Einzelhubraumes, zzgl. Brennraumvolumen zum verbleibenden Restbrennraum. Heute bewegen sich die Werte für das Verdichtungsverhältnis zwischen 9 und 13:1.

VERGASER

Vergaser ist eigentlich eine nicht ganz korrekte Bezeichnung der Mischfabrik. Schließlich vergast er nichts, sondern soll die durchströmende Luft lediglich mit einer genau bemessenen Dosis Kraftstoff anreichern (Lambda 1= 14,7 kg Luft zu 1 kg Kraftstoff). Er zerstäubt also den Kraftstoff. Der durch den abwärtsgehenden Kolben von OT nach UT entstehende Unterdruck (negativer Überdruck) saugt eine von Drehzahl, Volumen und Füllungsgrad (Temperatur- und Luftdruck abhängig) abhängige Luftmenge an. Ein Venturi-Rohr (Querschnittverengung) sorgt für eine Steigerung der Luftgeschwindigkeit, um die Partikel bestmöglich aus der Haupt- und den Nebendüsen mitzureißen, zu zerstäuben und durch vorbeiströmende Luft in den Zylinder zu transportieren. Diese Vergaserkanäle sind genauestens kalibriert (Hauptdüse, Leerlaufdüse, Mischrohr, Leerlaufluft, Kaltstartbohrungen, etc.). Zwischen Venturi und Einlassventil ist die Drosselklappe angebracht, die direkt mit dem Gasgriff verbunden ist. Auf diese Art wird die Kraftstoffzufuhr und somit auch eine Drehzahländerung erreicht.

Vergaser (Gleich-, bzw. Unterdruck)

Ende der siebziger Jahre setzte sich der Gleichdruckvergaser gegen den Schiebervergaser durch. Mit seinen weichen Übergängen ist die Gasannahme harmonischer als beim Schiebervergaser. Der Grund liegt in der indirekten Betätigung des Schiebers (Rund- oder Flachschieber), der im Teil- und Volllastbereich beinahe die gesamte Gemischzusammensetzung reguliert. Gesteuert wird die Höhe des freigegebe-

1

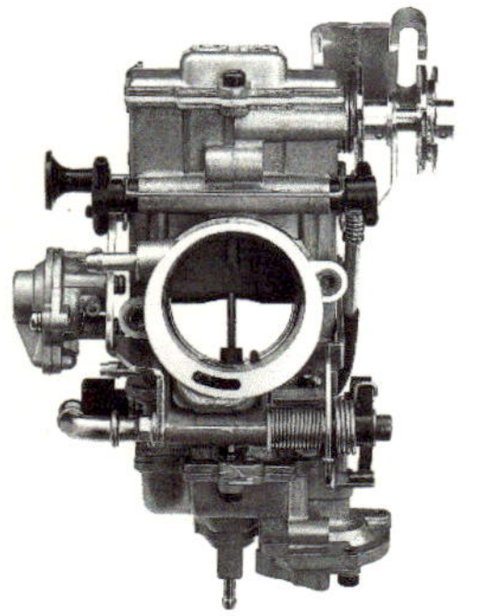

1. Kein Buch mit sieben Siegeln: Vergasertechnik und Mechanik haben die Aufgabe, die Pneumatik im Ansaugtrakt bestmöglich zu steuern, bzw. zu regeln. Die Umsetzung kann auf unterschiedlichen Wegen erfolgen. Darum gibt es Schieber- und Gleichdruckvergaser.

nen Querschnitts einzig durch den Unterdruck. Durch den entstehenden Druckunterschied zwischen Venturi und Unterdruckkammer hebt sich die Membrane samt Schieber und konischer Düsennadel gegen den Federdruck. Dadurch wird im Düsenstock ein größerer Querschnitt der Hauptdüse freigegeben, so dass der Motor entsprechend der Last das richtige Kraftstoff-Luft-Gemisch erhält. Das verhindert im direkten Vergleich zum Schiebervergaser beim plötzlichen Gasgeben den Zusammenbruch der Strömung. Nachteil ist der Strömungswiderstand durch die Drosselklappe, die mitten im Luftstrom liegt. Bei vielen Gleichdruckvergasern wird die bewegliche Abdichtung zum Druckraum (Anschlag im oberen Deckel wird auch häufig zur Leistungsreduzierung verwendet) mittels einer Membrane bewerkstelligt. Durch die aggressive Gemischzusammensetzung und die teilweise labile Verbindung von Schieber und Membrane traten an dieser Stelle häufig Probleme auf (unrunder Leerlauf, unwillige Gasannahme, schlechte Leistung). Poröse Membranen lassen sich nicht reparieren und müssen in der Regel mit Schieber ausgetauscht werden.

Vergaser (Schieber)
Schiebervergaser finden i.d.R. bei Sport- oder Rennmaschinen Verwendung. Grund ist neben einer erhöhten Spitzenleistung (die mitten im Luftstrom liegende Drosselklappe entfällt völlig) ein spontaneres und direkteres Ansprechverhalten. Der kantige Schieber wird dabei direkt vom Gaszug betätigt und unterliegt somit keiner Verzögerung, wie man sie vom Gleichdruck-Vergaser kennt. Um dem Zusammenbruch der Strömung beim plötzlichen Gasgeben entgegenzuwirken, sind viele Schiebervergaser mit Beschleunigerpumpen ausgerüstet, die besonders bei älteren Konstruktionen nicht immer zufriedenstellend arbeiten. Aus diesem Grund kann es zu kritischen Übergängen im Teillastbereich kommen.

Registervergaser
Ein Registervergaser besteht prinzipiell aus zwei Vergasern, einem Schiebervergaser und einem Gleichdruckvergaser. Vorteil dieses komplexen Vergasertyps ist das verbesserte Ansprechverhalten bei gleichzeitig hoher Spitzenleistung. Durch relativ kleine Einzelquerschnitte werden auch bei niedrigen Drehzahlen ausreichend hohe Gasgeschwindigkeiten erzielt, die einer spontanen Gasannahme zuträglich sind.

VERKLEIDUNGEN
Grundsätzlich unterscheidet man drei Verkleidungsvarianten: Vollverkleidung, Halbschale und die lenkerfeste Cockpitverkleidung; Der Vorteil der Vollverkleidung liegt je nach Design im günstigeren Wind- und Wetterschutz. Eine kleine Cockpit- oder auch Lenkerverkleidung ziert Scheinwerfer und Instrumente. Auf

2

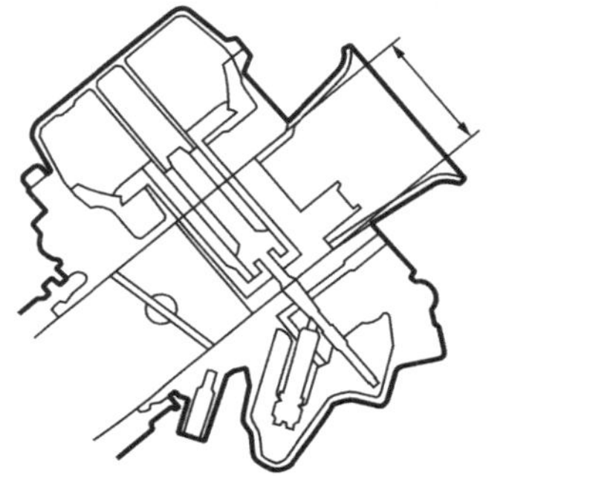

2. *In den technischen Daten wird meist der Einlassquerschnitt angegeben.*

der Minusseite stehen teilweise störende Luftverwirbelungen, die nicht alle Fahrwerke völlig kalt lassen. Wer sich für diese Bauart entscheidet, macht dies in erster Linie aus optischen Gründen. Einen gesunden Kompromiss stellt eine rahmenfeste Halbschale dar. Durch die rahmenfeste Montage wirken äußere Störeinflüsse nicht direkt auf die Lenkung. Je nach Bauart können sie den Oberkörperbereich überraschend effektiv schützen.

VERKLEIDUNGSSCHEIBE

Die Form macht's. Dies gilt vor allem für Verkleidungsbauteile. Klar, wenn es um das Erreichen der maximalen Endgeschwindigkeit geht, führt an einer schlanken Silhouette kaum ein Weg vorbei. Dabei geht es um eine möglichst kleine Stirnfläche, die für einen niedrigen cw-Wert von großer Bedeutung ist. Nun kann die Stirnfläche nicht grenzenlos verkleinert werden. Irgendwann ist ein Minimum erreicht, um den Fahrtwind zumindest gut um den Fahrer herumzuleiten – ansonsten steht er zu sehr im Wind, so dass die aerodynamische Qualität leidet. Für den Alltagsbetrieb können sich höhere Verkleidungsscheiben mit zusätzlicher Wölbung anbieten. Ein Blick in den Zubehörhandel lohnt.

VESPA

Siehe unter »Piaggio«

VF

1982 präsentierte Honda ein neues Motorenkonzept mit einem 90°-V4-Motor. Die ersten Modelle, die VF 750 C (Softchopper) und S (Tourer mit Kardanantrieb), begeisterten sofort mit sattem Drehmoment und weichem Motorlauf. Auffällig war, dass die Kurbelwelle über keine Kröpfung verfügte, das heißt, die beiden Hubzapfen fluchteten miteinander. Anfangs gab es einige Probleme mit Nockenwellenschäden. Die wurden zwar im Zuge der Garantie ausgetauscht, doch hatte der Hersteller alle Mühe, sich von dem geschädigten Image zu erholen. 1984 erschien die VF 1000 F auf dem Markt. Mit gleichem Konzept wie die VF 750 F (1983), jedoch deutlich stärkerem Motor und höherem Gewicht, sprach sie eher Tourenfahrer an. Neben der VF 1000 R (1984), der vollverkleideten VF 1000 F2 (1985) und der in den USA sehr beliebten VF 1100 C (1983) gab es auch die wendige VF 500 F/F2.

Siehe auch unter »Honda«

VFR

Die erste VFR war die Weiterentwicklung der VF-Reihe. Konstruktionsmerkmal der VFR-Reihe waren neben dem obligatorischen V4-Motor mit 16 Ventilen von Anfang an die zahnradgetriebenen Nockenwellen und der Alu-Brückenrahmen. 1998 erhöhte man den Hubraum auf 781 Kubikzentimeter und kam dem Ideal eines Motorrades, das den Spagat zwischen Sportler und Tourer nahezu perfekt trifft, nahe. In bester Manier präsentierte Honda im Jahre 2002 den Nachfolger der mittlerweile legendären VFR-Typen, die ihren Ursprung in der VFR 750 F von 1986 finden.

Siehe auch unter »Honda«

VIERTAKTMOTOR

Der Motor ist das Herz eines Motorrades. Sachlich betrachtet, wandelt er die im Kraftstoff gespeicherte Energie in Bewegungsarbeit um. Während der Zweitaktmotor bei jeder Kurbelwellenumdrehung (zwei Hübe) einen Arbeitstakt verrichtet, ist dies beim Viertaktmotor nur bei jeder zweiten (vier Hübe) der Fall. Er produziert damit theoretisch nur die halbe Literleistung eines Zweitakters. Dass das jedoch nur die halbe Wahrheit ist, liegt daran, dass die Strömungsverluste der Gase beim Viertakter niedriger ausfallen als beim Zweitakter. Dadurch verbrauchen Viertakter weniger und die Emissionswerte fallen günstiger aus. Des Weiteren ist die Leistungscharakteristik harmonischer, was den Umgang erleichtert. Auf der Negativ-Seite stehen die vielen Bauteile (Ventilsteuerung, Antrieb der Nockenwellen), die ihn teuer und schwerer machen.

Funktionsweise des Viertakt-Ottomotors

1.Takt: Ansaugen

Bei geöffnetem Einlassventil saugt der abwärtsgehende Kolben das Kraftstoff-Luftgemisch an.

2.Takt: Verdichten

Bei geschlossenen Ventilen komprimiert der aufwärtsgehende Kolben das Gemisch bis auf einen Druck von rund 8 bis 15 bar. Kurz vor dem oberen Totpunkt (OT) erfolgt die Zündung durch die Zündkerze.

3.Takt: Arbeiten

Durch die eingeleitete Verbrennung steigt der Druck auf etwa 55 bis 110 bar an und beschleunigt den Kolben bis zum unteren Totpunkt (UT). Durch das schwenkbare Pleuel wird die von oben drückende Kraft auf die Kurbelwelle übertragen und versetzt sie in eine Drehbewegung. Dies ist der einzige Abschnitt, in dem ein Viertakt-Motor Arbeit verrichtet.

4.Takt: Ausstoßen:

Während der erneuten Aufwärtsbewegung des Kolbens zum oberen Totpunkt (OT) werden die Altgase bei geöffnetem Auslassventil ins Freie geschoben.

Vorteil: höhere Laufruhe, umweltschonender (Verbrauch, Geräusch, Emission); Nachteil: hohes Gewicht, aufwändige Konstruktion, viele Bauteile (oszillierende Massen), größerer Platzbedarf.

VIERZYLINDERMOTOR

Zu Beginn der siebziger Jahre setzten sich die Reihenvierzylinder aus Fernost durch. Seitdem ist der »Reihenvierer« Inbegriff japanischer Motorenbaukunst. Auslöser war ohne Frage die Honda CB 750 Four (1969). Kaum ein anderes Motorenkonzept bietet günstigere Voraussetzungen für eine hohe Leistungsausbeute bei günstigen Produktionskosten. Nachteilig kann sich, bedingt durch die quer zur Fahrtrichtung eingebaute Kurbelwelle, der recht breite Motor auswirken. Immer dünnere Zylinderlaufbuchsen, abnehmende Mittenabstände und eine hinter die Zylinderbank verlegte Lichtmaschine wirken sich jedoch günstig auf Handling und Schräglagenfreiheit aus. Um genau dieses Manko zu kompensieren, war es Honda, der zu Beginn der achtziger Jahre mit einem neuartigen V4-Konzept den Markt eroberte. Heute, gut 20 Jahre später, gilt ein V4-Motor noch immer als zukunftsweisend: Der vibrationsarme Motorlauf und die kompakte Bauweise (für gutes Handling) bieten eine gute Eignung für Sportler (quer eingebaut – Kette, Riemen) und Tourer (längs eingebaut – Kardan) gleichermaßen. Der enorme Fertigungsaufwand macht die Produktion jedoch sehr teuer, da es sich im Prinzip um zwei gekoppelte Zweizylinder handelt.

BMW stellte 1983 mit der K 100 den Unterflur-Reihenvierzylinder vor, dessen Vorteil in der niedrigen Schwerpunktlage liegt. Das landläufig als »Toaster« verschrieene Konzept geriet optisch zwar nicht sonderlich ansprechend, ist jedoch für eine Modulbauweise geeignet. So kann beispielsweise die komplette Antriebseinheit (Motor, Getriebe, Sekundär-

Schnitt durch den Vierzylinder-Reihenmotor der Suzuki GSX-R 1000.

trieb) vollständig vom Chassis getrennt werden. Für die sportliche Gangart bietet sich dieses Konzept weniger an, da es im Motorrad-Rennsport auf eine möglichst kompakte Massenkonzentration (geringe Baubreite und -länge) ankommt. Ein Problem liegt auch in der Unterbringung des Luftfilterkastens, der konstruktionsbedingt zwischen Motor und Tank seinen Platz finden muss und somit zwei wichtige Einzelmassen relativ weit voneinander trennt. Aus diesem Grund wirken besonders die unverkleidete K 100 (1983) und die nur lenkerverkleidete K 75 C (Reihendreizylinder, 1985), mit beinahe leerem Tank deutlich handlicher als vollgetankt. Für Tourenfahrer bietet dieses Konzept jedoch viele Vorzüge: Niedrige Inspektionskosten (einfacher Zugang zu den Ventilen, prädestinierte Einbaulage für Kardanantrieb) und bei vollverkleideten Typen wie den BMW LT- oder RS-Modellen, nur geringer Einfluss der verteilten Einzelschwerpunkte (Motor, Tank, Sekundärtrieb, Verkleidung) auf den Gesamtschwerpunkt.

Der Reihenvierzylinder besitzt unabhängig von seiner Einbaulage ein breites Einsatzspektrum. Am häufigsten ist diese Bauart mit quer zur Fahrtrichtung eingebauter Kurbelwelle anzutreffen. Als Trendsetter und Meilensteine wiesen die Honda CB 750 Four (1969) und Kawasaki Z1 (1973) den japanischen Weg in die motorisierte Zweiradzukunft. Mit keinem anderen Motorenkonzept lässt sich eine hohe Leistung bei vergleichsweise niedrigen Kosten realisieren. Das liegt zum einen daran, dass die meisten Motorräder über eine Antriebskette zum Hinterrad verfügen und somit keine zusätzliche Umlenkung erfordern. Des Weiteren ist die verschleißfreudige Kupplung gut erreichbar. Den Nachteil der beengten Platzverhältnisse in Verbindung mit einem Doppelschleifen-Rohrrahmen nahm man hingegen in Kauf. Als sich in den neunziger Jahren zunehmend der seitlich den Motor umspannende Brückenrahmen durchsetzte, verlor dieses Argument an Gewicht. Durch die nun größere Baubreite verschlechterten sich Ergonomie und Aerodynamik, was den typischen Reihenvierer für den supersportlichen Einsatz seitdem nicht immer optimal erscheinen lässt. Am charakteristischen Vorteil der hohen Motorleistung bei überschaubaren Entwicklungskosten ändert sich jedoch nichts.

Betrachtet man die Bestseller-Liste der vergangenen Jahrzehnte, bestätigen die Zulassungszahlen diesen Zusammenhang. Angefangen mit den eingangs erwähnten Big Bikes, zählten die vierzylindrigen Suzuki GS- (ab 1976, letztes Modell war das Kardan-Modell GS 1100 G von 1989), GSX- (ab 1980 bis zu den heutigen R-Modellen) und GSF-Modelle (400/600/1200 Bandit seit 1991) über lange Jahre zu den beliebtesten Motorrädern am Markt. Ein interessanter Exot ist der Zweitakt-Square Four der RG 500 Gamma (1985 bis 1989) mit zwei Kurbelwellen, der in seinen Grundzügen vom 500er GP-Racer übernommen wurde. Die Kawasaki Z-Reihenvierzylinder mit ihren markanten DOHC-Zylinderköpfen prägten eine ganze Generation: Z 400 J, Z 500, Z 550, Z 650, Z 750, Z 900, Z 1000 (1973 bis 1986), später die luftgekühlten GPZ-Modelle (1982 bis 1988) in beinahe ebenso vielen Varianten und mit den GPZ 750/900 R, GPZ 600, GPX600/750 R, GPZ1000 RX/ZX-10, ZZ-R 600/1100/1200, ZXR 400/750, ZX-6/7/9/12 schließlich die wassergekühlte Generation (ab 1984 bis heute).

Honda war mit den Modellen CB 400/500/550/650/750/900/1100 (1969 bis 1983) und den CBR 600/1000 F (ab 1987 bis heute/1992) viele Jahre unangefochtener Marktführer. Noch vor Yamaha, die vergleichsweise wenig Reihenvierzylinder im Programm hatten. Erst ab 1978 produzierte man nach den Dreizylinder-XS-Typen die bärenstarken XS 1100. 1980 wurde mit der XJ 650 eine neue Generation ins Leben gerufen. Die XJ 550 und die XJ 750 Seca kamen ein Jahr später, die XJ 600 (1984) und die Schwestern XJ 750/900 (1984 bis 1986/1993) sowie die

FJ 1100/1200 (ab 1984/1986) zählten zwar weniger zu den Top-Sellern, fanden aber stets ihre festen Anhänger. Mit den FZ/FZR/XJR/YZF-Typen (ab 1985) war der Anschluss an die Leistungsgesellschaft wieder hergestellt.

Hohe Motor- und Fahrleistungen zählen seit jeher zu den schlagkräftigsten Kaufargumenten. Seitdem die Entwicklung die PS-Protze mit 130 PS und mehr längst die Grenzen der Fähigkeiten eines normalen Motorradfahrers erreicht hatten, ist ein nicht kleiner Teil der Kundschaft bereit, auf Zwei- und Dreizylinder-Konzepte zurückzugreifen. Der Vierzylinder-Boxer ist seit dem Erscheinen der sechszylindrigen Honda GL 1500 Gold Wing (1988) ausgestorben. Dabei böte ein solcher, längs eingebauter Motor wie bei der Ur-Gold Wing von 1975 gute Voraussetzungen für einen Tourer, der im Vergleich zur schwergewichtigen GL 1800 mit sechs Zylindern deutlich günstiger ausfallen könnte.

V-MOTOR

Beschreibt den Winkel der zueinander stehenden Zylinder. Man unterscheidet längs- (Ducati, Kawasaki, Suzuki, Yamaha, Honda VT- und VF-Typen) und querlaufende (Moto Guzzi, Honda CX-Typen) V-Motoren. Damit ist die Laufrichtung (nicht die Einbaulage) der Kurbelwelle gemeint. Vorwiegende Arbeitsweise: Viertaktprinzip, meist mit zwei Zylindern. V4-Motoren sind technisch sehr anspruchsvoll (Honda VF-Modelle und VFR, Yamaha Vmax) und dementsprechend teuer in der Produktion. Zylinderwinkel zwischen 45° (luftgekühlte Harley-Davidson) und 90° (Ducati, Moto Guzzi).

Man unterscheidet den »echten« und den »unechten« V-Motor: Der »echte« trägt die Pleuel eines Zylinderpaares auf einem gemeinsamen Hubzapfen der Kurbelwelle. Beim 90°-V4 ergibt sich auf Grund des günstigen Massenausgleichs trotzdem ein Hubzapfenversatz von 180°, da die beiden Zylinderpaare prinzipiell wie zwei miteinander gekoppelte Twins kooperieren. Bei einem 90°-V6 wären 120° Versatz die Konsequenz.

Auf Grund der konstruktionsbedingt günstigen Voraussetzungen und des beachtlichen Leistungspotenzials herrscht momentan ein bisher noch nie da gewesenes Angebot an V2-Motorrädern mit einem hohen Anspruch an Leistung, Drehmoment und Standfestigkeit. Vom gewaltigen Cruiser mit bis zu 1,8 Liter Hubraum (Honda VTX 1800) bis hin zur Siegermaschine von Troy Bayliss/Ducati bei der Superbike-WM 2002 – die Vielfalt des V2-Konzeptes ist beeindruckend. Nicht umsonst widmete sich Honda bereits Mitte der siebziger Jahre als erster japanischer Motorradhersteller der Entwicklung von V2-Motoren. Der Erfolg der CX-Modelle war grandios, ließen sich doch insgesamt sieben unterschiedliche Varianten zwischen 500 und 650 als Chopper, Tourer und sogar turbo-aufgeladene Leistungsprotze damit kreieren. Auffällig war besonders zu jener Zeit der ungewöhnliche 80°-Zylinderwinkel des Querläufers. Anfang der achtziger Jahre sollte die komplett neue VT 500 mit längslaufender Kurbelwelle die CX-Generation ablösen. Ihr 52°-V2 mit unüblicher 76°-Kröpfung ist technisch betrachtet also ein

Ducati Testastretta-V2

»unechter« V-Motor, da beide Pleuel auf separaten Hubzapfen laufen. Kein Grund jedoch, die Nase zu rümpfen: Denn durch den engeren Zylinderwinkel reduziert sich die Länge des gesamten Antriebs. Ohne Hubzapfenversatz wäre der Motor nicht so vibrationsarm. Ein Vorstellung von dem, was dabei herausgekommen wäre, bekommt man bei Harley-Davidson – mit Ausnahme der V-Rod (60°-V2, wassergekühlt) allesamt »echte« 45°-V-Motoren, bei denen ungehobelte Vibrationen zum Kult gehören. Nicht jedoch bei einer Honda.

Tendenziell bietet ein Winkel von 90° einen guten Massenausgleich und damit günstige Vorausetzungen für hohe Drehzahlen. Zudem ist zwischen den Zylindern genügend Platz für die Gemischaufbereitung. Ein enger Zylinderwinkel baut relativ hoch, dafür aber auch kürzer. Viel Platz für eine Airbox und die Gemischaufbereitung bleibt demnach nicht. Bei den großen, unsportlichen Cruisern, bei denen es nicht auf das letzte Quentchen Leistung ankommt, findet man darum auch häufiger Winkel zwischen 45° und 55°.

Yamaha ging interessanterweise einen bisher einmaligen Weg und simulierte bei der sportlich-schlichten TRX 850 mit Parallel-Twin (!) kurzerhand einen 90°-V-Motor und verdrehte die Hubzapfen der ehemals ungekröpften Kurbelwelle um 270°. Die erfolgreiche TDM 850 erbte kurze Zeit später deren Motor und offerierte von offizieller Seite den Zuständigen von Ducati ein Höchstmaß an Anerkennung. Grund dafür war jedoch nicht eine verbesserte Laufkultur. Vielmehr wollte man den einzigartigen V2-Klang nachempfinden. Trotz einer solchen Hommage darf die Sinnhaltigkeit einer solchen Konstruktion aus technischer Sicht durchaus in Frage gestellt werden.

Schließlich hat ein V-Motor noch wesentlich wichtigere Vorzüge als den zugegeben wohlklingenden Arbeitsrhythmus. Insbesondere durch die im Vergleich zu gleichzylindrigen Reihenmotoren schmalere Baubreite bringt ein quer eingebauter V-Motor beim Handling günstigere Voraussetzungen mit. Damit reduziert sich die gesamte Baubreite, was wiederum einem geringeren Luftwiderstand zugute kommt und somit die Fahrleistungen verbessert. Ergonomische Vorteile sind ebenfalls nicht von der Hand zu weisen, da ein V2 im Tank-Sitzbank-Bereich spürbar schmaler gehalten werden kann.

Doch gibt es auch natürliche Grenzen, wenn es um das Wachstum großkalibriger V-Motoren im Rennsport geht. Dies bezieht sich in erster Linie auf Einzelhubräume, die 500 Kubikzentimeter deutlich übersteigen. Zu groß sind die auf den Kurbeltrieb wirkenden Kräfte, die im Quadrat zur Drehzahl durchaus zerstörerische Ausmaße annehmen können. Große und damit schwere Kolben, Pleuel und Ventile können die Vorteile im Verhältnis zum Aufwand dann wieder schwinden lassen.

V-Motoren mit querlaufender Kurbelwelle tragen ihr Handicap offenherzig zur Schau. Ihre ausladenden Zylinder sind zwar meist ein wahrer Augenschmaus, bieten jedoch keine allzu günstige Grundlage für einen sportlichen Erfolg auf der Rennstrecke. Die abstehenden Zylinder erhöhen das Trägheitsmoment, den Luftwiderstand und lassen das Motorrad beim Gasgeben leicht aus der Vertikalen kippen. Vorteilhaft ist hingegen die günstige Kühlung der im Fahrtwind liegenden Zylinder. Im Straßenbetrieb abseits der Jagd um Sekunden kann dieses Konzept ebenfalls überzeugen. Dank der querlaufenden Kurbelwelle bietet sich ein wartungsarmer Kardanantrieb geradezu an. Nicht umsonst verfügen unabhängig vom Motorenkonzept sämtliche Querläufer über einen Wellenantrieb zum Hinterrad.

V-TEC

Diese von Honda entwickelte Technik stellt einen variablen Ventiltrieb dar, der drehzahlabhängig ein oder mehrere Ventile ab-, bzw. zuschaltet. Bereits 1984 wurde bei einzelnen Honda-Pkw dieses Prinzip in der Großserienfertigung eingesetzt. Im Motorradbereich wurde erstmalig die ausschließlich für den japanischen Markt produzierte CBR 400 damit ausgerüstet. 2002 erhält auch die Honda VFR diese Technologie, um dem V4-Motor im unteren und mittleren Drehzahlbereich mehr Kraft einzuhauchen. Dabei arbeitet der Motor im Falle der VFR erst ab 7.000 min^{-1} als echter Vierventiler. Darunter verhindert ein per Öldruck aktivierter Riegel das komplette Zurückfahren des Tassenstößels, so dass der entsprechende Nocken leer durchdreht. Senkt sich die Motordrehzahl unter einen bestimmten Wert (im Falle der VFR bei 6.800 min^{-1}), sorgt eine gesonderte Sperrklinke per Federdruck für die mechanische Sperre. Die Drehzahldifferenz beim Hoch-, bzw. Herunterschalten resultiert aus Trägheit des Öldrucks und der Reibung in der Verriegelungsmimik. Sinn und Zweck dieser Technologie ist es, den Füllungsgrad der Zylinder im unteren und mittleren Drehzahlbereich zu erhöhen. Auf Grund der leistungsfördernden, großen Öffnungsquerschnitte eines Vierventilers kehrt sich dieser Nutzen unterhalb einer bestimmten Drehzahl ins Gegenteil: Der große Ventilüberschneidungswinkel, der erst bei hohen Drehzahlen für einen schnellen Gaswechsel sorgt, lässt einen großen Teil des Gemisches ungenutzt und sorgt so für eine schlechte Leistungsausbeute, ungünstigere Emissionswerte und einen höheren Verbrauch.

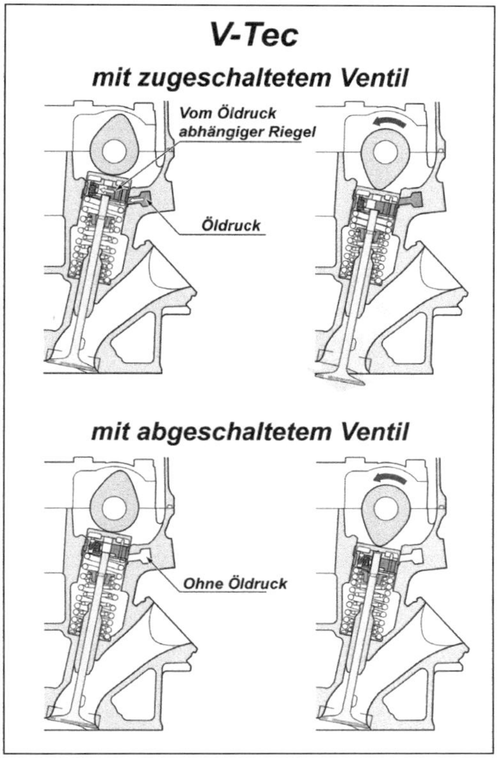

VISKOSITÄT

Zähigkeit; ist die Eigenschaft einer Flüssigkeit, der gegenseitigen laminaren Verschiebung zweier benachbarter Schichten einen Widerstand (molekulare Reibung) entgegenzusetzen. Je zähflüssiger ein Schmierstoff ist, umso größer ist der Wert für die Viskosität (z.B. 80er-Öl für Hypoidverzahnungen). Je besser die Fließeigenschaften, umso niedriger ist dieser Wert (z.B. 5er-Gabelöl). Mehrbereichs-Schmierstoffe (z.B. 10 W50) haben den Vorteil einer größeren Temperatur-Bandbreite und somit einer gesteigerten Vielseitigkeit. Der Viskositätsindex resultiert aus einer rechnerisch ermittelten Zahl einer Skala, welche die Viskositätsänderung eines Mineralöl- bzw. Syntheseöl-Erzeugnisses mit der Temperatur charakterisiert. Ein hoher Viskositätsindex kennzeichnet eine geringere Änderung der Viskosität mit der Temperatur als ein niedrigerer Viskositätsindex und umgekehrt. Zum Alterungsprozess des Schmierstoffes gehört unter anderem die Abnahme der Viskosität. Das Öl wird mit der Zeit dünnflüssiger, so dass der Schmierfilm bei hohen Belastungen im Extremfall abreißen kann.

VONDRICH

1905, erstes »richtiges« Motorradrennen, wieder bei Paris/Frankreich »Coupe Internationale«, Sieger Österreicher Vondrich, Fahrstrecke 270 km, Gesamtfahrzeit 3:05:15 Sekunden, Durchschnittsgeschwindigkeit 87,7 km/h

VORDERRADFEDERUNG /-FÜHRUNG

Die Radführung des Vorderrades gehört beim Motorrad zu den wichtigsten Aufgaben. Das grundsätzliche Problem besteht darin, Federung und Dämpfung von den Führungsaufgaben zu trennen. Bei einer konventionellen Telegabel ein schwieriges Unterfangen, da auf Grund der dynamischen Radlastverteilung (insbesondere beim Bremsen) die Front be- und das Heck entlastet wird. Bei einer herkömmlichen Telegabel taucht das Fahrzeug vorn ein und braucht dadurch einen großen Teil des Federweges auf. Obendrein haben die Verzögerungskräfte über die Stand- und Gleitrohre einen langen Hebelarm, der das Ansprechverhalten und die Stabilität negativ beeinflusst. Durch die Verwendung von Upside Down-Gabeln (auf dem Kopf stehende Gabel) begegnet man diesem physikalischen Gesetz mit deutlich erhöhter Stabilität. Durch den umgekehrten Einsatz der Rohre nutzt man die größeren Material-Querschnitte für eine höhere Biegefestigkeit im Bereich unterhalb der unteren Gabelbrücke. Eine Trennung der Federungs- und Führungsaufgaben findet jedoch nicht statt. Progressive Gabelfedern helfen zwar, die Härte in Anhängigkeit zum verbrauchten Federweg zu erhöhen, die Dämpfung bleibt davon jedoch unbeeinflusst. Mittlerweile gibt es jedoch auch hier Lösungen, die über elektronische, bzw. hydraulische Techniken verfügen und die Dämpfung in den High- und Low-Speed-Bereich unterteilen.

Andere Führungsmodelle sind auf solche im Detail komplizierte Hilfsmittel nicht angewiesen. Eine Achsschenkellenkung (Yamaha GTS 1000 von 1993) verfügt über eine geschobene Einarmschwinge, die sehr massiv ausgeführt werden muss, um den hohen Belastungen standhalten zu können. Eine Tatsache, die sie zugleich auch Gespanntauglich macht.Während die Lenkbewegung über ein Lenksäulenteleskop und einen Achsschenkel eingeleitet wird, bleiben diese Bauteile von Federungskräften unbeeinflusst. Diese Aufgabe übernimmt die Schwinge, die sich über ein verstellbares Zentralfederbein am Chassis abstützt. Positiver Nebeneffekt ist der Bremsnickausgleich, der vom Hersteller durch die Lage des Schwingendrehpunktes erreicht wird. Im Falle der GTS 1000 ist er so ausgelegt, dass sich die Fahrzeugfront nur minimal beim Bremsen absenkt. Das anfangs problematische Einlenkverhalten lag am zu breiten 130er-Reifen, der trotz des relativ steilen Lenkkopfwinkels von 66 Grad der Lenkung einen großen Hebelarm entgegenstellte. Nach dem Wechsel auf einen 120er-Pneu fuhr sich der Tourer um Klassen neutraler.

Eine andere, nur auf den ersten Blick sehr ähnliche Variante der Vorderradführung, stellt die Nabenlenkung dar. Bimota experimentiert schon früh mit anderen Vorderradführungen und präsentiert in der Tesi 1D 851 auf der Kölner IFMA 1990 erstmals ein in Kleinserie produziertes Fahrzeug. Für umgerechnet 26.715 EUR bekam der Kunde nicht nur den neuen Ducati Desmoquattro, sondern auch ein Fahrwerk, das dem Antrieb vom Aufwand her in nichts nachstand. Anders als bei der späteren GTS 1000 wird das Vorderrad von zwei Seiten geführt. Die über den Lenker eingeleitete Lenkbewegung unterlag zudem einem Untersetzungsverhältnis, das in Abhängigkeit der Umlenkhebel den Lenkwinkel beeinflusste. Grundsätzlich war der effektive Lenkeinschlag am Rad kleiner als der Lenkwinkel am Steuerkopf. Der übrigens dient wie bei der Yamaha nur noch zur Aufnahme der Lenker, bzw. Gabelbrücken. Über mehrere Schubstangen wird in der Bimota-Radnabe eine Drehbewegung eingeleitet, die lediglich das Rad schwenken lässt, die geschobene Schwinge bleibt von diesen Bewegungen unberührt. Auffällig war bei der Tesi, dass sie mit zunehmendem Tempo immer besser funktionierte. Nachteilig waren, wie bei der Yamaha auch, das höhere Gewicht und die deutlich größere Fertigungsaufwand, der sich letztendlich auch im Preis niederschlug.

Ganz anders, aber ebenso wirkungsvoll arbeitet das Telelever-System von BMW. Das 1993 im ersten Modell der neuen Boxer-Generation, der BMW R 1100 RS, eingeführte Konzept überzeugte durch ein unproblematisches Fahrverhalten. Während man sich mittlerweile längst an die ultralangen Gleitrohre mit den sich nach oben hin konisch verjüngenden Enden und die zierliche Gabelbrücke gewöhnt hat, arbeitete das System von Anfang an unauffällig. Grundsätzlich ist die Funktion sehr simpel. Die Stabilität beruht auf der großen Überlappung des Stand- und Tauchrohres. Die Bremskräfte greifen über einen kürzeren Hebel an. Prinzipiell wird die untere Gabelbrücke einer konventionellen Gabel durch einen schwenkbar am Chassis befestigten Querlenker ersetzt. Ein am vorderen Ende montierter, massiver Kugelkopf bildet den unteren Drehpunkt der Lenkachse. Der Clou an diesem Konzept ist jedoch der effektive Bremsnickausgleich, der von der Position des gewählten Querlenker-Lagerpunktes abhängig ist. Während des Bremsvorganges stützt sich das entstehende Moment über die Standrohre größtenteils über den Querlenker ab. Die Federung übernimmt ein zentrales Federbein.

Dennoch ist die Telegabel längst nicht am Ende ihrer Entwicklung angelangt. Neben einer stabilen Dimensionierung gehört die Reduzierung der Reibung und eine passende Feder/Dämpfung-Abstimmung zu den wichtigsten Aufgaben für die Zukunft.

W

WANDERER

Die Mechaniker Johann Baptist Winklhofer und Richard Adolf Jaenicke gründeten am 15. Februar 1885 in Chemnitz eine kleine Werkstatt für den Vertrieb und die Reparatur englischer Hochräder, das Chemnitzer Velociped Depot. Bereits ein Jahr später begann man mit dem Bau eigener Fahrräder, die unter dem Namen Wanderer vertrieben wurden. Dieser Name sollte auf das in Mode gekommene Fahrrad-Wandern hinweisen. Ab 1902 produzierte man auch Motorräder. Das erste Motorrad wurde von einem luftgekühlten Einzylinder-Viertaktmotor mit 1,5 PS angetrieben und markierte den Beginn einer langen Tradition der Wanderer-Werke. Der Motor befand sich stehend im unteren Rahmendreieck und wurde mittels Tretkurbel angekurbelt. Ein langer Riemen übertrug die Kraft auf das Hinterrad.

Weitere Fertigungsbereiche waren seit 1899 der Werkzeugmaschinenbau sowie seit 1903 die Produktion von Schreib- und Rechenmaschinen. Als letzten Produktionszweig nahm Wanderer im Jahre 1912 die Produktion von Automobilen auf und ging 1932 in die neu gegründete Auto Union AG über.

Siehe auch unter »DKW«

WANKELMOTOR

Die bekannteste Kreiskolbenkraftmaschine ist der Wankelmotor. Seine sich nur zwei bewegenden Teile (Exzenterwelle und Läufer, bzw. Trochoide) rotieren gleichförmig – es gibt also keine hin- und hergehenden (oszillierenden) Massen oder ungleichförmigen Drehbewegungen wie beim Hubkolbenmotor. Der Vorteil des Kreiskolbenmotors liegt vor allem in seinem kleinen Raumbedarf, schwingungsfreien Lauf, seinem niedrigen Oktanzahlbedarf und den verhältnismäßig niedrigen Fertigungskosten. Als Nachteile sind der hohe Kraftstoffverbrauch und das ungünstige Abgasverhalten zu nennen. Der Wankelmotor arbeitet nach dem Viertaktprinzip – auch wenn keinerlei Ventile zur Gemischsteuerung vorhanden sind, so wird doch jeder Arbeitstakt im Einzelnen verrichtet. Der rotierende Läufer hat die Gestalt eines Bogendreiecks und dichtet folglich an drei Stellen gegen das Gehäuse ab, das so geformt ist, dass während der Kolbendrehbewegung drei Räume von wechselnder Größe entstehen. Während des Ansaugens vergrößert sich das Volumen, um sich dann anschließend zu verkleinern. In der Nähe des Zeitpunktes der größten Verdichtung

Werbung aus dem Jahr 1976

VORTEILE gegenüber dem Hubkolbenmotor:	NACHTEILE gegenüber dem Hubkolbenmtor:
– weniger Bauteile – Wegfall oszillierender Massen (Hubkolben, Pleuel) – kein Ventilantrieb erforderlich (wie Zweitakter) – geringe Baugröße – geringes Gewicht bei Mehrscheiben-Konstruktionen – weniger Stickstoffoxyde im Abgas	– hohe Herstellungskosten – aufwändige Abdichtungen – Brennraum ungünstig hinsichtlich höherer Wärmeverluste – Mehr unverbrannte Kohlenwasserstoffe im Abgas.

erfolgt die Zündung. Im Arbeitstakt wächst das Volumen, bis schließlich der Läufer die Auslassöffnung freigibt und die Abgase in den Auslasskanal entweichen können. Die Drehzahl der Abtriebswelle ist relativ hoch (je nach Bauart bis etwa 18.000 min^{-1}), doch bewegt sich der exzentrisch gelagerte Rotationskolben nur mit zwei Drittel dieser Drehzahl in entgegengesetzter Richtung, so dass er gegenüber dem Gehäuse nur ein Drittel der Wellendrehzahl aufweist. Dadurch ergeben sich niedrige Gleitgeschwindigkeiten, eine bessere Abdichtungsmöglichkeit sowie ein geringerer Verschleiß.

Historie

Am 1. Februar 1957 gab auf dem Prüfstand der NSU Motorenwerke der DKM 54, auch als DKM 125 bekannt (ein Drehkolbenmotor mit rotierendem Läufer und rotierendem Gehäuse!), seine ersten eigenen Kraftimpulse an die Leistungsbremse ab. Er besaß ein Kammervolumen von 125 ccm und eine maximale Leistung von 29 PS bei 17.000 min^{-1}. Für eine Serienproduktion wurde aus dem Drehkolbenmotor durch kinematische Umkehr der einfacher herzustellende NSU-Kreiskolbenmotor entwickelt. Es war der NSU-Techniker Dr. Walter Froede, der diese entscheidende Vereinfachung des Motors vorantrieb. Aus der Drehkolbenmaschine wurde die Kreis- oder Rotationskolbenmaschine, bei der nur der Läufer rotiert. Das Motorprinzip von Felix Wankel (13.8.1902–9.10.1988) basiert auf dem Viertaktprinzip. Interessant ist, dass Felix Wankel im Gegensatz zu den anderen Erfindern keinesfalls ein Studierter war. Auf Grund dessen wurde er jedoch von vielen Industriellen nicht ganz ernst genommen.

Auf dem deutschen Markt gab es nur sehr wenige Wankel-Motorräder: Hercules W 2000 und Van Veen OCR 1000 (1976), Suzuki RE 5 (1974).

WASSERBÜFFEL

Suzuki GT 750 mit wassergekühltem Dreizylinder-Zweitaktmotor, Baujahr 1971–1977. Sie war der letzte große Zweitakter von Suzuki. 1976 läutete die GS 750 das endgültige Ende der großen Zweitakt-Ära ein.

WASSERKÜHLUNG

Regelt den Wärmehaushalt des Motors und senkt die mechanischen Geräusche, ermöglicht geringere Kolbenlaufspiele und senkt dadurch den Verschleiß, geringere thermische Belastung von Zylinder und Kolben, höhere spezifische Leistung bei gleichzeitig höherer Laufleistung; je nach Bauart zwischen 1,5 und 4 Litern Kühlwasser im Kreislauf, Frostschutz wenn nicht anders angegeben 50:50. Zum Zweck des Wassernachfüllens befindet sich meist unter dem Höcker oder dem Seitendeckel ein Ausgleichsbehälter. Das zusätzliche

Kühlmittelreservoir dient auch zur Volumenkompensation bei heißem Kühlmittel.

WASSERPUMPE

Meist sitzt die Wasserpumpe auf einer direkt vor oder hinter dem Kurbeltrieb angetriebenen Welle (z.B. Ausgleichswelle) und fördert die gesamte Kühlwassermenge durch den Kühlkreislauf. Bei der Instandsetzung unbedingt auf eine akkurate Reinigung aller Dichtflächen achten und (wenn überhaupt) sehr sparsam mit zusätzlichem Dichtmittel umgehen. Nur allzu leicht finden sich Reste dieser Dichtungsmasse im Motorinneren wieder und können später zu überhitzten Motoren führen.

WASSERSTOFF

Das chemische Formelzeichen für Wasserstoff ist H, das leichteste Element des Periodensystems und häufigste Element des Universums. Wasserstoff kommt nur sehr selten in atomarer Art vor, das heißt als einzelnes Wasserstoffatom. In der Regel liegt es als Wasserstoffmolekül aus zwei Wasserstoffatomen (H_2) oder anderweitig gebunden (z.B. Wasser – H_2O, organische Substanzen) vor. Wird unterhalb –253°C flüssig. Die Erzeugung der Antriebsenergie erfolgt durch eine Brennstoffzelle und Elektromotor, oder per Verbrennungsmotor oder Turbine.

WECHSELGETRIEBE

Kassettengetriebe; zwecks schneller Änderung einzelner Übersetzungen der Gangstufen können Kassettengetriebe zur Seite hin demontiert werden. Die dann freiliegenden Gangradpaare werden durch andere Paare ausgetauscht, üblich bei Rennmaschinen.

WERKSTATT

Eine gut eingerichtete Heim-Werkstatt hat nicht nur etwas Professionelles an sich, sondern animiert geradezu zum Selbstentwickeln und Tüfteln. Wie im Leben ist die richtige Planung und Ordnung die halbe Miete. Wer sich entfalten möchte, benötigt Platz. Denn häufig müssen Teile in einer geschützten Ecke provisorisch untergebracht werden. Wer schrauben will, muss gut sehen können. Deshalb steht gutes Licht ganz oben auf der Liste. Steckdosen verstehen sich von selbst. Spezielle Montageständer für Front und Heck geben dem Motorrad die rechte Standfestigkeit und dienen darüber hinaus als perfekte Abstell-Vorrichtung im Winter. Als Frontheber empfehlen sich besonders Modelle, die sich direkt unterhalb der unteren Gabelbrücke abstützen. So lassen sich auch Reparaturen an der Gabel durchführen. Eine ausgemusterte oder selbstgebaute Werkbank (mindestens 80 cm tief und so breit wie möglich) mit stabilen Schubladen ist als Unterlage und Stauraum ideal. Ein massiver Schraubstock sollte genauso zum Standard gehören wie ein kleiner Schleifbock, Bohrmaschine, Akku-Bohrer, Gewinde-Schneider und eine umfangreiche Auswahl an Schrauben, Scheibchen und Muttern. Von Billig-Werkzeugen ist abzuraten, da sie immer dann versagen, wenn's darauf ankommt und sie schon so manches Problem verursacht haben. Hochwertige Schraubendreher (gehärtete Kreuz-, bzw. Schlitzspitze) sind nicht billig, rechnen sich aber spätestens bei der ersten Problem-Schraube. Einen kleinen Handschlagschrauber mit unterschiedlichen Bits gibt's in jedem Baumarkt. Hochwertige Maul- und Ringschlüssel (gerade und gekröpft) sind genauer gefertigt und schonen die Teile.

Eine separate Kiste für Caramba, Loctite & Co, ein Liter destilliertes Wasser für das fahrende Stromnetz, sowie eine gut sortierte Auswahl an Steckschlüsseln, Knarren, 3/8tel und 1/2 Zoll-Adapter, Nüssen, diverse Kännchen und Schüsseln, sowie Hakenschlüssel und Seegeringzangen für innen und außen ergänzen die Ausstattung. Flexible Stabmagnete kommen auch in entlegene Winkel, sollten die Standard-Werkzeugkiste komplettieren.

WHEELIE

Das Fahren auf dem Hinterrad ist seit Mitte der neunziger Jahre stark in Mode gekommen. Während der Fahrer viel Gefühl und einen guten Gleichgewichtssinn mitbringen muss, gibt es Wheelie-freundliche und -feindliche Motorräder. Grundsätzlich taugen Wheelies nicht dazu, die Rundenzeiten auf der Rennstrecke zu verbessern. Dennoch lässt es sich dort nicht immer vermeiden, dass das Vorderrad abhebt (Beschleunigungsvorgang, Kuppen) und so billigend (manchmal auch nicht ganz ohne Spaß) in Kauf genommen werden. Offroad-Fahrer (Trial, Enduro, Cross, Rallye) benutzen diese Technik hingegen, um Hindernisse (Unebenheiten, Hügel, etc.) besser hinter sich zu lassen. Provokante Wheelie-Vorführungen (Stunts) haben sicher einen großartigen Show-Effekt, sind aber durch den eingeschränkten Fahrbahnkontakt (Lenken, Bremsen) nicht ganz ungefährlich. Bei unvorsichtigem Spiel mit Kupplung und Gas kann es bis zum Umschlag nach hinten führen.

Dennoch ist ein Wheelie für geübte Fahrer eine weitere, lehrreiche Erfahrung, da es das

Christian Pfeiffer – Wheelie Weltmeister 2004

Gefühl (Popometer) für das Motorrad verbessert, ist auf öffentlichen Straßen jedoch nicht vertretbar.

Eigenschaften, die einen Wheelie begünstigen:
- Günstiges Leistungsgewicht
- Nicht zu sportliche Sitzposition
- Kurzer Radstand
- Kurze Übersetzung
- Hoher Schwerpunkt
- Breiter Lenker erleichtert Balancieren
- Viel Drehmoment im unteren und mittleren Drehzahlbereich

Geeignet: Show, Offroad, Training

Eigenschaften, die einem Wheelie entgegenwirken:
- Vorderrad-orientierte, konzentrierte Sitzposition
- Lange Übersetzung
- Niedriger Schwerpunkt und langer Radstand
- Wenig Motordrehmoment

Ungeeignet: Straße, Straßensport, alles was schnell gehen soll

WINDKANAL

Im Windkanal wird der Fahrtwind bei fest stehendem Motorrad (inkl. Fahrer) durch einen großen Ventilator simuliert. Dabei wird das Fahrzeug fest am Boden verschraubt. Wie im richtigen Leben nimmt ein komplett in Leder oder GoreTex eingekleideter Fahrer auf dem Motorrad Platz. Damit der Verlauf des Luftstroms für jedermann sichtbar wird, sind an den Flächen kleine Wollfäden angebracht, die sich später dem vorbeigleitenden Luftstrom anpassen.

Eine weitere Möglichkeit ist die Anströmung mit weißem Dampf. Auf diese Art können die aerodynamischen Qualitäten insbesondere bei Abrisskanten und Unterdruckzonen (die nicht direkt am Fahrzeug liegen müssen) sichtbar gemacht werden.

WINTERFEST

Wenn die lauen Ausfahrten vorbei sind und der Sommer längst Geschichte, dann geht's in die nicht ganz so angenehme Zeit. Laub auf den Straßen, feuchte Fahrbahnen, beschlagene Visiere und klamme Knochen. Kein Grund jedoch um Trübsal zu blasen. Denn auch Herbst und Winter haben durchaus schöne Seiten. Von den herrlichen Lichtreflexen einmal abgesehen – Motorrad fahren im Herbst kann sehr viel Spaß machen. Und ehrlich gesagt, man fühlt man sich auch irgendwie sicherer, wenn man in der Lederkombi steckt, als sie bei über 30° Celsius an der Garderobe hängen zu lassen.

Vorbei ist die Zeit, in der die Schweißperlen wie ein Rinnsal den Rücken hinunterlaufen und auch die Brille verrutscht nicht mehr so schnell in Richtung Nasenspitze. Doch kann die ungemütliche Witterung auch schnell den Spaß vermiesen. Am nasskalten Wetter kann man nicht viel ändern, wohl aber haben wir Einfluss auf den »Gesundheitszustand« des Fahrzeugs und präventive Maßnahmen für unseren Körper.

Was den ganzen Sommer anstandslos funktionieren musste, bedarf im Herbst oder Winter einer angemessenen Durchsicht, um auch die nicht so angenehmen Jahreszeiten tadellos zu überstehen. Wie Sie mit Ihrem Bike die nächsten Monate am sichersten überstehen, zeigt die folgende Checkliste, die sich nicht nur auf den technischen Zustand beschränkt, sondern auch wertvolle Hinweise für eine blessurenfreie Zeit gibt.

Check-Liste Fahrzeugtechnik

Motor

Wer dem Motor etwas Gutes tun will, wechselt beim Stilllegen das Motoröl samt Filter. So verhindern sie die innere Korrosion durch vom Motoröl aufgenommene Feuchtigkeit. Wer durchfährt, sollte darauf achten, dass er ein Mehrbereichsöl (z.B. 10-W40) verwendet. Große Flächen neigen besonders zur Rostpickelbildung. Um dies bei den Zylindern zu vermeiden, sorgen ein paar Spritzer Motoröl durch das Kerzenloch für einen sorgenfreien Winterschlaf. Profis verwenden spezielle Konservierungssprays. Anschließend lässt man den Motor kurz leer durchdrehen und schraubt zu guter Letzt die Kerzen, die man am besten mit ein wenig Graphit am Gewinde bestreicht, wieder ein. Da viele Motoren immer noch über Vergaser gespeist werden, ist man gut beraten, das Restbenzin aus den Schwimmerkammern abzulassen und den Benzinhahn zu verschließen. So gibt's im nächsten Frühjahr keine Probleme mit hängenden Schwimmernadelventilen oder überlaufendem Sprit.

Elektrik

Säurestand der Batterie kontrollieren: Ein Ladevorgang erzeugt Wärme und lässt Wasser verdunsten. Vor dem Laden konventioneller Batterien, müssen die Zellstopfen geöffnet werden. Pole nachziehen: Nur eine feste Verbindung sorgt für einwandfreien Stromfluss. Doch zu fest angezogene Schrauben verziehen die Bleiplatten und machen den Stromspeicher reif für den Schrott. Bei wartungsfreien Batterien bezieht sich das »wartungsfrei« nur auf das Nachfüllen von Flüssigkeit. Die Verschlussleiste darf nie entfernt werden, da sonst Sauerstoff nachströmt und sich die Batterie selbst zerstört.

Ältere Fahrzeuge leiden häufig unter einer störanfälligen Elektrik. Lieblos verlegte Kabelbäume, wackelige Steckverbindungen und offene Kabel öffnen jedem Kriechstrom Tür und Tor. Wer möglichst zuverlässig durch den Winter kommen will, sollte sich die Zeit nehmen, ruhig einen Blick auf die Schwachstellen zu werfen und sie ggf. selbst zu beheben. Ein bisschen Kontaktspray in den Steckern hat schon so manchen Zündfunken wieder zum Leben erweckt. Zum kleinen Einmaleins der Sicherheit gehört auch die Kontrolle der Beleuchtungseinheit.

Den Scheinwerfer kann man selbst einstellen. Machen Sie sich dazu am einfachsten eine Markierung an der Garage.

Reifen

Bei einer Stilllegung empfiehlt es sich das Motorrad so aufzubocken, dass beide Räder frei in der Luft schweben. Verschlissene Reifen sollten erst im Frühjahr montiert werden, um ein vorzeitiges Altern zu verhindern. Wer auch in der kalten Jahreszeit durchfährt, sollte den Pneu einer Sichtprüfung (Rissbildung, Profil, Verschleißbild) unterziehen. Darauf achten, dass das Ventil mit einer Metallkappe fest verschlossen ist, so dass auch bei schneller Fahrt keine Luft entweichen kann. Kunststoffkäppchen taugen nichts, da sie nicht luftdicht sind. Ein besonderes Augenmerk gilt dem Luftdruck, der für den Überwinterungsfall leicht angehoben werden sollte.

Bremsen

Der Spruch »Wer bremst, verliert« mag auf der Rennstrecke stellenweise seine Berechtigung haben, hat im öffentlichen Verkehr jedoch keinerlei Bedeutung. Denn wenn es darum geht, im Straßenverkehr zu überleben, ist das Thema Bremsen untrennbar mit dem Stichwort Sicherheit verbunden. Dementsprechend sollten wir uns um unsere Anker kümmern, denn Sicherheit ist nicht saisonal bedingt. Wer gut bremsen will, braucht ausreichend »Fleisch« auf den Belägen.

Bei Scheibenbremsanlagen lässt sich meist recht einfach eine Sichtkontrolle von oben oder vorn durchführen. Trommelbremsen verfügen i.d.R. über einen Verschleißanzeiger (Pfeil oder Strich) am Ausrückmechanismus des jeweiligen Bremsnockens. Ist die Verschleißgrenze erreicht, müssen neue Bremsbeläge montiert werden.

Auch das Hydrauliksystem braucht ein wenig Pflege: Durch den Verschleiß am Bremsbelag sinkt im Ausgleichsbehälter das Niveau der Bremsflüssigkeit. Beim Auffüllen unbedingt darauf achten, dass sich die korrekte Menge im Behälter (Schauglas) befindet. Da Bremsflüssigkeit hygroskopisch (wasseranziehend) ist, steigt mit der Zeit der Wassergehalt und lässt den Siedepunkt sinken. Das kann bei hoher Belastung unter Umständen bis zum Totalausfall führen. Einen weiteren natürlichen Feind stellt das Medium Luft dar. Auf Grund der Komprimierbarkeit (Beispiel Luftpumpe) sorgt Luft für einen schwindenden Druckpunkt und macht die Bremse zunehmend weicher. Da Luft zudem ein hervorragender Träger von Wasserteilchen ist, lässt sich ein Wechsel der kompletten Bremsflüssigkeit nicht umgehen. Mindestens einmal im Jahr ist mehr als ratsam. Ausreden wie »Ich belaste die Bremse ja sowieso nicht so stark« haben keine Gültigkeit, da auch vorsichtige Fahrer keinen Einfluss auf die physikalischen Zusammenhänge haben.

Tipp: Bremsflüssigkeit ist ätzend. Vor dem Wechsel also die Lackteile schützen. Ist doch mal etwas danebengetropft, hilft nur das Abspülen mit purem Wasser. Nicht reiben, nur abfließen lassen! Da sich die Bremsflüssigkeit schnell mit dem Wasser bindet, machen Sie sich die hygroskopische Eigenschaft der Bremsflüssigkeit zu Nutze.

Tank

Während wir auf die äußere Pflege von Lackteilen bereits eingegangen sind, sollte man auch darauf achten, dass der Tank bis oben hin gefüllt ist. Da Kraftstoff auch eine korrosionshemmende Wirkung hat, erhält die unlackierte Innenseite des Metallbehälters einen zusätzlichen Rostschutz. Die in den letzten Jahren zunehmend häufiger verwendeten Kunststofftanks machen dies zwar nicht mehr notwendig, doch macht es auch hier Sinn, den Spritbehälter komplett zu füllen. Da Schmutzpartikel vom Benzin in der Schwebe gehalten werden, beugt man so einer unnötigen Verstopfung der Vergaser- und Einspritzdüsen, Kanäle und Pumpe vor. Idealerweise tankt man das Motorrad nach jeder Tour voll.

Kühlsystem

Wassergekühlte Motoren sind zuverlässig und leise. Damit das auch bei Ihrem Motorrad möglichst lange so bleibt, bedarf das Kühlsystem besonders vor den kalten Monaten einer gesonderten Kontrolle. Neben dem korrekten Flüssigkeitsstand kommt es in der ungemütlicheren Jahreszeit auf den Frostschutz an. Dieser sagt aus, bis zu welcher Temperatur die Flüssigkeit sicher vor Frost ist. Ohne diesen Schutz könnte es bei tieferen Temperaturen die Wasserpumpe zerreißen, Schläuche und Leitungen würden platzen, und man müsste sich wohl eher um einen neuen Motor als um den richtigen Frostschutz kümmern. Kontrolliert wird per Saugball, der idealerweise die Flüssigkeit am Überdruckventil aufnimmt. –25 °C sollten es schon sein, besser –30 °C. Während man im Rennsport aus Sicherheitsgründen ausschließlich destilliertes Wasser (wer fährt schon bei Minusgraden Rennen?) verwendet, hat es der Straßenfahrer einfacher. Jeder Bike-Shop hat entsprechende Kühlmittel vorrätig, die fertig gemixt einfach in den Ausgleichsbehälter gekippt werden. Dazu sollte der Motor vorher auf Betriebstemperatur gebracht worden sein, so dass sichergestellt ist, dass das Kühlmittel komplett durchgespült worden ist. Nach dem Auffüllen den Motor nochmals gut auf Temperatur bringen. Hat sich das Niveau wieder gesenkt, wird nachkorrigiert.

Verschiedenes

Was viel bewegt wird, will gut geschmiert sein. Besonders das Schaltgestänge wird eine Sonderportion Fett an den Kugelköpfen- und Pfannen mit besserer Schaltbarkeit honorieren. Nicht erst bis zum nächsten Frühling sollte man auch bei der Pflege von Kunststoff- und Gummiteilen warten. Denn sind sie erst spröde und rissig, kommt man um einen Austausch nicht mehr herum. So zum Beispiel die Ansaugstutzen, die, von Vibrationen und Gasstößen geplagt, für ein bisschen Glycerin (Apotheke) oder Pflegespray aus dem Fachhandel dankbar sind. An vielen Motorrädern lassen sich Schwinge und Umlenkhebel der Zentralfederung abschmieren. Mit einer Fettpresse ist diese Angelegenheit in fünf Minuten erledigt. Ansonsten droht teuerer Lagerfraß, der aus sensibel ansprechenden Federelementen bockige Stoßstangen macht. Lange Zeit galt es als guter Ratschlag, Radlager nicht mit einem Hochdruckreiniger äußerlich vom Dreck zu befreien. Vorausgesetzt man hält einen Mindestabstand von 50 Zentimetern ein und fettet Achse sowie Lager beim Radausbau regelmäßig, besteht jedenfalls kein Anlass, dies nicht zu tun. Hochwertige Motorreiniger tun ein Übriges, um auch hartnäckigen Schmutz von Metallteilen zu entfernen.

Antriebsketten sind hoch belastete Bauteile. Da jede Kette bekanntlich nur so stark ist wie ihr schwächstes Glied, sollte ihr eine besonders regelmäßige Pflege zukommen. Vor allem in der kalten Jahreszeit, wo es noch mehr als sonst auf eine gute Gangbarkeit und einen geschmeidigen Freilauf des Fahrzeugs ankommt. Wussten Sie, dass eine schlecht gepflegte Kette bis zu 5 PS Motorleistung kosten kann? Der Handel bietet unzählige Ketten-Schmierstoffe an, die man auf der Innenseite der Kette aufträgt. Besonders im Winter verhindert ein dünnes Aufstreichen auch an der Außenseite hässliche Rostspuren. Allzu viel ist wie immer ungesund, denn auf den Reifen haben Schmierstoffe nichts zu suchen.

Standort

Rein theoretisch wäre es am besten, wenn Sie sich das Motorrad zum Überwintern ins Wohnzimmer stellen würden. Trocken, gut beheizt, Stoßlüftung an jedem Morgen, und von Zeit zu Zeit einfach die Warnblinkanlage eingeschaltet, um die Batterie ein wenig zu belasten. Ein Nachladegerät hätten Sie in diesem Fall natürlich selbstverständlich neben der Minibar installiert. Und die Bierkiste unterm Motor erfüllt gleich einen doppelten Zweck. Einmal die Woche wischt Gisela dann noch mit dem Staubtuch über die Chromteile und alles wäre perfekt.

Doch kommen wir zurück auf den realistischen Boden der Tatsachen: Feuchtigkeit ist der Vater des Rostes – ihn gilt es nach Möglichkeit zu verbannen. Wer also eine trockene Garage oder sogar einen Heizungskeller zur Verfügung hat, wird viele Biker-Freunde finden. Maschinen mit Hauptständer sind ebenfalls im Vorteil, da sie sich einfach aufbocken lassen. Ein Frontheber perfektioniert das Vorhaben, beide Räder komplett zu entlasten. Schwere Cruisisten sind hingegen gut beraten, den Luftdruck leicht zu erhöhen und die Radstellung mindestens einmal im Monat zu ändern. Bei der Gelegenheit bietet es sich an, die Räumlichkeiten gut durchzulüften. Natürlich kann man sein Bike auch draußen überwintern lassen. Eine Pelerine dient als notdürftiges Dach und wird nach Möglichkeit zwischendurch gelüftet. Doch wer kann das im Ernst verantworten? Da liegt eine Überwinterung beim Stammhändler doch deutlich näher. Für kleines Geld kann er sich professionell um das Motorrad kümmern und bietet gleichzeitig ein trockenes Winterplätzchen an.

Fest steht jedenfalls, dass an einem sauberen, gepflegten Fahrzeug vorhandene Mängel wesentlich leichter erkannt werden können als bei einem ungepflegten Motorrad. Beim Reinigen fallen Fehler viel leichter auf. Somit ist ein gepflegtes Fahrzeug immer sicherer als ein ungepflegtes. Dabei spielt die Jahreszeit genau genommen eigentlich eine eher untergeordnete Rolle. Wenn Sie die oben genannten Pflegemaßnahmen beherzigen, sind Sie bequem an einem Samstagnachmittag erledigt. Das sollte Ihnen Ihr Motorrad und die Sicherheit wert sein.

Sind Sie fit für den Winter?

Bewegungsfreiheit ist auf dem Motorrad auch im Winter von großer Bedeutung. Deshalb: Verzichten Sie nicht auf die Bequemlichkeit. Investieren Sie lieber ein paar Euro mehr in gute Winterkleidung. Mit guter Sicht, den richtigen Klamotten und einem funktionierenden Motorrad kann man den Winter stellenweise sogar genießen.

Checkliste Winterausrüstung

– Klares, unverkratztes Visier

- Sturmhaube (für Brillenträger besser nur mit einem großen Ausschnitt)
- Halsschutz (Leder, Baumwolle, Kunststoff, etc.)
- Warme Unterwäsche (lange Hose, dickes T-Shirt mit kurzem Arm)
- Zwei Paar Handschuhe (min. 1 Paar echte Winterhandschuhe)
- Zwei Paar Stiefel (Winter, bzw. Allwetter, gefüttert, dicke Sohle, sicherer Tritt)
- Warme Lederkombi (evtl. gepaart mit dicker Wind- oder Allwetterjacke, o.ä.)
- Thermokombi für die ganz kalten Tage (... oder fürs Elefantentreffen)
- Heizbare Griffe fürs Motorrad (wirken Wunder!)
- Handschützer (nicht schön – aber es hilft gegen kalte Finger)

Checkliste Fahrtechnik
Bei niedrigen Temperaturen locker und entspannt zu bleiben, ist sicher ein gut gemeinter Rat, doch praktisch undurchführbar. Ist der Körper erst einmal ausgekühlt, hilft nur noch ein heißes Bad. Darum sollte man es erst gar nicht so weit kommen lassen. Die richtige Kleidung vorausgesetzt, sollte bei Temperaturen unter 5 °C nach einer Stunde die erste »warme Rast« stattfinden. Der durch die Konvektion der Luft (Fahrtwind) auftretende Temperaturabfall beim Fahren lässt das Klima auf dem Motorrad nicht selten bis unter –40 °C (ideal zur Lagerung von Tiefkühlkost) und niedriger fallen. Dennoch wollen wir Ihnen ein paar Tipps geben, wie man trotz arktischer Temperaturverhältnisse noch lächeln kann.

Immer locker bleiben ...
- Gehen Sie mit dem Motorrad auf Tuchfühlung (Knie an den Tank, Arme nicht zu sehr durchgedrückt, sondern leicht gebeugt)
- Fahren Sie möglichst »rund« (gleichmäßige Geschwindigkeit, konstante Schräglage)
- Erst dann nach innen ziehen, wenn Sie den Kurvenverlauf richtig einschätzen können
- Lippen nicht zusammenpressen
- Denken Sie daran, dass die Reifen nicht so schnell auf Temperatur kommen ... und Sie auch nicht
- Laub, Fahrbahnmarkierungen, Kanaldeckel und Bitumen gehören zu den größten Gefahren
- Benutzen Sie die Kupplung, um Lastwechsel zu kompensieren
- Stellen Sie ggf. das Fahrwerk etwas »weicher« ein (hauptsächlich die Dämpfung, nur bedingt die Basis)
- Routinierte Fahrer können bei niedrigem Tempo den Blockierpunkt des Hinterrades ausprobieren
- Bei Glatteis haben Motorradfahrer keine Chance – Fahrzeug stehen lassen und Bus fahren

Y

YAMAHA

Gründungsjahr 1955; heute zweitgrößter Motorradproduzent der Welt. Als Markenzeichen stehen die drei gekreuzten Stimmgabeln. Bereits seit 1883 produzierte der Gründer Torakusu Yamaha (1851–1916) Musikinstrumente im japanischen Nagasaki. Dies jedoch noch nicht unter dem Markennamen Yamaha, sondern unter der Bezeichnung »Nippon Gakki«. Nach dem Tod des damaligen Direktors Kawakami im Jahre 1940 war das Unternehmen dem Militär unterstellt und produzierte in erster Linie Flugzeugteile, bis es 1945 nahezu komplett zerstört wurde. Ironischerweise blieben ausgerechnet die ursprünglichen Hallen, in denen zuvor die Musikinstrumente hergestellt wurde, von der Vernichtung durch Bomben weitgehend verschont, so dass Kawakami nach Kriegsende wieder mit der Produktion von Tasteninstrumenten fortfahren konnte. Auf Grund seiner schweren Krankheit übertrug er im Jahre 1950 seinem Sohn Genichi Kawakami die gesamte Führung des Unternehmens. Der investierte neben der Musikindustrie auch in die Produktion von Motorrädern.

Auf dem Grundstück in Hamamatsu wurden fortan Testfahrten und Entwicklung von motorisierten Zweirädern durchgeführt. Krafträder waren zu jener Zeit sehr gefragt. Schließlich waren sie günstig im Unterhalt und konnten so auch vom »normalen« Arbeiter bezahlt werden. Da man auf diesem Gebiet jedoch über keinerlei Erfahrung verfügte, sah man sich auf dem Markt um und wählte im Jahre 1955 die beliebte DKW RT 125 aus, um sie sozusagen als verbesserte Kopie auf den Markt zu bringen. Darum verwundert es nicht, dass Yamaha's erstes Motorrad eine 125er mit Zweitaktmotor war – die Modellbezeichnung lautete YA 1. Wenige Monate später wurde sie als 175-ccm-Maschine präsentiert, hieß YA 2 und war eine Kopie der erfolgreichen DKW RT 175. Die Verkaufzahlen boomten, so dass bereits im ersten Produktionsjahr über 70.000 Motorräder hergestellt wurden. Grund genug also, um weiter auf Motorräder zu setzen. Eine leistungsstarke 250er sollte her. Zur damaligen Zeit war die zweizylindrige Adler MB 250 das Maß der Dinge. Anstatt wieder eine Kopie anzufertigen, bestand der damalige Ent-

1. *Eng verbunden mit dem Rennsport gehören Tradition und Fortschritt gleichermaßen zur Philosophie der Marke Yamaha.*

wicklungschef Watase auf einer völlig neuen Konstruktion. Mit dem Modell YA 2 war die Basis für die Teilnahme an Motorradrennen geschaffen. Trotzdem wurde es in den folgenden Jahren ein wenig still um Yamaha. Grund war unter anderem das finanzielle Debakel zu Beginn der sechziger Jahre, als der Versuch im 50er-Markt Fuß zu fassen, fehlschlug. Zu dieser Zeit war es ohnehin schon schwer genug, überhaupt zu überleben. So waren die sechziger Jahre für Yamaha kein Zuckerschlecken.

Erst die legendären XS 1 von 1969 konnte dem heute zweitgrößten Motorradproduzenten wieder den nötigen Auftrieb geben. Das lag jedoch weniger am britischen Konzept des rustikal wirkenden Paralleltwins als an der Tatsache, dass zur gleichen Zeit Honda's leistungsstarke CB 750 Four (67 PS) wieder die Lebensgeister der Motorradfahrer weckte. Das Thema »Motorrad« war wieder in aller Munde. Keine Frage, der Zeitgeist hatte sich gewandelt. Die Zweizylinder-Viertaktmaschine war die erste Viertakt-Maschine aus dem Hause Yamaha und somit der Urahn der zukünftigen und später sehr erfolgreichen XS-Modelle. Dennoch gab der neuzeitliche Trend auch eine andere Richtung vor: mehr Hubraum, mehr Leistung und mehr Zylinder. Und zuverlässig sollten sie auch noch sein. Mit anfangs mageren 33 PS (die spätere XS 650 brachte es auf 49 PS) konnte der OHC-Twin (die Engländer schwörten auf OHV-Steuerung) keine dauerhaft große Rolle spielen. Nachdem die vielen Kinderkrankheiten ausgemerzt waren, war sie bereits veraltet. Wer dennoch nicht auf den vornehm-britischen Charakter verzichten wollte, entschied sich darum nicht selten für eines der Originale von der Insel. Und trotzdem, mit der XS 1 brach in Hamamatsu ein neues Zeitalter an. Man erkannte, dass man mit den bisherigen Kopien bekannter Motorräder keinen großen Erfolg mehr erzielen konnte. Die Identifikation mit dem Motorrad und mit dem, was es darstellte, wurde zunehmend wichtiger. Bereits ein Jahr nach der XS 1, also 1970, protzte die zweitaktende R 5 mit damals beeindruckenden 35 PS aus 350 ccm aus zwei Zylindern. Zur gleichen Zeit bescherte die sportliche DS 6 den 250er-Fahrern (zu dieser Zeit war die Versicherungsprämie noch hubraumabhängig und damit besonders attraktiv) mit ähnlichem Konzept und strammen 28 PS schlaflose Nächte. 1973 kam dann die AS 3, eine spritzige 125er und Vorläuferin der späteren RD 125. Allesamt Zweitakter, die aus ihrer Not eine Tugend zu machen wussten und auf Grund ihrer ausgesprochenen Drehfreudigkeit und Handlichkeit den altbackenen Viertaktern häufig die lange Nase zeigen konnten. Das Motorradlager schien sich in zwei Lager zu spalten – in eines der Zweitakt- und eines der Vier-

2. Die MX 250 war Anfang der siebziger Jahre auf den Moto Cross-Strecken zuhause.
3. Die seltene TX 650 von 1973.

takt-Anhänger. Problematischer schienen die Viertakter, die durch ihr hohes Gewicht, den und anfangs auch anfälligen Ventil- und Kurbeltrieb, ihre Vorzüge der Durchzugsstärke und des kultivierten Motorlaufes verspielten. Da machte die TX 750 mit zwei zusätzlichen Ausgleichswellen (1972) als XS 650-Nachfolgerin keine Ausnahme, so dass sie schon nach wenigen Monaten aus dem Programm genommen wurde. Erst nach jahrelanger Modellpflege sollte sich die XS 650 als standfest erweisen. Deren Nachfolge sollte die dreizylindrige XS 750 von 1976 antreten. Mit Kardanantrieb, zwei obenliegenden Nockenwellen und moderner Ausstattung konnte der Triple jedoch auch erst im zwei Jahre später Modellgepflegten E-Modell (1978) überzeugen. Dafür war Yamaha der erste Großserienproduzent, der schon 1976 in der XS 500 auf die Vierventiltechnik setzte. Damit brachte sie es auf 49 PS bei 8.250 min^{-1}, was einer Literleistung von beachtlichen 98 PS entsprach. Selbst die zweitaktende DS 7 von 1971 erreichte mit 24 PS aus 247 ccm Hubraum nur eine Literleistung von 97 PS. Keine Frage, mit der Yamaha XS 500 schrieb man Motorradgeschich-

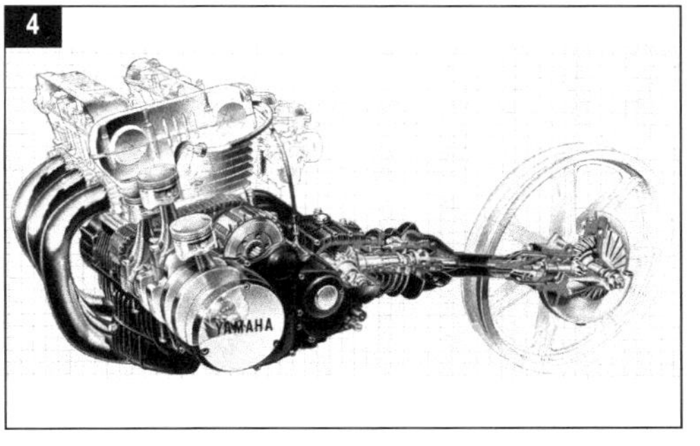

4. Mitte der Siebziger erschien der Dreizylinder-Kardantourer XS 750. Die Zeichnung stammt aus der Konzeptionierungsphase. Ursprünglich sollte sie eigentlich GX heißen.

5. Die XS 750 (Bild) ist der Vorläufer der später so erfolgreichen XS 1100. Mit gleichem Hub, vergrößerter Bohrung und einem Zylinder mehr findet sie bei Tourenfahrern viele Anhänger. Die 750er blieb ein Motorrad für Individualisten.

te und machte die Vierventiltechnik salonfähig. Trotzdem waren die Absatzzahlen eher bescheiden. Auch hier sorgten technische Probleme nachhältig für Missmut unter den Kunden. Schon ein Jahr darauf erschien das Brot- und Buttermotorrad der siebziger Jahre schlechthin: die XS 360 (1977), die 1978 durch eine drei Millimeter größere Bohrung als XS 400 angeboten wurde. Nicht vergessen werden darf natürlich der XS 400 Marken-Cup (ab 1979), bei dem Martin Wimmer erfolgreich erste Erfahrungen als Straßenrennfahrer sammelte.

Unvergesslich ist auch die wohl legendärste und ursprünglichste aller Enduros, die Yamaha XT 500 (ab 1975). Einzylinder-Viertakter, 500 ccm, Luftkühlung, OHC, breiter Lenker, am Heck hochgezogene Auspuffanlage und der Kickstarter. Er spielte im Mythos XT von Anfang an eine große Rolle – weniger die erbärmliche 6 Volt-Stromversorgung. Wer XT fuhr, war ein ganzer Mann, hatte Durchsetzungsvermögen (nur wer sich traute, den Kickstarter bis zum Anschlag durchzutreten, war erfolgreich) und ein gewisses Geschick (der »Könner« konnte auf das Schauglas an der No-

6. 1977 erschienen die kleinen XS-Typen mit 250 und 360 ccm (Bild) Hubraum. Es war die 27 PS-Zeit, der Motorradmarkt begann zu boomen und mit 18 gehörte der Einser beinahe schon zum guten Ton. Ein Jahr darauf wurde die XS 400 vorgestellt.

7. Mit der XS 400 Cup begann 1979 die Rennfahrer-Karriere von Martin Wimmer (Bild).

ckenwelle getrost verzichten). Ihrem Charme und ihrer Schlichtheit war es zu verdanken, dass sie einen wahren Enduro-Boom auslöste. Trotzdem auch andere Hersteller erfolgreich waren, kam doch während der ersten Jahre niemand an sie heran. Zum ersten Mal hatte Yamaha ein absolutes »Viertakt-Original« hervorgebracht – nun waren die anderen die Nachahmer. Ab 1977 gab's die XT auch als uriges Straßenmodell – die SR 500. Die 1981 vorgestellte XT 550 in modernerem Design wurde hingegen nicht zum Verkaufsschlager, wohl aber die XT 600 (ab 1984) in all ihren späteren Varianten.

Im sportlichen Zweitakt-Sektor freilich hatte Yamaha mit den RD-Modellen immer ein Wörtchen mitzureden. Da allein dieses Thema bequem ein ganzes Buch füllen würde, kann der Autor an dieser Stelle nur mehr oder weniger an der Oberfläche dieser großartigen Historie kratzen. Sieht man einmal von den ersten Kopien einzelner DKW- und Adler-Modelle ab, besann sich Yamaha vergleichsweise schnell auf eigene Konstruktionen. So wäre in einer Stammbaumkunde die DS 7 (1971) mit 24 PS aus einem 250er-Zweizylinder-Zweitakter nicht wegzudenken. Sie war die direkte Vorgängerin der ersten RD 250 (1973). Zeitgleich sorgte die 37 PS starke RD 350, Nachfolger der R 5 (1970), für bemerkenswerte Fahrleistungen. Schnell wurden die RDs Synonym für sportliches Motorradfahren. Es begann die Zeit der ausgebrannten Auspuffanlagen, Stummellenker und Einmann-Höckersitzbänke, die dem freien Zubehörmarkt ordentliche Umsätze bescherten. Da viele Motorradfahrer mit diesen Modellen ihre »Laufbahn« begannen, haben sie in gut erhaltenem Originalzustand heutzutage einen hohen Sammlerwert.

Auf der Rennstrecke dominierte im Jahre 1974 die TZ 750 mit rund 130 PS starkem, wassergekühlten Vierzylinder-Reihenzweitaktmotor. Sie war ein Produkt der in den sechziger Jahren ins Leben gerufenen Rennsport-Abteilung in den USA und ermöglichte Geschwindigkeiten von bis zu 300 km/h – der schnellste Production-Racer, den es seinerzeit zu kaufen gab. Der membrangesteuerte Vergaser-Motor lief noch mit einem 1:15-Gemisch und verbrauchte nicht unter 15 Liter des goldgelben Saftes je 100 Kilometer. Im Übrigen war ein Prototyp bereits 1971 in Tokio zu bestaunen. Das dort ausgestellte Motorrad soll jedoch auf die Bezeichnung YTR 700 gehört haben und war zu jener Testphase mit einer Kraftstoffeinspritzung ausgestattet. Anderen Informationen zufolge soll es bereits zu diesem Zeitpunkt ein fertiges Serienmotorrad mit der Bezeichnung GL 750 gegeben haben, das über die gleiche Technik verfügte. Warum die Typenbezeichnung schlussendlich in TZ 750 (sie hatte eigentlich nur 700 ccm Hubraum!) geändert wurde, bleibt bis heute unklar. In gleichem Atemzug muss natürlich auch das Rennfahrer-Idol Giacomo Agostini (kurz »Ago«, 15-facher Motorradweltmeister) genannt werden, der mit der TZ 750 bei den legendären 200 Meilen von Daytona/USA der Konkurrenz nur so um die Ohren fuhr (Platz 1, 2, 4, 5, 6, 8 und 10 auf Yamaha TZ 750). Im gleichen Jahr gewann er ebenfalls die 350er-WM, ein Jahr später er auch die 500er-WM für Yamaha. Unvergessen bleibt natürlich auch der 500er-WM-Hattrick von Kenny Roberts in den Jahren 1978, 1979 und 1980.

Kommen wir zurück auf die Straße, wo sich zwar kein ganz so spannendes Drama wie auf den Rennstrecken abspielt, dafür allerdings der Bezug zur Realität für den ganz besonderen Reiz sorgt. Denn wie jeder gute Journalist weiß, schreibt das Leben die interessantesten Geschichten. Und dazu gehörten im Jahre 1980 ohne Zweifel die komplett neuen, wassergekühlten RD 250/RD 350 LC. Mit ihren zwei Zylindern, den matt-schwarzen Motorgehäusen und Auspuffanlagen, sahen sie sich zum Verwechseln ähnlich. Kein Wunder, war doch lediglich die Zylinderbohrung der 350er um 10 Millimeter größer als die der 38 PS starken 250er. Ein zweites Erkennungsmerkmal war die zweite Bremsscheibe im Vorderrad der

8 PS stärkeren 350er. Für umgerechnet 2.303 EUR, bzw. 2.574 EUR waren sie auch noch äußerst preisgünstig. Während die 250er nur bis 1982 angeboten wurde, avancierte die 350er zum beliebten Dauerbrenner. Ab der '83er Power Valve-Version (YPVS) leistet der Big Bike-Schreck stramme 59 PS. Die spätere F und N-Version (Typ 1WX) brachten es sogar auf 63 PS, was einer spezifischen Literleistung von 181,5 PS gleichkam. In Verbindung mit gerade mal 165 Kilogramm Gewicht war Dynamik pur angesagt. Sie war eine Offenbarung für alle Rastenkratzer, die jedoch auch das anfangs sensible Cantilever-Fahrwerk (das Erste unter den Straßenmotorrädern) schnell an die Grenzen bringen konnten (Schwingen- und Lenkkopflager). Später, im Jahre 1985, sollte Yamaha mit der 88 PS starken RD 500 YPVS und dem vom GP-Renner passend gemachten V4-Zweitakter mit zwei Kurbelwellen noch eins draufsetzen, kam jedoch an die Literleistung der RD 350 F/N nicht heran. Die größte RD starb leider den Emissionstod durch die Behörden.

Ende der siebziger, Anfang der achtziger Jahre war die Zeit großvolumiger Big Bikes. Die Leistungswerte explodierten, genauso wie die Gewichtsangaben. Das vorläufige Ende des Wachstums in Hamamatsu bildete die 95 PS starke und 286 Kilogramm schwere XS 1100 (ab 1978), die mit ihrem drehmomentstarken Vierzylinder und Kardanantrieb für herausragende Langstreckeneigenschaften sorgte. Damit hatte die Tourerfraktion bei Yamaha mit der XS 750/XS 850 und der XS 1100 gleich zwei Eisen im Feuer. Interessant ist auch, dass selbst die aktuelle XJR 1300 in den Grundzügen auf dem Antrieb der über zwanzig Jahre alten XS 1100 basiert. Die umfangreichsten Modifikationen erforderte die Anpassung für die sportlichere FJ 1100 (1984–1985) und spätere FJ 1200 (wahlweise mit ABS), deren

8

9

10

8. Die XJ 650 war 1980 Begründerin der XJ-Klasse. Mit ihren Reihenvierzylinder und Kardanantrieb sprach sie den klassischen Sporttourenfahrer an. Durch die hinter die Zylinderbank verlegte Lichtmaschine baute der luftgekühlte DOHC-Motor extrem schmal.

9. RD 250/350 LC von 1981 – die ersten wassergekühlten Zweitakter von Yamaha.

10. Die RD 350 YPVS war 1983 das Angebot für Sportfahrer schlechthin. Das handliche Fahrwerk und der 59 PS starke Zweizylinder-Zweitaktmotor sorgten für Fahrspaß pur.

Antrieb sich im völlig neuen Lateral-Frame-Rahmen, ganz nach Bimota-Bauart, neuen Anforderung stellen musste. 4,8 Millimeter weniger Hub, dafür 2,5 Millimeter mehr Bohrung steigerten die Leistung auf nominell 130 PS, sowie die Drehzahlfestigkeit. Der neue Zylinderkopf mit vier Ventilen pro Zylinder sorgte für eine bessere Zylinderfüllung, insbesondere im oberen Drehzahlbereich. Zusätzlich wanderte die Lichtmaschine hinter die Zylinderbank. Durch die unveränderte Luftkühlung konnte das Motoren-Konzept an sich jedoch bestehen bleiben. Nach wie vor begeistert das Vierzylinder-Triebwerk der XJR-Modelle durch einen extrem seidigen Motorlauf und eine bärige Kraftentfaltung.

1980 überraschte die völlig neue XJ 650 mit dynamischem Design und sehr kultiviertem DOHC-Reihenvierzylinder, der seine 71 PS bei 9.400 min^{-1} via Kardanantrieb zum schmalen 120er-Hinterreifen weiterleitete. Sie war das erste Modell der beliebten XJ-Baureihe, bestehend aus der XJ 550 (1981), XJ 600 (1984), XJ 650 Turbo (ab Mitte 1982), XJ 750 (1981) und der XJ 900 (1983), die allesamt auf einen luftgekühlten Zweiventiler im Doppelschleifenrahmen vertrauten. Der Erfolg dieser Baureihe lag im völlig unproblematischen, anspruchslosen Konzept.

Die späteren XJ 600 N/S Diversion (ab 1994/1992) sind hingegen schick gemachte Bikes, denen sich besonders Neulinge und Wiedereinsteiger gern annehmen. Mit ihrem in Fahrzeugfarbe lackierten Doppelrohrrahmen und dem matt schimmernden, luftgekühlten Reihenvierzylinder sieht sie optisch recht edel aus, ist technisch aber eher konventionell. Die größere XJ 900 S Diversion kommt 1996 auf den Markt und bedient die Tourerfraktion.

Auf der IFMA 1984 brachte Yamaha die Fachwelt zum Staunen. Der Grund hörte auf die Bezeichnung FZ 750, die erstmals mit der

11

11. *Als 1989 die erste FZR 600, Typ 3HE, erschien, bot sie supersportliche Eigenschaften zu einem vernünftigen Preis. 1991 erhielt sie in der 3RH neben anderen Modifikationen einen DE-Scheinwerfer.*
12. *Die XJ 900 löst die seltene XJ 900 Strider im Jahr 1984 ab. Die Zusatzbezeichnung »F« kam erst 1985 (Bild).*

12

bekannten Fünfventiltechnik (drei Einlass- und zwei Auslassventile) ausgerüstet war. Der stark nach vorn geneigte Reihenvierer ist seitdem Erkennungsmerkmal der FZ-, FZR-, bzw. YZF-Baureihen. Im Januar 1987 kam der erste richtige Big Bike-Supersportler aus Japan nach Deutschland – die FZR 1000 Genesis mit 17«-Fahrwerk, wirkungsvollen 320er Bremsscheiben, Leichtmetall-Brückenrahmen (Delta Box I), FAI-System (Fresh Air Intake) und 136 PS starkem Reihenvierzylinder (nach dem Strickmuster der FZ 750). Endlich wieder ein Motorrad aus Japan, das die Massen bewegen und die Fachpresse überzeugen konnte. Sie integrierte den Fahrer erstmals wirklich effektiv ins sportliche Konzept. Der zuverlässige Motor und die sehr gute Verarbeitung sorgten für ein hohes Maß an Akzeptanz – auch in anspruchsvollen Rennfahrerkreisen. Fortan musste sich die Konkurrenz aus Europa und Japan an ihrer Qualität messen lassen. Superbike-Rennfahrer jedoch konnten auf Grund des Reglements mit dem 1000 ccm-Motor nicht viel anfangen. Darum präsentierte Yamaha im Jahre 1987 die sportliche FZR 750 R, die für den konsequenten Rennbetrieb jedoch nicht über genügend Reserven verfügte. Das änderte sich schlagartig mit der 1989 vorgestellten FZR 750 R, Typ OW01. Mit ultraleichten Motorinnereien aus Titan, einem enggestuften Sechsganggetriebe, Exup-Auslass-Steuerung, Öhlins-Federelementen, Schnellverschlüssen an Achsklemmungen und Verkleidung, etc., war sie eine viel versprechende Basismaschine für gute Platzierungen. Mit ihr wurden auf nationaler und internationaler Ebene viele Rennen gewonnen (Michael Doohan, Peter Goddard, Fabrizio Pirovano, Terry Rymer, Kevin Magee, Bernd Casper, Udo Mark, u.v.m.).

Für den öffentlichen Straßenverkehr pflegte man 1989 den hauseigenen Paradesportler FZR 1000 Genesis zur FZR 1000 Exup. Wichtigste Änderungen waren das überarbeitete Fahrwerk und die »Exup« genannte Steuerung des Auslass-Querschnitts für mehr Drehmoment im unteren und mittleren Drehzahlbereich. Mit den beiden nun schräg gestellten Rundscheinwerfern schaute sie zwar recht unscheinbar drein, doch zeigte das überarbeitete Chassis mittlerweile narrensichere Qualitäten und der Motor leistete ehrliche 145 PS. Nach weiteren Evolutionsstufen (Upside-Down-Gabel, DE-Scheinwerfer, Fox Eye-Design im YZF-Modell) über die YZF 1000 R Thunderace, stand im Jahre 1998 mit der YZF-R1 der wohl radikalste Big Bike-Supersportler der japanischen Motorradgeschichte in den Läden. Kaum ein anderes Motorrad war so in aller Munde wie dieses Kraftpaket im Deltabox II-Rahmen aus Leichtmetall. Fahrfertig gerade mal 202 Kilogramm leicht, mit einem völlig neu konstruierten, 150 PS starken Vierzylinder, zeigte die R1 der Konkurrenz, was

13

13. Bis Anfang der neunziger Jahre hatte sich Yamaha längst einen guten Ruf als Enduro-Hersteller gemacht. Neben den viertaktenden XT-Typen waren die DT-Zweitakter bei Jugendlichen und Offroad-Cracks sehr gefragt. 1991 löste die wassergekühlte DT 125 R (Bild) die luftgekühlte Vorgängerin ab. Der 10 PS starke Einzylinder stammt aus dem Straßenmodell TDR 125. Fahrwerksseitig ist sie mit allem gesegnet, was derbe Geländeausritte voraussetzen: viel Federweg, straffe Dämpfung, große Sitzhöhe und eine schon fast crosser-mäßige Ergonomie.

14. *In der Studio »Morpho« finden sich viele technische Lösungen, wie beispielsweise die Achsschenkellenkung, der späteren GTS 1000 wieder.*
15. *Die GTS 1000 von 1993, ob nun mit oder ohne ABS (ab 1996), hat sich schnell als quasi unkaputtbares Motorrad einen Namen gemacht. Nichtsdestotrotz wird sie immer ein Exot bleiben. Zu fortschrittlich und gewöhnungsbedürftig war die Technik. Dabei birgt sie selbst viele Jahre nach ihrer Markteinführung noch immer zukunftsweisende Technologien. Am auffälligsten ist die massive Achsschenkellenkung. Durch die Trennung von Radführung und Federung/Dämpfung erhöhen sich Komfort und Fahrsicherheit. Die Zielgenauigkeit und Handlichkeit waren mitunter jedoch gewöhnungsbedürftig und nichts für die sportliche Hatz. Besserung brachte die Umrüstung auf einen 120er-Vorderreifen (1994 ab Werk). Das Aufstellmoment des 130er-Frontpneus mit seiner breiten Aufstandsfläche verhinderte einen sauberen Strich. Antriebsseitig verließ man sich auf den Einspritzmotor der FZR 1000, der in der GTS 1000 ausschließlich mit 98 PS ausgeliefert wurde. Ein geregelter Dreiwege-Kat gehörte ebenfalls zum Standard. Mit über 280 Kilogramm fahrfertig gehört die GTS zur Gattung der großen Langstreckentourer. Lange, schnelle Autobahnetappen belohnt sie mit stressfreiem Genuss. Obendrein wurde die GTS im Jahre 1998 sogar mit Krauser-Koffer-Set angeboten, eine höhere Scheibe war ebenfalls im Preis enthalten. Die richtige Ausstattung für mehrere hunderttausend Kilometer.*
16. *Auf Basis der Serien-YZF 600 R Thundercat starten die Fahrer des Yamaha-Cup 1997 in den Aral-Farben.*
17. *Die luftgekühlte XT 600 E erscheint erstmals 1990 und ist die erste XT mit Elektro-Starter.*

Sache ist. In vorbildlicher Manier wurden alle Register des modernen Maschinenbaus gezogen, um Abmessungen und Gewicht niedrig zu halten. So sind die Getriebewellen beispielsweise übereinander statt hintereinander positioniert – so wie bei der supersportlichen YZF-R6 (ab 1999). Trotz ellenlanger Schwinge reduziert sich der Radstand mit 1395 Millimetern auf etwa 250er-Niveau! Zur Verdeutlichung: Der Mittenabstand der beiden Räder einer TZR 125 gleichen Baujahres war ganze 25 Millimeter kürzer. Designtechnisch setzt Yamaha bei der R1 erstmals konsequent auf Aggressivität.

Einen großen Schritt in Sachen Technik-Präsentation dokumentiert auch die GTS 1000/A, die im Jahre 1993 die Fachwelt zum Staunen brachte: Bärenstarker Reihenvierzylinder der FZR 1000, achsschenkelgelenktes Vorderrad, Drei-Wege-Kat, Einspritzung und auf Wunsch mit ABS (ab 1996 ausschließlich mit ABS) – da hatte die Konkurrenz vergleichbar wenig entgegenzusetzen. Trotzdem wurde die GTS zum finanziellen Flop, so dass sie zwischenzeitlich äußerst günstig zu bekommen war.

1991 griff Yamaha mit der TDM 850 nach langer Abstinenz wieder das Konzept des Parallel-Twins auf. Vergessen waren die nicht immer rühmlichen Tage der XS 1/XS 650, TX 750 und XS 500 – die Zeit war reif für einen Neustart im aufkommenden Zweizylinder-Boom. Nachdem man sich bereits seit einigen Jahren mit V2-Motoren auseinandergesetzt hatte (XZ 550 von 1982, XV 750 von 1981,

18. *Man schrieb das Jahr 1986 n.Chr., als die Erde erzitterte bei dem Anblick eines monströsen Vehikels. Rabenschwarz war die Grundstimmung beim ersten Eindruck, der maßgeblich vom überdimensionalen Gebilde zwischen den beiden Rädern bestimmt wurde. Nachdem der außerirdische Kundschafter im eigenen seichten, blauschwarz gefärbten Rauch unter tosendem und grollendem Donnerwetter wieder aus unserem Sonnensystem entschwand, war man sprachlos über die eindrucksvolle Darstellung der Urgewalt auf zwei Rädern. So, oder ähnlich müssen die Impressionen ihre Spuren hinterlassen haben, als seinerzeit die Yamaha Vmax nachdrücklichen Zwang auf unser Machtgefühl ausübte. Heute, über fünfzehn Jahre später, hat man sich immer noch nicht ganz an die Ausstrahlung gewöhnt. Das verwundert nicht, denn schließlich wird sie erst seit 1996 hochoffiziell auf unsere Straßen geschickt. Um so mehr genießt sie weltweiten Kultstatus. Denn seit 1999 wird im Datenblatt des deutschen Importeurs erstmals die offene Motorleistung angegeben. Stolzen 145 PS darf Mad Max seitdem freien Lauf lassen. Um das martialische Äußere noch perfekter zu machen, zeigen sich die Abdeckung für Tank und Hinterradkotflügel seitdem im Karbon-Look.*
19. *1995 erscheint die völlig neue XJ 900 S Diversion. Halbschalen-Verkleidung, luftgekühlter Reihenvierzylinder und Kardanantrieb machen sie zum preisgünstigen Tourenmotorrad. Für 1996 wurde das Fahrwerk straffer abgestimmt.*

18

19

XV 1000 von 1982, die XV 535 Virago kam erst 1994), wollte man mit der TDM einen sportlichen Allrounder schaffen, der sich von der Masse abhebt, andererseits jedoch nicht zu extrem erscheint. Das Konzept darf bis heute als einmalig gelten, denn es lässt sich nach wie vor in keine Schublade stecken und findet trotzdem (... vielleicht auch gerade deshalb) großen Zuspruch bei den Kunden. Im Jahr 1996 ersetzte man die 0°-Kurbelwelle der Ur-TDM durch das 270°-Bauteil der sportiven Schwester TRX 850 des gleichen Baujahres. Im gleichen Atemzug mussten Nockenwellen und Zündanlage angepasst werden.

Eine weitere, noch wesentlich umfangreichere Modellpflege erhielt die TDM 850 erst für den Jahrgang 2002. Mit neuem Alu-Fahrwerk (vorher Stahl), frischem Design, Einspritzung, umfangreichem Abgasreinigungssystem und Katalysator, sowie dem auf 900 ccm aufgestockten Twin ist sie stets eine Überlegung wert.

20. *Mit der TDM 850 hat Yamaha ab 1991 einen weiteren Allrounder im Programm. Seit 1996 rotiert eine 270°-Kurbelwelle der sportlichen TRX 850 im Leichtmetall-Motorgehäuse.*

21. *Die sehr beliebte FZS 600 Fazer erscheint 1998 am Markt. Die zweifarbige S-Version ist ab 2000 erhältlich. Der Antrieb ist der Thundercat entliehen, jedoch mehr auf Durchzug ausgelegt. Die Reifen fallen mit 110, bzw. 160 Millimetern nicht zu breit aus.*

21

20

Voll ins Schwarze traf man mit der FZS 600 Fazer (1998), die für 2002 kräftig überarbeitet wurde. Und wieder mal ist es das einfache und übersichtliche Konzept, das sich in einem großartigen Verkaufserfolg niederschlägt. Der spritzige Reihenvierzylinder aus der YZF 600 R Thundercat (1996) ist ein genügsamer und zuverlässiger Geselle. Das eigenständige Fazer-Design erinnert ein wenig an alte TZ-Tage. Ein gelungener Kompromiss zwischen Sport und Alltag. Dies wusste man umzusetzen und stellte im Jahre 2001 die größere FZS 1000 Fazer vor. Ihr brachialer Antrieb ist ein stark modifizierter R1-Motor (jedoch mit Flachstrom-Vergasern), der es auf gewalttätige 143 PS bringt. In Verbindung mit der ansonsten recht komfortablen Ausstattung sorgt das Leistungsvermögen für ein kontrastreiches Vergnügen. Wer von Fazer spricht, darf die seltene FZX 750 Fazer (1987) nicht unerwähnt lassen. Sie entstand zu einer Zeit, als man meinte, dass eine Vmax (1986, ab 1996 in Deutschland) für deutsche Kunden viel zu groß und zu schwer sei. Doch der Absatz der 94 PS starken 750er verlief nur sehr schleppend, so dass man sie kurzerhand wieder aus

22

22. Der Production-Racer TZ 250, Jahrgang 1999. Rund 90 PS bei 12.250 /min aus nur 250 ccm Hubraum.

23. 1999 löst die YZF-R7 die in die Jahre gekommen OW01 ab. Serienmäßig leistet sie 106 PS, mit Kit sind bis zu 170 PS möglich. Mit 50.000 Mark ist sie weniger zum normalen Motorrad fahren geeignet, sondern dient als Basis für Motorradrennen.

23

dem hiesigen Programm nahm. Erst im Jahre 1996 versuchte man, ein Muscle-Bike am Markt zu platzieren. Für die »schwache« FZX 750 Fazer war die Zeit mittlerweile abgelaufen, es musste schon etwas Mächtiges her. Was lag da näher, als die offen 145 PS starke Vmax endlich (nach 10 Jahren) auch in Deutschland anzubieten.

Ganz anders und doch ebenso angenehm ist die Erscheinung BT 1100 Bulldog (2001). Mit dem luftgekühlten OHC-V2 des betagten Softchoppers XV 1100 Virago (1989), deren V2-Technik bereits auf die TR 1 (1981) zurückkommt, gehört sie konzeptionell zu den modernen Motorrädern, muss sich hinsichtlich der Technik jedoch Kritik gefallen lassen. Die beiden im 75°-Winkel zueinander stehenden Zylinder produzieren mit 65 PS nicht sonderlich viel Leistung, vor allem angesichts der immerhin 245 kg Lebendgewicht (Leistungsgewicht über 3,75 Kg/PS) hält sich die Dynamik in engen physikalischen Grenzen. Die Ergonomie hingegen gibt sich betont leger und dabei relativ versammelt. Das Fahrwerk ist soft abgestimmt. Wer sich die Yamaha-Viertakt-Ahnengalerie bewusst vor Augen hält, wird feststellen, dass problemlose Alltags- und Tourenmotorräder seit Jahrzehnten zu den Besten ihrer Klasse gehören. Da macht auch die Yamaha FJR 1300 (2001) keine Ausnahme. Ihr komplett neu entwickelter Reihenvierzylinder (143 PS) mit Einspritzung, zwei geregelten Katalysatoren, gegossenem Leichtmetall-Rahmen und wartungsarmem Kardanantrieb (Gehäuse aus der Vmax) stellt eine zu dieser Zeit vorbildliche Tourer-Lösung dar. Dank ausgeklügeltem Rahmenkonzept und dem weit vorn und unten positionierten Motor ergibt sich eine günstige Schwerpunktlage, die dank des moderaten Gewichtes von 256 kg (Leistungsgewicht 1,79 Kg/PS) für passable Handlingeigenschaften sorgt.

Ob die Yamaha XP 500 Tmax (2001) nun mehr Motorrad oder Großraumroller ist, bleibt Sache der Auslegung. Während das sportlich angehauchte Konzept dem Trend der Großraumroller folgt, lassen die technischen Daten ein Motorrad vermuten: Mit wassergekühltem Zweizylinder-Viertaktmotor, zwei obenliegenden Nockenwellen, 40 PS, einem Doppelrohrrahmen mit 1.535 mm Radstand und einer Endgeschwindigkeit von über 160

24. *Die FZS 1000 Fazer ist ein leistungsstarker Allrounder und erscheint 2001. Gegenüber dem R1-Einspritzmotor ist sie mit Vergasern ausgerüstet und auf mehr Elastizität ausgelegt. Die Fahrwerksabstimmung fällt eher komfortabel aus.*

25. *Die BT 1100 Bulldog wird 2001 im italienischen Belgarda gefertigt. Ihr uriger V2 basiert auf dem luftgekühlten Antrieb der TR1 von 1981.*

25. *Die aktuelle FZ 6S von 2003 wird vom supersportlichen R6-Reihenvierzylinder angetrieben. Um die Vielseitigkeit gegenüber der FZS 600 weiter zu verbessern, wurden Fahrwerk und Ergonomie verstärkt auf gutes Handling ausgelegt.*
26. *Mit der YZF-R1 hat Yamaha seit 1998 ein supersportliches Big Bike im Programm. Das 2004er-Modell leistet 172 PS und erreicht damit als erstes Serien-Bike ein Leistungsgewicht von 1 kg/PS. Bestechend ist die Verarbeitung.*

km/h stößt sie in die Bereiche vollwertiger Motorräder vor und erschließt damit genau genommen ein neues Segment, das man trefflich mit Multifunktions-Bike umschreiben könnte. Neben einer guten Show, praktischen Funktionselementen verfügt sie auch über genügend Leistung, um gelassen einer Überlandfahrt entgegenzusehen. Sicher, bereits ein Jahr zuvor debütierte Suzuki's 400er Burgman auf dem hiesigen Markt. Doch Yamaha's XP geht noch einen Schritt weiter. Nicht nur in Sachen Motorleistung, sondern auch in punkto Fahrwerksqualität, Komfort und Design ist sie die logische Konsequenz auf den anhaltenden Boom der Großraum-Roller. Anders als die meisten Roller besitzt die Tmax keine Triebsatzschwinge. Statt den Motor in die hintere Radaufhängung zu integrieren, sitzt der Twin fest verankert im stabilen Doppel-Rohrrahmen. Damit rückt der Schwerpunkt weit nach vorn. Dem alten Übel der indirekten Lenkung rückt man so erfolgreich zu Leibe.

YDIS

Yamaha Duo Intake System, Yamaha's Zweikanal-Einlass-System für einen optimierten Drehmomentverlauf im unteren und mittleren Drehzahlbereich beim Zweitakter.

YICS

Yamaha Induction Control System; verbindet die Einlasskanäle bei Mehrzylindermotoren miteinander; der Vorteil liegt in einer gleichmäßigeren Strömung des Kraftstoff-/Luftgemisches. Ein Drosselventil an einem Hilfskanal zwischen Motor und Vergaser soll das Gemisch besser beschleunigen und verwirbeln. Laut Hersteller sollte diese Technik zu einer Kraftstoffersparnis von bis zu 10 Prozent führen.

Während der Abwärtsbewegung des Viertakt-Kolbens wird über das geöffnete Einlassventil energiereiches Frischgas angesaugt. Um die Trägheit der Gase zu kompensieren, schließt das EV erst kurz nach dem unteren Totpunkt (UT) wieder. Nun würden die bereits beschleunigten Frischgase, die aber nicht mehr in den Zylinder gelangt sind, wieder abgebremst, um beim nächsten Öffnen wieder beschleunigt zu werden. Mit dem YICS soll die kinematische Energie (Bewegungsenergie) dieser Gase in anderen Zylindern genutzt werden. Letztendlich basiert diese Technik auf der Besonderheit von Interferenzschwingungen durch deren Überlagerung, unterstützt durch ein Drosselventil. Beim Synchronisieren der Vergaser ist ein spezielles Werkzeug erforderlich, das die Ansaugkanäle der einzelnen Zylinder voneinander trennt.

YPVS

Yamaha Power Valve System; variabler Auslassquerschnitt bei Zweitaktern zur Optimierung des Drehmomentverlaufes im mittleren Drehzahlbereich; ähnelt der EXUP-Steuerung bei Viertaktern. Die ersten Serienmodelle waren die RD 350 YPVS (mit kleiner Cockpit-Verkleidung) und später die 88 PS starke RD 500 YPVS. Im Rennsportbereich wurde diese Technik bereits in der TZ 750 eingesetzt.

Was das Exup dem Viertakter, ist das YPVS dem Zweitakter. Stellmotoren regeln den variablen Auslassquerschnitt bei der Yamaha RD 350 YPVS.

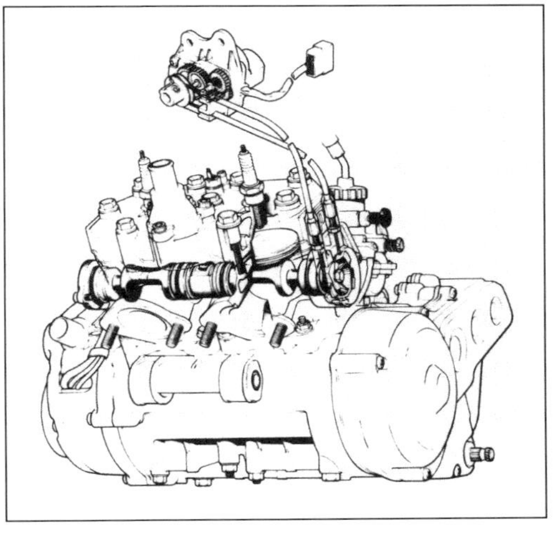

Z

ZAHNKETTE

Zahnketten sind breite, aus mehreren flachen Gliedern zusammengesetzte Segmente. Bis in die achtziger Jahre wurden diese häufig für die Kraftübertragung im Primärtrieb (Kurbelwelle – Getriebeeingang) verwendet. Vorteil: Kostengünstige Herstellung; Nachteil: hohes Lastwechselspiel, Kettenlängung durch Verschleiß, beim Austausch großer Arbeitsaufwand.

ZAHNRADPUMPE

Im Allgemeinen besteht eine Zahnradpumpe aus zwei mit Evolventenverzahnung ausgestatteten Geradzahnrädern gleicher Zähnezahl, ist demnach also nichts anderes als eine gekrümmte, ehemals gerade Zahnstange, so dass einer maschinenbau-konformen Normung (DIN 867) nichts im Wege steht. Damit gewährleistet ist, dass das Öl transportiert wird, müssen zu jedem Zeitpunkt mindestens zwei Zähne im Eingriff sein (also eines pro Zahnrad), die den Druckraum zum Ölreservoir hin abschließen. Zwischen Saug- und Druckseite entsteht so ein Druckgefälle. Stirnseitig dienen zur Abdichtung des Radpaares Gehäusedeckel, die gleichzeitig die Lagerung der Räder aufnehmen. Die rotierenden Räder, vorwiegend in Gleitlagern gelagert, übernehmen die Funktion der in einer Kolbenpumpe translatierenden (hin- und hergehenden) Kolben, die die zu fördernde Flüssigkeit innerhalb der Zahnlücken zwischen Zahnrad und Gehäuse transportieren. Der Zwischenraum ist häufig mit Entlastungsnuten versehen, um Druckspitzen während der Überlagerung von Zähnen zur Lagerentlastung und unnötigem Leistungsverlust zu vermeiden. Dies zeigt sich in einem um rund 10 % höheren Gesamtwirkungsgrad der Pumpe. Anwendung findet diese Pumpe neben der Verwendung in Auto- und Motorradmotoren vorwiegend im Hydraulikbereich von Industrieanlagen, wo hohe Drücke von 100 bar oder mehr an der Tagesordnung stehen. Aufgrund einer allerdings nur kleinen Strömungsgeschwindigkeit beträgt die Förderhöhe nicht mehr als etwa 5 Meter – die Schwerkraft lässt sich halt nicht überlisten. In der Regel werden solche Pumpen mit nur 9–20 Zähnen je Zahnrad ausgestattet, um eine zu große Pumpwirkung zu verhindern. Der Fachmann spricht hier vom Ungleichförmigkeitsgrad durch Strompulsation, der normalerweise zwischen 10 und 25 % liegt. Ansonsten würde die in Schwingung versetzte Pumpe zu hohe Laufgeräusche verursachen, deren unangenehmen Druckspitzen natürlich auch den Lagern das Leben nicht unbedingt erleichtern würden. Da der Volumenstrom von bis zu 80 l/min für zahlreiche allgemeine Anwendung satt ausreicht, gehört diese Pumpenvariante zu den am weitesten verbreiteten überhaupt. Dafür sprechen vor allen Dingen das einfache Konzept, sowie die große Zuverlässigkeit.

ZENTRALFEDERUNG

Anfang der achtziger Jahre präsentierten viele Hersteller neue Zentralfederungssysteme für das Hinterrad. Den Ursprung hatten diese Systeme mit nur einem (zentralen) Federbein im Moto Cross-Sport. Dort wirken bei der Landung nach einem Sprung die größten Kräfte, so dass man dort in besonderem Maße auf der Suche nach mehr Federungsreserven war. Ziel war es, ein sensibles Ansprechverhalten bei niedrigen Belastungen mit viel Reserven bei hohen Belastungen zu verbinden. Ohne ein progressiv arbeitendes Federungssystem (ansteigende Federhärte bei zunehmendem Federweg) war das nicht möglich. Zwar zeigten auch entsprechend gewickelte Federn mit flacher angestellten Federbeinen eine verhärtende Wirkung, konnten bei hohen Ansprüchen an das Ansprechverhalten letztendlich jedoch nicht überzeugen.

Die ersten Zentralfederungssysteme waren die so genannten Cantilever-Systeme. Yamaha gehörte zu den ersten Herstellern, die dieses System einsetzten. Dabei war auf der oberen Seite der Hinterradschwinge ein Ausleger angebracht, an dessen Ende das Federbein aufgenommen wurde. Durch diese Konstruktion gewinnt die Schwinge zudem an Stabilität. Andererseits lag das Federbein bei den ersten Konstruktionen ungünstig im Rahmendreieck und wurde vom Motor stark aufgeheizt (Yamaha RD-LC-Modelle ab 1980), so dass die Dämpfung mit der Zeit nachließ. Moderne Brückenrahmen ermöglichen für dieses Federungskonzept hingegen eine günstigere Raumnutzung als konventionelle Doppelrohrrahmen, so dass das Cantilever-Prinzip bei der Buell XB-9 R (2002) deutlich besser ins Gesamtkonzept passt als beispielsweise bei einer Yamaha XS 400 DOHC (1982) mit Parallel-Twin.

Die Gemischaufbereitung des weit vorn eingebauten Buell V2-Motors befindet sich zwischen den beiden Zylindern, so dass der Bereich im klassischen Rahmendreieck mehr Möglichkeiten zur Gestaltung lässt. Bei den älteren Buells liegt das Federbein hingegen unter dem Motor. Demzufolge ist der Ausleger der Cantilever-Schwinge auf der Unterseite montiert, so dass das Federbein beim Einfedern nicht mehr zusammengedrückt, sondern auseinander gezogen wird. Durch den voluminösen Schalldämpfer herrscht dort zwar drangvolle Enge, doch hilft diese Anordnung den Schwerpunkt niedrig zu halten.

Mit der R 80 GS (1980) führte BMW das Monolever-System ein. Dabei überträgt das Solo-Federbein die Kräfte der Einarmschwinge, ebenfalls ohne weitere Umlenkhebel, auf das Rahmenheck. Größter Vorteil war die einfache und leichte Konstruktion sowie die gute Zugänglichkeit. Zusammen mit der recht steil laufenden Kardanwelle ergeben sich jedoch hohe Belastungen für Rahmen, Kardangehäuse und eine hohe Biegebeanspruchung des Federbeins. Im Übrigen zählt auch das Telelever (ab 1993 in der R 1100 RS) an der Vorderradführung zur Gruppe der Zentralfederungssysteme. Durch die Anlenkung des Federbeins über einen Querlenker bleibt die Federung auch bei Bremsmanövern weitestgehend unbeeinflusst, das heißt die Front taucht beim Bremsen nicht mehr ab (Bremsnickausgleich). Eine progressiv gewickelte Feder und leichte Winkelveränderungen beim Einfedern sorgen für eine Erhöhung der maximalen Belastungen. Ähnlich dem von BMW bekannten Monolever an der Hinterradführung ist die Wirkung des Mono-Federbeins an der Achsschenkellenkung der Yamaha GTS 1000 zu sehen. Durch das sehr flach angestellte Zentralfederbein treten hohe Belastungen der Bauteile auf.

Deutlich kompakter fallen Zentralfederungssysteme am Heck mit Umlenkhebeln aus. Auf Grund der knappen Hebelverhältnisse wirken an den Lagerstellen und den Hebeln jedoch enorme Kräfte. Das macht den Gewichtsvorteil gegenüber den Duo-Federbeinen schnell wieder zunichte. Durch die damit verbundene Zunahme der ungefederten Massen spielt der Leichtbau hier eine wichtige Rolle. Da das Zentralfederbein nahe am Schwingendrehpunkt liegt, profitiert auch das Handling. Durch die zentrale Lage des Federbeins gestaltet sich die Einstellung verstellbarer Federelemente (Basis, Zug- und Druckstufe, Höhenverstellung) nicht immer bedienerfreundlich. Die Vorteile dieser Systeme sind jedoch offensichtlich. Durch die teilweise komplexen Mimiken können erstaunliche Progressionskennlinien erreicht werden. Je nach Auslegung des herstellerspezifischen Funktionsprinzips und Qualität des Federbeins lässt sich ein sensibles Ansprechverhalten bei großen Reserven umsetzen.

Bei manchen Systemen lässt sich zusätzlich auch das Fahrzeugheck (Spindel am Federbein oder Schubstange) anheben, womit das Fahrzeug individuell auf Strecke (Bodenfreiheit, Lenkgeometrie, Gewichtsverteilung) und den Fahrer (Sitzhöhe, Ergonomie) eingestellt werden kann. Für einige Typen werden auch so genannte Tieferlegungskits angeboten, die die Sitzhöhe (allerdings auf Kosten der Bodenfreiheit) drastisch reduzieren können. Sie bestehen aus geänderten Umlenkhebeln, oder/und einem kürzeren Federbein.

ZUGSTUFE

Bestimmt die Ausfedergeschwindigkeit am jeweiligen Federelement; je nach Modell einstellbar, i.d.R. am oberen Ende des Dämpfers.

ZÜNDANLAGE

Ottomotoren sind Verbrennungsmotoren, deren Gemisch im richtigen Augenblick entzündet werden muss, um über eine möglichst lange Zeit einen hohen Verbrennungsdruck im Brennraum zu erzielen. Um kapitale Motorschäden zu vermeiden, ist es zwingend erforderlich, die Zündung noch vor Erreichen des oberen Kurbelwellentotpunktes (OT) im Arbeitstakt einzuleiten. Je höher die Drehzahl, umso früher muss gezündet werden. Neben den früher verwendeten kontaktgesteuerten Zündsystemen, bei denen der Unterbrecherkontakt direkt den Zündfunken eines oder mehrerer Zylinder steuerte, verwendete man seit den achtziger Jahren wartungsfreie, transistorgesteuerte Batterie-Spulenzündungen.

Für die notwendige Energie sorgt dabei ein Kondensator, der in diesem Falle wie ein Transformator funktioniert. Ein elektronisches Ladeteil versorgt den Energiespeicher im Primärstromkreis mit Hochspannung. Aus diesem Grund spricht man auch von einer Hochspannungs-Kondensator-Zündanlage, der so genannten HKZ. Für das Schalten der einzelnen Zündfunken ist ein Thyristor (Halbleiter) verantwortlich, der mit einem kleinen Strom den Zündstrom in eine Richtung steuert und über einen Hallgeber (i.d.R. auf dem Kurbelwellenstumpf) an die Sekundärwicklung weiterleitet. Bei der TSZ, der Transistor-Spulen-Zündung, handelt es sich um eine Zwischenform. Die kontaktlose, vollelektronische Transistor-Zündanlage arbeitet mit einem höheren Primärstrom, wodurch eine höhere Sekundärspannung und somit ein stärkerer Zündfunke erzeugt wird.

Weitere Informationen unter »CDI-Zündung«

ZÜNDKERZE

Zündet das Kraftstoff-/Luftgemisch durch einen überspringenden Funken im Verbrennungsmotor. Erfunden wurde die Zündkerze im Jahre 1902 von Gottlob Honold, dem späteren Entwicklungschef von Robert Bosch.

»Damit haben Sie den Vogel abgeschossen!«, waren die historischen Worte von Robert Bosch an seinen späteren Entwicklungschef Gottlob Honold, als dieser ihm im Dezember 1901 seine jüngste Erfindung vorführte. Noch im darauf folgenden Monat folgt der Weg zum Patentamt. Angefangen hatte alles mit einem Experiment von Robert Bosch im Jahre 1897. Bereits zu dieser Zeit rüstete er ein Dreirad des Herstellers De Dion-Bouton mit einer Magnetzündung aus, die es bisher nur an Stationärmotoren gegeben hatte. Und siehe da, das Vehikel – gesteuert von Bosch's tapferem Lehrling – fuhr einwandfrei und zeigte mit einer Höchstgeschwindigkeit von damals ungewöhnlichen 50 km/h die Leistungsfähigkeit der neuen Zündanlage. Zwar gab es andere Zündsysteme schon länger, doch war keines auch nur annähernd so zuverlässig. Summerzündungen leerten die Batterien binnen kürzester Zeit und Daimler's Glührohrzündung war nicht immer problemlos. Carl Benz brachte schon damals die Problematik auf den Punkt, als er die Zündung als »Das Problem der Probleme« bezeichnete.

Die Hochspannungsmagnetzündung von 1902 war eine konsequente Weiterentwicklung dieses Typs. Wichtigster Unterschied war das fehlende Abrissgestänge, das für die Entzündung des Gemischs ausschlaggebend war. Stattdessen wurde der Zündfunke durch Hochspannung direkt an der Zündkerze zum Überspringen gebracht, so dass sich der Umrüstungsaufwand für unterschiedliche Motoren in Grenzen hielt. Außerdem waren mit der Zündkerze deutlich höhere Drehzahlen möglich als die bis dahin üblichen 1.000 min^{-1}. Eine Tatsache, die den Grundstein für den zukünftigen Erfolg des Ottomotors legte. Allein 1906 erhielt Bosch Aufträge in Höhe von mehr als einer Million US-Dollar aus den USA. 1910 errichtete er in Springfield/Massachusetts eine Fabrik, und bis 1914 waren bereits über eine Million Magnetzünder gefertigt, dazu ein Vielfaches an Zündkerzen. Die Magnetzündung wurde schon seit den dreißiger Jahren von der preisgünstigeren Batteriezündung verdrängt. Die Zündkerze jedoch bleibt für moderne Motorradmotoren unersetzlich.

In der Praxis spielt das Zündkerzenbild eine große Rolle und lässt aussagekräftige Rückschlüsse auf den Grad der Verbrennungsqualität zu. Das wiederum hängt neben der Gemischzusammensetzung vom Wärmewert einer Zündkerze ab. Ein hochbeanspruchter Motor benötigt eine hoch belastbare Zündkerze, das heißt einen höheren Wärmewert als ein gering belasteter Motor, der in der Länge, bzw. Fläche des Isolatorfußes (verlängerte Plus-Elektrode) begründet ist.

Seit der Umstellung von verbleiten auf unverbleite Kraftstoffe fällt die Beurteilung eines korrekten Kerzenbildes jedoch schwer. Durch das im bleihaltigen Kraftstoff enthaltene Tetraäthylblei schimmert das Kerzenbild nach ausgiebiger Fahrt graugelb bis rehbraun. Heute, im bleifreien Zeitalter, gibt es bei idealer Gemischzusammensetzung und richtig gewähltem Wärmewert nur noch minimale Rückstände von Rußablagerungen und das Kerzenbild ist ansonsten sauber. Während sich eine zu fette Abstimmung (Kraftstoffüberschuss) nach wie vor an schwarz-rußigen Rückständen festmachen lässt, muss man bei einer tendenziell zu mageren Gemischzusammensetzung (Luftüberschuss) schon ziemlich genau hinschauen, um die leicht angeschmolzenen Plus- und Masseelektroden auszumachen. Verräterisch sind da schon eher die bräunlichen Schmelzperlen am Keramikisolator.

ZUVI

ZUVIs sind Zuverlässigkeitsrennen mit für den Straßenverkehr zugelassenen Motorrädern. Demnach setzt dies voraus, dass alle am Fahrzeug montierten Teile bereits mit einer ABE (Allg. Betriebserlaubnis) versehen oder in den Fahrzeugpapieren eingetragen sind. Die Kontrollen bei der fälligen technischen Abnahme vor jeder Fahrt sind genau. Erst recht, wenn gewonnen werden will. Ansonsten ist das Besondere an solchen Veranstaltungen, dass herrlich viel auf den Rennstrecken gefahren werden kann – der Fahrspaß und die ErFAHRung stehen also im Vordergrund. Für den Anfang wird eine B-Lizenz ausgestellt, kommt

Die Aufgabe einer Zündkerze besteht eigentlich nur im Funken. Um die Umstände für den Motor möglichst günstig zu gestalten, kommt es darauf an, den richtigen Wärmewert zu wählen und von Zeit zu Zeit einen neuen Satz zu spendieren.

man in dieser Gruppe unter die ersten drei, wird eine A-Lizenz zur Pflicht. Dort herrschen dann auch etwas rauere Sitten als bei den recht zivilen B-Lizenzlern. In einem bestimmten Zeitrhythmus fahren die Starter einzeln los, so wie man es auch von der TT (Isle of Man) her kennt. Gewonnen hat letztendlich derjenige, der den besten Durchschnitt fährt. Erst seit Kurzem wird auch dort im Pulk gestartet. Dazu muss gesagt werden, dass das ganze Rennen in drei Abschnitte unterteilt ist. Dazu führt jeder Fahrer eine Art Stempelkarte mit sich, die er zu bestimmten Zeiten an einer Stempeluhr in der Boxengasse abstempeln muss. Unterlaufen hier Fehler, gibt's empfindliche Strafzeiten, die schon so manch sicher geglaubten Sieg vereitelt haben. Also, das ganze Drumherum ist für den Erfolg ebenso wichtig wie das Fahren selbst. So werden vom Veranstalter (u.a. ADAC) spezielle Rundenzeiten festgelegt, die nicht überschritten werden dürfen. Von Abschnitt zu Abschnitt werden diese Zeiten kürzer. Mit anderen Worten heißt das, dass während des letzten Abschnitts beim Tankstop einfach alles passen sollte. Auch die Fahrwerkseinstellung sollte bis dahin korrekt abgestimmt sein. Sonst wird's am Ende eng mit der Zeit. Zu den vorgegebenen Zeiten gibt's bei schlechtem Wetter auch Regenzeiten, die dementsprechend moderater ausfallen.

ZWEITAKTMOTOR

Im Vergleich zum heute weit verbreiteten Viertaktmotor benötigt ein Zweitaktmotor nur eine Kurbelwellenumdrehung für den Ablauf eines kompletten Arbeitsspieles. An der erforderlichen Reihenfolge der klassischen Arbeitsschritte Ansaugen, Verdichten, Arbeiten und Ausstoßen ändert sich nichts. Das Besondere an einem Zweitaktmotor ist vielmehr, dass er stets zwei Schritte gleichzeitig durchführt. Dadurch reduzieren sich die vom Viertakter bekannten zwei Kurbelwellenumdrehungen auf nur noch eine Umdrehung pro Arbeitsspiel.

Möglich wird dies durch Überströmkanäle, die das Kurbelgehäuse mit dem Brennraum verbinden. Bei der Steuerung übernimmt der Kolben zusätzlich die Aufgabe der Ventile im Viertakt-Zylinderkopf. Aus der Position der mindestens drei Kanäle (Einlass, Auslass, Überströmkanal) und der Kolbenform ergeben sich die Steuerzeiten und sind ausschlaggebend für Leistung, Charakteristik und Abgasverhalten. Theoretisch müsste ein Zweitakter eine doppelt so hohe spezifische Motorleistung produzieren wie ein Viertakter. Dass dem nicht so ist, liegt an den Spülverlusten des Arbeitsverfahrens.

Erster Takt

Im Gegensatz zum Viertaktmotor saugt der Zweitakter das Gemisch bei der Aufwärtsbewegung des Kolbens vom unteren Totpunkt (UT) zum oberen Totpunkt (UT) an. Dabei gelangt energiehaltiges Frischgas ins Kurbelgehäuse. Da zu diesem Zeitpunkt bis auf den Einlasskanal sämtliche Kanäle geschlossen sind und der sich nach oben bewegende Kolben den Brennraum zunehmend verkleinert, läuft oberhalb des Kolbenbodens (Verdichtungsraum) noch der Verdichtungsprozess vom vorherigen Arbeitsspiel ab.

Zweiter Takt

Kurz bevor der Kolben den OT passiert hat, erfolgt die Zündung des Kraftstoff-/Luft-Gemisches. Bei der anschließenden Abwärtsbewegung schieben die Frischgase die heißen Abgase in den Auslasskanal (Strömungsmaschine), wobei es im Vergleich zum Ventil-gesteuerten Viertakter zu großen Spülverlusten kommt. Dieser so genannte offene Gaswechsel sorgt für ungünstige Emissionswerte und einen relativ hohen Verbrauch.

Da die Strömungsverhältnisse genau genommen nur für einen ganz bestimmten Drehzahlbereich optimal abgestimmt werden können, fällt der nutzbare Drehzahlbereich entsprechend schmal aus. Linderung versprechen spezielle Auslasssteuerungssysteme, die den Auslassquerschnitt drehzahl- und/oder lastabhängig variieren, so dass die Strömungsverhältnisse dem Gasdurchsatz angepasst werden. Das freilich funktioniert nur begrenzt. Besser wären in der Höhe verstellbare Anordnung der Schlitze in den Zylindern.

Wie sensibel ein Zweitakter auf Veränderungen der Gasströmung im System reagiert, zeigt auch die aufwändige Anpassung des Auspuffsystems auf. Um eine bessere Entleerung des Zylinders von Altgasen zu unterstützen, ist das System so konzipiert, dass die entstehende Gassäule im Diffusor reflektiert wird, so dass ein zusätzlicher Unterdruck im Auslasssystem entsteht. Auf der Einlassseite versucht man mit durchdachten Techniken den Ladungswechsel durch eine bessere Trennung der Alt- und Frischgase zu verbessern. Bis in die achtziger Jahre hinein verwendete man häufig die Steuerung über so genannte Plattendrehschieber, bei denen sich der Einlassquerschnitt und Zeitpunkt unabhängig von der Kolbenstellung wählen lies. Dabei wird das Gemisch über seitlich an der Kurbelwelle angebrachte Platten mit einem durchgängigen Fenster direkt ins Kurbelgehäuse angesaugt. Eine einfachere und gleichzeitig sehr effektive Maßnahme, die Zylinderfüllung zu verbessern, stellt die Membransteuerung dar. Dabei sind im Einlasskanal mehre Kunststoff- oder Metallzungen so angebracht, dass sie bei der Abwärtsbewegung des Kolbens ein Zurückströmen der Frischgase weitgehend verhindern. Die ersten Membran-gesteuerten Zweitaktmotoren wurden bereits um 1905 gebaut. Yamaha machte diese Technik im Großserienbau in den frühen Siebzigern salonfähig. Heute verfügen so gut wie alle Zweitakter über einen Membran-gesteuerten Zweitaktmotor, der sich besonders im mittleren Drehzahlbereich positiv auswirkt.

Eine weitere Besonderheit des Zweitakters ist das Schmiersystem. Während beim Viertakter das Kurbelgehäuse nicht mit dem direkten Gaswechsel in Verbindung ist, spielt dessen Form beim Zweitakter eine noch größere Rolle. Da die angesaugten Frischgase direkt ins Kurbelgehäuse strömen, muss das Motorgehäuse penibel auf den jeweiligen Motor abgestimmt und obendrein gasdicht sein. Um die Wälzlager des Motors ausreichend schmieren zu können, wird dem Kraftstoff bei der Gemischschmierung eine gewisse Portion Schmiermittel beigemischt. Beim Tanken waren darum früher immer spezielle Zapfsäulen mit der fertigen Mixtur erforderlich. In der Regel lag das Gemisch auf der sicheren, sprich auf der fetten Seite, um der gefürchteten Mangelschmierung und etwaigem Lager- und Kolbenfraß vorzubeugen. Das Resultat war bei untertouriger Fahrweise eine verölte Zündkerze. Bei langen Vollgasetappen konnte es auch schon mal vorkommen, dass der Schmierfilm gänzlich abriss und zu kapitalen Motorschäden führte. Was fehlte, war eine drehzahl-, bzw. lastabhängige Schmierölversorgung. Moderne Zweitaktmotoren werden seit vielen Jahren mit einer Getrenntschmierung ausgestattet, die die Standfestigkeit wie auch die Umweltfreundlichkeit verbesserte. Die Dosierung erfolgt dabei über eine separate Ölpumpe, die meist individuell eingestellt werden kann. Gleitlager sind, entgegen der üblichen Druckumlauf- oder Trockensumpfschmierung bei Viertaktern, auf Grund des drucklosen Schmiersystems nicht möglich.

Wären da nicht die ungünstigen Emissionswerte infolge des unsauberen Gaswechsels und des hohen Verbrauchs, würden leistungsstarke Zweitakter auch in den nächsten Jahren sicher ihre Käufer finden. Denn mit seinem Charme, der bissigen Charakteristik, dem einzigartigen Klang mit seinen beinahe schon sympathischen Vibrationen, gilt der Zweitakter unter vielen Rennfahrern auch heute noch als Inbegriff eines reinrassigen Sportmotors. Durch das relativ einfache Konzept, die wenigen Bauteile, die im Vergleich zum Viertakter geringeren Reibungsverluste und die kompakte Bauweise fällt ein Zweitakter deutlich leichter aus. Unter reinen Sportfahrern gilt er immer noch als das Nonplusultra, weil vom geringeren Gewicht auch das Handling profitiert. Moderne City-Roller mit Einspritzeinlage und geregeltem Katalysator (Aprilia's DI-TECH) sind nach jetzigem Stand der Dinge in der Lage, die bevorstehende Euro 3-Hürde (voraussichtlich ab 1996) zu meistern.

Siehe auch unter »Umkehrspülung«

ZYLINDERKOPF

Der Zylinderkopf ist beim Viertakter für den Gaswechsel zuständig, nimmt Ventile auf und dient gleichzeitig als oberer Abschluss des Kompressions-, beziehungsweise Brennraumes. Bei Zweitaktern entfällt die komplette Ventilsteuerung, so dass der Zylinderkopf deutlich einfacher gehalten werden kann. Bei beiden Arbeitsweisen beherbergt der Zylinderkopf auch die Zündkerze(n), deren Position von großer Bedeutung ist.

Grundsätzlich ist die Form und Funktion des Zylinderkopfes von der Art der Ventilsteuerung abhängig und hat großen Einfluss auf Leistung und Charakeristik des Motors. Im Allgemeinen unterscheidet man bei Viertaktern zwischen der OHV (over head valves), OHC (over head camshaft) und der DOHC-Steuerung (double over head camshaft). Während sich beim OHV-Motor lediglich die Ventile im Zylinderkopf befinden (die Nockenwelle liegt unten), befindet sich bei der OHC-Steuerung die Nockenwelle oben, ist also im Kopf selbst gelagert. Bei der DOHC-Variante ist je eine Ein- und Auslassnockenwelle im Zylinderkopf gelagert. Daraus ergibt sich eine direkter arbeitende Mimik der Ventile. Während man mit unten liegender Nockenwelle zusätzliche Stößelstangen benötigt, die den Nockenhub über Kipphebel auf die Ventile übertragen, erfordert eine OHC-Steuerung lediglich Kipphebel. Beim DOHC-Motor drücken die Nocken entweder direkt (über kleine Tassenstößel und Einstellplättchen, die so genannten Shims) auf die Ventile, oder über Schlepphebel mit Einstellschrauben. Das ist notwendig, um das nötige Ventilspiel von Zeit zu Zeit zu korrigieren. Eine weitere Variante ist die Ventilsteuerung über die Desmodromik (Zwangssteuerung), die in OHC (Ducati 600 bis 1000 SS)-, wie auch in DOHC-Bauweise (Ducati 916 bis 999 mit Desmoquattro-, bzw. Testa Stretta-Motor) möglich ist. Bei dieser Art der Ventilsteuerung sorgt für ein Ventil je ein Öffner- und Schließernocken mit je einem Hebel für exakte Steuerzeiten.

Auslass links, Einlass recht. Hier lässt sich gut erkennen, wie hart die Techniker um jedes Grad Ventilwinkel kämpfen. Besonders der Einlasskanal führt in seiner Verlängerung nur haarscharf am Gehäuse vorbei.

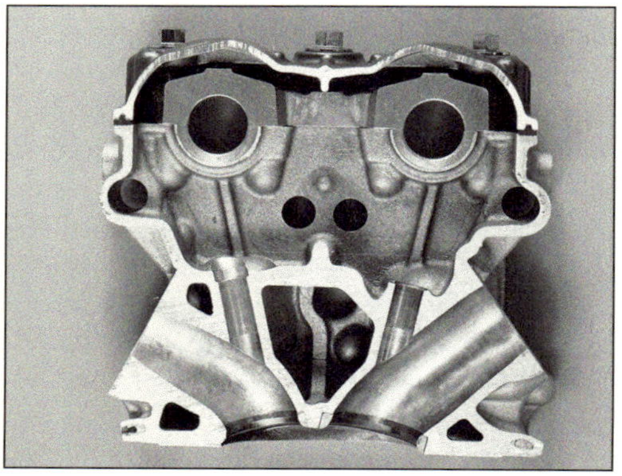

Weiter gibt es große Unterschiede bei der Wahl des Nockenwellenantriebes. In der Regel werden zierliche Zahnketten (früher Rollenketten) verwendet, die im Verhältnis von 1:2 zur Kurbelwelle angetrieben werden. Bei aufwändigeren Konstruktionen verwendet man eine Königswelle oder Zahnradpaare. Wenig verbreitet sind hingegen Zahnriemen, die auf Grund der engen Radien und hohen Drehzahlen stark beansprucht werden.

Um kompaktere Brennräume mit kurzen Flammwegen und möglichst geradlinigen Kanälen zu ermöglichen, ist man bestrebt, den Ventilwinkel zwischen Ein- und Auslassventil klein zu halten. Dadurch bauen moderne Zylinderköpfe relativ hoch. Bei großen Einzelhubräumen verwendet man immer häufiger zwei Zündkerzen pro Zylinder. Während luftgekühlte Motoren über großflächige Kühlrippen verfügen, sind diese bei wassergekühlten Aggregaten nicht erforderlich.

GEBRAUCHTBERATUNG

Mit etwas Geschick und Vorkenntnis lässt sich auf dem Gebrauchtmarkt die passende Maschine für jeden Typ Fahrer finden. Hier finden Sie hautnahe Erfahrung und praxisgerechte Tipps zu jedem Fahrzeug. Neben den zahlreichen Neuerscheinungen, die Jahr für Jahr die Schaufenster der Motorradhändler dekorieren, nehmen Gebrauchtmotorräder einen immer höheren Stellenwert ein. Kein Wunder, liegt doch der Durchschnittspreis bei den Neumaschinen mit rund 7.000 EUR bei vielen Bikern deutlich über der Schmerzgrenze. Nicht jeder ist gewillt, dem »Bäumchen wechsle Dich«-Spielchen jede Saison zu frönen.

Doch wirft der Gebrauchtkauf immer Fragen auf und hinterlässt beim Kaufinteressenten auch heute noch oft ein mulmiges Gefühl in der Magengegend. Auf der Habenseite steht der im Vergleich zum Neupreis relativ niedrige Einstandspreis, der so manche Überlegung wert ist. Hinzu kommt auch der Garantieanspruch, den mittlerweile selbst der Händler an der Ecke gewähren muss. Zudem hält sich der Wertverlust beim anschließenden Weiterverkauf in immer engeren Grenzen, vorausgesetzt das Objekt der Begierde wird sorgsam behandelt. An diesem Punkt trennt sich im Allgemeinen die Spreu vom Weizen. Es ist halt so wie im richtigen Leben, denn der erste Eindruck ist in der Regel der entscheidende und lässt weitere Rückschlüsse auf den oder die Vorbesitzer zu.

Dass eine Gebrauchte keineswegs bedeutend schlechter abschneiden muss als eine frisch aus der Kiste zusammengesteckte Maschine, ist schon fast ein alter Hut. Die moderne Technik lässt die gefahrenen Kilometer oft nur auf dem Tacho erkennen. Das eine gelegentlich im Gelände bewegte Enduro leichte optische Retuschen erfordert, liegt bei all dem aufgewühlten Sand auf der Hand. Doch auch die Federelemente unterliegen durch die höhere Belastung einem stärkeren Verschleiß. Bei der Tieffliegerfraktion sollte schon mal genauer nach versteckteren Macken gesehen werden. Selbst kleinere Ausrutscher können sehr kostspielige Folgekosten nach sich ziehen, die auf den ersten Blick als weitaus geringfügiger abgehandelt wurden. Ein Blick in die Ersatzteilpreisliste der Händler kann nicht schaden.

Neben dem nötigen Kleingeld ist jedoch die Zeit das Wichtigste, was der Motorradsuchende mitbringen sollte. Denn sonst kann das voller Euphorie auserwählte Schätzchen schnell zum Reinfall werden. Worauf bei jedem der hier vorgestellten Bikes gezielt zu achten ist, verrät diese ebenfalls sehr zeitintensive Gebrauchtberatung.

HONDA CB 400 N EURO

Mit zwei Einlass-, einem Auslassventil und zwei kettengetriebenen Ausgleichswellen ist der Paralleltwin relativ aufwändig konstruiert. Angenehm neutral lässt sich die 400er in jeder Situation dirigieren. Überhaupt ist es das hohe Maß an Alltagstauglichkeit, was die CB 400 N zum angenehmen Partner werden lässt. Der sonor klingende Motor gefällt vor allem in der offenen Version durch eine harmonische Leistungsabgabe.

Plus

- einfache Handhabung
- ab 1983 flotteres Design
- hohe Standfestigkeit, vor allem ab 1982 (schwarz lackierter Motor)
- ab 1983 gute Bremsanlage
- ab 1981 bequemere Sitzposition
- günstige Gebrauchtpreise

Minus

- kleiner Tank
- rostempfindlicher Auspuffsammler

• empfindliche Comstar-Felgen (bis 1981)

Bemerkung: Die Entdrosselung erfolgt über eine andere Nockenwelle mit 3,6 mm größerem Ventilhub. Die technisch saubere Umrüstung ist allerdings mit happigen 700 Mark zu kalkulieren. Der Kupplungskorb kündigt durch scheppernde Geräusche einen fälligen Austausch an. Bei stark polternden Geräuschen liegt ein Austausch der Kurbelwelle nahe. Auf korrekten Ölstand achten! Bei den anfänglich montierten, silberfarbenen Comstar-Felgen können sich die Nietverbindungen lockern und einen teuren Austausch erforderlich machen.

Technische Daten:

Fahrtwindgekühlter Viertakt-Zweizylinder-Motor * 395 cm³ * 27/43 PS bei 9000/9500 /min * 6 Gänge * Kette * Sitzhöhe 790 mm * Gewicht 187 kg * Tankinhalt 14 Liter * Verbrauch 6/5,5 Liter Normal/100 km * Spitze 140/160 km/h

Reifengröße:

Vorn: 3.60 S 19
Hinten: 4.10 S 18

HONDA CB 450 S

Die geschmackvoll designte 27 PS, offen 44 PS starke Maschine gefällt durch eine eigenständige Erscheinung und lässt sie auf den ersten Blick als hubraumstärker durchgehen. Doch auch qualitativen Ansprüchen wird sie durch eine komplette Ausstattung gerecht und bietet viel Motorrad für wenig Geld. Mit bewährter Technik und ordentlichem Fahrwerk ist sie als Gebrauchte, vor allem in der offenen Version, ein heißer Tipp.

Plus

- tolles Outfit
- mit 44 PS spritziger Motor
- gute Durchzugswerte
- gute Bremsen
- einwandfreie Verarbeitung
- sinnvolle Details

Minus

- träges Handling
- Kupplung trennt bei heißem Motor nicht richtig

Bemerkung: Durch große Verbreitung bei Fahranfängern sollte der Unfallspurensuche ein hoher Stellenwert zukommen. Oft sind gebrauchte Maschinen auch mit Tourenzubehör ausgestattet. Die Antriebskette samt Kettenrädern gehört zu den gern übersehenen, aber nicht ganz günstigen, Verschleißteilen.

Technische Daten:

Fahrtwindgekühlter Viertakt-Zweizylinder-Reihenmotor * 447 cm³ * 27/44 PS bei 7000/9000 /min * 6 Gänge * Kette * Sitzhöhe 800 mm * Gewicht 188 kg * Tankinhalt 17 Liter * Verbrauch 5 Liter Normal/100 km * Spitze 145/175 km/h

Reifengröße:

Vorn: 100/90-18
Hinten: 110/90-18

HONDA CX 500

Wer ein anspruchsloses, im Unterhalt günstiges Alltagsmotorrad sucht, der findet in der CX 500 einen treuen Partner. Der 80 Grad-V2 war ursprünglich als Antrieb eines Kleinwagens gedacht und macht sich durch sehr hohe Laufleistungen bezahlt. Durch die breite, gut gepolsterte Sitzbank haben Leute unter 1,70 Metern allerdings Probleme, bei Stops sicheren Halt auf dem Boden zu bekommen.

Plus

- hohe Standfestigkeit
- günstiger Unterhalt
- gute Durchzugswerte
- problemloser Kardanantrieb
- geringer Wertverlust

Minus

- träges Handling
- weiche Gabel
- anfälliger Steuerkettenspanner
- gewöhnungsbedürftige Optik

Bemerkung: Klappernde Ventile stellen kein Kaufhindernis dar und sind günstig in jeder Werkstatt einzustellen. Defekte Steuerkettenspanner zeichnen sich vor allem zwischen 1.500 und 3.000/min durch martialische Geräusche aus und erfordern genauso wie defekte Wasserpumpen die Motordemontage. Schnell rostender Auspuffsammler.

Technische Daten:
Flüssigkeitsgekühlter Viertakt-Zweizylinder-V-Motor * 498 cm³ * 27/50 PS bei 6500/9000 /min * 5 Gänge * Kardan * Sitzhöhe 810 mm * Gewicht 221 kg * Tankinhalt 17 Liter * Verbrauch 6 Liter Normal/100 km * Spitze 145/175 km/h

Reifengröße:
Vorn: 3.25-19
Hinten: 4.00-18

HONDA CB 500 FOUR

Mit ihrem drehfreudigen Reihen-Vierzylinder fuhr sich die Four schon vor fünfundzwanzig Jahren schnell in die Herzen sportlicher Motorradfahrer – wie doch die Zeit vergeht. Mit leichtem Handling und schmalen Reifen lässt's sich auch heute noch locker um die Ecken biegen. Am besten mit stilechtem Jet-Helm und schwarzer Ledermontur.

Plus
- unproblematische Handhabung
- klassische Linienführung
- einfache Pflege
- lockere Sitzposition

Minus
- empfindliches Fahrwerk
- hochfrequente Vibrationen
- üble Verarbeitung

Bemerkung: Leichtes Ölschwitzen gehört zum täglich Brot, und sollte im gewissen Rahmen nicht vom Kauf abhalten. Wichtig ist ein positiver Gesamtzustand der Maschine, zu dem vor allem gängige und halbwegs spielfreie Lagerungen gehören.

Technische Daten:
Fahrtwindgekühlter Viertakt-Vierzylinder-Reihenmotor * 498 cm³ * 48 PS bei 9000 /min * 5 Gänge * Kette * Sitzhöhe 780 mm * Gewicht 205 kg * Tankinhalt 15 Liter * Verbrauch 6,2 Liter Super/100 km * Spitze 175 km/h

Reifengröße:
Vorn: 3.25-19
Hinten: 3.50-18

HONDA CB 500

Der »kleine« Zweizylinder hat's faustdick hinter den beiden Krümmern. Die rein äußerlich eher gediegene, aber nicht langweilige Erscheinung macht der Twin mit hervorragenden inneren Werten mehr als wett. Mit der kompakten und dennoch erwachsenen Statur bietet die CB 500 ihren Passagieren angenehme Platzverhältnisse. Sie ist für Einsteiger und Alltagsfahrer gleichermaßen geeignet und sorgt auch in den 34 und 50 PS-Versionen gleichermaßen für Zufriedenheit.

Plus
- einfache Handhabung
- gute Fahrleistungen
- sicheres Fahrwerk
- erwachsene Erscheinung
- komplette Ausstattung
- hohe Laufkultur

Minus
- Ein Motorrad ohne echte Schwächen, gibt's das? Kaum zu glauben, aber wahr.

Bemerkung: Im häufigen Alltagseinsatz bleibt natürlich so mancher Glanz auf der Strecke. Gut gepflegte Lack- und Antriebsteile, sowie ein korrekt geführtes Inspektionsheft sind ein Indiz für regelmäßige Pflege.

Technische Daten:
Flüssigkeitsgekühlter Viertakt-Zweizylinder-Reihenmotor * 499 cm³ * 58 PS bei 9500 /min * 6 Gänge * Kette * Sitzhöhe 780 mm * Gewicht 193 kg * Tankinhalt 18 Li-

ter * Verbrauch 5 Liter Normal/100 km * Spitze 185 km/h

Reifengröße:
Vorn: 110/80-17
Hinten: 130/80-17

HONDA CBR 600 F, MOD. 1987–1990

Von Anfang an begeisterte der fast komplett verschalte Sportler durch seine außergewöhnliche Ausgeglichenheit. Durch viel Feinarbeit im Detail zeigte Honda, dass Sportlichkeit nicht zwangsweise mit mangelnder Alltagstauglichkeit erkauft werden muss. Die Vollverkleidung dient allerdings mehr dem Wind- als dem Wetterschutz.

Wegen ihrer sportlichen Ambitionen sollte verstärkt auf den Gesamteindruck geachtet werden.

Plus
- spritziger, leistungsstarker Motor
- sagenhafte Zuverlässigkeit
- unproblematisches Fahrverhalten
- große Handlichkeit
- komplette Ausstattung

Minus
- leichte Durchzugsschwäche im mittleren Drehzahlbereich
- stolze Gebrauchtpreise

Bemerkung: Leichte Umfaller können sich schnell als kostenintensive Investitionen herausstellen, da die Preise für die Kunststoffteile nicht unbedingt günstig sind. Besonders die ersten Modelle sind von feinen Vibrationen geplagt, die zu Rissen in den Verkleidungsteilen führen können.
Rasselnde Motorgeräusche können von einem verschlissenen Steuerkettenspanner herrühren.

Technische Daten (PC 19 und PC 23):
Flüssigkeitsgekühlter Viertakt-Vierzylinder-Reihenmotor * 598 cm^3 * 85/93 PS bei 11000 /min * 6 Gänge * Kette * Sitzhöhe 770 mm * Gewicht 201 kg * Tankinhalt 16,5 Liter * Verbrauch 7 Liter Normal/100 km * Spitze 215/225 km/h

Reifengröße:
Vorn: 110/80-17
Hinten: 130/80-17

HONDA CBR 1000 F, BIS 1992

Der aerodynamische Schliff der Außenhaut sollte den damaligen Vorsprung der Honda-Techniker dokumentieren. Zusammen mit dem kräftigen Motor kam dabei eine eher touristisch angehauchte Maschine mit großen Steherqualitäten heraus. Dank Ausgleichwelle läuft der Vierventiler angenehm ruhig. Auf gut ausgebauten Landstraßen und auf langen Autobahnetappen empfiehlt sich der Sporttourer als wahrer Dauerbrenner.

Plus
- durchzugsstarker Motor
- stabiles Fahrwerk
- große Zuverlässigkeit
- viel Fahrkomfort
- umfangreiche Ausstattung
- ab 1989 ansprechendere Optik

Minus
- hohes Gewicht
- bis 1988 etwas biedere Erscheinung
- bis 1988 zu schmaler Hinterreifen

Bemerkung: Tja, da gibt's nicht viel zu sagen. Bis auf den gelegentlich rasselnden, hydraulisch angesteuerten Steuerkettenspanner ist kaum etwas zu beanstanden. Wie bei der kleineren 600er-Schwester addieren sich bei ramponierten Verkleidungsteilen schnell über 500 Euro zusammen, so dass eine ausgiebige Kontrolle der Außenhaut zu empfehlen ist. Roststellen am Stahlrohr-Rahmen sind leider normal.

Technische Daten:
Flüssigkeitsgekühlter Viertakt-Vierzylinder-Reihenmotor * 998 cm^3 * 100 PS bei 9000 /min * 6 Gänge * Kette * Sitzhöhe 800/760 mm * Gewicht 262/270 kg * Tankinhalt 21 Liter * Verbrauch 7,5 Liter Normal/100 km

* Spitze 235 km/h

Reifengröße:

Vorn: 110/80-17,
bzw. 120/70-17 (ab ’89)

Hinten: 140/80-17, bzw. 170/60-17
(ab ’89)

HONDA CB 750 FOUR

Ohne Zweifel ein Motorrad für Enthusiasten und Liebhaber, die sich nicht zu schade sind, auch mal den Schraubenschlüssel zu schwingen.

Mit ihrer vollverchromten 4-4-Auspuffanlage zieht sie charmant alle Blicke auf sich, gibt sich beim Fahren, mal abgesehen von ein paar Rührseligkeiten, aber problemlos und überrascht nicht mit heimtückischen Zicken.

Plus

- unkomplizierte Handhabung
- langlebiger Motor
- entspannte Sitzposition

Minus

- sensibles Fahrwerk
- derbe Verarbeitung
- unzureichende Lichtausbeute

Bemerkung: Analog zur CB 500 Four aus dem gleichen Zeitalter ist das legendäre Klassik-Big Bike zu sehen. Rasselnde Geräusche aus dem Steuerschacht könnten einen Steuerkettenaustausch nötig machen. Zum Austausch undichter Zylinderkopfdichtungen ist der Motorausbau unumgänglich, auch zum späteren Nachziehen der Zylinderkopfschrauben.

Technische Daten:

Fahrtwindgekühlter Viertakt-Vierzylinder-Reihenmotor * 736 cm^3 * 63 PS bei 8000 /min * 5 Gänge * Kette * Sitzhöhe 790 mm * Gewicht 235 kg * Tankinhalt 16 Liter * Verbrauch 7,7 Liter Super/100 km * Spitze 195 km/h

Reifengröße:

Vorn: 3.25-19

Hinten: 4.00-18

HONDA CBX 750 F

Die sportlichste der CBX-Baureihe war zweifelsohne die 750er. Dass dies nicht gleichbedeutend mit hohem Wartungsaufwand ist, beweist die schnelle Honda. Dank automatischem Ventilspielausgleich halten sich die Inspektionskosten in Grenzen. Eine bei starker Motorbremse kontrolliert durchrutschende Kupplung sorgt für eine harmonische Fahrweise. Dank der weich gepolsterten Sitzbank und der guten Ausstattung wird die CBX trotz ihres sportlichen Motors auch gerne als Tourenmaschine eingesetzt.

Plus

- leistungsstarker Motor
- stabiles Fahrwerk
- sehr übersichtliche Instrumente
- komplette Ausstattung
- sehr weicher Motorlauf
- sehr wartungsarmer Motor

Minus

- eigenwilliges Kurvenverhalten (16-Zoll-Vorderrad)
- Lenkerflattern
- zu weiches Zentralfederbein

Bemerkung: Häufig verursacht eine schwergängige Hebelumlenkung am Zentralfederbein Fahrwerksunruhen und Komforteinbußen. Abhilfe schafft das Zerlegen und Abschmieren. Mechanisch sollte der Motor ruhig laufen. Rasselgeräusche rühren meistens von einer verschlissenen Antriebskette der Lichtmaschine her, wobei die Reparatur eine komplette Motorzerlegung erfordert. Die ’86er Modelle erhalten durch eine größere Ölwanne eine höhere Standfestigkeit.

Technische Daten:

Fahrtwindgekühlter Viertakt-Vierzylinder-Motor * 747 cm^3 * 91 PS bei 9500/min * 6 Gänge * Kette * Sitzhöhe 795 mm * Gewicht 238 kg * Tankinhalt 22 Liter * Verbrauch 7 Liter Normal/100 km * Spitze 215 km/h

Reifengröße:

Vorn: 110/90-16

Hinten: 130/80-18

HONDA CB 900 F BOL D'OR

Sie definierte 1978 den Begriff »Superbike« neu und vermittelt auch achtzehn Jahre später mit guten Durchzugswerten viel Fahrspaß. Besonders die ab Jahrgang 1982 im Handel erhältlichen Modelle legen ein rundherum gutes Fahrverhalten an den Tag und sind ihr Geld wert. Die klassisch-sportliche Ausstrahlung verleiht ihr im Zeitalter der Neo-Klassiker neuen Glanz und treibt die Preise in die Höhe.

Plus

- zeitloses Design
- leistungs- und durchzugsstarker Motor
- hohe Kilometerlaufleistungen
- gute Bremsen (ab '81)
- konzentrierte Sitzposition

Minus

- starkes Pendeln (bis '80)
- starke Vibrationen (bis '81)
- reagiert sensibel auf abgefahrene Reifen (besonders bis 79)
- hohe Unterhaltskosten

Bemerkung: Als äußerst sturzempfindlich hat sich die Lichtmaschine erwiesen, der schon ein banaler Umfaller den Garaus machen kann. Oberhalb 50.000 km Laufleistung ist mit einer Motorüberholung zu rechnen, die schon so manchen Rattenschwanz hinter sich hergezogen hat. Ermüdendes Aluminium lässt die Reparaturkosten schnell in die Höhe schnellen.

Technische Daten:

Fahrtwindgekühlter Viertakt-Vierzylinder-Reihenmotor * 901 cm³ * 95 PS bei 9000 /min * 5 Gänge * Kette * Sitzhöhe 820 mm * Gewicht 263 kg * Tankinhalt 20 Liter * Verbrauch 8,5 Liter Normal/100 km * Spitze 215 km/h

Reifengröße:

Vorn: 100/90-18
Hinten: 130/80-18

HONDA CB 750 SEVEN FIFTY

Die nahezu perfekte Seven Fifty verkörpert das Motorradfahren pur. Beeindruckend ist, wie einfach sich die Maschine vom ersten Meter an bewegen lässt. Alles sitzt am richtigen Fleck und funktioniert prächtig. Das neutrale Fahrverhalten bereitet auch (Wieder)-Einsteigern keine Probleme. Das Naked Bike ist heute schon ein Evergreen und ist selbst in den günstig zu drosselnden 34 und 50 PS-Versionen zu empfehlen.

Plus

- sehr harmonisches Gesamtkonzept
- einwandfreie Verarbeitung
- niedrige Unterhaltskosten
- kultivierter Motorlauf
- perfektes Kaltstartverhalten

Minus

- bei heißem Motor im Leerlauf gelegentliches Verschlucken (Vergaser)

Bemerkung: Mit dem problembehafteten Lichtmaschinenantrieb ihrer Vorgängerin, der CBX 750 F, hat sie nichts mehr am Hut. Die grau-importierte Schwester mit der Zusatzbezeichnung »Hawk« ist mit zu weichen Federelementen bestückt und geht dadurch öfters auf Block.

Technische Daten:

Fahrtwindgekühlter Viertakt-Vierzylinder-Reihenmotor * 747 cm³ * 73 PS bei 8500 /min * 5 Gänge * Kette * Sitzhöhe 795 mm * Gewicht 235 kg * Tankinhalt 20 Liter * Verbrauch 6,4 Liter Normal/100 km * Spitze 190 km/h

Reifengröße:

Vorn: 120/70-17
Hinten: 150/70-17

HONDA NTV 650

Die Zweizylinder-Vau ist ein echter Allrounder im Understatement-Look. Schön ist die Alu-Einarmschwinge anzusehen, die im Inneren die Gelenkwelle führt. Auf der rechten Seite entläßt die 2-1-Auspuffanlage angenehm gedämpften Viertakt-Sound im verfälschten V-

Rhythmus. Der aus der Transalp entliehene und aufgebohrte Motor glänzt durch ausgesprochene Zuverlässigkeit.

Plus
- durchzugsstarker, bewährter Motor
- gute Verarbeitung
- stabiles Fahrwerk
- reaktionsarmer Kardanantrieb
- sinnvolle Ausstattung

Minus
- kippeliges Einlenkverhalten in Kurven
- leichtes Bremsfading
- seit 1993 kein serienmäßiger Hauptständer

Bemerkung: In gewohnt guter Honda-Manier präsentieren sich die meisten NTV 650 und stellen damit einen würdigen Nachfolger der Honda CX 500 dar. Die Folge sind recht konstante Second-Hand-Preise. Mechanisch gibt's kaum ein unproblematischeres Motorrad als die Revere. Einzig aufgequollene Vergasermembrane sorgen vereinzelt für Schluckbeschwerden.

Technische Daten:
Flüssigkeitsgekühlter Viertakt-Zweizylinder-V-Motor * 647 cm³ * 50 PS bei 7500 /min * 5 Gänge * Kardan * Sitzhöhe 810 mm * Gewicht 212 kg * Tankinhalt 19 Liter * Verbrauch 6,1 Liter Normal/100 km * Spitze 170 km/h

Reifengröße:
Vorn: 110/80-17
Hinten: 150/70-17

HONDA XL 600 V TRANSALP

Nach zig Jahren hat die Reise-Wander-Touren-Enduro ihre Zuverlässigkeit unter Beweis gestellt.

Die Transalp ist ein Motorrad für nahezu alle Fälle und fühlt sich auf jedem Terrain zu Hause, solange das Gelände nicht zu schwer wird. Sie ist eine echte Alternative für Leute, die es gerne praktisch mögen, dabei auf gute Vearbeitung aber nicht verzichten wollen.

Plus
- ausgereiftes und harmonisches Konzept
- laufruhiger Motor
- gutes Getriebe
- komfortable Abstimmung
- gute Bremsen
- Verkleidung bietet guten Windschutz
- hervorragende Instrumente

Minus
- fürs Gelände zu schwer
- kaum Einstellmöglichkeiten an den Federelementen

Bemerkung: Hoher Werterhalt dank zuverlässiger Technik spricht für sich. Bei hohen Kilometerleistungen lässt das Zentralfederbein naturgemäß in seiner Dämpfung nach, das in solchen Fällen einen Austausch sinnvoll erscheinen lässt. Ansonsten ist alles wie bei Honda's Mittelklasse V2-Motoren üblich – außer Spesen, nix gewesen.

Technische Daten:
Flüssigkeitsgekühlter Viertakt-Zweizylinder-V-Motor * 583 cm³ * 50 PS bei 8000 /min * 5 Gänge * Kette * Sitzhöhe 850/860 mm * Gewicht 194/217 kg * Tankinhalt 17/18 Liter * Verbrauch 6,5/6 Liter Normal/100 km * Spitze 170 km/h

Reifengröße:
Vorn: 90/90-21
Hinten: 130/80-17

HONDA XRV 750 AFRICA TWIN

Die Africa Twin ist die große Reiselimousine für Fernwehgeplagte. Einmal den hohen Thron erklommen, belohnt ein weiter Blick über die Dächer der Autos hinweg die vorausgegangenen Klimmzüge. Seit 1993 erleichtert, neben tiefgreifenden anderen Modifikationen, ein neuer Rahmen das Platznehmen durch eine niedrigere Sitzbank. Das handliche Fahrwerk fühlt sich auf kurvigen Landstraßen genauso wohl wie auf steinigen Pisten.

Plus
- geschmeidige Kraftentfaltung

- hohe Fahrleistungen
- gut schützende Verkleidung
- problemloses Fahrwerk
- erstklassige Verarbeitung und Ausstattung

Minus
- fehlender Hauptständer
- schlechte Kettenabdeckung
- schlechtes Licht (bis '92)

Bemerkung: Durch nahezu identische Einsatzgebiete wie bei der Transalp sind auch die Belastungen der Reiseenduro ähnlich gelagert. Der standfeste Dreiventiler zeigt prinzipiell keinerlei Schwächen in punkto Haltbarkeit, so dass in erster Linie der Pflegezustand über den Preis entscheidet.

Technische Daten:
Flüssigkeitsgekühlter Viertakt-Zweizylinder-V-Motor * 742 cm³ * 59/60 PS bei 7500 /min * 5 Gänge * Kette * Sitzhöhe 880/865 mm * Gewicht 233/225 kg * Tankinhalt 24/23 Liter * Verbrauch 6,5/6,1 Liter Normal/100 km * Spitze 185 km/h

Reifengröße:
Vorn: 90/90-21
Hinten: 130/90-17, bzw. 140/80-17 (ab '93)

HONDA NX 650 DOMINATOR

Die im Enduro-Segment geführte NX 650 ist in Wirklichkeit ein Straßenfeger im Enduro-Look. Das spielerische Handling macht sie auf verwinkelten Landstraßen zum Big Bike-Jäger. Ein dicker 100-mm-Kolben bringt unter mächtigem Druck die Kurbelwelle zum Rotieren und sorgt für blasse Gesichter in der Leistungsfraktion.

Plus
- hervorragende Fahrleistungen
- spielerisches Handling
- super Verarbeitung
- kesse Optik

Minus
- Durchzugsschwäche im mittleren Drehzahlbereich (bis '94)
- Sitzbank für zwei Personen zu kurz

Bemerkung: Die hohe Qualität der Funduro zeigt sich in ihrer hohen technischen Standfestigkeit genauso wie bei den sehr gut verarbeiteten Anbauteilen. Vor allem die seit 1995 stark aufgewertete Version ist ihr Geld wert.

Technische Daten:
Fahrtwindgekühlter Viertakt-Einzylindermotor * 644 cm³ * 45/44 PS bei 6000 /min * 5 Gänge * Kette * Sitzhöhe 865 mm * Gewicht 168/181 kg * Tankinhalt 13/16 Liter * Verbrauch 5,5 Liter Normal/100 km * Spitze 165 km/h

Reifengröße:
Vorn: 90/90-21
Hinten: 120/90-17

HONDA CBX 1000

Ein Motorrad zum Verlieben. Voraussetzung ist allerdings eine prall gefüllte Brieftasche und ein gutes Nervenkostüm des Fahrers. Ansonsten begeistert der Sechszylinder durch eine Geschmeidigkeit, die seinesgleichen sucht – zu schade, um im Alltagsverkehr trotz ihrer Qualitäten als Lastesel zu verkümmern. Es war halt immer schon etwas teurer, einen ausgefallenen Geschmack zu haben.

Plus
- imposante Erscheinung
- souveräne Kraftentfaltung
- seidenweicher Motorlauf
- sauberes Finish
- konzentrierte Sitzposition
- übersichtliche Instrumente

Minus
- starkes Pendeln
- sehr hohe Unterhaltskosten
- störanfällige Lichtmaschine

Bemerkung: Die Einstellung der 24 Ventile ist ein ernst zu nehmender Kostenfaktor des Japanexoten. Parallel zur Bol d'Or-Schwester ist auch die große Sechszylinder-Maschine mit einer verschleißfreudigen Lichtmaschine ausgestattet, die zwar nicht sturzgefährdet ist, dafür bei der Reparatur aber die Motordemontage erfordert.

Technische Daten:

Fahrtwindgekühlter Viertakt-Sechszylinder-Reihenmotor * 1047 cm^3 * 105 PS bei 9000/min * 5 Gänge * Kette * Sitzhöhe 820 mm * Gewicht 274 kg * Tankinhalt 24 Liter * Verbrauch 9,8 Liter Super/100 km * Spitze 220 km/h

Reifengröße:

Vorn: 3.50-19
Hinten: 4.25-18

HONDA GL 1100/1200 GOLD WING

»Bis ans Ende der Welt, und noch ein bisschen weiter« – so, oder ähnlich könnte ein Gold Wing-Fahrer die Frage nach dem Weg wohl am treffendsten beantworten. Die nötige Kraft, um die weit über sechs Zentner schwere Fuhre zuverlässig dorthin zu bringen, liefert der bekannte Vierzylinder-Boxer, der schon vor fast dreißig Jahren die legendäre GL 1000 angetrieben hat. Mit der heutigen 1800er, oder ihrer Vorgängerin der GL 1500 hat sie nichts gemeinsam.

Plus

- Komfort ohne Ende
- Zubehör bis zum Abwinken
- umfangreiche Ausstattung
- saubere Verarbeitung

Minus

- zeitiges Aufsetzen
- sehr behäbiges Handling
- Rührbewegungen bei Top-Speed

Bemerkung: Der von Zeit zu Zeit fällige Austausch der Kupplungsreibscheibe erfordert durch die verbaute und obendrein schwere Bauweise einen immensen Zeit- und damit Kostenaufwand. Davon einmal abgesehen, kann sich der zukünftige Besitzer allerdings an der langlebigen Motormechanik erfreuen.

Technische Daten:

Flüssigkeitsgekühlter Viertakt-Vierzylinder-Boxermotor * 1085/1183 cm^3 * 83/94 PS bei 7500/7000 /min * 5 Gänge * Kardan * Sitzhöhe 780/790 mm * Gewicht 315/333 kg * Tankinhalt 20/22 Liter * Verbrauch 8,6/8,9 Liter Normal/100 km * Spitze 195/200 km/h

Reifengröße:

Vorn: 110/90-19, bzw. 130/90-16
Hinten: 130/90-17, bzw. 150/90-15

HONDA GL 1500 SE GOLD WING

Der sechszylindrige Straßenkreuzer verwöhnt mit absoluter Vibrationsfreiheit und einem gigantischen Drehmomentberg. Die luxuriöse Ausstattung bietet neben der normalen Gold Wing-Ausstattung zusätzlich einen Rückwärtsgang, Tempomat, Bordkompressor und ein Digitalboard fürs Radio-/Kassettenteil. Nur fahren kann der schwere Luxusliner noch nicht allein.

Plus

- Ausstattung und Komfort wie im eigenen Wohnzimmer
- vergleichsweise handlich
- hoher Wiederverkaufswert
- gute Bremsen
- edle Verarbeitung

Minus

- hohes Gewicht
- hohe Unterhaltskosten
- teure Ersatzteile

Bemerkung: Außer regelmäßigen Service-Intervallen steht bei der sechszylindrigen Komfort-Braut nicht viel auf dem Programm. Jedoch treiben die fälligen KFZ-Steuern und die fast komplette Verschalung jeglichen Schrauberaufwand in eine dem Kaufpreis adäquate Höhe.

Technische Daten:

Flüssigkeitsgekühlter Viertakt-Sechszylinder-Boxermotor * 1520 cm^3 * 98 PS bei 5200 /min * 5 Gänge und ein Rückwärtsgang * Kardan * Sitzhöhe 770/795 mm * Gewicht 402/385 kg * Tankinhalt 24/23 Liter * Verbrauch 6,3 Liter Normal/100 km * Spitze 180 km/h

Reifengröße:

Vorn: 130/70-18

Hinten: 160/80-13

HONDA ST 1100 PAN EUROPEAN

Wie der Name schon sagt, begeistert der Euro-Dampfer vor allem auf großen Etappen. Der große V4-Motor sorgt in Verbindung mit dem überaus homogenen Fahrverhalten für lang anhaltenden Fahrgenuss. Vom hohen Gewicht ist nicht viel zu spüren. Seit dem Modell 1992 vervollständigen ein ABS und eine Antischlupfregelung (TCS) nochmals die Ausstattung. Ein Expresstourer mit hervorragenden Manieren. Da die Laufleistungen locker die 100.000-Kilometer-Marke überstehen, kann eine gut erhaltene ST 1100 im Vergleich zur aktuellen STX 1300 durchaus die günstigere Wahl sein.

Plus

- Drehmoment satt
- gutmütiges Fahrverhalten
- erstklassiges ABS
- sehr umfangreiche und sinnvolle Ausstattung
- enorme Handlichkeit
- hohe Wertbeständigkeit
- tolle Detaillösungen mit sauberem Finish

Minus

- Vorderradbremse erfordert hohe Bedienungskräfte

Bemerkung: Der Dauerläufer besticht nicht nur beim Fahren. Der überaus zuverlässige V4-Motor glänzt in Anbetracht der gebotenen Fahrleistungen mit recht zivilen Unterhaltskosten. Einer umfangreichren Kontrolle gilt, wie bei allen vollverkleideten Motorrädern, den zahlreichen Kunststoffteilen.

Technische Daten:

Flüssigkeitsgekühlter Viertakt-Vierzylinder-V-Motor * 1084 cm³ * 100/98 PS bei 7500 /min * 5 Gänge * Kardan * Sitzhöhe 800/795 mm * Gewicht 312/315 kg (mit ABS 325 kg) * Tankinhalt 28 Liter * Verbrauch 6,1 Liter Normal/100 km * Spitze 215 km/h

Reifengröße:

Vorn: 110/80-18, als ABS-Version 120/70-18

Hinten: 160/70-17

HONDA VFR 750 F, MOD. 1986–1989

Mit ihrem unscheinbaren Äußeren mochte sie noch nie jedem Modegag hinterherlaufen. Der hochtechnisierte, aber ausgereifte V4 glänzt mit tollen Durchzugswerten, ohne die Drehfreudigkeit einzuschränken. Er ermöglicht gleichmäßiges Touren genauso wie die sportive Gangart auf der Hausstrecke. Der stabile Alu-Rahmen sorgt dabei für ruhige Nerven. Ein Alleskönner, wie er im Buche steht.

Plus

- sehr harmonische Leistungsabgabe
- gute Fahrleistungen
- fein ansprechende Federelemente
- gute Vorderradbremse
- einwandfreie Verarbeitung
- zuverlässige High Tech

Minus

- leichtes Untersteuern
- früh aufsetzende Schalldämpfer
- schlecht dosierbare Hinterradbremse

Bemerkung: Das zuverlässige V4-Aggregat stellt seit seiner ’86er Auflage ein absolutes Novum dar. Das Triebwerk ist nicht klein zu kriegen. Leider ärgert die Auspuffanlage öfters durch Rostansatz.

Technische Daten:

Flüssigkeitsgekühlter Viertakt-Vierzylinder-V-Motor * 748 cm³ * 100 PS bei 10500/min * 6 Gänge * Kette * Sitzhöhe 790 mm * Gewicht 222 kg * Tankinhalt 20 Liter * Verbrauch 8 Liter Normal/100 km * Spitze 230 km/h

Reifengröße:

Vorn: 110/90-16

Hinten: 130/80-18

HONDA VF 1000 F

Der Sporttourer mit fulminantem Drehmoment begeistert mit hohen Leistungsreserven über den gesamten Drehzahlbereich. Mit dem aufwändigem V4 wird das zügige Kilometerfressen zur wahren Lieblingsbeschäftigung. Allerdings erfordert die nur 1984 gebaute Version mit 16-Zoll-Vorderrad einige Eingewöhnung, denn Zielgenauigkeit ist nicht ihre Stärke. Erst die ein Jahr später angebotene 18-Zoll-Version kann in restlos allen Belangen überzeugen und gefällt auch durch eine hochwertige Zweifarben-Lackierung.

Plus

- enorme Elastizität
- ausgeglichenes Fahrverhalten (ab '85)
- gute Bremsen
- reichlich Soziuskomfort (ab '85)
- sehr schöne und übersichtliche Instrumente
- umfangreiche Ausstattung

Minus

- viel Spiel im Antriebsstrang
- Zentralfederbein mit zu weicher Abstimmung
- hoher Schwerpunkt
- Pitting am Ventiltrieb und Vergaserprobleme ('84er Modell)

Bemerkung: Bei Grauimporten der ersten V4-Generation ist generell Vorsicht geboten. Selbst die 1985 eingeführten 18-Zoll-Modelle wurden in verschiedenen Ländern, allerdings nicht in Deutschland, mit ungünstigen Materialien für Nockenwellen und Schlepphebel ausgeliefert. Die Ruckdämpfer im Hinterrad verschleißen schnell und weisen eigentlich nur im Neuzustand kein Spiel auf.

Technische Daten:

Flüssigkeitsgekühlter Viertakt-Vierzylinder-V-Motor * 998 cm³ * 100 PS bei 9000 /min * 5 Gänge * Kette * Sitzhöhe 800/820 mm * Gewicht 259/257 kg * Tankinhalt 23 Liter * Verbrauch 8,5 Liter Normal/100 km * Spitze 225 km/h

Reifengröße:

Vorn: 120/80-16, bzw. 100/90-18
Hinten: 140/80-17

KAWASAKI GPZ 600 R

Der schnelle Handling-Star lässt sich äußerst beherzt über die beiden 16-Zoll-Räder dirigieren. Auch der schmucke Brückenrahmen aus Stahl zieht mit seinen filigranen Rechteck-Rohren so manche Blicke auf sich. Die gute Aerodynamik kommt vor allem bei sportlicher Fahrerhaltung zur Geltung, die gut zu diesem Sportler passt.

Auf gut ausgebauten Landstraßen ist der Drehwurm in seinem Element und überrascht trotz des kleinen Vorderrades immer wieder mit seiner Zielgenauigkeit.

Plus

- handliches und stabiles Fahrwerk
- agiler Motor passt zum Gesamtbild
- ab 1986 bessere und schönere Lackierung
- gute Ausstattung

Minus

- Durchzugsschwäche im unteren Drehzahlbereich
- Hinterradbremse überbremst zu schnell
- schlecht zu dosierender Choke

Bemerkung: Ein unrunder Leerlauf und eine schlechte Gasannahme können die Folge von Pittingbildung an Nockenwellen, bzw. derer Schlepphebel und aufgequollener Vergasermembrane sein. Auch der Kühlwasserstand sollte infolge einer undichten Zylinderkopfdichtung beachtet werden.

Technische Daten:

Flüssigkeitsgekühlter Viertakt-Vierzylinder-Reihenmotor * 592 cm³ * 75 PS bei 10500 /min * 6 Gänge * Kette * Sitzhöhe 770 mm * Gewicht 216 kg * Tankinhalt 18 Liter * Verbrauch 7,3 Liter Normal/100 km * Spitze 220 km/h

Reifengröße:

Vorn: 110/90-16
Hinten: 130/90-16

KAWASAKI GPZ 900 R

Das problemlose Superbike von damals setzte seinerzeit Maßstäbe in Sachen Fahrdynamik. Heute überzeugt es durch Allroundqualitäten und eignet sich sowohl für den täglichen Arbeitsweg, als auch für zügige Sprinteinlagen. Speziell die stark modellgepflegten Modelle ab 1991 sind beim Gebrauchtkauf immer eine Überlegung wert und lassen kaum Gedanken an die rund 20 Jahre alte Konstruktion aufkommen.

Plus

- großes Einsatzspektrum
- gute Fahrleistungen
- dynamische, schlichte Optik
- hohe Werterhaltung

Minus

- harte Federelemente (besonders bis ’89)
- Durchzugsschwäche im mittleren Drehzahlbereich
- schmaler Hinterreifen (bis ’89)
- rauer Motorlauf
- Pittingbildung am Ventiltrieb (bis ’85)

Bemerkung: Wie bei der GPZ 600 R sollten die Geräuschkulisse und die Gasannahme beachtet werden. Bei den ersten beiden Jahrgängen häuften sich zudem die Kulanzschäden des Anlassertriebes, von denen vor allem viele Grauimporte nie umgerüstet wurden. Peitschende Steuerketten sind mit einem geänderten Steuerkettenspanner samt Gleitschiene zu beruhigen.

Technische Daten:
Flüssigkeitsgekühlter Viertakt-Vierzylinder-Reihenmotor * 908 cm^3 * 100 PS bei 9500 /min * 6 Gänge * Kette * Sitzhöhe 790 mm * Gewicht 257 kg * Tankinhalt 22 Liter * Verbrauch 7,5 Liter Normal/100 km * Spitze 235 km/h

Reifengröße:
Vorn: 120/80-16, bzw. 120/70-17
Hinten: 130/80-18, bzw. 150/70-18

KAWASAKI GPZ 1000 RX

Der schnelle Brocken geriet für den sportlichen Auftritt zu schwer und fürs gemeinsame Touren zu unkomfortabel. Dank überzeugender Aerodynamik ist die RX eine gute Wahl für den schnellen Solisten. Mit gutem Durchzug sorgt sie auch auf der Landstraße für viel Fahrspaß, verlangt dabei allerdings immer nach einer führenden Hand.

Plus

- bäriges Durchzugsvermögen
- hohe Endgeschwindigkeit
- markante Optik
- nützliche Ausstattungs-Accessoires

Minus

- gewöhnungsbedürftige Zielgenauigkeit durch kleines 16«-Vorderrad
- hoher Soziussitz
- hakeliges Getriebe

Bemerkung: Analog zur GPZ 900 R ist die Mechanik der GPZ 1000 RX zu sehen.

Technische Daten:
Flüssigkeitsgekühlter Viertakt-Vierzylinder-Reihenmotor * 997 cm^3 * 100 PS bei 9500 /min * 6 Gänge * Kette * Sitzhöhe 810 mm * Gewicht 267 kg * Tankinhalt 21 Liter * Verbrauch 8 Liter Super/100 km * Spitze 240 km/h

Reifengröße:
Vorn: 120/80-16
Hinten: 150/80-16

KAWASAKI GPX 750 R

Mit der schmal geschnittenen Vollverkleidung erreicht die schlichte GPX eine beeindruckende Höchstgeschwindigkeit von über 240 km/h, die man ihr nicht ansieht. Der schwarz lackierte Stahlrohr-Rahmen mit Alu-Heck unterstreicht das Understatement. Die etwas soft gedämpfte Gabel mit elektrisch angesteuertem Anti-Dive stößt auf schlechtem Straßenbelag an ihre Grenzen. Für Leute bis rund 1,70 Meter Länge geht auch der Soziuskomfort in Ordnung. Die spitze Motorcharakteristik offenbart aber das wahre Metier des Verkleidungskünstlers.

Plus
- leistungsstarker Motor
- leichtes Handling
- sicheres Fahrverhalten
- dezentes Nadelstreifen-Outfit

Minus
- spitze Leistungsabgabe
- anfälliger Ventiltrieb
- kleine Tachoskala
- hohe Ersatzteilpreise

Bemerkung: Einige GPX fielen durch eingeschlagene Ventilsitze unangenehm auf. Eine schlechte Abdichtung zwischen Vergaser und Ansaugstutzen, sowie zwischen Vergaser und Luftfilterkasten sorgen für schlechte Leistung und Gasannahme.

Technische Daten:
Flüssigkeitsgekühlter Viertakt-Vierzylinder-Reihenmotor * 748 cm³ * 100 PS bei 10500 /min * 6 Gänge * Kette * Sitzhöhe 780 mm * Gewicht 233 kg * Tankinhalt 21 Liter * Verbrauch 8 Liter Normal/100 km * Spitze 240 km/h

Reifengröße:
Vorn: 110/90-16
Hinten: 140/70-18

KAWASAKI GPZ 750

Die höchste Evolutionsstufe des luftgekühlten 750er-Saugers mit vier Zylindern begeistert seit jeher mit ungemeiner Drehfreude und akzeptablen Leistungswerten. Egal, ob Kurvengeschlängel oder Top-Speed auf freier Autobahn – locker durcheilt sie ohne tückisches Eigenleben Biegungen jeglicher Art. Sie ist die Ausgewogenste der 1983 präsentierten, damals neuen GPZ-Linie.

Plus
- respektable Fahrleistungen
- eigenständiges Erscheinungsbild mit Charme
- bewährte Technik
- gute Bremsen
- Marktwert steigt

Minus
- schlecht dosierbarer Choke
- auf dem Tank platziertes Check-Panel
- der Sozius ist starken Luftwirbeln ausgesetzt
- flache Verkleidungsscheibe

Bemerkung: Neben einer leckenden Dichtung oder nach längerer Standzeit zugesetzten Leerlaufdüsen sollte bei der dynamischen 750er großer Wert auf einen guten Gesamtzustand gelegt werden. Denn dies spricht für regelmäßige Pflege, die ihr leider nicht immer zuteil wurde.

Technische Daten:
Fahrtwindgekühlter Viertakt-Vierzylinder-Reihenmotor * 739 cm³ * 87 PS bei 9500/min * 5 Gänge * Kette * Sitzhöhe 770 mm * Gewicht 246 kg * Tankinhalt 18 Liter * Verbrauch 6,5 Liter Super/100 km * Spitze 215 km/h

Reifengröße:
Vorn: 110/90-18
Hinten: 130/90-17

KAWASAKI Z 750 GT

Eine der günstigsten Möglichkeiten, einen Tourer ohne Verkleidung zu erstehen. Doch wenn's darauf ankommt, kann der spritzige Reihen-Vierer auch mit sportlichen Talenten aufwarten. Mit Kardan, 24-Liter-Tank, serienmäßiger Gepäckbrücke und bequemer Sitzbank steht einer weiten Tour nichts im Wege.

Plus
- günstiger Preis und geringe Unterhaltskosten
- harmonischer Kardanantrieb
- laufruhiger Motor
- gute Fahrleistungen
- umfangreiche Ausstattung

Minus
- barocke Farbgebung
- etwas hecklastig

- aufsetzender Seitenständer
- Verarbeitungsmängel

Bemerkung: Wie bei der sportiven GPZ-Schwester ist der Motor ein Ausbund an anspruchsloser und dabei zuverlässiger Motorentechnik. Auf Undichtigkeiten am Hinterradgetriebe achten.

Technische Daten:
Fahrtwindgekühlter Viertakt-Vierzylinder-Reihenmotor * 739 cm^3 * 78 PS bei 9500/min * 5 Gänge * Kardan * Sitzhöhe 800 mm * Gewicht 243 kg * Tankinhalt 24 Liter * Verbrauch 6,5 Liter Normal/100 km * Spitze 200 km/h

Reifengröße:
Vorn: 100/90-19
Hinten: 120/90-18

KAWASAKI Z 1300

Dass dicke Brummer im Sechser-Pack nicht günstiger sind, beweist die Z 1300, seit 1984 mit Einspritzung als DFI. Dafür entschädigen der Reihenmotor mit seidenweichem Motorlauf, das Fahrwerk mit viel Komfort. Konsequenz der stetigen Modellpflege ist die gute Werterhaltung – Klasse trotz Masse. Für drehmomentverwöhnte Puristen, die der letzte Modegag völlig kalt lässt, ist sie eine passende Alternative.

Plus
- souveräne Leistungsentfaltung
- geschmeidiger Motorlauf
- ruhiger Geradeauslauf
- wartungsarmer Kardanantrieb
- umfangreiche Ausstattung
- stabiler Marktwert

Minus
- hohes Gewicht
- hohe Unterhaltskosten
- träges Handling
- teilweise schlechte Verarbeitung

Bemerkung: Geräusche aus dem Steuerschacht können von verschlissenen Kunststoffrädern der Steuerkette herrühren, die die Demontage der Zylinderbank erfordert. Das in die Jahre gekommene Aluminium zeigt sich nicht sonderlich widerstandsfähig gegenüber stramm angezogenen Schrauben – hier ist einiges Gefühl beim Schrauben erforderlich.

Technische Daten:
Flüssigkeitsgekühlter Viertakt-Sechszylinder-Reihenmotor * 1286 cm^3 * 100 PS bei 7750 /min * 5 Gänge * Kardan * Sitzhöhe 800 mm * Gewicht 323 kg * Tankinhalt 26,8 Liter * Verbrauch 8,5/7,5 Liter Normal/100 km * Spitze 215 km/h

Reifengröße:
Vorn: 100/90-18
Hinten: 130/90-17

KAWASAKI ZZ-R 600

In dezentem Look präsentierter Handling-König, der seit dem 93er-Modell auch mit doppelseitigem RamAir zu haben ist. Alu-Rahmen, astreine Bremsen, eine hohe Endgeschwindigkeit und angenehme Sitzposition lassen sie in den Kreis der Allrounder mit sportlicher Note eintreten. Der annehmbare Soziuskomfort lässt auch größere Entfernungen zu zweit genießen.

Plus
- handliches Fahrwerk
- breit nutzbarer Drehzahlbereich
- einwandfreie Bremsen
- homogene Linienführung
- umfangreiche Ausstattung

Minus
- spitze Motorcharakteristik (D-Modell)
- straff abgestimmte Federelemente (D-Modell)
- nervige Benzin-Kontrollleuchte (D-Modell)

Bemerkung: Beim bis Ende ’92 vertriebenen D-Modell schleicht gelegentlich der Elektro-Wurm durchs Kabelgewirr und macht durch einen defekten Gleichrichter auf sich aufmerksam. Die Folge können eine leergekochte Batterie oder sogar eine defekte Lichtmaschine sein.

Technische Daten:
Flüssigkeitsgekühlter Viertakt-Vierzylinder-Reihenmotor * 599 cm^3 * 98/100 PS bei 11500/min * 6 Gänge * Kette * Sitzhöhe 790/780 mm * Gewicht 217/221 kg * Tankinhalt 18 Liter * Verbrauch 7/6,5 Liter Normal/100 km * Spitze 230 km/h

Reifengröße:
Vorn: 120/60-17
Hinten: 160/60-17

KAWASAKI ZZ-R 1100

Das elegant geformte Erscheinungsbild trügt nicht. Mit komfortabler Fahrwerksabstimmung bewältigt die schnelle 1100er alle Auftritte souverän, wobei trotz der Masse auch das Handling nicht auf der Strecke bleibt. In Verbindung mit dem narrensicheren Geradeauslauf ist sie ein Motorrad für alle Fälle. Mit dem Modelljahr 1993 (D-Modell) bekam sie einen neu gestalteten Alu-Rahmen, der das Handling nochmals verbesserte.

Plus
- leistungsstarker Motor
- stabiles Fahrwerk
- Tiefflieger-Optik
- gutes Handling
- umfangreiche Ausstattung

Minus
- zu lasche Vorderraddämpfung
- schlechtes Kaltstartverhalten
- Sekundär-Luftsystem
- hohe Unterhaltskosten

Bemerkung: Eine ungenaue Temperaturanzeige durch schlechte Masseverbindung des Thermostatgehäuses sorgt für unterkühlte Gemüter. Der Ölstand sollte vor allem nach zahlreichen Vollgasetappen auf dem korrekten Stand gehalten werden.

Technische Daten:
Flüssigkeitsgekühlter Viertakt-Vierzylinder-Reihenmotor * 1052 cm^3 * 100 PS bei 9000/min * 6 Gänge * Kette * Sitzhöhe 780 mm * Gewicht 260/273 kg * Tankinhalt 21/24 Liter * Verbrauch 7 Liter Normal/100 km * Spitze 245 km/h

Reifengröße:
Vorn: 120/70-17
Hinten: 180/55-17

KAWASAKI ZXR 750, MODELL 1991 BIS 1995

Die martialisch wirkenden Schnorchel, bzw. das später verbaute RamAir-System strahlen schon im Stand ein gehöriges Maß von Aggressivität aus. Im Gegensatz dazu bieten beide ein ordentliches Drehmoment, so dass auch die Alltagsbummelei ohne Probleme möglich ist. Wo das Rad hinlaufen sollte, zeigt sich aber sofort bei der ersten Sitzprobe – mit tief angebrachten Lenkerstummeln, Alu-Chassis, superben Bremsen und einstellbarer Heck-Höhe, zielen beide ganz offenkundig auf schnelle Überlandstrecken.

Plus
- scharfes Design
- hervorragende Bremsen
- stabiles Fahrwerk
- sauberes Finish
- edle Lackierung (J-Modell von ’91 und ’92)

Minus
- hart abgestimmte Federelemente (J-Modell von ’91 und ’92)
- für den Alltag zu extreme Sitzposition

Bemerkung: Die Nockenwellen zeigen teilweise leichtes Pitting. Vor allem sollte das Axialspiel der Hinterradschwinge kontrolliert werden, da die Lager gelegentlich wandern.

Technische Daten:
Flüssigkeitsgekühlter Viertakt-Vierzylinder-Reihenmotor * 748/749 cm^3 * 100 PS bei 10500/11000 /min * 6 Gänge * Kette * Sitzhöhe 780/800 mm * Gewicht 225/234 kg * Tankinhalt 18 Liter * Verbrauch 6,5/8 Liter Normal/100 km * Spitze 230 km/h

Reifengröße:
Vorn: 120/70-17
Hinten: 180/55-17

KAWASAKI EL 250

Die Umschreibung »Begrenzung aufs Wesentliche« trifft bei der kleinsten Dragster-Kawasaki am ehesten zu, selbst ein Drehzahlmesser fehlt. Das ultraleichte Handling lässt die 158 kg sofort vergessen und prädestiniert sie für (Wieder-) Einsteiger und die kurze Überlandtour. Mit dickem Hinterreifen, Speichenrädern (E-Modell) und hochdrehendem Zweizylinder ist sie in ihrer Form und Machart einzigartig.

Plus
- spielerisches Handling
- ausgefallene Optik
- sehr niedrige Sitzhöhe
- gute Bremsen

Minus
- fehlender Drehzahlmesser
- harter Leistungseinsatz bei Lastwechsel (Vergaser)
- hoher Benzinverbrauch
- in kaltem Zustand schlecht trennende Kupplung

Bemerkung: Auf den Zustand der Kette achten, da dies bei der zierlichen 250er oft übersehen wird. Der Arbeitsaufwand dafür ist durch die verworren geführte Auspuffanlage und den fehlenden Hauptständer recht umständlich und damit teuer.

Technische Daten:
Flüssigkeitsgekühlter Viertakt-Zweizylinder-Reihenmotor * 248 cm³ * 27 PS bei 11800 /min * 6 Gänge * Kette * Sitzhöhe 725 mm * Gewicht 158 kg * Tankinhalt 11 Liter * Verbrauch 5 Liter Normal/100 km * Spitze 140 km/h

Reifengröße:
Vorn: 100/90-17
Hinten: 140/90-15

KAWASAKI GPZ 305 BELT DRIVE

Heute gehört die schlanke GPZ mit ihrem auf der alten Z 250 A basierenden Motor schon zu den Oldtimern. Mit den 164 kg Lebendgewicht hat der luftgekühlte Twin keine Probleme. Ihre Stärken liegen in der Zuverlässigkeit als handliche Einsteigermaschine. Zu den niedrigen Unterhaltskosten trägt auch der wartungsarme Zahnriemenantrieb seinen Teil bei.

Plus
- geringer Benzinverbrauch
- wartungsarmer, leiser und sauberer Riemenantrieb
- robuster Motor mit bewährter Technik
- handliches Fahrwerk

Minus
- längsrillenempfindlich
- mäßige Verarbeitung

Bemerkung: Durch den häufigen Einsatz als Fahrschulmaschine sind Unfallmotorräder recht oft anzutreffen. Hierbei sollten nach einer Probefahrt die Gabelsimmerringe kontrolliert werden.

Technische Daten:
Fahrtwindgekühlter Viertakt-Zweizylinder-Reihenmotor * 306 cm³ * 27 PS bei 10000 /min * 6 Gänge * Zahnriemen * Sitzhöhe 800 mm * Gewicht 164 kg * Tankinhalt 17 Liter * Verbrauch 4,5 Liter Normal/100 km * Spitze 150 km/h

Reifengröße:
Vorn: 90/90-18
Hinten: 110/80-18

KAWASAKI GPZ 500 S

In der Halbliter-Klasse war sie schon 1987 der ungekrönte Star. Nicht ohne Grund, denn das offen 60 PS starke Sportlerherz kann ebenso mit akzeptablen Durchzugswerten wie mit hoher Endgeschwindigkeit aufwarten. Seit dem 94er Jahrgang zeigt sich der Allrounder in einem edleren Äußeren und neben zahlreichen anderen Pflegemaßnahmen mit modernem 17-Zoll-Rad.

Plus
- sehr drehfreudiger Motor
- handliches, agiles Fahrwerk
- gutes Finish (vor allem ab ’94)
- gutes Preis-/Leistungsverhältnis

Minus
- lasch gedämpfte Gabel
- Vibrationen

Bemerkung: Wie die GPZ 305 ist auch der 500-Parallel-Twin auch heute noch eine weitverbreitete Maschine bei (Wieder-)Einsteigern, was oft mit Blessuren für Fahrwerk und Lack endet. Hinzu kommt gelegentliche Pittingbildung an den Nockenwellen. Das teilweise sehr starke Lenkerflattern der 16«-Versionen ist reifenabhängig und wird durch den ME 33 fürs Vorderrad fast gänzlich eliminiert.

Technische Daten:
Flüssigkeitsgekühlter Viertakt-Zweizylinder-Reihenmotor * 498 cm³ * 27/34/50/60 PS bei 8500/8500/9300/9800 /min * 6 Gänge * Kette * Sitzhöhe 770 mm * Gewicht 196 kg * Tankinhalt 18 Liter * Verbrauch 5 Liter Normal/100 km * Spitze 145/155/190/200 km/h

Reifengröße:
Vorn: 100/90-16, bzw. 110/70-17
Hinten: 120/90-16, bzw. 130/70-17

KAWASAKI EN 500

Die aus der LTD 450 entstandene EN 500 bietet viel Motorrad fürs Geld. Die sehr lockere Sitzposition eignet sich zum Touren gleichermaßen wie zum Flanieren. Nur der sportive Zweizylinder will keine rechte Ruhe in der Gashand aufkommen lassen, zu sehr strebt er nach chopperuntypischen Drehzahlregionen. Der Zahnriemenantrieb mit seiner großen Scheibe im Hinterrad macht schon allein optisch einiges her.

Plus
- sturer Geradeauslauf
- vor allem beim ’96er Modell echte Chopperoptik
- wartungsarmer, leiser und sauberer Riemenantrieb
- bequeme Sitzposition
- geringer Benzinverbrauch

Minus
- Motorcharakteristik passt nicht zum Chopper
- im Zweimann-Betrieb zu lasche Dämpfung der Federbeine
- hohe Bedienungskraft der vorderen Bremsanlage

Bemerkung: Bei hoher Beladung oder/und hohen Kurvengeschwindigkeiten treten teilweise so große Profilauswaschungen am Vorderreifen auf, dass ein Austausch unumgänglich wird.

Technische Daten:
Flüssigkeitsgekühlter Viertakt-Zweizylinder-Reihenmotor * 499 cm³ * 27/34/50 PS bei 8000/7500/8500 /min * 6 Gänge * Zahnriemen * Sitzhöhe 715 mm * Gewicht 214 kg * Tankinhalt 11/15 Liter * Verbrauch 5 Liter Normal/100 km * Spitze 140/155 km/h

Reifengröße:
Vorn: 100/90-19
Hinten: 140/90-15

KAWASAKI KLE 500

Die schön gezeichnete Funduro fühlt sich mehr auf der Straße als im Gelände zu Hause. Große Federwege vermitteln viel Komfort und sorgen in Verbindung mit dem überarbeiteten Motor der GPZ 500 S für viel Spaß, besonders auf Landstraßen zweiter Ordnung abwärts. Das recht hohe Gewicht von knapp 200 kg ist beim Fahren schnell vergessen.

Plus
- guter Durchzug
- günstiger Preis
- Funbike-Charakter

• kaum Vibrationen

Minus

• Fading an der Vorderradbremse
• Getriebe etwas hakelig
• Sitzbank im Soziusbereich zu kurz

Bemerkung: Die agile Funduro zeigt dank ausgereifter Technik kaum Schwächen im alltäglichen Betrieb, so dass der Gebraucht-Check vorwiegend auf den Pflegezustand beschränkt werden kann.

Technische Daten:
Flüssigkeitsgekühlter Viertakt-Zweizylinder-Reihenmotor * 499 cm^3 * 34/48/50 PS bei 6800//8500/8500 /min * 6 Gänge * Kette * Sitzhöhe 850 mm * Gewicht 198 kg * Tankinhalt 15 Liter * Verbrauch 6,5 Liter Normal/100 km * Spitze 135/165/170 km/h

Reifengröße:
Vorn: 90/90-21
Hinten: 130/80-17

KAWASAKI KLR 600 E

Als weiterentwickelte KLR 500 weiß die 600er mit noch mehr Drehmoment, und als E-Modell zusätzlich mit Elektrostarter zu überzeugen. Weich ausgelegte Federelemente lassen viel Komfort auf befestigten Straßen aufkommen, sind aber im Gelände überfordert. Im Alltag erleichtern am Rahmen montierte Sozius-Rasten auch dem Frachtgut das Leben. Ansprechend ist das übersichtliche Design, mit einem voll zur Geltung kommenden DOHC-Vierventil-Triebwerk. Auch mit 27 PS bleibt der urige und zugleich drehfreudige Charakter nicht auf der Strecke.

Plus

• durchzugsstarker Dampfhammer
• passender Sound
• gute Verarbeitung
• komplette Ausstattung
• schlichtes Design

Minus

• bei heißem Motor Startprobleme am Kickstarter-Modell
• hoher Gebrauchtpreis

Bemerkung: Der Eintopf macht gelegentlich mit einer durchgeblasenen Zylinderkopfdichtung auf sich aufmerksam – eine Folge harter Autobahnbolzerei zu kurzer Warmlaufphase. Auch eingeschlagene Ventile und bis zum Modell ’87 überspringende Steuerketten sorgten anfangs für zahlreiche unplanmäßige Werkstattaufenthalte.

Technische Daten:
Flüssigkeitsgekühlter Viertakt-Einzylindermotor * 565 cm^3 * 27/42 PS bei 6000/7000 /min * 5 Gänge * Kette * Sitzhöhe 870 mm * Gewicht 160/163 kg * Tankinhalt 11,5 Liter * Verbrauch 6,5/6 Liter Super/100 km * Spitze 135/155 km/h

Reifengröße:
Vorn: 3.00-21, bzw. 90/90-21
Hinten: 5.10-17, bzw. 130/80-17

KAWASAKI VN 750

Mit einem technisch sehr aufwändigen V2-Triebwerk samt Kardanantrieb verwöhnt das komfortabel abgestimmte Techno-Krad mit einer sehr harmonischen Leistungsabgabe. Die Wasserkühlung lässt kaum mechanische Geräusche an die Umwelt.

Hydrostößel helfen, die Inspektionskosten zu senken. Dank der sehr bequemen Sitzposition eignet sich der Doppelzünder genauso gut als Tourer für Solisten wie zum Sightseeing in der City. Ein echter Geheimtipp fürs kleine Portemonnaie.

Plus

• gleichmäßige Kraftentfaltung
• pflegeleichter Kardanantrieb
• sicherer Geradeauslauf
• gute Bremsen
• geringe Unterhaltskosten

Minus

• etwas störrisches Handling
• zu hoch geratener Lenker

Bemerkung: Der komfortable Softchopper sollte ein einwandfreies Leerlaufverhalten an den Tag legen. Ansonsten kann eine zeit- und nervenraubende Vergaserreinigung mit anschließender Justierung anstehen. Leichtes Auspuffpatschen beim Gaswegnehmen ist normal.

Technische Daten:
Flüssigkeitsgekühlter Viertakt-Zweizylinder-V-Motor * 749 cm^3 * 50/68 PS bei 7500 /min * 5 Gänge * Kardan * Sitzhöhe 735 mm * Gewicht 233 kg * Tankinhalt 13,5 Liter * Verbrauch 6/6,5 Liter Normal/100 km * Spitze 175 km/h

Reifengröße:
Vorn: 100/90-19
Hinten: 150/90-1

KAWASAKI VN-15/SE

Der acht Jahre lang produzierte Hubraumriese fuhr sich schnell in die Herzen zahlreicher Chopperfreunde. Als reinrassiger Vertreter dieser Gattung verfügt er über alle wichtigen Stylelemente, wie die flach angestellte Gabel, echter Chopper-Optik (vor allem die SE-Version mit Speichenrädern) und mächtigem V2-Motor. All diese optischen Reize kaschieren erfolgreich den High Tech, der sich unter dem Stahl und Alu verbirgt. Ein echter Riesenchopper mit Balsamwirkung fürs Gemüt. Auch auf 34 und 50 PS umrüstbar.

Plus
- sattes Drehmoment in allen Lagen
- echte Chopper-Optik
- geringer Benzinverbrauch
- gute Bremsen
- leicht schaltbares Getriebe

Minus
- leichte Unruhe bei Bodenwellen
- hohes Aufstellmoment beim Gasgeben
- zeitiges Aufsetzen in Schräglage

Bemerkung: Der Austausch der Kupplungsreibscheiben ist aufwändig und teuer. Heftiges Poltern aus der Kurbelkammer zeugt vom Ende eines Kurbelwellenlagers und erzwingt eine Reparatur.

Technische Daten:
Flüssigkeitsgekühlter Viertakt-Zweizylinder-V-Motor * 1470 cm^3 * 64/70/73 PS bei 5000/5000/4500 /min * 4 Gänge * Kardan * Sitzhöhe 745/745/730 mm * Gewicht 276/276/279 kg * Tankinhalt 12/12/16 Liter * Verbrauch 6 Liter Normal/100 km * Spitze 170 km/h

Reifengröße:
Vorn: 100/90-19
Hinten: 150/90-15

SUZUKI GN 250

Für Leute, die keinen Wert auf eine modische Erscheinung legen, aber trotzdem mit einem vollwertigen Motorrad unterwegs sein wollen, ist der zierliche Einzylinder wie geschaffen. Mit hohem Lenker und entspannter Sitzposition ist das Leichtgewicht jederzeit gut beherrschbar und ermöglicht einen kostengünstigen (Wieder-)Einstieg in die Welt der Zweiräder.

Plus
- spielerisches Handling
- geringe Unterhaltskosten
- komplette Ausstattung
- niedrige und bequeme Sitzposition
- problemlose Handhabung

Minus
- Längsrillenempfindlichkeit
- bei hoher Drehzahl starke Vibrationen
- veraltete Armaturen

Bemerkung: Gelegentlich durcheilt der Kupferwurm die Elektrik der in die Jahre gekommenen Konstruktion. Ansonsten gibt es keine typischen Probleme

Technische Daten:
Fahrtwindgekühlter Viertakt-Einzylindermotor * 249 cm^3 * 17 PS bei 8200 /min * 5 Gänge * Kette * Sitzhöhe 740 mm * Gewicht 140 kg * Tankinhalt 10 Liter * Verbrauch 4 Liter Normal/100 km * Spitze 125 km/h

Reifengröße:
Vorn: 3.00-18
Hinten: 120/90-16

SUZUKI RGV 250

Die leichte 250er ist ein echtes Feuerzeug und vor allem auf der Rennstrecke in ihrem Element.

Dort kommen ihre wahren Qualitäten als Big Bike-Schreck erst richtig zur Geltung. Ab Modell 1991 gehört neben dem Alu-Rahmen auch eine Upside Down-Gabel und Bananenschwinge zum Equipment.

Plus
- kurvengieriges Spaßgerät
- hervorragende Fahrleistungen
- sicheres und neutrales Fahrverhalten
- umfangreiches Racing-Zubehör
- gute Ausstattung
- seit 1991 serienmäßiger Katalysator

Minus
- hohe Unterhaltskosten
- zu große Sprünge zwischen den einzelnen Gängen
- pflegeintensive Auslasssteuerung

Bemerkung: Auf leichtgängige Bewegungen des Stellmotors der Auslasssteuerung achten. Bei größtenteils sportlicher Fahrweise brennt die Kopfdichtung schon mal durch. Nach drei bis vier Kicks sollte der Motor problemlos anspringen.

Technische Daten:
Flüssigkeitsgekühlter Zweitakt-Zweizylinder-V-Motor * 249 cm^3 * 58/56 PS bei 11000 /min * 6 Gänge * Kette * Sitzhöhe 755/800 mm * Gewicht 155/169 kg * Tankinhalt 17/16 Liter * Verbrauch 8 Liter Normal/100 km * Spitze 200/195 km/h

Reifengröße:
Vorn: 110/70-17
Hinten: 140/60-18, bzw. 150/60-17 (ab 1991)

SUZUKI GSX 400

Der unauffällige Allrounder gefällt selbst in der von 44 PS auf 27 PS gedrosselten Variante durch ansprechende Fahrleistungen. Der Vierventiler ist ein sparsamer Geselle, gleichermaßen als Arbeitspferd wie als Weltenbummler zu gebrauchen.

Plus
- hohe Zuverlässigkeit
- geringe Unterhaltskosten
- durchzugsstarker Motor
- Schicke und nützliche Cockpitverkleidung (S-Modell)
- komplette Ausstattung

Minus
- ungünstig gekröpfter Lenker
- leichte Pendelneigung
- veraltete Armaturen
- wirkungsloses Anti-Dive

Bemerkung: Häufig befindet sich das Lenkkopflager in einem lädierten Zustand, so dass der Austausch unumgänglich ist. Ansonsten spricht bei ihr vor allem ein ordentliches Gesamtbild für dieses Motorrad.

Technische Daten:
Fahrtwindgekühlter Viertakt-Zweizylinder-Reihenmotor * 395 cm^3 * 27 PS bei 7800 /min * 6 Gänge * Kette * Sitzhöhe 755 mm * Gewicht 189 kg * Tankinhalt 16 Liter * Verbrauch 5 Liter Normal/100 km * Spitze 155 km/h

Reifengröße:
Vorn: 3.00-18
Hinten: 3.75-18

SUZUKI GS 500 E

Mit dem über 25 Jahre alten Motorenkonzept der Suzuki GS 400 und einem modernen 17-Zoll-Fahrwerk ist sie die Einsteigermaschine schlechthin. Die serienmäßige 2-1 Auspuffanlage und die große Einscheibenbremse im Vorderrad beweisen, dass gute Alltagsqualitäten nicht unbedingt mit langweiliger Optik erkauft werden müssen.

Plus
- überzeugendes Preis-/Leistungsverhältnis
- geringe Unterhaltskosten
- übersichtliche Erscheinung
- einfache Handhabung

• umfangreiches Zubehörangebot

Minus

• zu weiche Federelemente
• hoch angebrachte Soziusrasten

Bemerkung: Beim ersten Baujahr verursachte ein zu schwacher Steuerkettenspanner teilweise kapitale Motorschäden, also verschärft auf Rasselgeräusche aus dem Steuerschacht achten. Ein Ölverbrauch von knapp einem Liter/1000 km ist noch als normal anzusehen. Durch Verarbeitungsmängel trübt eine schlampige Pflege sehr leicht die Gesamterscheinung.

Technische Daten:

Fahrtwindgekühlter Viertakt-Zweizylinder-Reihenmotor * 487 cm^3 * 27/34 PS bei 8000 /min * 6 Gänge * Kette * Sitzhöhe 790 mm * Gewicht 183/186 kg * Tankinhalt 17 Liter * Verbrauch 4,5/5 Liter Normal/100 km * Spitze 150/155 km/h

Reifengröße:

Vorn: 110/70-17
Hinten: 130/70-17

SUZUKI DR 600 R DAKAR

Nach alter Väter Sitte wird der Eintopf noch mittels Kickstarter zum Leben erweckt. Voraussetzungen für den Erfolg sind durchtrainierte Waden, denn mit einem Tritt ist's selten getan. Durch den schön geformten 21-Liter-Tank lassen sich problemlos große Etappen am Stück fahren. Dabei macht der agile Motor stets eine gute Figur.

Plus

• komfortabel abgestimmtes Fahrwerk
• leistungsstarker Eintopf
• gute Bremsen
• ordentliche Laufkultur
• technisch gut durchdachte Details

Minus

• lang übersetzter erster Gang
• schwache Gangarretierung
• fehlender Elektrostarter
• Startprobleme

Bemerkung: Mängel in der Verarbeitung lassen bei schlechter Pflege schnell Rost ansetzen und mindern so den Wert. Die Technik dagegen ist o.k.

Technische Daten:

Fahrtwindgekühlter Viertakt-Einzylindermotor * 590 cm^3 * 45 PS bei 6800 /min * 5 Gänge * Kette * Sitzhöhe 910 mm * Gewicht 160 kg * Tankinhalt 21 Liter * Verbrauch 6,6 Liter Super/100 km * Spitze 165 km/h

Reifengröße:

Vorn: 100/80-21
Hinten: 130/80-17

SUZUKI DR 650 RSE

Das RSE-Modell ist ein waschechter Straßencowboy. Das Fahrwerk taugt eher zum schnellen Ritt über steinige Passagen als für den dicken Acker. Spürbar wohler fühlt sich der sehr kultiviert laufende und über Elektrostarter zum Leben erwachende Eintopf auf kurvigen Landstraßen. Schön anzusehen sind die beiden Endtöpfe, die versteckt unter den Seitendeckeln hervorlugen.

Plus

• günstiger Einstandspreis
• agiles Fahrwerk
• einfache Handhabung
• großes Einsatzspektrum

Minus

• unsaubere Verarbeitung
• fehlender Hauptständer

Bemerkung: Ohne echte Schwächen präsentieren sich die meisten gebrauchten 650er RSE-Modelle. Gelegentlich trüben oxidierte Schraubverbindungen und eine schlechte Lackqualität die Gesamterscheinung.

Technische Daten:

Luft-/ölgekühlter Viertakt-Einzylindermotor * 641 cm^3 * 46 PS bei 6800 /min * 5 Gänge * Kette * Sitzhöhe 890 mm * Gewicht 193 kg * Tankinhalt 20 Liter * Verbrauch 6 Liter Normal/100 km * Spitze 150 km/h

Reifengröße:

Vorn: 90/90-21
Hinten: 120/90-17

SUZUKI DR 750/800 S BIG

Wer hohe Ansprüche an Komfort und extravagantes Design stellt, der bekommt mit der DR 750 und DR 800 S Big viel geboten. Der Pisten- und Straßenräuber verwöhnt trotz hoher Masse mit leichtem Handling und lässt sich so schnell nicht aus der Ruhe bringen. Abstriche müssen allerdings bei der Verarbeitung gemacht werden.

Plus
- kräftiger, zuverlässiger Big Banger
- hoher Fahrkomfort, auch für den Sozius
- riesiger Tank
- unverwechselbares Design

Minus
- schlechte Verarbeitung
- hohes Gewicht
- große Sitzhöhe

Bemerkung: Die 750er wurden teilweise durch Schäden am Ventiltrieb gezeichnet. Strapazierte Ruckdämpfer im Hinterrad vergrößern zeitig das Spiel im Antriebsstrang.

Technische Daten:
Luft-/ölgekühlter Viertakt-Einzylindermotor * 727/779 cm^3 * 50 PS bei 6500/6600 /min * 5 Gänge * Kette * Sitzhöhe 880/890 mm * Gewicht 204/227 kg * Tankinhalt 29/24 Liter * Verbrauch 6/6,5 Liter Normal/100 km * Spitze 165 km/h

Reifengröße:
Vorn: 90/90-21
Hinten: 130/80-17

SUZUKI LS 650 SAVAGE

Mächtig kommt der stehende Einzylinder mit seinem unterarmdicken Krümmer zur Geltung. Mit vorverlegter Fußrastenanlage, viel poliertem Aluminium, fehlendem Drehzahlmesser und Speichenrädern trifft er auf den Nerv zahlreicher Puristen. Die sehr niedrige Sitzhöhe und das einfache Handling machen ihn zudem für Einsteiger interessant.

Plus
- nostalgisches, eigenständiges Outfit
- satter Durchzug
- niedrige Sitzhöhe
- wahlweise mit Flach- oder Hochlenker
- niedrige Unterhaltskosten
- stabiler Marktwert

Minus
- Verarbeitungsmängel
- Platzprobleme für Leute ab 1,80 Meter (vor allem mit Hochlenker)
- schlecht abgestimmte Federelemente

Bemerkung: Die Bauart verführt zu häufigen Umbauten, die zudem auch noch verdammt schön rüberkommen. Um späteren Ärger mit dem TÜV zu vermeiden, sollten die Einträge in den Papieren genau kontrolliert werden.

Technische Daten:
Fahrtwindgekühlter Viertakt-Einzylindermotor * 652 cm^3 * 27/34 PS bei 5300/5400 /min * 4 Gänge * Zahnriemen * Sitzhöhe 675/700 mm * Gewicht 183/171 kg * Tankinhalt 9,5/11 Liter * Verbrauch 5/6 Liter Normal/100 km * Spitze 135/140 km/h

Reifengröße:
Vorn: 100/90-19
Hinten: 140/80-15

SUZUKI GR 650

Eine fernöstliche Rarität ist die 1983 präsentierte Suzuki GR 650. Mit ihrem klassischen Konzept, den damals modernen Fahrwerkskomponenten, dickem Hinterrad, tropfenförmigem Tank, Speichenrädern (X-Modell) und halb hohem Lenker bediente sie sich zahlreicher Chopper-typischer Stilelemente. Als technischer Clou wurde die Kurbelwelle mit einer variablen Schwungmasse versehen.

Plus
- harmonisches Fahrverhalten
- entspannte Sitzposition
- technisch interessanter Motor
- komplette Ausstattung

Minus
- mäßige Fahrleistungen
- plumpe Armaturen
- biederes Design

Bemerkung: Der Twin zeichnete sich von Beginn an als zuverlässiger Partner für alle Tage aus. Die meisten der wenigen zugelassenen Maschinen befinden sich noch im Originalzustand, was den Marktwert der Japanerin stabil hält.

Technische Daten:
Fahrtwindgekühlter Viertakt-Zweizylinder-Reihenmotor * 651 cm^3 * 50 PS bei 7200 /min * 5 Gänge * Kette * Sitzhöhe 770 mm * Gewicht 200 kg * Tankinhalt 12 Liter * Verbrauch 6 Liter Normal/100 km * Spitze 165 km/h

Reifengröße:
Vorn: 100/90-19
Hinten: 130/90-16

SUZUKI GS 650 G KATANA

Mit bauchigem Tank, Kardanantrieb und spartanischem Heck taugt sie einerseits für ausgeprägte Touren, andererseits für den zügigen Solo-Ritt. Ist das Fahrwerk richtig eingestellt, funktioniert die Sache wunderbar, ansonsten wird der Silberpfeil zum wackelnden Lämmerschwanz. Unterm Strich bietet sie eine Menge Motorrad fürs Geld.

Plus
- wartungs- und reaktionsarmer Kardanantrieb
- gute Fahrleistungen
- mut(h)iges Design
- leichtfüßiges Handling
- großer Tank

Minus
- sensibles Fahrwerk
- schlecht ansprechende Gabel
- harte Sitzbank
- praxisfremde Schaltereinrichtungen

Bemerkung: Dank der zuverlässigen Technik bleiben die Unterhaltskosten im Rahmen. Ölundichtigkeiten am Motor und zahlreiche, in Eigenregie umgebaute Maschinen lassen den Gebrauchtwert allerdings sinken.

Technische Daten:
Fahrtwindgekühlter Viertakt-Vierzylinder-Reihenmotor * 673 cm^3 * 73 PS bei 9500 /min * 5 Gänge * Kardan * Sitzhöhe 780 mm * Gewicht 237 kg * Tankinhalt 22,5 Liter * Verbrauch 7,1 Liter Super/100 km * Spitze 195 km/h

Reifengröße:
Vorn: 3.25-19
Hinten: 4.25-17

SUZUKI GS 850 G

Sie ist ein Kilometerfresser der vorletzten Generation und verlangt nach kräftigem Zupacken. Der Motor kommt komplett ohne technische Gimmicks aus. Dies ist wiederum eines der Merkmale, die dieses zeitlos schöne Motorrad ausmachen. Je länger die Strecke, umso deutlicher treten die Qualitäten des Langstreckenbombers in den Vordergrund.

Plus
- drehmomentstarker Antrieb
- hohe Zuverlässigkeit
- sicherer Geradeauslauf
- bewährte Technik
- seit 1985 (GT-Baureihe) sehr schöne Lackierung

Minus
- starke Vibrationen
- hohes Gewicht
- träges Handling

Bemerkung: Bis Modell 1984 treten gelegentlich Probleme mit der Elektrik auf, deren Gründe aber meist in schlechten Steckverbindungen zu suchen sind. Ansonsten besticht der Tourer durch seine angeborene Zuverlässigkeit.

Technische Daten:
Fahrtwindgekühlter Viertakt-Vierzylinder-Reihenmotor * 844 cm³ * 78/80 PS bei 8500/min * 5 Gänge * Kardan * Sitzhöhe 820 mm * Gewicht 273/264 kg * Tankinhalt 22 Liter * Verbrauch 8 Liter Super/100 km * Spitze 200 km/h

Reifengröße:
Vorn: 3.50-19
Hinten: 4.50-17

SUZUKI GS 1100 G

Mit souveräner Kraftentwicklung, wie sie so nur hubraumstarke Motorräder zu bieten haben, geht die 1100er schon knapp über Leerlaufdrehzahl an die Arbeit.

Der Charakter entspricht dem der kleineren Schwester GS 850 G. Unter Tourern ein echter Evergreen, nicht umsonst trifft man sie meist »on Tour« zwischen Gibraltar und Nordkap.

Plus
- drehmomentstarker Antrieb
- hohe Zuverlässigkeit
- satte Straßenlage
- bewährte Technik
- sehr schöne Lackierung

Minus
- hohe Bedienungskräfte der Vorderradbremse
- träges Handling

Bemerkung: Analog zur kleineren Schwester, der GS 850 G, ist der dicke Brummer mit einer hoher Standfestigkeit gesegnet. Durch das hohe Motordrehmoment und den recht schmalen Hinterreifen verschleißt dieser allerdings schneller, als einem lieb ist.

Technische Daten:
Fahrtwindgekühlter Viertakt-Vierzylinder-Reihenmotor * 1067 cm³ * 94 PS bei 8000 /min * 5 Gänge * Kardan * Sitzhöhe 820 mm * Gewicht 268 kg * Tankinhalt 22 Liter * Verbrauch 7,5 Liter Normal/100 km * Spitze 210 km/h

Reifengröße:
Vorn: 3.50-19
Hinten: 4.50-17

SUZUKI VS 750/800 INTRUDER

Dass 50 PS für einen echten Chopper durchaus reichen, beweist Suzuki mit dem »Eindringling«. Die mit tollem Finish beeindruckende Maschine strahlt schon im Stand Low Rider-Feeling aus und verstärkt dies noch beim Fahren. Mit toller Lackierung und prunkvoll wirkendem Motor wird sie allen Ansprüchen an einen Chopper gerecht.

Plus
- stilechter Chopper
- einwandfreier Geradeauslauf
- robuste Technik
- wartungsarmer, sauberer Kardanantrieb

Minus
- zu weich gedämpfte Federelemente
- hohe Bedienungskräfte der Vorderradbremse
- träges Handling

Bemerkung: Abstimmungsprobleme bei den Vergasern nervten die Eigner schon mal durch außerplanmäßige Werkstattaufenthalte. Schlimmer waren diverse Nockenwellenschäden der ersten Generation. Die meist top gepflegten Schönwettermotorräder zeigen im rauen Alltagsbetrieb schnell Rostansatz.

Technische Daten:
Flüssigkeitsgekühlter Viertakt-Zweizylinder-V-Motor * 748/805 cm³ * 50 PS bei 6800/6500 /min * 5 Gänge * Kardan * Sitzhöhe 770/755 mm * Gewicht 215/218 kg * Tankinhalt 12 Liter * Verbrauch 6 Liter Normal/100 km * Spitze 175/160 km/h

Reifengröße:
Vorn: 100/90-19 (bis Modell '87), 80/90-21
Hinten: 140/90-15

SUZUKI VS 1400 INTRUDER

Ohne der kleineren Trude irgendwelche Qualitäten absprechen zu wollen, übertrifft die 1400er Intruder die Kleinausgabe doch in allen Belangen. Der dominierende, fast eineinhalb Liter große V2-Motor prägt das edle Erscheinungsbild des Choppers und liefert dazu das tiefe Lied des Vaus. Fahrerisch gibt sich der Poltergeist, analog zu seinen gewaltigen Abmessungen, allerdings spürbar behäbiger.

Plus

- vom Scheitel bis zur Sohle ein edel wirkender Chopper
- schienenmäßiger Geradeauslauf
- robuste Technik
- wartungsarmer, sauberer Kardanantrieb

Minus

- hohes Aufstellmoment
- zu weiche Federelemente
- hohe Bedienungskräfte der Vorderradbremse
- träges Handling

Bemerkung: Dank des automatischen Ventilspielausgleichs und hoher mechanischer Standfestigkeit bereitet die Dicke keine bösen Überraschungen. Viel Erfahrung ist beim Einstellen der Vergaseranlage vonnöten, die bei unsachgemäßer Justierung die Arbeit des Motors schlichtweg einstellt. Die regelmäßige Pflege der zahlreichen Chromteile sorgt für langanhaltende Freude am »Big Two«.

Technische Daten:
Luft-/ölgekühlter Viertakt-Zweizylinder-V-Motor * 1360 cm^3 * 67/61 PS bei 5000 /min * 4/5 Gänge * Kardan * Sitzhöhe 725 mm * Gewicht 260/262 kg * Tankinhalt 13 Liter * Verbrauch 6/6,5 Liter Normal/100 km * Spitze 170 km/h

Reifengröße:
Vorn: 110/90-21
Hinten: 170/80-15

SUZUKI VX 800

Die schlanke V2-Maschine mit ihrem sonoren Klang bekennt sich ganz unverblümt, als eines der ersten Modelle überhaupt, zur Naked Bike-Klasse. Der aus der 750er Intruder entliehene und aufgebohrte Vierventiler sorgt in Verbindung mit der ausgeglichenen Fahrwerksabstimmung für gute Allround-Qualitäten. Egal, ob Alltag oder Tour, die VX 800 fühlt sich überall gleichermaßen zu Hause. Dank gelungener Drosselung ist sie auch in der 34 PS-Version vorbehaltlos zu empfehlen.

Plus

- klar gezeichnete Linien mit schönem Finish
- gutmütiges Fahrverhalten
- komfortable Fahrwerksabstimmung
- drehmomentstarker V-Motor
- wartungsarmer, sauberer Kardanantrieb
- komplette Ausstattung

Minus

- Verarbeitungsmängel
- vordere Bremsanlage neigt zum Fading

Bemerkung: Einige Maschinen wurden von kapitalen Motorschäden heimgesucht. Der Grund war simpel wie banal: Defekte Benzinhähne ließen unaufgefordert Kraftstoff zu den Vergasern, deren Schwimmernadelventile dem permanenten Druck nicht standhielten. Die Folge war zu den Zylindern durchgesickertes Benzin, das sich bekanntlich kaum komprimieren lässt und dem Kurbeltrieb so einen eliminierenden Schlag versetzte. Abhilfe schaffte ein mechanischer Benzinhahn und das regelmäßige Schließen nach dem Motorabstellen.

Technische Daten:
Flüssigkeitsgekühlter Viertakt-Zweizylinder-V-Motor * 805 cm^3 * 61/60 PS bei 6800 /min * 5 Gänge * Kardan * Sitzhöhe 800/790 mm * Gewicht 240 kg * Tankinhalt 19 Liter * Verbrauch 6,5 Liter Normal/100 km * Spitze 170 km/h

Reifengröße:
Vorn: 110/80-18
Hinten: 150/70-17

SUZUKI GSX-R 750, MODELL 1988–1991

Der leicht pummelig wirkende Supersportler der vergangenen Tage kommt im Vergleich zur zerklüfteten Ur-GSX-R von 1985 wesentlich kompakter daher. Ihr charakteristischer Doppelschleifen-Rohrrahmen aus Alu umschlingt den feinverrippten Vierzylinder in ästhetischer Manier und sorgt für zufriedenstellende Fahrstabilität. Die aus heutiger Sicht recht mageren Durchzugswerte prädestinieren sie jedoch mehr für den reinen Sportfahrer.

Plus

- drehfreudiger und leistungsstarker Motor
- breite Felgen für moderne Reifen
- handliches Fahrwerk
- rassige Superbike-Optik
- viel Zubehör erhältlich
- ab Modell 1990 komplette Sportausstattung

Minus

- wird erst ab 7.000/min so richtig munter
- für einen echten Sportler zu hohes Gewicht
- empfindlicher Ventiltrieb mit Gabelschlepphebeln
- relativ hoher Verbrauch
- lenkerfest montierte Instrumente

Bemerkung: Konstruktionsbedingt neigen die Gabelschlepphebel samt Nockenwellen zur Pittingbildung. Abhilfe schafft die absolut gleichmäßige Ventilspieleinstellung. Durch die Prädestination als Supersportler sollte auch nach versteckten Sturzschäden Ausschau gehalten werden.

Technische Daten:

Luft-/ölgekühlter Viertakt-Vierzylinder-Reihenmotor * 739 cm³ * 100 PS bei 10200/min * 6 Gänge * Kette * Sitzhöhe 770 mm * Gewicht 222 kg * Tankinhalt 21 Liter * Verbrauch 8 Liter Super/100 km * Spitze 235 km/h

Reifengröße:

Vorn: 120/70-17
Hinten: 160/60-17, bzw. 170/60-17 (ab Modell '90)

SUZUKI GSX-R 750 W I

Im Vergleich zum Vorgängermodell baut die wassergekühlte 750er um einiges kompakter. Ein kühlender Wassermantel und ein verstärkter Alu-Rahmen sind die wichtigsten Änderungen. Die Durchzugswerte können auch den sportlich ambitionierten Alltagsfahrer zufrieden stellen, ebenso die Sitzposition. Trotz ihrer aggressiven Kriegsbemalung lässt sie sich sehr harmonisch fahren und bietet jede Menge feine Renntechnik, nicht nur beim Fahren ein Genuss.

Plus

- stramme Fahrleistungen
- standfeste Technik
- Fahrwerk und Bremsen mit Reserven
- reichlich Zubehör erhältlich
- leicht und exakt schaltbares Getriebe

Minus

- für einen echten Sportler zu hohes Gewicht
- schlecht ansprechende Federelemente
- relativ hoher Verbrauch
- lenkerfest montierte Instrumente

Bemerkung: Das erste wassergekühlte GSX-R-Modell zeichnet sich dank der thermischen Reserven durch eine hohe Standfestigkeit aus. Durch verschleißfördernde Drehzahlorgien im Sportbetrieb ist die Sichtkontrolle nach Sturzschäden allerdings anzuraten.

Technische Daten:

Flüssigkeitsgekühlter Viertakt-Vierzylinder-Reihenmotor * 749 cm³ * 100 PS bei 11500/min * 6 Gänge * Kette * Sitzhöhe 780 mm * Gewicht 238 kg * Tankinhalt 21 Liter * Verbrauch 7 Liter Normal/100 km * Spitze 235 km/h

Reifengröße:

Vorn: 120/70-17
Hinten: 170/60-17

SUZUKI GSX-R 1100 W

Mit dem offen 155 PS starken, wassergekühlten Triebwerk markiert Suzuki seinerzeit den

Zenit im Leistungswettlauf der Seriensteller. Doch selbst in der deutschen 98-PS-Version verwöhnt der Raubeiner mit satten Durchzugsreserven, die ein hektisches Rühren im Getriebe überflüssig machen. Die sportliche Aufmachung sollte dabei nicht mit rennsportmäßiger Fahrweise gleichgesetzt werden, denn ihre wahre Domäne liegt im zügigen Durcheilen gut ausgebauter Landstraßen.

Plus

- souveräne Leistungsabgabe
- anspruchsvolle, ausgereifte Technik
- stabiles Fahrwerk
- großes Zubehörangebot
- komplette Sportausstattung
- tolle Bremsen

Minus

- hohes Gewicht
- etwas rauer Motorlauf
- lenkerfest montierte Instrumente

Bemerkung: Mechanisch wie optisch sind die meisten elfhunderter W-Modelle in einwandfreiem Zustand. Da den 155 PS gerne der freie Lauf gegeben wird, sollten die tatsächlichen Leistungswerte auch in den Fahrzeugpapieren eingetragen sein.

Technische Daten:
Flüssigkeitsgekühlter Viertakt-Vierzylinder-Reihenmotor * 1074 cm³ * 98 PS bei 9500 /min * 5 Gänge * Kette * Sitzhöhe 815 mm * Gewicht 255 kg * Tankinhalt 21 Liter * Verbrauch 8,5 Liter Normal/100 km * Spitze 260 km/h

Reifengröße:
Vorn: 120/70-17
Hinten: 180/55-17

SUZUKI GSX 600 F

Zum Allrounder der Mittelklasse mauserte sich das unscheinbare Schalentier. Mit viel Elan dreht der Motor bis über die Nenndrehzahl. Dabei gilt er naturgemäß nicht als Durchzugswunder, überzeugt aber durch einen sehr weichen, und somit leicht beherrschbaren Leistungseinsatz. Zur angenehmen Sitzposition gesellt sich eine einfache Handhabung der vollverkleideten Maschine.

Plus

- drehfreudiger Motor
- gute Fahrleistungen
- leichtes Handling
- ausgereifte, anspruchslose Technik
- konzentrierte Sitzposition mit gutem Kontakt zum Motorrad
- gute Bremsen
- komplette Ausstattung

Minus

- durchzugsschwacher Motor
- flache Verkleidungsscheibe
- Verarbeitungsmängel

Bemerkung: Das etwas softe Zentralfederbein wird gerne durch ein strafferes Zubehörexemplar ersetzt. Auch die Verkleidungsscheibe findet häufig Ersatz durch etwas höhere Versionen vom freien Markt. Technisch sind keine Probleme zu erwarten.

Technische Daten:
Luft-/ölgekühlter Viertakt-Vierzylinder-Reihenmotor * 599 cm³ * 86 PS bei 11000/min * 6 Gänge * Kette * Sitzhöhe 770/805 mm * Gewicht 209225 kg * Tankinhalt 20 Liter * Verbrauch 6 Liter Normal/100 km * Spitze 215 km/h

Reifengröße:
Vorn: 110/80-17
Hinten: 140/80-17

SUZUKI GSX 750 F

Nicht nur optisch sind die GSX 600 F und GSX 750 F aus dem gleichen Holz geschnitzt. Die zusätzlichen Pferdestärken verhelfen zu etwas besseren Durchzugswerten, lassen deshalb aber keine Wunder erwarten. Sinnvoll sind die einstellbaren Federelemente, sie vervollständigen das Bild eines Allrounders für (fast) alle Fälle.

Plus
- drehfreudiger Motor
- gute Fahrleistungen
- leichtes Handling
- entspannte Sitzposition mit gutem Knieschluss
- gute Bremsen
- komplette Ausstattung

Minus
- durchzugsschwacher Motor
- flache Verkleidungsscheibe
- Verarbeitungsmängel

Bemerkung: Im regelmäßigen Alltagsbetrieb leidet schnell die optische Erscheinung des Sporttourers. Hier hilft turnusmäßige Pflege. Ansonsten gilt das gleiche wie für die kleinere GSX 600 F.

Technische Daten:
Luft-/ölgekühlter Viertakt-Vierzylinder-Reihenmotor * 748 cm^3 * 100/98 PS bei 10400/min * 6 Gänge * Kette * Sitzhöhe 805/800 mm * Gewicht 231/235 kg * Tankinhalt 20 Liter * Verbrauch 7 Liter Normal/100 km * Spitze 230 km/h

Reifengröße:
Vorn: 110/80-17
Hinten: 150/70-17

SUZUKI GSX 1100 F

Der aus der GSX-R 1100 implantierte Motor verrichtet in gewohnter Büffelmanier seinen Dienst im Express-Tourer GSX 1100 F. Als speziellen Gimmick bietet sie eine per Knopfdruck höhenverstellbare Verkleidungsscheibe, die so unterschiedlichen Fahrergrößen oder Geschwindigkeiten angepasst werden kann. Seit dem '90er-Modell sorgt eine zusätzliche Rahmenstrebe in Höhe der Zylinder für Ruhe in langgezogenen Autobahnkurven. Überraschend ist das für diese Klasse leichte Handling, das kurvenreiche Abschnitte zur angenehmen Übung werden lässt.

Plus
- bäriger Durchzug
- hohe Zuverlässigkeit
- umfangreiche Ausstattung
- tourengerechte Sitzposition
- komfortable Fahrwerksabstimmung

Minus
- sensibles Fahrverhalten bis Jahrgang 1989
- zu kurze Endübersetzung
- hoher Kraftstoffverbrauch bei flotter Gangart
- schlechte Kettenabdeckung

Bemerkung: Eine Änderung der Sekundärübersetzung braucht bis zu einer Differenz zum Original von 7% nicht eingetragen zu werden. Dies senkt das hohe Drehzahlniveau genauso wie den Kraftstoffverbrauch.

Technische Daten:
Luft-/ölgekühlter Viertakt-Vierzylinder-Reihenmotor * 1128 cm^3 * 100 PS bei 8000/min * 5 Gänge * Kette * Sitzhöhe 790/795 mm * Gewicht 264/273 kg * Tankinhalt 21 Liter * Verbrauch 8 Liter Normal/100 km * Spitze 220 km/h

Reifengröße:
Vorn: 120/80-16
Hinten: 150/80-16

SUZUKI GSF 1200 BANDIT

Einen 1200er Motor im 600er Rahmen muss gewaltig gut gehen – meint man. Richtig, aber wenn sie sich dann auch noch so gut fahren lässt wie die 1200er Bandit, dann bedeutet das Fahrspaß ohne Ende. Gepaart mit dem maskulinen Äußeren eines Body-Builders ergibt sich ein explosives Gemisch, das zugleich mit harmonischer Abstimmung glänzt.

Plus
- scharfe Optik mit Naked Bike-Charakter
- enormer Durchzug
- agiles Fahrverhalten
- tolle Bremsen
- günstiger Neupreis
- komplette Ausstattung

Minus
- nervige Vibrationen bei 5.500/min

• hoher Verbrauch bei Volllast

Bemerkung: Wer mit dem Naked Bike dauerhaft schneller unterwegs sein möchte, sollte zur verkleideten S-Version greifen. Dabei stören nur die lenkerfest montierten Instrumente, die in der rahmenfesten Halbschale wesentlich besser aufgehoben wären.

Technische Daten:

Luft-/ölgekühlter Viertakt-Vierzylinder-Reihenmotor * 1157 cm^3 * 98 PS bei 8500/min * 5 Gänge * Kette * Sitzhöhe 810 mm * Gewicht 234 kg * Tankinhalt 19 Liter * Verbrauch 7,5 Liter Normal/100 km * Spitze 225 km/h

Reifengröße:

Vorn: 120/70-17
Hinten: 180/55-17

YAMAHA XV 250 VIRAGO

Optisch wie technisch geht die kleinste Virago als echter Chopper durch. Der langhubige V2-Motor sorgt für eine in dieser Klasse ungewöhnliche Durchzugsstärke. Der Rahmen aus Pressstahl-Formteilen ist für das stabile Fahrverhalten verantwortlich und ist speziell beim S-Modell hübsch verpackt. Im Gegensatz zu ihren größeren Schwestern sorgt eine Kette für die Kraftübertragung zum Hinterrad.

Plus

- ansprechendes, vollwertiges Design
- kräftige Motorcharakteristik
- niedrige Sitzhöhe
- S-Modell mit elegantem Finish
- günstige Unterhaltskosten
- angenehme Sitzposition

Minus

- störrisch ansprechende Federbeine
- fehlender Hauptständer
- schlecht abgedeckte Kette

Bemerkung: Das 17 PS starke Motorrad kann in Technik und Verarbeitung überzeugen. Neben dem Pflegezustand sollte die Begutachtung der Antriebskette nicht übersehen werden.

Technische Daten:

Fahrtwindgekühlter Viertakt-Zweizylinder-V-Motor * 249 cm^3 * 17 PS bei 7000/min * 5 Gänge * Kette * Sitzhöhe 685 mm * Gewicht 150 kg * Tankinhalt 9,5 Liter * Verbrauch 4 Liter Normal/100 km * Spitze 125 km/h

Reifengröäße:

Vorn: 3.00-18
Hinten: 130/90-15

YAMAHA XV 535 VIRAGO

Der reichlich verrippte V2-Motor lässt rein optisch einen wesentlich größeren Antrieb vermuten. Satter Antritt, zuverlässige Technik, wartungsarmer Kardanantrieb und eine einfache Handhabung machten den Low Budget-Chopper zum Verkaufsrenner.

Plus

- schmucke Optik, vor allem seit 1989
- gleichmäßige Kraftentfaltung
- SP-Modell mit sauber verarbeiteten Details
- wartungsarmer Kardanantrieb
- 34 PS-Version mit sehr harmonischer Kraftentfaltung
- geringe Unterhaltskosten
- niedrige und lockere Sitzposition

Minus

- starke Vibrationen in der 46-PS-Version
- hart abgestimmte Federbeine
- auch mit 13,5 Litern zu kleiner Tank
- fehlender Hauptständer

Bemerkung: Das offen 46 PS starke Modell leidet unter einer etwas schlechteren Gasannahme im unteren Drehzahlbereich und offeriert sich in einer spitzeren Leistungscharakteristik. Bei der Leistungsänderung unterscheiden sich die Baujahre voneinander, so dass unter Umständen andere Nockenwellen zum Einsatz kommen und die Aktion so verteuern kann.

Technische Daten:

Fahrtwindgekühlter Viertakt-Zweizylinder-

V-Motor * 535 cm^3 * 27/34/46 PS bei 6000/7000/7500/min * 5 Gänge * Kardan * Sitzhöhe 720 mm * Gewicht 188 kg (Mod. '88)/195/201 kg * Tankinhalt 8,6 Liter (Mod. '88)/13,5 Liter * Verbrauch 5,5/6/6,5 Liter Normal/100 km * Spitze 130/140/145 km/h

Reifengröße:

Vorn: 3.00-19

Hinten: 140/90-15

YAMAHA SR 500

1978 definierte Yamaha mit der damals neuen SR 500 den Begriff Straßen-Single neu. Um den urwüchsigen Einzylinder scharte sich schnell eine feste Fan-Gemeinschaft, die dem durchzugskräftigen Eintopf auch (oder gerade) im High Tech-Zeitalter die Stange halten. Wer den Trick mit dem Kick herausbekommt und großen Wert auf überschaubare Technik legt, der findet in ihr einen treuen Begleiter.

Plus

- ausgereifte und standfeste Technik
- handliches Fahrwerk
- günstiger Unterhalt
- klassische, schnörkellose Linie
- gute Fahrleistungen (speziell Jahrgang '85 bis '90)
- bequeme Sitzposition
- reichlich Zubehör auf dem Markt

Minus

- gewöhnungsbedürftige Startprozedur
- mäßig gedämpfte Federbeine
- kleiner Tank (bis '86)
- hoher Ölverbrauch (bis '82)

Bemerkung: Bis zum Modelljahr 1983 litten einige SRs an thermischen Problemen, die mit einer geänderten Ölversorgung im kommenden Jahr aus der Welt geschafft wurden. Auch der hohe Ölverbrauch von rund einem Liter auf tausend Kilometer wurde durch technische Modifikationen auf ein erträglicheres Maß abgesenkt. Der Motor ist ein Festmahl für Selbstschrauber.

Technische Daten:

Fahrtwindgekühlter Viertakt-Einzylindermotor * 499 cm^3 * 27/24 PS (seit '91) bei 6200/6000 /min * 5 Gänge * Kette * Sitzhöhe 790/810 mm * Gewicht 172/173 kg * Tankinhalt 12/14 Liter * Verbrauch 5 Liter Super, bzw.4,5 Liter Normal (seit '91)/100 km * Spitze 140/135 km/h

Reifengröße:

Vorn: 3.50-19, bzw. 3.00-18 (seit Mod. '85)

Hinten: 4.00-18

YAMAHA XT 500

Mit seinem dumpfen Schlag und spartanischem Äußeren eignet sich der charmante Dampfhammer für den alltäglichen Schulweg genauso wie für Schotterpassagen. Viel Kraft ab 2.500 /min lässt das Vorderrad per Drehung am Gasgriff auf Wunsch emporsteigen. Auch einer ausgedehnten Wüstentour steht dank enormer Zubehörvielfalt nichts im Wege.

Plus

- große Vielseitigkeit
- äußerst langlebige, unkomplizierte Technik
- geringe Kosten
- kräftiger Single-Punch
- gutmütiges Fahrverhalten

Minus

- schwache Bremsen
- niedrige Fahrleistungen
- nur bedingt geländetauglich
- die ersten Modelle nur mit 6-Volt-Bordnetz

Bemerkung: Das wohl anfälligste Bauteil ist die Auspuffanlage. Im stressigen Alltag setzt ihr der Rost doch arg zu. Auch der Ölstand im Rahmenrohr sollte stets auf korrektem Niveau gehalten werden. Dass die Klassik-Enduro nicht unbedingt zu den vollgasfesten Vertretern ihrer Gattung gehört, beweisen zudem ausgeprägte Laufspuren am Kolbenhemd. Laute Klappergeräusche weisen auf verschlissene Kolben hin.

Technische Daten:

Fahrtwindgekühlter Viertakt-Einzylindermotor * 499 cm^3 * 27 PS bei 5100/min * 5 Gänge * Kette * Sitzhöhe 835 mm * Gewicht 150 kg * Tankinhalt 8,8 Liter * Verbrauch 5,5 Liter Super/100 km * Spitze 135 km/h

Reifengröße:

Vorn: 3.25-21
Hinten: 4.00-18

YAMAHA XT 250

Der offen 22 PS starke Einzylinder kann die enge Verwandtschaft zur größeren XT 500 nicht leugnen.

Technisch liegt sie mit ihrer Ausgleichswelle und dem Cantilever-Federungssystem allerdings auf höherem Niveau. Ab 5.000/min wird der Motor richtig munter, darunter ist er ein eher träger Geselle. Dank des niedrigen Preises und der preiswerten Tarife in der 17-PS-Klasse ist der Single eine günstige Alternative für Einsteiger.

Plus

- große Handlichkeit
- niedrige Unterhaltskosten
- geländetaugliches Fahrwerk
- spurtstarke Fahrleistungen

Minus

- durchzugsschwacher Motor
- schwache Bremse
- zu weich abgestimmte Federelemente

Bemerkung: Die kleinste XT kann mit einem sehr hohen Maß an Zuverlässigkeit aufwarten. Die Technik ist überaus problemlos, was sich letztendlich bei den meist gut erhaltenen Gebrauchtexemplaren mit hohem Werterhalt bezahlt macht. Sie ist immer eine Überlegung wert.

Technische Daten:

Fahrtwindgekühlter Viertakt-Einzylindermotor * 249 cm^3 * 17 PS bei 7500/min * 5 Gänge * Kette * Sitzhöhe 820 mm * Gewicht 123 kg * Tankinhalt 8,3 Liter * Verbrauch 4,3 Liter Super/100 km * Spitze 125 km/h

Reifengröße:

Vorn: 3.00-21
Hinten: 4.60-17

YAMAHA XT 350

Mit ihrem modernen Vierventil-DOHC-Motor, Registervergaser, YIDS und gelochter 245er-Bremsscheibe im Vorderrad eignet sich die beinahe 15 Jahre alte Konstruktion nicht nur für den Fahrspaß auf asphaltierten Straßen. Abseits befestigter Wege kommt das hintere Federbein erst spät an seine Grenzen. Die vorgezogene Sitzposition und das geringe Gewicht sorgen für agiles Handling.

Plus

- elastischer Motor
- mit 27 PS spritzige Charakteristik
- hervorragende Vorderradbremse
- gute Geländeeigenschaften
- wartungsarmer Motor
- gutes Startverhalten
- komplette Ausstattung

Minus

- für 17 PS zu lange Sekundärübersetzung
- hoher Kraftstoffverbrauch bei Volllast
- große Sitzhöhe

Bemerkung: Unproblematisch gibt sich die XT 350 beim Secondhand-Kauf. Der meist gute Zustand der Leichtenduro lässt auf einen gut erhaltenen mechanischen Zustand schließen – heutzutage ein Geheimtipp für Sparfüchse.

Technische Daten:

Fahrtwindgekühlter Viertakt-Einzylindermotor * 345 cm^3 * 17/27 PS bei 7000/7500/min * 5 Gänge * Kette * Sitzhöhe 860 mm * Gewicht 136 kg * Tankinhalt 12 Liter * Verbrauch 4,5 Liter Normal/100 km * Spitze 135/140 km/h

Reifengröße:

Vorn: 3.00-21
Hinten: 4.10-18

YAMAHA XT 600 TÉNÉRÉ

Das bevorzugte Terrain des Wüstenschiffes ist das Enduro-Wandern. Mit anfangs riesigem 28-Liter-Tank und hoher Standfestigkeit machte die Ténéré ihrem Namen alle Ehre. Seit 1988 ist die hochbeinige 600er neben zahlreichen technischen Änderungen zusätzlich mit einer rahmenfesten Verkleidung, inklusive Doppelscheinwerfer ausgestattet, die guten Windschutz bietet.

Plus

- leistungs- und durchzugsstarker Motor
- gute Tourentauglichkeit
- zuverlässige Technik (besonders ab Mod. '88)
- auch mit Kickstarter problemloses Startverhalten (ab '86 E-Starter)
- großer Reichweite
- ab 1988 noch umfangreichere Ausstattung
- viel Zubehör auf dem Markt erhältlich

Minus

- bei Top Speed leichte Unruhe (bis Mod. '87)
- erhöhter Verschleiß am Hinterreifen
- große Sitzhöhe

Bemerkung: Die '86er und '87er Modelle sorgten für ein wenig Trouble unter den XT-Freaks. Der große Vorderradkotflügel sorgte für einen Hitzestau am Zylinderkopf, so dass der vielgepriesenen Zuverlässigkeit der Baureihe Abbruch zu drohen schien. Doch ab 1988 war die Welt wieder in Ordnung.

Technische Daten:

Fahrtwindgekühlter Viertakt-Einzylindermotor * 595 cm³ * 44/45 PS bei 6500/min * 5 Gänge * Kette * Sitzhöhe 890 mm * Gewicht 171 kg * Tankinhalt 28/23 Liter * Verbrauch 6/5,5 Liter Super/100 km * Spitze 160/165 km/h

Reifengröße:

Vorn: 3.00-21
Hinten: 4.60-18

YAMAHA XT 600 E

Kürzere Federwege, ein Elektrostarter und ein Gepäckträger reichen, um aus Enduro XT 600 K ein alltagstaugliches Spaßgerät zu machen. Sehr agil lässt sich der Vierventil-Single über alle Straßen zirkeln und verwöhnt mit ebenso spontaner Gasannahme.

Plus

- ultraleichtes Handling
- bewährter und leistungsstarker Motor
- relativ geringe Sitzhöhe
- flottes Design
- geringer Geräuschpegel

Minus

- praxisfremde Ölstandskontrolle
- leichte Pendelneigung bei Volllast
- zu weiche Sitzbank

Bemerkung: Die karg geschützte Kette sorgt für viel Verschleiß der ansonsten äußerst langlebigen Konstruktion. Die ordentliche Verarbeitung kann auch im Alltagsbetrieb überzeugen, so dass einer langen Beziehung nichts im Wege steht.

Technische Daten:

Fahrtwindgekühlter Viertakt-Einzylindermotor * 595 cm³ * 45 PS bei 6500/min * 5 Gänge * Kette * Sitzhöhe 855 mm * Gewicht 168 kg * Tankinhalt 13 Liter * Verbrauch 5 Liter Normal/100 km * Spitze 160 km/h

Reifengröße:

Vorn: 90/90-21
Hinten: 120/90-17

YAMAHA XTZ 750 SUPER TÉNÉRÉ

Die Super Ténéré ist ein gewaltiges Stück Motorrad. Mit den um 45 Grad nach vorn geneigten Zylindern, Fallstromvergaser, Fünfventiltechnik, gelochter Doppelscheibenbremse im Vorderrad und Deltabox-Schwinge bringt sie geballte High Tech auf Touren. Eine straffe Abstimmung der Federelemente sorgt für souveränes Fahrverhalten auf der Straße. Dank dem recht niedrigen Schwerpunkt lässt es sich mit ihr bequem auch über Schotterpisten düsen, ohne aus der Fassung zu geraten.

Plus

- hohe realisierbare Reisegeschwindigkeiten
- lange Etappen möglich
- guter Wind- und Wetterschutz
- straffe Fahrwerksabstimmung
- umfangreiche Ausstattung
- überraschend handlich

Minus

- schwacher Durchzug
- verbauter Motor
- hakeliges Getriebe

Bemerkung: Trotz ihrer äußeren Abmessungen braucht der Interessent keine Angst vor unüberschaubarer oder gar anfälliger Technik zu haben. Der Twin ist ein Ausbund an Zuverlässigkeit und wartet mit keinen technischen Tücken auf. Durch häufigen Einsatz auf Reisen haben zahlreiche Super Ténérés optisch ein wenig gelitten, was dem Kaufinteresse aber keinen Abbruch tun sollte.

Technische Daten:
Flüssigkeitsgekühlter Viertakt-Zweizylinder-Reihenmotor * 749 cm³ * 70/69 PS bei 7500/min * 5 Gänge * Kette * Sitzhöhe 865 mm * Gewicht 226/235 kg * Tankinhalt 26 Liter * Verbrauch 6/6,5 Liter Normal/100 km * Spitze 180 km/h

Reifengröße:
Vorn: 90/90-21
Hinten: 140/80-17

Plus

- spritziger Motor
- leichtes Handling
- komplette Ausstattung
- günstiger Unterhalt
- kaum Wertverlust
- gute Verarbeitung

Minus

- hochfrequente Vibrationen
- schlecht arretierte Leerlaufrastung
- zum Vergasereinstellen ist Spezialwerkzeug erforderlich

Bemerkung: Mechanisch scheint der sympathische Vierzylinder nicht kaputtgehen zu wollen. Rund alle 60.000 km ist mit dem Austausch der Steuerkette zu rechnen. Bei erhöhtem Ölverbrauch sollten die Kolben denn auch gleich mit inspiziert werden. Ein nur noch schwer auffindbarer Leerlauf liegt oft an einer ermüdeten Arretierfeder der Schaltwalze.

Technische Daten:
Fahrtwindgekühlter Viertakt-Vierzylinder-Reihenmotor * 528 cm³ * 50 PS bei 9000/min * 6 Gänge * Kette * Sitzhöhe 790 mm * Gewicht 202 kg * Tankinhalt 16 Liter * Verbrauch 5,5 Liter Normal/100 km * Spitze 190 km/h

Reifengröße:
Vorn: 3.00-19
Hinten: 110/90-18

YAMAHA XJ 550

Im Schatten übermotorisierter Kraftprotze gilt der weich laufende Vierzylinder seit jeher als problemloser Kumpel. Mit praktischer und sinnvoller Technik ausgestattet, sorgt das YICS für eine effektivere Verbrennung des Gemisches und verbindet auf diese Weise geringen Durst mit guten Fahrleistungen. Ansprechend ist auch das leichtfüßige Handling, nicht nur für Einsteiger. Ein unauffälliger Allrounder mit sportlichen Qualitäten.

YAMAHA XJ 600

Mit konventionellen Mitteln, wie Stahlrohr-Rahmen und schmal besohlten Reifen gefällt die XJ 600 durch ein sehr neutrales Fahrverhalten. Das Design und die wirkungsvolle Halbschale fügen sich harmonisch in die typische XJ-Linie ein. Durch den quirligen und durchzugsstarken Zweiventiler wird der handliche Touren-Sportler auch den harten Ansprüchen des Alltags gerecht.

Plus

- handliches Fahrwerk

- drehfreudiger Motor (73 PS-Version)
- gute Bremsen
- gute Fahrleistungen
- komplette Ausstattung
- stabiles Fahrverhalten

Minus

- schnell verschleißender Hinterreifen
- harte Federelemente
- hoch angebrachte Soziusrasten

Bemerkung: Das etwas hakelig zu schaltende Getriebe gehört leider zur Grundausstattung des ansonsten sehr standfesten Modells. Die gern verschleißenden Lenkkopflager sollten auf Spielfreiheit und Leichtgängigkeit hin kontrolliert werden, da sie schlecht gegen Feuchtigkeit geschützt sind und daher recht schnell verschleißen. Die Auspufftöpfe sind häufig vom Rost angefressen.

Technische Daten:

Fahrtwindgekühlter Viertakt-Vierzylinder-Reihenmotor * 598 cm^3 * 73 PS bei 10000/min * 6 Gänge * Kette * Sitzhöhe 790 mm * Gewicht 212 kg * Tankinhalt 19 Liter * Verbrauch 6,5 Liter Normal/100 km * Spitze 200 km/h

Reifengröße:

Vorn: 90/90-18
Hinten: 110/90-18

YAMAHA XJ 650

Die Kardanmaschine ist ein sportlicher Allrounder der alten Schule. Ihr pfeifendes DOHC-Triebwerk verfügt über satten Schub ab dem mittleren Drehzahlbereich und dreht turbinenartig hoch. Eine angenehme Sitzposition erleichtert den Kontakt zum Motorrad sehr wirkungsvoll und macht das schnelle Fahren wie das gemütliche Touren zum echten Genuss. Für eine lange Beziehung spricht auch die standfeste Technik.

Plus

- zuverlässige Technik
- drehfreudiger Motor
- charmante Ausstrahlung
- hohe Laufkultur
- sauberer Kardanantrieb
- sicheres Fahrverhalten

Minus

- weiche Stoßdämpfer
- Durchzugsschwäche im unteren Drehzahlbereich

Bemerkung: Die schmale Sitzbank ist leider nicht sonderlich widerstandsfähig, daher sind sie oft nur notdürftig geflickt. Die Rechnung kommt bei der nächsten Regenfahrt. Der Motor macht selbst sechsstellige Kilometerleistungen anstandslos mit. Auch hier gilt der bei den XJ-Modellen nötige Austausch der Steuerkette bei etwa 60.000 km.

Technische Daten:

Fahrtwindgekühlter Viertakt-Vierzylinder-Reihenmotor * 653 cm^3 * 71 PS bei 9400/min * 5 Gänge * Kardan * Sitzhöhe 790 mm * Gewicht 230 kg * Tankinhalt 19,5 Liter * Verbrauch 6,5 Liter Normal/100 km * Spitze 200 km/h

Reifengröße:

Vorn: 3.25-19
Hinten: 120/90-18

YAMAHA XS 750/850

Ein Motorrad für Individualisten, die Freude an konzeptionell wartungsarmen Motorrädern haben, aber auch ein wenig technisches Verständnis mitbringen. Denn dies ist, vor allem bei der 750er, schon fast überlebenswichtig. Trotz aller Macken haben beide Typen uneingeschränkte Vorzüge zu bieten. Der sonore Dreizylinder-Klang, der wartungsarme Kardanantrieb und die große Sitzhöhe sorgen für ein schon fast vergessenes Auf-dem-Motorrad-sitzen-Gefühl, mit allem was dazu gehört.

Plus

- eigenständiger Charakter
- weiche Kraftentfaltung
- prägnanter Klang
- hoher Fahrkomfort

- hohe Zuverlässigkeit

Minus
- hoher Kraftstoffverbrauch
- hohe Ersatzteilpreise
- Fahrwerksmängel bei der XS 750

Bemerkung: Die '77er Modelle der XS 750 werden mit verbleitem Kraftstoff gefahren, was den Unterhalt teurer als gewöhnlich gestaltet. Dazu tragen auch die stolzen Ersatzteilpreise bei. Beim Getriebe macht vor allem der zweite Gang negativ auf sich aufmerksam. Durch verschlissene Schaltgabeln und Gangräder springt er öfter heraus, als einem lieb ist. Ein gepflegter Eindruck spricht bei diesem Klassik-Drilling für ordentliche Verhältnisse.

Technische Daten:
Fahrtwindgekühlter Viertakt-Dreizylinder-Reihenmotor * 747/826 cm^3 * 74/79 PS bei 8300/8500/min * 5 Gänge * Kardan * Sitzhöhe 830 mm * Gewicht 254/257 kg * Tankinhalt 17/24 Liter * Verbrauch 7/8 Liter Super/100 km (Info: die '77er Modelle mit 64 PS bei 7500/min müssen verbleiten Kraftstoff fahren) * Spitze 190/195 km/h

Reifengröße:
Vorn: 3.25-19
Hinten: 4.00-18

YAMAHA XJ 900 F

Das mittlerweile 20 Jahre alte Konzept eignet sich auch heute noch hervorragend zum zügigen Touren, ohne dabei große Abstriche beim Soziuskomfort machen zu müssen. Der Vierzylinder bietet dafür reichlich Reserven. Fahrwerksseitig genügen zwei einstellbare Federbeine und eine luftunterstützte Telegabel, um die seit 1991 vorhandenen 92 PS sicher auf den Asphalt zu drücken.

Plus
- ordentliche Fahrleistungen
- zuverlässige Technik
- hoher Sitzkomfort für den Fahrer
- wartungsarmer Kardanantrieb
- komplette Ausstattung
- viel Touren-Zubehör erhältlich

Minus
- Instrumente sind nicht in die Verkleidung integriert
- bei geringer Profiltiefe nervöses Fahrverhalten
- unpraktische Lenkerverstellung

Bemerkung: Auf den Zustand der Reifen sollte verschärft geachtet werden, da er Initiator für Fahrwerksunruhen ist. Der an sich sehr langlebige Motor malträtiert das Fahrgestell mit feinen Vibrationen, die vor allem an der Blinkerhalterung und an der Verkleidungsaufnahme oft zur Rissbildung führt. Die bei den '83er Modellen ursprünglich verwendete Lenkerverkleidung sollte bereits gegen eine rahmenfeste Version getauscht sein, da es durch die Cockpitverkleidung ebenfalls zu Fahrwerksunruhen kommen kann.

Technische Daten:
Fahrtwindgekühlter Viertakt-Vierzylinder-Reihenmotor * 891 cm^3 * 98/92 PS bei 9000 /min * 5 Gänge * Kardan * Sitzhöhe 790 mm * Gewicht 239/242 kg * Tankinhalt 22 Liter * Verbrauch 7,5 Liter Normal/100 km * Spitze 215 km/h

Reifengröße:
Vorn: 100/90-18
Hinten: 120/90-18

YAMAHA XJ 900 S DIVERSION

Yamahas junger Sporttourer ist eine preiswerte Möglichkeit, im Bereich aktueller Big Bike-Fahrer Platz zu nehmen. Ihr dezentes, wohlgeformtes Äußeres blendet den Betrachter nicht, vielmehr zeigt sie unverhohlen ihre feinverrippte Vierzylinderbrust. Die elegant geformte Halbschale schützt wirkungsvoll vorm anstürmenden Orkan. Eine praxisgerechte Ausstattung rundet das positive Bild ab.

Plus
- viel Motorrad fürs Geld

- satter Durchzug in allen Lagen
- lockere Sitzposition
- '96er Modell mit komfortableren Federelementen
- schönes Rahmen-Stahlrohrgeflecht
- geringe Unterhaltskosten

Minus

- hohes Gewicht
- schlecht abgestimmte Gabel ('95er Modell)
- Lenkerflattern zwischen 60 und 90 km/h

Bemerkung: Grundsätzlich sollten sich alle Bauteile in gepflegtem Zustand befinden, da sie in Sachen Verarbeitung manche Mängel aufweist – der Preis ist heiß. Zudem sollten mit Krauser-Koffern bestückte Exemplare wegen einer Rückrufaktion schon eine Werkstatt aufgesucht haben, um die Schraubverbindungen zu ändern.

Technische Daten:

Fahrtwindgekühlter Viertakt-Vierzylinder-Reihenmotor * 892 cm³ * 90/34 PS bei 8250/7000/min * 5 Gänge * Kardan * Sitzhöhe 795 mm * Gewicht 268 kg * Tankinhalt 24 Liter * Verbrauch 7/5,5 Liter Normal/100 km * Spitze 205/150 km/h

Reifengröße:

Vorn: 120/70-17
Hinten: 150/70-17

YAMAHA FJ 1100

Die breite, mit Lateral-Frame-Conzept benannte Rahmenbauweise aus Vierkant-Stahlrohren, und die voluminösen 16-Zoll-Gummis lassen das anfangs als Sportbike angepriesene Motorrad sehr kompakt wirken. Innenbelüftete Bremsscheiben, samt der mächtig dimensionierten Alu-Kastenschwinge zeigen, wo der Hase lang läuft. Doch bei all seinen sportlichen Attributen zeigt sich der 1100er Big Block-Motor von außergewöhnlicher Durchzugsstärke.

Plus

- hohe Fahrleistungen
- durchzugsstarker Motor
- handliches Fahrwerk
- bequeme Sitzposition
- zuverlässige, alltagstaugliche Technik
- komplette Ausstattung

Minus

- hakelig zu schaltendes Getriebe
- hohes Aufstellmoment beim Bremsen in Schräglage
- hochfrequente Vibrationen
- schmal und flach bauende Verkleidung

Bemerkung: Der mächtige Reihen-Vierzylinder teilt reichlich Vibrationen an alle angrenzenden Fahrzeugteile aus, so dass vor allem die Auspuffanlage und die empfindlichen Kunststoffteile stark gebeutelt werden. Gefühlvolles Warmfahren fördert nicht nur die Lebensdauer der Zylinderkopfdichtung. An Standfestigkeit hat es dem Four allerdings noch nie gemangelt.

Technische Daten:

Fahrtwindgekühlter Viertakt-Vierzylinder-Reihenmotor * 1079 cm³ * 100 PS bei 9000/min * 5 Gänge * Kette * Sitzhöhe 780 mm * Gewicht 252 kg * Tankinhalt 24 Liter * Verbrauch 8 Liter Super/100 km * Spitze 230 km/h

Reifengröße:

Vorn: 120/80-16
Hinten: 150/80-16

YAMAHA FJ 1200 A

Das bekannte Konzept erreicht in der 1991 präsentierten FJ 1200 A (mit ABS) seine höchste Evolutionsstufe. Mit kraftvollem Motor, durchdachter Ausstattung und guter Verarbeitung stellt sie für den Langstreckenfahrer immer eine Alternative zu moderneren Tourern dar.

Plus

- souveräne Kraftentfaltung
- überzeugendes ABS
- viel Komfort für Fahrer und Beifahrer
- standfeste Technik

- umfangreiche Ausstattung
- sicheres Fahrverhalten
- geringer Wertverlust

Minus

- zeitig aufsetzende Verkleidung und Fußrasten
- hoher Kraftstoffverbrauch bei schneller Fahrt

Bemerkung: Bis einschließlich des Jahrgangs '90 wurde das bekannte FJ 1100-Übel, die hochfrequenten Vibs, leider mitübernommen, die gern für zerrüttelte Auspuffanlagen sorgen. Großen Wert sollte auf einwandfreie Lackteile gelegt werden, da diese manchmal Verarbeitungsmängel aufweisen und daher ordentlich gepflegt werden wollen.

Technische Daten:

Fahrtwindgekühlter Viertakt-Vierzylinder-Reihenmotor * 1188 cm³ * 100/98 PS bei 8500/min * 5 Gänge * Kette * Sitzhöhe 790 mm * Gewicht 271 kg * Tankinhalt 22 Liter * Verbrauch 7 Liter Normal/100 km * Spitze 230 km/h

Reifengröße:

Vorn: 120/70-17
Hinten: 150/80-16

YAMAHA GTS 1000

Mit Einspritzung, Katalysator, Achsschenkellenkung, Omega-Alu-Rahmen und wahlweisem ABS ist die GTS 1000 (A) 1993 das Techno-Krad und lässt in Sachen HighTech keine Wünsche offen. Bis rund 8.000/min begeistert der Motor mit einem wahren Drehmomentberg, der Schaltvorgänge zur seltenen Übung werden lässt. Ein Kilometerfresser für gut ausgebaute Landstraßen und Autobahntrips im D-Zug-Express.

Plus

- zukunftsweisende Technik im extravaganten Design
- sattes Drehmoment in allen Lagen
- perfekter Kaltstart
- einwandfreie Fahrwerksabstimmung
- umfangreiche Ausstattung
- gute Verarbeitung mit praktischen Detaillösungen

Minus

- hohes Gewicht
- bei schneller Fahrt hoher Verbrauch
- kleiner Tank

Bemerkung: Der von der FZR 1000 bekannte High Tech-Motor gehört zu den langlebigsten Motoren überhaupt. Speziell in der drehmomentorientierten Fassung der GTS stellt eine hohe Kilometerleistung die Mechanik vor keinerlei Probleme. Jedoch sollte auf feine Risse in den Kunststoffteilen geachtet werden, denn die fressen mit dem handelsüblichen Expresszuschlag schnell ein großes Loch ins Portemonnaie.

Technische Daten:

Flüssigkeitsgekühlter Viertakt-Vierzylinder-Reihenmotor * 1003 cm³ * 98 PS bei 9000/min * 5 Gänge * Kette * Sitzhöhe 790 mm * Gewicht 274 kg, 282 kg mit ABS * Tankinhalt 20 Liter * Verbrauch 7,5 Liter Normal/100 km * Spitze 230 km/h

Reifengröße:

Vorn: 130/60-17
Hinten: 170/60-17

YAMAHA XS 1100

Für Tourenfreunde war die mächtige 1100er lange Zeit der Inbegriff einer schnellen Reisemaschine, da es in den späten Siebzigern kein vergleichbares Kardanmotorrad mit solchen Fahrleistungen gab. Sollte die Gebrauchtwahl auf diesen Boliden fallen, so lohnt es sich, vorher einen Blick in die Ersatzteilpreisliste zu werfen. Das hohe Gewicht und die auf Geradeauslauf ausgelegte Fahrwerksgeometrie lassen Wechselkurven zum Kraftakt werden, sorgen allerdings für gute Stabilität bei hohen Geschwindigkeiten.

Plus

- drehmomentstarker Motor

- hoher Fahrkomfort
- zuverlässige Technik
- sicherer Geradeauslauf
- gute Bremsen

Minus
- träges Handling durch hohes Gewicht
- starke Lastwechselreaktionen
- weiche Gabel
- hohe Ersatzteilpreise
- hakeliges Getriebe

Bemerkung: Die Elektrik der späten '80er-Jahre war nicht das Gelbe vom Ei, so dass auch der damalige Übertourer auf diesem Sektor, speziell bei die Zündspulen, so seine Eigenheiten hat. Ins Geld geht eine zwar funktionstüchtige Auspuffanlage, die aber schnell Rost ansetzt und dann einen überaus teuren Ersatz erfordert.

Technische Daten:
Luftgekühlter Viertakt-Vierzylinder-Reihenmotor * 1101 cm³ * 95 PS bei 8500/min * 5 Gänge * Kardan * Sitzhöhe 810 mm * Gewicht 286 kg * Tankinhalt 24 Liter * Verbrauch 8 Liter Normal/100 km * Spitze 225 km/h

Reifengröße:
Vorn: 3.50-19
Hinten: 4.50-17

YAMAHA XS 400 OHC

Der klassische Twin braucht keine Naked Bike-Mode, um sich erneuter Beliebtheit zu erfreuen. Dank ihrer ehemals großen Verbreitung und gutem Ruf ist die XS 400 zauch noch heute auf dem Gebrauchtmarkt vertreten. Mit ungedrosselten 38 PS (andere Nockenwelle) lässt sie sich im Alltag noch lockerer fahren.

Plus
- übersichtliche Technik
- einfache Handhabung
- günstige Ersatzteilpreise
- gute Schalter und Instrumente
- günstiger Unterhalt

Minus
- billige Fahrwerkskomponenten (bis '78)
- kleiner Tank (bis '78)
- heftige Vibrationen
- schlechtes Bilux-Licht

Bemerkung: Besonders empfehlenswert sind die ab 1979 verkauften Modelle, zu erkennen am größeren Tank mit rundlicheren Formen, da seit diesem Jahr zahlreiche Verbesserungen in die Serie einflossen, die aus der XS 400 im Allgemeinen ein sehr zuverlässiges Motorrad machen. Der einfach aufgebaute Motor verlangt nach rund 40.000 km allerdings nach einer Überholung, die aber dank einfacher Technik kein unbezahlbares Unterfangen wird.

Technische Daten:
Luftgekühlter Viertakt-Zweizylinder-Reihenmotor * 392 cm³ * 27 PS bei 7100/min * 5 Gänge * Kette * Sitzhöhe 815/780 mm * Gewicht 175/182 kg * Tankinhalt 11/17 Liter * Verbrauch 5 Liter Normal/100 km * Spitze 140 km/h

Reifengröße:
Vorn: 3.00-18
Hinten: 3.50-18, bzw. 3.75-18 (ab 1979)

YAMAHA XS 400 U.S. CUSTOM

Die zierliche und dennoch erwachsen wirkende Custom (auch »Special« genannt) ist mit den damals typischen Soft-Chopper-Accessoires ausgestattet. Dickerer Hinterreifen, Stufensitzbank, hoher Lenker und kurze Auspufftüten verleihen ihr einen dezenten Glanz. Die Technik gleicht dem des Straßenmodells, ist aber durch die spätere Präsentation etwas ausgereifter.

Plus
- überschaubare Technik
- problemlose Handhabung
- günstige Ersatzteilpreise
- gute Schalter und Instrumente
- günstiger Unterhalt

Minus

- kleiner Tank
- starke Vibrationen
- schlechtes Bilux-Licht

Bemerkung: Die 1980 vorgestellte Softchopper-Variante des Butter und Brot-Motorrades XS 400 OHC zeichnet sich technisch durch die gleichen Eigenheiten wie ihre Schwester aus.

Technische Daten:

Luftgekühlter Viertakt-Zweizylinder-Reihenmotor * 392 cm³ * 27 PS bei 7300/min * 5 Gänge * Kette * Sitzhöhe 770 mm * Gewicht 178 kg * Tankinhalt 14 Liter * Verbrauch 5,5 Liter Normal/100 km * Spitze 130 km/h

Reifengröße:

Vorn: 3.00-18

Hinten: 120/90-16

YAMAHA XS 400 DOHC

Die für damalige Verhältnisse aufwändige Konstruktion mit zwei oben liegenden Nockenwellen, YICS, zahnradgetriebenen Nockenwellen, Sechsgang-Getriebe, hinter den Zylindern montierter Lichtmaschine und Cantilever-Federung wurde leider nicht mit entsprechend hohen Stückzahlen von der Kundschaft honoriert. Dabei ist das Triebwerk ein kräftiger Geselle, scheut trotz allem aber keine hohen Drehzahlen.

Plus

- drehmomentstarker Motor
- stabiles Fahrwerk
- hohe Zuverlässigkeit
- einfache Bedienung
- komplette Ausstattung, u.a. H4-Licht, E-Starter

Minus

- gewöhnungsbedürftige Erscheinung
- pflegebedürftige Auspuffanlage
- unkomfortabler Soziusplatz

Bemerkung: Bei Zündaussetzern erweist sich die Zündbox als gelegentliches Übel. Bei deren Defekt sollte man sich gleich über eine eventuelle Leistungsumrüstung Gedanken machen, da sie neben den Nockenwellen mit ausgetauscht werden. Eine versicherungskonforme Leistungsanpassung besteht aber auch durch den Einbau von Reduzierscheiben.

Technische Daten:

Fahrtwindgekühlter Viertakt-Zweizylinder-Motor * 399 cm³ * 27/45 PS bei 8000/95000/min * 6 Gänge * Kette * Sitzhöhe 800 mm * Gewicht kg * Tankinhalt 19 Liter * Verbrauch 6 Liter Normal/100 km * Spitze 145/165 km/h

Reifengröße:

Vorn: 3.00 S 18

Hinten: 4.10 S 18

YAMAHA XS 650

Wer es liebt, sich von stilechte Vibrationen alle bisher noch nicht gekannten Muskeln massieren zu lassen, der ist mit dem nach englischem Vorbild gebauten Parallel-Twin bestens bedient. Der geübte Umgang mit dem Schraubenschlüssel erleichtert das Zusammenleben mit der charmanten Dame ungemein und sorgt für eine innige Beziehung zwischen Mann (Frau) und Maschine. Ein echter Charakterdarsteller.

Plus

- Dampfhammer mit britischem Charakter
- herrlich, schlichtes Motorrad
- entspannte Sitzposition
- hoher Werterhalt

Minus

- labile Fahrwerkskomponenten
- störanfällige Elektrik
- pflegeintensive Mechanik

Bemerkung: Alle Einzelheiten aufzuzählen, würden wahrscheinlich ein ganzes Buch füllen, deshalb nur in Kürze: Eine defekte, bzw. reparaturbedürftige Lichtmaschine ist an einer stark schwankenden Helligkeit des Scheinwerfers auszumachen, polternde Geräusche aus der Kurbelkammer deuten auf hohe fällige Investition im Motormanagement hin. All ihre Tücken machen sie mehr zum Liebhabermotorrad als zur Fahrmaschine.

Technische Daten:
Luftgekühlter Viertakt-Parallel-Twin * 653 cm^3 * 50 PS bei 6800/min * 5 Gänge * Kette * Sitzhöhe 810 mm * Gewicht 230 kg * Tankinhalt 15 Liter * Verbrauch 6,5 Liter Normal/100 km * Spitze 180 km/h

Reifengröße:
Vorn: 3.25-19
Hinten: 4.00-18

YAMAHA XZ 550

Aus technischer Sicht konnte die XZ 550 seit jeher überzeugen, doch die eigenartige Linienführung vereitelte von vornherein ihre guten Qualitäten. Aufwändiger V2, Vierventiltechnik, Fallstromvergaser, Wasserkühlung und Stahl-Brückenrohrrahmen lassen sie technisch jünger wirken, als sie ist. Neben zahlreichen Vorzügen bietet das verkleidete S-Modell zusätzlichen Wind- und Wetterschutz, sogar mit regulierbarer Wärmezufuhr.

Plus
- beste Allround-Qualitäten
- günstiger Unterhalt
- starker Antritt schon im unteren Drehzahlbereich
- wartungsarmer Kardanantrieb
- komfortable Fahrwerksabstimmung
- komplette Ausstattung

Minus
- gewöhnungsbedürftiges Design
- hitzeempfindliches Zentralfederbein
- hoher Auftrieb beim S-Modell
- verbauter Motor
- empfindliche Lichtmaschine (auf Ölstand achten)

Bemerkung: Häufig quittiert die Lichtmaschine des ansonsten sehr pflegeleichten Motorrades ihren Dienst. Die Ursache liegt meist im zu niedrigen Motorölstand, der den Generator überhitzen lässt. Viele XZ-Besitzer haben Reserveteile oder sogar ganze Motoren als Ersatzteilträger im Keller liegen. Spezies ummanteln die Vergaser mit einer Wärmeisolierung, um die Dampfblasenbildung in den Vergasern zu vermeiden.

Technische Daten:
Flüssigkeitsgekühlter Viertakt-Zweizylinder-V-Motor * 552 cm^3 * 64 PS bei 9500/min * 5 Gänge * Kardan * Sitzhöhe 780 mm * Gewicht 218/228 kg * Tankinhalt 17 Liter * Verbrauch 6,5 Liter Super/100 km * Spitze 190 km/h

Reifengröße:
Vorn: 90/90-18
Hinten: 4.25/85-18

YAMAHA RD 250

Mit ihrer spitzen Leistungsentfaltung erfordert sie ein wenig Geschick im alltäglichen Gebrauch, bereitet aber bei sportlicher Fahrweise viel Fahrspaß.

Durch den vibrierenden Zweitaktmotor, die schwirrenden Kühlrippen und aus den Endtöpfen entweichende, ölgeschwängerte Abgase sorgt sie bei Individualisten für gute Laune.

Plus
- problemloses Handling
- agiler Motor
- beachtliche Fahrleistungen
- gute Hinterradbremse

Minus
- spitze Motorcharakteristik
- labiles Kurvenverhalten
- hoher Verbrauch
- hohe Emissionswerte
- häufig undichte Auspuffanlage

Bemerkung: Das Freizeitschraub- und Sportgerät ist nichts für Theoretiker. Sie wurde zu einer Zeit gebaut, als regelmäßige Kolbenklemmer und Nachtschichten in der heimischen Werkstatt noch das Salz in der Suppe waren. Ein rares Sammlerstück mit einer langen Geschichte.

Technische Daten:
Luftgekühlter Zweitakt-Zweizylinder-Reihenmotor * 249 cm^3 * 27 PS bei 7500 /min * 5 Gänge * Kette * Sitzhöhe 780 mm * Gewicht 158 kg * Tankinhalt 16 Liter * Verbrauch 6,5 Liter Normal/100 km * Spitze 145 km/h

Reifengröße:
Vorn: 3.00-18
Hinten: 3.50-18

YAMAHA RD 350 LC

Wieselflink und das gewetzte Messer zwischen den Zähnen, so könnte man den Charakter der sportlichen RD 350 LC umschreiben. 1980 war sie der Shootingstar und vernaschte auf kurvenreichen Landstraßen Big Bikes zum Frühstück. Eine echte Spaßmaschine mit viel Biss, dank homogenerer Abstimmung seit 1981 auch mit zufriedenstellendem Durchzug.

Plus
- spritziger Motor
- handliches Fahrwerk
- gute Bremsen
- in der 46-PS-Version ordentlicher Durchzug (ab '81)
- komplette Ausstattung
- scharfer Zweitakt-Sound

Minus
- bei voller Belastung Fahrwerksunruhen
- hoher Verbrauch
- unterdimensionierte Kette

Bemerkung: Die Auspuffanlage gehört neben den verschleißfreudigen Kolben zu den Hauptaugenmerken. Häufig sind die Maschinen jedoch so zerschunden, dass man einfach nur noch abraten kann. Gut erhaltene Stücke sind bei richtiger Pflege allerdings stolze Summen wert. Jedoch sollte man sich nicht über die hohen Unterhaltskosten hinwegtäuschen lassen.

Technische Daten:
Flüssigkeitsgekühlter Zweitakt-Zweizylinder-Reihenmotor * 347 cm^3 * 49/46 PS bei 8500/min * 6 Gänge * Kette * Sitzhöhe 780 mm * Gewicht 162 kg * Tankinhalt 16 Liter * Verbrauch 7 Liter Super/100 km * Spitze 180 km/h

Reifengröße:
Vorn: 3.00-18
Hinten: 3.50-18

YAMAHA TZR 250

Wer gern allein über verwinkelte Landstraßen fegen möchte und sich an den vielen technischen Details, wie Alu-Rahmen und -Schwinge, schwimmend gelagerter 320er Bremsscheibe und Power Valve-Auslasssteuerung erfreuen kann, der ist mit der TZR 250 gut beraten.

Plus
- hervorragendes Fahrwerk
- spielerisches Handling
- tolle Bremsen
- gelungene Getriebeabstufung
- saubere Verarbeitung

Minus
- bis 6.000/min nur wenig Durchzug
- von Vibrationen geplagte Auspuffanlage
- gelegentliche Kolbenschäden durch Verdrehen der Ringe
- pflegeintensive Schmierstellen am Zentralfederbein

Bemerkung: Ein gleichmäßiger und ruhiger Motorlauf sind ein Indiz für einen intakten TZR-Motor. Verstärkte Kontrolle sollten etwaigen Sturzschäden gelten, denn das Metier des kleinen Feuerzeugs ist schon durch die Bauart ganz klar in Richtung Sport- und Spaßgerät vorgegeben.

Technische Daten:
Flüssigkeitsgekühlter Zweitakt-Zweizylinder-Reihenmotor * 249 cm^3 * 50 PS bei 10000/min * 6 Gänge * Kette * Sitzhöhe 760 mm * Gewicht 151 kg * Tankinhalt 16 Li-

ter * Verbrauch 6,5 Liter Super/100 km * Spitze 195 km/h

Reifengröße:

Vorn: 100/80-17

Hinten: 120/80-18

YAMAHA TDR 250

Ausgerüstet mit messerscharfer Zweitakt-Technik, wie membrangesteuerter Einlass- und Auslassoptimierung (YPVS), ist die TDR bestens für die schnelle Kurvenhatz gerüstet. In Verbindung mit der aufrechten Sitzpositionen lassen sich Situationen, selbst abseits befestigter Wege, spielerisch meistern. Die große 320er Bremsscheibe vorn und die kleine 210er im Hinterrad sorgen für optimale Verzögerung – insgesamt ein echtes Spaßpaket.

Plus

- kurvengieriges Fahrwerk
- drehzahlhungriger Motor
- ausgewogene Fahrwerksabstimmung
- tolle Bremsen
- lockere Sitzposition
- gute Ausstattung
- kontrastreiches Design

Minus

- bis 6.500 /min nur wenig Durchzug
- auf dem Tank positionierter Drehzahlmesser
- hoher Verbrauch

Bemerkung: Durch nahezu identische Technik wie beim Straßenmodell TZR 250, gleichen sich auch die Kontrollpunkte beim Gebrauchtkauf. Ausschlaggebend sollte der Gesamtzustand des Fahrzeugs und die Glaubwürdigkeit des Verkäufers sein.

Technische Daten:

Flüssigkeitsgekühlter Zweitakt-Zweizylinder-Reihenmotor * 249 cm³ * 50 PS bei 10000/min * 6 Gänge * Kette * Sitzhöhe 820 mm * Gewicht 153 kg * Tankinhalt 14 Liter * Verbrauch 8 Liter Super/100 km * Spitze 165 km/h

Reifengröße:

Vorn: 100/90-18

Hinten: 120/80-17

YAMAHA SRX 600

Der sportliche Dampfhammer überzeugt durch die hohe Kunst des Weglassens. Mit weich geschwungenen Linien, Vierkant-Stahlrahmen, schmaler Silhouette und viel Liebe zum Detail gibt es zur SRX 600 kaum echte Alternativen. Der kleine Auspufftopf entlässt dazu angenehmen Single-Sound.

Plus

- sehr handliches, agiles Sportmotorrad
- Layout mit Flair
- sattes Drehmoment von unten heraus
- passable Bremsen

Minus

- zu straff abgestimmte Federbeine
- wenig Sitzkomfort

Bemerkung: Der thermisch hoch beanspruchte Eintopf sollte langsam auf Temperatur gebracht werden, ehe ihm die volle Leistung abverlangt wird. Die meisten Besitzer pflegen ihre SRX recht ordentlich, so dass sich die Checkliste meist auf Sturzschäden und den allgemeinen Zustand beschränkt.

Technische Daten:

Fahrtwindgekühlter Viertakt-Einzylindermotor * 608 cm³ * 27/44 PS bei 6000/6500/min * 5 Gänge * Kette * Sitzhöhe 780 mm * Gewicht 176 kg * Tankinhalt 15 Liter * Verbrauch 5,5 Liter Super/100 km * Spitze 150/175 km/h

Reifengröße:

Vorn: 100/80-18

Hinten: 120/80-18

YAMAHA TDM 850

Mit ihrem exklusiven Funbike-Outfit, langen Federwegen und moderner Technik ist sie so leicht in keine Schublade zu stecken. Selbst Schotterpisten verdaut das Fahrwerk. Die

Fünfventil-Technik, der Deltabox-Stahlrahmen mit einstellbaren Federelementen sorgen für zügiges Vorwärtskommen und zeichnen sich durch ein hohes Maß an Zuverlässigkeit aus.

Plus
- Handling verführt zum Kurvenräubern
- exzellente Fahrleistungen
- viel Komfort
- gute Bremsen
- komplette Ausstattung
- dezente Geräuschkulisse
- niedrige Unterhaltskosten

Minus
- hakeliges Getriebe
- fehlender Hauptständer
- etwas zu kleiner Tank

Bemerkung: Der Twin gehört zu den problemlosesten Motorrädern und kann ohne große Bedenken auch mit über 50.000 km auf der Uhr als guter Kauf empfohlen werden. Die verborgene High Tech ist dabei allerdings so dermaßen verbaut, dass jegliche Schrauberei wirklich zum Akt werden kann, doch die fällt Gott sei Dank eigentlich nur in der Werkstatt an.

Technische Daten:
Flüssigkeitsgekühlter Viertakt-Parallel-Twin * 849 cm³ * 77/78 PS bei 7500 /min * 5 Gänge * Kette * Sitzhöhe 795 mm * Gewicht 230/232 kg * Tankinhalt 18 Liter * Verbrauch 6,5/6 Liter Normal/100 km * Spitze 200 km/h

Reifengröße:
Vorn: 110/80-18
Hinten: 150/70-17

YAMAHA XV 750 VIRAGO

Mit ihrem echten V-Motor, also einem gemeinsamen Hubzapfen für beide Zylinder, begeisterte die XV schon im 12 Jahre älteren SE-Modell. Der weiche Motorlauf und gute Durchzugswerte animieren zum gemütlichen Dahingleiten, ohne auf die stilechten »Good Vibration« verzichten zu müssen. Obendrein bietet die Virago, speziell ab Modell 1994, auch optisch alles, was einen Chopper ausmacht. Dazu gehören reichlich poliertes Metall, eine verchromte Auspuffanlage, eine kommode Sitzbank und passende Rundinstrumente.

Plus
- easy living-Design
- sehr weicher Motorlauf
- gute Elastizität
- komplette Ausstattung
- günstiger Verbrauch
- einwandfreie Verarbeitung
- astreine Lackierung (ab ’94)

Minus
- harte Federbeine
- ab 120 km/h starke Vibrationen
- unpassende Gussräder (bis ’93)

Bemerkung: Die von der XV 750 SE bekannten Probleme mit eingeschlagenen Ventilsitzen treffen für das Virago-Modell glücklicherweise nicht mehr zu. Da sich die meisten Viragos trotz teilweise strammer Kilometerleistung in einem geradezu sonntäglichen Zustand befinden, liegen die Gebrauchtpreise auf hohem Niveau. Das Geld gilt als gute Wertanlage.

Technische Daten:
Fahrtwindgekühlter-Viertakt-Zweizylinder-V-Motor * 748 cm³ * 55 PS bei 7000 /min * 5 Gänge * Kardan * Sitzhöhe 730 mm * Gewicht 235 kg * Tankinhalt 14,5 Liter * Verbrauch 6 Liter Normal/100 km * Spitze 170 km/h

Reifengröße:
Vorn: 100/90-19
Hinten: 140/90-15

YAMAHA XV 1100 VIRAGO

Mit umfangreicher Ausstattung und gleichem Layout wie die XV 750 Virago sorgt der größere Hubraum für bäriges Drehmoment schon knapp über Leerlaufdrehzahl. Die Leichtigkeit, mit der sie sich durch alle Kurvenkombinationen dirigieren lässt, ist erstaunlich. Der wartungsarme Kardanantrieb sorgt für annehmbare Unterhaltskosten.

Plus

- weicher Motorlauf
- bärige Elastizität
- komplette Ausstattung
- günstiger Verbrauch
- einwandfreie Verarbeitung
- ab 1994 sehr schöne Lackierung

Minus

- Hinterradfederung verhärtet sich beim Gasgeben
- obligatorische Speichenräder erst ab 1994

Bemerkung: Für die größte Virago gilt das gleiche wie für das bis auf den Motor nahezu identische Schwestermodell. Die meist hervorragend gepflegten Chopper laufen bei stylechter Fahrweise ohne Ende.

Technische Daten:
Fahrtwindgekühlter Viertakt-Zweizylinder-V-Motor * 1063 cm³ * 62 PS bei 6000/min * 5 Gänge * Kardan * Sitzhöhe 720 mm * Gewicht 240 kg * Tankinhalt 16,8 Liter * Verbrauch 6 Liter Normal/100 km * Spitze 175 km/h

Reifengröße:
Vorn: 100/90-19
Hinten: 140/90-15

YAMAHA FZ 750

Durch das etwas eigenwillige Äußere verliebt man sich meist erst auf den zweiten Blick in die FZ 750. Das technisch aufwändige Triebwerk ist neben der Fünfventiltechnik zudem mit leistungsfördernden Fallstromvergasern ausgerüstet. Mit starken inneren Werten und problemlosem Fahrwerk überzeugt sie den Alltagsfahrer genauso wie den Sportfahrer. Der überaus zuverlässige und langlebige Motor verwöhnt den Fahrer mit großen Leistungsrerven.

Plus

- bärenstarker, elastischer Motor
- seit 1989 noch harmonischeres Fahrverhalten (17-Zoll-Vorderrad)
- relativ günstiger Unterhalt
- zuverlässige Technik
- gute Verarbeitung
- komplette Ausstattung, vor allem ab Jahrgang '87 (Genesis-Modell)

Minus

- hartes Zentralfederbein
- harte Sitzbank
- fehlender Hauptständer (seit '87)

Bemerkung: Mit dem ersten FZ-Modell machte Yamaha einen großen Schritt in Richtung wartungsarmes und leistungsstarkes Motorrad. Speziell die 1987 eingeführte Genesis-Baureihe mit Vollverkleidung macht einen ausgewogeneren Eindruck, als das nur mit Halbschale versehene Grundmodell. Gut gepflegte Modelle sind auch heute noch ihr Geld wert.

Technische Daten:
Flüssigkeitsgekühlter Viertakt-Vierzylinder-Reihenmotor * 749 cm³ * 100 PS bei 10500/10250/min * 6 Gänge * Kette * Sitzhöhe 790/800 mm * Gewicht 236/232 kg * Tankinhalt 22/21 Liter * Verbrauch 7,5 Liter Super, bzw. 7 Liter Normal/100 km * Spitze 230/235 km/h

Reifengröße:
Vorn: 120/80-16, bzw. 120/70-17 (ab '89)
Hinten: 130/80-18, bzw. 140/70-18 (ab '88)

YAMAHA FZR 600

Kaum ein anderes Motorrad lässt sich vom ersten Meter an so harmonisch fahren wie die FZR 600.

Der stählerne Deltabox-Rahmen sorgt für ausgezeichnete Stabilität. Mit dem drehfreudigen Motor lässt's sich auch im Alltag prima leben, so richtig in seinem Element ist er jedoch erst jenseits der 7.000er Marke. Seit

1991 vervollständigt ein heller DE-Scheinwerfer die Ausstattung.

Plus
- spritziger Motor und gute Fahrleistungen
- spurstabiles Fahrwerk
- tolles Handling
- fadingfreie Bremsen
- standfeste Technik
- niedriges Gewicht
- relativ entspannte Sitzposition

Minus
- schlechtes Licht (beim '89er Modell)
- weiche Gabel
- fehlende Dämpferverstellung des Federbeins
- geringer Soziuskomfort
- mäßige Verarbeitung

Bemerkung: Die '89er Modelle haben ein etwas sensibles Startverhalten, besonders bei warmgefahrenen Motoren. Nach rund 50.000 km muss mit einer Überholung des Zylinderkopfes gerechnet werden, die nicht ganz günstig ist. Auch das Getriebe kann im harten Sporteinsatz schon mal Konditionsschwächen zeigen, zu erkennen am wandernden Kupplungsspiel des Hebels. Ein zermarterter Kupplungskorb lässt sich leicht an einer rupfenden Kupplung lokalisieren.

Technische Daten:
Flüssigkeitsgekühlter Viertakt-Vierzylinder-Reihenmotor * 599 cm³ * 91 PS bei 10500/min * 6 Gänge * Kette * Sitzhöhe 785 mm * Gewicht 201/203 kg * Tankinhalt 18 Liter * Verbrauch 6,5 Liter Normal/100 km * Spitze 225 km/h

Reifengröße:
Vorn: 110/70-17
Hinten: 130/70-18

YAMAHA FZR 600 R

Im Kleid der größeren YZF-Modelle macht die FZR 600 R einen wesentlich erwachseneren Eindruck als ihre Vorgängerin ohne das zusätzliche »R«. Der komfortabel abgestimmte Sportler glänzt mit noch besserer Ausgeglichenheit. Mit stark überarbeitetem Motor und neuem Rahmen aus tiefgezogenen Stahlblechen integriert sie den Fahrer mehr ins Motorrad. Ein perfekter Allrounder für sportlich orientierte Leute.

Plus
- stabiles, unproblematisches Fahrwerk
- potenter Motor mit ordentlichem Durchzug
- gute Bremsen
- standfeste Technik
- komfortable Fahrwerksabstimmung
- relativ entspannte Sitzposition

Minus
- geringer Soziuskomfort

Bemerkung: Der standfestere Motor begeistert mit seiner Problemlosigkeit. Dies vereinfacht die Wahl der Gebrauchten um ein Vielfaches, muss man sich nun lediglich auf Sturzschäden und den Gesamtzustand konzentrieren.

Technische Daten:
Flüssigkeitsgekühlter Viertakt-Vierzylinder-Reihenmotor * 599 cm³ * 98 PS bei 11500/min * 6 Gänge * Kette * Sitzhöhe 790 mm * Gewicht 206 kg * Tankinhalt 18 Liter * Verbrauch 6,5 Liter Normal/100 km * Spitze 230 km/h

Reifengröße:
Vorn: 120/60-17
Hinten: 160/60-17

YAMAHA YZF 750 R

Das charakteristische Foxeye-Gesicht prägt die Front des ehemaligen Supersportlers. Mit Fünfventil-Technik, Exup-Steuerung, 4-1 Edelstahl-Auspuffanlage, Alu-Deltabox-Rahmen, Upside-down-Gabel und Sechskolben-Festsätteln am Vorderrad lässt sie keine Wünsche offen. Die Fahrleistungen begeistern in punkto Durchzug ebenso wie in Sachen Höchstgeschwindigkeit. Ein Supersportler mit Alltagsqualitäten.

Plus

- respektable Fahrleistungen
- homogene Kraftentfaltung
- stabiles Fahrwerk
- gute Verarbeitung
- nicht zu extreme Sitzposition
- komplette Ausstattung
- gutes Fahrwerks-Set ab der SP-Version (ab '94)

Minus

- nur geringe Verstellmöglichkeiten der Federelemente (nur '93)
- leichte Vibrationen

Bemerkung: Mit ihrem fünfventiligen Reihen-Vierzylinder reiht sich die Ypse nahtlos in die Genesis-Reihe ein, ebenso mit ihrer schon sprichwörtlichen Zuverlässigkeit. Die ersten Modelle fielen allerdings durch unangenehmes Bremsrubbeln auf, das neue Bremsscheiben erforderte.

Technische Daten:
Flüssigkeitsgekühlter Viertakt-Vierzylinder-Reihenmotor * 749 cm³ * 98 PS bei 11000/min * 6 Gänge * Kette * Sitzhöhe 795 mm * Gewicht 218 kg * Tankinhalt 19 Liter * Verbrauch 6,5 Liter Normal/100 km * Spitze 235 km/h

Reifengröße:
Vorn: 120/70-17
Hinten: 180/55-17

Plus

- elastischer Motor
- stramme Fahrleistungen
- guter Geradeauslauf
- gute Bremsen
- schöne Wespentaille, sportliche Optik
- große Auswahl an Sportzubehör (Empfehlung: Fahrwerk)

Minus

- hohe Fertigungstoleranzen am Lenkkopf
- schlechte Soziustauglichkeit
- reifenabhängiges Lenkerflattern zwischen 60 und 100 km/h

Bemerkung: Ab Fahrgestellnummer 877 ist die 1000er Genesis mit einem verbesserten Schmiersystem ausgestattet. Bei den ersten Modellen sollte auch auf eine einwandfrei zu bedienende und geräuscharme Kupplung geachtet werden, um eine teure Reparatur zu vermeiden.

Technische Daten:
Flüssigkeitsgekühlter Viertakt-Vierzylinder-Reihenmotor * 989 cm³ * 100 PS bei 9000/min * 5 Gänge * Kette * Sitzhöhe 770 mm * Gewicht 234 kg * Tankinhalt 20 Liter * Verbrauch 7,5 Liter Normal/100 km * Spitze 235 km/h

Reifengröße:
Vorn: 120/70-17
Hinten: 160/60-18

YAMAHA FZR 1000 GENESIS

Mit ihrem Fresh-Air-Intake-System (FAI) spielte sie 1987 die Vorreiterrolle der heutigen RamAir-Systeme und sorgte schon damals für frischen Wind in der Ansaugbox. Auch der Alu-Deltabox-Rahmen feierte in der Ur-FZR, neben der limitierten FZR 750 R, seine Premiere, zeigt sich allerdings etwas empfindlich – zum Glück gibt's die Zubehörindustrie. Der zuverlässige, offen 135 PS starke Fünfventilmotor ist eine Weiterentwicklung der FZ 750. Alles in allem ein faszinierender Sport-Klassiker.

YAMAHA FZR 1000 EXUP

Ein halber Millimeter mehr Bohrung, offen 145 PS, Exup-Walzen-Steuerung im Auspuff, neuer Rahmen und Schwinge aus tiefgezogenem Alu – das sind die wichtigsten Änderungen zum Genesis-Modell. Nun mit tadelloser Fahrstabilität und Exup-Punch schon knapp über Leerlaufdrehzahl versehen, weiß der seit 1991 mit Upsidedown-Gabel ausgestattete Spitzensportler mit noch besseren Allround-Eigenschaften zu gefallen.

Plus

- durchzugs- und leistungsstarker Motor

- sicheres Fahrverhalten
- super Bremsen
  (ab '94 mit Sechskolbenzangen vorn)
- zuverlässige Technik
- Tiefflieger-Optik ('89–'90 Doppelscheinwerfer, '91–'93 DE, '94-'95 Foxeye)
- niedrige Sitzhöhe
- gute Verarbeitung

Minus
- schlechter Soziuskomfort
- Vibrationen
- Aufstellmoment beim Bremsen in Schräglage (Reifenfrage)

Bemerkung: Kaum ein anderes klassisches Motorrad verkörpert in diesem Maße Kraft und Geschmeidigkeit in einem. Motor und Fahrwerk verpacken das gebotene Leistungspotential in beruhigender Manier. Der relativ rau laufende Motor zeigt auch über 50.000 km keine Anzeichen von Schwäche.

Technische Daten:
Flüssigkeitsgekühlter Viertakt-Vierzylinder-Reihenmotor * 1003 cm³ * 100/98 PS bei 9500/min * 5 Gänge * Kette * Sitzhöhe 765/785 mm * Gewicht 235/239 kg * Tankinhalt 19 Liter * Verbrauch 8/7 Liter Normal/100 km * Spitze 240 km/h

Reifengröße:
Vorn: 130/60-17
Hinten: 170/60-17

APRILIA PEGASO 650

Ihr modernes Rotax-Triebwerk ist für Technik-Freunde ein Hochgenuss. Radial, über schräg geformte Nocken, werden die fünf im Kopf hängenden Ventile betätigt. Die dem Begriff Funbike sehr nahe kommende Italienerin zeichnet sich vor allem durch einen sehr spritzigen Motor und ein sauber und straff abgestimmtes Fahrwerk mit Upside down-Gabel aus, mit dem es mächtig Spaß macht, auf Großwildjagd zu gehen.

Plus
- spritziger Motor mit ordentlicher Leistung
- fantastisches Handling
- anspruchsvolle, belastbare Technik
- seit 1995 niedrigere Sitzposition
- sicheres Fahrverhalten

Minus
- Vorderradbremse neigt zum Fading
- schwacher Scheinwerfer
- bis 1994 harte Sitzbank
- bis 1994 Durchzugsschwäche im mittleren Drehzahlbereich

Bemerkung: Die erst 1995 stark modellgepflegte Version zeichnet sich durch qualitativ hochwertigere Federelemente aus, die mit dem durchzugsstärkeren Motor größeren Fahrspaß bei gleichzeitig weniger Stress bietet. Dies schlägt sich allerdings schon allein durch die kurze Marktpräsenz auch im Preis nieder.

Technische Daten:
Flüssigkeitsgekühlter Viertakt-Einzylindermotor * 652 cm³ * 48 PS bei 5500/min * 5 Gänge * Kette * Sitzhöhe 860 mm * Gewicht 180 kg * Tankinhalt 14 Liter * Verbrauch 6 Liter Normal/100 km * Spitze 165 km/h

Reifengröße:
Vorn: 100/90-19
Hinten: 130/80-17

APRILIA TUAREG WIND 600

Die Verwandtschaft kann der Eintopf nicht leugnen und überzeugt durch optische wie technische Finesse gleichermaßen. Die zahlreichen Anleihen am Rallye-Vorbild zeigen sich an der wirksamen Verkleidung, der komfortabel gestalteten Sitzbank und den gut ablesbaren Instrumenten. Ein echter Kurvenräuber mit Tourenambitionen.

Plus
- entspannte Sitzposition
- rassige Italo-Optik
- superhandliches Fahrwerk
- kraftvoller Motor
- günstiger Kraftstoffverbrauch

• komplette Ausstattung

Minus

• pflegebedürftige Kunststoffteile
• leichte Durchzugsschwäche im mittleren Drehzahlbereich

Bemerkung: Die Verarbeitung reicht nicht ganz an die Pegaso-Modelle heran, kann aber durchaus zufrieden stellen. Die meist sorgsam gepflegten Modelle befinden sich in einem technisch einwandfreien Zustand und üben schon allein durch ihre Exklusivität einen großen Reiz aus.

Technische Daten:

Fahrtwindgekühlter Viertakt-Zweizylindermotor * 562 cm³ * 45 PS bei 7000/min * 5 Gänge * Kette * Sitzhöhe 910 mm * Gewicht 175 kg * Tankinhalt 18 Liter * Verbrauch 5,5 Liter Normal/100 km * Spitze 155 km/h

Reifengröße:

Vorn: 90/90-21
Hinten: 130/80-17

BENELLI 900 SEI

Ihre imposante Sechszylinderbrust kommt in Verbindung mit den recht zierlichen Abmaßen des Fahrgestells umso stärker zur Geltung. Flott biegt die mit Integralbremssystem ausgerüstete Signora um Biegungen jeglicher Radien und fühlt sich auf verwinkelten Landstraßen und auf Tour gleichermaßen zuhause. Das breiter bereifte Sportmodell gab es zudem noch mit rahmenfester Halbschale.

Plus

• hohes Maß an Exklusivität
• durchzugskräftiger Motor
• leichtes Handling
• sicheres Fahrverhalten
• komfortable Federelemente

Minus

• mäßige Höchstgeschwindigkeit
• hohe Ersatzteilpreise
• teilweise üble Verarbeitung

Bemerkung: Ein ewiges Übel ist bei der 900er die zu schwach ausgelegte Mehrscheibenkupplung im Ölbad. Hier sollte die Mechanik auf gute Dosierbarkeit und Geräuscharmut hin kontrolliert werden. Eine verschlissene Antriebskette sprengt durch ihre besondere Bauweise mit ihrem Preis schnell den handelsüblichen Rahmen.

Technische Daten:

Fahrtwindgekühlter Viertakt-Sechszylinder-Reihenmotor * 906 cm³ * 80 PS bei 8400/min * 5 Gänge * Duplex-Kette * Sitzhöhe 790 mm * Gewicht 248 kg * Tankinhalt 16,5 Liter * Verbrauch 8,5 Liter Super/100 km * Spitze 200 km/h

Reifengröße:

Vorn: 100/90-18
Hinten: 120/90-18, 150/70-18 beim Sportmodell

BMW R 45

Wie ein Relikt aus vergangenen Jahren blickt sie aus ihrem Rundscheinwerfer. Trotz ihrer vielen kleinen Macken hat sie sich dennoch schnell eine feste Fangemeinde erobert. Sie ist das richtige Motorrad für den anspruchslosen und praktisch denkenden Klassik-Ton. Durch den gut zugänglichen Boxer-Motor lassen sich Wartungsarbeiten relativ leicht selbst erledigen und machen die Gummikuh zum beliebten Motorrad unter Schraubern und Pfennigfuchsern.

Plus

• hohe Wertbeständigkeit
• sehr übersichtliche und einfache Technik
• bequeme Sitzposition, auch für den Sozius
• günstige Ersatzteilpreise

Minus

• unpassende, drehzahlorientierte Motorcharakteristik
• lauter Ventiltrieb
• hakeliges Getriebe

Bemerkung: Durch die hohen nötigen Drehzahlen wird der Ventiltrieb stark belastet, was die Ventile mit gelegentlichem Abriss und der Motor mit einem eventuellen kapitalen Schaden quittiert. Undichtigkeiten treten gerne am vorderen Kurbelwellensimmerring auf. Die Entdrosselung auf 35 PS ist außerordentlich umfangreich.

Technische Daten:
Fahrtwindgekühlter Viertakt-Zweizylinder-Boxermotor * 473 cm³ * 35/27 PS (N-Modell) bei 7250/6500/min * 5 Gänge * Kardan * Sitzhöhe 830 mm * Gewicht 206 kg * Tankinhalt 22 Liter * Verbrauch 5/5,5 Liter Super verbleit/100 km * Spitze 140/145 km/h

Reifengröße:
Vorn: 3.25-18
Hinten: 4.00-18

BMW R 80 G/S

Die Ur-Version für die Abenteuermaschine schlechthin macht auch nach gut 30 Jahre noch eine gute Figur. Mit breitem Lenker, ordentlichem Durchzug und schmaler Bereifung vermittelt sie großen Fahrspaß auf nahezu allem, was ihr unter die stollenbereiften Räder kommt. Egal, ob staubige Wüsten- oder dünne Alpenluft – die Technik bereitet bei drehzahlschonender Fahrweise keine Probleme und ist dazu weltweit hinlänglich bekannt. Ein Evergreen, wie er im Buche steht.

Plus
- gute Fahrleistungen
- langlebiger Motor
- extrem vielseitiger Alleskönner
- stabiler Marktwert
- übersichtlicher Aufbau

Minus
- Pendelerscheinung ab Autobahntempo
- für echte Geländeeinlagen zu schwer
- kurze Sekundärübersetzung
- Aufstellmoment beim Gasgeben

Bemerkung: BMW-typisch verhält sich der pflegeintensive Ventiltrieb bei hohen Drehzahlen. Durch sorgsames Warmfahren und eine angepasste Fahrweise erfreut der Zweiventiler mit einer großen Zuverlässigkeit. Sehr sinnvoll ist der aus dem BMW-Zubehör erhältliche Stoßdämpfer mit Ausgleichsbehälter.

Technische Daten:
Fahrtwindgekühlter Viertakt-Zweizylinder-Boxermotor * 798 cm³ * 50 PS bei 6500/min * 5 Gänge * Kardan * Sitzhöhe 860 mm * Gewicht 195 kg * Tankinhalt 19,5 Liter * Verbrauch 7,5 Liter Normal/100 km * Spitze 170 km/h

Reifengröße:
Vorn: 3.00-21
Hinten: 4.00-18

BMW R 100 R

Dass Totgesagte bekanntlich länger leben, findet in der aufgepeppten 1000er-Boxer seine Bestätigung. Mit schicker Zwei-in-eins-Auspuffanlage, runden Ventildeckeln und verchromten Anbauteilen findet der klassisch angehauchte Frischluftfanatiker in dem schlichten Roadster einen zuverlässigen Partner. Der angenehme Sitzkomfort lässt Solo- und Zweimann-Touren zum Genuss werden.

Plus
- eigenständiger Charakter
- sicheres Fahrverhalten
- agiles Handling
- übersichtliche Technik
- komplette Ausstattung

Minus
- altertümlicher Ölverbrauch
- ungenau zu schaltendes Getriebe

Bemerkung: Aus der Not eine Tugend zu machen, gilt berechtigterweise als Stärke einer Marke. So ist der 1000er Boxer ein ausgereifter Geselle ohne echte Schwächen. Normal und deshalb besonders nervig ist allerdings ein heute unüblich hoher Ölverbrauch von rund 0,8 Litern auf Tausend Kilometer.

Technische Daten (BMW R 100 R):
Fahrtwindgekühlter Viertakt-Zweizylinder-Boxermotor * 980 cm³ * 63 PS bei 7200/min

* 5 Gänge * Kardan * Sitzhöhe 800 mm * Gewicht 222 kg * Tankinhalt 24 Liter * Verbrauch 7 Liter Normal/100 km * Spitze 175 km/h

Reifengröße:

Vorn: 110/80-18
Hinten: 140/80-17

BMW R 100 RT

Als Tourenmaschine gab es zur R 100 RT in den frühen achtziger Jahren nicht viele Alternativen. Neben modernen Tourern wirkt sie heute natürlich altbacken. Trotzdem schwören einige Fahrer auf den urigen Boxer vergangener Tage. Nicht umsonst fand sich im damaligen BMW-Angebot eine Classic-Ausgabe mit umfangreicher Ausstattung und nobler Lackierung.

Plus

- langlebige Technik
- großer Fahrkomfort
- gleichmäßige und kräftige Kraftentfaltung
- viel Zubehör erhältlich
- bequeme Sitzposition für Fahrer und Beifahrer

Minus

- hohe Gebrauchtpreise
- veraltete Ausstattung
- störende Turbulenzen hinter der Verkleidung
- bis 1984 hohes Aufstellmoment beim Gasgeben (ab 1987 Monolever)

Bemerkung: Der alte Boxer macht durch den lauten Ventiltrieb auf sich aufmerksam und verlangt nach regelmäßiger Ventilspielkontrolle. Die recht langen Schaltwege und Gedenksekunden gehören zum alten BMW-Getriebe wie die Werbung zum Fernsehen.

Technische Daten:

Fahrtwindgekühlter Viertakt-Zweizylinder-Boxermotor * 980 cm³ * 70 PS bei 7250/min * 5 Gänge * Kardan * Sitzhöhe 820 mm * Gewicht 260 kg * Tankinhalt 24 Liter * Verbrauch 6,5 Liter Super/100 km * Spitze 175 km/h

Reifengröße:

Vorn: 3.25-19
Hinten: 4.00-18

BMW K 75

Der Alltagscharakter des laufruhigen Unterflurmotors prädestiniert alle K 75-Versionen je nach Ausstattung mehr oder weniger fürs Touren. Mit ingesamt vier verschiedenen Varianten bietet sie, die Heizerfraktion mal ausgenommen, jedem Klientel das passende Bike. Vor allem die Basis-K 75 bietet dank kommoder Fahrwerksauslegung einen komfortablen Kompromiss für den Alltag.

Plus

- durchzugsstarker Einspritzer
- homogene Leistungsentfaltung
- entspannte Sitzposition
- langlebige Technik
- unproblematische Handhabung
- einwandfreie Verarbeitung

Minus

- leichtes Pendeln bei der K 75 RT
- hohe Hecklastigkeit
- teilweise nervige Geräusche

Bemerkung: Das Heulen des Primärtriebs gehört bei dem Drilling zum Geschäft, gegen das es aber Abhilfe gibt. Nach einer speziellen Beschichtung des Primärtriebes herrscht Ruhe im Block. Gebrauchte K 75-Modelle sollten zwecks eines besseren Fahrverhaltens schon mit dem Kunststoff-Fluid-Block im Lenkkopf aus-, bzw. aufgerüstet sein.

Technische Daten (BMW K 75-Basis):

Flüssigkeitsgekühlter Viertakt-Dreizylinder-Reihenmotor * 740 cm³ * 75 PS bei 8500/min * 5 Gänge * Kardan * Sitzhöhe 810, bzw. 760 mm * Gewicht 228 kg * Tankinhalt 21 Liter * Verbrauch 6,5 Liter Normal/100 km * Spitze 195 km/h

Reifengröße:

Vorn: 100/90-18
Hinten: 120/90-18, bzw. 130/90-17 bei der K 75 RT

BMW K 100 RS

Vor allem die verkleidete RS-Version gefällt durch ihre schon sprichwörtliche Ausgeglichenheit. Mit einem etwas behäbigen, dafür aber sehr gutmütigen Fahrverhalten kommt es oft erst zur Liebe auf den zweiten Blick. Die gute Aerodynamik, die den Fahrer hervorragend vor Wind und Wetter schützt, sorgt in Verbindung mit dem satten Motordrehmoment für stramme Fahrleistungen.

Plus

- bäriger Durchzug
- hohe Fahrleistungen
- gutmütiges Fahrverhalten
- hohe Werterhaltung
- zuverlässige Technik
- eigenständiger Charakter

Minus

- durch das hohe Gewicht recht unhandlich
- schlecht schaltbares Getriebe

Bemerkung: Undichte Instrumente verhindern gelegentlich den informativen Blick auf die Armaturen-Konsole. Eine losvibrierte Auspuffblende kann für ausgeprägte Klappergeräusche sorgen. Als besonders empfehlenswert gelten die ab 1989 mit einem speziell entwickelten Labyrinth-System ausgerüsteten Modelle.

Technische Daten:

Flüssigkeitsgekühlter Viertakt-Vierzylinder-Reihenmotor * 987 cm³ * 90 PS bei 8000/min * 5 Gänge * Kardan * Sitzhöhe 810, bzw. 760 mm * Gewicht 250 kg * Tankinhalt 22 Liter * Verbrauch 7,5 Liter Normal/100 km * Spitze 220 km/h

Reifengröße:

Vorn: 100/90-18
Hinten: 130/90-17

CAGIVA ELEFANT 900 A.C.

Großgewachsen und stark wie ein Stier, das ist der erste Eindruck, den man beim Anblick der italienischen Reise-Enduro erhält. Betrachtet man die Fahrleistungen, so wird dies bestätigt. Auch Ausstattung und Verarbeitung können zufriedenstellen. Mit reichlich Komfort steuert der mittels zwei japanischer Vergaser gespeiste Ducati-V2 um sämtliche Ecken, ohne den Fahrer übermäßig in Anspruch zu nehmen. Die Upside down-Gabel verwöhnt die Passagiere mit großen Reserven.

Plus

- hervorragendes Fahrwerk
- kraftvoller Motor
- tolle Fahrleistungen
- gute Bremsen

Minus

- hohe Unterhaltskosten
- hoher Gebrauchtpreis

Bemerkung: Da sie vorwiegend als Reisemaschine eingesetzt wird, kann man sich bis auf das Aushandeln für die Übernahme der gerade anstehenden Inspektionskosten voll dem Gesamtzustand der Maschine widmen.

Technische Daten:

Fahrtwindgekühlter Viertakt-Zweizylinder-V-Motor * 904 cm³ * 68 PS bei 6500/min * 5/6 Gänge * Kette * Sitzhöhe 835 mm * Gewicht 212 kg * Tankinhalt 24 Liter * Verbrauch 7 Liter Super/100 km * Spitze 190 km/h

Reifengröße:

Vorn: 100/90-19
Hinten: 140/80-17

BIMOTA YB 8

Mit dem offenen Exup-Motor der Yamaha FZR 1000 erhält der verwindungssteife Rahmen genau das Power-Paket von 1990, um über das leidige Thema Fahrleistungen nicht mehr reden zu müssen. Erstklassige Schweißnähte und eine vollendete Lackierung sorgen nicht nur beim Eigentümer für hohen Genuss. Die Domäne der schnellen Bimota liegt in sehr schnell gefahrenen Kurven, wo die Fahrwerksqualitäten richtig zum Tragen kommen. Selbst heute zählt eine YB 8 noch zu den ganz Schnellen.

Plus

- hohe Exklusivität
- erstklassige Technik
- Top-Verarbeitung
- beeindruckende Fahrleistungen

Minus

- hohe Kosten
- Vorher über Ersatzteilversorgung und -preise erkundigen

Bemerkung: Der recht wabbelig sitzende Luftfilterkasten sorgt manchmal für schlechte Gasannahme. Ansonsten sind die Luxus-Renner meist perfekt gepflegt und von erfahrenen Händen bewegt worden, doch auch hier gibt es Ausnahmen.

Technische Daten:
Flüssigkeitsgekühlter Viertakt-Vierzylinder-Reihenmotor * 1003 cm³ * 150 PS bei 10000/min * 6 Gänge * Kette * Sitzhöhe 780 mm * Gewicht 215 kg * Tankinhalt 22 Liter * Verbrauch 7 Liter Normal/100 km * Spitze über 260 km/h

Reifengröße:
Vorn: 120/70-17
Hinten: 180/55-17

BIMOTA KB 2

Ein Edel-Racer vom alten Kaliber ist die KB 2. Kräftig und doch elegant wie ein Panther, wartet sie mit fett besohlten 16-Zoll-Rädern auf ihren sportlichen Auftritt. Der sollte vornehmlich aus Landstraßengeschlängel bestehen, denn dort ist sie in ihrem Element. Eine Augenweide für sich ist das filigrane Chrom-Molybdän-Stahlrohrgeflecht, das den Kawasaki Z 500-, bzw. Z 550-Motor eng umschlingt. Ein seltenes Liebhaberstück für einsame Momente.

Plus

- handlich stabiles Fahrwerk
- hohe Exklusivität
- interessante Technikdetails
- sauberes Finish

Minus

- Aufstellmoment beim Bremsen
- ungünstige Radgrößen für moderne Sportreifen

Bemerkung: Einige der raren Renner wurden für den Sporteinsatz umgebaut. Deshalb sind originale Exemplare einen Bonus-Zuschlag wert. Durch den vorwiegenden Einsatz im D-Zug-Tempo sollte verstärkt auf Unfallschäden geachtet werden.

Technische Daten (mit Kawasaki Z 550 GP-Motor):
Fahrtwindgekühlter Viertakt-Vierzylinder-Reihenmotor * 545 cm³ * 58 PS bei 8000/min * 6 Gänge * Kette * Sitzhöhe 730 mm * Gewicht 160 kg * Tankinhalt 20 Liter * Verbrauch 5,5 Liter Normal/100 km * Spitze 215 km/h

Reifengröße:
Vorn: 120/80-16
Hinten: 150/80-16

DUCATI SL 500 PANTAH

1979 wurde die Motorradwelt um einen Charakterdarsteller reicher. Ihr starkes Temperament lässt vor allem dem Italo-Puristen das Herz aufgehen. Straff gefedert geht's teilweise recht holprig, dafür aber völlig ohne Tücken, durch sämtliche Kurvenkombinationen. Das Fahrwerk fühlt sich dabei ein wenig steif an, ist aber eine Eigenart aller älteren Ducs.

Plus

- ausgeprägter Charakter
- geringer Kraftstoffverbrauch
- sicheres und neutrales Fahrverhalten
- gute Fahrleistungen

Minus

- bis 1979 pflegeintensive Mechanik
- harte Federung
- hohe Inspektionskosten

Bemerkung: Wer sich einmal in diese charakterstarke Sportlerin verguckt hat, sollte speziell nach Modellen ab Baujahr 1980 Ausschau halten. Eine standfestere Kraftübertragung und zuverlässige Starts sind die Belohnung für die Mühe.

Technische Daten:
Fahrtwindgekühlter Viertakt-Zweizylinder-V-Motor * 498 cm³ * 46 PS bei 8500/min * 5 Gänge * Kette * Sitzhöhe 800 mm * Gewicht 200 kg * Tankinhalt 19 Liter * Verbrauch 5,5 Liter Super/100 km * Spitze 185 km/h

Reifengröße:
Vorn: 100/90-18
Hinten: 120/90-18

DUCATI 750 SS

Ob als Nuda (Halbschale) oder Carenata (voll verkleidet), die weich geschwungenen Linien ab Modelljahr 1992 lassen kaum jemanden kalt. Mit japanischen Vergasern, der Upside Down-Gabel und dem stabilen Gitterrohrrahmen macht die flinke Duc schnell kurvensüchtig. Der typische Ducati-Klang tut ein Übriges, um Fahrer und Passanten in seinen Bann zu ziehen.

Plus
- gute Durchzugswerte
- guter Sport/Alltags-Kompromiss
- zeitlos schöne Optik
- eigenständiger Charakter
- saubere Verarbeitung

Minus
- recht hohe Inspektionskosten
- bis 1994 schlechtes Ansprechverhalten der Upsidedown-Gabel
- bis 1993 nur Einfachscheibe im Vorderrad

Bemerkung: Alle 20.000 Kilometer ist ein neuer Zahnriemen zum Antrieb der Desmodromik fällig. Auch die üblichen Inspektionskosten bewegen sich ein wenig oberhalb der fernöstlichen Konkurrenz, gehen aber in Anbetracht der gebotenen Technik in Ordnung. Gelegentlich schwitzen die Motoren an der hinteren Kopf- oder Fußdichtung.

Technische Daten:
Fahrtwindgekühlter Viertakt-Zweizylinder-V-Motor * 748 cm³ * 66 PS bei 8000/min * 5 Gänge * Kette * Sitzhöhe 780 mm * Gewicht 191 kg * Tankinhalt 17 Liter * Verbrauch 6,5 Liter Super/100 km * Spitze 205 km/h

Reifengröße:
Vorn: 120/60-17
Hinten: 160/60-17

DUCATI 888 STRADA

Der dumpfe Schlag des V2 lässt schon beim Herannahen des Sport-Vollblutes den Eindruck eines Erdbebens aufkommen. Keine Frage, auch die Wachablösung der legendären Ducati 851 schrieb Motorradgeschichte. Die technischen High-Lights reichen neben der desmodromischen Steuerung der acht Ventile, von der Trockenkupplung über die Saugrohr-Einspritzung bis hin zum elektronischen Motormanagement – Sportlerherz, was willst Du mehr?

Plus
- satte Leistungsentfaltung
- starke Fahrleistungen
- stabiles Fahrwerk
- top Finish

Minus
- hohe Unterhaltskosten mit Exklusivzuschlag
- gewöhnungsbedürftige Lastwechsel

Bemerkung: Da die 888er gerne für Tuningmaßnahmen herhalten musste, sollte großer Wert auf die korrekte Eintragung gelegt, oder zumindest die geTÜVten Teile mitgeliefert werden. Die meisten Eigner wissen ansonsten um ihr gutes Stück und hegen es wie ihren Augapfel.

Technische Daten:
Flüssigkeitsgekühlter Viertakt-Zweizylinder-V-Motor * 888 cm³ * 98 PS bei 9000/min * 6 Gänge * Kette * Sitzhöhe 805 mm * Gewicht 212 kg * Tankinhalt 19 Li-

ter * Verbrauch 8,5 Liter Normal/100 km * Spitze 240 km/h

Reifengröße:
Vorn: 120/70-17
Hinten: 180/55-17

HARLEY-DAVIDSON FLH ELECTRA GLIDE

Eine Harley, besonders die Electra Glide, objektiv zu beurteilen, fällt schwer. Sie ist weder Chopper noch Tourer, auch mit dem Begriff »Cruiser« lässt sie sich nur schwer definieren. Tatsache ist hingegen, dass es sich beim Flanieren und auf großer Tour hervorragend leben lässt, vorausgesetzt man hält sich an das selbst auferlegte Limit von maximal 120 km/h.

Plus
- einzigartiges Flair
- niedrige Sitzhöhe
- trotz des hohen Gewichts eine recht lockere Handhabung
- senkt den Adrenalinspiegel (leider noch verschreibungspflichtig)
- niedrige Unterhaltskosten
- gute Kapitalanlage

Minus
- hoher Preis
- schwache Bremswirkung

Bemerkung: Seitdem der Evolution-Motor im Stahlrohrrahmen sein Unwesen treibt, gehören Schraubernächte fast der Vergangenheit an. Dank Hydrostößeln beschränkt sich der Pflegedienst vorwiegend auf turnusmäßige Angelegenheiten, wie Öl- und Filterwechsel.

Technische Daten:
Fahrtwindgekühlter Viertakt-Zweizylinder-V-Motor ((Evolution-Engine) * 1340 cm³ * 65 PS bei 5200/min * 5 Gänge * Zahnriemen * Sitzhöhe 700 mm * Gewicht 362 kg * Tankinhalt 19 Liter * Verbrauch rund 7 Liter Normal, bzw. Super/100 km * Spitze 155 km/h

Reifengröße:
Vorn: MT 90-16T
Hinten: MT 90-16T

Preise:
Die Neupreise der fast jedes Jahr modifizierten Electra Glide bewegen sich von der '86er Evolution-Version bis zur '96er Ultra Classic zwischen 27.400 Mark und 37.600 Mark. Da der Hersteller ernsthafte Probleme hat, den Bedarf an Neumaschinen zu decken, steigen die Gebrauchtpreise. Das Ganze geht sogar so weit, dass eine '95er Gebrauchte teurer sein konnte als eine neue '96er.

HARLEY-DAVIDSON XLH 1200 SPORTSTER

Die Sportster gehört schon seit langem zum festen Standbein des amerikanischen Herstellers. Ihr schlichtes Äußeres mit dem recht schmal gehaltenen Tankbereich lädt zum gemütlichen Bummeln geradezu ein. Dank des zivilen Gewichtes werden weit geschwungene Landstraßen zum stilechten Hochgenuss.

Plus
- satter Harley-Sound
- niedrige Sitzhöhe
- geringe Unterhaltskosten
- passable Handlingeigenschaften
- hohes Prestige
- gute Kapitalanlage

Minus
- mäßige Bremswirkung mit hoher Handkraft
- störrische Federelemente

Bemerkung: siehe Electra Glide

Technische Daten:
Fahrtwindgekühlter Viertakt-Zweizylinder-V-Motor * 1198 cm³ * 48 PS bei 5600/min * 4 Gänge * Kette * Sitzhöhe 740 mm * Gewicht 222 kg * Tankinhalt 8,5 Liter * Verbrauch 5 Liter Normal/100 km * Spitze 160 km/h

Reifengröße:
Vorn: MT 90-19
Hinten: MT 90-16

KTM 620 LC-4

Das erstklassige Fahrwerk bietet reichlich Reserven für Mann und Maschine. Auch der Motor gehört mit seinen offen 50 PS zu den potentesten Vertretern seiner Klasse. Mit sauberem Finish und einem Schuss Exklusivität ersteht der Käufer eine reinrassige Enduro, die bei Bedarf recht günstig auf Rallye-Bedürfnisse umgebaut werden kann.

Plus
- unverfälschter Endurocharakter
- enorme Fahrwerksreserven
- agiler Motor
- beachtliche Fahrleistungen
- niedriges Gewicht

Minus
- kurze Inspektionsintervalle
- eigenwillige Startprozedur
- hoher Neupreis

Bemerkung: Die große Sitzhöhe macht den Single nicht für jeden Käufer gleichermaßen interessant, ist aber für eine reinrassige Enduro durchaus üblich. Ebenso ist der Big Banger für die Autobahnbolzerei ungeeignet, was sich in der Praxis durch erhöhten Ölverbrauch äußert. Bei Gebrauchten ist der Pflegezustand der maßgebliche Faktor für den Preis für die hochhackige Dame. Eine schwierig zu dosierende Kupplung lässt auf einen zermarterten Kupplungskorb schließen.

Technische Daten:
Flüssigkeitsgekühlter Viertakt-Einzylindermotor * 609 cm^3 * 50 PS bei 7000/min * 5 Gänge * Kette * Sitzhöhe 940 mm * Gewicht 149 kg * Tankinhalt 11,3 * Verbrauch 5,5 Liter Super/100 km * Spitze 155 km/h

Reifengröße:
Vorn: 90/90-21
Hinten: 140/80-18

LAVERDA 1000

Langgestreckt und großgewachsen kommt die schlichte Schönheit aus Breganze im Jahre 1972 daher. Die ersten Modelle kamen schon vor über 30 Jahren nach Deutschland und bestachen mit ihrer gleichmäßigen Kraftentfaltung. Die 1982 präsentierte RGS 1000 mit dem offen über 90 PS starken Triple machte einen deutlichen Entwicklungsschritt nach vorn, trifft allerdings nicht immer auf den Geschmack der Käufer – ein Tipp für ausgeprägte Individualisten mit Schrauberkenntnissen.

Plus
- stabiles Fahrwerk
- kräftiger Motor
- hohe Exklusivität
- zeitlos schöne Optik

Minus
- starke Vibrationen
- störanfällige Elektrik
- schwerfälliges Handling
- hohe Bedienungskräfte der Hebel

Bemerkung: Seit 1982 (Jota) werden alle Dreizylinder mit einer 120°-Kurbelwelle ausgerüstet, so dass durch Vibrationen verursachte Rahmenrisse fortan der Vergangenheit angehörten.

Technische Daten:
Fahrtwindgekühlter Viertakt-Dreizylinder-Reihenmotor * 980 cm^3 * 78 PS bei 7750/min * 5 Gänge * Kette * Sitzhöhe 810 mm * Gewicht 227 kg * Tankinhalt 19,5 Liter * Verbrauch 8 Liter Super/100 km * Spitze 210 km/h

Reifengröße:
Vorn: 4.10-18, bzw. 100/90-18 (RGS)
Hinten: 4.25-18, bzw. 120/90-18 (RGS)

LAVERDA OR 600 ATLAS

Die 600er Enduro mit dem, in den Grundzügen vom 500er Twin abstammenden Motor weist zeitgemäße Vierventiltechnik auf. Die 50 PS werden bei recht moderaten Drehzahlen erreicht. Gepaart mit einem passablen Durchzugsvermögen, besitzt die Maschine große Fähigkeiten, die man ihr auf den ersten Blick gar nicht zutraut. Durch die aufrechte Sitzposition werden vor allem Landstraßen zum bevorzugten Metier des seltenen Großwildjägers.

Plus
- spritziger Motor
- gute Fahrleistungen
- moderne Vierventiltechnik
- stabiles Fahrwerk
- komplette Ausstattung

Minus
- mäßige Verarbeitung
- durch die Luftkühlung schlechte Lärmdämmung

Bemerkung: Auch wenn der Motor zum Ausdrehen der einzelnen Gänge verführt, sollte man nicht das Alter der über 25 Jahre alten Konstruktion vergessen.

Technische Daten:
Fahrtwindgekühlter Viertakt-Zweizylinder-Reihenmotor * 572 cm^3 * 50 PS bei 8200/min * 6 Gänge * Kette * Sitzhöhe 840 mm * Gewicht 196 kg * Tankinhalt 24 Liter * Verbrauch 7 Liter Super/100 km * Spitze 165 km/h

Reifengröße:
Vorn: 90/90-21
Hinten: 5.10-17

KAWASAKI Z 1000

Das Big-Bike der späten 70er war zweifelsohne die legendäre Z 1000. Schnell erwies sie sich als potenter Nachfolger der Kawasaki Z1 900. Angesichts der anhaltenden Retro-Klassik-Welle steigt auch die Nachfrage nach dem Sportler vergangener Tage. Der silberne Motorblock ist nicht nur optisch ein Gedicht, sondern weiß ebenso in punkto Elastizität zufrieden zu stellen. Beeindruckend ist immer noch die Drehfreudigkeit des Klassikers.

Plus
- potenter Motor mit viel Charme
- leichte Handhabung
- leicht schaltbares Getriebe
- gut zugängliche Technik

Minus
- empfindliches Fahrwerk
- kleiner Tank

Bemerkung: Häufig mangelt es dem Four an einer synchron eingestellten Vergaseranlage, die etwas Fingerspitzengefühl erfordert. Die kontaktgesteuerte Zündanlage sollte gegen elektronischen Ersatz getauscht werden. Empfindlich reagiert das Fahrwerk auf abgefahrene Reifen und verschlissene Stoßdämpfer. Nach rund 50.000 km ist eine Motorüberholung einzukalkulieren. Ein Gewinde-Reparatur-Satz sollte zur Grundausstattung gehören.

Technische Daten:
Fahrtwindgekühlter Viertakt-Vierzylinder-Motor * 1015 cm^3 * 85 PS bei 8000/min * 5 Gänge * Kette * Sitzhöhe 785 mm * Gewicht 264 kg * Tankinhalt 16,5 Liter * Verbrauch 8,5 Liter Normal/100 km * Spitze 210 km/h

Reifengröße:
Vorn: 3.25-19
Hinten: 4.00-18

MORINI 3 ½

1973 überraschte Morini die Fachwelt mit einem neu gezeichneten 72°-V-Motor, die den Brennraum in den Kolben integriert (Heron-Prinzip). Die für damalige Verhältnisse sehr sportiv ausgelegte Maschine martert den Fahrer nach italienischer Sitte durch gnadenlose Härte. Einmalig ist dagegen der dumpfe V-Ton. Zusammen ergibt sich eine faszinierende Mischung aus vorzeitlicher Rennatmosphäre und spartanischer Ausstattung.

Plus
- charakteristische Ausstrahlung
- stylechter Klang
- stabiles Fahrwerk

Minus
- Motorvibrationen
- anfällige Elektrik
- sehr mäßige Verarbeitung

Bemerkung: Kauf-Interessenten der schönen Lady sollten sich ein wenig mit Schraubenschlüsseln beschäftigen können. Gerne werden Steckverbindungen jeglicher Bauart von den Motorvibrationen zum Nachtisch vernascht. Ein Ohr sollte auch auf die etwas sensiblen Ventilsitze gelegt werden.

Technische Daten:
Fahrtwindgekühlter Viertakt-Zweizylinder-V-Motor * 344 cm^3 * 27 PS bei 6850/min * 5 Gänge * Kette * Sitzhöhe 810 mm * Gewicht 150 kg * Tankinhalt 15 Liter * Verbrauch 4,5 Liter Super/100 km * Spitze 150 km/h

Reifengröße:
Vorn: 100/90-18
Hinten: 3.50-18

MORINI 350 KANGURO

Mit dem entliehenen V-Motor der V 3 ½ legt die 350er, speziell ab 1986 in der X2, einen erstaunlichen Antritt an den Tag. Die hochgezogene Verkleidungsscheibe sorgt für passablen Wetterschutz. Im Outfit der hubraumstärkeren Schwester 501 Camel (ab 1987) wirkt die 350 Kanguro sehr erwachsen. Trotz ihrer Größe bereitet sie im leichten Gelände gehörigen Spaß. Sie ist die richtige Maschine für Leute, die auch in einer kleineren Enduro partout nicht auf einen V-Motor verzichten können.

Plus
- hohe Exklusivität
- große Reichweite
- komplette Ausstattung
- satter Klang

Minus
- schlechter Geradeauslauf
- üble Verarbeitung
- mäßige Endgeschwindigkeit

Bemerkung: Die unsauber installierte Elektrik der Italiener hat schon so manchen zur Verzweiflung getrieben. So ist auch die ansonsten recht proper daherkommende 350er Kanguro keine Ausnahme. Wie bei ihrer asphaltorientierten Schwester bedarf speziell die Elektrik einer gelegentlichen Durchsicht.

Technische Daten:
Fahrtwindgekühlter Viertakt-Zweizylinder-V-Motor * 344 cm^3 * 27 PS bei 7800/min * 6 Gänge * Kette * Sitzhöhe 850 mm * Gewicht 160 kg * Tankinhalt 22 Liter * Verbrauch 4,5 Liter Super/100 km * Spitze 135 km/h

Reifengröße:
Vorn: 3.00-21
Hinten: 4.00-21

MOTO GUZZI V 50

Im Laufe der Jahre reifte die Italienerin mehr und mehr zu einem eigenständigen Sportmodell. Besonders die seit 1981 angebotene Monza wurde eines der beliebtesten Moto Guzzi-Modelle. Im Styl der starken Le Mans verfügte sie über ein Integralbremssystem, das beim Tritt auf die Fußbremse gleichzeitig die vordere linke Bremse aktiviert. Am Handbremshebel kann zusätzlich noch der zweite vordere Bremssattel betätigt werden. Die brettharte Fahrwerksabstimmung und der pflegeintensive Motor machen sie zum Motorrad für Individualisten.

Plus
- satter V-Schlag
- übersichtliche Technik
- ordentliches Drehmoment
- handliches und stabiles Fahrwerk

Minus
- nachlässige Verarbeitung
- unkomfortables Fahrwerk
- pflegeintensiver Antrieb

Bemerkung: Nach rund 40.000 km ist der Motor reif für eine größere Kur. Dabei zeigt sich besonders der Zylinderkopf gerne als Pflegefall. Die Ventilsitze sind teilweise nicht ausreichend gehärtet, so dass sie einschlagen können. Anfällig ist vor allem die Elektrik.

Technische Daten:
Fahrtwindgekühlter Viertakt-Zweizylinder-V-Motor * 490 cm^3 * 49 PS bei 7600 /min * 5 Gänge * Kardan * Sitzhöhe 780 mm * Gewicht 182 kg * Tankinhalt 16 Liter * Verbrauch 5,5 Liter Super/100 km * Spitze 170 km/h

Reifengröße:

Vorn:	3.25-18
Hinten:	3.50-18

MOTO GUZZI 850 LE MANS

Kaum ein anderes Motorrad strahlt so viel klassisches Ambiente aus wie die ehrwürdige Vau aus Mandello. Anfangs noch mit lautstarker Lafranconi-Auspuffanlage und ungedämpftem Ansauggeräusch gesegnet, wurden ihr im Laufe der Jahre zivile Tischmanieren beigebracht. Doch zu den Weichspülern zählt sie auch heute nicht. Die harten Federelemente und die auf guten Geradeauslauf ausgelegte Geometrie lassen den Fahrer nicht über ihr Gewicht und den Fahrbahnzustand im Unklaren – hart, aber ehrlich.

Plus

- stramme Fahrleistungen
- fülliger Drehmomentverlauf
- sicherer Geradeauslauf
- einzigartiges Flair

Minus

- wenig Fahrkomfort
- mäßiges Handling

Bemerkung: Wie bei luftgekühlten Motoren üblich, ist der Motor nach etwa 50.000 Kilometern meist überarbeitungsbedürftig. Dies kündigt sich spätestens mit einer blauen Fahne aus den beiden Endtöpfen an. Lack und Elektrik sind ein allseits bekanntes Übel. Seit der dritten Version ab 1981 werden Nigusilbeschichtete Laufbuchsen verwendet, die sich als wesentlich verschleißfester erwiesen.

Technische Daten (Le Mans IV):
Fahrtwindgekühlter Viertakt-Zweizylinder-V-Motor * 949 cm^3 * 81 PS bei 7400/min * 5 Gänge * Kardan * Sitzhöhe 780 mm * Gewicht 242 kg * Tankinhalt 24 Liter * Verbrauch 6,5 Liter Super/100 km * Spitze 215 km/h

Reifengröße:

Vorn:	120/90-16
Hinten:	130/80-18

MOTO GUZZI MILLE GT

Im Prinzip ganz alt und doch ihrer Zeit weit voraus war die Mille GT. Auf konsequent klassisch getrimmt, traf sie bei ihrem Erscheinen genau den Nerv vieler Puristen. Sie war die erste, die zu ihrem urwüchsigen Charakter stand und unverhohlen ihre verchromte und polierte Pracht zur Schau trug. So ist es denn auch eine wahre Freude, den polternden 1000er V2 zu erleben und sich über gut ausgebaute Landstraßen tragen zu lassen. Die bequeme Doppelsitzbank bietet auch für zwei Personen genügend Platz.

Plus

- sparsamer Motor
- hohes Drehmoment im unteren Bereich
- eigenständige Erscheinung

Minus

- träges Handling
- harte Federelemente

Bemerkung: Die Zylinder sind zwar mit Nigusil-beschichteten Laufbuchsen ausgerüstet, freuen sich aber dennoch über jedes ausgiebige Warmfahren. Geräusche im Antriebsstrang können auf ein defektes Kreuzgelenk hinweisen. Ein verschlissene Kupplung ist mit rund 400 Euro Abzug zu veranschlagen.

Technische Daten:
Fahrtwindgekühlter Viertakt-Zweizylinder-V-Motor * 944 cm^3 * 67 PS bei 6700/min * 5 Gänge * Kardan * Sitzhöhe 840 mm * Ge-

wicht 245 kg * Tankinhalt 22,5 Liter * Verbrauch 6 Liter Normal/100 km * Spitze 180 km/h

Reifengröße:

Vorn: 110/90-18

Hinten: 120/90-18

HONDA CB 1000 BIG

1993 trat auch Honda mit einem Naked Bike in der Oberliga an. Imposante Eindrücke hinterlässt die Linienführung vom mächtigen Tank bis hin zur fetten Hinterradschwinge. Mit sauber abgestimmten Federelementen und dem auf starken Durchzug getrimmten CBR 1000 F-Motor macht sie auf kurvenreichen Landstraßen wie auch bei schnellen Autobahnsprints eine hervorragende Figur.

Plus

- hervorragende Symbiose aus Klassik und Moderne
- sauberes Finish und komplette Ausstattung
- einwandfreies Fahrverhalten
- ansprechende Fahrleistungen
- gute Federelemente

Minus

- hoher Neu- und Gebrauchtpreis

Bemerkung: Genau wie ihre verkleidete Schwester CBR 1000 F zeichnet sich das Naked Bike durch eine schon fast sprichwörtliche Zuverlässigkeit aus. Die Instrumente schützen bei schnellen Autobahnetappen erstaunlich gut vorm anstürmenden Fahrtwind. Alles in allem ein Geheimtipp für Insider ohne echte Schwächen.

Technische Daten:

Flüssigkeitsgekühlter Viertakt-Vierzylinder-Motor * 998 cm^3 * 98 PS bei 8500/min * 5 Gänge * Kette * Sitzhöhe 800 mm * Gewicht 260 kg * Tankinhalt 22 Liter * Verbrauch 7 Liter Normal/100 km * Spitze 220 km/h

Reifengröße:

Vorn: 120/70-18

Hinten: 170/60-18

KAWASAKI ZEPHYR 550

Mit ihrem kess in die Höhe gestreckten Heck weiß sie den Betrachter schnell um den Finger zu wickeln. Die klassische und dennoch agil wirkende Optik spiegelt sich beim Fahren im spielerischen Handling wider. Der drehfreudige Motor gefällt vor allem in der 50 PS-Version, weiß aber auch mit gedrosselten 27, bzw. 34 PS durchaus zu gefallen. Der wunderschön gezeichnete Doppelrohr-Rahmen mit Alu-Kastenschwinge und zwei Gasdruckstoßdämpfern funktioniert in der Praxis prächtig. Kein Wunder also, dass sie als Gebrauchte selten zu finden ist.

Plus

- schicke und erwachsene Erscheinung
- drehfreudiger Motor
- handliches und stabiles Fahrwerk
- niedrige Sitzhöhe

Minus

- fehlender Hauptständer
- mäßige Verarbeitung

Bemerkung: Die '91er B1 (mit Zephyr-Schriftzug auf dem Tank) fiel öfters durch undichte Zylinderfuß- und -kopfdichtungen auf. Ab Fahrgestellnummer 0232781 gehören schwitzende Ölkühleranschlüsse ebenfalls der Vergangenheit an. Der teilweise pflegeintensiven Oberfläche des Motorgehäuses rückte man ab Fahrgestellnummer 024045 aufwärts mit zusätzlich aufgebrachtem Klarlack zu Leibe.

Technische Daten:

Fahrtwindgekühlter Viertakt-Vierzylinder-Motor * 554 cm^3 * 34/50 PS bei 7800/10000/min * 6 Gänge * Kette * Sitzhöhe 770 mm * Gewicht 200 kg * Tankinhalt 15 Liter * Verbrauch 5,5/6 Liter Normal/100 km * Spitze 155/175 km/h

Reifengröße:

Vorn: 110/80-17

Hinten: 140/70-18

KAWASAKI ZEPHYR 750

Die geschmackvolle Linienführung lässt schnell schon fast wieder vergessene Erinnerungen aufkeimen. Mit tropfenförmigem Tank und geschwungenem Entenbürzel versucht die Zephyr erfolgreich an längst vergangene Z1 900-Zeiten anzuknüpfen. Das handliche Fahrwerk und der spritzige Motor vermitteln viel Fahrspaß und lassen dank der einfachen Handhabung auch bei (Wieder-)Einsteigern keine Unsicherheiten aufkommen.

Plus
- eigenständiges Outfit
- spritziger Motor
- handliches Fahrwerk
- gute Bremsen
- relativ niedrige Unterhaltskosten

Minus
- Motorvibrationen
- weiche Federelemente
- teilweise holprige Verarbeitung

Bemerkung: Der auf der legendären Z 650 basierende Motor birgt dank übersichtlicher Technik keine Geheimnisse. Gelegentlich schwitzen sie schon mal ein wenig Öl aus der Kopf- oder Fußdichtung, was mit rund 125 EUR Abzug geahndet werden kann. Rubbelnde Vorderradbremsen zeugen vom Spannungsverzug.

Technische Daten:
Fahrtwindgekühlter Viertakt-Vierzylinder-Motor * 739 cm³ * 72 PS bei 9500/min * 5 Gänge * Kette * Sitzhöhe 770 mm * Gewicht 215 kg * Tankinhalt 17 Liter * Verbrauch 6,5 Liter Normal/100 km * Spitze 195 km/h

Reifengröße:
Vorn: 120/70-17
Hinten: 150/70-17

MV AGUSTA 800 SS SUPER AMERICA

Sozusagen die Crème de la Crème unter den historischen Italienerinnen sind wohl die Sportler aus Verghera im Norden des Landes. Basierend auf der 1969 in Mailand präsentierten 750 S erschien erst 7 Jahre später die 800er Baureihe. Der einzigartige Motor mit seiner prägnanten Zylinderkopfform entstammt den goldenen Konstrukteurshänden des Signore Bocchi. Oft wurde die Super America auch mit einer Sportverkleidung verkauft.

Plus
- faszinierende Technik
- große Laufkultur
- stramme Fahrleistungen
- extrem hohe Exklusivität
- stabiles Fahrwerk
- echte Kapitalanlage

Minus
- hoher Preis
- harte Federelemente der alt-italienischen Sorte

Bemerkung: Natürlich ist der Gesamtzustand der ausschlaggebende Faktor des Preises. Nach etwa 30.000 Kilometern können verschlissene Kurbelwellenlager eine Motorüberholung erzwingen – durch das vertikal geteilte Motorgehäuse bei einem Reihenvierzylinder keine ganz alltägliche Geschichte. Die etwas schwach ausgelegte Kupplung fördert den schnellen Verschleiß.

Technische Daten:
Fahrtwindgekühlter Viertakt-Vierzylinder-Reihenmotor * 790 cm³ * 82 PS bei 9000/min * 5 Gänge * Kardan * Sitzhöhe 810 mm * Gewicht 260 kg * Tankinhalt 17 Liter * Verbrauch 9 Liter Super/100 km * Spitze 215 km/h

Reifengröße:
Vorn: 3.50-18
Hinten: 4.00-18

MZ ETZ 250

Gäbe es einen Schönheitswettbewerb zu gewinnen, wäre die ETZ sicherlich fehl am Platze. Doch eingefleischte MZ-Fahrer wissen durchaus die Qualitäten ihrer im Prinzip schon 30 Jahre alten Dame zu schätzen. Problemlos verkraftet sie den Alltagstrott und ist stets brav zu Diensten. Erstaunlich kräftig gibt sich der großflächig verrippte Motor. Beim Anblick der Details zeigt sich jedoch die Kehrseite des Sparschweinchens.

Plus
- zuverlässiger und standfester Motor
- Fettkettenkasten
- Günstiger Unterhalt
- gute Durchzugswerte

Minus
- biedere Optik
- mangelhafte Verarbeitung

Bemerkung: Nach gut 30.000 km sind die Motorinnereien reif für den Austausch. Sensibel reagiert der schwirrende Einzylinder auf Falschluft, vor allem bei Volllast. Bei feuchter Witterung nagt Väterchen Rost schnell an ungeschützt laufenden Radlagern. Gut gepflegte Exemplare zeichnen sich durch eine optimierte Elektrik aus.

Technische Daten:
Fahrtwindgekühlter Zweitakt-Einzylinder-Motor * 243 cm³ * 21 PS bei 5500/min * 5 Gänge * Kette * Sitzhöhe 740 mm * Gewicht 151 kg * Tankinhalt 17 Liter * Verbrauch 5,5 Liter Normal/100 km * Spitze 120 km/h

Reifengröße:
Vorn: 2.75-18, bzw. 90/90-18 bei der ETZ 251
Hinten: 3.50-18, bzw. 110/80-18 bei ETZ 251

TRIUMPH 750/900 TRIDENT

Mit diesen beiden Naked Bikes aus dem Baukasten hat Triumph zwar zwei technisch weitgehend identische Modelle im Programm, die sich jedoch recht unterschiedlich bewegen lassen. Die 750er muss drehzahlorientierter gefahren werden und wird erst ab etwa 6.000/min so richtig munter. Die 900er dagegen vermittelt schon knapp über Leerlaufdrehzahl das bekannte Leistung satt-Gefühl, obwohl beide nahezu gleiche Leistungswerte erreichen. Fahrwerkstechnisch präsentieren sich die modernen Klassiker von der Schokoladenseite und verwöhnen den Fahrer mit einem sicherem Fahrverhalten.

Plus
- eigenständige Erscheinung
- hervorragende Verarbeitung mit einwandfreiem Finish
- praxisorientierte Details, wie Schmiernippel, Exzenterspannung der Kette, usw.
- gute Durchzugswerte bei der 900er
- sicheres Fahrverhalten
- vollwertige Ausstattung
- große Zuverlässigkeit

Minus
- bis 1992 hoch gelegene Fußrastenposition
- hohes Gewicht bei der 750er
- bis 1992 weiche Gabel

Bemerkung: Die seit 1993 schwarz lackierten Motoren gehören zu den standfestesten Aggregaten überhaupt. Auffällig ist immer wieder das weich und exakt zu schaltende Getriebe.

Technische Daten:
Flüssigkeitsgekühlter Viertakt-Dreizylinder-Reihenmotor * 749/885 cm³ * 97/100 (98) PS bei 11000/9000/min * 6 Gänge * Kette * Sitzhöhe bis 1992 800 mm, später 775 mm * Gewicht 240 kg * Tankinhalt 25 Liter * Verbrauch 7 Liter Super/100 km * Spitze 210/215 km/h

Reifengröße:
Vorn: 120/70-17
Hinten: 160/60-17

TRIUMPH 900 SPRINT

Ausgestattet mit einer gut schützenden, rahmenfesten Halbschale ist die Sprint die wohl Ausgewogenste der 900er Baureihe. Der breit bauende Lenker liegt locker zur Hand und animiert in Verbindung mit dem drehmomentstarken Dreizylinder zum gleichmäßigen Fahren. Egal ob Alltag, auf Tour oder bei der sonntäglichen Kurvenhatz, stets gibt sie eine gute Figur ab, ohne ins eine oder andere Extrem abzudriften.

Plus

- eigenständige Erscheinung
- bequeme Sitzposition
- durchzugsstarker Motor
- sicheres Fahrverhalten
- erstklassige Verarbeitung und komplette Ausstattung
- stabiler Marktwert

Minus

- etwas kurze Gesamtübersetzung
- hoher Verbrauch bei schneller Fahrt

Bemerkung: In der Regel ist der Triple ein Ausbund an Zuverlässigkeit. Bei einigen Modellen kann es jedoch zu Startschwierigkeiten kommen, wogegen Triumph durch eine modifizierte Black-Box-Elektronik Abhilfe geschaffen hat. Auffällig ist der starke Verschleiß an den hinteren Bremsbelägen. Motorisch hält die Triumph allen Ansprüchen stand.

Technische Daten:

Flüssigkeitsgekühlter Viertakt-Dreizylinder-Reihenmotor * 885 cm^3 * 98 PS bei 9500/min * 6 Gänge * Kette * Sitzhöhe 800 mm * Gewicht 255 kg * Tankinhalt 25 Liter * Verbrauch 7 Liter Super/100 km * Spitze 220 km/h

Reifengröße:

Vorn: 120/70-17
Hinten: 160/60-17

TRIUMPH 1200 DAYTONA

In grellem Gelb steht sie da, langgestreckt wie ein Fels in der Brandung. Triumph's Sportmodell ist auch weniger für den hektischen Einsatz auf der Strecke als vielmehr für den schnellen Einsatz von A nach B mit hohem Dauertempo gedacht. Hier macht der bärenstarke Vierzylinder Spaß und begeistert immer wieder mit enormen Durchzugswerten.

Plus

- eigenständige Erscheinung
- drehmomentstarker Motor
- stabiler Geradeauslauf
- erstklassige Verarbeitung
- stabiler Marktwert

Minus

- hohes Gewicht
- für den echten Sportbetrieb zu unhandlich
- hoher Verbrauch bei schneller Fahrt

Bemerkung: Rubbelnde Bremsscheiben versalzen schon mal den Geschmack des ansonsten zuverlässigen Schwergewicht-Sportlers. Der Motor dagegen ist kaum kleinzukriegen. Startschwierigkeiten treten gelegentlich durch eine bis einschließlich 1994 etwas sensible Zündbox auf.

Technische Daten:

Flüssigkeitsgekühlter Viertakt-Vierzylinder-Reihenmotor * 1180 cm^3 * 98 PS bei 9500/min * 6 Gänge * Kette * Sitzhöhe 790 mm * Gewicht 253 kg * Tankinhalt 25 Liter * Verbrauch 7 Liter Super/100 km * Spitze 235 km/h

Reifengröße:

Vorn: 120/70-17
Hinten: 180/55-17

TRIUMPH 900 TIGER

Die Triple ist wahrlich ein Tiger unter den Groß-Enduros. Die 258 kg Lebendgewicht drängen sie daher auch eher in die Tourer-Ecke. Einmal in Fahrt, wird der Fahrer allerdings mit guten Fahreigenschaften und dem typischen Triple-Sound belohnt. Mit der ausladenden Lenkstange werden Landstraßen schnell zur Hausstrecke, zumal der Tiger eine ausgesprochene Handlichkeit an den Tag legt.

Plus

- kräftiger und durchzugsstarker Motor
- gute Fahrleistungen
- sicheres Fahrverhalten
- handliches Fahrwerk
- gute Soziustauglichkeit

Minus
- hoher Verbrauch bei schneller Fahrt
- große Sitzhöhe
- hohes Gewicht

Bemerkung: Schnelles Fahren wird mit einem Verbrauch von nicht unter 10 Litern Super/100 km bestraft. Dies trifft umso härter, da man mit dem Großwildjäger meist zügiger unterwegs ist, als man meint. Für das Triebwerk gilt das Gleiche, was auch für die Triumph 900 Sprint gilt – nicht super handlich, dafür aber sehr stabil.

Technische Daten:
Flüssigkeitsgekühlter Viertakt-Dreizylinder-Reihenmotor * 885 cm^3 * 85 PS bei 8000/min * 6 Gänge * Kette * Sitzhöhe 850 mm * Gewicht 258 kg * Tankinhalt 24 Liter * Verbrauch 7,5 Liter Super/100 km * Spitze 200 km/h

Reifengröße:
Vorn: 110/80-19
Hinten: 140/80-17

DANKSAGUNG

Scheinbar abgekapselt vom Rest der Welt, gedanklich irgendwo zwischen Kupplungshebel, Getriebe und Antriebskette, mag ich für den ein oder anderen nicht immer den Eindruck eines klar denkenden, weltlichen Wesens hinterlassen haben. Das zu ertragen, gestaltet sich für die Mitmenschen auf Dauer einigermaßen schwierig. Erst recht, wenn es zu Hause vor Leben nur so sprudelt. Darum möchte ich an dieser Stelle ganz besonders meiner Frau Andrea danken, die mich über einen langen Zeitraum so ertragen musste, wie es die Arbeit an diesem Buch erforderte. Genauso wie unseren Kindern, die häufig auf ihre Gute-Nacht-Geschichte verzichten mussten und es verständnisvoll hinnahmen. Anna-Celina, Mickey, Julian, Marcel, Pascal und nicht zuletzt Jaqueline haben mir die nötige Einsicht gegeben, dass es sich immer lohnt, in junge Menschen zu investieren.

Während dieses Buch zu dem wurde, was es jetzt ist, sprach ich mit Fachleuten, Rennfahrern, Pressesprechern, Bekannten, Freunden und Motorradfahrern, die meine Fragerei nicht immer wirklich einzuordnen wussten. Ohne sie wäre das Buch in dieser Form definitiv nicht möglich gewesen. Einer von ihnen ist der Zweiradmechanikermeister Frank Schröder aus Düsseldorf, der zwar keinen direkten Einfluss auf das Buch hatte, mich aber über eine lange Zeit mit Rat und Tat unterstützte. Insbesondere dann, wenn es um das Thema Kawasaki ging. Gleiches gilt meinem langjährigen Freund Thomas Merten aus Hilden, der wenn es sein musste auch an Sonn- und Feiertagen nicht davor zurückschreckte, meinem PC das Laufen beizubringen. Jürgen »Lauri« Laurischkat und Rainer Hotz, zwei Langenfelder Fotografen, die selbst bei zehn Grad unter null und eisigem Wind noch wackelfrei auf den Auslöser drückten. Bei Dieter Schuh aus Düsseldorf möchte ich mich für die Leihgabe historischer Bilder und Bücher bedanken, ohne die meine Arbeit noch mehr Zeit in Anspruch genommen hätte.

Informationen sowie Bildmaterial zum Thema Ducati, Enfield, Gilera und NSU stellten mir freundlicherweise die Mitglieder Erwin Krautter, Kurt Frank, Franz Golob, Rolf Hutmacher und Michael Kempt der Oldtimerfreunde Rems-Murr 1999 e.V. (www.oldtimerfreunde-rems-murr.de) zur Verfügung. Mein besonderer Dank gilt Bob Vaeth und seiner Frau Lisa aus North Canton/Connecticut/USA, die nicht müde wurden, im Archiv nach Bildern italienischer Raritäten zu stöbern. Michael Koch aus Grevenbroich und Inhaber der XS650.de-Internet-Plattform half mir ebenfalls mit alten Schätzen. Bei Andreas Freund (www.der-wankelmotor.de) möchte ich mich für die verschiedenen Wankel-Bilder bedanken. Christian Meier, erster Vorsitzender des Schweizer Laverda-Club's, listete mir in Rekord-verdächtiger Zeit sämtliche Typen mit entsprechenden Baujahren der klassischen Twins und Triples aus Italien auf. Shibata Kenji aus Japan schickte mir Bildmaterial fernöstlicher Motorradkultur und ließ sich selbst von der Deutschen Post nicht ins Boxhorn jagen. Rolf Eggersdorfer, bekannter Sport-Fotograf aus Sachsen, stellte mir spontan ein seltenes Bild von Rennfahrer-Legende Giacomo Agostini auf Suzuki zur Verfügung. Bei Mike Jordan und Stefan Rotha möchte ich für mich die reichhaltigen Infos rund um den Sachsen-, bzw. Nürburgring bedanken.

Ein herzliches Danke geht auch an Thorsten Böhm aus Hilden, der mir vertrauensvoll verschiedene Honda-Modelle in die Hand gab. Bei Winfried Hungenberg/ZSO aus Leverkusen-Opladen bedanke ich mich besonders für die Möglichkeit tagelanger Recherche in den originalen Kawasaki-Werkstattbüchern.

Glynn Kerr, seines Zeichens Motorrad-Designer aus Villefranche de Lonchat/Frankreich, freute sich derart über das Buch, dass er mir umgehend einige seiner Entwürfe zur Verfügung stellte. Genauso wie Toni Mang und Frau Renate, die mir sogar Bilder aus dem Privatalbum zur Verfügung stellten, obwohl wir uns nicht persönlich kannten. Tuner-Legende Fritz W. Egli stellte mir prompt Original-Bilder seiner legendären Motorräder zur Verfügung, die es so nicht noch ein zweites Mal gibt. Dafür möchte ich mich bedanken.

Auch bei Martin Rath aus Düsseldorf. Wenn's sein musste, stellte er sich für Fotofahrten zur Verfügung und gab auch hinter der Kamera eine gute Figur ab. Mit der Motorrad-Legende Fritz Röth unterhielt ich mich stundenlang über das, was Motorrad fahren überhaupt ausmacht. Ich glaube, wenn ich das Buch nicht hätte irgendwann fertig bekommen wollen, würde ich wohl heute noch in Hammelbach sitzen und aus seinen glitzernden Augen lesen. Vielen Dank für die geschenkte Zeit.

Meinen Dank möchte ich auch der Agentur von Knut Briel in Köln aussprechen, die mich über die gewöhnliche Pressearbeit hinaus mit erstklassigen Informationen von Motorrad- und Reifenherstellern versorgte und durch Rudi Herzog vom deutschen Harley-Davidson-Importeur neue Kontakte entstehen ließ. Bedanken möchte ich mich auch bei Thomas Beyer von Aprilia Deutschland, dem ich mit meinen Extrawünschen manchmal sicher den letzten Nerv raubte. Ansgar Schauerte von Moto Guzzi Deutschland möchte ich in gleichem Maße danken, da er zu jener Zeit mit der Neu-Organisation der Marke unter ganz besonderem Druck stand und sich trotzdem für meine Anliegen Zeit genommen hat. Gleiches gilt auch für Jürgen Pesch, den Mann, der in der Werkstatt für die technisch einwandfreien Test-Guzzis sorgt. Meinem mehrjährigen Arbeitskollegen Jost Steinbeck vom ostfriesischen Motorradanzeiger OMA möchte ich für die Unterstützung mit einigen Bildern danken.

Nicole Papay und Jörg Hoppmann vom deutschen Yamaha-Importeur unterstützten mich und damit auch dieses Buch in vielerlei Hinsicht. Mein Dank gilt auch dem jetzigen Marketingleiter der Zeitschrift MOTORRAD Andreas Holzer, der noch bis Mitte 2002 für den deutschen Ducati-Importeur in Köln tätig war. Eberhard Andriuolo von BMW aus der Abteilung »Mobile Tradition« möchte ich für die freundliche und umfangreiche Bereitstellung des Bildmaterials danken. Klaus Wilkniss von Honda Deutschland setzte kurzerhand sogar eine europaweite Bildrecherche in Gang. Jürgen Weiß von KTM Österreich, Uwe Kilian von Benelli Deutschland in Ettlingen, Clara Giani von der italienischen Motorradschmiede Ghezzi & Brian, Percy Bongers von MZ, Tanja Pannewitz und Ralph Plagmann von der Audi Tradition, Friedhelm Kortmann und Dennis Pudeck von Triumph, Martin Röth von Voxan, Helmut Dähne von Metzeler, und, und, und ... – ihnen allen möchte ich für die Unterstützung danken.

Abschließend möchte ich auch meinen Eltern danken, die mich in jungen Jahren lehrten, dass nichts im Leben selbstverständlich ist. So wie beispielsweise die uneingeschränkte Entscheidungsfreiheit bei der Themenwahl und des stetig wachsenden Umfang dieses Buches. Während sich einige namhafte Verlage lieber mit bedarfsgerechter Fast Food-Lektüre abgeben, zeigte sich mein Verleger Oliver Schwarzkopf offen für Eigenständigkeit und Engagement. Dafür möchte ich mich bei ihm bedanken.

Sollte ich an dieser Stelle einen der vielen Helfer nicht erwähnt haben, so bitte ich dies zu entschuldigen. Irgendwann muss auch dieses Buch ein Ende finden.

Ulrich Hoffmann

AUSGABE 22/03 2003

BIKERs JOURNAL ©

DAS KOSTENLOSE MOTORRADMAGAZIN ALLE 14 TAGE NEU DOWNLOAD UNTER WWW.BIKERS-JOURNAL.DE

TEST | REISEN | SPORT | TECHNIK | WEBVISITOR | ANZEIGEN

SUPERBIKE VON KTM

RC8

175 kg - 280 km/h

KONZEPT-VERGLEICH

Harley-Davidson Wide Glide - Electra Glide U.C.

APRILIA

RSV TUONO RACING

IM TEST

DIE SPORTLICHE HYPER NAKED FÜR STRASSE & TRACK

MotoGP: ROSSI FÄHRT AUF UND DAVON

HINWEIS

Bei der Zusammenstellung von Texten und Abbildungen wurde mit größter Sorgfalt vorgegangen. Trotzdem können Irrtümer nicht ausgeschlossen werden. Für fehlerhafte Angaben und deren Folgen können weder der Verlag noch der Autor in irgendeiner Art und Weise verantwortlich gemacht werden.

IMPRESSUM

Ulrich Hoffmann
DAS GROSSE MOTORRADLEXIKON
Für Einsteiger, Kenner und Könner

ISBN 3-89602-535-X

KATALOG
Ein aktuelles Gesamtverzeichnis des Verlagsprogrammes liegt dem Buch bei.
Wenn Sie sich ausführlicher über unsere Neuerscheinungen informieren möchten, senden wir Ihnen gerne regelmäßig unseren kostenlosen Katalog.

Schwarzkopf & Schwarzkopf Verlag,
Abt. Service, Kastanienallee 32, 10435 Berlin.
Telefon: 030 – 44 33 63 00 / Fax: 030 – 44 33 63 044

INTERNET
Ausführliche Informationen zum Verlagsprogramm
finden Sie auch im Internet:
www.schwarzkopf-schwarzkopf.de

E-MAIL
info@schwarzkopf-schwarzkopf.de